U0220058

农药安全使用手册

（第 2 版）

上海市农业技术推广服务中心·编著

上海科学技术出版社

图书在版编目（CIP）数据

农药安全使用手册 / 上海市农业技术推广服务中心
编著. -- 2版. -- 上海 : 上海科学技术出版社,
2021.12
　　ISBN 978-7-5478-5454-9

　　Ⅰ. ①农… Ⅱ. ①上… Ⅲ. ①农药施用－安全技术－
手册 Ⅳ. ①S48-62

　　中国版本图书馆CIP数据核字(2021)第164515号

农药安全使用手册(第2版)
上海市农业技术推广服务中心·编著

上海世纪出版(集团)有限公司
上海科学技术出版社　出版、发行
(上海市闵行区号景路 159 弄 A 座 9F-10F)
邮政编码 201101　　www.sstp.cn
上海中华商务联合印刷有限公司印刷
开本 889×1194　1/32　印张 39.25
字数：1200 千字
2021 年 12 月第 2 版　2021 年 12 月第 1 次印刷
ISBN 978-7-5478-5454-9/S·228
定价：180.00 元

内容提要

本书介绍了农药的分类、剂型、助剂,农药安全使用的原则措施、配制方法、中毒及事故处理等基本知识。重点介绍了截至到2018年底,我国登记的各类农作物安全生产中常用的181种杀菌剂、161种杀虫剂、9种杀线虫剂、144种除草剂、39种植物生长调节剂和13种杀鼠剂,每种农药则从化学名称与结构、理化性质、毒性、剂型、作用机制与所有的防治对象、使用方法、注意事项等进行了详细介绍。

全书内容科学翔实、可操作性强,对农产品安全生产也具有指导作用,是广大农业科研、管理、教学和生产者必备的工具书。

编委会及编写人员名单

主　任

朱建华

副主任

郭玉人　姚再男

主　编

张颂函　郭玉人

副主编

陈　秀　何秀玲　陈时健

编写人员

张颂函	郭玉人	陈　秀	陈时健	何秀玲
张翼翾	陈建波	沈慧梅	占绣萍	张正炜
武向文	常文程	黄兰淇	赵　莉	方朝阳
李　程	姜忠涛	胡育海	甘惠譁	田小青

序

农药是用于防治农林业病、虫、草、鼠害以及调节农作物生长不可或缺的重要生产资料和救灾物资，农药对确保粮食生产稳定发展，提高粮食和重要农副产品有效供给意义重大。此外，农药也为人类预防疾病、提升生活环境质量发挥着重要作用。随着社会的发展和人们安全意识的不断增强，如何科学、安全、合理使用农药越来越为社会所关注。

近年来，我国农药工业快速发展，新型农药不断涌现，品种结构不断优化，我国的农药产品数量和规模得到了空前发展。截至2019年底，在我国农业农村部登记的有效成分710个，农药产品达41271个，涉及1941家企业。随着国家新《农药管理条例》的实施，各级政府对农药的管理措施进一步加强，对农药生产者、经营者、使用者提出了更高要求，特别对使用环节的管理，法规作了更加明确的要求。

为了帮助农村施药人员了解农药科学安全使用知识，掌握科学安全使用技术，提高科学安全用药水平，减少农药使用不当有可能带来的农药残留、有害生物再猖獗及抗性产生等问题，上海市农业技术服务中心组织专家对2009年编著出版的《农药安全使用手册》进行修订。这10年来，我国农药品种增加很多，原有的品种介绍已经满足不了生产的需求，自2019年开始，专家们历经3年多的时间修订编写了《农药安全使用手册》第2版。本书比较全面地介绍了我国截至2018年底已登记用于农业生产的绝大多数品种，共涉及农药品种 548 个,比第 1 版增加了 191 个,具有较强的普及性和实用性。

希望此书的出版对植保技术人员、农药经营人员、农药科研人员、新型职业农民、农业生产专业合作组织以及广大农药使用者等有很好的参考和指导作用。

(叶军平)

2021 年 8 月

前　言

　　近十年来,我国农药工业发展迅速,新的安全环保型农药研发快速发展,农药品种结构不断优化,产品不断丰富,登记用于特色小宗作物的产品也逐年增加。随着国家新《农药管理条例》及配套规章的颁布实施,以及人们安全意识的不断增强,农药安全合理使用越来越受重视,国家也因此出台了一系列禁用和限用农药的管理规定。为全面了解农药发展和登记情况,促进农药使用规范化,更好地为农业生产服务,上海市农业技术推广服务中心对2009年出版的《农药安全使用手册》进行了全面修订。

　　《农药安全使用手册》(第2版)共介绍了548个农药品种,主要包括截至2018年底在我国批准登记的农药品种。与第1版《农药安全使用手册》相比,此次修订不仅增加了杀菌剂73种、杀虫剂73种、杀线虫剂5种、除草剂28种、植物生长调节剂11种和杀鼠剂2种,而且在登记作物和防治对象上也力求详细、完整和实用,内容包括农药名称、化学结构、类别、化学名称、理化性质、毒性、制剂、作用机制与防治对象、使用方法和注意事项。《农药安全使用手册》(第2版)中,在注意事项里特别增加了药剂在相关作物上的安全间隔期和最大残留限量,并重点对每个农药品种的登记作物和防治对象进行了全面介绍,特别是在小宗作物上的登记使用情况,而这些内容对提高农产品食用安全意义重大。

　　《农药安全使用手册》(第2版)主要面向植保技术人员和农药经营人员,也可供农药科研工作者及大专院校相关专业师生阅读参考。希望本书的出版能够在农业生产、农作物病虫害绿色防控和农药研发、教学等相关行业领域发挥作用。

本书的编写得到了上海市农业技术推广服务中心和上海市农药研究所领导的重视和支持,在此表示衷心感谢。本书的编写以上海市农业技术推广服务中心农药科(上海市农药检定所)、植保一科、植保二科技术人员为主,《世界农药》编辑部、上海市浦东新区农业技术推广服务中心部分技术人员也参与了编写工作。

本书在编写过程中,参阅了《新编农药手册》(第 2 版)、《世界农药大全》等专业书籍以及欧洲食品安全局、联合国粮食及农业组织、美国环保署官网提供的相关信息,在此向以上图书的编写人员和出版单位表示衷心感谢。

由于水平、时间和资料所限,书中难免存在错误和缺点,恳请广大读者批评指正。

编　者

2021 年 4 月于上海

目　录

植物生长调节剂   1129

农药基本知识

一、概　述

（一）农药的发展及重要性

1. 农药的发展历史·农药是指用于预防、控制危害农业、林业和人类正常生活环境的病、虫、草、鼠和其他有害生物以及有目的地调节植物、昆虫生长的化学合成或者来源于生物、其他天然物质的一种物质或者几种物质的混合物及其制剂。包括微生物及生物体中有效成分的提取物，如鱼藤精等；人工模拟合成物，如昆虫保幼激素、性引诱素等；但不包括天敌昆虫等活体生物。

据史册记载，人类在公元前就已开始使用农药。大约在公元前1200年前后，古埃及就有使用芹叶和乌头防治病虫的记录，公元前1000年开始使用硫黄防治某些作物上的病虫。古罗马也曾通过燃烧硫黄来控制昆虫，他们还使用盐来保护收获的农产品，随后，又学会了用盐控制杂草。古希腊诗人荷马也曾提到硫黄的熏蒸作用。17世纪90年代初，烟草被用作防治梨树害虫的杀虫剂；1773年，加热烟草而释放出的烟碱烟雾被证实对防治植物虫害有很好的效果。19世纪初，除虫菊素和鱼藤酮被发现作为杀虫剂对多种昆虫非常有效。19世纪60年代，巴黎绿（乙酰亚砷酸铜）在美国被用来防治科罗拉多州马铃薯甲虫。

我国很早之前就已开始使用农药。西周时期的《诗经·豳风·七月》里就有关于熏蒸杀鼠的叙述。公元前5世纪至公元前2世纪的《山海经》中,有礜石(含砷矿石)毒鼠的记载。公元前240年的《周礼》载有专门掌管治虫、除草的官职及所用的杀虫药物及其使用方法。公元533年北魏贾思勰所著《齐民要术》里有用艾蒿防治麦种中害虫的方法。公元900年前,已知道利用砒石防治农业害虫。到15世纪,砒石在我国北方地区已大量用于防治地下害虫和田鼠,在南方地区用于水稻防虫,当时砒石已有工业规模的生产。明代李时珍的《本草纲目》中收集了不少具有农药性能的药物。

20世纪40年代,随着有机农药的大量出现,现代农药逐渐发展形成。在此之前,农药的使用大体上可分为利用天然物质和利用化工产品两个阶段。在行业形成后,农药工业迅速发展成为精细化工的一个大的行业,农药的品种也迅速增多。至2019年底,在我国农业农村部登记的农药有效成分703个,农药产品达41229个,其中原药4798个、制剂36431个。

2. 农药的重要性·农药是确保农业稳产、丰产不可或缺的重要生产资料。尽管某些农药存在潜在的危险且实际产生了某些问题,但农药是使人们生活得到改善的重要贡献者之一。这一观点被全世界科技界认可,尤其是西方发达国家。

首先,农药的使用为农作物产量的提高做出了重大贡献。在自然界中,由于真菌引起的植物病害达1500多种,线虫引起的病害达1000多种,危害植物的昆虫有数千种,还有几百种杂草、数十种老鼠等啮齿类及其他脊椎类有害生物也常常引起农作物大面积受害。就我国而言,对农作物造成危害的病、虫、草共达2300多种,造成主要农作物灾害的病虫草达百余种。据统计,如果没有现代有害生物的防治技术,尤其是农药的使用,每年农作物的产量损失将达50%～70%。如美国统计,与50年前相比,由于农药的使用使农作物的产量明显增加,玉米增了100%,马铃薯增产了

100%,洋葱增产了200%,棉花增产了100%,紫花苜蓿种子增产了160%,小麦的产量更是突飞猛进,增加的速率比其他所有的粮食作物都快。

其次,农药为人类预防疾病、提升生活环境质量发挥着重要作用。农作物、家畜、人类的生活环境中一直充满大量的各种有害生物,它们不仅跟人们竞争食物,也是很多疾病的载体,给人类带来麻烦,甚至灾难。人类与100多万种昆虫和其他节肢动物共存着,其中有很多是害虫。据研究,昆虫对人类传播15种主要的致病微生物,如蟑螂可在8%的人类中引起过敏反应,每年有超过25 000人因为火蚁的叮咬而需要医学治疗。全球90多个国家和地区有疟疾流行,每年有5亿人感染疟疾,疟疾是由不流动的水中所繁殖的蚊子造成的,每年造成100万人因疟疾而死亡。

3. 农药与环境 · 农药的作用是预防或控制有害生物,但它们使用的环境中除有害生物外,还有农作物、人类及其他生物和非生物,比如空气、土壤、水等。过去,在使用化学农药防治有害生物时往往未顾及对其他动物、植物或环境的影响,以致造成不少负面影响。如:由于使用不科学导致人畜中毒、环境污染、生态平衡遭到破坏等;或是长期、连续使用某些农药对某些生物造成影响,研究报道最多的就是对鸟类、鱼类以及其他水生生物如螃蟹、虾和扇贝的影响;以及使有害生物产生抗药性。

在目前以及今后很长时期内,化学农药仍将是农业病虫害治理中的一个重要因素,是不可能被完全替代的。随着我国对高毒农药的禁用和限用,企业和科研单位不断研发出对人类和环境友好的新型高效低毒农药,降低了农药在使用过程中的风险。重要的是,人们在使用农药对有害生物进行控制的过程中要综合考虑有害生物及整个农业生态环境,应根据安全、高效、绿色、经济的原则,科学使用农药,最大限度地发挥其作用,同时将农药的负面影响减小到最低,使农药继续为人类带来巨大益处,生产更多的粮食和保护人类健康。

(二) 农药的分类

农药的种类很多,从不同的角度,根据不同的分类方法可以得到不同的分类结果。了解农药的分类对于对症用药、正确使用农药有着重要意义。常用的分类方法是根据防治对象和作用方式进行分类。

1. 杀菌剂·在一定剂量或浓度下,对病原菌能起到杀死、抑制或中和其有毒代谢物,从而使植物及其产品免受病菌危害或消除病症、病状的药剂。此类药剂在其农药包装标签的下方有一条与底边平行的黑色标志带。根据作用方式和机制分为以下几种。

(1)保护性杀菌剂:在植物感病之前(一般在病害流行前)施用于植物可能受害的部位以保护植物免受病害侵染的药剂。其主要作用方式是,施药后在寄主表面形成一层药膜,使病菌不能侵染。

(2)治疗性杀菌剂:在植物感病以后施用,药剂渗入到植物组织内部或直接进入植物体内,随植物体液运输传导至植物各部位,抑制病原菌发展或杀死病菌,从而使植物恢复健康的杀菌剂。

(3)铲除性杀菌剂:对病原菌有直接强烈杀伤作用的药剂。植物生长期常不能忍受这类药剂,因此一般只能在播前用于土壤处理、植物休眠期或种苗处理。

(4)诱抗剂:对植物处理后,通过识别病原菌从而诱导植物全株抗病的物质即为植物的抗病激活剂。由于这种药剂不直接呈现杀菌活性,而是在使用几天后较长时间予以抗病,故不易产生抗性。

2. 杀虫(螨)剂·用于防治害虫(螨)的农药称为杀虫(螨)剂,通常在农药包装标签的下方有一条与底边平行的红色标志带。根据作用方式又可分为以下几种。

(1)胃毒剂:只有被昆虫取食后经肠道吸收进入体内,到达靶标才可起到毒杀作用。

（2）触杀剂：接触到昆虫躯体（常指昆虫表皮）后，通过昆虫表皮渗透进入昆虫体内，引起昆虫中毒死亡。

（3）熏蒸剂：以气体状态通过昆虫呼吸系统如气孔（气门），进入昆虫体内而引起昆虫中毒死亡。

（4）拒食剂：害虫取食药剂后，味觉器官受到影响，产生厌食或拒食的感觉，最后因饥饿、失水而逐渐死亡，或因营养不足而不能正常发育。

（5）驱避剂：药剂本身一般无毒害作用，施用后可依靠其物理、化学作用（如颜色、气味等）使害虫忌避或发生转移、潜逃，从而达到保护寄主植物或特殊场所目的。

（6）引诱剂：是指依靠物理、化学作用（如光、颜色、气味、微波信号等）诱集害虫的药剂。有非特异性物质和特异性物质两类。非特异性物质的引诱剂如糖、醋、酒液，特异性物质主要是昆虫信息素。

（7）昆虫生长调节剂：指通过扰乱昆虫正常生长发育，使昆虫个体生活能力降低或死亡的杀虫剂，如印棟素、灭幼脲等。

（8）寄生微生物：昆虫专一寄生性病原菌（如细菌、病毒类）突破昆虫表皮之后进入昆虫体内，从昆虫体内不断吸收维持自身生长、繁殖必需的营养物质，最终导致昆虫死亡。

3. 杀线虫剂·用于防治农作物因植物寄生性线虫引起的病害的药剂。此类药剂在其农药包装标签的下方有一条与底边平行的黑色标志带。植物寄生性线虫是植物侵染性病原之一，但与真菌、细菌、病毒等病原生物相比，具有主动侵袭寄主和转移危害的特点，因此，杀线虫剂不同于一般的杀菌剂，多为杀虫剂，大多施用于土壤，用量相对较大，使用不当容易造成环境污染问题。近年，杀线虫剂品种增多，毒性也向低毒化发展。目前杀线虫剂主要有：抗生素类，如阿维菌素、甲维盐；生物制剂类，如苦参碱、淡紫拟青霉、氨基寡糖素、厚孢轮枝菌、嗜硫小红卵菌 HNI - 1、坚强芽孢杆菌、苏云金杆菌、蜡质芽孢杆菌；氨基甲酸酯类，如涕灭威、克百威；

有机磷酸酯类,如灭线磷、噻唑膦;硫代异氰酸甲酯类,如棉隆;等等。

4. 除草剂·用来防除杂草的药剂。此类药剂在其农药包装标签的下方有一条与底边平行的绿色标志带。按作用方式可分为内吸输导型除草剂和触杀型除草剂,按作用性质可分为选择性除草剂和灭生性除草剂。

(1)内吸输导型除草剂:药剂施于植物上或土壤中,通过杂草的根、茎、叶、胚等部位吸入并传至杂草的敏感部位或整个植株,使杂草中毒死亡,如苄嘧磺隆、草甘膦等。

(2)触杀型除草剂:药剂不能被植物吸收、传导,只能杀死所接触到的植物组织,如灭草松等。

(3)选择性除草剂:药剂对植物具有选择性,在一定剂量和浓度范围内杀死或抑制部分植物而对其他植物安全,如氰氟草酯、五氟磺草胺等。

(4)灭生性除草剂:在常用剂量下可以杀死所有接触到药剂的植物,如草甘膦、草铵膦等。

5. 植物生长调节剂·控制、促进或调节植物生长发育的药剂。按作用方式可分为促进生长和抑制生长两类。

(1)生长促进剂:主要是促进细胞分裂、伸长和分化,打破休眠,促进开花,延迟器官脱落,保持地上部绿色,延缓衰老等,以达到在逆境条件下提高作物的抗逆性、促进植物生长、增加营养体收获量、提高坐果率、促进果实膨大、增加粒重等效果。

(2)生长抑制剂:主要有生长素传导抑制剂、生长延缓剂、生长抑制剂、乙烯释放剂及脱落酸等。生长素传导抑制剂通过抑制顶端优势,促进侧枝侧芽生长。生长延缓剂通过抑制茎的顶端分生组织活动,延缓生长。生长抑制剂通过破坏顶端分生组织活动,抑制顶芽生长;它与生长延缓剂不同,在施药一定时间后,植物又可恢复顶端生长。乙烯释放剂是用于抑制细胞伸长生长,引起横向生长,促进果实成熟、衰老和营养器官脱落。脱落酸促进植物的叶和果实脱落。

6. 杀鼠剂·用于毒杀害鼠的药剂。按作用方式可分为胃毒剂、熏蒸剂、驱避剂和引诱剂、不育剂4大类。

（1）胃毒性杀鼠剂：药剂由鼠通过取食进入消化系统，致使鼠中毒而死。这类杀鼠剂一般用量低、适口性好、杀鼠效果高，对人畜安全，是目前主要使用的杀鼠剂，主要品种有敌鼠钠盐、溴敌隆、杀鼠醚等。

（2）熏蒸性杀鼠剂：药剂蒸发或燃烧释放有毒气体，经鼠呼吸系统进入鼠体内，使鼠中毒死亡。其优点是不受鼠取食行动的影响，且作用快，无二次毒性；缺点是用量大，施药时防护条件及操作技术要求高，操作费工，适宜于室内专业化使用，不适宜散户使用。该类药剂目前在我国登记产品很少。

（3）驱鼠剂和诱鼠剂：驱鼠剂的作用是将鼠驱避，使鼠不愿靠近施用过药剂的物品，以保护物品不被嚼咬。诱鼠剂是将鼠诱集，但不直接毒杀害鼠的药剂。

（4）不育剂：通过药物的作用使雌鼠不孕或雄鼠不育，降低其出生率，以达到防除的目的，属于间接杀鼠剂，亦称化学绝育剂。如雷公藤甲素。

（三）农药的剂型

农药的剂型是原药加工成制剂后的形态，如乳油、粉剂、粒剂等。通常不同剂型的用途、使用方法等也不同。我国农药登记的剂型约60种，农业生产中常用到的农药剂型主要有以下几种。

1. 乳油（EC）·一种能够在水中分散成为不透明乳液的均相透明液体剂型。乳油分散在水中，一般呈白色或天蓝色，乳油的粒子大小为0.001～0.1微米。乳油一般由有效成分、有机溶剂、表面活性剂等构成。

（1）优点：①多数农药易溶于有机溶剂，并且在有机溶剂中较稳定；②乳油中有机溶剂对于昆虫和植物表面的蜡质层具有较好的溶解和黏附作用；③表面活性剂等具有良好的润湿和渗透作用，加上粒子小，因此能够充分发挥农药的效果；④具有较长的残效期和耐雨水冲刷能力。

（2）缺点：①产品运输、贮存不安全，怕高温、怕火源；②对植物的毒性风险大；③容易通过皮肤渗透入人体或动物体内；④溶剂可能损坏塑料或橡胶软管、垫圈、泵以及表面等；⑤可能存在腐蚀性；⑥含有大量的有机溶剂，容易造成环境污染和浪费。

2. 微乳剂（ME） · 以水为连续相，有效成分及少量溶剂为非连续相构成的透明或半透明的液体剂型。微乳剂中的粒子大小为0.001～0.1微米，因此，肉眼不能观察到粒子的存在。它可以溶解在水中，形成透明或半透明的分散体系，所以微乳剂又称为可溶化乳油。微乳剂的透明性可以因温度的改变而改变，因此，它实际上是一种热力学稳定的均相体系。

（1）优点：①以水为主要溶剂，有机溶剂大大减少，对环境的污染比乳油小；②粒子超细，容易穿透害虫和植物的表皮，农药的效果得到充分的发挥；③避免了乳油中有机溶剂的一些副作用，例如强烈的刺激性气味、药害、水果上蜡质层溶解等；④产品精细，其商品价值得到提高。

（2）缺点：①由于水分的大量存在，对农药稳定性有一定的影响；②在水中容易分解的药剂不宜加工成微乳剂。

3. 水乳剂（EW） · 液体的有效成分用少量溶剂溶解后分散在水中，构成浓厚的乳状液体剂型，也称浓乳剂。水乳剂的粒子比乳油略大，为0.2～2微米。

（1）优点：①效果近似或等同于乳油，而持效期比乳油长；②黏着性和耐雨水冲刷的能力比乳油更强（在加工过程中，为了保证制剂的稳定性，除了需要加入表面活性剂外，往往还需要加入增稠剂，而此类助剂往往具有良好的黏着性能）；③基本不用有机溶剂，因此对环境的污染比乳油小；④可避免使用有机溶剂带来的一些副作用。

（2）缺点：①由于水分的大量存在，对某些农药稳定性有一定的影响；②对水分敏感的药剂不宜加工成水乳剂。

4. 悬浮剂（SC）·固体的原药分散在水中后形成的悬浊状液体制剂。悬浮剂的粒子直径一般为 0.5～5 微米，以 2～3 微米居多。

（1）优点：①粒子小，能够充分发挥农药的效果，性能上优于可湿性粉剂；②在残效期和耐雨水冲刷方面优于乳油；③大多数的悬浮剂均采用水为分散剂，由于不采用有机溶剂，避免了有机溶剂对环境的污染和副作用，特别适合在蔬菜、果树、茶树等植物上使用，以及在卫生防疫工作中使用。

（2）缺点：①加工过程较为复杂，一般需通过砂磨机研磨而成；②相对其他液剂，粒子较大，容易沉降分层析水，因此需要采用较复杂的助剂系统来保证制剂的稳定性。

5. 水剂（AS）·以水为溶剂的剂型，原药以离子或分子状态均匀分散在水中。水剂与乳油相比，不需要有机溶剂，对环境的污染少，制造工艺简单。

6. 可湿性粉剂（WP）·易被水湿润并能在水中分散悬浮的粉状剂型。可湿性粉剂是由农药原药与润湿剂、分散剂、填料混合粉碎加工而成。可湿性粉剂是在粉剂的基础上发展起来的一个剂型，性能优于粉剂，可用喷雾器进行喷雾，在作物上黏附性好，药效比同种原药的粉剂好，但不及乳油。加工方法与粉剂相似，产品便于贮存和运输。

（1）优点：①价格相对便宜；②容易保存、运输和处理；③对植物的毒性风险比乳油等相对低；④容易量取与混配；⑤与乳油和其他液剂相比，不易从皮肤和眼渗透入人体；⑥包装物的处理相对简单。

（2）缺点：①如果加工质量差、粒径大、助剂性能不良，容易引起产品黏结、不易在水中分解，造成喷洒不匀，甚至使植物局部产生药害；②悬浮率和药液湿润性，在经过长期存放和堆压后均会下降;③在倒取或混配时容易喷出,被施药者吸入;④对喷雾器的喷管和喷头磨损大,使喷管和喷头的寿命降低。

7. 水分散粒剂(WG) · 置于水中,能较快地崩解、分散形成高悬浮的分散体系的粒状剂型。

(1)优点:①使用效果相当于乳油和悬浮剂,优于可湿性粉剂;②具有可湿性粉剂易于包装和运输的特点;③避免了在包装和使用过程中粉状制剂易产生粉尘的缺点,对环境污染小。

(2)缺点:加工过程复杂,加工成本较高。

8. 颗粒剂(GR) · 农药在固体的载体中分散后形成一定颗粒大小的固体剂型。按直径的大小,又可分为细粒剂、颗粒剂和大粒剂。一般颗粒直径在 300 微米以下的称为细粒剂或微粒剂;直径在 300~1700 微米的称为颗粒剂;直径大于 1700 微米的称为大粒剂。颗粒剂主要由原药、载体和助剂加工而成,使用安全、方便。其特点如下:①使高毒农药低毒化;②可控制有效成分释放速度,延长持效期;③使液态药剂固态化,便于包装、贮存和使用;④减少环境污染、减轻药害,避免伤害有益昆虫和天敌昆虫;⑤使用方便,可提高劳动工效。

9. 微囊剂(CS、CG) · 此种制剂中,农药的颗粒或液滴被一层囊皮材料包裹,形成了具有缓释性能的微囊悬浮剂(CS)或微囊粒剂(CG)。胶囊大小 10~30 微米,持效期可以通过调整囊皮的厚度来调整。可以喷施或涂刷到作物上。

(1)优点:①毒性低,持效期长;②大大降低了农药的气味和刺激性,减少了外界气、湿、光等环境条件的影响,提高了稳定性。

(2)缺点:①悬浮稳定性较差,较容易分层;②加工成本高。

10. 种衣剂(SD) · 用于种子处理包衣的制剂称为种衣剂。种衣剂的主要特点是在药剂中加入了成膜的物质,因此药剂可以牢固地附着在种子表面而不容易脱落,同时可以改善种子的外观,使之易于播种、计量和保存。不含有成膜物质的拌种用药剂称为拌种剂。用于浸泡种子的则称为浸种剂。种衣剂有液体剂型、悬浮剂型和可湿性粉剂型等,以悬浮剂型和可湿性粉剂型为主。悬浮剂型一般需要加入少量的水拌种,水作为介质可以让药液更好地附着在种子表面。可湿性粉剂型的种衣剂在使用时一般可以直接拌种使用。

11. 熏蒸剂(VP)·利用低沸点农药挥发出的有毒气体,或一些固体农药遇水反应而产生的有毒气体,在密闭场所使用以熏蒸杀死有害生物。熏蒸剂的特点是农药以分子形态弥散于空间,而烟剂是以颗粒的形态弥散在空间。熏蒸剂的熏蒸需要在密闭环境下进行,主要用于防治仓库和温室害虫及土壤消毒。使用熏蒸剂时,应注意采取必要的防护措施,尤其是使用场所的密闭性要好。

12. 烟剂(FU)·烟剂是引燃后有效成分以烟状分散体系悬浮于空气中的农药剂型。烟剂颗粒极细,穿透力极强。其在林间、果园、仓库、室内、温室、大棚等环境中使用有特殊意义,适合于防治温室粉虱等小型害虫以及各种病害等。

使用烟剂的优点:①施用工效高,不需任何器械,不需用水,简便省力,药剂在空间分布均匀;②由于不用水,避免了喷药后导致棚内湿度高、易发病的缺点;③易于点燃,而不易自燃,成烟率高,毒性低,无残留,对人无刺激,没有令人厌恶的异味。

(四)农药助剂

农药助剂是农药制剂加工或使用中,用于改善药剂理化性质的辅助物质,又称为农药辅助剂。助剂本身基本无生物活性,但是能增强防治效果。助剂常常以如下两种方式加入农药中,一是作为农药剂型的一部分,在销售之前即已加入在农药之中;二是在施用农药时,由施药者加入到喷雾器中。大多数情况下,商品药剂不需要另外增加助剂。

1. 助剂的常用种类·农药品种繁多,理化性质各异,剂型加工要求也不同,因此需用的助剂也不同。助剂既可以用物理特性也可以通过所起的作用来描述。根据所起的具体作用可以分为以下主要种类。

(1) 湿润剂：使不溶于水的原药能被水湿润，并能悬浮在水中，药液喷到作物表面和虫体，可提高防治效果。例如，可湿性粉剂或悬浮剂中加入烷基苯磺酸钠等湿润剂。

(2) 乳化剂：是加工乳油等油性制剂时用的助剂。乳油兑水稀释后，表面活性剂能使含有原药的油状物以极小的粒状分散在水中，成为均匀稳定的白色乳液。

(3) 溶剂：在加工乳油或油剂时，用甲苯、二甲苯等溶剂将原药溶解，再加入其他助剂。

(4) 填充剂：加工可湿性粉剂和粉剂时，为了把原药磨细并加以稀释，须加入陶土、硅藻土、滑石粉等惰性粉。这些物质不与原药发生化学反应，称为填充剂，又称填料。填充剂也没有杀虫、杀菌活性。

(5) 分散剂：一种是农药原药的分散剂，为一种具有高黏度的物质，例如废糖蜜、纸浆废液的浓缩物，通过机械作用可将熔融原药分散成胶体颗粒，例如浓乳剂、悬浮剂、乳粉等剂型；另一种为农药粉剂的分散剂，具有防止粉粒絮结、利于分散的助剂。

(6) 黏着剂：能增强农药对固体表面黏着性能的助剂。药剂因黏着性提高而耐雨水冲洗，可提高持效性。如在粉剂中加入适量黏度较大的矿物油，在液剂农药中加入适量的淀粉糊、明胶等。

(7) 稳定剂：可抑制或减缓农药有效成分分解，有的具有抗凝作用，故又称抗凝剂，能防止农药制剂在贮藏过程中物理性能变坏，如粉状制剂结块、乳剂分层等。

(8) 增效剂：本身无生物活性，但能抑制生物体内解毒酶；与某些农药混用时，能大幅度提高农药毒力和药效的助剂。对防治抗性害虫及延缓抗药性等具有重要意义。

2. 助剂的功能 · 催化类助剂能提高农药的生物活性以达到更好的防治效果。尤其在使用除草剂时，催化类助剂效果更显著。

表面活性类助剂主要是改变喷雾药液的溶解程度。

助剂的主要功能：①湿润作物和有害生物；②减少喷雾的蒸发；③提高雾液沉淀的抗气候力；④加强渗透和穿透能力；⑤调节药液的酸碱度（pH）；⑥提高沉淀物的均匀度；⑦使混合物相互兼容；⑧确保作物的安全；⑨减少流失。

无论哪类助剂，均有以上一种或几种功能。

3. 实际应用中需考虑的事项·施药中添加助剂时，应尽量使用标签上指定的助剂。当标签上指定的助剂无法获得时，应确保替代产品有同样的全部特性。对于表面活性剂，应检查该产品是否与推荐产品的离子属性匹配，产品中表面活性剂的百分含量是多少。

一般商品中表面活性剂的含量是 $50\% \sim 100\%$，其他物质一般是水或乙醇。如果浓度低于推荐产品，应根据所使用的产品浓度适当调整用量。

（五）农药的特性

1. 农药的毒性·农药的毒性是指农药对高等动物等的毒害作用，所有化学物质当吸入足够量时都是有毒的，化学物质的毒性决定于消化和吸收的量。

农药的毒性一般用半数致死剂量（LD_{50}）或半数致死浓度（LC_{50}）表示。半数致死剂量即为杀死一半供试动物所需的药量，急性经口和经皮毒性用毫克/千克计量（非特别标注，均为单位体重计量），急性吸入毒性用毫克/米^3 计量。凡 LD_{50} 值大，表示所需剂量多，农药的毒性就低；反之，则毒性高。半数致死浓度（LC_{50}）系指杀死 50%供试动物所需的药液浓度，单位为毫克/升。LC_{50} 值越大，表示农药毒性越小；LC_{50} 值越小，则毒性大。

测试农药的毒性主要用大鼠、小鼠或兔子进行。衡量或表示农药急性毒性程度，常用 LD_{50} 作指标。

衡量或表示农药对鱼的急性毒性大小常用耐药中浓度

(TLm)作指标。耐药中浓度是指在指定时间内(24小时、48小时或96小时)杀死一半供试水生物时水中的农药浓度。

根据我国有关规定,将农药毒性分为剧毒、高毒、中等毒、低毒和微毒,分级标准如下表。

农药产品毒性分级及标识

毒性分级	级别符号语	经口半数致死量(毫克/千克)	经皮半数致死量(毫克/千克)	吸入半数致死浓度(毫克/米³)	标识	标签上的描述
Ⅰa级	剧毒	≤5	≤20	≤20	☠	剧毒
Ⅰb级	高毒	>5~50	>20~200	>20~200	☠	高毒
Ⅱ级	中等毒	>50~500	>200~2 000	>200~2 000	◈	中等毒
Ⅲ级	低毒	>500~5 000	>2 000~5 000	>2 000~5 000	低毒	低毒
Ⅳ级	微毒	>5 000	>5 000	>5 000		微毒

2. 农药的选择性 · 农药的选择性一般分为选择毒性和选择毒力。农药的选择毒性主要指对防治对象活性高,但对高等动物的毒性小。农药的选择毒力是指对不同昆虫或病菌、杂草种类之间的选择性,与其相对的是广谱性。早期农药选择性主要是在高等动物、植物和有害生物(昆虫、病菌、杂草等)之间寻求高度的选择,即要求对高等动物或被保护植物安全,对有害生物具有灭杀作用的药剂,使品种具有高效、低毒的特点。近几年选择性要求更进一步注重对防治对象以外生物的安全,即对非防治目标伤害很小的药剂。

杀虫剂选择性大体分为两大类,即生理选择性和生态选择性。

生理选择性是以药剂渗透性、解毒或活化代谢、在体内的蓄积和排出以及和作用点的亲和力等方面的差别而获得的。由于生物间生理上的差别,以上每一过程的受阻与否都有可能产生一定程度的选择性。生态选择性是利用害虫的习性、行为的差异以及从药剂的加工和施用方法等方面而获得。杀菌剂、除草剂的选择性获得原理也大致相似,但除草剂的选择性还包括利用植物生长位差和植物形态不同进行选择。

3. 水的酸碱度(pH)对农药稳定性和效果的影响·大部分药剂都需要用水来稀释后喷洒。喷药用水的酸碱度(pH,是用来表示溶液的酸、碱度的数值;pH 介于 0~14,pH 为 0 时是极酸性,pH 为 14 时为极碱性,pH 为中间值 7 且在 25 ℃时,为绝对中性。一般井水、湖水和河水的 pH 介于 3~9 之间。)对农药和其他物质的作用影响很大。大部分水呈微碱性,是因为溶解了碳酸盐和重碳酸盐的缘故。当酸或碱工业、城市生活污染物质流入水中时将导致水的酸碱度背离常态。

当喷液使用的水或喷液呈强酸性或碱性时将对农药造成很大的影响,其中最主要的就是导致农药分解或水解,致使农药的毒性降低甚至失效,从而影响对靶标有害生物的防治效果。

农药的分解或水解用半衰期(DT_{50})衡量。DT_{50} 是指农药在某种条件下降解一半所需的时间。例如,如果一个产品当第一次加入水中时的含量为 100%,它的 DT_{50} 为 4 小时,也就是说其含量在这段时间内减去了一半(50%);在接下来 4 个小时内将再次减半。半衰期越短,碱性水的影响越大。很多有机磷农药与碱性水混合时迅速分解成两种或更多种小分子惰性化学物质。比如,谷硫磷在 pH 为 5 的环境中的半衰期为 17.3 天,在 pH 为 7 时的 DT_{50} 为 10 天,而在 pH 为 9 时的 DT_{50} 却只有 12 小时。氨基甲酸酯类农药也会受水的 pH 影响。甲萘威在 pH 为 6 时的 DT_{50} 是 100~150 天,而在 pH 为 9 时仅 24 小时。一些杀菌剂或除草剂的效果在碱性条件下也严重受影响,在强碱环境下很容易水解。

4. 农药对作物的影响· 很多农药使用不合理,如使用方法、使用时间不当,会对农作物产生不良影响,甚至造成药害,轻者减产,重者致使作物死亡。药害的症状在田间常常与其他病害尤其是生理性病害症状相似。药害一般可分为急性药害和慢性药害。急性药害在喷药后短期内、最快在喷药数小时后即可出现,一般叶面症状是产生各种斑点、穿孔,甚至灼焦枯萎、黄化、落叶等;果实上的症状主要是产生斑点或锈斑,影响果品的品质。慢性药害出现较慢,常常是施药后经过较长时间或多次施药后才表现出来,症状一般为植株矮化,叶片、果实畸形,叶片增厚、硬化发脆,容易穿孔破裂,根部肥大粗短等。

农药对植物的安全程度因农药的化学组成、剂型不同和植物或品种不同、所处发育阶段不同而差别很大。一般来说,无机药剂较有机合成药剂容易产生药害,植物性药剂、微生物药剂对植物最安全,菊酯类、有机磷类对植物比较安全,除草剂、植物生长调节剂产生药害的可能性要大些。剂型方面,一般油剂、乳油(剂)比较容易引起药害,可湿性粉剂次之,粉剂、颗粒剂比较安全。药害的产生与施药时的环境条件(主要是施药当时和以后一段时间的温度、相对湿度、露水等)、使用浓度、使用方法、使用时间等也有着非常密切的关系,一般在高温或高湿情况下,或高浓度、过量使用或在不适当的地区使用,均易导致作物产生药害。

有些药剂在正常使用的情况下,不但具有防治病虫害的效果,而且还有刺激作物生长的良好作用。例如,鱼藤酮制剂可促进菜苗发根,波尔多液可使多种作物叶色浓绿、生长旺盛。

二、农药安全使用

(一) 正确选择

1. 农药品种选择· 正确选择农药品种是有效控制有害生物

的最重要的环节之一。所选农药不仅关系到对有害生物的控制效果，而且也将直接关系到对农药使用者、他人、禽畜及环境的安全。事实上，潜在的危险在购买农药的时候就开始存在，所选择农药的类型、使用剂型、甚至容器的类别都将是农药事故发生的因子。在有害生物的危害达到经济损失水平或者将成为潜在的威胁、成为健康的重要问题或其他危害之前不应该采取防治措施。

（1）选择对症的农药：当有害生物被准确诊断后，选择对症的农药可有效控制有害生物，而对其他生物的危害控制到最小。选择的农药必须是经过我国农业农村部登记并通常由植保部门推荐的，建议通过以下途径确定所需要的农药：①请教植保技术人员；②查看植保部门发布的病虫情报或病虫防治公告；③查阅植保技术资料和图片。

（2）选择合适的剂型：不同农药剂型的安全性差别相当大，故应该将最安全的剂型作为首选。颗粒剂撒施比用其他剂型相对安全，因为它不容易漂移。漂移和扩散性能越强的剂型在气候条件不利的情况下也越容易对要保护的作物产生药害。如果所使用的农药毒性高，这些剂型对农药使用者存在更大的风险。浓缩乳油剂农药一般比可溶性水剂更危险，因为它渗透皮肤更快，而且更不容易洗掉。

（3）估算农药的总用量，做好购药计划：每次购买量以当次防治或一个季度的农药用量为宜，尽量不多买，以免带来存贮农药的问题。另外，选择包装适量的农药，大小适当一要考虑容易搬运、使用、减少意外溢出和污染的风险，二要回收农药包装废弃物，做无害化处理。

2. 仔细阅读标签·农药标签是农药的关键信息。农药桶、瓶或袋上的标签列出了必须告知使用者安全、高效施用该农药的最重要内容，指导使用者混配和施用农药的方法以及安全处理、贮存和如何保护环境。选择农药时要充分阅读并理解农药标签的信息。

(1) 农药标签主要内容

① 农药名称、剂型、有效成分及其含量：农药名称为农药的通用名称，或由两个及两个以上的农药通用名称简称词组成的名称。通常以醒目大字位于标签的显著位置，一般横版的农药标签上农药产品名称位于标签上部三分之一范围内的中间位置，竖版标签农药产品名称位于标签右部三分之一范围内中间位置。

农药的有效成分及其含量和剂型位于横版标签的正下方或竖版标签的正左方相邻位置(直接使用的卫生用农药通常不标注剂型名称)。有效成分含量通常采用质量分数(%)或质量浓度(克/升)表示。

② 农药登记证号、产品标准号以及农药生产许可证号：正规合格的农药，其标签上都注明有该产品在我国取得的农药登记证号、产品标准号和农药生产许可证号。国外进口的农药可以不标注农药生产许可证号，但需标注其境外生产地，以及在我国设立的办事机构或者代理机构的名称及联系方式。

③ 使用范围、使用方法、剂量：使用范围主要包括适用作物或者场所、防治对象。使用方法指施用该药剂的方法。使用剂量以每 667 平方米(1 亩＝667 平方米)使用该产品的制剂量或稀释倍数表示。种子处理剂的使用剂量采用每 100 千克种子使用该产品的制剂量表示。

④ 技术要求：主要包括施用条件、时期、次数、每季最多使用次数，对当茬作物、后茬作物的影响及预防措施，以及后茬仅能种植的作物或者后茬不能种植的作物、间隔时间等。限制使用农药标明施药后人畜允许进入的间隔时间。

⑤ 注意事项：大田用农药标签的注意事项一般包含是否对农作物容易产生药害或对病虫容易产生抗性，主要原因和预防方法；是否对人畜、周边作物或植物、有益生物(如蜜蜂、鸟、蚕、蚯蚓、天敌及鱼、水蚤等水生生物)和环境容易产生不利影响，使用时的预防措施、施用器械的清洗要求；不能混用的物质或农药；正确开

启的方法；施用时的安全防护措施；禁止使用的范围或使用方法等。

⑥生产日期、产品批号、质量保证期、净含量：产品的生产日期是按照年月日顺序标注的数字，其中年份是四位数字，月和日分别为两位数字。产品批号为产品生产批次编号。产品批号包含生产日期的，一般与生产日期合并表示。质量保证期是在正常条件下的质量保证期限，可以用有效日期或者失效日期表示，阅读标签时应注意区分。净含量使用国家法定计量单位表示。

（2）农药标签上的重要标志：农药标签上除文字说明外，还有一些含有一定意义的标志，正确理解这些标志的含义，有助于对标签内容的理解。

①色带：在标签下部有一条与底边平行的色带，以不同颜色表明包装内农药的用途。色带颜色为红色表示包装内农药为杀虫剂或者杀螨剂、杀软体动物剂，绿色为除草剂，黑色为杀菌剂或杀线虫剂，蓝色为杀鼠剂，深黄色为植物生长调节剂。记住这些颜色分别代表的农药类别，有助于避免误用农药。

②毒性标志：农药是有毒的化学品，为安全起见，在标签上都印有毒性标志，以引起使用者的警觉。根据我国农药毒性分级标准，农药毒性分为五级：剧毒、高毒、中等毒、低毒和微毒。分别用"⬦"标识和"剧毒"字样、"⬦"标识和"高毒"字样、"⬦"标识和"中等毒"字样、"低毒"标识和"微毒"字样标注。标识为黑色，描述文字为红色。

（3）多次仔细看标签：很多人只是在准备施用农药时才看标签，甚至从来都不仔细阅读标签。实际上，从准备购买农药到使用农药的过程中，有五个时期需要仔细看标签。

①在准备购买农药之前，应了解：该农药是否最适合防治工作所需；以现有的条件是否可以安全使用；活性成分的浓度和含量是否满足需要；是否有合适的器械施用该农药。

② 在混配农药之前,应了解:处理农药时是否需要穿戴及穿戴什么样的防护装备;特别警告和急救措施;能与哪些农药混合施用;使用量多少;正确的混配程序。

③ 在施用农药之前,应了解:确保使用者安全的施用方法;农药应用的对象和范围;何时施用(注意检查安全间隔期);怎样施用该农药,喷施的速度;其他使用上的限制及一些特殊说明。

④ 在贮存农药之前,应了解:怎样贮存,贮存在哪里;有哪些可能不相容的问题;存放的条件要求(温度、位置等)。

⑤ 在处理任何过剩的农药或包装等废弃物之前,应了解:怎样净化和处理农药的包装容器物;在哪里和怎样处理剩余的农药。

3. 价格估算·市场上提供的农药品种繁多,即使是同一品种的农药,往往因不同生产厂家、不同包装、不同含量、不同重量而价格相差很大。在选购农药时,要综合考虑这些因素,根据需要施用农药的面积、施药量和次数,估算所需要购买的农药的量和价格。

对单位面积内要使用的农药的费用要心中有数,可用以下公式计算:

$$
每667平方米农药费用 = \frac{每包装价格 \times 每667平方米每次用药量(克/667米^2 或毫升/667米^2)}{每包装量(克或毫升)} \times 次数
$$

例1,农药 A 和农药 B 均可用于防治某种虫害。

农药 A:每包20克,市场价格5元,每次用药40克,一共需要用5次;

农药 B:每包20克,市场价格8元,每次用药40克,一共需要用2次。

按照每包的价格,农药 A 比农药 B 每包便宜3元,使用一次的费用农药 A 比农药 B 少 6 元。但对某害虫的整体防治费用,农药 A 每 667 平方米的费用是 50 元,而农药 B 每 667 平方米的费用是 32 元,选用农药 B 节省 18 元。计算方法如下:

$$农药 A 每 667 平方米费用 = \frac{5 \times 40}{20} \times 5$$

$$农药 B 每 667 平方米费用 = \frac{8 \times 40}{20} \times 2$$

例 2,农药 A 与农药 B 为防治某种虫害的同一种农药,但包装和含量不同。

农药 A:每包 20 克,市场价格 15 元,每次用药 20 克,一共需要用 2 次;

农药 B:每包 25 克,市场价格 10 元,每次用药 50 克,一共需要用 2 次。

比较每包的含量和价格,农药 A 的价格比农药 B 贵 5 元,而且每包重量比农药 B 少 5 克,折合成每克的价格,农药 A 为 0.75 元/克,而农药 B 是 0.4 元/克。但每 667 平方米的防治费用因用量不同农药 B 比农药 A 的费用要贵 5 元,计算方法如下:

$$农药 A 每 667 平方米费用 = \frac{15 \times 20}{20} \times 1 = 15 \text{ 元}$$

$$农药 B 每 667 平方米费用 = \frac{10 \times 50}{25} \times 1 = 20 \text{ 元}$$

(二) 正确使用

1. 农药配制 · 除少数农药制剂可以直接使用外,绝大部分大田施用的农药均需经过配制后才能施用。农药的配制就是把商品农药配制成可以施用的状态。如将乳油、可湿性粉剂等兑水稀释成所需要浓度的药液用于喷雾。农药配制一般要经过农药制剂和稀释物用量的计算、量取、混合均匀等几个步骤。

(1) 农药取用量计算

① 按单位面积上的农药制剂用量计算：如果植保部门推荐的或农药标签、说明书上标注的是单位面积上的农药制剂用量，那么农药制剂的用量的计算方法如下：

农药制剂取用量(毫升或克) =

$$\frac{单位面积上的农药制剂用量(毫升／公顷或克／公顷) \times 施药面积(667 米^2)}{15}$$

或

农药制剂取用量(毫升或克) = 单位面积上的农药制剂用量 (毫升 /667 米^2 或克 /667 米^2) × 施药面积(667 米^2)

每喷雾器农药制剂取用量(毫升或克) =

$$\frac{农药制剂总用量(毫升或克) \times 喷雾器容量(毫升)}{稀释物总用量(升或千克) \times 1000}$$

例：用 5% 甲维盐悬浮剂防治水稻稻纵卷叶螟，每 667 平方米用量是 20 毫升，每 667 平方米用液量 40 千克，7 000 平方米(10.5 亩)稻田共需要多少 5% 甲维盐悬浮剂，若采用 16 升的喷雾器，每喷雾器需要多少 5% 甲维盐悬浮剂？

计算：共需 5% 甲维盐悬浮剂 = 20 毫升 × 10.5 = 210 毫升

稀释水总用量 = (40×10.5) - (210÷1000) = 419.79 千克(可以取整数)

每喷雾器农药制剂取用量 = (210 × 16 000) ÷ (419.79 × 1 000) = 8 毫升

② 按单位面积的农药有效成分用量计算：如果标注或推荐的是单位面积上的农药有效成分用量，那么农药制剂取用量的计算方法如下：

农药取用量(毫升或克) =

$$\frac{单位面积上的农药有效成分用量(毫升或克 /667 米^2 或公顷)}{制剂的有效成分含量(\%)}$$

×施药面积(667 米^2 或公顷)

例：用 75％百菌清可湿性粉剂防治番茄早疫病，每 667 平方米用有效成分 200 克，2 公顷(30 亩)番茄需要 75％百菌清可湿性粉剂多少？

计算：需要 75％百菌清可湿性粉剂＝200(克)÷0.75×30＝8 000 克＝8 千克

③ 按农药制剂稀释倍数计算农药制剂取用量：如果植保部门推荐的，或农药标签、说明书上标注的是农药制剂的稀释倍数，那么农药制剂用量的计算方法如下：

$$农药制剂取用量(毫升或克)＝\frac{要配制的药液量或喷雾器容量(毫升)}{稀释倍数}$$

例：用 15％茚虫威悬浮剂 2 500 倍液防治蔬菜上的甜菜夜蛾，使用的是 16 升的手动喷雾器，每喷雾器需要多少 15％茚虫威制剂？

计算：每喷雾器农药制剂取用量＝(16 升×1 000)÷2 500＝6.4 毫升

④ 按农药制剂毫克/千克计算农药制剂用量：如果标签、说明书上标注的使用浓度为毫克/千克，那么农药制剂取用量按以下方法计算：

$$农药制剂取用量(克或毫升)＝$$
$$\frac{毫克/千克数×需配制药液量(克或毫升)}{10^6×有效成分含量(％)}$$
$$×施药面积(667 米^2 或公顷)$$

例：用己唑醇 5％悬浮剂防治葡萄白粉病，每 667 平方米用 15 毫克/千克浓度药液喷雾，每 667 平方米用液量为 30 千克药液，需要用多少 5％己唑醇悬浮剂？

计算：5％己唑醇悬浮剂用量＝(15×30 000)÷(10^6×0.05)×1＝9 克

(2) 农药稀释计算方法

① 不同浓度表示法的相互换算

百分浓度(％)与百万分浓度(毫克/千克)换算公式：

$$农药百万分浓度 = \frac{农药百分浓度}{1 毫克 / 千克浓度}$$

例：5％己唑醇悬浮剂是多少毫克/千克？

计算：农药百万分浓度(毫克/千克)＝农药百分浓度/(1毫克/千克浓度)＝5％/(1/1 000 000)＝50 000(毫克/千克)

倍数与百分浓度之间换算公式：

$$稀释后百分浓度 = \frac{农药百分浓度}{稀释倍数} \times 100$$

例：用25％噻嗪酮可湿性粉剂防治蔬菜上的白粉虱，用1 500倍液喷雾，问含噻嗪酮有效成分的百分浓度？

计算：噻嗪酮的百分浓度(％)＝0.25÷1 500×100＝0.016 7％

毫克/千克浓度换算倍数的公式：

$$倍数 = \frac{有效成分百分数}{毫克 / 千克数} \times 10 000$$

例：25％噻嗪酮配成250毫克/千克防治蔬菜上的白粉虱，用倍数表示。

计算：倍数＝25÷250×10 000＝1 000倍

② 稀释倍数方法的计算方法

稀释剂用量的计算公式：

$$稀释剂用量 = 农药制剂用量 \times 稀释倍数 - 农药制剂用量$$

例：0.5千克吡蚜酮可湿性粉剂稀释成600倍液需要加多少水？

计算：需要加水量＝0.5×600－0.5＝299.5千克

用药量的计算公式：

$$农药制剂用量＝\frac{配制药液量}{稀释倍数}$$

例：配制 50 千克吡蚜酮的 600 倍液，需要吡蚜酮可湿性粉剂多少千克？

计算：需要吡蚜酮可湿性粉剂＝50÷600＝0.083 千克

稀释倍数的计算公式：

$$稀释倍数＝\frac{配制药液量}{农药制剂用量}$$

例：用 25% 吡蚜酮可湿性粉剂 0.25 千克兑水 400 千克防治水稻飞虱，求稀释倍数是多少？

计算：稀释倍数＝400÷0.25＝1 600 倍

③ 有效成分计算方法

农药制剂用量的计算公式：

$$农药制剂用量＝\frac{要配制药液量×要配制的浓度}{农药制剂的浓度}$$

例：配 10 毫克/千克的 40% 氯虫·噻虫嗪水分散粒剂药液 60 千克，需用 40% 氯虫·噻虫嗪悬浮剂多少克？

计算：农药制剂浓度＝40%＝400 000 毫克/千克

40% 氯虫·噻虫嗪水分散粒剂用量＝（60 000×10）÷400 000＝1.5 克

稀释剂用量的计算：稀释 100 倍以下和稀释 100 倍以上的计算公式分别如下。

稀释 100 倍以下：

$$稀释剂用量＝\frac{农药制剂量×（农药制剂浓度－要配制的浓度）}{要配制的浓度}$$

例：40% 氯虫·噻虫嗪水分散粒剂 500 克需配制成 5% 药液，

需加水多少千克?

计算:需加水 $=0.5$ 千克 $\times(0.40-0.05)\div0.05=3.5$ 千克

稀释 100 倍以上:

$$稀释剂用量=\frac{农药制剂量\times农药制剂浓度}{要配制的浓度}$$

例:用 43% 戊唑醇悬浮剂 10 克,稀释成 215 毫克/千克药液防治番茄菌核病,需要加水多少千克?

计算:农药制剂浓度 43% $=430\,000$ 毫克/千克

需加水 $=10$ 克 $\times430\,000\div215=20\,000$ 克 $=20$ 千克

(3)安全配制农药:计算出农药制剂用量和稀释物的用量后,接下来就是使用干净的专用的测量和中间转移容器准确地量取农药制剂并转移至专用的农药配制稀释容器中混匀。量取和混匀农药制剂时,不能直接用手搅拌,要用专用搅拌工具。农药可以单独使用或者几种农药混配后使用。农药混配主要是指把两种或两种以上的农药同时配成药液使用,合理的农药混用可以提高药效、扩大使用范围、增加有害生物防治谱、减缓有害生物抗药性产生。将一种或几种农药倒入药箱前,应用少量的水将其先调配成母液,然后倒入加有适量水的药箱中,并充分混匀后再进一步稀释至所需要的浓度。

农药混配顺序要正确,最科学的农药混配顺序是根据农药剂型来进行。混配的顺序通常为:叶面肥、水分散粒剂、水溶袋、可湿性粉剂、互溶助剂、悬浮剂、微乳剂、水剂、乳油、其他助剂依次加入。每加入一种农药即充分搅拌混匀,然后再加入下一种。

农药配制采用二次稀释法,基本原则:配制时一定先加水后加药,充分搅拌。混配时,先在汇总桶中加入所需药液量的 1/3 清水,再将第一种农药按所需量在加入适当清水的母液桶中兑成母液后倒入汇总桶中搅拌均匀;然后将第二种农药按所需量兑成母液后倒入汇总桶中搅拌均匀;以此类推,最后在汇总桶中加入清水

至所需药液量,并再次搅拌均匀,形成均匀的混合液。混用农药要
做到现配现用,尽快用完,不可存放。

往母液桶加入少量清水,再根据作业面积将单种药剂倒入母液桶中,并搅拌均匀 1	将母液桶中的药液倒入汇总桶中(每种剂型需单独在母液桶中稀释后再倒入汇总桶) 2
涮洗母液桶和药品包装2~3遍,将涮洗完的水一并倒入汇总桶中 3	所有药剂稀释完成后,往汇总桶中添加清水至所需药液量,搅拌均匀,完成配药 4

农药混配时需注意以下要点。

① 农药混配应不影响有效成分的化学稳定性(如水解、碱解、酸解等)。有效成分的化学性质和结构是农药生物活性的基础,混用时一般不应让有效成分发生化学变化,而导致有效成分分解失效。有机磷类和氨基甲酸类农药对碱性比较敏感,拟除虫菊酯类杀虫剂和二硫代氨基酸类杀菌剂在较强碱性条件下也会分解。

② 不同农药品种混用后不能使作物产生药害。波尔多液与石硫合剂混用可产生有害的硫化铜,也会增加可溶性铜离子含量,使作物产生药害。

③ 除酸碱性外,很多农药品种不能与含金属离子的药物混用。

④ 微生物农药不能与化学农药混用。如果混用,化学农药有可能杀死微生物或导致微生物活性降低,从而使微生物农药失去或降低药效。

(4)注意事项:农药是有毒物质,在配制时应极其谨慎,严格按照操作规程操作。在与农药相关的众多活动中,农药的配制被

认为是喷、撒(洒)工作中最危险的部分。在配制过程中应注意以下事项：

① 确认选择的农药是否对路。详细阅读标签,计算所需稀释量。准备好合适的器械,包括防护服、呼吸器;如有必要,还要准备好紧急抢救器械。

② 当操作高危险农药时,千万不要单独进行。

③ 选择在户外或通风良好的区域进行配制。拆封高浓度农药容器时要小心操作。不要让身体的任何部位直接接触瓶盖或灌注导管或容器。开袋时使用剪刀,不要直接手撕,因为如果装的是干剂类,如尘粉剂、粉剂,手撕时由于力量集中容易喷出。当混合或灌装农药时,始终要站在上风口。

④ 带有体积刻度或重量刻度或两种刻度都有的测量液体的量器,应和称量干物质的工具一样,与农药存放在一起。量取容器在每次使用后要彻底清洗干净。

⑤ 当农药瓶(袋)中的农药使用完或倒空以后,要用水清洗3次,水量为农药瓶容积的 $1/4 \sim 1/6$,其中中瓶取 $1/5$,大瓶取 $1/6$),把每次冲洗的溶液倒入喷雾器中,每次倒出后倒悬30秒。

⑥ 立即清除溢洒出的农药。如果农药弄到皮肤上了,应立即用肥皂和水清洗。如果洒、溅到衣服上,应尽快更换,并且在洗净前不要再穿;不要将被农药污染的衣服与其他脏衣服一起清洗和保存。

⑦ 防护手套在脱掉之前应先洗干净。定期更换手套,不要等到磨损坏或被污染后才更换。

⑧ 配制、施用及接触农药的人在彻底清洗干净之前不要吸烟、进食和喝酒,以免将黏附积聚在嘴唇或手上的农药摄入体内。

⑨ 不能用嘴从瓶中吸出农药。在往喷雾器中加水时不要使水管低于喷雾器水箱内水面,以免喷雾器中的农药被倒吸,而污染水源。

2. 安全防护

（1）经口摄入与保护措施：发生经口摄入事故最常见的原因是农药的保管不严，将农药存放在生活空间，与生活用品混在一起，或把农药贮藏在没有标签的容器中，导致不知情者误食。例如，把农药装在饮料瓶或用于装食物的容器中，放在小孩或不知情的成人可能取食的地方。

农事操作中最常见的农药摄入事故是：①液体农药溅入眼睛；②用被农药污染了的手、衣袖抹脸；③在工作场地用被污染的容器盛食物、饮水；④进食被喷雾或尘粉污染的食物；⑤用嘴吹吸喷头或喷管来清理喷头或喷管等。

防护方法和措施：①在不得不自己保存农药的情况下，将农药存放在远离生活空间的地方，并放在带锁的专用箱、橱内，确保与生活用品绝对隔离；②仔细检查标签，设置提示和警告标志，防止误食；③在进食之前用肥皂和水彻底清洗身体，避免在喷洒农药的时候饮食和吸烟；④不要让受污染的东西接触到嘴、鼻等，不要将食物、餐具、饮料和吸管暴露在农药环境中；⑤如果必须使用某些高毒农药，而且该农药标签表明有经口摄入的高危险，使用时必须穿上面部全密封的防护服。

（2）经皮侵入与保护措施：农药通过皮肤侵入人体导致中毒是从事农事活动者最常见的情况。在量取、混配、装卸和施用农药期间，发生溅洒、溢出或滴漏情况时农药就有可能通过眼睛和皮肤侵入人体。在施药过程中，农药的药雾也可通过鼻腔、眼睛等部位侵入人体。在处理农药和农药的包装物、搬运农药容器（常常有农药溢洒在外面）、辅助施药时（如看守、监测或检查农药的覆盖面、为飞机施药挥旗标记）、清洁、调准或保养装有农药的施药器械、清理溢洒物质，以及进入农药处理过的区域等过程中，如果不进行防护都有可能造成农药经皮侵入人体。影响农药经皮渗入的重要因素有：①农药的物理和化学特性，触杀性农药比胃毒性农药更容易通过皮肤侵入人体引起中毒；②操作者的皮肤健康程度与状态；

③温度、湿度;④其他化学物质(溶剂、表面活性剂以及其他物质);⑤农药的浓度;⑥剂型;⑦防护措施,尤其是对眼睛的防护与否等。

对于农药经皮侵入的最好防护方法是穿戴防护服。施用不同的农药应选择相应的防护服。选择保护措施和防护服的种类根据以下要素来决定:一是农药的毒性、浓度以及挥发性;二是预计农药使用过程中暴露的程度;三是预计农药使用过程中暴露的时间长短;四是农药可能通过皮肤吸收的范围;五是风、活性物质的类型、施用方法、施用速度以及施用时间等影响皮肤和眼睛吸入的其他因素。在选择防护服或装备时,所有这些因素都应考虑到,确保所有部位都不直接接触到农药。具体的防护方法和措施如下:

① 仔细阅读所有推荐的保护措施,尤其是阅读农药标签上的注意事项和象形图案。

② 穿戴全身保护的整体防护服将大大降低对皮肤的污染。在进行任何有关接触农药的工作时,至少要穿一件长袖衬衣和一条长裤。长裤和衬衣的材质应密实。扣紧衬衣的领扣,保护颈部以下部位。要做到在接触农药之前做好保护工作,如果在农药接触到皮肤后才穿上防护服将只会加快皮肤对农药的吸收速度。

③ 要尽量保护好头部、眼睛、脖子等部位,免受农药的侵入。在量取、配制高浓度农药时要特别注意对眼睛的保护。

④ 当处理有机磷类、氨基甲酸酯类以及其他容易通过皮肤吸收的农药时,应使用橡胶手套。有一些熏蒸剂会使橡胶手套分解,应换用塑料手套。任何时候都不能使用棉、麻以及毛料的手套处理农药,因为它们能吸收农药而成为持续的农药释放源,它比不用手套的中毒威胁更大。

⑤ 当用手施用农药的时候,脚部的保护非常重要。在从事接触农药的工作时,应穿上防水靴或其他鞋袜。当配制或喷洒农药时应穿上橡胶靴,不能穿皮革或帆布鞋,以免吸收农药。

农药常常容易从图1中所示的部位侵入人体。

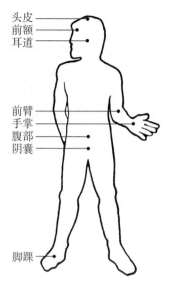

头皮
前额
耳道

前臂
手掌
腹部
阴囊

脚踝

图 1　农药易侵入人体的部位(仿 Bert L. Bohmont)

（3）经呼吸道吸入与保护措施：农药经呼吸道侵入人体的主要途径是通过鼻孔吸入。据研究,在完全休息状态下男性每分钟的平均呼吸量为 7.4 升,轻度劳动时为 29 升,强烈劳动时为 60 升,女性则为男性的二分之一左右。在田间进行施药作业为中等劳动状态,吸入的空气量比较大。农药的挥发物或雾滴、细粉都比较容易随空气而被吸入,在采用喷雾、喷粉以及使用具有熏蒸作用的农药时,要注意防范,具体措施：①按农药标签要求戴好防护口罩或面具,避免或降低配药人员的吸入风险;②宜顺风施药,施药者应始终在上风口,避免逆风施药;③室内施药时,确保通风条件良好;④做好农药容器的密闭。

总之,防止农药经呼吸道侵入就是要避免农药经口鼻吸入。

3. 正确施用·正确施用农药不仅可以充分发挥农药的作用,达到有效防治有害生物的目的,而且可以避免盲目增加用药量、降低农业成本、减少对环境的污染。合理正确使用农药要重点关注以下几点。

（1）认真阅读标签，按要求穿戴防护用具：反复、仔细阅读标签，即使是非常熟悉的农药，因为细节易被忘记，且标签也常常修订，所以仍需认真阅读。如果要求穿戴防护服和保护装备，即使在热天穿着有很多不舒服，为了安全也必须忍耐。

（2）经常校准施药器械：施用剂量和浓度不要超出标签上标注的用量或植保部门的推荐用量。准确校准施用器械，施药器械的出液量是计算目标面积用药量的关键。

（3）正确使用施药器械：确保施药器械处于干净、良好状态和运行正常。运行不正常的施药器械不仅会对施药人员带来危险，而且对作物和环境也可能造成危害。运行不正常的施药器械将导致施药过程中花费额外的时间去修理和调整设备，从而导致农药过度暴露在外。当软管、喷头或管线堵塞时，不能用嘴吹吸，应立即修复。

（4）选择安全、正确的施药方法：根据农药剂型和防治对象等确定安全、高效的施药方法。不同防治对象应考虑用不同的施药方法，常用的施药方法如下。

① 喷雾：这是最普遍也是最重要的一种农药喷药方法。很多农药剂型的施药方法就是兑水喷雾，如水剂、可溶性液剂、乳油、水乳剂、微乳剂、可分散剂、悬浮剂、微囊悬浮剂、可溶性粉剂、可溶性粒剂、可溶性片剂、可湿性粉剂、水分散粒剂、干悬浮剂等剂型，使用时一般都要兑水配成药液后喷雾。按药液雾化原理，喷雾法分为压力雾化法、弥雾法和超低容量弥雾法。

压力雾化法：药液在压力作用下通过狭小的喷孔而雾化的方法。压力雾化法喷出的雾滴大小决定于喷雾器内的压力和喷孔的孔径。

弥雾法：是药液首先在压力作用下喷出初雾滴，然后立即被喉管的高速气流吹张开，形成一个个小液膜，膜与空气碰撞破裂而成雾。弥雾法和常规的压力雾化法的不同之处是：弥雾法喷出的雾粒比压力雾化法的雾粒直径小,属于少容量飘移喷洒;植株上部沉积药量多,而下部少;喷幅宽,工作效率高。

② 喷粉:是利用药械机具将农药粉剂喷到作物和防治对象上的方法。采用喷粉法施药具有不用水、工效高、方法简便、药粉分布均匀的优点;缺点是药粉在作物上附着吸收能力较差,风吹雨淋损失大,防治效果不稳定,容易污染环境。

③ 撒施(粒):使用的农药是颗粒状农药制剂,由于颗粒状农药制剂粒度大,下落速度快,受风的影响很小。撒施法适合于土壤处理,或水田施用除草剂,特别是希望药剂快速沉入水底以便迅速被田泥吸附或被杂草根系吸收;同时也适合于玉米、甘蔗等作物的心叶期施药。有些钻蛀性害虫如玉米螟等藏匿在喇叭状的心叶中危害,向心叶中撒施入适用的颗粒剂可以取得很好的效果,而且施药方法非常简便。

撒施法简单、方便、省力,无需药液配制,可以直接使用,并且可以徒手使用;适宜于不便采用喷雾法的毒性高的农药品种,或者容易挥发的农药品种。

④ 泼浇:是以大量的水稀释农药,用洒水壶或瓢将药液泼浇到农作物上或果树植株两侧、树冠下面,利用药剂的触杀或内吸作用防治病虫草的施药方法。泼浇法是一种比较落后的施药方法,用药量、用水量都比较大。泼浇法的特点是操作简便、不需特殊的施药机具,液滴大、飘移少。

⑤ 灌根:是将药液浇灌到作物根区的施药方法,主要用来防治地下害虫和土传病害。灌根法对施用的药剂有一定的要求,首先药剂要对作物安全,以防产生药害,用于防治土传病害时还要求必须具有较好的内吸性。

⑥ 熏蒸:是用气态农药或在常温下容易气化的农药处理农产品、密闭空间或土壤等,以杀灭病菌、害虫或者萌动的杂草种子和害鼠。熏蒸法只有采用熏蒸药剂才能实施,熏蒸药剂是指在所要求的温度和压力下能产生对有害生物致死气体浓度的一种化学药

剂。熏蒸法要求有一个密闭的空间以便把熏蒸剂与外界隔开,防止药剂蒸气逸散。因此,熏蒸法一般的使用场所是粮库、货仓、暖房、农产品加工车间,以及运输粮食、货物、果蔬的车厢和货车等具备密闭条件的场所。对于土传病虫草害的防治,也可以采用熏蒸法。

熏蒸结束后,现场必须保持通风,使有害气体逸散出去,并需由专业人员检查确认安全的情况下才能进入。

⑦ 毒饵:是利用能引诱取食的有毒饵料(毒饵)诱杀有害生物的施药方法。毒饵是指在对有害动物具有诱食作用的物料中添加某种有毒药物并加工成一定形态的药剂。根据毒饵的加工形状,毒饵分为固体毒饵和液体毒饵。

对固体毒饵一般采用堆施、条施和撒施等3种方法。堆施法是将毒饵堆放在有害生物出没的地方来诱杀的方法,适宜防治有群集性以及喜欢隐蔽的害虫。条施法是顺着作物分行在植物基部地面上施用毒饵,适宜防治危害作物幼苗的地下害虫,如小地老虎等。撒施法是将粒状毒饵撒施在一定范围内进行全面诱杀的方法,适宜防治害鼠或害鸟。对液体毒饵主要采用盆施、条施和喷雾等几种方法。

⑧ 种子处理:常用的是拌种和浸种两种方法。

i. 拌种法:就是将选定数量和规格的拌种药剂与种子按一定比例进行混合,使被处理种子外面均匀覆盖一层药剂,形成药剂保护层。药剂拌种的作用:一是杀死种子携带的病原菌或控制病原菌等有害生物对种子贮存及运输的危害;二是杀死或控制播种后种子周围土壤环境中病原菌和地下害虫,防止其对种子萌发和幼苗生长的侵害;三是利用药剂的渗透性或内吸作用进入幼苗各部位,以防止苗期病害发生和地上害虫危害。

拌种最好在拌种器中进行,以每分钟30转、拌3~4分钟为宜。拌种使用的农药有效成分一般以内吸性药剂为好。拌好药的种子一般直接用来播种,不需再进行其他处理,更不能进行浸泡和催芽。

ii. 浸种法：是将种子浸渍在一定浓度的药剂水分散液里，经过一定时间使种子吸收或黏附药剂，然后取出晾干，以达到杀死种子表面和内部所带病原菌或害虫的方法。种子经过浸种法处理可以充分吸收水分，利于催芽播种；也可以使种子吸收一定量农药，既可以杀灭种子携带的有害生物，又可以防止幼苗遭受病虫危害。

浸种法处理种子操作程序比较简单，一般不需要特殊的设备，可以将待处理的种子直接放入配制好的药液中，稍加搅拌，使种子与药液充分接触即可。浸种药液一般需要高出浸渍种子 10～15 厘米，以免种子吸水膨胀后露出药液而影响效果。浸种防病虫效果与药液浓度、温度和浸泡时间有密切关系。浸种温度一般在 10～25 ℃，温度高时，应适当降低药液浓度或缩短浸种时间；温度一定，药液浓度高时，浸种时间可短些。浸过的种子一般需要晾晒，对药剂忍受力差的种子浸种后还应按照要求用清水冲洗，以免发生药害；有的浸种后可以直接播种。

⑨ 土壤处理：根据操作方式和作用特点分为土壤覆膜熏蒸消毒法、土壤化学灌溉法和土壤注射法等。前面介绍的撒粒法也可以算作一种土壤处理方法。

i. 土壤覆膜熏蒸法：用此法处理土壤是杀死土壤中有害生物的有效措施。熏蒸药剂的分子在土壤中可以扩散渗透，效果较好；缺点是用药量大，处理比较复杂。当气态药剂渗透到土壤中以后，必须要防止它过快逸出土面。

ii. 土壤化学灌溉法：以水为载体把农药施入土壤中，也是土壤处理的一种重要方式，例如各地农民常用的土壤浇灌、沟施、穴施、灌根等技术。土壤化学灌溉法就是指对灌溉（喷灌、滴灌、微灌等）系统进行改装，增加化学灌溉控制阀和贮药箱，将农药混入灌溉水施入土壤和农作物中的施药方法。

iii. 土壤注射法：是采用注射设备把药液直接注射进土壤中，对土壤进行消毒处理的方法。

⑩ 涂抹：是将药液涂抹在植株某一部位的局部施药方法。涂抹用的药剂需为内吸剂或触杀剂。按涂抹部位划分为涂茎法、涂干法和涂花器法3种。为使药剂牢固地黏附在植株表面,通常需要加入黏着剂。涂抹法施药,农药有效利用率高,没有雾滴飘移,费用低,适用于果树、林木等的使用。

（5）认真掌握施药时间：施药应该在合适的时间进行,使用推荐用量,以防止食物、饲料或饲料作物的农药残留超标。很多标签都标明了安全间隔期(最后使用农药至作物收获之前的天数),必须严格遵守。

（6）注意激素类除草剂的使用：施用激素类除草剂时,应分开使用不同的药械,以免对作物产生药害。同时应避免在有风的天气下进行,以防飘移到其他非靶标区域。

（7）防止药剂飘移：要预防农药飘移到旁边的作物、牧草地或牲畜。要特别注意,防止对河流、池塘、湖泊或水的污染,避免污染鱼塘和水源。如果必须在有风的天气施药,喷施时应选择正确的角度,防止吹到自己脸上(图2)。

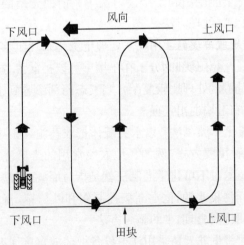

图 2　施药时的位置选择(仿 Bert L. Bohmont)

（8）防止农药中毒：在施药过程中，如感觉身体不适或出现异常症状，应停止工作并及时去医院诊治。

4. 轮换使用·自从研究人员开始记录昆虫对杀虫剂的抗药性以来，至今至少有 500 多种害虫和害螨、150 多种植物病原菌、180 多种杂草、3 种线虫、5 种害鼠已经产生抗药性，其中大部分是近 20 年内发现的。已产生抗药性的昆虫中 60% 是农业上的重要害虫。早在 1963 年，我国就发现了病虫害对农药出现抗性，如棉蚜、棉叶螨对内吸磷产生抗药性。专家认为，长期、过量使用单一的药剂是加速有害生物产生抗性的重要因素之一。诸多研究结果和实践证明，合理轮换使用不同种类的农药是控制抗性产生的一种行之有效的措施。

在对病虫害进行防治时，应首先采取农业防治措施，减少有害生物数量，使化学农药的使用最小化。然后，选择最佳的药剂配套使用方案，在调查研究的基础上找出不易产生交互抗性和多种抗性的药剂，最好是可以产生负交互抗性的药剂来轮换使用，包括各类（种）药剂、混剂及增效剂之间的搭配使用。应避免长期使用同一类产品，以通过轮换使用不同农药产品来延长每个产品的使用寿命。

5. 农药处理田块的注意事项·

（1）常规施药田块的处理：施过农药的田块，作物、杂草上都附有一定量的农药，一般施药 4～5 天后会基本消失。因此，要在施用过农药的田块树立明显的警示标志，在施药后的一定时间内禁止人、畜进入。

（2）施用过高毒农药田块的处理：对施用过高毒农药的棉田，3～5 天内人、畜均不可进入。稻田施药后要巡视田埂，防止田水渗漏和溢出而污染水源，并在 3 天内不放出田水。设置警示牌，警示牌上应标明施药日期、使用的农药名称、禁止进入的日期。

（3）注意禁止进入期与农药安全间隔期的区别：不要将施药后的禁止进入期与农药安全间隔期相混淆。施药后禁止进入期是从施药后至可以进入之间的时间。安全间隔期是从施药至农作物收获之间必须经过的日期,以确保农作物上的农药残留降解到允许水平之下,保证消费者的安全。同一种农药在不同作物、不同施用部位、不同剂量的安全间隔期是不一样的。

6. 温室内的操作· 温室是一个特别的小环境,在温室内施用农药存在一些特殊的问题。一般的温室,工作空间往往十分有限,工人必须在温室内工作,在一定程度上工人一直在接触着植物和其他处理过的表面;而温室的通风系统经常保持在最小的状态以保持温室内处于理想的温度,因此烟雾、水雾以及灰尘在空气中存留的时间相对要长,对人的危险也就更大。

由于温室内空气流动量减少,没有雨水的冲刷、稀释或结合产生化学变化降解,以及温室的玻璃对紫外线光的过滤作用,施用在温室内作物或其他物体表面的农药的分解速度比露地上慢。

为保障施药人员和作物的安全,温室内施用农药时应注意:①选择对病虫害高效而对人和动物危害最小的农药;②当使用有毒的农药,尤其是熏蒸剂时,施药者应戴上防毒面具,穿上防护服;③施用熏蒸剂或其他高毒农药后,在温室的所有出入口均贴上警告标示,禁止人员随意进入;④使用农药的标签上有要求通风的,在温室按照要求的时间通风之前,禁止未穿戴防护服和防毒面具的人员进入;⑤温室内工作人员应避免皮肤与处理过的作物和其他物件表面接触,以减少对皮肤的刺激、发生过敏反应和农药通过皮肤渗入。如果不可能做到,则应穿戴防护服,并经常清洗。

(三) 农药的运输、贮藏及废弃物和施用器械的处理

1. 安全运输·

(1) 运输前检查包装:农药进出仓库应建立登记手续,不得随意存取。在运输农药之前,应检查包装是否完整,发现有渗漏、破裂的,应用该药剂规定的材料重新包装后运输,并及时妥善处理被污染的地面、运输工具及包装材料等。

（2）妥善放置农药：农药不能与食品、饲料、种子、生活用品，以及性质相抵触的货物混装；高毒农药必须专运。要确保农药远离乘客、牲畜，尽可能地避免把农药装入客车、牲畜运输车以及其他装运人、畜消费用品的车辆中。如果确实无法避免，则应尽量将农药放在远离乘客和行李的地方。

（3）小心装卸农药：装药前，应锤平运输车上凸出的钉子、铁皮、木锲等，以免戳破农药包装而引起渗漏。装卸时要特别小心，千万不要把农药放在其他重物的下面，以免压碎农药包装，同时还要防止农药从高处摔落。搬运农药要做到"轻、稳、准、快"。轻，即轻拿轻放，不冲撞，不碰摔，不翻滚；稳，即放置农药要平稳牢靠，不倾斜，不倒放；准，即装卸数量要准确；快，即在保证装卸质量的前提下，加快速度。

农药装车、装船时要堆放整齐，不倒置，重不压轻，标记向外，箱口朝上，放稳扎妥。

装卸农药的人员必须穿戴口罩、手套、搭肩布、长裤、长袖衣等劳动防护用品。休息时，未洗手前不吸烟、不吃东西。皮肤受污染后应立即用肥皂清洗。

（4）仔细处理溢洒农药：如在装卸和运输过程中发生农药溢洒事故，应让人、畜远离现场，避免接触溢出物。不要在溢出的农药旁吸烟或使用明火。

转移包装损坏的农药货物时，应将它们放在光洁平坦的地上，并远离住宅和水源，用干土或锯木屑吸附洒落的农药液体，再仔细清扫后将废渣埋在对水源和水井不会造成污染的地方。

如果操作人员沾染了农药，应脱下被污染的衣服并清洗，用肥皂彻底清洗沾染农药的皮肤，如在清洗后仍然有不适，应及时就医。

如在运输农药过程中污染了食物，应将被污染的食物深埋在地下或烧毁，千万不可用被污染的食物饲喂家禽和牲畜或让它们误食。

（5）认真清扫运输工具：在每次卸下农药后应清扫车辆等农药运输工具，避免产生污染。清洗运输车被污染的部位要在远离水井、水源的地方。清洁过程中应穿戴防护服。

2. 安全贮藏 · 农药是特殊商品，如果贮藏不当，不但会导致农药变质、失效，而且会产生其他有害作用，甚至人畜中毒、环境污染。因此，在购置农药之前，要仔细制订购买计划，以缩短贮藏时间和避免过剩。农药的贮存条件要符合标签上的要求，尤其要避免将农药贮存在其限定温度以外的条件下。贮藏的农药在任何时候都必须做到安全、保险。具体措施如下。

（1）专地或专柜贮存：避免与粮食、蔬菜、瓜果、食品、日用品等混放，不能和火碱、石灰、小苏打、碳酸氢铵、氨水、肥皂以及硝酸铵、硫酸铵、过磷酸钙等碱性或酸性物品同仓存放，也不能和火柴、爆竹、火油、硫黄、木炭、纸屑等易燃易爆物品放在一起。农药最好能单独贮存在有锁的仓库或专用设施中，还应远离儿童、家禽、牲畜、动物饲料和水源，以消除一切造成污染或误当其他物品的可能性。

（2）避免和化肥贮放在同一仓库内：农药和化肥都属于化学物品，化肥的品种不少，农药的品种也很多，而且它们的性质又各不相同。化肥有易挥发的、易爆炸的，有酸性的、碱性的；农药也有易分解、易燃、易爆炸的，而且是有毒的。所以应避免将农药和化肥存放在同一仓库内，以免拿错、引起化学反应以及其他危险事故的发生。

（3）农药处理种子单独存放：经农药处理过的种子须单独存放，并在上面做上记号，以免误食。

（4）除草剂与其他农药分开贮存：必须将除草剂与其他农药分开贮存，以免误将除草剂当作杀虫剂或杀菌剂使用而造成经济损失。

（5）定期检查农药包装：检查农药包装是否有破损和渗漏等，对有破损和渗漏的包装和容器，要及时转移。如果破损包装和容器中的农药仍可使用,可将它们重新包装,但必须装进贴有原始标签的容器,若没有原始容器,则必须将原始标签贴到新的包装容器的显著位置。

(6) 不得在溢出的农药旁吸烟或使用明火:对溢出的农药液体,应用干土或锯木屑吸附,在仔细清扫后将废渣深埋在对水源和水井不会污染的地方。

(7) 定期检查农药的有效期:对已过期的农药要及时销毁。

3. 施药后的清洁与卫生

(1) 施药器械的清洗:施药器械在作业后应充分清洗,尤其是施用除草剂后更应洗净,以免残存物混入导致以后施用其他农药产生药害。施过农药的器械应在远离小溪、河流或池塘等水源地方洗刷,洗刷过施药器械的水应倒在远离居民点、水源和作物的地方,避免对水源、环境造成污染及对农作物产生药害。

(2) 防护服的清洗:施药作业结束后,应立即清洗防护服。脱下防护服及其他防护用具,装入事先准备好的塑料袋中带回处理;带回的各种防护服、用具、手套等物品,应立即清洗。根据一般农药遇碱容易分解的特点,可以用碱性物质对上述物品进行处理,如用碱水或肥皂水或草木灰水浸泡。若被农药原液污染,可先放入5%碱水或肥皂水中浸泡1～2小时,然后用清水清洗。橡皮及塑料薄膜手套、围腰、胶鞋被农药原液污染,可在10%的碱水内浸泡30分钟,再用清水冲洗3～5遍,晾干备用。

(3) 施药人员的清洗:先用清水冲洗手、脚、脸等暴露部位,再用肥皂洗涤全身,并漱口换衣。施用敌百虫后不能用碱性肥皂液洗涤,而应使用中性肥皂洗涤。

对使用了背负式喷雾器的人员,其腰背部污染较多,需反复清洗。最好采用淋浴冲洗,如没有沐浴条件,可在肥皂清洗后,用盆或桶装上温度适合的清水进行冲洗。

4. 剩余农药及包装物的处理

(1) 剩余药液的处理:已经稀释而未喷完的药液(粉),如果不可能在第二天继续使用,在该农药标签许可的情况下,对少量的剩余药液,可在当天重复施用在目标物上(茎叶处理的除草剂应慎重重复施用,避免造成药害),或使用专门容器保存存放,直到完全降解。绝不能将剩余药液倒入河流、池塘以及下水道中,以免对人、畜和环境造成危害。

农药喷施结束后,未经配制稀释的剩余药剂或药粉应保存在原有的包装中,并密封贮存于上锁的地方;不能用其他容器盛装农药,尤其不可用空饮料瓶分装剩余农药,以免误食;要存放在儿童拿不到的地方。

(2)农药废弃包装的处理:据统计,我国每年的农药包装废弃物有数亿个,农药包装废弃物一般都残存有毒化学物质,若随意丢弃这些农药包装废弃物,将可能对河流、农田土壤、地下水源等造成污染,甚至造成动物中毒和环境污染事故的发生,对人和环境存在极大的危害隐患,因此必须按照相关法律法规要求正确处理农药包装废弃物。农药使用者不得将农药包装废弃物随意丢弃,有责任将农药使用中产生的农药包装废弃物妥善收集,并按照国家和当地政府有关规定安全送至包装废弃物回收点,交由相关部门处理。

农药生产者、经营者要依照国家规定履行相应的农药包装废弃物回收义务,农药经营者应在其营业场所设立农药包装废弃物回收装置。农药包装废弃物的存放场所应有防扬散、防流失、防渗漏等措施,并在醒目位置设置相应标识。不得露天存放农药包装废弃物,不得将危险特性不相容的农药包装废弃物混合贮存。

对于不能及时处理的农药容器,应妥善保管,以防被盗和滥用,同时要阻止儿童和牲畜接近。绝不能用农药空容器盛装其他农药,更不能作为人、畜的饮食用具。

5. 最小化污染的几点做法

① 在不得不采用化学农药防治之前,尽量不使用化学农药防治。

② 准确计算农药用量,严格按照计算量配制。每次施药用完全部配制的药液,按照科学的方法冲洗容器,并科学处理。

③ 避免农药的撒泼或渗漏。

④ 不要将农药污染物与其他污染物品混放或一起处理,以免造成交叉污染,或增加清洁的代价。

三、农药中毒及事故处理

(一) 农药中毒的含义

1. 中毒类型 · 农药中毒是指在接触农药的过程中,农药进入人体,超过了人正常情况下的最大耐受量,使机体的正常生理功能失调,引起毒性危害和病理改变,出现一系列中毒临床表现。

根据农药中毒后引起人体所受损害程度的不同,可将中毒程度分为轻度、中度、重度中毒。根据中毒快慢分为急性、亚急性和慢性中毒。

(1) 急性中毒:农药被人一次口服、吸入或皮肤接触量较大,在短期内(一般在 24 小时内)就出现中毒症状的为急性中毒。

(2) 亚急性中毒:长期连续接触一定剂量农药后,经过一定时间后表现出与急性毒性类似的症状,或引起局部病理变化。一般在接触农药 48 小时内出现中毒症状,时间较急性中毒较长,症状表现较缓慢。

(3) 慢性中毒:接触农药量较小、时间长,农药进入人体后累积到一定量才表现出中毒症状。慢性中毒一般不易被察觉,诊断时往往被误诊,所以慢性中毒易被人忽略,一旦发现,为时已晚。在日常生活中长期食用农药残留超标的蔬菜、水果,饮用农药残留量超标的水,或接触、吸入卫生杀虫剂等,大多会引起累积性的慢性中毒。

2. 中毒途径

(1) 经皮肤吸收：指农药通过皮肤吸收进入人体引起的中毒。很多农药能溶解在有机溶剂和脂肪中，而不少农药可以由无伤皮肤进入人体内；特别是天热，气温高，皮肤汗水多，血液循环快，很容易被吸收。皮肤有损伤或大量出汗时，农药更易进入人体。

不按照安全操作规程，如不穿防护服，不戴手套施药，喷雾器在喷药前未检查漏水而致药液浸湿了衣裤，迎风喷药药液飘到了操作者身体或眼内，均会引起经皮中毒。

(2) 经鼻吸入：指农药通过呼吸道吸入引起的中毒。很多具有熏蒸作用的农药和容易挥发成气体的农药，在喷药过程中如操作人员和周边工作人员不戴口罩，贮藏农药的地方不通风或将农药放在人住的房内，均会引起农药吸入中毒。

粉剂、熏蒸剂和容易挥发的农药，可以从鼻孔吸入引起中毒。喷雾时的细小雾滴悬浮于空气中，也易被吸入。要特别注意，无臭、无味、无刺激性的药剂从呼吸道的吸入，因为这类药剂容易被人们所忽视，会在不知不觉中被大量吸入人体内，因此这类药剂要比有特殊臭味和刺激性的药剂中毒的可能性大。

(3) 经口进入：指通过嘴和消化道吸收引起的中毒。各种化学农药都能从消化道进入人体而引起中毒，多见于误服农药或误食被农药污染的食物。如食用了拌了农药的种子，或者长期食用农药残留超标的瓜、果、蔬菜；在喷药时不按操作规程，不洗手就吃东西、喝水、抽烟等，都能引起经口中毒。经口中毒，农药剂量一般较大，不易彻底消除，所以中毒也较严重，危险性也较大。

3. 中毒症状 不同农药中毒作用机制不同，其中毒症状表现也有所不同，在农药包装的标签上或农药说明书上均标明该农药中毒的症状，一般表现为激动、烦躁不安、疼痛、恶心呕吐、痉挛、肺水肿、脑水肿、呼吸障碍、心搏骤停、休克、昏迷等。

在接触农药的工作中，一旦出现农药标签上标注的中毒症状，或有生病的迹象，或身体某些部位感觉不舒服，应立即停止工作，脱离农药环境,并尽快就医诊治。

(二)农药中毒事故的处理

1. 现场急救·为了尽量减轻症状和避免死亡,中毒事故发生后,必须及早采取急救措施。

① 立即使患者脱离农药和污染环境,转移至空气新鲜处;松开衣领,使呼吸畅通,必要时给予吸氧和进行人工呼吸。

② 救援者穿上靴子、戴上手套,尽快给患者脱下被农药污染的衣服和鞋袜,然后把污物冲洗掉。在缺水的地方,在去医院治疗之前,必须将污物擦干净。

③ 用大量清水冲洗被污染的皮肤和眼睛。

④ 误服农药的需饮水催吐(吞食腐蚀性毒物的不能催吐)。

⑤ 心脏停跳时进行胸外心脏按摩。

⑥ 中毒者出现惊厥、昏迷、呼吸困难、呕吐等情况时,在护送去医院前,除检查、诊断外,应给予必要的应急处理,如取出假牙,将舌引向前方,保持呼吸畅通;使人仰卧、头后倾,以免吞入呕吐物,以及一些对症治疗的措施。

中毒事故发生后,及时、科学、适当的急救是非常重要的,但是不能把急救代替专业的治疗。急救只是在专业医疗不能获得之前给患者减轻症状的一种措施。发生农药中毒紧急事件时,要像发生火灾、交通事故一样,立即拨打求救电话,病人越快获得专业治疗,康复的机会就越大。

2. 向医生叙述情况·很多医生由于很少接触农药中毒的病例,对农药中毒的症状和处理并不是十分清楚,而且农药中毒症状跟其他疾病和中毒症状很相似。因此,当中毒事件发生后,病人应主动告诉医生与农药的接触史,包括与农药接触的过程、农药种类、接触方式(如误服、误用、未遵守操作规程等)并出示农药的包装。如中毒严重难以自述者,则周围人及家属应尽量详细叙述中毒的过程和细节,便于医生准确及时掌握中毒症状并积极采取治疗方法和使用对症的解毒剂。

非医务人员千万不可自带或给他人使用任何解毒剂作急救使用，解毒剂只能在医生的指导下使用。

（三）安全事故易发期

据统计，在施药季节中有三个时期是从事与农药有关的人员最容易过度接触农药、发生安全事故的时间段，施药人员应特别注意。

（1）早春：新员工或没有经验的员工第一次开始从事与农药相关的工作，在他们获得了一些培训和经验之前，农药过度接触污染事件最容易发生在新员工身上。

（2）夏天高温季节：夏季是农作物病虫害高发期，农药使用频率相对其他时段高，而且夏季天气炎热，穿着防护服和呼吸保护器将使施药人员感觉很累和不舒服，因此施药人员容易冒很大的危险直接接触农药。而且，炎热的天气很容易导致施药人员脱水，从而使某些农药更易侵入人体。

（3）季末：即收获前或收获季节，此时由于工作量较大，对工人和机器压力都较大，长期的劳累，往往容易大意；而反复吸入小剂量的农药，如有机磷、氨基甲酸酯类杀虫剂，开始不会有明显的表现症状，长期吸入，则会导致胆碱酯酶下降，造成不良反应。器械也由于使用了一个季节，功能有所降低，从而带来潜在的危险。

（四）注意事项

1. 对农药使用者的医学监管·接触和使用有机磷类、氨基甲酸酯类等胆碱酯酶抑制剂类农药的人员，应在施药季节内定期到医院进行胆碱酯酶的血液检测。在施药前（一定时期内完全没有接触过此类药品），对施药人员进行胆碱酯酶血液检测也非常必要，主要是为每个人建立一条其本人在正常情况下的血液中胆碱酯酶量的参考基线。在施药季节应每周检测一次，观察胆碱酯酶是否正常。如果胆碱酯酶检测值低于其基值 50％，该人员应当停止从事与有机磷农药、氨基甲酸酯类农药有关的工作，直到其工作习惯改良以及胆碱酯酶值回归正常。

使用其他类别农药亦应注意对使用者的医学监管。

2. 减少中毒事故的几点做法·以下措施将有助于农药使用者在从事接触农药的工作中减少中毒事故的发生。

① 在使用农药前仔细阅读标签，并遵循标签上的告示操作。

② 尽量不单独工作，工作时始终穿上专用防护服。

③ 不要让儿童或未经许可的人逗留在农药混配、装载和施用现场。

④ 确保使用的装备是干净的，装备须经过校准和确保工作正常。

⑤ 尽量在户外混配农药，如果必须在室内混配，应确保混配区域通风和光照良好。

⑥ 在拆封袋装或瓶装农药包装时，尽量保持标签的完好，使用完后立即将包装重新密封。

⑦ 在混配或处理农药时，避免吃、喝、抽烟以及用手擦脸或揉眼。

⑧ 按照推荐比率准确计算用量。

⑨ 倒灌液体、粉剂、可湿性粉剂时要慢慢进行，避免任何溅洒或滴漏。

⑩ 当发生溅洒时，应立即脱掉被污染的衣服，用肥皂和水彻底清洗皮肤，换上干净的防护服，清理溅洒的物质。

⑪ 始终要选择适宜的天气施用农药。

⑫ 带上一定量的干净水，以防紧急情况下清洗眼睛和皮肤之用。

⑬ 坚持做到在处理完农药后，以及在饮食、抽烟或进入休息室前，彻底清洗。

⑭ 千万不可将农药遗忘在田野、工作场所或交通工具上。

⑮ 将农药存放在原先的容器中并保持密封。

⑯ 在处理空的农药包装容器之前用水清洗 3 次,将清洗的水倒入喷雾容器中,按规定规范处理废弃的农药包装容器,避免对人、动物及环境造成威胁。

⑰ 预先做好施药计划。

杀 菌 剂

1. *R*-烯唑醇

分子式：$C_{15}H_{17}Cl_2N_3O$

【类别】 三唑类。

【化学名称】 (*E*)-(*R*)-1-(2,4-二氯苯基)-4,4-二甲基-2-(1*H*-1,2,4-三唑-1-基)戊-1-烯-3-醇。

【理化性质】 为烯唑醇的单一有效体,原药为无色结晶状固体。熔点 134～156 ℃。蒸气压 2.93 毫帕(20 ℃)、4.9 毫帕(25 ℃),正辛醇-水分配系数 $K_{ow} \log P$ 为 4.3(25 ℃),相对密度1.32。水中溶解度 4 毫克/升(25 ℃),有机溶剂中溶解度(克/千克,25 ℃):丙酮 95,甲醇 95,二甲苯 14,正己烷 0.7。对光、热和潮湿稳定。正常贮存条件下贮存 2 年稳定。

【**毒性**】 低毒。大鼠急性经口 LD_{50} 为 639 毫克/千克(雄)、474 毫克/千克(雌);急性经皮 LD_{50} >5 000 毫克/千克;急性吸入 LC_{50}(4 小时)为 2 770 毫克/升。对兔眼睛严重刺激,对兔皮肤无刺激。对豚鼠无皮肤过敏。鹌鹑急性经口 LD_{50} 为 1 490 毫克/千克,野鸭>2 000 毫克/千克。虹鳟鱼 LC_{50}(96 小时)>1.58 毫克/升,鲤鱼为 4.0 毫克/升。蜜蜂急性接触 LD_{50} >20 微克/只。

【**制剂**】 12.5%可湿性粉剂。

【**作用机制与防治对象**】 本品为烯唑醇的高效体,是一种持效期长、内吸性三唑类杀菌剂。施药后能被植物各部位吸收,对病害具有预防、治疗作用,具有保护、治疗、铲除和内吸向顶传导作用,作用机制是抑制麦角甾醇生物合成,具体是在甾醇的生物合成过程中强烈抑制 24 - 亚甲基二氢羊毛甾醇的碳 14 位的脱甲基作用。抗菌谱广,特别对子囊菌和担子菌高效,可有效防治梨树黑星病。

【**使用方法**】

防治梨树黑星病:于梨树发病初期施药,用 12.5%可湿性粉剂 4 000~5 000 倍液均匀喷雾,间隔 10~15 天喷雾 1 次,连喷 3 次。每季最多施用 3 次,安全间隔期 20 天。

【**注意事项**】

(1)对蜜蜂、家蚕、鱼有毒,施药期间避免对周围蜂群影响,开花植物花期、家蚕和桑园附近禁用,禁止在鱼塘、水井等水源中清洗施药器械。切勿使药剂污染水源。

(2)豆类及瓜类果蔬等在苗期、花期等敏感期慎用。建议与其他不同作用机制的杀菌剂轮换施用,以延缓抗药性的产生。

(3)不能与碱性及无机铜制剂混用。

2. 氨基寡糖素

分子式：$(C_6H_{11}NO_4)_n$　　$n<60$

【类别】　生物农药。

【化学名称】　低聚-D 氨基葡萄糖。

【理化性质】　原药为黄色或浅黄色粉末，密度 1.002 克/厘米^3（20 ℃），熔点 190～194 ℃/1 毫帕。溶于水，部分溶于碱性溶液。

【毒性】　低毒。雌、雄大鼠急性经口 LD_{50}＞5 000 毫克/千克，急性经皮 LD_{50}＞5 000 毫克/千克。对皮肤和眼睛无刺激性，对豚鼠皮肤有弱致敏性。

【制剂】　20 克/升水剂，0.5％、1％、2％、3％、5％水剂。

【作用机制与防治对象】　本品是利用微生物发酵技术从富含甲壳素的蟹、虾等产品的废弃物中分离得到，是一种具有抗病作用的杀菌剂，杀菌谱很广，对多种真菌、细菌、病毒引起的病害均有效。可诱导植物体产生抗病因子，激发植物体内基因表达，产生具有抗菌作用的几丁质酶、防卫素等，同时具有抑制病菌的基因表达，使菌丝的生理生化发生变异，生长受到抑制。该药具有调节植物生长发育的功能，提高种子发芽率，壮苗，促根，提高植物对肥料和水分的吸收利用率，增强作物的抗逆性。

【使用方法】

(1) 防治水稻稻瘟病:发病前或发病初期,每 667 平方米用 5% 水剂 75～100 毫升兑水 30～50 千克均匀喷雾,视病害发生情况,每 7～10 天施药一次,可连续用药 2～3 次。

(2) 防治小麦赤霉病:发病前或发病初期,每 667 平方米用 5% 水剂 75～100 毫升兑水 30～50 千克均匀喷雾,每 7～10 天施药一次,可连续用药 2～3 次。

(3) 防治玉米粗缩病:发病前或发病初期,每 667 平方米用 5% 水剂 75～100 毫升兑水 30～50 千克均匀喷雾,每 7～10 天施药 1 次,可连续用药 2～3 次。

(4) 防治棉花病毒病:发病前或发病初期,每 667 平方米用 20 克/升水剂 100～150 毫升兑水 30～50 千克均匀喷雾。

(5) 防治棉花黄萎病:发病前或发病初期,每 667 平方米用 0.5% 水剂 140～185 毫升兑水 30～50 千克均匀喷雾,间隔 7～10 天施 1 次,可连用 2～3 次。或每 667 平方米用 3% 水剂 80～100 毫升兑水 30～50 千克均匀喷雾,每季最多施用 3 次,安全间隔期 10 天。

(6) 防治棉花枯萎病:发病前或发病初期,每 667 平方米用 5% 水剂 75～100 毫升兑水 30～50 千克均匀喷雾,间隔 7～10 天施药 1 次,可连续用药 2～3 次。

(7) 防治番茄晚疫病:发病前或发病初期,每 667 平方米用 20 克/升水剂 60～80 毫升,或 0.5% 水剂 210～245 毫升,兑水 30～50 千克均匀喷雾,视病情可每隔 5～7 天喷 1 次,连喷 3 次,每季最多施用 3 次,安全间隔期 10 天;或每 667 平方米用 3% 水剂 40～50 毫升,或用 5% 水剂 20～25 毫升,兑水 30～50 千克均匀喷雾,视病情可每隔 5～7 天喷 1 次,连喷 3 次。

(8) 防治番茄病毒病:作物苗期、发病前或发病初期叶面喷雾,每 667 平方米用 2% 水剂 160～270 毫升,或 5% 水剂 86～107 毫升兑水喷雾,间隔 5～7 天施药 1 次,连续施药 3～4 次;或每 667 平方米用 0.5% 水剂 800～1000 毫升兑水 30～50 千克均匀喷雾,间隔 7 天施药 1 次,共施药 2～3 次。

(9) 防治黄瓜枯萎病:发病初期,用 3% 水剂 600～1 000 倍液每株灌根 250 毫升,间隔 10 天 1 次,连续 2～4 次。

(10) 防治黄瓜根结线虫:在根结线虫发生前或发生初期使用,每 667 平方米用 0.5% 水剂 600～800 毫升采用灌根施药。

(11) 防治辣椒病毒病:在辣椒花果期即发病初期开始施药,每 667 平方米用 5% 水剂 35～50 毫升兑水 30～50 千克均匀喷雾,每个作物周期最多施用 2～3 次,安全间隔期 10 天。

(12) 防治白菜软腐病:于作物苗期、发病前或发病初期叶面喷雾,每 667 平方米用 2% 水剂 187.5～250 毫升兑水 30～50 千克均匀喷雾,间隔 5～7 天施药 1 次,连续施药 3～4 次。

(13) 防治西瓜枯萎病:发病前或发病初期,用 0.5% 水剂 400～600 倍液均匀喷雾,连用 2～3 次;或每 667 平方米用 3% 水剂 80～100 毫升,用 5% 水剂 50～100 毫升兑水均匀喷雾,可连续用药 2～3 次,每季最多施用 3 次,安全间隔期 15 天。

(14) 防治苹果树斑点落叶病:发病前或发病初期,用 5% 水剂 500～1 000 倍液喷雾,视病害发生情况,间隔 7～10 天施药 1 次,可连续用药 2～3 次。

(15) 防治梨树黑星病:发病前或发病初期,用 5% 水剂 500～667 倍液均匀喷雾,每 7～10 天施药 1 次,可连续用药 2～3 次。

(16) 防治猕猴桃树根结线虫:在根结线虫发生前或发生初期使用,每 667 平方米用 0.5% 水剂 600～800 毫升采用灌根施药。

(17) 防治烟草病毒病:发病前或发病初期,每 667 平方米用 2% 水剂 100～167 毫升,或用 5% 水剂 40～50 毫升兑水 30～50 千克均匀喷雾,每 7～10 天施药 1 次,可连续用药 2～3 次。

(18) 防治烟草花叶病毒病:发病前或发病初期,每 667 平方米用 0.5% 水剂 400～600 倍液均匀喷雾,连用 2～3 次。

【注意事项】

(1) 具有预防作用,应当在植物发病初期使用。

(2) 不要与碱性农药等物质混用。可与其他不同作用机制的杀菌剂轮换使用,以延缓抗药性产生。

(3) 远离水产养殖区施药,禁止在河塘等水域内清洗施药器具,避免污染水源。用过的容器应妥善处理,不可作他用,也不可随意丢弃。

3. 百菌清

分子式:$C_8Cl_4N_2$

【类别】 有机氯类。

【化学名称】 2,4,5,6-四氯-1,3-苯二甲腈。

【理化性质】 纯品为无色无臭结晶,原药稍有刺激气味。熔点 250~251℃,沸点 350℃(1.013×10^5 帕)。蒸气压 7.61×10 帕(25℃)。溶解度(克/升,25℃):丙酮 20,环己醇 30,二甲基甲酰胺 30,二甲亚砜 20,煤油<10,丁酮 20,二甲苯 80;水中溶解度 0.6 毫克/千克。原药纯度为 98%。在通常贮存条件下稳定,对碱和酸性水溶液以及对紫外光的照射都是稳定的。

【毒性】 低毒。大鼠急性经口 LD_{50} 为 10 000 毫克/千克,大白兔经皮急性中毒 LD_{50}>10 000 毫克/千克,大鼠急性吸入 LC_{50}>4 700 毫克/米^3(1 小时)或 0.54 毫克/升(4 小时)。对兔眼睛有明显刺激性,可产生不可逆的角膜浑浊,但未见对人眼睛有相同作用,对人的皮肤有明显刺激性。对鱼 LC_{50}(96 小时)为:虹鳟鱼 49 微克/升,大鳍鳞太阳鱼 62 微克/升,斑点叉尾鲴 44 微克/升。蜜蜂 LD_{50} 为 181.29 毫克/只,野鸭 LD_{50} 为 4 640 毫克/千克,野鸭和鹌鹑饲喂 8 天 LD_{50}＞10 000 毫克/千克。

【制剂】 40%、54%、720 克/升悬浮剂,10%油剂,50%、60%、75%可湿性粉剂,2.5%、10%、20%、28%、30%、40%、45%烟剂,45%烟雾剂,75%、83%、90%水分散粒剂。

【作用机制与防治对象】 本品是一种非内吸性广谱保护型杀菌剂,对多种作物真菌病害具有预防作用。能与真菌细胞中的 3 - 磷酸甘油醛脱氢酶发生作用,与该酶体中含有半胱氨酸的蛋白质结合,破坏酶的活力,使真菌细胞的代谢受到破坏而丧失生命力。主要作用是防止植物遭受真菌的侵害。在植物已受到病菌侵害,病菌进入植物体内后,杀菌作用很小。百菌清没有内吸传导作用,不会从喷药部位及植物的根系被吸收。在植物表面有良好的黏着性,不易受雨水冲刷,因此具有较长的药效期,在常规用量下,一般药效期 7～10 天。可防治蔬菜、果树等作物的霜霉病、白粉病、炭疽病、早疫病、晚疫病、灰霉病等。

【使用方法】

(1) 防治水稻纹枯病、稻瘟病:在病害发生前或病害初发期开始喷药,每 667 平方米用 75%可湿性粉剂 100～126.7 克兑水 30～50 千克均匀喷雾,每隔 7～10 天喷药 1 次。安全间隔期为 10 天,早稻每季最多施用 3 次,晚稻每季最多使用 5 次。

(2) 防治水稻炭疽病:在病害发生前或病害初发期开始喷药,每 667 平方米用 60%可湿性粉剂 125～158 克兑水 30～50 千克均匀喷雾,每隔 7～10 天喷药 1 次,连续用药 2～3 次。安全间隔期为 10 天,每季最多施用 3 次。

(3) 防治小麦叶斑病、小麦叶锈病:在病害发生前或病害初发期开始喷药,每 667 平方米用 75%可湿性粉剂 100～126.67 克兑水 30～50 千克均匀喷雾,每隔 7～10 天喷药 1 次。安全间隔期为 42 天,每季最多施用 2 次。

（4）防治花生叶斑病、锈病：在病害发生前或病害初发期开始喷药，每 667 平方米用 75％可湿性粉剂 100～120 克兑水 30～50 千克均匀喷雾，每隔 7～10 天喷药 1 次，共喷 2～3 次。安全间隔期为 14 天，每季最多施用 3 次。

（5）防治番茄早疫病：在病害发生前或病害初发期开始喷药，每 667 平方米用 75％可湿性粉剂 147～267 克，或用 40％悬浮剂 150～175 毫升，或用 720 克/升悬浮剂 83～97 毫升，兑水 30～50 千克均匀喷雾，每隔 7～10 天喷药 1 次，共喷 2～3 次。安全间隔期为 7 天，每季最多施用 3 次。

（6）防治番茄晚疫病：在病害发生前或病害初发期开始喷药，每 667 平方米用 75％水分散粒剂 100～130 克兑水 30～50 千克均匀喷雾，每隔 7～10 天喷药 1 次，共喷 2～3 次。安全间隔期为 7 天，每季最多施用 3 次。

（7）防治番茄灰霉病：在病害发生前或病害初发期开始喷药，每 667 平方米用 75％可湿性粉剂 120～200 克兑水 30～50 千克均匀喷雾，每隔 7～10 天喷药 1 次，共喷 2～3 次。安全间隔期为 7 天，每季最多施用 3 次。

（8）防治黄瓜霜霉病：在病害发生前或病害初发期开始喷药，每 667 平方米用 50％可湿性粉剂 170～230 克，或用 75％可湿性粉剂 147～267 克，兑水 40～60 千克均匀喷雾，每隔 7～10 天喷药 1 次，共喷 2～3 次，安全间隔期为 7 天，每季最多施用 3 次。对保护地黄瓜，可于病害发生前或发生初期，用 10％、20％、28％、30％、45％烟剂按照有效成分 750～1 200 克/公顷，点燃放烟，封闭棚室 4 小时以上，每隔 7～10 天用药 1 次，安全间隔期为 3 天，每季最多施用 4 次。

（9）防治黄瓜白粉病：在病害发生前或病害初发期开始喷药，每 667 平方米用 75％可湿性粉剂 150～200 克兑水 40～60 千克均匀喷雾，每隔 7～10 天喷药 1 次，共喷 2～3 次。安全间隔期为 10 天，每季最多施用 3 次。

（10）防治辣椒炭疽病：在病害发生前或病害初发期开始喷药，每 667 平方米用 75％可湿性粉剂 150～180 克兑水 30～50 千克均匀喷雾，每隔 7～10 天喷药 1 次，连续用药 2～3 次。安全间隔期为 7 天，每季最多施用 3 次。

（11）防治苦瓜霜霉病：在病害发生前或病害初发期开始喷药，每 667 平方米用 75％可湿性粉剂 100～200 克兑水 40～60 千克均匀喷雾，每隔 7～10 天喷药 1 次，共喷 2～3 次。安全间隔期为 5 天，每季最多施用 3 次。

（12）防治大白菜霜霉病：在病害发生前或病害初发期开始喷药，每 667 平方米用 75％可湿性粉剂 134～154 克兑水 30～50 千克均匀喷雾，每隔 7～10 天喷药 1 次，共喷 2 次。安全间隔期为 7 天，每季最多施用 2 次。

（13）防治柑橘树疮痂病：在病害发生前或病害初发期开始喷药，用 75％可湿性粉剂 833～1 000 倍液均匀喷雾，每隔 7～10 天喷药 1 次，连续用药 2 次。安全间隔期为 28 天，每季最多施用 2 次。

（14）防治苹果树斑点落叶病：在病害发生前或病害初发期开始喷药，用 75％可湿性粉剂 400～600 倍液均匀喷雾，每隔 7～10 天喷药 1 次。安全间隔期为 20 天，每季最多施用 4 次。

（15）防治梨树斑点落叶病：在病害发生前或病害初发期开始喷药，用 75％可湿性粉剂 500～750 倍液均匀喷雾，每隔 7～10 天喷药 1 次。安全间隔期为 25 天，每季最多施用 6 次。

（16）防治葡萄霜霉病：在病害发生前或病害初发期开始喷药，用 75％可湿性粉剂 500～625 倍液均匀喷雾，每隔 7～10 天喷药 1 次。安全间隔期为 21 天，每季最多施用 4 次。

（17）防治葡萄白粉病、黑痘病：在病害发生前或病害初发期开始喷药，用 75％可湿性粉剂 600～700 倍液均匀喷雾，每隔 7～10 天喷药 1 次，连续施药 2 次。安全间隔期为 21 天，每季最多施用 2 次。

(18) 防治茶树炭疽病：在病害发生前或病害初发期开始喷药，用 75% 可湿性粉剂 600～800 倍液均匀喷雾。安全间隔期为42天，每季最多施用1次。

【注意事项】

(1) 本品对人的皮肤和眼睛有刺激作用，少数人有过敏反应。一般可引起轻度接触性皮炎，操作时请穿戴必要的防护用具，如手套、口罩、防护衣物等。

(2) 应防潮防晒，贮存在阴凉干燥处。严禁与食物、种子、饲料混放，以防误服、误用。使用后的废弃容器要妥善安全处理。

(3) 不得与铜制剂和碱性农药等物质混用。

(4) 下列情况容易发生药害：梨、柿、桃、梅和苹果树等使用浓度偏高会发生药害；与杀螟硫磷混用，桃树易发生药害；与炔螨特、三环锡等混用，茶树会产生药害。

(5) 对蜜蜂、鸟类、鱼类等水生生物、家蚕有毒，施药期间应避免对周围蜂群和鸟类的影响，开花植物花期、蚕室和桑园附近禁用，远离水产养殖区施药，禁止在河塘等水体中清洗施药器具。

(6) 本品在下列食品上的最大残留限量(毫克/千克)：稻谷0.2，小麦0.1，花生仁0.05，大白菜、番茄、辣椒、黄瓜、苦瓜均为5，柑、橘、苹果、梨均为1，葡萄、茶叶均为10。

4. 苯并烯氟菌唑

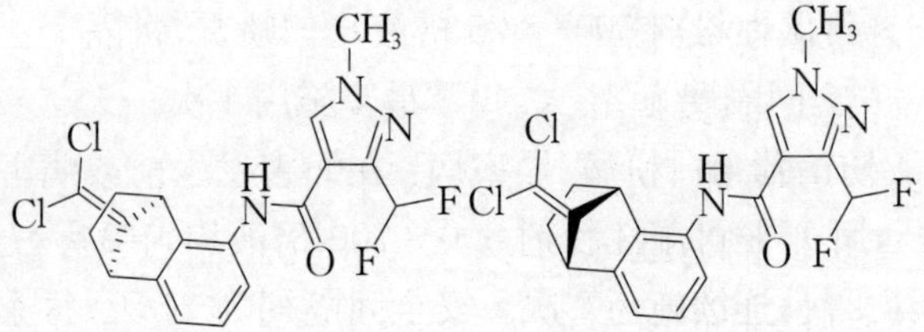

分子式：$C_{18}H_{15}Cl_2F_2N_3O$

【类别】 吡唑酰胺类。

【化学名称】 N-[9-(二氯甲基)-1,2,3,4-四氢-1,4-亚甲基萘-5-基]-3-(二氟甲基)-1-甲基-1H-吡唑-4-羧酰胺。

【理化性质】 纯品纯度 97%，为白色粉末，无味，熔点 148.4℃，密度 1.466 克/厘米^3，蒸气压 3.2×10^{-9} 帕(25℃)。水中溶解度为 0.98 毫克/升(25℃)，正辛醇-水分配系数 $K_{ow} \log P$ 为 4.3(25℃)。原药在有机溶剂中的溶解度(克/升，25℃)：丙酮 350，二氯甲烷 450，乙酸乙酯 190，正己烷 270，甲醇 76，辛醇 19，甲苯 48。分光光度滴定发现，本品在 pH 为 2～12 时不离解，遇铝、铁、醋酸铝、醋酸亚铁、锡、镀锌金属和不锈钢稳定。

【毒性】 中等毒。原药对大鼠急性经口 LD_{50}(雌性)55 毫克/千克体重，大鼠急性经皮 $>2\,000$ 毫克/千克体重，大鼠急性吸入 $LC_{50} > 0.56$ 毫克/升。本品对兔眼睛有微弱的刺激作用，对兔皮肤有微弱刺激作用，对 CBA 小鼠皮肤无致敏性。NOAEL：小鼠为每日 15.6～19.0 毫克/千克体重(28 天饲喂)，小鼠为每日 17.0～20.9 毫克/千克体重(90 天饲喂)，小鼠为每日 7.6～8.7 毫克/千克体重(80 周，饲喂)，大鼠为每日 36 毫克/千克体重(28 天饲喂)，大鼠为每日 7.6～8.2 毫克/千克体重(90 天饲喂)，大鼠为每日 4.9～6.7 毫克/千克体重(104 周，饲喂)，狗为每日 30 毫克/千克体重(90 天胶囊)，狗为每日 25 毫克/千克体重(1 年，胶囊)。Ames 试验、小鼠骨髓细胞微核试验、生殖细胞染色体畸变试验均为阴性，未见致突变作用。蚯蚓 LC_{50}(14 天)为 406.4 毫克(有效成分)/千克土壤；蜜蜂 LD_{50}(48 小时，接触)>100 微克(有效成分)/只，对蜜蜂安全；鹌鹑 LD_{50}(经口)为 1\,014 毫克(有效成分)/千克体重，有微毒；野鸭 LD_{50} 为每日 3\,132 毫克(有效成分)/千克体重，具有中等毒性。水蚤 LD_{50}(48 小时)为 0.085 毫克(有效成分)/升，毒性非常高；虹鳟鱼 LC_{50}(96 小时)为 0.009\,1 毫克(有效成分)/升，毒性非常高；绿藻半效应浓度(EC_{50}，96 小时)>0.89 毫克(有效成分)/升；对海洋无脊椎动物毒性高。苯并烯氟菌唑乳油对捕食螨($Typhlodromus\ pyri$)(7天玻璃接触)和寄生蜂($Aphidius\ rhopalosiphi$)(2天玻璃接触)的半数致死率(LR_{50})分别为125克(有效成分)/公顷、86.7克(有效成分)/公顷;对植物无风险。本品在土壤中稳定,可在土壤中存在数年,不易消解或转化;被土壤牢牢吸附,不迁移或迁移作用微弱,不易被淋溶;在田间条件下不易挥发。在水中的溶解度很小,不易水解或生物转化;光转化速度慢,其$DT_{50} > 10$天(水中或无菌缓冲液)。

【制剂】 无单剂产品,只有复配制剂45%苯并烯氟菌唑·嘧菌酯水分散颗粒剂。

【作用机制与防治对象】 本品为两种作用机制不同的杀菌剂混配而成。苯并烯氟菌唑为吡唑羧酰胺类杀菌剂,作用机制属于琥珀酸脱氢酶抑制剂(SDHI)类,一种新型SDHI类杀真菌剂,通过干扰真菌细胞中的正常呼吸过程而发挥药效。嘧菌酯属于甲氧基丙烯酸酯类杀菌剂,其作用机制属于苯醌外部抑制剂(Qol),两者混配,提高了药效,扩大了杀菌谱,延缓了抗性的产生,防治菊花白锈粉病、花生锈病有效。

【使用方法】

(1)防治观赏菊花白锈病:发病前或者发病初期,用45%苯并烯氟菌唑·嘧菌酯水分散颗粒剂稀释1 700~2 500倍均匀喷雾,间隔7~10天用药1次,每季最多施用3次,连续施用次数不得超过2次。

(2)防治花生锈病:发病前或者发病初期,每667平方米用45%苯并烯氟菌唑·嘧菌酯水分散颗粒剂17~23克兑水30~50千克均匀喷雾,间隔7~10天再用1次,每季最多施用2次,安全间隔期14天。

【注意事项】

(1)不得用于苹果、山楂树、樱桃、李树和女贞,避免雾滴飘移到这些树上。

(2)避免与乳油类农药和有机硅类助剂混用,以免发生药害。

（3）对皮肤有致敏性，对眼睛有刺激性，应避免药液接触皮肤、眼睛和污染衣物，避免吸入雾滴。切勿在施药现场抽烟或饮食。

（4）对水生生物高毒，使用时防止对水生生物的影响。禁止污染灌溉用水和饮用水，水产养殖区、河塘等水体附近禁用。勿将药液或空包装弃于水中，禁止在河塘等水体清洗施药器具。

5. 苯菌灵

分子式：$C_{14}H_{18}N_4O_3$

【类别】　苯并咪唑类。

【化学名称】　1-正丁氨基甲酰基-2-苯并咪唑氨基甲酸甲酯。

【理化性质】　纯品为无色结晶固体，熔点 140 ℃分解。不易挥发。溶解度（25 ℃）：约 4 毫克/千克水（pH3～10），极易溶（pH1），在 pH13 下分解；可溶于丙酮等多种有机溶剂。稳定性：在某些溶剂中离解形成多菌灵和异氰酸丁酯；在水中溶解并在各种 pH 下稳定。对光稳定，遇水及在潮湿土壤中分解。

【毒性】　低毒。大鼠急性经口 LD_{50}＞1000 毫克（有效成分）/千克，兔急性经皮 LD_{50}＞10 000 毫克/千克；对豚鼠皮肤无刺激性，对兔眼有轻度刺激。大鼠急性吸入 LC_{50}（4 小时）＞2 毫克/升空气。两年饲喂无作用剂量（NOEL）：大鼠＞2 500 毫克/千克（饲料）（最大试验量），无组织病理学变化；狗 500 毫克/千克（饲料）。

人每日允许摄入量(ADI)为 0.02 毫克/千克(体重)。野鸭和鹌鹑的 LC_{50}(8 天)>500 毫克/千克(饲料)。鱼 LC_{50}(96 小时):金鱼 4.2 毫克/升,虹鳟鱼 0.17 毫克/升。

【制剂】 50％可湿性粉剂。

【作用机制与防治对象】 为高效广谱内吸性杀菌剂,具保护、治疗和铲除作用。进入植物体后容易转变成多菌灵和另一种有挥发性的异氰酸丁酯,是其主要杀菌物质,因而其杀菌作用方式及防治对象与多菌灵相同,但药效略好于多菌灵。可以喷洒、拌种、土壤处理等方式使用。对子囊菌和半知菌中许多病原菌有良好抑制活性,对锈菌、鞭毛菌和接合菌无效。主要用于蔬菜、果树、花卉、油料作物和药用作物,防治瓜类灰霉病、炭疽病,番茄叶霉病,梨黑星病,葡萄白粉病,大豆菌核病等多种病害。

【使用方法】

(1) 防治柑橘树疮痂病:发病前或发病初期,用 50％可湿性粉剂 500～600 倍液均匀喷雾,每隔 10～15 天施 1 次,每季最多施用 2 次,安全间隔期 35 天。

(2) 防治梨树黑星病:发病前或发病初期,用 50％可湿性粉剂 750～1 000 倍液均匀喷雾,间隔 10 天左右施药 1 次,连续施药 3 次,每季最多施用 3 次,安全间隔期 14 天。

(3) 防治香蕉叶斑病:发病前或发病初期,用 50％可湿性粉剂 600～800 倍液喷雾,每季最多施用 3 次,安全间隔期 20 天。

(4) 防治芦笋茎枯病:发病前或发病初期,用 50％可湿性粉剂 1 500～1 800 倍均匀液喷雾,每季最多施用 2 次,安全间隔期 21 天。

【注意事项】

(1) 连续使用本品时可能产生抗药性,为防止抗药性的发生,最好和其他不同作用机制的杀菌剂交替使用。

(2) 不能与铜制剂及碱性农药等物质混用。

(3) 对蜜蜂、家蚕有毒,施药期间应避免对周围蜂群的影响。

防止药液污染水源地,禁止在河塘等水域清洗施药器具。

(4) 本品在下列食品上的最大残留限量(毫克/千克):柑5,橘5,梨3,香蕉2。

6. 苯菌酮

分子式:$C_{19}H_{21}BrO_5$

【类别】 二苯酮类。

【化学名称】 $3'$-溴-2,3,4,$6'$-四甲氧基-$2'$,6-二甲基二苯酮。

【理化性质】 原药为白色至类白色结晶,有轻微霉味。熔点99.2~100.8 ℃,蒸汽压:1.53×10^{-4} 帕(20 ℃)、2.56×10^{-4} 帕(25 ℃),相对密度 1.45(20 ℃,99.4%)。水中溶解度(毫克/升,20 ℃):0.552(pH 5),0.492(pH 7),0.457(pH 9);有机溶剂中溶解度(克/升,20 ℃):丙酮403,乙腈165,二氯甲烷1950,乙酸乙酯261,正己烷4.8,甲醇26.1,甲苯363。正辛醇-水分配系数 $K_{ow} \log P$ 为 4.3(pH 4.0,25 ℃)。

【毒性】 微毒。大鼠急性经口 $LD_{50} > 5\,000$ 毫克/千克(4 小时);大鼠急性经皮 $LD_{50} > 5\,000$ 毫克/千克。对兔皮肤和眼睛无刺激性。无致畸、致癌、致突变性。鹌鹑急性经口 $LD_{50} > 2\,025$ 毫克/千克。虹鳟鱼 LC_{50}(96 小时)> 0.82 毫克/升;蚯蚓 $LC_{50} > 1\,000$ 毫克/千克。

【制剂】 42%悬浮剂。

【作用机制与防治对象】 主要通过干扰孢子萌发时附着胞的形成和发育,抑制白粉病孢子的萌发。其次通过干扰极性肌动蛋白组织的建立和形成,使病菌菌丝体顶端细胞的形成受到干扰和抑制,阻碍菌丝体的正常发育与生长,抑制白粉病菌的侵害,从而有效控制病害。其具有明显的预防和治疗作用。对苦瓜白粉病、豌豆白粉病等有效。

【使用方法】

(1) 防治苦瓜白粉病:在发病前或初见病斑时用药,每667平方米用42%悬浮剂12~24毫升兑水30~50千克均匀喷雾,用药间隔7~10天,每季节最多用药3次,安全间隔期5天。

(2) 防治豌豆白粉病:在发病前或初见病斑时用药,每667平方米用42%悬浮剂12~24毫升兑水30~50千克均匀喷雾,用药间隔7~10天,每季最多用药3次,安全间隔期5天。

【注意事项】

(1) 操作时不要污染水面或灌渠。药液及废液不得污染各类水域或土壤等环境。在洗涤药械或处置废弃物时不要污染水源。

(2) 蚕室及桑园附近禁用。

(3) 本品在豌豆上最大残留限量为0.05毫克/千克。

7. 苯醚甲环唑

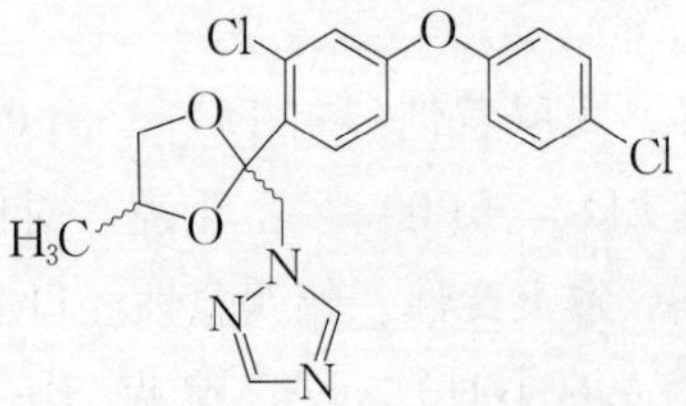

分子式:$C_{19}H_{17}Cl_2N_3O_3$

【类别】 三唑类。

【化学名称】 3-氯-4-[4-甲基-2-(1H-1,2,4-三唑1基甲基)-1,3-二氧戊烷-2-基]苯基-4-氯苯基醚。

【理化性质】 纯品为无色固体,工业品为淡黄色粉末。相对密度1.40(203℃),熔点78.6℃,沸点220℃,蒸气压$3.3×10^{-8}$帕(25℃)。水中溶解度(25℃)15毫克/升,其他溶剂中溶解度(25℃,克/升):乙醇330,丙酮610、甲苯480,正己烷3.4,正辛醇95。150℃以下稳定,在土壤中移动性小,缓慢降解。

【毒性】 低毒。大鼠急性经口LD_{50}为1453毫克/千克,兔急性经皮$LD_{50}>2010$毫克/千克;对兔皮肤和眼睛有刺激作用,对豚鼠无皮肤过敏。大鼠急性吸入LC_{50}(4小时)>0.045毫克/升空气,野鸭急性经口$LD_{50}>2150$毫克/千克。虹鳟鱼LC_{50}为0.8毫克/升。对蜜蜂无毒。

【制剂】 60%、37%、30%、10%水分散粒剂,45%、40%、30%、25%、15%、10%悬浮剂,30克/升、3%悬浮种衣剂,40%、30%、25%、250克/升乳油,45%、40%、25%、20%、10%水乳剂,35%、25%、20%、10%微乳剂,30%、12%、10%可湿性粉剂,5%超低容量液剂,10%热雾剂。

【作用机制与防治对象】 本品是甾醇脱甲基化抑制剂,通过抑制麦角甾醇的生物合成而干扰病菌的正常生长,对植物病原菌的孢子形成有抑制作用。可有效防治菜豆、大白菜、大蒜、番茄、黄瓜、姜、苦瓜、辣椒、芦笋、芹菜、洋葱、水稻、小麦、玉米、梨、苹果、香蕉、橡胶、荔枝、柑橘、樱桃、石榴、西瓜、葡萄、牡丹、烟草、三七等作物上病害。

【使用方法】

(1)防治水稻纹枯病:于水稻发病初期,每667平方米用5%超低容量液剂100～200克,用超低容量喷雾器进行超低容量喷雾,间隔7～10天用药1次,连续使用2次,安全间隔期30天,每季最多使用2次;或用40%悬浮剂15～20毫升兑水30～50千克均匀喷雾,间隔 7~10 天用药 1 次,连续施用 2~3 次,安全间隔期 21 天,每季最多施用 3 次。

(2)防治小麦散黑穗、纹枯病:用 30 克/升悬浮种衣剂按药种比 1:333~500 进行种子包衣。

(3)防治小麦全蚀病:用 30 克/升悬浮种衣剂按药种比 1:167~200 进行种子包衣。按推荐用药量,用水稀释至 1~2 升,将药浆与种子充分搅拌,直到药液均匀分布到种子表面,晾干后即可。配制好的药液应在 24 小时内使用。

(4)防治玉米丝黑穗病:用 3%悬浮种衣剂包玉米种子,充分摇匀 3%悬浮种衣剂用水稀释 5 倍,按稀释药液与种子的重量比 1:50~60 包衣,既可机械包衣亦可人工包衣。

(5)防治玉米黑粉病:发病前或发病初期,每 667 平方米用 40%悬浮剂 12.5~15 毫升兑水 30~50 千克均匀喷雾,安全间隔期为 21 天,每季最多施用 2 次。

(6)防治棉花立枯病:用 3%悬浮种衣剂按推荐用药量用水稀释至 5~6 倍,将药浆与种子充分搅拌包衣晾干后即可。

(7)防治番茄早疫病:发病前或发病初期,每 667 平方米用 10%水分散粒剂 67~100 克兑水 30~50 千克均匀叶面喷雾,每季最多施用 2 次,安全间隔期 7 天。

(8)防治番茄炭疽病:发病前或发病初期,每 667 平方米用 25%悬浮剂 30~40 毫升兑水 30~50 千克均匀喷雾,视天气情况和病害发展情况连续施药 2~3 次,每季最多施用 3 次,安全间隔期 7 天。

(9)防治黄瓜白粉病:发病前或发病初期,每 667 平方米用 10%水分散粒剂 50~83 克或 20%水乳剂 30~40 毫升,兑水 40~60 千克叶面喷雾,每季最多施用 3 次(水乳剂最多使用 2 次),安全间隔期 3 天。

(10)防治黄瓜炭疽病:发病初期,每 667 平方米用 60%水分散粒剂 12~15 克兑水 40~60 千克茎叶喷雾,每季最多施用 2 次,安全间隔期5天。

（11）防治大白菜黑斑病：发病前或发病初期，每667平方米用10%水分散粒剂35～50克兑水30～50千克均匀叶面喷雾，每季最多施用3次，安全间隔期28天。

（12）防治菜豆锈病：发病前或发病初期，每667平方米用10%水分散粒剂65～80克兑水30～50千克均匀叶面喷雾，每季最多施用3次，安全间隔期7天。

（13）防治苦瓜白粉病：发病前或发病初期，每667平方米用10%水分散粒剂70～100克或37%水分散粒剂19～27克，兑水40～60千克叶面喷雾，每季最多施用3次，安全间隔期为5天。

（14）防治芦笋茎枯病：发病前或发病初期，每667平方米用10%水分散粒剂稀释1 000～1 500倍液茎叶均匀喷雾，每季最多施用2次，安全间隔期15天。

（15）防治芹菜斑枯病：发病前或发病初期，每667平方米用10%水分散粒剂30～45克兑水30～50千克均匀喷雾，每季最多施用3次，安全间隔期为5天。或用37%水分散粒剂9.5～12克兑水30～50千克均匀喷雾，每季最多施用3次，安全间隔期为14天。

（16）防治芹菜叶斑病：发病前或发病初期，每667平方米用10%水分散粒剂60～80克兑水30～50千克均匀喷雾，每季最多施用3次，安全间隔期为5天。

（17）防治大蒜叶枯病：发病前或发病初期，每667平方米用10%水分散粒剂30～60克兑水30～50千克均匀喷雾，每季最多施用3次，安全间隔期为10天。

（18）防治洋葱紫斑病：发病前或发病初期，每667平方米用10%水分散粒剂30～75克兑水30～50千克均匀叶面喷雾，每季最多施用3次，安全间隔期10天。

（19）防治姜叶枯病：发病初期，每667平方米用60%水分散粒剂5～10克，或37%水分散粒剂8～16克，或10%水分散粒剂

30～60克,兑水30～50千克均匀喷雾,每季最多施用2次,安全间隔期为14天。

(20)防治西瓜炭疽病:发病前或发病初期,每667平方米用40%悬浮剂15～20毫升,或37%水分散粒剂20～25克,或10%水分散粒剂50～75克,兑水40～60千克喷雾均匀,视病情每7～10天施药1次,每季最多施用3次,安全间隔期为14天。

(21)防治草莓炭疽病:发病前或发病初期,用250克/升乳油1500～2000倍液均匀喷雾。

(22)防治柑橘树疮痂病:发病前或发病初期,用40%悬浮剂3200～3600倍液均匀喷雾,每季最多施用2次,安全间隔期30天;或用10%水分散粒剂稀释至667～1000倍液叶面喷雾,每季最多施用3次,安全间隔期28天。

(23)防治苹果树斑点落叶病:发病前或发病初期,用45%悬浮剂4500～6700倍液叶面喷雾,每季最多施用4次,安全间隔期14天;或用10%水分散粒剂稀释至1000～1500倍液均匀喷雾,每季最多施用2次,安全间隔期21天。

(24)防治梨黑星病:用37%水分散粒剂20000～25000倍液,或10%水分散粒剂6000～7000倍液均匀喷雾。保护性用药:从嫩梢至10毫米幼果期,每隔7～10天喷1次药,随后根据病情轻重,隔12～18天再喷1次。治疗性用药:病发4天内喷1次药,每隔7～10天再喷1次,每季最多施用3次,安全间隔期14天。

(25)防治葡萄黑痘病:发病前或发病初期,用10%水分散粒剂800～1200倍液均匀喷雾,每季最多施用3次,安全间隔期为21天;或用40%水乳剂4000～5000倍液全株均匀喷雾,每季最多施用2次,安全间隔期为21天。

(26)防治葡萄炭疽病:发病前或发病初期,用40%悬浮剂4000～5000倍液全株均匀喷雾,每季最多施用3次,安全间隔期为14天;或用10%水分散粒剂800～1300倍液均匀喷雾,每季最多施用3次,安全间隔期21天。

（27）防治香蕉叶斑病：发病前或发病初期，用 40％悬浮剂
3 200～4 000 倍液均匀喷雾，间隔期为 7～10 天，连续施用 2～3
次，每季最多施用 3 次，安全间隔期 35 天；或用 37％水分散粒剂
3 000～4 000 倍液均匀喷雾，每季最多施用 3 次，安全间隔期
42 天。

（28）防治樱桃叶斑病：果实收获后发病初期开始施药，用
10％水分散粒剂 1 000～1 500 倍液全株均匀喷雾，间隔 7～10 天施
药 1 次，每季最多施用 2 次，安全间隔期为第二年收获期。

（29）防治石榴麻皮病：发病前或发病初期，用 10％水分散粒
剂稀释至 1 000～2 000 倍液叶面喷雾，每季最多施用 3 次，安全间
隔期 14 天。

（30）防治荔枝树炭疽病：发病前或发病初期，用 10％水分散
粒剂 667～1 000 倍液叶面喷雾，每季最多施用 3 次，安全间隔期
3 天。

（31）防治茶树炭疽病：发病前或发病初期，用 10％水分散粒
剂 1 000～1 500 倍液叶面喷雾，每季最多施用 3 次，安全间隔期
14 天。

（32）防治烟草赤星病、炭疽病：发病初期，每 667 平方米用
30％悬浮剂 20～33.3 克兑水 30～50 千克均匀喷雾，安全间隔期
为 21 天，每季最多施用 2 次。

（33）防治橡胶炭疽病：发病初期，每 667 平方米用 10％热雾
剂 60～80 克热雾机喷雾，施药时不必加水稀释，直接将药液装入
热雾机的药桶中，借助热雾机的高温、高速气流作用，迅速雾化，弥
漫分散在林中，接触靶标，发挥效力。每季最多施用 2 次，安全间
隔期为 10 天。

（34）防治三七黑斑病：发病前或发病初期，每 667 平方米用
10％水分散粒剂 30～45 克兑水 30～50 千克均匀喷雾，安全间隔
期为 60 天，每季最多施用 3 次。

（35）防治枸杞白粉病：发病前或发病初期，用 10％水分散粒

剂 1 500～2 000 倍液或 37％水分散粒剂 5 550～7 400 倍液叶面喷雾,每季最多施用 3 次,安全间隔期 14 天。

(36)防治芝麻茎腐病:用 30 克/升悬浮种衣剂按 333～500 毫升/100 千克种子进行种子包衣处理,按上述用药量加适量清水稀释后,倒入种子中充分翻拌,待种子均匀着药后,倒出摊开置于通风处,阴干后播种。

(37)防治人参黑斑病:发病前或发病初期,每 667 平方米用 10％水分散粒剂 70～100 克兑水 30～50 千克均匀叶面喷雾,每隔 7～10 天喷 1 次,每季最多施用 2 次,安全间隔期为 35 天。

(38)防治观赏牡丹黑斑病:发病初期,每 667 平方米用 10％水分散粒剂 50～70 克或 37％水分散粒剂 13.5～19 克,兑水 30～50 千克均匀喷雾,可间隔 7～10 天喷 1 次,连续施药 2 次。

【注意事项】

(1)本品对蜜蜂、鸟类、家蚕、天敌赤眼蜂等有毒。施药时应远离蜂群,避开蜜源作物花期;桑园和蚕室附近禁用;鸟类放飞区禁用,赤眼蜂等天敌放飞区域禁用。

(2)本品对鱼类、水蚤、藻类等有毒。施药时应远离水产养殖区和河塘等水域;禁止在河塘等水体中清洗施药器具;鱼或虾蟹套养稻田禁用;施药后的田水不得直接排入水体,禁止将残液倒入湖泊、河流或池塘等,以免污染水源。

(3)不得与碱性农药等混用。为延缓抗药性产生,可与其他不同作用机制的杀菌剂轮换使用。

(4)处理过的种子必须放置在有明显标签的容器内。勿与食物、饲料放在一起,不得饲喂禽畜,更不得用来加工饲料或食品。

(5)本品在下列食品上的最大残留限量(毫克/千克):糙米 0.5,小麦 0.1,玉米 0.1,棉籽 0.1,大蒜 0.2,洋葱 0.5,芹菜 3,大白菜 1,番茄 0.5,黄瓜 1,菜豆 0.5,芦笋 0.03,柑 0.2,橘 0.2,苹果 0.5,梨 0.5,樱桃 0.2,葡萄 0.5,荔枝 0.5,石榴 0.1,香蕉 1,西瓜 0.1,茶叶 10,人参 0.5,三七(块根、须根)5。

8. 苯醚菌酯

分子式：$C_{20}H_{22}O_4$

【类别】 甲氧基丙烯酸酯类。

【化学名称】 (E)-2-[2-(2,5-二甲基苯氧基)-苯甲基]-3-甲氧基丙烯酸甲酯。

【理化性质】 原药为白色固体,相对密度0.8266,熔点108~110℃。蒸气压(25℃)1.5×10⁻⁶帕;溶解度(克/升,20℃):水中3.60×10⁻³,甲醇中15.56,乙醇中11.04,二甲苯中24.57,丙酮中143.61;分配系数(正辛醇-水):3.382×10⁴(25℃)、2.659×10³(40℃);在酸性介质中易分解;对光稳定。

【毒性】 低毒。原药对大鼠急性经口LD_{50}>5000毫克/千克,经皮LD_{50}>2000毫克/千克;对家兔眼睛、皮肤无刺激;对豚鼠皮肤有弱致敏性。Ames试验阴性。家蚕LC_{50}>573.90毫克/升,鹌鹑LD_{50}>2000毫克/千克;蜜蜂LD_{50}>100微克/只;对斑马鱼高毒,LC_{50}>0.026毫克/升。

【制剂】 10%悬浮剂。

【作用机制与防治对象】 本品为线粒体呼吸抑制剂,通过抑制菌体内线粒体的呼吸作用来影响病菌的能量代谢,最终导致病菌死亡。有内吸活性,杀菌谱广,兼具保护和治疗作用,可用于防治黄瓜白粉病。

【使用方法】

防治黄瓜白粉病：在发病初期施药，用 10% 悬浮剂稀释 5 000～10 000 倍均匀喷雾，每隔 7 天左右施 1 次药，每季最多施用 2 次，安全间隔期为 3 天。

【注意事项】

(1) 不可与强酸、强碱性农药混用。

(2) 对鱼等水生生物高毒，施药请远离水产养殖区，禁止在河塘等水体中清洗施药器具。

9. 苯酰菌胺

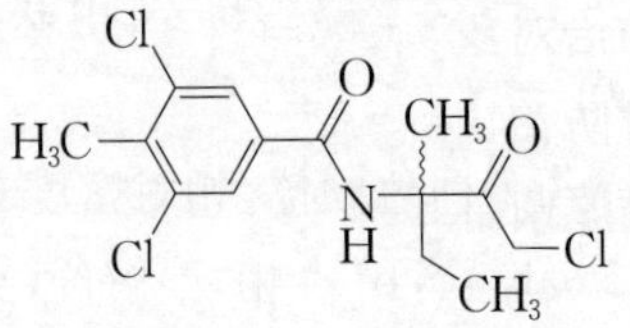

分子式：$C_{14}H_{16}Cl_3NO_2$

【类别】 酰胺类。

【化学名称】 (RS) - 3,5 - 二氯 - N -(3 - 氯 - 1 - 乙基 - 1 - 甲基 - 2 - 氧代丙基)对甲基苯甲酰胺。

【理化性质】 白色精细粉末，具有类似甘草的气味，纯度＞95%。熔点 159.5～161 ℃，蒸气压＜1.33×10^{-2} 毫帕(25～45 ℃)，正辛醇-水分配系数 $K_{ow} \log P$ 为 3.76(20 ℃)，相对密度 1.38(20 ℃)。在水中溶解度为 0.681 毫克/升(20 ℃)；在有机溶剂中溶解度(20 ℃，克/升)：丙酮 55.7，乙酸乙酯 20.0，二甲苯 1.56，正辛醇 6.49，正庚烷 0.038，1,2 - 二氯乙烷 12.5。水解 DT_{50} (25 ℃)为 16 天(pH4、pH7)，8 天(pH 9)；无菌缓冲液中光解 DT_{50} 为 8 天(pH 4,25 ℃)。

【毒性】 低毒。大、小鼠急性经口 $LD_{50}>5\,000$ 毫克/千克,大鼠急性经皮 $LD_{50}>2\,000$ 毫克/千克,大鼠吸入 LC_{50}(4 小时)>5.3 毫克/升。对兔皮肤和眼睛无刺激性,对豚鼠皮肤有致敏作用。无致癌、致畸作用,无生殖毒性。对禽类实际无毒[北美鹑急性经口 $LD_{50}>2\,000$ 毫克/千克,饲喂 $LC_{50}>5\,250$ 毫克/千克(饲料)],蜜蜂 $LD_{50}\geqslant100$ 微克/只,蚯蚓 LC_{50}(14 天)$>1\,070$ 毫克/千克土壤。对淡水鱼类高毒,虹鳟 LC_{50} 为 156 微克/升,蓝鳃太阳鱼 LC_{50} 为 790 微克/升;对河口性鱼及海鱼类实际无毒,羊头鲦 $LC_{50}>860$ 微克/升;对淡水无脊椎类高毒,大型蚤 $EC_{50}>780$ 微克/升;对河口及海洋无脊椎类高毒,东方牡蛎 LC_{50} 为 715 微克/升;对海水无脊椎类毒性极高,糠虾类 LC_{50} 为 75 微克/升。

【制剂】 无单剂产品,有复配制剂 75%锰锌·苯酰胺水分散粒剂。

【作用机制与防治对象】 本品是一种作用机制独特、具高效保护性的杀菌剂,可防治由卵菌纲病原菌引起的病害。通过抑制细胞核分裂,使得病原菌游动孢子的芽管伸长受到抑制,从而阻止病菌穿透寄主植物。对黄瓜霜霉病有效。

【使用方法】

防治黄瓜霜霉病:病害刚发生或叶片长出后,每 667 平方米用 75%锰锌·苯酰胺水分散粒剂 100~150 克兑水 40~60 千克均匀喷雾,间隔 7~10 天用药 1 次,安全间隔期为 3 天,每季最多连续施用 3 次。

【注意事项】

(1)本品对家蚕中等毒,对鱼类、蚤类等水生生物高毒,施药期间远离水产养殖区、蚕室和桑园;禁止在河塘等水体内清洗施药器具。清洗喷药器械及弃置废料时,避免污染鱼池、水道、渠和饮用水源。

(2)本品对皮肤和眼睛有刺激性,使用本品时应穿戴防护服、防护手套和鞋袜,以及防护面具等。避免吸入药液,避免药液接触皮肤和溅入眼睛,施药时禁止进食和饮水。施药结束及时洗手和洗脸,清洗暴露部位皮肤并更换衣服。

（3）本品在黄瓜上最大残留限量为 2 毫克/千克。

10. 吡噻菌胺

分子式：$C_{16}H_{20}F_3N_3OS$

【类别】 酰胺类。

【化学名称】 $(RS)-N-[2-(1,3-二甲基丁基)-3-噻吩基]-1-甲基-3-(三氟甲基)吡唑-4-甲酰胺。$

【理化性质】 外观为白色粉末,熔点 108.7 ℃,沸点前分解；蒸气压 $6.43×10^{-6}$ 帕(25 ℃),亨利常数 $7.66×10^{-3}$ 帕·米^3/摩尔(pH 7,20 ℃),相对密度 1.256,正辛醇-水分配系数 $K_{ow}\log P$ 为 4.62(pH7,20 ℃)。水中溶解度(毫克/升,20 ℃)：7.53,有机溶剂中溶解度(克/升,20 ℃)：甲醇 402、乙醇 234.5、丙酮 557、乙酸乙酯 349、己烷 0.75、庚烷 0.74、二甲苯 42.7、甲苯 67、二氯甲烷 531。水解稳定性为 5 天(50 ℃,pH4、7、9),光解稳定性为 15 天(25 ℃,pH7)。pKa(解离常数)为 10.0±0.16。

【毒性】 低毒。雌、雄大鼠急性经口 LD_{50} 均大于 2 000 毫克/千克,急性经皮 LD_{50} 大于 2 000 毫克/千克,急性吸入 LD_{50}(4 小时)大于 5 669 毫克/升。对兔眼睛有轻度刺激,对兔皮肤无刺激性和致敏性。Ames 试验为阴性,无致癌、致突变性。鲤鱼 LC_{50}(96 小时)为 1.17 毫克/升,水蚤 LC_{50}(24 小时)为 40 毫克/升,水藻 EC_{50}(72 小时)为 2.72 毫克/升。

【制剂】 20％悬浮剂。

【作用机制与防治对象】 本品为一种新颖的琥珀酸脱氢酶抑制剂(SDHI)类杀菌剂,作用于柠檬酸循环和线粒体电子传递链,通过抑制琥珀酸脱氢酶(复合体Ⅱ)的活性从而阻断电子传递,导致不能提供机体组织的能量需求,进而杀死防治对象或抑制其生长发育。具有渗透和内吸性,对真菌病害兼具预防和治疗作用。杀菌谱较广,可用于防治黄瓜白粉病和葡萄灰霉病。

【使用方法】

(1)防治黄瓜白粉病:在发病前或发病初期叶面喷雾,每667平方米用20％悬浮剂25～33毫升兑水40～60千克均匀喷雾,每隔7～10天施药1次,连续施用2～3次,安全间隔期2天,每季最多施药3次。

(2)防治葡萄灰霉病:在发病前或发病初期叶面喷雾,用20％悬浮剂1500～3000倍液均匀喷雾,每隔7～10天施药1次,连续施用2～3次。安全间隔期7天,每季最多施药3次。

【注意事项】

(1)本品对蜜蜂安全,对鱼类、水蚤等水生生物高毒,施药期间远离水产养殖区,禁止在河塘等水体内清洗施药器具。

(2)建议与其他作用机制不同的杀菌剂轮换使用,以延缓抗药性产生。

11. 吡唑醚菌酯

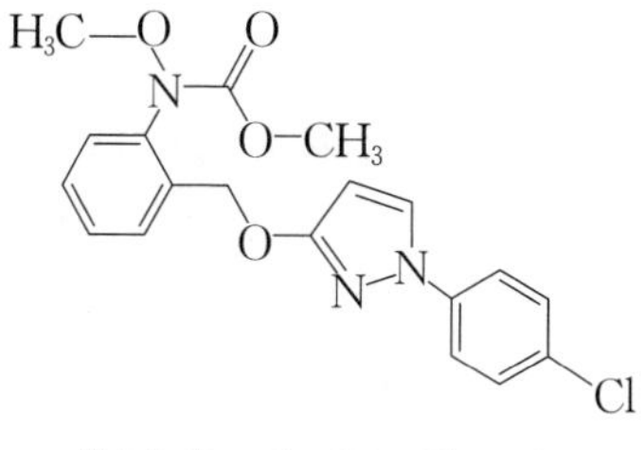

分子式: $C_{19}H_{18}ClN_3O_4$

【类别】 甲氧基丙烯酸酯类。

【化学名称】 甲基 N -{2 -[1 -(4 -氯苯基)- $1H$ -吡唑- 3 -基氧甲基]苯基}- N -甲氧氨基甲酸酯。

【理化性质】 纯品外观白色至浅褐色固体结晶。熔点 63.7~65.2℃。蒸气压(20~25℃)2.6×10^{-8} 帕。溶解度(20℃,克/升):水(蒸馏水)19,丙酮 160,甲醇 11,乙酸乙酯 160,甲苯 100。水中稳定,直接光照光解快。纯品在水溶液中光解 DT_{50} 为 0.06 天(1.44 小时)。制剂外观为暗黄色、有萘味液体。

【毒性】 低毒。原药雌、雄大鼠急性经口 LD_{50}>5 000 毫克/千克,急性经皮 LD_{50}>2 000 毫克/千克,急性吸入 LC_{50}(4 小时)> 0.3 毫克/升;对兔眼睛、皮肤无刺激性;对豚鼠皮肤致敏试验结果为无致敏性。大鼠 3 个月亚慢性喂饲试验 NOEL:雄性大鼠为 9.2 毫克/(千克·天),雌性大鼠为 12.9 毫克/(千克·天)。对鱼剧毒,对鸟、蜜蜂、蚯蚓低毒。

【制剂】 20%、25%、30%、250 克/升乳油,10%、15%、25%微乳剂,9%、15%、25%、30%悬浮剂,20%、25%可湿性粉剂,9%、20%、25%微囊悬浮剂,20%、25%、30%、50%水分散粒剂,18%悬浮种衣剂。

【作用机制与防治对象】 为线粒体呼吸抑制剂,即通过在细胞色素合成中阻止电子转移。具有保护、治疗、叶片渗透传导作用。对水稻稻瘟病、纹枯病、小麦茎基腐病、棉花立枯病和猝倒病、马铃薯晚疫病、玉米大斑病、大豆叶斑病等 20 多种病害具有较好的防治效果。

【使用方法】

(1)防治水稻稻瘟病:防治穗颈瘟时,每 667 平方米用 9%微囊悬浮剂 56~73 毫升兑水 30~50 千克均匀喷雾,水稻破口初期用药 1 次,依据病害情况,水稻齐穗期可再用药 1 次,但用药最迟不能晚于盛花期。防治水稻叶瘟时,低剂量最早可于分蘖末期且稻田覆盖率达 60%以上时使用,若稻田覆盖率大于 75%,可使用高剂量。如需在分蘖末期之前用药或使用高剂量,则必须确保稻田无水或稻田中的水深在 1 厘米以下。

(2)防治水稻纹枯病:在发病前或发病初期开始施药,每 667 平方米用 9％微囊悬浮剂 56～73 毫升兑水 30～50 千克均匀喷雾。每季最多用药 2 次,安全间隔期为 28 天。

(3)防治小麦茎基腐病、棉花立枯病、棉花猝倒病:种子包衣。每 100 千克种子用 18％悬浮种衣剂 27～33 毫升兑水稀释至 1～2 升药液(制剂＋水),将药液缓缓倒洒在种子上,边倒边迅速搅拌,直至种子着药(着色)均匀。包衣后稍晾干至种子不粘手时即可播种。

(4)防治玉米大斑病:发病前或发病初期,每 667 平方米用 250 克/升乳油 30～40 毫升兑水 30～50 千克均匀喷雾,间隔 10～20 天用药 1 次,每季施药 2～3 次。

(5)玉米植物健康作用:每 667 平方米用 250 克/升乳油 30～50 毫升兑水 30～50 千克均匀喷雾,第一次施药在玉米 7～10 叶期,第二次施药在玉米抽雄吐丝期,每季施药 1～2 次。安全间隔期 10 天。

(6)防治大豆叶斑病:发病前或发病初期,每 667 平方米用 250 克/升乳油 30～40 毫升兑水 30～50 千克均匀喷雾,间隔 7～10 天用药 1 次,每季施药 2 次。安全间隔期 21 天。

(7)防治花生叶斑病:发病初期,每 667 平方米用 25％悬浮剂 30～40 毫升兑水 30～50 千克均匀喷雾,间隔 7～15 天连续施药,每季最多施用 4 次。安全间隔期为 15 天。

(8)防治马铃薯晚疫病:发生初期,每 667 平方米用 25％悬浮剂 20～40 毫升兑水 30～50 千克均匀喷雾,每季最多施用 3 次,安全间隔期 21 天。

(9)防治黄瓜霜霉病、白粉病:发病初期,每 667 平方米用 250 克/升乳油 20～40 毫升兑水 40～60 千克均匀喷雾,间隔 7～14 天用药 1 次,每季最多施药 4 次。安全间隔期 2 天。

（10）防治白菜炭疽病：发病前或发病初期，每667平方米用250克/升乳油30～50毫升兑水30～50千克均匀喷雾，间隔7天用药1次，每季最多施药3次。安全间隔期14天。

（11）防治叶用莴苣霜霉病：发病初期，每667平方米用30%悬浮剂25～33毫升兑水30～50千克均匀喷雾，隔7～10天再次施药，每季最多可用3次。安全间隔期10天。

（12）姜炭疽病：发病初期，每667平方米用25%悬浮剂20～30毫升兑水30～50千克均匀喷雾，每季最多施用2次。安全间隔期14天。

（13）防治西瓜炭疽病：发病前或发病初期，每667平方米用250克/升乳油15～30毫升兑水均匀喷雾，间隔7～10天喷1次，连续施药2～3次。

（14）西瓜植物健康作用：每667平方米用250克/升乳油15～30毫升兑水均匀喷雾，分别在西瓜伸蔓期、初花期和坐果期各施药1次。安全间隔期5天。

（15）防治草莓白粉病：发病初期，每667平方米用20%水分散粒剂38～50克兑水30～50千克均匀喷雾，间隔7～10天施药1次，每季最多施药3次。

（16）草莓灰霉病：每667平方米用50%水分散粒剂15～25克兑水30～50千克均匀喷雾，间隔7～10天用药一次，每季最多施药3次。安全间隔期5天。

（17）防治柑橘树脂病（砂皮病）：在嫩梢期、幼果期，用25%可湿性粉剂1 000～2 000倍液喷雾，每隔10天左右喷1次，连施1～2次，每季最多施用4次，安全间隔期为14天。

（18）防治苹果树腐烂病：苹果休眠期彻底刮除病疤后，用250克/升乳油稀释至1 000～1 500倍液喷淋或涂抹1次，安全间隔期28天。

（19）防治苹果树褐斑病：发病初期，用30%悬浮剂5 000～6 000倍液均匀喷雾，间隔7～10天施药1次，每季作物最多用药3

次,安全间隔期为 21 天。

(20)防治苹果树斑点落叶病:发病初期,用 30% 悬浮剂 3 000～4 000 倍液,或 20% 可湿性粉剂 1 500～2 000 倍液均匀喷雾,每季施药 3 次,安全间隔期为 28 天。

(21)防治葡萄霜霉病:将 25% 水分散粒剂稀释至 1 000～1 500 倍液喷雾,间隔 7 天左右施药 1 次,每季最多施药 3 次。安全间隔期 14 天。

(22)防治香蕉叶斑病、黑星病:发病初期,将 250 克/升乳油稀释至 1 000～3 000 倍液喷雾,间隔 10～15 天用药 1 次,每季施药 3 次。

(23)香蕉植物健康作用:香蕉营养生长期,将 250 克/升乳油稀释至 1 000～3 000 倍液喷雾,间隔 10 天喷 1 次,连续施药 3 次。安全间隔期 42 天。

(24)防治香蕉炭疽病、轴腐病:采果当天,将果实放在 250 克/升乳油 1 000～1 333 倍药液中浸泡 2 分钟,捞出后晾干,装入聚乙烯袋密封贮存。

(25)防治芒果树炭疽病:在嫩梢抽生 3～5 厘米时开始施药,用 250 克/升乳油稀释 1 000～2 000 倍喷雾,间隔 7～10 天用药 1 次,每季施药 2～3 次。安全间隔期 7 天。

(26)防治茶树炭疽病:新叶发病初期,用 250 克/升乳油 1 000～2 000 倍液均匀喷雾,间隔 7～10 天喷 1 次,连续用药 2 次。安全间隔期 21 天。

(27)防治枸杞白粉病:发病初期,用 25% 悬浮剂 1 250～2 100 倍液,或 30% 悬浮剂 1 500～2 500 倍液均匀喷雾,每隔 10～15 天施药 1 次,连续施用 3 次。

(28)防治草坪褐斑病:发病初期,用 250 克/升乳油 1 000～2 000 倍液均匀喷雾,间隔 7～10 天用药 1 次,连续用药 2～3 次。

【注意事项】

(1)为延缓抗药性产生,建议与其他不同作用机制的杀菌剂交替使用。

(2) 本品对蜜蜂、鱼类等水生生物、家蚕有毒,施药期间应避免对周围蜂群的影响;周围开花植物花期、蚕室和桑园附近禁用。远离水产养殖区河塘等水体施药,禁止在河塘等水体中清洗施药器具。赤眼蜂等天敌放飞区禁用。禁止在养殖鱼、虾、蟹的稻田使用。

(3) 本品在下列食品上的最大残留限量(毫克/千克):小麦0.2,花生仁0.05,马铃薯0.02,大白菜5,黄瓜0.5,叶用莴苣2,草莓2,葡萄2,西瓜0.5,香蕉1,芒果0.05,苹果0.5,茶叶10。

12. 吡唑萘菌胺

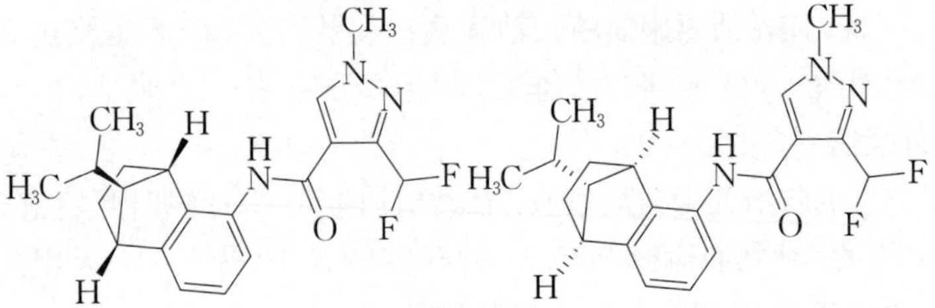

顺式异构体

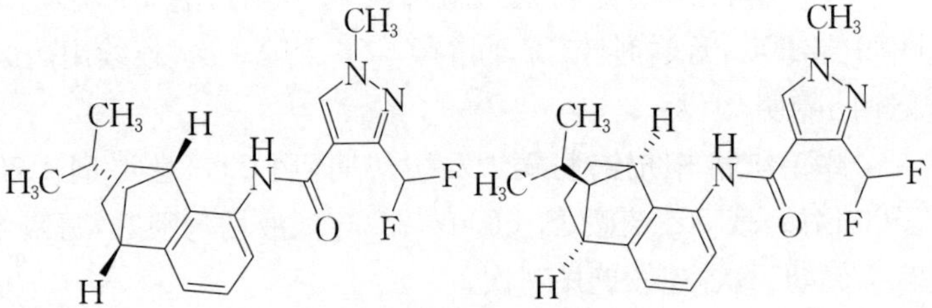

反式异构体

分子式:$C_{20}H_{23}F_2N_3O$

【类别】 吡唑酰胺类。

【化学名称】 3-(二氟甲基)-1-甲基-N-[1,2,3,4-四氢-9-(1-甲基乙基)-1,4-亚甲基萘-5-基]-1H-吡唑-4-甲酰胺。

【理化性质】 原药为灰白色无臭粉末,是顺反异构体的混合物(比例为70~100:30~0);顺式异构体(纯度99.5%)熔点130.2℃,反式异构体(纯度99.6%)熔点144.5℃,密度1.332克/厘米^3(19.5℃)。水中溶解度(毫克/升,25℃):顺式1.05,反式0.55;有机溶剂中溶解度(克/升):丙酮314,二氯甲烷330,乙酸乙酯179,正己烷1.17,甲醇119,正辛醇44.1,甲苯77.1;蒸气压5.7×10^{-8}帕(25℃);正辛醇-水分配系数$K_{ow} \log P$为4.4(反式异构体)或4.1(顺式异构体)(25℃)。

【毒性】 低毒。雌大鼠急性经口LD$_{50}$>2 000毫克/千克,急性经皮LD$_{50}$>5 000毫克/千克,急性吸入LC$_{50}$>5.28毫克/升。对皮肤无刺激性,对眼睛有轻度刺激性。经小鼠局部淋巴结检测对皮肤可能有致敏性。水解稳定性DT$_{50}$(pH 5、7、9)为5天(49.7℃)或30天(25.3℃);光解DT$_{50}$为60~64天(25℃,pH 7)。对鱼高毒至剧毒,鲤鱼LC$_{50}$(96小时)为25.8微克/升,对大型蚤剧毒,对绿藻低毒(LC$_{50}$>溶解度),最高测试浓度对高等水生植物无毒。对蜜蜂微毒,对非靶标节肢动物低毒。对蚯蚓微毒,对土壤微生物和大型生物无明显影响。

【制剂】 无单剂产品,只有复配制剂29%吡萘·嘧菌酯悬浮剂。

【作用机制与防治对象】 本品为两种作用机制不同的杀菌剂混配而成。吡唑萘菌胺为吡唑羧酰胺类杀菌剂,作用机制属于琥珀酸脱氢酶抑制剂(SDHI)类。嘧菌酯属于甲氧基丙烯酸酯类杀菌剂,其作用机制属于苯醌外部抑制剂(Qol)。两者混配,提高了药效,扩大了杀菌谱,延缓了抗药性的产生。对白粉病防效好,具有预防和治疗作用,持效期长,可有效防治黄瓜白粉病、西瓜白粉病、豇豆锈病。

【使用方法】

(1) 防治黄瓜白粉病：发病前或刚见零星病斑时开始用药，每667平方米用29％吡萘·嘧菌酯悬浮剂30～50毫升兑水40～60千克均匀喷雾，间隔7～10天用药1次，安全间隔期为3天，每季最多施用3次。

(2) 防治西瓜白粉病：发病前或刚见零星病斑时开始用药，每667平方米用29％吡萘·嘧菌酯悬浮剂30～60毫升兑水40～60千克均匀喷雾，间隔7～10天用药1次，安全间隔期为14天，每季最多施用3次。

(3) 防治豇豆锈病：发病前或刚见零星病斑时开始用药，每667平方米用29％吡萘·嘧菌酯悬浮剂45～60毫升兑水均匀喷雾，间隔7～10天用药1次，安全间隔期为3天，每季最多施用3次。

【注意事项】

(1) 建议与其他不同作用机制的杀菌剂轮换使用。

(2) 本品对水生生物高毒，使用时防止对水生生物的影响。禁止污染灌溉用水和饮用水。水产养殖区、河塘等水体附近禁用。禁止在河塘等水体清洗施药器具。

(3) 本品在黄瓜上最大残留限量为0.5毫克/千克。

13. 丙环唑

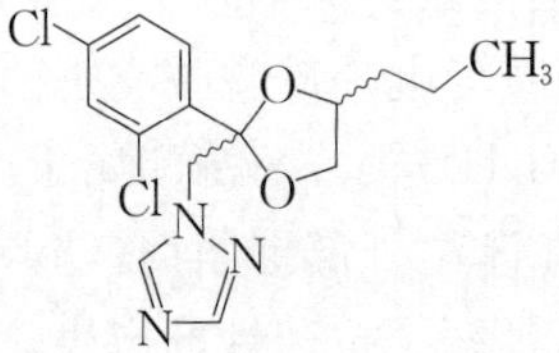

分子式：$C_{15}H_{17}Cl_2N_3O_2$

【类别】 三唑类。

【化学名称】 1-[2-(2,4-二氯苯基)-4-丙基-1,3-二氧戊环-2-基甲基]-1H-1,2,4-三唑。

【理化性质】 原药为淡黄色、无臭的黏稠液体。沸点180℃(101千帕),蒸气压(25℃)2.7×10^{-2}毫帕,密度(20℃)1.29克/米^3。正辛醇-水分配系数 $K_{ow}log P$ 为3.72(pH 6.6,25℃)。溶解度:水中100毫克/升(pH 6.9,20℃),正己烷47克/升(25℃),与丙酮、乙醇、甲苯、正丁醇完全互溶(20℃)。320℃以下稳定,对光较稳定,水解不明显。在酸性、碱性介质中较稳定,不腐蚀金属。贮存稳定性3年。

【毒性】 低毒。原药对大鼠急性经口 LD$_{50}$ 为1 517毫克/千克,急性经皮 LD$_{50}$＞4 000毫克/千克,急性吸入 LC$_{50}$＞50毫克/升。对兔眼睛和皮肤有轻微刺激性,对豚鼠皮肤有致敏性。对大鼠亚急性 NOEL 为16毫克/(千克·天),对狗为36毫克/(千克·天),对家兔亚急性吸入 NOEL 为200毫克/(千克·天),对小鼠慢性吸入 NOEL 为10.4毫克/(千克·天)。实验室条件下,未见致畸、致癌、致突变作用。

【制剂】 156克/升、250克/升、25％、50％、62％乳油,20％、40％、45％、48％、50％、55％微乳剂,25％、40％、45％、50％水乳剂,40％悬浮剂。

【作用机制与防治对象】 本品为内吸性杀菌剂,兼具保护和治疗作用。它可通过植株叶、茎表面或根系吸收进入植株体内,抑制固醇、甾酮类物质的生物合成来阻止病原菌菌丝体的生长和孢子形成。可有效地防治香蕉叶斑病,小麦白粉病、锈病和纹枯病,水稻纹枯病、稻瘟病,茭白胡麻叶斑病,莲藕叶斑病,枇杷树胡麻叶斑病,苹果叶斑病,冬枣叶斑病,人参黑斑病,草坪褐斑病等。

【使用方法】

(1)防治小麦白粉病、根腐病、锈病:发病初期,每667平方米用250克/升乳油33毫升兑水30～50千克均匀喷雾。

（2）防治小麦纹枯病：发病初期，每 667 平方米用 250 克/升乳油 30～40 毫升兑水 30～50 千克均匀喷雾。小麦安全间隔期为 28 天，每季最多施用 2 次。

（3）防治水稻纹枯病：分蘖后期至抽穗期，每 667 平方米用 250 克/升乳油 30～60 毫升兑水 30～50 千克均匀喷雾，一般连续施药 2～3 次，施药间隔期为 10～12 天。

（4）防治水稻稻瘟病：发病初期，每 667 平方米用 40％悬浮剂 20～30 毫升兑水 30～50 千克均匀喷雾，每季最多施用 2 次，安全间隔期 35 天。

（5）防治香蕉叶斑病：发病初期，用 250 克/升乳油稀释至 500～1 000 倍液，或 40％微乳剂稀释至 1 000～1 500 倍液，或 50％乳油稀释至 1 300～1 500 倍液均匀喷雾，视病害发生情况，每 7～10 天施药 1 次，连续施药 2～3 次，安全间隔期 42 天。

（6）防治苹果树褐斑病：发病初期，将 25％水乳剂 1 500～2 500 倍液均匀喷雾到叶片正反面，直至滴水为止。每隔 10 天左右施药 1 次，视作物生育期、病害发生程度和天气情况可连续用药 4 次。

（7）防治枇杷树胡麻叶斑病：发病前或发病初期，将 25％乳油稀释至 500～750 倍液均匀喷雾，每隔 10 天施 1 次，可连续施用 2 次。

（8）防治冬枣叶斑病：发病前期或初期开始施药，将 250 克/升乳油稀释至 1 500～3 000 倍液均匀喷雾，安全间隔期为 28 天，每季最多施用 3 次。

（9）防治莲藕叶斑病：发病初期，每 667 平方米用 250 克/升乳油 20～30 毫升兑水 30～50 千克均匀喷雾，安全间隔期为 21 天，每季最多施药 3 次；莲藕浮叶期后施用，可避免药害风险。

（10）防治茭白胡麻斑病：发病初期，每 667 平方米用 250 克/升乳油 15～20 毫升兑水 30～50 千克均匀喷雾，孕茭期不宜施药；茭白上安全间隔期为 21 天，每季最多施药 3 次。

（11）防治人参黑斑病：发病初期，每 667 平方米用 25% 乳油 25～35 毫升兑水 30～50 千克均匀喷雾 2 次，每次用药间隔 7 天为宜，每季最多施用 2 次，安全间隔期 35 天。注意喷药均匀周到，人参展叶期不宜施用。

（12）防治草坪褐斑病：发病初期，每 667 平方米用 156 克/升乳油 133～400 毫升兑水 30～50 千克均匀喷雾，每季最多施用 4 次。

【注意事项】

（1）部分百慕大草品种对本品较敏感，当气温超过 32℃时，避免在百慕大草上施用本品，并避免飘移。

（2）对鱼和水生生物有毒，勿将制剂及其废液弃于池塘、沟渠和湖泊等，以免污染水源。禁止在河塘等水域清洗施药器具。

（3）对蜜蜂高毒，家蚕高毒，对天敌赤眼蜂具极高风险性，施药期间应避免对周围蜂群的影响，蜜源作物花期、蚕室和桑园附近及天敌赤眼蜂等放飞区域禁用。

（4）本品在下列食品上的最大残留限量（毫克/千克）：小麦 0.05，糙米 0.1，香蕉 1，苹果 0.1，冬枣 5，莲藕 0.05，茭白 0.1，人参 0.1。

14. 丙硫菌唑

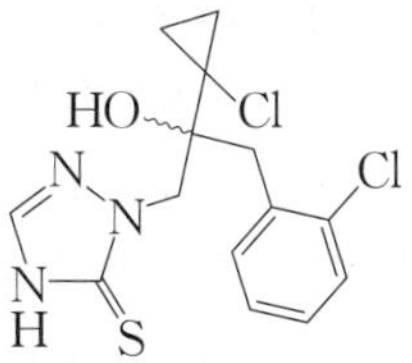

分子式：$C_{14}H_{15}Cl_2N_3OS$

【类别】 三唑硫铜类。

【化学名称】 2 - [(2RS) - 2 - (1 - 氯环丙基) - 3 - (2 - 氯苯基) - 2 - 羟基丙基] - 2H - 1, 2, 4 - 三唑 - 3(4H) - 硫酮。

【理化性质】 纯品为白色或浅灰棕色粉末状结晶。熔点 139.1~144.5 ℃, 溶解度(20 ℃, 克/升): 水 5.0(pH 4)、0.3(pH 8)、2.0(pH 9), 丙酮＞250, 乙腈 10~100, 二氯甲烷 100~250, 二甲基亚砜 100~250, 乙酸乙酯＜250, 正庚烷＜0.1, 正辛醇 10~100, 聚乙二醇＞250, 2 - 丙醇 10~100, 二甲苯 1~10; 蒸气压＜4×10^{-7} 帕(20 ℃); pKa＝6.9; 正辛醇-水分配系数 $K_{ow} \log P$ 为 4.16 (pH 4)、3.82(pH 7)、2.00(pH 9)。

【毒性】 低毒。大鼠急性经口 LD_{50}(雌、雄)≥6 200 毫克/千克, 急性经皮 LD_{50}(雌、雄)≥2 000 毫克/千克, 急性吸入 LC_{50}(雌、雄)≥4.99 毫克/升; 对兔眼睛和皮肤无刺激性, 对豚鼠皮肤无致敏性。

【制剂】 30%可分散油悬浮剂。

【作用机制与防治对象】 本品属甾醇脱甲基化(麦角甾醇的生物合成)抑制剂。具有选择性、保护性、治疗性和持效性等特点, 可用于防治小麦赤霉病。

【使用方法】

防治小麦赤霉病: 于小麦扬花初期施药 1 次, 每 667 平方米用 30%可分散油悬浮剂 40~45 毫升兑水 30~50 千克均匀喷雾, 间隔 5~7 天再施药 1 次, 每季最多施用 2 次, 安全间隔期 30 天。

【注意事项】

(1) 本品对眼睛有刺激性, 避免暴露, 施用人员配药及施药时必须穿戴领口和袖口都扣紧的棉质工作服(或同等防护)和防护手套、靴子、护目镜、面罩等, 避免药液接触眼睛。

(2) 桑蚕养殖区和赤眼蜂、瓢虫等天敌放飞区域禁用本品。

(3) 水产养殖区、河塘水体附近禁用。操作时不要污染水源或灌渠。避免在强光下施药。

(4) 本品在小麦上最大残留限量是 0.1 毫克/千克。

15. 丙硫唑

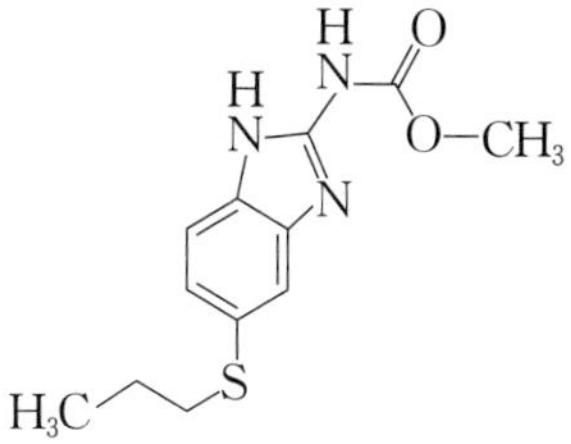

分子式：$C_{12}H_{15}N_3O_2S$

【类别】 苯并咪唑类。

【化学名称】 N-5-(丙硫基)-1H-苯并咪唑-2-基-氨基甲酸甲酯。

【理化性质】 原药外观为白色粉末,无臭无味,微溶于乙醇、氯仿、盐酸和稀硫酸,冰醋酸中溶解,水中不溶。熔点206~212℃,熔融时分解。

【毒性】 低毒。雌性大鼠急性经口 LD_{50} 为681毫克/千克,急性经皮 $LD_{50} > 2\,150$ 毫克/千克,急性吸入 $LC_{50} > 2\,263$ 毫克/米^3。对兔眼睛和皮肤无刺激性,对豚鼠皮肤有弱致敏性。无致癌、致畸、致突变作用。对蜜蜂和鱼毒性较低。

【制剂】 10%水分散粒剂,10%、20%悬浮剂。

【作用机制与防治对象】 为内吸性杀菌剂,具有保护和治疗作用,对病原菌孢子萌发有抑制作用,能有效阻止病原菌三磷酸腺苷合成。可用于防治大白菜霜霉病、水稻稻瘟病、水稻纹枯病、香蕉叶斑病、西瓜枯萎病和炭疽病。

【使用方法】

（1）防治大白菜霜霉病：发病初期,每667平方米用20%悬浮剂40~50毫升兑水30~50千克均匀喷雾,每季最多施用3次,安全间隔期 21 天。

（2）防治水稻稻瘟病：在水稻破口初期用药，每 667 平方米用 10%悬浮剂 150～200 毫升兑水 30～50 千克均匀喷雾，每季最多施用 3 次，安全间隔期 21 天。

（3）防治水稻纹枯病：发病前或发病初期，每 667 平方米用 10%悬浮剂 70～80 毫升兑水 30～50 千克均匀喷雾，每季最多施用 3 次，安全间隔期 21 天。

（4）防治香蕉叶斑病：发病初期，用 10%悬浮剂 1 000～1 500 倍液均匀喷雾，每季最多施用 3 次，安全间隔期 30 天。

（5）防治西瓜枯萎病：发病初期，用 10%水分散粒剂 600～800 倍液均匀喷雾，每季最多施用 1 次，安全间隔期 7 天。

（6）防治西瓜炭疽病：发病初期，每 667 平方米用 10%水分散粒剂 150 克兑水 40～60 千克均匀喷雾，每季最多施用 3 次，安全间隔期 7 天。

【注意事项】

（1）本品对水蚤、藻类等水生生物有毒，远离水产养殖区、河塘等水体施药，禁止在河塘等水体中清洗施药器具。鱼或虾、蟹套养稻田禁用，施药后的田水不得直接排入水体。

（2）不可与碱性农药如波尔多液、石硫合剂、硫酸铜等金属盐药剂混合使用。

（3）建议与其他不同作用机制的杀菌剂轮换使用，以延缓抗药性的产生。

16. 丙森锌

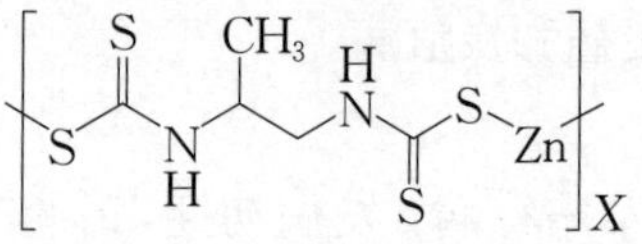

分子式：$(C_5H_8N_2S_4Zn)_x$

【类别】 二硫代氨基甲酸酯类。

【化学名称】 多亚丙基双(二硫代氨基甲酸)锌。

【理化性质】 白色或微黄色粉末。160 ℃以上分解。蒸气压<1 毫帕(20 ℃)。相对密度 1.813 克/毫升。溶解度(20 ℃)：水 0.01 克/升，一般溶剂<0.1 克/升。在冷、干燥条件下贮存时稳定，在潮湿强酸、强碱介质中分解。

【毒性】 低毒。大鼠急性经口、经皮 LD_{50} 均>5 000 毫克/千克，对皮肤、眼睛无刺激性，无致敏性。原药大鼠(13 周)亚慢性试验 NOEL 为 5 000 毫克/千克；制剂大鼠急性经口 LD_{50}>2 500 毫克/千克，急性经皮 LD_{50}>2 000 毫克/千克，急性吸入 LC_{50}>5 003 毫克/升，属低毒杀菌剂。原药对虹鳟鱼 LC_{50}(96 小时)为 1.9 毫克/升，金鱼 LC_{50}(96 小时)133 毫克/升，水蚤 LC_{50}(96 小时)为 4.7 毫克/升；日本鹌鹑 LD_{50}>5 000 毫克/千克。

【制剂】 70%、80%可湿性粉剂，70%、80%水分散粒剂。

【作用机制与防治对象】 本品作用于真菌细胞壁和蛋白质的合成，能抑制孢子的侵染和萌发，同时能抑制菌丝体的生长，导致其变形、死亡。本品含有易于被作物吸收的锌元素，有利于促进作物生长和提高果实的品质。持效期较长，对作物安全。用于防治果蔬霜霉病、早疫病、晚疫病、白粉病、斑点落叶病等常见病害。

【使用方法】

(1) 防治水稻胡麻斑病：发病前或发病初期，每 667 平方米用70%可湿性粉剂 100～150 克兑水 30～50 千克均匀喷雾，每隔 7～10 天施用 1 次，每季最多施用 2 次，安全间隔期 42 天。

(2) 防治玉米大斑病：发病前或发病初期，每 667 平方米用70%可湿性粉剂 100～150 克兑水 30～50 千克均匀喷雾，每隔 7～10 天施用 1 次，每季最多施用 2 次。

(3) 防治番茄早疫病：发病前或发病初期，每 667 平方米用70%可湿性粉剂 125～188 克兑水 30～50 千克均匀喷雾，每隔 7 天左右施药 1 次，可连续用药 2～3 次，每季最多施用 3 次，安全间隔期7天。或用80％可湿性粉剂130～160克兑水30～50千克均匀喷雾,连续施药2～3次,间隔7～10天施药1次,每季最多施用3次,安全间隔期10天。

(4)防治番茄晚疫病:发病前期或发病初期,每667平方米用70％可湿性粉剂180～250克兑水30～50千克均匀喷雾,每隔7～10天施用1次,连续2～3次,每季最多施用3次,安全间隔期7天。

(5)防治黄瓜霜霉病:发病初期,每667平方米用70％可湿性粉剂150～214克兑水40～60千克均匀喷雾,每隔7天施药1次,可连续施用3～4次;或用80％可湿性粉剂140～180克兑水40～60千克均匀喷雾,间隔7～10天喷1次,连续2～3次为宜,每季最多施用3次,安全间隔期7天。

(6)防治大白菜霜霉病:发病初期,每667平方米用70％可湿性粉剂150～214克兑水30～50千克均匀喷雾,每隔7天施药1次,连续施药3次,每季最多施用3次,安全间隔期21天。

(7)防治甜椒疫病:发病前或发病初期,每667平方米用70％可湿性粉剂150～200克兑水30～50千克均匀喷雾,每隔7～10天施用1次,每季最多施用3次,安全间隔期5天。

(8)防治西瓜疫病:发病前或发病初期,每667平方米用70％可湿性粉剂150～200克兑水40～60千克均匀喷雾,每隔7～10天施用1次,每季最多施用3次,安全间隔期7天。

(9)防治柑橘树炭疽病:发病初期,每667平方米用70％可湿性粉剂600～800倍液均匀喷雾,每隔7～10天施用1次,一般连施3次,每季最多施用3次,安全间隔期21天。

(10)防治苹果树斑点落叶病:发病初期,用70％可湿性粉剂600～840倍液喷雾,或用80％可湿性粉剂700～800倍液均匀喷雾,间隔7～10天连续施药3次,每季最多施用3次,安全间隔期21天;用80％水分散粒剂600～800倍液喷雾,每隔10～14天施用1次,每季最多施用4次,安全间隔期14天。

(11)防治梨树黑星病:发病前或发病初期,用70％可湿性粉剂 600～700 倍液均匀喷雾,每隔 7～10 天施用 1 次,每季最多施用 4 次,安全间隔期 14 天。

（12）防治葡萄霜霉病：发病初期,用 70％可湿性粉剂 400～600 倍液均匀喷雾,每隔 7～10 天施药 1 次,每季最多施用 4 次,安全间隔期 14 天。

（13）防治香蕉叶斑病：发病前或发病初期,用 70％可湿性粉剂 400～600 倍液均匀喷雾,每隔 7～10 天施用 1 次。

（14）防治马铃薯早疫病：于发病前开始施药,每 667 平方米用 70％可湿性粉剂 150～200 克兑水 30～50 千克均匀喷雾,间隔 7～14 天施药 1 次,每季最多施药 4 次,安全间隔期 7 天。

【注意事项】

（1）不能与碱性农药或含铜的农药混用。

（2）建议与其他不同作用机制的杀菌剂轮换使用,以延缓产生抗药性。

（3）对鱼类等水生生物、蜜蜂、家蚕有毒,施药期间应避免对周围蜂群的影响,开花植物花期、蚕室和桑园附近禁用。远离水产养殖区施药,禁止在河塘等水体中清洗施药器具。药液及其废液不得污染各类水域、土壤等环境。

（4）本品在下列食品上的最大残留限量(毫克/千克)：大白菜50,番茄 5,柑橘 3,黄瓜 5,梨 5,马铃薯 0.5,苹果 5,葡萄 5,稻谷 2,糙米 1,甜椒 2,西瓜 1,香蕉 1,玉米 0.1。

17. 波尔多液

$$CuSO_4 \cdot x Cu(OH)_2 \cdot y Ca(OH)_2 \cdot z H_2O$$

【类别】 无机类。

【理化性质】 蓝色颗粒外观极为细小,粒径≤40 微米的粒子含量为 100%,粒径≤5 微米的粒子含量为 80%。不溶于水,难溶于普通溶剂如酮类、酯类、烃和氯代烃;溶于氨水形成络合物。在通风、干燥条件下贮存 2 年以上,化学性质不变,但遇强酸和强碱发生变化,受热分解为氧化铜。

【毒性】 低毒。大鼠急性经口 LD_{50} >2 400 毫克/千克。对人、畜和天敌动物安全,不污染环境。

【制剂】 86%水分散粒剂,80%可湿性粉剂,28%悬浮剂。

【作用机制与防治对象】 具有广泛杀菌、预防保护作用的含铜杀菌剂,由硫酸铜、石灰、水按比例配制而成。喷洒后,能黏附在植株体表面,形成一层保护药膜,有效成分碱式硫酸铜可逐渐放出铜离子杀菌,起到防病作用。可用于防治柑橘树溃疡病、葡萄霜霉病、苹果树轮纹病、辣椒炭疽病等病害。

【使用方法】

(1)防治柑橘树溃疡病:发病前或发病初期,每 667 平方米用 80%可湿性粉剂 400~700 倍液均匀喷雾,每隔 7 天喷 1 次,连续用药 4 次,安全间隔期 14 天;或用 28%悬浮剂 100~150 倍液均匀喷雾,间隔 10 天左右喷 1 次,连续用药 3~4 次,每季最多施用 4 次,安全间隔期 20 天。

(2)防治黄瓜霜霉病:发病初期,每 667 平方米用 80%可湿性粉剂 97~125 克兑水 40~60 千克均匀喷雾,每隔 7 天喷 1 次,连续用药 3 次,每季最多施用 3 次,安全间隔期 14 天。

(3)防治辣椒炭疽病:辣椒移栽后 20 天左右可用药,用 80%可湿性粉剂 300~500 倍液均匀喷雾,每隔 10 天喷一次,共喷 3 次。

(4)防治苹果树轮纹病:用 80%可湿性粉剂 300~500 倍液喷雾,发芽后至开花前(花蕾变红前)喷 400 倍液可有效杀死菌源。苹果套袋后至摘袋前,喷 500 倍液有效防治病害。发芽前或采收后,喷 300 倍液可杀死越冬菌源。施药间隔一般为 10~20 天。或始病期用 80%可湿性粉剂 1 000~1 200 倍液均匀喷雾,每隔 15 天喷 1 次,连续用药 4 次,安全间隔期 14 天。

（5）防治葡萄霜霉病：发病初期，用80％可湿性粉剂300～400倍液喷雾，间隔10天左右喷一次；或用28％悬浮剂100～150倍液均匀喷雾，每隔7～10天喷1次，每季最多施用4次，安全间隔期14天。

（6）防治水稻稻曲病：发病前或发病初期，每667平方米用80％可湿性粉剂45～75克兑水30～50千克均匀喷雾，一般间隔10～20天喷1次。

（7）防治烟草野火病：发病前或发病初期，每667平方米用80％可湿性粉剂74～80克兑水30～50千克均匀喷雾，一般间隔10～20天喷1次，最多使用3次，安全间隔期为30天。

【注意事项】

（1）对李、桃、鸭梨、白菜、小麦、大豆、茄科、葫芦科、葡萄、西瓜敏感，施用时应注意药液的飘移，防止产生药害。

（2）施药后要清洗工具，并妥善处理污水和废药液。

（3）对水生生物有毒，使用及操作本品时尽量避免接触鱼塘。

（4）不能与石硫合剂、松脂合剂等物质混合使用。

（5）对家蚕毒性大，桑园附近禁止使用。

18. 侧孢短芽孢杆菌 A60

【类别】 微生物农药。

【理化性质】 侧孢短芽孢杆菌母药是纯菌种经发酵而成的菌液，含量为50亿CFU/毫升（CFU为菌落形成单位），无可见悬浮物和沉淀，杂菌率不高于3.0％，pH为5.0～9.0。本品的水剂一般为棕黄色至褐色液体，含量为5亿CFU/毫升，杂菌率不高于3.0％，pH 6.0～8.0，水不溶物不高于0.5％。

【毒性】 低毒。对人、畜安全。

【制剂】 5亿CFU/毫升侧孢短芽孢杆菌 A60 悬浮剂。

【作用机制与防治对象】 本品喷洒在作物叶片上后,通过成功定植至植物根际、体表或体内,改变其周围菌群环境和种类、与病原菌竞争植物周围的位点,采用以菌治菌、抑菌杀菌及诱导作物产生抗病性等原理,对防治对象具有预防和治疗的双重效果。同时诱导植物防御系统抵御病原菌入侵,从而达到有效排斥、抑制和防治病菌的作用。按推荐剂量使用时,对辣椒疫病有较好的防治效果,且对辣椒安全。

【使用方法】

防治辣椒疫病:发病初期,每667平方米用5亿CFU/毫升侧孢短芽孢杆菌A60悬浮剂50~60毫升兑水30~50千克均匀喷雾,间隔7~10天喷1次,共施药3次,将药液均匀完全喷布于辣椒根部及土壤、茎叶和果实上,喷雾时应注意均匀、周到。

【注意事项】

(1) 不可与其他化学杀菌剂混合使用。

(2) 禁止在河塘等水体中清洗施药器具。

19. 春雷霉素

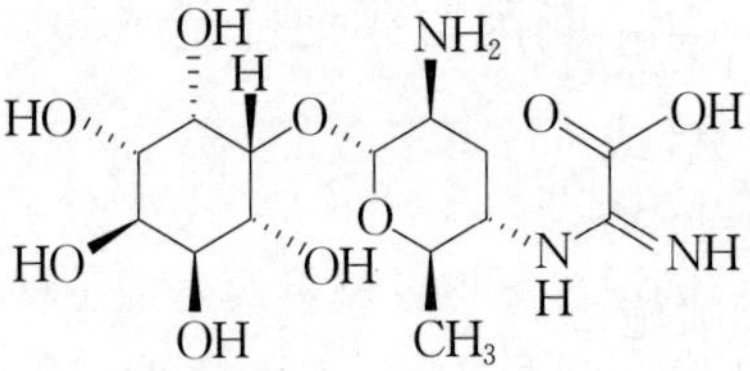

分子式:$C_{14}H_{25}N_3O_9$

【类别】 农用抗生素类。

【理化性质】 纯品为无色结晶。盐酸盐为白色针状或片状结晶,有甜味。纯品在有机溶剂中难溶,在25 ℃水中溶解12.5%

（质量体积百分浓度）；盐酸盐易溶于水，不溶于甲醇、乙醇、丙酮、苯等有机溶剂。在酸性和中性介质中稳定，在碱性条件下不稳定。

【毒性】 低毒。对人、畜、家禽的急性毒性均较低。大鼠急性经口 LD_{50} 为 22 000 毫克/千克，小鼠急性经口 LD_{50} 为 20 000 毫克/千克，兔则为 20 900 毫克/千克。对鱼、虾类的毒性很低，对蜜蜂亦低毒。

【制剂】 2％、4％、6％、10％可湿性粉剂，2％、4％、6％水剂，2％可溶性液剂，2％、20％水分散粒剂。

【作用机制与防治对象】 具有较强的内吸渗透性，同时具有预防和治疗作用，其治疗作用更为显著。其作用机制是干扰病原菌氨基酸代谢的酯酶系统，破坏蛋白质的生物合成，抑制菌丝伸长并造成细胞颗粒化，使病原菌失去繁殖和侵染能力，从而达到杀死病原菌防治病害的目的。可用于防治水稻稻瘟病、番茄叶霉病、黄瓜细菌性角斑病、白菜软腐病、马铃薯黑胫病等病害。

【使用方法】

（1）防治白菜软腐病：于发病前或发病初期开始施药，每667平方米用2％可湿性粉剂 100～150 克兑水 30～50 千克均匀喷雾。

（2）防治大白菜黑腐病：发病初期，每 667 平方米用 2％可湿性粉剂 75～120 克，或 6％可湿性粉剂 25～40 克，或 2％水剂 75～120 毫升，兑水 30～50 千克均匀喷雾，隔 7～10 天喷施 1 次，视病情可连续喷施 2～3 次，每季最多施用 3 次，安全间隔期 21 天。

（3）防治番茄叶霉病：发病初期，每 667 平方米用 2％水剂 140～217 毫升兑水 30～50 千克均匀喷雾，隔 7～10 天喷施 1 次，视病情可连续喷施 2～3 次，每季最多施用 3 次，安全间隔期 4 天。

（4）防治黄瓜细菌性角斑病：发病初期，每 667 平方米用 2％

水剂 140～175 毫升兑水 40～60 千克均匀喷雾,隔 7 天再喷 1～2 次,每季最多施用 3 次,安全间隔期 4 天。

(5)防治黄瓜枯萎病:发病前或发病初期,用 6％可湿性粉剂 150～225 倍液均匀喷雾,或每 667 平方米用 2％可湿性粉剂 187～250 克兑水 40～60 千克均匀喷雾,每隔 7～10 天施药 1 次,可连续用药 2～3 次,每季最多施用 3 次,安全间隔期 4 天。或每 667 平方米用 4％可湿性粉剂 0.25～0.33 克/株或 100～200 倍液灌根;或每 667 平方米用 6％可湿性粉剂 200～300 克兑水后灌根,每隔 10 天左右施药 1 次,每季最多施用 3 次,安全间隔期 4 天。

(6)防治马铃薯黑胫病:发病初期开始施药,每 667 平方米用 37～47 克兑水 30～50 千克均匀喷雾。

(7)防治水稻稻瘟病:发病初期开始施药,每 667 平方米用 2％可湿性粉剂 100～120 克,或 4％可湿性粉剂 50～62.5 克,或 6％可湿性粉剂 40～50 克,或 10％可湿性粉剂 23～27 克,或 2％水剂 80～100 毫升,或 4％水剂 63～70 毫升,或 6％水剂 33～40 毫升,兑水 30～50 千克均匀喷雾,隔 7～10 天喷施 1 次,视病情可连续喷施 3 次,每季最多施用 3 次,安全间隔期 21 天。或每 667 平方米用 2％水分散粒剂 90～100 克兑水 30～50 千克均匀喷雾,每季最多施用 2 次,安全间隔期 21 天。

(8)防治西瓜细菌性角斑病:发病初期开始喷药,每 667 平方米用 6％可湿性粉剂 32～40 克兑水 40～60 千克均匀喷雾,每隔 7 天施药 1 次,每季最多施用 3 次,安全间隔期 14 天。

(9)防治烟草野火病:发病前或发病初期开始施药,每 667 平方米用 2％可湿性粉剂 125～166.7 克,或 6％可湿性粉剂 41.7～55.6 克,兑水 30～50 千克均匀喷雾,每季最多施用 4 次,安全间隔期 14 天。

【注意事项】

(1)大豆较敏感,施药时避免药液飘移到上述作物上。不要将药液污染到杉树(特别是苗)、藕及大豆上。

（2）不可与呈碱性的农药等物质混合使用。

（3）对蜜蜂、家蚕、鱼及水生生物有毒，施药期间应避免对蜂群产生不利影响，蜜源作物、桑园和蚕室附近禁止用药，药液及其废液不得污染各类水域，远离水产养殖区施药，禁止在河塘等水体中清洗施药用具。赤眼蜂等天敌放飞区禁用。用过的容器应妥善处理，不可做他用，也不可随意丢弃。

（4）本品在下列食品上的最大残留限量（毫克/千克）：番茄0.05，黄瓜0.2，糙米0.1，西瓜0.1。

20. 大黄素甲醚

分子式：$C_{16}H_{12}O_5$

【类别】 蒽醌类。

【化学名称】 1,8-二羟基-3-甲氧基-6-甲基蒽醌。

【理化性质】 纯品为黄色针状结晶。熔点203～207 ℃。蒸气压（20～25 ℃）4.8×10^{11}帕。溶于苯、氯仿、吡啶、甲苯，微溶于乙酸和乙酸乙酯，不溶于甲醇、乙醚、丙酮，少量大黄素甲醚能缓慢溶于乙醇和水中。在强酸条件下水解，在强紫外线下缓慢光解。8.5%母药外观为黄色粉末或膏状，pH3.5～6，水分≤3.5%。0.5%水剂外观为稳定均相液体，无可见的悬浮物。pH6～8。

【毒性】 低毒。8.5%母药和0.5%水剂对大鼠急性经口LD_{50}均>5 000毫克/千克；大鼠急性经皮LD_{50}均>2 000毫克/千克。大耳白兔皮肤中度刺激，眼睛轻度刺激；豚鼠皮肤致敏性试验为弱致敏物。无致突变作用;大鼠 90 天亚慢性经口(灌胃)试验 NOEL 为每天 120 毫克/千克。0.5%水剂对斑马鱼的 96 小时 LC_{50} 为 1.37 毫克/升,属中等毒;日本鹌鹑急性经口(灌胃法,7 天)LD_{50} 为 49.18 毫克/千克,为中毒至低毒;蜜蜂(经口 48 小时)LC_{50} 为 41.9 毫克(有效成分)/升,为中毒;家蚕(2 龄 96 小时)食下毒叶法 LC_{50} 为 10 毫克/升,为高毒。

【制剂】 0.1%、0.5%水剂,0.8%悬浮剂。

【作用机制与防治对象】 本品以天然植物大黄为原料,经精心提取其活性成分,加工研制而成,对黄瓜、葡萄和小麦白粉病、番茄病毒病有较好的防效。

【使用方法】

(1) 防治番茄病毒病:每 667 平方米用 0.1%水剂 60~100 毫升兑水 30~50 千克均匀喷雾。

(2) 防治黄瓜白粉病:在发病初期第一次用药,每 667 平方米用 0.5%水剂 240~600 毫升兑水 40~60 千克均匀喷雾,每隔 7 天施 1 次药,连喷 2 次。

(3) 防治小麦白粉病:发病初期,每 667 平方米用 0.5%水剂 100~150 毫升兑水 30~50 千克均匀喷雾。

(4) 防治葡萄白粉病:发病初期第一次用药,用 0.8%悬浮剂 800~1 000 倍液均匀喷雾,每隔 7~10 天施 1 次药,连喷 2~3 次。

【注意事项】

(1) 建议与其他作用机制杀菌剂交替使用,以延缓抗性产生。

(2) 不得与碱性农药等物质混用,以免降低药效。

(3) 本品对蜜蜂、家蚕有毒,开花植物花期周围禁用,施药期间应密切注意对附近蜂群的影响,蚕室及桑园附近禁用;对鱼类等水生生物有毒,远离水产养殖区施药,禁止在河塘等水域内清洗施药器具。

21. 代森铵

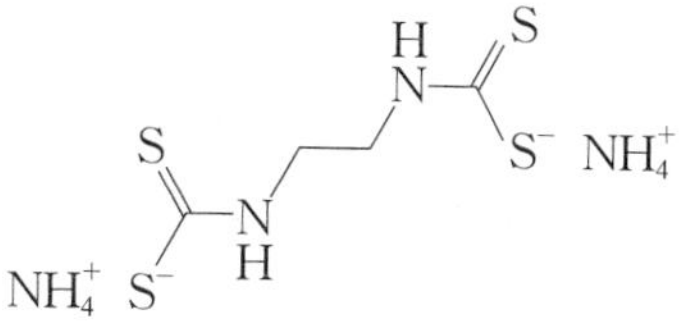

分子式: $C_4H_{14}N_4S_4$

【类别】 有机硫类。

【化学名称】 1,2-亚乙基双二硫代氨基甲酸铵。

【理化性质】 纯品为无色结晶。熔点 72.5～72.8 ℃。原药为橙黄色或淡黄色水溶液,呈弱碱性,有氨和硫化氢臭味。易溶于水,微溶于乙醇、丙酮,不溶于苯。在空气中不稳定,水溶液化学性质较稳定,但在温度高于 40 ℃时易分解,遇酸性物质也易分解。

【毒性】 中等毒。大鼠经口 LD_{50} 为 450 毫克/千克。鲤鱼忍受极限中浓度(TLm)(48 小时)>40 毫克/升,水蚤 TLm(48 小时)8.7 毫克/升。对人的皮肤有刺激性。

【制剂】 45%水剂。

【作用机制与防治对象】 药剂与菌体内柠檬酸循环中的乌头酸酶螯合,使其失去活性,影响病菌的能量代谢。化学性质稳定,但遇热分解,对植物安全,其水溶液能渗入植物组织,抗菌谱广,保护作用优异,有治疗作用,杀菌力强,对多种作物病害有防治作用。在植物体内分解后还有肥效作用。可作种子处理、叶面喷雾、土壤消毒及农用器材消毒。可有效防治水稻白叶枯病、稻瘟病、玉米大、小斑病,白菜霜霉病等病害。

【使用方法】

于发病前或发病初期施药,视病害发生情况,每 7 天左右施药

1 次,可连续用药 2～3 次。

(1) 防治水稻白叶枯病和纹枯病:每 667 平方米用 45％水剂 50 毫升兑水 30～50 千克均匀喷雾。安全间隔期 28 天,每季最多施用 2 次。

(2) 防治水稻稻瘟病:每 667 平方米用 45％水剂 80～100 毫升兑水 30～50 千克均匀喷雾。安全间隔期 28 天,每季最多施用 2 次。

(3) 防治玉米大、小斑病:每 667 平方米用 45％水剂 78～100 毫升兑水 30～50 千克均匀喷雾,安全间隔期 30 天,每季最多施用 2 次。

(4) 防治白菜霜霉病:每 667 平方米用 45％水剂 78 毫升兑水 30～50 千克均匀喷雾,安全间隔期 7 天,每季最多施用 2 次。

(5) 防治甘薯黑斑病:用 45％水剂 200～400 倍液浸种。

(6) 防治谷子白发病:用 45％水剂 180～360 倍液浸种。

(7) 防治黄瓜霜霉病:每 667 平方米用 45％水剂 78 毫升兑水 40～60 千克均匀喷雾,安全间隔期 3 天,每季最多施用 3 次。

(8) 防治橡胶条溃疡病:用 45％水剂 150 倍液涂抹,安全间隔期 7 天。

(9) 防治苹果腐烂病、苹果枝干轮纹病:用 45％水剂 100～200 倍液涂抹,安全间隔期 7 天,每季最多施用 2 次。

【注意事项】

(1) 不宜与石硫合剂、波尔多液等碱性农药混用,也不能与含铜制剂等混用。

(2) 本说明用药量为大田作物用量,温室及大棚用药量请先试验,水稻用药量必须按使用说明用药。

(3) 建议与其他作用机制不同的杀菌剂轮换使用。

(4) 夏季高温时,避免在作物上连续施用,以免发生药害。

(5) 本品在下列食品上的最大残留限量(毫克/千克):稻谷 2,糙米 1,玉米 0.1,大白菜 50,甘薯 0.5,黄瓜 5,苹果 5。

22. 代森联

$$\left[\begin{array}{l}CH_2NH-\overset{\overset{\displaystyle S}{\|}}{C}-S-\\CH_2NH-\underset{\underset{\displaystyle S}{\|}}{C}-SZn(NH_3)\end{array}\right]_3 \left[\begin{array}{l}CH_2NH-\overset{\overset{\displaystyle S}{\|}}{C}-S-\\CH_2NH-\underset{\underset{\displaystyle S}{\|}}{C}-S-\end{array}\right]_x$$

分子式(单体)：$C_{16}H_{33}N_{11}S_{16}Zn_3$

【类别】 有机硫类。

【化学名称】 代森锌氨与亚乙基双二硫代氨基甲酸的络合物。

【理化性质】 原药为黄色粉末，156 ℃以上分解。蒸气压＜0.001 毫帕(20 ℃)，相对密度 1.860(20 ℃)。不溶于水、乙醇、丙酮、苯等，溶于吡啶。遇光缓慢分解，对强酸、强碱不稳定。

【毒性】 低毒。大鼠经口 LD_{50}＞5 000 毫克/千克，大鼠经皮 LD_{50}＞2 000 毫克/千克，大鼠吸入 LC_{50}＞2.71 毫克/(升·4 小时)；对兔眼、皮肤无刺激，但兔皮肤接触本品可引起致敏作用。

【制剂】 60％、70％水分散粒剂，70％可湿性粉剂。

【作用机制与防治对象】 本品为硫代氨基甲酸酯类杀菌剂，可影响病菌细胞内多种酶的活性，阻止孢子萌发和干扰菌丝芽管的伸长，使病菌无法侵染组织。作为保护性杀菌剂，其防治谱较广，不易产生抗药性。具有很强的生物活性，且耐雨水冲刷，可有效防治黄瓜霜霉病、苹果树斑点落叶病、柑橘疮痂病、葡萄霜霉病、梨树黑星病、苹果树炭疽病、苹果树轮纹病等病害。

【使用方法】

(1) 防治黄瓜霜霉病：发病前或发病初期，每 667 平方米用

70%水分散粒剂 120～170 克兑水 40～60 千克均匀喷雾,间隔 7 天用药 1 次,可连用 3 次,安全间隔期 5 天,每季最多施用 3 次;或每 667 平方米用70%可湿性粉剂 120～170 克兑水 40～60 千克均匀喷雾,视病情严重程度间隔 7～10 天用药 1 次,可连续用药 2～3 次,安全间隔期为 3 天,每季最多施用 3 次。

(2)防治苹果树斑点落叶病:发病前或发病初期,用70%水分散粒剂 300～700 倍液均匀喷雾,安全间隔期为 21 天,每季最多施用 3 次;或用70%可湿性粉剂 500～700 倍液均匀喷雾,安全间隔期为 14 天,每季最多施用 4 次。

(3)防治柑橘疮痂病:发病前或发病初期,用70%水分散粒剂 500～700 倍液均匀喷雾,间隔 7～10 天用药 1 次,安全间隔期为 10 天,每季最多施用 3 次。

(4)防治葡萄霜霉病:发病前或发病初期,用60%水分散粒剂 600～800 倍液均匀喷雾,安全间隔期为 14 天,每季最多施用 3 次。

(5)防治梨树黑星病:发病前或发病初期,用70%水分散粒剂 500～700 倍液均匀喷雾,间隔为 7～14 天用药 1 次,安全间隔期为 21 天,每季最多施用 3 次。

(6)防治苹果树炭疽病:发病初期,用70%水分散粒剂 300～700 倍液均匀喷雾,隔 10 天左右施药 1 次,连续施药 3 次为宜,安全间隔期为 7 天,每季最多施用 3 次。

(7)防治苹果树轮纹病:第一次施药应在苹果谢花后 7～10 天进行,用70%水分散粒剂 300～700 倍液均匀喷雾,间隔 10～15 天用药 1 次,连续施药 2～3 次,安全间隔期为 21 天,每季最多施用 3 次。

【注意事项】

(1)应远离水产养殖区、河塘等水体施药,禁止在河塘等水体中清洗施药器具。

(2)药液接触皮肤可能会引起皮肤过敏,如果过敏持续发生,请医生诊治。

（3）本品在下列食品上的最大残留限量（毫克/千克）：苹果5，柑橘3，葡萄5，梨5。

23. 代森锌

分子式：$C_4H_6N_2S_4Zn$

【类别】　有机硫类。

【化学名称】　1,2-亚乙基双(二硫代氨基甲酸)锌。

【理化性质】　原药为白色至淡黄色粉末。157℃温度下分解，闪点90℃。室温下在水中的溶解度为10毫克/升，不溶于大多数有机溶剂，微溶于吡啶。自燃温度149℃；对光、热、湿气不稳定，容易分解，释出二硫化碳，故不宜放在潮湿和高温地方。代森锌分解产物中有乙硫化碳和硫化氢，毒性较大。

【毒性】　低毒。大鼠急性经口 LD_{50}>5 200毫克/千克，对皮肤和黏膜有刺激性。对蜜蜂无毒，对鱼 TLm(48 小时)>40毫克/千克。制剂中的杂质及分解产物乙撑硫脲在极高剂量下会使试验动物出现甲状腺病变，产生肿瘤及生育障碍等症状。鱼类 LC_{50} (毫克/升，96 小时)：鲈鱼2，石斑鱼6～8。

【制剂】　65%、80%可湿性粉剂。

【作用机制与防治对象】　本品是一种叶面喷洒使用的保护剂，对许多病菌如霜霉病菌、晚疫病菌及炭疽病等有较强触杀作用，对植物安全，有效成分化学性质较活泼，在水中易被氧化成异硫氰化物，对病原菌体内含—SH基的酶有强烈的抑制作用，并能直接杀死病菌孢子，抑制孢子的发芽，阻止病菌侵入植物体内，但对已侵入植物体内的病原菌丝体的杀伤作用小。因此,使用代森锌防治病害应掌握在病害始见期进行。多用于蔬菜、果树等作物多种病害的防治。

【使用方法】

(1)防治番茄早疫病:发病前或发病初期,每667平方米用65％可湿性粉剂231～369克兑水30～50千克均匀喷雾,每隔7～10天用药1次,可连续用药2次,每季最多施用2次,安全间隔期6天;或用80％可湿性粉剂213～300克兑水30～50千克均匀喷雾,每隔7天左右施药1次,可连续用药2～3次,每季最多施用3次,安全间隔期5天。

(2)防治柑橘树炭疽病:在柑橘嫩梢期、花期、幼果期、果实成熟期等易发病期用药,用65％可湿性粉剂600～800倍液喷雾,每隔10～15天喷1次,连施2次,每季最多施用2次,安全间隔期21天。

(3)防治花生叶斑病:发病前或发病初期开始用药,每667平方米用65％可湿性粉剂88.2～98.5克兑水30～50千克均匀喷雾,每隔7～10天喷1次,共喷2～3次,每季最多施用3次,安全间隔期45天;或用80％可湿性粉剂62.5～80克兑水30～50千克均匀喷雾,每隔7～10天喷药1次,连续3次,每季最多施用3次,安全间隔期25天。

(4)防治黄瓜霜霉病:发病前或发病初期,每667平方米用65％可湿性粉剂200～308克兑水40～60千克均匀喷雾,每隔7～10天喷药1次,连续喷2～3次,每季最多施用3次,安全间隔期5天。

(5)防治芦笋茎枯病:发病前或发病初期,每667平方米用65％可湿性粉剂80～150克兑水30～50千克均匀喷雾,每隔3～7天喷1次,每季最多施用4次,安全间隔期14天。

(6)防治马铃薯晚疫病:发病前或发生初期,每667平方米用65％可湿性粉剂75～112克,或80％可湿性粉剂80～100克,兑水30～50千克均匀喷雾,每隔7～10天喷药1次,连续2次,每季最多施用 2 次,安全间隔期 25 天。

（7）防治马铃薯早疫病：发病初期,每 667 平方米用 65% 可湿性粉剂 98.5～123 克兑水 30～50 千克均匀喷雾,每隔 7～10 天喷 1 次,连喷 2 次,每季最多施用 2 次,安全间隔期 21 天。

（8）防治苹果斑点落叶病：发病初期,用 80% 可湿性粉剂 500～700 倍液喷雾,每 7～10 天施药 1 次,可用药 2 次,每季最多施用 2 次,安全间隔期 49 天。

（9）防治苹果树炭疽病：发病前或发病初期开始用药,用 80% 可湿性粉剂 500～700 倍液均匀喷雾,每隔 7～10 天喷药 1 次,用药 3 次,每季最多施用 3 次,安全间隔期 28 天。

（10）防治西瓜炭疽病：每 667 平方米用 65% 可湿性粉剂 100～120 克兑水 40～60 千克均匀喷雾,每季最多施用 4 次,安全间隔期 14 天。

（11）防治烟草立枯病：发病初期,每 667 平方米用 80% 可湿性粉剂 80～100 克兑水 30～50 千克均匀喷雾,每季最多施用 3 次,安全间隔期 7 天。

（12）防治烟草炭疽病：发病初期,每 667 平方米用 80% 可湿性粉剂 80～100 克兑水 30～50 千克均匀喷雾,每 7 天左右施药 1 次,可连续用药 2～3 次,每季最多施用 3 次,安全间隔期 7 天。

【注意事项】

（1）建议与其他不同作用机制的杀菌剂轮换使用。

（2）本品对皮肤、黏膜有刺激作用。使用时应注意个人防护,穿戴好防护用具,施药后用肥皂和水洗干净裸露的皮肤。

（3）不能与铜制剂或碱性的物质混合使用。

（4）对鱼类等水生生物有毒,远离水产养殖区施药,禁止在河塘等水体中清洗施药器具。

（5）本品在下列食品上的最大残留限量(毫克/千克)：番茄 5,柑橘 3,花生仁 0.1,黄瓜 5,芦笋 2,马铃薯 0.5,苹果 5,西瓜 1。

24. 代森锰锌

$$分子式：(C_4H_6MnN_2S_4)_x(Zn)_y$$

【类别】 无机类。

【化学名称】 1,2-亚乙基双二硫代氨基甲酸锰和锌的配位化合物。

【理化性质】 本品为代森锰和代森锌的络合物,原药为灰黄色粉末,熔点 192~204 ℃(分解),蒸气压<$1.33×10^{-2}$ 毫帕(20 ℃),相对密度 1.92。水中溶解度为 6~20 毫克/升,不溶于大多数有机溶剂,溶于强螯合剂溶液中。干燥环境中稳定,加热或在潮湿环境中缓慢分解。

【毒性】 低毒。原药雄大鼠急性经口 LD_{50} 为 10 000 毫克/千克,小鼠急性经口 LD_{50}>7 000 毫克/千克,兔急性经口 LD_{50}>10 000 毫克/千克。对兔皮肤和黏膜有一定刺激作用。在试验剂量下未发现致突变、致畸作用。大鼠 90 天经口无作用剂量为 16 毫克/(千克·天)。鲤鱼 LC_{50}(48 小时)为 4.0 微克/毫升,水蚤 LC_{50}(3 小时)10~40 微克/毫升。

【制剂】 50%、70%、80%、85%可湿性粉剂,30%、40%、48%、420 克/升、430 克/升悬浮剂,75%水分散粒剂。

【作用机制与防治对象】 主要是药剂与菌体内丙酮酸的氧化,使酶失去活性,影响病菌的能量代谢。其抗菌谱广,保护作用较好,对果树、蔬菜上的炭疽病、早疫病等多种病害有效,该药剂常与内吸性杀菌剂混配,用于延缓抗药性的产生。

【使用方法】

（1）防治棉花立枯病：棉花出苗 80％左右进行首次喷药，每 667 平方米用 80％可湿性粉剂 50～75 克兑水 30～50 千克均匀喷雾，间隔 7～10 天喷 1 次，连续使用 3 次。

（2）防治大豆炭疽病：于病症出现前施药，每 667 平方米用 75％水分散粒剂 100～133 克兑水 30～50 千克均匀喷雾，每隔 7～10 天喷药 1 次，连喷 2～3 次，安全间隔期 28 天，每季最多使用 3 次。

（3）防治花生叶斑病：在发病前或发病初期施药，每 667 平方米用 70％可湿性粉剂 70～85 克兑水 30～50 千克均匀喷雾，每隔 7～10 天喷 1 次，连喷 2～3 次，安全间隔期为 7 天，每季最多使用 3 次。

（4）防治番茄早疫病：在作物发病前或发病初期使用，每 667 平方米用 80％可湿性粉剂 160～200 克，或用 50％可湿性粉剂 246～316 克兑水 30～50 千克均匀喷雾，间隔 7～10 天连续使用 2～3 次，安全间隔期 15 天；或用 75％水分散粒剂 150～200 克兑水 30～50 千克均匀喷雾，安全间隔期 7 天，每季最多使用 3 次；或用 30％悬浮剂 240～320 克兑水 30～50 千克均匀喷雾，安全间隔期 15 天，每季最多使用 3 次。

（5）防治黄瓜霜霉病：发病前或发病初期开始施药，每 667 平方米用 80％可湿性粉剂 170～250 克兑水 30～50 千克均匀喷雾，每隔 7～10 天喷药 1 次，连喷 3 次，安全间隔期 5 天，每季最多施药 3 次；或用 75％水分散粒剂 150～200 克兑水 30～50 千克均匀喷雾，隔 7～10 天喷药 1 次，安全间隔期为 3 天，每季最多使用 3 次。

（6）防治辣椒炭疽病、疫病：在发病前或发病初期施药，每 667 平方米用 80％可湿性粉剂 150～210 克兑水 30～50 千克均匀喷雾，每隔 7～10 天喷 1 次，连喷 2～3 次，安全间隔期 15 天，每季最多使用 3 次。

（7）防治马铃薯晚疫病：在发病前或发病初期用药，每 667 平方米用 70％可湿性粉剂 130～200 克兑水 30～50 千克均匀喷雾，安全间隔期为 3 天,每季最多使用 3 次;或用 75% 水分散粒剂 160~190 克兑水 30~50 千克均匀喷雾,每隔 7~10 天喷 1 次,连喷 2~3 次,安全间隔期 14 天,每季最多使用 3 次。

(8) 防治芦笋茎枯病:发病前或发病初期开始用药,每 667 平方米用 80% 可湿性粉剂 85~100 克兑水 30~50 千克均匀喷雾,每隔 7 天喷 1 次,连喷 3 次,安全间隔期 7 天,每季最多使用 3 次。

(9) 防治甜椒炭疽病、疫病:在发病前或发病初期用药,每 667 平方米用 80% 可湿性粉剂 150~210 克兑水 30~50 千克均匀喷雾,间隔 7~10 天用药 1 次,连续使用 2~3 次,安全间隔期 15 天,每季最多使用 3 次。

(10) 防治西瓜炭疽病:在发病前或发病初期用药,每 667 平方米用 80% 可湿性粉剂 130~210 克兑水 30~50 千克均匀喷雾,间隔 7~10 天用药 1 次,连续使用 2~3 次,安全间隔期为 21 天,每季最多使用 3 次;或用 75% 水分散粒剂 220~240 克兑水 30~50 千克均匀喷雾,安全间隔期 21 天,每季最多使用 4 次。

(11) 防治柑橘树疮痂病、炭疽病:在发病前或发病初期用药,用 80% 可湿性粉剂 400~600 倍液,或用 70% 可湿性粉剂 350~525 倍液均匀喷雾,隔 7~10 天喷药 1 次,连喷 2~3 次,安全间隔期为 21 天,每季最多使用 3 次;

(12) 防治苹果树斑点落叶病:于苹果落花后和秋梢期病害发生之前施药,每 667 平方米用 80% 可湿性粉剂 600~800 倍液整株喷雾,每隔 7 天施药 1 次,连喷 2~3 次,安全间隔期为 10 天,每季最多使用 3 次。

(13) 防治苹果树轮纹病、炭疽病:在发病前或发病初期用药,用 80% 可湿性粉剂 600~800 倍液均匀喷雾,隔 7~10 天喷 1 次,连喷 2~3 次,每季最多使用 3 次,安全间隔期为 10 天。

(14) 防治梨树黑星病:在发病前或发病初期用药,用 80% 可湿性粉剂 500~1 000 倍液,或用 75% 水分散粒剂 470~940 倍液均匀喷雾,每隔 7~10 天喷 1 次,连喷 2~3 次,安全间隔期 10 天,每季最多使用 3 次。

（15）防治葡萄白腐病、黑痘病、霜霉病：在发病前或发病初期用药，用 80% 可湿性粉剂 500～800 倍液均匀喷雾，间隔 7～10 天用药 1 次，连续使用 2～3 次，安全间隔期为 28 天，每季最多使用 3 次。

（16）防治荔枝树霜疫霉病：在发病前或发病初期用药，用 80% 可湿性粉剂 400～600 倍液，或用 70% 水分散粒剂 350～500 倍液整株喷雾，每隔 7～10 天喷 1 次，连喷 2～3 次，安全间隔期为 10 天，每季最多使用 3 次。

（17）防治芒果炭疽病：在嫩梢期或坐果期开始施药，用 80% 可湿性粉剂 400～600 倍液均匀喷雾，每隔 7～10 天喷 1 次药，连喷 3 次，安全间隔期为 21 天，每季最多使用 3 次。

（18）防治樱桃褐斑病：在发病前或发病初期用药，用 80% 可湿性粉剂 600～1200 倍液均匀喷雾，视病害发生情况，每隔 7～10 天施药 1 次，可连续施药 2～3 次。安全间隔期为 28 天，每季最多使用 3 次。

（19）防治枣树锈病：发病前或发病初期开始施药，用 80% 可湿性粉剂 600～800 倍液均匀喷雾，以后每隔 7～10 天喷 1 次药，连喷 3～5 次，安全间隔期为 21 天，每个作物周期最多使用 5 次。

（20）防治香蕉叶斑病：在发病前或发病初期用药，用 40% 悬浮剂 300～400 倍液，或用 30% 悬浮剂 200～250 倍液，均匀喷雾，每隔 7～10 天喷施 1 次，安全间隔期 35 天，每季最多使用 3 次。

（21）防治烟草赤星病、黑胫病：在发病前或发病初期用药，每 667 平方米用 70% 可湿性粉剂 175～220 克，或 80% 可湿性粉剂 120～160 克兑水 30～50 千克均匀喷雾，每隔 7～10 天喷 1 次，连续使用 2～3 次，安全间隔期为 21 天，每季最多使用 3 次。

（22）防治烟草炭疽病：在发病前或发病初期用药，每 667 平方米用 80% 可湿性粉剂 80～100 克兑水 30～50 千克均匀喷雾，每隔 7～10 天喷 1 次，连续使用 2 次，安全间隔期为 21 天，每季最多使用 2 次。

（23）防治人参黑斑病：在发病前或发病初期施用药,每 667 平方米用 80％可湿性粉剂 150～250 克兑水 30～50 千克均匀喷雾,间隔 7～10 天用药 1 次,连续使用 2 次,安全间隔期 35 天,每季最多施用 2 次。

（24）防治草坪叶斑病：在发病前或发病初期,每 667 平方米用 80％可湿性粉剂 60～75 克兑水 30～50 千克均匀喷雾,每隔 7～10 天喷药 1 次,连喷 2～3 次。

【注意事项】

（1）不能与铜及强碱性物质混用,在喷过铜、汞、碱性药剂后要间隔 1 周后才能喷此药。

（2）对鱼类等水生生物有中等毒性,应远离水产养殖区施药,禁止在河塘等水体清洗施药器具,不要污染水体,应避免药液流入湖泊、河流或鱼塘中污染水源。

（3）对蜜蜂、家蚕有中等毒性,蚕室禁用,桑园附近慎用。

25. 稻瘟灵

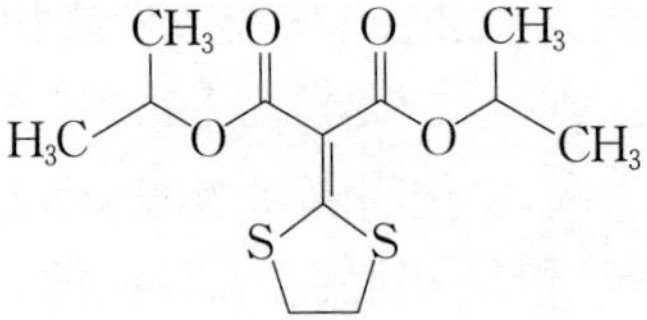

分子式：$C_{12}H_{18}O_4S_2$

【类别】 有机硫类。

【化学名称】 1,3-二硫戊环-2-亚基丙二酸二异丙酯。

【理化性质】 纯品为无色无臭结晶固体(工业原药为略带刺激味的黄色固体)。熔点 54～54.5 ℃(工业原药 50～51 ℃)。沸点 167～169 ℃(66.7 帕)。蒸气压 18.8 毫帕(25 ℃)。相对密度

1.044。水中溶解度(25 ℃)54 毫克/升。易溶于甲醇、乙醇、丙酮、氯仿、苯等各种有机溶剂。对酸、碱、光和热均稳定。

【毒性】 低毒。大鼠急性经口 LD_{50}(毫克/千克):1190(雄)、1340(雌)。大鼠急性经皮 $LD_{50}>10\,250$ 毫克/千克。大鼠急性吸入 LC_{50}(4 小时)>2.7 毫克/千克。对兔眼睛有轻度刺激,对皮肤无刺激。无致畸、致癌、致突变性。日本鹌鹑急性经口 $LD_{50}>4\,000$ 毫克/千克。鱼 LC_{50}(48 小时,毫克/升):虹鳟鱼 6.8,鲤鱼 6.7。水蚤 LC_{50}(3 小时)为 62 毫克/升。

【制剂】 30%、40%乳油,30%、40%可湿性粉剂,18%微乳剂,40%展膜油剂。

【作用机制与防治对象】 本品是一种含硫杂环杀菌剂,通过抑制纤维素酶的形成来阻止菌丝的进一步生长。可通过根和叶吸收,向上、向下传导,具有保护和治疗作用。防治水稻稻瘟病,具有内吸性较好、渗透性较强、持效期较长的特点。

【使用方法】

防治水稻稻瘟病:防治叶瘟,在叶瘟初发期施药。防治穗颈瘟,在水稻破口期至始穗期用药,每 667 平方米用 30%乳油 100～150 毫升,或 18%微乳剂 160～240 毫升,兑水 30～50 千克均匀喷雾,每隔 7～10 天施药 1 次,可连续用药 2 次,每季最多施用 2 次,安全间隔期 28 天。

【注意事项】

(1)使用前,先将瓶内药液充分摇匀,然后按比例将药液稀释,充分搅拌后施用。配制药液时,应选择远离饮用水源、居民点、要有专人看管,严防农药丢失或被人、家畜、禽误食。

(2)不可与强碱性物质混用,以免降低药效。为延缓抗药性产生,可与其他作用机制不同的杀菌剂轮换使用。

(3)对鱼等水生生物有毒,剩余药剂不得倒入湖泊、河流、池塘和小溪中,避免污染水源,用完的空包装袋要妥善处理,注意保护环境。

(4) 本品在大米上最大残留限量是 1 毫克/千克。

26. 稻瘟酰胺

分子式：$C_{15}H_{18}Cl_2N_2O_2$

【类别】 苯氧酰胺类。

【化学名称】 N-(1-氰基-1,2-二甲基丙基)-2-(2,4-二氯苯氧基)丙酰胺。

【理化性质】 纯品为灰白色无臭固体,蒸气压(25 ℃)2.1×10^{-5} 帕,熔点 69.0～71.5 ℃。溶解度(克/升,20 ℃)：水 30.7±0.3×10^{-3},甲醇 510,丙酮＞580,乙酸乙酯 530,甲苯 510,正己烷 4.7,二氯甲烷＞600,正辛醇 120,乙腈 570；正辛醇-水分配系数 $K_{ow}log P$ 为 3.53(25 ℃),对热酸碱(pH 5、7、9)均较稳定。

【毒性】 低毒。雄大鼠急性经口 LD_{50}＞5 000 毫克/千克,雌大鼠急性经口 LD_{50} 为 4 211 毫克/千克；小鼠急性经口 LD_{50}＞5 000 毫克/千克；大鼠急性经皮 LD_{50}＞2 000 毫克/千克；对兔眼睛和皮肤无刺激作用。对鱼等安全,鲤鱼 LC_{50}(96 小时)10.1 毫克/升,鹌鹑 LD_{50}＞2 000 毫克/千克。

【制剂】 20%、25%、30%、40%悬浮剂,20%可湿性粉剂。

【作用机制与防治对象】 为黑色素生物合成抑制剂,主要抑制小柱孢酮脱氢酶的活性,从而起到杀菌作用。具有较好的内吸活性,以提高抑制稻瘟病菌附着孢的穿透来保护新生叶片等组织免受病害侵染,持效期长,耐雨水冲刷。对水稻稻瘟病有效。

【使用方法】

防治水稻稻瘟病：在水稻孕穗期到抽穗期,稻瘟病发生初期施药,每 667 平方米用 20% 悬浮剂 60～80 毫升,或 40% 悬浮剂 30～50 毫升,或 20% 可湿性粉剂 80～100 克,兑水 30～50 千克均匀喷雾,间隔 7～10 天用药 1 次,连续施药 2～3 次,每季最多施用 3 次,安全间隔期 21 天。也可用 25% 悬浮剂 60～80 毫升,或 30% 悬浮剂 35～50 毫升喷雾,于水稻破口期前 3～5 天喷施第一次,齐穗期喷施第二次,每季最多施用 3 次,安全间隔期 21 天。

【注意事项】

（1）对蜜蜂低毒,但具中等风险性,施药期间应避免对周围蜂群的影响,开花植物扬花期禁用。

（2）对水生生物有毒,施药时不可污染鱼塘、河道、水沟;鱼或虾、蟹套养稻田禁用,禁止在河塘等水体中清洗施药器具;水产养殖区、河塘等水体附近禁用。施药后的田水不得直接排入水体。

（3）建议与其他不同作用机制的杀菌剂轮换使用,以延缓抗性产生。

（4）本品在糙米上最大残留限量为 1 毫克/千克。

27. 低聚糖素

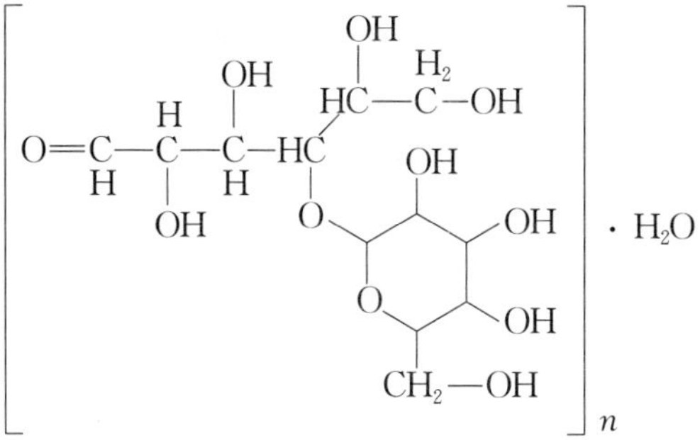

分子式：$(C_6H_8O_6)_n \cdot H_2O (n=3\sim40)$

【类别】 植物诱抗剂。

【化学名称】 寡聚半乳糖醛酸。

【理化性质】 外观为褐黄色至棕深色液体,允许有少量沉淀,相对密度 1.036 1(20 ℃),pH3.5～5.5。易溶于水,难溶于乙醇和一般有机溶剂。对光、热稳定,在 pH3.5～5.5、沸水浴 60 分钟,生物活性不变。在 pH 3～10 的强碱、强酸溶液中易分解,失去药效。

【毒性】 低毒。大鼠急性经口 LD_{50}＞5 100 毫克/千克,急性经皮 LD_{50}＞2 100 毫克/千克。

【制剂】 0.4％、2％、6％水剂,4％可溶粉剂。

【作用机制与防治对象】 本品是一种新型植物抗性诱导剂,通过激活植物表面受体及信号分子传导,调控植物病原相关蛋白、植保素等相关抗病物质的产生及次生代谢物质的积累,达到预防病毒病侵入、扩展及在植物体内转移的作用;同时低聚糖素兼有活化细胞,促进生长作用,可以增强患病植株的抗病能力。对水稻纹枯病和稻瘟病、小麦赤霉病、玉米粗缩病、番茄病毒病、西瓜病毒病和细菌性角斑病、胡椒病毒病等有预防作用。

【使用方法】

(1)防治水稻纹枯病:作为植物诱抗剂,应于发病初期施药。对植物病害有预防作用,无治疗作用,每 667 平方米用 6％水剂 8～16 毫升,或 0.4％水剂 120～250 毫升,兑水 30～50 千克均匀喷雾。

(2)防治水稻稻瘟病:于水稻分蘖期、始穗期、齐穗期或发病前开始施药,每 667 平方米用 6％水剂 62～83 毫升兑水 30～50 千克均匀喷雾,间隔 7～10 天连续施药 2～3 次。

(3)防治小麦赤霉病:小麦抽穗扬花期施药,每 667 平方米用 6％水剂 60～80 毫升兑水 30～50 千克均匀喷雾,视病情和天气情况,间隔 7～10 天连续施药 2～3 次。

(4)防治玉米粗缩病:于玉米 4 叶期或发病前开始施药,每 667 平方米用 6％水剂 62～83 毫升兑水 30～50 千克对叶面、叶背及茎秆均匀喷雾,视病情和天气情况间隔 7～10 天喷 1 次,连续施药 2～3 次。

（5）防治番茄病毒病:于番茄始花期或发病前施药,每 667 平方米用 6% 水剂 62～83 毫升兑水 30～50 千克对叶面、叶背及茎干均匀喷雾,视病情和天气情况间隔 7～10 天喷 1 次,连续施药 2～3 次。

（6）防治胡椒病毒病:发病前或发病初期,用 6% 水剂 600～1200 倍液均匀喷雾,视病害发生情况,每 15 天左右施药 1 次,可连续用药 2～3 次。

（7）防治西瓜病毒病、西瓜细菌性角斑病:发病前或发病初期,每 667 平方米用 4% 可溶粉剂 85～165 克兑水 40～60 千克均匀喷雾,视天气情况和病害轻重可每隔 3～5 天喷 1 次,连续用药 2～3 次;用于病害预防时可减半使用。

【注意事项】

（1）不可与呈强酸、强碱性农药等物质混合使用,可与绝大多数农药混配,应现配现用。

（2）建议与其他不同作用机制的杀菌剂轮换使用,以延缓抗药性的产生。

（3）禁止在河塘和水体中清洗用药器具,蚕室及桑园附近禁用。鱼或虾、蟹套养稻田禁用,施药后的田水不得直接排入水体。

28. 敌磺钠

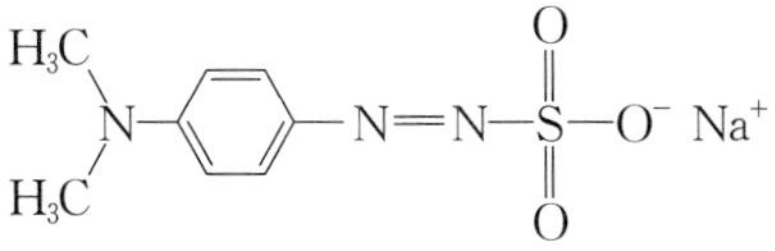

分子式:$C_8H_{10}N_3NaO_3S$

【类别】 取代苯基类。

【化学名称】 对二甲氨基苯重氮磺酸钠。

【理化性质】 淡黄色结晶。熔点200℃(分解)。溶于高极性溶剂,如二甲基甲酰胺、乙醇等;不溶于大多数有机溶剂。可溶于水,常温下溶解度为2%～3%。极易吸潮,在水中呈重氮离子状态而渐渐分解;光照能加速分解,同时放出氮气,生成二甲氨基苯酚。

【毒性】 中等毒。大鼠急性经口 LD_{50} 为60毫克/千克,豚鼠 LD_{50} 为160毫克/千克;大鼠急性经皮 LD_{50} ＞100毫克/千克。对蜜蜂和鱼类低毒。

【制剂】 1%、1.5%、45%、50%湿粉,1%可湿性粉剂,50%、70%可溶粉剂。

【作用机制与防治对象】 本品是一种选择性种子处理剂和土壤处理剂,对多种土传和种传病害有良好防效,以保护作用为主,兼具治疗作用,且有一定的内吸渗透作用。杀菌机制主要是抑制病菌的呼吸代谢。对藻菌、腐霉菌、丝囊菌引起的蔬菜、烟草、棉花等作物的多种病害有较好防效。

【使用方法】

(1)防治水稻苗期立枯病:每平方米用1.5%湿粉90～130克苗床处理(与细土拌匀撒于苗床);或于苗期每平方米用50%湿粉2～3克兑水喷雾,每季最多施用3次,安全间隔期140天;或每667平方米用50%可溶粉剂1700～2000克兑水喷雾,每季最多施用2次,安全间隔期140天。

(2)防治小麦黑穗病:用45%湿粉按1:150(药种比)拌种。

(3)防治棉花立枯病:在发病前或发病初期开始用药,用70%可溶粉剂按1:333(药种比)拌种。

(4)防治棉花苗期病害:用45%湿粉按1:90(药种比)拌种。

(5)防治黄瓜霜霉病:发病初期,用45%湿粉250～500倍液喷雾或灌根,可连续施用3～5次,每次间隔7～10天,每季最多施用5次,安全间隔期10天。

(6)防治黄瓜立枯病:每667平方米用70%可溶粉剂250～500

克兑水 40～60 千克均匀喷雾,每 7～10 天喷 1 次,连喷 2～3 次。

(7) 防治黄瓜枯萎病:在发病前或发病初期开始用药,用 70%可溶粉剂 250～500 克兑水 40～60 千克均匀喷雾。

(8) 防治马铃薯环腐病:在发病前或发病初期开始用药,用 70%可溶粉剂按 1∶333(药种比)拌种;或用 45%湿粉按 1∶225～450(药种比)拌种。

(9) 防治白菜霜霉病:发病初期,用 45%湿粉 250～500 倍液均匀喷雾或灌根,可连续施用 3～5 次,每次间隔 7～10 天,每季最多施用 5 次,安全间隔期 10 天。

(10) 防治西瓜枯萎病、西瓜立枯病:发病前或发病初期,每 667 平方米用 70%可溶粉剂 250～500 克兑水泼浇,或兑水 40～60 千克均匀喷雾,每 7～10 天喷 1 次,连喷 2～3 次。

(11) 防治烟草黑胫病:发病前或发病初期,每 667 平方米用 70%可溶粉剂 285 克播撒,或兑水 30～50 千克均匀喷雾,每 7～10 天喷 1 次,连喷 2～3 次。或每 667 平方米用 45%湿粉 200 克拌土穴施;或用 500 倍液浇灌。

(12) 防治甜菜根腐病、甜菜立枯病:在发病前或发病初期开始用药,用 70%可溶粉剂按 1∶92～147(药种比)拌种。

(13) 防治松杉苗木立枯病:在发病前或发病初期开始用药,用 70%可溶粉剂按 1∶200～500(药种比)拌种。

【注意事项】

(1) 本品使用时溶解较慢,可先加少量水搅均匀后,再加水稀释溶解,最好现配现用。

(2) 本品水溶液在日光照射下不稳定,土壤处理和灌注时必须尽快施于土内,喷雾最好选择阴天或傍晚进行,并应现配现用。

(3) 不能与碱性农药和农用抗菌素混合使用。

(4) 本品在下列食品上的最大残留限量(毫克/千克):稻谷 0.5,糙米 0.5,马铃薯 0.1,棉籽 0.1,甜菜 0.1,西瓜 0.1,大白菜 0.2,黄瓜 0.5。

29. 敌瘟磷

分子式：$C_{14}H_{15}O_2PS_2$

【类别】 有机磷类。

【化学名称】 O-乙基-S,S-二苯基二硫代磷酸酯。

【理化性质】 无色黏稠油状液体,密度为 1.23 克/毫升 (20℃)。原油为黄色至浅棕色透明液体,带有硫醇特殊气味,熔点-25℃,沸点 154℃,密度 1.251 克/毫升(20℃),难溶于水。溶解度(20℃)：水 56 毫克/升,己烷 20～50 克/升,二氯甲烷、异丙醇、甲苯 200 克/升,易溶于甲醇、丙酮、苯、二甲苯、四氯化碳和二噁烷,难溶于庚烷。在中性液中稳定,在强酸、强碱中水解,见光分解。

【毒性】 中等毒。原药大鼠急性口服 LD_{50} 雄性为 340 毫克/千克、雌性为 150 毫克/千克,急性经皮 LD_{50}(4 小时)＞1 230 毫克/千克,急性吸入 LC_{50}(1 小时)＞1 310 毫克/米^3、LC_{50}(4 小时)650 毫克/米^3。在试验剂量内,对动物未见致畸、致突变和致癌作用。在三代繁殖试验和神经毒性试验中未见异常。对鱼类和水生生物高毒,LC_{50}(96 小时)为 0.43～2.5 毫克/千克。对鸟类和蜜蜂低毒。

【制剂】 30%乳油。

【作用机制与防治对象】 主要通过抑制病菌卵磷脂的合成而破坏细胞质膜的结构致使病菌死亡,对水稻稻瘟病有良好的预防和治疗作用。

【使用方法】

防治水稻稻瘟病：发病初期,每 667 平方米用 30%乳油 111～

133 克兑水 30～50 千克均匀喷雾,当稻瘟病持续流行时更应每隔 7～10 天用药 1 次。视病害发生情况,可连续施药 2～3 次,每季最多施用 3 次,安全间隔期 21 天。

【注意事项】

(1) 避免药剂直接接触到皮肤及眼睛。

(2) 为保证施药者安全,不要在炎热天气施药,如需在盛夏施药,应选择气温较低的早晨、上午或者傍晚进行。一次连续施药时间不要过长,夏季施药者应注意休息和防暑降温。

(3) 不能与碱性农药或敌稗混用。

(4) 本品在大米、糙米上的最大残留限量分别是 0.1 毫克/千克、0.2 毫克/千克。

30. 地衣芽孢杆菌

【类别】 微生物类。

【理化性质】 形态学特征:革兰氏阳性杆菌,大小为 0.8 微米×(1.5～3.5)微米,产生近中生的椭圆状芽孢,孢囊稍膨大。细胞形态和排列呈杆状、单生。细胞内无聚 β-羟基丁酸盐(PHB)颗粒。培养特性:在肉汁培养基上的菌落扁平、边缘不整齐、白色、表面粗糙皱褶,24 小时后菌落直径为 3 毫米。80 亿个活芽孢/毫升地衣芽孢杆菌外观为深褐色液体;pH 为 4.0～6.0,在酸性条件下稳定,在碱性介质中不稳定。产品贮热稳定性较好,常温贮存稳定至少 2 年。

【毒性】 低毒。80 亿个活芽孢/毫升地衣芽孢杆菌水剂大鼠急性经口 LD_{50}>5 000 毫克/千克,急性经皮 LD_{50}>2 000 毫克/千克;对家兔皮肤、眼睛无刺激性;豚鼠皮肤变态反应为弱致敏性。微生物急性致病试验,经腹腔注射小鼠,染毒后未出现中毒症状,无死亡,解剖检查未见异常,无致病性。

【制剂】 80 亿个活芽孢/毫升水剂。

【作用机制与防治对象】 本品属微生物杀菌剂,是地衣芽孢杆菌利用培养基发酵而成的细菌性防病制剂,在生长代谢过程中能产生多种抗菌物质和高温蛋白酶及多种生长因子。具有抑制病原菌生长,促进有益微生物增殖,增强农作物免疫功能的特点,对西瓜枯萎病、黄瓜霜霉病有较好的防治作用。

【使用方法】

(1)防治西瓜枯萎病:发病初期,将80亿个活芽孢/毫升水剂兑水稀释至500～700倍液喷雾或灌根,病情严重时,间隔5～10天施用1次,连续2～3次。

(2)防治黄瓜霜霉病:发病初期叶面喷雾,每667平方米用80亿个/毫升水剂130～260毫升兑水40～60千克均匀喷雾,间隔5～10天施用1次,连续2～3次。

【注意事项】

(1)本品出现沉淀不影响药效,用时请摇匀;请勿食用,置于儿童接触不到的地方。

(2)不得与苯酚、过氧化氢、过氧乙酸、高锰酸钾、氯化汞、磺基水杨酸等物质混用。

(3)不能用于防治食用菌类病害。

(4)建议与其他不同作用机制的杀菌剂轮换使用,以延缓抗药性产生。

31. 丁香菌酯

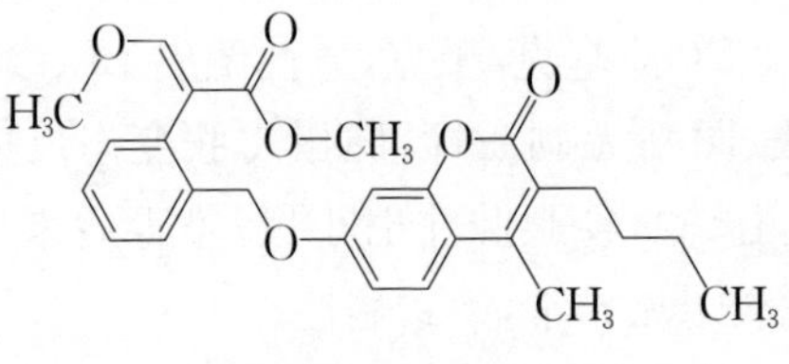

分子式:$C_{26}H_{28}O_6$

【类别】 甲氧基丙烯酸酯类。

【化学名称】 (E)-2-(2-(3-丁基-4-甲基-2-氧代-7-色烯基氧)甲基苯基)-3-甲氧基丙烯酸甲酯。

【理化性质】 原药外观为乳白色或淡黄色固体,熔点 109~111℃,pH 6.5~8.5。易溶于二甲基甲酰胺、丙酮、乙酸乙酯、甲醇,微溶于石油醚,几乎不溶于水。在常温条件下不易分解。

【毒性】 低毒。原药大鼠急性经口 LD_{50} 雄、雌分别为 1 260 毫克/千克、926 毫克/千克,经皮 LD_{50} 均>2 150 毫克/千克;对兔皮肤单次刺激强度为中度刺激性,对眼睛刺激分级为中度刺激性。对豚鼠皮肤无致敏作用,属弱致敏物。亚慢性毒性试验临床观察未见异常表现。血常规检查、血液生化、大体解剖和病理组织学检查未见异常表现,根据试验结果,原药 NOEL 组雌雄均为 500 毫克/千克饲料,平均化学品摄入为雄性(45.1±3.6)毫克/(千克·天)、雌性(62.8±8.0)毫克/(千克·天)。Ames 试验均为阴性,未见致突变作用。悬浮剂大鼠(雄、雌)急性经口 LD_{50}>2 330 毫克/千克,经皮(雌、雄)LD_{50}>2 150 毫克/千克;对兔皮肤单次刺激为轻度刺激性,对眼睛刺激。悬浮剂对蜜蜂 LD_{50}(48 小时)>100.0 微克(有效成分)/只,为低毒级。家蚕 LC_{50}(96 小时)>13.3 毫克(有效成分)/千克桑叶,为高毒级。斑马鱼 LC_{50}(96 小时)为 0.006 4 毫克(有效成分)/升,为剧毒级,鹌鹑 LD_{50}>5 000 毫克/千克,为低毒级。

【制剂】 0.15%、20%悬浮剂。

【作用机制与防治对象】 本品属线粒体呼吸抑制剂,通过抑制菌体内线粒体的呼吸作用而影响病菌的能量代谢,最终导致病菌死亡。具内吸活性,杀菌谱广,兼具保护和治疗作用;为天然源杀菌剂,结构新颖,活性高,对环境友好,丁香菌酯多效合一,增产显著,对苹果树腐烂病防效理想。

【使用方法】

防治苹果树腐烂病:在苹果树春季发病盛期或秋季落叶后进行药剂处理,刮掉病疤处的腐烂皮层,用 0.15%悬浮剂直接涂抹或用 1～1.5 倍液进行涂抹;或在苹果树发芽前或落叶后用 20% 悬浮剂 130～200 倍液涂抹。配制药液前,先将药瓶充分摇匀,再按比例将药液稀释,充分搅拌后使用。涂抹病疤时,涂抹面积需比病疤面积大,应覆盖整个病疤,尤其是病疤边缘一定要着药均匀。在苹果树上每季最多施用 2 次,安全间隔期为收获期。

【注意事项】

(1) 对鱼类高毒,请勿污染水源,禁止在河塘等水体中清洗配药工具;赤眼蜂等天敌放飞区禁止使用;桑园及蚕室附近禁用。

(2) 为延缓抗药性产生,可与其他不同作用机制的杀菌剂轮换使用。

(3) 本品在苹果上最大残留限量为 0.2 毫克/千克。

---

32. 丁子香酚

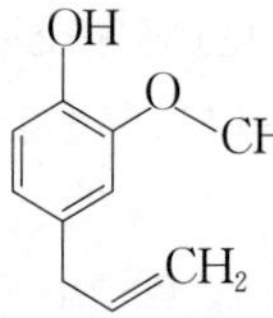

分子式:$C_{10}H_{12}O_2$

【类别】 植物源类。

【化学名称】 4-烯丙基-2-甲氧基苯酚。

【理化性质】 常温下为无色至淡黄色油状液体,可燃,在空气中易变棕色、变稠。有强烈的丁香气味。沸点 254 ℃,熔点 −12～−10 ℃,闪点 112 ℃(封闭式),蒸气压<10 帕(25 ℃),密度 1.067 克/厘米³(25 ℃)。不溶于水,能与醇、醚、氯仿、挥发油混溶,溶于冰乙酸和氢氧化钠溶液,正辛醇-水分配系数 $K_{ow} \log P$ 为 2.7。

【毒性】 低毒。大鼠急性经口 LD_{50} 为 1930 毫克/千克,小鼠

LC_{50} 为 3 000 毫克/千克。口服大量丁子香酚有害,对眼睛、皮肤、呼吸系统有刺激作用。

【制剂】 0.3%可溶液剂,20%水乳剂。

【作用机制与防治对象】 本品是从丁香等植物中提取杀菌成分,辅以多种助剂研制而成的杀菌剂,有效成分丁子香酚通过改善病菌生长的微环境,抑制孢子和菌核产生,并抑制菌核萌发从而达到杀菌的目的,对番茄灰霉病、晚疫病、病毒病,葡萄霜霉病,马铃薯晚疫病,观赏牡丹灰霉病有较好的防治效果。

【使用方法】

(1)防治番茄灰霉病:发病初期,每667平方米用0.3%可溶液剂90~120毫升兑水30~50千克均匀喷雾,每隔5~7天喷施1次,连续2~3次。

(2)防治番茄病毒病:在发病前或发病初期开始施药,每667平方米用20%水乳剂30~45毫升兑水30~50千克均匀喷雾,间隔7~10天用药1次,连续2~3次,安全间隔期5天,每季最多施用3次。

(3)防治番茄晚疫病:发病初期,每667平方米用0.3%可溶液剂88~117毫升兑水30~50千克全株均匀喷雾。

(4)防治马铃薯晚疫病:发病初期,每667平方米用0.3%可溶液剂80~120毫升兑水30~50千克均匀喷雾,隔5~7天喷施1次,连续2~3次。

(5)防治葡萄霜霉病:发病初期,用0.3%可溶液剂500~650倍液均匀喷雾,隔5~7天喷施1次,连续2~3次。

(6)防治观赏牡丹灰霉病:发病初期,每667平方米用0.3%可溶液剂90~120毫升兑水30~50千克均匀喷雾。

【注意事项】

(1)应与其他不同作用机制的杀菌剂轮换使用,以延缓抗药性产生。

(2)不要与呈强酸、强碱性物质混用。

（3）本品对蜜蜂、鱼类等水生生物、家蚕有毒，开花植物花期、蚕室及桑园附近禁用；远离水产养殖区施药，禁止在河塘等水域内清洗施药器具。

（4）不可用于荔枝、桂圆、白菜。

33. 啶菌噁唑

分子式：$C_{16}H_{17}ClN_2O$

【类别】 吡啶噁唑类。

【化学名称】 N-甲基-3-（4-氯）苯基-5-甲基-5-吡啶-3-基-噁唑啉。

【理化性质】 原药外观为褐色黏稠液体。易溶于丙酮、氯仿、乙酸乙酯、乙醚，微溶于石油醚，不溶于水。在水中、日光或避光下稳定。

【毒性】 低毒。大鼠急性经口 LD_{50}：雄 2 000 毫克/千克、雌 1 710 毫克/千克；大鼠（雄、雌）急性经皮 $LD_{50}>2$ 000 毫克/千克；兔子急性经皮 $LD_{50}>2$ 000 毫克/千克，对兔皮肤、眼睛均无刺激。Ames 试验结果为阴性。

【制剂】 25%水乳剂，25%乳油。

【作用机制与防治对象】 本品属甾醇合成抑制剂，具有保护和治疗作用以及良好的内吸作用。通过根部和叶茎吸收能有效控制叶部病害的发生和危害。具有广谱杀菌活性，对番茄灰霉病有良好的防治效果。

【使用方法】

防治番茄灰霉病：发病前或发病初期喷药,每 667 平方米用 25%乳油 53～107 毫升兑水 30～50 千克均匀喷雾,施药间隔期 7～8 天,喷药 2～3 次,每季最多施用 3 次,安全间隔期 3 天。

【注意事项】

(1) 勿与碱性药剂等物质混用。

(2) 远离水产养殖区、河塘等水体施药,禁止在河塘等水体中清洗施药器具,切勿污染水源。

34. 啶酰菌胺

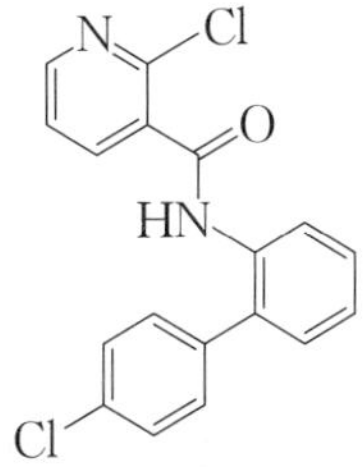

分子式：$C_{18}H_{12}Cl_2N_2O$

【类别】 烟酰胺类。

【化学名称】 2-氯-N-(4'-氯联苯-2-基)烟酰胺。

【理化性质】 白色结晶状固体,无臭。熔点 142.8～143.8 ℃,蒸气压 $7×10^{-7}$ 帕(20 ℃)、$2×10^{-6}$ 帕(25 ℃),相对密度(纯度 99.7%,室温)1.381 克/厘米^3。水中溶解度(20 ℃)4.64 毫克/升,有机溶剂中溶解度(20 ℃,克/升)：丙酮 160～200、乙腈 40～50、甲醇 40～50、二氯甲烷 200～250、N,N-二甲基甲酰胺＞250、正庚烷＜10、乙酸乙酯 67～80、1-辛醇＜10、2-丙醇＜10、甲苯 20～25。正辛醇-水分配系数 $K_{ow}\log P$ 为 2.96(21 ℃)。在约 300 ℃时分解。

【毒性】　低毒。对雄雌大、小鼠急性经口 LD_{50} 均＞5 000 毫克/千克。对雄、雌大鼠急性经皮 LD_{50} 均＞2 000 毫克/千克,急性吸入 LC_{50}（4 小时）＞6.7 毫克/升。对兔眼睛和皮肤无刺激性,对豚鼠皮肤无致敏性。山齿鹑急性经口 LD_{50} ＞2 000 毫克/千克。虹鳟鱼 LC_{50}（96 小时）为 2.7 毫克/升,水蚤 LC_{50}（48 小时）为 5.33 毫克/升,藻类 EC_{50}（96 小时）为 3.75 毫克/升。对蜜蜂无作用剂量为 166 微克/只（经口）、200 微克/只（接触）。蚯蚓 LC_{50}（14 天）＞1 000 毫克/千克干土。

【制剂】　50％水分散粒剂,25％、30％、43％悬浮剂。

【作用机制与防治对象】　本品为线粒体呼吸抑制剂,通过抑制呼吸链中琥珀酸辅酶 Q 还原酶的活性,干扰细胞的分裂和生长。具有内吸性,对病菌孢子萌发具有很强的抑制作用。对主要经济作物的多种灰霉病、菌核病、白粉病、链格孢属、单囊壳病等具有较好的防治效果,药剂在喷施后持效期长,故具有较长的喷施间隔期。未发现与其他杀菌剂有交互抗药性。对草莓灰霉病、番茄灰霉病、黄瓜灰霉病、番茄早疫病等有效。

【使用方法】

(1) 防治草莓灰霉病:发病前或发病初期,每 667 平方米用 50％水分散粒剂 30～45 克或 500～1 000 倍液,兑水均匀喷雾,连续施药 2～3 次,间隔 7～10 天喷 1 次,每季最多施用 3 次,安全间隔期 7 天。

(2) 防治番茄灰霉病:发病前或发病初期,每 667 平方米用 50％水分散粒剂 30～50 克兑水 30～50 千克均匀喷雾,间隔 7～10 天用药 1 次,连续施药 3 次,每季最多施用 3 次,安全间隔期 5 天。

(3) 防治番茄早疫病:发病前或发病初期,每 667 平方米用 50％水分散粒剂 20～30 克兑水 30～50 千克均匀喷雾,连续施药 3 次,每季最多施用 3 次,安全间隔期 5 天。

(4) 防治黄瓜灰霉病:发病前或发病初期,每 667 平方米用 50％水分散粒剂 30～50 克兑水 40～60 千克均匀喷雾,连续施药 3

次,间隔 7~10 天喷 1 次,每季最多施用 3 次,安全间隔期 2 天。

(5)防治马铃薯早疫病:发病前或发病初期,每 667 平方米用 50%水分散粒剂 20~30 克兑水 30~50 千克均匀喷雾,连续施药 3 次,间隔 7~10 天喷 1 次,每季最多施用 3 次,安全间隔期 10 天。

(6)防治葡萄灰霉病:发病前或发病初期,用 50%水分散粒剂 500~1500 倍液均匀喷雾,间隔 7~10 天连续施药,每季作物最多施药 3 次,安全间隔期 10 天;或用 30%悬浮剂 300~900 倍液均匀喷雾,每季最多施用 3 次,安全间隔期 14 天。

(7)防治油菜菌核病:发病初期,每 667 平方米用 50%水分散粒剂 30~50 克兑水 30~50 千克均匀喷雾,施药 1~2 次,施药间隔期 7~10 天,每季最多施用 2 次,安全间隔期 14 天。

【注意事项】

(1)药剂应现混现兑,配好的药液要立即使用。

(2)对蜜蜂、家蚕以及鱼类等水生生物有毒,施药期间应避免对周围蜂群的影响,蜜源作物花期、蚕室和桑园附近禁用;远离水产养殖区施药,禁止在河塘等水体中清洗施药器具。

(3)本品在下列食品上的最大残留限量(毫克/千克):草莓 3,番茄 2,黄瓜 5,马铃薯 1,葡萄 5,油菜籽 2。

35. 啶氧菌酯

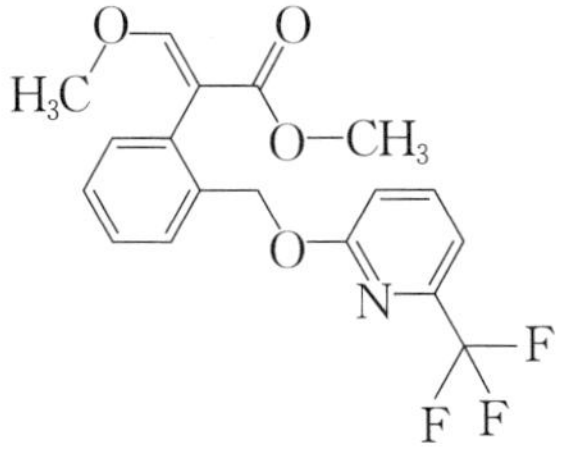

分子式:$C_{18}H_{16}F_3NO_4$

【类别】 甲氧基丙烯酸酯类。

【化学名称】 (E)-3-甲氧基-2-[2-(6-三氟甲基-2-吡啶氧基甲基)-甲基-苯基]丙烯酸甲酯。

【理化性质】 纯品为米色无臭固体。熔点 75 ℃,342 ℃时分解。蒸气压 5.5×10^{-6} 帕(20 ℃),亨利常数 6×10^{-4} 帕·米^3/摩尔(20 ℃)。水中溶解度(20 ℃):纯水 3.1 毫克/升,有机溶剂中溶解度(20 ℃,克/升):正庚烷 4、1,2-二氯乙烷>200、甲醇 79、丙酮>200、乙酸乙酯>200、二甲苯>200。正辛醇-水分配系数 $K_{ow} \log P$ 为 3.6(20 ℃)。无爆炸性,不会自燃,无氧化性,无腐蚀性和旋光性。

【毒性】 低毒。大鼠急性经口 LD_{50}>5 000 毫克/千克,大鼠急性经皮 LD_{50}>5 000 毫克/千克,大鼠吸入 LC_{50}(4 小时)2.12～4.59 毫克/升(雄)、3.19 毫克/升(雌);对兔皮肤无刺激性,对兔眼睛有刺激性,对豚鼠皮肤无致敏性。狗亚慢性 NOEL 每日 4.3 毫克/千克体重。每日允许摄入量(ADI)0.04 毫克/千克。无遗传毒性,无发育毒性(大鼠和兔),无生殖毒性(大鼠),无致癌毒作用(大、小鼠)。鹌鹑急性经口 LD_{50}>5 200 毫克/千克,野鸭 NOEC(21 周)1 350 毫克/千克(饲料)。鱼类 LC_{50}(96 小时,微克/升):虹鳟 70.5、蓝鳃太阳鱼 96、鲤鱼 160、呆鲦鱼 65、斑马鱼 93。大型蚤 EC_{50}(48 小时)24 微克/升,糠虾 LC_{50}(96 小时)33 微克/升。羊角月牙藻 EC_{50}(72 小时)56 微克/升。浮萍(7 天)EC_{50} 260 微克/升。蜜蜂 LD_{50}(48 小时)>200 微克/只(经口和接触)。蚯蚓 LC_{50}(14 天)>6.7 毫克/千克(土)。

【制剂】 22.5%、30%悬浮剂,50%、70%水分散粒剂。

【作用机制与防治对象】 本品属线粒体呼吸抑制剂,具有铲除、保护、渗透和内吸作用,其进入病菌细胞内,与线粒体上细胞色素 b 的 Q0 位点相结合,阻断细胞色素 b 和细胞色素 c1 之间的电子传递,从而抑制线粒体的呼吸作用,破坏病菌的能量合成,进而抑制病菌孢子萌发、菌丝生长以及孢子的形成。对防治黄瓜霜霉病、黄瓜灰霉病、番茄灰霉病、辣椒炭疽病、葡萄黑痣病等有效。

【使用方法】

（1）防治黄瓜霜霉病：发病初期，每 667 平方米用 22.5%悬浮剂 30～40 毫升，或 50%水分散粒剂 15～18 克，或 70%水分散粒剂 14～16 克，兑水 40～60 千克均匀喷雾，间隔 7 天用药 1 次，安全间隔期为 3 天，每季最多施用 2 次。

（2）防治黄瓜灰霉病：发病初期，每 667 平方米用 22.5%悬浮剂 26～36 毫升兑水 40～60 千克均匀喷雾，安全间隔期为 3 天，每季最多施用 2 次。

（3）防治番茄灰霉病：发病初期，每 667 平方米用 22.5%悬浮剂 26～36 毫升兑水 30～50 千克均匀喷雾，安全间隔期 5 天，每季最多施用 3 次。

（4）防治辣椒炭疽病：发病初期，每 667 平方米用 22.5%悬浮剂 25～30 毫升兑水 30～50 千克均匀喷雾，安全间隔期 7 天，每季最多施用 3 次。

（5）防治葡萄黑痘病、霜霉病：发病初期或发病前，将 22.5%悬浮剂稀释至 1500～2000 倍液全株喷雾，安全间隔期 14 天，每季最多施用 3 次。

（6）防治西瓜蔓枯病、炭疽病：发病初期，每 667 平方米用 22.5%悬浮剂 35～45 毫升兑水 40～60 千克均匀喷雾，安全间隔期 7 天，每季最多施用 3 次。

（7）防治香蕉叶斑病、黑星病：发病前或发病初期，用 22.5%悬浮剂 1500～1750 倍液，或 30%悬浮剂 2000～2500 倍液茎叶均匀喷雾，间隔 10～15 天用药 1 次，安全间隔期 28 天，每季最多施用 3 次。

（8）防治枣树锈病：发病前或发病初期，将 22.5%悬浮剂稀释至 1500～2000 倍液全株喷雾，间隔 10～15 天用药 1 次，施用 2～3 次，安全间隔期 21 天，每季最多施用 3 次。

（9）防治茶树炭疽病：发病前，用 22.5%悬浮剂 1000～2000 倍液全株均匀喷雾，间隔 7～10 天再施 1 次，安全间隔期 10 天，每季最多施用 2 次。

（10）防治芒果炭疽病：在谢花后小果期施药,用22.5%悬浮剂1500～2000倍液全株均匀喷雾,间隔7～10天用药1次,安全间隔期21天,每季最多施用3次。

（11）防治铁皮石斛叶锈病：用22.5%悬浮剂1200～2000倍液全株均匀喷雾,每季最多施用3次,安全间隔期为28天。

【注意事项】

（1）不可与强酸、强碱性物质混用。

（2）对鱼、蚤类、藻类毒性高,水产养殖区、河塘等水体附近禁用,禁止在河塘等水体中清洗施药器具。周围开花植物花期禁用,蚕室及桑园附近禁用,赤眼蜂等天敌放飞区禁用。

（3）温室大棚环境复杂,不建议在温室大棚使用本品。

（4）建议与其他不同作用机制的杀菌剂轮换使用。

（5）本品在下列食品上的最大残留限量(毫克/千克)：番茄1,辣椒0.5,葡萄1,西瓜0.05,枣(鲜)5。

36. 毒氟磷

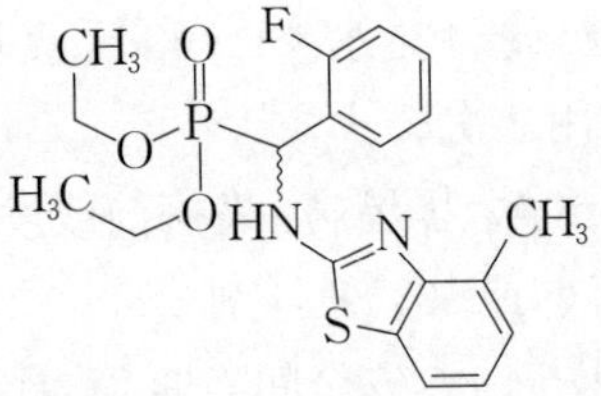

分子式：$C_{19}H_{22}FN_2O_3PS$

【类别】 膦酸酯类。

【化学名称】 N-[2-(4-甲基苯并噻唑基)]-2-氟代苯基-O,O-二乙基膦酸酯。

【理化性质】 纯品为无色晶体。熔点143～145℃。溶解度

（22℃,克/升）：水 0.04、环己烷 17.28、二甲苯 73.3、丙酮 147.8、环己酮 329.0,易溶于丙酮、四氢呋喃、二甲基亚砜等有机溶剂;对光、热和潮湿均较稳定;遇酸或碱时逐渐分解。原药外观为白色粉末;30%可湿性粉剂外观为灰色疏松粉末。

【毒性】 低毒。原药大鼠急性经口 LD_{50} ＞5 000 毫克/千克,急性经皮 LD_{50} ＞2 150 毫克/千克。对家兔皮肤、眼睛无刺激性;对豚鼠皮肤为弱致敏性。大鼠 3 个月亚慢性喂养试验最大无作用剂量：雄性为 36.38 毫克/(千克·天),雌性为 40.75 毫克/(千克·天)。无致突变作用。本品对鱼、鸟、蜜蜂、家蚕为低毒,对蜜蜂、家蚕风险性低。

【制剂】 30%可湿性粉剂。

【作用机制与防治对象】 本品为含氟氨基膦酸酯类新型抗病毒药剂,通过激活作物水杨酸传导,提高其含量,增强抗病毒能力。对番茄病毒病、水稻黑条矮缩病有效。

【使用方法】

(1) 防治番茄病毒病：发病前或发病初期,每 667 平方米用 30%可湿性粉剂 90～110 克兑水 30～50 千克均匀喷雾,间隔 7～10 天喷 1 次,连续 2～3 次,每季最多施用 3 次,安全间隔期 5 天。

(2) 防治水稻黑条矮缩病：发病前或发病初期,每 667 平方米用 30%可湿性粉剂 45～75 克兑水 30～50 千克均匀喷雾,间隔 7～10 天喷 1 次,连续 2～3 次,每季最多施用 3 次,安全间隔期 35 天。

【注意事项】

(1) 对鱼、水生生物、蚕、鸟具有毒性,使用时应避免与上述非靶标生物的接触,不在桑园、蚕室、池塘等处及其周围使用本品,禁止药物及清洗药具的废水直接排入鱼塘、河川等水体中。鱼或虾、蟹套养稻田禁用,施药后的田水不得直接排入水体。

(2) 不能与碱性物质混用;为提高喷药质量,药液应随配随用,不能久存。

(3) 建议与其他不同作用机制的农药轮换使用。

（4）本品在下列食品上的最大残留限量(毫克/千克)：稻谷5,糙米1,番茄3。

37. 盾壳霉 ZS - 1SB

【类别】 微生物类。

【理化性质】 盾壳霉 ZS - 1SB 为咖啡色粉末状固体,无刺激性异味;pH 5.0～8.0;非易燃固体,不具有腐蚀性,不属于爆炸性物质。在中性或偏酸性介质中稳定,常温下稳定。禁配物:强氧化剂、强酸、强碱、含铜杀菌剂。

【毒性】 低毒。对植物无致病性,对人、畜没有毒害作用。大鼠急性经口 LD_{50} >5 000 毫克/千克,急性经皮 LD_{50} >2 000 毫克/千克,腹腔注射 LD_{50} >2 000 毫克/千克,急性吸入 LC_{50} (4 小时)>12.74 毫克/升。对家兔眼睛有轻度刺激性,对家兔皮肤无刺激性;对豚鼠皮肤有弱致敏性。

【制剂】 40 亿孢子/克可湿性粉剂。

【作用机制与防治对象】 本品由盾壳霉 ZS - 1SB 孢子粉(*Coniothyrium minitans*)为主要原料,经先进工艺精制而成,根据盾壳霉 ZS - 1SB 的寄生生态学特性,在油菜初花期喷雾盾壳霉分生孢子防治油菜菌核病,可以减少病原菌对油菜花、叶片和茎部的感染,抑制病斑的扩展,延缓罹病植株的死亡。纯生物制剂,对油菜菌核病有较好的防治作用。

【使用方法】

防治油菜菌核病:油菜花期或菌核病发病初期施药效果更佳,每 667 平方米用 40 亿孢子/克盾壳霉 ZS - 1SB 可湿性粉剂 45～90 克兑水 30～50 千克均匀喷雾,每季施药不超过 2 次。

【注意事项】

（1）桑园及蚕室附近禁用。

（2）不得与碱性物质混用，不得与含铜杀菌剂混用。

（3）本产品应在下午 4：00 后，或者阴天全天施药，有利于药效的发挥，施药后 4 小时内遇雨应重新施药。

38. 多果定

分子式：$C_{15}H_{33}N_3O_2$

【类别】 其他类。

【化学名称】 1-正十二烷基胍乙酸盐。

【理化性质】 纯品为无色结晶。熔点 136 ℃，蒸气压 $<1\times10^{-2}$（50 ℃）毫帕。水中溶解度（25 ℃）630 毫克/升，在大多数极性有机溶剂中溶解度 >250 克/升（25 ℃）。

【毒性】 低毒。原药对大鼠急性经口 LD_{50} 为 1 000 毫克/千克，大鼠急性经皮 $LD_{50}>6 000$ 毫克/千克，兔急性经皮 $>1 500$ 毫克/千克。雌、雄大鼠 2 年喂养试验 NOEL 800 毫克/（千克·天）。每日允许摄入量（ADI）为 0.1 毫克/千克。日本鹌鹑急性经口 LD_{50} 为 788 毫克/千克，野鸭急性经口 LD_{50} 为 1142 毫克/千克。

【制剂】 50%悬浮剂。

【作用机制与防治对象】 本品属内吸性叶面杀菌剂，作用方式为破坏细胞膜，具有保护和治疗的功能，适用于黄瓜枯萎病的防治。

【使用方法】

防治黄瓜枯萎病：发病初期或黄瓜移栽后，每 667 平方米用 50%悬浮剂 120～160 克兑水灌根，可视病害发生情况间隔 7 天左右再施药 1 次，每季最多施用 3 次，安全间隔期 2 天。

【注意事项】

(1) 大风天或预计1小时内降雨的,请勿施药。傍晚施药更有利于药效的充分发挥。

(2) 在桑蚕地区及开花植物花期禁止施用。本品对蚤剧毒,对藻高毒,在水产养殖区、河塘等水体附近禁用,不得污染各类水域。严禁药液流入河塘,施药器械不得在河塘内洗涤。使用时避开天敌放飞区和鸟类保护区。

(3) 建议与其他作用机制不同的杀菌剂轮换使用,以延缓抗药性产生。

39. 多菌灵

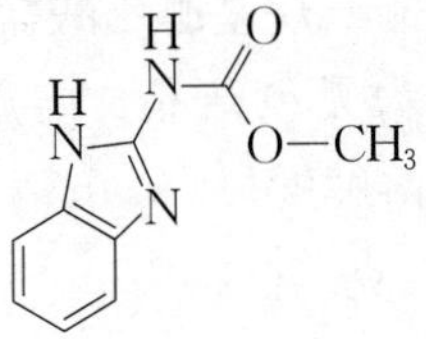

分子式:$C_9H_9N_3O_2$

【类别】 苯并咪唑类。

【化学名称】 N-苯并咪唑-2-基氨基甲酸甲酯。

【理化性质】 纯品为白色结晶,熔点310℃。几乎不溶于水,可溶于稀无机酸和有机酸,形成相应的盐。原粉为浅棕色粉末,熔点>290℃。对酸、碱不稳定,对热较稳定,常温下贮存2年稳定。

【毒性】 低毒。原粉大鼠急性经口LD_{50}>1 500毫克/千克,大鼠急性经皮LD_{50}>2 000毫克/千克。对兔眼睛和皮肤无刺激性。动物试验未见致癌作用。2年喂养大鼠和狗NOEL为300毫克/(千克·天)。对鱼类和蜜蜂低毒。鹌鹑急性经口LD_{50}>10 000毫克/千克。

【制剂】　25％、40％、50％、80％可湿性粉剂,40％、50％、500克/升悬浮剂,50％、75％、80％、90％水分散粒剂,15％烟剂。

【作用机制与防治对象】　本品是一种高效低毒内吸性杀菌剂,作用机制是通过影响菌体内微管的形成而影响细胞分裂,抑制病菌生长。对多种子囊菌和半知菌造成的病害均有效,而对卵菌和细菌引起的病害无效。具有保护和治疗作用,可以防治麦类赤霉病,水稻纹枯病、稻瘟病,棉花苗期病害,油菜菌核病,花生倒秧病,绿萍霉腐病,甜菜褐斑病,番茄早疫病,苹果轮纹病、炭疽病,梨树黑星病,柑橘树炭疽病,橡胶树炭疽病等病害。

【使用方法】

(1)防治水稻纹枯病:在水稻分蘖末期和孕穗末期各施药1次,每667平方米用25％可湿性粉剂200克,或40％可湿性粉剂125克,或80％可湿性粉剂62.5克,兑水30～50千克均匀喷雾,重点喷水稻茎部,安全间隔期30天。

(2)防治水稻稻瘟病:每667平方米用25％可湿性粉剂200克,或40％可湿性粉剂125克,或80％可湿性粉剂62.5克,兑水30～50千克均匀喷雾。防叶瘟,于病斑初见期喷第一次药,隔7～10天后再施药1次;防穗瘟,在水稻破口期和齐穗期各喷药1次。安全间隔期30天。

(3)防治麦类赤霉病:始花期至齐穗期施药,每667平方米用25％可湿性粉剂200克,或40％可湿性粉剂125克,或80％可湿性粉剂62.5克,兑水30～50千克均匀喷雾,每季最多施用2次,小麦安全间隔期28天。

(4)防治棉花苗期病害:拌种用,用80％可湿性粉剂按药种比1∶160拌种,40％可湿性粉剂按药种比1∶80拌种;或将40％悬浮剂稀释至160倍液浸种。

(5)防治油菜菌核病:在油菜盛花期和终花期各施药1次,每667平方米用25％可湿性粉剂300～400克,或40％可湿性粉剂170～250克,或50％可湿性粉剂150～200克,或80％可湿性粉剂

110~125克,或90%水分散粒剂83~110克,兑水30~50千克均匀喷雾,间隔7~10天喷1次,连续用药2~3次,安全间隔期40天。

(6)防治花生倒秧病:发病初期,每667平方米用25%可湿性粉剂200克,或40%可湿性粉剂125克,或80%可湿性粉剂62.5克,兑水30~50千克均匀喷雾,以后每隔7~10天再喷药1次,每季最多施用3次,安全间隔期20天。

(7)防治番茄早疫病:发病前或发病初期,每667平方米用80%水分散粒剂62.5~80克兑水30~50千克均匀喷雾,安全间隔期为30天,每季最多施用2次。

(8)防治果树病害:一般在萌芽期和落花后施药,将25%可湿性粉剂稀释至250~500倍液,或将40%可湿性粉剂稀释至400~800倍液,或将80%可湿性粉剂稀释至800~1600倍液均匀喷雾。

(9)防治柑橘树炭疽病:发病初期,将25%可湿性粉剂稀释至250~333倍液均匀喷雾,注意喷雾均匀,正反面均喷到,视病情7~10天施药1次,可连续用药3次,安全间隔期30天。

(10)防治苹果树轮纹病和炭疽病:发病前或发病初期,将80%可湿性粉剂或80%水分散粒剂稀释至1000~1500倍液,或用75%水分散粒剂稀释至800~1000倍液、500克/升悬浮剂稀释至600~700倍液、25%可湿性粉剂稀释至300~500倍液均匀喷雾,间隔10~15天喷雾1次,苹果树的果实、叶面及叶背都要喷到,发病前按较低浓度、感染病菌后应按较高浓度施用。安全间隔期21天,每季最多用药3次。

(11)防治梨树黑星病:发病前或发病初期,将50%可湿性粉剂稀释至500~666.7倍液,或将40%悬浮剂稀释至400~600倍液均匀喷雾,间隔7~10天施1次,连续喷施2~3次。喷雾要均匀细致,以不滴为宜,每季最多施用3次,安全间隔期28天。

(12)防治橡胶炭疽病:发病初期,每667平方米用15%烟剂178~222克于夜间点燃放烟,视病害发生情况施药2~3次。

(13)防治甜菜褐斑病:发病初期,将40%悬浮剂稀释至

250~500 倍液均匀喷雾。

（14）防治绿萍霉腐病：发病初期，将 40% 悬浮剂稀释至 800 倍液均匀喷雾。

【注意事项】

（1）不能与碱性农药等物质混用。长期单一使用易使病菌产生抗药性，为延缓病菌抗药性的发生，应与其他杀菌剂轮换使用。

（2）对眼睛有轻刺激作用，施药时应严格遵守农药安全操作规程，避免药物与眼睛直接接触。

（3）对水生生物低毒，施药时不可污染水源，水产养殖区、河塘等水体附近禁用。禁止在河塘等水体中清洗施药器具。

（4）对赤眼蜂有高风险性，赤眼蜂等天敌放飞区域禁止使用。

（5）本品在下列食品上的最大残留限量（毫克/千克）：小麦 0.5，大麦 0.5，黑麦 0.05，大米 2，油菜籽 0.1，棉籽 0.1，花生仁 0.1，甜菜 0.1，番茄 3，苹果 5，梨 3，柑橘 5。

40. 多抗霉素 B

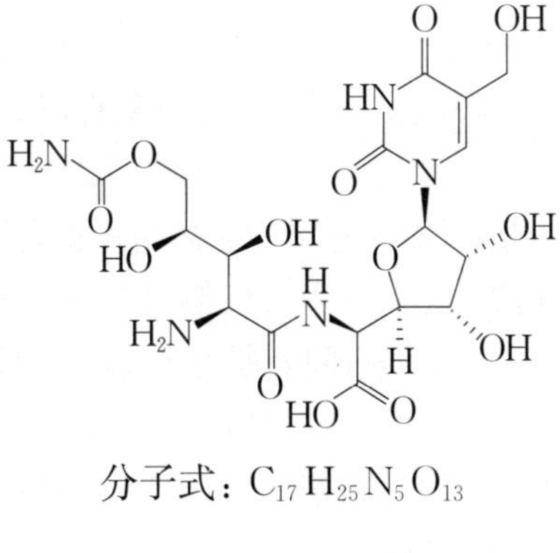

分子式：$C_{17}H_{25}N_5O_{13}$

【类别】 农用抗生素类。

【化学名称】 5-((2-氨基-5-o-氨基羰基-2-脱氧-L-木

糖基)氨基)-1,5-二脱氧-1-(3,4-二氢-5-羟甲基-2,4-二氧代-1-(2H)-嘧啶基)-β-D-别呋喃糖醛酸。

【理化性质】 纯品为无色无定形结晶,熔点160℃以上(分解)。原药含多抗霉素 B 22%～25%,外观为浅褐色粉末,密度0.10～0.20克/厘米³,分解温度149～153℃,pH 2.5～4.5,水分含量低于3%,细度>149 微米。易溶于水,不溶于有机溶剂。对紫外线稳定,在酸性和中性溶液中稳定,在碱性溶液中分解。

【毒性】 低毒。原粉对大、小鼠急性经口 LD_{50} >20 000 毫克/千克,大鼠急性经皮 LD_{50} >1 200 毫克/千克。对家兔眼睛和皮肤无刺激性,对豚鼠皮肤无致敏性。在试验动物体内无明显蓄积作用,在试验剂量下对动物未见致癌、致畸和致突变作用。对鱼和水生生物毒性较低,鲤鱼 LC_{50}(48 小时)>40 毫克/升,水蚤 LC_{50}(3 小时)>40 毫克/升。对蜜蜂毒性较低,LC_{50} >1 000 毫克/升。

【制剂】 3%、10%、20%可湿性粉剂,16%可溶粒剂。

【作用机制与防治对象】 本品主要由纯高效体多抗霉素 B 组成,具有良好内吸传导作用,其作用机制是干扰病原菌细胞壁几丁质的合成,病菌接触药剂后芽管和菌丝体不能正常生长而局部膨大,细胞壁破裂最终导致死亡,还可抑制病菌孢子的产生和病斑的扩大。对防治苹果树斑点落叶病、轮斑病,葡萄炭疽病,黄瓜灰霉病,番茄叶霉病、晚疫病,烟草赤星病,草莓灰霉病等具有较好效果。

【使用方法】

(1)防治苹果树斑点落叶病:发病初期开始施药,用20%可湿性粉剂2 000～3 000 倍液,或 10%可湿性粉剂 1 000～1 500 倍液均匀喷雾,隔10～20 天喷施1 次,安全间隔期为7 天,每季最多施药3 次。

(2)防治苹果树轮斑病:苹果树在开花后10 天内和病害多发期开始施用,将 10%可湿性粉剂 1 000～1 500 倍液均匀喷雾,安全间隔期为7 天,每季最多施药3 次。

(3)防治葡萄炭疽病:发病前或发病初期,用16%可溶粒剂200～300 倍液均匀喷雾,隔7～10 天施药1 次,每季最多施用3

次,安全间隔期为 14 天。

(4)防治黄瓜灰霉病:发病初期或发病前,每 667 平方米用 10%可湿性粉剂 100～140 克兑水 40～60 千克均匀喷雾,间隔 7 天施药 1 次,连续施药 3 次,安全间隔期为 2 天,每季最多施用 3 次。

(5)防治番茄叶霉病:发病前或发病初期,每 667 平方米使用 10%可湿性粉剂 100～140 克兑水 30～50 千克均匀喷雾,每隔 10～20 天喷施 1 次,安全间隔期为 7 天,每季最多施用 3 次。

(6)防治番茄晚疫病:发病初期施药最佳,每 667 平方米用 3%可湿性粉剂 436～500 克兑水 30～50 千克均匀喷雾,每 7 天左右施药 1 次。安全间隔期为 2 天,每季最多施用 3 次。

(7)防治烟草赤星病:于发病初期或烟田出现零星病斑时开始施药,每 667 平方米用 10%可湿性粉剂 70～90 克兑水 30～50 千克均匀喷雾,安全间隔期为 7 天,每季最多施用 3 次。

(8)防治草莓灰霉病:发病初期施药最佳,每 667 平方米用 16%可溶粒剂 20～25 克兑水 30～50 千克均匀喷雾。

【注意事项】

(1)不能与酸性和碱性药剂等物质混用。

(2)注意环境保护,开花植物花期禁用,施药期间应密切关注对附近蜂群的影响。水产养殖区河塘等水体附近禁用,禁止在河塘等水域清洗施药器具。

(3)建议与其他不同作用机制的杀菌剂轮换使用,以延缓抗药性产生。

(4)本品在下列食品上的最大残留限量(毫克/千克):苹果 0.5,葡萄 10,黄瓜 0.5。

41. 多黏类芽孢杆菌

【类别】 微生物类。

【理化性质】 原药含量为 50 亿 CFU/克,外观为浅棕色疏松细粒,pH 5.5～9.0,细度不低于 95%,水分不高于 16%。

【毒性】 低毒。雌、雄大鼠急性经口、经皮 LD_{50} 均＞5 000 毫克/千克,对眼睛和皮肤有轻度刺激性,对皮肤无致敏性。

【制剂】 5 亿 CFU/克悬浮剂,0.1 亿 CFU/克细粒剂,10 亿 CFU/克、50 亿 CFU/克可湿性粉剂。

【作用机制与防治对象】 本品是"以菌治菌",通过其有效成分多黏类芽孢杆菌产生的广谱抗菌物质、位点竞争和诱导抗性等机制达到防治病害的目的。在根、茎、叶等植物体内具有很强的定殖能力,可通过位点竞争阻止病原菌侵染植物,同时在植物根际周围和植物体内的多黏类芽孢杆菌不断分泌出的广谱抗菌物质可抑制或杀灭病原菌,此外,还能诱导植物产生抗病性,不仅可产生促进生长的物质,而且具有固氮等作用。可用于防治番茄、辣椒、茄子、烟草青枯病,黄瓜角斑病,西瓜枯萎病,西瓜炭疽病等病害。

【使用方法】

(1)防治番茄青枯病:于发病初期开始用药,每 667 平方米用 5 亿 CFU/克悬浮剂 2 000～3 000 毫升兑水灌根或泼浇;或用 10 亿 CFU/克可湿性粉剂 100 倍液浸种 30 分钟,出苗后用 3 000 倍液苗床泼浇 1 次,移栽后再进行 1 次灌根,每 667 平方米用药量为 440～680 克;或用 0.1 亿 CFU/克细粒剂 300 倍液浸种 30 分钟,出苗后每平方米用 0.3 克进行苗床泼浇,移栽后每 667 平方米用 1 050～1 400 克兑水后灌根。

(2)防治黄瓜角斑病:于发病初期开始用药,每 667 平方米用 10 亿 CFU/克可湿性粉剂 100～200 克兑水 40～60 千克均匀喷雾,每隔 7～10 天喷 1 次,连续 2～3 次。

(3)防治西瓜枯萎病:用 10 亿 CFU/克可湿性粉剂 100 倍液浸种 30 分钟,出苗后用 3 000 倍液苗床泼浇 1 次,移栽后再进行 1 次灌根,每 667 平方米用药量为 440～680 克。

（4）防治西瓜炭疽病：发病初期每 667 平方米用 10 亿 CFU/克可湿性粉剂 100～200 克兑水 40～60 千克均匀喷雾，每隔 7～10 天喷 1 次，连续喷药 2～3 次。

（5）防治小麦赤霉病：于发病初期开始用药，每 667 平方米用 5 亿 CFU/克悬浮剂 400～600 毫升兑水 30～50 千克均匀喷雾。

（6）防治辣椒、茄子、烟草青枯病：于播种、假植、移栽定植和发病初期用药，用 0.1 亿 CFU/克细粒剂 300 倍液浸种；出苗后每平方米用 0.1 亿 CFU/克细粒剂 0.3 克苗床泼浇，移栽后每次每 667 平方米用 1 050～1 400 克兑水灌根。

（7）防治姜青枯病：每 667 平方米用 10 亿 CFU/克可湿性粉剂 500～1 000 克兑水灌根。

（8）防治桃树流胶病：于萌芽期、初花期、果实膨大期，用 50 亿 CFU/克可湿性粉剂 1 000～1 500 倍液灌根，共施药 3 次，每次灌根加涂抹树干处理。

（9）防治人参立枯病：每平方米用 50 亿 CFU/克可湿性粉剂 4～6 克药土法于人参苗床撒施。

【注意事项】

（1）不宜与杀细菌的化学农药直接混用或同时使用，使用过杀菌剂的容器和喷雾器需要用清水彻底清洗后方可盛装本品。

（2）施用时注意安全防护，穿戴防护服和手套，避免与皮肤和眼睛接触。施药后应及时洗手、洗脸，脱去防护用具。所有操作应在通风处进行。

（3）禁止在河塘等水域清洗施药器具。

42. 多黏类芽孢杆菌 KN－03

【类别】 微生物类。

【理化性质】 产品外观为可流动、易测量体积的棕黄色至褐色悬浮液体,密度(20℃)1.009 7克/厘米^3,多黏类芽孢杆菌KN - 03含量≥5.0×10^8 CFU/g,杂菌率≤3.0%,pH 4.5～6.5,湿筛试验(通过150 μm试验筛)＞98%;悬浮率≥80%;持久起泡性≤50 mL。不易燃,对包装无腐蚀,无热爆炸性。原药含量为300亿CFU/克。

【毒性】 低毒。5亿CFU/克悬浮剂对大鼠急性经口经皮LD$_{50}$＞5 000毫克/千克、经皮LD$_{50}$＞2 000毫克/千克,急性吸入LC$_{50}$＞2 100毫克/米^3;对兔皮肤、眼睛无激性;对豚鼠皮肤有弱致敏性;该悬浮剂对斑马鱼急性毒性LC$_{50}$(96小时)＞100毫克(有效成分)/升;日本鹌鹑LD$_{50}$(168小时)＞1 000毫克(有效成分)/千克;意大利蜜蜂急性摄入毒性LC$_{50}$(48小时)＞2 000毫克(有效成分)/升,接触毒性LD$_{50}$(48小时)＞100微克(有效成分)/只;家蚕LC$_{50}$(96小时)＞2 000毫克(有效成分)/升;对鱼、鸟、蜜蜂、家蚕低毒。

【制剂】 5亿CFU/克悬浮剂。

【作用机制与防治对象】 多黏类芽孢杆菌在增殖过程中可以分泌胞外多糖和抗菌物质多黏菌素,亦可通过位点竞争和诱导抗性等作用方式,保护植物免受病原体侵害。主要通过灌根和喷雾,可有效防治植物细菌性和真菌性病害。

【使用方法】

(1) 防治番茄青枯病:于病害初发期开始用药,每667平方米用5亿CFU/克悬浮剂2～3升兑水灌根。

(2) 防治黄瓜细菌性角斑病:于发病初期开始用药,每667平方米用5亿CFU/克悬浮剂160～200毫升兑水40～60千克均匀喷于叶面,每间隔7～10天再施1～2次。

(3) 防治西瓜枯萎病:于发病初期开始施药,每667平方米用5亿CFU/克悬浮剂3～4升兑水灌根,每次间隔7～10天,施2～3次。

(4) 防治小麦赤霉病:于抽穗扬花初期开始用药,每667平方米用 5 亿 CFU/克悬浮剂 400～600 毫升兑水 30～50 千克均匀喷雾,注意对穗部均匀喷雾。发病严重时,可间隔 5～7 天补施 1 次。

【注意事项】

（1）不宜与铜制剂直接混用或同时使用,使用过杀菌剂的容器和喷雾器需要用清水彻底清洗后方可盛装本品。

（2）禁止在河塘等水体中清洗施药器具。

（3）应存放在阴凉处或冷库中,远离热源或火源。贮运时,严防高温和日晒。

43. 噁霉灵

$$分子式：C_4H_5NO_2$$

【类别】 异噁唑类。

【化学名称】 3-羟基-5-甲基异噁唑。

【理化性质】 纯品白色针状结晶。原药为无色结晶。溶解度（25℃,克/升）：水 80,丙酮、乙醇、甲醇＞75,乙酸乙酯 425。熔点 86～87℃。沸点 86℃。蒸气压 133.3 毫帕(25℃)。

【毒性】 低毒。急性经口 LD$_{50}$：雄大鼠 4 678 毫克/千克、雄小鼠 2 148 毫克/千克。大、小鼠急性经皮 LD$_{50}$＞10 000(毫克/千克)。鲤鱼 TLm(48 小时)为 165 毫克/升。对鸟低毒,鹌鹑 LD$_{50}$为 1 698～1 737 毫克/千克。

【制剂】 0.1%、1%颗粒剂,15%、70%可湿性粉剂,30%悬浮种衣剂,1%、8%、15%、30%水剂,70%可溶粉剂,70%种子处理干粉剂,80％水分散粒剂。

【作用机制与防治对象】 本品是一种内吸性杀菌剂,同时又是一种土壤消毒剂,对腐霉病、镰刀菌等引起的猝倒病有较好的预防效果。作为土壤消毒剂,与土壤中的铁离子、铝离子结合,抑制孢子的萌发。本品能被植物的根吸收及在根系内移动,在植株内代谢产生两种糖苷,对作物有提高生理活性的效果,从而能促进植株生长,促进根的分蘖、根毛的增加和提高根的活性。对水稻生理病害亦有较好的药效。因对土壤中病原菌以外的细菌、放线菌的影响很小,所以对土壤中微生物的生态不产生影响,在土壤中能分解成毒性很低的化合物,对环境安全。常与福美双混配,用于种子消毒和土壤处理。可用于防治粮、油、棉、瓜、果、蔬菜、草坪、林业苗木等作物的苗期立枯病、枯萎病等。

【使用方法】

(1) 防治水稻苗期立枯病:苗床每平方米用30％水剂3~6毫升兑水喷雾,育秧箱每平方米用30％水剂3毫升兑水均匀喷雾,播种前和移栽前各用1次,每季最多施用3次。

(2) 防治水稻恶苗病:每667平方米用15％可湿性粉剂1 000~1 600倍液浸种;或用70％种子处理干粉剂按药种比1：500~1 000种子包衣,包衣种播种后应有良好覆土。

(3) 防治玉米茎基腐病:每100千克种子用30％悬浮种衣剂12~15克种子包衣。

(4) 防治棉花立枯病:用70％种子处理干粉剂按药种比1：750~1 000种子包衣,包衣种播种后应有良好覆土,严格按推荐剂量于棉花播种前种子脱绒后包衣处理,晾干后播种。

(5) 防治油菜立枯病:用70％种子处理干粉剂按药种比1：500~1 000种子包衣,包衣种播种后应有良好覆土。建议于油菜播种前药剂稀释后种子包衣处理,闷种后播种。

(6) 防治大豆立枯病:于大豆播种前,用70％种子处理干粉剂按药种比1：500~1 000种子包衣。

（7）防治黄瓜（苗床）立枯病：于黄瓜苗期立枯病发生期用药，每平方米用 70％可湿性粉剂 1.25～1.75 克兑水均匀喷雾，视病害发生情况，最多可用药 3 次。

（8）防治辣椒立枯病：播种后每平方米用 30％水剂 2.5～3.5 毫升，或 15％水剂 5～7 毫升，或 8％水剂 9～13 毫升兑水泼浇。

（9）防治西瓜枯萎病，每 667 平方米用 0.1％颗粒剂 30～40 千克撒施，在西瓜移栽前撒施 1 次；或于西瓜枯萎病初发期开始用 30％水剂 600～800 倍液灌根，每季最多施用 2 次，安全间隔期 14 天。

（10）防治甜菜立枯病：用 70％可湿性粉剂按药种比 1：143～250 拌种。

（11）防治人参根腐病：每平方米用 70％可溶粉剂 4～8 克土壤浇灌，每季最多施用 2 次，安全间隔期 35 天。

（12）防治草坪腐霉枯萎病：在发病前或发病初期开始施药，用 30％水剂 500～1000 倍液喷雾，间隔 10 天左右第二次用药，连续喷施 2 次，施药必须均匀。

【注意事项】

（1）不能与石硫合剂、波尔多液碱性物质混用。

（2）用于拌种时，宜干拌，湿拌和闷种时易出现药害；严格控制用药量，以防止作物生长受到抑制。

（3）不能与强碱性物质混用。

（4）建议与其他不同作用机制的杀菌剂轮换使用，以延缓抗药性产生。

（5）本品在下列食品上的最大残留限量（毫克/千克）：黄瓜 0.5，辣椒 1，人参（鲜）1，人参（干）0.1，糙米 0.1，甜菜 0.1，西瓜 0.5。

44. 噁霜灵

$$\text{分子式：} C_{14}H_{18}N_2O_4$$

【类别】 噁唑类。

【化学名称】 2-甲氧基-N-(2-氧代-1,3-唑烷-3-基)乙酰-2′,6′-二甲基替苯胺。

【理化性质】 纯品为无色无臭晶体,熔点104～105℃。相对密度0.5千克/升。蒸气压0.0033毫帕(25℃)。溶解度(25℃,克/千克):水3.4、丙酮344、二甲基亚砜390、乙醇50、甲醇112。在52～56℃贮存稳定28天。水溶液DT$_{50}$约4年。

【毒性】 低毒。大鼠急性经口LD$_{50}$为3480毫克/千克(雄)、1860毫克/千克(雌)。大鼠、兔急性经皮LD$_{50}$均>2000毫克/千克。对兔皮肤和眼睛无刺激。对豚鼠皮肤无致敏性。大鼠急性吸入LD$_{50}$(6小时)>5.6毫克/升。NOEL为狗(1年)500毫克/千克饲料。野鸭急性经口LD$_{50}$>2510毫克/千克。鱼类LD$_{50}$(96小时,毫克/升):虹鳟鱼>320,鲤鱼>300。水蚤LD$_{50}$(48小时)530毫克/升。海藻LC$_{50}$为46毫克/升。蜜蜂LD$_{50}$>200微克/只(经口)。蚯蚓LC$_{50}$(14天)>1000毫克/千克(土)。

【制剂】 无单剂产品,有复配制剂64%噁霜·锰锌可湿性粉剂。

【作用机制与防治对象】 本品通过抑制RNA聚合酶,从而抑制RNA的生物合成。具有接触杀菌和内吸传导活性,被植物内吸后很快转移到未施药部位,向顶传导能力最强。具有优良的保护和治疗作用,由噁霜灵和代森锰锌混配制成的杀菌剂,兼具内吸传导性和触杀性作用。按推荐剂量使用,可有效防治黄瓜霜霉病和烟草黑胫病。

【使用方法】

(1) 防治黄瓜霜霉病:发病前或发病初期,每 667 平方米用 64%噁霜·锰锌可湿性粉剂 172～203 克兑水 40～60 千克均匀喷雾。施药间隔期视病害轻重而定,一般每隔 7～14 天喷药 1 次。每季最多施用 3 次,安全间隔期 3 天。

(2) 防治烟草黑胫病:发病前或发病初期,每 667 平方米用 64%噁霜·锰锌可湿性粉剂 200～250 克兑水后采用茎基喷淋法(每株 50 毫升药液)施药。每隔 7～14 天喷药 1 次。每季最多施用 3 次,安全间隔期 20 天。

【注意事项】

(1) 避免和碱性农药混用,可与大部分农药混用。建议混用前先在小范围内做安全性试验。

(2) 大豆、荔枝、葡萄幼果期,葫芦科作物和某些梨品种对本品敏感,施药时应避免飘到上述作物上,以免产生药害。

(3) 建议与其他不同作用机制的杀菌剂轮换使用,以延缓抗药性产生。

(4) 本品在黄瓜上最大残留限量为 5 毫克/千克。

45. 噁唑菌酮

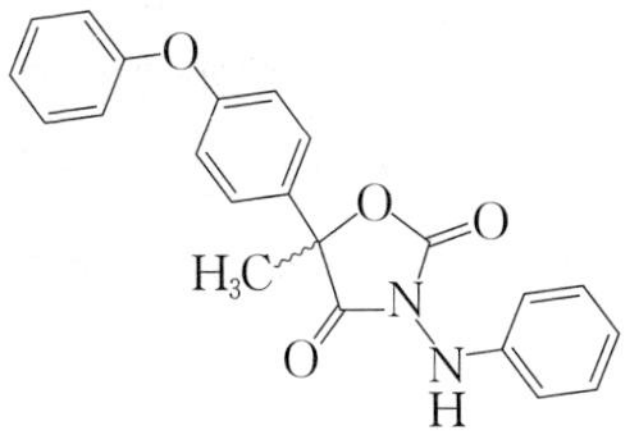

分子式:$C_{22}H_{18}N_2O_4$

【类别】 噁唑类。

【化学名称】 3-苯氨基-5-甲基-5-(4-苯氧基苯基)-1,3-唑啉-2,4-二酮。

【理化性质】 纯品为白色晶体。熔点 140.3～141.8℃。密度 1.310 克/厘米³,蒸气压(20℃)6.4×10⁻⁴ 毫帕。溶解度(20℃):水 52 微克/升、丙酮 274 克/升、乙腈 125 克/升、二氯甲烷 239 克/升、乙酸乙酯 125 克/升、正己烷 0.047 6 克/升、甲醇 10.01 克/升、甲苯 13.3 克/升。

【毒性】 低毒。大鼠急性经口 LD_{50}>5 000 毫克/千克,急性吸入 LC_{50}>5 300 毫克/米³;兔急性经皮 LD_{50}>2 000 毫克/千克。对兔眼睛和皮肤中度刺激,对豚鼠皮肤无刺激;试验剂量下无致畸、致突变、致癌作用。亚慢性经口(90 天)NOEL[毫克/(千克·天)]:雄大鼠 3.3,雌大鼠 4.2,狗 1.3。

【制剂】 30%、50%水分散粒剂。

【作用机制与防治对象】 本品是一种能量抑制剂,即抑制线粒体电子传递。有内吸活性,具有保护、治疗作用。可防治由子囊菌、担子菌、卵菌引起的重要病害。本品与苯基酰胺类杀菌剂无交互抗性,与甲氧基丙烯酸酯类杀菌剂有交互抗性。对黄瓜霜霉病、马铃薯早疫病有较好防治效果。

【使用方法】

(1) 防治黄瓜霜霉病:发病初期,每 667 平方米用 50%水分散粒剂 20～40 克兑水 40～60 千克均匀喷雾,安全间隔期为 7 天,每季最多施用 3 次。

(2) 防治马铃薯晚疫病:发病前至发病初期,每 667 平方米用 30%水分散粒剂 30～40 克兑水 30～50 千克均匀喷雾,间隔 7～10 天再次施药,安全间隔期为 7 天,每季最多施用 2 次。

【注意事项】

(1) 不可与强碱性物质混合使用,建议与其他不同作用机制的杀菌剂轮换使用,以延缓病菌抗药性产生。

（2）对藻类毒性较高。应远离水产养殖区、河塘等水体施药。禁止在河塘等水体中清洗施药器具。

（3）本品在黄瓜、马铃薯上最大残留限量分别为 1 毫克/千克、0.5 毫克/千克。

46. 二氯异氰尿酸钠

分子式：$C_3Cl_2N_3NaO_3$

【类别】 有机氯类。

【化学名称】 1,3-二氯-1,3,5-三嗪-2,4,6-三酮、二氯-s-三嗪三钠和三辛基钠。

【理化性质】 白色结晶粉末或颗粒,具有强烈的氯气味,有效氯含量 60%～64.5%。粉状产品密度 0.50～0.65 克/厘米³,粒状产品密度 0.90～0.96 克/厘米³。易溶于水,水中溶解度为 227 克/升(25℃),1%水溶液的 pH 为 5.5～6.5。丙酮中溶解度 5 克/升(30℃)。熔点 225～230℃(分解),pKa：6.2～6.8。干燥时稳定,在水中发生水解生成次氯酸起到杀菌作用。当本品晶体中含有 2 个分子结晶水时,称为二水二氯异氰尿酸钠,稳定性大于不含结晶水的二氯异氰尿酸钠。本品是一种较为活泼的氧化剂,遇还原剂会损失有效氯而降低甚至失去杀菌能力;遇酸或碱发生分解生成氰尿酸或氰尿酸盐并同时产生氯气;遇铵、胺、氨反应生成三氯化氮。在高温、高湿条件下易分解自燃,水分含量升高分解温度下降。遇水淋会发热甚至自燃。在强碱性条件下其三嗪环易断裂,分解为氰酸类化合物。在强氧化性条件下也易断环分解。

【毒性】　低毒。大鼠急性经口 LD_{50} 为 1 670 毫克/千克。粉尘对鼻、喉有刺激性。高浓度吸入引起支气管痉挛,呼吸困难和窒息;极高浓度吸入可引起肺水肿,甚至死亡。对眼和皮肤有刺激性。口服灼伤消化道。

【制剂】　20%、40%、50%可溶粉剂,66%烟剂。

【作用机制与防治对象】　本品具有内吸性,喷施在作物表面能慢慢地释放次氯酸,使菌体蛋白质变性,从而改变膜通透性,干扰酶系统生理生化反应,影响 DNA 合成,使病原菌迅速死亡。杀菌谱广,对多种细菌、藻类、真菌和病菌有较强的杀菌活性,对防治草坪褐斑病、番茄早疫病、黄瓜霜霉病等病害有效。

【使用方法】

(1)防治草坪褐斑病:每 667 平方米用 50%可溶粉剂 75～150 克兑水 30～50 千克均匀喷雾。

(2)防治番茄早疫病:发病初期,每 667 平方米用 20%可溶粉剂 187.5～250 克,或 50%可溶粉剂 75～100 克,兑水 30～50 千克均匀喷雾,每季最多施用 3 次,安全间隔期 3 天。

(3)防治菇房霉菌:每立方米用 66%烟剂 6～8 克点燃放烟,将要消毒的施药场所加湿到空气相对湿度 85%以上,按空间立方计算用药量,用火星点燃本品,即可发出大量烟雾,密闭 30 分钟为宜,对食用菌栽培中侵害极大的各种霉菌进行消杀,每季最多施用 1 次。

(4)防治黄瓜霜霉病:发病前或发病初期,每 667 平方米用 20%可溶粉剂 188～250 克,或 40%可溶粉剂 60～80 克,兑水 40～60 千克均匀喷雾,每季最多施用 3 次,安全间隔期 3 天。

(5)防治辣椒根腐病:发病初期,用 20%可溶粉剂 300～400 倍液灌根。

(6)防治平菇木霉菌:用 40%可溶粉剂按药种比 1:833～1000 拌料;或每 100 千克干料用 50%可溶粉剂 40～80 克拌料,拌料时先用少量温水溶解药剂再加水稀释拌入料中(料要拌匀、拌湿),

在药剂拌料后,平菇料单独堆闷 24 小时后再装袋接菌移入菇房。

（7）防治茄子灰霉病：发病初期,每 667 平方米用 20% 可溶粉剂 187.5～250 克兑水 30～50 千克均匀喷雾,每季最多施用 3 次,安全间隔期 3 天。

（8）防治人参立枯病：每平方米用 40% 可溶粉剂 6～12 克采用药土法处理,按照药、干细土 1∶10 的比例混合均匀制成药土,均匀撒施人参种植地,然后用机械旋耕将药土和床土混合均匀,深度在 15 厘米左右。

【注意事项】

（1）不宜与硫酸铜等金属盐药剂及碱性物质混用。要按规定用药量施用,否则作物易受药害。

（2）对鱼有毒,使用时注意不要污染河流、池塘、桑园、养蜂场等场所。

（3）为延缓抗药性产生,可与其他不同作用机制的杀菌剂轮换使用。

47. 二氰蒽醌

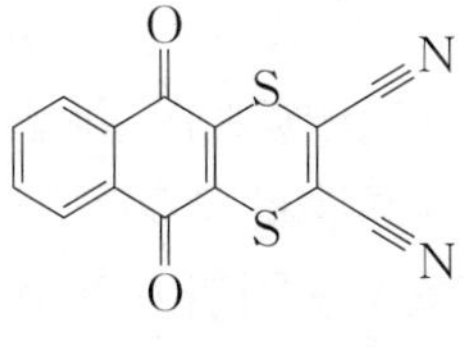

分子式：$C_{14}H_4N_2O_2S_2$

【类别】 醌类。

【化学名称】 2,3-二氰基-1,4-二硫代蒽醌。

【理化性质】 原药外观为棕褐色或棕黑色结晶固体。熔点 225 ℃,蒸气压 0.066 毫帕(25 ℃),正辛醇-水分配系数 $K_{ow} \log P$ 为

3.2,亨利常数 5.71×10^{-6} 帕·米^3/摩尔(计算值),相对密度 1.576。水中溶解度 0.5 克/升(20～25℃),有机溶剂中的溶解度(20～25℃,毫克/升):丙酮 10、苯 8、二氯甲烷 12。性质稳定,在碱性介质、酸性介质、加热条件下均稳定;pH 为 7,25℃时降解 DT_{50} 为 12.2 小时。水中光解 DT_{50} 为 19 小时。

【毒性】 低毒。大鼠急性经口 LD_{50} 为 681 毫克/千克(雌)、619 毫克/升(雄),急性经皮 $LD_{50} > 2150$ 毫克/千克,急性吸入毒性 LC_{50}(4 小时)0.31～2.1 毫克/升;对兔皮肤无刺激性,对兔眼睛有轻度刺激性。对豚鼠皮肤有致敏性。鸟类急性经口 LD_{50}:山齿鹑 430 毫克/千克、野鸭 290 毫克/千克;鲤鱼 LC_{50}(96 小时)0.1 毫克/升。蜜蜂 LD_{50}(48 小时)> 0.1 毫克/只(接触)。蚯蚓 LC_{50} 588.4 毫克/千克土(7 天)、578.4 毫克/千克土(14 天)。ADI 0.01 毫克/千克。

【制剂】 22.7%、40%、50%悬浮剂,66%、70%、71%水分散粒剂,50%可湿性粉剂。

【作用机制与防治对象】 本品为保护性杀菌剂,对病害具有预防作用和微弱的治疗作用。其作用机制为通过与真菌细胞中的巯基发生反应,抑制真菌呼吸酶活性,从而干扰呼吸作用。对防治苹果树轮纹病、苹果树炭疽病、西瓜炭疽病、辣椒炭疽病等病害有效。

【使用方法】

(1) 防治苹果树轮纹病:发病初期,用 50%悬浮剂 500～650 倍液均匀喷雾,每隔 7～15 天喷 1 次,每季最多施用 3 次,安全间隔期 21 天。或用 50%可湿性粉剂 500～1000 倍液均匀喷雾,每隔 10～15 天用药 1 次,安全间隔期为 30 天,每季最多施用 3 次。

(2) 防治苹果树炭疽病:发病前期,用 71%水分散粒剂 800～1000 倍液均匀喷雾,每隔 10～15 天施药 1 次,安全间隔期为 21 天,每季最多施用 3 次。

(3) 防治西瓜炭疽病:发病初期,每 667 平方米用 22.7%悬浮剂 66～88 毫升兑水 40～60 千克均匀喷雾,安全间隔期为 14 天,每季最多施用 2 次。

（4）防治辣椒炭疽病：发病初期，每 667 平方米用 40％悬浮剂 35～40 毫升兑水 30～50 千克均匀喷雾,安全间隔期为 7 天,每季最多施药 3 次。或用 66％水分散粒剂 20～30 克兑水 30～50 千克均匀喷雾,安全间隔期为 5 天,每季最多施药 3 次。

【注意事项】

（1）对鸟、鱼、水蚤、藻类毒性较高,鸟类保护区附近禁用;水产养殖区、河塘等水体附近禁用;禁止在河塘等水体中清洗施药器具。赤眼蜂等天敌放飞区禁用。

（2）施药期间应避免对周围蜂群的影响,开花植物花期、蚕室和桑园附近禁用。

（3）不可与碱性农药混用。建议与不同作用机制的杀菌剂合理轮换使用,以延缓抗药性产生。

（4）对眼睛有刺激性,使用时应做好防护措施,穿防护服,戴口罩、护目镜、手套,避免刺激眼睛。

（5）本品在下列食品上的最大残留限量(毫克/千克)：苹果 5,西瓜 1,辣椒 2。

48. 粉唑醇

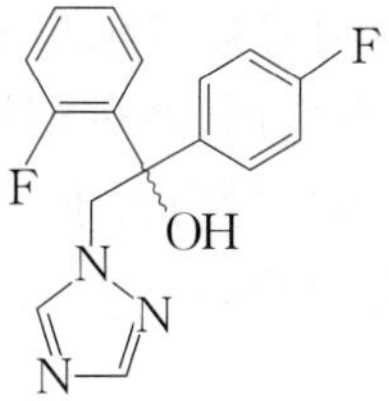

分子式：$C_{16}H_{13}F_2N_3O$

【类别】 三唑类。

【化学名称】 (RS)-2,4'-二氟-α-(1H-1,2,4-三唑-1-

基甲基)二苯基乙醇。

【理化性质】 纯品为白色晶状固体。熔点 130 ℃,蒸气压 7.1×10^{-6} 毫帕(20 ℃),相对密度 1.41。正辛醇-水分配系数 $K_{ow} \log P$ 为 2.3(20 ℃),亨利常数 1.65×10^{-8} 帕·米^3/摩尔。水中溶解度(pH 7,20 ℃)130 毫克/升,有机溶剂中溶解度(20 ℃,克/升):丙酮 190、甲醇 69、二氯甲烷 150、二甲苯 12、己烷 0.3。

【毒性】 低毒。大鼠急性经口 LD_{50} 为 1140 毫克/千克(雄)、1480 毫克/千克(雌);急性经皮 LD_{50}:大鼠>1 000 毫克/千克,兔>2 000 毫克/千克;大鼠急性吸入 LC_{50}(4 小时)>3.5 毫克/升。对兔眼睛有严重刺激,对兔皮肤无刺激性。90 天饲喂无作用剂量:大鼠 2 毫克/千克、狗 5 毫克/千克。对大鼠和兔无致畸性,体内研究无细胞遗传性,Ames 试验无致突变性。野鸭(雌)急性经口 LD_{50}>5 000 毫克/千克。饲喂 LC_{50}(5 天):野鸭 3940 毫克/千克饲料、日本鹌鹑 6 350 毫克/千克(饲料)。鱼类 LC_{50}(96 小时):虹鳟 61 毫克/升、鲤鱼 77 毫克/升。水蚤 LC_{50}(48 小时)78 毫克/升。对蜜蜂低毒,急性经口 LD_{50}>5 微克/只。蚯蚓 LC_{50}(14 天)>1 000 毫克/千克(土)。

【制剂】 50%、80%可湿性粉剂,12.5%、25%、250 克/升、40%悬浮剂。

【作用机制与防治对象】 本品属内吸性杀菌剂,对担子菌和子囊菌引起的许多病害具有良好的保护和治疗作用,兼有一定的熏蒸作用,还有较好的内吸作用,通过植物的根、茎、叶吸收,再由维管束向上转移,根部的内吸能力大于茎、叶,但不能在韧皮部作横向或向基输导。对草莓白粉病、小麦条锈病、小麦锈病、小麦白粉病等病害有效。

【使用方法】

(1) 防治草莓白粉病:发病初期或发病前,每 667 平方米用 25%悬浮剂 20~40 克兑水 30~50 千克均匀喷雾,每隔 7 天用药 1 次,每季最多施用 3 次,安全间隔期 7 天;或用 12.5%悬浮剂 30~

60 毫升兑水 30～50 千克均匀喷雾,每隔 7～10 天用药 1 次,每季最多施用 2 次,安全间隔期 7 天。

(2)防治小麦条锈病:于发病初期施药,每 667 平方米用 50%可湿性粉剂 8～12 克,或 250 克/升悬浮剂 16～24 毫升,兑水 30～50 千克均匀喷雾,隔 7 天左右施药 1 次,可施药 1～2 次,每季最多施用 2 次,安全间隔期 21 天;或每 667 平方米用 12.5%悬浮剂 50～65 毫升兑水 30～50 千克均匀喷雾,每 7 天可施药 1 次,可连续用药 3 次,每季最多施用 3 次,安全间隔期 21 天;或每 667 平方米用 25%悬浮剂 16～24 毫升兑水 30～50 千克均匀喷雾,可连续用药 2 次,施药间隔期 7 天,每季最多施用 2 次,安全间隔期 35 天。

(3)防治小麦锈病:发病初期,每 667 平方米用 25%悬浮剂 16～24 毫升兑水 30～50 千克均匀喷雾,可连续施用 2 次,施药间隔期 7 天,每季最多施用 2 次,安全间隔期 35 天。

(4)防治小麦白粉病:发病初期或发病前,每 667 平方米用 12.5%悬浮剂 30～60 毫升兑水 30～50 千克均匀喷雾;每隔 7～10 天用药 1 次,每季最多施用 3 次,安全间隔期 21 天;或每 667 平方米用 40%悬浮剂 10～15 毫升兑水 30～50 千克均匀喷雾,间隔 7～10 天喷雾 1 次,连喷 2 次,每季最多施用 2 次,安全间隔期 35 天;或于小麦孕穗至抽穗期,每 667 平方米用 250 克/升悬浮剂 16～24 毫升兑水 30～50 千克均匀喷雾,每季最多施用 3 次,安全间隔期 21 天。

(5)防治小麦赤霉病:发病初期开始施药,每 667 平方米用 250 克/升悬浮剂 20～30 毫升兑水 30～50 千克均匀喷雾,每季最多施用 3 次,安全间隔期 14 天。

【注意事项】

(1)对鸟类、蜜蜂有毒,注意保护鸟类,鸟类取食区及保护区附近和赤眼蜂等天敌放飞区域禁用。施药期间应避免对周围蜂群的不利影响,避免在开花植物花期使用,桑园及蚕室附近禁用。

(2)远离水产养殖区用药,禁止在河塘等水体中清洗施药器具,避免污染水源。

（3）建议与不同作用机制的杀菌剂轮换使用,以缓解抗药性产生。

（4）本品在草莓、小麦上最大残留限量分别为 1 毫克/千克、0.5 毫克/千克。

49. 氟吡菌胺

分子式：$C_{14}H_8Cl_3F_3N_2O$

【类别】 吡啶酰胺类。

【化学名称】 2,6-二氯-N-[(3-氯-5-三氟甲基-2-吡啶基)甲基]苯甲酰胺。

【理化性质】 外观为米色固体,无特殊气味;熔点 150 ℃;蒸气压 $3.03×10^{-4}$ 毫帕(20 ℃)、$8.03×10^{-4}$ 毫帕(25 ℃);正辛醇-水分配系数 $K_{ow}\log P$ 为 3.26(pH 7.8,22 ℃);$\log P$ 为 2.9(pH4.0、7.3、9.1,40 ℃)。亨利常数 $4.15×10^{-5}$ 帕·米³/摩尔(20 ℃,计算值),密度 1.65;水中溶解度 2.8 毫克/升(pH7,20 ℃),有机溶剂中溶解度(20 ℃,克/升)：正己烷 0.20、乙醇 19.2、甲苯 20.5、乙酸乙酯 37.7、丙酮 74.7、二氯甲烷 126、DMSO 183(EPA);pH 4～9 条件下,对光稳定,水解稳定。

【毒性】 低毒。雌、雄大鼠急性经口毒性 $LD_{50}＞5000$ 毫克/

千克,雌、雄大鼠急性经皮 LD_{50} >5 000 毫克/千克,雌、雄大鼠急性吸入毒性 LC_{50} >5 160 毫克/米³(空气),对家兔皮肤和眼睛无刺激,对豚鼠皮肤无致敏性。大鼠 NOAEL 为 20 毫克/(千克·天),小鼠 7.9 毫克/(千克·天)(78 周),ADI/RfD 为 0.08 毫克/千克体重,无潜在诱变性和致癌性、致畸性。对环境安全,在水表面基本不挥发,在土壤中中等移动。对鸟类、藻类、蜜蜂、蚯蚓等为低毒。

【制剂】 没有单剂产品,有复配制剂 70%、687.5 克/升氟菌·霜霉威悬浮剂和 71%乙铝·氟吡胺水分散粒剂。

【作用机制与防治对象】 本品是一种新型杀菌剂,主要作用于细胞膜和细胞间的特异性蛋白而表现杀菌活性。内吸传导活性强,具有独特的薄层穿透性,对病原菌的各主要形态均能很好地抑制活性,治疗潜能突出。对白粉病、霜霉病和腐霉病防效理想,能从植物叶基向叶尖方向传导。可有效防治黄瓜霜霉病、葡萄霜霉病等病害。

【使用方法】

(1) 防治黄瓜霜霉病:于发病初期施药,每 667 平方米用 687.5 克/升氟菌·霜霉威悬浮剂 60～75 毫升兑水 40～60 千克均匀喷雾,间隔 7～8 天用药 1 次,连续 2～3 次,每季最多用药 3 次,安全间隔期为 2 天。或用 71%乙铝·氟吡胺水分散粒剂 150～167 克兑水 40～60 千克均匀喷雾,每隔 7 天左右施用 1 次,可连续用药 2～3 次,每季最多用药 3 次,安全间隔期 3 天。

(2) 防治蔷薇科观赏花卉霜霉病:于发病初期施药,用 687.5 克/升氟菌·霜霉威悬浮剂 900～1 000 倍液均匀喷雾,间隔 7～10 天用药 1 次,连续用药 2～3 次。

(3) 防治葡萄霜霉病:于发病初期施药,用 71%乙铝·氟吡胺水分散粒剂 400～500 倍液均匀喷雾,间隔 10 天用药 1 次,可连续用药 2～3 次,每季最多用药 3 次,安全间隔期 14 天。

【注意事项】

(1) 不能与氮(氨)为主的叶面肥、三氯杀螨醇、油悬浮剂、铜制剂、液体硫制剂类农药混用。

（2）对水生生物有极高毒性风险,药品及废液严禁污染各类水域、土壤等环境;水产养殖区、河塘等水体附近禁用;严禁在河塘清洗施药器械。

（3）不能与强碱性物质混用。建议与不同作用机制的杀菌剂轮换使用,以延缓抗药性产生。

（4）对赤眼蜂有毒,赤眼蜂等天敌放飞区域禁用。

（5）本品在黄瓜、葡萄上最大残留限量分别为 0.5 毫克/千克、2 毫克/千克。

50. 氟吡菌酰胺

分子式：$C_{16}H_{11}ClF_6N_2O$

【类别】 吡啶乙基苯胺类。

【化学名称】 N-{2-[3-氯-5-(三氟甲基)-2-吡啶基]乙基}-α,α,α-三氟-o-甲苯酰胺。

【理化性质】 纯品为白色粉末,无明显气味,熔点 117.5 ℃,沸点 318～321 ℃,密度（20 ℃）1.53 克/厘米^3;蒸气压 1.2×10^{-6} 毫帕（20 ℃）、3.1×10^{-6} 毫帕（25 ℃）、2.9×10^{-4} 毫帕（50 ℃）;正辛醇-水分配系数 $K_{ow}\log P$ 为 3.3（pH 6.5,20 ℃）;亨利常数（帕·米^3/摩尔,20 ℃）为 2.98×10^{-3}（蒸馏水）、3.17×10^{-5}（pH 4）、2.98×10^{-5}（pH 7）、3.17×10^{-5}（pH 9）;水中溶解度（毫克/升,20 ℃）:16（蒸馏水）、15（pH 4）、16（pH 7）、15（pH 9）;有机溶剂

中溶解度(20℃,克/升):庚烷 0.66,甲苯 62.2,二氯甲烷、甲醇、丙酮、乙酸乙酯、二甲亚砜均>250;水中稳定,50℃下,在 pH4、pH7、pH9 溶液中均稳定;光解 DT_{50} 为 52～97 天;pKa 为 0.5(23℃)。

【毒性】 低毒。大鼠急性经口毒性 LD_{50}>2 000 毫克/千克,急性经皮毒性 LD_{50}>2 000 毫克/千克,对兔皮肤和眼睛无刺激性。鹌鹑急性经口 LD_{50}>2 000 毫克/千克,短期饲喂野鸭 LD_{50}>1 643 毫克/千克;鲤鱼 LC_{50}(96 小时)>0.98 毫克/升,鲤鱼 NOEC(21 天)0.135 毫克/升;水蚤 EC_{50}(48 小时)>100 毫克/升;中肋条骨藻 EC_{50}(72 小时)>1.13 毫克/升;蜜蜂 LD_{50}(接触)>100 微克/只;蚯蚓:LC_{50}(14 天)>1000 毫克/千克(干土)。

【制剂】 41.7%悬浮剂。

【作用机制与防治对象】 本品为吡啶乙基苯酰胺类杀菌剂和杀线虫剂,作用于线粒体的呼吸链,抑制琥珀酸脱氢酶(复合物Ⅱ)的活性,从而阻断电子传递,导致不能提供机体组织的能量需求,影响病菌的呼吸作用,抑制病菌孢子萌发、芽管伸长、菌丝生长和产孢。杀菌谱广,可用于防治黄瓜白粉病,西瓜、烟草、香蕉、黄瓜、番茄根结线虫。

【使用方法】

(1)防治番茄根结线虫:移栽当天,每株用 41.7%悬浮剂 0.024～0.03 毫升兑水后进行灌根,每株用药液量 400 毫升,每季最多施用 1 次。

(2)防治黄瓜根结线虫:在移栽后 15 天,每株用 41.7%悬浮剂 0.024～0.03 毫升兑水后进行灌根,每株用药液量 400 毫升,每季最多施用 1 次。

(3)防治黄瓜白粉病:在发病初期进行叶面喷雾,每 667 平方米用 41.7%悬浮剂 5～10 毫升兑水 40～60 千克均匀喷雾,每隔 7～10 天施用 1 次,连续施用 2～3 次,安全间隔期 2 天,每季最多施用 3 次。

(4)防治西瓜根结线虫:移栽当天,每株用 41.7%悬浮剂

0.05～0.06 毫升兑水后进行灌根,每株用药液量 400 毫升,每季最多施用 1 次。

(5) 防治香蕉根结线虫:在香蕉苗 5～10 叶期,每株用 41.7%悬浮剂 0.3～0.4 毫升兑水后进行灌根,每株用药液量 500～3 000 毫升,每季最多施用 1 次。

(6) 防治烟草根结线虫:移栽当天,每株用 41.7%悬浮剂 0.04～0.05 毫升兑水后进行灌根,每株用药液量 400 毫升,每季最多施用 1 次。

【注意事项】

(1) 对水生生物有毒,药品及废液不得污染各类水域,禁止在河塘清洗施药器械。

(2) 赤眼蜂等天敌放飞区域禁用。

(3) 本品无特定解毒剂,建议医生根据患者症状进行辅助和对症治疗。

(4) 本品在下列食品上的最大残留限量(毫克/千克):番茄 1,黄瓜 0.5,香蕉 0.3。

51. 氟啶胺

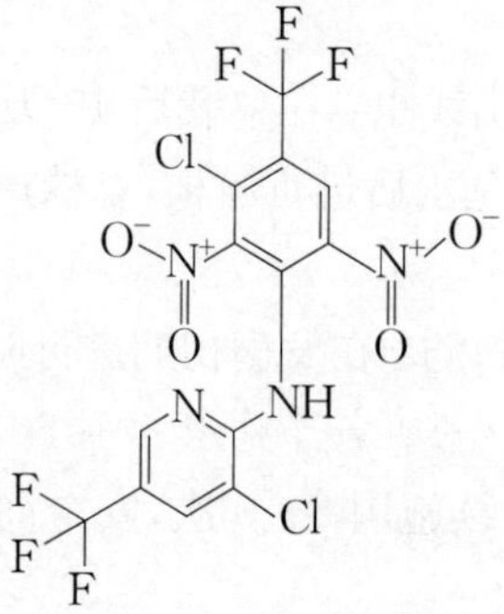

分子式:$C_{13}H_4Cl_2F_6N_4O_4$

【类别】 吡啶类。

【化学名称】 3-氯-N-(3-氯-5-三氟甲基-2-吡啶基)-α,α,α-三氟-2,6-二硝基对甲苯胺。

【理化性质】 纯品为黄色结晶粉末,熔点 115~117 ℃。蒸气压 1.5 毫帕(25 ℃)。相对密度 0.333(25 ℃)。溶解度(克/升):正乙烷 6.7,环己烷 14,乙酸乙酯 680,甲苯 410,丙酮 645,乙醇 150,水 0.1 毫克/升(pH5)。对热、酸、碱稳定,光照下较易分解。水溶液 DT_{50} 为 2~5 天。

【毒性】 低毒。大鼠急性经口 LD_{50}>5 000 毫克/千克。大鼠急性经皮 LD_{50}>2 000 毫克/千克。大鼠急性吸入 LC_{50}(4 小时)为 0.463 毫克/升。对兔眼睛有刺激。对皮肤有轻度刺激。山齿鹑急性经口 LD_{50} 为 1780 毫克/千克,野鸭急性经口 LD_{50} 为 4190 毫克/千克。虹鳟鱼 LD_{50}(96 小时)为 0.036 毫克/千克,水蚤 LD_{50}(48 小时)为 0.22 毫克/升。蜜蜂 LD_{50}>100 微克/只(经口)。蚯蚓 LC_{50}(28 天)>1 000 毫克/千克(土)。

【制剂】 50％可湿性粉剂,50％、70％水分散粒剂,40％、50％、500 克/升悬浮剂。

【作用机制与防治对象】 本品为线粒体氧化磷酸化解偶联剂,通过抑制孢子萌发、菌丝生长和孢子形成而致效。杀菌谱广,对交链孢属、疫霉属、单轴霉属、核盘菌属和黑星菌属病原引起的病害有效,且对红蜘蛛具有活性。对防治大白菜根肿病、番茄疮痂病、番茄灰霉病、辣椒炭疽病等病害有效。

【使用方法】

(1) 防治大白菜根肿病:在大白菜移栽前,每 667 平方米用 500 克/升悬浮剂 270~330 毫升或 50％悬浮剂 267~333 克,兑水 60~70 千克均匀喷雾于土壤表面,然后混土 15~20 厘米;或每 667 平方米用 40％悬浮剂 375~417 毫升兑水灌穴,当天立即进行移载。每季大白菜仅施药 1 次。

(2) 防治番茄晚疫病:发病初期,每 667 平方米用 500 克/升悬浮剂 25～33 毫升或 50％水分散粒剂 25～35 克,兑水 30～50 千克均匀喷雾,每季最多施用 3 次,安全间隔期 14 天。

(3) 防治番茄灰霉病:发病初期,每 667 平方米用 50％水分散粒剂 27～33 克兑水 30～50 千克均匀喷雾,每季最多施用 3 次,安全间隔期 14 天。

(4) 防治柑橘树红蜘蛛:在卵孵盛期和低龄若螨期施药,用 500 克/升悬浮剂 1 500～2 000 倍液均匀喷雾,每季最多施用 3 次,安全间隔期 28 天。

(5) 防治柑橘树树脂病(砂皮病)、柑橘树炭疽病、柑橘树锈壁虱:发病初期,锈壁虱卵孵盛期和低龄若螨期用 500 克/升悬浮剂 1 000～2 000 倍液均匀喷雾,每季最多施用 4 次,安全间隔期 28 天。

(6) 防治辣椒炭疽病:发病初期,每 667 平方米用 500 克/升悬浮剂 25～35 毫升兑水 30～50 千克均匀喷雾。

(7) 防治辣椒疫病:发病初期,每 667 平方米用 500 克/升悬浮剂 25～40 毫升兑水 30～50 千克均匀喷雾,间隔 7～10 天施药 1 次,可连续施用 2～3 次。

(8) 防治马铃薯晚疫病:发病初期,每 667 平方米用 500 克/升悬浮剂 20～40 毫升或 50％水分散粒剂 27～33 克,或 50％悬浮剂 25～35 毫升,兑水 30～50 千克均匀喷雾,间隔 7～10 天施药 1 次,可连续施用 2～3 次,每季最多施用 3 次,安全间隔期 14 天;或每 667 平方米用 40％悬浮剂 35～40 毫升兑水灌穴,每季最多施用 3 次,安全间隔期 7 天。

(9) 防治马铃薯早疫病:发病初期,每 667 平方米用 500 克/升悬浮剂 25～35 毫升兑水 30～50 千克均匀喷雾。

(10) 防治苹果树褐斑病:发病初期,用 500 克/升悬浮剂 2 000～3 000 倍液均匀喷雾,施药间隔为 10～15 天,每季最多施用 2 次,安全间隔期 21 天。

【注意事项】

(1) 有过敏病史者,应禁止施药及进入施药地。

（2）对鱼及水产动物有毒,应避免药液飞散、流入鱼塘、河流及湖泊,不得在以上水域清洗喷药工具。

（3）对瓜类作物有药害,瓜田禁止使用,施药时注意不要让药液飞散到瓜田。

（4）不可与碱性农药等物质混合使用。

（5）本品在下列食品上的最大残留限量(毫克/千克)：大白菜0.2,辣椒3,马铃薯0.5,苹果2。

52. 氟硅唑

分子式：$C_{16}H_{15}F_2N_3Si$

【类别】 三唑类。

【化学名称】 双(4-氟苯基)-(1H-1,2,4-三唑-1-基甲基)甲硅烷。

【理化性质】 纯品为无色结晶,原药为浅黄色至淡棕色结晶固体。熔点53℃。蒸气压为0.039毫帕(25℃)。水中溶解度45毫克/升(pH7.8,20℃),在许多有机溶剂中的溶解度＞2 000毫克/升。对光、热稳定。

【毒性】 低毒。大鼠急性经口LD$_{50}$为1100毫克/千克(雄)、674毫克/千克(雌)。兔急性经皮LD$_{50}$＞2 000毫克/千克。大鼠急性吸入LC$_{50}$＞5 000毫克/米^3。对兔皮肤和眼睛有刺激作用,对豚鼠皮肤无致敏性。无致突变性。对蜜蜂无毒。野鸭急性经口 $LD_{50} > 1590$ 毫克/千克。鱼毒 LC_{50}(96 小时,毫克/升):虹鳟鱼 1.2,蓝鳃太阳鱼 1.7。水蚤 LC_{50}(48 小时)3.4 毫克/升。蜜蜂 LD_{50} 为 150 微克/只。

【制剂】 40%、400 克/升乳油,5%、8%、20%、25%、30% 微乳剂,20% 可湿性粉剂,10%、15%、20%、25% 水乳剂,10% 水分散粒剂,2.5%、8% 热雾剂。

【作用机制与防治对象】 本品为三唑类杀菌剂,主要破坏和阻止病菌的细胞膜重要组成成分麦角甾醇的生物合成,导致细胞膜不能形成,使病菌死亡。对担子菌纲和半知菌类病菌所致病害有效。本品对梨树黑星病、苹果树轮纹病、葡萄黑痘病、柑橘炭疽病、柑橘树脂病、橡胶白粉病、黄瓜黑星病、黄瓜白粉病、番茄叶霉病、草坪褐斑病、菜豆、枸杞、人参白粉病具有较好的防治效果。

【使用方法】

(1)防治梨树黑星病:发病初期,每 667 平方米用 2.5% 热雾剂 300~350 毫升,喷施时选择 1~1.5 毫米烟雾机喷嘴均匀喷雾,每个生长周期可施用 2 次,每次间隔 7~10 天;或将 400 克/升乳油稀释至 8000~10000 倍液均匀喷雾,间隔 10~15 天进行第 2 次施药,在梨树上的安全间隔期为 21 天。

(2)防治苹果轮纹病:用 20% 可湿性粉剂 2000~3000 倍液,于谢花后 7~10 天均匀喷雾,安全间隔期为 30 天,每季最多施用 3 次。

(3)防治葡萄黑痘病:发病初期,用 400 克/升乳油 8000~10000 倍液均匀喷雾,每季最多施用 3 次,安全间隔期 28 天。

(4)防治柑橘炭疽病、树脂病:在柑橘各次新梢抽发期、花谢 2/3、幼果发病前或发病初期,防治炭疽病用 20% 可湿性粉剂 2000~4000 倍液、防治树脂病(砂皮病)用 2000~3000 倍液,隔 7~14 天喷一次,连施 3 次。安全间隔期 28 天,每季最多施用 3 次。

（5）防治橡胶白粉病：发病初期施药，每 667 平方米用 8％热雾剂 108～200 克，施药时不必加水稀释，直接将药液装入热雾机的药桶中，借助热雾机的高温、高速气流作用，迅速雾化，弥漫分散在林中，接触靶标，发挥效力。安全间隔期 21 天，每季最多施用 2 次。

（6）防治黄瓜黑星病：发病前或发病初期，每 667 平方米用 8％微乳剂 62.5～75 毫升，或每 667 平方米用 400 克/升乳油 10～13 毫升，兑水 40～60 千克均匀喷雾，隔 7～10 天再施药一次，每季最多施用 2 次，安全间隔期 3 天。

（7）防治黄瓜白粉病：发病前或发病初期，每 667 平方米用 20％微乳剂 23～30 毫升兑水 40～60 千克均匀喷雾，隔 7～10 天施药 1 次，每季最多施用 2 次，安全间隔期 3 天。

（8）防治番茄叶霉病：发病前或发病初期，每 667 平方米用 10％水乳剂 30～50 毫升兑水 30～50 千克均匀喷雾，每季可连续施药 2 次，每次间隔 7～10 天，安全间隔期 3 天。

（9）防治菜豆白粉病：发病初期开始，每 667 平方米用 400 克/升乳油 7.5～10 毫升兑水 30～50 千克均匀喷雾，间隔 7～10 天施药 1 次，每季最多施用 3 次，安全间隔期为 5 天。

（10）防治枸杞白粉病：发病初期，用 400 克/升乳油 8 000～10 000 倍液均匀喷雾，每个生长周期可施用 1 次，安全间隔期 7 天。

（11）防治人参白粉病：发病初期，每 667 平方米用 400 克/升乳油 6～10 毫升兑水 30～50 千克均匀喷雾，安全间隔期为 14 天，每季最多施用 1 次。

（12）防治草坪褐斑病：在发病前和发病初期，每 667 平方米用 8％微乳剂 83～100 毫升兑水 30～50 千克对整株叶面均匀喷雾，间隔 7～10 天用药 1 次，可连续施药 2～3 次。

【注意事项】

（1）本品对鱼类和水生生物有毒，切记不可污染水井、池塘和水源。

（2）酥梨类品种在幼果期对本品敏感,应注意勿让药液飘移到上述作物。

（3）本品在下列食品上的最大残留限量（毫克/千克）：梨0.2,苹果0.2,葡萄0.5,柑橘2,黄瓜1,番茄0.2。

53. 氟环唑

分子式：$C_{17}H_{13}ClFN_3O$

【类别】 三唑类。

【化学名称】 （2RS,3SR）-1-[3-（2-氯苯基）-2,3-环氧-2-（4-氟苯基）丙基]-1H-1,2,4-三唑。

【理化性质】 纯品为无色结晶状固体。熔点136.2℃。相对密度1.384（25℃）。蒸气压（25℃）＜1.0×10⁻⁵帕。溶解度（20℃,毫克/升）：水6.63,丙酮14.4,二氯甲烷29.1。在pH7和pH9的条件下12天不水解。

【毒性】 低毒。大鼠急性经口LD₅₀＞5 000毫克/千克,大鼠急性经皮LD₅₀＞2 000毫克/千克。对兔皮肤和眼睛有刺激作用,对豚鼠无皮肤过敏。大鼠急性吸入LC₅₀（4小时）＞5.3毫克/升空气。鹌鹑急性经口LD₅₀＞2 000毫克/千克。鱼毒LC₅₀（96小时,毫克/升）：虹鳟鱼2.2～2.4,大翻车鱼4.6～6.8。水蚤LC₅₀（48小时）：8.7毫克/升。

【制剂】 50%、70%水分散粒剂,12.5%、20%、25%、30%、40%、50%、125 克/升悬浮剂,75 克/升乳油。

【作用机制与防治对象】 主要通过对 C-14 脱甲基化酶的抑制作用,抑制病菌麦角甾醇的合成,破坏细胞膜的结构与功能,导致菌体生长停滞甚至死亡。其不仅具有很好的保护、治疗和铲除活性,而且具有内吸和较佳的残留活性,药效持效期长等特点。既能有效控制病害,又能通过调节酶的活性提高作物自身生化抗病性,大大增强作物本身的抗病性,能够使叶色更绿,从而保证作物光合作用最大化,提高产量及改善品质。可有效防治小麦纹枯病、水稻稻曲病、水稻纹枯病、香蕉树叶斑病等病害。

【使用方法】

(1) 防治柑橘树炭疽病:发病前或发病初期,用 12.5%悬浮剂 2 000～3 000 倍液均匀喷雾,直至叶片两面都布满药滴,每季最多施用 3 次,安全间隔期 21 天。

(2) 防治苹果树褐斑病:发病初期,用 12.5%悬浮剂 500～658 倍液喷雾,间隔 10～14 天施药 1 次,可连续施药 3 次,每季最多施用 3 次,安全间隔期 48 天;或于发病初期用 30%悬浮剂 1 667～3 000 倍液,或 50%水分散粒剂 4 000～5 000 倍液喷雾,间隔 10～15 天再施药 1 次为宜。

(3) 防治葡萄白粉病:发病初期,用 30%悬浮剂 1 600～2 300 倍液喷雾,每季最多施用 2 次,安全间隔期 30 天。

(4) 防治水稻纹枯病:发病初期,每 667 平方米用 70%水分散粒剂 7～12 克兑水 30～50 千克均匀喷雾,视病害发生情况,间隔 7～10 天施药 1 次,每季最多施用 2 次,安全间隔期 28 天;或在水稻分蘖盛期至末期第一次施药,每 667 平方米用 50%悬浮剂 11.2～15 毫升兑水 30～50 千克均匀喷雾,间隔 7 天进行第二次施药,每季最多施用 3 次,安全间隔期 20 天;或在水稻纹枯病发生初期用药,每 667 平方米用 12.5%悬浮剂 40～50 毫升兑水 30～50 千克均匀喷雾,间隔 7～10 天进行第二次施药,每季最多施用 2

次,安全间隔期 21 天。

(5)防治水稻稻曲病:在水稻孕穗期至始穗期第一次施药,每 667 平方米用 50%悬浮剂 12～15 毫升兑水 30～50 千克均匀喷雾,间隔 7 天进行第二次施药,每季最多施用 3 次,安全间隔期 20 天。每 667 平方米用 30%悬浮剂 15～25 毫升,或 70%水分散粒剂 8～12 克,兑水 30～50 千克均匀喷雾,每季作物最多施用 2 次,安全间隔期 28 天。每 667 平方米用 25%悬浮剂 20～30 毫升,或 20%悬浮剂 25～30 毫升,兑水均匀喷雾,在水稻分蘖末期开始第一次施药,在孕穗期进行第二次施药,每季最多施用 2 次,安全间隔期 21 天。每 667 平方米用 12.5%悬浮剂 48～60 毫升兑水 30～50 千克均匀喷雾,在水稻孕穗期至始穗期第一次施药,间隔 7 天进行第二次施药,每季最多施用 2 次,安全间隔期 21 天。

(6)防治香蕉叶斑病:在发生初期开始施药,用 50%悬浮剂 2 000～4 000 倍液,或用 30%悬浮剂 1 800～2 150 倍液,或用 12.5%悬浮剂 750～1 000 倍液,或用 25%悬浮剂 1 500～3 000 倍液,或用 125 克/升悬浮剂 500～1 200 倍液均匀喷雾,间隔 7～10 天施药 1 次,可连续施药 3 次,每季最多施用 3 次,安全间隔期 35 天。或在发病初期和始盛期用 40%悬浮剂 2 000～3 000 倍液均匀喷雾,每季最多施用 2 次;或在发病初期用 75 克/升乳油 400～750 倍液均匀喷雾,间隔 7～10 天用药 1 次,每季最多施用 4 次,安全间隔期 35 天;或于发病初期用 70%水分散粒剂 4 000～5 000 倍液均匀喷雾,间隔 7～10 天再施药 1 次,每季最多施用 3 次,安全间隔期 42 天。

(7)防治香蕉黑星病:发病初期,用 75 克/升乳油 500～750 倍液均匀喷雾,间隔 7～10 天用药 1 次,每季最多施用 4 次,安全间隔期 35 天。

(8)防治小麦纹枯病:在小麦分蘖末期第一次施药,每 667 平方米用 50%悬浮剂 14～18 毫升兑水 30～50 千克均匀喷雾,间隔

10～15 天进行第二次施药,每季最多施用 2 次,安全间隔期 30 天。

(9) 防治小麦锈病:发病初期,每 667 平方米用 12.5% 悬浮剂 36～60 毫升兑水 30～50 千克均匀喷雾,每季最多施用 2 次,安全间隔期 21 天;或于发病初期用 20% 悬浮剂 30～40 毫升兑水 30～50 千克均匀喷雾,每季最多施用 2 次,安全间隔期 20 天;或在发病初期和始盛期,每次每 667 平方米用 30% 悬浮剂 20～30 毫升,或用 25% 悬浮剂 24～30 毫升,或用 70% 水分散粒剂 8～12 克,兑水 30～50 千克均匀喷雾,每季最多施用 2 次,安全间隔期 30 天;或每 667 平方米用 50% 悬浮剂 12～15 毫升兑水 30～50 千克均匀喷雾,每季最多施用 3 次,安全间隔期 35 天。

(10) 防治小麦赤霉病:在发病初期和始盛期,每 667 平方米用 25% 悬浮剂 40～50 毫升兑水 30～50 千克均匀喷雾,每季最多施用 2 次,安全间隔期 30 天。

(11) 防治小麦白粉病:发病初期,每 667 平方米用 12.5% 悬浮剂 48～60 毫升,或用 40% 悬浮剂 15～20 毫升,兑水 30～50 千克均匀喷雾,视病情可施药 1～2 次,间隔期 7～14 天,每季最多施用 2 次,安全间隔期 30 天。

【注意事项】

(1) 不可与呈碱性的农药等物质混合使用。

(2) 对藻类、水蚤等水生生物有毒,应远离水产养殖区用药,禁止在河塘等水体中清洗施药器具,避免药液污染水源地。

(3) 建议与其他不同作用机制的杀菌剂轮换使用,以延缓抗药性产生。

(4) 某些梨品种幼果期对本品敏感,施药时应避免药液飘移到上述作物上,以免产生药害。

(5) 本品在下列食品上的最大残留限量(毫克/千克):苹果 0.5,葡萄 0.5,糙米 0.5,香蕉 3,小麦 0.05。

54. 氟菌唑

分子式：$C_{15}H_{15}ClF_3N_3O$

【类别】 咪唑类。

【化学名称】 (E)-4N-(1-咪唑-1-基-α-丙氧亚乙基)-氯-2-三氟甲基苯胺。

【理化性质】 纯品为无色结晶。熔点 63.5 ℃。蒸气压 0.186帕(25 ℃)。溶解度(20 ℃,克/升)：水 12.5,氯仿 2 220,己烷17.6,二甲苯 639。在强碱性和酸性介质中不稳定。其水溶液会在日光下降解,DT_{50} 为 29 小时。

【毒性】 低毒。急性经口 LD_{50}：雄大鼠 715 毫克/千克、雌大鼠 695 毫克/千克,雄小鼠 560 毫克/千克、雌小鼠 510 毫克/千克。大鼠急性经皮 LD_{50}＞5 000 毫克/千克,大鼠急性吸入 LC_{50}(4 小时)＞3.2 毫克/升空气。大鼠 2 年饲喂试验的 NOEL 为 3.7 毫克/千克饲料。对兔眼睛有短暂的弱刺激性,对皮肤无刺激作用,无致癌、致畸性。Ames 试验为阴性。日本鹌鹑急性经口 LD_{50} 为2 467 毫克/千克(雄)、4 308 毫克/千克(雌)。鲤鱼 LC_{50}(48 小时)1.26 毫克/升。水蚤 LC_{50}(3 小时)为 9.7 毫克/升。蜜蜂 LD_{50} 为0.14 毫克/只。

【制剂】 30％、35％、40％可湿性粉剂。

【作用机制与防治对象】 本品为麦角甾醇脱甲基化抑制剂,抗菌谱广,具有保护、治疗、铲除作用,内吸传导性好,耐雨水冲刷,能有效杀死侵入植物体内的病原菌。可有效防治黄瓜白粉病、梨树黑星病、草莓白粉病、葡萄白粉病、西瓜白粉病和烟草白粉病。

【使用方法】

(1)防治黄瓜白粉病:发病初期,每 667 平方米用 30% 可湿性粉剂 13～20 克,或 40% 可湿性粉剂 10～20 克,兑水 40～60 千克均匀喷雾,间隔 7～10 天用药 1 次,连续喷 2 次,在黄瓜上的安全间隔期为 2 天,每季作物最多施用 2 次。

(2)防治梨树黑星病:发病前或发病初期,用 30% 可湿性粉剂 3 000～4 000 倍液,或 35% 可湿性粉剂 3 500～4 500 倍液,对全株叶片、果实均匀喷雾,安全间隔期为 14 天,每季最多施用 2 次。

(3)防治草莓白粉病:发病初期,每 667 平方米用 30% 可湿性粉剂 15～30 克兑水 30～50 千克均匀喷雾,可间隔 7～10 天再施 1 次,安全间隔期为 3 天,每季最多施用 2 次。

(4)防治葡萄白粉病:每 667 平方米用 30% 可湿性粉剂 15～18 克兑水 40～60 千克均匀喷雾,安全间隔期为 7 天,每季最多施用 3 次。

(5)防治西瓜白粉病:每 667 平方米用 30% 可湿性粉剂 15～18 克兑水 40～60 千克均匀喷雾,安全间隔期为 7 天,每季最多施用 3 次。

(6)防治烟草白粉病:每 667 平方米用 30% 可湿性粉剂 8～12 克兑水 30～50 千克均匀喷雾,安全间隔期为 14 天,每季最多施用 3 次。

【注意事项】

(1)建议与其他不同作用机制的杀菌剂轮换使用,以延缓抗药性产生。

(2)本品对鸟、家蚕、水蚤、藻类等水生生物有毒,蚕室和桑园附近禁用。天敌放飞区域禁用。远离水产养殖区、河塘等水体施药,禁止在河塘等水体中清洗施药器具。

（3）本品不能与碱性农药等物质混用。

（4）本品在下列食品上的最大残留限量（毫克/千克）：黄瓜0.2,梨0.5,草莓2,葡萄3,西瓜0.2。

55. 氟吗啉

分子式：$C_{21}H_{22}FNO_4$

【类别】 酰胺类。

【化学名称】 $(E,Z)4-[3-(3,4-$二甲氧基苯基$)-3-(4-$氟苯基)丙烯酰基]吗啉。

【理化性质】 纯品为白色晶体,熔点105～110℃。原药为棕色固体。易溶于丙酮、甲苯、甲醇、乙腈、乙酸乙酯等。氟吗啉由2个异构体组成,比例$Z:E$为55:45,2种成分均有抑菌活性。

【毒性】 低毒。大鼠急性经口LD_{50}：雄鼠>2 700毫克/千克,雌鼠>3 160毫克/千克。大鼠急性经皮LD_{50}>2 150毫克/千克;对兔眼睛、皮肤无刺激性,无致癌、致突变、致畸作用。对环境安全,对鱼、蜜蜂和鸟均安全。

【制剂】 20%、25%可湿性粉剂,30%悬浮剂,60%水分散粒剂。

【作用机制与防治对象】 本品具有高效、低毒、低残留、持效期较长、保护及治疗作用兼备、对作物安全等特点。其作用机制是抑制病菌细胞壁的生物合成,不仅对孢子囊萌发的抑制作用显著,而且治疗活性突出,具有内吸活性。主要防治由卵菌引起的病害如霜霉病、晚疫病等。对黄瓜霜霉病、番茄晚疫病、马铃薯晚疫病具有较好的防治效果。

【使用方法】

(1) 防治黄瓜霜霉病:发病初期,每 667 平方米用 25％可湿性粉剂 30～40 克,或 60％水分散粒剂 20～30 克,兑水 40～60 千克均匀喷雾,间隔 7～10 天用药 1 次,每季最多施药 3 次,安全间隔期为 3 天。

(2) 防治番茄晚疫病:始见零星病斑或发病初期施药,每 667 平方米用 30％悬浮剂 30～40 毫升兑水 30～50 千克均匀喷雾,间隔 7～10 天再用药 1 次,连续 2～3 次,每季最多施药 3 次,安全间隔期为 5 天。

(3) 防治马铃薯晚疫病:始见零星病斑或发病初期施药,每 667 平方米用 30％悬浮剂 30～45 毫升兑水 30～50 千克均匀喷雾,间隔 7～10 天再用药 1 次,连续 2～3 次,每季最多施药 3 次,安全间隔期为 14 天。

【注意事项】

(1) 本品对水生生物有毒,应注意避免污染水源。施药期间应避免对周围蜂群的影响,禁止在开花作物花期、桑园及蚕室附近使用。远离水产养殖区、河塘等水体施药,禁止在河塘等水体中清洗施药器具。

(2) 本品不可与碱性农药等物质混用。

(3) 建议与其他不同作用机制的杀菌剂轮换使用,以延缓抗药性产生。

(4) 本品在下列食品上的最大残留限量(毫克/千克):黄瓜 2,番茄 10,马铃薯 0.5。

56. 氟醚菌酰胺

分子式：$C_{15}H_8ClF_7N_2O_2$

【类别】 苯甲酰胺类。

【化学名称】 N-(3-氯-5-(三氟甲基)吡啶-2-甲基)-2,3,5,6-四氟-4-甲氧基苯甲酰胺。

【理化性质】 类白色粉末，无刺激性气味，熔点 115～118℃，蒸气压 $2.3×10^{-6}$ 帕（25℃），水中溶解度 $4.53×10^{-3}$ 克/升（20℃，pH 约为 6.5）。

【毒性】 低毒。Ames 试验、体内哺乳动物骨髓嗜多染红细胞微核试验、精母细胞染色体畸变试验、体外哺乳动物细胞基因突变试验结果均为阴性；无繁殖毒性，无致畸作用，无致癌性。除了对藻、蚤、两栖类动物的毒性级别为中等毒外，对其他生物如蜜蜂、鸟、鱼、蚕、蚯蚓等的毒性级别均为低毒，对生产者、田间劳动者的接触毒性低。

【制剂】 50%水分散粒剂。

【作用机制与防治对象】 本品是新型含氟苯甲酰胺类杀菌剂，作用于真菌线粒体呼吸链，抑制琥珀酸脱氢酶（复合物Ⅱ）的活性，从而阻断电子传递，抑制真菌孢子萌发、芽管伸长、菌丝生长和产孢,对病原菌的细胞膜通透性和三羧酸循环都有一定的作用。对黄瓜霜霉病有较好的防效。

【使用方法】

防治黄瓜霜霉病:发病前或发病初期,每 667 平方米用 50% 水分散粒剂 8～9 克兑水 40～60 千克全株均匀喷雾,间隔 7 天左右用药 1 次,连续用 2～3 次,安全间隔期为 3 天,每季最多施用 3 次。

【注意事项】

(1) 对蜜蜂、家蚕低毒,施药期间应避免对周围蜂群的影响,开花植物花期、蚕室和桑园附近禁用。赤眼蜂等天敌放飞区禁用。防止药液污染水源地,禁止在河塘等水域内清洗施药器具。

(2) 建议与其他不同作用机制的杀菌剂轮换使用,以延缓抗药性产生。

(3) 不可与呈碱性的农药等物质混合使用。

57. 氟噻唑吡乙酮

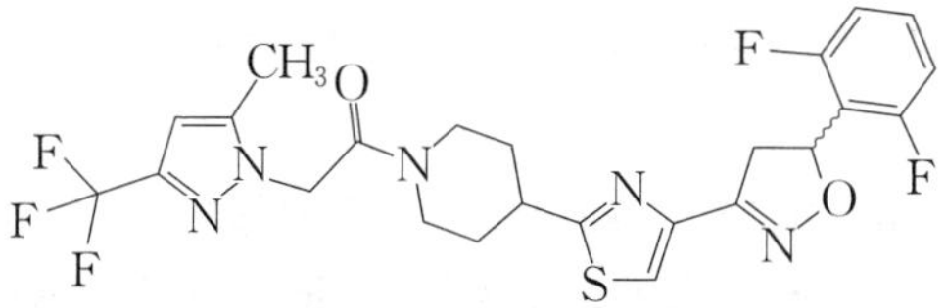

分子式:$C_{24}H_{22}F_5N_5O_2S$

【类别】 异噁唑啉类。

【化学名称】 1-(4-{4-[(5RS)-5-(2,6-二氟苯基)-4,5-二氢-1,2-噁唑-3-基]-1,3-噻唑-2-基}-1-哌啶基)-2-[5-甲基-3-(三氟甲基)-1H-吡唑-1-基]乙酮。

【理化性质】 纯品为灰白色结晶固体。该剂有 A 型和 B 型 2 种结晶多形,其中 A 型熔点为 127～130 ℃ 或 125～128 ℃;B 型熔点为 146~148 ℃或 143~145 ℃。水中溶解度(20 ℃)0.174 9 毫克/升,有机溶剂中溶解度(20 ℃,克/升):正己烷 10,邻二甲苯 5.8,二氯甲烷 352.9,丙酮 162.8。在 25 ℃时,其蒸气压为 1.141×10^{-3} 毫帕,亨利常数为 3.521×10^{-3} 帕・米^3/摩尔。

【毒性】 低毒。大鼠急性经口、经皮 LD_{50} 均 $>5\,000$ 毫克/千克,急性吸入 LC_{50} 为 5.0 毫克/升,ADI 为 1.04 毫克/千克,可接受操作暴露水平(AOEL)为 0.31 毫克/千克。山齿鹑急性 $LD_{50}>2\,250$ 毫克/千克,短期饲喂 $LC_{50}>1\,280$ 毫克/千克。对皮肤、眼睛、呼吸系统无刺激性,也无致癌、致突变性,无神经毒性。对鱼类、大型蚤、膨胀浮萍具有中等毒性。鱼类:虹鳟急性 $LC_{50}>0.69$ 毫克/升,慢性 NOEC(21 天)>0.46 毫克/升。大型蚤急性 EC_{50}(48 小时)>0.67 毫克/升,慢性 NOEC(21 天)不低于 0.75 毫克/升。藻类 EC_{50}(72 小时)>0.351 毫克/升(生长)。蜜蜂:接触 LD_{50}(48 小时)>100 微克/只,经口 LD_{50}(48 小时)>40.26 微克/只。蚯蚓:赤子爱胜蚓急性 $LC_{50}>1\,000$ 毫克/千克,慢性 NOEC(14 天)不低于 1 000 毫克/千克。

【制剂】 10％可分散油悬浮剂。

【作用机制与防治对象】 本品通过对氧化固醇结合蛋白(OSBP)的抑制达到杀菌效果。其对病原菌具有保护、治疗和抑制产孢作用,对卵菌纲病害具有优异的杀菌活性。可以快速被蜡质层吸收,具有优秀的耐雨水冲刷特点。同时具有内吸向顶传导作用、保护新生组织的特点。对番茄晚疫病、黄瓜霜霉病、辣椒疫病、马铃薯晚疫病等有效。

【使用方法】

(1) 防治番茄晚疫病:在发病前保护性用药,每 667 平方米用 10％可分散油悬浮剂 13~20 毫升兑水 30~50 千克均匀喷雾,每隔 10 天左右施用 1 次,每季最多施用 3 次,安全间隔期 3 天。

(2) 防治黄瓜霜霉病:在发病前保护性用药,每 667 平方米用 10％可分散油悬浮剂 13~20 毫升兑水 40~60 千克均匀喷雾,每隔 10 天左右施用 1 次,露地黄瓜每季可施药 2 次,保护地黄瓜可于秋季和春季两个发病时期分别施用 2 次,每季最多施用 2 次,安全间隔期 3 天。

(3) 防治辣椒疫病:在发病前保护性用药,每 667 平方米用 10％可分散油悬浮剂 13～20 毫升兑水 30～50 千克均匀喷雾,每隔 10 天左右施用 1 次,每季最多施用 3 次,安全间隔期 3 天。

(4) 防治马铃薯晚疫病:在发病前保护性用药,每 667 平方米用 10％可分散油悬浮剂 13～20 毫升兑水 30～50 千克均匀喷雾,每隔 10 天左右施用 1 次,每季最多施用 3 次,安全间隔期 5 天。

(5) 防治葡萄霜霉病:在发病前保护性用药,用 10％可分散油悬浮剂 2 000～3 000 倍液均匀喷雾,每隔 10 天左右施用 1 次,每季最多施用 2 次,安全间隔期 14 天。

【注意事项】
(1) 不可与强酸、强碱性物质混用。
(2) 禁止在湖泊、河塘等水体内清洗施药用具,避免药液流入湖泊、池塘等水体,防止污染水源。
(3) 为预防抗药性产生,建议与其他不同作用机制杀菌剂轮换使用。

58. 氟酰胺

分子式:$C_{17}H_{16}F_3NO_2$

【类别】 羧酸替苯胺类。

【化学名称】 N-(3-异丙氧基苯基)-2-(三氟甲基)苯甲酰胺。

【理化性质】 外观为无色无味晶体。熔点102～103℃,蒸气压1.77毫帕(20℃),密度1.32克/厘米^3(20℃)。水中溶解度(20℃)9.6毫克/升,有机溶剂中溶解度(20℃,克/升):己烷3,甲苯65,甲醇606,氯仿238,丙酮656。酸、碱(pH 3～11)中稳定,对光、热稳定。

【毒性】 低毒。原药大鼠急性经口LD_{50}为1190毫克/千克,急性经皮$LD_{50}>10\,000$毫克/千克,急性吸入$LC_{50}>5.98$毫克/升;对兔皮肤无刺激作用,对眼睛黏膜有轻度刺激。在试验剂量内未见致癌、致畸、致突变作用。三代繁殖试验中未现异常。两年饲喂试验NOEL大鼠为10.0毫克/千克·天(雌)和8.7毫克/千克·天(雄),狗为50毫克/千克·天。

【制剂】 20%可湿性粉剂。

【作用机制与防治对象】 本品具有保护和治疗作用,作用位点为线粒体呼吸电子传递链中的琥珀酸脱氢酶,抑制天门冬氨酸盐和谷氨酸盐的合成,阻碍病菌的生长和穿透。对水稻纹枯病、草坪褐斑病、花生白绢病等有效。

【使用方法】

(1)防治水稻纹枯病:发病前或发病初期,每667平方米用20%可湿性粉剂100～125克兑水30～50千克均匀喷雾,每季最多施用2次,安全间隔期21天。

(2)防治草坪褐斑病:发病初期,每667平方米用20%可湿性粉剂90～112克兑水30～50千克均匀喷雾。

(3)防治花生白绢病:发病初期,每667平方米用20%可湿性粉剂75～125克兑水30～50千克均匀喷雾,间隔7～10天施药1次,可连续施用2～3次,每季最多施用3次,安全间隔期7天。

【注意事项】

(1)不可与波尔多液、石灰硫黄合剂及其他碱性农药等物质混合使用。

（2）对蚕有毒,蚕室、桑园附近禁用。施药时远离水产养殖区、河塘等水域,禁止在河塘等水体中清洗施药器具;虾、蟹套养稻田禁用。

（3）本品在下列食品上的最大残留限量(毫克/千克):大米1,糙米2,花生仁0.5。

59. 氟唑环菌胺

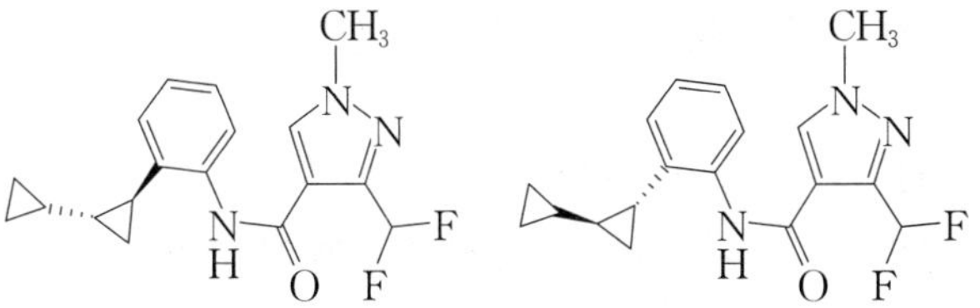

2 种反式异构体(主要组分)

分子式:$C_{18}H_{19}F_2N_3O$

【类别】 吡唑酰胺类。

【化学名称】 80%～100% 2 种反式异构体 $2'$-[(1RS,2SR)-1,1'-二环丙-2-基]-3-(二氟甲基)-1-甲基-1H-吡唑-4-甲酰苯胺和0～20% 2 种顺式异构体 $2'$-[(1RS,2RS)-1,1'-二环丙-2-基]-3-(二氟甲基)-1-甲基-1H-吡唑-4-甲酰苯胺的混合物。

【理化性质】 纯度大于 960 克/千克[2 种反式异构体(异构体混合物比 50:50)820～890 克/千克和 2 种顺式异构体(异构体混合物比 50:50)100～150 克/千克];熔点 121.4 ℃(99.6%),沸点大于 270 ℃(99.6%);纯品外观为白色粉末(99.6%),原药为灰咖啡色粉末(97.5%);蒸气压 $6.5×10^{-8}$ 帕(20 ℃)、$1.7×10^{-7}$ 帕

$(25\,℃)$;亨利常数 $4.0×10^{-6}$ 帕·米^3/摩尔$(25\,℃)$;水中溶解度 14 毫克/升$(25\,℃)$,有机溶剂中溶解度$(25\,℃,$克/升$)$:丙酮 410,二氯甲烷 500,乙酸乙酯 200,己烷 410,甲醇 110,辛醇 20,甲苯 70;表面张力$(90\%$饱和水溶液,$20\,℃)0.048\,6$ 牛顿/米;正辛醇-水分配系数 $K_{ow}\log P$ 为 $3.3(25\,℃)(99.6\%)$。

【毒性】 低毒。雌大鼠急性经口 LD_{50} 为 5 000 毫克/千克,雌、雄大鼠急性经皮 $LD_{50}>5\,000$ 毫克/千克,雌、雄大鼠急性吸入 $LD_{50}(4$ 小时$)>5.244$ 毫克/升;对兔眼睛无刺激性,对兔皮肤有轻度刺激性,对豚鼠皮肤无致敏性。无遗传毒性,无生殖毒性,无发育毒性,无神经毒性,无免疫毒性。大鼠 ADI 为 $0\sim0.1$ 毫克/千克,大鼠急性参考剂量(ARfD)为 0.3 毫克/千克。狗每日 NOA-EL 为 50 毫克/千克(体重)(90 天)。

【制剂】 44%悬浮种衣剂。

【作用机制与防治对象】 本品属吡唑酰胺类化合物,此类化合物可以通过与琥珀酸脱氢酶结合从而抑制真菌的代谢,属于新 SDHI(琥珀酸脱氢酶抑制剂)类杀菌剂。可以从种子渗透到周围的土壤,从而对种子、根系和茎基部形成一个保护圈。从有机土壤到砂质土壤,在不同土壤类型中的移动性都较好,可以均匀分布于作物整个根系。具有内吸性,同时可在根系周围形成保护圈,对玉米丝黑穗病害有较好的防治效果。对防治玉米黑腐病、玉米丝黑穗病有效。

【使用方法】

防治玉米黑腐病、玉米丝黑穗病:每 100 千克种子用 44%悬浮种衣剂 $30\sim90$ 毫升加入适量水(药浆种子比为 1:$50\sim100$)搅拌,将种子倒入,充分搅拌均匀,晾干后即可播种。

【注意事项】

(1) 配制好的药液应在 24 小时内使用,以免产生沉淀而影响使用。

(2) 配药和种子处理应在通风处进行,操作人员应戴防渗手套、口罩,穿长袖衣、长裤、靴子等。种子处理结束后,彻底清洗防护用具、洗澡,并更换和清洗工作服。

(3) 处理过的种子必须放置在有明显标签的容器内,勿与食物、饲料放在一起,不得饲喂禽畜,更不得用来加工饲料或食品。

(4) 播种后必须覆土,严禁畜禽进入。

(5) 本品在登记作物新品种上大面积应用时,必须先进行小范围的安全性试验。

(6) 未用完的制剂应放在原包装内密封保存,切勿将本品置于饮食容器内。

(7) 为延缓抗药性的产生,建议与不同作用机制的药剂轮换使用。

60. 氟唑菌苯胺

分子式:$C_{18}H_{24}FN_3O$

【类别】 吡唑酰胺类。

【化学名称】 N-[2-(1,3-二甲基丁基)苯基]-5-氟-1,3-二甲基-1H-吡唑-4-甲酰胺。

【理化性质】 原药为灰白色粉末状固体,具弱臭味,熔点111 ℃,沸点前分解,分解温度 320 ℃;蒸气压 4.1×10^{-7} 帕

(20 ℃)、1.2×10^{-6} 帕(25 ℃)、1.7×10^{-4} 帕(50 ℃);正辛醇-水分配系数 $K_{ow} \log P$ 为 3.3(25 ℃,pH 7);亨利常数 1.05×10^{-5} 帕·米^3/摩(20 ℃,pH 6.5)。水中溶解度(20 ℃)为 12.4 毫克/升(蒸馏水,pH 6.5),有机溶剂中溶解度(20 ℃,克/升):正己烷 1.6、甲苯 62、丙酮 139、甲醇 126、乙酸乙酯 96、二甲亚砜 162、二氯甲烷>250。在水中稳定,水中光解 DT_{50} 为 21 天(水-沉积物)、246 天(水相)。

【毒性】 低毒。大鼠急性经口 LD_{50}>5 000 毫克/千克,急性经皮 LD_{50}>2 000 毫克/千克,急性吸入 LC_{50}(4 小时)>2.02 毫克/升;ADI 为 0.04 毫克/千克体重;ARfD 为 0.5 毫克/千克体重;NOEL(28 天):雄狗 NOAEL 每日 759 毫克/千克体重,雌狗每日 895 毫克/千克体重。日本鹌鹑急性经口 LD_{50}>4 000 毫克/千克,饲喂(短期)LD_{50}>1 697 毫克/千克,LC_{50}>5 000 毫克/千克(每日 1 301 毫克/千克);野鸭 LC_{50}(5 天)>5 000 毫克/千克(每日 997.9 毫克/千克)。鲤鱼急性 LC_{50}(96 小时)为 0.103 毫克/升,鲦鱼(35 天)NOEC(21 天,慢性)为 0.023 毫克/升。水蚤急性 EC_{50}(48 小时)>4.66 毫克/升,NOEC(21 天,慢性)为 1.53 毫克/升。绿藻 E_bC_{50}(72 小时)>5.1 毫克/升。蜜蜂 LD_{50}(经口、接触)>100 微克/只。蚯蚓急性 LC_{50}(14 天)>1 000 毫克/千克,NOEC(繁殖)(14 天,慢性)为 33 毫克/千克。

【制剂】 22.4%种子处理悬浮剂。

【作用机制与防治对象】 本品是琥珀酸脱氢酶抑制剂,能有效防治马铃薯黑痣病。具有一定内吸传导性,既能保护马铃薯的块茎和匍匐茎又能保护主茎,具有较好的防效和较长的持效期。

【使用方法】

防治马铃薯黑痣病:按 100 千克种薯加 22.4%种子处理悬浮剂 8~12 毫升再加 1 升水的比例,将药剂稀释调匀成浆状,将药液与种薯充分搅拌,使药液均匀分布,摊开于通风阴凉处,自然阴干后播种。

【注意事项】

(1) 对皮肤有致敏性,操作时应采取相应的防护措施,戴防护镜、手套,穿防护服;拌种和播种时应穿防护服,戴口罩、手套等。

(2) 对部分水生生物高毒,严禁在水产养殖区、河塘、沟渠、湖泊等水体中清洗施药器具。

(3) 处理后的种薯应安全贮藏,严禁人畜食用,如需晾晒必须有专人看管,特别要注意远离儿童,以防止误食中毒。

61. 氟唑菌酰胺

分子式:$C_{18}H_{12}F_5N_3O$

【类别】 羧酰胺类。

【化学名称】 3-(二氟甲基)-1-甲基-N-($3'$,$4'$,$5'$-三氟联苯-2-基)-1H-吡唑-4-甲酰胺。

【理化性质】 原药为白色到米色固体,无味,熔点156.8 ℃,密度(20 ℃)1.47 克/毫升,约在230 ℃分解,蒸气压(推算)2.7×10^{-9} 帕(20 ℃),8.1×10^{-9} 帕(25 ℃);亨利常数3.028×10^{-7} 帕·米³/摩。水中溶解度(20 ℃,毫克/升):3.88(pH 5.84),3.78(pH 4.01),3.44(pH 7.00),3.84(pH 9.00);有机溶剂中溶解度(20 ℃,克/升):丙酮>250,乙腈167.6±0.2,二氯甲烷146.1±0.3,乙酸乙酯123.3±0.2,甲醇53.4±0.0,甲苯20.0±0.0,正辛醇4.69±0.1,正庚烷0.106±0.001。正辛醇-水分配系数 $K_{ow} \log P$

(20 ℃)：去离子水 3.08、3.09(pH4)，3.13(pH 7)，3.09(pH 9)，平均 3.10±0.02。在黑暗和无菌条件下，在 pH 为 4、5、7、9 水溶液中稳定。光照稳定。

【毒性】 低毒。原药对大鼠(雌性)急性经口毒性 $LD_{50} \geq$ 2 000 毫克/千克，大鼠(雌、雄)急性经皮毒性 $LD_{50} >$ 2 000 毫克/千克，大鼠(雌雄)急性吸入毒性 $LC_{50} > 5.1$ 毫克/升；对兔眼睛和皮肤有微弱的刺激作用；对豚鼠皮肤无致敏性。无致癌性，无致畸性，对生殖无副作用，无遗传毒性、神经毒性和免疫毒性。鸟急性 $LD_{50} > 2 000$ 毫克/千克，水蚤急性 EC_{50} 为 6.78 毫克/升(48 小时)，鱼急性(96 小时)LC_{50} 为 0.546 毫克/升，水生无脊椎动物急性(48 小时)EC_{50} 为 6.78 毫克/升，水藻急性(72 小时)EC_{50} 为 0.70 毫克/升，蜜蜂急性接触毒性(48 小时)$LD_{50} > 100$ 微克/只，蜜蜂急性经口(48 小时)$LD_{50} > 110.9$ 微克/只，蚯蚓急性 $LC_{50} > $ 1 000 毫克/千克(14 天)。

【制剂】 无单剂产品，有复配剂 42.4％唑醚·氟酰胺悬浮剂。

【作用机制与防治对象】 本品为琥珀酸脱氢酶抑制剂，具有内吸传导作用，兼具保护和治疗活性，可防治多种作物上的多种真菌性病害。对草莓白粉病、灰霉病、番茄灰霉病、黄瓜白粉病等病害有效。

【使用方法】

(1) 防治番茄灰霉病、叶霉病：发病前或初期开始，每 667 平方米用 42.4％唑醚·氟酰胺悬浮剂 20～30 毫升兑水 30～50 千克均匀喷雾，间隔 7～14 天连续施药，每季施药 3 次。安全间隔期 3 天。

(2) 防治黄瓜白粉病：发病初或始见病害时开始用药，每 667 平方米用 42.4％唑醚·氟酰胺悬浮剂 10～20 毫升兑水 40～60 千克均匀喷雾，间隔 7～10 天连续用药，每季施药 3 次。安全间隔期 3 天。

（3）防治黄瓜灰霉病：发病初或始见病害时开始用药，每 667 平方米用 42.4％唑醚·氟酰胺悬浮剂 20～30 毫升兑水 40～60 千克均匀喷雾，间隔 7～10 天连续用药，每季施药 3 次。安全间隔期 3 天。

（4）防治辣椒炭疽病：发病初期，每 667 平方米用 42.4％唑醚·氟酰胺悬浮剂 20～26 毫升兑水 30～50 千克均匀喷雾，间隔 7～10 天连续用药，每季施药 3 次。安全间隔期 3 天。

（5）防治马铃薯黑痣病：在马铃薯播种时，每 667 平方米用 42.4％唑醚·氟酰胺悬浮剂 30～40 毫升兑水均匀喷雾在薯块上和播种沟内，每季施药 1 次。

（6）防治马铃薯早疫病：发病前或始见病害时开始用药，每 667 平方米用 42.4％唑醚·氟酰胺悬浮剂 10～20 毫升兑水 30～50 千克均匀喷雾，间隔 7～10 天连续用药，每季施药 3 次。安全间隔期 14 天。

（7）防治西瓜白粉病：发病前或始见病害时开始用药，每 667 平方米用 42.4％唑醚·氟酰胺悬浮剂 10～20 毫升兑水 40～60 千克均匀喷雾，间隔 7～10 天连续用药，每季作物施药 3 次。安全间隔期 7 天。

（8）防治草莓白粉病：发病初期开始用药，每 667 平方米用 42.4％唑醚·氟酰胺悬浮剂 10～20 毫升兑水 30～50 千克均匀喷雾，间隔 7～10 天连续施药，每季施药 3 次。安全间隔期 7 天。

（9）防治草莓灰霉病：发病初期开始用药，每 667 平方米用 42.4％唑醚·氟酰胺悬浮剂 20～30 毫升兑水 30～50 千克均匀喷雾，间隔 7～10 天连续施药，每季施药 3 次。安全间隔期 7 天。

（10）防治葡萄白粉病、灰霉病：发病前或始见病害时开始用药，用 42.4％唑醚·氟酰胺悬浮剂 2 500～4 000 倍液均匀喷雾，间隔 10～14 天连续用药，每季施药 3 次。安全间隔期 7 天。

（11）防治香蕉黑星病：始见病害时开始用药，用 42.4％唑醚·氟酰胺悬浮剂 2 000～3 000 倍液均匀喷雾，间隔 10～15 天连续用药,每季施药 3 次。安全间隔期 21 天。

(12) 防治芒果炭疽病:发病前或始见病害时开始用药,用 42.4%唑醚・氟酰胺悬浮剂 2 500~3 500 倍液均匀喷雾,间隔 10 天连续用药,每季施药 3 次。安全间隔期 14 天。

【注意事项】

(1) 对鱼高毒,应注意防护,在洗涤药械或处置废弃物时不要污染水源、鱼塘、河塘等水体。水产养殖区及河塘等水体附近禁用。

(2) 桑园及蚕室附近禁用。

(3) 本品在黄瓜、香蕉上最大残留限量分别为 0.3 毫克/千克、0.5 毫克/千克。

62. 氟唑菌酰羟胺

分子式:$C_{16}H_{16}O_2N_3Cl_3F_2$

【类别】 吡唑酰胺类。

【化学名称】 3-(二氟甲基)-N-甲氧基-1-甲基-N-[(RS)-1-甲基-2-(2,4,6-三氯苯基)乙基]吡唑-4-甲酰胺。

【理化性质】 纯品为白色粉末,熔点 112.7 ℃,分解温度 283 ℃,蒸气压 1.84×10⁻⁷ 帕(20 ℃)、5.30×10⁻⁷ 帕(25 ℃),亨利常数 1.05×10⁻⁴ 帕・米³/摩。水中溶解度(25 ℃,pH 6.5)1.5 毫克/升,有机溶剂中溶解度(25 ℃,克/升):丙酮 220、二氯甲烷>

500、乙酸乙酯 130、己烷 0.270、甲醇 26、辛醇 7.2、甲苯 67。表面张力(95%饱和溶液)71.5 毫牛/米(21.5℃),正辛醇-水分配系数(25℃)$K_{ow} \log P$ 为 3.8。

【毒性】 低毒。大鼠急性经口 LD_{50}>5 000 毫克/千克,急性经皮 LD_{50}>5 000 毫克/千克,急性吸入 LC_{50}(4 小时)>5.11 毫克/升。对皮肤和眼睛无刺激性,对皮肤无致敏性。对水生生物低风险,虹鳟鱼 LC_{50}(96 小时)0.18 毫克/升,呆鲦鱼 LC_{50}(96 小时)0.35 毫克/升,鲤鱼 LC_{50}(96 小时)0.33 毫克/升,羊头鱼 LC_{50}(96 小时)0.66 毫克/升,蓝鳃太阳鱼 LC_{50}(96 小时)0.48 毫克/升;大型蚤 EC_{50}(48 小时)0.42 毫克/升,糠虾 EC_{50}(48 小时)0.16 毫克/升,美洲牡蛎 EC_{50}(48 小时)0.31 毫克/升;绿藻生长抑制半效应浓度(E_rC_{50},72 小时)>5.9 毫克/升,中肋骨条藻 E_rC_{50}(72 小时)2.7 毫克/升。

【制剂】 200 克/升悬浮剂。

【作用机制与防治对象】 作用机制属于琥珀酸脱氢酶抑制剂(SDHI)类第 7 族杀菌剂,可防治小麦赤霉病、油菜菌核病,持效期较长。

【使用方法】

(1)防治小麦赤霉病:在小麦扬花初期发病前或初见零星病斑时开始用药,每 667 平方米用 200 克/升悬浮剂 50~65 毫升兑水 30~50 千克均匀喷雾,可间隔 7 天左右再施药 1 次,重点喷施穗部。每季最多施用 2 次。安全间隔期为 14 天。

(2)防治油菜菌核病:在开花初期、茎干发病初期施药,重点喷施茎干部,每 667 平方米用 200 克/升悬浮剂 50~65 毫升兑水 30~50 千克均匀喷雾,每季最多施用 1 次。安全间隔期为 21 天。

【注意事项】

(1)本品为中-高等风险药剂,使用时必须遵从风险管理措施,严格按照标签推荐的施药时期、施药剂量和次数施药。

(2)对鱼类、大型溞等水生生物高毒,严禁在水产养殖区、河塘等水体附近使用,远离水源。勿将药液或空包装弃于水中,严禁在河塘等水域清洗施药器具。

(3) 桑园及蚕室附近禁用。

(4) 建议与其他作用机制不同的杀菌剂轮换使用,以延缓抗药性产生。

63. 福美双

$$\text{分子式：} C_6H_{12}N_2S_4$$

【类别】 有机硫类。

【化学名称】 双(N,N-二甲基甲硫酰)二硫化物。

【理化性质】 纯品为白色无味结晶体。熔点 $155 \sim 156\ ℃$。工业品为淡黄色粉末,有鱼腥气味。蒸气压 2.3 毫帕($25\ ℃$)。相对密度($20\ ℃$)1.29。溶解度(室温):水中溶解度(室温)约 30 毫克/升,有机溶剂中溶解度(室温,克/升):丙酮 80,氯仿 230,乙醇<10。长期暴露在空气、热及潮湿环境下易变质,遇酸易分解。DT_{50}($22\ ℃$)128 天(pH4)、9 小时(pH9)。

【毒性】 中等毒。大鼠急性经口 LD_{50} 为 560 毫克/千克,小鼠急性经口 LD_{50} 为 $1\,500 \sim 2\,000$ 毫克/千克。大鼠急性经皮 $LD_{50}>3\,200$ 毫克/千克。大鼠急性吸入 LC_{50}(4 小时)4.42 毫克/升。对兔皮肤有轻度刺激,对兔眼睛有中等刺激,野鸭 LC_{50}(8 天)5 000 毫克/升饲料。鱼类 LC_{50}(96 小时):大翻车鱼 0.0445 毫克/升,虹鳟鱼 0.128 毫克/升。水蚤 LC_{50}(48 小时)0.21 毫克/升。蜜

蜂 LD_{50}(经口)＞2 000 微克/只(80%制剂)。蚯蚓 LC_{50}(14 天)540
毫克/千克(土)。

【制剂】 50%、70%、80%可湿性粉剂,80%水分散粒剂。

【作用机制与防治对象】 本品是一种有机硫保护性杀菌剂,
其作用机制主要是抑制病原菌体内丙酮酸的氧化。药液在作物上
能形成一层药膜保护作物。黏着力较强,较耐雨水冲刷。适用于
作物种子处理和叶面喷洒,可防治禾谷类的多种病害;还可进行土
壤处理,防治一些作物的根腐病。对黄瓜白粉病、霜霉病、葡萄白
腐病、水稻稻瘟病、胡麻斑病、甜菜、烟草根腐病、小麦白粉病、赤霉
病、柑橘树炭疽病、苹果树炭疽病、香蕉叶斑病有较好的保护作用。

【使用方法】

(1) 防治黄瓜白粉病、霜霉病:发病初期,每 667 平方米用
70%可湿性粉剂 80~120 克或 80%水分散粒剂 75~100 克,兑水
40~60 千克均匀喷雾,隔5~7 天用药 1 次,安全间隔期 4 天,每季
最多施用 3 次。

(2) 防治葡萄白腐病:发病初期,用 50%可湿性粉剂 500~
1 000 倍液全株均匀喷雾,隔5~7 天用药 1 次,安全间隔期为 15
天,每季最多施用 3 次。

(3) 防治水稻稻瘟病、胡麻斑病:水稻拌种处理,每 100 千克
水稻种子可用 50%可湿性粉剂 400~500 克拌种,每季作物使用
1 次。

(4) 防治小麦白粉病、赤霉病:发病初期,用 50%可湿性粉剂
500 倍液均匀喷雾,或每 667 平方米用 50%可湿性粉剂 90~125
克兑水 30~50 千克均匀喷雾,每季使用 1 次,安全间隔期 21 天。

(5) 防治烟草根腐病:土壤处理,每 500 千克温床土用 50%
可湿性粉剂 1 000 克拌匀,播种时用该土下垫上覆,每季使用 1 次。

(6) 防治甜菜根腐病:土壤处理,每 500 千克温床土用 50%
可湿性粉剂 1 000 克拌匀,播种时用该土下垫上覆,每季使用 1 次。

(7) 防治柑橘树炭疽病:在柑橘新梢叶片发病前或发病初期

用药,用 80% 水分散粒剂 450～650 倍液均匀喷雾,每次用药间隔 10 天左右。施药要细致、周到,将叶片正反面均匀喷湿为止。每季可用药 3 次,安全间隔期为 21 天。

(8) 防治苹果树炭疽病:苹果谢花后,用 80% 水分散粒剂 1 000～1 200 倍液均匀喷雾,隔 7～10 天施药 1 次,用药 3～4 次,每季最多施用 4 次,安全间隔期为 21 天。

(9) 防治香蕉叶斑病:发病初期,用 80% 水分散粒剂 700～900 倍液均匀喷雾,每季可用药 3 次,安全间隔期为 14 天。

【注意事项】

(1) 不可与碱性农药等物质及铜汞制剂混用。

(2) 对眼黏膜和皮肤有刺激作用,操作人员应穿戴防护用品,穿防护服、戴好手套、口罩、护目镜等,操作后及时洗手、洗脸。

(3) 对蜜蜂、家蚕有毒,施药期间应避免对周围蜂群的影响,蜜源作物花期、蚕室和桑园附近禁用;远离水产养殖区施药,禁止在河塘等水体中清洗施药器具。

(4) 建议与其他不同作用机制的杀菌剂轮换使用,以延缓抗药性的产生。

(5) 拌过药的种子不可食用或作饲料。

(6) 本品在下列食品上的最大残留限量(毫克/千克):黄瓜 5,葡萄 5,稻谷 2,糙米 1,小麦 1,苹果 5,香蕉 1。

64. 福美锌

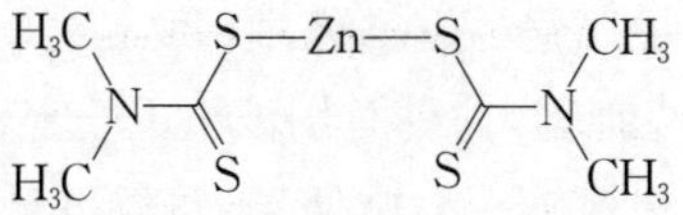

分子式:$C_6H_{12}N_2S_4Zn$

【类别】 二硫代氨基甲酸类。

【化学名称】 二甲基二硫代氨基甲酸锌。

【理化性质】 纯品为白色无臭粉末。密度 1.709 7 克/毫升，正辛醇-水分配系数 $K_{ow}\log P$（20 ℃）为 1.65。蒸气压（25 ℃）1.8×10^{-5} 帕。水中溶解度 65 毫克/升，有机溶剂中溶解度（25 ℃，克/升）：乙醇＜2、丙酮＜5、苯＜5、四氯化碳＜2，乙醚＜2；熔点 246～250 ℃（晶体）、146 ℃（粉末）。在空气中易吸潮分解，但速度缓慢，高温和酸性加速分解，长期贮存或与铁接触会分解而降低药效。

【毒性】 低毒。雌、雄大鼠急性经口 LD_{50} 为 320 毫克/千克，急性经皮 LD_{50}＞2 000 毫克/千克，急性吸入 LC_{50} 为 0.07 毫克/升；对兔眼睛有严重刺激性，对兔皮肤无刺激性；对豚鼠皮肤有中等致敏性；对鸟类具有中等毒性，绿头野鸭饲喂 LD_{50} 为 5 156 毫克/千克；对水生生物高毒，呆鲦鱼 LC_{50}（96 小时）为 0.008 毫克/升，水蚤 EC_{50}（48 小时）为 0.048 毫克/升，羊头鱼 LC_{50}（96 小时）为 0.84 毫克/升，糠虾 EC_{50}（96 小时）为 0.014 毫克/升；羊角月牙藻 EC_{50} 为 0.067 毫克/升。对皮肤、鼻黏膜及喉头有刺激作用。

【制剂】 75％水分散粒剂，72％可湿性粉剂。

【作用机制与防治对象】 主要作用机制是制剂中锌原子与病菌体内含—SH 基的酶发生作用，破坏正常的代谢作用。对番茄早疫病、苹果树炭疽病有效。

【使用方法】

（1）防治番茄早疫病：发病前或发病初期，每 667 平方米用 75％水分散粒剂 140～200 克兑水 30～50 千克均匀喷雾，每季可用药 2 次，两次用药间隔 7 天。安全间隔期 7 天。

（2）防治苹果树炭疽病：在花芽萌动期开始用药，用 72％可湿性粉剂 400～600 倍液均匀喷雾，间隔 7～10 天喷药 1 次，可连喷 4 次，每季最多施用 4 次。安全间隔期 15 天。

【注意事项】

(1) 不能与石灰、硫黄、铜制剂和砷酸铅混用。

(2) 施药人员需要穿戴防护服装、防护靴、口罩及手套等防护用品,施药完毕应立即更衣洗手;勿逆风施药,避免药液接触皮肤或吸入药雾。

(3) 对水生生物有毒,使用及操作本品时尽量避免接触鱼塘等水体,远离水产养殖区施药,禁止在河塘等水体中清洗施药器具。

(4) 对蜜蜂家蚕有毒,施药期间应避免对周围蜂群的影响,开花植物花期、蚕室和桑园附近禁用。

(5) 本品在番茄、苹果上最大残留限量均为 5 毫克/千克。

65. 腐霉利

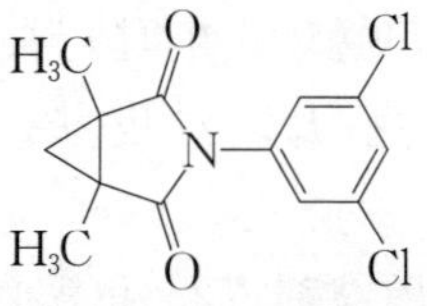

分子式:$C_{13}H_{11}Cl_2NO_2$

【类别】 二甲酰亚胺类。

【化学名称】 N -(3,5 -二氯苯基)- 1,2 -二甲基环丙烷- 1,2 -二甲酰基亚胺。

【理化性质】 纯品为无色片状结晶,工业原药为白色至浅棕色结晶。密度 1.45 克/厘米³(25 ℃),熔点 166~166.5 ℃。蒸气压 18 毫帕(25 ℃)、10.5 毫帕(20 ℃)。溶解度(25 ℃):水中溶解度(25 ℃)4.5 毫克/升,有机溶剂中溶解度(25 ℃,克/升)丙酮180,氯仿 210,二甲苯 43,二甲基甲酰胺 230,甲醇 16。酸性条件下稳定,遇碱分解;对光、热、潮湿稳定,正常条件下贮存 2 年稳定。

【毒性】 低毒。原药对大鼠急性经口 LD_{50} 为 6 800 毫克/千克(雄)、7 700 毫克/千克(雌),急性经皮 LD_{50} > 2 500 毫克/千克,急性吸入 LC_{50}(4 小时)> 1 500 毫克/升。小鼠急性经口 LD_{50} 为 7 800 毫克/千克(雄)、9 100 毫克/千克(雌)。大鼠慢性(2 年)经口 NOEL 为 1 000 毫克/千克(雄)、300 毫克/千克(雌)。对兔皮肤和眼睛无刺激作用。在试验条件下无致癌、致畸、致突变作用。蓝鳃太阳鱼 LC_{50}(96 小时)为 10 毫克/升,虹鳟鱼 LC_{50}(96 小时)7 022 毫克/升。日本鹌鹑 LD_{50} 为 5895～6637 毫克/千克,野鸭 LD_{50} 为 4 092～4 850 毫克/千克。蜜蜂 LD_{50}(48 小时)为 100 微克/只。

【制剂】 50%、80%可湿性粉剂,43%、35%、20%悬浮剂,10%、15%烟剂,80%水分散粒剂。

【作用机制与防治对象】 本品是一种保护性和治疗性的杀菌剂,作用机制是抑制菌体内甘油三酯的合成来阻止作物病斑的发展和蔓延,兼具一定的内吸活性。对防治油菜、黄瓜、葡萄、番茄等多种作物灰霉病、菌核病有效。

【使用方法】

(1)防治番茄灰霉病:发病前或发病初期,每 667 平方米用 50%可湿性粉剂 75～100 克或 43%悬浮剂 65～80 毫升,兑水 30～50 千克均匀喷雾,间隔 7～10 天用药 1 次,安全间隔期为 7 天,每季最多施用 2 次;或每 667 平方米用 80%水分散粒剂 32～50 克兑水 30～50 千克均匀喷雾,间隔 7 天用药 1 次,安全间隔期为 7 天,每季最多施用 3 次。

(2)防治黄瓜灰霉病:幼瓜残留花瓣初发病时,每 667 平方米用 50%可湿性粉剂 75～100 克或 43%悬浮剂 75～100 毫升,兑水 40～60 千克均匀喷雾,间隔 7～10 天用药 1 次,安全间隔期为 3 天,每季最多施用 2 次。

(3)防治油菜菌核病:于油菜初花期喷施第一次药,盛花期喷施第二次,每 667 平方米用 50%可湿性粉剂 30～60 克兑水 30～

50千克均匀喷雾,间隔7~10天用药1次,安全间隔期为25天,每季最多施药2次;或每667平方米用43%悬浮剂40~80毫升兑水30~50千克均匀喷雾,间隔7~10天用药1次,安全间隔期为30天,每季最多施药2次。

(4)防治韭菜灰霉病:发病前或发病初期,每667平方米用50%可湿性粉剂40~60克兑水30~50千克均匀喷雾,每7~10天喷药1次,安全间隔期为30天,每季最多施用1次;或每667平方米用15%烟剂200~333克,在韭菜灰霉病发生初期用一次,以下午放帘前施药最好,施药后密封大棚10~12小时。揭棚半小时通风换气后方可入内工作,安全间隔期30天,每季最多施用1次。

(5)防治葡萄灰霉病:发病前或发病初期,用50%可湿性粉剂稀释至1500~2000倍,或用20%悬浮剂400~500倍液,或用80%水分散粒剂2400~2800倍液,均匀喷雾,一般连续2次,施药间隔为7~10天,安全间隔期为14天,每季最多施用2次。

【注意事项】

(1)建议与其他作用机制的农药轮换使用,以延缓抗药性的产生。

(2)避免与强碱性物质混用,以免减少药效。

(3)对蜜蜂、鱼类等水生生物、家蚕有毒,施药期间应避免对周围蜂群的影响,禁止在植物开花期、蚕室和桑园附近使用。远离水产养殖区、河塘等水域施药,鱼、虾、蟹套养稻田禁用,施药后的药水禁止排入水体(水田)。

(4)赤眼蜂等天敌放飞区禁用。

(5)本品在下列食品上的最大残留限量(毫克/千克):番茄2,黄瓜2,油菜籽2,葡萄5。

66. 咯菌腈

分子式：$C_{12}H_6F_2N_2O_2$

【类别】 吡咯类。

【化学名称】 4-(2,2-二氟-1,3-苯并间二氧-4-基)吡咯-3-腈。

【理化性质】 原药为橄榄绿色粉末,熔点 199.8 ℃。相对密度 1.54(20℃)。蒸气压 3.9×10^{-4} 毫帕(20℃)。水中溶解度 1.8 毫克/升(25℃),有机溶剂中溶解度(25℃,克/升):丙酮 190,甲醇 44,甲苯 2.7,正辛醇 20。在 pH5～9 时较稳定,不发生水解。

【毒性】 低毒。大鼠急性经口 $LD_{50} > 2\,000$ 毫克/千克,急性经皮 $LD_{50} > 5\,000$ 毫克/千克,急性吸入 LC_{50}（4 小时）$> 2\,600$ 克/米^3。对家兔眼及皮肤无刺激,对豚鼠皮肤无致敏性。对大鼠、家兔无致畸、致突变作用。对鸟类、蚯蚓、蜜蜂无毒。有效成分在实验室中对藻类、水蚤及鱼类有毒。山齿鹑和野鸭急性经口 $LD_{50} > 2\,000$ 毫克/千克。鱼类 LC_{50}(96 小时):鲤鱼 1.5 毫克/升,虹鳟鱼 0.5 毫克/升。水蚤 LC_{50}（48 小时）1.1 毫克/升。蜜蜂经口 $LD_{50} > 329$ 微克/只,接触 $LD_{50} > 101$ 微克/只。蚯蚓 LC_{50}(14 天) 67 毫克/千克(土)。

【制剂】 0.5%、25 克/升悬浮种衣剂,20%、30%、40%悬浮剂,50%可湿性粉剂。

【作用机制与防治对象】 本品属非内吸性的杀菌剂。通过抑制葡萄糖磷酰化有关的转移,从而抑制病原真菌菌丝体的生长,最终致病菌死亡。其作用机制独特,与现有绝大多数杀菌剂无交互抗性。对棉花立枯病、番茄灰霉病、葡萄灰霉病、花生根腐病、马铃薯黑痣病等病害有效。

【使用方法】

(1)防治水稻恶苗病:播种前种子包衣,每100千克种子用0.5%悬浮种衣剂400~668毫升加适量清水,混合均匀调成浆状药液,将药浆与种子充分搅拌,直至药液均匀分布到种子表面,阴干后即可;或用25克/升悬浮种衣剂,按200~300克药浆用水稀释至200升,浸种100千克,24小时后催芽。每季最多使用1次。

(2)防治小麦纹枯病:播种前种子包衣,每100千克种子用25克/升悬浮种衣剂168~200毫升,加适量清水混合均匀调成浆状药液,将药浆与种子充分搅拌,直至药液均匀分布到种子表面,阴干后即可。每季最多使用1次。

(3)防治小麦根腐病:播种前种子包衣,每100千克种子用25克/升悬浮种衣剂150~200毫升,按药浆与种子1:50~100的比例将药剂稀释后(即100千克种子加水1~2升)与种子充分搅拌,直到药液均匀分布到种子表面,晾干后即可。每季最多使用1次。

(4)防治小麦腥黑穗病:播种前种子包衣,每100千克种子用25克/升悬浮种衣剂100~200毫升,按药浆与种子1:50~100的比例将药剂稀释后(即100千克种子加水1~2升)与种子充分搅拌,直到药液均匀分布到种子表面,晾干后即可。每季最多使用1次。

(5)防治玉米茎基腐病:播种前种子包衣,每100千克种子用25克/升悬浮种衣剂100~200毫升,按药浆与种子1:50~100的比例将药剂稀释后(即100千克种子加水1~2升)与种子充分搅拌,直到药液均匀分布到种子表面,晾干后即可。每季最多使用

1次。

(6) 防治棉花立枯病:播种前按照播种量包衣,每100千克种子用25克/升悬浮种衣剂600～800毫升,按药浆与种子1:50～100的比例将药剂稀释后(即100千克种子加水1～2升)与种子充分搅拌,直到药液均匀分布到种子表面,晾干24小时后播种。每季作物用药1次。

(7) 防治大豆根腐病:播种前种子包衣,每100千克种子用25克/升悬浮种衣剂600～800毫升,按药浆与种子1:50～100的比例将药剂稀释后(即100千克种子加水1～2升)与种子充分搅拌,直到药液均匀分布到种子表面,晾干后即可。每季最多使用1次。

(8) 防治花生根腐病:播种前种子包衣,每100千克种子使用25克/升悬浮种衣剂668～832毫升,按药浆与种子1:50～100的比例将药剂稀释后(即100千克种子加水1～2升)与种子充分搅拌,直到药液均匀分布到种子表面,晾干后即可。每季最多使用1次。

(9) 防治番茄灰霉病:发病前或发病初期,每667平方米用30%悬浮剂9～12毫升兑水30～50千克对茎叶均匀喷雾,可视发病情况隔7～14天喷1次,连续施药1～2次,安全间隔期为7天,每季最多施用3次。

(10) 防治马铃薯黑痣病:播种前种子包衣,每100千克种子用25克/升悬浮种衣剂100～200毫升,按药浆与种子1:50～100的比例将药剂稀释后(即100千克种子加水1～2升)与种子充分搅拌,直到药液均匀分布到种子表面,晾干后即可。每季最多使用1次。

(11) 防治西瓜枯萎病:播种前种子包衣,每100千克种子用25克/升悬浮种衣剂400～600毫升,按药浆与种子1:50～100的比例将药剂稀释后(即100千克种子加水1～2升)与种子充分搅拌,直到药液均匀分布到种子表面,晾干后即可。每季最多使用

1次。

（12）防治葡萄灰霉病：发病初期，用20%悬浮剂1 500～2 500倍液或40%悬浮剂3 000～4 000倍液均匀喷雾，每季最多施用3次，安全间隔期为7天。

（13）防治向日葵菌核病：播种前种子包衣，每100千克种子用25克/升悬浮种衣剂900～1 200毫升，按药浆与种子以1：50～100的比例将药剂稀释后（即100千克种子加水1～2升）与种子充分搅拌，直到药液均匀分布到种子表面，晾干后即可。每季最多使用1次。

（14）防治观赏百合灰霉病：发病前或发病初期，每667平方米用30%悬浮剂40～60毫升兑水30～50千克对茎叶均匀喷雾，可视发病情况隔7～14天喷1次，连续施药1～2次。

（15）防治观赏菊花灰霉病：发生初期，用40%悬浮剂3 200～3 840倍液叶面均匀喷雾，每季最多施用2次；或将50%可湿性粉剂配制成4 000～6 000倍液叶面均匀喷雾，施药间隔期为7～14天，每季最多施用3次。

【注意事项】

（1）不宜与碱性农药等物质混合使用。

（2）注意与其他不同作用机制的农药交替使用，以延缓抗药性产生。

（3）避免与氧化剂接触。

（4）鸟类保护区附近禁用。播后必须覆土，严禁畜禽进入。

（5）对蜜蜂、家蚕有毒，周围开花植物花期禁用，施药期间应密切关注对附近蜂群的影响，桑园及蚕室附近禁用。

（6）本品在下列食品上的最大残留限量（毫克/千克）：棉籽0.05，番茄3，葡萄2，花生仁0.05，马铃薯0.05，稻谷0.05，糙米0.05，小麦0.05，大豆0.05，西瓜0.05，葵花籽0.05。

67. 寡雄腐霉菌

$$n=0\sim20$$

分子式：$C_{14}H_{26}N_2O_7(C_8H_{14}NO_3)_n$

【类别】 微生物类。

【理化性质】 原药孢子数为不低于 5×10^6（500 万）孢子/克，外观为白色粉末，可分散于水中。气味为真菌味。pH $5.5\sim6.5$，水分不高于 6.5%。

【毒性】 微毒。原粉对大鼠急性经口、经皮 $LD_{50}>5\,000$ 毫克/千克，急性吸入 $LC_{50}>5\,000$ 毫克/米³，有弱致敏性。对鱼、蜜蜂低毒。对农作物无致病作用。

【制剂】 100 万孢子/克可湿性粉剂。

【作用机制与防治对象】 本品属新型的微生物杀菌剂，可有效抑制多种土壤真菌的生长及其危害作用，具有较强的真菌寄生性和竞争能力，同时还能刺激植物抗病机体所需的植物激素产生，从而增强植物的抗病能力，促使植物生长与强壮，增强植物的防御能力及对致病真菌的抗性。对番茄晚疫病、苹果腐烂病、水稻立枯病、烟草黑胫病等病害有效。

【使用方法】

使用前应先配制母液，方法：取本品倒入容器中，加适量水充分搅拌后静置 $15\sim30$ 分钟。将配制好的母液倒入喷雾器中。切勿将母液中的沉淀物倒入喷雾器中，以免造成喷头堵塞。

（1）防治番茄晚疫病：发病初期，每 667 平方米用 100 万孢子/克可湿性粉剂 6.67～20 克兑水 30～50 千克均匀喷雾,每隔 7 天施药 1 次,共施用 3 次。

（2）防治苹果腐烂病:用 100 万孢子/克可湿性粉剂兑水稀释至 500～1 000 倍液,3 月、6 月、9 月各月涂刷树干 1 次。

（3）防治水稻立枯病:用 100 万孢子/克可湿性粉剂兑水稀释至 2 500～3 000 倍液,苗床喷雾,在秧苗 1 叶 1 心、3 叶 1 心时各喷 1 次。

（4）防治烟草黑胫病:发病初期,每 667 平方米用 100 万孢子/克可湿性粉剂 5～20 克兑水 30～50 千克均匀喷雾,每隔 7 天施药 1 次,共施用 3 次。

【注意事项】

（1）不能与化学杀菌剂混合使用,使用过化学杀菌剂的容器和喷雾器均不能直接用于本品,需用清水彻底清洗后使用。

（2）对鱼低毒,远离水产养殖区施药,禁止在河塘等水体中清洗施药器具。

（3）对蜜蜂低毒,开花植物花期禁用;瓢虫等天敌放飞区域、鸟类保护区禁用。

68. 硅噻菌胺

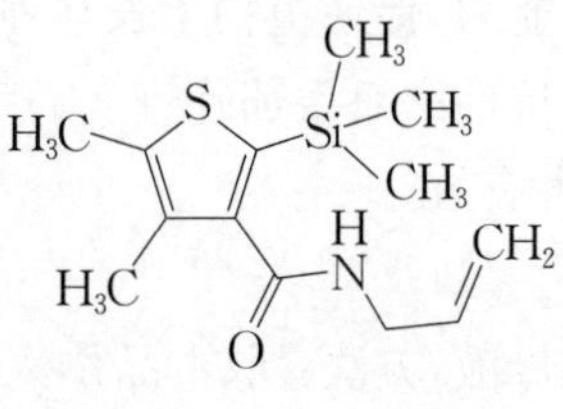

分子式:$C_{13}H_{21}NOSSi$

【类别】 酰胺类。

【化学名称】 N-烯丙基-4,5-二甲基-2-(三甲基甲硅烷基)噻吩-3-甲酰胺。

【理化性质】 纯品为白色蓬松结晶粉末,原药为米白色。熔点 88 ℃(99.67%),沸点 321.9～340 ℃(98.7%);蒸气压(20 ℃)(8.1±0.7)×10^{-2} 帕(99.67%);亨利常数 0.54 帕·米^3/摩尔;水中溶解度(19.5±0.5 ℃,pH 8.7～9.1)39.9 克/毫升,有机溶剂中溶解度(19.5±0.5 ℃,克/升):正庚烷 15.5、对二甲苯>250、1,2-二氯乙烷>250、甲醇>250、丙酮 250、乙酸乙酯>250。表面张力(90%饱和溶液,20 ℃)0.060 4 牛顿/米(97.3%)。正辛醇-水分配系数(19.5±0.5 ℃,pH 7.8)$K_{ow} \log P$ 为 3.72(99.67%)。

【毒性】 低毒。大鼠急性经口 LD_{50}>5 000 毫克/千克,急性经皮 LD_{50}>5 000 毫克/千克,急性吸入 LC_{50}(4 小时)>2.8 毫克/升。对兔皮肤无刺激性,对兔眼睛结膜有短暂刺激性;对豚鼠皮肤无致敏性。短期经口 NOAEL:狗每日 10 毫克/千克(90 天和 1年),大鼠每日 15 毫克/千克(90 天),小鼠每日 140 毫克/千克(90天);经皮 NOAEL:大鼠 1 000 毫克/千克(21 天)。Ames 试验、CHO/HGPRT 哺乳动物细胞正向基因突变试验、小鼠骨髓微核试验、大鼠肝脏细胞程序外 DNA 合成试验(UDS)结果均为阴性。ADI:大鼠 0.05 毫克/千克(2 年),ARfD:兔 0.2 毫克/千克(发育毒性)。蓝鳃太阳鱼急性 LC_{50}(96 小时)11 毫克/升,虹鳟急性 LC_{50}(96 小时)14 毫克/升,呆鲦鱼生长 NOEL 0.89 毫克/升(慢性,28 天,ELS 试验);大型溞急性 EC_{50}(48 小时)14 毫克/升,NOEC 0.47 毫克/升(21 天);羊角月牙藻生长率 E_rC_{50} 13 毫克/升,NOE_rC 2.3 毫克/升,生物量 E_bC_{50} 8.6 毫克/升,NOE_bC 4.6毫克/升。蚯蚓 LC_{50} 66.5 毫克/千克土(14 天,校正后)。制剂(种衣剂)对意大利蜜蜂经口 LD_{50}(48 小时)105.7 微克/只,接触 LD_{50}(48 小时)100 微克/只。

【制剂】 125 克/升悬浮剂,12%种子处理悬浮剂,15%悬浮种衣剂。

【作用机制与防治对象】 本品为 ATP 抑制剂,具有良好的保护活性,可有效延缓病原菌的生长和侵染,减少病原菌侵入小麦根部的数量,并延迟病原菌侵染小麦根部的时间,常用作种子处理,可单独使用,也可与其他种子处理剂混用。对冬小麦全蚀病有效。

【使用方法】

防治小麦全蚀病:于播种前拌种,每 100 千克种子用 12％种子处理悬浮剂 167～333 毫升拌种;或每 10 千克种子用 125 克/升悬浮剂 20～30 毫升或按药种比 1:312.5～625 拌种。

【注意事项】

(1) 拌种应均匀,使每粒种子均匀沾上药剂,阴干后播种。

(2) 禁止在河塘等水体中清洗施药器具。

(3) 使用本产品时应穿防护服和戴手套,避免吸入药液。施药期间不可吃东西和饮水,施药后应及时洗手和洗脸。

(4) 本品在小麦上最大残留限量为 0.01 毫克/千克。

69. 过氧乙酸

$$\underset{H_3C}{\overset{O}{\parallel}}\!\!\!-\!\!\!-OH$$

分子式:$C_2H_4O_3$

【类别】 其他类。

【化学名称】 过氧乙酸。

【理化性质】 无色液体,有强烈刺激性气味。pH<1.5。熔点 0 ℃,沸点 105 ℃,相对密度(20 ℃)1.15,闪点 41 ℃。水中溶解度(19 ℃)不低于 10 克/100 毫升,易溶于有机溶剂。易燃,具爆炸性,对纸、木塞、橡胶和皮肤等有腐蚀作用。

【毒性】 低毒。大鼠经口 LD_{50} 为 1540 微升/千克;大鼠吸入

LC_{50} 为 450 毫克/米^3;小鼠经口 LC_{50} 为 210 毫克/千克;小鼠经静脉 LC_{50} 为 17860 微克/千克;兔经皮肤接触 LD_{50} 为 1410 微升/千克;豚鼠经口 LD_{50} 为 10 毫克/千克;对兔眼睛有重度刺激性。

【制剂】 21%水剂。

【作用机制与防治对象】 本品是一种过氧化物杀菌剂,遇有机物放出氧而起杀菌作用,对细菌繁殖体、芽孢等都有较强作用。对黄瓜灰霉病有效。

【使用方法】

防治黄瓜灰霉病:发病初期,每 667 平方米用 21%水剂 140～233 克兑水 40～60 千克均匀喷雾,隔 7～10 天喷 1 次,连续 2～3 次,每季最多施用 3 次,安全间隔期 7 天。

【注意事项】

(1) 不可与呈碱性的农药等物质混合使用。

(2) 建议与其他不同作用机制的杀菌剂轮换使用。

(3) 远离水产养殖区施药,禁止在河塘等水体中清洗施药器具。

70. 哈茨木霉菌

【类别】 微生物类。

【理化性质】 3 亿 CFU/克哈茨木霉菌可湿性粉剂外观为铁黄色均匀疏松粉末,杂菌率不超过 2%,干燥减重不超过 3%,悬浮率不低于 80%,润湿时间不超过 180 秒,细度(过 45 微米筛)不低于 98%,pH 6.0～9.0。

【毒性】 微毒。对哺乳动物无毒,无致病性。哈茨木霉 T-22 菌株对大鼠急性经口 LD_{50} >500 毫克/千克,急性吸入 LC_{50} >0.89 毫克/升;对眼睛有刺激性,对皮肤无刺激性;野鸭和鹌鹑急性经口 LD_{50} >2000 毫克/千克;斑马鱼 LC_{50}(96 小时)为 1.23×

10^5 CFU/毫升；水蚤 LC_{50}（10 天）为 1.6×10^4 CFU/毫升；试验剂量为 1000 毫克/升时对蜜蜂无毒性反应。

【制剂】 1 亿 CFU/克水分散粒剂，3 亿 CFU/克可湿性粉剂。

【作用机制与防治对象】 本品是以抗逆性强的厚垣孢子为有效成分的新型微生物农药，具有保护和治疗双重功效。主要作用方式是竞争作用，哈茨木霉菌定植后迅速进行生长，与病原菌相比具有明显的生长优势，可有效抑制病原菌的定植生长，从而起到防治病害的目的。不仅能增强作物抗病性，还能促进作物生长，提高产品品质，增产增收。对番茄灰霉病、番茄立枯病、葡萄霜霉病、人参灰霉病等有防治效果。

【使用方法】

（1）防治番茄灰霉病：发病初期，每 667 平方米用 1 亿 CFU/克哈茨木霉菌水分散粒剂 60～100 克兑水 30～50 千克均匀喷雾，间隔 3～5 天连续施药 2～3 次。

（2）防治番茄立枯病、猝倒病：应在番茄苗期发病前使用，每平方米用 3 亿 CFU/克可湿性粉剂 4～6 克兑水灌根。

（3）防治葡萄霜霉病：发病初期，用 3 亿 CFU/克可湿性粉剂稀释 200～250 倍，茎叶均匀喷雾。

（4）防治观赏百合根腐病：种植前，按每升水用 3 亿 CFU/克可湿性粉剂 60～70 克搅拌均匀，浸种球 10 分钟后播种。

（5）防治人参灰霉病：发病初期，每 667 平方米用 3 亿 CFU/克可湿性粉剂 100～140 克兑水 30～50 千克均匀喷雾。

（6）防治人参立枯病：播种移栽前开始用药，每平方米用 3 亿 CFU/克可湿性粉剂 5～6 克兑水，土壤浇灌处理。

【注意事项】

（1）不与碱性农药混用。

（2）远离水产养殖区施药，禁止在河塘等水体中清洗施药器具，避免污染水源。

71. 海洋芽孢杆菌

【类别】 微生物类。

【理化性质】 母药含量为 50 亿 CFU/克,米白色至灰白色粉末,具特有气味,无异味,水分含量不高于 8%,杂菌率不高于 5%,pH 6.5~9.5。

【毒性】 低毒。对人、畜及环境安全。

【制剂】 10 亿 CFU/克可湿性粉剂。

【作用机制与防治对象】 本品属广谱的微生物杀菌剂,通过有效成分海洋芽孢杆菌产生的抗菌物质和位点竞争的作用方式杀灭和控制病原菌,从而达到防治病害的目的,同时对初发病的土传病害和叶部病害具有一定的治疗作用。海洋芽孢杆菌来自海洋,具有天然的耐盐性,适合于盐渍化土壤中的植物土传病害的防治。对番茄青枯病、黄瓜灰霉病有效。

【使用方法】

(1) 防治番茄青枯病:发病初期,每 667 平方米用 10 亿 CFU/克可湿性粉剂 500~620 克兑水灌根,或 3 000 倍液苗床泼浇。每隔 7~10 天施用 1 次,连续施用 3 次。

(2) 防治黄瓜灰霉病:发病初期每 667 平方米用 10 亿 CFU/克可湿性粉剂 100~200 克兑水 40~60 千克均匀喷雾,间隔 7~10 天喷 1 次,连续施药 3 次。

【注意事项】

(1) 土壤潮湿时,减少稀释倍数,确保药液被植物根部土壤吸收;土壤干燥、种植密度大或冲施时,则加大稀释倍数,确保植物根部土壤浇透。

(2) 不能与杀细菌的化学农药直接混用或同时使用,使用过杀菌剂的容器和喷雾器需要用清水彻底清洗后才能用于本品。

（3）洗器具的废水，施入田间即可；废弃物要妥善处理，不可他用。

72. 琥胶肥酸铜

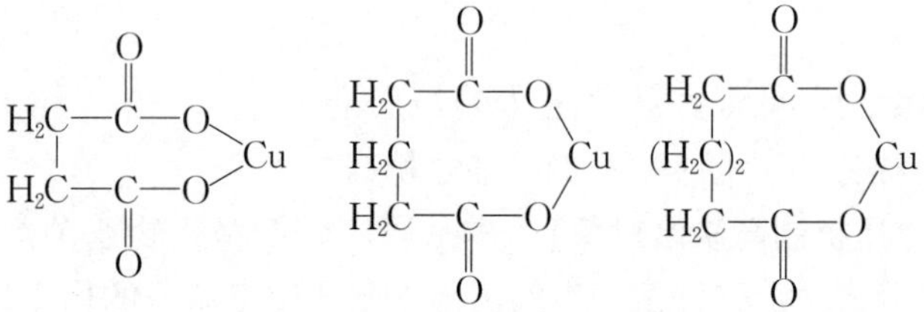

丁二酸铜　　　　戊丁二酸铜　　　　己二酸铜

分子式：$(CH_2)_n(COO)_2Cu$，$n=2$、3、4

【类别】　有机铜类混剂。

【化学名称】　丁二酸铜、戊丁二酸铜、己二酸铜的混合物。

【理化性质】　纯品外观为淡蓝色粉末，30％可湿性粉剂为浅绿色松散粉末。水中溶解度小于0.1％，中性时稳定。

【毒性】　低毒。小鼠急性经口 LD_{50} 为 2 646 毫克/千克。对人、畜、鱼类、贝类低毒，对蜜蜂无毒。

【制剂】　30％可湿性粉剂，30％悬浮剂。

【作用机制与防治对象】　本品是有机铜类杀菌剂，对多种作物细菌、真菌病害具有防治作用。作用机制为药剂中铜离子与病原菌膜表面上的阳离子交换，使病原菌细胞膜上的蛋白质凝固，同时部分铜离子渗透进入病原菌细胞内与某些酶结合，影响其活性。对黄瓜细菌性角斑病、辣椒炭疽病、水稻稻曲病、柑橘溃疡病等病害有效。

【使用方法】

（1）防治黄瓜细菌性角斑病：发病初期开始施药，每667平方米用 30％可湿性粉剂 200～233 克兑水 40～60 千克均匀喷雾,间隔 7～10 天用药 1 次,可连续施药 2 次,每季最多施用 2 次,安全间隔期为 7 天。

（2）防治辣椒炭疽病：发病初期,每 667 平方米用 30％可湿性粉剂 65～93 克兑水 30～50 千克均匀叶面喷雾,每季最多施用 2次,安全间隔期为 7 天。

（3）防治水稻稻曲病：发病初期,每 667 平方米用 30％可湿性粉剂 83～100 克兑水 30～50 千克均匀喷雾,每季最多施用 2 次。

（4）防治柑橘溃疡病：发病初期,用 30％悬浮剂 400～500 倍液均匀喷雾,间隔 7～10 天用药 1 次,连喷 3～4 次,安全间隔期为 7 天。

【注意事项】

（1）不可与碱性农药等物质混用,建议与其他不同作用机制的杀菌剂轮换使用,以延缓抗药性的产生。

（2）对鱼、大型蚤毒性高,禁止在河塘等水体中清洗施药器具;水产养殖区、河塘等水体附近禁用。

73. 互生叶白千层提取物

【类别】 植物源。

【化学名称】 互生叶白千层提取物的活性物质是萜烯醇,主要成分为松油烯-4-醇、γ-松油烯、α-松油烯、对-聚伞花素、1,8-桉叶素。

【理化性质】 淡黄棕色液体,有特殊气味。闪点 39 ℃,密度 0.925±0.015 克/毫升(20 ℃),pH 8.9～9.6,黏度 57.2 毫帕·秒 (20 ℃),26.3 毫帕·秒(40 ℃)。可与水混溶,具高挥发性,易生物降解,正常贮存条件下可稳定存在。

【毒性】 低毒。大鼠急性经口 $LD_{50}>2\,000$ 毫克/千克,经皮 $LD_{50}>2\,000$ 毫克/千克,急性吸入 LC_{50}(4 小时)5.4 毫克/升。兔子经皮 $LD_{50}>2\,000$ 毫克/千克。对皮肤和眼睛有刺激性,对皮肤有致敏性。对水生生物有毒性,虹鳟鱼 LC_{50}(96 小时)5.67 毫克/升,大型溞 LC_{50}(48 小时)1.45 毫克/升,藻 EC_{50}(72 小时)7.21 毫克/升;对鸟类和蜜蜂安全,日本鹌鹑急性经口 $LD_{50}>2\,000$ 毫克/千克,蜜蜂经口 LD_{50}(48 小时)>95.8 微克/只、接触 331 微克/只。

【制剂】 9%乳油。

【作用机制与防治对象】 本品是从互生叶白千层(*Melaleuca alternifolia*)中提取的植物源杀菌剂。其作用机制是影响生物细胞膜结构的渗透阻隔作用,并能破坏细胞膜与细胞壁。同时具有预防和治疗作用,在发病的不同阶段均有杀菌效果:孢子萌发阶段,能有效抑制孢子萌发,从而阻止病害的扩散;菌丝生长与扩散阶段,能抑制(活体与离体)菌丝的生长与扩散;孢子囊生长阶段,能抑制真菌孢子的形成,从而阻止它在新的植物组织上产生感染。对番茄早疫病、草莓白粉病有较好的防治效果。

【使用方法】

防治番茄早疫病、草莓白粉病:发病前或初期施药,每 667 平方米用 9%乳油 67～100 毫升兑水 30～50 千克均匀喷雾,每隔 7 天再喷 1 次,共施药 4 次。

【注意事项】

(1) 对皮肤和眼睛有刺激性。作业时,要戴口罩、手套、防护镜等,做好安全防护措施。

(2) 避免与硫黄和克菌丹混用。

(3) 本品对大型溞高毒,水产养殖区、河塘等水体附近禁用,禁止在河塘等水域清洗施药器具。

74. 环丙唑醇

分子式：$C_{15}H_{18}ClN_3O$

【类别】 三唑类。

【化学名称】 (2RS,3RS;2RS,3SR)-2-(4-氯苯基)-3-环丙基-1-(1H-1,2,4-三唑-1-基)丁-2-醇。

【理化性质】 环丙唑醇为外消旋混合物，纯品为无色固体。熔点 $106.2 \sim 106.9 \, ℃$；沸点 $>250 \, ℃$；蒸气压 2.6×10^{-2} 毫帕 $(25 \, ℃)$；正辛醇-水分配系数 $K_{ow} \log P$ 为 3.1；亨利常数 5.0×10^{-5} 帕·米³/摩尔；相对密度 1.25。水中溶解度（22 ℃）93 毫克/升；有机溶剂中溶解度（25 ℃，克/升）：丙酮 360，乙醇 230，甲醇 410，二甲基亚砜 180，二甲苯 120，甲苯 100，二氯甲烷 430，乙酸乙酯 240，正己烷 1.3，辛醇 100。表面张力 <60 毫牛/米。稳定性：大约 115 ℃时发生氧化分解，大约 300 ℃时发生热分解；在 50 ℃、pH 4~9 的水溶液中稳定 5 天。贮存 2 年分解率低于 5%。

【毒性】 中等毒。小鼠急性经口 LD_{50} 为 200 毫克/千克，雌大鼠 LD_{50} 为 350 毫克/千克，大鼠和兔经皮 $LD_{50} > 2000$ 毫克/千克，大鼠急性吸入 LC_{50}（4 小时）>5.6 毫克/升。对兔眼睛和皮肤有轻度刺激性，无致突变作用，对豚鼠皮肤无致敏性。对鸟类低毒，日本鹌鹑急性经口 LD_{50} 为 150 毫克/千克，野鸭饲喂 LD_{50}（8 天）为 1179 毫克/千克饲料，日本鹌鹑为 816 毫克/千克饲料。鱼类 LC_{50}（96 小时，毫克/升）：鲤鱼 18.9，虹鳟 19，蓝鳃太阳鱼 21。水蚤 LC_{50}（48 小时）

为 26 毫克/升。蜜蜂经口 $LD_{50} > 0.1$ 毫克/只,接触 1 毫克/只。

【制剂】 40%悬浮剂。

【作用机制与防治对象】 本品通过抑制甾醇脱甲基化(麦角甾醇生物合成)来阻止病害的发生和侵染,具有预防和治疗作用,主要用作茎叶处理,内吸性强,通过植物的根、茎、叶吸收,再由维管束向上转移,对小麦锈病有效。

【使用方法】

防治小麦锈病:发病前或发病初期开始施药,每 667 平方米用 40%悬浮剂 12～18 毫升兑水 30～50 千克均匀喷雾。一般在小麦孕穗至抽穗期叶面喷雾,间隔 7～10 天用药,施药 2 次,每季最多施用 2 次,安全间隔期 21 天。

【注意事项】

(1) 对鸟类有毒,注意保护鸟类,鸟类取食区及保护区附近禁用;对家蚕有毒,远离桑园,使用时注意风向,避免污染桑园。

(2) 对鱼等水生生物有毒,远离水产养殖区施药,禁止在河塘等水体中清洗施药器具。

(3) 建议与其他不同作用机制的杀菌剂轮换使用,以延缓抗药性产生。

(4) 本品在小麦上最大残留限量是 0.2 毫克/千克。

75. 环氟菌胺

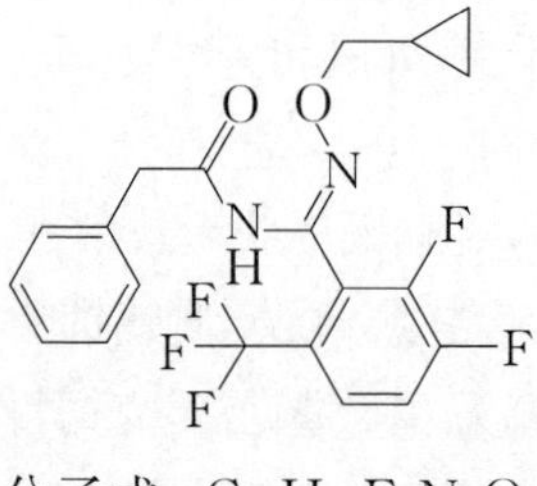

分子式:$C_{20}H_{17}F_5N_2O_2$

【类别】 酰胺类。

【化学名称】 $(Z)-N-[\alpha-($环丙基甲氧基亚氨基$)-2,3-$二氟$-6-($三氟甲基$)$苄基$]-2-$苯基$-$乙酰胺。

【理化性质】 略带芳香气味的白色固体,熔点 $61.5 \sim 62.5\,℃$,沸点 $256.8\,℃$,蒸气压 $3.54×10^{-5}$ 帕$(20\,℃)$,相对密度 $1.347(20\,℃)$；正辛醇-水分配系数 $K_{ow} \log P$ 为 $4.70(pH6.75,25\,℃)$；亨利常数 $2.81×10^{-2}$ 帕·米^3/摩尔$(20\,℃)$。水中溶解度 $(20\,℃$,毫克/升$)$：$0.014(pH4)$、$0.52(pH6.5)$、$0.12(pH10)$,有机溶剂中溶解度$(20\,℃$,克/升$)$：二氯甲烷 902、丙酮 920、二甲苯 658、乙腈 943、甲醇 653、乙醇 500、乙酸乙酯 808、正己烷 18.6、正庚烷 15.7。pH 为 4 和 7 时稳定。DT_{50} 为 288 天$(pH9)$；水溶液中光解 DT_{50} 为 594 天。pKa 为 12.08。

【毒性】 低毒。雌、雄大鼠急性经口 $LD_{50}>5\,000$ 毫克/千克,急性经皮 $LD_{50}>2\,000$ 毫克/千克,急性吸入 LC_{50}（4 小时）>4.76 毫克/升。对兔眼睛有轻度刺激性,对兔皮肤无刺激性,对豚鼠皮肤无致敏性。ADI 为 0.041 毫克/千克。山齿鹑饲喂 LC_{50}（5 天）$>2\,000$ 毫克/千克。鱼类 LC_{50}（96 小时）：虹鳟鱼>320 毫克/升,鲤鱼>1.14 毫克/升。蜜蜂急性经口 $LD_{50}>1\,000$ 微克/只。蚯蚓 LC_{50}（14 天）$>1\,000$ 毫克/千克干土。羊角月牙藻 EC_{50}（72 小时）>1.28 毫克/升。

【制剂】 无单剂产品,仅有复配制剂 11% 环氟菌胺·戊唑醇悬浮剂。

【作用机制与防治对象】 本品为环氟菌胺与戊唑醇的混配制剂,对小麦锈病具有良好的防治效果,环氟菌胺是一种既有预防性又有治疗性的新型杀菌剂,通过抑制吸器的形成和发展、二次菌丝的生长以及分生孢子的形成而起到杀菌作用,具有良好的渗透性、持效性,与众多杀菌剂无交互抗性,但是在植物体内的内吸性较差。对小麦锈病有效。

【使用方法】

防治小麦锈病:发病前或发病初期,每667平方米用11%环氟菌胺·戊唑醇悬浮剂20～40毫升兑水30～50千克均匀喷雾,每7～10天施药1次,连续施药2次,安全间隔期40天,每季最多用药2次。

【注意事项】

(1) 对蜜蜂、鱼类等水生生物、家蚕有毒,施药期间应避免对周围蜂群的影响,蜜源作物花期、蚕室和桑园附近禁用。应避免药液流入湖泊、河流或鱼塘中。远离水产养殖区施药,禁止在河塘等水体中清洗施药器具。清洗喷药器械或弃置废料时,切忌污染水源。

(2) 建议与其他不同作用机制的杀菌剂轮换使用。

76. 混合氨基酸铜

$$R-CH-C \overset{O}{\underset{O}{\diagup}} \overset{O}{\underset{O}{\diagdown}} C-HC-R$$

$$\underset{NH_2}{\quad} \quad Cu \quad \underset{NH_2}{\quad}$$

$R=H、CH_3、CH(CH_3)_2、CH_2CH(CH_3)_2、$
$CH(CH_3)C_2H_5、CH_2C_6H_5、CH_2SH、CH_2CH_2CONH_2$ 等

【类别】 有机铜类。

【化学名称】 混合氨基酸铜络合物。

【理化性质】 一种混合氨基酸铜络合物,约含17种氨基酸铜。原药外观为深蓝色水溶液,含量在26%以上,可以任意用水稀释。在(−20～40)℃不变质,贮存稳定性达2年以上。

【毒性】 低毒。原药大鼠急性经口LD_{50}为533毫克/千克,对兔皮肤和眼睛黏膜有一定的刺激作用。在大鼠体内蓄积性很

小,在试验剂量内,对试验动物未发现致突变、胚胎毒性和致畸。

【制剂】 10%、7.5%水剂。

【作用机制与防治对象】 本品为保护性杀菌剂。由动物蛋白质经水解制得的混合氨基酸与铜盐反应生成,为低毒的有机铜杀菌剂,主要通过铜离子毒害病菌中含—SH基的酶起杀菌作用,对增强铜离子的杀菌活性及调节和治疗作物因缺少营养元素而引起的生理性病害具有一定的作用。本品的氨基酸等可提供植物营养物质,促进作物生长,提高作物抗病能力。对黄瓜枯萎病、西瓜枯萎病、小麦纹枯病、水稻稻曲病有较好防效。

【使用方法】

(1)防治黄瓜枯萎病:苗期发病前,每667平方米用10%水剂200~500毫升兑水40~60千克均匀喷雾;瓜苗定植后发病前,用10%水剂200~300倍药液灌根,每株灌药液500毫升,每隔7天灌根1次,可连续用药2~3次。或用7.5%水剂200~400倍液灌根,每季可以施用2~3次,安全间隔期7天。

(2)防治西瓜枯萎病:发病前用10%水剂150~200倍液灌根,每株灌药液250~500毫升,安全间隔期为40天,每季最多用药3次。

(3)防治小麦纹枯病:发病前或发病初期,每667平方米用7.5%水剂200~250毫升兑水30~50千克均匀喷雾。

(4)防治水稻稻曲病:水稻始穗期开始用药,每667平方米用10%水剂250~375毫升兑水30~50千克均匀喷雾,间隔7~10天第2次用药。

【注意事项】

(1)对鱼类等水生生物有毒,远离水产养殖区施药,禁止在河塘等水体中清洗施药器具。

(2)不得在高温或叶片有水珠时施用,特别是果树花期和幼果期、大棚蔬菜、白菜对本品敏感,使用时要避免飘移到上述作物上。

（3）不能与酸性、碱性药剂混用。对铜离子敏感的作物应谨慎用药。

（4）用于灌根处理时，应在发病前使用，对个别植株已发病的，应当拔除病株，再进行灌根防治，与其他不同作用机制的杀菌剂轮换使用。

77. 混合脂肪酸

R－COOH（R 为 15～21 个碳原子和 1～3 个双键的不饱和烃基）

【类别】 其他类。

【化学名称】 混合脂肪酸。

【理化性质】 脂肪酸混合物，外观为乳黄色液体。凝固点 11～18℃，难溶于水，溶于极性和非极性有机溶剂。在空气作用下能氧化变质，光照等能促进其氧化。

【毒性】 低毒。制剂大鼠急性经口 LD_{50}＞9 580 毫克/千克。

【制剂】 10％、40％水乳剂。

【作用机制与防治对象】 本品为抗病毒诱导剂，诱导植物抗病，使病原菌细胞膜上的蛋白质凝固，影响其活性。具有刺激作物生长、抗病杀菌、增产的多重作用，可有效防治烟草病毒病。

【使用方法】

防治烟草病毒病：发病初期，每 667 平方米用 10％混合脂肪酸水乳剂 600～1 000 毫升兑水 30～50 千克均匀喷雾，安全间隔期为 7 天，每季最多施用 2 次。

【注意事项】

（1）不可与呈强酸、强碱性物质混用。

（2）建议与不同作用机制的杀菌剂轮换使用，延缓抗药性的产生。

(3) 开花植物花期和桑园附近禁止使用,赤眼蜂放飞区禁用。

(4) 对眼睛有刺激,避免药物与皮肤和眼睛直接接触。

78. 己唑醇

分子式:$C_{14}H_{17}Cl_2N_3O$

【类别】 三唑类。

【化学名称】 (RS) - 2 - (2,4 - 二氯苯基) - 1 - (1H - 1,2,4 - 三唑 - 1 - 基)己 - 2 - 醇。

【理化性质】 纯品为无色晶体。熔点 111 ℃。蒸气压 0.01 毫帕(20 ℃)。相对密度 1.29 克/升。溶解度(20 ℃):水中溶解度(20 ℃)0.018 毫克/升,有机溶剂中溶解度(20 ℃,克/升):甲醇 246,甲苯 59。室温(40 ℃以下)下至少 9 个月内不分解,酸、碱性(pH5,7~9)水溶液中 30 天内稳定。pH7 水溶液中紫外线照射下 10 天内稳定。

【毒性】 低毒。雄大鼠急性经口 LD_{50} 为 2 189 毫克/千克,雌大鼠为 6 071 毫克/千克;大鼠急性经皮 LD_{50} >2 000 毫克/千克。对兔皮肤无刺激作用,但对眼睛有轻度刺激作用。雄小鼠急性经口 LD_{50} 为 612 毫克/千克,雌小鼠为 918 毫克/千克。鱼类 LC_{50} (96 小时,毫克/升):鲤鱼 5.94、虹鳟鱼>76.7。蜜蜂急性 LD_{50} >100 微克/只(接触、经口)。无致突变作用。

【制剂】 50 克/升、5％、10％、25％、30％、40％悬浮剂、30％、40％、50％、60％、70％、80％水分散粒剂,5％、10％微乳剂,50％可湿性粉剂,10％乳油。

【作用机制与防治对象】 本品是甾醇脱甲基化抑制剂。作用机制为破坏和阻止病菌细胞膜的重要组成成分麦角甾醇的生物合成,导致细胞膜不能形成,使病菌死亡。具有内吸、保护和治疗活性。对水稻纹枯病、稻曲病、小麦赤霉病、小麦白粉病和条锈病有效。

【使用方法】

(1) 防治水稻纹枯病:在发病初期第一次施药,每 667 平方米用 40％悬浮剂 10～12.5 毫升兑水 30～50 千克均匀喷雾,间隔 7～10 天施药 1 次,连续施用 2 次,重点喷施水稻中下部茎秆。每季最多施用 2 次,安全间隔期为 30 天。

(2) 防治水稻稻曲病:每 667 平方米用 50 克/升悬浮剂 75～100 毫升兑水 30～50 千克均匀喷雾,水稻破口期前 5～7 天喷施第一次,齐穗期喷施第二次,安全间隔期为 45 天,每季最多施用 2 次。

(3) 防治小麦赤霉病:小麦抽穗扬花初期开始用药,每 667 平方米用 25％悬浮剂 12～14 毫升或用 30％悬浮剂 8～12 毫升兑水 30～50 千克均匀喷雾,隔 7 天左右再喷 1 次。安全间隔期为 21 天,每季最多施用 2 次。

(4) 防治小麦白粉病和条锈病:发病初期,每 667 平方米用 30％悬浮剂 10～12 毫升兑水 30～50 千克均匀喷雾,隔 7 天左右再喷 1 次。安全间隔期为 21 天,每季最多施用 2 次。

(5) 防治黄瓜白粉病:发病前或发病初期,每 667 平方米用 25％悬浮剂 8～12 毫升兑水 40～60 千克均匀喷雾,间隔 7 天喷雾 1 次,共喷雾 3 次。安全间隔期为 3 天,每季最多施用 3 次。

(6) 防治番茄灰霉病:发病初期开始喷雾,每 667 平方米用 50 克/升悬浮剂 75～150 克兑水 30～50 千克均匀喷雾,间隔期

7～10 天用药 1 次,每季最多施用 3 次,安全间隔期为 7 天。

（7）防治葡萄白粉病:在发病初期施用,用 5% 微乳剂 1500～2500 倍液均匀喷雾,视病害发生情况,每 7～10 天施药 1 次,连续施药 2～3 次。每季最多施用 3 次,安全间隔期为 35 天。

（8）防治梨黑星病:发病初期,用 5% 微乳剂 1000～1250 倍液均匀喷雾,视病害发生情况间隔 10～15 天施用 1 次,可连续施用 2～3 次。每季最多施用 3 次,安全间隔期为 28 天。

（9）防治苹果白粉病:发病初期,用 10% 悬浮剂 2000～2500 倍液均匀喷雾,隔 7～10 天施药 1 次,连续施药 2～3 次。每季最多施用 3 次,安全间隔期为 21 天。

（10）防治苹果斑点落叶病:发病初期,用 5% 悬浮剂 1000～1500 倍液均匀喷雾,隔 7～10 天施药 1 次,连续施药 2～3 次。每季最多施用 3 次,安全间隔期为 14 天。

【注意事项】

（1）对鱼类及水生生物有毒,远离水产养殖区施药,禁止在河塘等水体中清洗施药器具。

（2）不得与碱性农药等物质混用。

（3）本品在下列食品上的最大残留限量(毫克/千克):糙米 0.1,小麦 0.1,黄瓜 1,番茄 0.5,葡萄 0.1,梨 0.5,苹果 0.5。

79. 甲基立枯磷

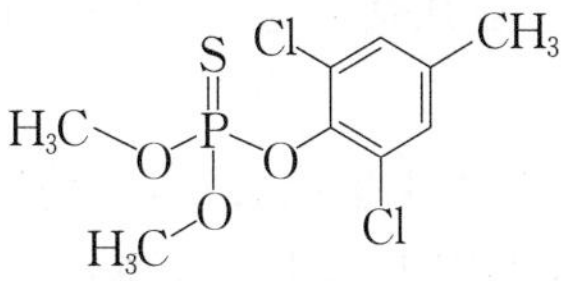

分子式:$C_9H_{11}Cl_2O_3PS$

【类别】 有机磷酸酯类。

【化学名称】 O-(2,6-二氯-4-甲苯基)-O,O-二甲基硫逐磷酸酯。

【理化性质】 纯品为白色结晶,原药带淡棕色。熔点 78～80 ℃,蒸气压 57×10^{-3} 帕(20 ℃),相对密度 1.515,闪点 210 ℃。有机溶剂中溶解度(克/升):丙酮 502,环己酮 537,环己烷 498;23 ℃时在水中溶解度为 0.3～0.4 毫克/升。$K_{ow} \log P$ 为 36 300(25 ℃)。对光、热、潮湿均较稳定。

【毒性】 低毒。大鼠急性经口 LD_{50} 约 5 000 毫克/千克,急性经皮 $LD_{50} > 5 000$ 毫克/千克,急性吸入 $LC_{50} > 1.9$ 毫克/升。对眼睛和皮肤无刺激。动物试验未见致畸、致癌、致突变作用。鲤鱼 LC_{50} 为 2.13 毫克/升,鹌鹑急性经口 $LD_{50} > 5 000$ 毫克/千克,蜜蜂 $LC_{50} > 100$ 微克/只。

【制剂】 20%乳油。

【作用机制与防治对象】 本品是一种广谱性杀菌剂,主要通过抑制病菌卵磷脂的合成而破坏细胞膜的结构,致使病菌死亡。具内吸性,是常用的种子处理剂,主要用于防治棉花立枯病、水稻苗期立枯病。

【使用方法】

(1) 防治棉花立枯病:每 100 千克棉花种子用 20%乳油 1 000～1 500 毫升拌种,先加入适量的水将药剂进行稀释,然后均匀拌入棉花种子。

(2) 防治水稻苗期立枯病:发病前或发生初期,每 667 平方米用 20%乳油 150～220 毫升兑水 30～50 千克喷雾于水稻苗床。

【注意事项】

(1) 对蜜蜂、鱼类等水生生物有毒,施药期间应避免对周围蜂群的影响,蜜源作物花期附近禁用。远离水产养殖区施药,禁止在河塘等水体中清洗施药器具。

(2) 不可与呈碱性的农药等物质混合使用。拌种时不能与草木灰等碱性物质一起拌种，以免影响药效和种子的发芽率。

（3）建议与其他不同作用机制的杀菌剂轮换使用，以延缓抗药性产生。

（4）本品在棉籽、糙米上最大残留限量均为 0.05 毫克/千克。

80. 甲基硫菌灵

分子式：$C_{12}H_{14}N_4O_4S_2$

【类别】 苯并咪唑类。

【化学名称】 $4,4'-(1,2-$亚苯基)双（3-硫代脲基甲酸甲酯）。

【理化性质】 纯品为无色结晶，原粉（含有效成分约 93%）为微黄色结晶。相对密度 1.5（20 ℃），沸点 172 ℃（分解），蒸气压为 0.95×10^{-8} 帕（25 ℃）。水中溶解度为 26.6 毫克/升（25 ℃），有机溶剂中溶解度（20 ℃，克/升）：丙酮 58、甲醇 29、氯仿 26。对酸、碱稳定。

【毒性】 低毒。原药对大鼠急性经口 LD_{50} 为 7 500 毫克/千克（雄）、6 640 毫克/千克（雌），小鼠急性经口 LD_{50} 为 3 510 毫克/千克（雄）、3 400 毫克/千克（雌）；大鼠、小鼠急性经皮 $LD_{50} >$ 10 000 毫克/千克。动物试验未见致癌、致畸、致突变作用。两年慢性饲养试验 NOEL 为 8 毫克/（千克·天）。鲤鱼 LC_{50}（48 小时）为 11 毫克/升，虹鳟鱼 LC_{50}（48 小时）为 8.8 毫克/升。对蜜蜂低毒。对鸟类低毒，日本鹌鹑经口 $LD_{50} > 5$ 克/千克。水蚤 LC_{50}

(48 小时)为 20.2 毫克/升。

【制剂】 50%、70%、80%可湿性粉剂,10%、36%、48.5%、50%、500 克/升、56%悬浮剂,70%、75%、80%水分散粒剂,3%、8%糊剂。

【作用机制与防治对象】 本品具有内吸、治疗和预防作用的广谱杀菌剂,药剂进入植物体内后能转化成多菌灵。作用机制是通过影响菌体内微管的形成而影响细胞分裂,抑制病菌生长,可用于防治粮食、油料、蔬菜、棉花、果树等作物的多种病害,对番茄叶霉病、甘薯黑斑病、柑橘绿霉病、柑橘青霉病有效。

【使用方法】

(1) 防治水稻纹枯病:发病初期,用 36%悬浮剂 800～1500 倍液均匀喷雾,每隔 10 天左右施药 1 次,可连续用药 2～3 次;或每 667 平方米用 500 克/升悬浮剂 93～160 毫升或 50%悬浮剂 100～150 毫升或 50%可湿性粉剂 140～200 克或 70%可湿性粉剂 100～150 克,兑水 30～50 千克均匀喷雾,每隔 7～10 天施药 1 次,可连续施药 2～3 次,每季最多施用 3 次,安全间隔期 30 天。

(2) 防治水稻稻瘟病:在发病初期或幼穗形成期至孕穗期用药,每 667 平方米用 50%可湿性粉剂 125～167 克或 70%可湿性粉剂 100～143 克或 36%悬浮剂 140～210 毫升或 50%悬浮剂 100～150 毫升,兑水 30～50 千克均匀喷雾,间隔 7～14 天用药 1 次,每季最多施用 3 次,安全间隔期 30 天;或每 667 平方米用 70%水分散粒剂 80～140 克兑水 30～50 千克均匀喷雾,每隔 7～10 天施药 1 次,每季最多施用 3 次,安全间隔期 20 天。

(3) 防治小麦赤霉病:在始花期用药,用 70%可湿性粉剂 85.7～100 克兑水 30～50 千克均匀喷雾,间隔 10 天施药 1 次,每季最多施用 2 次,安全间隔期 21 天;或用 36%悬浮剂 1500 倍液,或每 667 平方米用 50%悬浮剂 100～150 毫升,兑水均匀喷雾,每 10 天施药 1 次,每季最多施用 2 次,安全间隔期 30 天。

(4) 防治小麦白粉病:发病初期,用 36%悬浮剂 1500 倍液均匀喷雾,每隔 10 天左右施药 1 次,每季最多施用 2 次,安全间隔期 30 天。

(5)防治棉花枯萎病:在播种前,用 36%悬浮剂 170 倍液浸种。

(6)防治油菜菌核病:发病初期,用 36%悬浮剂 1500 倍液均匀喷雾,每隔 10 天左右施药 1 次,可连续用药 2~3 次。

(7)防治花生叶斑病:发病初期,用 36%悬浮剂 1500~1800 倍液均匀喷雾,视病害发生情况每隔 10 天左右施药 1 次,每季最多施用 3 次,安全间隔期 7 天。

(8)防治花生褐斑病:于发病初期或之前开始用药,每 667 平方米用 70%可湿性粉剂 25~33 克兑水 30~50 千克均匀喷雾,施药间隔为 7~10 天,每季最多施用 4 次,安全间隔期 7 天。

(9)防治番茄叶霉病:发病初期,每 667 平方米用 70%可湿性粉剂 35~75 克兑水 30~50 千克均匀喷雾,每季最多施用 3 次,安全间隔期 7 天;或每 667 平方米用 50%悬浮剂 50~75 毫升兑水 30~50 千克均匀喷雾,每季最多施用 3 次,安全间隔期 5 天。

(10)防治黄瓜白粉病:发病前或发病初期,每 667 平方米用 50%可湿性粉剂 60~80 克兑水 40~60 千克均匀喷雾,根据病害发生情况可隔 7~10 天用药 1 次,每季最多施用 3 次,安全间隔期 4 天;或每 667 平方米用 70%可湿性粉剂 28~40 克兑水 40~60 千克均匀喷雾,每隔 7~10 天喷药 1 次,每季最多施用 2 次,安全间隔期 5 天;或每 667 平方米用 50%悬浮剂 60~80 克兑水 40~60 千克均匀喷雾,每季最多施用 2 次,安全间隔期 3 天。

(11)防治马铃薯环腐病:在播种前,用 36%悬浮剂 800 倍液浸种;或每 100 千克种薯用 70%可湿性粉剂 80~100 克拌种薯。

(12)防治芦笋茎枯病:在发病初期或之前开始用药,每 667 平方米用 70%可湿性粉剂 60~75 克兑水 30~50 千克均匀喷雾,间隔 7~10 天喷 1 次,每季最多施用 3 次,安全间隔期 7 天。

(13)防治瓜类白粉病:发病初期,每 667 平方米用 50%可湿性粉剂 45~67.5 克兑水均匀喷雾,每季最多施用为 2 次;或每 667 平方米用 70%可湿性粉剂 32~48 克兑水 40~60 千克均匀喷雾,每隔 7~10 天施用 1 次。

(14)防治柑橘绿霉病:用 36%悬浮剂 600~800 倍液浸果,在果实成熟度 80%~85%时采收,采收后当天浸果处理 1 次,浸泡药液 1~2 分钟。

(15)防治柑橘青霉病:用 36%悬浮剂 800 倍液浸果,采收后当天浸果处理 1 次,浸泡药液 1~2 分钟。

(16)防治柑橘树疮痂病:在发病初期或之前开始用药,用 70%可湿性粉剂 800~1500 倍液均匀喷雾,施药间隔为 7~10 天,每季最多施用 2 次,安全间隔期 21 天。

(17)防治苹果腐烂病:在发病盛期用药,每平方米用 3%糊剂 125~150 克涂抹病斑,用刷子将本品涂抹于去掉病疤后的伤口及剪枝后的切口处及其病疤周围,每季最多用 2 次,安全间隔期 21 天。

(18)防治苹果树轮纹病:发病前或发病初期,用 50%可湿性粉剂 600~800 倍液或 70%可湿性粉剂 800~1 000 倍液或 500 克/升悬浮剂 600~800 倍液均匀喷雾,间隔 10~15 天施药 1 次,每季最多施用 2 次,安全间隔期 21 天;或用 10%悬浮剂 10~15 倍液涂抹,每季最多施用 2 次,安全间隔期 21 天;或用 70%水分散粒剂 800~1 000 倍液均匀喷雾,隔 7~10 天施药 1 次,每季最多施用 3 次,安全间隔期 21 天;或用 80%水分散粒剂 900~1 200 倍液喷雾,每季最多施用 2 次,安全间隔期 28 天。

(19)防治苹果树白粉病:发病初期,用 36%悬浮剂 800~1200 倍液,或 50%悬浮剂 1000~1500 倍液均匀喷雾,每隔 10 天左右施药 1 次,可连续用药 2~3 次。

(20)防治苹果树黑星病:发病初期,用 36%悬浮剂 800~

1200 倍液均匀喷雾,每隔 10 天左右施药 1 次,可连续用药 2~3 次。

(21) 防治苹果树炭疽病:在发病初期用药,用 80%水分散粒剂 800~1000 倍液均匀喷雾,间隔 10 天左右施药 1 次,每季最多施用 2 次,安全间隔期 21 天。

(22) 防治梨树黑星病:发病初期,用 50%可湿性粉剂 1111~1389 倍液均匀喷雾,在萌芽期施药 1 次,落花后施药第二次,间隔约 14 天,每季最多施用 3 次,安全间隔期 14 天;或用 70%可湿性粉剂 1600~2000 倍液均匀喷雾,每隔 7~10 天施用 1 次,每季最多施用 2 次,安全间隔期 21 天;或用 36%悬浮剂 800~1200 倍液喷雾,每隔 10 天左右施药 1 次,可连续用药 2~3 次。

(23) 防治梨树白粉病:发病初期,用 36%悬浮剂 800~1200 倍液均匀喷雾,每隔 10 天左右施药 1 次,可连续用药 2~3 次。

(24) 防治葡萄白粉病:发病初期,用 36%悬浮剂 800~1000 倍液均匀喷雾,每隔 10 天左右施药 1 次,可连续用药 2~3 次。

(25) 防治芒果炭疽病:发病初期,用 500 克/升悬浮剂 800~1000 倍液均匀喷雾。

(26) 防治甜菜褐斑病:发病初期,用 36%悬浮剂 1300 倍液均匀喷雾,视病害发生情况每隔 10 天左右施药 1 次,可连续用药 2~3 次。

(27) 防治西瓜炭疽病:在发病初期或之前开始用药,每 667 平方米用 70%可湿性粉剂 40~80 克或 75%水分散粒剂 55~80 克,兑水 40~60 千克均匀喷雾,施药间隔为 7~10 天,每季最多施用 3 次,安全间隔期 14 天。

(28) 防治甘薯黑斑病:在发病前或发病初期开始用药,用 50%可湿性粉剂 1111~1389 倍液浸薯块;或用 70%可湿性粉剂 1600~2000 倍液浸薯块,浸薯块处理时,按推荐剂量浸 5~10 分钟,然后晾干入窖;或用 36%悬浮剂 800~1000 倍液浸种、喷雾,视病害发生情况每隔 10 天左右施药 1 次,可连续用药 2~

3 次。

(29)防治毛竹枯梢病:发病初期,用 36％悬浮剂 1 500 倍液均匀喷雾,每隔 10 天左右施药 1 次,可连续用药 2～3 次。

(30)防治烟草根黑腐病:在发病前或发病初期用药,每 667 平方米用 70％可湿性粉剂 50～70 克兑水 30～50 千克均匀喷雾,每隔 10～15 天喷 1 次,每季最多施用 2 次,安全间隔期 21 天;或用 80％可湿性粉剂 800～1 000 倍液淋灌,间隔 7～15 天施药 1 次,每季最多施用 3 次,安全间隔期 28 天。

(31)防治烟草白粉病:发病初期,用 36％悬浮剂 800～1 000 倍液均匀喷雾,每隔 10 天左右施药 1 次,可连续用药 2～3 次。

(32)防治桑树白粉病:发病初期,用 36％悬浮剂 800～1 000 倍液均匀喷雾,视病害发生情况每隔 10 天左右施药 1 次,可连续用药 2～3 次。

【注意事项】

(1)不能与含铜制剂的物质混合使用,不能与强酸、强碱物质混合使用。

(2)不能长期单一使用,应与其他类型杀菌剂混用或轮换使用。

(3)对蜜蜂、鱼类等生物、家蚕有影响,施药期间应避免对周围蜂群的影响,蜜源作物花期、蚕室和桑园附近禁用。

(4)远离水产养殖区、河塘等水体施药,禁止在河塘等水体中清洗施药器具,虾、蟹套养稻田禁用,施药后的田水不得直接排入水体。

(5)本品在下列食品上的最大残留限量(毫克/千克):番茄 3,甘薯 0.1,柑橘 5,花生仁 0.1,黄瓜 2,梨 3,芦笋 0.5,苹果 5,葡萄 3,糙米 1,西瓜 2,小麦 0.5,油菜籽 0.1。

81. 甲噻诱胺

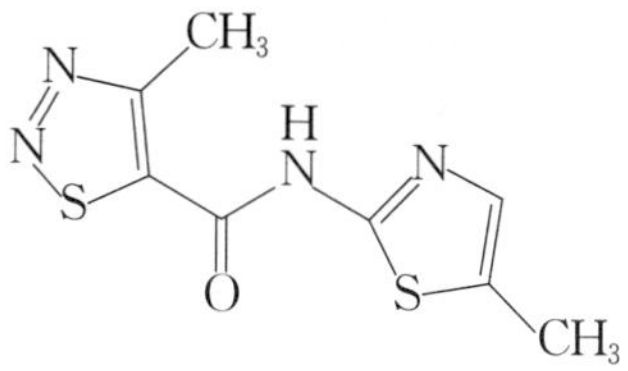

分子式：$C_8H_8N_4OS_2$

【类别】 噻二唑酰胺类。

【化学名称】 N -(5 -甲基-1,3 -噻唑- 2 -基)- 4 -甲基-1,2,3 -噻二唑- 5 -甲酰胺。

【理化性质】 纯品为白色结晶状粉末,工业品为黄色粉末状固体,无味,原药含量96%。水中溶解度(10℃)18.01毫克/升;微溶于乙腈、氯仿、二氯甲烷,熔点232.5℃,不易燃,无热爆炸性。

【毒性】 低毒。雌、雄大鼠急性经口 LD_{50} 均>5 000 毫克/千克,急性经皮 LD_{50} 均>2 000 毫克/千克。对家兔眼睛有轻度刺激性,对兔皮肤无刺激性,对豚鼠皮肤有弱致敏性。

【制剂】 25%悬浮剂。

【作用机制与防治对象】 本品作为植物诱导激活剂,能够有效诱导作物免疫系统,使作物产生系统、广谱的抗病活性。对烟草病毒病有良好防效。

【使用方法】

防治烟草病毒病:用25%悬浮剂稀释至1 000～1 200 倍液均匀喷雾,烟草十字期(3 片真叶)用药 1 次;成苗期(7～8 片真叶)用药 1 次,移栽还苗成活后用药 1 次,生根后期用药 1 次。安全间隔期为 60 天,最多施用 4 次。

【注意事项】

建议与不同作用机制的杀菌剂轮换使用,以延缓抗药性产生。

82. 甲霜灵

分子式：$C_{15}H_{21}NO_4$

【类别】 酰胺类。

【化学名称】 N-(2-甲氧乙酰基)-N-(2,6-二甲苯基)-DL-丙氨酸甲酯。

【理化性质】 纯品为白色结晶,熔点 71.8～72.3 ℃。蒸气压(20 ℃)为 0.29×10^{-3} 帕。相对密度 1.21(20 ℃)。在 20 ℃水中溶解度为 7.1 克/升,易溶于苯、甲醇、二氯甲烷、异丙醇等有机溶剂。在中性或酸性介质中稳定。

【毒性】 低毒。小鼠经口 LD_{50} 为 669 毫克/千克,大鼠经口 LD_{50} 为 788 毫克/千克;大鼠急性经皮 $LD_{50}>3\,100$ 毫克/千克。对野生动物的毒性可忽略不计,对蜜蜂无毒,对鸟类有轻微毒性。ADI 为 0.03 毫克/千克。对虹鳟鱼、鲤鱼毒性 LC_{50}(96 小时)$>$100 毫克/升。

【制剂】 25%种子处理悬浮剂,35%种子处理干粉剂,25%悬浮种衣剂。

【作用机制与防治对象】 主要抑制病原菌中核酸的生物合成,主要是 RNA 的合成,是一种具有保护和治疗作用的内吸杀菌剂。对作物有很强的双向内吸输导作用,在植物体内传导很快,进入植物体内的药剂可向任何方向传导,即有向顶性、向基性,还可以侧向传导。选择性强,仅对卵菌纲中的霜霉菌和疫霉菌有效,对马铃薯晚疫病、谷子白发病等有良好的防治效果。

【使用方法】

（1）防治谷子白发病：在谷子播种时，用清水或米汤先将种子打湿，稍晾一下，装入种袋中，再按 100 千克种子用 35％种子处理干粉剂 200～300 克的使用剂量，装入种袋搓揉，使药均匀黏着在种子表面。种子处理后立即播种，以免放置时间太久药粉脱落而影响效果，每季最多使用 1 次。

（2）防治马铃薯晚疫病：于播种前使用，用 25％悬浮种衣剂按药种比 1∶667～1∶800 拌种薯。

【注意事项】

（1）不能和碱性物质混合使用。

（2）对蜜蜂、鱼类等水生生物、家蚕有毒，施药期间应避免对周围蜂群的影响，开花作物盛花期、蚕室和桑园附近禁用。

（3）单一长期使用本品，病菌易产生抗药性，目前国内已经不准使用单剂，仅限拌种剂。

（4）本品在马铃薯上最大残留限量为 0.05 毫克/千克。

83. 碱式硫酸铜

$$CuSO_4 \cdot 3Cu(OH)_2$$

【类别】 无机类。

【理化性质】 蓝绿色粉末，含 Cu^{2+} 57％。熔点 300 ℃（分解），蒸气压（20 ℃）可忽略不计，水中溶解度（pH7，20 ℃）＜10^{-5} 毫克/升。不溶于有机溶剂，溶于稀酸，形成 Cu^{2+} 盐，形成氨水，形成络合离子。在中性介质中稳定，在碱性介质中受热分解形成氧化铜，放出氯化氢。

【毒性】 低毒。大鼠急性经口 LD_{50} 为 1 700～1 800 毫克/千克。大鼠急性经皮 LD_{50}＞2 000 毫克/千克。大鼠急性吸入 LC_{50}

(4 小时)＞30 毫克/升。鲤鱼 LC_{50}(48 小时)2.2 毫克/千克。水蚤 LC_{50}(24 小时)3.5 毫克/升。对蜜蜂无毒。

【制剂】 27.12％、30％悬浮剂,70％水分散粒剂。

【作用机制与防治对象】 本品为保护性杀菌剂,其颗粒细小,分散性好,耐雨水冲刷。其悬浮剂还加有黏着剂,因此能牢固地黏附在植物表面形成一层保护膜,通过在植物表面上水的酸化,逐步释放铜离子,抑制真菌孢子萌发和菌丝发育。对番茄早疫病、黄瓜霜霉病、柑橘溃疡病、梨树黑星病、苹果树轮纹病等有效。

【使用方法】

(1)防治番茄早疫病:在发病之前或初期,每 667 平方米用27.12％悬浮剂 132～159 毫升或 30％悬浮剂 145～180 克,兑水30～50 千克均匀喷雾。

(2)防治柑橘溃疡病:在病害发生前期或初期,用 30％悬浮剂 300～400 倍液或 27.12％悬浮剂 400～500 倍液均匀喷雾,间隔7～10 天喷 1 次连续喷 2 次,每季最多施用 2 次。

(3)防治黄瓜霜霉病:每 667 平方米用 70％水分散粒剂 55～65 克兑水 40～60 千克均匀喷雾,施药间隔期一般在 10～20 天,每季最多施用 3 次,安全间隔期 3 天。

(4)防治梨树黑星病:发病前期或发病初期,用 30％悬浮剂300～500 倍液均匀喷雾,间隔 7～10 天喷 1 次连续喷 2 次,每季最多施用 2 次,安全间隔期 20 天。

(5)防治苹果树轮纹病:发病前或发病初期,用 27.12％悬浮剂 400～500 倍液均匀喷雾,隔 7～10 天喷 1 次连用 3 次;或在果实膨大初期以前,病害发生初期使用,用 30％悬浮剂 300～400 倍液均匀喷雾。

(6)防治水稻稻曲病:在发病之前或初期开始,每 667 平方米用 27.12％悬浮剂 50～66 毫升兑水 30～50 千克均匀喷雾,水稻破口前一周左右使用 1 次,如病害发生严重,齐穗期再用药 1 次,避开扬花抽穗期施用,每季最多施用 2 次,安全间隔期 21 天;或用

70％水分散粒剂 25～45 克兑水 30～50 千克均匀喷雾,于水稻破口期前 5～7 天用药,根据病情可在齐穗期再施药 1 次,每季最多施用 2 次,安全间隔期 15 天。

(7) 防治水稻稻瘟病:在发病之前或初期开始用药,每 667 平方米用 27.12％悬浮剂 50～75 毫升兑水 30～50 千克均匀喷雾,水稻破口前一周左右使用 1 次,如病害发生严重,齐穗期再用药 1 次。避开扬花抽穗期施用,每季最多施用 2 次,安全间隔期 21 天。

【注意事项】

(1) 不能与石硫合剂、遇铜易分解的农药和矿物油、磷酸二氢钾叶面肥及其他含重金属离子的物质混用。

(2) 对铜离子敏感的作物如桃、李、梨、杏、梅等生长季不推荐使用。

(3) 作物幼苗期,高温、阴湿或露水未干时不宜施药。

(4) 蚕、桑树对本品敏感,蚕室和桑园附近禁用。远离水产养殖区施药,禁止在河塘等水体中清洗施药器具。

(5) 建议与其他不同作用机制的杀菌剂轮换使用。

84. 解淀粉芽孢杆菌

【类别】 微生物类。

【理化性质】 100 亿芽孢/克解淀粉芽孢杆菌 B7900 母药为灰白色均匀粉体,无霉变,无结块。水分含量不高于 6％,pH 为 6.0～9.0,细度(通过 75 微米试验筛)不低于 95％,杂菌率不高于 3％。

【毒性】 低毒。解淀粉芽孢杆菌 KL-1 菌株对小鼠急性经口 LD_{50}＞2 000 毫克/千克,染色体畸变分析、骨髓细胞微核分析和巨噬细胞吞噬功能分析结果均为阴性,即对哺乳动物安全、无毒副作用。对非靶标生物和环境无风险。

【制剂】 10 亿 CFU/克、10 亿芽孢/克、200 亿孢子/克可湿性粉剂,1.2亿芽孢/克水分散粒剂,60亿芽孢/毫升悬浮剂。

【作用机制与防治对象】 本品是以芽孢杆菌直接入药的杀菌剂,采用以菌治菌、抑菌杀菌及诱导作物产生抗病性等原理。可用于防治水稻纹枯病、稻曲病、白叶枯病、细菌性条斑病、稻瘟病,烟草青枯病、黑胫病,棉花黄萎病,西瓜枯萎病,黄瓜角斑病,番茄枯萎病等病害。

【使用方法】

(1)防治水稻纹枯病和稻曲病:发病初期或发病前施药效果最佳,每667平方米用解淀粉芽孢杆菌B7900 10亿CFU/克可湿性粉剂15~20克,防治稻曲病,在水稻破口前5~7天均匀喷雾,间隔7天喷1次,连续喷雾2次;防治纹枯病,在水稻分蘖期和齐穗期分别喷雾1次。

(2)防治水稻白叶枯病和细菌性条斑病:发病初期,每667平方米用解淀粉芽孢杆菌LX-11 60亿芽孢/毫升悬浮剂500~650毫升兑水30~50千克均匀喷雾,7~10天后可再药1次。

(3)防治水稻稻瘟病:发病初期或水稻破口期,每667平方米用解淀粉芽孢杆菌B7900 10亿芽孢/克可湿性粉剂100~120克兑水30~50千克均匀喷雾,间隔7~10天施药1次,可连施2次。

(4)防治棉花黄萎病:发病前或发病初期,每667平方米用解淀粉芽孢杆菌B7900 10亿芽孢/克可湿性粉剂100~125克兑水30~50千克均匀喷雾,间隔7~10天用药1次,连续施用3次。

(5)防治西瓜枯萎病:育苗期泼浇、定植时淋根,施药2次,每667平方米用解淀粉芽孢杆菌B7900 10亿CFU/克可湿性粉剂苗期15~20克,移栽期用80~100克。

(6)防治黄瓜角斑病:发病初期开始喷雾,每667平方米用解淀粉芽孢杆菌B7900 10亿CFU/克可湿性粉剂35~45克,或每667平方米用解淀粉芽孢杆菌B7900 10亿芽孢/克可湿性粉剂75~100克,兑水40~60千克均匀喷雾,间隔7天用药1次,连续喷雾2~3次。

（7）防治番茄枯萎病：分别在番茄定植开沟时、第一次、第二次浇水时施药 3 次。定植时,每 667 平方米用解淀粉芽孢杆菌 B1619 1.2 亿芽孢/克水分散粒剂 16 千克撒施沟中,移栽番茄苗,浇透活棵水;定植后 7～10 天,第一、第二次浇水前,分别将菌粉按 3～4 克/棵(8 千克/667 平方米)撒施(或穴施)于番茄根部,随后浇水,连续 2～3 次。

（8）防治烟草青枯病：移栽时或定植后,每 667 平方米用解淀粉芽孢杆菌 PQ211 200 亿孢子/克可湿性粉剂 100～200 克兑水灌根,间隔 7～10 天施药 1 次,可连续施药 2～3 次;或每 667 平方米用解淀粉芽孢杆菌 B7900 10 亿 CFU/克可湿性粉剂 100～200 克兑水淋根 1 次。

（9）防治烟草黑胫病：发病初期,每 667 平方米用解淀粉芽孢杆菌 PQ211 200 亿孢子/克可湿性粉剂 150～200 克兑水灌根,间隔 7～10 天施药 1 次,可连续施药 2 次。

【注意事项】

（1）不能与含铜物质杀菌剂混用。

（2）适宜在下午 3 时后晴朗天气施用。

（3）建议与其他作用机制的杀菌剂交替使用,以延缓抗药性产生。

85. 腈苯唑

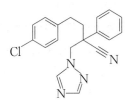

分子式：$C_{19}H_{17}ClN_4$

【类别】 三唑类。

【化学名称】 4-(4-氯苯基)-2-苯基-2-(1H-1,2,4-三唑-1-基甲基)丁腈。

【理化性质】 纯品为无色晶体,熔点124～126 ℃。蒸气压0.005毫帕(25 ℃),水中溶解度0.2毫克/升(25 ℃),有机溶剂中溶解度(20 ℃,毫克/升):丙酮250、乙酸乙酯132、二甲苯26、庚烷0.68。在300 ℃以下暗处稳定,在水中稳定。

【毒性】 低毒。大鼠急性经口LD_{50}＞2 000毫克/千克,大鼠急性经皮LD_{50}＞5 000毫克/千克。原药对兔眼睛和皮肤无刺激作用,大鼠急性吸入LC_{50}(4小时)＞2.1毫克(原药)/升(空气)。山齿鹑LC_{50}(饲喂)为4 050毫克/千克(饲料,8天)。虹鳟鱼LC_{50}(96小时)为1.5毫克/升,蓝鳃太阳鱼LC_{50}(96小时)0.68毫克/升。蜜蜂LC_{50}(96小时)＞0.29毫克/只。

【制剂】 24%悬浮剂。

【作用机制与防治对象】 本品为具有内吸传导性杀菌剂。作用机制为通过抑制甾醇脱甲基化,能抑制病原菌菌丝伸长,抑制病菌孢子侵染作物组织。在病菌潜伏期使用,能阻止病菌发育;在发病后使用,能使下一代孢子发育畸形,失去侵染能力,对病害既有预防作用又有治疗作用。对水稻稻曲病、桃褐腐病、香蕉叶斑病等病害有效。

【使用方法】

(1)防治水稻稻曲病:在水稻孕穗后期(破口前2～6天),每667平方米用24%悬浮剂15～20毫升兑水30～50千克均匀喷雾,在稻曲病发生严重的年份,可在破口后3～7天内再施用1次。安全间隔期21天,每季最多施用3次。

(2)防治桃褐腐病:谢花后和采收前是桃褐腐病侵染的两个高峰期,可用24%悬浮剂2 500～3 200倍液各喷1～2次,有效防治桃褐腐病;也可在花芽露红时喷1次,防治花期褐腐病,安全间隔期14天,每季最多施用3次。

(3)防治香蕉叶斑病:发病初期,用24%悬浮剂960～1 200

倍均匀喷雾,每隔 15～22 天喷 1 次,连喷 1～3 次,安全间隔期 42
天,每季最多施用 3 次。

【注意事项】

(1) 为防止抗药性产生,本品应与其他不同作用机制的药剂
轮换使用,避免在整个生长季使用单一药剂。

(2) 对鱼类等水生生物有毒,应远离水产养殖区施药,禁止在
河塘等水体中清洗施药器具,应避免药液流入湖泊、河流或鱼塘中
污染水源。

(3) 本品在下列食品上的最大残留限量(毫克/千克):糙米
0.1,桃 0.5,香蕉 0.05。

86. 腈菌唑

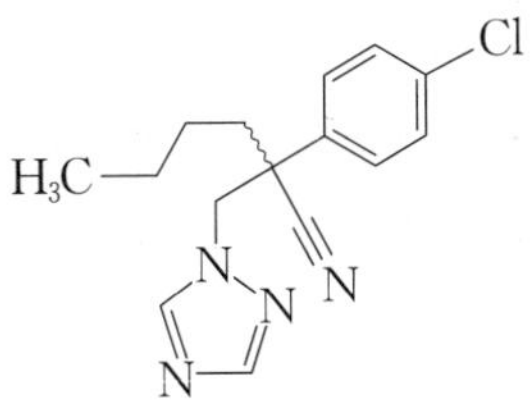

分子式:$C_{15}H_{17}ClN_4$

【类别】 三唑类。

【化学名称】 2-(4-氯苯基)-2-(1H-1,2,4-三唑-1-基
甲基)己腈。

【理化性质】 纯品为浅黄色固体,原药为棕色或棕褐色黏稠
液体。熔点原药 63～68 ℃,纯品 68～69 ℃。沸点 202～208 ℃
(133.3 帕)。蒸气压 213 毫帕(25 ℃)。水中溶解度(25 ℃)142 毫
克/升,醇、芳烃、酯、酮中溶解度(25 ℃)50～100 克/升,不溶于脂
肪烃。在日光下其水溶液降解,DT_{50} 为 222 天(消毒水)、0.8 天

(敏化消毒水)、25 天(池塘水);在 pH5、pH7、pH9 和温度 28℃条件下,28 天内不水解;在土壤中 DT_{50} 为 60 天(粉砂壤土),在厌氧条件下不降解。

【毒性】 低毒。大鼠急性经口 LD_{50} 为 1600 毫克/千克(雄)、2290 毫克/千克(雌),兔急性经皮 LD_{50} >5000 毫克/千克。对鼠、兔皮肤无刺激作用,对眼睛有轻度刺激,对豚鼠无皮肤过敏现象。大白鼠 90 天饲喂试验的 NOEL 为 100 毫克/千克饲料。对鼠、兔无致畸、致突变作用。Ames 试验为阴性。鹌鹑急性经口 LD_{50} 为 510 毫克/千克。蓝鳃太阳鱼 LC_{50}(96 小时)为 2.4 毫克/升,鲤鱼 LC_{50}(48 小时)为 5.8 毫克/升,水虱 LC_{50} 为 11 毫克/升。

【制剂】 5％、10％、12％、12.5％、25％乳油,20％、40％悬浮剂,40％水分散粒剂,12.5％、40％可湿性粉剂,5％、12.5％、20％微乳剂。

【作用机制与防治对象】 本品属于内吸性三唑类杀菌剂,主要对病原菌的麦角甾醇的生物合成起抑制作用,导致细胞膜不能形成,从而杀死病原菌。对防治小麦白粉病、黄瓜白粉病、黄瓜黑星病、梨树黑星病、葡萄炭疽病、香蕉叶斑病、香蕉黑星病、柑橘树疮痂病、柑橘树炭疽病、苹果树斑点落叶病、豇豆锈病、烟草白粉病、烟草赤星病有较好效果。

【使用方法】

(1)防治小麦白粉病:发病初期,每 667 平方米用 12.5％乳油 24～32 毫升或 25％乳油 8～16 毫升,兑水 30～50 千克均匀喷雾,每季最多施用 2 次,安全间隔期为 57 天。

(2)防治梨树黑星病:发病前或发病初期,用 40％悬浮剂 6667～10000 倍液均匀喷雾,隔 7～10 天用药 1 次,安全间隔期为 21 天,每季最多施用 3 次;或用 40％水分散粒剂 6000～7000 倍液或 40％可湿性粉剂 6000～8000 倍液,或 12.5％微乳剂 2000～3000 倍液均匀喷雾,间隔 7～15 天用药 1 次,连续使用 3 次,安全间隔期为 14 天,每季最多施用 3 次。

（3）防治香蕉叶斑病：发病初期，用25％乳油800～1000倍液，或12％乳油600～800倍液均匀喷雾，连续喷2～3次，每次间隔10天左右，安全间隔期为20天，每季最多施用3次。

（4）防治香蕉黑星病：发病初期，用25％乳油2500～3000倍液均匀喷雾，每隔10～20天施药1次，可连续用药3次，安全间隔期为20天，每季最多施用3次。

（5）防治柑橘树疮痂病、柑橘树炭疽病：于发病前或发病初期用药，用40％水分散粒剂4000～4800倍液均匀喷雾，安全间隔期为14天，每季最多施用3次。

（6）防治苹果树斑点落叶病：发病前或发病初期，用40％水分散粒剂6000～7000倍液均匀喷雾，安全间隔期为14天，每季最多施用3次。

（7）防治苹果树白粉病：发病前或发病初期，用40％可湿性粉剂6000～8000倍液均匀喷雾，间隔10天左右施药1次，连续施药3次，安全间隔期为14天，每季最多施用3次。

（8）防治荔枝树炭疽病：于荔枝开花前施药，用40％可湿性粉剂4000～6000倍液均匀喷雾，间隔10天左右施药1次，连续施药3次，安全间隔期为14天，每季最多施用3次。

（9）防治葡萄炭疽病：发病初期，用40％可湿性粉剂4000～6000倍液均匀喷雾，间隔10～15天用药1次，安全间隔期为21天，每季最多施用3次。

（10）防治黄瓜白粉病：发病初期，每667平方米用12.5％乳油20～32毫升兑水40～60千克均匀喷雾，安全间隔期为5天，每季最多施用4次；或每667平方米用40％水分散粒剂10～12.5克，或40％可湿性粉剂8～10克，兑水40～60千克均匀喷雾，间隔10天左右喷1次，连续施药2～3次，安全间隔期为3天，每季最多施用3次。

（11）防治黄瓜黑星病：每667平方米用12.5％可湿性粉剂30～40克兑水40～60千克均匀喷雾，安全间隔期为2天，每季最多施用4次。

（12）防治豇豆锈病：于发病初期开始施药，每667平方米用40％可湿性粉剂13~20克兑水均匀喷雾，间隔7~10天喷1次，连续施药2~3次，安全间隔期为5天，每季最多施用3次。

（13）防治烟草白粉病、赤星病：发病初期或烟田出现零星病斑时施药，每667平方米用12.5％微乳剂30~40毫升兑水均匀喷雾，间隔7~10天用药一次，安全间隔期为21天，每季最多施用3次。

【注意事项】

（1）对蜜蜂有毒，施药期间应避免对周围蜂群的影响，开花作物花期禁用，桑园及蚕室附近禁用，赤眼蜂等天敌放飞区域禁用；远离水产养殖区用药，禁止在河塘等水体中清洗施药器具，避免药液污染水源地。

（2）瓜类对本品较敏感，使用时应避免飘移到临近作物上，以免产生药害。

（3）在日光下本品水溶液会降解，药液应现用现配，以防分解失效；大风天或预计1小时内降雨，请勿施药。

（4）不可与碱性农药等物质混合使用。

（5）建议与其他不同作用机制的杀菌剂轮换使用。

（6）本品在下列食品上的最大残留限量（毫克/千克）：梨0.5，香蕉2，苹果0.5，荔枝0.5，葡萄1，黄瓜1，豇豆2。

87. 精苯霜灵

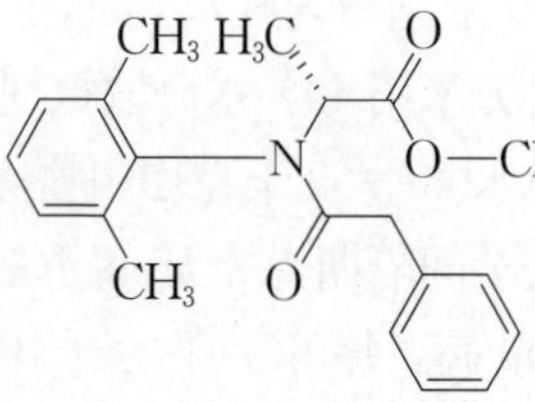

分子式：$C_{20}H_{23}NO_3$

【类别】 酰胺类。

【化学名称】 N-$(2,6$-二甲苯基$)$-N-$(2$-苯乙酰基$)$-D-α-氨基丙酸甲酯。

【理化性质】 纯品为白色无味结晶,熔点 76.8℃,密度 1.181克/毫升,蒸气压 0.059 5 毫帕(25℃),闪点 195℃,水中溶解度(25℃)0.037 克/升,易溶于丙酮、氯仿、二氯甲烷、二甲基甲酰胺、二甲苯等大多数有机溶剂,在酸性及中性介质中稳定,遇强碱分解。不吸潮,无爆炸和腐蚀性。

【毒性】 低毒。大鼠急性经口 LD_{50}＞2 000 毫克/千克,急性经皮 LD_{50}＞6 000 毫克/千克,急性吸入 LC_{50}＞10 毫克/升;ADI 为0.04 毫克/千克;对兔皮肤和眼睛无刺激性,对豚鼠皮肤无致敏性。无致癌、致畸、致突变作用。大鼠 NOEL(2 年)为 4.4 毫克/(千克·天)。来亨鸡急性经口 LD_{50} 为 4 600 毫克/千克,山齿鹑急性经口LD_{50}＞5 000 毫克/千克,鹌鹑急性经口 LD_{50}＞3 700 毫克/千克,山齿鹑亚急性经口 LD_{50}＞5 000 毫克/千克,鹌鹑亚急性经口 LD_{50}＞5 000毫克/千克。鱼类 LC_{50}(96 小时,毫克/升):孔雀鱼 7.0,蓝鳃太阳鱼5.9,鲤鱼 6.0,金鱼 7.6,虹鳟鱼 7.6。对蜜蜂和天敌安全。

【制剂】 无单剂产品,只有复配制剂 69%代森锰锌·精苯霜灵水分散粒剂。

【作用机制与防治对象】 本品通过抑制菌体内 RNA 聚合酶,阻止真菌菌丝生长,具有内吸传导作用。精苯霜灵和代森锰锌复配兼具预防和治疗双重功效,病菌不易产生抗性。对马铃薯晚疫病有较好防治效果。

【使用方法】

马铃薯晚疫病:在发病前或发病初期施药,每 667 平方米用69%代森锰锌·精苯霜灵水分散粒剂 120～160 克兑水 30～50 千克均匀喷雾,安全间隔期为 14 天,每季最多施药 2 次。

【注意事项】

(1) 对眼睛有刺激性,注意安全防护,配药和施药时应穿戴防护服和手套,不可吃东西和饮水,避免吸入药液。施药后应及时洗手和洗脸。

(2)对鱼类等水生生物有毒,施药时不可污染水源,并远离水产养殖区域、河塘水体施药。禁止在河塘等水域清洗施药器具,施药后不得将田水排入江河、湖泊、水渠及水产养殖区域。赤眼蜂等放飞区域禁用。施药后,禁止将剩余的药剂或洗涤药械的水放到池塘、河流等水体中。

88. 精甲霜灵

分子式:$C_{15}H_{21}NO_4$

【类别】 苯基酰胺类。

【化学名称】 N-(甲氧基乙酰基)-N-(2,6-二甲苯基)-D-丙氨酸甲酯。

【理化性质】 甲霜灵的R异构体,纯度99.4%。纯品为淡黄色黏稠液体。密度1.125克/厘米³(20 ℃),纯品在270 ℃左右时热分解。熔点-38.7 ℃。蒸气压3.3×10^{-3}帕(25 ℃)。水中溶解度(25 ℃)26克/升,有机溶剂中溶解度(25 ℃):正己烷59克/升,与丙酮、乙酸乙酯、甲醇、二氯甲烷、甲苯和正辛醇互溶。在酸性和中性条件下稳定。正辛醇-水分配系数$K_{ow}\log P$为1.71。亨利常数3.5×10^{-5}帕·米³/摩。

【毒性】 低毒。大鼠急性经口LD_{50}为667毫克/千克,急性经皮$LD_{50} > 2\,000$毫克/千克。对兔皮肤无刺激性,对眼睛有严重刺激性。无致畸、致癌、致突变现象。虹鳟鱼 LC$_{50}$（96 小时）＞100 毫克/升，水蚤 LC$_{50}$（48 小时）＞100 毫克/升。

【制剂】 20％、35％悬浮种衣剂,350 克/升种子处理乳剂。

【作用机制与防治对象】 主要抑制病原菌中核酸的生物合成,主要是 RNA 的合成,具有立体旋光活性的杀菌剂,是甲霜灵杀菌剂两个异构体中的 R 异构体。具有内吸性和双向传导性,能透过种皮,随着种子的萌发和生长可内吸传导到植株的各个部位。用于种子处理,可防治由低等真菌引起的多种种传和土传病害。对玉米茎基腐病、马铃薯晚疫病、水稻烂秧病、大豆根腐病等有较好的防效。

【使用方法】

（1）防治玉米茎基腐病：每 100 千克种子用 20％悬浮种衣剂 53～76 克进行种子包衣,将药浆与种子充分搅拌,直到药液均匀分布到种子表面,晾干后即可。

（2）防治马铃薯晚疫病：每 100 千克种薯用 35％悬浮种衣剂 114～143 克进行种子包衣,将药浆与种子充分搅拌,直到药液均匀分布到种薯表面,晾干后即可。

（3）防治水稻烂秧病：每 100 千克种子用 35％悬浮种衣剂 20～25 毫升兑水稀释至 1～2 升,将药浆与种子充分搅拌,直到药液均匀分布到种子表面,晾干后即可。

（4）防治大豆根腐病：用 350 克/升种子处理乳剂按药种比 1：1250～2500 进行拌种,用水稀释至 1～2 升,将药浆与种子充分搅拌,直到药液均匀分布到种子表面,晾干后即可。

（5）防治花生根腐病：用 350 克/升种子处理乳剂按药种比 1：1250～2500 进行拌种,用水稀释至 1～2 升,将药浆与种子充分搅拌,直到药液均匀分布到种子表面,晾干后即可。

（6）防治棉花猝倒病：用 350 克/升种子处理乳剂按药种比 1：1250～2500 进行拌种,用水稀释至 1～2 升,将药浆与种子充分搅拌,直到药液均匀分布到种子表面,晾干后即可。

（7）防治向日葵霜霉病：用350克/升种子处理乳剂按药种比1∶333～1000进行种子拌种处理，用水稀释至1～2升，将药浆与种子充分搅拌，直到药液均匀分布到种子表面，晾干后即可。

【注意事项】

（1）处理过的种子必须放置在有明显标签的容器内。勿与食物、饲料放在一起，不得饲喂禽畜，更不得用来加工饲料或食品。

（2）播种后必须覆土，严禁畜禽进入。鸟类保护区禁用。

（3）对蜜蜂、鱼类等水生生物、家蚕有毒，施药期间应避免对周围蜂群的影响，开花作物盛花期、蚕室和桑园附近禁用。远离水产养殖区施药，禁止在河塘等水体中清洗施药器具。

（4）本品在下列食品上的最大残留限量(毫克/千克)：马铃薯0.05，糙米0.1，大豆0.05，花生仁0.1，棉籽0.05。

89. 井冈霉素

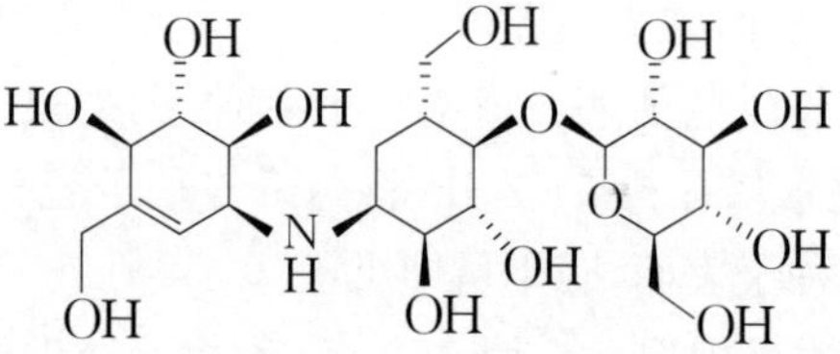

分子式：$C_{20}H_{35}NO_{13}$

【类别】 农用抗生素类。

【化学名称】 N-[(1S)-(1,4,6/5)-3-羟甲基-4,5,6-三羟基-2-环己烯][O-β-D-吡喃葡萄糖基-(1→3)]-1S-(1,2,4/3,5)-2,3,4-三羟基-5-羟甲基-环己基胺（A组分）。

【理化性质】 本品是由吸水链霉菌井冈变种产生的水溶性抗生素-葡萄糖苷类化合物，共有6个组分。其主要活性成分为井冈霉素 A,其次是井冈霉素 B。纯品为白色粉末,无一定熔点,95～100℃软化,约在 135℃分解。易溶于水,可溶于甲醇、二氧六环、二甲基甲酰胺,微溶于乙醇,不溶于丙酮、氯仿、苯、石油醚等有机溶剂。吸湿性强。在 pH 4～5 水中稳定。在 0.1 摩尔/升硫酸中(105℃,10 小时)分解,能被多种微生物分解失去活性。

【毒性】 低毒。纯品对大、小鼠急性经口 LD$_{50}$ 均＞20 000 毫克/千克,急性经皮 LD$_{50}$＞15 000 毫克/千克。用 5 000 毫克/千克井冈霉素涂抹大鼠皮肤无中毒反应。

【制剂】 2.4％、3％、4％、5％、10％、13％、24％、28％井冈霉素水剂,2.4％、10％、20％井冈霉素水溶粉剂,3％、4％、5％、8％、10％、15％、20％、60％井冈霉素可溶粉剂,4％、5％、20％井冈霉素 A 可溶粉剂,2.4％、4％、8％井冈霉素 A 水剂。

【作用机制与防治对象】 本品是一种放线菌产生的抗生素,具有较强的内吸性,具有保护和治疗作用,易被菌体细胞吸收并在其内迅速传导,干扰和抑制菌体细胞生长和发育,使菌丝体顶端产生异常分枝,进而使其停止生长并导致其死亡。主要用于防治水稻纹枯病、白术立枯病、白术白绢病、辣椒立枯病、苹果树轮纹病等病害。

【使用方法】

(1) 防治白术立枯病:在苗期开始用药,每 667 平方米用 60％井冈霉素可溶粉剂 50～60 克兑水 30～50 千克均匀喷雾,每季最多施用 3 次,安全间隔期 14 天。

(2) 防治白术白绢病:发病初期,每 667 平方米用 10％井冈霉素水溶粉剂 300～400 克或 20％水溶粉剂 150～200 克,兑水 30～50 千克均匀喷雾。

(3) 防治杭白菊根腐病:在发病初期开始用药,每 667 平方米用 8％井冈霉素 A 水剂 400～500 毫升兑水 30～50 千克均匀喷雾或灌根,间隔 7～10 天后再施药 1 次,每季最多施用 3 次,安全间隔期 14 天。

（4）防治杭白菊叶枯病：在发病初期开始用药，每667平方米用8%井冈霉素 A 水剂 400～500 毫升兑水 30～50 千克均匀喷雾，间隔 7～10 天后再施药 1 次，每季最多施用 3 次，安全间隔期14 天。

（5）防治辣椒立枯病：发病初期，每平方米用 2.4%井冈霉素水剂 4～6 毫升兑水泼浇；或每平方米用 4%井冈霉素水剂 3～4 毫升兑水泼浇，每季最多施用 2 次，安全间隔期 14 天。

（6）防治苹果树轮纹病：在侵染初期开始用药，每667平方米用 13%井冈霉素水剂 1 000～1 500 倍液均匀喷雾，间隔 10 天左右用药 1 次，可连续用药 2～3 次。

（7）防治水稻纹枯病：在始发期用药，每 667 平方米用 2.4%井冈霉素可溶粉剂 333～416 克或 3%井冈霉素可溶粉剂 333～416 克或 5%井冈霉素水剂 200～250 毫升，兑水 30～50 千克均匀喷雾，间隔期 7～15 天用药 1 次，药液要喷在水稻中、下部，全生育期施药 1～2 次，每季最多施用 2 次，安全间隔期 14 天。

（8）防治水稻稻曲病：在破口前期开始用药，每667平方米用13%井冈霉素水剂 35～50 毫升或 24%井冈霉素水剂 25～30 毫升，兑水 30～50 千克均匀喷雾，间隔 7～10 天用药 1 次，可连续施药 2～3 次，每季最多施用 3 次，安全间隔期 14 天。

（9）防治小麦纹枯病：于发病初期开始用药，每 667 平方米用20%井冈霉素可溶粉剂 43～56 克兑水 30～50 千克均匀喷雾，每季最多施用 2 次，安全间隔期 14 天。

（10）防治草坪褐斑病：于发病初期开始用药，用 20%井冈霉素可溶粉剂 400～800 倍液均匀喷雾。

【注意事项】

（1）对鱼有毒，施药时应避免对水源、鱼塘的影响，施药后不要在河塘等水源及鱼塘中清洗药械。

（2）为延缓抗药性的产生，在水稻生育期内可轮换使用其他不同类型的杀菌剂。

（3）不可与碱性物质混用。

（4）本品在下列食品上的最大残留限量(毫克/千克)：白术：0.5,菊花(鲜)1,菊花(干)2,苹果1,稻谷0.5,糙米0.5,小麦0.5。

90. 菌核净

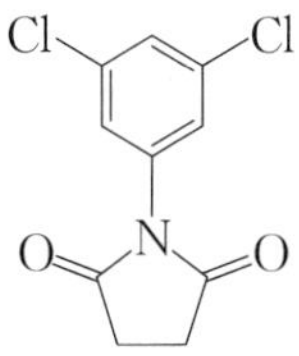

分子式：$C_{10}H_7Cl_2NO_2$

【类别】 杂环类。

【化学名称】 N-3,5-二氯苯基丁二酰亚胺。

【理化性质】 纯品为白色结晶。熔点137～139 ℃。工业品为浅棕色固体。不溶于水,溶于丙酮、环己醇等有机溶剂。在常温下和酸性介质中稳定,遇碱分解,对光敏感。

【毒性】 低毒。雄大鼠急性经口 LD_{50} 为1250毫克/千克；雌大鼠急性经口 LD_{50} 为750毫克/千克。

【制剂】 40%可湿性粉剂。

【作用机制与防治对象】 本品对核盘菌和灰葡萄孢有高度活性,对由交链孢属病原菌引起的作物病害有很好防效,不仅药效优良,而且具有直接杀菌、内渗性强、不怕雨淋流失、持效期长等特点。可用于防治油菜菌核病、烟草赤星病、三七黑斑病、水稻纹枯病、黄瓜灰霉病和葡萄灰霉病。

【使用方法】

（1）防治烟草赤星病：于定苗后初花期田间发病初期开始施药,每667平方米用40%可湿性粉剂190～335克兑水30～50千克均匀喷雾,每隔 7～10 天用药 1 次,连喷 3 次,每季最多施用 3 次,安全间隔期 21 天。

(2) 防治水稻纹枯病:于作物发病初期开始用药,每 667 平方米用 40％可湿性粉剂 200～250 克兑水 30～50 千克均匀喷雾,每隔 1～2 周喷 1 次,共喷 2～3 次。

(3) 防治油菜菌核病:在油菜盛花期第一次用药,每 667 平方米用 40％可湿性粉剂 100～150 克兑水 30～50 千克均匀喷雾,每隔 7～10 天再喷施 1 次,重点喷洒植株中下部。

【注意事项】

(1) 避免与强碱性农药等物质混用,以免降低药效。

(2) 在烟草苗期和旺长期使用会产生药害,须在烟草成熟打顶后施用,正反叶面喷雾;对豆科和茄科等作物较敏感,对菜豆的开花、结荚产生较明显影响。

(3) 可与其他作用机制的杀菌剂轮换使用。

(4) 禁止在池塘等水体中清洗施药器具,使用过后的容器要妥善保存。

91. 克菌丹

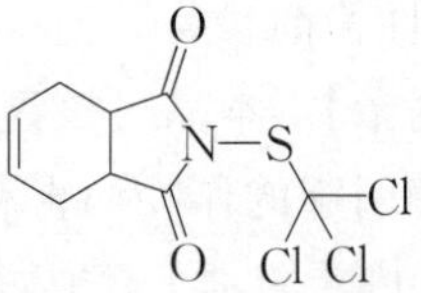

分子式:$C_9H_8Cl_3NO_2S$

【类别】 杂环类。

【化学名称】 N-三氯甲硫基-4-环己烯-1,2-二甲酰亚胺。

【理化性质】 纯品为白色晶体,熔点 178 ℃,工业品为黄棕色,略带臭味。在中性或酸性条件下稳定,在高温和碱性条件下易水解,有刺激性气味,熔点 158～170 ℃,25 ℃时蒸气压 0.133×10^{-3} 帕。微溶于水,溶于大部分有机溶剂如环己酮、丙酮、氯仿和二甲苯等。

【毒性】 低毒。大鼠急性经口 LD_{50}＞2 150 毫克/千克,大鼠急性经皮 LD_{50}＞250 毫克/千克;对皮肤和眼有刺激作用。对鱼高毒,对鸟低毒。

【制剂】 50％、80％可湿性粉剂,80％、90％水分散粒剂,40％、450 克/升悬浮种衣剂,40％悬浮剂。

【作用机制与防治对象】 本品属保护性杀菌剂,作用机制是抑制病菌的线粒体呼吸作用,阻碍呼吸链中的乙酰辅酶 A 的形成,影响病菌的能量代谢。属多作用位点杀菌剂,杀菌谱广,对草莓灰霉病、番茄叶霉病、番茄早疫病、番茄灰霉病、黄瓜炭疽病、辣椒炭疽病、梨树黑星病等病害均有良好的防治效果。

【使用方法】

（1）防治玉米苗期茎基腐病:用 450 克/升悬浮种衣剂按药种比 1∶571～667 种子包衣。

（2）防治番茄叶霉病:发病前或发病初期,每 667 平方米用 50％可湿性粉剂 125～188 克兑水 30～50 千克均匀喷雾,每隔 7～10 天施药 1 次,可连喷 3 次,每季最多施用 3 次,安全间隔期 7 天。

（3）防治番茄早疫病:在发病前或田间零星发病时施药,每 667 平方米用 50％可湿性粉剂 125～187.5 克兑水 30～50 千克均匀喷雾,每隔 7～10 天施药 1 次,可连喷 3～5 次,每季最多施用 5 次,安全间隔期 2 天。

（4）防治番茄灰霉病:发病前或田间零星发病时施药,每 667 平方米用 50％可湿性粉剂 155～190 克兑水 30～50 千克均匀喷雾,隔 7～10 天施药 1 次,可连喷 3 次,每季最多施用 3 次,安全间隔期 7 天。

（5）防治黄瓜炭疽病:在发病前或田间零星发病时施药,每

667 平方米用 50％可湿性粉剂 120～180 克兑水 40～60 千克均匀喷雾,每隔 7～10 天施药 1 次,每季最多施用 3 次,安全间隔期 3 天。

（6）防治辣椒炭疽病：在发病前预防或田间零星发病时施药,每 667 平方米用 50％可湿性粉剂 125～187 克兑水 30～50 千克均匀喷雾,每隔 7～10 天施药 1 次,可连喷 3～5 次,每季最多施用 5 次,安全间隔期 2 天。

（7）防治马铃薯黑痣病：每 100 千克种薯用 50％可湿性粉剂 100～120 克拌种,在播种前进行种薯拌药处理,拌种要均匀,拌好药剂的薯块自然阴干后播种,施药 1 次。

（8）防治草莓灰霉病：于发病前预防或田间零星发病时用药,用 80％水分散粒剂 600～1 000 倍液均匀喷雾,间隔 7～10 天喷 1 次,连续施药 2～3 次,每季最多施用 3 次,安全间隔期 3 天；或用 50％可湿性粉剂 400～600 倍液均匀喷雾,每隔 7～10 天施药 1 次,可连喷 3～5 次,每季最多施用 5 次,安全间隔期 2 天。

（9）防治柑橘树脂病：以防为主或发病初期用药,用 80％水分散粒剂 600～1 000 倍液均匀喷雾,间隔 7～10 天施药 1 次,每季最多施用 3 次,安全间隔期 21 天。防治关键期为谢花后、幼果期、果实膨大期。

（10）防治苹果树轮纹病：在幼果期开始用药,用 80％可湿性粉剂 600～1 000 倍液喷雾,间隔 10～15 天喷施 1 次,连续用药 3 次,每季最多施用 3 次,安全间隔期 21 天；或于发病初期用药,用 40％悬浮剂 320～640 倍液喷雾,间隔 7 天用药 1 次,可连续用药 3 次,每季最多施用次数 3 次,安全间隔期 7 天。

（11）防治苹果树炭疽病：发病初期,用 40％悬浮剂 400～500 倍液喷雾,每季最多施用 3 次,安全间隔期 14 天。

（12）防治苹果树斑点落叶病：于发病初期或分别于春梢和秋梢生长期施药,用 40％悬浮剂 400～600 倍液喷雾,间隔 7～10 天喷施 1 次,可连用 2～3 次,每季最多施用 4 次,安全间隔期 14 天。

（13）防治梨煤污病：发病前或发病初期，用 80％ 水分散粒剂 600～1000 倍液均匀喷雾，间隔 7～10 天施药 1 次，每季最多施用 2 次，安全间隔期 14 天。

（14）防治梨树黑星病：发病初期，用 50％ 可湿性粉剂 500～700 倍液均匀喷雾，安全间隔期 14 天。

（15）防治葡萄霜霉病：发病初期，用 50％ 可湿性粉剂 400～600 倍液均匀喷雾。

【注意事项】

（1）经包衣过的种子，不能用作食物或饲料，在外袋贴上标签注明，并应妥善存放，不可与未经药剂处理的种子混放，更应避免人、家禽和家畜误食。

（2）对鱼高毒，应避免药液流入河流水体，不要在河塘等水体清洗沾有药剂的器具。

（3）避免使用在甜玉米、糯玉米和亲本作物上。

（4）不能与碱性农药混用；与含锌离子的叶面肥混用时有些作物较敏感，应先试验、后使用。

（5）红提葡萄果穗对本品敏感，不推荐直接对果穗用药。可以在巨峰、藤稔、玫瑰香及酒葡萄上使用。

（6）葡萄上不能与有机磷杀虫剂混用，也不能与激素及含激素叶面肥混用。

（7）本品在下列食品上的最大残留限量（毫克/千克）：草莓 15，番茄 5，柑橘 5，黄瓜 5，辣椒 5，梨 15，马铃薯 0.05，苹果 15，葡萄 5，玉米 0.05。

92. 枯草芽孢杆菌

【类别】 微生物类。

【理化性质】 10 000 亿活芽孢/克枯草芽孢杆菌母药外观为

乳白色或微黄色粉体,无霉变,无结块,pH 为 8.0～9.0,水分含量 2%。在阴凉干燥条件下活性可稳定 2 年。

【毒性】 低毒。雌、雄大鼠急性经口 $LD_{50}>5\,000$ 毫克/千克,急性经皮 $LD_{50}>5\,000$ 毫克/千克,急性吸入 $LC_{50}>2\,831$ 毫克/千克。对皮肤和眼睛无刺激性,无致病性。

【制剂】 10 亿 CFU/克、10 亿芽孢/克、100 亿芽孢/克、200 亿芽孢/克、1 000 亿芽孢/克、2 000 亿芽孢/克、2 000 亿 CFU/克可湿性粉剂,200 亿芽孢/毫升可分散油悬浮剂,80 亿 CFU/毫升悬浮剂,300 亿芽孢/毫升悬浮种衣剂,1 亿孢子/毫升水剂。

【作用机制与防治对象】 本品喷洒在作物叶面上后,其活芽孢利用叶面上的营养和水分在叶片上繁殖,迅速占领整个叶片表面,同时分泌具有杀菌作用的活性物,达到有效排斥、抑制和杀灭病菌的作用。对水稻稻瘟病、棉花黄萎病、马铃薯晚疫病、烟草黑胫病、柑橘青霉病、绿霉病等病害有较好防治作用。

【使用方法】

(1) 防治水稻纹枯病:发病初期,每 667 平方米用 1 000 亿个/克可湿性粉剂 75～100 克兑水 30～50 千克均匀喷雾。

(2) 防治水稻稻瘟病:发病初期,每 667 平方米用 1 000 亿个/克可湿性粉剂 25～30 克兑水 30～50 千克均匀茎叶喷雾,间隔 7～14 天喷施 1 次,连续喷 2～3 次。

(3) 防治水稻白叶枯病:发病初期,每 667 平方米用 100 亿芽孢/克可湿性粉剂 50～60 克兑水 30～50 千克均匀喷雾。

(4) 防治小麦白粉病、赤霉病、锈病:发病初期,每 667 平方米用 1 000 亿个/克可湿性粉剂 15～20 克兑水 30～50 千克均匀喷雾。

(5) 防治棉花黄萎病:播前每 100 千克种子用 1 000 亿个/克可湿性粉剂 200 克浸种,并于发病前或发病初期,每 667 平方米用 20～30 克兑水 30～50 千克均匀喷雾,间隔 7 天喷施 1 次,连续 2～3 次。

（6）防治玉米大斑病：发病初期，每 667 平方米用 200 亿芽孢/毫升可分散油悬浮剂 70～80 毫升兑水 30～50 千克均匀喷雾。

（7）防治番茄青枯病：于发病前使用预防病害效果最好，并且连续施用 3 次以上。苗床期，于播种后及苗期 2～3 叶时用 1 亿孢子/毫升水剂 300 倍液浇灌，每平方米 2 000 毫升；移栽后 300～500 倍液灌根，每株 100 毫升，每隔 7 天灌根 1 次，共灌根 4 次。

（8）防治黄瓜枯萎病：用 300 亿芽孢/毫升悬浮种衣剂进行种子包衣，每 100 千克种子用药剂 5 000～10 000 毫升，加适量清水，将药液与种子充分搅拌，直到药液均匀分布到种子表面，阴干后播种。

（9）防治黄瓜白粉病：发病前 20 天左右开始施药，每 667 平方米用 80 亿 CFU/毫升悬浮剂 400～600 毫升兑水 40～60 千克均匀喷雾，每 7～10 天施药 1 次，可连续用药 2～3 次。

（10）防治黄瓜灰霉病：发病初期，每 667 平方米用 1000 亿芽孢/克可湿性粉剂 35～55 克兑水 40～60 千克均匀喷雾。

（11）防治辣椒枯萎病：拌种预防，用 10 亿 CUF/克可湿性粉剂，按药种比 1：25～50 的比例拌种；发病初期防治，每 667 平方米用 100 亿芽孢/克可湿性粉剂 200～250 克或 1000 亿个/克可湿性粉剂 200～300 克兑水灌根。

（12）防治白菜软腐病：发病初期，每 667 平方米用 100 亿芽孢/克可湿性粉剂 50～60 克兑水 30～50 千克均匀喷雾。

（13）防治马铃薯晚疫病：发病初期，每 667 平方米用 1000 亿个/克可湿性粉剂 10～14 克兑水 30～50 千克均匀喷雾。

（14）防治茄子黄萎病：用 10 亿 CUF/克可湿性粉剂稀释至 300～400 倍液灌根，或者每株 2～3 克药土穴施。

（15）防治西瓜枯萎病：用 10 亿 CUF/克可湿性粉剂稀释至 300～400 倍液灌根，或者每株用 2～3 克穴施。

（16）防治甜瓜白粉病：发病初期，每 667 平方米用 1000 亿芽孢/克可湿性粉剂 120～160 克兑水 40～60 千克均匀喷雾，每 7～

10 天施药 1 次,可连续用药 2~3 次。

(17)防治草莓白粉病、灰霉病:发病初期,每 667 平方米用 2 000 亿 CFU/克可湿性粉剂 20~30 克或 1 000 亿个/克可湿性粉剂 40~60 克,兑水均匀喷雾,间隔 7~10 天用药 1 次,每季可连续用药 2~3 次。

(18)防治柑橘树溃疡病:发病初期,每 667 平方米用 1 000 亿芽孢/克可湿性粉剂 1 500~2 000 倍液均匀喷雾,间隔 7~14 天用药 1 次,视情况连续施药 2~3 次,每季最多施药 3 次。

(19)防治柑橘绿霉病、青霉病:采用浸果法,用 1 000 亿个/克可湿性粉剂稀释至 3 000~5 000 倍液,将采摘的果实在药液中浸渍 1~2 分钟后捞起晾干,常温贮存。

(20)防治苹果树炭疽病:发病初期,每 667 平方米用 2 000 亿芽孢/克可湿性粉剂 1 000~1 250 克兑水 30~50 千克均匀喷雾,间隔 10~15 天用药 1 次,可连续用药 2~3 次。

(21)防治香蕉枯萎病:用 10 亿芽孢/克可湿性粉剂稀释至 50~60 倍液灌根。

(22)防治烟草青枯病:发病初期,每 667 平方米用 100 亿芽孢/克可湿性粉剂 50~60 克兑水 30~50 千克均匀喷雾或喷淋。

(23)防治烟草野火病:发病初期,每 667 平方米用 100 亿芽孢/克可湿性粉剂 50~60 克兑水 30~50 千克均匀喷雾或喷淋。

(24)防治烟草黑胫病,发病初期,每 667 平方米用 1 000 亿个/克可湿性粉剂 100~125 克兑水 30~50 千克均匀喷雾或喷淋。

(25)防治三七根腐病:发病初期,每 667 平方米用 10 亿 CUF/克可湿性粉剂 200~300 克兑水 30~50 千克均匀喷雾。

(26)防治人参黑斑病:发病初期进行茎叶喷雾,每 667 平方米用 1 000 亿个/克可湿性粉剂 60~80 克兑水 30~50 千克均匀喷雾。

(27)防治人参灰霉病:发病初期,每 667 平方米用 1 000 亿个/克可湿性粉剂 60~80 克兑水 30~50 千克均匀喷雾。

（28）防治人参立枯病：每平方米用10亿芽孢/克可湿性粉剂2～3克兑水浇灌。

（29）防治人参根腐病：每平方米用10亿芽孢/克可湿性粉剂2～3克兑水浇灌。

【注意事项】

（1）不可与呈碱性的农药物质混合使用。

（2）对蜜蜂、鱼类等水生生物和家蚕有毒，施药期间应避免对周围蜂群的影响，禁止在开花植物花期、蚕室和桑园附近使用。远离水产养殖区、河塘等水域施药，禁止在河塘等水域内清洗施药用具，防止药液污染水源地。

（3）赤眼蜂等天敌放飞区域禁用。

（4）建议与其他不同作用机制的杀菌剂轮换使用。

93. 喹啉铜

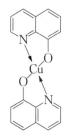

分子式：$C_{18}H_{12}CuN_2O_2$

【类别】　有机铜类。

【化学名称】　8-羟基喹啉铜。

【理化性质】　原药外观为黄绿色均匀疏松粉末，熔点270 ℃（分解）。蒸气压＜$1.010×10^{-5}$帕。溶于三氯甲烷，难溶于水和多种有机溶剂。具有化学惰性，在pH 2.7～12时内稳定，在紫外光下不分解。DT_{50} 为 60～96 小时(pH7)。

【毒性】 低毒。大鼠急性经口 LD_{50} 为 3 160 毫克/千克(雌)、3 830 毫克/千克(雄);大鼠急性经皮 LD_{50}＞2 000 毫克/千克。虹鳟鱼 LC_{50}(96 小时):8.94 微克/升。

【制剂】 33.5％、40％悬浮剂,50％水分散粒剂,50％可湿性粉剂。

【作用机制与防治对象】 本品是一种有机铜螯合物,对真菌、细菌性病害均有优异的防治效果。在作物表面形成一层严密的保护膜,抑制病菌萌发和侵入,从而达到防病治病的目的。对防治荔枝霜疫霉病、柑橘树溃疡病、苹果树轮纹病、葡萄霜霉病、黄瓜霜霉病等病害有效。

【使用方法】

(1) 防治番茄晚疫病:发病前或发病初期开始施药,每 667 平方米用 33.5％悬浮剂 30～37 毫升或 40％悬浮剂 25～30 毫升,兑水 30～50 千克均匀喷雾,每隔 7 天左右施药 1 次,安全间隔期为 3 天,每季最多施用 3 次。

(2) 防治黄瓜霜霉病:发病前或发病初期开始施药,每 667 平方米用 33.5％悬浮剂 60～80 毫升兑水 40～60 千克均匀喷雾,安全间隔期为 3 天,每季最多施用 3 次。

(3) 防治黄瓜细菌性角斑病:发病前或发病初期开始施药,每 667 平方米用 40％悬浮剂 50～70 毫升兑水 40～60 千克均匀喷雾,每隔 7～10 天施药 1 次,安全间隔期 3 天,每季最多施用 3 次。

(4) 防治马铃薯早疫病:发病前或发病初期开始施药,每 667 平方米用 33.5％悬浮剂 60～75 毫升兑水 30～50 千克均匀喷雾。

(5) 防治柑橘树溃疡病:发病前或发病初期开始施药,用 33.5％悬浮剂 1 000～1 250 倍液均匀喷雾,每隔 7～10 天施药 1 次,安全间隔期 30 天,每季最多施用 2 次。

(6) 防治苹果树轮纹病:发病初期,用 50％水分散粒剂

3 000～4 000 倍液均匀喷雾,间隔 7～15 天施药 1 次,安全间隔期为 21 天,每季最多施用 3 次。

(7) 防治葡萄霜霉病:发病前或发病初期,用 33.5％悬浮剂 750～1 500 倍液均匀喷雾,安全间隔期为 14 天,每季最多施用 3 次。

(8) 防治荔枝霜疫霉病:于坐果期、中果期、果实转熟期分别用药 1 次。用 33.5％悬浮剂 1 000～1 500 倍液均匀喷雾,安全间隔期为 14 天,每季最多施用 3 次。

(9) 防治山核桃干腐病:发病前或发病初期,用 50％可湿性粉剂 1 000～2 000 倍液喷施树干或涂抹树干,最多施药 2 次,施药间隔 7～10 天,安全间隔期为山核桃收获期。

(10) 防治杨梅树褐斑病:发病前或发病初期开始施药,用 33.5％悬浮剂 1 000～1 200 倍液均匀喷雾,安全间隔期为 14 天,每季最多施用 3 次。

(11) 防治铁皮石斛软腐病:发病前或发病初期开始施药,用 33.5％悬浮剂 500～1 000 倍液均匀喷雾,安全间隔期为 14 天,每季最多施用 3 次。

【注意事项】

(1) 对蜜蜂低毒、对鱼类等水生生物有一定的毒性,对家蚕高毒,施药期间应避免对周围蜂群的影响,开花植物花期、蚕室和桑园附近禁用。远离水产养殖区、河塘等水体施药,禁止在河塘等水体中清洗施药器具。赤眼蜂等天敌放飞区禁用。

(2) 建议与其他不同作用机制的杀菌剂轮换使用,以延缓抗药性产生。

(3) 对铜敏感的作物上或作物对铜的敏感期内施药,应先做试验后用药。

(4) 本品在下列食品上的最大残留限量(毫克/千克):荔枝 5,苹果 2,山核桃 0.5,葡萄 3,杨梅 5,石斛(鲜)3,石斛(干)3,黄瓜 2,番茄 2。

94. 蜡质芽孢杆菌

【类别】 微生物类。

【理化性质】 母药外观为浅灰色或浅棕色均匀疏松粉末,不可有团块,含孢量不低于 100 亿 CFU/克,杂菌率不超过 3%,pH5.0～8.0,细度(通过 45 微米筛)不低于 90%,干燥减重不超过 6%,贮存稳定性不低于 80%。可湿性粉剂外观为浅棕色或棕色、均匀疏松的粉状物,含孢量不低于 10 亿 CFU/克,杂菌率不超过 5%,pH5.0～8.0,细度(通过 45 微米筛)不低于 90%,干燥减重不超过 6%,湿润时间不超过 180 秒,悬浮率不低于 80%,贮存稳定性不低于 80%。

【毒性】 低毒。原液对大鼠急性经口 LD_{50}＞7 000 亿菌体/千克,大鼠 90 天亚慢性喂养试验,剂量为 100 亿菌体/(千克·天),未见不良反应。用 100 亿菌体/千克对兔急性经皮和眼睛试验,均无刺激性反应。对人、畜和天敌安全,不污染环境。

【制剂】 10 亿 CFU/毫升悬浮剂,8 亿个/克、20 亿孢子/克可湿性粉剂。

【作用机制与防治对象】 本品是一种细菌类微生物农药,通过定殖、转移和拮抗作用,在植物表面大量繁殖,成为植物位点和空间微环境的有力竞争者,这样直接阻挠和干扰外来有害病原菌的定殖和生长。由于减少了有害病原菌在植物体上定殖的数量或占领了侵染位点,降低了有害病原菌的侵染,从而使作物免受其他有害病原菌的侵害。对番茄根结线虫,茄子青枯病,水稻稻瘟病、稻曲病、纹枯病、姜瘟病有较好防效。

【使用方法】

(1) 防治番茄根结线虫:发病初期,每 667 平方米用 10 亿 CFU/毫升悬浮剂 4.5～6 升,加足量的水稀释进行灌根施药,如病情严重,两周后可补施 1 次。

(2) 防治茄子青枯病:苗期使用时,用 20 亿孢子/克可湿性粉剂兑水 100 倍沾根种植;生长期使用时,兑水至 100～300 倍灌根,每季可以使用 3 次。

(3) 防治水稻稻瘟病、稻曲病、纹枯病:每 667 平方米用 20 亿孢子/克可湿性粉剂 150～200 克兑水 30～50 千克均匀喷雾。

(4) 防治姜瘟病:每 100 千克种姜用 8 亿个/克可湿性粉剂240～320 克制剂浸泡 30 分钟,浸种水量以没过种姜为宜;或每667 平方米用 8 亿个/克可湿性粉剂 400～800 克兑水稀释后顺垄灌根。

【注意事项】

(1) 不能与波尔多液、石硫合剂等强碱性药剂混用,以免分解失效。

(2) 建议与不同作用机制的杀菌剂轮换使用。

(3) 使用本品期间应避免对周围蜂群的影响,蜜源作物花期、蚕室和桑园附近禁用。远离水产养殖区施药,禁止在河塘等水体中清洗施药器具。

95. 联苯三唑醇

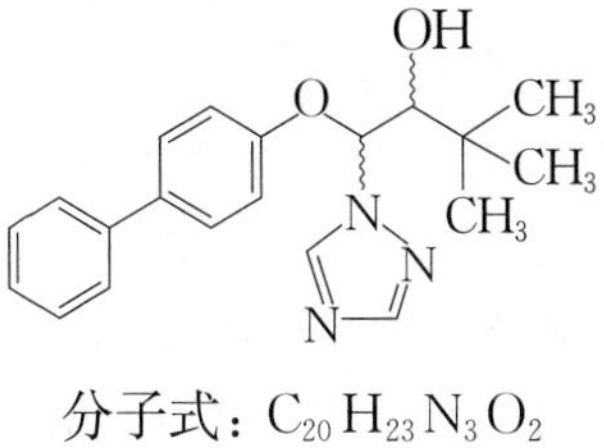

分子式:$C_{20}H_{23}N_3O_2$

【类别】 三唑类。

【化学名称】 1-(联苯-4-基氧基)-3,3-二甲基-1(-1H-

1,2,4-三唑-1-基)丁-2-醇。

【理化性质】 纯品为无色结晶。蒸气压(20℃)$<10^{-5}$毫帕。熔点为125~129℃。水中溶解度(20℃)0.005克/升,有机溶剂中溶解度(20℃,克/升):甲苯为20、异丙醇为50。在酸度和碱性介质中均较稳定,在pH3~10时贮存一年,其有效成分无分解现象。

【毒性】 低毒。小鼠和狗急性经口LD_{50}为5000毫克/千克,小鼠急性经皮LD_{50}为5000毫克/千克;小鼠急性吸入LC_{50}(4小时)为0.55毫克/升(置空气中);两年饲养试验对小鼠无影响剂量为100毫克/(千克·天)。ADI为0.01毫克/千克。

【制剂】 25%可湿性粉剂。

【作用机制与防治对象】 本品是一种高效、广谱杀菌剂,能渗透叶面的角质层而进入植株组织,具有保护和治疗作用。是类甾醇类去甲基化抑制剂。通过抑制麦角固醇的生物合成,从而抑制孢子萌发、菌丝体生长和孢子形成。对防治花生叶斑病有效。

【使用方法】

防治花生叶斑病:发病初期,每667平方米用25%可湿性粉剂50~83克兑水30~50千克均匀喷雾,每12~15天施药1次,可连喷2~3次,每季最多施用3次,安全间隔期20天。

【注意事项】

(1)对蜜蜂、鱼类、家蚕低毒,施药期间应避免对周围蜂群的影响,开花植物花期、蚕室和桑园附近禁用。

(2)远离水产养殖区、河塘等水体附近施药,禁止在河塘等水体中清洗施药器具。赤眼蜂等天敌放飞区禁用。

(3)建议与其他杀菌剂轮换使用,以延缓抗药性的产生。

(4)不能与呈强碱性的农药等物质混用。

(5)本品在花生仁上最大残留限量为0.1毫克/千克。

96. 硫 黄

分子式：S_8

【类别】 无机硫类。

【化学名称】 硫。

【理化性质】 原药为黄色固体粉末。密度 2.07 克/米³,沸点 444.6℃,熔点 115℃,闪点 206℃,蒸气压 5.27 毫帕(30.4℃)。不溶于水,微溶于乙醇和乙醚,有吸湿性。易燃,自燃温度为 248～266℃,与氧化剂混合能发生爆炸。

【毒性】 微毒。对水生生物低毒,鲤鱼和水蚤的 LC_{50}(48 小时)均＞1 000 毫克/升。对蜜蜂几乎无毒。人每日口服 500～750 毫克/千克未发生中毒。硫粉尘对眼结膜和皮肤有一定刺激作用。

【制剂】 45%、50%悬浮剂,80%干悬浮剂,80%水分散粒剂,80%可湿性粉剂。

【作用机制与防治对象】 本品是一种保护性杀菌剂,其杀菌机制是作用于氧化还原体系细胞色素 b 和 c 之间电子传递过程,夺取电子,干扰正常的"氧化—还原"反应。主要用于防治小麦、黄瓜、芦笋、橡胶、花卉、果树等作物的白粉病、茎枯病、褐斑病等。

【使用方法】

(1) 防治小麦白粉病:发病前或发病初期,每 667 平方米用 50%悬浮剂 350～450 毫升兑水 30～50 千克均匀喷雾,连续喷药 2～3 次,施药间隔 10 天左右,安全间隔期为 15 天,每季最多施用 2 次。

(2)防治黄瓜白粉病:发病前或发病初期,每667平方米用50%悬浮剂150~200毫升兑水40~60千克均匀喷雾,连续喷药2~3次,施药间隔10天左右,安全间隔期为15天,每季最多施用2次;或每667平方米用45%悬浮剂150~244毫升兑水40~60千克均匀喷雾,间隔7~10天喷1次,连续喷药2次,安全间隔期为7天。

(3)防治芦笋茎枯病:发病前或发病初期,每667平方米用50%悬浮剂115~160毫升兑水30~50千克均匀喷雾,连续喷药2~3次,施药间隔10天左右,安全间隔期为15天,每季最多施用2次。

(4)防治西瓜白粉病:发病前或发病初期,每667平方米用80%水分散粒剂233~267克兑水40~60千克均匀喷雾,连续喷药2~3次,施药间隔10天左右。

(5)防治哈密瓜白粉病:发病前或发病初期,每667平方米用50%悬浮剂150~200毫升兑水40~60千克均匀喷雾,连续喷药2~3次,施药间隔10天左右,安全间隔期为15天,每季最多施用2次。

(6)防治柑橘树疮痂病:于发病初期开始防治,将80%水分散粒剂配制成300~500倍液均匀喷雾,连续喷药2~3次,施药间隔7~10天。

(7)防治苹果树白粉病:于发病初期开始防治,将80%水分散粒剂配制成500~1 000倍液均匀喷雾,连续喷药2~3次,施药间隔7天左右。

(8)防治果树白粉病:发病前或发病初期,将50%悬浮剂配制成200~400倍液均匀喷雾,施药间隔10天左右,安全间隔期为15天,每季最多施用2次。

(9)防治芒果白粉病:发病前或发病初期,将50%悬浮剂配制成200~400倍液均匀喷雾,安全间隔期为20天,每季最多施用3次。

（10）防治樱桃褐斑病：于发病初期开始防治，将80%可湿性粉剂配制成1000～2000倍液均匀喷雾，连续喷药2～3次。

（11）防治橡胶树白粉病：发病前或发病初期，每667平方米用50%悬浮剂250～400毫升兑水30～50千克均匀喷雾，连续喷药2～3次，施药间隔10天左右，安全间隔期为15天，每季最多施用2次。

（12）防治花卉白粉病：发病前或发病初期，每667平方米用50%悬浮剂100～200毫升兑水30～50千克均匀喷雾，施药间隔10天左右，安全间隔期为15天，每季最多施用2次。

【注意事项】

（1）对大豆、马铃薯、桃、李、梨、葡萄敏感，使用时避免将药液喷到上述作物上。

（2）不得与硫酸铜等金属盐药剂混用。建议与不同作用机制的杀菌剂轮换使用，以免产生抗药性。

（3）气温越高，药效越高，气温在32℃以上时慎用，稀释倍数应加大到1000倍以上；气温在38℃以上时禁用，以防药害。

97. 硫酸铜钙

$$CuSO_4 \cdot 3Cu(OH)_2 \cdot 3CaSO_4$$

【类别】 无机铜类。

【化学名称】 硫酸铜-钙。

【理化性质】 原药外观为绿色细粉末，密度0.75～0.95克/厘米^3，熔点200℃，不溶于水和有机溶剂。

【毒性】 低毒。大鼠急性经口LD_{50}为2302毫克/千克，急性经皮$LD_{50}>2000$毫克/千克。

【制剂】 77%可湿性粉剂。

【作用机制与防治对象】 本品是杀菌谱较广的保护性杀菌剂。主要通过释放 Cu^{2+} 抑制病菌的生长。硫酸铜钙中性偏酸,可与大多数不含金属离子的杀虫、杀螨剂混用。可防治苹果、梨、桃、葡萄、杏、李等多种果树的真菌性和细菌性病害,并且病菌的抗药性形成缓慢。对番茄溃疡病、柑橘树疮痂病、柑橘树溃疡病、黄瓜霜霉病、姜腐烂病、葡萄霜霉病等有效。

【使用方法】

(1)防治番茄溃疡病:在初见病斑时开始用药,每667平方米用77%可湿性粉剂 100～120 克兑水 30～50 千克均匀喷雾,隔7～10 天喷 1 次,连续 2～3 次。

(2)防治柑橘树疮痂病:于病害发病前或发病初期用药,用77%可湿性粉剂 400～800 倍液均匀喷雾,每季最多施用 4 次,安全间隔期 32 天。

(3)防治柑橘树溃疡病:发病前或发病初期,用77%可湿性粉剂 400～600 倍液均匀喷雾,每季最多施用 4 次,安全间隔期 32 天。

(4)防治黄瓜霜霉病:发病前或发病初期,每 667 平方米用 77%可湿性粉剂 117～175 克兑水 40～60 千克均匀喷雾,每季最多施用 3 次,安全间隔期 10 天。

(5)防治姜腐烂病:发病前或发病初期,用77%可湿性粉剂 600～800 倍液喷淋灌根。

(6)防治苹果树褐斑病:发病前或发病初期,用77%可湿性粉剂 600～800 倍液均匀喷雾,每季最多施用 4 次,安全间隔期 28 天。

(7)防治葡萄霜霉病:发病前或发病初期,用77%可湿性粉剂 500～700 倍液均匀喷雾,每季最多施用 4 次,安全间隔期 34 天。

(8)防治烟草野火病:发病前或发病初期,用77%可湿性粉剂 400～600 倍液均匀喷雾,每季最多施用 3 次,安全间隔期

15 天。

【注意事项】

(1) 不能与含有其他金属元素的药剂和微肥混合使用,也不宜与强碱性和强酸性物质混用。

(2) 桃、李、梅、杏、柿子、大白菜、菜豆、莴苣、荸荠等对本品敏感,不宜使用。苹果、梨树的花期、幼果期对铜离子敏感,本品含铜离子,施药时注意避免飘移至上述作物。

(3) 使用过的药械需清洗 3 遍,在洗涤药械和处理废弃物时不要污染水源。

(4) 对蜜蜂、鱼类等水生生物、家蚕有毒,施药期间应避免对周围蜂群的影响,开花植物花期、蚕室和桑园附近禁用。远离水产养殖区施药,禁止在河塘等水体中清洗施药器具。

98. 络氨铜

$$\{[Cu(NH_3)_4]^{2+} \cdot X^{2-}\},X \text{ 为阴离子,如 } Cl^-、SO_4、NO_3 \text{ 等}$$

【类别】　有机金属盐类。

【化学名称】　二氯(或硫酸)四氨络合铜。

【理化性质】　深蓝色溶液,溶液呈碱性,pH9～10,有氨味,溶于水。

【毒性】　低毒。大鼠急性经口 LD_{50} 为 2610 毫克/千克;大鼠经皮 LD_{50} >3160 毫克/千克。大鼠体内积蓄系数>5.3。对人、畜安全。

【制剂】　15%、25%水剂,15%可溶粉剂。

【作用机制与防治对象】　本品为广谱性杀菌剂,内吸性强,以保护作用为主,并有一定的铲除作用。主要通过铜离子与病原菌细胞膜表面上的 KH 等阳离子交换,使病原菌细胞膜上的蛋白质凝固,同时部分铜离子渗入病原菌细胞内与某些酶结合,影响其活性。本品能防治真菌、细菌和卵菌引起的多种病害,并能促进植物根深叶茂、增加叶绿素含量、增强光合作用及抗旱能力,有一定的增产作用。可防治水稻稻曲病、黄瓜角斑病、番茄疫病、苹果树腐烂病、棉花立枯病、葡萄霜霉病、柑橘树溃疡病等。

【使用方法】

(1) 防治番茄蕨叶病:于发病前用药,每667平方米用25%水剂266~400克兑水30~50千克均匀喷雾,每季最多施用2次,安全间隔期7天。

(2) 防治柑橘树溃疡病:用15%水剂150~300倍液均匀喷雾,在春梢修剪后进行第一次喷药,夏秋梢生长期以及幼果期再各喷施1次,每季最多施用3次,安全间隔期15天。

(3) 防治柑橘树疮痂病:在初发期用药,用15%水剂200~300倍液均匀喷雾,每隔7~10天用药1次,每季最多施用3次,安全间隔期7天。

(4) 防治棉花立枯病:播种前,用25%水剂按药种比1:174~233拌种。

(5) 防治棉花炭疽病:播种前,每100千克种子用25%水剂396~528克拌种。

(6) 防治苹果树腐烂病:每平方米用15%水剂95毫升涂抹病疤,每季最多使用4次,安全间隔期14天。

(7) 防治水稻纹枯病:发病前或发病初期,每667平方米用25%水剂124~184毫升兑水30~50千克均匀喷雾,每季最多施用3次,安全间隔期7天。

(8) 防治水稻稻曲病:每667平方米用15%水剂250~360毫升兑水30~50千克均匀喷雾,稻穗破口前7天左右为防治稻曲病的最佳施药时期,在水稻破口前5~7天和齐穗期各用药1次,每季最多施用2次。

(9) 防治西瓜枯萎病:在田间发现少量病株或病斑时开始用药,每株用25%水剂400~600倍液灌根200毫升,为提高药效,应连续施药 2 次,间隔 7～10 天,安全间隔期 7 天,每季最多施用 3 次。

【注意事项】

(1) 对蜜蜂、鱼类等水生生物、家蚕有毒,施药期间应避免对周围蜂群的影响,蜜源作物花期、蚕室和桑园附近禁用。

(2) 远离水产养殖区施药,禁止在河塘等水体中清洗施药器具。切勿使药剂污染水源。

(3) 不可与酸和多硫化钙等物质混合使用。

99. 氯啶菌酯

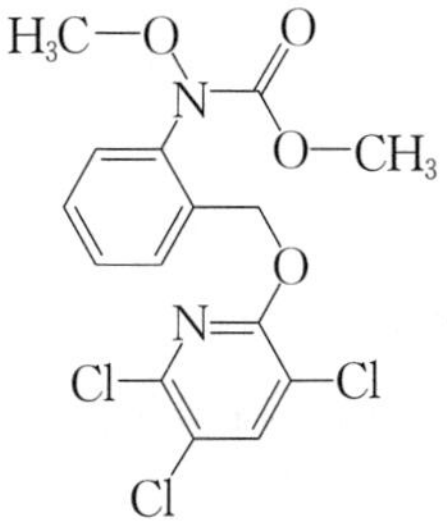

分子式:$C_{15}H_{13}Cl_3N_2O_4$

【类别】 甲氧基丙烯酸酯类。

【化学名称】 N-甲氧基-N-{2-[(((3,5,6-三氯吡啶-2-基)氧)甲基]苯基}氨基甲酸甲酯。

【理化性质】 原药为灰白色无味粉末,熔点 94～96 ℃,酸度<0.04%(以硫酸计),密度 1.352 克/厘米³。溶解度:甲醇 14 克/升、甲苯 323 克/升、丙酮 219 克/升、四氢呋喃 542 克/升、水 0.084 毫克/升。正辛醇-水分配系数 $K_{ow} \log P$ 为 4.02,蒸气压 $5.9×10^{-5}$ 帕(25 ℃)。在酸性(pH5.7)条件中不稳定,在碱性(pH9)、高温(50 ℃)条件下易水解。燃点 268.4 ℃,不易燃。具有氧化性,但无腐蚀性。

【毒性】 低毒。大鼠急性经口 LD_{50}(雌、雄)为 5 840 毫克/千克;大鼠急性经皮 LD_{50}(雌、雄)>2 150 毫克/千克;大鼠急性吸入 LC_{50}(雌、雄)>5 000 毫克/米^3。经对家兔试验发现,本品对眼睛和皮肤有轻度刺激性,同时有弱致敏性。在 Ames 基因突变、染色体突变、微核试验及畸变试验中表现为阴性。对 SD 大鼠 13 周喂饲毒性试验表明,本品 NOEL 为:雄性每天(51.6±2.9)毫克/千克体重,雌性每天(61.1±4.7)毫克/千克。鹌鹑 LD_{50}>1045.0 毫克/千克;鹌鹑饲喂给药 LC_{50}>2 000.0 毫克/千克;斑马鱼 LC_{50}(96 小时)为 2.21 毫克/升,属高毒;大型蚤 LC_{50}(48 小时)为 0.083 7 毫克(有效成分)/升,属剧毒;绿藻 EC_{50}(72 小时)为 0.54 毫克(有效成分)/升;蜜蜂急性经口 LC_{50}(48 小时)为 2 680.6 毫克/升,蜜蜂急性接触 LD_{50}(48 小时)>100 微克/只。家蚕 LC_{50}(96 小时)为 1 001.7 毫克/升。

【制剂】 20%悬浮剂,15%乳油。

【作用机制与防治对象】 其作用机制是抑制病菌线粒体的呼吸,杀菌谱较广,活性高,兼具预防和治疗作用,持效期较长,对环境相容性较好,可用于防治小麦白粉病。

【使用方法】

防治小麦白粉病:发病前或发病初期,每 667 平方米用 20%悬浮剂 15～25 毫升兑水 30～50 千克均匀喷雾,间隔 7～10 天可再用 1 次,安全间隔期为 28 天,每季最多施用 2 次;或每 667 平方米用 15%乳油 15～25 毫升兑水 30～50 千克均匀喷雾,安全间隔期为 14 天,每季最多施用 2 次。

【注意事项】

(1) 建议与其他不同作用机制的杀菌剂轮换使用,以延缓抗药性的产生。

(2) 对鱼类等水生生物有毒,药液及其废液不得污染各类水域,远离水产养殖区施药,不可污染池塘等水域,施药器械不可在河塘等水域清洗。桑园及蚕室附近禁用。

（3）不宜与碱性物质混用。

（4）本品在小麦上最大残留限量是 0.2 毫克/千克。

100. 氯氟醚菌唑

分子式：$C_{18}H_{15}ClF_3N_3O_2$

【类别】　三唑类。

【化学名称】　2-[4-(4-氯苯氧基)-2-三氟甲基苯基]-1-(1H-1,2,4-三唑-1-基)-2-丙醇。

【理化性质】　纯品为白色结晶粉末，熔点 126 ℃，约 300 ℃时分解。蒸气压 3.2×10^{-6} 帕（20 ℃）、6.5×10^{-6} 帕（25 ℃），亨利常数 1.6×10^{-3} 帕·米³/摩（20 ℃）；水中溶解度（20 ℃，毫克/升）：0.81（pH 6.8）、0.66（pH 4）、0.71（pH 7），有机溶剂中溶解度（20 ℃，克/升）：丙酮 93.2±1.6、乙酸乙酯 116.2±1.8、甲醇 73.2±3.2、1，2-二氯甲烷 55.3±0.4、乙腈 49.4±0.7、二甲苯 8.5±0.1、正庚烷 $9.46 \times 10^{-2} \pm 0.9 \times 10^{-3}$。正辛醇-水分配系数 $K_{ow} \log P$ 为 3.4（20 ℃），解离常数 $pKa = 3.0$（计算值）。

【毒性】　低毒。大鼠急性经口 $LD_{50} > 2\,000$ 毫克/千克，急性经皮 $LD_{50} > 5\,000$ 毫克/千克，急性吸入 $LC_{50} > 5.3$ 毫克/升；对眼睛和皮肤无腐蚀性或刺激性，对豚鼠皮肤有致敏性；对大鼠或小鼠无致癌性，无遗传毒性；虹鳟鱼 LC_{50}（96 小时）0.532 毫克/升，鲤

鱼 LC_{50}(96 小时)1.126 毫克/升;大型蚤 EC_{50}(48 小时)0.944 毫克/升;绿藻 E_rC_{50}(72 小时)1.325 毫克/升,中肋骨条藻 E_rC_{50}(72 小时)0.679 毫克/升,舟形藻 E_rC_{50}(72 小时)1.347 毫克/升,水华鱼腥藻 E_rC_{50}(72 小时)＞3.08 毫克/升;浮萍 E_rC_{50} 2.017 毫克/升。

【制剂】 400 克/升悬浮剂。

【作用机制与防治对象】 本品是异丙醇三唑类杀菌剂。根据杀菌剂抗性行动委员会(FRAC)分类,将其划分为甾醇类生物合成抑制剂的脱甲基抑制剂 G1(DMI)亚组,具有较好的内吸传导性,兼具保护和治疗作用。对苹果褐斑病具有较高活性,使用适期较长,持效期较长。

【使用方法】

防治苹果褐斑病:发病前或发病初期第一次用药,用 400 克/升悬浮剂稀释 3 000～6 000 倍液均匀喷雾,每隔 15 天左右用药 1 次,连续施药 3 次。每季最多施药 3 次,安全间隔期 21 天。

【注意事项】

(1) 水产养殖区、河塘等水体附近禁用。桑园及蚕室附近禁用。

(2) 建议与其他不同作用机制的杀菌剂轮换使用。

101. 氯化苦

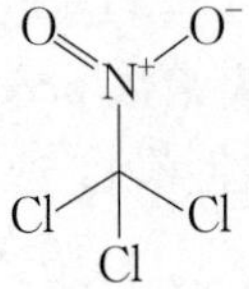

分子式:CCl_3NO_2

【分类】 有机氯熏蒸剂。

【化学名称】 三氯硝基甲烷。

【理化性质】 本品为无色液体。熔点$-64\,℃$,沸点$112.4\,℃$,蒸气压2.4千帕($20\,℃$)。相对密度1.656。水中溶解度($0\,℃$)2.27克/升,可溶于丙酮、苯、四氯化碳、乙醚、甲醇。不易燃,在化学上相当惰性,但有催泪作用。在大气中经光解彻底降解成二氧化碳,在自然光下DT_{50}为4天。

【毒性】 高毒。具有催泪作用,因强烈刺激黏膜引起流泪,可及时发现而减少严重致死。猫、豚鼠、兔在0.8克/升空气中暴露30分钟致死。接触皮肤可引起红肿、溃烂。大鼠急性经口LD_{50}为126毫克/千克(雌)或271毫克/千克(雄)。室内空气中最高允许浓度1毫克/米^3。

【制剂】 99.5%液剂。

【作用机制与防治对象】 本品易挥发,扩散性强,挥发性随温度上升而增大,所产生的氯化苦气体比空气重5倍。其蒸气经昆虫气门进入虫体,水解成强酸性物质,引起细胞肿胀和腐烂,并可使细胞脱水和蛋白质沉淀,导致生理功能被破坏而死亡。

本品灭鼠的作用机制主要是刺激呼吸道黏膜,损伤毛细血管和上皮细胞,使毛细血管渗透性增加、血浆渗出,形成肺水肿,最终由于肺脏换气不良造成缺氧、心脏负担加重而死于呼吸衰竭。

本品对皮肤和黏膜的刺激性很强,易诱致流泪、流鼻涕,在光的作用下可发生化学变化。毒性随之降低,在水中能迅速水解为强酸物质,对金属和动植物细胞均有腐蚀作用。用于土壤熏蒸防治土壤根结线虫、黄萎病菌、枯萎病菌、青枯病菌、疫霉菌。

【使用方法】

(1) 防治土壤根结线虫:采用土壤熏蒸处理。土壤熏蒸前除去前期作物残骸,将土地仔细翻耕20厘米深度,保持土壤湿度,用手动土壤消毒设备每隔30厘米注射约3毫升药剂,注射深度15

厘米,然后用土壤将注入孔封堵,立即覆膜 7～25 天,然后揭膜排气定植。

(2) 防治土壤黄萎病菌:每平方米用 99.5％液剂 125 克土壤熏蒸,施药方法同土壤根结线虫防治。

(3) 防治土壤枯萎病菌:每平方米用 99.5％液剂 125 克土壤熏蒸,施药方法同土壤根结线虫防治。

(4) 防治土壤青枯病菌:每 667 平方米用用 99.5％液剂 34 克土壤熏蒸,施药方法同土壤根结线虫防治。

(5) 防治土壤疫霉菌:每立方米用 99.5％液剂 35～70 克土壤熏蒸,施药方法同土壤根结线虫防治。

【注意事项】

(1) 本品具有极强的催泪性,在使用时必须佩戴防毒面具、手套,注意风向,在上风口作业。

(2) 严禁本品流入河川、湖泊、养殖池等水域。药剂在专门的农药仓库保管,严禁与食品混放。

(3) 由于本品有极强的腐蚀性,因此,怕腐蚀的物品要远离本品的存放及使用场所,使用后的注射器、动力机应立即用煤油等进行清洗。

(4) 在作物定植前进行土壤消毒,每季最多用 1 次。作物生长期严禁使用本品。

(5) 加工粮不能使用本品熏蒸。

(6) 本品附着力较强,必须有足够的散气时间才能使毒气散尽。如使用碱性肥料,必须在本品气体全部排出后再施用。

(7) 熏蒸消毒覆膜时间、效果与药害关系取决于土壤种类、土壤温度、土壤湿度、作物种类等,初次使用时,希望能在生产厂家或其他有关部门的指导下进行,使用后的容器要进行妥善处理。

102. 氯溴异氰尿酸

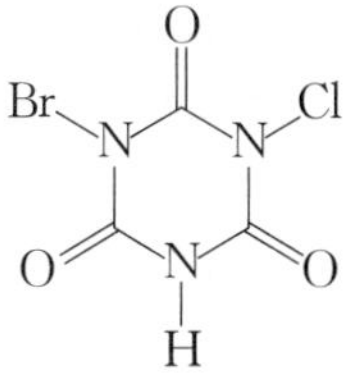

分子式：$C_3HO_3N_3ClBr$

【类别】 卤化物。

【化学名称】 氯溴异氰尿酸。

【理化性质】 原药外观为白色粉末，易溶于水。

【毒性】 低毒。原药大鼠急性口服 $LD_{50} > 3\,160$ 毫克/千克，大鼠急性经皮 $LD_{50} > 2\,000$ 毫克/千克。对眼睛有中度刺激，对皮肤无刺激性，属轻度蓄积，不改变体细胞染色体完整性，无致基因突变的作用，鲤鱼 LC_{50}（48 小时）为 8.5 毫克/毫升。

【制剂】 50%可湿性粉剂，50%可溶粉剂。

【作用机制与防治对象】 本品具有内吸和保护双重功能。喷施在作物表面能慢慢地释放次溴酸（HOBr）和次氯酸（HOCl），通过内吸传导释放次溴酸后的母体形成三嗪二酮（DHT）和三嗪（ADHL），起到杀死病菌的作用。可用于防治水稻白叶枯病，水稻细菌性条斑病，水稻稻瘟病、纹枯病，水稻条纹叶枯病，大白菜软腐病，黄瓜霜霉病，辣椒病毒病，番茄茎腐病，烟草病毒病，烟草野火病，烟草赤星病等。

【使用方法】

（1）防治水稻白叶枯病：在病害始发期开始施药，每 667 平方米用 50%可溶粉剂 50～70 克兑水 30～50 千克均匀喷雾，每 10 天左右施药 1 次，连施 2～3 次，安全间隔期为 10 天。

（2）防治水稻细菌性条斑病：在病害始发期开始施药，每 667 平方米用 50％可湿性粉剂 50～60 克兑水 30～50 千克均匀喷雾，间隔 7～10 天，连续施药 2 次，至药液欲滴未滴为度，施药时田间保持 5～7 厘米的水层，施药后保水 5 天，安全间隔期为 21 天。

（3）防治水稻稻瘟病、纹枯病：在发病前或病害始发期开始施药，发病盛期加大用药量，每 667 平方米用 50％可湿性粉剂 50～60 克兑水 30～50 千克均匀喷雾，每季最多施用 3 次，安全间隔 7 天。

（4）防治水稻条纹叶枯病：在发病前或发病初期施用，发病盛期加大用药量，每 667 平方米用 50％可溶粉剂 55～69 克兑水 30～50 千克均匀喷雾，每季最多施用 3 次，安全间隔期 7 天。

（5）防治大白菜软腐病：在发病前或发病初期使用，发病盛期加大用药量，每 667 平方米用 50％可溶粉剂 50～60 克兑水 30～50 千克均匀喷雾，每 10 天左右施药 1 次，连施 2～3 次，安全间隔期为 7 天，每个作物周期最多施用 3 次。

（6）防治黄瓜霜霉病：在发病前或发病初期施用，发病盛期加大用药量，每 667 平方米用 50％可溶粉剂 60～70 克兑水 40～60 千克均匀喷雾，每 10 天左右施药 1 次，连施 2～3 次，安全间隔期为 3 天，每个作物周期最多施用 3 次。

（7）防治辣椒病毒病：在发病前或发病初期使用，发病盛期加大用药量，每 667 平方米用 50％可溶粉剂 60～70 克兑水 30～50 千克均匀喷雾，每 10 天左右施药 1 次，连施 2～3 次，安全间隔期为 3 天，每个作物周期最多施用 3 次。

（8）防治番茄茎腐病：发病前或发病初期，用 50％可溶粉剂稀释至 500～750 倍液灌根，每 10 天左右施药 1 次，连施 2～3 次。

（9）防治烟草病毒病：发病前或初期，每 667 平方米用 50％可溶粉剂 45～60 克兑水 30～50 千克均匀喷雾，每 10 天左右施药 1 次，连施 2～3 次，安全间隔期为 7 天，每个作物周期最多施用 3 次。

（10）防治烟草野火病：发病前或发病初期，每 667 平方米用 50％可溶粉剂 60～80 克兑水 30～50 千克均匀喷雾，安全间隔期为 21 天，每个作物周期最多施用 3 次。

（11）防治烟草赤星病：发病前或发病初期，每 667 平方米用 50％可溶粉剂 50～80 克兑水 30～50 千克均匀喷雾，安全间隔期为 21 天，每个作物周期最多施用 3 次。

【注意事项】

（1）不能与呈碱性的农药等物质混用。

（2）使用本品时应穿戴防护服和手套，避免接触药剂。

（3）开花植物花期、蚕室、桑园及鸟放养区附近禁用。不得污染各类水域，远离水产养殖区施药，禁止在河塘等水体中清洗施药器具，鱼或虾、蟹套养稻田禁用，施药后的田水不得直接排入水体。赤眼蜂等天敌放飞区域禁用。

（4）本品在下列食品上的最大残留限量（毫克/千克）：稻谷 0.2，糙米 0.2，大白菜 0.2，辣椒 5。

103. 咪鲜胺

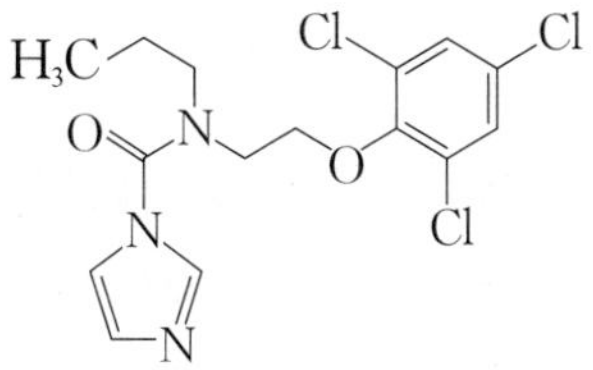

分子式：$C_{15}H_{16}Cl_3N_3O_2$

【类别】 咪唑类。

【化学名称】 N-正丙基-N-[2-(2,4,6-三氯苯氧基)乙基]咪唑-1-甲酰胺。

【理化性质】 纯品为无色无臭结晶固体。熔点 46.5～49.3 ℃，沸点 208～210 ℃。蒸气压 $1.5×10^{-1}$ 毫帕。溶解度（25 ℃，克/升）：水 55，二氯甲烷、甲苯>600。在日光下降解，在正常贮存条件下稳定，在强酸、强碱条件下稳定。

【毒性】 低毒。大鼠急性经口 LD_{50} 为 1 600～2 400 毫克/千克，小鼠急性经口 LD_{50} 为 2 400 毫克/千克，野鸭急性经口 LD_{50} >1 954 毫克/千克。虹鳟鱼、鲤鱼 LC_{50}（96 小时）1 毫克/升，水蚤 LC_{50}（48 小时）为 4.3 毫克/升。蜜蜂 LD_{50} 为 5 微克/只（接触）、60 微克/只（经口）。蚯蚓 LC_{50} 为 207 毫克/千克土。

【制剂】 0.05%水剂，0.5%、1.5%水乳种衣剂，10%、20%、25%、40%、45%、450 克/升水乳剂，10%、15%、20%、25%、45%微乳剂，25%、250 克/升、450 克/升、45%乳油，10%、250 克/升、450 克/升、50%悬浮剂，30%微囊悬浮剂，50%可溶性液剂，25%、50%、60%可湿性粉剂，0.5%悬浮种衣剂。

【作用机制与防治对象】 广谱性杀菌剂，通过抑制甾醇的生物合成而起作用。没有内吸作用，但具有一定的传导性能。对水稻恶苗病，芒果炭疽病，柑橘青霉病、绿霉病、炭疽病、蒂腐病，香蕉炭疽病等有较好的防治效果。还可用于水果采后处理，防治贮藏病害。另外通过种子处理，对禾谷类种传和土传真菌病害也有较好的抑制活性。

【使用方法】

（1）防治水稻稻瘟病：于发初期施药，每 667 平方米用 25%水乳剂 80～100 毫升兑水 30～50 千克喷雾，间隔 7 天施药 1 次，每季最多施用 2 次，安全间隔期 30 天；或用 25%乳油稀释至 2 000～4 000 倍液喷雾，每隔 7 天喷 1 次药，每季最多施用 2 次，安全间隔期 30 天；或每 667 平方米用 40%水乳剂 45～56 毫升兑水 30～50 千克喷雾，每季最多施用 2 次，安全间隔期 28 天；或每 667 平方米用 50%可湿性粉剂 60～70 克兑水 30～50 千克均匀喷雾，每季最多施用 2 次，安全间隔期 14 天；或每 667 平方米用 450 克/

升水乳剂 44.4～55.5 克兑水 30～50 千克均匀喷雾,每季最多施用 3 次,安全间隔期 30 天;或每 667 平方米用 45% 微乳剂 35～55 毫升兑水 30～50 千克均匀喷雾,每季最多施用 5 次,安全间隔期 10 天。

(2)防治水稻恶苗病:用 50% 可湿性粉剂稀释至 4 000～6 000 倍液浸种;或用 25% 乳油 2 000～4 000 倍液浸种;或用 25% 水乳剂稀释至 2 000～3 000 倍液浸种;或用 45% 水乳剂稀释至 4 000～8 000 倍液浸种;或用 250 克/升悬浮剂稀释至 2 000～4 000 倍液浸种;或用 1.5% 水乳种衣剂按药种比 1∶100～120 进行种子包衣;或用 0.5% 悬浮种衣剂按药种比 1∶30～40 进行种子包衣。

(3)防治水稻稻曲病:于水稻孕穗至抽穗期用药,每 667 平方米用 45% 水乳剂 30～40 毫升兑水 30～50 千克均匀喷雾。

(4)防治小麦赤霉病:在小麦扬花期,每 667 平方米用 50% 悬浮剂 20～40 毫升或 25% 乳油 50～60 毫升,兑水 30～50 千克喷雾,每季最多施用 2 次,安全间隔期 50 天;或用 25% 水乳剂 50～70 毫升或 450 克/升水乳剂 25～35 毫升,兑水 30～50 千克均匀喷雾,每季最多施用 2 次,安全间隔期 21 天。

(5)防治小麦白粉病:发病初期,每 667 平方米用 25% 乳油 50～70 克兑水 30～50 千克均匀喷雾。

(6)防治油菜菌核病:发病前或发病初期,每 667 平方米用 25% 乳油 40～60 毫升兑水 30～50 千克均匀喷雾,每季最多施用 2 次,安全间隔期 21 天。

(7)防治黄瓜炭疽病:发病初期,每 667 平方米用 50% 可湿性粉剂 60～80 克或 60% 可湿性粉剂 50～65 克,兑水 40～60 千克喷雾,隔 7～10 天施药 1 次,每季最多施用 2 次,安全间隔期 7 天;或每 667 平方米用 50% 悬浮剂 60～80 毫升兑水 40～60 千克均匀喷雾,每季最多施用 3 次,安全间隔期 5 天。

(8)防治辣椒炭疽病:初发病期,每 667 平方米用 25% 乳油

72～106 克,兑水 30～50 千克均匀喷药,每隔 7～10 天用药 1 次,每季最多施用 2 次,安全间隔期 12 天;或每 667 平方米用 50％可湿性粉剂 37～74 克兑水 30～50 千克喷雾,每隔 7～10 天施药 1 次,每季最多施用 2 次,安全间隔期 7 天。

（9）防治辣椒灰霉病:于发病(侵染)初期施药,每 667 平方米用 50％可湿性粉剂 30～40 克兑水 30～50 千克均匀喷雾,间隔 5～7 天施药 1 次,每季最多施用 2 次,安全间隔期 12 天。

（10）防治辣椒白粉病:发病前或发病初期,每 667 平方米用 25％乳油 50～62.5 克兑水 30～50 千克均匀喷雾,每季最多施用 2 次,安全间隔期 12 天。

（11）防治大蒜叶枯病:发病(侵染)初期,每 667 平方米用 50％可湿性粉剂 50～60 克兑水 30～50 千克均匀喷雾,视病害发生情况,每 7～10 天施药 1 次,每季最多施用 3 次,安全间隔期 45 天。

（12）防治蘑菇湿泡病:每平方米用 50％可湿性粉剂 0.8～1.2 克兑水 1 升喷雾或拌于覆盖土或喷淋菇床,第一次施药在覆土后 5～9 天,每平方米菇床用制剂 0.8～1.2 克兑水 1 升,均匀喷在菇床上;第二次施药在第二潮菇转批后,每平方米菇床用制剂量 0.8～1.2 克兑水 1 升,均匀喷施于菇床上,喷雾每季最多施用 3 次,安全间隔期 14 天,拌土或喷淋每季最多使用 1 次,安全间隔期 5 天。

（13）防治蘑菇褐腐病:每平方米用 50％可湿性粉剂 1.6～2.4 克兑水 1 升喷雾或拌土,每季最多施用 1 次,安全间隔期 7 天。

（14）防治蘑菇白腐病:每平方米用 50％可湿性粉剂 0.8～1.2 克拌于覆盖土或兑水 1 升喷淋菇床,每季最多施用 1 次,安全间隔期 5 天。

（15）防治芹菜斑枯病:于发病始盛期用药,每 667 平方米用 25％乳油 50～70 毫升兑水 30～50 千克均匀喷雾,每季最多施用 3 次,安全间隔期 10 天。

(16) 防治蒜薹灰霉病：用 25％水乳剂稀释至 250～330 倍液浸蘸蒜薹薹梢,方法：选取采收时间、品种一致,长势均匀、健康、无伤、无病害的蒜薹薹梢,按推荐用药浓度以浸蘸方式浸蘸蒜薹薹梢 1～2 分钟后捞出晾干,用 0.04 毫米聚乙烯袋密封包装,放置于低温(0 ℃)环境。

(17) 防治蒜薹贮藏期病害：用 25％水乳剂稀释至 200～300 倍液浸蘸蒜薹薹梢,于蒜薹采收后,拣出受伤、开苞、褪色等不合格材料后,按照推荐剂量,浸渍薹梢 1 分钟,捞出晾干、贮藏。

(18) 防治茭白胡麻叶斑病：发病初期,每 667 平方米用 25％乳油 50～80 毫升兑水 30～50 千克均匀喷雾。

(19) 防治西瓜枯萎病：于发病(侵染)初期施药,用 50％可湿性粉剂稀释至 800～1 500 倍液喷雾,每 7～14 天施药 1 次,每季最多施用 3 次,安全间隔期 14 天。

(20) 防治柑橘绿霉病：用 50％可湿性粉剂稀释至 1 000～2 000 倍液浸果,应于柑橘采收后,选取无伤的果实在配制好的药液中浸果 2 分钟,捞起后晾干贮藏,最多只可浸果 1 次,安全间隔期 15 天;或用 250 克/升悬浮剂稀释至 500～1 000 倍液,或 25％乳油稀释至 500 倍液,或 10％微乳剂稀释至 300～450 倍液,或 15％微乳剂稀释至 500～750 倍液浸果,在鲜果采摘后 24 小时内浸果 1 分钟,浸果后及时晾干贮藏,最多用药 1 次,安全间隔期 14 天。

(21) 防治柑橘青霉病：柑橘采收后,选取无伤的果实,用 50％可湿性粉剂稀释至 1 000～2 000 倍液浸果 2 分钟,捞起后晾干贮藏,最多只可浸果 1 次,安全间隔期 15 天;或用 250 克/升悬浮剂稀释至 500～1 000 倍液,或 25％乳油稀释至 500 倍液浸果,防腐保鲜处理应选取当天采收的无病、无伤果实,最多用药 1 次,安全间隔期 14 天。

(22) 防治柑橘蒂腐病：用 250 克/升悬浮剂稀释至 500～1 000 倍液,或 25％乳油稀释至 500～750 倍液,或 15％微乳剂稀释至 500～750 倍液浸果,防腐保鲜处理应选取当天采收的无病、无伤果实,当天用药处理完毕,浸果前务必将药剂搅拌均匀,浸果 1 分钟后捞起晾干,最多用药 1 次,安全间隔期 14 天;或用 25%水乳剂稀释至 1 000～2 000 倍液浸果 1 分钟,捞起晾干,浸果前剔除有病、有虫、无果柄及受伤果,最多用药 1 次,安全间隔期 21 天。

(23)防治柑橘炭疽病:用 250 克/升乳油稀释至 500～1 000 倍液,或 450 克/升水乳剂稀释至 1 000～1 500 倍液浸果,柑橘防腐处理:挑选当天采收无伤口和无病斑的好果,用清水洗去果面上的灰尘和药迹后用本品稀释液浸 1～2 分钟,捞起晾干即可,最多用药 1 次,安全间隔期 14 天;或用 40%水乳剂稀释至 1 000～1 500 倍液,或 50%可湿性粉剂稀释至 1 000～1 500 倍液浸果,柑橘采后浸果 1 分钟捞起晾干,当天采收的果实需当天用药处理完毕,最多用药 1 次,安全间隔期 15 天。

(24)防治柑橘黑腐病:用 15%微乳剂稀释至 500～750 倍液浸果,在鲜果采摘后 24 小时内浸果 1 分钟,浸果后及时晾干贮藏,最多用药 1 次,安全间隔期 14 天。

(25)防治柑橘树树脂病(砂皮病):用 25%乳油稀释至 1 000～1 500 倍液喷雾,高温多雨季节的各次新梢抽发、幼果期、果实膨大期,尚未发病前进行喷施,以后视病情发生情况,每 10～15 天喷 1 次,每季最多施用 3 次,安全间隔期 21 天。

(26)防治苹果树炭疽病:于病害侵染初期落花后 10 天左右、果实膨大期用药,用 50%悬浮剂稀释至 1 500～2 000 倍液喷雾,间隔 15 天施药 1 次,全株均匀喷雾,每季最多施用 5 次,安全间隔期 14 天;或用 25%可湿性粉剂稀释至 600～1 000 倍液,或 60%可湿性粉剂稀释至 1 500～2 500 倍液均匀喷雾,于发病初期施药 3 次,施药间隔 10～15 天,每季最多施用 3 次,安全间隔期 21 天;或用 20%水乳剂稀释至 600～800 倍液喷雾,间隔 10～20 天,每季最多施用 2 次,安全间隔期 24 天;或用 40%水乳剂稀释至 1 060～1 778

倍液均匀喷雾,间隔 10 天左右喷 1 次,每季最多施用 3 次,安全间隔期 30 天。

(27)防治葡萄黑痘病:于发病(侵染)初期施药,50%可湿性粉剂稀释至 1500～2000 倍液均匀喷雾,每 10～14 天施药 1 次,每季最多施用 2 次,安全间隔期 10 天。

(28)防治葡萄炭疽病:发病前或发病初期,用 25%乳油稀释至 800～1500 倍液均匀喷雾,每季最多施用 2 次,安全间隔期 9 天。

(29)防治香蕉冠腐病:用 450 克/升悬浮剂稀释至 450～900 倍液浸果,香蕉八成熟时采收后,选取无伤的果实在配制好的本品药液中浸果 2 分钟,每季最多用 1 次,安全间隔期 7 天;或用 25%水乳剂稀释至 250～500 倍液浸果,每季最多用 1 次,安全间隔期 10 天;或用 45%水乳剂稀释至 450～900 倍液浸果,浸果 1～2 分钟,捞起晾干,应贮于通风良好的环境中,每季最多用 1 次,安全间隔期 7 天。

(30)防治香蕉炭疽病:用 25%水乳剂稀释至 500～750 倍液,或用 450 克/升水乳剂稀释至 900～1200 倍液浸果,建议于天晴时采收七至八成熟香蕉,当天浸药 1 次,浸入药液 1～2 分钟,取出晾干,每季最多用 1 次,安全间隔期 7 天。

(31)防治杨梅树褐斑病:发病初期,用 450 克/升水乳剂稀释至 900～1350 倍液均匀喷雾,间隔 7～10 天喷 1 次,每季最多施用 2 次,安全间隔期 14 天。

(32)防治芒果炭疽病:用 50%可湿性粉剂稀释至 500～1000 倍液浸果,选取无伤的果实在配制好的药液中浸果 2 分钟,捞起后晾干贮藏,最多只可浸果 1 次,安全间隔期 10 天;或用 25%乳油稀释至 250～500 倍液浸果,芒果浸果需在 24 小时内处理,药剂搅拌均匀,即配即用,浸果 1 分钟,每季最多 1 次,安全间隔期 10 天;或在病害初发期用 20%微乳剂稀释至 220～400 倍液喷雾;或在花蕾期至收获期,用 45%微乳剂稀释至 750～1000 倍液喷雾,每季最多施用 5 次,安全间隔期 10 天;或在果树新梢长 3~5 厘米或炭疽病的发病初期,用 250 克/升悬浮剂稀释至 400~600 倍液喷雾,每季最多施用 1 次,安全间隔期 20 天;或于芒果花蕾期至收获期施药,用 25%乳油稀释至 500~1 000 倍液喷雾,每季最多施用 1次,安全间隔期 14 天。

(33)防治冬枣炭疽病:冬枣谢花后,发病初期用 450 克/升悬浮剂稀释至 1 000~1 500 倍液,或 40%水乳剂稀释至 889~1 333倍液,或 45%水乳剂稀释至 1 000~1 500 倍液,或 25%水乳剂稀释至 556~833 倍液均匀喷雾,间隔 10~14 天用药 1 次,安全间隔期28 天,每季最多施用 3 次。

(34)防治烟草赤星病:发病初期,每 667 平方米用 50%可湿性粉剂 35~47 克兑水 30~50 千克均匀喷雾,每季最多施用 3 次,安全间隔期 14 天。

(35)防治铁皮石斛炭疽病:发病初期,每 667 平方米用 25%乳油 40~60 毫升兑水 30~50 千克均匀喷雾。

(36)防治铁皮石斛黑斑病:发病初期,用 450 克/升水乳剂稀释至 900~1 350 倍液均匀喷雾,间隔 7~10 天用药 1 次,每季最多施用 3 次,安全间隔期 28 天。

(37)防治月季炭疽病:发病初期,每 667 平方米用 50%可溶性液剂 30~40 克兑水 30~50 千克均匀喷雾。

(38)防治草坪枯萎病:发病初期,每 667 平方米用 25%乳油150~250 毫升兑水 30~50 千克均匀喷雾,每隔 7~10 天用药 1次,连续施药 2~3 次。

【注意事项】

(1)对鱼、蜜蜂、蚕有毒,桑园及蚕室附近禁用,开花植物花期禁用,施药期间应密切注意对附近蜂群的影响;天敌赤眼蜂等放飞区域禁用。

(2)有水产养殖的稻田禁用,远离水产养殖区施药,禁止在河塘等水体中清洗施药器具。药液及其废液不得污染各类水域、土壤等环境。

（3）建议与其他不同作用机制的杀菌剂轮换使用，以延缓抗药性产生。

（4）本品在下列食品上的最大残留限量（毫克/千克）：大蒜0.1，枣（鲜）3，柑橘5，黄瓜1，辣椒2，芒果2，蘑菇（鲜）2，苹果2，葡萄2，稻谷0.5，蒜薹2，石斛（鲜）15，石斛（干）20，西瓜0.1，香蕉5，小麦0.5，油菜籽0.5，茭白0.5。

104. 醚菌酯

分子式：$C_{18}H_{19}NO_4$

【类别】 甲氧基丙烯酸酯类。

【化学名称】 （E）-2-甲氧亚氨基-2-[2-（邻甲基苯氧甲基）苯基]乙酸甲酯。

【理化性质】 纯品为具有芳香气味的白色结晶固体。熔点101.6～102℃，相对密度1.258，蒸气压2.3×10^{-6}帕（25℃）。水中溶解度2毫克/升（20℃）。水解DT$_{50}$：32天（pH7）、7小时（pH9）。对碱性介质不稳定。

【毒性】 低毒。大鼠急性经口LD$_{50}$＞5000毫克/千克，大鼠急性经皮LD$_{50}$＞2000毫克/千克，大鼠急性吸入LC$_{50}$（4小时）＞5.6毫克/升。对兔眼睛和皮肤无刺激。180天NOEL雄大鼠146毫克/千克、雌大鼠43毫克/千克。每日允许摄入量0.4毫克/千克。无致畸、致癌、致突变作用。野鸭急性经口 LD_{50}（14 天）>2 150 毫克/千克。山齿鹑和野鸭饲喂 LD_{50}（8 天）>1500 毫克/升饲料。鱼类 LC_{50}（96 小时，毫克/升）：虹鳟鱼 0.19，大鳍鳞鳃太阳鱼 0.499。水蚤 LC_{50}（48 小时）0.186 毫克/升。蜜蜂 LD_{50}（48 小时）>20 微克/只（接触）。蚯蚓 LC_{50}（14 天）>937 毫克/千克（土）。

【制剂】 10％水乳剂，30％、50％可湿性粉剂，10％、30％、40％悬浮剂，50％、60％、80％水分散粒剂，30％悬浮种衣剂。

【作用机制与防治对象】

属内吸性杀菌剂，作用机制是通过阻止线粒体呼吸链中的电子转移，阻止细胞能量合成，进而抑制细胞色素的合成，抑制孢子萌发和菌丝生长。具有良好的保护和治疗作用，与其他常用的杀菌剂无交互抗性。杀菌谱广，持效期长，对半知菌、子囊菌、担子菌、卵菌纲等真菌引起的多种病害具有很好的活性。对于草莓白粉病、番茄早疫病、黄瓜白粉病、梨树黑星病、苹果斑点落叶病、葡萄霜霉病、人参黑斑病、烟草白粉病、水稻纹枯病、香蕉叶斑病、小葱锈病等有防治效果。

【使用方法】

（1）防治水稻纹枯病：发病前或发病初期，每 667 平方米用 30％悬浮剂 20～30 毫升兑水 30～50 千克均匀喷雾，每隔 10 天喷药 1 次，连续 3～4 次。

（2）防治小麦锈病：发病初期，每 667 平方米用 30％悬浮剂 50～70 克兑水 30～50 千克均匀喷雾，每季最多施用 3 次，安全间隔期 35 天。

（3）防治小麦白粉病：发病前或发病初期开始用药，每 667 平方米用 30％悬浮剂 30～60 毫升兑水 30～50 千克均匀喷雾，每隔 10 天喷药 1 次，每季最多施用 3 次，安全间隔期 21 天。

（4）防治小麦纹枯病：每 100 千克种子用 30％悬浮种衣剂 33～67 毫升进行种子包衣，种子包衣应均匀，阴干后播种，种子包衣处理过的种子播种深度以 2～5 厘米为宜。

（5）防治小麦赤霉病：于小麦齐穗扬花初期、赤霉病初发期用药，每 667 平方米用 50％水分散粒剂 8～16 克兑水 30～50 千克均匀喷雾，每季最多施用 3 次，安全间隔期 14 天。

（6）防治番茄早疫病：发病初期开始用药，每 667 平方米用 30％悬浮剂 40～60 毫升兑水 30～50 千克均匀喷雾，每隔 7～10 天用药 1 次，每季最多施用 3 次，安全间隔期 5 天。

（7）防治黄瓜白粉病：发病前或发病初期，每 667 平方米用 50％水分散粒剂 15～25 克或 80％水分散粒剂 9～12 克，兑水 40～60 千克均匀喷雾，隔 7～10 天施药 1 次，每季最多施用 2 次，安全间隔期 5 天；或用 30％悬浮剂 20～35 毫升兑水 40～60 千克均匀喷雾，每 7～10 天施药 1 次，每季最多施用 2 次，安全间隔期 3 天；或用 30％可湿性粉剂 25～35 克兑水 40～60 千克均匀喷雾，每隔 7 天左右施药 1 次，每季最多施用 2 次，安全间隔期 7 天。

（8）防治小葱锈病：于发病初期每 667 平方米用 30％可湿性粉剂 15～30 克兑水 30～50 千克均匀喷雾。

（9）防治草莓白粉病：发病初期，每 667 平方米用 50％可湿性粉剂 16～20 克或 30％可湿性粉剂 30～40 克，兑水均匀喷雾，间隔 7～10 天施药 1 次，每季最多施用 3 次，安全间隔期 5 天；或用 50％水分散粒剂稀释至 3 000～5 000 倍液均匀喷雾，间隔 7～14 天用药 1 次，每季最多施用 3 次，安全间隔期 3 天。

（10）防治梨树黑星病：于发病初期开始用药，用 50％水分散粒剂稀释至 3 000～5 000 倍液喷雾，间隔 7～15 天用药 1 次，每季最多施用 3 次，安全间隔期 45 天。

（11）防治苹果斑点落叶病：分别于春梢和秋梢生长期发病前或发病初期施药，用 50％水分散粒剂稀释至 3 000～4 000 倍液，或 80％水分散粒剂稀释至 5 000～6 000 倍均匀喷雾，间隔 10～15 天用药 1 次，每季最多施用 3 次，安全间隔期 21 天；或用 30％悬浮剂稀释至 2 000～3 000 倍液均匀喷雾，每隔 10 天喷药 1 次，每季最多施用 3 次,安全间隔期 14 天;或用 40％悬浮剂稀释至 2 400～3 200 倍液均匀喷雾,间隔 10～14 天用药 1 次,每季最多施用 3 次,安全间隔期 28 天;或用 50％可湿性粉剂稀释至 3 000～4 000 倍液均匀喷雾,间隔 10～15 天用药 1 次,每季最多施用 3 次,安全间隔期 45 天。

（12）防治苹果树白粉病:于发病初期用药,用 10％悬浮剂稀释至 600～1 000 倍液均匀喷雾,施药间隔期为 7～14 天,每季最多施用 3 次,安全间隔期 14 天。

（13）防治苹果树黑星病:于发病初期用药,用 50％水分散粒剂稀释至 5 000～7 000 倍液均匀喷雾,间隔 7～14 天用药 1 次,每季最多施用 4 次,安全间隔期 45 天。

（14）防治葡萄霜霉病:于发病初期用药,用 30％悬浮剂稀释至 2 200～3 200 倍液均匀喷雾,间隔 10 天用药 1 次,每季最多施用 3 次,安全间隔期 7 天。

（15）防治香蕉叶斑病:发病前或发病初期,用 40％悬浮剂稀释至 800～1 600 倍液喷雾,每隔 10～15 天用药 1 次,每季最多施用 3 次,安全间隔期 42 天。

（16）防治烟草白粉病:在发病前或发病初期开始用药,每 667 平方米用 50％水分散性粒剂 16～20 克兑水 30～50 千克均匀喷雾,间隔 7～14 天施药 1 次,安全间隔期 21 天,每季最多施用 2 次。

（17）防治人参黑斑病:于发病初期每 667 平方米用 30％可湿性粉剂 40～60 克兑水 30～50 千克均匀喷雾,一般 10～14 天用 1 次,每季最多施用 2 次,安全间隔期 35 天。

【注意事项】

（1）用于包衣后的种子不得食用和不得作为饲料。

（2）播种时不能用手直接接触有毒种子。

（3）包衣后的种子不得摊晾在阳光下曝晒,以免发生光解而影响药效。

（4）不能与碱性农药、铜制剂混用。

（5）对鱼及水生生物有毒，水产养殖区、河塘等水体附近禁用。禁止在河塘等水域清洗施药器具，勿将药液及清洗施药器具的废水或空瓶弃于水中。

（6）本品在下列食品上的最大残留限量（毫克/千克）：草莓2，黄瓜 0.5，梨 0.2，苹果 0.2，葡萄 1，人参（鲜）0.1，人参（干）0.1，稻谷 1，糙米 0.1，葱 0.2，小麦 0.05。

105. 嘧啶核苷类抗菌素

【类别】　农用抗生素类。

【化学名称】　嘧啶核苷。

【理化性质】　嘧啶核苷类抗菌素主要组分为 120 - B，类似下里霉素（harimycin），次要组分 120 - A 和 120 - C 分别类似潮霉素 B（hygromycin B）和星霉素（asteromycin）。原药外观为白色粉末，熔点 165～167 ℃（分解），易溶于水，不溶于有机溶剂，在酸性和中性介质中稳定，碱性介质中不稳定。嘧啶核苷类抗菌素水剂为棕褐色液体，无可见悬浮物和沉淀物，pH 为 2.5～5.5，持久起泡性不高于 25 毫升。嘧啶核苷类抗菌素可湿性粉剂为灰色疏松粉末，pH 为 3.5～6.5，水分含量不超过 3％，悬浮率不低于 80％，细度（通过 75 微米试验筛）不低于 98％，润湿时间不超过 90 秒，持久起泡性不超过 60 毫升。

【毒性】　低毒。纯品 120 - A 和 120 - B 小鼠静脉注射 LD_{50} 分别为 124.4 毫克/千克和 112.7 毫克/千克；小鼠腹腔注射 LD_{50} 为 1080 毫克/千克；兔经口亚急性毒性试验 NOEL 为 500 毫克/（千克·天）。

【制剂】　8％、10％可湿性粉剂，2％、4％、6％水剂。

【作用机制与防治对象】　其杀菌原理是直接阻碍植物病原菌蛋白质的合成，导致病菌死亡，以预防保护作用为主，兼具一定的治疗作用。本品对苹果斑点落叶病、黄瓜白粉病、水稻纹枯病、番茄早疫病、苹果白粉病、西瓜枯萎病等有效。

【使用方法】

(1) 防治水稻纹枯病:在病情上升期用药,每 667 平方米用 4%水剂 250～300 毫升兑水 30～50 千克均匀喷雾,间隔 7～8 天用药 1 次,可连续用药 2 次。

(2) 防治水稻炭疽病:于发病前期或病斑初见期用药,每 667 平方米用 4%水剂 250～300 毫升兑水 30～50 千克均匀喷雾。

(3) 防治小麦锈病:发病初期开始用药,每 667 平方米用 2%水剂 188～250 毫升兑水 30～50 千克均匀喷雾,间隔 10～14 天施药 1 次,每季最多施用 3 次,安全间隔期 15 天。

(4) 防治番茄早疫病:发病前或发病初期,每 667 平方米用 6%水剂 87.5～125 毫升兑水 30～50 千克均匀喷雾,间隔 7～8 天施药 1 次,每季最多施用 2 次,安全间隔期 7 天。

(5) 防治番茄疫病:于发病前期或病斑初见期使用,用 4%水剂稀释至 400 倍液均匀喷雾。

(6) 防治黄瓜白粉病:发病前或发病初期,用 4%水剂稀释至 300～400 倍液均匀喷雾,每季最多施用 2 次,安全间隔期 7 天。

(7) 防治瓜类白粉病:于发病前期或病斑初见期用药,用 4%水剂稀释至 400 倍液均匀喷雾。

(8) 防治大白菜黑斑病:于发病前期或病斑初见期用药,用 4%水剂稀释至 400 倍液均匀喷雾。

(9) 防治西瓜枯萎病:发病前或初发病时,用 4%水剂稀释至 200～400 倍液灌根,每季最多施用 2 次,安全间隔期 7 天;或用 8%可湿性粉剂稀释至 600～800 倍液均匀喷雾,每间隔 7～10 天施药 1 次,连续用药 3～4 次。

(10) 防治苹果树斑点落叶病:发病前或发病初期,用 10%可湿性粉剂稀释至 1 500～2 000 倍液均匀喷雾,间隔 10～15 天用药 1 次,每季最多施用 5 次,安全间隔期 7 天。

(11) 防治苹果白粉病：发病前期或病斑初见期用药,用4‰水剂稀释至400倍液均匀喷雾。

(12) 防治葡萄白粉病：发病前或发病初期,用2‰水剂稀释至200倍液,或4‰水剂稀释至400倍液均匀喷雾,间隔7～8天用药1次,每季最多施用2次,安全间隔期7天。

(13) 防治烟草白粉病：于发病前期或病斑初见期用药,用4‰水剂稀释至400倍液均匀喷雾。

(14) 防治花卉白粉病：于发病前期或病斑初见期用药,用4‰水剂稀释至400倍液均匀喷雾。

【注意事项】

(1) 不能与碱性物质混用。

(2) 建议与其他不同作用机制的杀菌剂轮换使用,以延缓抗药性产生。

(3) 远离水产养殖区用药,禁止在河塘等水体中清洗施药器具,避免药液污染水源地。

106. 嘧菌环胺

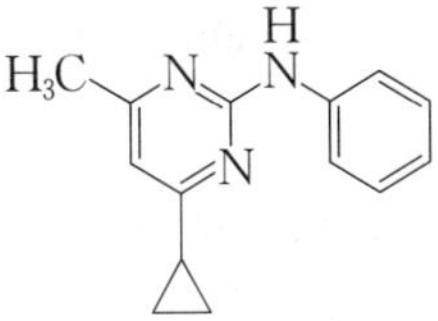

分子式：$C_{14}H_{15}N_3$

【类别】 嘧啶胺类。

【化学名称】 4-环丙基-6-甲基-N-苯基嘧啶-2-胺。

【理化性质】 纯品为白色细晶体,熔点75.9 ℃。蒸气压(25 ℃)(4.7～5.1)×10^{-4}帕。原药外观为带块状物浅褐色细粉末。溶解度(25 ℃,克/升):丙酮、二氯甲烷、乙酸乙酯＞500,甲苯＞440,甲醇 150,正辛醇 140,正己烷 26。在水中溶解度为 16 毫克/升(纯水,pH7.6);50％水分散粒剂外观为茶色至褐色颗粒;湿润时间小于 5 秒;悬浮率大于 70％;常温贮存稳定至少 2 年。

【毒性】 低毒。原药大鼠急性经口、急性经皮 LD_{50} 均＞2000 毫克/千克;兔皮肤和眼睛均无刺激性;豚鼠皮肤变态反应(致敏)试验结果为有致敏性,属中等致敏物;雄性大鼠 3 个月亚慢性喂养试验 NOEL 为每日 3.14 毫克/千克;无致突变作用;大鼠未见致畸性和致癌性。50％水分散粒剂大鼠急性经口、急性经皮 LD_{50} 均＞2000 毫克/千克;兔皮肤和眼睛均无刺激性;对豚鼠无致敏性;50％水分散粒剂对虹鳟鱼 LC_{50}(96 小时)为 6.2 毫克/升;蜜蜂经口和接触 LD_{50} 均＞250 微克/只;对鱼中等毒,对鸟、蜜蜂、家蚕低毒。

【制剂】 30％、40％悬浮剂,50％水分散粒剂,50％可湿性粉剂。

【作用机制与防治对象】 为兼具长效的保护和治疗活性的内吸性杀菌剂,蛋氨酸生物合成抑制剂,具有保护、治疗、叶片穿透及根部内吸活性。可抑制病原菌细胞中蛋氨酸的生物合成和水解酶活性,干扰真菌生命周期,抑制病原菌穿透,破坏植物体中菌丝体的生长。同三唑类、咪唑类、吗啉类、苯基吡咯类等无交互抗性。用于叶面喷雾防治多种作物上的叶片和果实病害。

【使用方法】

(1) 防治葡萄灰霉病:发病前或发病初期,用 50％水分散粒剂稀释至 625～1000 倍液均匀喷雾,每季作物最多施用 2 次,安全间隔期 14 天;或用 40％悬浮剂稀释至 400～700 倍液均匀喷雾,间隔 7～10 天施药 1 次,连续 2～3 次,安全间隔期为 14 天,每季最多施用 3 次。

(2) 防治观赏百合灰霉病:发病前或发病初期,每 667 平方米用 50％水分散粒剂 60～90 克兑水 30～50 千克均匀喷雾,间隔 6～10 天用药 1 次,共施药 2 次;或每 667 平方米用 30％悬浮剂

50～150 克兑水 30～50 千克均匀喷雾,施药 1～2 次,每次施药间隔 7～10 天。

（3）防治苹果树斑点落叶病:发病初期,用 40％悬浮剂稀释至 3 000～4 000 倍液或 50％水分散粒剂稀释至 4 000～5 000 倍液均匀喷雾,安全间隔期 21 天,每季最多施用 3 次。

（4）防治人参灰霉病:发病前或发病初期,每 667 平方米用 50％水分散粒剂 40～60 克兑水 30～50 千克均匀喷雾,每季最多施用 2 次,安全间隔期为 28 天。

【注意事项】

（1）建议与其他不同作用机制的杀菌剂轮换使用,以延缓抗药性产生。

（2）对蜜蜂、鱼类等水生生物、家蚕有毒,施药期间应避免对周围蜂群的影响,开花植物花期、蚕室和桑园附近禁用。远离水产养殖区施药,禁止在河塘等水体中清洗施药器具。

（3）不可与碱性农药等物质混合使用。

（4）过敏者禁用,使用中有任何不良反应请及时就医。

（5）本品在葡萄、苹果上最大残留限量分别为 20 毫克/千克、2 毫克/千克。

107. 嘧菌酯

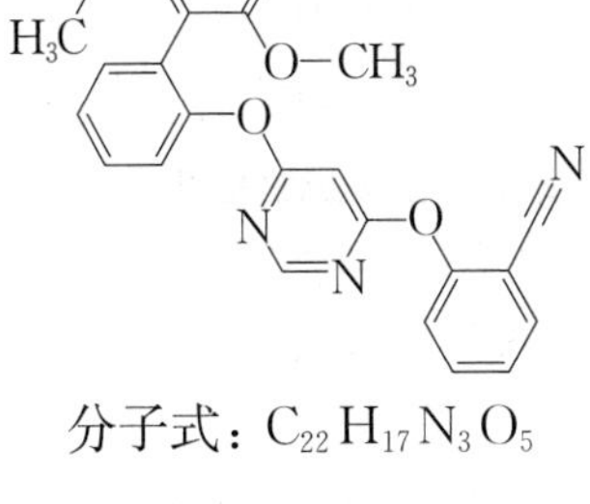

分子式：$C_{22}H_{17}N_3O_5$

【类别】 甲氧基丙烯酸酯类。

【化学名称】 $(E)-2-\{2-[6-(2-氰基苯氧基)嘧啶-4-基氧基]苯基\}-3-甲氧基丙烯酸甲酯。

【理化性质】 纯品为白色固体,工业原药为棕色固体。熔点116℃(114~116℃),相对密度1.34(20℃),蒸气压$1.1×10^{-7}$帕(25℃),正辛醇-水分配系数(20℃)$K_{ow}\log P$为2.5。水中溶解度(20℃)6克/升,微溶于己烷、正辛醇,溶于甲醇、甲苯、丙酮,易溶于乙酸乙酯、乙腈、二氯甲烷。水溶液中光解DT_{50}为11~17天。

【毒性】 低毒。大、小鼠急性经口$LD_{50}>5000$毫克/千克,大鼠急性经皮$LD_{50}>2000$毫克/千克。大鼠急性吸入LC_{50}:雄鼠0.96毫克/升、雌鼠0.69毫克/升。对兔眼睛和皮肤有轻度刺激,无致畸、致突变、致癌作用。在推荐剂量下于田间施用对其他非靶标生物均无不良影响。野鸭和山齿鹑急性经口$LD_{50}>2000$毫克/千克。鱼类LC_{50}(96小时):虹鳟鱼0.47毫克/升,鲤鱼1.6毫克/升。蜜蜂$LD_{50}>200$微克/只(经口和接触),蚯蚓LC_{50}(14天)283毫克/千克(土)。

【制剂】 25%、250克/升、30%、35%、50%悬浮剂,20%、25%、50%、60%、70%、80%水分散粒剂,20%、40%可湿性粉剂,10%微囊悬浮剂,5%超低容量液剂,10%、15%悬浮种衣剂,0.1%颗粒剂。

【作用机制与防治对象】 系线粒体呼吸抑制剂,主要通过同线粒体的细胞色素b结合,阻碍细胞色素b和色素c之间的电子传递来抑制真菌细胞的呼吸作用。兼具保护和治疗作用,同时具有较好的传导渗透和耐雨水冲刷能力。抗病谱广,对大多数植物病原真菌有很高的抗菌活性,既能抑制菌丝生长,又能抑制孢子萌发,特别是对稻瘟病、水稻恶苗病菌、水稻纹枯病菌、小麦赤霉病菌、黄瓜炭疽病菌和辣椒炭疽病菌的菌丝生长最为敏感。

【使用方法】

(1) 防治水稻稻瘟病:发病前或发病初期,每667平方米用

50％水分散粒剂 30～50 克兑水 30～50 千克均匀喷雾；或用 25％悬浮剂 35～45 克兑水 30～50 千克均匀喷雾，每季最多施用 2 次，安全间隔期 14 天；或用 50％悬浮剂 21～27 毫升兑水 30～50 千克均匀喷雾，每季最多施用 2 次，安全间隔期 21 天。

（2）防治水稻纹枯病：发病前或发病初期，每 667 平方米用 250 克/升悬浮剂 40～70 毫升兑水 30～50 千克均匀喷雾，间隔 7～10 天施药 1 次，每季最多施用 2 次，安全间隔期 21 天；或用 20％水分散粒剂 40～80 克兑水 30～50 千克均匀喷雾，于病害发生前喷雾 1～2 次，间隔 7～10 天用药 1 次，每季最多施用 2 次，安全间隔期 20 天；或用 20％可湿性粉剂 60～80 克兑水 30～50 千克均匀喷雾，每季最多施用 2 次，安全间隔期 15 天；或用 5％超低容量液剂 100～200 克均匀喷雾，每季最多施用 2 次，安全间隔期 14 天。

（3）防治水稻稻曲病：在水稻破口前 5～7 天，每 667 平方米用 40％可湿性粉剂 15～20 克兑水 30～50 千克均匀喷雾，每季最多施用 2 次，安全间隔期为 14 天。

（4）防治小麦白粉病：发病前或发病初期开始用药，每 667 平方米用 60％水分散粒剂 10～20 克兑水 30～50 千克均匀叶面喷雾，间隔 7～10 天施药 1 次，连续施药 2 次，安全间隔期 21 天。

（5）防治小麦赤霉病：发病初期，每 667 平方米用 20％可湿性粉剂 45～60 克兑水 30～50 千克均匀叶面喷雾；或用 250 克/升悬浮剂 35～50 毫升兑水 30～50 千克均匀叶面喷雾，喷雾 1～2 次，每季作物最多施用 2 次，安全间隔期 28 天。

（6）防治小麦全蚀病：每 100 千克种子用 15％悬浮种衣剂 26.7～39 克种子包衣。

（7）防治小麦锈病：发病前或发病初期，每 667 平方米用 25％悬浮剂 50～60 毫升兑水 30～50 千克均匀叶面喷雾，间隔 7 天施用 1 次，每季最多施用 3 次，安全间隔期 28 天。

（8）防治玉米丝黑穗病：每 100 千克种子用 10％悬浮种衣剂

10~30 克种子包衣。

(9)防治棉花立枯病:每 100 千克种子用 10%悬浮种衣剂 250~550 克种子包衣,每季使用 1 次。

(10)防治大豆锈病:于病害发生前或初见零星病斑时用药,每 667 平方米用 250 克/升悬浮剂 40~60 毫升兑水 30~50 千克均匀喷雾,间隔 7~10 天用药 1 次,每季最多施用 3 次,安全间隔期 14 天。

(11)防治花生叶斑病:于病害发生前或初见零星病斑时用药,每 667 平方米用 20%水分散粒剂 60~80 克兑水 30~50 千克均匀喷雾,间隔 7~10 天用药 1 次,每季最多施用 3 次,安全间隔期 21 天。

(12)防治马铃薯晚疫病:发病前或发病初期,每 667 平方米用 250 克/升悬浮剂 15~20 毫升兑水 30~50 千克均匀喷雾,间隔 7~10 天叶面喷雾 1 次,连续 2~3 次,每季最多施用 3 次,安全间隔期 14 天;或用 50%水分散粒剂 8.7~10 克兑水 30~50 千克均匀喷雾,施药间隔期 7~10 天,每季最多施用 3 次,安全间隔期 11 天;或用 60%水分散粒剂 6.5~9 克兑水 30~50 千克均匀喷雾,每季最多施用 3 次,安全间隔期 10 天。

(13)防治马铃薯早疫病:在病害发生前或初见零星病斑时用药,每 667 平方米用 250 克/升悬浮剂 40~50 毫升,或 50%水分散粒剂 15~35 克,或 20%水分散粒剂 45~60 克,兑水 30~50 千克均匀喷雾,间隔 7~10 天叶面喷雾 1 次,连续 2~3 次,每季最多施用 3 次,安全间隔期 14 天。

(14)防治马铃薯黑痣病:在马铃薯播种时,于播种沟土壤及种薯表面喷雾处理,每次每 667 平方米用 250 克/升悬浮剂 48~60 毫升兑水 30~50 千克均匀喷雾沟施,每季最多施用 1 次。

(15)防治番茄晚疫病:于病发前或发病初期用药,每 667 平方米用 250 克/升悬浮剂 45~90 毫升兑水 30~50 千克均匀喷雾,间隔 7~10 天用药 1 次,每季最多施用 3 次,安全间隔期 7 天;或每 667 平方米用 50％水分散粒剂 40～60 克兑水 30～50 千克均匀喷雾,间隔 7～14 天施用 1 次,每季最多施用 3 次,安全间隔期 7 天。

(16)防治番茄早疫病:于发病初期开始用药,用 25％悬浮剂 24～32 毫升,或 30％悬浮剂 20～30 毫升,或 250 克/升悬浮剂 24～32 毫升,兑水 30～50 千克均匀喷雾,间隔 7～10 天用药 1 次,每季最多施用 3 次,安全间隔期 5 天。

(17)防治番茄叶霉病:发病前或发病初期,每 667 平方米用 250 克/升悬浮剂 60～90 毫升兑水 30～50 千克均匀喷雾,间隔 7～10 天喷 1 次,连续施药 2～3 次,每季最多施用 3 次,安全间隔期 14 天。

(18)防治黄瓜白粉病:发病前或发病初期,每 667 平方米用 250 克/升悬浮剂 60～90 毫升兑水 40～60 千克均匀喷雾,每隔 7～10 天施药 1 次,每季最多施用 2 次,安全间隔期 7 天;或每 667 平方米用 50％悬浮剂 30～45 毫升兑水 40～60 千克均匀喷雾,于发病前或初期施第一次药,间隔 7～10 天用药 1 次,安全间隔期 1 天;或每 667 平方米用 50％水分散粒剂 25～45 克兑水 40～60 千克均匀喷雾,每隔 5～7 天喷 1 次,每季最多施用 3 次,安全间隔期 5 天。

(19)防治黄瓜霜霉病:发病前或发病初期,每 667 平方米用 50％水分散粒剂 16～24 克兑水 40～60 千克均匀喷雾,施药间隔期为 7～10 天,每季最多施用 3 次,安全间隔期 3 天;或每 667 平方米用 80％水分散粒剂 10～15 克兑水 40～60 千克均匀喷雾,间隔 7 天施药 1 次,每季最多施用 3 次,安全间隔期 5 天;或用 25％悬浮剂 40～90 毫升兑水 40～60 千克均匀喷雾,施药间隔期 5～7 天,每季最多施用 3 次,安全间隔期 3 天。

(20)防治黄瓜蔓枯病:在开花前、谢花后和幼果期用药,每 667 平方米用 250 克/升悬浮剂 60～90 毫升兑水 40～60 千克均匀喷雾,每季最多施用 3 次,安全间隔期 2 天。

(21) 防治黄瓜黑星病：于病害发生前或初见零星病斑时用药，每 667 平方米用 250 克/升悬浮剂 60～90 毫升兑水 40～60 千克均匀喷雾，间隔 7～10 天用药 1 次，每季最多施用 3 次，安全间隔期 1 天。

(22) 防治辣椒疫病：发病前或发病初期，每 667 平方米用 50%水分散粒剂 20～36 克兑水 30～50 千克均匀喷雾，施药间隔期 7～10 天，每季最多施用 3 次，安全间隔期 7 天；或用 250 克/升悬浮剂 40～72 毫升兑水 30～50 千克均匀喷雾，间隔 7～10 天用药 1 次，每季最多施用 3 次，安全间隔期 5 天。

(23) 防治辣椒炭疽病：在病害发生前或初见零星病斑时用药，每 667 平方米用 250 克/升悬浮剂 33～48 毫升兑水 30～50 千克均匀喷雾，间隔 7～10 天用药 1 次，每季最多施用 3 次，安全间隔期 5 天。

(24) 防治冬瓜霜霉病、炭疽病：于病害发生前或初见零星病斑时用药，每 667 平方米用 250 克/升悬浮剂 48～90 毫升兑水 40～60 千克叶面喷雾 1～2 次，用药间隔期 7～10 天，每季最多施用 2 次，安全间隔期 7 天。

(25) 防治丝瓜霜霉病：在病害发生前或初见零星病斑时用药，每 667 平方米用 250 克/升悬浮剂 48～90 毫升兑水 40～60 千克均匀叶面喷雾 1～2 次，间隔 7～10 天用药 1 次，每季最多施用 2 次，安全间隔期 7 天。

(26) 防治芋头疫病：发病前或发病初期，每 667 平方米用 250 克/升悬浮剂 45～60 毫升或 30%悬浮剂 37.5～50 毫升，兑水 30～50 千克均匀叶面喷雾，每隔 7～10 天喷药 1 次，连续喷雾为 2～3 次，每季最多施用 3 次，安全间隔期 45 天。

(27) 防治花椰菜霜霉病：在病害发生前或初见零星病斑时用药，每 667 平方米用 250 克/升悬浮剂 40～70 毫升兑水 30～50 千克均匀喷雾，间隔 7～10 天用药 1 次，每季作物最多施用 2 次，安全间隔期 14 天。

（28）防治莲藕叶斑病：发病前或发病初期,用 250 克/升悬浮剂稀释至 1500~2000 倍液,或 30%悬浮剂稀释至 1800~2400 倍液均匀喷雾,用药间隔 7~10 天,每季最多施用 2 次,安全间隔期21 天。

（29）防治草莓炭疽病：发病前或发病初期,每 667 平方米用25%悬浮剂 40~60 毫升兑水 30~50 千克均匀喷雾,间隔 7~10天施药 1 次,连续施用 2~3 次。

（30）防治西瓜枯萎病：在西瓜定植前,或发病初期用药,每667 平方米用 0.1%颗粒剂 20~30 千克撒施,每季最多施用 1 次。

（31）防治西瓜炭疽病：发病初期,用 50%水分散粒剂稀释至1667~3333 倍液均匀喷雾,每季最多施用 3 次,安全间隔期 7 天；或用 25%悬浮剂稀释至 600~1660 倍液均匀喷雾,间隔 10 天左右用药 1 次,每季最多施用 3 次,安全间隔期 14 天；或用 250 克/升悬浮剂稀释至 833~1667 倍液均匀喷雾,间隔期 7~10 天用药1 次,每季最多施用 3 次,安全间隔期 10 天。

（32）防治柑橘树疮痂病：发病前或发病初期,用 250 克/升悬浮剂稀释至 800~1200 倍液喷雾,每季最多施用 3 次,安全间隔期30 天；或用 25%悬浮剂稀释至 800~1000 倍液喷雾,间隔 7~10天用药 1 次,每季最多施用 3 次,安全间隔期 14 天。

（33）防治柑橘树炭疽病：于病害发生前或初见零星病斑时用药,用 250 克/升悬浮剂稀释至 600~1000 倍液喷雾,间隔 7~10天用药 1 次,每季最多施用 3 次,安全间隔期 14 天；或用 50%水分散粒剂稀释至 1500~3000 倍液喷雾,每隔 7 天施药 1 次,每季最多施用 3 次,安全间隔期 21 天。

（34）防治梨树炭疽病：发病初期,用 25%悬浮剂稀释至 800~1500 倍液均匀喷雾,每季最多施药 3 次,安全间隔期为 14 天。

（35）防治葡萄黑痘病：发病前或发病初期,用 250 克/升悬浮剂稀释至 830~1250 倍液喷雾,间隔 7~10 天用药 1 次,每季最多施用 3 次,安全间隔期 21 天；或用 25%悬浮剂稀释至 850~1450

倍液喷雾,间隔 7～10 天用药 1 次,每季最多施用 4 次,安全间隔期 14 天。

(36)防治葡萄白腐病:于病害发生前或初见零星病斑时用 250 克/升悬浮剂稀释至 830～1 250 倍液喷雾,间隔 7～10 天用药 1 次,每季最多施用 4 次,安全间隔期 14 天。

(37)防治葡萄霜霉病:在病害发生前或初见零星病斑时用药,用 25%悬浮剂稀释至 1 000～1 500 倍液,或用 30%悬浮剂稀释至 1 000～2 000 倍液均匀喷雾,每隔 7～10 天喷药 1 次,每季最多施用 3 次,安全间隔期 21 天;或用 50%水分散粒剂稀释至 2 000～4 000 倍液叶面喷雾 1～2 次,用药间隔 7～10 天,每季最多施用 2 次,安全间隔期 14 天;或用 80%水分散粒剂稀释至 3 500～5 000 倍液喷雾,每季最多施用 2 次,安全间隔期 21 天;或用 20%可湿性粉剂稀释至 1 000～2 000 倍液喷雾,每季最多施用 3 次,安全间隔期 14 天。

(38)防治枣树炭疽病:在病害发生前或初见零星病斑时用药,用 250 克/升悬浮剂稀释至 1 500～2 500 倍液叶面喷雾 1～3 次,间隔 7～10 天用药 1 次,每季最多施用 3 次,安全间隔期 14 天。

(39)防治枇杷角斑病:在病害发生前或初见零星病斑时用药,用 250 克/升悬浮剂稀释至 600～800 倍液均匀喷雾。

(40)防治香蕉叶斑病:在病害发生前或初见零星病斑时用药,用 250 克/升悬浮剂稀释至 1 000～2 000 倍液,或用 50%悬浮剂稀释至 2 000～2 500 倍叶面喷雾 1～2 次,间隔 7～10 天用药 1 次,每季最多施用 3 次,安全间隔期 42 天;或用 20%水分散粒剂稀释至 800～1 200 倍液叶面喷雾 1～2 次,间隔 7～10 天用药 1 次,每季最多施用 3 次,安全间隔期 35 天。

(41)防治芒果树炭疽病:发病前或发病初期,用 250 克/升悬浮剂稀释至 1 250～1 667 倍液喷雾,间隔期 7～10 天用药 1 次,每季最多施用 3 次,安全间隔期 14 天。

(42)防治荔枝霜疫霉病:在开花前、谢花后和幼果期用药,用

250 克/升悬浮剂稀释至 1 250～2 000 倍液均匀喷雾,施药间隔期 7～10 天,每季最多施用 3 次,安全间隔期 14 天。

(43)防治人参黑斑病:在病害发生前或初见零星病斑时用药,每 667 平方米用 250 克/升悬浮剂 40～60 毫升兑水 30～50 千克均匀叶面喷雾 1～2 次,间隔 7～10 天用药,每季最多施用 4 次。

(44)防治观赏菊花锈病:每 667 平方米用 50%水分散粒剂 15～30 克兑水 30～50 千克均匀喷雾。

(45)防治观赏菊花白粉病:发病前或发病初期,用 50%水分散粒剂稀释至 2 000～3 000 倍液均匀喷雾,间隔 7～10 天用药 1 次,每季最多施用 3 次。

(46)防治菊科和蔷薇科观赏花卉白粉病:在病害发生前或初见零星病斑时用药,用 20%水分散粒剂稀释至 800～1 600 倍液,或 250 克/升悬浮剂稀释至 1 000～2 500 倍液均匀喷雾,间隔 7～10 天用药 1 次,每季最多施用 3 次。

(47)防治草坪枯萎病:发病前或发病初期,每 667 平方米用 50%水分散粒剂 30～50 克或 80%水分散粒剂 25～33 克,兑水 30～50 千克均匀喷雾,间隔 7～10 天喷 1 次,连续用药 2～4 次。

(48)防治草坪褐斑病:在发病季节开始时进行保护性用药,每 667 平方米用 50%水分散粒剂 27～53 克兑水 30～50 千克均匀喷雾,两次喷雾间隔时间为 7 天以上,每季最多施用 4 次;或于病害发生前或初见零星病斑时用 20%水分散粒剂 90～120 克兑水 30～50 千克均匀喷雾,间隔 7～10 天用药 1 次,每季最多施用 3 次;或用 25%悬浮剂 53～107 克兑水 30～50 千克均匀喷雾,以后每隔 7～10 天用 1 次药,连续施用 2～3 次。

【注意事项】

(1)苹果及樱桃对本品敏感,切勿使用,对邻近苹果和樱桃的作物喷施时,避免药剂雾滴飘逸。

(2)为了延缓抗药性的产生,建议与其他作用机制的药剂轮换使用。

（3）避免与乳油类农药和有机硅类助剂混用,以免发生药害。

（4）对藻类、鱼类等水生生物有毒,应避免药液流入湖泊、河流或鱼塘中。养鱼或虾、蟹套养稻田禁用,鸟类保护区、赤眼蜂天敌等放飞区禁用。清洗喷药器械或弃置废料时,切忌污染水源。应远离水产养殖区域用药。

（5）本品在下列食品上的最大残留限量(毫克/千克):草莓10,大豆0.5,冬瓜1,番茄3,柑橘1,花生仁0.5,花椰菜1,黄瓜0.5,辣椒2,荔枝0.5,莲藕0.05,马铃薯0.1,芒果1,棉籽0.05,人参1,稻谷1,糙米0.5,西瓜1,香蕉2,小麦0.5,玉米0.02,芋0.2,枣(鲜)2,枇杷2。

108. 嘧霉胺

分子式: $C_{12}H_{13}N_3$

【类别】 嘧啶胺类。

【化学名称】 N -(4,6-二甲基嘧啶- 2 -基)苯胺。

【理化性质】 纯品为无色结晶固体,原药为浅黄色结晶粉末。熔点96.3 ℃,蒸气压2.2毫帕(25 ℃),相对密度1.15。溶解度(20 ℃,克/升):水0.121,丙酮389,乙酸乙酯617,甲醇178,二氯甲烷1000,甲苯412。在一定pH范围内稳定。54 ℃以下14天不分解。

【毒性】 低毒。大鼠急性经口 LD_{50} 为4 159～5 971毫克/千克,大鼠(雌、雄)急性经皮 LD_{50} >2 000毫克/千克,大鼠急性吸入

LC_{50}(4 小时)＞1.98 毫克/升。对家兔皮肤、眼睛无刺激性,对豚鼠皮肤无刺激性。在试验剂量内无致畸、致癌、致突变作用。

【制剂】　20％、30％、37％、400 克/升、40％悬浮剂,40％、70％、80％水分散粒剂,20％、25％、40％可湿性粉剂,25％乳油。

【作用机制与防治对象】　本品是一种具有保护和治疗、兼具内吸传导和熏蒸作用的杀菌剂,作用机制独特,能抑制病原菌蛋白质分泌,使某些水解酶水平下降,抑制病原菌侵染酶的产生,从而阻止病菌侵染,彻底杀死病菌。对葡萄、草莓、茄、洋葱、菜豆、豌豆、黄瓜、茄子及观赏植物的灰霉病有很好的防效。

【使用方法】

(1) 防治草莓灰霉病:发病初期,每 667 平方米用 400 克/升悬浮剂 45～60 毫升兑水 30～50 千克均匀喷雾,每隔 7～10 天用药 1 次,每季最多施用 3 次,安全间隔期 3 天。

(2) 防治番茄灰霉病:发病前或发病初期,每 667 平方米用 400 克/升悬浮剂 63～94 毫升或 70％水分散粒剂 45～55 克,兑水 30～50 千克均匀喷雾,每隔 7～10 天施药 1 次,每季最多施用 2 次,安全间隔期 3 天;或每 667 平方米用 40％可湿性粉剂 60～90 克或 25％乳油稀释至 800～1 000 倍液喷雾,每隔 7～10 天喷雾 1 次,每季最多施用 3 次,安全间隔期 3 天。

(3) 防治观赏菊花灰霉病:发病或发病初期,用 80％水分散粒剂稀释至 1 000～2 000 倍液喷雾,每隔 7～10 天施药 1 次,一般连续施用 1～2 次。

(4) 防治黄瓜灰霉病:在发病初期用药,每 667 平方米用 25％可湿性粉剂 120～150 克兑水 40～60 千克均匀喷雾,每隔 7～10 天用药 1 次,每季最多施用 2 次,安全间隔期 7 天;或用 400 克/升悬浮剂 60～100 毫升兑水 40～60 千克均匀喷雾,每隔 7～10 天施用 1 次,每季最多施用 2 次,安全间隔期 3 天;或用 40％水分散粒剂 60～90 克兑水 40～60 千克均匀喷雾,间隔

7～10 天用药 1 次,每季最多施用 2 次,安全间隔期 2 天;或用 80％水分散粒剂 30～45 克兑水 40～60 千克均匀喷雾,间隔 5～7 天用药 1 次,每季最多施用 2 次,安全间隔期 1 天。

(5)防治葡萄灰霉病:发病前或发病初期,用 400 克/升悬浮剂稀释至 1 000～1 500 倍液喷雾,每隔 7～10 天施用 1 次,每季最多施用 3 次,安全间隔期 7 天;或用 80％水分散粒剂稀释至 2 000～3 000 倍液喷雾,间隔 7～10 天施药 1 次,每季最多施用 3 次,安全间隔期 20 天。

(6)防治元胡菌核病:发病前或发病初期,每 667 平方米用 25％可湿性粉剂 90～150 克兑水 30～50 千克均匀喷雾。

【注意事项】

(1)对鱼类有毒,施药时须远离池塘、湖泊和溪流。

(2)在不通风的温室或大棚中用药,建议施药后通风。

(3)不宜长期连续使用,以免产生耐药性,应交替使用。

(4)不能和碱性物质混合使用。

(5)本品在下列食品上的最大残留限量(毫克/千克):草莓 7,黄瓜 2,葡萄 4。

109. 灭菌唑

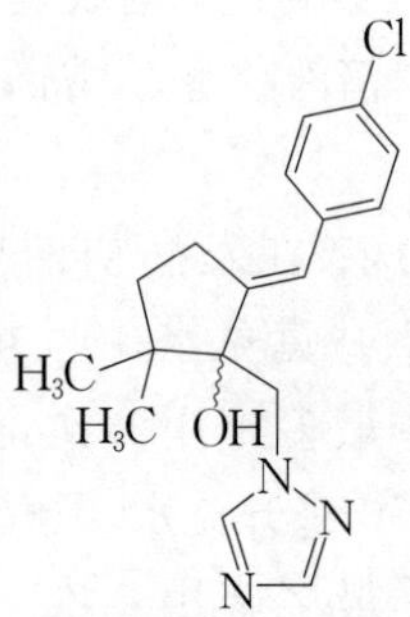

分子式:$C_{17}H_{20}ClN_3O$

【类别】 三唑类。

【化学名称】 (RS) - (E) - 5 - $(4$ -氯苄烯基) - $2,2$ -二甲基- 1 - $(1H$ - $1,2,4$ -三唑 - 1 -基甲基)环戊醇。

【理化性质】 纯品为无臭、白色粉状固体。熔点 $139\sim140.5$ ℃,当温度达到 180 ℃开始分解,相对密度 $1.326\sim1.369$,蒸气压 $<1\times10^{-5}$ 毫帕(50 ℃)。水中溶解度 9.3 毫克/升(20 ℃)。

【毒性】 低毒。大鼠急性经口 $LD_{50}>2000$ 毫克/千克,大鼠急性经皮 $LD_{50}>2000$ 毫克/千克,大鼠急性吸入 LC_{50}(4 小时)>1.4 毫克/升。对兔眼睛和皮肤无刺激。山齿鹑急性经口 $LD_{50}>2000$ 毫克/千克。虹鳟鱼 LC_{50}(96 小时)>10 毫克/升。水蚤 LC_{50}(48 小时)>9.3 毫克/升。对蚯蚓无毒。

【制剂】 28%、25 克/升悬浮种衣剂。

【作用机制与防治对象】 本品具有触杀和内吸传导作用,是甾醇生物合成中 C - 14 脱甲基化酶抑制剂,主要用作种子处理剂。可有效地防治玉米丝黑穗病、小麦散黑穗病、小麦腥黑穗病。

【使用方法】

(1) 防治玉米丝黑穗病:播种前,以每 100 千克种子用 28% 灭菌唑悬浮种衣剂 $140\sim210$ 克兑水配制好拌种药液[按种子与药液(药剂＋水)$1:500\sim1000$ 的比例配制],将药液缓缓倒在种子上,边倒边拌直至着药(着色)均匀,拌后稍晾干至种子不粘手时即可播种。

(2) 防治小麦散黑穗病:小麦播种前,将 28% 灭菌唑悬浮种衣剂加水适量后进行种子包衣,药种比为 $1:5400\sim8600$;或每 100 千克种子用 25 克/升悬浮种衣剂 $100\sim200$ 毫升加水适量后拌种。

(3) 防治小麦腥黑穗病:播种前,每 100 千克种子用 25 克/升悬浮种衣剂 $100\sim200$ 毫升加水适量后拌种。

【注意事项】

(1) 处理后的种子宜晾干后及时使用,切勿食用或作为饲料。

　　（2）拌种及播种时应戴口罩、手套，严禁吸烟和饮食。

　　（3）施药后用肥皂洗澡，并将作业服等保护用具用肥皂洗净。

　　（4）建议与其他不同作用机制的种衣剂轮换使用，以延缓抗药性产生。

110.　木霉菌

　　【类别】　微生物类。

　　【理化性质】　原粉为 25 亿活孢子/克，外观为绿色粉末。2 亿活孢子/克可湿性粉剂外观为淡黄色或灰白色粉末。1 亿活孢子/克水分散粒剂为外观为淡黄色或灰白色粉末。

　　【毒性】　微毒。对哺乳动物无毒、无致病性。哈茨木霉 T-22 菌株对大鼠急性经口 $LD_{50}>500$ 毫克/千克，急性吸入 $LC_{50}>0.89$ 毫克/升；对眼睛有刺激性，对皮肤无刺激性；野鸭和鹌鹑急性经口 $LD_{50}>2\,000$ 毫克/千克；斑马鱼 LC_{50}（96 小时）为 $1.23\times10^5\,CFU$/毫升；水蚤 LC_{50}（10 天）为 $1.6\times10^4\,CFU$/毫升；试验剂量为 1\,000 毫克/升时对蜜蜂无毒性反应。

　　【制剂】　1 亿孢子/克、2 亿孢子/克、3 亿孢子/克水分散粒剂，2 亿孢子/克、3 亿孢子/克、10 亿孢子/克可湿性粉剂。

　　【作用机制与防治对象】　本品是以抗逆性强的厚垣孢子为有效成分的新型微生物农药，具有保护和治疗双重功效。利用叶面上的营养和水分在叶片繁殖，同时分泌具有杀菌作用的物质达到竞争营养、排斥、抑制和杀灭病菌的效果。木霉菌不仅能增强作物抗病性，还能促进作物生长、提高产品品质、增产增收。可用于防治小麦纹枯病、番茄灰霉病、番茄（苗期）猝倒病、番茄立枯病、辣椒茎基腐病、黄瓜灰霉病、黄瓜霜霉病、草莓枯萎病、葡萄灰霉病、葡萄霜霉病、观赏百合（温室）根腐病、人参灰霉病、人参立枯病等。

【使用方法】

(1) 防治小麦纹枯病:每100千克种子用1亿孢子/克水分散粒剂2.5～5千克进行拌种,注意拌种要均匀,待种子阴干后正常播种;或于小麦苗期每667平方米用1亿活孢子/克水分散粒剂50～100克,隔7～10天顺垄灌根2次。

(2) 防治番茄灰霉病:发病前或发病初期,每667平方米用2亿孢子/克可湿性粉剂125～250克兑水30～50千克均匀喷雾,间隔7～10天喷1次,连续施药2～3次;或用10亿孢子/克可湿性粉剂25～50克兑水30～50千克均匀喷雾,根据病情连续施用3次,每次间隔7～10天。

(3) 防治番茄(苗期)猝倒病:在播种后出苗前,每平方米苗床用2亿孢子/克可湿性粉剂4～6克喷淋,共施药2次,每次间隔3～5天,用水量为每平方米2升。

(4) 防治辣椒茎基腐病:播种后定植前、定植时和初花期,每平方米用2亿孢子/克可湿性粉剂4～6克各灌根1次,用水量为每平方米2升。

(5) 防治黄瓜灰霉病:在发病初期开始施药,每667平方米用3亿孢子/克水分散粒剂125～167克兑水40～60千克均匀喷雾,连续施药2～3次,一般间隔7天用药1次,每季最多施用3次;或每667平方米用2亿孢子/克可湿性粉剂125～250克兑水40～60千克均匀喷雾,连续施药2～3次,一般间隔7～10天。

(6) 防治黄瓜霜霉病:发病初期,每667平方米用2亿孢子/克可湿性粉剂120～200克兑水40～60千克均匀喷雾,间隔7天用药1次,可连续用药3次。

(7) 防治草莓枯萎病:发病前或发病初期,每平方米用2亿孢子/克可湿性粉剂330～500倍液灌根2升,间隔7～10天用药1次,连续施药3次。

(8) 防治葡萄灰霉病:在发病初期开始施药,每667平方米用2亿孢子/克可湿性粉剂200～300克兑水40～60千克均匀喷雾,间隔 7~10 天用药 1 次,连续施药 2~3 次。

【注意事项】

(1) 建议与其他不同作用机制的杀菌剂轮换使用。

(2) 不可与防治真菌药剂同时使用。不能与强酸性和强碱性的农药等物质混合使用。

(3) 远离水产养殖区用药,禁止在河塘等水体中清洗施药器具,桑园及蚕室附近禁用。

(4) 本品对眼睛有中度刺激,施药时请穿戴防毒面罩、护目镜、橡皮手套和靴子。

(5) 处理过的种子必须放置在明显标签的容器内。勿与食物、饲料放在一起,不得饲喂禽畜,更不得用于加工饲料或食品。

111. 宁南霉素

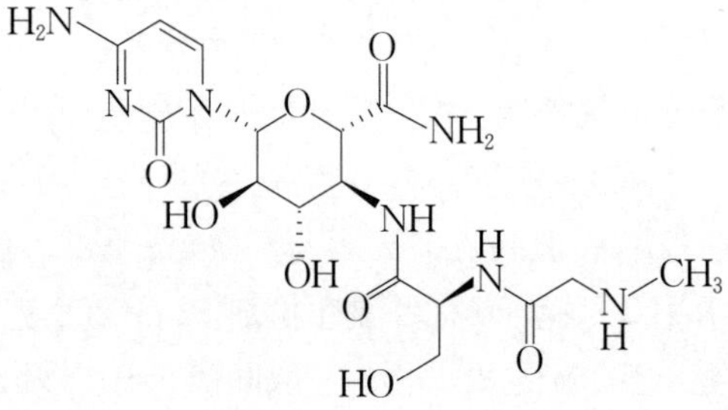

分子式: $C_{16}H_{25}N_7O_8$

【类别】 农用抗生素类。

【化学名称】 1-(4-肌氨酰胺-L-丝氨酰胺-4-脱氧-β-D-吡喃葡萄糖醛酰胺)胞嘧啶。

【理化性质】 原药为浅棕色粉末,熔点 195 ℃(分解)。易溶于水,可溶于甲醇,难溶于丙酮、苯等溶剂。在碱性条件下稳定,酸性条件下易分解失活。

【毒性】　低毒。大鼠急性经口 $LD_{50}>5\,000$ 毫克/千克,急性经皮 $LD_{50}>5\,000$ 毫克/千克,急性吸入 $LC_{50}>2\,297$ 毫克/厘米^3。对皮肤和眼睛有中度刺激性,弱致敏性。鱼 LC_{50} 为 $3\,323$ 毫克/升。

【制剂】　2%、4%、8%水剂,10%可溶粒剂。

【作用机制与防治对象】　本品属于胞嘧啶核苷肽型广谱抗生素杀菌剂,具有预防、治疗作用。可延长病毒潜伏期、破坏病毒粒体结构,降低病毒粒体浓度,提高植株抵抗病毒的能力而达到防治病毒的作用,同时还可以抑制真菌菌丝生长,并能诱导植物体产生抗性蛋白,提高植物体的免疫力。可用于防治黄瓜白粉病、辣椒病毒病、水稻条纹叶枯病和烟草病毒病。

【使用方法】

(1)防治黄瓜白粉病:发病前或发病初期,每 667 平方米用 10%可溶粒剂 50~75 克兑水 40~60 千克均匀喷雾,安全间隔期为 3 天,每季最多施用 3 次。

(2)防治辣椒病毒病:发病前或发病初期,每 667 平方米用 2%水剂 300~417 毫升或 8%水剂 75~104 毫升,兑水 30~50 千克均匀喷雾,安全间隔期为 7 天,每季最多施用 3 次。

(3)防治番茄病毒病:发病初期,每 667 平方米用 8%水剂 75~100 克兑水 30~50 千克均匀喷雾,间隔 7~10 天喷 1 次,连续 2~3 次,每季最多施用 3 次,安全间隔期为 7 天。

(4)防治水稻条纹叶枯病:发病初期,每 667 平方米用 4%水剂 133~167 毫升兑水 30~50 千克均匀喷雾,安全间隔期为 10 天,每季最多施用 2 次。

(5)防治水稻黑条矮缩病:发病初期,每 667 平方米用 8%水剂 45~60 毫升兑水 30~50 千克均匀喷雾,间隔 7~10 天喷 1 次,连续 2~3 次,每季最多施用 3 次,安全间隔 10 天。

(6)防治烟草病毒病:发病初期,每 667 平方米用 8%水剂 63~83 毫升兑水 30~50 千克均匀喷雾,每季最多施用 3 次,安全间隔期 10 天。

(7) 防治苹果斑点落叶病：发病初期,用 8% 水剂稀释至 2 000~3 000 倍液均匀喷雾,安全间隔期为 14 天,每季最多施用 3 次。

【注意事项】

(1) 不可与呈碱性的农药等物质混合使用。

(2) 建议与其他不同作用机制的杀菌剂轮换使用,以延缓抗药性产生。

(3) 对藻类等水生生物有毒,应远离水产养殖区用药,禁止在河塘等水体中清洗施药器具,避免药液污染水源地。

(4) 本品在下列食品上的最大残留限量(毫克/千克)：黄瓜 1,番茄 1,稻谷 0.2,糙米 0.2,苹果 1。

112. 葡聚烯糖

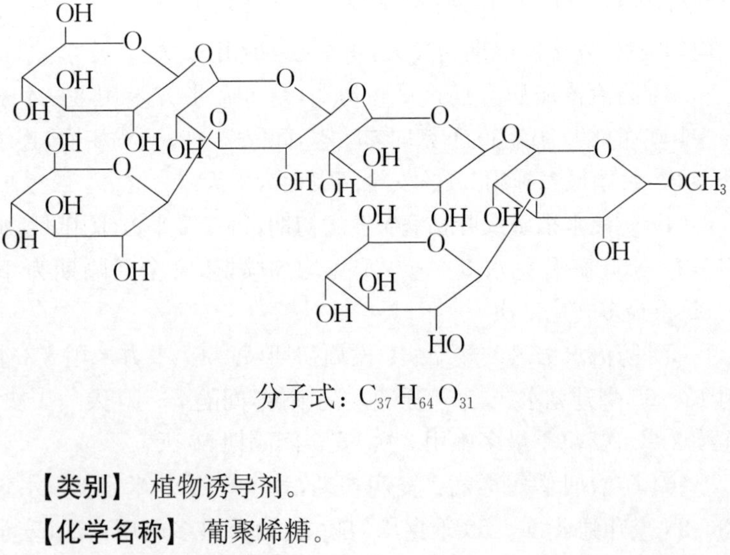

分子式：$C_{37}H_{64}O_{31}$

【类别】　植物诱导剂。

【化学名称】　葡聚烯糖。

【理化性质】 原药外观为白色粉末状固体,熔点 78～81 ℃,水中溶解度＞100 克/升,4 ℃时可贮存 2 年以上,不可与强酸、碱类的物质混合。

【毒性】 微毒。大鼠急性经口 LD_{50}＞4 640 毫克/千克,急性经皮 LD_{50}＞4 640 毫克/千克。

【制剂】 0.5％可溶粉剂。

【作用机制与防治对象】 属新型的植物诱导剂,作为外源诱导因子可以诱导植物产生能杀灭病原菌的植保素,减少多种作物病害的发生;还可作为生长调节因子有效促进植物生长、分枝、开花、结果等各项代谢活动,提高作物产量。可以防治番茄病毒病。

【使用方法】

防治番茄病毒病:于发病初期开始用药,每 667 平方米用 0.5％可溶粉剂 10～12.5 克兑水 30～50 千克均匀喷雾,每季最多施用 4 次,安全间隔期 20 天。

【注意事项】

(1) 避免与呈强碱性农药等物质混合使用。

(2) 远离水产养殖区施药,禁止在河塘等水体中清洗施药器具,避免污染水源。废弃物应妥善处理,不可做他用,也不可随意丢弃。

(3) 建议与其他不同作用机制的杀菌剂轮换使用,以延缓抗药性产生。

113. 氢氧化铜

$$Cu(OH)_2$$

【类别】 无机铜类。

【化学名称】 氢氧化铜。

【理化性质】 蓝色或蓝绿色固体或淡蓝色结晶粉末。水中溶解度为 2.9 毫克/升(pH 7,25 ℃),不溶于有机溶剂,溶于酸、氨水。50 ℃以上脱水,140 ℃分解。受热至 60~80 ℃药剂变暗;温度再高,分解为黑色氧化铜和水。

【毒性】 低毒。大鼠急性经口 LD_{50} >1000 毫克/千克。大鼠急性吸入 LC_{50} >2 毫克/升。对兔眼睛有较强刺激性,对兔皮肤无刺激性。山齿鹑急性经口 LD_{50} 为 3400 毫克/千克,野鸭急性经口 LD_{50} >5000 毫克/千克。虹鳟鱼 LC_{50} (24 小时)为 0.08 毫克/升,大翻车鱼 LC_{50} (96 小时)为 180 毫克/升。水蚤 LC_{50} 为 6.5 纳克/升。对蜜蜂 LD_{50} 为 68.29 微克/只。

【制剂】 37.5%悬浮剂,46%、53.8%、57.6%、77%水分散粒剂,53.8%、77%可湿性粉剂。

【作用机制与防治对象】 属于广谱性杀菌剂,施用后释放出的铜离子进入病菌细胞后,使病菌蛋白质凝固并破坏病菌酶系统起到杀菌作用。用于防治番茄早疫病、黄瓜角斑病、辣椒疮痂病、辣椒疫病、马铃薯晚疫病、姜瘟病、人参黑斑病、柑橘树溃疡病、葡萄霜霉病、芒果细菌性黑斑病、茶树炭疽病、烟草野火病等。

【使用方法】

(1) 防治黄瓜细菌性角斑病:发病前或发病初期,每 667 平方米用 77%可湿性粉剂 150~200 克,或 53.8%水分散粒剂 67~83 克,或 46%水分散粒剂 40~60 克,兑水 40~60 千克均匀喷雾,间隔 7~10 天用药 1 次,安全间隔期 3 天,每季最多喷施 3 次。

(2) 防治番茄早疫病:发病前或发病初期,每 667 平方米用 77%可湿性粉剂 120~200 克兑水 30~50 千克均匀喷雾,安全间隔期 7 天,每季最多喷施 3 次。

(3) 防治番茄溃疡病:发病前施用,每 667 平方米用 46%水分散粒剂 30~40 克兑水 30~50 千克均匀茎叶喷雾覆盖全株,每次用药间隔 7~10 天,每季最多施用 3 次,安全间隔期 5 天。

(4) 防治辣椒疮痂病:发病前施用,每 667 平方米用 46%水分散粒剂 30～45 克兑水 30～50 千克均匀茎叶喷雾覆盖全株,间隔 7～10 天用药 1 次,每季最多施用 3 次,安全间隔期 5 天。

(5)防治辣椒疫病:发病前保护性用药,每 667 平方米用37.5%悬浮剂 36～52 毫升兑水 30～50 千克均匀茎叶喷雾覆盖全株,每季最多施药 4 次,安全间隔期为 7 天。

(6)防治马铃薯晚疫病:发病前保护性用药,每 667 平方米用46%水分散粒剂 25～30 克兑水 30～50 千克均匀茎叶喷雾覆盖全株,间隔 7～10 天用药 1 次,每季最多施药 3 次,安全间隔期 7 天。

(7)防治姜瘟病:移栽后发病前,将 46%水分散粒剂稀释成1000～1500 倍液,每株姜用 200～300 毫升药液顺茎基部均匀喷淋灌根,保证药液浸透周围土壤,每次用药间隔 15 天,连续灌根 3次,安全间隔期 28 天。

(8)防治人参黑斑病:发病前或发病初期,每 667 平方米用77%可湿性粉剂 150～200 克兑水 30～50 千克均匀茎叶喷雾覆盖全株。

(9)防治葡萄霜霉病:发病前或发病初期,用 46%水分散粒剂稀释成 1750～2000 倍液均匀茎叶喷雾覆盖全株,间隔 7～10 天用药 1 次,每季最多施药 3 次,安全间隔期 14 天。

(10)防治柑橘树溃疡病:在各次新梢芽长 1.5～3 厘米、新叶转绿时喷药,将 77%可湿性粉剂稀释成 400～600 倍液均匀叶面喷雾,每 7～10 天用药 1 次,连喷 3～5 次,安全间隔期为 30 天,每季最多施用 5 次;或用 53.8%水分散粒剂稀释成 900～1 100 倍液,或 46%水分散粒剂稀释成 1500～2 000 倍液均匀叶面喷雾,间隔 10～15 天用药 1 次,连喷 3 次,安全间隔期 21 天,每季最多喷施 3 次。

(11)防治芒果细菌性黑斑病:发病前,用 46%水分散粒剂稀释成 1 000～1 500 倍液茎叶喷雾覆盖全株。

(12)防治茶树炭疽病:发病前,用 46%水分散粒剂稀释成1 500～2 000 倍液茎叶喷雾覆盖全株,间隔 7～10 天用药 1 次,每季最多施用 2 次,安全间隔期 5 天。

(13) 防治烟草野火病:发病前保护性用药,每 667 平方米用 46%水分散粒剂 30～45 克兑水 30～50 千克均匀茎叶喷雾覆盖全株,间隔 7 天用药 1 次,每季最多施用 3 次,安全间隔期 7 天;或用 57.6%水分散粒剂稀释成 1 000～1 400 倍液均匀叶面喷雾,安全间隔期为 14 天,每季最多施用 3 次。

【注意事项】

(1) 不能与石硫合剂、松脂合剂、矿物油合剂、多菌灵、硫菌灵等药剂混用,避免与强酸、强碱物质混用,禁止与乙膦铝类农药混用。

(2) 苹果、梨花期及幼果期禁用,并避免溅及。桃、李等对铜制剂敏感,桃树、李树禁用。

(3) 建议与其他不同作用机制的杀菌剂轮换使用,以延缓抗药性产生。

114. 氰霜唑

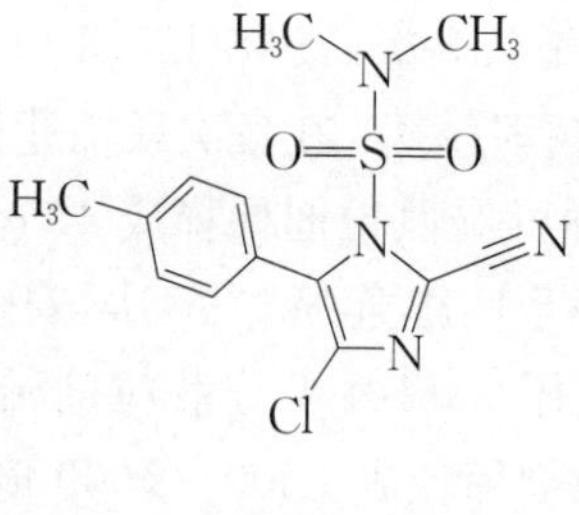

分子式:$C_{13}H_{13}ClN_4O_2S$

【类别】 咪唑类。

【化学名称】 4-氯-2-氰基-5-对甲基苯基咪唑-1-N,N-二甲基磺酰胺。

【理化性质】 纯品为浅黄色无臭粉状固体。密度 1.446 克/厘米^3（20 ℃），蒸气压<$1.33×10^{-5}$ 帕（25 ℃），熔点 152.7 ℃。水中溶解度（20 ℃）为 0.17 毫克/升，有机溶剂中溶解度（20 ℃，克/升）：正己烷 0.03、甲醇 1.74、乙腈 30.95、二氯乙烷 102.12、甲苯 6、乙酸乙酯 16.49、丙酮 45.64、辛醇 0.04。正辛醇-水分配系数 $K_{ow} \log P$ 为 3.2。

【毒性】 低毒。大鼠急性经口 LD_{50}>5 000 毫克/千克，大鼠急性经皮 LD_{50}>2 000 毫克/千克，大鼠急性吸入 LC_{50}（4 小时）>3.2 毫克/升。对兔眼睛、皮肤无刺激，弱致敏性。Ames 试验、小鼠微核试验均为阴性。大鼠（90 天经口）亚慢性毒性作用剂量雄性为 29.51 毫克/（千克·天），未见致畸、致癌作用。鹌鹑和野鸭急性经口 LD_{50}>2 000 毫克/升，急性吸入 LC_{50}>5 毫克/升。鱼类 LC_{50}（48 小时，毫克/升）：鲤鱼>69.6、虹鳟鱼>100。水蚤 EC_{50}（3 小时）>0.48 毫克/升。蜜蜂 LD_{50}（48 小时）>151.7 微克/只（经口）。蚯蚓 LC_{50}（14 天）>1 000 毫克/千克（土）。

【制剂】 20%、35%、50%、100 克/升悬浮剂，25%可湿性粉剂，50%水分散粒剂。

【作用机制与防治对象】 本品是一种呼吸抑制剂，通过阻断病菌体内线粒体细胞色素 bc1 复合体的电子传递来干扰能量的供应，从而导致病菌死亡，与其他杀菌剂无交叉抗性。对卵菌纲真菌所有生长阶段均有作用，对黄瓜霜霉病、马铃薯晚疫病、番茄疫病、西瓜疫病、葡萄霜霉病、荔枝树霜疫霉病有预防和治疗作用。

【使用方法】

（1）防治黄瓜霜霉病：发病前或发病初期，每 667 平方米用 20%悬浮剂 30～40 毫升，或 35%悬浮剂 17～20 毫升，或 100 克/升悬浮剂 55～70 毫升，兑水 40～60 千克均匀喷雾，施药间隔 7～10 天，连续使用 2～3 次，安全间隔期为 3 天，每季最多施用 3 次。

（2）防治番茄晚疫病：发病前或发病初期，每 667 平方米用 20%悬浮剂 30～35 毫升兑水 30～50 千克均匀喷雾，连续施用 3

次,施药间隔期7～10天,安全间隔期为3天,每季最多施用3次;或每667平方米用100克/升悬浮剂53～67毫升兑水30～50千克均匀喷雾,连续施用3～4次,施药间隔期7～10天,安全间隔期为7天,每季最多施用4次。

(3)防治马铃薯晚疫病:发病前或发病初期,每667平方米用20%悬浮剂15～25毫升兑水30～50千克均匀喷雾,间隔7～10天,连续施用3次,安全间隔期为7天,每季最多施用3次;或每667平方米用50%悬浮剂6.4～8毫升,或100克/升悬浮剂32～40毫升,兑水30～50千克均匀喷雾,连续施用2～3次,施药间隔期7～10天,安全间隔期为14天,每季最多施用3次。

(4)防治大白菜根肿病:每667平方米用100克/升悬浮剂150～180毫升,播种前拌细土撒施1次,定苗后灌根1次。

(5)防治西瓜疫病:发病前或发病初期,每667平方米用100克/升悬浮剂55～75毫升兑水40～60千克均匀喷雾,间隔7～10天用药1次,安全间隔期为7天,每季最多施用4次。

(6)防治葡萄霜霉病:发病前或发病初期,用20%悬浮剂稀释成4 000～5 000倍液,或100克/升悬浮剂稀释成2 000～2 500倍液均匀喷雾,间隔7～10天喷1次,连续施用3～4次,安全间隔期7天,每季最多施用4次;或用25%可湿性粉剂稀释成4 000～5 000倍液均匀喷雾,施药间隔期7～10天,安全间隔期14天,每季最多施用3次;或用50%水分散粒剂稀释成10 000～12 500倍液均匀喷雾,施药间隔期7～10天,安全间隔期为7天,每季最多施用2次。

(7)防治荔枝树霜疫霉病:发病前或发病初期,用100克/升悬浮剂稀释成2 000～2 500倍液均匀喷雾,间隔7～10天喷1次,连续3～4次,安全间隔期7天,每季最多施用4次。

【注意事项】

(1)对鱼类、水蚤、藻类等水生生物有毒,远离水产养殖区、河塘等水体施药;禁止在河塘等水体中清洗施药器具,避免药液及其废液污染水源等。

（2）不可与碱性物质混用。

（3）建议与其他不同作用机制的杀菌剂轮换使用，以延缓抗药性产生。

（4）本品在下列食品上的最大残留限量（毫克/千克）：黄瓜 0.5，番茄 2，马铃薯 0.02，西瓜 0.5，葡萄 1，荔枝 0.02。

115. 氰烯菌酯

分子式：$C_{12}H_{12}N_2O_2$

【类别】　丙烯酸酯类。

【化学名称】　2-氰基-3-苯基-3-氨基丙烯酸乙酯。

【理化性质】　原药为白色固体粉末。熔点为 123～124 ℃，蒸气压（25 ℃）$4.5×10^5$ 帕。溶解度（20 ℃）：难溶于水、石油醚、甲苯，易溶于氯仿、丙酮、二甲基亚砜、N,N-二甲基甲酰胺。在酸性、碱性介质中稳定，对光稳定。

【毒性】　低毒。原药和 25% 悬浮剂大鼠急性经口 LD_{50} 均＞5 000 毫克/千克，急性经皮 LD_{50} 均＞5 000 毫克/千克；对大白兔皮肤、眼睛均无刺激性；豚鼠皮肤致敏反应为弱致敏性（致敏率为 0）；原药大鼠 13 周亚慢性喂养毒性试验 NOEL：雄性每天 44 毫克/千克，雌性每天 47 毫克/千克；无致突变作用。25% 悬浮剂对斑马鱼的 96 小时 LC_{50} 为 7.7 毫克/升；鹌鹑经口染毒（灌胃法）LD_{50} 为 321 毫克/千克；蜜蜂（胃杀毒性）48 小时 LC_{50} 为 536 毫克/升;家蚕(2 龄)食毒叶法 LC_{50} 为 436 毫克/千克(桑叶)。对鱼、鸟为中毒,蜜蜂和家蚕为低毒。

【制剂】 25%悬浮剂。

【作用机制与防治对象】 本品是一种结构新颖、作用方式独特的新型杀菌剂,具有内吸活性,对由镰刀菌引起的各类植物病害具有保护和治疗作用,可应用于防治镰刀菌引起的小麦赤霉病、棉花枯萎病、水稻恶苗病、西瓜枯萎病等。氰烯菌酯与苯并咪唑类、三唑类、甲氧基丙烯酸酯类、二硫代氨基甲酸盐类和取代芳烃类 5 种不同作用机制的杀菌剂无交互抗性。

【使用方法】

(1)防治水稻恶苗病:在水稻催芽前做浸种处理,用 25%悬浮剂 2 000~3 000 倍液浸种。

(2)防治小麦赤霉病:在小麦抽穗扬花期用药,每 667 平方米用 25%悬浮剂 100~200 毫升兑水 30~50 千克均匀喷雾,间隔 7~10 天喷 1 次,每季最多施用 2 次,安全间隔期 28 天。

【注意事项】

(1)对鱼和蜜蜂中毒,使用时应注意对鱼和蜜蜂的不利影响,开花植物禁用。远离水产养殖区施药,禁止在河塘清洗施药器具。

(2)蚕室与桑园附近禁用。

(3)本品在小麦上最大残留限量为 0.05 毫克/千克。

116. 壬菌铜

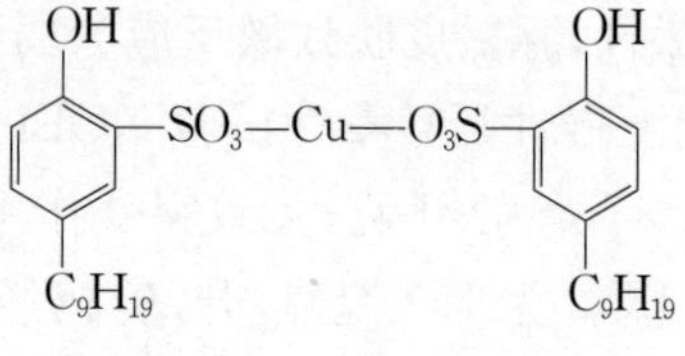

分子式: $C_{30}H_{46}O_8S_2Cu$

【类别】 有机铜类。

【化学名称】 对-壬基苯酚磺酸铜。

【理化性质】 原药为深褐色均相黏稠液体,密度 1.02～1.03 克/厘米^3。沸点 65 ℃,闪点 37 ℃。微溶于水,溶于乙醇、丙酮。不易燃,不易爆。在酸性介质中稳定。

【毒性】 低毒。大鼠急性经口 LD_{50} 为 1703.23 毫克/千克,大鼠急性经皮试验 LD_{50} 为 2505.94 毫克/千克,90 天大鼠亚慢性毒性试验的 NOEL 为 2.5 毫克/千克,推荐 ADI 为 0.0025 毫克/千克。

【制剂】 30%微乳剂。

【作用机制与防治对象】 本品是一种渗透性较强的有机铜制剂,为广谱性杀菌剂,通过壬基苯酚基团和铜离子基团起作用,导致病菌细胞膜上的蛋白质凝固杀死病菌,部分铜离子渗透进入病原菌细胞内,与某些酶结合,影响其活性,导致病菌因衰竭死亡,可用于防治黄瓜霜霉病。

【使用方法】

防治黄瓜霜霉病:发病前或发病初期,每 667 平方米用 30%微乳剂 120～150 毫升兑水 40～60 千克正反面叶片均匀喷雾,间隔 7 天施药 1 次,安全间隔期为 5 天,每季最多施用 3 次。

【注意事项】

(1) 不宜与铜制剂及强碱性农药混用;建议与其他不同作用机制杀菌剂轮换使用,以延缓抗药性产生。

(2) 对藻、鱼等水生生物有毒,应远离水产养殖区施药,禁止在河塘等水体中清洗施药器具。

(3) 对眼睛和皮肤有强烈刺激性,需加强对接触者眼睛的保护;在开启包装和施药时应注意眼部防护,必要时佩戴护目镜。

(4) 应避免阴雨天气及高温午间用药,宜在上午 10 点前或下午 4 点后施用。

117. 噻呋酰胺

分子式：$C_{13}H_6Br_2F_6N_2O_2S$

【类别】 噻唑酰胺类。

【化学名称】 $2',6'$-二溴-2-甲基-$4'$-三氟甲氧基-4-三氟甲基-1,3-噻唑-5-甲酰苯胺。

【理化性质】 原药中有效成分含量 96.4%，外观为白色至浅褐色粉末。熔点 177.9～178.6 ℃，蒸气压 $1.008×10^{-6}$ 毫帕，溶解度（20～25 ℃，毫克/升）：水 1.6，乙酸乙酯 20，pH 5～9 时稳定。

【毒性】 低毒。大鼠急性经口 LD_{50}＞5 000 毫克/千克，吸入 LC_{50}＞5 000 毫克/米^3；兔急性经皮 L_{D50}＞5 000 毫克/千克，对兔眼睛有中度刺激，对兔皮肤有轻度刺激。Ames 试验阴性，小鼠微核试验阴性。鹌鹑、野鸭 LC_{50}＞5 620 毫克/升，蓝鳃太阳鱼 LC_{50} 为 1.2 毫克/升，鲤鱼 LC_{50}（96 小时）为 2.9 毫克/升，虹鳟 LC_{50}（96 小时）为 1.3 毫克/升。水蚤 LC_{50}（48 小时）为 1.6 毫克/升。

【制剂】 20%、240 克/升、30%、35%、40%悬浮剂，40%、50%水分散粒剂，4%颗粒剂，4%展膜油剂。

【作用机制与防治对象】 其主要作用机制是抑制病菌三羧酸循环中琥珀酸去氢酶，导致菌体死亡。由于含氟，其在生化过程中竞争力很强，一旦与底物或酶结合就不易恢复，具有强内吸传导性。可防治多种作物病害，尤其对担子菌丝核菌属真菌引起的病害有较好的防治效果。对花生白绢病、马铃薯黑痣病、水稻纹枯病、水稻稻曲病、小麦锈病、小麦纹枯病等有效。

【使用方法】

（1）防治花生白绢病：发病初期，每 667 平方米用 20％悬浮剂 67～133 毫升兑水 30～50 千克均匀喷雾，每季最多施用 2 次，安全间隔期 14 天；或每 667 平方米用 240 克/升悬浮剂 45～60 毫升兑水 30～50 千克均匀喷雾，每季最多施用 1 次，安全间隔期 7 天。

（2）防治马铃薯黑痣病：每 667 平方米用 40％水分散粒剂 40～80 克，或 240 克/升悬浮剂 70～120 毫升，兑水 30～50 千克于马铃薯覆土前喷洒于垄沟内的种薯及周围的土壤上，喷后合垄。

（3）防治水稻纹枯病：发病初期，每 667 平方米用 240 克/升悬浮剂 13～23 毫克，或 20％悬浮剂 15～25 毫升兑水 30～50 千克均匀喷雾，每季最多施用 1 次，安全间隔期 7 天；或用 40％悬浮剂 9～12 毫升兑水 30～50 千克均匀喷雾，每季最多施用 3 次，安全间隔期 30 天；或用 50％水分散粒剂 8～11 克兑水 30～50 千克均匀喷雾，每季最多施用 2 次，安全间隔期 28 天。

（4）防治水稻稻曲病：抽穗破口前 5～7 天，每 667 平方米用 240 克/升悬浮剂 13～23 毫升兑水 30～50 千克均匀喷雾，每季最多施用 1 次，安全间隔期 14 天。

（5）防治小麦锈病：发病前或发病初期，每 667 平方米用 240 克/升悬浮剂 15～20 毫升兑水 30～50 千克均匀喷雾，每季最多施用 1 次，安全间隔期 14 天。

（6）防治小麦纹枯病：小麦分蘖期或发病初期用药，每 667 平方米用 240 克/升悬浮剂 15～20 毫升兑水 30～50 千克均匀喷雾，每季最多施用 1 次，安全间隔期 21 天。

【注意事项】

（1）对蜜蜂低毒，对鱼类等水生生物有一定毒性，对家蚕高毒，施药期间应避免对周围蜂群的影响，开花植物花期、蚕室和桑园附近禁用，鱼、虾、蟹套养稻田禁用，施药后的田水不得直接排入水体。远离水产养殖区施药,禁止在河塘等水体中清洗施药器具。

(2) 建议与其他不同作用机制的杀菌剂轮换使用。

(3) 对眼睛有轻度刺激作用,少数个体可能发生皮肤过敏反应。

(4) 本品在下列食品上的最大残留限量(毫克/千克):花生仁0.3,马铃薯2,稻谷7,糙米3。

118. 噻菌灵

分子式:$C_{10}H_7N_3S$

【类别】 苯并咪唑类。

【化学名称】 2-(1,3-噻唑-4-基)苯并咪唑。

【理化性质】 纯品为白色无臭粉末。熔点297～298℃,蒸气压<1毫帕(20℃),相对密度1.3989。溶解度(20℃,克/升):水0.03(pH7),丙酮2.43,1,2-二氯乙烷0.81,甲醇8.28,二甲苯0.13,乙酸乙酯1.49。在酸、碱、水溶液中稳定。DT_{50}为29小时(pH5)。

【毒性】 低毒。急性经口LD_{50}(毫克/千克):大鼠3100、小鼠3600。兔急性经皮LD_{50}>2000毫克/千克。对兔眼睛和皮肤无刺激。大鼠急性吸入LD_{50}(4小时)>0.5毫克/升。大鼠2年饲喂NOEL>5620毫克/千克(饲料)。山齿鹑急性经口LD_{50}>2250毫克/千克。鱼类LD_{50}(96小时,毫克/升):大翻车鱼19,虹鳟鱼0.55。水蚤LD_{50}(48小时)0.81毫克/升。对蜜蜂安全。蚯蚓LC_{50}>500毫克/千克(土)。

【制剂】　40％可湿性粉剂,15％、42％、450 克/升、500 克/升悬浮剂,60％水分散粒剂。

【作用机制与防治对象】　作用机制是抑制真菌线粒体的呼吸作用和细胞增殖,与苯菌灵等苯并咪唑药剂有交互抗性,具有内吸传导作用,能向顶传导,但不能向基传导。杀菌活性限于子囊菌、担子菌、半知菌,对卵菌无效。对柑橘绿霉病、柑橘青霉病、蘑菇褐腐病、柑橘保鲜、柑橘防腐、苹果树轮纹病、葡萄黑痘病、香蕉冠腐病、香蕉贮藏期病害等有效。

【使用方法】

(1) 防治柑橘绿霉病:用 450 克/升悬浮剂 300～450 倍液或 42％悬浮剂 280～420 倍液或 500 克/升悬浮剂 400～600 倍液浸果,浸果 1 分钟后取出晾干贮存,每季最多使用 1 次,安全间隔期 10 天。

(2) 防治柑橘青霉病:用 42％悬浮剂 280～420 倍液或 450 克/升悬浮剂 300～450 倍液或 500 克/升悬浮剂 400～600 倍液浸果,用药最佳时期在采收后当天浸果,果实经过清洗后,浸果 1～2 分钟,每季最多使用 1 次,安全间隔期 10 天。

(3) 柑橘保鲜、柑橘防腐:果实经过清洗后,用 42％悬浮剂 280～420 倍液浸果约 30 秒,每季最多使用 1 次,安全间隔期 10 天。

(4) 防治蘑菇褐腐病:首次用药期为出菇时,每平方米用 40％可湿性粉剂 0.8～1 克兑水对菇床喷雾,每季最多施用 3 次,安全间隔期 8 天;在出菇前,用 500 克/升悬浮剂按每平方米 0.5～0.75 克稀释成 1500 倍液均匀喷施,首次喷药时兑水量应大,每季最多施用 3 次(前 3 茬菇每次出菇前对覆土进行喷雾),安全间隔期 55 天。或用 500 克/升悬浮剂按药料比 1∶1250～2500 拌料,将药剂用适量清水稀释,再与培养料拌匀,每季最多施用 1 次,安全间隔期 65 天。

(5) 防治苹果树轮纹病:在 4 月下旬或 5 月上旬谢花后或幼

果形成期用药,用40%可湿性粉剂稀释至1000~1498倍液均匀喷雾,每隔10~14天再施药1次,每季最多施用3次,安全间隔期14天;或于发病初期进行施药,用60%水分散粒剂稀释至1500~2000倍液喷雾,每季最多施用3次,安全间隔期21天。

(6) 防治葡萄黑痘病:在发病前或发病初期开始施药,用40%可湿性粉剂稀释至1000~1500倍液均匀喷雾,每隔10~14天再施药1次,每季最多施用3次,安全间隔期7天。

(7) 防治香蕉冠腐病:用15%悬浮剂稀释至150~250倍液,或用450克/升悬浮剂稀释至400~800倍液,或用500克/升悬浮剂稀释至667~1000倍液浸果1~2分钟后取出,水果表面的药液晾干后包装,置于普通仓库常温贮藏,每季最多使用1次,安全间隔期10天。

(8) 防治香蕉贮藏期病害:用450克/升悬浮剂稀释至600~900倍液,或用40%可湿性粉剂稀释至500~1000倍液浸果,浸泡1分钟,晾干、装箱,每季最多使用1次,安全间隔期10天。

【注意事项】

(1) 避免与其他药剂混用,不应在烟草收获后的叶子上施用。

(2) 对鱼有毒,注意不要污染池塘和水源。

(3) 建议与其他不同作用机制的杀菌剂轮换使用。

(4) 本品在下列食品上的最大残留限量(毫克/千克):柑橘10,蘑菇(鲜)5,葡萄5,香蕉5。

119. 噻菌铜

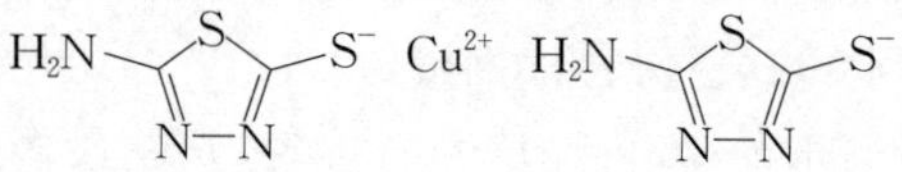

分子式:$C_4H_4N_6S_4Cu$

【类别】 噻唑类。

【化学名称】 2-氨基-5-巯基-1,3,4-噻二唑铜。

【理化性质】 原药为黄绿色粉末,密度 1.29 克/厘米^3,熔点 300℃,微溶于吡啶、二甲基甲酰胺,不溶于水。遇强碱易分解,能燃烧。

【毒性】 低毒。原药对雄大鼠急性经口 LD$_{50}$>2 150 毫克/千克,雌、雄大鼠急性经皮 LD$_{50}$>2 000 毫克/千克;小鼠急性经口 LD$_{50}$ 为 1 210 毫克/千克,急性经皮 LD$_{50}$>1 210 毫克/千克。对眼睛有轻度刺激性,对皮肤无刺激性,属弱致敏物。Ames 试验为阴性,无致突变作用,无致微核作用。大鼠 90 天亚慢性经口接触的 NOEL 为 20.16 毫克/千克·天。

【制剂】 20%悬浮剂。

【作用机制与防治对象】 本品是由两个基团组成的杀菌剂,一是噻唑基团,在植物体外对细菌无抑制力,但药剂在植物体的孔纹导管中,可使细菌的细胞壁变薄继而瓦解,导致细菌死亡;在螺纹导管和环导管中的部分细菌受到药剂的影响,细胞并不分裂,病情暂时被抑制,但细菌实未死亡,待药剂残药期过去后,细菌又能重新繁殖。二是铜离子,药剂中的铜离子与病原菌细胞膜表面上的阳离子交换,导致病菌细胞膜上的蛋白质凝固而杀死病菌。具有内吸、治疗和保护作用,对细菌性病害有较好的防效,可用于防治大白菜软腐病、番茄叶斑病、黄瓜角斑病、桃树细菌性穿孔病、烟草青枯病、柑橘溃疡病、柑橘疮痂病、兰花软腐病等病害。

【使用方法】

(1) 防治水稻白叶枯病:发病初期,每 667 平方米用 20%悬浮剂 100～130 克兑水 30～50 千克均匀喷雾,安全间隔期 15 天,每季最多施用 3 次。

(2) 防治水稻细菌性角斑病:发病初期,每 667 平方米用 20%悬浮剂 125～160 克兑水 30～50 千克均匀喷雾,安全间隔期 15 天,每季最多施用 3 次。

（3）防治棉花苗期立枯病：在播种前使用，每100千克种子用20％悬浮剂1000～1500克拌种。

（4）防治番茄叶斑病：发病初期，用20％悬浮剂稀释至300～700倍液均匀喷雾，安全间隔期5天，每季最多施用3次。

（5）防治黄瓜角斑病：发病初期，每667平方米用20％悬浮剂83.3～166.6克兑水40～60千克均匀喷雾，安全间隔期3天，每季最多施用3次。

（6）防治大白菜软腐病：发病初期，每667平方米用20％悬浮剂75～100克兑水30～50千克均匀喷雾，安全间隔期14天，每季最多施用3次。

（7）防治马铃薯黑胫病：发病初期，每667平方米用20％悬浮剂100～125毫升兑水30～50千克均匀喷雾，安全间隔期14天，每季最多施用3次。

（8）防治西瓜枯萎病：发病初期，每667平方米用20％悬浮剂75～100克兑水40～60千克均匀喷雾，安全间隔期14天，每季最多施用3次。

（9）防治柑橘疮痂病：发病初期，用20％悬浮剂稀释至300～500倍液均匀喷雾，安全间隔期14天，每季最多施用3次。

（10）防治柑橘溃疡病：发病初期，用20％悬浮剂稀释至300～700倍液均匀喷雾，安全间隔期14天，每季最多施用3次。

（11）防治桃树细菌性穿孔病：发病初期，用20％悬浮剂稀释至300～700倍液均匀喷雾，安全间隔期14天，每季最多施用3次。

（12）防治猕猴桃溃疡病：发病初期，用20％悬浮剂稀释至300～700倍液均匀喷雾，安全间隔期14天，每季最多施用3次。

（13）防治烟草青枯病：发病初期，用20％悬浮剂稀释至300～700倍液均匀喷雾，安全间隔期21天，每季最多施用3次。

（14）防治烟草野火病：发病初期，每667平方米用20％悬浮剂100～130克兑水30～50千克均匀喷雾，安全间隔期21天，每季最多施用 3 次。

（15）防治兰花软腐病：发病初期，用 20％悬浮剂稀释至 300～500 倍液均匀喷雾。

【注意事项】

（1）应掌握在病害初发期使用，采用喷雾和弥雾。

（2）使用之前先摇匀，如有沉淀，摇匀后不影响药效。使用时，先用少量水将悬浮剂搅拌成浓液，然后兑水稀释。

（3）不能与强碱性农药等物质混用。

（4）禁止在河塘等水域内清洗施药器具，避免污染水源。

（5）本品在大白菜、番茄上最大残留限量分别是 0.1 毫克/千克、0.5 毫克/千克。

120. 噻霉酮

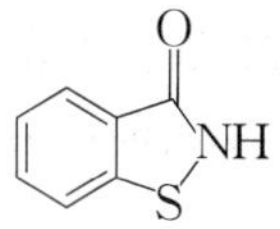

分子式：C_7H_5SON

【类别】 杂环类。

【化学名称】 1,2-苯并异噻唑啉-3-酮。

【理化性质】 原药外观为微黄色粉末，密度 0.8 克/厘米³，熔点 158℃，水（20℃）中溶解度 4 克/升。

【毒性】 低毒。雌、雄大鼠急性经口 LD_{50} 分别为 784 毫克/千克和 670 毫克/千克，大鼠急性经皮 $LD_{50}>1000$ 毫克/千克。对眼睛、皮肤无刺激性，非致敏物。

【制剂】 3％微乳剂，1.5％水乳剂，3％可湿性粉剂，3％水分散粒剂，5％悬浮剂，1.6％涂抹剂。

【作用机制与防治对象】 本品是内吸性杀菌剂,有预防和治疗作用,其主要作用机制,一是破坏病菌细胞核结构,使其失去心脏部位而衰竭死亡;二是干扰病菌细胞的新陈代谢,使其生理紊乱,最终导致死亡。本品既可抑制病原孢子的萌发及产生,也可以控制菌丝体的生长,对病原菌生活史的各发育阶段均有影响。可有效防治黄瓜细菌性角斑病、烟草野火病、黄瓜霜霉病、梨树黑星病和苹果树轮纹病等。

【使用方法】

(1) 防治黄瓜细菌性角斑病:发病初期,每667平方米用3%微乳剂75～110克兑水40～60千克均匀喷雾,间隔7天施药1次,每季最多施用2次,安全间隔期5天;或用3%可湿性粉剂73～88克兑水40～60千克均匀喷雾,间隔7天左右施药1次,每季最多施用3次,安全间隔期3天。

(2) 防治黄瓜霜霉病:发病前或发病初期,每667平方米用1.5%水乳剂116～175克兑水40～60千克均匀喷雾,施药间隔7～10天,每季最多施用3次,安全间隔期3天。

(3) 防治梨树黑星病:发病前或发病初期,用1.5%水乳剂稀释至800～1 000倍液喷雾,施药间隔7～10天,每季最多施用4次,安全间隔期14天。

(4) 防治苹果树轮纹病:发病前或发病初期,用1.5%水乳剂稀释至600～750倍液喷雾,施药间隔期7～10天,每季最多施用4次,安全间隔期14天。

(5) 防治苹果树腐烂病:在早春或者果实采收后的秋冬季节用药,每平方米用1.6%涂抹剂80～120克涂抹,每季最多施用1次。

(6) 防治水稻细菌性条斑病:在发病初期开始用药,每667平方米用3%微乳剂60～100毫升兑水30～50千克均匀喷雾;或用5%悬浮剂35～50毫升兑水30～50千克均匀喷雾,每季最多施用3次,安全间隔期14天。

（7）防治小麦赤霉病：在发病初期开始用药,每 667 平方米用 1.5％水乳剂 40～50 毫升兑水 30～50 千克均匀喷雾,每季最多施用 3 次,安全间隔期 21 天。

（8）防治烟草野火病：发病初期,每 667 平方米用 3％微乳剂 90～100 克兑水 30～50 千克均匀喷雾,间隔 7～10 天施药 1 次,每季最多施用 2 次,安全间隔期 7 天;或用 3％水分散粒剂 65～90 克兑水 30～50 千克均匀喷雾,每季最多施用 3 次,安全间隔期 14 天。

【注意事项】

（1）建议与其他不同作用机制的杀菌剂轮换使用。

（2）对蜜蜂、家蚕、蚯蚓低毒,对鱼类、鸟类、藻类中等毒,对蚤类高毒,对天敌赤眼蜂低风险。施药时应避免对周围蜂群的影响,开花植物花期、蚕室和桑园附近慎用。

（3）远离水产养殖区施药,应避免药液流入河塘等水体中,清洗喷药器械时切忌污染水源。

（4）本品在下列食品上的最大残留限量（毫克/千克）：黄瓜 0.1,苹果 0.05,稻谷 1,糙米 0.5,小麦 0.2。

121. 噻森铜

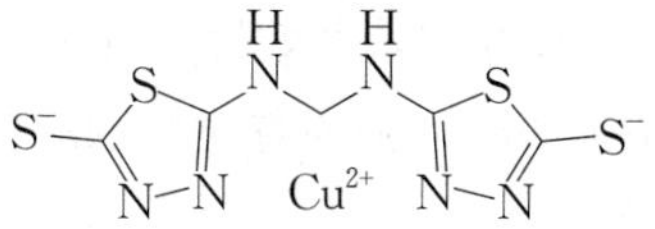

分子式：$C_5H_4CuN_6S_4$

【类别】　有机铜类。

【化学名称】　N,N'-甲撑双(2-氨基-5-巯基-1,3,4-噻二唑)铜。

【理化性质】　纯品为蓝绿色粉状固体。熔点 300 ℃（分解）。

20℃时水中不溶,微溶于吡啶、二甲基甲酰胺。原药外观为蓝绿色粉状固体。在碱性介质中不稳定,遇强碱易分解,能燃烧。20%噻森铜悬浮剂外观为可流动的悬浮液体,存放过程中可能出现沉淀,但经手摇可恢复原状,不结块,在常规条件下贮存,质量保证期至少2年。

【毒性】 低毒。原药和20%悬浮剂对雄性、雌性大鼠急性经口 LD_{50} 均>5 000 毫克/千克,急性经皮 LD_{50} 均>2 000 毫克/千克;原药对兔皮肤无刺激性,对兔眼睛有轻度刺激性。20%噻森铜悬浮剂对兔皮肤、眼睛无刺激性。对豚鼠皮肤致敏试验均属弱致敏物。原药大鼠90天亚慢性喂饲试验 NOEL 为 10 毫克/(千克·天)。Ames 试验、小鼠骨髓细胞微核试验、小鼠睾丸细胞染色体畸变试验均为阴性。20%噻森铜悬浮剂对斑马鱼 LC_{50}(96 小时)>200 毫克/升;对鹌鹑(经口灌胃法,7 天)LD_{50}>1 000 毫克/千克;对蜜蜂(胃毒法,48 小时)LD_{50}>3 000 毫克/升;对家蚕(食下毒叶法,2 龄)LD_{50}>3 000 毫克/千克桑叶。20%噻森铜悬浮剂对鱼、鸟为低毒,对蜜蜂、家蚕为低风险。

【剂型】 20%、30%悬浮剂。

【作用机制与防治对象】 本品为有机络合铜杀菌剂,由两个基团组成,一是噻唑基团,作用在植株的孔纹导管中,使细胞壁变薄,导致细菌死亡;二是铜离子,能与某些酶结合,影响其活性。在两个基团的作用下,有较好的杀菌效果。可防治大白菜软腐病、水稻白叶枯病和细菌性条斑病、番茄青枯病、柑橘溃疡病、芋头软腐病和西瓜细菌性角斑病。

【使用方法】

(1) 防治大白菜软腐病:发病初期,每 667 平方米用 20%悬浮剂 120~200 毫升或 30%悬浮剂 100~135 毫升,兑水 30~50 千克均匀喷雾,间隔 7~15 天施药 1 次,安全间隔期 5 天,每季最多施用 3 次。

(2) 防治水稻白叶枯病和细菌性条斑病:发病初期,每 667 平方米用 20％悬浮剂 100～125 毫升或 30％悬浮剂 70～85 毫升,兑水 30～50 千克均匀喷雾,间隔 7～15 天施药 1 次,喷 2～3 次,安全间隔期 14 天,每季最多施用 3 次。

(3)防治番茄青枯病:发病初期,将 20％悬浮剂稀释至 300～500 倍,或每 667 平方米用 30％悬浮剂 67～107 毫升兑水 30～50千克,灌根或基部喷雾,用药 2～3 次,安全间隔期 3 天,每季最多施用 3 次。

(4)防治柑橘溃疡病:发病初期,20％悬浮剂稀释至 300～500 倍液,或 30％悬浮剂稀释至 750～1000 倍液均匀喷雾,安全间隔期 14 天,每季最多施用 3 次。

(5)防治西瓜细菌性角斑病:发病初期,每 667 平方米用 20％悬浮剂 100～160 毫升或 30％悬浮剂 67～107 毫升,兑水 40～60 千克均匀喷雾,安全间隔期 10 天,每季最多施用 2 次。

(6)防治姜瘟病:发病初期,将 20％悬浮剂稀释到 500～600 倍液灌根,安全间隔期 28 天,每季最多施用 3 次。

(7)防治铁皮石斛软腐病:发病初期,将 20％悬浮剂稀释到 500～600 倍液均匀喷雾,安全间隔期 28 天,每季最多施用 3 次。

(8)防治芋头软腐病:发病初期,将 20％悬浮剂稀释到 300～500 倍液均匀喷雾,安全间隔期 14 天,每季最多施用 2 次。

(9)防治烟草野火病:发病初期,每 667 平方米用 20％悬浮剂 100～160 毫升兑水 30～50 千克均匀喷雾,安全间隔期 21 天,每季最多施用 2 次。

【注意事项】

(1)对铜敏感作物在其花期及幼果期慎用或试后再用。

(2)在酸性条件下稳定,不可与强碱性农药混用。

(3)虾、蟹套养稻田禁用,施药后的污水不得直接排入水体。远离水产养殖区施药,禁止在河塘等水域清洗施药器具。

(4)赤眼蜂等天敌常飞区域禁用。

122. 噻唑锌

$$H_2N-\underset{N-N}{\overset{S}{\langle\ \rangle}}-S^-\ Zn^{2+}\ H_2N-\underset{N-N}{\overset{S}{\langle\ \rangle}}-S^-$$

分子式：$C_4H_4N_6S_4Zn$

【类别】 噻唑类有机锌杀菌剂。

【化学名称】 2-氨基-5-巯基-1,3,4-噻二唑锌。

【理化性质】 外观为灰白色粉末。密度 1.94 克/厘米³,熔点>300 ℃,pH 6.0~9.0,水分不高于 0.03%。不溶于水和有机溶剂,微溶于丙酮。遇碱分解,在中性、弱碱性条件下稳定,在高温下能燃烧。

【毒性】 低毒。大鼠急性经口 LD_{50}>5 000 毫克/千克,急性经皮 LD_{50}>2 000 毫克/千克。雌、雄大鼠亚慢性 90 天喂养毒性试验,无作用剂量分别为 19.8 毫克/千克和 19.1 毫克/千克。

【制剂】 20%、30%、40%悬浮剂。

【作用机制与防治对象】 本品由两个基团组成,一是噻唑基团,在植物体外对细菌无抑制力,但在植物体内却是高效的治疗剂,药剂在植株的孔纹导管中,细菌受到严重损害,其细胞壁变薄继而瓦解,导致细菌的死亡。二是锌离子,具有既杀真菌又杀细菌的作用,锌离子与病原菌细胞膜表面上的阳离子(H^+,K^+ 等)交换,可致病菌细胞膜上的蛋白质凝固而杀死病菌;部分锌离子渗透进入病原菌细胞内,与某些酶结合,影响其活性,导致机能失调,病菌因而衰竭死亡。在两个基团的共同作用下,杀病菌更彻底,防治效果更好,防治对象更广泛。正常使用技术下对作物安全,能有效防治烟草野火病和青枯病、桃树细菌性穿孔病、黄瓜

(保护地)细菌性角斑病、柑橘树溃疡病、水稻细菌性条斑病和芋头软腐病等。

【使用方法】

(1) 防治柑橘溃疡病：发病初期，用 20%悬浮剂 300～500 倍液，或 30%悬浮剂稀释至 500～750 倍液，或 40%悬浮剂稀释至 670～1000 倍液均匀喷雾，间隔 10～15 天用药 1 次，安全间隔期 21 天，每季最多施用 3 次。

(2) 防治黄瓜细菌性角斑病：发病初期，每 667 平方米用 20%悬浮剂 100～150 毫升，或 30%悬浮剂 83～100 毫升，或 40%悬浮剂 50～75 毫升，兑水 40～60 千克均匀喷雾，安全间隔期 5 天，每季最多施用 3 次。

(3) 防治水稻细菌性条斑病：发病初期，每 667 平方米用 20%悬浮剂 100～125 毫升，或 30%悬浮剂 67～100 毫升，或 40%悬浮剂 50～75 毫升，兑水 30～50 千克均匀喷雾，间隔 7 天左右用药 1 次，安全间隔期 21 天，每季最多施用 3 次。

(4) 防治桃树细菌性穿孔病：发病初期，用 40%悬浮剂稀释至 600～1000 倍液均匀喷雾，间隔 7 天左右用药 1 次，安全间隔期 21 天，每季最多施用 3 次。

(5) 防治烟草青枯病：发病初期，用 40%悬浮剂稀释至 600～800 倍液喷淋，间隔 7 天左右用药 1 次，安全间隔期 21 天，每季最多施用 3 次。

(6) 防治烟草烟火病：发病初期，每 667 平方米用 40%悬浮剂 60～80 毫升兑水 30～50 千克均匀喷雾，间隔 7 天左右用药 1 次，安全间隔期 21 天，每季最多施用 3 次。

(7) 防治芋头软腐病：发病初期，用 40%悬浮剂稀释至 600～800 倍液喷淋或喷雾，间隔 7 天左右用药 1 次，安全间隔期 14 天，每季最多施用 3 次。

【注意事项】

(1) 对鱼类等水生生物有毒，避免药液污染水源和养殖场所。

水产养殖区、河塘等水体附近禁用,禁止在河塘等水体清洗施药器具。

(2) 不能与碱性农药等物质混用。建议与其他不同作用机制的杀菌剂轮换使用。

(3) 本品在下列食品上的最大残留限量(毫克/千克):柑橘 0.5,黄瓜 0.5,稻谷 0.2,糙米 0.2,桃 1,芋 0.2。

123. 三苯基乙酸锡

分子式:$C_{20}H_{18}O_2Sn$

【类别】 有机锡类。

【化学名称】 三苯基乙酸锡。

【理化性质】 原药中有效成分含量为 95%,外观为白色无味结晶粉末。熔点 121~124 ℃,蒸气压(230 ℃)180 毫帕。微溶于大多数有机溶剂,遇水分解,水中溶解度(20 ℃)28 毫克/千克;暴露于空气和阳光下较易分解,在干燥处贮存稳定。

【毒性】 中等毒。雌、雄大鼠急性经口 LD_{50}＞237 毫克/千克,急性经皮 LD_{50}＞2 000 毫克/千克。对眼睛有轻度刺激性,对皮肤无刺激性,无致敏性。

【制剂】 45%可湿性粉剂。

【作用机制与防治对象】 本品是一种可被根、茎、叶吸收,上行传导的非内吸性杀菌剂,它对藻菌纲、卵菌纲病菌引起的病害具有抑制作用。对细菌病害具有较好的保护和治疗效果,并且能有效防治对铜类杀菌剂敏感的一些菌类。对甜菜褐斑病有效。

【使用方法】

防治甜菜褐斑病:发病初期,每 667 平方米用 45% 可湿性粉剂 60～67 克兑水 30～50 千克均匀喷雾,每季最多施用 2 次,安全间隔期 50 天。

【注意事项】

(1) 不适合在水田中使用,对鱼、虾、蟹等水生物有毒。蚕室和桑园附近禁用,鸟类保护区禁用,赤眼蜂等天敌放飞区域禁用。

(2) 远离水产养殖区施药,禁止在河塘等水域清洗施药器具。使用后剩余的空容器要妥善处理,不得留作他用,不要因处理废药液而污染水源和水系。

(3) 不能和碱性物质混合使用。

(4) 建议与其他不同作用机制的杀菌剂轮换使用。

(5) 本品在甜菜上最大残留限量为 0.1 毫克/千克。

124. 三环唑

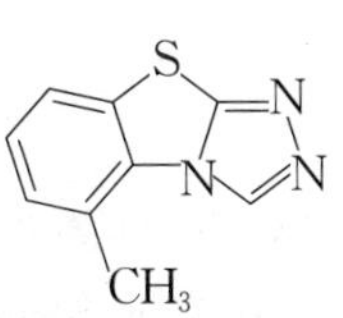

分子式:$C_9H_7N_3S$

【类别】 噻唑类。

【化学名称】 5-甲基-1,2,4-三唑并[3,4b][1,3]苯并噻唑。

【理化性质】 纯品为结晶固体。熔点 187～188 ℃,密度 1.4 克/厘米³(20 ℃)。25 ℃ 时蒸气压 2.666×10^{-5} 帕。溶解度

(20℃,克/升):水 1.6,丙酮 10.4,二甲苯 2.1,甲醇 25。52℃稳定(高温贮存试验),对紫外光相对稳定。

【毒性】 中等毒。原粉大鼠急性经口 LD_{50} 为 237 毫克/千克,急性经皮 $LD_{50}>2\,000$ 毫升/千克,急性吸入 $LC_{50}>0.25$ 毫克/升。对兔眼和皮肤有轻度刺激作用,在试验剂量下无慢性毒性。野鸭和山齿鹑急性经口 $LD_{50}>100$ 毫克/千克。蓝鳃太阳鱼 LC_{50}(96 小时):7.3 毫克/升。水蚤 LC_{50}(48 小时)>20 毫克/升。

【制剂】 40%、30%、35%、20%悬浮剂,75%、80%水分散粒剂,20%、75%可湿性粉剂,8%颗粒剂。

【作用机制与防治对象】 本品是一种内吸性能较强的保护性三唑类杀菌剂,能迅速被水稻根、茎、叶吸收,并输送到稻株各部。三环唑抗冲刷力强,主要是抑制孢子萌发和附着孢形成,从而有效地阻止病菌侵入和减少稻瘟菌孢子的产生,对稻瘟病防治效果好。

【使用方法】

防治水稻稻瘟病:发病前,每 667 平方米用 40%悬浮剂 35~55 毫升兑水 30~50 千克均匀喷雾,每季最多施用 2 次,安全间隔期为 28 天;或用 75%水分散粒剂 20~40 克,或 20%可湿性粉剂 75~125 克,或 75%可湿性粉剂 20~40 克兑水喷雾,每季最多施用 2 次,安全间隔期 35 天;或用 8%颗粒剂 448~700 克撒施,每季最多用 1 次。

【注意事项】

(1)对鱼类等水生生物有毒,远离水产养殖区施药,禁止在河塘等水体中清洗施药器具。鱼或虾、蟹套养稻田禁用,施药后的田水不得直接排入水体。施药期间避免对周围蜂群的影响,开花植物花期、蚕室和桑园附近禁用。

(2)不可与碱性农药等物质混合使用。建议与其他不同作用机制的杀菌剂轮换使用,以延缓抗药性产生。

(3)用过的容器应妥善处理,不可做他用,也不可随意丢弃。

(4)本品在稻谷上最大残留限量为 2 毫克/千克。

125. 三氯异氰尿酸

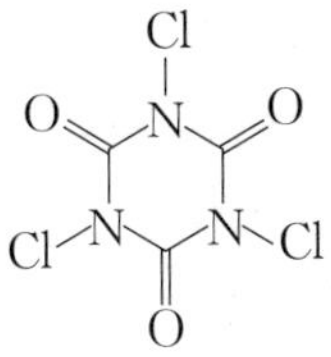

分子式：$C_3N_3O_3Cl_3$

【类别】 卤化物。

【化学名称】 三氯异氰尿酸。

【理化性质】 纯品为白色结晶性粉末或棱状晶体,具有强烈的氯气刺激味。熔点 $240\sim250\,℃$,密度 $0.95\sim1.2$ 克/毫升,含有效氯不低于 90%,水分含量不低于 5%,溶解度:水($25\,℃$)12 克/升,丙酮($30\,℃$)360 克/升,遇酸或碱易分解。为强氧化剂和氯化剂。

【毒性】 低毒。大鼠急性经口 LD_{50} 为 750 毫克/千克,急性经皮 LD_{50} 为 750 毫克/千克。

【制剂】 36%、40%、42%可湿性粉剂,80%、85%可溶粉剂。

【作用机制与防治对象】 本品含有次氯酸分子,次氯酸分子不带电荷,其扩散穿透细胞膜的能力较强,可使病原菌迅速死亡,能有效杀灭棉花炭疽病、枯萎病、黄萎病、立枯病,水稻细菌性条斑病、稻瘟病、白叶枯病、纹枯病,苹果树腐烂病等病菌。

【使用方法】

(1) 防治苹果树腐烂病:春季发病初期施药 1 次,用 80%可溶粉剂 $300\sim400$ 倍液对刮治后的病疤进行淋洗式喷淋。其他季节也要对病疤随见随刮,刮后用药。安全间隔期为 14 天,每季最多施用 2 次。

（2）防治棉花枯萎病：于病害发生初期开始用药,每 667 平方米用 85％可溶粉剂 34～42 克兑水 30～50 千克均匀喷雾,间隔 5～7 天施药 1 次,安全间隔期为 14 天,每季最多施用 3 次。

（3）防治水稻细菌性条斑病：采用浸种消毒,洗净种子直接用 40％可湿性粉剂 10 克兑水 5 升（500 倍液）浸种,早稻浸种 24 小时,晚稻浸种 12 小时,直接催芽,每 10 克药剂可处理稻种 5 千克。包装种子消毒直接用 40％可湿性粉剂 5 克或 10 克装入种子袋中。安全间隔期为收获期。

（4）防治辣椒炭疽病：发病前期及发病初期,每 667 平方米用 42％可湿性粉剂 60～80 克兑水 30～50 千克均匀喷雾,安全间隔期 5 天,每季最多施用 3 次。

（5）防治烟草赤星病、青枯病：在烟草青枯病、赤星病初期或田间出现零星病斑时喷雾使用,每 667 平方米用 42％可湿性粉剂 30～50 克兑水 30～50 千克均匀喷雾,安全间隔期为 14 天,每季最多施用 3 次。

【注意事项】

（1）本品易与铵、氨、胺（如代森铵、硫酸铵、氨水等）发生化学反应,禁止与以上化学品混用。

（2）勿与酸、碱物质接触,以免分解失效和爆炸燃烧。产品如遇酸、碱分解燃烧,应以砂石扑灭或采用化学灭火剂抑制。

（3）对中华油桃叶面喷雾敏感,宜慎用。勿与灭多威等氨基甲酸酯类农药混用。

（4）对鱼类等水生生物有毒,施药期间应远离水产养殖区、河塘等水体,禁止在河塘等水体中清洗施药器具。赤眼蜂等天敌放飞区域禁用。

（5）粉末能强烈刺激眼睛、皮肤和呼吸系统,注意防护。

126. 三乙膦酸铝

$$\text{分子式：} C_6H_{18}AlO_9P_3$$

【类别】　有机磷类。

【化学名称】　三(乙基膦酸)铝。

【理化性质】　纯品为无色结晶粉末,原药为白色粉末。200℃温度下分解。20℃水中溶解度为 120 克/升,有机溶剂中溶解度(20℃,毫克/升)：甲醇 920、丙酮 13、丙二醇 80、乙酸乙酯 5、乙腈 5、己烷 5。蒸气压<0.013 毫帕(25℃),在通常贮存条件下稳定,遇碱分解。

【毒性】　低毒。原粉对大鼠急性经口 LD_{50} 为 5 800 毫克/千克。大鼠、兔急性经皮 LD_{50}>2 000 毫克/千克。大鼠急性吸入 LC_{50}(4 小时)>1.73 毫克/升。对兔皮肤、眼睛无刺激。无致癌、致畸作用。鱼类 LC_{50}(96 小时)：虹鳟鱼为 94.3 毫克/升,水蚤 189 毫克/升。日本鹌鹑急性经口 LD_{50}>8 000 毫克/千克。蜜蜂 LD_{50} 0.2 毫克/只(接触)。对蚯蚓安全。

【制剂】　80％水分散粒剂,80％、40％可湿性粉剂,90％可溶粉剂。

【作用机制与防治对象】　属内吸性杀菌剂,具有保护和治疗作用。适用于防治果树、蔬菜、花卉等作物由藻状菌纲霜霉属、疫霉属病原菌引起的病害。可防治黄瓜、球茎甘蓝等蔬菜霜霉病,番茄晚疫病,烟草黑胫病,水稻稻瘟病,水稻纹枯病,葡萄霜霉病等。

【使用方法】

（1）防治黄瓜霜霉病：发病初期,每667平方米用80％水分散粒剂180～240克兑水40～60千克喷雾,每季最多施用3次,安全间隔期为3天;或用80％可湿性粉剂120～240克或90％可溶粉剂167～200克,兑水40～60千克均匀喷雾,每季最多施用3次,安全间隔期为4天。

（2）防治十字花科蔬菜（甘蓝）霜霉病：发病初期,每667平方米用40％可湿性粉剂235～470克兑水30～50千克均匀喷雾,每季最多施用3次,安全间隔期为7天。

（3）防治番茄晚疫病：发病初期,每667平方米用90％可溶粉剂170～200克兑水30～50千克均匀喷雾,每季最多施用3次,安全间隔期为21天。

（4）防治大白菜霜霉病：发病初期,每667平方米用40％可湿性粉剂235～470克兑水30～50千克均匀喷雾,每季最多施用3次,安全间隔期为7天。

（5）防治水稻稻瘟病：发病初期,每667平方米用40％可湿性粉剂235～270克兑水30～50千克均匀喷雾,每季最多施用3次,安全间隔期为10天。

（6）防治水稻纹枯病：发病初期,每667平方米用90％可溶粉剂111～122克兑水30～50千克均匀喷雾,每季最多施用3次,安全间隔期为21天。

（7）防治烟草黑胫病：于发病前或发病中期,每667平方米用80％可湿性粉375～406克兑水30～50千克均匀喷雾,每季最多施用3次,安全间隔期为20天;或于蕾前用40％可湿性粉剂750克兑水30～50千克均匀喷雾,每季最多施用3次。

（8）防治葡萄霜霉病：发病初期,用80％水分散粒剂500～800倍液均匀喷雾,每季最多施用3次,安全间隔期为14天。

【注意事项】

（1）勿与酸性、碱性农药混用,以免分解失效。本品易吸潮结块,贮运中应注意密封、干燥保存。

（2）施药后,彻底清洗防护用具,立即洗澡,并更换清洗工作服。

（3）禁止在河塘等水体中清洗施药器具。

（4）远离水产养殖区施药,建议与其他不同作用机制的杀菌剂轮换使用。

（5）本品在黄瓜、葡萄上最大残留限量分别为 30 毫克/千克、10 毫克/千克。

127. 三唑醇

分子式：$C_{14}H_{18}ClN_3O_2$

【类别】 三唑类。

【化学名称】 1-（4-氯苯氧基）-1-（1H-1,2,4-三唑-1-基）-3,3-二甲基丁-2-醇。

【理化性质】 低毒。纯品为具特殊气味无色晶体。熔点 110℃,蒸气压（20 ℃）$< 10^{-5}$ 毫帕。水中的溶解度（20 ℃）为 0.095 克/升,有机溶剂中溶解度（20 ℃,克/升）：异丙醇 150、二氯甲烷 100、甲苯 20～50。在中性或弱酸性介质中稳定,在强酸性介质中煮沸时易分解。

【毒性】 低毒。大鼠急性经口 LD_{50} 为 1161 毫克/千克（雄）、1105 毫克/千克（雌）,急性经皮 $LD_{50} > 5\,000$ 毫克/千克。大鼠急性吸入 LC_{50}（4 小时）> 0.9 毫克/升。对兔和皮肤无刺激。鹌鹑

LD$_{50}$＞1000毫克/千克。鱼类LC$_{50}$(96小时,毫克/升):虹鳟鱼23.5,蓝鳃太阳鱼15;水蚤(48小时)51毫克/升。对蜜蜂和蚯蚓安全。

【制剂】 25%乳油,10%、15%、25%可湿性粉剂,25%干拌剂。

【作用机制与防治对象】 本品是一种低毒、广谱的内吸性杀菌剂,抑制赤霉菌和麦角甾醇的生物合成进而影响细胞分裂速率。具有保护、铲除和治疗作用。能杀死附于表面的病原菌,也能杀死种子内部的病原菌。可用于防治小麦白粉病、锈病、纹枯病,水稻稻曲病,油菜菌核病,香蕉叶斑病等病害。

【使用方法】

(1)防治水稻稻曲病、稻瘟病和纹枯病:在水稻孕穗末期破口前5～7天,每667平方米用15%可湿性粉剂60～70克兑水30～50千克均匀喷雾,每季最多施用2次,安全间隔期为35天。

(2)防治小麦白粉病:在病害初发时,每667平方米用25%乳油20～40毫升兑水30～50千克均匀喷雾,每季最多施用2次,安全间隔期为28天;或用10%可湿性粉剂75～90克兑水30～50千克均匀喷雾,每季最多施用2次,安全间隔期为21天。

(3)防治小麦纹枯病:在小麦播种前,每100千克种子用15%可湿性粉剂200～300克与小麦种子拌均匀,每季最多使用1次;或用25%可湿性粉剂以药种比1∶556～833拌种。

(4)防治小麦锈病:用25%干拌剂以药种比1∶667～735拌种,每季最多使用1次。

(5)防治油菜菌核病:发病初期,每667平方米用15%可湿性粉剂60～70克兑水30～50千克均匀喷雾,每季最多施用2次,安全间隔期为28天。

(6)防治香蕉叶斑病:在发病前或零星出现斑点时,用25%乳油1000～1500倍液均匀喷雾,每季最多施用3次,安全间隔期为42天;或用15%可湿性粉剂500～800倍液均匀喷雾,每季最多施用 3 次,安全间隔期为 35 天。

【注意事项】

(1) 不得与碱性农药等物质混用,建议与其他不同作用机制的杀菌剂轮换使用,以延缓抗药性产生。

(2) 对鱼有毒,施药时远离水产养殖区,严禁药液流入河塘等水体,施药器械不得在河塘等水体内洗涤,以免造成水体污染。对蜜蜂有毒,在放蜂季节注意不要污染蜜源作物,开花植物花期禁用,赤眼蜂等天敌放飞区域禁用。

(3) 本品在下列食品上的最大残留限量(毫克/千克):小麦 0.2,香蕉 1,稻谷 0.5,糙米 0.05。

128. 三唑酮

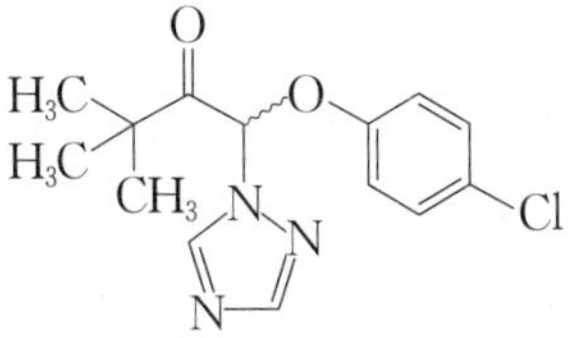

分子式:$C_{14}H_{16}ClN_3O_2$

【类别】　三唑类。

【化学名称】　1-(4-氯苯氧基)-1-(1H-1,2,4-三唑-1-基)-3,3-二甲基丁-2-酮。

【理化性质】　纯品为无色结晶固体,有特殊气味。熔点 82.3℃,蒸气压 0.02 毫帕(20℃),相对密度 1.283。水中溶解度(20℃)64 毫克/升,有机溶剂溶解度(20℃,克/升):二氯甲烷、甲苯>200,异丙醇 99。在酸性和碱性条件下(pH1~13)都稳定。水中 DT_{50}(22℃)大于 1 年。

【毒性】　低毒。原粉对大鼠急性经口 LD_{50} 为 1 000~1 500

毫克/千克,大鼠经皮 LD_{50} > 1 000 毫克/千克,大鼠急性吸入 LC_{50} (4 小时)3.27 毫克/升。对兔皮肤和眼睛有轻度刺激作用,在试验剂量内无致癌、致畸、致突变作用,野鸭急性经口 LD_{50} > 4 000 毫克/千克。鱼类 LC_{50}(96 小时):金鱼 13.8 毫克/升,虹鳟鱼 17.4 毫克/升。水蚤 LC_{50}(48 小时)11.3 毫克/升。蜜蜂 LD_{50} > 100 微克/只(接触)。对鱼类毒性中等,对蜜蜂和鸟类无害。

【制剂】 5%、8%、15%、25%可湿性粉剂,10%、20%乳油,8%、25%、44%悬浮剂,0.5%、1%、10%粉剂,15%烟雾剂。

【作用机制与防治对象】 本品是一种低毒、内吸性的杀菌剂。被植物体吸收后,能在植物体内传导。对白粉病具有预防、铲除、治疗等作用。三唑酮的杀菌机制原理极为复杂,主要是抑制菌体麦角甾醇的生物合成,抑制或干扰菌体附着孢及吸器的发育、菌丝的生长和孢子的形成。可用于防治小麦白粉病、锈病,玉米丝黑穗病,水稻纹枯病,水稻叶尖枯病,橡胶树白粉病,烟草白粉病等。

【使用方法】

(1) 防治小麦白粉病、锈病:在白粉病发生前和初发期施药,每 667 平方米 20%乳油 40～45 毫升,或 15%可湿性粉剂 60～80 克,兑水 30～50 千克均匀喷施 1～2 次,每季最多施用 2 次,安全间隔期 20 天。

(2) 防治玉米丝黑穗病:用 15%可湿性粉剂按药种比 1:167～250 拌种,药剂兑适量的水再拌种,拌后立即晾干,以免产生药害。每季最多施用 1 次。

(3) 防治水稻纹枯病:每 667 平方米用 8%悬浮剂 60～80 克兑水 30～50 千克喷雾,在水稻孕穗期和齐穗期各喷药 1 次。安全间隔期为 21 天,每季最多使用 3 次。

(4) 防治水稻叶尖枯病:在发病初期(水稻破口期)和抽穗末期各施药 1 次,每 667 平方米用 8%可湿性粉剂 100～120 克兑水 30～50 千克喷雾,安全间隔期为 21 天,每季最多使用 3 次。

(5) 防治橡胶树白粉病:橡胶树抽叶 30%以后,叶片盛期或淡绿盛期时、发病率为 20％～30％时施药,每 667 平方米用 15％烟雾剂 40～53 克采用烟雾机喷烟雾。

(6) 防治烟草白粉病：发病前或发病初期,每 667 平方米用 44％悬浮剂 20～30 毫升兑水 30～50 千克均匀喷雾,隔 7～10 天再喷 1 次,每季最多施用 2 次,安全间隔期 21 天。

【注意事项】

(1) 对蜜蜂、家蚕有毒,花期蜜源作物周围禁用,施药期间应密切注意对附近蜂群的影响,蚕室及桑园附近禁用;对鱼类等水生生物有毒,远离水产养殖区施药,禁止在河塘等水域内清洗施药器具。

(2) 建议与其他不同作用机制的杀菌剂轮换使用。不可与呈碱性的农药等物质混合使用。

(3) 本品在下列食品上的最大残留限量(毫克/千克)：小麦 0.2,玉米 0.5,稻谷 0.5。

129. 蛇床子素

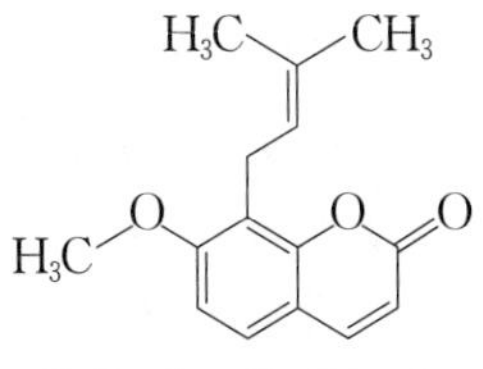

分子式：$C_{15}H_{16}O_3$

【类别】 植物源类。

【化学名称】 7-甲氧基-8-异戊烯基香豆素。

【理化性质】 常规 35％、50％等低含量为黄绿色粉末,高含量为白色针状结晶粉末。溶于碱溶液、甲醇、乙醇、氯仿、丙酮、醋酸乙酯和沸石油醚等,不溶于水和石油醚,熔点 83～84 ℃,沸点

$145\sim150\ ℃$。

【毒性】 低毒。小鼠经口 $LD_{50}>5$ 克/千克,对肝脏未见有明显的不良影响,用于治疗心血管/骨质疏松疾病,是某些洗液的成分。它对人类无致病性,对人类生存无风险。

【制剂】 1%水乳剂,1%微乳剂,1%粉剂,0.4%乳油,1%、0.4%可溶液剂。

【作用机制与防治对象】 本品是从中药材蛇床子中提取的杀菌活性物质,影响真菌细胞壁的生长导致菌丝大量断裂,同时抑制病菌菌丝的生长。可有效防治水稻稻曲病、纹枯病,豇豆、黄瓜、小麦、葡萄、草莓等果蔬的白粉病。

【使用方法】

(1)防治水稻稻曲病:每667平方米用1%水乳剂150~175毫升兑水30~50千克均匀喷雾,于水稻破口抽穗前3~7天施药1次,7天后再施药1次。

(2)防治水稻纹枯病:发病前或发病初期,每667平方米用0.4%可溶液剂365~415毫升兑水30~50千克均匀喷雾。

(3)防治豇豆白粉病:发病初期,用0.4%可溶液剂600~800倍液均匀喷雾,间隔7~10天用药1次,可连续施药2~3次。

(4)防治黄瓜白粉病:发病前或发病初期,每667平方米用1%水乳剂150~200毫升兑水40~60千克均匀喷雾,间隔7~10天施药1次,连续施药2~3次。

(5)防治小麦白粉病:发病前或发病初期,每667平方米用1%水乳剂150~200毫升兑水30~50千克均匀喷雾,每7~10天施药1次,连续防治2~3次。

(6)防治葡萄白粉病:发病前或发病初期,用1%可溶液剂1000~2000倍液喷雾。间隔7~10天施药1次,连续施药2次。

(7)防治草莓白粉病:发病前或发病初期,每667平方米用0.4%可溶液剂100~125毫升兑水30~50千克均匀喷雾,间隔7~10天喷1次,连续施用2~3次。

【注意事项】

（1）对蜜蜂和家蚕有毒,开花植物花期禁用,用药时应密切关注对附近蜂群的影响,桑园和蚕室附近禁用。避免药液污染水源地。

（2）勿与碱性农药等物质混用。

（3）使用本品时应穿戴防护服和手套,远离水产养殖区、河塘等水体施药,禁止在河塘等水体中清洗施药器具;鱼或蟹套养稻田禁用,施药后的田水不得直接排入水体。避免吸入药液。

（4）建议与其他不同作用机制的杀菌剂轮换使用,以延缓抗药性产生。

130. 申嗪霉素

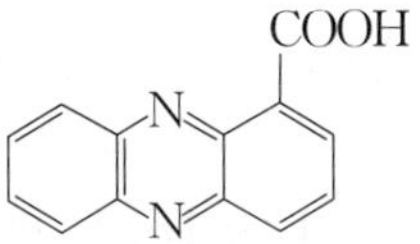

分子式：$C_{13}H_8N_2O_2$

【类别】 农用抗生素类。

【化学名称】 吩嗪-1-羧酸。

【理化性质】 外观为黄绿色或金黄色针状结晶。熔点 $241\sim242\,℃$。溶解度（20 ℃）：氯仿 1.284%、乙酸乙酯 0.389 3%、苯 0.084%、二甲苯 0.048%、甲醇 0.038%、乙醇 0.026%,微溶于水。在偏酸性及中性条件下稳定。

【毒性】 中等毒。原药大鼠急性经口 LD_{50} 雄性为 369 毫克/千克,雌性为 271 毫克/千克;大鼠急性经皮 $LD_{50} > 2\,000$ 毫克/千克;对家兔皮肤、眼睛均无刺激性;豚鼠皮肤变态反应(致敏)试验结果为弱致物(致敏率为 0);大鼠 90 天亚慢性经灌胃试验最大无作用剂量：雄性 0.369 毫克/千克，雌性 0.271 毫克/千克。Ames 试验、小鼠骨髓多染红细胞微核试验及小鼠睾丸精母细胞染色体畸变试验均为阴性。对鸟类、鱼类、蜜蜂、家蚕、蚯蚓均为低毒，对大型蚤为中等毒性。

【制剂】 1%悬浮剂。

【作用机制与防治对象】 对真菌病害的作用机制，主要是利用其氧化还原能力，在真菌细胞内积累活性氧，抑制线粒体中呼吸转递链的氧化磷酸化作用，从而抑制菌丝的正常生长，引起植物病原真菌菌丝体的断裂、变形和裂解。可广泛用于防治西瓜枯萎病、辣椒疫病、水稻纹枯病、稻瘟病、稻曲病、黄瓜灰霉病、霜霉病、小麦赤霉病、全蚀病等病害。

【使用方法】

（1）防治西瓜枯萎病：于西瓜移栽时第一次施药，以后在病害发生初期施药，用1%悬浮剂500～1000倍液灌根，每株西瓜灌根250毫升，视病害发生情况隔7～10天灌根1次，每季最多施用3次，安全间隔期7天。

（2）防治辣椒疫病：发病初期，每667平方米用1%悬浮剂50～120毫升兑水30～50千克均匀喷雾，隔7～10天喷雾1次，连续施用2～3次，安全间隔期为7天，每季最多施用3次。

（3）防治黄瓜灰霉病、霜霉病：发病初期，每667平方米用1%悬浮剂100～120毫升兑水40～60千克均匀喷雾，隔7～10天喷雾1次，安全间隔期为2天，每季最多施用2次。

（4）防治水稻纹枯病、稻瘟病和稻曲病：在稻瘟病发病初期，每667平方米用1%悬浮剂60～90毫升兑水30～50千克均匀喷雾，防治水稻稻曲病时应于破口前5～7天施药1次、破口期再施药1次。在纹枯病发病初期，每667平方米用10%悬浮剂50～70毫升兑水30～50千克均匀喷雾，隔7～10天再施1次。在水稻上使用的安全间隔期为14天，每季最多施用2次。

（5）防治小麦赤霉病：于扬花初期施药，每667平方米用1%

悬浮剂 100～120 毫升兑水 30～50 千克均匀喷雾,间隔 7 天再施药 1 次,安全间隔期为 14 天,每季最多施用 2 次。

(6) 防治小麦全蚀病:每 100 千克小麦种子用 1%悬浮剂 100～200 毫升拌种,每季最多施用 1 次。

【注意事项】

(1) 本品是抗生素杀菌剂,建议与其他不同作用机制的杀菌剂轮换使用。

(2) 不能与呈碱性的农药等物质混合使用。

(3) 对鱼中等毒性,远离水产养殖区、河塘等水体施药,禁止在河塘等水体中清洗施药器具,药液及其废液不得污染各类水域、土壤等环境。

(4) 禁止在开花作物花期、蚕室和桑园附近使用。鱼或虾、蟹套养稻田禁用。

(5) 本品在辣椒、黄瓜上最大残留限量分别为 0.1 毫克/千克、0.3 毫克/千克。

131. 十三吗啉

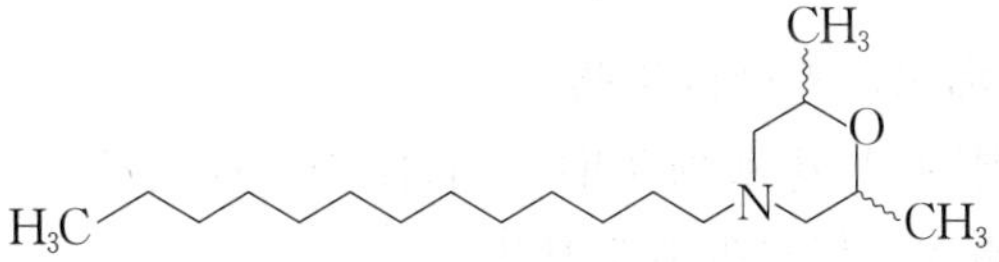

分子式:$C_{19}H_{39}NO$

【类别】 吗啉类。

【化学名称】 4-十三烷基-2,6-二甲基吗啉。

【理化性质】 纯品为黄色油状液体,具有轻微的氨味。密度 0.86 克/厘米³,沸点 134 ℃(66.7 帕),蒸气压为 0.012 7 帕(20 ℃)。水中溶解度 1.7 毫克/升。能与丙酮、苯、氯仿、环己烷、乙醇、橄榄油混溶。在 50 ℃温度下于密闭容器里贮存 2 年不变质。

【毒性】 低毒。大鼠急性经口 LD_{50} 为 558 毫克/千克,大鼠急性经皮 $LD_{50} > 4\,000$ 毫克/千克;大鼠急性吸入 LC_{50} 为 4.5 毫升/升。在 220 微升/千克剂量时有致畸和繁殖毒性现象,在 24 微升/千克剂量下无此现象,无致突变和致癌性。

【制剂】 750 克/升乳油,86%、860 克/升油剂。

【作用机制与防治对象】 主要是抑制病菌的麦角甾醇的生物合成,是一种具有保护和治疗作用的广谱性内吸杀菌剂,能被植物的根、茎、叶吸收,对担子菌、子囊菌和半知菌引起的多种植物病害有效。

【使用方法】

(1)防治橡胶树红根病:发病初期,每株用 860 克/升油剂 20~25 克兑水 2 升淋灌在橡胶树根际;或用 750 克/升乳油每株 27~35 毫升兑水 2 升灌淋,每隔 6 个月施药 1 次,共施药 4 次。

(2)防治枸杞根腐病:发病初期,用 750 克/升乳油 750~1 000 倍液灌根。

【注意事项】

(1)建议与其他不同作用机制的杀菌剂轮换使用,以延缓抗药性产生。

(2)远离水产养殖区施药。

(3)(周围)开花植物花期禁用,使用时应密切关注对附近蜂群的影响,蚕室(及桑园)附近禁用。

(4)本品对眼睛有刺激作用,请注意保护。

132. 石硫合剂

$$CaS_x$$

【类别】 无机硫类。

【化学名称】 多硫化钙。

【理化性质】 褐色液体,具有强烈的臭蛋味。相对密度 1.28 (15.5℃)。主要成分为五硫化钙,并含有多种多硫化物和少量硫酸钙和亚硫酸钙。呈碱性反应,遇酸易分解。在空气中特别是高温及日光照射下易被氧化,生成游离的硫黄及硫酸钙。

【毒性】 低毒。对人的皮肤有强烈腐蚀性,并能刺激眼和鼻。29％石硫合剂对大鼠急性经口 LD_{50} 为 1210 毫克/千克;大鼠经皮 LD_{50} 为 4 000 毫克/千克。青鳉鱼 LC_{50}(48 小时)为 0.017 毫克/升。

【制剂】 29％水剂,45％结晶粉。

【作用机制与防治对象】 本品是一种传统的保护性无机杀菌剂。用于防治苹果树白粉病、柑橘白粉病、观赏植物白粉病、核桃白粉病、麦类白粉病、葡萄白粉病等。

【使用方法】

(1)防治苹果树白粉病:发病前或发病初期,将 29％水剂稀释成 50～70 倍液均匀喷雾,间隔 10 天施药 1 次,共施药 3 次,安全间隔期 14 天。

(2)防治柑橘白粉病:发病前或发病初期,将 29％水剂稀释成 35 倍液均匀喷雾。

(3)防治观赏植物白粉病:发病前或发病初期,将 29％水剂稀释成 70 倍液均匀喷雾。

(4)防治核桃白粉病:发病前或发病初期,将 29％水剂稀释成 35 倍液均匀喷雾。

(5)防治麦类白粉病:发病前或发病初期,将 29％水剂稀释成 35 倍液均匀喷雾;或将 45％结晶粉稀释成 150 倍液均匀喷雾,每季最多施用 3 次。

(6)防治葡萄白粉病:发病前或发病初期进行茎叶喷雾,将 29％水剂稀释成 7～12 倍液均匀喷雾,每 10 天左右施药 1 次,可连续用药2次,安全间隔期15天,每季最多施用2次。

【注意事项】

(1) 气温达到32℃以上时慎用,38℃以上禁用。

(2) 不得与酸性农药等物质、波尔多液等铜制剂、在碱性条件下易分解的农药等物质混合使用;施用波尔多液后需间隔2～3周才能使用本品,而施用本品后10天即可使用波尔多液。

(3) 敏感性作物尤其是叶组织脆弱的植物如杏、树莓、黄瓜等易产生药害,施药时应远离此类作物。

(4) 应在苹果树白粉病发生初期开始施药,应避免在作物的嫩芽、嫩梢期用药。

(5) 远离水产养殖区施药,禁止在河塘等水体中清洗施药器具。

(6) 建议与其他不同作用机制的杀菌剂轮换使用,以延缓耐药性产生。

133. 嗜硫小红卵菌 HNI‐1

【类别】 微生物类。

【理化性质】 2亿CFU/毫升嗜硫小红卵菌HNI‐1悬浮剂为红色液体,有轻微臭味,存放过程中可能出现轻微沉淀,但经摇匀后应恢复原状。杂菌率不高于10%,水不溶物质量分数不高于0.2%,pH为6.5～8.5,悬浮率(有效成分)不低于80%,细度(75微米)不低于98%。

【毒性】 低毒。2亿CFU/毫升嗜硫小红卵菌HNI‐1悬浮剂大鼠经口 $LD_{50} > 5\,000$ 毫克/千克,大鼠经皮 $LD_{50} > 2\,000$ 毫克/千克,大鼠吸入 $LD_{50} > 2\,000$ 毫克/立方米,对白兔眼、皮肤均无刺激性,豚鼠皮肤有弱致敏性。

【制剂】 2亿CFU/毫升悬浮剂。

【作用机制与防治对象】 本品通过诱导植物系统抗病性、提高植物免疫力,增强植株抗病能力,同时能分泌抗病毒蛋白,直接钝化病毒粒子,阻止其侵染寄主植物;本品中细菌代谢产物具有杀线虫活性物质,对植物寄生线虫具有较好的毒杀作用,同时,此细菌代谢产物具有促进作物生长、提高作物免疫力的作用,利用此细菌发酵液浇灌作物时,可培育健壮幼苗,从而有效抵抗植物寄生线虫的入侵,减少侵染危害。对番茄根结线虫、番茄花叶病、水稻稻曲病等病害具有一定的抑制作用。

【使用方法】

(1) 防治番茄花叶病:发病前或发病初期,每 667 平方米用 2 亿 CFU/毫升悬浮剂 180～240 毫升兑水 30～50 千克均匀喷雾,间隔 7～10 天用药 1 次,每季施用 2～3 次。

(2) 防治番茄根结线虫:番茄移栽时,每 667 平方米用 2 亿 CFU/毫升悬浮剂 400～600 毫升采用灌根施药,间隔 28 天左右用药 1 次,每季施用 2～3 次。

(3) 防治水稻稻曲病:破口期前 7 天,每 667 平方米用 2 亿 CFU/毫升悬浮剂 200～400 毫升兑水 30～50 千克均匀喷雾,间隔 7 天左右用药 1 次,每季施用 2 次。

【注意事项】

(1) 本品属于生物活性菌剂,贮存应放在阴凉通风处,开瓶后如未使用完,请密封保存。

(2) 应贮存于 6～40 ℃、干燥、阴凉的库房内,不得露天堆放,以防雨淋和日晒,避免阳光直射,防止长时间 40 ℃以上高温。运输过程中应有遮盖物,防日晒、雨淋及 40 ℃以上高温,气温低于 6 ℃时需用保温车运输。轻装轻卸,避免破损。

(3) 如需与其他药剂混用,需现混现用。

134. 双胍三辛烷基苯磺酸盐

【类别】 其他。

【化学名称】 $1',1$ -亚氨基(辛基亚甲基)双胍三(烷基苯基磺酸盐)。

【理化性质】 纯品为浅棕色固体,工业品为棕色蜡状固体。熔点为 $92 \sim 96$ ℃,蒸气压 < 0.16 毫帕(23 ℃)。水中溶解度:6 毫克/升;有机溶剂中溶解度(克/升):甲醇 $5\,560$,乙醇 $3\,280$,苯 0.22,丙酮 0.55。室温下在酸性或碱性水介质中稳定。

【毒性】 低毒。急性经口 LD_{50}(毫克/千克):大鼠 $1\,400$、雄小鼠 $4\,300$、雌小鼠 $3\,200$。大鼠急性经皮 $LD_{50} > 2\,000$ 毫克/千克。鱼类 LC_{50}(毫克/升,96 小时):虹鳟鱼 4.5,鲤鱼 14.4。土壤中半衰期 90 天以上。对蜜蜂及鸟类低毒。

【制剂】 40% 可湿性粉剂。

【作用机制与防治对象】 主要对真菌的类脂化合物的生物合成和细胞膜功能起作用,抑制孢子萌发、芽管伸长、附着胞和菌丝的形成,是触杀和预防性杀菌剂。用于防治番茄灰霉病、柑橘贮藏期病害、黄瓜白粉病、芦笋茎枯病、苹果树斑点落叶病、葡萄灰霉病、西瓜蔓枯病等。

【使用方法】

(1) 防治番茄灰霉病：发病前或发病初期，每 667 平方米用 40％可湿性粉剂 30～50 克兑水 30～50 千克均匀喷雾，每季最多施用 3 次，安全间隔期为 1 天。

(2) 防治柑橘贮藏期病害：柑橘采后，用 40％可湿性粉剂 1 000～2 000 倍液进行浸果处理。浸果 1 分钟捞出晾干预贮，安全间隔期为 30 天(处理后距上市时间)。

(3) 防治黄瓜白粉病：发病前或发病初期，用 40％可湿性粉剂 1 000～2 000 倍液进行喷雾，每季最多施用 3 次，安全间隔期为 5 天。

(4) 防治芦笋茎枯病：发病前或发病初期，用 40％可湿性粉剂 800～1 000 倍液均匀喷雾，每季最多施用 1 次，安全间隔期为 5 天。

(5) 防治苹果树斑点落叶病：发病前或发病初期，用 40％可湿性粉剂 800～1 000 倍液均匀喷雾，每季最多施用 3 次，安全间隔期为 21 天。

(6) 防治葡萄灰霉病：发病前或发病初期，用 40％可湿性粉剂 1 000 倍液均匀喷雾，每季最多施用 2 次，安全间隔期为 10 天。

(7) 防治西瓜蔓枯病：发病前或发病初期，用 40％可湿性粉剂 800～1 000 倍液均匀喷雾，每季最多施用 3 次，安全间隔期为 5 天。

【注意事项】

(1) 如果要长期贮藏，选用两种不同类型的保鲜剂交替使用，以延缓抗性产生。

(2) 勿与强酸强碱性物质(如波尔多液等农药)混用。

(3) 佩戴防护面罩和防护眼镜，本品对眼睛有刺激性，注意不要溅入眼内，如溅入眼内，立即用水冲洗。防护面罩覆盖口鼻，预防喷雾时药液吸入口中。

（4）本品在下列食品上的最大残留限量(毫克/千克)：番茄1,柑橘3,黄瓜2,芦笋1,苹果2,葡萄1,西瓜0.2。

135. 双炔酰菌胺

分子式：$C_{23}H_{22}ClNO_4$

【类别】 酰胺类。

【化学名称】 2-(4-氯-苯基)-N-[2-(3-甲氧基-4-(2-丙炔氧基)-苯基-乙烷基]-2-(2-丙炔氧基)-乙酰胺。

【理化性质】 纯品外观为浅褐色无味粉末,熔点96.4～97.3 ℃,蒸气压(25 ℃)小于$9.4×10^{-7}$帕。原药外观为浅褐色无味细粉末,pH6～8,在有机溶剂中溶解度(25 ℃,克/升)：丙酮300,二氯甲烷400,乙酸乙酯120,甲醇66,辛醇4.8,甲苯29,正己烷0.042。常温下稳定。

【毒性】 低毒。原药对雄、雌大鼠急性经口、经皮LD_{50}均＞5 000毫克/千克,急性吸入LC_{50}分别为5 190毫克/米^{3}和4 890毫克/米^3；对白兔眼睛和皮肤有轻度刺激性；对豚鼠皮肤无致敏性。原药大鼠90天亚慢性喂养毒性试验NOEL：雄性大鼠41毫克/千克·天,雌性大鼠44.7毫克/千克·天；Ames试验、小鼠骨髓细胞微核试验、小鼠淋巴瘤细胞基因突变试验、活体大鼠肝细胞程序外DNA修复合成试验结果均为阴性,未见致突变作用。绿头鸭急性经口LD_{50}＞1 000毫克/千克；对鱼、鸟、蜜蜂、家蚕均为低毒。

【制剂】　23.4％悬浮剂。

【作用机制与防治对象】　抑制磷脂的生物合成,对处于萌发阶段的孢子具有较高的活性,并可抑制菌丝成长和孢子的形成。对绝大多数由卵菌纲病原菌引起的叶部病害有很好防效。用于防治番茄晚疫病、辣椒疫病、马铃薯晚疫病、人参疫病、葡萄霜霉病、西瓜疫病等。

【使用方法】

(1) 防治番茄晚疫病:在发病初期喷雾,或在作物谢花后或雨天来临前,每667平方米用23.4％悬浮剂30～40毫升兑水30～50千克均匀喷雾,间隔7～10天用药1次,每季最多施用3次,安全间隔期为5天。

(2) 防治辣椒疫病:在作物谢花后或雨天来临前,每667平方米用23.4％悬浮剂30～40毫升兑水30～50千克均匀喷雾,间隔7～10天用药1次,每季最多施用3次,安全间隔期为3天。

(3) 防治荔枝树霜疫霉病:在荔枝树开花前、幼果期、中果期和转色期各施用1次,用23.4％悬浮剂1 000～2 000倍液喷雾,每季最多施用3次,安全间隔期为3天。

(4) 防治马铃薯晚疫病:在作物谢花后或雨天来临前,每667平方米用23.4％悬浮剂20～40毫升兑水30～50千克均匀喷雾,间隔7～14天用药1次,每季最多施用3次,安全间隔期为3天。

(5) 防治人参疫病:发病前或发病初期,每667平方米用23.4％悬浮剂40～60毫升兑水30～50千克均匀喷雾,每季最多施用1次,安全间隔期为21天。

(6) 防治葡萄霜霉病:发病初期,用23.4％悬浮剂1 500～2 000倍液均匀喷雾,间隔7～14天喷1次,连续2～3次,每季最多施用3次,安全间隔期为3天。

(7) 防治西瓜疫病:在作物谢花后或雨天之前,每667平方米用 23.4% 悬浮剂 30~40 毫升兑水 40~60 千克均匀喷雾,间隔 7~10 天用药 1 次,每季最多施用 3 次,安全间隔期为 5 天。

【注意事项】

(1) 在连续阴雨或湿度较大的环境中,或者当病情较重时,建议使用较高剂量。

(2) 避免在极端温度和湿度下,或作物长势较弱的情况下使用本品。

(3) 推荐在作物谢花后或坐果期使用本品。

(4) 本品在下列食品上的最大残留限量(毫克/千克):番茄 0.3,辣椒 1,荔枝 0.2,马铃薯 0.01,葡萄 2,西瓜 0.2。

136. 霜霉威

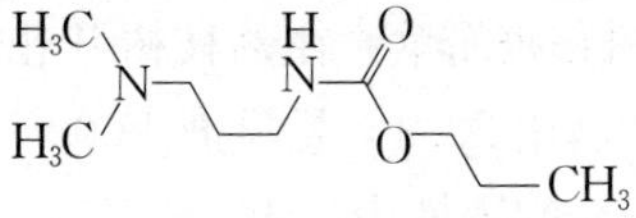

分子式:$C_9H_{20}N_2O_2$

【类别】 氨基甲酸酯类。

【化学名称】 N-[3-(二甲基氨基)丙基]氨基甲酸丙酯。

【理化性质】 纯品为无色吸湿性结晶,熔点 45~55 ℃,蒸气压为 3.85×10^{-2} 毫帕(20 ℃)。在酸性介质中稳定。溶解度(25 ℃,克/升):水 867、甲醇>500、二氯甲烷>430、异丙醇>300、乙酸乙酯>23、甲苯和乙烷<0.1。腐蚀金属,起酸性反应。不易光解和水解,能耐 400 ℃高温。

【毒性】 低毒。大鼠急性经口 LD_{50} 为 2 000~2 900 毫克/千克,小鼠急性经口 LD_{50} 为 1 950~2 800 毫克/千克,大、小鼠急性

经皮 $LD_{50}>3\,000$ 毫克/千克,大鼠急性吸入 $LC_{50}>3\,960$ 毫克/升。鲤鱼 LC_{50} 为 320 毫克/升(72 小时)、虹鳟鱼 LC_{50} 为 616 毫克/升(96 小时)。对蜜蜂无毒。微生物降解,在土壤中持效期 3～4 周。

【制剂】 722 克/升、35％、66.5％水剂。

【作用机制与防治对象】 本品为内吸性杀菌剂,对卵菌纲菌类有较好的预防和治疗作用。作用机制是抑制病菌细胞膜的生物合成,从而阻止菌丝生长、孢子囊的形成和萌发。对黄瓜疫病、霜霉病、烟草黑胫病有较好的防治效果。

【使用方法】

(1)防治黄瓜疫病:在播种前或播种后以及幼苗移栽前采用苗床浇灌方法施药,每平方米用 722 克/升水剂 5～8 毫升稀释至 400～600 倍液,使药液充分到达根区,浇灌后保持土壤湿润。

(2)防治黄瓜霜霉病:每 667 平方米用 66.5％水剂 80～100 毫升或用 722 克/升水剂 80～100 毫升兑水 40～60 千克均匀叶面喷雾,每隔 7～10 天施用 1 次,安全间隔期 3 天,每季最多施用 3 次。

(3)防治烟草黑胫病:发病初期,每 667 平方米用 66.5％水剂 70～140 毫升兑水 30～50 千克均匀叶面喷雾,每隔 7～10 天施用 1 次,安全间隔期 14 天,每季最多施用 3 次。

【注意事项】

(1)不可与呈碱性的农药等物质混合使用,不可与液体化肥或植物生长调节剂混用。

(2)长时间单一用药容易使病菌产生抗药性,应与其他类型的杀菌剂轮换使用。

(3)本品在黄瓜上最大残留限量是 5 毫克/千克。

137. 霜霉威盐酸盐

$$H_3C \quad \quad H \quad O$$

分子式：$C_9H_{21}ClN_2O_2$

【类别】 氨基甲酸酯类。

【化学名称】 N-(3-(二甲基氨基)丙基)氨基甲酸丙酯盐酸盐。

【理化性质】 纯品为无色结晶固体,熔点 45～55 ℃,蒸气压 3.82×10⁻² 毫帕(25 ℃)。溶解度(20 ℃,克/升)：水 867,二氯甲烷 430,乙酸乙酯 23,乙烷、甲苯<0.1,甲醇>500,异丙醇>300,正辛醇-水分配系数 $K_{ow} \log P$ 为 0.0018;易水解和光解,400 ℃以下稳定。对金属有腐蚀作用。

【毒性】 低毒。原药对大鼠急性经口 LD_{50} 为 2 000～8 550 毫克/千克,小鼠急性经口 LD_{50} 为 1 960～2 800 毫克/千克,大鼠和兔急性经皮 LD_{50}>3 920 毫克/千克,大鼠急性吸入 LC_{50}(4 小时)>3 960 毫克/米³。在试验剂量内未见致畸、致突变及致癌作用。两年饲养 NOEL 为大鼠 1 000 毫克/千克,狗 3 000 毫克/千克。野鸭急性经口 LD_{50} 为 6 290 毫克/千克。鲤鱼 LC_{50}(96 小时)为 235 毫克/升,虹鳟鱼 LC_{50}(96 小时)为 410～416 毫克/升。蜜蜂 LD_{50}>0.1 毫克/只。对蚯蚓低毒。对天敌及有益生物无害。

【制剂】 722 克/升、35%、40%、66.5%、75%水剂。

【作用机制与防治对象】 本品为内吸性杀菌剂,主要通过干扰细胞膜成分的磷脂和脂肪酸的合成来影响病菌的菌丝生长、孢子产生和萌发。杀菌谱广,具有施药灵活的特点,可采用苗床浇灌处理防治苗期猝倒病、疫病;叶面喷雾防治黄瓜霜霉病、疫病、猝倒病,甜椒疫病,花椰菜霜霉病,烟草黑胫病,元胡霜霉病等,均有较好的预防保护和治疗效果。

【使用方法】

(1)防治黄瓜霜霉病:发病前或发病初期,每 667 平方米用 722 克/升水剂 60～100 毫升或 35％水剂 160～200 毫升,兑水 40～60 千克均匀叶面喷雾,每隔 7～10 天施用 1 次,安全间隔期 3 天,每季最多施用 3 次。或每 667 平方米用 66.5％水剂 80～100 毫升兑水 40～60 千克均匀叶面喷雾,每隔 7～10 天施用 1 次,安全间隔期 5 天,每季最多施药 3 次。

(2)防治黄瓜疫病、猝倒病:在播种时及幼苗移栽前进行苗床浇灌,每平方米用 722 克/升水剂 5～8 毫升稀释成 2～3 升药液浇灌,使药液充分到达根区,浇灌后保持土壤湿润,建议每隔 7～10 天施用 1 次,安全间隔期为 3 天,每季最多施药 3 次。

(3)防治甜椒疫病:发病前或发病初期,每 667 平方米用 722 克/升水剂 72～107 毫升兑水 30～50 千克均匀叶面喷雾,每隔 7～10 天施用 1 次,安全间隔期为 4 天,每季最多施药 3 次;或每 667 平方米用 66.5％水剂 90～120 毫升兑水 30～50 千克均匀叶面喷雾,每隔 7～10 天施用 1 次,安全间隔期为 14 天,每季最多施药 3 次。

(4)防治花椰菜霜霉病:发病初期,每 667 平方米用 722 克/升水剂 80～100 毫升或 35％水剂 165～206 毫升,兑水 30～50 千克均匀叶面喷雾,每隔 7～10 天施用 1 次,安全间隔期为 10 天,每季最多施药 3 次。

(5)防治菠菜霜霉病:发病前或发病初期,每 667 平方米用 722 克/升水剂 90～120 毫升或 35％水剂 180～245 毫升,兑水 30～50 千克均匀叶面喷雾,每隔 7～10 天施用 1 次,安全间隔期为 7 天,每季最多施药 3 次。

(6)防治烟草黑胫病:发病初期,每 667 平方米用 722 克/升水剂 100～120 毫升兑水 30～50 千克均匀叶面喷雾,每隔 7～10

天施用 1 次,安全间隔期为 21 天,每季最多施药 3 次;或用 66.5%水剂 600～800 倍液,于发病前或发病初期均匀喷雾,安全间隔期为 14 天,每季最多施用 3 次。

(7) 防治元胡霜霉病:发病初期,每 667 平方米用 722 克/升水剂 100～120 毫升兑水 30～50 千克均匀叶面喷雾,每隔 7～10 天施用 1 次,安全间隔期为 7 天,每季最多施药 3 次。

【注意事项】

(1) 不宜与碱性农药混合使用。

(2) 不推荐用于葡萄霜霉病的防治。防治病害应尽早用药,以发病前施用最好,最晚也要在发病初期施用。

(3) 本品在下列食品上的最大残留限量(毫克/千克):黄瓜 5,甜椒 3,花椰菜 0.2,菠菜 100,元胡(鲜)2,元胡(干)2。

138. 霜脲氰

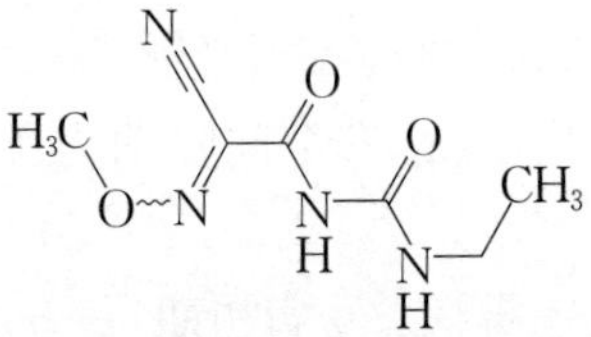

分子式:$C_7H_{10}N_4O_3$

【类别】 脲类。

【化学名称】 1-(2-氰基-2-甲氧基亚氨基乙酰基)-3-乙基脲。

【理化性质】 纯品为无色针状结晶固体。熔点 160～161℃,蒸气压(25℃)0.080 毫帕,相对密度 1.31。水中溶解度(25℃,pH5)为 890 毫克/升,已烷中溶解度(20℃)为 1.85 克/升。在一般贮存条件及在中性或弱酸介质中稳定,在土壤中 7 天损失

50％。水中 DT_{50} 为 148 天（pH5）、34 小时（pH7），光解 DT_{50} 为 1.8 天（pH5）。

【毒性】 低毒。大鼠急性经口 LD_{50} 为 960 毫克/千克（雄），459～1480 毫克/千克（雌）。大鼠急性经皮 $LD_{50}>2000$ 毫克/千克。大鼠急性吸入 LC_{50}（4 小时）>5.06 毫克/升。对兔皮肤无刺激作用，对兔眼睛有轻度刺激作用。山齿鹑和野鸭急性经口 $LD_{50}>2250$ 毫克/千克。鱼类 LC_{50}（96 小时）：虹鳟鱼 61 毫克/千克，鲤鱼 91 毫克/千克。水蚤 LC_{50}（48 小时）27 毫克/升。东方牡蛎 LC_{50}（96 小时）>46.9 毫克/升。蜜蜂 LD_{50}（48 小时）>25 微克/只（接触），或 >1000 毫克/升（口服）。蚯蚓 LC_{50}（14 天）>2208 毫克/千克（土）。

【制剂】 20％悬浮剂。

【作用机制与防治对象】 本品一种高效、低毒的脂肪族杀菌剂，具有接触和局部内吸作用，可抑制孢子萌发，对葡萄霜霉病、疫病等有效。霜脲氰单剂的药效不突出，持效期也短，但与保护性杀菌剂混用，则增效明显；与代森锰锌、铜制剂或其他保护性杀菌剂混用，可有效防治霜霉病和疫霉病；与甲霜灵无交互抗性。对葡萄霜霉病有较好的防治效果。

【使用方法】

防治葡萄霜霉病：发病前或发病初期，用 20％悬浮剂 2000～2500 倍液均匀喷洒于葡萄叶片正反面、茎干和果穗上，以不滴水为度，安全间隔期 7 天，每季最多施用 2 次。

【注意事项】

（1）避开蜜源作物花期用药，避免对周围蜂群产生影响。

（2）不可与碱性农药等物质混用。

（3）建议与其他不同作用机制的杀菌剂轮换使用，以延缓抗药性产生。

（4）本品在葡萄上最大残留限量是 0.5 毫克/千克。

139. 四氟醚唑

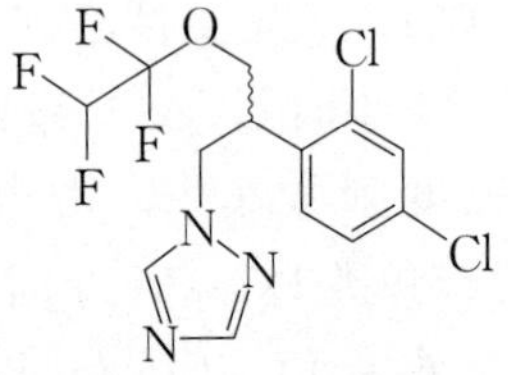

分子式：$C_{13}H_{11}Cl_2F_4N_3O$

【类别】 三唑类。

【化学名称】 2-(2,4-二氯苯基)-3-(1H-1,2,4-三唑-1-基)丙基-1,1,2,2-四氟乙基醚。

【理化性质】 外观为黏稠油状物，具轻微的芳香气味。密度1.432 8克/毫升，蒸气压 1.6 毫帕(20 ℃)。水中溶解度为 150 毫克/升(20 ℃)，能与丙酮、二氯甲烷、甲醇互溶。在 pH 5～9 时水解，对铜有轻微腐蚀性，其水溶液对日光稳定，240 ℃分解。在水中稳定期达 30 天，在土壤中稳定，半衰期长。

【毒性】 低毒。雄大鼠急性经口 LD_{50} 为 1 030 毫克/千克。对皮肤无刺激性，对眼睛有轻度刺激；对大鼠生殖和发育有影响。野鸭急性经口 LD_{50} 为 131 毫克/千克。

【制剂】 4％、12.5％、25％水乳剂。

【作用机制与防治对象】 本品为内吸传导型杀菌剂，可以抑制真菌麦角甾醇的生物合成，从而阻碍真菌菌丝生长和分生孢子的形成，导致细胞膜不能形成，使病菌死亡。可用于防治草莓白粉病、黄瓜白粉病、甜瓜白粉病等。

【使用方法】

(1) 防治草莓白粉病：发病初期，每 667 平方米用 25％水乳剂 10～12 克兑水 30～50 千克均匀喷雾，间隔 7～10 施药 1 次，安全间隔期为 7 天,每季最多施用 3 次;或每 667 平方米用 12.5％水乳剂 21～27 毫升兑水 30～50 千克均匀喷雾,每隔 10 天左右施药 1 次,安全间隔期为 5 天,每季最多施用 2 次。

(2) 防治黄瓜白粉病:发病初期,每 667 平方米用 4％水乳剂 67～100 克兑水 40～60 千克均匀喷雾,间隔 10 天左右施药 1 次,安全间隔期为 3 天,每季最多施用 3 次。

(3) 防治甜瓜白粉病:发病初期,每 667 平方米用 4％水乳剂 67～100 克兑水 40～60 千克均匀喷雾,间隔 10 天左右施药 1 次,安全间隔期为 7 天,每季最多施用 3 次。

【注意事项】

(1) 建议与其他不同作用机制的杀菌剂轮换使用,以延缓抗药性产生。

(2) 对鸟、鱼类、水蚤、藻类、赤眼蜂毒性高,水产养殖区、河塘等水体附近禁用,禁止在河塘等水体中清洗施药器具;鸟、赤眼蜂等天敌放飞区禁用。

(3) 本品在草莓、黄瓜上最大残留限量分别为 3 毫克/千克、0.5 毫克/千克。

140. 四霉素

【类别】 农用抗生素类。

【理化性质】 四霉素含有 4 个组分,即:A1、A2、B 和 C。A1、A2 为大环内酯类四烯抗生素,B 组分为肽类抗生素,C 组分属含氮杂环芳香族衍生物抗生素,与茴香霉素相同。四霉素 A 易溶于碱性水、吡啶和醋酸中,不溶于水和苯、氯仿、乙醚等有机溶剂;无明显熔点,晶粉在 140～150 ℃开始变红,250 ℃以上分解。四霉素 B 为白色长方晶体,溶于含水吡啶等碱性溶液,微溶于一般有机溶剂,对光、热、酸、碱稳定。四霉素 C 为白色针状结晶,熔点

140～141 ℃,溶于甲醇、乙醇、丙酮、乙酸乙酯、氯仿等大多数有机溶剂,微溶于水,性质稳定。

【毒性】 低毒。大鼠(雄)急性口服 LD_{50} 为 2 633～3 088 毫克/千克。无致畸、致癌、致突变作用。

【制剂】 0.15％、0.3％水剂。

【作用机制与防治对象】 通过抑制菌丝体的生长,诱导作物抗性并促进作物生长而达到防治目的。对水稻稻瘟病、苹果树腐烂病、杨树溃疡病、小麦白粉病和赤霉病、黄瓜细菌性角斑病、水稻细菌性条斑病、水稻立枯病、花生根腐病、玉米丝黑穗病有防治效果。

【使用方法】

(1) 防治苹果腐烂病:发病前或发病初期,用 0.15％水剂 5～10 倍液涂抹树干,安全间隔期为 7 天,每季最多施药 2 次。

(2) 防治水稻稻瘟病:发病前或发病初期,每 667 平方米用 0.15％水剂 48～60 毫升兑水 30～50 千克均匀喷雾,安全间隔期 14 天,每季最多施用 3 次。

(3) 防治水稻立枯病:水稻播种前,用 0.3％水剂稀释至 500～700 倍液浸种。

(4) 防治水稻细菌性角斑病:发病前或发病初期,每 667 平方米用 0.3％水剂 50～65 毫升兑水 30～50 千克均匀喷雾,安全间隔期 14 天,每季最多施用 3 次。

(5) 防治小麦白粉病、赤霉病:每 667 平方米用 0.3％水剂 50～65 毫升兑水 30～50 千克均匀喷雾;白粉病在发病初期开始施药,间隔 7～10 天用药 1 次,共施药 2 次;赤霉病在小麦扬花期施药,间隔 7 天用药 1 次,施药 1～2 次,全株均匀喷雾,重点喷施穗部。安全间隔期为 7 天,每季最多施用 3 次。

(6) 防治杨树溃疡病:发病前或发病初期,用 0.3％水剂 30～50 倍液均匀喷雾。

(7) 防治玉米丝黑穗病:播种前,每 100 千克种子用 0.3％水剂 600～800 毫升拌种。

（8）防治花生根腐病：播种前，每 100 千克种子用 0.3% 水剂 130～160 毫升拌种。

（9）防治黄瓜细菌性角斑病：发病前或发病初期，每 667 平方米用 0.3% 水剂 50～65 毫升兑水 40～60 千克均匀喷雾，安全间隔期 1 天，每季最多施用 2 次。

【注意事项】

（1）药液及其废液不得污染水域，禁止在河塘等水体清洗器具。远离水产养殖区、河塘等水体施药。鱼或虾、蟹套养稻田禁用，施药后的田水不得直接排入水体。

（2）不能与碱性农药混用。

（3）不宜在阳光直射下喷施，喷施后 4 小时内遇雨需补施。

141. 松脂酸铜

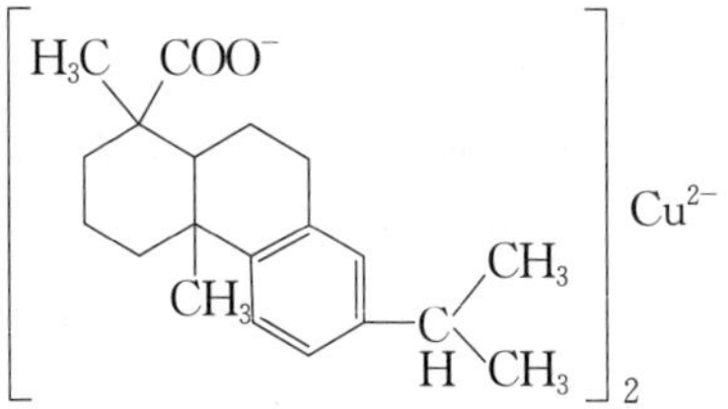

分子式：$C_{40}H_{54}CuO_4$

【类别】 有机铜类。

【化学名称】 1,2,3,4,4α,9,10,10α-八氢-1,4α-二甲基-7-(1-甲基乙基)-1-菲羧酸铜。

【理化性质】 原药外观为浅绿色粉状物。相对密度 0.207，熔点 175℃。水中溶解度<1 克/千克(20℃)，可溶于甲苯、汽油、N,N-二甲基酰胺等有机溶剂。对光稳定，中性条件下稳定。

【毒性】 低毒。原药大鼠急性经口 LD_{50} 为 5 946.3 毫克/

千克。

【制剂】 20％水乳剂,12％、18％、23％、30％乳油,12％悬浮剂,20％可湿性粉剂。

【作用机制与防治对象】 本品是一种高效低毒的有机铜保护性杀菌剂,对霜霉病菌蛋白质的合成起抑制作用,致使菌体死亡。可较好防治葡萄霜霉病、黄瓜霜霉病、黄瓜细菌性角斑病、柑橘溃疡病、柑橘炭疽病和烟草野火病。

【使用方法】

(1) 防治葡萄霜霉病:发病前或发病初期,每 667 平方米用20％水乳剂 67～83 毫升兑水 40～60 千克均匀喷雾,或将 20％水乳剂稀释 800～1 000 倍液均匀喷雾,间隔 7～14 天用药 1 次,每季最多施用 3 次,安全间隔期为 7 天。

(2) 防治黄瓜霜霉病:发病初期,每 667 平方米用 12％乳油175～233 毫升兑水 40～60 千克均匀喷雾,隔 7～10 天再喷 1 次,每季最多施用 2 次,安全间隔期为 15 天。

(3) 防治黄瓜细菌性角斑病:发病初期,每 667 平方米用12％悬浮剂 175～233 毫升兑水 40～60 千克均匀喷雾,隔 7～10天喷 1 次,连喷 2～3 次,安全间隔期 1 天。

(4) 防治柑橘溃疡病:发病前至发病初期施药,用 20％水乳剂 580～920 倍液均匀喷雾,安全间隔期 7 天,每季最多施用 3 次;或用 12％乳油 300～500 倍液或 30％乳油 800～1 200 倍液均匀喷雾,安全间隔期 35 天,每季最多施用 2 次。

(5) 防治柑橘炭疽病:在柑橘园冬、春两季休眠期清园时施用,可喷洒 2 次,将 18％乳油稀释至 450～800 倍液均匀喷雾。

(6) 防治烟草野火病:发病前至发病初期施药,每 667 平方米用 20％水乳剂 80～120 毫升兑水 30～50 千克均匀喷雾,安全间隔期 7 天,每季最多施用 3 次。

【注意事项】

(1) 不可与强酸、强碱物质混用。

（2）对蜜蜂、鱼类等水生生物、家蚕有毒，施药期间应避免对周围蜂群的影响，禁止在开花植物花期、蚕室和桑园附近使用。

（3）远离水产养殖区、河塘等水域施药。赤眼蜂等天敌放飞区禁用。

（4）建议与不同作用机制的杀菌剂轮换使用，以延缓抗药性产生。

（5）避免与氧化剂接触。

142. 王 铜

$$3Cu(OH)_2 \cdot CuCl_2$$

【类别】 无机铜类。

【化学名称】 氧氯化铜。

【理化性质】 原药为绿色至蓝绿色粉末状晶体。相对密度3.37，难溶于水、乙醇、乙醚，溶于酸和氨水。溶于稀酸同时分解。对金属有腐蚀性。

【毒性】 低毒。原药对雌、雄大鼠急性经口 LD_{50} 分别为 1462.3毫克/千克和1044.7毫克/千克。鲤鱼 LC_{50}（72 小时）为 2.2毫克/升。

【制剂】 30%悬浮剂，47%、50%、70%可湿性粉剂，84%、85%水分散粒剂。

【作用机制与防治对象】 对作物具有较好的保护作用，有效成分喷到作物上后能黏附在植物体表面，形成一层保护膜，不易被雨水冲刷。在一定湿度条件下释放出可溶性碱式氯化铜离子起杀菌作用；释放缓慢，持效期较长，可减少施药次数，对柑橘树溃疡病等具有较好的防治效果。

【使用方法】

（1）防治番茄早疫病：发病前或发病初期，每 667 平方米用

30%悬浮剂 50～70 毫升兑水 30～50 千克喷雾,每隔 7 天左右用药 1 次,连续喷 3～4 次。

(2) 防治柑橘树溃疡病:发病前或发病初期,用 70%可湿性粉剂 1 000～1 200 倍液喷雾,间隔 10～15 天喷 1 次,连续喷雾 2～3 次;或用 30%悬浮剂 600～686 倍液喷雾,每隔 7 天施药 1 次,每季最多施用 3 次,安全间隔期 30 天;或用 85%水分散粒剂 1 600～2 000 倍液均匀喷雾,每隔 10～15 天施药 1 次,每季最多施用 3 次,安全间隔期 21 天。

(3) 防治黄瓜细菌性角斑病:发病前或发病初期,用 47%可湿性粉剂 300～500 倍液喷雾,每 10 天左右施药 1 次,可连用 2～3 次;或每 667 平方米用 50%可湿性粉剂 214～300 克兑水 30～50 千克均匀喷雾,每 5～7 天施药 1 次,连续施药 3 次;或每 667 平方米用 84%水分散粒剂 120～180 克兑水 30～50 千克均匀喷雾,每隔 7～10 天施药 1 次,每季最多施用 3 次,安全间隔期 3 天。

(4) 防治人参黑斑病:发病初期,用 30%悬浮剂 900～1 800 倍液均匀喷雾,每隔 7 天施药 1 次,每季最多施用 2 次,安全间隔期 35 天。

(5) 防治烟草赤星病:在发病前或发病初期开始用药,每 667 平方米用 30%悬浮剂 120～150 毫升兑水 30～50 千克喷雾,每隔 7 天左右喷 1 次,安全间隔期 3 天。

【注意事项】

(1) 不能与磷酸二氢钾、复合氨基酸等含有金属离子的叶面肥混用。不宜与石硫合剂、硫黄制剂、矿物油等混用。

(2) 苹果、葡萄、十字花科蔬菜、某些豆类及藕等作物幼苗(果)期对本品敏感,避免飘移产生药害。

(3) 对铜敏感的时期和作物(桃、李、梅、杏、柿子、大白菜、菜豆、莴苣、荸荠等)慎用,施药时注意避免飘移至上述作物。

(4) 远离水产养殖区用药,禁止在河塘等水体中清洗施药器具;避免药液污染水源地。

（5）避免在高温、阴湿天气或露水未干前施药,以免发生药害,喷药后 24 小时内下大雨需补喷。本品放置时间久会分层,但不影响药效,用时摇匀即可。

143. 萎锈灵

分子式:$C_{12}H_{13}NO_2S$

【类别】 酰胺类。

【化学名称】 5,6-二氢-2-甲基-N-苯基-1,4-氧硫杂环己烯-3-甲酰苯胺。

【理化性质】 纯品为白色晶体,两种结晶结构的熔点分别为 91.5～92.5 ℃ 和 98～100 ℃。蒸气压 0.025 毫帕(25 ℃),相对密度 1.36。溶解度(25 ℃,毫克/升):水 199,丙酮 177,二氯甲烷 353,醋酸乙酯 93,甲醇 88。25 ℃ 时 pH5、pH7、pH9 时不水解。水溶液(pH7)光照下 DT_{50}<3 小时。

【毒性】 低毒。大鼠急性经口 LD_{50} 为 3 820 毫克/千克;兔类急性经皮 LD_{50} 为 8 000 毫克/千克;大鼠急性吸入 LC_{50}(1 小时)>20 毫克/升。对兔眼睛有刺激作用。鼠日服 200 毫克/升经 90 天饲养后无不良影响,每日以 100 毫克/升、200 毫克/升和 600 毫克/升的萎锈灵饲养鼠和狗两年后,没有发生不良影响。野鸭 LC_{50}(8 天)>4 640 毫克/千克(饲料);对鹌鹑 LC_{50}(8 天)>10 000 毫克/千克(饲料)。虹鳟鱼 LC_{50}(96 小时)2.0 毫克/升。水蚤 LC_{50}(48 小时)84.4 毫克/升。

【制剂】 12% 可湿性粉剂。

【作用机制与防治对象】 本品为选择性内吸杀菌剂,其作用机制为能渗入植物病灶而杀死病菌。主要用于防治由锈菌和黑粉菌在多种作物上引起的锈病和黑粉(穗)病,它能渗入萌芽的种子而杀死种子内的病菌。可用于防治小麦锈病。

【使用方法】

防治小麦锈病:发病前期或发病初期,每 667 平方米用 12% 可湿性粉剂 45～60 克兑水 30～50 千克均匀喷雾,间隔 7～10 天喷施 1 次,每季最多施用 3 次,安全间隔期 21 天。

【注意事项】

(1) 对鱼类和藻类有毒,禁止药液及施药用水流入鱼类等水生生物养殖区等水体,禁止在河塘水域中清洗施药器械。

(2) 蟹、虾套养稻田禁用,施药后的田水不得直接排入水体。

(3) 水产养殖区、河塘等水体附近禁用,药液及其废液不得污染各类水域、土壤等环境。

(4) 不能与强酸、强碱性药液等物质混用。

(5) 建议与其他不同作用机制的杀菌剂轮换使用,以延缓抗药性的产生。

(6) 本品在小麦上最大残留限量为 0.05 毫克/千克。

144. 肟菌酯

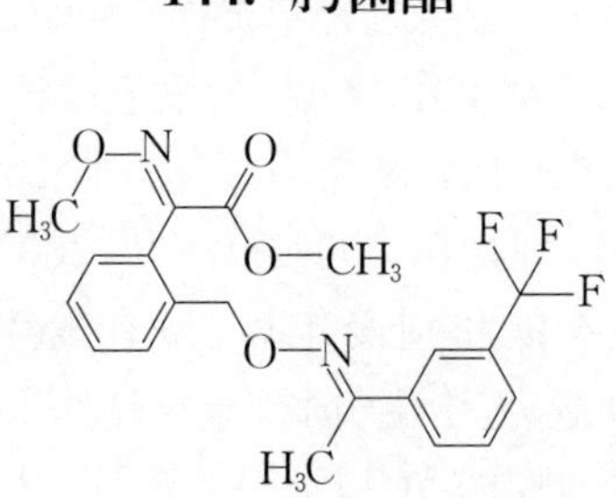

分子式:$C_{20}H_{19}F_3N_2O_4$

【类别】 甲氧基丙烯酸酯类。

【化学名称】 甲基(E)-甲氧基亚氨基-{(E)-α-[1-(α,α,α-三氟-m-甲苯基)-亚乙基氨基氧]-邻甲苯基}乙酸乙酯。

【理化性质】 外观为白色至灰色结晶粉末,无味。熔点217℃,密度1.36克/厘米^3(20℃),沸点约312℃(328℃开始分解),蒸气压3.4×10^{-6}帕(25℃)。水中溶解度(25℃)0.61毫克/升;有机溶剂中溶解度(20℃,克/升):甲苯500,丙酮、二氯甲烷、乙酸乙酯>500,正己烷11,辛醇18,甲醇76。在pH5的水溶液中稳定。产品含量不低于95%,最高可达98%以上。

【毒性】 低毒。原药对雌、雄大鼠急性经口LD$_{50}$均>5 000毫克/千克。雌、雄大鼠急性经皮LD$_{50}$均>2 000毫克/千克。雌、雄大鼠急性吸入毒LC$_{50}$(2小时)均>2 060毫克/米^3。对兔皮肤无刺激性,对兔眼睛有轻度刺激,对豚鼠皮肤有弱致敏性。日本鹌鹑经口LD$_{50}$(7天)>2.00×10^{3}毫克(有效成分)/千克,短期饲喂LC$_{50}$(8天)为5.00×10^{3}毫克有效成分/千克(饲料)。意大利蜜蜂接触LD$_{50}$(48小时)>100微克(有效成分)/只,经口LD$_{50}$(48小时)为95.3微克(有效成分)/只。家蚕LC$_{50}$(96小时)为1.61×10^{3}毫克(有效成分)/升。蚯蚓LC$_{50}$(14天)>100毫克(有效成分)/千克(干土)。赤眼蜂LR$_{50}$(24小时)为0.337微克/厘米^2。羊角月牙藻EC$_{50}$(72小时)为5.80×10^{-3}毫克(有效成分)/升。大型蚤EC$_{50}$(48小时)为1.72×10^{-2}毫克(有效成分)/升。斑马鱼LC$_{50}$(96小时)为5.40×10^{-2}毫克(有效成分)/升。非洲爪蟾蝌蚪LC$_{50}$(96小时)为8.95×10^{-2}毫克(有效成分)/升。

【制剂】 25%、30%、40%、50%、60%悬浮剂,50%、60%水分散粒剂。

【作用机制与防治对象】 作用原理是抑制真菌线粒体的呼吸,通过细胞色素bc1复合体的Qo部位的结合,抑制线粒体的电位传递,从而破坏病菌能量合成而发挥杀菌活性。用于防治马铃薯晚疫病、玫瑰白粉病、苹果树褐斑病、柑橘树炭疽病、水稻稻曲病、水稻稻瘟病、水稻纹枯病、香蕉叶斑病、番茄早疫病、葡萄白粉病、辣椒炭疽病。

【使用方法】

(1) 防治水稻稻曲病：在破口前 5～7 天,每 667 平方米用 60%悬浮剂 9～12 毫升兑水 30～50 千克均匀喷雾,间隔 7～10 天施药 1 次,连续施药 2～3 次,安全间隔期为 28 天,每季最多施用 2 次。

(2) 防治水稻稻瘟病：发病前或发病初期,每 667 平方米用 60%悬浮剂 9～12 毫升兑水 30～50 千克均匀喷雾,间隔 7～10 天施药 1 次,连续施药 2～3 次,安全间隔期为 28 天,每季最多施用 2 次。

(3) 防治水稻纹枯病：发病初期,每 667 平方米用 60%悬浮剂 9～12 毫升兑水 30～50 千克均匀喷雾,间隔 7～10 天施药 1 次,连续施药 2～3 次,安全间隔期为 28 天,每季最多施用 2 次。

(4) 防治番茄早疫病：发病前或发病初期,每 667 平方米用 50%悬浮剂 8～10 毫升兑水 30～50 千克均匀喷雾,每季最多施用 3 次,间隔 2 天才能收获。

(5) 防治辣椒炭疽病：发病初期,每 667 平方米用 30%悬浮剂 25～37.5 毫升兑水 30～50 千克均匀喷雾,每季最多施用 3 次,安全间隔期为 7 天。

(6) 防治马铃薯晚疫病：发病前或发病初期,每 667 平方米用 30%悬浮剂 25～37.5 毫升或 50%悬浮剂 16～22 毫升,兑水 30～50 千克均匀喷雾,一般用药 2～3 次,间隔 7 天,每季最多施用 3 次,安全间隔期 7 天。

(7) 防治柑橘树炭疽病：发病初期,用 25%悬浮剂 1 000～1 500 倍液叶面喷雾,间隔 7～16 天用药 1 次,安全间隔期 35 天,每季最多施用 2 次。

(8) 防治苹果树褐斑病：发病前或发病初期,用 40%悬浮剂

5 500～6 500 倍液进行喷雾,每隔 10～15 天施药 1 次,施药 3 次;或用 50％水分散粒剂 6 000～7 000 倍液,间隔 7～10 天喷雾 1 次,安全间隔期为 14 天,每季最多施用 3 次。

(9) 防治葡萄白粉病:发病初期,用 50％水分散粒剂 3 000～4 000 倍液叶面喷雾,间隔 7～10 天用药 1 次。每季最多施用 2 次,安全间隔期 14 天。

(10) 防治香蕉叶斑病:发病初期,用 40％悬浮剂 5 000～6 000 倍液进行叶面喷雾,间隔 7～16 天用药 1 次,连续施药 2 次,安全间隔期为 28 天,每季最多施用 2 次。

(11) 防治玫瑰白粉病:发病前或发病初期,每 667 平方米用 50％悬浮剂 13～20 毫升兑水 30～50 千克均匀喷雾。

【注意事项】

(1) 建议与其他产品轮用或与不同作用机制的产品混用,减少每季施用次数。

(2) 对鱼类、藻类高毒,对蚤类剧毒。使用时勿将药剂及废液弃于池塘、河流、湖泊中。药液及其废液不得污染各类水域、土壤等环境。远离水产养殖区,禁止在河塘等水域清洗施药器具。

(3) 本品在下列食品上的最大残留限量(毫克/千克):马铃薯 0.2,苹果 0.7,柑橘 0.5,稻谷 0.1,糙米 0.1,香蕉 0.1,番茄 0.7,葡萄 3,辣椒 0.5。

145. 五氯硝基苯

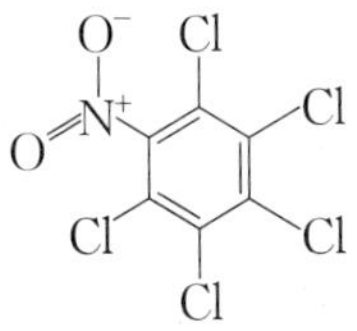

分子式:$C_6Cl_5NO_2$

【类别】 取代苯类。

【化学名称】 五氯硝基苯。

【理化性质】 纯品为无色针状结晶。熔点 146 ℃,蒸气压 12.7 毫帕(25 ℃),沸点 328 ℃,相对密度为 1.718。不溶于水(常温下溶解度约 0.4 毫克/升),乙醇中溶解度(25 ℃)为 20 克/千克,易溶于二硫化碳、氯仿、苯等有机溶剂。化学性质稳定,在土壤中很稳定,残效期长。工业品为黄色或灰白色粉末,熔点 142~143 ℃。

【毒性】 低毒。原药对大鼠急性经口 LD_{50} 为 1 700 毫克/千克,家兔急性经皮 LD_{50} > 4 000 毫克/千克。以含 2 500 毫克/升的饲料饲喂大鼠 2 年未见明显中毒反应。

【制剂】 40%粉剂,40%种子处理干粉剂,15%悬浮种衣剂。

【作用机制与防治对象】 本品是一种低毒、保护性杀菌剂,无内吸性,用作土壤处理和种子消毒。能有效防治棉花立枯病和其他苗期病害、小麦黑穗病、茄子苗期炭疽病等。

【使用方法】

(1)防治棉花立枯病和其他苗期病害:拌种或土壤消毒。拌种时先将少量水与种子拌匀,每 100 千克种子拌 40%粉剂 1 千克,土壤消毒时按药土比 1∶30~40 混合,每季最多施用 1 次。

(2)防治棉花立枯病:棉种脱绒后,在播种前 24 小时进行机械或人工种子包衣,每 100 千克拌 15%悬浮种衣剂 2 000~5 000 毫升,晾干后播种。

(3)防治小麦黑穗病:拌种,先将少量水与种子拌匀,然后每 100 千克小麦种子拌 40%粉剂 750~1 000 克。

(4)防治茄子猝倒病:土壤处理,每 667 平方用 40%粉剂 5 666~6 666 克拌细沙,混合均匀后均匀撒施。

【注意事项】

(1)不能与碱性农药等物质混用。

(2)拌种时应与种子均匀混合,否则影响防治效果。

（3）拌过药的种子不能用作饲料或食用。

（4）大量药剂与作物的幼芽接触时易产生叶烧或抑制生长等药害，瓜类叶片接触药剂后易产生叶灼症状。

（5）本品在下列食品上的最大残留限量（毫克/千克）：棉籽0.01，小麦0.01，茄子0.1。

146. 戊菌唑

分子式：$C_{13}H_{15}Cl_2N_3$

【类别】 三唑类。

【化学名称】 2-(2,4-二氯苯基)戊基-1H-1,2,4-三唑。

【理化性质】 外观为无色结晶粉末。熔点57.6～60.3 ℃,蒸气压为0.017毫帕（20 ℃）和0.37毫帕（25 ℃）。水中溶解度（25 ℃）为73毫克/升；有机溶剂中溶解度（克/升）：乙醇730、丙酮770、甲苯610、正己烷24、正辛醇400。于水中稳定,温度至350 ℃仍稳定不分解。

【毒性】 低毒。大鼠急性经口LD_{50}为2125毫克/千克,急性经皮LD_{50}＞3000毫克/千克,急性吸入LC_{50}（4小时）＞4000毫克/米^3。对家兔眼睛和皮肤无刺激性,对豚鼠皮肤无致敏性；对动物无致畸、致突变和致癌作用。

【制剂】 10％、20％、25％水乳剂,10％乳油。

【作用机制与防治对象】 主要通过抑制病原真菌体内甾醇的脱甲基化,导致生物膜的形成受阻而发挥杀菌活性。喷布到作物表面后能被作物吸收或渗透到作物体内随体液传导到各部位,是一种兼具保护、治疗和铲除作用的内吸性杀菌剂。可用于防治葡萄白腐病、葡萄白粉病、草莓白粉病、西瓜白粉病等。

【使用方法】

(1) 防治葡萄白腐病:发病初期开始施药,用10％乳油2 500～5 000倍液均匀喷雾,安全间隔期30天,每季最多用药3次;或用20％水乳剂5 000～10 000倍液均匀喷雾,每季最多施用2次,安全间隔期21天。

(2) 防治葡萄白粉病:发病初期,用25％水乳剂8 000～10 000倍液均匀喷雾,间隔7～14天用药1次,安全间隔期21天,每季最多施用2次;或用10％乳油2 000～4 000倍液均匀喷雾,隔7～10天施药1次,连续施用2～3次,安全间隔期14天,每季最多施用3次。

(3) 防治草莓白粉病:发病初期,每667平方米用25％水乳剂7～10毫升兑水30～50千克均匀喷雾,间隔7天施药1次,每季最多施用3次,安全间隔期为5天。

(4) 防治西瓜白粉病:发病初期,每667平方米用20％水乳剂25～30毫升兑水40～60千克均匀喷雾,间隔7天施药1次,连续施药2次,每季最多施用2次,安全间隔期7天。

【注意事项】

(1) 不能与铜制剂、碱性制剂、碱性物质(如波尔多液、石硫合剂)等物质混用。

(2) 喷施时须避开蜜蜂采蜜季节、果树花期及蜜源植物,勿在池塘、水源、桑田、蚕室近处喷药。切勿使药液污染水源。

(3) 应与不同作用机制的杀菌剂轮换使用,以延缓抗药性产生。

（4）本品在葡萄、草莓上最大残留限量分别是 0.2 毫克/千克、0.1 毫克/千克。

147. 戊唑醇

分子式：$C_{16}H_{22}ClN_3O$

【类别】　三唑类。

【化学名称】　(RS)-1-(4-氯苯基)-4,4-二甲基-3-(1H-1,2,4-三唑-1-基甲基)戊-3-醇。

【理化性质】　纯品为无色晶体,熔点 105 ℃。原药为浅褐色粉末,熔点 102.4 ℃。相对密度为 1.25,蒸气压 0.013 3 毫帕(20 ℃)。溶解度(20 ℃)：水 32 毫克/升,甲苯 50～100 克/升,二氯甲烷＞200 毫克/升。水解 DT_{50}＞1 年(pH4～9,22.5 ℃)。

【毒性】　低毒。大鼠急性经口 LD_{50} 4 000 毫克/千克,雄小鼠急性经口 LD_{50} 约 2 000 毫克/千克,雌小鼠急性经口 LD_{50} 3 933 毫克/千克,大鼠急性经皮 LD_{50}＞5 000 毫克/千克。大鼠急性吸入 LC_{50}(4 小时)＞0.8 毫克/升(空气)(气雾剂)、＞5.1 毫克/升(粉剂)。山齿鹑急性经口 LD_{50} 1 988 毫克/千克。鱼类 LC_{50}(96 小时)：虹鳟鱼 4.4 毫克/升,蓝鳃太阳鱼 5.7 毫克/升。水蚤 LC_{50}(48 小时)4.2 毫克/升。蜜蜂经口 LD_{50}(48 小时)175.8 微克/只。蚯蚓 LC_{50}(14 天)1 381 毫克/千克(土)。

【制剂】　3％、12.5％、25％、30％、43％、430 克/升、45％、

50%悬浮剂,25%、40%、80%可湿性粉剂,0.2%、60 克/升、6%种子处理悬浮剂,6%、12.5%微乳剂,1.5%、12.5%、25%、250克/升、430 克/升水乳剂,30%、50%、70%、80%、85%水分散粒剂,25%、250 克/升乳油,0.2%、0.25%、2%、6%、60 克/升、80克/升悬浮种衣剂,2%湿拌种剂,2%种衣剂,2%种子处理可分散粉剂,5%悬浮拌种剂,1%糊剂。

【作用机制与防治对象】 本品为甾醇脱甲基抑制剂,作用机制为抑制病菌细胞膜上麦角甾醇的去甲基化,使得病菌无法形成细胞膜,从而杀死病菌。是用于经济作物种子处理或叶面喷洒的高效杀菌剂,可有效防治禾谷类作物的多种锈病、白粉病、网斑病、根腐病、赤霉病、黑穗病等。

【使用方法】

(1)防治水稻稻曲病:在水稻破口前 5～7 天进行第一次用药,7～10 天后再次施药,每 667 平方米用 430 克/升悬浮剂 10～20 毫升兑水 30～50 千克喷雾,每季最多施用 2 次,安全间隔期 35天;或每 667 平方米用 80%可湿性粉剂 6～10 克兑水 30～50 千克喷雾,每季最多施用 3 次,安全间隔期 21 天;或每 667 平方米用70%水分散粒剂 6～9 克兑水 30～50 千克喷雾,每季最多施用 2次,安全间隔期 21 天;或每 667 平方米用 80%水分散粒剂 6～8 克兑水 30～50 千克喷雾。

(2)防治水稻纹枯病:发病前或发病初期,每 667 平方米用430 克/升悬浮剂 10～15 毫升或 25%可湿性粉剂 16～24 克兑水30～50 千克喷雾,间隔 7～14 天施药 1 次,每季最多施用 2 次,安全间隔期 21 天。

(3)防治水稻恶苗病:用 0.25%悬浮种衣剂按药种比 1∶40～50 进行种子包衣,每季使用 1 次;或用 6%微乳剂浸种,浸种时,用清水将药液稀释至 2 000～3 000 倍,倒入水稻种子,搅拌均匀,保证药液面高于种子层面 15 厘米,浸种 24 小时后,直接催芽播种。

(4)防治水稻稻瘟病:在稻叶初见少量病斑时用药,每 667 平方米用 6％微乳剂 75～100 毫升兑水 30～50 千克喷雾,每季最多施用 3 次,安全间隔期 21 天。

(5) 防治水稻立枯病:用 0.25％悬浮种衣剂按药种比 1:(40～50)进行种子包衣,即用药剂 500 克加清水 250～350 克,拌 25 千克稻种,种子包衣。

(6) 防治小麦赤霉病:发病初期,每 667 平方米用 430 克/升悬浮剂 12～15 毫升兑水 30～50 千克喷雾;或每 667 平方米用 80％可湿性粉剂 8～10 克兑水 30～50 千克喷雾,每季最多施用 2 次,安全间隔期 30 天。

(7) 防治小麦白粉病:发病初期,每 667 平方米用 80％可湿性粉剂 8～10 克兑水 30～50 千克喷雾,每季最多施用 2 次,安全间隔期 30 天;或每 667 平方米用 80％水分散粒剂 8～12 克兑水 30～50 千克喷雾,间隔 5～7 天施药 1 次,每季最多施用 3 次,安全间隔期 28 天;或每 667 平方米用 430 克/升悬浮剂 6～15 克兑水 30～50 千克喷雾,间隔 7 天喷雾 1 次,根据病情连喷 2 次。

(8) 防治小麦锈病:发病初期,每 667 平方米用 430 克/升悬浮剂 12～15 毫升兑水 30～50 千克喷雾,每季最多施用 3 次,安全间隔期 21 天;或每 667 平方米用 80％可湿性粉剂 6.25～10 克兑水 30～50 千克喷雾,每季最多施用 2 次,安全间隔期 30 天;或每 667 平方米用 70％水分散粒剂 10～20 克,或 250 克/升水乳剂 20～33.3 毫升,或 12.5％水乳剂 40～66 毫升,兑水 30～50 千克喷雾,每 7～10 天施药 1 次,连续施药 2～3 次。

(9) 防治小麦全蚀病:每 100 千克种子用 60 克/升悬浮种衣剂 30～60 毫升种子包衣,按处理每 100 千克种子加 1.5～2.0 升药液(推荐制剂用药量＋清水),倒入种子上充分翻拌,待种子均匀着药后,倒出摊开置于通风处,阴干后播种。

(10) 防治小麦散黑穗病:用 2％悬浮种衣剂按药种比 1:700～1000 种子包衣;或用 80 克/升悬浮种衣剂按药种比 1:2857～4000 种子包衣;或用 2％湿拌剂按药种比 1:667～1000 拌种。

(11) 防治小麦纹枯病:播种前,用 0.2％悬浮种衣剂按药种比 1:50～70 种子包衣;或用 60 克/升悬浮种衣剂按药种比 1:1500～2000 种子包衣;或每 100 千克种子用 60 克/升种子处理悬浮剂 50～66.6 毫升种子包衣;或用 0.2％种子处理悬浮剂按药种比 1:40～1:60 种子包衣;或用 5％悬浮拌种剂按药种比 1:1250～1667 拌种;或每 100 千克种子用 2％湿拌种剂 180～200 克拌种。

(12) 防治玉米丝黑穗病:用 0.25％悬浮种衣剂按药种比 1:20～30 种子包衣;或用 2％悬浮种衣剂按药种比 1:167～250 种子包衣;或用 60 克/升悬浮种衣剂按药种比 1:500～1000 种子包衣;或用 6％悬浮种衣剂按药种比 1:500～1000 种子包衣;或每 100 千克种子用 60 克/升种子处理悬浮剂 100～200 毫升种子包衣;或用 80 克/升悬浮种衣剂按药种比 1:667～1000 种子包衣;或用 6％种子处理悬浮剂按药种比 1:500～600 种子包衣;或用 2％湿拌种剂按药种比 1:167～250 拌种;或用 2％种衣剂按药种比 1:167～250 种子包衣;或用 2％种子处理可分散粉剂按药种比 1:(166.7～250)进行种子包衣。

(13) 防治高粱丝黑穗病:播种前用药,用 60 克/升悬浮种衣剂按药种比 1:667～1000 或 100 千克种子用 100～150 毫升种子包衣。

(14) 防治花生叶斑病:发病初期,每 667 平方米用 25％可湿性粉剂 25～33 克,或 6％微乳剂 160～200 毫升,兑水 30～50 千克均匀喷雾,间隔 7～10 天用药 1 次,可喷药 1～2 次,每季最多施用 2 次,安全间隔期 25 天;或用 60 克/升悬浮种衣剂按药种比 1:400～600 进行种子包衣。

(15) 防治黄瓜白粉病:在发病前或初出现病斑时用药,每 667 平方米用 250 克/升水乳剂 24～30 克兑水 40～60 千克喷雾,间隔 5～7 天用药 1 次,每季最多施用 3 次,安全间隔期 3 天;或用 430 克/升悬浮剂 15～22 毫升兑水 40～60 千克喷雾,间隔 7～10

天施药 1 次,每季最多施用 3 次,安全间隔期 5 天。

(16)防治黄瓜黑星病:发病初期,每 667 平方米用 45％悬浮剂 16～20 毫升兑水 40～60 千克均匀喷雾,每季最多施用 3 次,安全间隔期 3 天。

(17)防治苦瓜白粉病:发病初期,每 667 平方米用 250 克/升水乳剂 20～30 毫升兑水 40～60 千克喷雾,间隔 7 天左右施药 1 次,每季最多施用 3 次,安全间隔期 35 天;或每 667 平方米用 430 克/升悬浮剂 12～18 毫升兑水 40～60 千克喷雾,间隔 10～15 天施药 1 次,每季最多施用 3 次,安全间隔期 5 天。

(18)防治草莓炭疽病:在发病前或初出现病斑时用药,每 667 平方米用 25％水乳剂 20～28 毫升兑水 30～50 千克喷雾,间隔 7 天用药 1 次,安全间隔期 5 天,每季最多施用 3 次,或每 667 平方米用 430 克/升悬浮剂 10～16 毫升兑水 30～50 千克喷雾,间隔 7～10 天喷 1 次,连喷 2～3 次。

(19)防治苹果树炭疽病:发病初期,用 80％水分散粒剂 6 000～10 000 倍液均匀喷雾,每 10～14 天施药 1 次,可连续施药 4 次。

(20)防治苹果树斑点落叶病:发病初期,用 430 克/升悬浮剂 5 000～7 000 倍液喷雾,用药间隔 10～15 天,连续用药 3 次;或用 50％水分散粒剂 3 000～5 000 倍液均匀喷雾,每隔 10～14 天喷 1 次,连喷 3 次,每季最多施药 3 次;或用 40％可湿性粉剂 3 000～4 000 倍液喷雾,间隔 10～15 天,连施 2～3 次;或用 250 克/升水乳剂 1 500～2 500 倍液均匀喷雾,每隔 10 天喷雾 1 次,春季共喷雾 3 次,或秋季喷雾 2 次;或用 25％乳油 2 000～2 500 倍液喷雾,间隔 7～10 天,连续施药 2～3 次;或用 12.5％微乳剂 2 000～3 000 倍液喷雾,隔 7～10 天喷施 1 次,可连续喷施 2～3 次。

(21)防治苹果树轮纹病:发病初期,用 80％可湿性粉剂 5 600～6 700 倍液喷雾,每季最多施用 5 次,安全间隔期 21 天;或用 430 克/升悬浮剂 4 000～6 000 倍液喷雾,每隔 10 天施药 1 次,安全间隔期 35 天;或用 25％乳油 3 000～4 000 倍液喷雾,间隔 10

天施药 1 次,每季最多施用 4 次,安全间隔期 28 天。

(22) 防治苹果树腐烂病:发病初期,用 430 克/升悬浮剂 3 000～3 500 倍液均匀喷雾;或每平方米用 1％糊剂 2.5～3 克涂抹病斑。

(23) 防治梨树黑星病:发病初期,用 430 克/升悬浮剂 2 000～4 000 倍液喷雾,每隔 15 天喷药 1 次,共喷药 3 次;或用 25％水乳剂 2 000～3 000 倍液均匀喷雾,每隔 10～14 天喷药 1 次,每季最多施用 3 次,安全间隔期 35 天;或用 80％可湿性粉剂 5 600～7 400 倍液喷雾,间隔 7～10 天施药 1 次,每季最多施用 3 次,安全间隔期 21 天。

(24) 防治葡萄白腐病:发病初期,用 250 克/升水乳剂 2 000～3 300 倍液喷雾,间隔 7～10 天用药 1 次,每季最多施用 3 次,安全间隔期 28 天;或用 80％水分散粒剂 8 000～9 000 倍液喷雾,间隔 7～14 天施药 1 次,每季最多施用 2 次,安全间隔期 35 天。

(25) 防治香蕉叶斑病:发病初期,用 250 克/升水乳剂 1 000～1 500 倍液,或用 80％可湿性粉剂 2 500～4 000 倍液,或用 25％乳油 800～1 250 倍液,或用 12.5％微乳剂 600～800 倍液,或用 80％水分散粒剂 3 200～4 800 倍液均匀喷雾,间隔 7～10 天用药 1 次,每季最多施用 3 次,安全间隔期 42 天。

(26) 防治枇杷炭疽病:在发病前或初出现病斑时用药,用 25％水乳剂 3 000～4 000 倍液均匀喷雾,间隔 7～10 天喷 1 次,连喷 2～3 次。

(27) 防治冬枣炭疽病:发病初期,用 430 克/升悬浮剂 2 000～3 000 倍液,或 50％悬浮剂 2 400～3 400 倍液,或 80％可湿性粉剂 3 700～5 500 倍液均匀喷雾,每隔 10 天喷雾 1 次,每季最多施用 3 次,安全间隔期 21 天。

【注意事项】

(1) 不要将药液喷到香蕉蕉蕾(蕉仔)上,以免造成药害。

(2) 对鱼类等水生生物有毒,水产养殖区河塘等水体附近禁用,禁止在河塘等水域清洗施药器具。清洗施药器械或弃置废料时,切忌污染水源。

(3) 不可与碱性物质混用。

(4) 建议与其他不同作用机制的杀菌剂轮换使用。

(5) 本品在下列食品上的最大残留限量(毫克/千克):高粱0.05,花生仁0.1,黄瓜1,苦瓜2,梨0.5,苹果2,葡萄2,糙米0.5,香蕉3,小麦0.05,枇杷0.5。

148. 烯丙苯噻唑

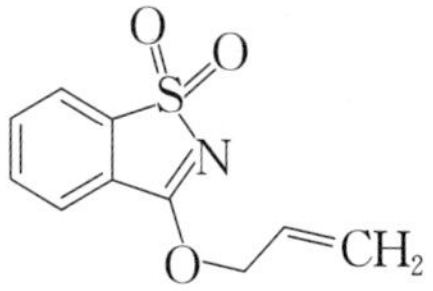

分子式:$C_{10}H_9NO_3S$

【类别】 异噻唑类。

【化学名称】 3-烯丙氧基-1,2-苯并异噻唑-1,1-二氧化物。

【理化性质】 纯品为无色结晶固体。熔点 138~139 ℃。微溶于水(150 毫克/升),易溶于丙酮、二甲基甲酰胺和氯仿,稍溶于甲醇、乙醇、乙醚和苯,难溶于正己烷和石油醚。

【毒性】 低毒。大鼠急性经口 LD_{50} 为 2030 毫克/千克,小鼠急性经口 LD_{50} 为 2750~3000 毫克/千克。大鼠急性经皮 $LD_{50}>$ 5000 毫克/千克。无致畸、致突变作用。鲤鱼 LC_{50}(48 小时)为 6.3 毫克/升。

【制剂】 8%、24% 颗粒剂。

【作用机制与防治对象】 本品为内吸性杀菌剂,具有预防和治疗作用,诱导免疫型杀菌剂,其作用机制为刺激以水杨酸为介导的防御反应信号传递,通过激发植物本身对病害的免疫(抗性)反应来实现防病效果,通过植物根部吸收,并较迅速地渗透传导至植物体各部分。可用于防治水稻稻瘟病。

【使用方法】

防治水稻稻瘟病:最佳用药时间是发病初期,7~10天后再施1次。防治穗瘟在孕穗期和齐穗期各施1次。每667平方米用24%颗粒剂830~1000克撒施,每季最多施用2次,安全间隔期21天。或每667平方米每次用8%颗粒剂1667~3333克撒施,每季最多施用3次,安全间隔期40天。

【注意事项】

(1)对鱼类等水生生物有毒,对蜜蜂有毒,对赤眼蜂有风险。开花植物花期、赤眼蜂等天敌放飞区禁用。远离水产养殖区、河塘等水体施药,禁止在河塘等水体中清洗施药器具。鱼或虾、蟹套用稻田禁用,施药后的田水不得直接排入水体。

(2)与其他不同作用机制的杀菌剂轮换使用,以延缓抗药性产生。

(3)本品在稻谷、糙米上最大残留限量均为1毫克/千克。

149. 烯肟菌胺

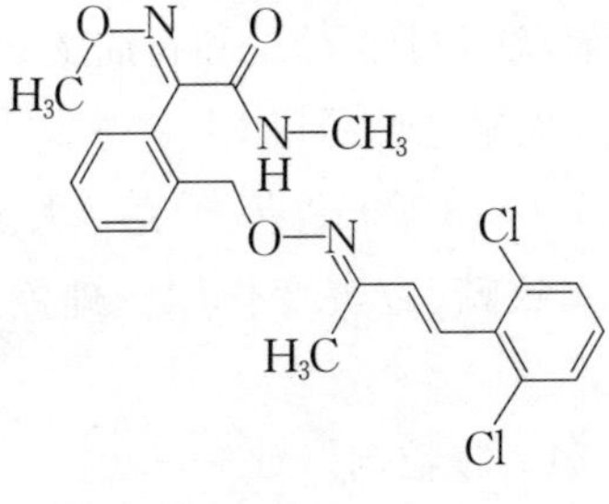

分子式:$C_{21}H_{21}Cl_2N_3O_3$

【类别】 甲氧基丙烯酸酯类。

【化学名称】 N-甲基-2-[(((((1-甲基-3-(2,6-二氯苯基)-2-丙烯基)亚氨基)氧基)甲基)苯基]-2-甲氧基亚氨基乙酰胺。

【理化性质】 原药外观为白色或微带淡棕色固体。熔点131~132℃。溶于二甲基甲酰胺、丙酮,稍溶于乙酸乙酯、甲醇,微溶于石油醚。常温下稳定。

【毒性】 低毒。原药大鼠急性经口 LD_{50} > 4 640 毫克/千克,急性经皮 LD_{50} > 2 000 毫克/千克。对兔皮肤无刺激性,对眼睛有中度刺激性。对豚鼠皮肤有弱致敏性。大鼠(90 天)亚慢性喂养试验的 NOEL:雄性为 106 毫克/千克·天,雌性为 112 毫克/千克·天。Ames 试验、小鼠骨髓细胞微核试验、小鼠睾丸细胞染色体畸变试验均为阴性。

【制剂】 5%乳油。

【作用机制与防治对象】 通过阻止细胞色素 b 和 d 之间的电子传导而抑制线粒体的呼吸作用,阻止能量产生,进而导致病菌死亡。具有预防和治疗活性,可用于防治黄瓜白粉病,小麦白粉病。

【使用方法】

(1) 防治黄瓜白粉病:发病初期,每 667 平方米用 5%乳油53~107 毫升兑水 40~60 千克均匀喷雾,安全间隔期 7 天,每季最多施用 2 次。

(2) 防治小麦白粉病:发病初期,用 5%乳油 750~1 500 倍液均匀喷雾,安全间隔期 30 天,每季最多施用 3 次。

【注意事项】

(1) 应与其他作用机制的杀菌剂交替使用。

(2) 远离水产养殖区施药,禁止在河塘等水体中清洗施药器具。

(3) 对眼睛有刺激作用,要注意防护。

(4) 本品在黄瓜、小麦上最大残留限量分别为 1、0.1 毫克/千克。

150. 烯肟菌酯

分子式: $C_{22}H_{22}ClNO_4$

【类别】 甲氧基丙烯酸酯类。

【化学名称】 α -[2 -[[[[4 -(4 氯苯基)丁 - 3 -烯 - 2 -基]亚氨基]氧基]甲基]苯基]- β -甲氧基丙烯酸甲酯。

【理化性质】 原药外观为棕褐色黏稠状物。熔点 99 ℃(E 体)。易溶于丙酮、三氯甲烷、乙酸乙酯、乙醚,微溶于石油醚,不溶于水。对光、热比较稳定。

【毒性】 低毒。原药雄性大鼠急性经口 LD_{50} 为 1 470 毫克/千克,雌性为 1 080 毫克/千克;大鼠急性经皮 LD_{50} >2 000 毫克/千克。原药对眼睛轻度刺激,对皮肤无刺激性,皮肤致敏性为轻度。Ames 试验、小鼠骨髓细胞染色体试验、小鼠睾丸细胞染色体畸变试验均为阴性。雄、雌大鼠(13 周)亚慢性喂饲试验 NOEL 分别为 47.73 毫克/千克·天和 20.72 毫克/千克·天。25%乳油雄性大鼠急性经口 LD_{50} 为 926 毫克/千克、雌性为 750 毫克/千克,急性经皮 LD_{50} >2 150 毫克/千克。25%乳油制剂对眼睛中度刺激性,对皮肤无刺激性,皮肤致敏性轻度。

【制剂】 25%乳油。

【作用机制与防治对象】 真菌线粒体的呼吸抑制剂,通过与细胞色素 bc1 复合体的结合,抑制线粒体的电子传递,从而破坏病菌能量合成,具有内吸性,可用于防治黄瓜霜霉病。

【使用方法】

防治黄瓜霜霉病:发病初期,每 667 平方米用 25% 乳油 27～53 克兑水 40～60 千克均匀喷雾,安全间隔期 2 天,每季最多施用 3 次。

【注意事项】

(1) 远离水产养殖区施药,禁止在河塘等水体中清洗施药器具。

(2) 建议与其他不同作用机制的杀菌剂轮换使用,以延缓抗药性产生。

(3) 本品在黄瓜上最大残留限量为 1 毫克/千克。

151. 烯酰吗啉

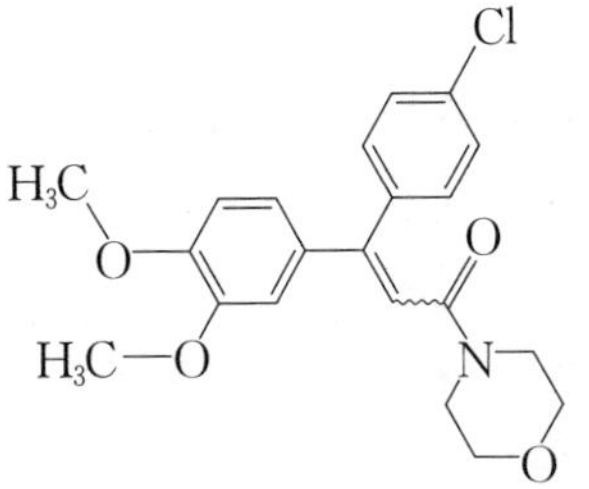

分子式:$C_{21}H_{22}ClNO_4$

【类别】 羧酸酰胺类。

【化学名称】 (E,Z)-4-[3-(4-氯苯基)-3-(3,4-二甲氧基苯基)丙烯酰基]吗啉。

【理化性质】 纯品为无色结晶固体。熔点 127～148℃,(Z)-异构体 169.2～170.2℃,(E)-异构体 135.7～135.7℃。蒸气压 24 毫帕(20℃)。相对密度 1.318。溶解度:水＜5 毫克/升,丙酮 15 克 (Z)/升、88 克(E)/升,环己酮 27 克 (Z)/升,二氯甲烷 315 克(Z)/升,甲醇、甲苯 7 克 (Z)/升。在暗处稳定 5 天以上。在日光[仅(Z)有杀菌力]下(E)-异构体和(Z)-异构体互变。对热稳定,耐水解。

【毒性】 低毒。雄大鼠急性经口 LD_{50} 为 4 300 毫克/千克,雌大鼠急性经口 LD_{50} 为 3 500 毫克/千克,小鼠急性经口 $LD_{50} >$ 5 000 毫克/千克,大鼠急性经皮 $LD_{50} > 2 000$ 毫克/千克。对兔眼睛和皮肤无刺激作用,对豚鼠皮肤无过敏。大鼠急性吸入 $LC_{50} >$ 4.2 毫克/升空气。90 天饲喂试验的 NOEL:大鼠 200 毫克/千克饲料、狗 450 毫克/千克饲料。大鼠 2 年研究结果表明无致癌性。野鸭急性经口 $LD_{50} > 2 000$ 毫克/千克。鱼类 LC_{50}(96 小时,毫克/升):鲤鱼 14、虹鳟鱼 3.4。水蚤 LC_{50}(48 小时)49 毫克/升。在 0.1 毫克/只剂量下,对蜜蜂无毒害(口服或接触,高剂量下试验)。蚯蚓 LC_{50}(14 天)$> 1 000$ 毫克/千克(土)。

【制剂】 25%、50%、80%可湿性粉剂,20%、25%、40%、50%、80%悬浮剂,25%微乳剂,10%、15%水乳剂,40%、50%、80%水分散粒剂。

【作用机制与防治对象】 本品为杀卵菌纲真菌杀菌剂,对卵菌的各个阶段都有作用,通过抑制菌丝生长、破坏孢子囊形成、阻止休止孢萌发及芽管伸长而致病菌死亡,具有内吸治疗和保护作用。对黄瓜霜霉病、疫病,花椰菜霜霉病,叶用莴苣霜霉病,菠菜霜霉病,苦瓜霜霉病,葡萄霜霉病,辣椒疫病,马铃薯晚疫病,烟草黑胫病,观赏牡丹霜霉病,人参疫病,铁皮石斛霜霉病有较好的防治效果。

【使用方法】

(1) 防治黄瓜霜霉病:发病初期,每 667 平方米用 25%可湿性粉剂 60～80 克,或 50%水分散粒剂 30～40 克,或 80%水分散粒剂 20～25 克,兑水 40～60 千克均匀喷雾,尤其是叶背部位,每隔 7～10 天喷药 1 次,连续 2～3 次,每季最多施用 3 次,安全间隔期 3 天。

(2) 防治黄瓜疫病:发病初期,每 667 平方米用 50%可湿性粉剂 30～40 克兑水 40～60 千克均匀喷雾,每隔 5～7 天施药 1 次,每季最多用药 3 次,安全间隔期 2 天。

(3) 防治花椰菜霜霉病:发病初期,每 667 平方米用 50%可湿性粉剂 30～50 克或 80%水分散粒剂 20～30 克,兑水 30～50 千克均匀茎叶喷雾,间隔 7～10 天用药 1 次,每季最多施用 3 次,安全间隔期 10 天。

(4) 防治叶用莴苣霜霉病:发病初期,每 667 平方米用 80%水分散粒剂 25～35 克兑水 30～50 千克对茎叶均匀喷雾。

(5) 防治菠菜霜霉病:病害初发时,每 667 平方米用 50%可湿性粉剂 30～35 克兑水 30～50 千克均匀喷雾,安全间隔期为 7天,每季最多施用 2 次。

(6) 防治苦瓜霜霉病:病害初发时,每 667 平方米用 50%可湿性粉剂 40～60 克或 80%水分散粒剂 25～37.5 克,兑水 40～60千克均匀喷雾,安全间隔期为 7 天,每季最多施用 3 次。

(7) 防治葡萄霜霉病:发病初期喷雾施药,用 20%悬浮剂800～1 200 倍液,或 50%可湿性粉剂 3 000～4 000 倍液,或 80%水分散粒剂 3 200～4 000 倍液均匀喷洒于葡萄叶片(正、背面)、茎干和果穗上,以不滴水为度,每次用药间隔 7～10 天,每季可连续施用 4 次,安全间隔期 20 天。

(8) 防治辣椒疫病:病害初发时,每 667 平方米用 50%可湿性粉剂 30～40 克兑水 30～50 千克均匀喷雾,每季最多施用 3 次,安全间隔期 7 天。

(9) 防治马铃薯晚疫病:病害初发时,每 667 平方米用 50%可湿性粉剂 40～60 克兑水 30～50 千克均匀喷雾,每季最多施用 2次,安全间隔期为 14 天。

(10) 防治烟草黑胫病:移栽大田后发病前或发病初期施药,每 667 平方米用 50%可湿性粉剂 30～40 克兑水 30～50 千克均匀喷雾,重点喷淋烟草茎基部,间隔 7～10 天用药 1 次,每季最多施用 3 次,安全间隔期 21 天。

(11) 防治观赏牡丹霜霉病:发病初期,每 667 平方米用 80%悬浮剂 10～12 克兑水 30～50 千克全株均匀喷雾,病害轻度发生或作预防时使用低剂量,病害发生较重时或发病后使用高剂量。施药后的牡丹仅供观赏,严禁将花或枝叶作其他用途。

(12) 防治人参疫病：发病前或发病初期,每667平方米用80%悬浮剂15~20克兑水30~50千克均匀喷雾,根据病害发生情况,隔7~10天喷1次,连用3次。安全间隔期3天,每季最多施用3次。

(13) 防治铁皮石斛霜霉病：病害初发期用药,将80%水分散粒剂稀释至2 400~4 800倍液均匀喷雾,每季最多施用3次,安全间隔期28天。

【注意事项】

(1) 对鱼类、蚤、藻类、鸟类、蜜蜂、家蚕、蚯蚓低毒,施药时应避免对周围蜂群的影响,蜜源作物花期、蚕室和桑园附近慎用。远离水产养殖区施药,应避免药液流入河塘等水体中,清洗施药器械时切忌污染水源。

(2) 不要与铜、汞及强酸、强碱农药等物质混用,以免降低药效。

(3) 建议与其他不同作用机制的杀菌剂轮换使用,以延缓产生抗药性。

(4) 本品在下列食品上的最大残留限量(毫克/千克)：黄瓜5,菠菜30,苦瓜0.5,葡萄5,辣椒3,马铃薯0.05。

152. 烯唑醇

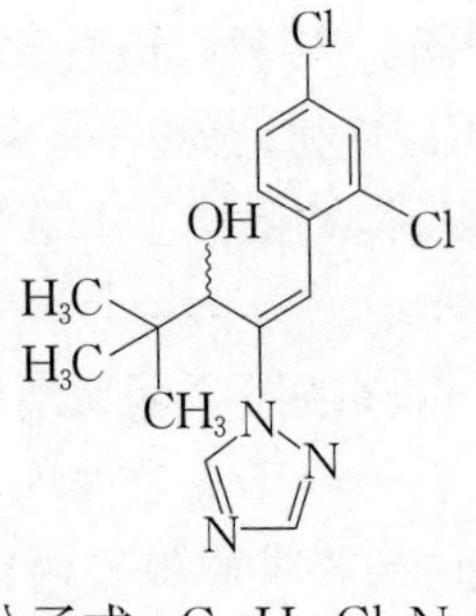

分子式：$C_{15}H_{17}Cl_2N_3O$

【类别】 三唑类。

【化学名称】 (E)-(RS)-1-(2,4-二氯苯基)-4,4-二甲基-2-(1H-1,2,4-三唑-1-基)-1-戊烯-3-醇。

【理化性质】 纯品为无色结晶固体。熔点134～156℃,20℃时蒸气压为2.93毫帕,相对密度1.32。水中溶解度4毫克/升(25℃),溶于大多数有机溶剂(25℃,克/千克):丙酮95、甲醇95、二甲苯14。除碱性物质外,能与大多数农药混用。正常状态下,贮存2年稳定,对光、热和潮湿环境也稳定。

【毒性】 中等毒。雄、雌大鼠急性经口 LD_{50} 分别为639毫克/千克、474毫克/千克,大鼠急性经皮 $LD_{50}>5\,000$ 毫克/千克。对眼睛有刺激,对皮肤无刺激作用。对豚鼠皮肤无致敏性。大鼠亚急性经口无作用剂量10毫克/千克。大鼠急性吸入 LC_{50}(4小时)$>2\,770$ 毫克/升。鲤鱼 LC_{50}(96小时)为4.0毫克/升,虹鳟鱼 LC_{50}(96小时)>1.58 毫克/升。鹌鹑急性经口 LD_{50} 为1\,490毫克/千克,野鸭急性经口 $LD_{50}>2\,000$ 毫克/千克。蜜蜂急性接触 $LD_{50}>20$ 微克/只。

【制剂】 12.5％可湿性粉剂,30％悬浮剂,10％、25％乳油,5％微乳剂,50％水分散粒剂。

【作用机制与防治对象】 其作用机制是在真菌的麦角甾醇生物合成中抑制 14α-脱甲基化作用,引起麦角甾醇缺乏,导致真菌细胞膜不正常,最终真菌死亡,持效期较长。对小麦白粉病、小麦条锈病、小麦锈病、小麦纹枯病、水稻纹枯病、梨树黑星病、苹果斑点落叶病、柑橘疮痂病、香蕉叶斑病、葡萄黑痘病、葡萄炭疽病、花生叶斑病、芦笋茎枯病等有防治作用。

【使用方法】

(1) 防治水稻纹枯病:发病初期,每667平方米用12.5％可湿性粉剂40～50克兑水30～50千克均匀叶面喷雾,用药间隔7～

10 天,安全间隔期 28 天,每季最多施用 2 次。

(2) 防治小麦白粉病:发病初期,每 667 平方米用 12.5% 可湿性粉剂 48～64 克或 30% 悬浮剂 15～25 毫升,兑水 30～50 千克均匀叶面喷雾,隔 7～10 天施药 1 次,安全间隔期 21 天,每季最多施用 2 次。

(3) 防治小麦条锈病:发病初期,每 667 平方米用 12.5% 可湿性粉剂 30～50 克兑水 30～50 千克均匀叶面喷雾,安全间隔期 21 天,每季最多施用 2 次。

(4) 防治小麦纹枯病:发病初期,每 667 平方米用 12.5% 可湿性粉剂 45～60 克兑水 30～50 千克均匀叶面喷雾,安全间隔期 21 天,每季最多施用 2 次。

(5) 防治小麦锈病:发病初期,每 667 平方米用 12.5% 可湿性粉剂 40～50 克兑水 30～50 千克均匀叶面喷雾,用药间隔 7～10 天,安全间隔期 21 天,每季最多施用 2 次。

(6) 防治花生叶斑病:发病初期,每 667 平方米使用 12.5% 可湿性粉剂 25～34 克兑水 30～50 千克均匀叶面喷雾,间隔 10～15 天喷 1 次,安全间隔期 21 天,每季最多施用 2 次;或每 667 平方米用 30% 悬浮剂 12～16 毫升兑水 30～50 千克均匀叶面喷雾,间隔 10 天左右喷 1 次,安全间隔期 28 天,每季最多施用 3 次。

(7) 防治芦笋茎枯病:发病初期,每 667 平方米使用 12.5% 可湿性粉剂 30～38 克兑水 30～50 千克均匀叶面喷雾,间隔 6～9 天喷 1 次,安全间隔期 30 天,每季最多施用 3 次。

(8) 防治柑橘疮痂病:发病初期,用 12.5% 可湿性粉剂 1500～2000 倍液均匀叶面喷雾,间隔 7～10 天喷 1 次,连喷 3 次,安全间隔期 14 天,每季最多施用 3 次。

(9) 防治苹果斑点落叶病:发病初期,用 12.5% 可湿性粉剂 1000～2500 倍液均匀叶面喷雾,间隔 10～14 天喷 1 次,安全间隔期 14 天,每季最多施用 4 次。

(10) 防治梨树黑星病：发病初期,将 12.5％可湿性粉剂稀释至 3 000～4 000 倍液,或用 5％微乳剂稀释至 1 000～2 000 倍液均匀叶面喷雾,间隔 10～15 天喷 1 次,连喷 2～3 次,安全间隔期 21 天,每季最多施用 3 次。或用 10％乳油 2 000～3 000 倍液或 25％乳油 5 000～7 000 倍液均匀叶面喷雾,施药间隔 15 天左右,安全间隔期 21 天,每季最多施用 2 次。或将 50％水分散粒剂稀释至 10 000～15 000 倍液均匀叶面喷雾,施药间隔 10～15 天,安全间隔期 30 天,每季最多施用 2 次。

(11) 防治葡萄黑痘病：发病初期,用 12.5％可湿性粉剂稀释至 2 000～3 000 倍液均匀叶面喷雾,间隔 10～14 天喷 1 次,安全间隔期 14 天,每季最多施用 2 次。

(12) 防治葡萄炭疽病：发病初期,用 12.5％可湿性粉剂 2 000～3 000 倍液均匀叶面喷雾,间隔 10～14 天喷 1 次,安全间隔期 14 天,每季最多施用 2 次。

(13) 防治香蕉叶斑病：发病初期,用 12.5％可湿性粉剂 1 000～2 000 倍液均匀叶面喷雾,间隔 7～10 天喷 1 次,安全间隔期为 35 天,每季最多施用 3 次。

【注意事项】

(1) 不可与碱性农药等物质混合使用。

(2) 对蜜蜂、蚕、鱼毒性较高,施药期间应避免对周围蜂群的影响,开花植物花期、蚕室和桑园附近禁用,远离水产养殖区施药,禁止在河塘等水体中清洗施药器具。

(3) 建议与其他不同作用机制的杀菌剂轮换使用。

(4) 本品在下列食品上的最大残留限量(毫克/千克)：小麦 0.2,稻谷 0.05,梨 0.1,柑橘 1,苹果 0.2,香蕉 2,葡萄 0.2,花生仁 0.5,芦笋 0.5。

153. 香菇多糖

分子式：$C_{42}H_{70}O_{35}$

【类别】 植物源类；植物诱抗剂。

【化学名称】 β-$(1\rightarrow3)(1\rightarrow6)$-$D$-葡萄糖

【理化性质】 主要成分是菌类多糖，是由葡萄糖、甘露糖、半乳糖、木糖与蛋白质片段组成的复合体。原药为乳白色粉末，无臭无味，溶于水，不溶于甲醇、乙醇、丙酮、乙醚等。制剂外观为深棕色，稍有沉淀，无异味，pH 4.5~5.5，常温贮存稳定。

【毒性】 低毒。母药对雌、雄大鼠急性经口 LD_{50} >5 000 毫克/千克，急性经皮 LD_{50} >2 000 毫克/千克。对兔眼睛、皮肤无刺激性。对豚鼠皮肤有弱致敏性。对人、畜无毒，不污染环境，对植物安全。

【制剂】 0.5%、1%、2%水剂。

【作用机制与防治对象】 抑制病毒的主要组分系食用菌菌体代谢所产生的蛋白多糖，对植物病毒感染活性有显著的抑制作用，可增强植株抗性，激活植物体内防御系统，产生预防病毒病的木质素和多种 PR 蛋白，具有抵御病毒病的侵入、提高作物产量和产品品质等功效。可用于预防番茄病毒病、烟草病毒病、水稻条纹叶枯病、水稻黑条矮缩病、辣椒病毒病、西瓜病毒病、西葫芦病毒病等。

【使用方法】

(1) 防治水稻条纹叶枯病：水稻移栽后返青期或发病初期，每 667 平方米用 0.5％水剂 160～240 毫升，或 1％水剂 100～200 毫升，或 2％水剂 50～60 毫升，兑水 30～50 千克均匀喷雾，视病情可连续用药 2～3 次用药间隔 5～7 天。

(2) 防治水稻黑条矮缩病：发病前或发病初期，每 667 平方米用 2％水剂 100～120 毫升兑水 30～50 千克均匀叶面喷雾，视病情隔 7～10 天喷施 1 次。

(3) 防治番茄病毒病：发病前或发病初期，每 667 平方米用 0.5％水剂 166～250 毫升，或 1％水剂 80～125 毫升，或 2％水剂 35～45 毫升，兑水 30～50 千克茎叶均匀喷雾，每隔 7～10 天用药 1 次，连续施用 3 次。

(4) 防治辣椒病毒病：发病前或发病初期，每 667 平方米用 0.5％水剂 300～400 毫升兑水 30～50 千克喷雾，喷药时要均匀周到喷透整株，安全间隔期 10 天，每季最多施用 3 次。

(5) 防治西葫芦病毒病：发病初期，每 667 平方米用 0.5％水剂 200～300 毫升兑水 40～60 千克均匀喷雾。

(6) 防治西瓜病毒病：发病初期，将 1％水剂稀释至 200～400 倍液均匀喷雾，根据病害发生情况连用 2～3 次。

(7) 防治烟草病毒病：发病初期，每 667 平方米用 0.5％水剂 100～200 毫升，或 1％水剂 75～100 毫升，或 2％水剂 25～42 毫升，兑水 30～50 千克茎叶均匀喷雾，间隔 7～10 天喷施 1 次，连喷 2～3 次。

【注意事项】

(1) 早期使用，净水稀释，喷药后 24 小时遇雨及时补喷。

(2) 如有沉淀物，使用时摇匀，不影响药效。

(3) 避免与酸性物质、碱性物质及其他物质混用。配制时必须用清水，现配现用，配好的药剂不可贮存。

154. 香芹酚

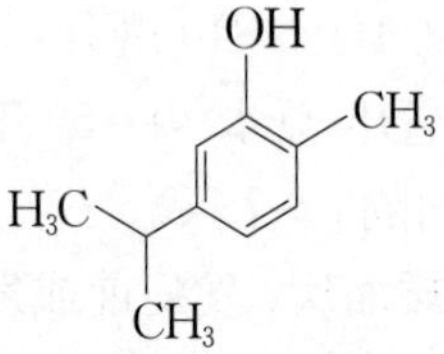

$$OH$$

分子式：$C_{10}H_{14}O$

【类别】 植物源类。

【化学名称】 2-甲基-5-异丙基苯酚。

【理化性质】 无色至淡黄色稍具稠黏性的油液。置空气和光中色泽变深。具有似百里香酚的气味。沸点 236～237 ℃,熔点 0.5～1 ℃,闪点 100 ℃。溶于乙醇、乙醚、丙二醇和碱,不溶于水。天然品存在于百里香油、牛至油及甘牛至油等中。

【毒性】 低毒。大鼠急性经口 LD$_{50}$ 为 810 毫克/千克。

【制剂】 0.5%、1%、5%水剂。

【作用机制与防治对象】 本品是由黄花香蕾经提取加工而成的植物源农药,能有效抑制病原菌孢子的萌发和菌丝的生长,具有较强的抗菌作用,抗真菌能力尤为突出。可用于防治番茄灰霉病、猕猴桃树灰霉病、枸杞白粉病和枣树锈病等。

【使用方法】

(1) 防治番茄灰霉病：发病初期,每 667 平方米用 5%水剂 100～120 毫升兑水 30～50 千克均匀喷雾,每季最多施用 3 次,安全间隔期 10 天。

(2) 防治猕猴桃灰霉病：发病初期,用 0.5%水剂 800～1 000 倍液均匀喷雾,每季最多施用 3 次,安全间隔期 10 天。

(3) 防治枸杞白粉病：发病初期,用 0.5%水剂 800～1 000 倍液均匀喷雾,每季最多施用 2 次,安全间隔期 10 天。

(4) 防治枣树锈病：发病初期,用 0.5％水剂 800～1 000 倍液均匀喷雾,每季最多施用 3 次,安全间隔期 10 天。

(5) 防治茶树茶小绿叶蝉：在若虫发生初期,每 667 平方米用 5％水剂 150～180 毫升兑水 30～50 千克均匀喷雾。

(6) 防治马铃薯晚疫病：发病初期,每 667 平方米用 5％水剂 50～60 毫升兑水 30～50 千克均匀喷雾。

(7) 防治苹果红蜘蛛：在若虫发生初期,用 5％水剂 500～600 倍液均匀喷雾。

(8) 防治烟草病毒病：发病初期,每 667 平方米用 5％水剂 100～120 毫升兑水 30～50 千克均匀喷雾。

【注意事项】

(1) 不能与碱性农药等物质混用。

(2) 对鸟类、鱼类等水生生物有毒。鸟类保护区附近禁用,水产养殖区、河塘等水体附件禁用,禁止在河塘等水体中清洗施药器具,清洗施药器具的水也不能排入河塘等水体。

(3) 建议与不同作用机制的杀菌剂轮换使用,以延缓抗药性产生。

(4) 对蜜蜂、家蚕有毒,开花植物花期禁用,施药期间应密切注意对附近蜂群的影响,蚕室及桑园附近禁用。

155. 硝苯菌酯

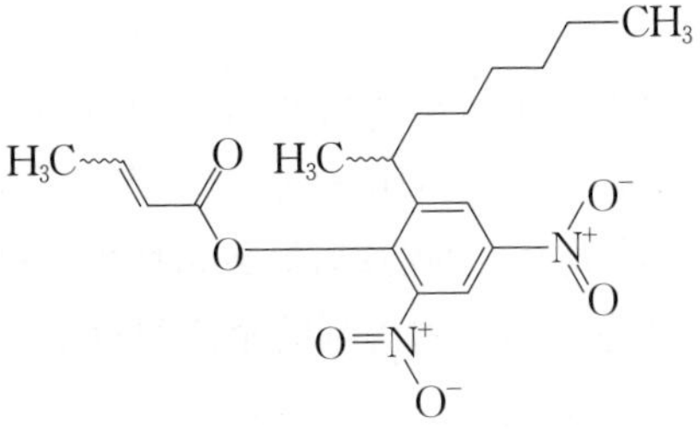

分子式：$C_{18}H_{24}N_2O_6$

【类别】 二硝基苯酚类。

【化学名称】 2,4-二硝基-6-(1-甲基)-苯基巴豆酸酯。

【理化性质】 外观黄棕色液体,熔点-22.5℃,沸点7.92×10^{-3}毫帕(25℃),正辛醇-水分配系数$K_{ow}\log P$为6.55(pH7,20℃),密度1.11(20℃)。水中溶解度0.248毫克/升(pH7,20℃)。在含水的甲醇中水解,DT_{50}分别为229天(pH5),56小时(pH7),17小时(pH9)(25℃);在pH4的水中稳定,pH7水中水解DT_{50}为31天,pH9水中DT_{50}为9天,DT_{50}(黑暗条件下)4~7天(均值6天)。

【毒性】 低毒。大鼠(小鼠)急性经口毒性$LD_{50}>2000$毫克/千克,家兔急性经皮毒性$LD_{50}>2000$毫克/千克。对家兔的眼睛和皮肤具有轻度的刺激性。对豚鼠的皮肤具有致敏性,无致突变性、致畸性、致癌性。对蜜蜂、蚯蚓等环境生物低毒。实验室研究条件下发现本品对捕食螨、蚜茧蜂等天敌生物有一定的影响。

【制剂】 36%乳油。

【作用机制与防治对象】 本品是一种病原菌氧化磷酸化的解偶联剂,此作用机制在用于防治白粉病的杀菌剂中是独特的。对多种重要农作物常发的白粉病均具有预防、治疗及铲除功能。对黄瓜白粉病有效。

【使用方法】

防治黄瓜白粉病:每667平方米用36%乳油28~40毫升兑水40~60千克喷雾,每季最多施用3次,安全间隔期3天。

【注意事项】

(1)禁止在河塘等水体清洗施药器具,不要污染水体。

(2)对水生生物高毒。防止对水生生物的影响,远离水产养殖区施药,应避免药液流入湖泊、河流或鱼塘中污染水源。

(3)建议与其他不同作用机制的杀菌剂轮换使用。

(4)本品在黄瓜上最大残留限量是2毫克/千克。

156. 小檗碱

分子式：$C_{20}H_{18}NO_4$

【类别】 植物源类。

【化学名称】 5,6-二氢-9,10-二甲氧基苯并[G]-1,3-二噁茂苯并[5,6α]喹嗪。

【理化性质】 小檗碱亦称黄连素,是从中药黄连中分离的一种季铵生物碱,是抗菌的主要有效成分。为黄色针状结晶,味苦。熔点为 145℃,游离的小檗碱能缓缓溶于水(1∶20)和乙醇(1∶100),易溶于热水和热醇,难溶于乙醚、石油醚、苯、三氯甲烷、丙酮等有机溶剂,其盐在水中溶解度很小,尤其是盐酸盐。小檗碱常以季铵碱形式存在,碱性强(pKa 为 11.53),能溶于水中,其水溶液有 3 种互变形式。一般常温下贮存比较稳定。0.5％小檗碱水剂为稳定的均相液体,无可见的悬浮物和沉淀物,生物总碱量为(0.8±0.12)％,小檗碱质量分数为(0.5±0.08)％,水不溶物质量分数不高于 0.5％,pH 5.0～8.0。

【毒性】 低毒。小鼠急性经口 LD_{50} 为 713.57 毫克/千克,大鼠每日以 156 毫克/千克饲喂 3 个月无毒性反应。

【制剂】 0.5％盐酸盐水剂,4％硫酸盐水剂,10％盐酸盐可湿性粉剂。

【作用机制与防治对象】 本品是由植物中提取的生物碱杀菌剂,能迅速渗透到植物体内和病斑部位,通过干扰病原菌体内代谢而抑制其生长和繁殖。可用于防治黄瓜角斑病、猕猴桃树褐斑病、番茄灰霉病和辣椒疫霉病。

【使用方法】

(1)防治黄瓜角斑病:发病初期,每667平方米用4%水剂100~150毫升兑水40~60千克均匀喷雾,每隔7~10天施药1次,连喷2~3次。

(2)防治黄瓜白粉病:发病初期,每667平方米用0.5%水剂200~250毫升兑水40~60千克均匀喷雾,每季最多施用3次。

(3)防治猕猴桃树褐斑病:发病初期,用0.5%水剂400~500倍液均匀喷雾,每季最多施用3次,安全间隔期10天。

(4)防治番茄灰霉病:发病初期,每667平方米用0.5%水剂200~250毫升兑水30~50千克均匀喷雾,每季最多施用3次,安全间隔期10天。

(5)防治辣椒疫霉病:发病初期,每667平方米用0.5%水剂200~250毫升兑水30~50千克均匀喷雾,每季最多施用3次,安全间隔期15天。

(6)防治桃树褐腐病:发病前或发病初期叶面喷雾,用10%可湿性粉剂800~1 000倍均匀喷雾。

【注意事项】

(1)建议与不同作用机制的杀菌剂轮换使用。

(2)对鸟类、蜜蜂有毒,对水蚤、藻类等水生生物有毒。鸟类保护区、开花植物花期、水产养殖区、河塘等水体附近禁用,禁止在河塘等水体中清洗施药器具。

(3)不得与酸性农药等物质混用,以免降低药效。

157. 小盾壳霉

【类别】 微生物类。

【理化性质】 2 亿孢子/克小盾壳霉 CGMCC8325 可湿性粉剂以珍珠岩粉为载体时呈灰色粉状固体,萌发率不低于 80%,致腐活性不低于 80%,杂菌率不高于 1%,干燥减重不高于 3%,湿润时间不超过 120 秒,细度(通过 74 微米筛)不低于 90%,悬浮率不低于 60%,持久起泡性不高于 5 毫升,pH 为 6～9,4 ℃贮存 180天,孢子萌发率大于标明值的 80%。

【毒性】 低毒。对植物、哺乳动物无致病性。大鼠急性经口 LD_{50}>2 500 毫克/千克,急性经皮 LD_{50}>2 500 毫克/千克,腹腔注射 LD_{50}>2 000 毫克/千克,急性吸入 LC_{50}(4 小时)>12.74 毫克/升。

【制剂】 2 亿孢子/克小盾壳霉 CGMCC8325 可湿性粉剂。

【作用机制与防治对象】 本品是一种天然存在于土壤中的重寄生真菌,它侵入寄主菌核菌体内,在其细胞内和细胞间生长发育(寄生),继而使细胞死亡,是一种典型的"以菌克菌"的生物防治方式。主要用于向日葵和油菜菌核病的防治。

【使用方法】

防治油菜菌核病、向日葵菌核病:在油菜或向日葵种植前至少 2 周开始使用,每 667 平方米用 2 亿孢子/克小盾壳霉 CGM-CC8325 可湿性粉剂 100～150 克,先加少量水调匀,再加 40 升水稀释,并混合搅拌均匀;把配制好的药液装入喷雾器,均匀喷洒于土壤表面;然后用机械方法把表面土壤翻入 3～10 厘米深的土壤中,或用大量水使土壤表面的小盾壳霉药液渗入 3～10 厘米深的土壤中。每季只需要施用 1 次。

【注意事项】

(1) 在使用过程中要避免与其他农药、化肥和酸碱性化学物质接触,以免影响本品的活性。

(2) 本品为微生物活菌制剂,不宜长期贮存。在常温(25 ℃下)贮存超过 3 个月或在低温(4 ℃下)贮存超过 6 个月,药效会下降 20％以上。

158. 缬菌胺

分子式：$C_{19}H_{27}ClN_2O_5$

【类别】 酰胺类。

【化学名称】 $(3RS)$-3-(4-氯苯基)-N-[N-(异丙氧基羰基)-L-缬氨酰]-β-丙氨酸甲酯。

【理化性质】 纯品为白色无臭粉末,熔点 147 ℃(101.74 千帕),沸点(367±0.5)℃(101.83～102.16 千帕),蒸气压 9.6×10^{-8} 帕(20 ℃)、2.3×10^{-7} 帕(25 ℃),亨利常数 1.6×10^{-6} 帕·米^3/摩(20 ℃,pH5.4±0.5)。水中溶解度(克/升)：2.413×10^{-2}(pH4.9～5.9)、4.55×10^{-2}(pH9.5～9.8),有机溶剂中溶解度[克/升,(20±0.5)℃]：庚烷 2.55×10^{-2}、二甲苯 2.31、丙酮 29.3、乙酸乙酯 25.4、1,2-二氯乙烷 14.4、甲醇 28.8。

【毒性】 低毒。大鼠急性经口 $LD_{50} > 5\,000$ 毫克/千克,急性经皮 $LD_{50} > 2\,000$ 毫克/千克,急性吸入 $LC_{50} > 3.118$ 毫克/升。对兔眼睛和皮肤无刺激性。对豚鼠皮肤无致敏性。雄小鼠饲喂 90 天 NOEL 为每日 15.3 毫克/千克,大鼠饲喂 90 天 NOEL 为每日 150 毫克/千克,狗饲喂 90 天无作用剂量为每日小于 50 毫克/千克。未发现有遗传毒性,无致癌性,无致突变性。

【制剂】 无单剂产品登记,目前登记产品为 66％代森锰锌·缬菌胺水分散粒剂。

【作用机制与防治对象】 缬菌胺属于羧酸酰胺类杀菌剂,具有良好的保护及内吸作用。作用于葡聚糖酶,影响新合成细胞壁物质的分布,进而破坏细胞骨架,能够诱导作物体内的防御功能,具有向顶传导能力,在叶片上有很好的渗透和再分布活性。本品可有效防治黄瓜霜霉病,并可延缓抗药性产生。

【使用方法】

防治黄瓜霜霉病:发病前或发病初期开始用药,按每 667 平方米用 66％代森锰锌·缬菌胺水分散粒剂 130～170 克兑水 45～75 升充分摇匀后均匀喷雾。根据生育阶段和种植密度调整喷液量,7～10 天喷 1 次,连续 2～3 次。安全间隔期 3 天,每季最多施用 3 次。

【注意事项】

(1) 若遇连续阴雨或棚内湿度较大病情发展较快时,建议使用推荐剂量的较高剂量并适当缩短施药间隔期,并与其他不同作用机制的药剂轮换使用。

(2) 远离水产养殖区、河塘等水体附近用药,禁止在河塘等水体中清洗施药器具,避免药液污染水源地。

(3) 赤眼蜂等天敌放飞区域禁用。

159. 缬霉威

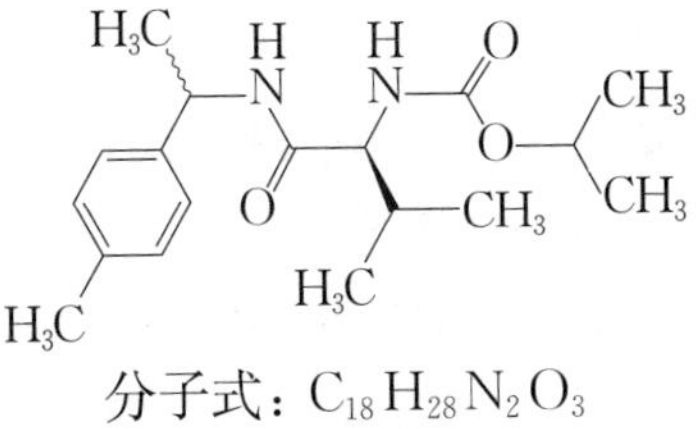

分子式:$C_{18}H_{28}N_2O_3$

【类别】 氨基甲酸酯类。

【化学名称】 异丙基-2-甲基-1-{[(RS)-1-对甲苯基乙基]氨基甲酰基}-(S)-丙基氨基甲酸酯。

【理化性质】 白色至黄色粉末。密度 1.11(20 ℃),熔点 163~165 ℃,蒸气压 7.7×10^{-5} 毫帕(20 ℃),亨利常数 1.3×10^{-6} 帕·米^3/摩,正辛醇-水分配系数 $K_{ow} \log P$ 为 3.2。水中溶解度为 11.0 毫克/升(20 ℃)。

【毒性】 低毒。大鼠急性经口 $LD_{50} > 5\,000$ 毫克/千克,急性经皮 $LD_{50} > 5\,000$ 毫克/千克。对兔眼睛和皮肤无刺激性。对豚鼠皮肤无致敏性。大鼠吸入 $LC_{50} > 4\,977$ 毫克/米^3。ADI 为 0.06 毫克/千克。绿藻 E_rC_{50}(72 小时)> 10.0 毫克/升。蜜蜂 $LD_{50} > 199$ 微克/只(经口),$LD_{50} > 200$ 微克/只(接触)。北美鹑急性经口 $LD_{50} > 2\,000$ 毫克/千克,北美鹑和绿头野鸭饲喂 LD_{50} (5 天)$> 5\,000$ 毫克/千克(饲料)。水蚤 EC_{50}(48 小时)> 19.8 毫克/千克。鱼类 LC_{50}(96 小时):虹鳟鱼> 22.7 毫克/升,蓝鳃太阳鱼> 20.7 毫克/升。蚯蚓 LC_{50}(14 天)$> 1\,000$ 毫克/千克(干土)。

【制剂】 无单剂产品,仅有复配剂 66.8%丙森·缬霉威可湿性粉剂。

【作用机制与防治对象】 其作用机制是作用于真菌细胞壁和蛋白质的合成,能抑制孢子的侵染和萌发,同时能抑制菌丝体的生长,导致其变形、死亡。由治疗性杀菌剂缬霉威和保护性杀菌剂丙森锌复配而成,同时具有保护、治疗和一定的铲除作用,可用于防治霜霉科真菌病害。

【使用方法】

(1) 防治黄瓜霜霉病:发病前或发病初期,每 667 平方米用 66.8%丙森·缬霉威可湿性粉剂 100~133 克兑水 40~60 千克均匀喷雾,隔 7~10 天施用 1 次,每季最多施用 3 次,安全间隔期 3 天。

（2）防治葡萄霜霉病：发病前或发病初期,用 66.8％丙森·缬霉威可湿性粉剂 700～1 000 倍液均匀喷雾,隔 7～10 天施用 1 次,每季最多施用 4 次,安全间隔期 14 天。

【注意事项】

（1）不能与碱性农药或含铜的农药等物质混用。如需与此类药剂轮换使用,间隔期应在 7 天以上。

（2）对鱼类等水生生物有毒。应远离水产养殖区施药,禁止在河塘等水体中清洗施药器具。

160. 辛菌胺醋酸盐

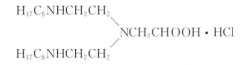

【类别】 其他。

【化学名称】 二(辛基胺乙基)甘氨酸醋酸盐。

【理化性质】 纯品为淡黄色针状结晶。易溶于水,在水中不水解,在酸性和中性介质中较稳定,在碱性介质中易分解。1.8％辛菌胺醋酸盐水剂为稳定的均相液体,辛菌胺质量分数为（1.26± 0.19）％,辛菌胺醋酸盐质量分数为（1.8±0.3）％,水不溶物不超过 0.2％,pH 为 4.0～7.0。

【毒性】 低毒。大鼠急性经口 LD_{50} 为 851 毫克/千克,对鱼安全。

【制剂】 1.2％、1.26％、1.8％、1.9％、5％、8％、20％水剂,3％可湿性粉剂。

【作用机制与防治对象】 本品是一种氨基酸类高分子聚合物杀菌剂,在水溶液中电离的亲水基部分吸附带负电的病菌,凝固其蛋白质使病菌酶系统变性,加上聚合物形成的薄膜堵塞了这部分微生物的离子通道,使其立即窒息死亡,从而达到较好的杀菌效果,具有良好的水溶性、内吸性和较强的渗透性。用于防治苹果树腐烂病、果锈病,番茄病毒病,烟草黑胫病,水稻细菌性条斑病等病害。

【使用方法】

(1) 防治水稻细菌性条斑病:发病前或发病初期,每667平方米使用1.2%水剂463~694毫升或3%可湿性粉剂213~267克,兑水30~50千克均匀喷雾,每隔7~10天施药1次,安全间隔期14天,每季最多施用3次。

(2) 防治水稻白叶枯病:发病前或发病初期,每667平方米用1.2%水剂463~694毫升兑水30~50千克均匀喷雾,每隔7~10天喷1次,每季最多施用3次,安全间隔期14天。

(3) 防治水稻稻瘟病:发病前或发病初期,每667平方米用1.8%水剂80~100毫升兑水30~50千克均匀喷雾,每7天喷1次,连施2次,每季最多用药3次,安全间隔期7天。

(4) 防治水稻黑条矮缩病:发病前或发病初期,每667平方米用1.8%水剂80~100毫升兑水30~50千克均匀喷雾,每7天喷1次,连施2次,每季最多用药3次,安全间隔期7天。

(5) 防治棉花枯萎病:发病前或发病初期,用1.2%水剂稀释至150~250倍液,或用1.26%水剂72~108倍液均匀喷雾,间隔7~10天喷1次,连续喷药2~3次,安全间隔期14天,每季最多施用3次。或用1.8%水剂300倍液均匀喷雾,每7天喷1次,连施2次,每季最多用药3次,安全间隔期为7天。

(6) 防治番茄病毒病:发病前或发病初期,每667平方米用1.26%水剂694~1042毫升兑水30~50千克均匀喷雾,每7~10天施药1次,可连续用药2~3次,安全间隔期7天,每季最多施用3次。

(7) 防治辣椒病毒病:发病前或发病初期,用1.2%水剂稀释至 200～300 倍液均匀喷雾,每 7～10 天喷 1 次,连施 2～3 次,每季最多用药 3 次,安全间隔期为 7 天。或用 1.8％水剂稀释至 400～600 倍液均匀喷雾,每 7 天喷 1 次,连施 2 次,每季最多用药 3 次,安全间隔期为 7 天。

(8) 防治苹果树腐烂病:春季和秋季发病前或发病初期施药,对于多年生较大病瘤应先把病瘤刮除干净后再喷药,否则药物难以渗入病瘤内部而影响治疗效果。用 1.2％水剂稀释至 50～100 倍液均匀喷雾、涂抹,每 7～10 天 1 次,连施 2～3 次,每季最多用药 3 次,安全间隔期为 7 天。或将 1.26％水剂稀释成 18～36 倍液,在刮治后的病斑上涂抹 2 次;或将 1.9％水剂稀释成 50～100 倍液涂抹病疤,喷施枝干部位为主,一般隔 7 天左右抹涂 1 次,连续 2～3 次,安全间隔期 7 天,每季最多施用 3 次。

(9) 防治苹果树果锈病:发病前或发病初期,将 1.26％水剂稀释成 160～320 倍液均匀喷雾,一般连续用药 2～3 次,间隔 7～10 天喷 1 次,安全间隔期 7 天,每季最多使用次数 3 次。

(10) 防治烟草花叶病毒病:发病初期,每 667 平方米用 8％水剂 30～50 克兑水 30～50 千克均匀喷施茎叶部,一般间隔 7～10 天喷 1 次,连续喷施 2～3 次,安全间隔期 14 天,每季最多施用 3 次。或每 667 平方米用 20％水剂 20～30 毫升兑水 30～50 千克均匀喷施茎叶部,安全间隔期 21 天,每季最多施用 3 次。

(11) 防治烟草黑胫病、猝倒病:发病初期,每 667 平方米用 20％水剂 20～30 毫升兑水 30～50 千克均匀喷施烟草茎叶部,安全间隔期 21 天,每季最多施用 3 次。

【注意事项】

(1) 不建议与其他碱性药剂混用。因气温低,药液出现结晶沉淀时,应用温水将药液升温至 30 ℃左右,使其中结晶全部溶化后再进行稀释施用。

(2) 施用本品所用药械不得随意在河塘沟渠内清洗,以免污染水源。

161. 溴菌腈

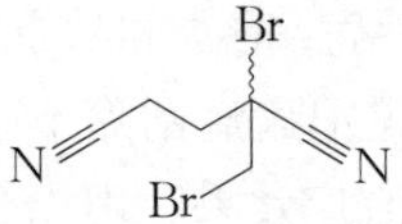

分子式：$C_6H_6Br_2N_2$

【类别】 脂烃类。

【化学名称】 1,2'-二溴-2,4-二氰基丁烷。

【理化性质】 纯品为无刺激气味的白色结晶,工业品为微黄色固体,略有刺激气味。熔点 52.5～54.2 ℃,蒸气压为 6.70×10^{-3} 帕(25 ℃)。难溶于水(0.212 克/100 毫升,20 ℃),易溶于丙酮、苯、氯仿、乙醇等有机溶剂。对光、热、水等稳定。

【毒性】 低毒。原药雄性大鼠急性经口 LD_{50} 为 637 毫克/千克,雌性大鼠急性经口 LD_{50} 为 794 毫克/千克,大鼠急性经皮 $LD_{50} > 10\,000$ 毫克/千克。对家兔皮肤和黏膜无刺激,对兔眼睛有轻微刺激性。在试验剂量内对动物无致畸、致突变、致癌作用。

【制剂】 25%微乳剂,25%可湿性粉剂,25%乳油。

【作用机制与防治对象】 具有独特的保护、内吸治疗和铲除作用,药剂能够迅速被菌体细胞吸收,在菌体细胞内传导干扰菌体细胞的正常发育,从而达到抑菌、杀菌作用,并能刺激作物体内多种酶的活性,增强光合作用,提高作物品质和产量,适用于防治作物上的真菌性、细菌性病害。可用于防治柑橘疮痂病、苹果树炭疽病等。

【使用方法】

(1) 防治柑橘疮痂病:发病初期和中期用药,用 25%微乳剂

1500～2500 倍液均匀喷雾,每隔 7～10 天施药 1 次,每季最多施用 2 次,安全间隔期 21 天。

(2) 防治苹果树炭疽病:发病初期和中期用药,用 25% 可湿性粉剂 1200～2000 倍液,或 25% 乳油 1500～2000 倍液均匀喷雾,每季最多施用 3 次,安全间隔期 14 天。

【注意事项】

(1) 宜晴天午后用药,避免在高温下使用。

(2) 建议与不同作用机制的杀菌剂轮换使用,以延缓抗药性的产生。

(3) 不得与碱性物质混合使用。

(4) 对鱼、鸟中毒,对蜂、蚕低毒,使用时应注意对其不利影响,赤眼蜂等天敌放飞区域禁用。

(5) 本品在柑橘、苹果上的最大残留限量分别是 0.5 毫克/千克、0.2 毫克/千克。

162. 溴硝醇

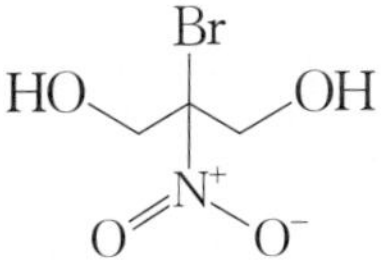

分子式:$C_3H_6BrNO_4$

【类别】 卤化物。

【化学名称】 2-溴-2-硝基-1,3-丙二醇。

【理化性质】 无色至淡黄色无味结晶固体。熔点 130 ℃,20 ℃蒸气压为 1.68 毫帕。在 22 ℃水中的溶解度为 25%(重量/体积),易溶于多种有机溶剂,如乙醇、丙酮、乙酸乙酯,但不溶于正己烷、石油醚。在一般条件下贮存稳定,但在铝容器中不稳定。

【毒性】 中等毒。大鼠急性经口 LD_{50} 为 $180\sim400$ 毫克/千克,小鼠急性经口 LD_{50} 为 $250\sim500$ 毫克/千克,大鼠急性经皮 $LD_{50}>1\,600$ 毫克/千克,大鼠急性吸入 LC_{50}(6 小时)>5 毫克/升。狗急性经口 LD_{50} 为 250 毫克/千克。对兔眼睛和皮肤有中度刺激。野鸭急性经口 LD_{50} 为 510 毫克/千克。虹鳟鱼 LC_{50}(96 小时)为 20 毫克/升。

【制剂】 20%可湿性粉剂。

【作用机制与防治对象】 作用机制是使溴原子氧化细菌细胞膜表面的硫醇基成为二硫化合物,在细胞壁产生特大突起,使细胞壁破裂、内溶物外流而杀死细菌。另一可能的途径是释放出的活化溴素与细胞膜蛋白质结合,形成氮-溴化合物,从而干扰细胞代谢,最后引起细菌死亡。此外,本品分解时释放出的甲醛也可使细菌蛋白凝固,从而起到杀菌作用。用于防治水稻恶苗病。

【使用方法】

防治水稻恶苗病:用 20%可湿性粉剂 $4\sim5$ 克兑水 $1.2\sim1.5$ 千克,浸水稻种子 $1.0\sim1.2$ 千克,长江流域及以南地域浸种 $1\sim2$ 天,黄河流域及以北地域浸种 $3\sim5$ 天,浸种后直接播种或催芽播种。

【注意事项】

(1)勿与碱性物质混用。

(2)施药期间应避免对周围蜂群的影响,开花植物花期、蚕室和桑园附近禁用。远离水产养殖区施药,禁止在河塘等水体中清洗施药器具。

(3)本品在稻谷、糙米上的最大残留限量均为 0.2 毫克/千克。

163. 亚胺唑

分子式：$C_{17}H_{13}Cl_3N_4S$

【类别】 三唑类。

【化学名称】 S-(4-氯苄基)-N-2,4-二氯苯基-2-(1H-1,2,4-三唑-1-基)硫代乙酰亚胺酯。

【理化性质】 纯品为浅黄色晶体,熔点89.5～90 ℃,蒸气压0.085毫帕(25 ℃)。水中溶解度1.7毫克/升(20 ℃),有机溶剂中溶解度(25 ℃,克/升):丙酮1030、甲醇120、二甲苯50。在弱碱条件下稳定,在酸性和强碱条件下不稳定,对光稳定。

【毒性】 低毒。原药对雄、雌大鼠急性经口 LD_{50} 分别为2 800毫克/千克和3 000毫克/千克,急性经皮 LD_{50}＞2 000毫克/千克,急性吸入 LC_{50}＞1 020毫克/米^3。对皮肤无刺激性,对眼睛有轻度刺激作用。在试验剂量下对动物无致畸、致突变和致癌作用。寄生螨 LC_{50} 为6 150毫克/升,鲤鱼 LC_{50} 为1.02毫克/升(48小时),水蚤 LC_{50} 为102毫克/升(6小时),蜜蜂 LD_{50}＞200微克/只,家蚕 LD_{50} 为1 802毫克/千克,鹌鹑 LD_{50} 为2 250毫克/千克,野鸭 LD_{50} 为2 250毫克/千克。

【制剂】 5%、15%可湿性粉剂。

【作用机制与防治对象】 通过抑制病原菌细胞膜上麦角甾醇的生物合成和对病菌细胞膜的直接破坏作用而达到杀菌效果。具有保护和治疗双重作用,渗透性、耐雨性较强,防效较稳定,效果较持久。适用于防治葡萄黑痘病、柑橘树疮痂病、苹果树斑点落叶病、梨树和青梅黑星病等。

【使用方法】

（1）防治梨树黑星病：发病前或发病初期，用5％可湿性粉剂1 000～1 163倍液均匀喷雾，或用15％可湿性粉剂3 000～3 500倍液均匀喷雾，视病情可隔7～10天再次喷施，每季最多施药3次，安全间隔期30天。

（2）防治柑橘疮痂病：发病前或发病初期，用5％可湿性粉剂600～900倍液均匀喷雾，视病情可隔7～10天再次喷施，每季最多施药3次，安全间隔期28天。

（3）防治苹果斑点落叶病：发病前或发病初期，用5％可湿性粉剂600～700倍液均匀喷雾，隔7～10天再次喷施，每季最多施药3次，安全间隔期30天。

（4）防治葡萄黑痘病：发病前或发病初期，用5％可湿性粉剂600～800倍液均匀喷雾，隔7～10天再次喷施，每季最多施药3次，安全间隔期28天。

（5）防治青梅黑星病：发病前或发病初期，用5％可湿性粉剂600～800倍液均匀喷雾，隔7～10天再次喷施，每季最多施药4次，安全间隔期21天。

【注意事项】

（1）远离水产养殖区用药，禁止在河塘等水体中清洗施药器具，避免药液污染水源地。

（2）不可与酸性和强碱性农药等物质混用。

（3）不宜在鸭梨上使用，以免引起轻微药害（在叶片上出现褐斑）。

（4）建议与其他不同作用机制的杀菌剂轮换使用，以延缓抗药性产生。

（5）本品在下列食品上的最大残留限量（毫克/千克）：柑橘1，苹果1，葡萄3，青梅3。

164. 盐酸吗啉胍

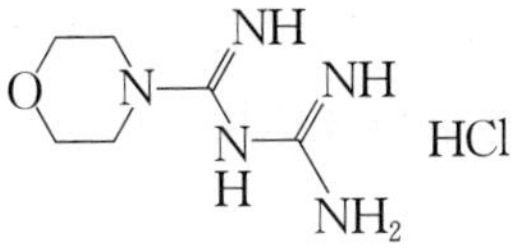

分子式：$C_6H_{14}ClN_5O$

【类别】 其他。

【化学名称】 N,N-(2-胍基乙亚氨基)吗啉盐酸盐。

【理化性质】 外观为白色结晶粉末，无臭。熔点 206～212℃。易溶于水，微溶于乙醚，几乎不溶于氯仿。

【毒性】 低毒。大鼠急性经口 LD_{50}＞5 000 毫克/千克，急性经皮 LD_{50}＞10 000 毫克/千克，对兔眼睛及皮肤均无刺激性。在试验条件下，对试验动物无致突变作用，无胚胎毒性，在动物体内代谢、排出较快，无蓄积作用。

【制剂】 20%、80%可湿性粉剂，5%、23%、30%可溶粉剂，20%悬浮剂。

【作用机制与防治对象】 一种低毒病毒防治剂。稀释后的药液喷施到植物叶面后，药剂可通过水气孔进入植物体内，抑制或破坏核酸和脂蛋白的形成，阻止病毒的复制过程，起到防治病毒的作用。用于防治番茄病毒病、烟草病毒病、水稻条纹叶枯病等。

【使用方法】

（1）防治番茄病毒病：发病前或发病初期，每 667 平方米用 80%可湿性粉剂 60～70 克均匀喷雾，或每 667 平方米用 20%悬浮剂 167～250 毫升，兑水 30～50 千克均匀喷雾，每 7～10 天用药 1 次，连施 2～3 次，安全间隔期 5 天，每季最多用药 3 次。

（2）防治烟草病毒病：发病前或发病初期，用 20％可湿性粉剂 300～400 倍液均匀喷雾，或每 667 平方米用 30％可溶粉剂 50～64 克兑水 30～50 千克均匀喷雾，每 7～10 天喷 1 次，连施 2～3 次，安全间隔期 30 天，每季最多用药 4 次。

（3）防治水稻条纹叶枯病：用 5％可溶粉剂 300 倍液均匀喷雾，安全间隔期 7 天，每季最多施用 3 次。

【注意事项】

（1）不可与铜及强碱性农药混用，在喷施了铜、汞、碱性药剂后须间隔一周以上才能喷本品。

（2）建议与其他不同作用机制的杀菌剂轮换使用，以延缓抗药性产生。

（3）本品在番茄上的最大残留限量为 5 毫克/千克。

165. 氧化亚铜

$$Cu_2O$$

【类别】 无机铜类。

【化学名称】 氧化亚铜。

【理化性质】 外观为黄色至红色粉末。沸点 1 800 ℃，熔点 1 235 ℃。不溶于水和有机溶剂，溶于稀无机酸（盐酸、硫酸、硝酸）和氨水中。在常温条件下稳定，潮湿的空气中可能氧化为氧化铜。

【毒性】 低毒。大鼠急性经口 LD_{50} 为 1 400 毫克/千克，急性经皮 LD_{50}＞4 000 毫克/千克，亚慢性经口 LD_{50} 为 500 毫克/千克。对兔皮肤和眼睛有轻度刺激性。对鱼类低毒，水蚤 LC_{50}（48 小时）为 0.06 毫克/升。对鸟无毒。

【制剂】 86.2％可湿性粉剂，86.2％水分散粒剂。

【作用机制与防治对象】 本品为保护性杀菌剂，它的杀菌作用主要靠铜离子被萌发的孢子吸收,当达到一定浓度时,就可以杀死孢子细胞,从而起到杀菌作用;还可补充铜元素营养,促进农作物健康生长,在消除病害的同时,能预防真菌和细菌对植株的再危害。可用于防治水稻纹枯病,荔枝霜霉病、疫霉病,苹果斑点落叶病,苹果轮纹病,柑橘树溃疡病,黄瓜霜霉病,葡萄霜霉病,甜椒疫病等。

【使用方法】

(1) 防治水稻纹枯病:发病前或发病初期,每 667 平方米用 86.2%可湿性粉剂 28~37 克兑水 30~50 千克均匀喷雾,安全间隔期 10 天,每季用药不超过 4 次。

(2) 防治番茄早疫病:发病前或发病初期,每 667 平方米用 86.2%可湿性粉剂 70~97 克兑水 30~50 千克均匀喷雾。安全间隔期 10 天,每季最多施用 4 次。

(3) 防治黄瓜霜霉病:发病前或发病初期,每 667 平方米用 86.2%可湿性粉剂 139~186 克兑水 30~50 千克均匀喷雾,安全间隔期 10 天,每季最多施用 4 次。

(4) 防治甜椒疫病:发病前或发病初期,每 667 平方米用 86.2%可湿性粉剂 139~186 克兑水 30~50 千克均匀喷雾,安全间隔期 10 天,每季最多施用 4 次。

(5) 防治柑橘树溃疡病:发病前或发病初期,用 86.2%可湿性粉剂 800~1 000 倍液均匀喷雾,安全间隔期 21 天,每季最多施用 4 次。

(6) 防治苹果斑点落叶病:发病前或发病初期,用 86.2%的水分散粒剂 2 000~2 500 倍液均匀喷雾,安全间隔期 15 天,每季用药不超过 4 次。

(7) 防治苹果轮纹病:发病前或发病初期,用 86.2%可湿性粉剂 2 000~2 500 倍液均匀喷雾,安全间隔期 15 天,每季用药不超过 4 次。

(8) 防治葡萄霜霉病:发病初期,用 86.2%可湿性粉剂 800~

1 200 倍液均匀喷雾,安全间隔期 21 天,每季最多施用 3 次。

(9) 防治荔枝霜霉病、疫霉病:发病前或发病初期,用 86.2% 的水分散粒剂 1 000～1 500 倍液均匀喷雾,安全间隔期 15 天,每季用药不超过 4 次。

【注意事项】

(1) 本品为保护性杀菌剂,注意要在发病前及发病初期施药防治。

(2) 避免与强酸或强碱性等物质混用。

(3) 对眼睛有刺激,使用时注意防护。

(4) 对鱼类等水生生物有毒,应远离水产养殖区施药,禁止在河塘等水体中清洗施药器具。不要在蜜蜂采蜜期施药。

(5) 喷后遇雨一般不需补喷,苹果树需套袋后施药。

166. 叶菌唑

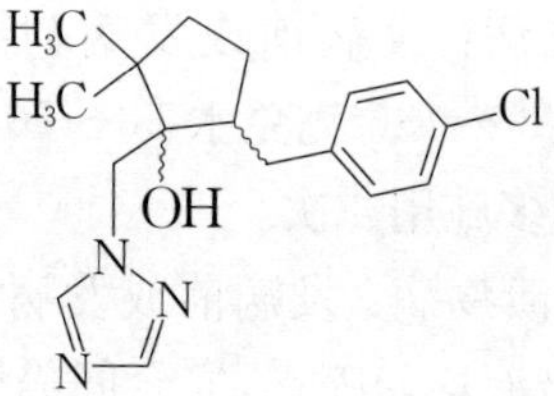

分子式:$C_{17}H_{22}ClN_3O$

【类别】 三唑类。

【化学名称】 (1RS,5RS;IRS,5SR)-5-(4-氯苄基)-2,2-二甲基-1-(1H-1,2,4-三唑-1-基甲基)环戊醇。

【理化性质】 纯品为顺、反异构体混合物,外观为白色无臭结晶状固体,顺式异构体活性高。纯品熔点 110～113 ℃(原药为100～108.4 ℃),蒸气压(20 ℃)1.23×10⁻⁵ 毫帕;正辛醇-水分配

系数 $K_{ow} \log P$ 为 3.85(20 ℃);亨利常数为 2.21×10^{-7} 帕·米³/摩;相对密度 1.14。溶解度(20 ℃):水 15 毫克/升,甲醇 235 克/升,丙酮 238.9 克/升。具有良好的热稳定性和水解稳定性。

【毒性】 低毒。大鼠急性经口 LD_{50} 为 661 毫克/千克,急性经皮 $LD_{50} > 2\,000$ 毫克/千克,吸入 LC_{50}(4 小时)> 5.6 毫克/升。对兔皮肤无刺激性,对兔眼睛有轻度刺激性。对豚鼠皮肤无致敏性。大鼠 104 周喂养试验 NOEL 为每日 4.8 毫克/千克,狗 52 周喂养试验 NOEL 为每日 11.1 毫克/千克,小鼠 90 天喂养试验 NOEL 为每日 5.5 毫克/千克,大鼠 90 天喂养试验 NOEL 为每日 6.8 毫克/千克,狗 90 天喂养试验 NOEL 为每日 2.5 毫克/千克。Ames 试验阴性。山齿鹑急性经口 LD_{50} 为 790 毫克/千克。虹鳟鱼 LC_{50}(96 小时)为 2.2～4.0 毫克/升,鲤鱼 3.99 毫克/升。水蚤 LC_{50}(48 小时)为 3.6～4.4 毫克/升。对蜜蜂安全,经口 LD_{50}(24 小时)为 97 微克/只。对蚯蚓无毒。

【制剂】 50％可分散粒剂,8％悬浮剂。

【作用机制与防治对象】 新型广谱内吸性杀菌剂,为麦角甾醇生物合成中 C-14 脱甲基化酶抑制剂。杀真菌谱较广泛,且活性高,兼具优良的保护和治疗作用。可用于防治小麦白粉病、锈病、赤霉病等。

【使用方法】

(1) 防治小麦白粉病、锈病:发病初期,每 667 平方米用 50％可分散粒剂 9～12 克兑水 30～50 千克喷雾,间隔 7～10 天后可再喷药 1 次。

(2) 防治小麦赤霉病:于小麦扬花初期喷第一次药,每 667 平方米用 8％悬浮剂 56～75 毫升兑水 30～50 千克均匀喷雾,间隔 7～10 天后再喷药 1 次,安全间隔期 14 天,每季最多施用 2 次。

【注意事项】

(1) 对鱼类、藻类、蚤类中毒,对蜜蜂、鸟类、蚯蚓、家蚕低毒。

施药时应远离水产养殖区、河塘等水体,应避免药液流入河塘等水体中,清洗喷药器械时切忌污染水源,禁止在河塘等水体中清洗施药器具,施药后的田水不得直接排入水体。

（2）孕妇、哺乳期的妇女、过敏体质者、感冒和皮肤病患者禁止接触本品。

167. 乙霉威

分子式：$C_{14}H_{21}NO_4$

【类别】 氨基甲酸酯类。

【化学名称】 3,4-二乙氧基苯基氨基甲酸异丙酯。

【理化性质】 纯品为无色结晶,熔点 100.3 ℃。原药为无色至浅褐色固体。蒸气压 8.4 毫帕(20 ℃),相对密度 1.19(23 ℃)。溶解度(20 ℃)：水 26.6 毫克/升,己烷 1.3 克/千克,甲醇 101 克/千克,二甲苯 30 克/千克。

【毒性】 微毒。雄、雌大鼠急性经口 LD_{50}＞5 000 毫克/千克,大鼠急性经皮 LD_{50}＞5 000 毫克/千克。大鼠急性吸入 LC_{50}(4 小时)＞1.05 毫克/升。山齿鹑和野鸭急性经口 LD_{50}＞2 250 毫克/千克。鲤鱼 LC_{50}(96 小时)＞18 毫克/升。水蚤 LC_{50}(3 小时)＞10 毫克/升。蜜蜂 LD_{50} 为 20 微克/只(接触)。

【制剂】 无单剂产品,有复配制剂 45%乙霉·苯菌灵可湿性粉剂,44%甲硫·乙霉威悬浮剂,26%嘧胺·乙霉威水分散粒剂,

25％、50％、60％乙霉·多菌灵可湿性粉剂。

【作用机制与防治对象】 本品是一种与苯并咪唑类杀菌剂具有负交互抗性的杀菌剂。药剂可与菌体细胞核内的微管蛋白结合,从而影响细胞的分裂。这种作用与多菌灵对菌体的作用方式很相似,但两者不在同一作用点。如灰霉菌对多菌灵产生抗药性,反而对乙霉威更敏感。相反,对多菌灵敏感的灰霉菌,对乙霉威则表现为无抑菌活性。可用于防治蔬菜、草莓、葡萄、甜菜等多种作物的灰霉病、茎腐病。

【使用方法】

(1) 防治番茄灰霉病:发病前或发病初期,每 667 平方米用45％乙霉·苯菌灵可湿性粉剂 35～50 克或 44％甲硫·乙霉威悬浮剂 80～120 克兑水 30～50 千克均匀喷雾,可连续用药 2～3 次,间隔 5～7 天 1 次。

(2) 防治蔷薇科观赏花卉灰霉病:发病前或发病初期,用45％乙霉·苯菌灵可湿性粉剂 750～1 000 倍液均匀喷雾,可连续用药 2～3 次,间隔 5～7 天 1 次。

(3) 防治黄瓜灰霉病:发病初期,每 667 平方米用 26％嘧胺·乙霉威水分散粒剂 100～150 克兑水 40～60 千克均匀喷雾,每隔 7～10 天用药 1 次,安全间隔期 5 天,每季最多施用 2 次。

【注意事项】

(1) 对蜜蜂、鱼类等水生生物、家蚕有毒,施药期间应避免对周围蜂群的影响,禁止在开花植物花期、蚕室和桑园附近使用。

(2) 远离水产养殖区、河塘等水域施药。

(3) 赤眼蜂等天敌放飞区禁用。

(4) 不能与呈碱性的农药等物质混用。

(5) 本品在番茄、黄瓜上最大残留限量分别为 1 毫克/千克、5毫克/千克。

168. 乙嘧酚(磺酸酯)

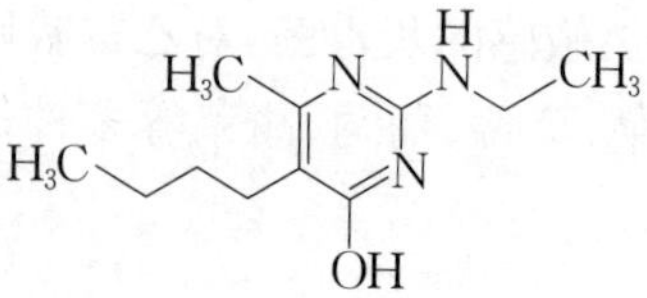

乙嘧酚

分子式：$C_{11}H_{19}N_3O$

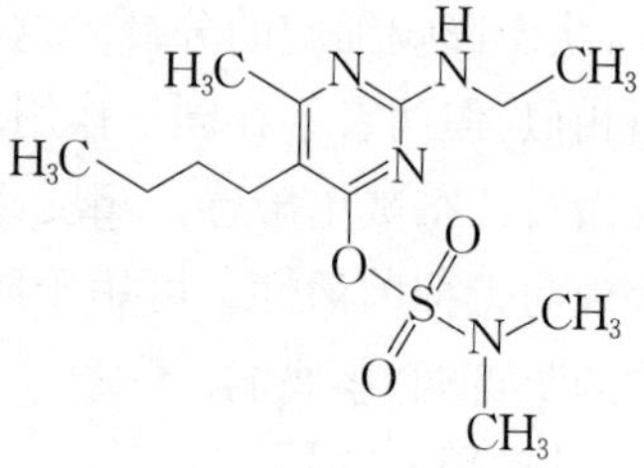

乙嘧酚磺酸酯

分子式：$C_{13}H_{24}N_4O_3S$

【类别】 嘧啶类。

【化学名称】 5-正丁基-2-乙氨基-6-甲基嘧啶-4-醇(乙嘧酚)；5-正丁基-2-乙氨基-6-甲基嘧啶-4-基二甲基氨基磺酸酯(乙嘧酚磺酸酯)。

【理化性质】 乙嘧酚纯品为无色晶体,熔点150～160℃(约140℃软化),相对密度1.21,蒸气压0.267毫帕(25℃)；水中溶解度(20℃,毫克/升)：253(pH 5.2)、150(pH 7.3)、153(pH 9.3),有机溶剂中溶解度(20℃,克/千克)：氯仿150、乙醇24、丙酮5。乙嘧酚磺酸酯纯品为棕色蜡状固体,熔点50～51℃,相对密度1.2,蒸气压0.1毫帕(25℃)；水中溶解度(pH5.2,22℃)22毫克/升,可快速溶解于大多数有机溶剂中。

【毒性】 低毒。乙嘧酚对大鼠急性经口 LD_{50} 为6 340毫克/千克(雌),急性经皮 LD_{50}＞2 000毫克/千克,急性吸入 LC_{50}(4小时)＞4.92毫克/升；对兔皮肤无刺激性,对兔眼睛有中度刺激性；对豚鼠皮肤无致敏性。乙嘧酚磺酸酯对大鼠急性经口 LD_{50}＞4 000毫克/千克,急性经皮 LD_{50} 为4 800毫克/千克,急性吸入 LC_{50}(4小时)＞0.035毫克/升；对兔眼睛和皮肤无刺激性；对豚鼠皮肤有中度致敏性。

【制剂】 25％乙嘧酚悬浮剂,25％乙嘧酚磺酸酯微乳剂,25％乙嘧酚磺酸酯水乳剂。

【作用机制与防治对象】 内吸性杀菌剂,属腺嘌呤核苷脱氨酶抑制剂,可被植物根、茎、叶迅速吸收,并在植物体内运转到各个部位,具有保护和治疗作用,对草莓白粉病、黄瓜白粉病有较好的防治效果。

【使用方法】

(1)防治黄瓜白粉病:发病前或发病初期,每 667 平方米用 25％乙嘧酚磺酸酯水乳剂 60～80 克或 25％乙嘧酚悬浮剂 78～94 毫升,兑水 40～60 千克均匀喷雾,间隔 7～10 天用药 1 次,安全间隔期 7 天,每季最多施用 3 次。

(2)防治草莓白粉病:发病前或发病初期,每 667 平方米用 25％乙嘧酚悬浮剂 80～100 毫升兑水 30～50 千克均匀喷雾,间隔 7～10 天用药 1 次,安全间隔期 7 天,每季最多施用 3 次。

(3)防治葡萄白粉病:发病前或发病初期,用 25％乙嘧酚磺酸酯微乳剂 500～700 倍液均匀喷雾,间隔 7～10 天用药 1 次,连续用药 2～3 次,安全间隔期 21 天,每季最多施用 3 次。

【注意事项】

(1)对鸟类风险性较高,鸟类保护区及其附近禁止施用本品。对蜜蜂风险性较高,(周围)开花植物花期禁用,使用时应密切关注对附近蜂群的影响。

(2)对水生生物有毒,蚕室和桑园附近禁用,远离河塘水产养殖区施药,禁止在河塘等水体中清洗施药器具。赤眼蜂等天敌放飞区域禁用。

(3)为延缓抗药性产生,应与其他不同作用机制的农药轮换使用。

(4)本品在葡萄上最大残留限量为 0.5 毫克/千克。

169. 乙酸铜

$$Cu(CH_3COO)_2 \cdot H_2O$$

【类别】 无机铜类。

【化学名称】 乙酸铜。

【理化性质】 蓝绿色粉末状晶体。能溶于水,溶解度随水温升高而增大,不溶于乙醇等有机溶剂,溶于酸。在100℃下失水成无水乙酸铜,颜色不变,115℃以上氧化成黑色,不溶于水。乙酸铜原药为暗绿色可流动单斜晶体或粉末,乙酸铜质量分数不低于95%(以一水合乙酸铜计),pH 为 5.0~8.0,水不溶物不超过0.5%,干燥减重不超过2%。

【毒性】 低毒。大鼠急性经口 LD_{50} 为 710 毫克/千克。鲤鱼 LC_{50}(96 小时)为 0.069 毫克/升。藻类 EC_{50}(72 小时)为 0.55 毫克/升。蜜蜂 LD_{50}>50 微克/只。蚯蚓 LC_{50}(14 天)为 6.7 毫克/千克。

【制剂】 20%可湿性粉剂,20%水分散粒剂。

【作用机制与防治对象】 通过铜离子破坏使病原菌蛋白质凝固,同时部分铜离子渗透进病原菌细胞与某些酶结合而影响其活性。对黄瓜苗期猝倒病、柑橘树溃疡病等有效。

【使用方法】

(1)防治黄瓜苗期猝倒病:发病初期,每 667 平方米用 20%可湿性粉剂 1 000~1 500 克灌根,每隔 7 天施药 1 次,每季最多施用 2 次,安全间隔期 7 天。

(2)防治柑橘树溃疡病:发病前或发病初期,用 20%可湿性粉剂 800~1 200 倍液均匀喷雾,间隔 7~10 天用药 1 次,每季最多施用 5 次,安全间隔期 45 天。或用 20%水分散粒剂 800~1 200 倍液喷雾,每季最多施用 3 次,安全间隔期 7 天。

【注意事项】

（1）建议与其他不同作用机制的杀菌剂轮换使用，以延缓抗药性产生。

（2）远离水产养殖区施药，禁止在河塘等水体中清洗施药器具。

（3）不可与呈碱性的农药等物质混合使用。

170. 乙蒜素

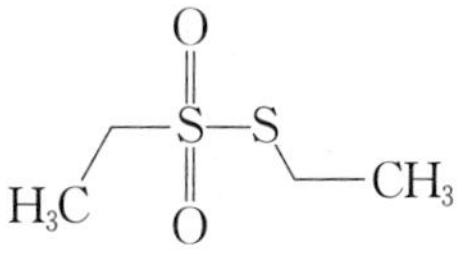

分子式：$C_4H_{10}O_2S_2$

【类别】　有机硫类。

【化学名称】　乙烷硫代磺酸乙酯。

【理化性质】　纯品为无色或微黄色油状液体，有大蒜臭味。工业品为微黄色油状液体，有效成分含量为 $90\% \sim 95\%$，有大蒜和醋酸臭味，挥发性强，有强腐蚀性，可燃。可溶于多种有机溶剂，水中溶解度为 1.2%，$140\ ℃$ 分解，沸点 $56\ ℃$，常温下贮存比较稳定。

【毒性】　中等毒。原油对大鼠急性经口 LD_{50} 为 140 毫克/千克，小鼠急性经口 LD_{50} 为 80 毫克/千克。对家兔和豚鼠皮肤有刺激性，无致畸、致癌、致突变作用。

【制剂】　20%、30%、41%、80% 乳油，15% 可湿性粉剂。

【作用机制与防治对象】　本品是大蒜素的乙基同系物，是一种广谱性杀菌剂，其杀菌机制主要与菌体内含巯基物质作用而抑制菌体正常代谢。可防治棉花枯萎病，棉花黄萎病，甘薯黑斑病，水稻烂秧、恶苗病,大麦条纹病,黄瓜霜霉病和细菌性角斑病等病害。

【使用方法】

(1) 防治黄瓜霜霉病:于发病初期开始用药,每667平方米用20%乳油70~87.5克兑水40~60千克均匀喷雾,每季最多施用2次,安全间隔期5天。

(2) 防治黄瓜细菌性角斑病:发病初期,用41%乳油1 000~1 250倍液均匀喷雾,每隔5天施药1次,每季最多施用2次,安全间隔期5天。

(3) 防治棉花枯萎病:于发病初期开始用药,每667平方米用20%乳油70~87.5克或30%乳油50~80毫升,兑水30~50千克喷雾,间隔7~10天施药1次,每季最多施用3次,安全间隔期28天。

(4) 防治棉花黄萎病:发病初期,每667平方米用80%乳油25~30克兑水30~50千克喷雾,每隔5~7天施药1次,每季最多施用3次,安全间隔期28天。

(5) 防治棉花立枯病:在棉花播种前浸种,用80%乳油5 000~6 000倍液浸种。

(6) 防治苹果树褐斑病:发病前或发病初期开始用药,用80%乳油800~1 000倍液喷雾,每7天施药1次,可连续喷施2次,每季最多施用2次。

(7) 防治苹果树叶斑病:发病前或发病初期开始用药,用80%乳油800~1 000倍液均匀喷雾,每隔7天施药1次,每季最多施用2次,安全间隔期14天。

(8) 防治水稻稻瘟病:发病初期,每667平方米用15%可湿性粉剂145~160克或20%乳油75~93.75克,兑水30~50千克喷雾,间隔7~10天施药1次,每季最多施用3次,安全间隔期10天。

(9) 防治水稻烂秧病:用80%乳油6 000~10 000倍液

浸种。

【注意事项】

(1) 不能与碱性农药等物质混用。浸过药液的种子不得与草木灰一起播种,以免影响药效。

(2) 本品属中等毒性杀菌剂,对皮肤和黏膜有强烈的刺激作用,配药和施药人员须加以保护。

(3) 经本品处理过的种子不能食用或作饲料,棉籽不能用于榨油。

(4) 本品在下列食品上的最大残留限量(毫克/千克):黄瓜0.1,棉籽0.05,苹果0.2,稻谷0.05,糙米0.05。

171. 异稻瘟净

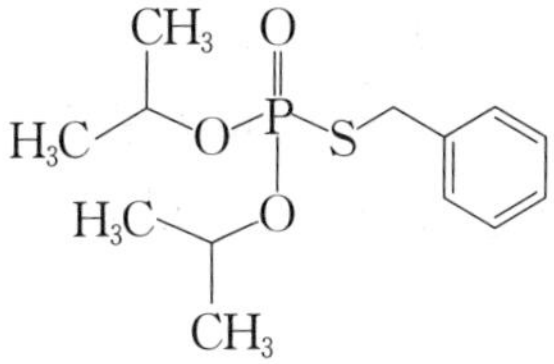

分子式:$C_{13}H_{21}O_3PS$

【类别】 有机磷类。

【化学名称】 S-苄基-O,O-二异丙基硫代磷酸酯。

【理化性质】 纯品是无色透明的油状液体,工业原药为淡黄色油状液。沸点 126 ℃/5.3 帕,相对密度 1.103(20 ℃),蒸气压 0.247 毫帕(20 ℃)。难溶于水,易溶于多种有机溶剂。碱性条件下分解,水中 DT_{50}:7 230～7 793 小时(pH4～9)。

【毒性】 低毒。原药急性经口 LD_{50} 为雄大鼠 790 毫克/千克,雌大鼠 680 毫克/千克,雄小鼠 1 830 毫克/千克,雌小鼠 1 760

毫克/千克。小鼠急性经皮 LD_{50} 为 4 000 毫克/千克。大鼠(雄)急性吸入 LC_{50}(4 小时)为 1.12 毫克/升。公鸡急性经口 LD_{50} 为 705 毫克/千克。鲤鱼 LC_{50}(4 小时)为 5.1 毫克/升。

【制剂】 50%水乳剂,40%、50%乳油。

【作用机制与防治对象】 具有内吸传导作用,主要是干扰细胞膜透性,阻止某些亲脂几丁质前体通过细胞质膜,使几丁质的合成受阻碍,细胞壁不能生长,抑制菌体的正常发育。本品对水稻稻瘟病有良好防治效果,在正常使用技术条件下,对作物的生长无不良影响。

【使用方法】

防治水稻稻瘟病:每 667 平方米用 50%水乳剂 120~160 毫升兑水 30~50 千克均匀喷雾,节瘟和穗颈瘟在水稻破口期、齐穗期各喷施 1 次。苗瘟和叶瘟,在发病初期用药,每隔 7~10 天施药 1 次,每季最多施用 3 次,安全间隔期 28 天;或每 667 平方米用 40%乳油 150~210 毫升兑水 30~50 千克喷雾,每季最多施用 2 次,安全间隔期 21 天;或每 667 平方米用 50%乳油 100~130 克兑水 30~50 千克喷雾,每季最多施用 3 次,安全间隔期 21 天。

【注意事项】

(1) 禁止与石硫合剂、波尔多液等碱性物质混用,也不能与五氯酚钠、敌稗、高毒有机磷杀虫剂混用。

(2) 建议与其他不同作用机制的杀菌剂轮换使用,以延缓抗药性的产生。

(3) 本品易燃,不能接近火源,以免引起火灾。应贮存在阴凉处,防止高温日晒。不得长时间(半年以上)贮存在铁桶内,以防变质。

(4) 本品在糙米上的最大残留限量为 0.5 毫克/千克。

172. 异菌脲

$$H_3C \quad CH_3$$

分子式：$C_{13}H_{13}Cl_2N_3O_3$

【类别】 二甲酰亚胺类。

【化学名称】 3-(3,5-二氯苯基)-N-异丙基-2,4-二氧代咪唑啉-1-羧酰胺。

【理化性质】 纯品为白色结晶或白色粉状物。熔点 134℃，工业原药熔点 128～128.5℃。蒸气压 $5×10^{-4}$ 毫帕（25℃）。相对密度 1.00（原药 1.434～1.435）。溶解度（20℃，克/升）：水 0.013，乙醇 25，乙腈 168，苯 200，甲苯 150，二氯甲烷 500。一般贮藏稳定，无腐蚀，在酸及中性介质中稳定，遇强碱分解。半衰期 20～80 天（室温）。

【毒性】 低毒。大、小鼠急性经口 LD_{50}＞2 000 毫克/千克。雌、雄大鼠急性经皮 LD_{50}＞2 000 毫克/千克。大鼠急性吸入 LC_{50}（4 小时）＞5.16 毫克/升。对家兔皮肤及眼睛无刺激性。在试验剂量内，对动物无致畸、致癌、致突变作用。山齿鹑急性经口 LD_{50}＞2 000 毫克/千克，野鸭急性经口 LD_{50}＞10 400 毫克/千克。鱼类 LC_{50}（96 小时）：虹鳟鱼＞4.1 毫克/升，蓝鳃太阳鱼＞3.7 毫克/升。水蚤 LC_{50}（48 小时）＞0.25 毫克/升。蜜蜂 LD_{50}＞0.4 毫克/只（接触）。蚯蚓 LC_{50}（14 天）＞10 000 毫克/千克（土）。

【制剂】　50％可湿性粉剂,255 克/升、500 克/升、23.5％、25％、45％悬浮剂,50％水分散粒剂。

【作用机制与防治对象】　本品是广谱触杀型杀菌剂,对孢子、菌丝体、菌核同时起作用,抑制病菌孢子萌发和菌丝生长。在植物体内几乎不能渗透,以触杀和保护作用为主,也具有一定的治疗作用。可有效防治香蕉贮藏期病害、番茄灰霉病、番茄早疫病、苹果斑点落叶病和苹果树褐斑病等。

【使用方法】

(1)防治油菜菌核病:发病初期,每 667 平方米用 255 克/升悬浮剂 118～200 毫升或 45％悬浮剂 80～120 毫升,兑水 30～50千克进行植株或叶面均匀喷雾,每季最多施用 2 次,安全间隔期50 天。

(2)防治番茄灰霉病:发病前或发病初期,每 667 平方米用50％可湿性粉剂 50～100 克,或 500 克/升悬浮剂 75～100 毫升,或 25％悬浮剂 100～200 毫升,或 50％水分散粒剂 120～160 克,兑水 30～50 千克均匀喷雾,间隔 7～10 天用药 1 次,安全间隔期 7天,每季最多施用 2 次。

(3)防治番茄早疫病:发病前或发病初期,每 667 平方米用50％可湿性粉剂 50～100 克或 500 克/升悬浮剂 75～100 毫升,兑水 30～50 千克均匀喷雾,间隔 5～7 天用药 1 次,安全间隔期 7天,每季最多施用 2 次。

(4)防治辣椒立枯病:播种后,每平方米用 50％可湿性粉剂2～4 克兑水后用泼浇法对苗床土壤进行处理,施药时保证药液均匀,以浇透为宜,安全间隔期 10 天,每季最多施用 1 次。

(5)防治西瓜叶斑病:发病初期,每 667 平方米用 500 克/升悬浮剂 60～90 毫升兑水 40～60 千克均匀喷雾。安全间隔期 14天,每季最多施用 3 次。

(6)防治苹果树褐斑病:发病初期,用 50％可湿性粉剂1000～1500 倍液进行植株或叶面均匀喷雾,安全间隔期 7 天,每季最多施用 3 次。

（7）防治苹果树轮斑病：发病初期，用 50％可湿性粉剂 1 000～1 500 倍液进行植株或叶面均匀喷雾，安全间隔期 7 天，每季最多施用 3 次。

（8）防治苹果斑点落叶病：发病初期，用 50％可湿性粉剂 1 000～1 500 倍液，或 500 克/升悬浮剂 1 000～2 000 倍液，进行植株或叶面均匀喷雾，安全间隔期 14 天，每季最多施用 3 次。

（9）防治葡萄灰霉病：开花前（萌芽现蕾期），用 50％可湿性粉剂 750～1 000 倍液或 500 克/升悬浮剂 750～1 000 倍液均匀喷雾，间隔 10～15 天喷 1 次，连续施药 2 次，安全间隔期 14 天，每季最多施用 3 次。

（10）防治香蕉冠腐病：香蕉果实成熟度为 80％～85％时采收，去掉有机械损伤、有疤痕的香蕉，洗去香蕉指上的尘土，采收当天用 255 克/升悬浮剂 100～170 倍液，或 500 克/升悬浮剂 300～400 倍液，或 25％悬浮剂 125～170 倍液浸果 1 分钟后取出，将水果表面的药液晾干后包装，置于普通仓库常温贮藏。每季用药 1 次，安全间隔期 4 天。

（11）防治香蕉轴腐病：采收当天用 255 克/升悬浮剂 170～255 倍液，或 25％悬浮剂 125～170 倍液，或 45％悬浮剂 250～300 倍液浸果 1 分钟后取出，将水果表面的药液晾干后包装，置于普通仓库常温贮藏。每季用药 1 次，安全间隔期 4 天。

（12）防治烟草赤星病：在发病初期或烟田出现零星病斑时开始用药，每 667 平方米用 50％可湿性粉剂 100～125 克兑水 30～50 千克均匀喷雾，喷药时要让药滴布满植株各部位，隔 7～10 天喷药 1 次，共喷雾 2～3 次。安全间隔期 21 天，每季最多施用 3 次。

（13）防治人参黑斑病：发病初期，每 667 平方米用 50％可湿性粉剂 130～170 克兑水 30～50 千克均匀喷雾，隔 7～10 天用药 1 次，安全间隔期 32 天，每季最多施用 2 次。

【注意事项】

(1) 不能与腐霉利、乙烯菌核利等作用方式相同的杀菌剂混用或轮用。

(2) 大风天或预计 1 小时内有雨,请勿施药。

(3) 对鱼类等水生生物有毒,应远离水产养殖区施药,禁止在河塘等水体中清洗施药器具。

(4) 不能与碱性物质混用。

(5) 本品在下列食品上的最大残留限量(毫克/千克):番茄 5,苹果 5,香蕉 10,油菜籽 2,辣椒 5,葡萄 10。

173. 抑霉唑

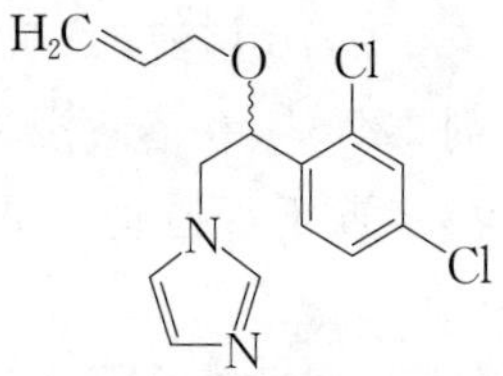

分子式:$C_{14}H_{14}Cl_2N_2O$

【类别】 咪唑类。

【化学名称】 1-[2-(2,4-二氯苯基)-2-(2-烯丙氧基)乙基]-1H-咪唑。

【理化性质】 纯品为浅黄色结晶固体。熔点 52.7℃,沸点>340℃,蒸气压 0.158 毫帕(20℃),相对密度 1.384。水中溶解度 0.18 克/升(20℃,pH 7.6),有机溶剂中溶解度:丙酮、二氯甲烷、甲醇、乙醇、异丙醇、苯、二甲苯、甲苯均>500 克/升。在 285℃以下稳定。在室温及避光条件下,对稀酸及碱非常稳定,对光亦稳定。

【毒性】 中等毒。大鼠急性经口 LD_{50} 为 227~243 毫克/千克,大鼠急性经皮 LD_{50} 为 4 200~4 880 毫克/千克,大鼠急性吸入 LD_{50}(4 小时)为 16 毫克/升(22.2%乳油)。大鼠和狗两年喂养试验 NOEL 为 2.5 毫克/(千克·天)。野鸭饲喂 LD_{50}(8 天)>2 510 毫克/千克饲料。鱼类 LD_{50}(96 小时,毫克/升):虹鳟鱼 1.5,大翻车鱼 4.04。水蚤 LC_{50}(48 小时)为 3.2 毫克/升。蜜蜂 LD_{50} 为 40 微克/只(经口)。

【制剂】 0.1%涂抹剂,3%膏剂,15%烟剂,10%、20%、22% 水乳剂,22.2%、50%、500 克/升乳油。

【作用机制与防治对象】 本品为内吸性广谱杀菌剂,也是一种内吸性专业防腐保鲜剂,施药后不但可有效抑制环境中的霉菌侵入果实,保护果实不受采后霉菌侵害,还能消灭存在柑橘果实内的病菌,防止由内而外的腐烂。本品主要影响细胞膜的渗透性、生理功能和脂类合成代谢,从而破坏霉菌的细胞膜,同时抑制霉菌孢子的形成和萌发,具有杀灭霉菌、不易产生抗药性等优点。可用于防治柑橘(果实)采前和采后绿霉病、青霉病,葡萄炭疽病,柑橘蒂腐病,柑橘黑腐病,柑橘炭疽病,苹果炭疽病,烟草炭疽病,杨梅树褐斑病,番茄叶霉病,苹果树腐烂病等。

【使用方法】

(1)防治柑橘绿霉病、青霉病:果实成熟度 80%~85%时采收,在采收后 24 小时内,每 1 000 千克果实用 0.1%涂抹剂 2~3 升,不稀释,手工涂抹;或将 20%水乳剂稀释至 400~800 倍液浸果 1 分钟,然后捞起晾干。或将 50%乳油稀释 1 000~1 400 倍液浸果 2 分钟,捞起晾干后贮存,对于短期贮藏至春节前销售的柑橘,稀释 1 400 倍液浸果 2 分钟;对于需贮藏 3 个月以上的柑橘,稀释 1 000 倍液浸果 2 分钟。有酸腐病(湿塌烂)发生的地区,需浸果 2 分钟。经过药剂处理的柑橘必须在 60 天后方可上市销售,每季最多使用 1 次。

(2)防治柑橘蒂腐病、黑腐病、炭疽病:在采收后 24 小时内,用 20%水乳剂 400~800 倍液浸果 1 分钟,然后捞起晾干、包装、贮藏。在柑橘上使用后须经 60 天方可上市销售,每季最多使用 1 次。

(3)防治葡萄炭疽病:发病前或发病初期,用 20％水乳剂 800～1200 倍液均匀喷雾,间隔期为 7～10 天,每季最多施用 3 次,安全间隔期为 10 天。

(4)防治苹果炭疽病:发病前或发病初期,用 10％水乳剂 500～700 倍液喷雾;或将 20％水乳剂稀释至 800～1200 倍液均匀喷雾,每隔 10 天喷药 1 次,连续喷 2 次。安全间隔期 21 天,每季最多施药 2 次。

(5)防治苹果树腐烂病:彻底刮除病疤后,每 667 平方米用 3％膏剂(无需稀释)133～200 千克涂抹于发病处;或用 10％水乳剂 500～700 倍液对苹果树枝干喷雾。安全间隔期 14 天,每季使用 1 次。

(6)防治杨梅树褐斑病:发病前或发病初期,用 20％水乳剂 600～800 倍液均匀喷雾,间隔 7～10 天喷 1 次,连续用药 2～3 次,每季最多施用 3 次,安全间隔期 14 天。

(7)防治烟草炭疽病:发病前或发病初期,每 667 平方米用 20％水乳剂 80～100 毫升兑水 30～50 千克喷雾,间隔 7～10 天喷 1 次,连续用药 2～3 次,每季最多施用 3 次,安全间隔期 14 天。

(8)防治番茄叶霉病:发病初期(个别叶片有少量病斑),每 667 平方米用 15％烟剂 200～335 克施药,日落后密闭温室点燃本品,进行整棚密封 12 小时熏烟处理,每隔 7～10 天熏烟 1 次,连续使用 2～3 次,每季最多使用 4 次,安全间隔期 3 天。

【注意事项】

(1)不能与碱性农药混用,使用时应采取安全防护措施。

(2)对鱼类、水蚤等水生生物有毒,施药时应远离水产养殖区、河塘等水体。严禁在河塘等水体中清洗施药器具,禁止将残液倒入湖泊、河流或池塘等,以免污染水源。对家蚕、蜜蜂有毒,应避开开花植物花期施药,蚕室和桑园附近禁用,赤眼蜂等天敌放飞区和鸟类保护区域禁用。

（3）本品在下列食品上的最大残留限量（毫克/千克）：柑橘 5，葡萄 5，苹果 5，番茄 0.5。

174. 抑霉唑硫酸盐

分子式：$C_{14}H_{16}Cl_2N_2O_5S$

【类别】 咪唑类。

【化学名称】 1-[2-(2,4-二氯苯基)-2-(2-烯丙氧基)乙基]-1H-咪唑硫酸盐。

【理化性质】 白色或类白色结晶性粉末。75％可溶粒剂为米黄色颗粒，略有苯酚气味，相对密度 1.15(15 ℃)，熔点 128～134 ℃，易溶于水(>500 毫克/升)，pH 1.4(0.1 摩尔/升蒸馏水溶液)。

【毒性】 低毒。75％抑霉唑硫酸盐可溶粒剂世界卫生组织(WHO)和美国环保署(EPA)毒性分类均为中等毒，大鼠急性经口 LD_{50} 为 550 毫克/千克，急性经皮 LD_{50}>2 000 毫克/千克，急性吸入 LC_{50}(4 小时)>0.66 毫克/升。对兔皮肤及眼睛有轻度刺激性。对豚鼠皮肤无致敏性。无致癌、致畸、致突变性。对水生生物毒性高。

【制剂】 75％可溶粒剂。

【作用机制与防治对象】 本品为甾醇生物合成抑制剂，内吸性杀菌剂。主要影响细胞膜的渗透性、生理功能和脂类合成代谢，从而破坏霉菌的细胞膜，同时抑制霉菌孢子的形成和萌发，可有效防治贮藏期柑橘青霉病、香蕉轴腐病。

【使用方法】

(1)防治柑橘青霉病:浸果处理时剔除病、伤果,采摘后及时处理,用75%可溶粒剂1 500~2 500倍液浸果,浸1分钟取出,晾干后包装,每季最多使用1次,浸果到上市的安全间隔期为30天。

(2)防治香蕉轴腐病:香蕉采摘后要尽快用药剂处理,剔除病果、伤果后,用75%可溶粒剂1 000~1 500倍液浸泡1分钟,然后捞出、晾干、包装、运输。每批香蕉用药液浸果1次,安全间隔期14天。

【注意事项】

(1)配制好的药液及时使用,放置时间不超过24小时。

(2)禁止将清洗盛药液容器的洗涤水、废弃药液倒入鱼塘、河道、水产养殖区,以免污染水源。禁止在河塘等水体中清洗施药器具。

(3)不能与碱性物质混用,稀释好的药液禁用铁质容器盛装,可用塑料、木制、水泥容器盛装。

175. 荧光假单胞杆菌

【类别】 微生物类。

【理化性质】 荧光假单胞杆菌母药通常为土黄色至褐色粉末,由于发酵基质的不同颜色偶有差异,但应为均匀疏松的粉末,不可有团块。母药含菌量不低于5 000亿CFU/克,杂菌率不高于3%,pH为5.0~8.0,细度(通过45微米筛)不低于90%,干燥减量不高于15%,贮存稳定性不低于80%。荧光假单胞杆菌可湿性粉剂含菌量不低于100亿CFU/克,杂菌率不高于3%,pH为5.0~8.0,细度(通过45微米筛)不低于90%,干燥减量不高于15%,润湿时间不超过120秒,悬浮率不低于80%,贮存稳定性不低于 80％。5 亿 CFU/克荧光假单胞杆菌微囊粒剂外观为干燥、自由流动的颗粒,灰白色,微球形,无可见的外来物和硬块,水分含量不超过 5％,杂菌率不超过 2％,松密度和堆密度分别为 0.25～0.55 克/毫升和 0.35～0.55 克/毫升,粒度不低于 90％,脱落率不超过 3％,有效成分释放率不低于 95％。

【毒性】 低毒。荧光假单胞杆菌 EG－1053 在试验剂量下对大、小鼠无毒性,无致病性。对兔无经皮毒性,对皮肤无刺激性,对眼睛有轻度刺激性。对豚鼠皮肤无致敏性。对野鸭无致病性。本品对非靶标生物和环境无不利影响。

【制剂】 5 亿 CFU/克颗粒剂,1 000 亿活孢子/克、3 000 亿活芽孢/克、5 亿芽孢/克可湿性粉剂,3 000 亿个/克粉剂。

【作用机制与防治对象】 本品是一类广泛分布的革兰氏阴性杆状菌,环境适应性强,可以产生大量铁载体、多种抗生素和活性物质,具有抑制多种病原菌、帮助植物吸收营养、促进植物生长等有益的作用。其杀菌活性高,具有内吸和传导功能,可被植物的叶片、表皮和根部吸收并上下传导,在植物体内能发挥更有益的杀菌效果。可有效防治番茄青枯病,烟草青枯病、黄瓜灰霉病、靶斑病,小麦全蚀病和水稻稻瘟病等。

【使用方法】

(1)防治番茄青枯病:可用 3 000 亿个/克粉剂全程用药,包括浸种、泼浇、灌根。种子和苗床处理:稀释至 300～500 倍药液浸种半小时,余液泼浇苗床。营养钵处理:300 倍药液泼浇。移栽当天:300～500 倍药液灌根,每株灌 250～500 毫升,或每 667 平方米用 1000～1500 克拌细沙土穴施后灌水,苗移栽前用 200 倍药液蘸根后定植。开花期或发病初期:300～500 倍药液灌根,每株灌 250～500 毫升药液,或发病初期用 5 亿 CFU/克颗粒剂兑水稀释至 300～600 倍液灌根。

(2)防治烟草青枯病:发病初期灌根,用 3 000 亿个/克粉剂 300～500 倍药液灌根,每株灌 250～500 毫升药液,每 7～10 天施药1次,可连续用药3次。

(3)防治黄瓜灰霉病、靶斑病:适宜在病害发生前或发病初期首次施药,每667平方米用1000亿活孢子/克可湿性粉剂70~80克兑水40~60千克均匀全株喷雾,间隔7天喷1次,共施药2~3次。

(4)防治水稻稻瘟病:发病前或发病初期首次施药,每667平方米用1000亿活孢子/克可湿性粉剂50~67克兑水30~50千克稀释后均匀全株喷雾,间隔7~10天喷1次,可进行2次施药。

(5)防治小麦全蚀病:拌种或小麦返青期、苗期灌根两次。每100千克小麦种子用5亿芽孢/克可湿性粉剂1000~1500克制剂拌种,拌种过程中避开阳光直射;或每667平方米用5亿芽孢/克可湿性粉剂100~150克兑水后灌根,灌根时使药液尽量顺垄进入根区。

【注意事项】

(1)对鱼类等水生生物有毒,不得污染各类水域,远离水产养殖区用药,禁止在河塘等水域中清洗施药器具,避免药液污染水源地。

(2)建议与其他不同作用机制的杀菌剂轮换使用。

(3)不可与其他化学杀菌剂混合使用。

176. 甾烯醇

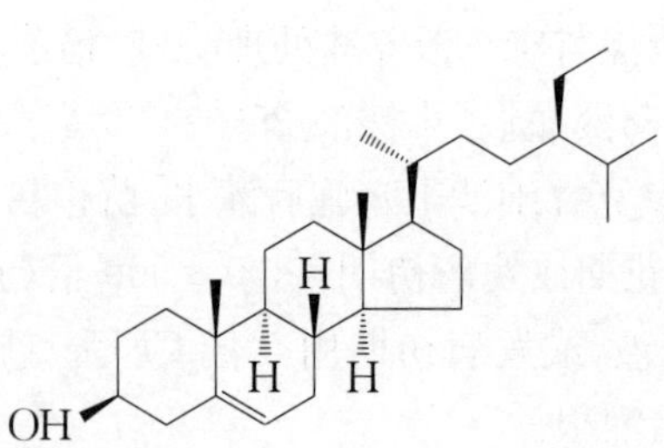

分子式:$C_{29}H_{50}O$

【类别】 生物农药。

【化学名称】 24R-乙基胆甾-5-烯-3β-醇。

【理化性质】 无色针状结晶。熔点 139～142 ℃,不溶于水,常温下微溶于氯仿、丙酮,可溶于苯、氯仿、乙酸乙酯、二硫化碳、石油醚和乙酸等。0.66%甾烯醇母药为无味灰褐色粉末状固体,水分含量不高于 0.5%,pH 为 8.0～12.0。

【毒性】 微毒。对眼有轻度刺激性,对鱼有毒。

【制剂】 0.06%微乳剂。

【作用机制与防治对象】 属植物源病毒病抑制剂,活性成分全部来源于植物,对人、畜、环境和作物兼容性好。喷施后,被植物叶片吸收,能够直接抑制病毒复制,具有钝化病毒的作用。同时能够通过诱导寄主产生抗性,间接阻止病毒侵染。对作物病毒病如水稻黑条矮缩病、小麦花叶病毒病、烟草花叶病毒病、蔬菜病毒病等具有良好的预防作用。

【使用方法】

(1) 防治番茄花叶病毒病:在发病前施药,每 667 平方米用0.06%微乳剂 30～60 毫升兑水 30～50 千克喷雾,间隔 7 天左右喷 1 次,连续 2～3 次。

(2) 防治辣椒花叶病毒病:在发病前施药,每 667 平方米用0.06%微乳剂 30～60 毫升兑水 30～50 千克喷雾,间隔 7 天左右喷 1 次,连续 2～3 次。

(3) 防治水稻黑条矮缩病:在发病前施药,每 667 平方米用0.06%微乳剂 30～40 毫升兑水 30～50 千克喷雾,间隔 7 天左右喷 1 次,连续 2～3 次。

(4) 防治小麦花叶病毒病:在发病前施药,每 667 平方米用0.06%微乳剂 30～40 毫升兑水 30～50 千克喷雾,间隔 7 天左右喷 1 次,连续 2～3 次。

(5) 防治烟草花叶病毒病:在发病前施药,每 667 平方米用0.06%微乳剂 30～60 毫升兑水 30～50 千克喷雾,间隔 7 天左右喷 1 次,连续 2～3 次。

【注意事项】

(1) 对鱼有毒,远离水产养殖区、河塘等水体附近施药,禁止在河塘等水体中清洗施药器具;鱼或虾、蟹套养稻田禁用,施药后的田水不得直接排入水体。

(2) 建议与其他不同作用机制的杀菌剂轮换使用,以延缓耐药性产生。

(3) 不建议与强酸性农药等物质混用。

177. 沼泽红假单胞菌 PSB - S

【类别】 微生物类。

【理化性质】 2 亿 CFU/毫升沼泽红假单胞菌 PSB - S 悬浮剂为红色液体,有轻微臭味,存放过程中可能出现轻微沉淀,但经摇匀后应恢复原状;杂菌率不高于 10%,水不溶物质量分数不高于 0.2%,pH 为 6.5～8.5,悬浮率(有效成分)不低于 80%,细度(75 微米)不低于 98%。

【毒性】 低毒。对小鼠无急性毒性,不具有致病性和感染性。

【制剂】 2 亿 CFU/毫升沼泽红假单胞菌 PSB - S 悬浮剂。

【作用机制与防治对象】 通过诱导植物系统抗病性、提高植物免疫力,增强植株抗病能力,同时能分泌抗病毒蛋白,直接钝化病毒粒子,阻止其侵染寄主植物。对水稻稻瘟病、辣椒花叶病具有很好的防治效果。

【使用方法】

(1) 防治辣椒花叶病:发病前或发病初期,每 667 平方米用 180～240 毫升兑水 30～50 千克喷雾,间隔 7～10 天用药 1 次,每季施用 2～3 次。

(2) 防治水稻稻瘟病:发病前或发病初期,应于破口前 7 天开始施药,每 667 平方米用 300～600 毫升兑水 30～50 千克喷雾,间隔 7 天左右用药 1 次,每季施用 2 次。

【注意事项】

(1) 如需与其他药剂混用,应现混现用。

(2) 属于生物活性菌剂,应贮存于阴凉通风处,开瓶后如未使用完,请密封保存。

(3) 应贮存于 6～40 ℃、干燥、阴凉的库房内,不得露天堆放,以防雨淋和日晒,避免阳光直射,防止长时间 40 ℃以上高温。

178. 中生菌素

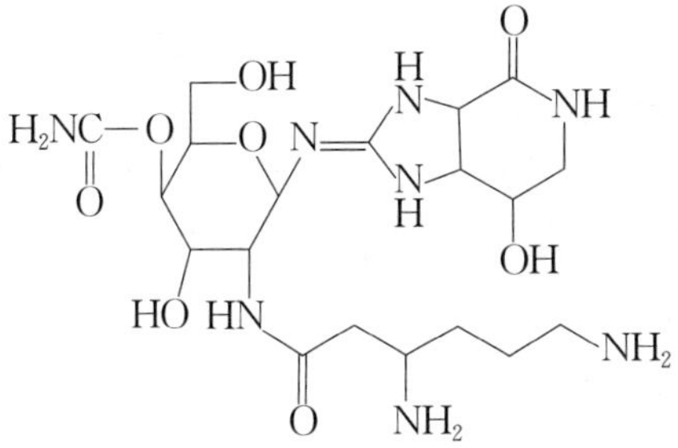

分子式:$C_{19}H_{34}O_8N_8$

【类别】 农用抗生素类。

【化学名称】 1-N 甙基链里定基-2-氨基-L-赖氨酸-2-脱氧古罗糖胺。

【理化性质】 纯品为褐色粉末,熔点 173～190 ℃。原药为浅黄色粉末。易溶于水,微溶于乙醇。在酸性介质中、低温条件下稳定。100% 溶于水。制剂为褐色液体,pH 为 4。

【毒性】 低毒。大鼠急性经口 LD_{50}＞4 300 毫克/千克,急性经皮 LD_{50}＞2 000 毫克/千克,急性吸入 LC_{50}＞2 530 毫克/米³。对

皮肤无刺激性,对眼睛有轻度刺激性,弱致敏性。

【制剂】 3%、5%、12%可湿性粉剂,3%水剂,0.5%颗粒剂。

【作用机制与防治对象】 本品为 N-糖苷类抗生素,通过抑制菌体蛋白质的合成,导致菌体死亡。对病原真菌,可起到抑制孢子萌发,阻碍孢子形成,抑制菌丝生长的作用。对苹果轮纹病、黄瓜细菌性角斑病、番茄青枯病、水稻白叶枯病、烟草青枯病等有防治作用。

【使用方法】

(1)防治苹果轮纹病:发病前或发病初期,用 3%可湿性粉剂 800～1 000 倍液,隔 10～15 天喷药 1 次,安全间隔期 7 天,每季最多施用 3 次。

(2)防治黄瓜细菌性角斑病:发病前或发病初期,每 667 平方米用 3%可湿性粉剂 80～110 克或 12%可湿性粉剂 25～30 克,兑水 40～60 千克均匀喷雾,每隔 7 天左右喷 1 次,每季最多施用 3 次,安全间隔期 3 天;或每 667 平方米用 5%可湿性粉剂 50～70 克兑水 40～60 千克均匀喷雾,每隔 7 天左右喷 1 次,每季最多施用 3 次,安全间隔期 5 天。

(3)防治番茄青枯病:每 667 平方米用 0.5%颗粒剂 2 000～3 000 克穴施;或用 3%可湿性粉剂 600～800 倍液灌根,每隔 7～10 天施 1 次,每季最多施用 3 次,安全间隔期 5 天。

(4)防治水稻白叶枯病:每 667 平方米用 3%水剂 400～533 毫升兑水 30～50 千克均匀喷雾。

(5)防治烟草青枯病:用 3%可湿性粉剂 600～800 倍液灌根,每隔 7～10 天用药 1 次,每季最多施用 3 次。

【注意事项】

(1)不能与呈碱性的农药等物质混用。

(2)本品易吸潮,使用过程中对打开过包装的药剂应及时封口保存。

(3)本品有效成分可完全溶于水中,不溶物为惰性填料,不影响药效。

（4）对于鱼类等水生生物、蜜蜂、家蚕有毒,施药期间应避免对周围蜂群的影响,开花作物花期、蚕室和桑园附近禁用。远离水产养殖区施药,禁止在河塘等水体中清洗施药器具。赤眼蜂等天敌放飞区域禁用。

（5）建议与不同作用机制的杀菌剂轮换使用,以延缓抗药性产生。

179. 种菌唑

分子式：$C_{18}H_{24}ClN_3O$

【类别】 三唑类。

【化学名称】 (1RS,25R,5RS；1RS,2SR,5SR)-2-(4-氯苄基)-5-异丙基-1-(1H-1,2,4-三唑-1-基甲基)环戊醇。

【理化性质】 纯品外观为白色粉末,一般为 2 种异构体的混合物(1RS,2SR,5RS,1RS,2SR,5SR)。熔点 88～90 ℃,蒸气压 $3.58×10^{-3}$ 毫帕(25 ℃)(IRS,2SR,5RS)和 $6.99×10^{-3}$ 毫帕(25 ℃)(1RS,2SR,5SR),水中溶解度为 6.93 毫克/升(20 ℃),具有良好的热稳定性和水解稳定性。

【毒性】 低毒。大鼠急性经口 LD_{50} 为 1338 毫克/千克,急性

经皮 $LD_{50} > 2\,000$ 毫克/千克。对兔皮肤无刺激性,对兔眼睛有轻度刺激性。鲤鱼 LC_{50}(48 小时)为 2.5 毫克/升。对鸟类、蜜蜂、蚯蚓等均安全。

【制剂】 无单剂产品,有复配剂 4.23%甲霜·种菌唑微乳剂。

【作用机制与防治对象】 由 2.35%种菌唑与 1.88%甲霜灵复配而成,是一种内吸兼触杀保护性杀菌剂,用于玉米、棉花和水稻种子处理,可有效防治玉米茎基腐病、丝黑穗病,棉花立枯病,水稻恶苗病和水稻立枯病。

【使用方法】

(1) 防治棉花立枯病:每 100 千克种子用 4.23%甲霜·种菌唑微乳剂 300~400 毫升,按药种比 1:250~333.3 拌种。

(2) 防治水稻恶苗病:每 100 千克种子用 4.23%甲霜·种菌唑微乳剂 100~150 毫升拌种。

(3) 防治水稻立枯病:每 100 千克种子用 4.23%甲霜·种菌唑微乳剂 200~300 毫升进行种子包衣。

(4) 防治玉米茎基腐病:每 100 千克种子用 4.23%甲霜·种菌唑微乳剂 75~120 毫升,按药种比 1:833.3~1 333.3 进行种子包衣。

(5) 防治玉米丝黑穗病:每 100 千克种子用 4.23%甲霜·种菌唑微乳剂 200~400 毫升,按药种比 1:250~500 进行种子包衣。

【注意事项】

(1) 种子包衣时,本品可加 1~3 倍水稀释,然后将药浆与种子按比例充分搅拌,直至药液均匀分布到种子表面并晾干,水稻上可以先包衣后浸种或先浸种后包衣。

(2) 品质差、生活力低、破损率高、含水量和发芽率等不符合国家良种标准的种子不宜进行包衣或拌种。

(3) 避免使用在甜玉米、糯玉米和亲本玉米种子上。

（4）经本品包衣过的种子,如需晾晒须有专人看管;不能用作食物或饲料,并应妥善存放并及时使用;播种后应立即覆土,避免家畜误食。

（5）本品在棉籽、玉米上的最大残留限量均为 0.01 毫克/千克。

180. 唑菌酯

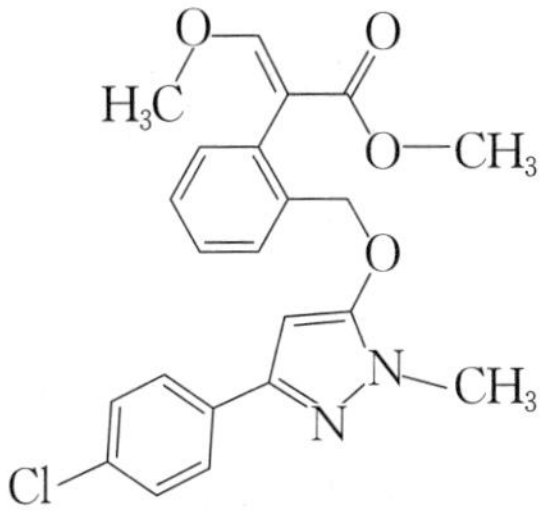

分子式：$C_{22}H_{21}ClN_2O_4$

【类别】 甲氧基丙烯酸酯类。

【化学名称】 （E）-2-[2-[[3-（4-氯苯基）-1-甲基-1H-吡唑-5-氧基]甲基]苯基]-3-甲氧基丙烯酸甲酯。

【理化性质】 原药外观为白色结晶固体。极易溶于二甲基甲酰胺、丙酮、乙酸乙酯、甲醇,微溶于石油醚,不溶于水。在常温下贮存稳定。

【毒性】 低毒。急性经口 LD_{50} 雌大鼠为 1022 毫克/千克、雄大鼠为 1 000 毫克/千克、雌小鼠为 2 599 毫克/千克、雄小鼠为 2 170 毫克/千克。大鼠急性经皮 LD_{50}＞2 150 毫克/千克（雄、雌）。对兔眼睛、皮肤单次刺激强度均为轻度。对豚鼠致敏性试验为弱致敏。Ames、微核、染色体试验结果均为阴性。

【制剂】 无单剂产品,仅有复配剂 25％氟吗•唑菌酯悬浮剂。

【作用机制与防治对象】 作用机制独特,抑制线粒体复合物Ⅲ中电子的传递,杀菌活性高、抗病谱广且与环境相容性好,唑菌酯既能抑制菌丝生长又能抑制孢子萌发,对黄瓜霜霉病具有较好的预防和治疗作用。

【使用方法】

(1)防治黄瓜霜霉病:发病前或发病初期,每 667 平方米用25%氟吗·唑菌酯悬浮剂 27～53 毫升兑水 40～60 千克均匀喷雾,间隔 5～7 天用药 1 次,安全间隔期 3 天,每季最多施用 3 次。

(2)防治人参疫病:发病前或发病初期,每 667 平方米用25%氟吗·唑菌酯悬浮剂 40～60 毫升兑水 30～50 千克均匀喷雾,间隔 5～7 天用药 1 次,喷药 3 次。

【注意事项】

(1)远离水产养殖区施药,禁止在河塘等水体中清洗施药器具,切勿污染水源。禁止在桑园附近使用。

(2)对眼睛有刺激作用,要注意防护。

(3)本品在黄瓜上的最大残留限量为 1 毫克/千克。

181. 唑嘧菌胺

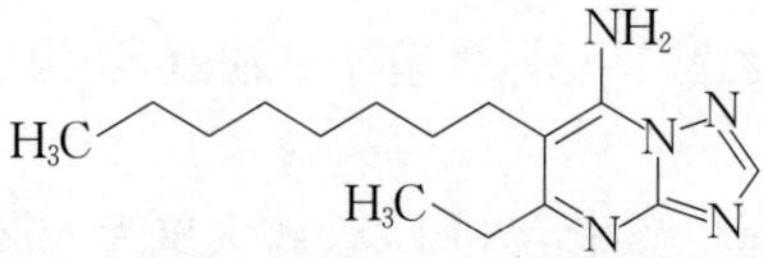

分子式:$C_{15}H_{25}N_5$

【类别】 三唑并嘧啶或嘧啶胺类。

【化学名称】 5-乙基-6-辛基-[1,2,4]三唑并[1,5-a]嘧啶-7-胺。

【理化性质】 白色无味晶体。密度 1.117 克/厘米³,熔点 200 ℃,蒸气压 $2.1×10^{-10}$ 帕(20 ℃)、$6.0×10^{-10}$ 帕(25 ℃)。微溶于水,有机溶剂中溶解度(20 ℃,克/100 毫升):甲醇 0.72、甲苯 0.01、庚烷 0.001、乙酸乙酯 0.08、二氯甲烷 0.30、乙腈 0.05、丙酮 0.19、二甲基亚砜 1.07。

【毒性】 低毒。雌、雄大鼠急性经口、经皮 LD_{50} 均>2 000 毫克/千克。对眼睛和皮肤均无刺激性,无致敏性。Ames 试验、体外哺乳动物细胞基因突变试验、体外哺乳动物细胞染色体畸变试验均未见其代谢物有突变作用。未发现有致癌作用。原药对鱼、蚤、藻类均为高毒,虹鳟鱼 LC_{50}(96 小时)为 23.2 毫克/升,水蚤 LC_{50}(48 小时)>1 000 毫克/升,绿藻 E_yC_{50} 为 72.6 毫克/升、E_rC_{50} 为 74.2 毫克/升。对蜜蜂、家蚕、鸟、天敌(赤眼蜂和非洲爪蟾蝌蚪)、蚯蚓和土壤微生物均为低毒,蜜蜂 LD_{50}>248.2 微克/只(接触,48 小时)或>211.81 微克/只(经口,72 小时),北美鹌鹑急性经口 LD_{50}>2 000 毫克/千克,蚯蚓 LC_{50}(14 天)>1 000 毫克/千克土壤,NOEC>500 毫克/升。

【制剂】

无单剂登记,仅有复配制剂 47%烯酰·唑嘧菌悬浮剂。

【作用机制与防治对象】 本品为线粒体呼吸抑制剂。早期使用可阻止病菌侵入,并延缓抗药性的产生。具有较高杀菌活性,做预防处理,防治黄瓜、马铃薯、葡萄、番茄、辣椒的霜霉病、疫病、晚疫病等卵菌纲病害。

【使用方法】

(1) 防治番茄晚疫病:发病前喷药,每 667 平方米用 47%烯酰·唑嘧菌悬浮剂 40～60 毫升兑水 30～50 千克均匀喷雾,每季用药 2～3 次,施药间隔期为 7～10 天,安全间隔期 7 天。

(2) 防治黄瓜霜霉病:发病前用药,每 667 平方米用 47%烯酰·唑嘧菌悬浮剂 40～60 毫升兑水 40～60 千克均匀喷雾,每季施药 3 次,施药间隔期为 7 天,安全间隔期 3 天。

（3）防治辣椒疫病：发病前喷药，每 667 平方米用 47％烯酰·唑嘧菌悬浮剂 60～80 毫升兑水 30～50 千克均匀喷雾，每季用药 2～3 次，施药间隔期为 7～10 天，安全间隔期 7 天。

（4）防治马铃薯晚疫病：发病前用药，每 667 平方米用 47％烯酰·唑嘧菌悬浮剂 50～60 毫升兑水 30～50 千克均匀喷雾，每季施药 3 次，施药间隔期为 7 天，安全间隔期 7 天。

（5）防治葡萄霜霉病：发病前用药，用 47％烯酰·唑嘧菌悬浮剂 1 000～2 000 倍液均匀喷雾，每季施药 3 次，施药间隔期为 7 天，安全间隔期 7 天。

【注意事项】

（1）发病前施药做预防处理。必要时可与其他不同作用机制的杀菌剂轮换使用。

（2）药剂应现混现兑，配好的药液要立即使用。

（3）本品在下列食品上的最大残留限量（毫克/千克）：黄瓜 1，马铃薯 0.05，葡萄 2。

杀　虫　剂

1. d-柠檬烯

分子式：$C_{10}H_{16}$

【类别】　单环单萜类。

【化学名称】　d-1-甲基-4-(1-甲基乙烯基)环己烷。

【理化性质】　无色至微黄色液体,浓烈的柑橘气味。几乎不溶于水,25℃水中溶解度13.8毫克/升,极易溶于95％乙醇。正辛醇-水分配系数 $K_{ow}\log P$ 为4.57。相对密度0.84,蒸气相对密度4.7,蒸气压0.19千帕(20℃),闪点48℃,沸点175.5～176℃。

【毒性】　低毒。大鼠急性经口 LD_{50} 为4400～5300毫克/千克,急性经皮 $LD_{50}>5000$ 毫克/千克。蚯蚓急性 LC_{50} 为6毫克/升,鱼类急性 LC_{50} 为0.7毫克/升,甲壳类急性 LC_{50} 为0.4毫克/升。

【制剂】　5％可溶液剂。

【作用机制与防治对象】　本品有效成分是用专业的冷压技术

从橙皮中提取的橙油,属于天然的植物源农药。对害虫作用方式为物理触杀作用,与常用的化学农药无交互抗性,杀虫机制是溶解害虫体表蜡质层,使害虫快速击倒,呈明显的失水状态而死,并可抑制害虫害螨产卵,降低种群数量。用于防治番茄烟粉虱和柑橘红蜘蛛。

【使用方法】

(1)防治番茄烟粉虱:于烟粉虱发生初期,每 667 平方米用 5％可溶液剂 100～125 毫升兑水 30～50 千克均匀喷雾。

(2)防治柑橘树红蜘蛛:于红蜘蛛发生初期,用 5％可溶液剂 200～300 倍液均匀喷雾。

【注意事项】

(1)以触杀作用为主,施用时应使作物叶片和枝条等充分着药。

(2)对鱼和鸟中等毒,切勿将本品及其废液弃于池塘、河溪和湖泊等,禁止在河塘等水域清洗施药器具,以免污染水源,在鸟类保护区慎用。

(3)对眼睛有刺激性,使用时应避免药液接触眼睛、黏膜和伤口等。

2. S -氰戊菊酯

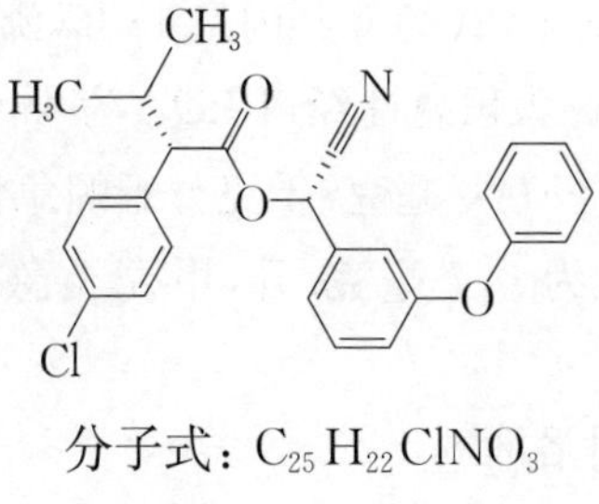

分子式:$C_{25}H_{22}ClNO_3$

【类别】 拟除虫菊酯类。

【化学名称】 (S)-α-氰基-3-苯氧基苄基(S)-2-(4-氯苯基)-3-甲基丁酸酯。

【理化性质】 原药为棕褐色黏稠液体或固体。熔点 59～60.2 ℃,沸点 151～167 ℃,蒸气压 2×10^{-7} 帕(25 ℃),密度 1.26 克/厘米^3(4～26 ℃)。溶解度(25 ℃):水 0.002 毫克/升,二甲苯、丙酮、氯仿、乙酸乙酯、二甲基甲酰胺、二甲基亚砜＞600 克/升,甲醇 70～1 000 克/升,乙烷 10～50 克/升。对日光、热稳定。

【毒性】 中等毒。大鼠急性经口 LD_{50} 为 87～325 毫克/千克,急性经皮 LD_{50}＞5 000 毫克/千克。对兔眼睛有中等刺激性,对兔皮肤轻微刺激性。对豚鼠皮肤无致敏性。北美鹑急性经口 LD_{50} 为 381 毫克/千克,北美鹑 LC_{50}(8 天)＞5 620 毫克/升,绿头鸭 LC_{50}(8 天)为 5 247 毫克/升。对水生生物剧毒,黑头呆鱼 LC_{50}(96 小时)为 0.690 微克/升,大翻车鱼 LC_{50}(96 小时)为 0.26 微克/升,虹鳟鱼 LC_{50}(96 小时)为 0.26 微克/升。水蚤 LC_{50}(48 小时)为 0.24 微克/升。蜜蜂接触 LD_{50} 为 0.017 微克/只。

【制剂】 5％、50 克/升乳油,5％、50 克/升水乳剂。

【作用机制与防治对象】 本品是一种活性较高的拟除虫菊酯杀虫剂,为钠离子通道抑制剂。与氰戊菊酯不同的是,本品仅含顺式异构体,杀虫活性要比氰戊菊酯高出 4 倍,因而使用剂量要低。杀虫谱广,对鳞翅目、同翅目等害虫有较好效果。

【使用方法】

(1) 防治大豆食心虫、蚜虫:在食心虫卵孵化盛期或低龄幼虫期、在蚜虫发生期,每 667 平方米用 50 克/升乳油 10～20 毫升兑水 30～50 千克均匀喷雾,安全间隔期 10 天,每季最多施药 2 次。

(2) 防治甘蓝菜青虫:在菜青虫卵孵化盛期或低龄幼虫期,每 667 平方米用 50 克/升乳油 10～20 毫升或 50 克/升水乳剂 18～30 毫升,兑水 30～50 千克均匀喷雾,安全间隔期 3 天,每季最多施药 3 次。

（3）防治柑橘树潜叶蛾：在潜叶蛾卵孵化盛期或低龄幼虫期，用 50 克/升乳油 7150～8350 倍液均匀喷雾，安全间隔期 21 天，每季最多施药 3 次。

（4）防治棉花害虫：在害虫发生期，每 667 平方米用 50 克/升乳油 25～35 毫升兑水 30～50 千克均匀喷雾，安全间隔期 14 天，每季最多施药 3 次。

（5）防治苹果树桃小食心虫：在桃小食心虫卵孵化盛期或低龄幼虫期，用 50 克/升乳油 2000～3125 倍液或用 50 克/升水乳剂 2000～4000 倍液均匀喷雾，安全间隔期 14 天，每季最多施药 3 次。

（6）防治甜菜甘蓝夜蛾：在甜菜甘蓝夜蛾卵孵化盛期或低龄幼虫期，每 667 平方米用 50 克/升乳油 10～20 毫升兑水 30～50 千克均匀喷雾，安全间隔期 60 天，每季最多施药 2 次。

（7）防治小麦蚜虫、黏虫：在蚜虫始盛期、黏虫卵孵化盛期或低龄幼虫期，每 667 平方米用 50 克/升乳油 10～15 毫升兑水 30～50 千克均匀喷雾，安全间隔期 21 天，每季最多施药 2 次。

（8）防治烟草蚜虫、烟青虫：在蚜虫始盛期、烟青虫卵孵化盛期或低龄幼虫期，每 667 平方米用 50 克/升乳油 10～15 毫升兑水 30～50 千克均匀喷雾，安全间隔期 10 天，每季最多施药 2 次。或每 667 平方米用 50 克/升水乳剂 12～24 毫升兑水 30～50 千克均匀喷雾，安全间隔期 21 天，每季最多施药 3 次。

（9）防治玉米黏虫：在黏虫卵孵化盛期或低龄幼虫期，每 667 平方米用 50 克/升乳油 10～20 毫升兑水 30～50 千克均匀喷雾，安全间隔期 50 天，每季最多施药 3 次。

【注意事项】

（1）不可与碱性农药等物质混用。

（2）对蚕有长时间的毒性，所以不要在桑园附近施用。

（3）对鱼类毒性也很强，所以在喷药作业以后，严禁将清洗容器的水以及剩下的药液倒入河川和鱼塘水中，应在安全的场所进行妥善处理，比如用土掩埋。

（4）不要在养蜜蜂的地方进行喷药作业,蜜源作物花期禁用。

（5）建议与其他不同作用机制的杀虫剂轮换使用。

（6）本品在下列食品上的最大残留限量(毫克/千克):小麦2,玉米0.02,大豆0.1,棉籽0.2,棉籽油0.1,甘蓝0.5,苹果1,甜菜0.05。

3. zeta-氯氰菊酯

分子式: $C_{22}H_{19}Cl_2NO_3$

【类别】 拟除虫菊酯类。

【化学名称】 (S)-氰基-3-苯氧苄基-顺反-3-(2,2-二氯乙烯基)-2,2-二甲基环丙烷羧酸酯。

【理化性质】 原药为深棕色黏稠液体,沸点231 ℃(0.7 千帕),密度1.219 克/厘米^3(25 ℃),水中溶解度0.045 毫克/升(25 ℃),微溶于有机溶剂,闪点>300 ℃,不易燃,无氧化性,无腐蚀性。

【毒性】 中等毒。急性经口 LD_{50}>2 000 毫克/千克,急性经皮 LD_{50} 为105.8 毫克/千克。

【制剂】 181 克/升乳油。

【作用机制与防治对象】 本品由氯氰菊酯的高效异构体组成,其杀虫活性约为氯氰菊酯的1~3 倍,与氯氰菊酯的作用机制相同,通过作用于昆虫神经膜钠离子通道而致效,具有较强的触杀、击倒、驱避和胃毒作用,可有效防治十字花科蔬菜蚜虫和棉花棉铃虫。

【使用方法】

(1) 防治棉花棉铃虫:在棉铃虫卵孵化盛期或低龄幼虫期,每667平方米用181克/升乳油17~22毫升兑水30~50千克均匀喷雾,安全间隔期14天,每季最多施药3次。

(2) 防治十字花科蔬菜蚜虫:在蚜虫发生期,每667平方米用181克/升乳油17~22毫升兑水30~50千克均匀喷雾,安全间隔期5天,每季最多施药3次。

【注意事项】

(1) 建议与其他不同作用机制的杀虫剂轮换使用。

(2) 对蜜蜂、鱼类等水生生物、家蚕有毒。施药期间应避免对周围蜂群的影响,开花植物花期、蚕室和桑园附近禁用,远离水产养殖区施药,禁止在河塘等水体中清洗施药器具。

(3) 不可与碱性农药等物质混合使用。

(4) 本品在下列食品上的最大残留限量(毫克/千克):棉籽0.2,结球甘蓝5,普通白菜2,大白菜2。

4. 阿维菌素

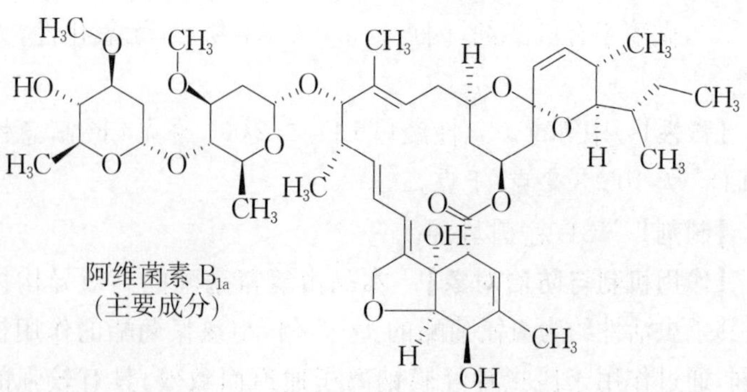

阿维菌素 B_{1a}
(主要成分)

阿维菌素 B_{1b}
（次要成分）

分子式：$C_{48}H_{72}O_{14}$（阿维菌素 B_{1a}）$+C_{47}H_{70}O_{14}$（阿维菌素 B_{1b}）

【类别】 农用抗生素类。

【理化性质】 纯品为白色或浅黄色结晶，含 B_{1a} 80%，$B_{1b}<$ 20%。熔点 157～162℃，也有报道为 150～155℃。蒸气压<200 毫帕。溶解度（21℃，克/升）：水 7.8×10^{-6}，丙酮 100，甲苯 350，异丙酮 70，氯仿 25，乙醇 20，甲醇 19.5，正丁醇 10，环己烷 6。常温下较稳定。在 25℃、pH 5～9 的溶液中无分解现象。对热稳定，对光、强酸、强碱不稳定。

【毒性】 高毒。大鼠急性经口 LD_{50} 为 10 毫克/千克，急性经皮 $LD_{50}>380$ 毫克/千克；小鼠急性经口 LD_{50} 为 13.6 毫克/千克，鸡、鸭急性经口 LD_{50} 为 84.6 毫克/千克。兔急性经皮 $LD_{50}>$ 2 000 毫克/千克。对皮肤无刺激性，对眼睛有轻度刺激性。北美鹌急性经口 $LD_{50}>200$ 毫克/千克。蓝鳃太阳鱼 LC_{50}（96 小时）9.6 毫克/升。无致癌、致突变作用。对水生生物毒性高，对蜜蜂高毒，对鸟类低毒。早期中毒症状为瞳孔放大，行动失调，肌肉颤抖，严重时导致呕吐。

【制剂】 1.50% 超低容量液剂，1% 缓释粒，0.50%、1%、1.50%、2.50%、3% 颗粒剂，0.50%、5% 可溶液剂，0.5%、1.80%、3%、5% 可湿性粉剂，0.10% 浓饵剂，0.30%、0.50%、

0.90％、1％、1.80％、2％、3.20％、5％、10％、18 克/升乳油、6％、10％水分散粒剂,1％、1.80％、3％、5％、18 克/升水乳剂、1％、2％、3％、5％、10％微囊悬浮剂,1.80％、3％、5％微乳剂、3％、5％、10％悬浮剂。

【作用机制与防治对象】 本品是一种具有胃毒和触杀作用的广谱性杀虫杀螨剂,渗透性强。通过干扰害虫神经生理活动,刺激虫体产生 γ-氨基丁酸,从而阻断运动神经信息的传递进程,使害虫在受害后迅速麻痹拒食、不活动、不取食,24～48 小时内死亡,药剂没有杀卵作用。适用于蔬菜、果树、花卉、烟草、棉花、粮食等作物上,可有效防治鳞翅目、半翅目害虫。

【使用方法】

(1)防治水稻稻纵卷叶螟:在稻纵卷叶螟卵孵化盛期或低龄幼虫期,每 667 平方米用 3％可湿性粉 20～40 克兑水 30～50 千克均匀喷雾,安全间隔期 14 天,每季最多施用 3 次。或每 667 平方米用 1.8％乳油 33.3～66.7 毫升,或 1.8％水乳剂 20～40 毫升兑水 30～50 千克均匀喷雾,安全间隔期 14 天,每季最多施用 2 次;或每 667 平方米用 10％水分散粒剂 5～6 克或 2％微囊悬浮剂 31～36 毫升兑水 30～50 千克均匀喷雾,安全间隔期 21 天,每季最多施用 2 次;或每 667 平方米用 1.8％微乳剂 35～40 毫升兑水 30～50 千克均匀喷雾,安全间隔期 21 天,每季最多施用 3 次;或每 667 平方米用 5％悬浮剂 12～20 毫升兑水 30～50 千克均匀喷雾,安全间隔期 14 天,每季最多施用 1 次。

(2)防治水稻二化螟:在二化螟卵孵化盛期或低龄幼虫期,每 667 平方米用 5％乳油 10～15 毫升兑水 30～50 千克均匀喷雾,安全间隔期 14 天,每季最多施用 2 次;或每 667 平方米用 10％水分散粒剂 5～6 克,或 3％水乳剂 27～33 毫升兑水 30～50 千克均匀喷雾,安全间隔期 21 天,每季最多施用 2 次;或每 667 平方米用 1.8％微乳剂 30～40 毫升兑水 30～50 千克均匀喷雾,安全间隔期 21 天,每季最多施用 3 次。

（3）防治小麦红蜘蛛：在红蜘蛛发生始盛期,每 667 平方米用 5％悬浮剂 4～8 毫升兑水 30～50 千克均匀喷雾,安全间隔期 14 天,每季最多施用 2 次。

（4）防治玉米玉米螟：在玉米螟卵孵化盛期或低龄幼虫期,每 667 平方米用 5％水乳剂 15～20 毫升兑水 30～50 千克均匀喷雾,安全间隔期 14 天,每季最多施用 2 次。

（5）防治棉花红蜘蛛：在红蜘蛛发生初期,每 667 平方米用 1.8％乳油 40～60 毫升或 1.8％微乳剂 40～60 毫升,兑水 30～50 千克均匀喷雾,安全间隔期 21 天,每季最多施用 2 次。或每 667 平方米用 10％悬浮剂 7～11 毫升兑水 30～50 千克均匀喷雾,安全间隔期 21 天,每季最多施用 3 次。

（6）防治棉花棉铃虫：在棉铃虫卵孵化盛期或低龄幼虫期,每 667 平方米用 1.8％乳油 80～120 毫升或 1.8％微乳剂 80～120 毫升,兑水 30～50 千克均匀喷雾,安全间隔期 21 天,每季最多施用 2 次。

（7）防治棉花蚜虫：在蚜虫发生期,每 667 平方米用 1.8％乳油 11～17 毫升兑水 30～50 千克均匀喷雾,安全间隔期 14 天,每季最多施用 3 次。

（8）防治花生根结线虫：每 667 平方米用 0.5％颗粒剂 1 000～2 000 克,播种前土壤穴施或沟施,每季最多施用 1 次。

（9）防治番茄根结线虫：于秧苗移栽后灌根处理,每 667 平方米用 5％微乳剂 400～500 毫升,使用前先将药剂兑水配成一定浓度的药液,一般苗期每株灌药液 50～100 毫升,成株期用量要加大。安全间隔期 55 天,每季最多用药 1 次。

（10）防治黄瓜根结线虫：在黄瓜移栽前或移栽时,每 667 平方米用 0.5％颗粒剂 3 000～3 500 克,采用药土法进行土壤处理,每季用药 1 次,安全间隔期 51 天。或每 667 平方米用 5％微囊悬浮剂 240～360 毫升,于黄瓜定植缓苗后灌根,在黄瓜上每季最多用药 2 次。

(11) 防治黄瓜美洲斑潜蝇：在美洲斑潜蝇卵孵化盛期或低龄幼虫期，每 667 平方米用 1.8％乳油 25～30 毫升或 3％微乳剂 24～48 毫升，兑水 30～50 千克均匀喷雾，安全间隔期 7 天，每季最多施用 3 次。

(12) 防治十字花科蔬菜菜青虫：在菜青虫卵孵化盛期或低龄幼虫期，每 667 平方米用 1.8％乳油 30～40 毫升兑水 30～50 千克均匀喷雾，十字花科蔬菜叶菜安全间隔期为 7 天，每季最多施用 3 次。

(13) 防治十字花科蔬菜小菜蛾：在小菜蛾卵孵化盛期或低龄幼虫期，每 667 平方米用 1.8％可湿性粉剂 30～40 克兑水 30～50 千克均匀喷雾，甘蓝安全间隔期为 3 天，每季最多施用 2 次；萝卜安全间隔期 7 天，每季最多施用 2 次；小白菜安全间隔期 5 天，每季最多施用 2 次。或每 667 平方米用 1.8％乳油 30～40 毫升兑水 30～50 千克均匀喷雾，十字花科蔬菜叶菜安全间隔期为 7 天，每季最多施用 3 次。或每 667 平方米用 1.8％水乳剂 30～40 毫升兑水 30～50 千克均匀喷雾，安全间隔期 7 天，每季最多施用 1 次。

(14) 防治甘蓝菜青虫：在菜青虫卵孵化盛期或低龄幼虫期，每 667 平方米用 1.8％乳油 30～40 毫升兑水 30～50 千克均匀喷雾，安全间隔期 7 天，每季最多施用 1 次。或每 667 平方米用 5％微囊悬浮剂 12～20 毫升兑水 30～50 千克均匀喷雾，安全间隔期 5 天，每季最多施用 1 次。或每 667 平方米用 3％微乳剂 16.7～20 毫升兑水 30～50 千克均匀喷雾，安全间隔期 10 天，每季最多施用 2 次。

(15) 防治甘蓝小菜蛾：在小菜蛾卵孵化盛期或低龄幼虫期，每 667 平方米 1.8％可湿性粉剂 30～40 克或 1.8％乳油 30～40 毫升或 1.8％水乳剂 30～40 毫升，兑水 30～50 千克均匀喷雾，安全间隔期 7 天，每季最多施用 2 次。或每 667 平方米用 1.8％微乳剂 30～40 毫升兑水 30～50 千克均匀喷雾，安全间隔期 5 天，每季最多施用 2 次。

（16）防治白菜小菜蛾：在小菜蛾卵孵化盛期或低龄幼虫期，每 667 平方米用 5％可溶液剂 10～12 毫升兑水 30～50 千克均匀喷雾，安全间隔期 7 天，每季最多施用 1 次。

（17）防治大白菜小菜蛾：在小菜蛾卵孵化盛期或低龄幼虫期，每 667 平方米用 1.8％乳油 25～40 毫升兑水 30～50 千克均匀喷雾，安全间隔期 7 天，每季最多施用 3 次。或每 667 平方米用 1.8％水乳剂 15～20 毫升兑水 30～50 千克均匀喷雾，安全间隔期 7 天，每季最多施用 1 次。

（18）防治小白菜小菜蛾：在小菜蛾卵孵化盛期或低龄幼虫期，每 667 平方米用 5％水乳剂 10～15 毫升兑水 30～50 千克均匀喷雾，安全间隔期 7 天，每季最多施用 2 次。

（19）防治小油菜小菜蛾：在小菜蛾卵孵化盛期或低龄幼虫期，每 667 平方米用 1.8％可湿性粉剂 108～144 克兑水 30～50 千克均匀喷雾，安全间隔期 7 天，每季最多施用 1 次。或每 667 平方米用 1.8％乳油 40～60 毫升兑水 30～50 千克均匀喷雾，安全间隔期 5 天，每季最多施用 2 次。

（20）防治小油菜菜青虫：在菜青虫卵孵化盛期或低龄幼虫期，每 667 平方米用 1.8％可湿性粉剂 11～22 克兑水 30～50 千克均匀喷雾，安全间隔期 7 天，每季最多施用 1 次。

（21）防治小油菜美洲斑潜蝇：在美洲斑潜蝇卵孵化盛期或低龄幼虫期，每 667 平方米用 1.8％可湿性粉剂 30～40 克兑水 30～50 千克均匀喷雾，安全间隔期 7 天，每季最多施用 2 次。

（22）防治萝卜小菜蛾：在小菜蛾卵孵化盛期或低龄幼虫期，每 667 平方米用 1.8％乳油 30～40 毫升兑水 30～50 千克均匀喷雾，安全间隔期 7 天，每季最多施用 2 次。

（23）防治菜豆美洲斑潜蝇：在美洲斑潜蝇卵孵化盛期或低龄幼虫期，每 667 平方米用 3％可湿性粉剂 6.67～10 克兑水 30～50 千克均匀喷雾，安全间隔期 5 天，每季最多施用 3 次。或每 667 平方米用 1.8％乳油 22～31 毫升兑水 30～50 千克均匀喷雾，安全间隔期 10 天,每季最多施用 3 次。或每 667 平方米用 1.8%水乳剂 40~80 毫升兑水 30~50 千克均匀喷雾,安全间隔期 5 天,每季最多施用 2 次。

(24)防治小葱潜叶蝇:在潜叶蝇卵孵化盛期或低龄幼虫期,每 667 平方米用 1.8%微乳剂 60~80 毫升兑水 30~50 千克均匀喷雾,安全间隔期 7 天,每季最多施用 1 次。

(25)防治茭白二化螟:在二化螟卵孵化盛期或低龄幼虫期,每 667 平方米用 1.8%乳油 35~50 毫升兑水 30~50 千克均匀喷雾,安全间隔期 14 天,每季最多施用 2 次。

(26)防治苦瓜瓜实蝇:每 667 平方米用 0.1%浓饵剂 180~270 毫升,用清水稀释 2~3 倍后装入诱罐,挂于苦瓜架的背阴面 1.5 米左右高处,每 7 天换 1 次诱罐内的药液,每 667 平方米用 10 个诱罐。

(27)防治胡椒根结线虫:每 667 平方米用 0.5%颗粒剂 3 000~5 000 克,于根结线虫发生初期施药,沟施或穴施,每季最多施用 2 次,安全间隔期 14 天。

(28)防治西瓜根结线虫:于根结线虫发生初期,每 667 平方米用 3%微囊悬浮剂 500~700 毫升,用清水稀释后灌根,灌根后覆土,每季施用 1 次,安全间隔期 10 天。

(29)防治柑橘树红蜘蛛:在红蜘蛛发生初期,用 1.8%乳油 2 000~4 000 倍液均匀喷雾,安全间隔期 14 天,每季最多施用 1 次。或用 10%水分散粒剂 10 000~20 000 倍液或 1.8%水乳剂 1 800~2 400 倍液或 1.8%微乳剂 2 000~4 000 倍液或 5%悬浮剂 4 000~5 000 倍液,均匀喷雾,安全间隔期 21 天,每季最多施用 2 次。或用 10%微囊悬浮剂 8 000~10 000 倍液均匀喷雾,安全间隔期 21 天,每季最多施用 1 次。

(30)防治柑橘树潜叶蛾:在潜叶蛾卵孵化盛期或低龄幼虫期,用 1.8%乳油 2 000~3 000 倍液均匀喷雾,安全间隔期 14 天,每季最多施用 2 次。或用 1.8%水乳剂 1 500~2 500 倍液均匀喷雾,安全间隔期 21 天,每季最多施用 2 次。

(31) 防治柑橘树锈壁虱:在锈壁虱发生初期,用 1.8% 乳油 3 000～4 000 倍液均匀喷雾,安全间隔期 14 天,每季最多施用 2 次。或用 1.8% 水乳剂 2 000～4 000 倍液均匀喷雾,安全间隔期 21 天,每季最多施用 2 次。

(32) 防治柑橘树橘大实蝇:每 667 平方米用 0.1% 浓饵剂 180～270 毫升,用清水稀释 2～3 倍后装入诱罐,挂于果树的背阴面 1.5 米左右高处,每 7 天换 1 次诱罐内的药液,每 667 平方米用 10 个诱罐。

(33) 防治柑橘树橘小实蝇:每 667 平方米用 0.1% 浓饵剂 180～270 毫升,用清水稀释 2～3 倍后装入诱罐,挂于果树的背阴面 1.5 米左右高处,每 7 天换 1 次诱罐内的药液,每 667 平方米用 10 个诱罐。

(34) 防治苹果树红蜘蛛:在红蜘蛛发生初期,用 1.8% 可湿性粉剂 4 500～5 500 倍液均匀喷雾,安全间隔期 14 天,每季最多施用 3 次。或用 1.8% 乳油 3 000～6 000 倍液均匀喷雾,安全间隔期 14 天,每季最多施用 2 次。或用 1% 微囊悬浮剂 2 000～4 000 倍液均匀喷雾,安全间隔期 15 天,每季最多施用 3 次。

(35) 防治苹果树二斑叶螨:在二斑叶螨发生初期,用 1.8% 乳油 3 000～4 000 倍液均匀喷雾,安全间隔期 14 天,每季最多施用 3 次。或用 1.8% 微乳剂 3 000～4 000 倍液均匀喷雾,安全间隔期 21 天,每季最多施用 3 次。

(36) 防治苹果树山楂叶螨:在叶螨发生初期,用 1.8% 乳油 3 000～6 000 倍液均匀喷雾,安全间隔期 14 天,每季最多施用 2 次。

(37) 防治苹果树桃小食心虫:在桃小食心虫卵孵化盛期或低龄幼虫期,用 1.8% 乳油 2 000～4 000 倍液均匀喷雾,安全间隔期 14 天,每季最多施用 3 次。或用 3% 微乳剂 3 300～6 700 倍液均匀喷雾,安全间隔期 21 天,每季最多施用 3 次。

(38) 防治苹果树蚜虫:在蚜虫发生期,用 1.8% 乳油 3 000～

4 000 倍液均匀喷雾,安全间隔期 14 天,每季最多施用 2 次。

(39)防治梨树梨木虱:在梨木虱发生初期,用 1.8%乳油 1 500～3 000 倍液或 1.8%水乳剂 1 500～1 800 倍液均匀喷雾,安全间隔期 21 天,每季最多施用 2 次。或用 2%微囊悬浮剂 4 000～5 000 倍液均匀喷雾,安全间隔期 14 天,每季最多施用 3 次。或用 1.8%微乳剂 1 500～3 000 倍液均匀喷雾,安全间隔期 21 天,每季最多施用 3 次。

(40)防治杨梅树果蝇:每 667 平方米用 0.1%浓饵剂 180～270 毫升,用清水稀释 2～3 倍后装入诱罐,挂于果树的背阴面 1.5 米左右高处,每 7 天换 1 次诱罐内的药液,每 667 平方米用 20 个诱罐。

(41)防治冬枣红蜘蛛:在红蜘蛛发生初期,用 5%水乳剂 8 000～10 000 倍液均匀喷雾,安全间隔期 28 天,每季最多施用 1 次。

(42)防治烟草(苗床)线虫:每 667 平方米用 0.5%颗粒剂 3 000～4 000 克,于烟草移植时进行沟施或穴施,在烟草移植时施用 1 次。

(43)防治烟草根结线虫:每 667 平方米用 0.5%颗粒剂 3 000～4 000 克沟施、穴施,安全间隔期 50 天,每季施药 1 次。或每 667 平方米用 3%微囊悬浮剂 500～1 000 毫升兑水 50 千克稀释,在烟草移栽时,每穴施 50 毫升药液,均匀穴施,移栽烟苗后立即覆土,仅在烟草移栽时施药 1 次。

(44)防治蔷薇科观赏花卉根结线虫:在初见根结线虫危害时,每 667 平方米用 3%颗粒剂 444～666 克拌细土沟施。

(45)防治蔷薇科观赏花卉红蜘蛛:在红蜘蛛发生初期,用 2%微囊悬浮剂 1 000～2 000 倍液均匀喷雾。

(46)防治观赏月季红蜘蛛:在红蜘蛛发生初期,用 3%悬浮剂 3 333～6 667 倍液均匀喷雾。

(47)防治草坪螟虫:在螟虫卵孵化盛期或低龄幼虫期,每 667 平方米用 1.8%乳油 66～100 毫升兑水 30～50 千克均匀喷雾。

(48)防治松树松材线虫:在线虫发生前或发生初期采用树干

打孔注射,每厘米胸径用 1.8% 乳油 7.5～10 毫升或 5% 乳油 2.7～3.6 毫升树干打孔注射 1 次。

(49)防治松树松毛虫:在松毛虫低龄幼虫期,用 3% 微囊悬浮剂 10 000～15 000 倍液均匀喷雾。

【注意事项】

(1)对鱼类等水生生物、蜜蜂、家蚕有毒。远离水产养殖区施药,禁止在河塘等水域附近用药,禁止在河塘等水体中清洗施药器具。

(2)不可与呈碱性的农药等物质混合使用。

(3)鸟类保护区附近禁用,施药后立即覆土。

(4)本品在下列食品上的最大残留限量(毫克/千克):糙米 0.02,小麦 0.01,棉籽 0.01,花生仁 0.05,黄瓜、番茄、西瓜均为 0.02,胡椒、结球甘蓝、小白菜、大白菜、青菜均为 0.05,小油菜、菜豆、葱均为 0.1,萝卜 0.01,茭白 0.3,柑橘、苹果、梨、杨梅均为 0.02,枣(鲜)0.05。

5. 桉油精

分子式:$C_{10}H_{18}O$

【类别】 植物源类。

【化学名称】 1,3,3-三甲基-2-氧杂二环[2,2,2]辛烷。

【理化性质】 单萜类化合物,无色液体,味辛冷,有与樟脑相似的气味。熔点 1.5 ℃,沸点 176～178 ℃,密度(25 ℃)0.921～0.930 克/厘米^3。折射率 1.454～1.461,与乙醇、氯仿、冰醋酸、乙醚及油可混溶,几乎不溶于水。

【毒性】 低毒。大鼠急性经口 LD_{50} 为 2480 毫克/千克,小鼠急性经皮 LD_{50} 为 1070 毫克/千克,兔急性经皮 $LD_{50}>5000$ 毫克/千克。呆鲦鱼 LC_{50}(96 小时)为 102 毫克/升。

【制剂】 5％可溶液剂。

【作用机制与防治对象】 本品以桉树叶为原料,采用现代提取工艺获得有效成分,经浓缩提纯而成。以触杀作用为主,具有高效、低毒等特点。对十字花科蔬菜蚜虫具有较好防治效果。

【使用方法】

防治十字花科蔬菜蚜虫:在蚜虫发生初期,每 667 平方米用 5％可溶液剂 70～100 克兑水 30～50 千克均匀喷雾,在十字花科蔬菜上使用的安全间隔期为 7 天,每季最多施用 2 次。

【注意事项】

(1) 不能与波尔多液等碱性农药等物质混用。

(2) 对蜜蜂、鱼类、鸟类有毒。施药时避免对周围蜂群产生影响,蜜源作物花期、桑园和蚕室附近禁用,远离水产养殖区施药,不要让药剂污染河流、水塘和其他水源和雀鸟聚集地。

6. 八角茴香油

【类别】 植物源类。

【理化性质】 本品是从八角茴香的新鲜枝叶或成熟果实中提取得到的无色至淡黄色的澄清液体,有与八角茴香类似的芳香气味,味辛甜。主要成分为茴香脑(含量达 90％以上)。冷藏时常发生浑浊或析出片状结晶,加温后又澄清。微溶于水,易溶于乙醇、乙醚和氯仿。相对密度在 25 ℃时为 0.975～0.988,凝点不低于 15 ℃。旋光度为 $-2°～+1°$,折光率为 1.553～1.560。

【毒性】 低毒。对皮肤和眼睛无刺激性,对皮肤无致敏性。

茴香脑小鼠灌胃 LD_{50} 为 4 克/千克,腹腔注射 LD_{50} 为 1.5 克/千克;茴香脑顺式异构体大鼠腹腔注射 LD_{50} 为 0.07 克/千克,小鼠腹腔注射 LD_{50} 为 0.095 克/千克;茴香脑反式异构体大鼠腹腔注射 LD_{50} 为 2.67 克/千克,小鼠腹腔注射 LD_{50} 为 1.41 克/千克。

【制剂】 无单剂产品登记,有与溴氰菊酯复配制剂 0.042% 溴氰·八角油微粒剂。

【作用机制与防治对象】 本品是以亚热带天然植物性物质八角茴香油和溴氰菊酯配制而成的一种贮粮杀虫剂。产品具有气味芳香,对贮粮害虫具有触杀、胃毒、拒食和驱避作用,可直接拌入原粮和种子粮中,正常使用不影响原有品质。适用于防治危害粮食的玉米象、谷蠹、赤拟谷盗、锯谷盗、长角谷盗、书虱及蛾类等主要仓贮害虫。

【使用方法】

防治仓贮原粮害虫:用 0.042% 溴氰·八角油微粒剂按药粮比 1:667~1:1000 分层均匀撒施。对干净新粮或虫口密度较低的粮食,可采用均匀拌和或分层施药法,先施药于底层,每隔 30 厘米施一层,然后在面层适当增加药量,最后用洁净的薄膜或麻袋覆盖。

【注意事项】

(1) 不能与铜制剂、强酸或强碱性药剂混用。

(2) 为避免产生耐药性,可与其他不同作用机制的杀虫剂轮换使用。

7. 倍硫磷

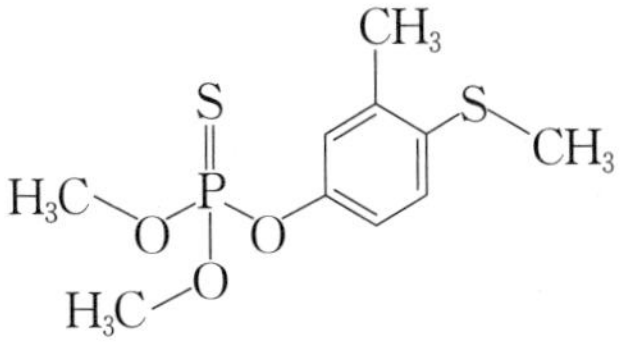

分子式:$C_{10}H_{15}O_3PS_2$

【类别】 有机磷酸酯类。

【化学名称】 O,O-二甲基-O-4-甲硫基间甲苯基硫代磷酸酯。

【理化性质】 纯品为无色油状液体,几乎无味。沸点 87 ℃,蒸气压(20 ℃)0.74 毫帕,相对密度 1.250。溶解度(20 ℃):水 2 毫克/千克,二氯甲烷、异丙醇>1 千克/千克,溶于大多数有机溶剂。原药(纯度 95%～98%)为棕色油状物,略带轻微的大蒜味。低于 210 ℃温度下稳定,对光和碱稳定。水中 DT_{50} 约 1.5 天。

【毒性】 中等毒。急性经口 LD_{50}:雄大鼠 190～315 毫克/千克,雌大鼠 245～615 毫克/千克。大鼠急性经皮 LD_{50} 为 330～500 毫克/千克。对狗和家禽的毒性较大。鱼类 LC_{50}(96 小时,毫克/千克):虹鳟鱼 0.8～1.0,大鳍鳞鳃太阳鱼 1.7。

【制剂】 50%乳油。

【作用机制与防治对象】 主要抑制乙酰胆碱酯酶,使害虫中毒死亡。为广谱性杀虫剂,对作物有一定的渗透作用,但无内吸传导作用,残效期较长。可有效防治小麦吸浆虫、十字花科蔬菜蚜虫和大豆食心虫。

【使用方法】

(1) 防治小麦吸浆虫:在吸浆虫成虫发生始盛期,每 667 平方米用 50%乳油 50～100 毫升兑水 30～50 千克均匀喷雾,安全间隔期 10 天,每季最多施用 2 次。

(2) 防治十字花科蔬菜蚜虫:在蚜虫发生期,每 667 平方米用 50%乳油 40～60 克兑水 30～50 千克均匀喷雾,安全间隔期 10 天,每季最多施用 2 次。

(3) 防治大豆食心虫:在食心虫卵孵化盛期或低龄幼虫期,每 667 平方米用 50%乳油 120～160 毫升兑水 30～50 千克均匀喷雾,安全间隔期 45 天,每季最多施用 2 次。

【注意事项】

(1) 不能与碱性农药混用。

（2）对十字花科蔬菜的幼苗、梨树、高粱、啤酒花易造成药害，施用中应防止飘移到上述作物上。

（3）为延缓耐药性产生，建议与其他不同作用机制的杀虫剂轮换使用。

（4）对蜜蜂、鱼类等水生生物、家蚕有毒。施药期间应避免对周围蜂群的影响，开花植物花期、蚕室和桑园附近禁用，远离水产养殖区施药，禁止在河塘等水体中清洗施药器具，不能污染水源。

（5）本品在下列食品上的最大残留限量（毫克/千克）：小麦 0.05，结球甘蓝 0.1，叶菜类蔬菜 0.05。

8. 苯丁锡

分子式：$C_{60}H_{78}OSn_2$

【类别】 有机锡类。

【化学名称】 双［三（2-甲基-2-苯基丙基）锡］氧化物。

【理化性质】 原药为无色晶体，熔点 138～139 ℃，蒸气压 8.5×10^{-8} 帕（20 ℃），相对密度 1.290～1.330（20 ℃），正辛醇-水分配系数 $K_{ow} \log P$ 为 5.2。溶解度（23 ℃）：水 0.005 毫克/升、丙酮 6 克/升、苯 140 克/升、二氯甲烷 380 克/升，微溶于脂肪烃和矿物油中。对光、热稳定，抗氧化。

【毒性】 低毒。原药大鼠急性经口 LD_{50} 为 2 631 毫克/千克,急性经皮 $LD_{50} > 1 000$ 毫克/千克,急性吸入 LC_{50} 为 1 830 毫克/米^3。对眼睛黏膜、皮肤和呼吸道刺激性较大。在试验剂量范围内对动物未见蓄积毒性及致畸、致突变、致癌作用。三代繁殖试验和神经试验未见异常。对鱼类高毒,大多数鱼类 LC_{50} 为 2~540 微克/升。对蜜蜂和鸟类低毒,蜜蜂经口 $LD_{50} > 40$ 微克/只、接触 $LD_{50} > 3 982$ 微克/只。野鸭急性经口 $LD_{50} > 2 000$ 毫克/千克。

【制剂】 20%、25%、50%可湿性粉剂,10%乳油,20%、40%、50%悬浮剂。

【作用机制与防治对象】 本品是一种长效专性杀螨剂,对有机磷和有机氯有抗性的害螨对其不产生交互抗性。对害螨以触杀为主,喷药后起始毒力缓慢,3 天以后活性开始增强,到 14 天达到高峰。本品残效期是杀螨剂中较长的一种,可达 2~5 个月。对幼螨和成螨、若螨的杀伤力比较强,但对卵的杀伤力不大。在作物各生长期使用都很安全,使用超过有效杀螨浓度一倍均未见有药害发生。对害螨天敌如捕食螨、瓢虫和草蛉等影响甚小。本品为感温型杀螨剂,当气温在 22 ℃以上时药效提高,22 ℃以下活性降低,低于 15 ℃药效较差,故冬季不宜使用。

【使用方法】

(1) 防治柑橘树红蜘蛛:在红蜘蛛发生始盛期,用 10%乳油 500~600 倍液或 50%可湿性粉剂 2 000~3 000 倍液均匀喷雾,安全间隔期 21 天,每季最多施用 2 次。或用 40%悬浮剂 1 600~2 000 倍液均匀喷雾,安全间隔期 28 天,每季最多施用 2 次。

(2) 防治柑橘树锈壁虱:在锈壁虱发生初期,用 50%可湿性粉剂 1 500~2 500 倍液或 20%悬浮剂 1 000~1 200 倍液均匀喷雾,安全间隔期 21 天,每季最多施用 2 次。

【注意事项】

(1) 最宜在气温 22 ℃以上使用。

(2) 不能与碱性农药混用。

（3）建议与其他不同作用机制的杀虫剂交替使用。

（4）本品在柑橘上的最大残留限量为 1 毫克/千克。

9. 吡丙醚

分子式：$C_{20}H_{19}NO_3$

【类别】 保幼激素类昆虫生长调节剂。

【化学名称】 4-苯氧基苯基-(RS)-2-(2-吡啶基氧基)丙基醚。

【理化性质】 纯品为结晶固体。熔点 45～47℃,蒸气压 0.29毫帕(20℃),相对密度 1.23(20℃)。溶解度(20～25℃,克/千克)：己烷 400,甲醇 200,二甲苯 500。

【毒性】 低毒。大鼠急性经口 LD_{50}>5 000 毫克/千克,大鼠急性经皮 LD_{50}>2 000 毫克/千克,大鼠急性吸入 LC_{50}(4 小时)>13 000 毫克/米³。对眼有轻度刺激作用,无致敏作用。在试验剂量下未见致突变、致畸反应。大鼠 6 个月喂养试验无作用剂量 400 毫克/千克,大鼠 28 天吸入试验 NOEL 482 毫克/米³,动物吸收、分布、排出迅速。

【制剂】 10.8%、100 克/升乳油,1%粉剂。

【作用机制与防治对象】 本品是一种保幼激素类型的几丁质合成抑制剂,具有强烈的杀卵作用。通过抑制胚胎发育及卵的孵化,或生成没有生活能力的卵,从而有效地控制并达到防治害虫的目的。此外,还具有内吸转移活性,可以影响隐藏在叶片背面的幼虫。对昆虫的抑制作用表现在影响昆虫的蜕变和繁殖。对半翅目、双翅目、鳞翅目、缨翅目害虫具有高效、用药量少、持效期长,对作物安全、对鱼低毒、对生态环境影响小等特点。对于蚊、蝇类卫生害虫,在其幼虫后期(4龄期)较为敏感的阶段,低剂量即可导致化蛹阶段死亡,抑制成虫羽化,其持效期长,可达1个月以上。用于防治番茄白粉虱、柑橘树木虱和介壳虫。

【使用方法】

(1)防治姜蛆:每1000千克姜用1‰粉剂1000~1500克,在姜窖内施用时,将药剂与细河沙按1:10比例混匀后均匀撒施于生姜表面,生姜贮藏期撒施1次,安全间隔期180天。

(2)防治番茄白粉虱:在白粉虱发生初期,每667平方米用100克/升乳油47.5~60毫升兑水30~50千克,均匀喷雾于作物叶片正、背面,每隔7天左右再用药1次,每季最多施用2次,安全间隔期7天。

(3)防治柑橘树介壳虫:于若虫孵化初期施药,用100克/升乳油1000~1500倍液均匀喷雾,间隔7~15天再用药1次,每季最多施用2次,安全间隔期28天。

(4)防治柑橘树木虱:于若虫孵化初期施药,用100克/升乳油1000~1500倍液均匀喷雾,间隔7~15天再用药1次,每季最多施用2次,安全间隔期28天。

【注意事项】

(1)对桑蚕有毒,勿在桑园及蚕室附近使用。

(2)对鱼类及水生生物有毒。避免药液进入水体,远离虾、蟹养殖塘等水体施药,防止药液飘移污染邻近水域。不要在河塘、湖泊等水体中清洗施药器械。

(3)对眼睛有刺激性,使用时请注意防护。

(4)建议与不同机制杀虫剂轮换使用。

(5)赤眼蜂等天敌放飞区域禁用。

(6)本品在下列食品上的最大残留限量(毫克/千克):番茄1,柑橘2。

10. 吡虫啉

分子式：$C_9H_{10}ClN_5O_2$

【类别】 新烟碱类。

【化学名称】 1-(6-氯-3-吡啶基甲基)-N-硝基亚咪唑烷-2-基胺。

【理化性质】 无色晶体(工业品为白色粉末)。熔点 143.8℃ (晶体形式 1)或 136.4℃(晶体形式 2)，蒸气压 200 毫帕(20℃)，相对密度 1.543(23℃)。溶解度(20℃)：水 0.51 克/升，二氯甲烷 50~100 克/升，异丙醇 1~2 克/升。在 pH5~11 下稳定。水溶液 DT_{50} 约 4 小时。

【毒性】 低毒。大鼠(雌、雄)急性经口 LD_{50} 约 450 毫克/千克，大鼠(雌、雄)急性经皮 LD_{50} >5 000 毫克/千克，大鼠急性吸入 LC_{50}(4 小时)>5 223 毫克/厘米^3(粉尘)。对兔眼睛和皮肤无刺激作用，无致突变性、致敏性和致畸性。金色圆腹雅罗鱼 LC_{50}(96 小时)237 毫克/升。日本鹌鹑急性经口 LD_{50} 为 31 毫克/千克。蚯蚓 LC_{50} 为 10.7 毫克/千克(干土)。

【制剂】 1%饵剂，15%泡腾片剂，5%片剂，10%、15%微囊悬浮剂，5%油剂，70%种子处理可分散粉剂，0.20%、2%、2.50%缓释粒剂，0.10%、2%、5%颗粒剂，5%、10%、20%、200 克/升可溶液剂，5%、10%、20%、25%、50%、70%可湿性粉剂，5%、

10%、20%乳油,70%湿拌种剂,40%、65%、70%水分散粒剂,10%、30%、45%微乳剂,200克/升、350克/升、480克/升、600克/升悬浮剂,1%、30%、350克/升、600克/升悬浮种衣剂。

【作用机制与防治对象】 本品是一种高效、内吸的广谱性杀虫剂。对昆虫乙酰胆碱酯酶受体具有较强的作用,使昆虫神经麻痹后迅速死亡,持效期长。能有效防治蚜虫、飞虱、叶蝉、蓟马、粉虱等刺吸式口器害虫,对鞘翅目、双翅目和鳞翅目害虫也有较好的防治效果,但对线虫和红蜘蛛无活性。

【使用方法】

(1)防治水稻稻飞虱:在稻飞虱低龄若虫发生始盛期,每667平方米用200克/升可溶液剂7~10毫升,或20%可湿性粉剂5~10克,或30%微乳剂5~7毫升,兑水30~50千克均匀喷雾,安全间隔期14天,每季最多施用2次。或每667平方米用15%泡腾片剂15~20克兑水30~50千克均匀喷雾,安全间隔期28天,每季最多施用2次;或每667平方米用5%片剂30~40克,撒施,安全间隔期为7天,每季最多使用2次;或每667平方米用10%乳油10~20毫升,或600克/升悬浮剂3~5毫升,在稻飞虱低龄若虫发生高峰期兑水30~50千克均匀喷雾,安全间隔期为7天,每季最多使用2次。或每100千克种子用600克/升悬浮种衣剂641.7~700毫升进行种子包衣。

(2)防治水稻稻瘿蚊:在稻瘿蚊发生期,每667平方米用10%可湿性粉剂40~47克兑水30~50千克均匀喷雾,安全间隔期14天,每季最多施用2次。或用5%乳油按药种比1∶100拌种。

(3)防治水稻蓟马:在蓟马低龄若虫盛发期,每667平方米用10%可湿性粉剂4~6克兑水30~50千克均匀喷雾,安全间隔期14天,每季最多施用2次。或每100千克用600克/升悬浮种衣剂200~400毫升种子包衣。或用70%种子处理可分散粉剂按药种比1∶83~125拌种。

（4）防治水稻秧田蓟马：每 100 千克种子用 1％悬浮种衣剂 2 500～3 333 毫升种子包衣。

（5）防治水稻蚜虫：在蚜虫发生始盛期，每 667 平方米用 70％水分散粒剂 2～4 克兑水 30～50 千克均匀喷雾，安全间隔期 14 天，每季最多施用 2 次。

（6）防治小麦蚜虫：在蚜虫发生初期，每 667 平方米用 0.2％ 缓释粒剂 20～30 千克沟施，每季最多施用 1 次。或在蚜虫始盛期，每 667 平方米用 20％可湿性粉剂 15～20 克（北方地区）、5～10 克（南方地区），兑水 30～50 千克均匀喷雾，安全间隔期 7 天，每季最多施用 2 次。或每 667 平方米用 5％乳油 60～80 毫升兑水 30～50 千克均匀喷雾，安全间隔期 21 天，每季最多施用 2 次。或每 667 平方米用 70％水分散粒剂 2～4 克兑水 30～50 千克均匀喷雾，安全间隔期 14 天，每季最多施用 1 次。或每 667 平方米用 600 克/升悬浮剂 5～7 克兑水 30～50 千克均匀喷雾，安全间隔期 20 天，每季最多施用 2 次。或每 100 千克种子用 30％悬浮种衣剂 1 225～1 400 克，种子包衣。或每 100 千克种子用 600 克/升悬浮种衣剂 200～600 毫升种子包衣。或用 70％种子处理可分散粉剂按药种比 1∶400～500 拌种。

（7）防治春小麦蚜虫：在蚜虫发生始盛期，每 667 平方米用 10％可湿性粉剂 30～40 克兑水 30～50 千克均匀喷雾，安全间隔期 20 天，每季最多施用 2 次。

（8）防治冬小麦蚜虫：在蚜虫发生始盛期，每 667 平方米用 10％可湿性粉剂 10～20 克兑水 30～50 千克均匀喷雾，安全间隔期 20 天，每季最多施用 2 次。

（9）防治玉米蛴螬：每 100 千克种子用 600 克/升悬浮种衣剂 200～600 毫升种子包衣。

（10）防治玉米蚜虫：每 100 千克种子用 70％湿拌种剂 500～ 700 克拌种。或每 100 千克种子用 600 克/升悬浮种衣剂 250～ 500 毫升进行种子包衣。或每 100 千克种子用 70％种子处理可分散粉剂 600～700 克拌种处理。

(11) 防治夏玉米蚜虫:用 70%种子处理可分散粉剂按药种比 1:143～200 拌种处理。

(12) 防治玉米灰飞虱:每 100 千克种子用 600 克/升悬浮种衣剂 333～833 克种子包衣。

(13) 防治玉米金针虫:每 100 千克种子用 600 克/升悬浮种衣剂 400～600 毫升种子包衣。

(14) 防治棉花蚜虫:在蚜虫发生始盛期,每 667 平方米用 10%可溶液剂 5～10 毫升或 5%片剂 20～30 克,兑水 30～50 千克均匀喷雾,安全间隔期 15 天,每季最多施用 2 次。或每 667 平方米用 10%可湿性粉剂 10～20 克,或 5%乳油 10～20 毫升,或 350 克/升悬浮剂 4～8 毫升,兑水 30～50 千克均匀喷雾,安全间隔期 14 天,每季最多施用 3 次。或每 667 平方米用 70%水分散粒剂 2～4 克兑水 30～50 千克均匀喷雾,安全间隔期 14 天,每季最多施用 1 次。或每 100 千克种子用 600 克/升悬浮种衣剂 600～800 毫升种子包衣。或用 70%种子处理可分散粉剂按药种比 1:140～166 拌种。

(15) 防治棉花伏蚜:在蚜虫发生始盛期,每 667 平方米用 200 克/升可溶液剂 10～15 毫升兑水 30～50 千克均匀喷雾,安全间隔期 14 天,每季最多施用 1 次。

(16) 防治棉花苗蚜:在蚜虫发生始盛期,每 667 平方米用 200 克/升可溶液剂 5～10 毫升兑水 30～50 千克均匀喷雾,安全间隔期 14 天,每季最多施用 1 次。

(17) 防治花生蛴螬:每 100 千克种子用 600 克/升悬浮种衣剂 200～400 毫升进行种子包衣。或每 100 千克种子用 10%种子处理微囊悬浮剂 1 400～2 600 克拌种。或每 667 平方米用 5%颗粒剂 500～1 000 克沟施或穴施,每季施药 1 次。

(18) 防治花生金针虫:每 100 千克种子用 600 克/升悬浮种衣剂 200～300 毫升种子包衣。

（19）防治甘蔗蔗螟：在甘蔗生长前期和中期，每667平方米用2％颗粒剂4 000～5 000克撒施，每季最多施用1次。

（20）防治番茄白粉虱：在白粉虱发生始盛期，每667平方米用20％可溶液剂15～20毫升兑水30～50千克均匀喷雾，安全间隔期7天，每季最多施用2次。或每667平方米用70％水分散粒剂4～6克兑水30～50千克均匀喷雾，安全间隔期5天，每季最多施用2次。

（21）防治黄瓜蚜虫：黄瓜定植时，用5％片剂按130～195毫克/株穴施。

（22）防治黄瓜白粉虱：黄瓜移栽或播种时，每667平方米用2％颗粒剂3 000～4 000克，拌适量细沙均匀撒施于种植沟内，施药后立即覆土，每季最多施药1次。

（23）防治黄瓜（温棚）白粉虱：在白粉虱发生初期，每667平方米用10％可湿性粉剂10～20克兑水30～50千克均匀喷雾，安全间隔期7天，每季最多用药2次。

（24）防治十字花科蔬菜蚜虫：在蚜虫发生始盛期，每667平方米用200克/升可溶液剂5～10毫升兑水30～50千克均匀喷雾，安全间隔期7天，每季最多施用1次。或每667平方米用10％可湿性粉剂10～20克或70％水分散粒剂1.5～2克或80克/升悬浮剂2～4克兑水30～50千克均匀喷雾，在十字花科蔬菜甘蓝上使用安全间隔期为7天，每季最多施用2次。

（25）防治甘蓝蚜虫：在蚜虫发生始盛期，每667平方米用20％可溶液剂8～12毫升，或5％乳油15～20毫升，或70％水分散粒剂2～3克，或10％微乳剂10～15毫升，或200克/升悬浮剂7.5～10毫升，兑水30～50千克均匀喷雾，安全间隔期7天，每季最多施用2次。或每667平方米用70％可湿性粉剂2～3克兑水30～50千克均匀喷雾，安全间隔期5天，每季最多施用2次。

（26）防治茄子白粉虱：在白粉虱发生始盛期，每667平方米用 200 克/升可溶液剂 15～30 毫升兑水 30～50 千克均匀喷雾,安全间隔期 3 天,每季最多施用 1 次。

(27)防治韭菜韭蛆:在韭蛆发生初期,每 667 平方米用 2%颗粒剂 1000～1500 克或 10%可湿性粉剂 200～300 克,拌细土撒施于沟内,撒施后立即覆土,安全间隔期 14 天,每季最多用药 1 次。

(28)防治菠菜蚜虫:在蚜虫发生始盛期,每 667 平方米用 10%可湿性粉剂 20～30 克兑水 30～50 千克均匀喷雾,安全间隔期 5 天,每季最多施用 2 次。

(29)防治芹菜蚜虫:在蚜虫发生始盛期,每 667 平方米用 10%可湿性粉剂 10～20 克兑水 30～50 千克均匀喷雾,安全间隔期 7 天,每季最多施用 3 次。

(30)防治莲藕莲缢管蚜:在蚜虫发生始盛期,每 667 平方米用 10%可湿性粉剂 10～20 克兑水 30～50 千克均匀喷雾,安全间隔期 14 天,每季最多施用 1 次。

(31)防治马铃薯蛴螬:每 100 千克种子用 600 克/升悬浮种衣剂 40～50 毫升种子包衣。

(32)防治马铃薯蚜虫:在蚜虫发生始盛期,每 667 平方米用 30%微乳剂 10～20 毫升兑水 30～50 千克均匀喷雾,安全间隔期 7 天,每季最多施用 2 次。

(33)防治萝卜蚜虫:在蚜虫发生始盛期,每 667 平方米用 70%水分散粒剂 1.5～2 克兑水 30～50 千克均匀喷雾,安全间隔期 14 天,每季最多施用 2 次。

(34)防治雷竹蚜虫:在蚜虫发生始盛期,每 667 平方米用 10%可湿性粉剂 40～60 克兑水 30～50 千克均匀喷雾,安全间隔期 7 天,每季最多施用 1 次。

(35)防治节瓜蓟马:在蓟马低龄若虫始盛期,每 667 平方米用 10%可湿性粉剂 20～35 克或 30%微乳剂 6.5～7.8 毫升,兑水 30～50 千克均匀喷雾,安全间隔期 3 天,每季最多施用 3 次。或每 667 平方米用 70％水分散粒剂 5～6 克兑水 30～50 千克均匀喷雾,安全间隔期 5 天,每季最多施用 3 次。或每 667 平方米用 5％乳油 1110～1390 倍液均匀喷雾,安全间隔期 3 天,每季最多施用 3 次。

(36)防治小葱蓟马:在蓟马发生始盛期,每 667 平方米用 70％水分散粒剂 4.5～6 克兑水 30～50 千克均匀喷雾,安全间隔期 7 天,每季最多施用 1 次。

(37)防治草莓蚜虫:在蚜虫发生始盛期,每 667 平方米用 10％可湿性粉剂 20～25 克兑水 30～50 千克均匀喷雾,安全间隔期 5 天,每季最多施用 2 次。

(38)防治柑橘园橘小实蝇:每 50 平方米用 1％饵剂 5～10 克,将药剂直接装入诱瓶,挂于果树的背阴面 1.5 米左右高处,每 7 天换 1 次诱瓶内的药剂,每 667 平方米用 10～13 个诱瓶。

(39)防治柑橘树蚜虫:在蚜虫发生始盛期,用 10％可湿性粉剂 3 000～5 000 倍液或 5％乳油 1 500～2 500 倍液均匀喷雾,安全间隔期 14 天,每季最多施用 2 次。

(40)防治柑橘树潜叶蛾:在潜叶蛾卵孵化盛期或低龄幼虫期,用 20％可溶液剂 2 500～3 000 倍液或 10％乳油 1 000～2 000 倍液均匀喷雾,安全间隔期 14 天,每季最多施用 2 次。

(41)防治苹果树蚜虫:在若蚜始盛期,用 5％可溶液剂 1 000～2 000 倍液,或 10％可湿性粉剂 2 000～4 000 倍液,或 70％水分散粒剂 8 000～10 000 倍液均匀喷雾,安全间隔期 14 天,每季最多施用 2 次。或用 5％乳油 500～1 000 倍液均匀喷雾,安全间隔期 20 天,每季最多施用 2 次。

(42)防治苹果树黄蚜:在若蚜始盛期,用 200 克/升可溶液剂 5 000～8 000 倍液或 10％可湿性粉剂 3 000～5 000 倍液均匀喷雾,安全间隔期 14 天,每季最多施用 2 次;或用 70％水分散粒剂 14 000～25 000 倍液均匀喷雾,安全间隔期 14 天,每季最多施用 1 次。

（43）防治梨树梨木虱：在梨木虱发生始盛期，用 200 克/升可溶液剂 2 500～5 000 倍液均匀喷雾，安全间隔期 14 天，每季最多施用 1 次；或用 10％可湿性粉剂 2 000～3 000 倍液均匀喷雾，安全间隔期 14 天，每季最多施用 2 次。或用 5％乳油 3 000～4 000 倍液均匀喷雾，安全间隔期 20 天，每季最多施用 2 次。

（44）防治梨树黄粉虫：在黄粉虫卵孵化盛期或低龄幼虫期，用 10％可湿性粉剂 4 000～5 000 倍液均匀喷雾，安全间隔期 7 天，每季最多施用 2 次。

（45）防治冬枣盲椿象：在盲椿象发生初期，用 70％水分散粒剂 7 500～10 000 倍液均匀喷雾，安全间隔期 28 天，每季最多施用 2 次。

（46）防治茶树小绿叶蝉：在小绿叶蝉低龄若虫始盛期，用 20％可湿性粉剂 4 000～6 667 倍液均匀喷雾，安全间隔期 7 天，每季最多施用 2 次。或每 667 平方米用 70％水分散粒剂 2～4 克兑水 30～50 千克均匀喷雾，安全间隔期 7 天，每季最多施用 1 次。

（47）防治烟草蚜虫：在烟草移栽期，每 667 平方米用 2.5％缓释粒剂 360～520 克穴施。在若蚜始盛期，每 667 平方米用 2％颗粒剂 450～650 克采用毒土法根部穴施，安全间隔期 14 天，每季最多用药 2 次；或每 667 平方米用 20％可溶液剂 5～10 毫升或 10％可湿性粉剂 10～20 克或 5％乳油 30～50 毫升，兑水 30～50 千克均匀喷雾，安全间隔期 15 天，每季最多施用 2 次；或每 667 平方米用 70％水分散粒剂 2～4 克兑水 30～50 千克均匀喷雾，安全间隔期 14 天，每季最多施用 2 次。

（48）防治铁皮石斛蚜虫：在蚜虫发生期，用 70％可湿性粉剂 5 000～6 000 倍液均匀喷雾，安全间隔期 14 天，每季最多施用 2 次。

（49）防治杭白菊蚜虫：在蚜虫发生期，每 667 平方米用 70％水分散粒剂 4～6 克兑水 30～50 千克均匀喷雾，安全间隔期 21

天,每季最多施用 2 次。

(50)防治枸杞蚜虫:在蚜虫发生期,用 5％乳油 1 000～2 000 倍液均匀喷雾,安全间隔期 3 天,每季最多施用 3 次。

(51)防治草坪蛴螬:在幼虫发生初盛期,每 667 平方米用 20％可溶液剂 350～700 毫升兑水 30～50 千克均匀喷雾,施药后 应在 1 小时内浇水,润湿土层 5～10 厘米。或每 667 平方米用 70％水分散粒剂 30～40 克,兑水 30～50 千克均匀喷雾。

(52)防治草坪蝼蛄:在幼虫发生初盛期,每 667 平方米用 70％水分散粒剂 30～40 克兑水 30～50 千克均匀喷雾。

(53)防治林木天牛:在天牛发生始盛期,用 15％微囊悬浮剂 3 000～4 000 倍液均匀喷雾。

(54)防治松树天牛:在天牛发生始盛期,用 350 克/升悬浮剂 4 000～5 000 倍液均匀喷雾。

(55)防治松树松褐天牛:在松褐天牛发生始盛期,用 15％微 囊悬浮剂 3 000～4 000 倍液均匀喷雾。

(56)防治草原蝗虫:在蝗虫 3 龄幼虫前,每 667 平方米用 5％油剂 12～20 毫升超低容量喷雾。

【注意事项】

(1)不可与呈强碱性的农药等物质混合使用。

(2)建议与其他不同作用机制的杀虫剂轮换使用,以延缓耐 药性产生。

(3)对蜜蜂、家蚕有毒。施药期间应避免对周围蜂群的影响, 开花植物花期、蚕室和桑园附近禁用,防止药液污染水源地,鸟类 保护区禁用,施药后立即覆土。

(4)本品在下列食品上的最大残留限量(毫克/千克):糙米、 小麦、玉米、鲜食玉米、莲藕、莲子(鲜)均为 0.05,棉籽、花生仁、马 铃薯、节瓜、梨、苹果、草莓、茶叶均为 0.5,菠菜、芹菜均为 5,结球 甘蓝、韭菜、黄瓜、茄子、番茄、柑橘、枸杞(干)、菊花(鲜)均为 1,菊 花(干)2,竹笋 0.1。

11. 吡蚜酮

$$H_3C$$

分子式：$C_{10}H_{11}N_5O$

【类别】　吡啶类。

【化学名称】　(E)-4,5-二氢-6-甲基4-(3-吡啶亚甲基氨基)-1,2,4-三嗪-3-$(2H)$-酮。

【理化性质】　外观为白色结晶粉末，熔点217℃，相对密度1.36(20℃)，蒸气压$4×10^{-6}$帕(25℃)，正辛醇-水分配系数$K_{ow}\log P$ 为-0.18(25℃)。溶解度(20℃，克/升)：水0.29(pH 6)，乙醇2.25，正己烷<0.01，甲苯0.034，二氯甲烷1.2，正辛醇0.45，丙酮0.94，乙酸乙酯0.26。对光、热稳定，弱酸、弱碱条件下稳定。

【毒性】　低毒。大鼠经口LD_{50}为1710毫克/千克，大鼠经皮LD_{50}>2 000毫克/千克。

【制剂】　6％颗粒剂，25％、40％、50％、70％可湿性粉剂，50％泡腾片剂，50％、60％、70％、75％水分散粒剂，25％悬浮剂，30％悬浮种衣剂，50％、70％种子处理可分散粉剂。

【作用机制与防治对象】　本品对多种作物上的刺吸式口器害虫具有较好的防治效果。具有优异的阻断昆虫传毒功能，蚜虫或飞虱一接触到本品几乎立即产生口针阻塞效应，立刻停止取食，最终饥饿而死，且此过程是不可逆转的。处理后的昆虫最初死亡率是很低的,因为昆虫饥饿致死前仍可存活数日,且死亡率高低与气候条件有关。对害虫具有触杀作用,还有内吸活性,在植物体内既能在木质部输导也能在韧皮部输导,因此既可用作叶面喷雾,也可用于土壤处理。由于其良好的输导特性,在茎叶喷雾后新长出的枝叶也可以得到有效保护。

【使用方法】

(1) 防治水稻稻飞虱:每 667 平方米用 6% 颗粒剂 560～700 克,在插秧当日或前一天均匀地撒施在育秧盘上,水稻上每季施用 1 次,收获期安全。在稻飞虱低龄若虫发生始盛期,每 667 平方米用 25% 可湿性粉剂 20～25 克或 50% 泡腾片剂 8～16 克,兑水 30～50 千克均匀喷雾,安全间隔期 21 天,每季最多施用 2 次;或用 50% 水分散粒剂 12～16 克或 25% 悬浮剂 16～24 毫升,兑水 30～50 千克均匀喷雾,安全间隔期 14 天,每季最多施用 1 次。也可每 100 千克种子用 30% 悬浮种衣剂 700～1 000 克种子包衣,每季施用 1 次;或每 100 千克种子用 50% 种子处理可分散粉剂 150～200 克拌种。

(2) 防治小麦蚜虫:在蚜虫发生始盛期,每 667 平方米用 25% 可湿性粉剂 16～20 克兑水 30～50 千克均匀喷雾,安全间隔期 20 天,每季最多施用 1 次。或每 667 平方米用 50% 泡腾片剂 8～16 克或 50% 水分散粒剂 8～12 克,兑水 30～50 千克均匀喷雾,安全间隔期 21 天,每季最多施用 2 次。或每 667 平方米用 25% 悬浮剂 16～20 毫升兑水 30～50 千克均匀喷雾,安全间隔期 14 天,每季最多施用 1 次。

(3) 防治小麦灰飞虱:在灰飞虱低龄若虫发生始盛期,每 667 平方米用 50% 可湿性粉剂 8～10 克兑水 30～50 千克均匀喷雾,安全间隔期 21 天,每季最多施用 2 次。

(4) 防治玉米灰飞虱:每 100 千克种子用 50% 种子处理可分散粉剂 380～500 克拌种。

(5) 防治棉花蚜虫:在蚜虫发生始盛期,每 667 平方米用

25％悬浮剂 16～30 毫升兑水 30～50 千克均匀喷雾,安全间隔期 28 天,每季最多施用 3 次。

(6) 防治甘蓝蚜虫:在蚜虫发生始盛期,每 667 平方米用 25％可湿性粉剂 20～30 克兑水 30～50 千克均匀喷雾,安全间隔期 7 天,每季最多施用 2 次。或每 667 平方米用 50％水分散粒剂 7～15 克兑水 30～50 千克均匀喷雾,安全间隔期 14 天,每季最多施用 2 次。

(7) 防治菠菜蚜虫:在蚜虫发生始盛期,每 667 平方米用 25％可湿性粉剂 20～25 克兑水 30～50 千克均匀喷雾,安全间隔期 10 天,每季最多施用 1 次。

(8) 防治芹菜蚜虫:在蚜虫发生始盛期,每 667 平方米用 25％可湿性粉剂 20～32 克兑水 30～50 千克均匀喷雾,安全间隔期 10 天,每季最多施用 3 次。

(9) 防治莲藕莲缢管蚜:在蚜虫发生始盛期,每 667 平方米用 25％可湿性粉剂 12～24 克兑水 30～50 千克均匀喷雾,安全间隔期 14 天,每季最多施用 1 次。

(10) 防治茭白长绿飞虱:在飞虱低龄若虫发生始盛期,用 25％可湿性粉剂 1666～2500 倍液均匀喷雾,安全间隔期 10 天,每季最多施用 1 次。

(11) 防治黄瓜蚜虫:在蚜虫发生始盛期,每 667 平方米用 50％水分散粒剂 10～15 克兑水 30～50 千克均匀喷雾,安全间隔期 3 天,每季最多施用 2 次。

(12) 防治茶树茶小绿叶蝉:在茶小绿叶蝉若虫发生始盛期,用 50％水分散粒剂 2500～5000 倍液均匀喷雾,安全间隔期 7 天,每季最多施用 1 次。

(13) 防治烟草蚜虫:在蚜虫发生始盛期,每 667 平方米用 25％可湿性粉剂 15～20 克兑水 30～50 千克均匀喷雾,安全间隔期 21 天,每季最多施用 1 次。或每 667 平方米用 50％水分散粒剂 10～20 克兑水 30～50 千克均匀喷雾,安全间隔期 7 天,每季最多施用 2 次。

(14) 防治观赏菊花(花卉)蚜虫:在蚜虫发生始盛期,每 667 平方米用 25%可湿性粉剂 40~60 克或 50%水分散粒剂 20~30 克,兑水 30~50 千克均匀喷雾,每季最多施用 2 次。

(15) 防治菊科观赏花卉烟粉虱:在烟粉虱发生始盛期,每 667 平方米用 25%悬浮剂 20~25 毫升兑水 30~50 千克均匀喷雾。

(16) 防治月季蚜虫:在蚜虫发生始盛期,每 667 平方米用 50%可湿性粉剂 20~30 克兑水 30~50 千克均匀喷雾,每季最多施用 2 次。

【注意事项】

(1) 不宜与碱性农药等物质混用。建议与其他不同作用机制的杀虫剂轮换使用,以延缓耐药性产生。

(2) 远离水产养殖区施药,禁止在河塘等水体中清洗施药器具。药液及其废液不得污染各类水域、土壤等环境。开花植物花期禁用,桑园及蚕室附近禁用。

(3) 本品在下列食品上的最大残留限量(毫克/千克):稻谷 1,糙米 0.2,小麦 0.02,棉籽 0.1,结球甘蓝 0.2,黄瓜 1,菠菜 15,莲藕 0.02,莲子(鲜)0.02。

12. 丙溴磷

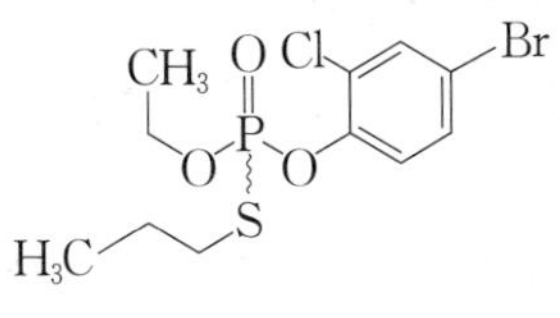

分子式:$C_{11}H_{15}BrClO_3PS$

【类别】 有机磷酸酯类。

【化学名称】 O-(4-溴2氯苯基)-O-乙基-S-丙基硫代磷酸酯。

【理化性质】 纯品为具大蒜味浅黄色液体。沸点 110 ℃(0.13 帕),蒸气压 1.3 毫帕(20 ℃)。20 ℃水中的溶解度为 20 毫克/升,与大多有机溶剂混溶。在中性和弱酸性条件下稳定,在碱性条件下不稳定。水解 DT_{50} 为 93 天(pH 5)、14.6 天(pH 7)、5.7 天(pH 9)。

【毒性】 低毒。大鼠急性经口 LD_{50} 为 358 毫克/千克(原药),大鼠急性经皮 LD_{50} 约 3 300 毫克/千克。对兔皮肤和眼睛有轻微刺激。大鼠吸入 LC_{50}(4 小时)约 3 毫克/升(空气)。鱼类 LC_{50}(96 小时,毫克/升):虹鳟鱼 0.08,鲫鱼 0.09,蓝鳃太阳鱼 0.3。对蜜蜂和鸟有毒。

【制剂】 10%颗粒剂,20%、40%、50%、500 克/升、720 克/升乳油,50%水乳剂,20%微乳剂。

【作用机制与防治对象】 其作用机制是抑制昆虫胆碱酯酶。具有触杀、胃毒和内吸作用,广谱,速效性好,在植物叶片上有较好的渗透性。可用于防治水稻、棉花、甘蓝等作物上的害虫。

【使用方法】

(1) 防治甘薯茎线虫:在甘薯移栽时用药,每 667 平方米用 10%颗粒剂 2 000～3 000 克沟施或穴施,每季最多施用 1 次。

(2) 防治甘蓝小菜蛾:在小菜蛾卵孵化盛期或低龄幼虫期,每 667 平方米用 40%乳油 60～90 毫升兑水 30～50 千克均匀喷雾,安全间隔期 14 天,每季最多施用 1 次。或每 667 平方米用 20%微乳剂 130～150 毫升兑水 30～50 千克均匀喷雾,安全间隔期 10 天,每季最多施用 3 次。

(3) 防治甘蓝斜纹夜蛾:在斜纹夜蛾卵孵化盛期或低龄幼虫期,每 667 平方米用 40%乳油 80～100 毫升兑水 30～50 千克均匀喷雾,安全间隔期 14 天,每季最多施用 2 次。

(4) 防治十字花科蔬菜小菜蛾:在小菜蛾卵孵化盛期或低龄

幼虫期,每 667 平方米用 40% 乳油 60～75 毫升兑水 30～50 千克均匀喷雾,十字花科蔬菜甘蓝安全间隔期 14 天,每季最多施用 2 次。

（5）防治水稻稻纵卷叶螟：在稻纵卷叶螟卵孵化盛期或低龄幼虫期,每 667 平方米用 40% 乳油 80～100 毫升兑水 30～50 千克均匀喷雾,安全间隔期 21 天,每季最多施用 3 次。或每 667 平方米用 50% 水乳剂 60～100 毫升兑水 30～50 千克均匀喷雾,安全间隔期 21 天,每季最多施用 2 次。

（6）防治水稻二化螟：在二化螟卵孵化盛期或低龄幼虫期,每 667 平方米用 50% 乳油 80～120 毫升兑水 30～50 千克均匀喷雾,安全间隔期 28 天,每季最多施用 2 次。

（7）防治棉花盲椿象：在盲椿象发生始盛期,每 667 平方米用 720 克/升乳油 40～50 毫升兑水 30～50 千克均匀喷雾,安全间隔期 21 天,每季最多施用 2 次。

（8）防治棉花棉铃虫：在棉铃虫卵孵化盛期或低龄幼虫期,每 667 平方米用 40% 乳油 80～120 毫升兑水 30～50 千克均匀喷雾,安全间隔期 21 天,每季最多施用 3 次。

（9）防治苹果树红蜘蛛：在红蜘蛛发生始盛期,用 40% 乳油 2 000～4 000 倍液均匀喷雾,安全间隔期 60 天,每季最多施用 2 次。

（10）防治柑橘树红蜘蛛：在红蜘蛛发生始盛期,用 50% 乳油 2 000～3 000 倍液均匀喷雾,安全间隔期 28 天,每季最多施用 2 次。

【注意事项】

（1）不能与呈碱性的农药等物质混用。

（2）对蜜蜂、鱼类等水生生物、家蚕有毒。施药期间应避免对周围蜂群的影响,蜜源作物花期、蚕室和桑园附近禁用,赤眼蜂等天敌放飞区域禁用。远离水产养殖区、河塘等水体施药,禁止在河塘等水体中清洗施药器具。

（3）建议与其他不同作用机制的杀虫剂轮换使用,以延缓耐药性产生。

（4）本品在下列食品上的最大残留限量（毫克/千克）：糙米 0.02，棉籽 1，棉籽油 0.05，甘薯 0.05，结球甘蓝 0.5，普通白菜 5，萝卜叶 5，苹果 0.05，柑橘 0.2。

13. 菜青虫颗粒体病毒

【类别】 微生物类。

【理化性质】 母药为 1 亿个/毫克，外观灰白色至棕褐色疏松粉末。不溶于水和乙醚、乙醇、丙酮、二甲苯等有机溶剂，遇强酸或强碱，包涵体迅速溶解，并可使病毒粒子变性而失去侵染力。25℃以下贮存生物活性稳定。可在室温下保存 5 年以上而不失侵染力。高温可使其失活，较低的温度有可能延长贮存时间。紫外线或其他辐射线能使完整的病毒失活。用稀碱处理后可获得完整和具侵染性的病毒粒子。

【毒性】 低毒。大鼠急性经口 LD_{50}＞5 000 毫克/千克，经皮 LD_{50}＞4 000 毫克/千克。对兔眼睛无刺激性，对哺乳动物无毒性和致病性，对豚鼠为微致敏物。

【制剂】 现行有效登记无单剂登记，只有与苏云金杆菌的复配制剂，如：菜颗·苏云菌可湿性粉剂（菜青虫颗粒体病毒 1 万 PIB/毫克、苏云金杆菌 16 000 IU/毫克）。

【作用机制与防治对象】 苏云金杆菌作用于害虫的中肠细胞，使害虫很快停止对作物的危害；菜青虫颗粒体病毒进入害虫体内后迅速大量复制，导致害虫死亡，还可在害虫种群中横向和纵向传播引发菜青虫"瘟疫"，有效控制了害虫的种群数量和危害。

【使用方法】

防治甘蓝菜青虫：在菜青虫卵孵化盛期或低龄幼虫期，每 667 平方米用菜颗·苏云菌可湿性粉剂 50～75 克兑水 30～50 千克均匀喷雾，安全间隔期 5 天，每季最多施用 3 次。

【注意事项】

(1) 对家蚕有毒,桑园和蚕室附近禁用。

(2) 应在下午 4 时后或者阴天全天施药,以利于药效的发挥,施药后 4 小时内遇雨应重新施药。

14. 茶尺蠖核型多角体病毒

【类别】　微生物类。

【理化性质】　200 亿个多角体(PIB)/克茶尺蠖核型多角体病毒母药外观为组成均匀的灰白色至棕褐色疏松粉末,水分含量不高于 3%,细度(通过 75 微米标准筛)不低于 98%,pH 为 5.0~7.5。

【毒性】　低毒。雌、雄大鼠急性经口 LD_{50}>5 000 毫克/千克,雌、雄大鼠急性经皮 LD_{50}>2 000 毫克/千克。对兔眼睛无刺激性,对哺乳动物无毒性、无致病性。对家蚕、蓖麻蚕和蜜蜂无致病性。

【制剂】　现行有效登记无单剂登记,只有与苏云金杆菌的复配制剂,如:茶核·苏云菌悬浮剂(茶尺蠖核型多角体病毒 1 000 万 PIB/毫克、苏云金杆菌 2 000 IU/毫升)。

【作用机制与防治对象】　苏云金杆菌作用于害虫的中肠,使害虫很快停止对作物的危害;茶尺蠖核型多角体病毒进入害虫体内后大量复制,导致害虫死亡,还可在害虫种群中横向和纵向传播,控制害虫的种群数量和危害。

【使用方法】

防治茶树尺蠖:在害虫卵孵化盛期或低龄幼虫期,每 667 平方米用茶核·苏云菌悬浮剂 100~150 毫升兑水 30~50 千克均匀喷雾,安全间隔期 1~2 天,每季最多施用 5 次。

【注意事项】

(1) 对家蚕有毒,桑园及蚕室附近禁用。

(2) 应在下午 4 时后或者阴天全天施药,以利于药效的发挥,施药后 4 小时内遇雨应重新施药。

15. 虫螨腈

$$分子式：C_{15}H_{11}BrClF_3N_2O$$

【类别】 吡咯类。

【化学名称】 4-溴-2-(4-氯苯基)-1-乙氧基甲基-5-三氟甲基吡咯-3-腈。

【理化性质】 纯品为白色固体,原药为淡黄色固体。熔点 $100\sim101$ ℃,蒸气压 10×10^{-7} 帕(25 ℃),几乎不溶于水,溶于丙酮、乙醚、二甲基亚砜、四氢呋喃、乙腈和乙醇中。

【毒性】 低毒。大鼠急性经口 LD_{50} 为 626 毫克/千克。兔急性经皮 $LD_{50}>2\,000$ 毫克/千克。鱼类 LC_{50}(96 小时,微克):翻车鱼 11.1,虹鳟鱼 7.44。蜜蜂 LD_{50} 为 0.20 微克/只。鹌鹑 LD_{50} 为 34 毫克/千克;野鸭 LD_{50} 为 10 毫克/千克。

【制剂】 10％、30％、100 克/升、240 克/升、360 克/升悬浮剂,5％、8％、10％、20％微乳剂,50％水分散粒剂。

【作用机制与防治对象】 本品作用于昆虫体内细胞的线粒体上,通过昆虫体内的多功能氧化酶起作用,主要抑制二磷酸腺苷(ADP)向三磷酸腺苷(ATP)的转化,而三磷酸腺苷贮存细胞维持其生命机能所必需的能量。通过胃毒及触杀作用于害虫,在植物叶面渗透性强,有一定的内吸作用,可以控制对氨基甲酸酯类、有机磷酸类和拟除虫菊酯类杀虫剂产生耐药性的昆虫和某些螨类。主要用于防治小菜蛾、甜菜夜蛾等蔬菜及一些果树害虫。

【使用方法】

(1)防治甘蓝小菜蛾:在小菜蛾卵孵化盛期或低龄幼虫期,每667平方米用10%悬浮剂33~50毫升兑水30~50千克均匀喷雾,安全间隔期14天,每季最多施用2次。或每667平方米用20%微乳剂15~25毫升兑水30~50千克均匀喷雾,安全间隔期10天,每季最多施用2次。

(2)防治甘蓝斜纹夜蛾:在斜纹夜蛾卵孵化盛期或低龄幼虫期,每667平方米用10%悬浮剂40~60毫升兑水30~50千克均匀喷雾,安全间隔期14天,每季最多施用2次。

(3)防治甘蓝甜菜夜蛾:在甜菜夜蛾卵孵化盛期或低龄幼虫期,每667平方米用10%悬浮剂33~50毫升兑水30~50千克均匀喷雾,安全间隔期14天,每季最多施用2次。或每667平方米用10%微乳剂40~50毫升兑水30~50千克均匀喷雾,安全间隔期10天,每季最多施用2次。

(4)防治大白菜小菜蛾:在小菜蛾卵孵化盛期或低龄幼虫期,每667平方米用240克/升悬浮剂14~20毫升兑水30~50千克均匀喷雾,安全间隔期7天,每季最多施用2次。或每667平方米用50%水分散粒剂10~15克兑水30~50千克均匀喷雾,安全间隔期10天,每季最多施用2次。

(5)防治小白菜甜菜夜蛾:在甜菜夜蛾卵孵化盛期至低龄幼虫期,每667平方米用10%悬浮剂50~70毫升兑水30~50千克均匀喷雾,安全间隔期14天,每季最多施用2次。

(6)防治茶小绿叶蝉:在小绿叶蝉发生始盛期,每667平方米用8%微乳剂60~90毫升或240克/升悬浮剂20~30毫升,兑水30~50千克均匀喷雾,安全间隔期7天,每季最多施用1次。

(7)防治黄瓜斜纹夜蛾:在斜纹夜蛾卵孵化盛期或低龄幼虫

期,每 667 平方米用 240 克/升悬浮剂 30～50 毫升兑水 30～50 千克均匀喷雾,安全间隔期 2 天,每季最多施用 2 次。

(8) 防治茄子蓟马、茄子朱砂叶螨:在蓟马、叶螨发生始盛期,每 667 平方米用 240 克/升悬浮剂 20～30 毫升兑水 30～50 千克均匀喷雾,安全间隔期 7 天,每季最多施用 2 次。

(9) 防治梨树木虱:在梨木虱低龄若虫发生始盛期,用 240 克/升悬浮剂 1 250～2 500 倍液均匀喷雾,安全间隔期 14 天,每季最多施用 2 次。

(10) 防治苹果金纹细蛾:在金纹细蛾卵孵化盛期或低龄幼虫期,用 240 克/升悬浮剂 4 000～6 000 倍液均匀喷雾,安全间隔期 14 天,每季最多施用 2 次。

【注意事项】

(1) 不可与呈强酸、强碱性物质混用。

(2) 对鱼类等水生生物、蜜蜂、家蚕有毒。施药期间应避免对周围蜂群的影响,开花作物花期、蚕室和桑园附近禁用。

(3) 建议与其他不同作用机制的杀虫剂轮换使用,以延缓耐药性产生。

(4) 赤眼蜂等天敌放飞区、鸟类保护区附近禁用。

(5) 本品在下列食品上的最大残留限量(毫克/千克):结球甘蓝 1,普通白菜 10,大白菜 2,茄子 1,黄瓜 0.5,茶叶 20。

16. 虫酰肼

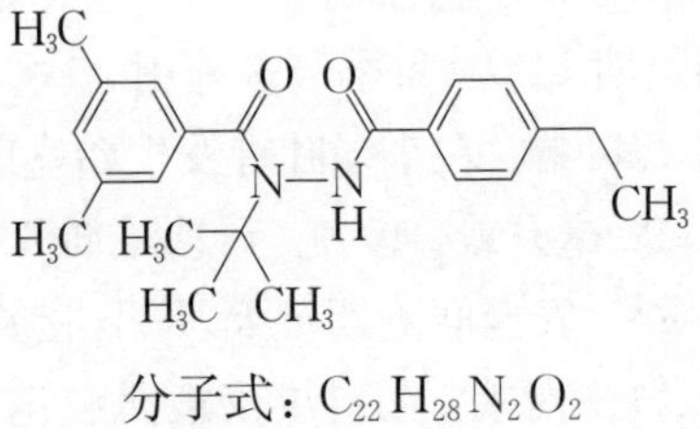

分子式: $C_{22}H_{28}N_2O_2$

【类别】　双酰肼类。

【化学名称】　N-特丁基-N'-(4-乙基苯甲酰基)-3,5-二甲基苯甲酰肼。

【理化性质】　纯品为灰白色粉末。熔点 191 ℃,蒸气压 3.0×10^{-3} 毫帕(25 ℃,气化状态),相对密度 1.03(20 ℃)。水中溶解度 <1 毫克/升(25 ℃),微溶于有机溶剂。94 ℃稳定 7 天,对光稳定(pH7,25 ℃)。

【毒性】　低毒。大鼠急性经口 LD_{50} >5 000 毫克/千克,大鼠急性经皮 LD_{50} >5 000 毫克/千克。对兔眼睛和皮肤均无刺激作用。对豚鼠皮肤无过敏性。大鼠急性吸入 LC_{50}(4 小时):雄性 >4.3 毫克/升,雌性 >4.5 毫克/升。鹌鹑急性经口 LD_{50} >2 150 毫克/千克。虹鳟鱼 LC_{50}(96 小时)5.7 毫克/升。水蚤 LC_{50}(48 小时)3.8 毫克/升,蜜蜂 LD_{50}(96 小时)>234 微克/只。蚯蚓 LC_{50} >1 000 毫克/千克(土)。对眼睛和皮肤无刺激性,对高等动物无致畸、致癌、致突变作用,对哺乳动物、鸟类、天敌均十分安全。

【制剂】　20%可湿性粉剂,10%乳油,10%、20%、24%、30%、200 克/升悬浮剂。

【作用机制与防治对象】　本品促使鳞翅目幼虫出现蜕皮,当幼虫在取食农药之后,在不应该蜕皮的时候出现蜕皮反应并开始蜕皮,由于不可以完全蜕皮而造成幼虫脱水、饥饿而导致死亡。本品杀虫活性高,选择性强,并有极强的杀卵活性,对非靶标生物安全。可用于果树、蔬菜等许多种农作物上,可以防治苹果卷叶蛾、松毛虫、甜菜夜蛾等鳞翅目害虫。

【使用方法】

(1) 防治十字花科蔬菜甜菜夜蛾:在甜菜夜蛾卵孵化盛期或低龄幼虫期,每 667 平方米用 20%可湿性粉剂 60～100 克或 20%悬浮剂 80～100 毫升,兑水 30～50 千克均匀喷雾,每季最多施用 2 次。

（2）防治甘蓝甜菜夜蛾：在甜菜夜蛾卵孵化盛期或低龄幼虫期，每667平方米用10％乳油140～200毫升或20％悬浮剂80～100毫升，兑水30～50千克均匀喷雾，安全间隔期7天，每季施用2次。

（3）防治蕹菜斜纹夜蛾：在斜纹夜蛾卵孵化盛期或低龄幼虫期，每667平方米用20％悬浮剂25～42毫升兑水30～50千克均匀喷雾，安全间隔期5天，每季最多施用1次。

（4）防治苹果树卷叶蛾：在卷叶蛾卵孵化盛期或低龄幼虫期，用20％悬浮剂1500～2000倍液均匀喷雾，安全间隔期21天，每季最多施用3次。

（5）防治松树松毛虫：在松毛虫卵孵化盛期或低龄幼虫期，用20％悬浮剂1500～2000倍液均匀喷雾。

（6）防治森林马尾松毛虫：在松毛虫卵孵化盛期或低龄幼虫期，用24％悬浮剂2000～4000倍液均匀喷雾。

（7）防治杨树美国白蛾：在美国白蛾卵孵化盛期或低龄幼虫期，用20％悬浮剂1500～2000倍液均匀喷雾。

【注意事项】

（1）不可与呈碱性的农药等物质混合使用。

（2）对蜜蜂、鱼类等水生生物、家蚕有毒。施药期间应避免对周围蜂群的影响，开花作物花期、蚕室和桑园附近禁用，远离水产养殖区、河源水体附近施药，禁止在河塘等水体中清洗施药器具。赤眼蜂等天敌放飞区域禁用。

（3）建议与其他不同作用机制的杀虫剂轮换使用，以延缓耐药性产生。

（4）本品在下列食品上的最大残留限量（毫克/千克）：结球甘蓝1，大白菜0.5，苹果3。

17. 除虫菊素

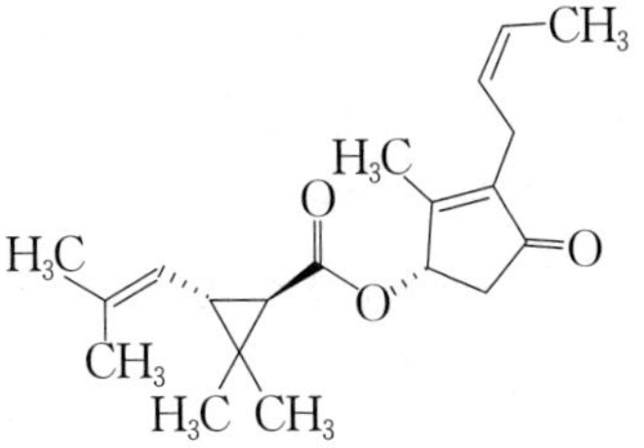

瓜菊素 I

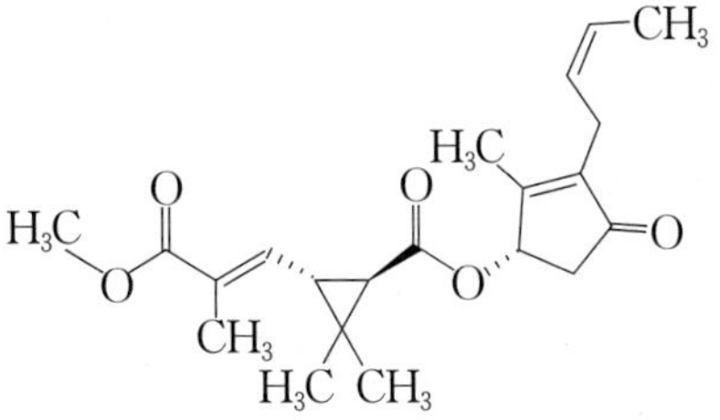

瓜菊素 II

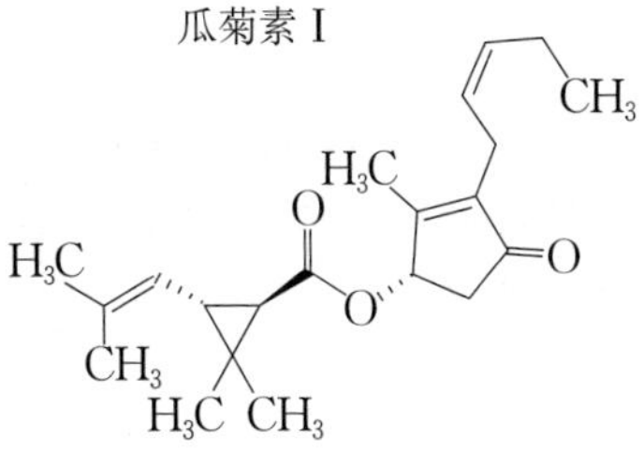

茉莉菊素 I

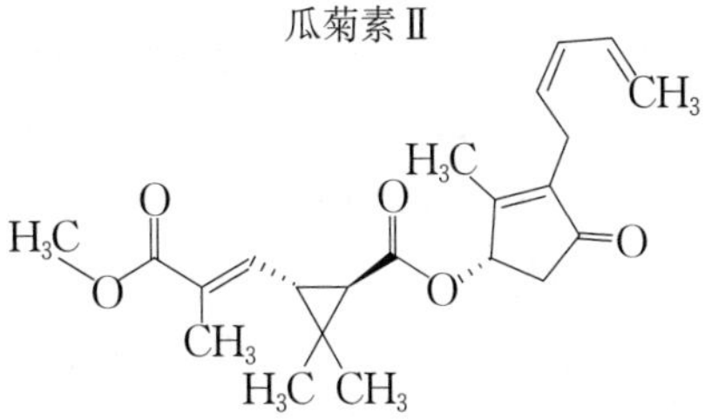

茉莉菊素 II

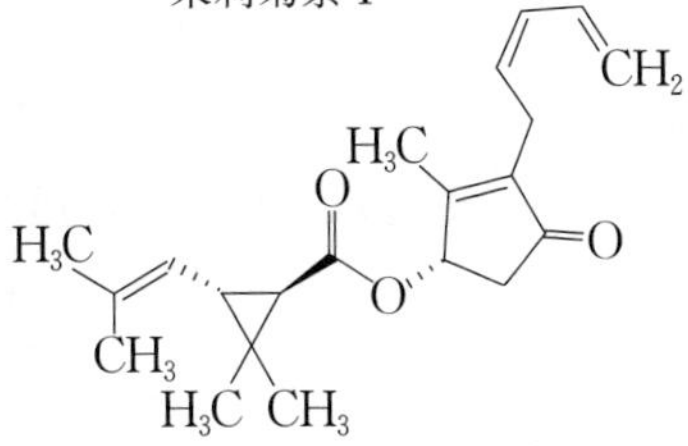

除虫菊素 I

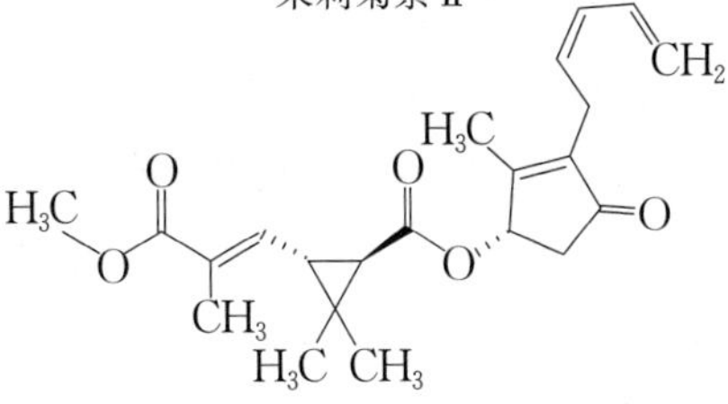

除虫菊素 II

【类别】 植物源类。

【化学名称】 (Z)-(S)-2-甲基-4-氧-3-(2,4-戊二烯)-2-环戊烯(1R)-反-2,2-二甲基-3-(2-甲基-1-丙烯基)环丙烷甲酸酯[除虫菊素 I（pyrethrin I）]，(Z)-(S)-2-甲基-4-氧-3-(2,4-戊二烯)-2-环戊烯基(E)-(1R)-反-3-(2-甲氧酰基丙-1-烯基)-2,2-二甲基环丙烷甲酸酯[除虫菊素 II（pyrethrin II）]，(Z)-(S)-3-(2-丁烯基)-2-甲基-4-氧环戊-2-烯(1R)-反-

2,2-甲基-3-(2-甲基-1-烯基)环丙烷甲酸酯[瓜菊素I(cinerin I)],(Z)-(S)-3-(2-丁烯基)-2-甲基-4-氧环戊-2-烯(E)-(1R)-反-3-(2-甲氧酰基丙-1-烯基)-2,2-二甲基环丙烷甲酸酯[瓜菊素II(cinerin II)],(Z)-(S)-2-甲基-4-氧-3-(2-戊烯基)-2-环戊烯基(1R)-反-2,2-二甲基-3-(2-甲基-1-丙烯基)环丙烷甲酸酯[茉莉菊素I(jasmonlin I)],(Z)-(S)-2-甲基-4-氧-3-(2-戊烯基)环戊-2-烯基(E)-(1R)-反-3-(2-甲氧酰基丙-1-烯基)-2,2-二甲基环丙烷甲酸酯[茉莉菊素II(jasmonlin II)]。

【理化性质】 外观为浅黄色油状黏稠物,蒸气压极低。不溶于水,易溶于醇、碳氢化合物、芳香烃、酯等大多数有机溶剂。在日光下不稳定,遇光快速氧化;光照 DT_{50} 为 10~12 分钟。遇碱迅速分解,并失去杀虫效力。高于 200 ℃ 加热形成异构体,活性降低。

【毒性】 低毒。大鼠急性经口 LD_{50} 为 2 370 毫克/千克(雄),1 030 毫克/千克(雌),小鼠急性经口 LD_{50} 为 273~796 毫克/千克;大鼠急性经皮 LD_{50} >1 500 毫克/千克。兔急性经皮 LD_{50} 为 5 000 毫克/千克。大鼠吸入 LC_{50}(4 小时)为 3.4 毫克/升。对皮肤和眼睛有轻度刺激性。大鼠 NOEL(2 年)为 100 毫克/升。ADI 为 0.04 毫克/千克。对鱼类等水生生物和蜜蜂有毒,在 12 ℃ 的静水中,鱼类 LC_{50}(96 小时)为 24.6~114 微克/升。幼年大西洋鲑鱼的致死浓度为 0.032 毫克/升。

【制剂】 1.5%水乳剂,5%乳油。

【作用机制与防治对象】 具有触杀、胃毒和驱避作用,能对周围神经系统、中枢神经系统及其他器官组织同时起作用,延长钠离子通道的开放,致使昆虫击倒后死亡。兼具杀螨活性。对蔬菜蚜虫等害虫具有良好的防治效果。

【使用方法】

(1) 防治十字花科蔬菜蚜虫:在蚜虫发生始盛期,每 667 平方米用 1.5%水乳剂 120~180 毫升兑水 30~50 千克均匀喷雾,安全间隔期 2 天,每季最多施用 3 次。或每 667 平方米用 5%乳油

30～50 毫升兑水 30～50 千克均匀喷雾。

(2) 防治叶菜蚜虫：在蚜虫发生始盛期，每 667 平方米用 1.5％水乳剂 80～160 毫升兑水 30～50 千克均匀喷雾。

(3) 防治猕猴桃树叶蝉：在叶蝉发生始盛期，用 1.5％水乳剂 600～1000 倍液均匀喷雾。

(4) 防治烟草蚜虫：在蚜虫发生始盛期，每 667 平方米用 5％乳油 20～40 毫升兑水 30～50 千克均匀喷雾。

【注意事项】

(1) 建议与其他杀虫剂轮换使用。

(2) 对蜜蜂、鱼类等水生生物、家蚕有毒。施药期间应避免对周围蜂群的影响，开花植物花期、蚕室和桑园附近禁用，远离水产养殖区施药，禁止在河塘等水体中清洗施药器具。

(3) 不可与碱性农药混用。

(4) 本品在下列食品上的最大残留限量(毫克/千克)：结球甘蓝、花椰菜、青花菜、大白菜均为 1，普通白菜 5，芥蓝 2。

18. 除虫脲

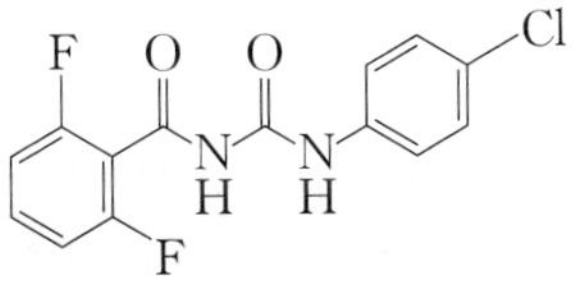

分子式：$C_{14}H_9ClF_2N_2O_2$

【类别】 苯甲酰脲类。

【化学名称】 1-(4-氯苯基)-3-(2,6-二氟苯甲酰基)脲。

【理化性质】 无色晶体。熔点 230～232 ℃，蒸气压(25 ℃) $1.2×10^{-7}$ 帕。溶解度(20 ℃)：水 0.08 毫克/升(pH 5.5)、丙酮 5.6 克/升、二甲基甲酰胺 104 克/升、二噁烷 20 克/升，中度溶于极性有机溶剂,微溶于非极性溶剂(<10 克/升)。在溶液中对光敏感,以固体存在时对光稳定。

【毒性】 低毒。兔急性经口 LD_{50}>2 000 毫克/千克,急性经皮 LD_{50}>4 640 毫克/千克,ADI 为 0.02 毫克/千克。

【制剂】 5%、25%、75%可湿性粉剂,5%乳油,25%水分散粒剂(专供出口),20%、40%悬浮剂。

【作用机制与防治对象】 主要通过抑制昆虫表皮几丁质的合成,阻止昆虫表皮的形成而起到杀虫作用,对害虫兼具胃毒和触杀作用,且具有较好的杀卵作用。对鳞翅目、双翅目多种害虫有效。

【使用方法】

(1) 防治小麦黏虫:在黏虫卵孵化盛期或低龄幼虫期,每 667 平方米用 25%可湿性粉剂 6～20 克兑水 30～50 千克均匀喷雾,安全间隔期 21 天,每季最多施用 2 次。

(2) 防治十字花科蔬菜菜青虫:在菜青虫卵孵化盛期或低龄幼虫期,每 667 平方米用 75%可湿性粉剂 17～22 克或 20%悬浮剂 20～30 克,兑水 30～50 千克均匀喷雾,安全间隔期 7 天,每季最多施用 3 次。

(3) 防治十字花科蔬菜小菜蛾:在小菜蛾卵孵化盛期或低龄幼虫期,每 667 平方米用 25%可湿性粉剂 32～40 克兑水 30～50 千克均匀喷雾,安全间隔期 7 天,每季最多施用 3 次。

(4) 防治甘蓝菜青虫:在菜青虫卵孵化盛期或低龄幼虫期,每 667 平方米用 25%可湿性粉剂 60～70 克兑水 30～50 千克均匀喷雾,安全间隔期 7 天,每季最多施用 1 次。或每 667 平方米用 20%悬浮剂 20～25 毫升兑水 30～50 千克均匀喷雾,安全间隔期 14 天,每季最多施用 2 次。

(5) 防治柑橘树锈壁虱:在锈壁虱发生始盛期,用 25%可湿性粉剂 3 000～4 000 倍液均匀喷雾,安全间隔期 28 天,每季最多施用 3 次。

(6) 防治柑橘树潜叶蛾:在潜叶蛾卵孵化盛期或低龄幼虫期,

用 25％可湿性粉剂 2 000～4 000 倍液均匀喷雾,安全间隔期 28 天,每季最多施用 3 次。

（7）防治苹果树金纹细蛾:在金纹细蛾卵孵化盛期或低龄幼虫期,用 5％乳油 1 000～2 000 倍液或 25％可湿性粉剂 1 000～2 000 倍液均匀喷雾,安全间隔期 21 天,每季最多施用 3 次。

（8）防治荔枝树蒂蛀虫:在蒂蛀虫卵孵化盛期或低龄幼虫期,用 40％悬浮剂 3 000～4 000 倍液均匀喷雾,安全间隔期 10 天,每季最多施用 3 次。

（9）防治茶树茶尺蠖:在茶尺蠖卵孵化盛期或低龄幼虫期,用 5％乳油 1 000～1 250 倍液或 20％悬浮剂 1 500～2 000 倍液均匀喷雾,安全间隔期 5 天,每季最多施用 1 次。

（10）防治森林松毛虫:在松毛虫卵孵化盛期或低龄幼虫期,每 667 平方米用 25％可湿性粉剂 55～60 克兑水 30～50 千克均匀喷雾。

（11）防治松树松毛虫:在松毛虫卵孵化盛期或低龄幼虫期,用 20％悬浮剂 1 500～2 000 倍液均匀喷雾。

（12）防治森林美国白蛾:在美国白蛾卵孵化盛期或低龄幼虫期,用 40％悬浮剂 3 000～4 000 倍液均匀喷雾。

（13）防治杨树美国白蛾:在美国白蛾卵孵化盛期或低龄幼虫期,用 20％悬浮剂 2 000～3 000 倍液均匀喷雾。

【注意事项】

（1）不能与碱性物质混用。

（2）对水生无脊椎动物毒性较高,禁止在河塘等水域清洗施药器具。

（3）建议与其他不同作用机制的杀虫剂轮换使用,以延缓耐药性产生。

（4）本品在下列食品上的最大残留限量(毫克/千克):小麦 0.2,结球甘蓝 2,花椰菜、普通白菜、萝卜均为 1,青花菜 3,芥蓝 2,大白菜 3,柑橘 1,苹果 5,茶叶 20。

19. 哒螨灵

分子式：$C_{19}H_{25}ClN_2OS$

【类别】 哒嗪酮类。

【化学名称】 2-特丁基-5-(4-特丁基苄硫基)-4-氯-2H-哒嗪-3-酮。

【理化性质】 纯品为无色晶体。熔点111～112℃,蒸气压0.25毫帕(20℃)。相对密度1.2(20℃)。水中溶解度(20℃)0.012毫克/升,有机溶剂中溶解度(20℃,克/升):丙酮0.46、苯110、二甲苯390、乙醇57、环己烷320、正辛醇63、正己烷10。见光不稳定。在pH 4、pH 7、pH 9和有机溶剂中(50℃)90天稳定性不变。

【毒性】 低毒。对哺乳动物毒性中等,对鸟类低毒,对鱼、虾和蜜蜂毒性较高。雄大鼠急性经口LD_{50}为1 350毫克/千克,雌大鼠为820毫克/千克;雄小鼠急性经口LD_{50}为424毫克/千克,雌小鼠为383毫克/千克。大鼠和兔急性经皮LD_{50}>2 000毫克/千克。对兔眼睛和皮肤无刺激作用,无致敏性。鹌鹑急性经口LD_{50}>2 250毫克/千克,野鸭急性经口LD_{50}>2 500毫克/千克。鲤鱼LC_{50}(48小时)<0.5毫克/升。

【制剂】 20%、40%可湿性粉剂,15%、20%乳油,10%、15%水乳剂,10%、15%微乳剂,20%、30%、40%、45%、50%悬

浮剂。

【作用机制与防治对象】 本品是一种新型速效广谱杀虫杀螨剂,触杀性强,无内吸传导和熏蒸作用。对活动期螨作用迅速,持效期长,一般可达1～2个月。药效受温度影响小,与苯丁锡、噻螨酮等常用杀螨剂无交互抗性。对瓢虫、草蛉和寄生蜂等天敌较安全。可用于防治柑橘树红蜘蛛、苹果树红蜘蛛、棉花红蜘蛛、甘蓝黄条跳甲、萝卜黄条跳甲等多种害虫。

【使用方法】

(1) 防治柑橘树红蜘蛛:在红蜘蛛发生始盛期,用20％可湿性粉剂2 000～4 000倍液,或15％乳油2 250～3 000倍液,或15％水乳剂1 000～1 500倍液,均匀喷雾,安全间隔期20天,每季最多施用2次。或用15％微乳剂1 500～2 000倍液或30％悬浮剂2 000～4 000倍液均匀喷雾,安全间隔期21天,每季最多施用2次。

(2) 防治苹果树红蜘蛛:在红蜘蛛发生始盛期,用20％可湿性粉剂3 000～4 000倍液均匀喷雾,安全间隔期20天,每季最多施用2次。或用15％乳油2 250～3 000倍液或15％水乳剂2 239～3 000倍液均匀喷雾,安全间隔期14天,每季最多施用2次。或用40％悬浮剂5 000～7 000倍液均匀喷雾,安全间隔期21天,每季最多施用2次。

(3) 防治苹果树叶螨:在叶螨发生始盛期,用15％乳油2 250～3 000倍液均匀喷雾,安全间隔期14天,每季最多施用2次。

(4) 防治棉花红蜘蛛:在红蜘蛛发生始盛期,每667平方米用20％可湿性粉剂30～45克兑水30～50千克均匀喷雾,安全间隔期14天,每季最多施用2次。或每667平方米用15％乳油40～60毫升兑水30～50千克均匀喷雾,安全间隔期14天,每季最多施用3次。或每667平方米用15％微乳剂40～50毫升兑水30～50千克均匀喷雾,安全间隔期14天,每季最多施用1次。

(5) 防治萝卜黄条跳甲:在黄条跳甲发生初期,每667平方米用15％乳油40～60毫升兑水30～50千克均匀喷雾,安全间隔

14 天,每季最多施用 2 次。

（6）防治甘蓝黄条跳甲：在黄条跳甲发生初期,每 667 平方米用 15%微乳剂 75～100 毫升兑水 30～50 千克均匀喷雾,安全间隔期 14 天,每季最多施用 2 次。或每 667 平方米用 50%悬浮剂 23～30 毫升兑水 30～50 千克均匀喷雾,安全间隔期 7 天,每季最多施用 3 次。

（7）防治水稻稻水象甲：在稻水象甲发生初期,每 667 平方米用 40%悬浮剂 25～30 毫升兑水 30～50 千克均匀喷雾,安全间隔期 21 天,每季最多施用 1 次。

【注意事项】

（1）本品在植物体内无内吸作用,喷雾时须均匀周到。

（2）不可与石硫合剂及波尔多液等强碱性农药等物质混用,以免分解失效。

（3）对茄科植物敏感,喷药作业时药液雾滴不能飘移到这些作物,否则会产生药害。

（4）对蜜蜂、鱼类等水生生物、家蚕有毒。施药期间应避免对周围蜂群的影响,开花植物花期、蚕室和桑园附近禁用,远离水产养殖区施药,禁止在河塘等水体中清洗施药器具。

（5）本品在下列食品上的最大残留限量(毫克/千克)：稻谷 1,糙米、棉籽 0.1,柑橘、苹果、结球甘蓝均为 2。

20. 哒嗪硫磷

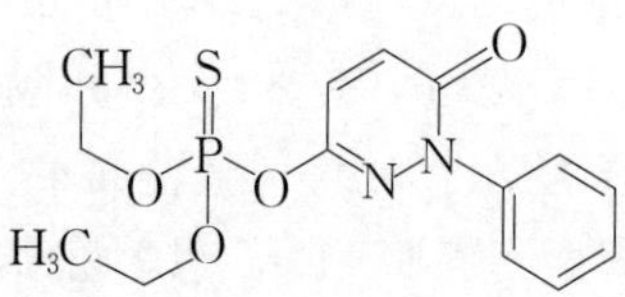

分子式：$C_{14}H_{17}N_2O_4PS$

【类别】 有机磷酸酯类。

【化学名称】 O,O-二乙基-O-(1,6-二氢-6-氧代-1-苯基-3-哒嗪基)硫代磷酸酯。

【理化性质】 纯品为白色结晶,熔点 54.5～56.0 ℃。工业原药为淡黄色固体,熔点 53～54.5 ℃。48 ℃蒸气压 25.3 帕,65 ℃蒸气压 52 帕,90 ℃蒸气压 110.6 帕。相对密度 1.325。25 ℃时水中溶解度为 0.01 克/100 克,难溶于水,易溶于丙酮、甲醇、乙醚等有机溶剂,微溶于己烷、石油醚。对酸、热、光较稳定,对强碱不稳定。

【毒性】 低毒。急性经口 LD_{50}:雄大鼠 769.4 毫克/千克,雄小鼠 554.6 毫克/千克,雌小鼠 458.7 毫克/千克,兔 4 800 毫克/千克。急性经皮 LD_{50}:雄大鼠 2 300 毫克/千克,小鼠 660 毫克/千克,兔＞2 000 毫克/千克。对皮肤有明显刺激性,试验剂量下未见致癌、致畸、致突变作用。日本鹌鹑急性经口 LD_{50} 68.4 毫克/千克,野鸭急性经口 LD_{50} 11.6 毫克/千克。鲤鱼 LC_{50}(48 小时)12 毫克/升,金鱼 LC_{50}(48 小时)10 毫克/升。

【制剂】 20%乳油。

【作用机制与防治对象】 本品为乙酰胆碱酯酶抑制剂,具有触杀和胃毒作用,但无内吸作用,是一种高效、低毒、低残留广谱性杀虫剂,对多种咀嚼式口器害虫均有较好的防治效果。主要用于防治水稻、棉花、蔬菜、果树等作物的害虫,对水稻二化螟、三化螟、稻瘿蚊,棉花红蜘蛛有较好防效。

【使用方法】

(1)防治水稻螟虫:在螟虫卵孵化盛期或低龄幼虫期,用 20%乳油 800～1 000 倍液均匀喷雾。

(2)防治水稻叶蝉:在叶蝉低龄若虫发生始盛期,用 20%乳油 800～1 000 倍液均匀喷雾。

(3)防治小麦玉米螟:在玉米螟卵孵化盛期或低龄幼虫期,用 20%乳油 800～1 000 倍液均匀喷雾。

(4)防治小麦黏虫:在黏虫卵孵化盛期或低龄幼虫期,用

20％乳油 800～1000 倍液均匀喷雾。

（5）防治玉米玉米螟：在玉米螟卵孵化盛期或低龄幼虫期，用 20％乳油 800～1000 倍液均匀喷雾。

（6）防治玉米黏虫：在黏虫卵孵化盛期或低龄幼虫期，用 20％乳油 800～1000 倍液均匀喷雾。

（7）防治棉花棉铃虫：在棉铃虫卵孵化盛期或低龄幼虫期，用 20％乳油 800～1000 倍液均匀喷雾。

（8）防治棉花蚜虫：在蚜虫发生始盛期，用 20％乳油 800～1000 倍液均匀喷雾。

（9）防治棉花螨：在螨类发生始盛期，用 20％乳油 800～1000 倍液均匀喷雾。

（10）防治大豆蚜虫：在蚜虫发生始盛期，用 20％乳油 800 倍液均匀喷雾。

（11）防治蔬菜蚜虫：在蚜虫发生始盛期，用 20％乳油 500～1000 倍液均匀喷雾。

（12）防治蔬菜菜青虫：在菜青虫卵孵化盛期或低龄幼虫期，用 20％乳油 500～1000 倍液均匀喷雾。

（13）防治果树食心虫：在食心虫卵孵化盛期或低龄幼虫期，用 20％乳油 500～800 倍液均匀喷雾。

（14）防治果树蚜虫：在蚜虫发生始盛期，用 20％乳油 500～800 倍液均匀喷雾。

（15）防治茶树害虫：在害虫发生初期，用 20％乳油 800～1000 倍液均匀喷雾。

（16）防治林木松毛虫：在松毛虫卵孵化盛期或低龄幼虫期，用 20％乳油 500 倍液均匀喷雾。

（17）防治林木竹青虫：在竹青虫卵孵化盛期或低龄幼虫期，用 20％乳油 500 倍液均匀喷雾。

【注意事项】

（1）不得与碱性农药等物质混用。

（2）建议与其他不同作用机制的杀虫剂轮换使用。

（3）本品在下列食品上的最大残留限量：结球甘蓝 0.3 毫克/千克。

21. 单甲脒

$$\text{H}_3\text{C} \quad \text{CH}_3 \quad \text{N} = \text{CH} - \text{N} - \text{CH}_3$$

分子式：$C_{10}H_{14}N_2$

【类别】 脒类。

【化学名称】 N -(2,4 -二甲苯基)- N' -甲基甲脒。

【理化性质】 纯品为白色针状结晶,熔点 75～76 ℃,不溶于水,易溶于乙醇、苯、甲苯、二甲苯等有机溶剂。在环己烷中溶解度随温度升高而大大增加,加热时二者可以互溶。可与氢卤酸、硫酸、硝酸、乙酸、苯磺酸等成盐。

【毒性】 中等毒。对人、畜比较安全。大鼠急性经口 LD_{50} 为 113～118 毫克/千克,小鼠急性经口 LD_{50} 为 250～265 毫克/千克(雌)。斜生栅藻和蛋白核小球藻的 EC_{50} (48 小时)分别为 1.42 毫克/升和 1.41 毫克/升,EC_{50} (96 小时)分别为 1.67 毫克/升和 1.62 毫克/升。在动物体内无积累作用,无致癌、致畸和致突变作用。

【制剂】 25%水剂。

【作用机制与防治对象】 本品可抑制单胺氧化酶活性,对昆虫中枢神经系统的非胆碱能突触会诱发直接兴奋作用,具有触杀作用,对螨卵、幼螨均有杀伤力。本品为感温型杀螨剂,气温在 22 ℃以上时防治效果最好,主要用于防治柑橘树红蜘蛛。

【使用方法】

防治柑橘树红蜘蛛：在红蜘蛛发生始盛期,用 25％水剂 1 000 倍液均匀喷雾,安全间隔期 30 天,每季最多施用 1 次。

【注意事项】

(1) 不可与呈碱性的农药等物质混合使用。

(2) 对鱼有害,远离水产养殖区施药,禁止在河塘等水体中清洗施药器具。废弃物应妥善处理,不可作他用,也不可随意丢弃。

(3) 本品在下列食品上的最大残留限量:柑橘 0.5 毫克/千克。

22. 单甲脒盐酸盐

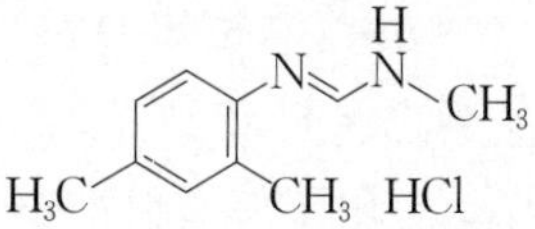

分子式: $C_{10}H_{15}ClN_2$

【类别】 脒类。

【化学名称】 N-(2,4-二甲苯基)-N'-甲基甲脒盐酸盐。

【理化性质】 纯品为白色针状结晶,熔点 163～165 ℃。工业品为淡黄色液体。相对密度 1.090～1.105。易溶于水,微溶于低分子量的醇,难溶于苯和石油醚等有机溶剂。对金属有腐蚀性。在潮湿空气中会水解。

【毒性】 中等毒。原药对雌、雄大鼠急性经皮 LD_{50} 分别为 108 毫克/千克、147 毫克/千克,雌、雄小鼠急性经皮 LD_{50} 分别为 1960 毫克/千克、1 330 毫克/千克。对兔皮肤无刺激,对兔眼睛有轻微刺激,无致畸、致突变作用。对蜜蜂、鱼类高毒。

【制剂】 25％、55％水剂,80％水分散粒剂。

【作用机制与防治对象】 本品可抑制单胺氧化酶活性,对昆虫中枢神经系统的非胆碱能突触会诱发直接兴奋作用,具有触杀作用,对螨卵、幼螨均有杀伤力。本品为感温型杀螨剂,气温在22℃以上时防治效果最好,主要用于防治柑橘红蜘蛛。

【使用方法】

(1)防治柑橘树红蜘蛛:在红蜘蛛发生始盛期,用25%水剂1000倍液均匀喷雾,安全间隔期30天,每季最多施用1次。

(2)防治棉花红蜘蛛:在红蜘蛛发生始盛期,每667平方米用80%水分散粒剂50～60克兑水30～50千克均匀喷雾,安全间隔期28天,每季最多施用1次。

【注意事项】

(1)不可与呈碱性的农药等物质混合使用。

(2)对鱼有害,远离水产养殖区施药,禁止在河塘等水体中清洗施药器具。废弃物应妥善处理,不可作他用,也不可随意丢弃。

(3)本品在下列食品上的最大残留限量:柑橘0.5毫克/千克。

23. 稻丰散

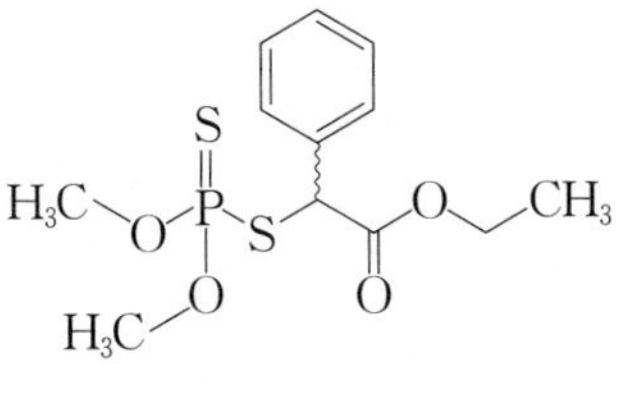

分子式:$C_{12}H_{17}O_4PS_2$

【类别】 有机磷酸酯类。

【化学名称】 O,O-二甲基-S-(α-乙氧基甲酰苄基)二硫代磷酸酯。

【理化性质】　纯品为无色晶体,熔点 17～18 ℃,蒸气压 5.3 帕 (40 ℃),密度 1.226 克/厘米³。水中溶解度为 11 毫克/升(工业品 200 毫克/升,20 ℃),溶于甲醇、乙醇、丙酮、己烷、二甲烷、环己烷、苯、四氯化碳、二硫化碳、二噁烷等,己烷中溶解度 120 克/升(20 ℃),汽油中溶解度 100～170 克/升(20 ℃)。pH 3.9、pH 5.8、pH 7.8 时保存 20 天略有分解,pH 9.7 时保存 20 天有 25% 分解,闪点 165～170 ℃。

【毒性】　中等毒。原药大鼠急性经口 LD_{50} 为 410 毫克/千克,急性经皮 LD_{50} >5 000 毫克/千克,吸入 LC_{50} >0.8 毫克/千克。ADI 为 0.003 毫克/千克。对兔眼睛和皮肤无刺激作用。在试验剂量下对动物无致畸、致癌、致突变作用。两年喂养试验 NOEL:大鼠 1.72 毫克/(千克·天),狗 0.31 毫克/(千克·天)。金鱼 LC_{50} (48 小时)2.4 毫克/千克。鹌鹑、鸡、野鸭的急性经口 LD_{50} 分别为 300 毫克/千克、296 毫克/千克和 218 毫克/千克。对蜜蜂有毒,有时可引起蜘蛛等捕食性天敌密度下降。

【制剂】　50%、60% 乳油,40% 水乳剂。

【作用机制与防治对象】　本品作用机制为抑制昆虫体内的乙酰胆碱酯酶,作用于害虫的神经系统,具有触杀和胃毒作用,可用于防治水稻二化螟、三化螟、稻纵卷叶螟、柑橘介壳虫等害虫。

【使用方法】

(1) 防治柑橘树介壳虫:在介壳虫低龄若虫发生始盛期,用 50% 乳油 1 000～1 500 倍液均匀喷雾,安全间隔期 30 天,每季最多施用 3 次。

(2) 防治柑橘树矢尖蚧:在矢尖蚧低龄若虫发生始盛期,用 50% 乳油 1 000～1 500 倍液均匀喷雾,安全间隔期 30 天,每季最多施用 3 次。

(3) 防治水稻稻纵卷叶螟:在稻纵卷叶螟卵孵化盛期或低龄幼虫期,每 667 平方米用 50% 乳油 100～120 毫升兑水 30～50 千克均匀喷雾,安全间隔期 7 天,每季最多施用 4 次。或每 667 平方米 40% 水乳剂 150～175 克兑水 30～50 千克均匀喷雾,安全间隔期 30 天,每季最多施用 3 次。

（4）防治水稻二化螟:在二化螟卵孵化盛期或低龄幼虫期,每 667 平方米用 50%乳油 100～120 毫升兑水 30～50 千克均匀喷雾,安全间隔期 7 天,每季最多施用 4 次。

（5）防治水稻三化螟:在三化螟卵孵化盛期或低龄幼虫期,每 667 平方米用 50%乳油 100～120 毫升兑水 30～50 千克均匀喷雾,安全间隔期 7 天,每季最多施用 4 次。

（6）防治水稻褐飞虱:在褐飞虱低龄若虫发生始盛期,每 667 平方米用 40%水乳剂 150～175 克兑水 30～50 千克均匀喷雾,安全间隔期 30 天,每季最多施用 3 次。

【注意事项】

（1）不能与碱性农药混用。

（2）对葡萄、桃、苹果的某些品种敏感,施用时应避免药液飘移到上述作物上。

（3）对蜜蜂、蚕、鱼易引起毒害,施药时应注意防止出现中毒现象。蜜源作物花期,应密切关注对周围蜂群的影响,蚕室和桑园附近禁用,施药远离水产养殖区、河塘等水体,禁止在河塘等水体中清洗施药器具。赤眼蜂等天敌放飞区禁用。

（4）建议与其他不同作用机制的杀虫剂轮换使用,以延缓耐药性产生。

（5）本品在下列食品上的最大残留限量(毫克/千克):糙米 0.2,大米 0.05,柑橘 1。

24. 稻纵卷叶螟颗粒体病毒

【类别】 微生物类。

【理化性质】 颗粒体不溶于水、酒精、丙酮、乙醚、二甲苯,但能溶解于强酸和强碱中,在硫酸中的溶解度为 50～57 克/升,在氢氧化钠水溶液中溶解度为 $33\sim40$ 克/升。母药含量≥100 亿 OB/毫升,外观为灰白色至黄褐色液体。10 万 OB/毫克稻纵卷叶螟颗粒体病毒·16 000 IU/毫克苏云金杆菌(简称:苏云·稻纵颗)可湿性粉剂有效成分为稻纵卷叶螟颗粒体病毒和苏云金杆菌,稻纵卷叶螟病毒包涵体含量≥10 万 OB/毫克、苏云金杆菌毒力效价≥16 000 IU/毫克;pH 为 $6.0\sim7.5$,细度(通过 75 微米试验筛)≥98%,悬浮率不低于 70%,润湿时间不超过 180 秒,水分含量不超过 4%。本品的热贮存和常温 2 年贮存均稳定。

【毒性】 低毒。100 亿 OB/毫升稻纵卷叶螟颗粒体病毒母药和苏云·稻纵颗可湿性粉剂对雌、雄大鼠急性经口 LD_{50} 均≥5 000 毫克/千克;雌、雄大鼠急性经皮 LD_{50} 均≥2 000 毫克/千克;雌、雄大鼠急性吸入 LC_{50} 均>5 000 毫克/米^3。对豚鼠皮肤有弱致敏性。对家兔眼睛无刺激性。稻纵卷叶螟颗粒体病毒母药无急性致病性。苏云·稻纵颗可湿性粉剂对日本鹌鹑的急性经口毒性 LD_{50}≥1 000 毫克/千克。斑马鱼急性 LC_{50}(96 小时)≥100 毫克/升。蜜蜂急性经口 LC_{50}(48 小时)≥2 000 毫克/升,急性接触 LD_{50}(48 小时)≥100 微克/只。家蚕急性 LC_{50}(96 小时)为 90.3 毫克/升。大型蚤 EC_{50}(48 小时)≥100 毫克/升。羊角月芽藻 EC_{50}(72 小时)≥30 毫克/升。对鸟、鱼、蜜蜂、蚤、藻低毒,对家蚕中毒。

【制剂】 无单剂登记,与苏云金杆菌复配剂,10 万 OB/毫克·16 000 IU/毫克苏云·稻纵颗可湿性粉剂(苏云金杆菌 16 000 IU/毫克、稻纵卷叶螟颗粒体病毒 10 万 OB/毫克)。

【作用机制与防治对象】 为微生物农药,主要成分为稻纵卷叶螟颗粒体病毒和苏云金杆菌,对稻纵卷叶螟具有较好防效。害虫取食后,病毒在虫体内大量繁殖,使害虫染病致死,同时病毒还可在害虫种群中传播引发虫瘟,有效控制害虫的种群数量和危害。

【使用方法】
防治水稻稻纵卷叶螟:在稻纵卷叶螟卵孵化盛期施药 1 次,每 667 平方米用 10 万 OB/毫克·16 000 IU/毫克苏云·稻纵颗可湿性粉剂 50～100 克兑水 30～50 千克均匀喷雾。

【注意事项】

（1）为生物农药，应避免阳光紫外线照射。

（2）对家蚕有毒，桑园和蚕室附近禁用。

（3）不能与碱性农药混合使用。

25. 敌百虫

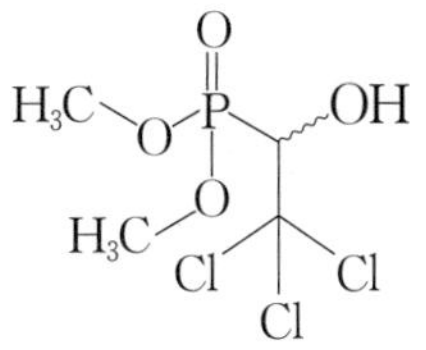

分子式：$C_4H_8Cl_3O_4P$

【类别】 有机磷酸酯类。

【化学名称】 O,O-二甲基-(2,2,2-三氯-1-羟基乙基)膦酸酯。

【理化性质】 纯品为无色结晶粉末，略有特殊气味，熔点 83～84 ℃，工业品 78～80 ℃。相对密度 1.73(20 ℃)，蒸气压 (20 ℃)为 0.21 毫帕。溶解度(20 ℃，克/升)：水 120，己烷 0.1～ 1，二氯甲烷、异丙醇>200，甲苯 20～50，溶于大多数有机溶剂，但不溶于脂肪烃和石油。在室温下稳定，但在加热 pH>6 时分解迅速，遇碱很快转化为敌敌畏。温室 DT_{50} 为 526 天。

【毒性】 低毒。雌、雄大鼠急性经口 LD_{50} 分别为 630 毫克/千克、560 毫克/千克。大鼠急性经皮 $LD_{50}>2\,000$ 毫克/千克。兔急性经皮 $LD_{50}>2\,100$ 毫克/千克，大鼠急性吸入 $LC_{50}>1.3$ 毫克/升。鱼类 LC_{50}(48 小时)：鲤鱼 6.2 毫克/升，金鱼>10 毫克/升，鲈鱼 0.75 毫克/升。对蜜蜂有毒。

【制剂】 30％、40％乳油,80％、90％可溶粉剂,80％可溶液剂。

【作用机制与防治对象】 本品为乙酰胆碱酯酶抑制剂,作用于害虫的神经系统,毒性低、杀虫谱广。在弱碱中可转变成敌敌畏,但不稳定,很快分解失效。对害虫有较强的胃毒作用,兼有触杀作用,对植物具有渗透性,但无内吸传导作用。适用于防治水稻、麦类、蔬菜、茶树、果树、桑树、棉花、绿萍等作物上的咀嚼式口器害虫,以及家畜寄生虫、卫生害虫。

【使用方法】

(1) 防治水稻螟虫:在螟虫卵孵化盛期或低龄幼虫期,用80％可溶粉剂 700 倍液均匀喷雾。

(2) 防治水稻二化螟:在二化螟卵孵化盛期或低龄幼虫期,每 667 平方米用 80％可溶粉剂 85～100 克兑水 30～50 千克均匀喷雾,安全间隔期 15 天,每季最多施用 3 次。

(3) 防治小麦黏虫:在黏虫卵孵化盛期或低龄幼虫期,用 80％可溶粉剂 350～700 倍液均匀喷雾。

(4) 防治十字花科蔬菜菜青虫:在菜青虫卵孵化盛期或低龄幼虫期,每 667 平方米用 30％乳油 100～200 毫升兑水 30～50 千克均匀喷雾,在十字花科蔬菜甘蓝、萝卜上使用的安全间隔期为 14 天,小油菜为 7 天,每季最多施用 2 次。

(5) 防治十字花科蔬菜斜纹夜蛾:在斜纹夜蛾卵孵化盛期或低龄幼虫期,每 667 平方米用 80％可溶粉剂 85～100 克兑水 30～50 千克均匀喷雾,在十字花科蔬菜甘蓝、萝卜上使用的安全间隔期为 14 天,小油菜为 7 天,每季最多施用 2 次。

(6) 防治甘蓝斜纹夜蛾:在斜纹夜蛾卵孵化盛期或低龄幼虫期,每 667 平方米用 80％可溶液剂 90～100 克兑水 30～50 千克均匀喷雾,安全间隔期 14 天,每季最多施用 2 次。

(7) 防治甘蓝菜青虫:在菜青虫卵孵化盛期或低龄幼虫期,每 667 平方米用 30％乳油 100～150 毫升兑水 30～50 千克均匀喷雾,安全间隔期 14 天,每季最多施用 2 次。

(8) 防治枣树黏虫:在黏虫卵孵化盛期或低龄幼虫期,用 80% 可溶粉剂 700 倍液均匀喷雾。

(9) 防治荔枝树椿象:在椿象发生始盛期,用 80% 可溶粉剂 700 倍液均匀喷雾。

(10) 防治茶树刺蛾:在刺蛾卵孵化盛期或低龄幼虫期,用 90% 可溶粉剂 1 000~2 000 倍液均匀喷雾。

(11) 防治茶树尺蠖:在尺蠖卵孵化盛期或低龄幼虫期,用 80% 可溶粉剂 700~1 400 倍液均匀喷雾。

(12) 防治林木松毛虫:在松毛虫卵孵化盛期或低龄幼虫期,用 90% 可溶粉剂 1 500~2 000 倍液均匀喷雾。

【注意事项】

(1) 不可与碱性农药混合使用。

(2) 玉米、苹果(曙光、元帅品种)在生长早期对本品较敏感,施药时应注意。高粱、豆类特别敏感,容易产生药害,不能施用。

(3) 对蜜蜂、鱼类等水生生物、家蚕有毒。开花植物花期禁用,蚕室和桑园附近禁用,远离水产养殖区施药。

(4) 本品在下列食品上的最大残留限量(毫克/千克):稻谷、糙米、小麦、结球甘蓝、花椰菜、普通白菜均为 0.1,枣(鲜)0.3,茶叶 2。

26. 敌敌畏

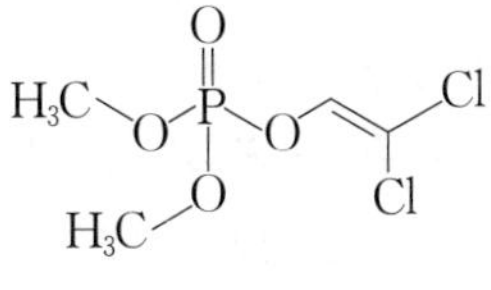

分子式:$C_4H_7Cl_2O_4P$

【类别】 有机磷酸酯类。

【化学名称】 O,O-二甲基-O-(2,2-二氯乙烯基)磷酸酯。

【理化性质】 纯品为无色液体,有芳香味。工业品为琥珀色液体,沸点234.1℃(1×10^5帕)、74℃(1.3×10^2帕)。相对密度1.425(20℃)。蒸气压2.1帕(25℃)。正辛醇-水分配系数$K_{ow}\log P$为1.9。亨利常数2.58×10^{-2}帕·米³/摩。室温时,水中溶解度10克/升,能与大多数有机溶剂和气溶胶混溶。对热稳定,但能水解。在室温下,饱和的敌敌畏水溶液转化成磷酸氢二甲酯和二氯乙醛,其水解速度每天约3%,在碱性溶液中水解更快。

【毒性】 中等毒。大鼠急性经口LD_{50}分别为雄大鼠80毫克/千克,雌大鼠56毫克/千克。急性经皮LD_{50}分别为雄大鼠107毫克/千克,雌大鼠75毫克/千克。大鼠吸入LC_{50}(4小时)230毫克/米³。蓝鳃太阳鱼LC_{50}(24小时)1毫克/升。对蜜蜂高毒,对鸟有毒。

【制剂】 28%缓释剂,80%、90%可溶液剂,30%、48%、50%、77.50%、80%、90%乳油,2%、15%、22%、30%烟剂,22.5%油剂。

【作用机制与防治对象】 本品是一种高效、速效、广谱、毒性中等的杀虫剂,主要抑制乙酰胆碱酯酶。具有强烈的触杀、胃毒、熏蒸作用,残效短,杀虫作用快,遇碱易失效。对咀嚼口器和刺吸口器害虫均有效,适用于防治临近收获的果树和蔬菜上的害虫、卫生害虫和仓库害虫,也广泛用于防治粮、棉、桑、茶、烟等作物上的害虫。

【使用方法】

(1) 防治水稻稻飞虱:在稻飞虱低龄若虫发生始盛期,每667平方米用50%乳油60～90毫升兑水30～50千克均匀喷雾,安全间隔期28天,每季最多施用2次。

(2) 防治小麦蚜虫:在蚜虫发生始盛期,每667平方米用48%乳油80克兑水30～50千克均匀喷雾,安全间隔期7天,每季最多施用1次。

(3) 防治小麦黏虫:在黏虫卵孵化盛期或低龄幼虫期,每667平方米用48%乳油80克兑水30～50千克均匀喷雾,安全间隔期

7天,每季最多施用1次。

(4)防治棉花蚜虫:在蚜虫发生始盛期,每667平方米用48%乳油80~160克兑水30~50千克均匀喷雾,安全间隔期7天,每季最多施用1次。

(5)防治棉花造桥虫:在造桥虫卵孵化盛期或低龄幼虫期,每667平方米用48%乳油80~160克兑水30~50千克均匀喷雾,安全间隔期7天,每季最多施用1次。

(6)防治粮仓多种贮粮害虫:在害虫发生初期,用48%乳油300~400倍液均匀喷雾。或每立方米用48%乳油0.8~1克挂条熏蒸。

(7)防治十字花科蔬菜菜青虫:在菜青虫卵孵化盛期或低龄幼虫期,每667平方米用48%乳油83~125毫升兑水30~50千克均匀喷雾,安全间隔期7天,每季最多施用1次。

(8)防治十字花科蔬菜黄条跳甲:在黄条跳甲发生初期,每667平方米用90%可溶液剂25~35毫升兑水30~50千克均匀喷雾,甘蓝、萝卜、白菜的安全间隔期为5天,每季最多施用3次。

(9)防治白菜黄条跳甲:在黄条跳甲发生初期,每667平方米用80%可溶液剂30~40毫升兑水30~50千克均匀喷雾,安全间隔期5天,每季最多施用2次。

(10)防治青菜菜青虫:在菜青虫卵孵化盛期或低龄幼虫期,每667平方米用80%乳油50毫升兑水30~50千克均匀喷雾,青菜的安全间隔期为7天,每季最多施用5次。

(11)防治甘蓝菜青虫:在菜青虫卵孵化盛期或低龄幼虫期,每667平方米用48%乳油80~100毫升兑水30~50千克均匀喷雾,安全间隔期7天,每季最多施用2次。

(12)防治黄瓜(保护地)蚜虫:在蚜虫发生初期,每667平方米用15%烟剂500~600克,点燃放烟,安全间隔期7天,每季最多施用2次。或用22%烟剂300~400克,点燃放烟,安全间隔期3天,每季最多施用2次。

（13）防治黄瓜（保护地）白粉虱：在白粉虱发生初期，每667平方米用15％烟剂390～450克，点燃放烟，安全间隔期7天，每季最多施用2次。

（14）防治柑橘树介壳虫：在介壳虫卵孵化始盛期，用48％乳油500～1000倍液均匀喷雾，安全间隔期7天，每季最多施用3次。

（15）防治苹果树小卷叶蛾：在小卷夜蛾卵孵化盛期或低龄幼虫期，用48％乳油1000～1250倍液均匀喷雾，安全间隔期7天，每季最多施用2次。

（16）防治苹果树蚜虫：在蚜虫发生始盛期，用48％乳油1000～1250倍液均匀喷雾，安全间隔期7天，每季最多施用2次。

（17）防治桑树尺蠖：在尺蠖卵孵化盛期或低龄幼虫期，每667平方米用80％乳油50毫升兑水30～50千克均匀喷雾。

（18）防治茶树食叶害虫：在害虫卵孵化盛期或低龄幼虫期，每667平方米用48％乳油80克兑水30～50千克均匀喷雾，安全间隔期7天，每季最多施用1次。

（19）防治茶树茶尺蠖：在尺蠖卵孵化盛期或低龄幼虫期，每667平方米用77.5％乳油50～70毫升兑水30～50千克均匀喷雾，安全间隔期6天，每季作物最多施用1次。

（20）防治观赏菊花蚜虫：在蚜虫发生始盛期，用90％可溶液剂800～1000倍液均匀喷雾。

（21）防治森林/林木松毛虫：在松毛虫卵孵化盛期或低龄幼虫期，每667平方米用2％烟剂500～1000克，点燃放烟。或每667平方米用22.5％油剂356～712毫升，地面超低量喷雾；或用22.5％油剂178～356毫升，飞机超低量喷雾。

（22）防治森林/林木天幕毛虫：在天幕毛虫卵孵化盛期或低龄幼虫期，每667平方米用2％烟剂500～1000克，点燃放烟。

（23）防治森林/林木杨柳毒蛾：在毒蛾卵孵化盛期或低龄幼虫期，每667平方米用2％烟剂500～1000克，点燃放烟。

（24）防治森林/林木竹蝗：在竹蝗低龄幼虫期，每667平方米用 2％烟剂 500～1000 克,点燃放烟。

【注意事项】

(1) 对高粱、月季易产生药害,不可施用。豆类、玉米、柳树也敏感,施用时应注意避免药液飘移到上述作物上。

(2) 对蜜蜂、鱼类等水生生物、家蚕、赤眼蜂有毒。施药期间应避免对周围蜂群的影响,蜜源作物花期、蚕室和桑园附近、天敌赤眼蜂放飞区禁用,远离水产养殖区施药,禁止在河塘等水体中清洗施药器具。

(3) 不可与呈碱性的农药等物质混合使用。水溶液分解快,应随配随用。

(4) 建议与其他不同作用机制的杀虫剂轮换使用,以延缓耐药性产生。

(5) 本品在下列食品上的最大残留限量(毫克/千克):糙米 0.2,稻谷、麦类、棉籽、普通白菜、花椰菜、青花菜、芥蓝、菜薹、苹果均为 0.1,瓜类蔬菜、柑橘 0.2,大白菜 0.5。

27. 地中海实蝇引诱剂

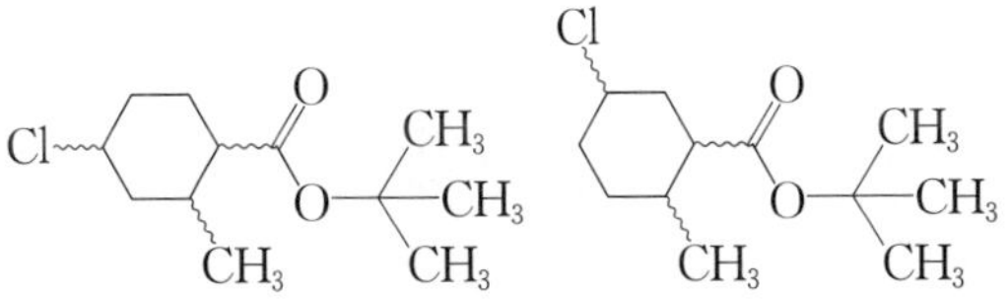

分子式:$C_{12}H_{21}ClO_2$

【类别】 引诱剂。

【化学名称】 叔丁基-2-甲基-4-氯环己烷羧酸酯。

【理化性质】 本品有效成分诱蝇羧酯是 4 种异构体混合物,黄色透明液体,熔点 20～40 ℃,沸点 105 ℃(53.3 帕),密度 1.03

克/厘米^3,蒸气压约为 0.4 帕(25 ℃)。

【毒性】 低毒。诱蝇羧酯对大鼠急性经口 LD_{50} 为 4 556 毫克/千克,急性经皮 LD_{50}＞2 025 毫克/千克,吸入 LD_{50}＞2.9 毫克/升。对兔皮肤和眼睛无刺激性。鱼类 LC_{50}(48 小时):虹鳟鱼 11.5 毫克/升,蓝鳃太阳鱼 14.7 毫克/升。

【制剂】 95%诱芯。

【作用机制与防治对象】 本品属于节肢动物信息素,是天然昆虫源物质的仿生合成物,只对地中海实蝇等实蝇类害虫有诱集作用。用于地中海实蝇监测。

【使用方法】

专供检验检疫用防治地中海实蝇:将诱芯开包,固定于专用诱捕器内,挂于实蝇寄主果树的树冠中上部遮荫处。

【注意事项】

(1) 回收的诱芯和诱捕器应妥善处理,不可作他用,不可随意丢弃。

(2) 使用本品时应穿戴防护服和手套,施药后应及时洗手洗脸。

28. 丁虫腈

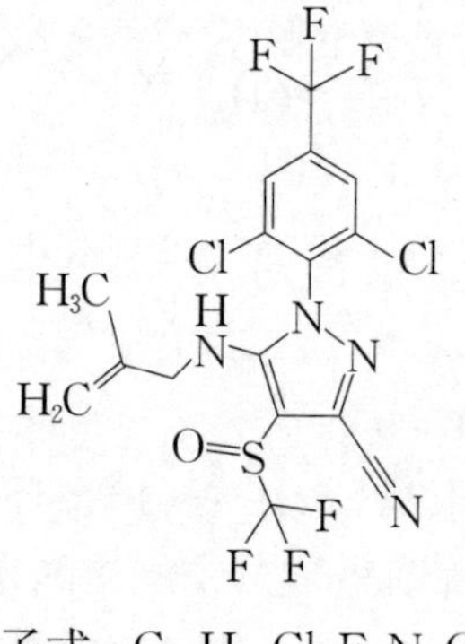

分子式:$C_{16}H_{10}Cl_2F_6N_4OS$

【类别】 吡唑类。

【化学名称】 3-氰基-5-甲代烯丙基氨基-1-(2,6-二氯-4-三氟甲基苯基)-4-三氟甲基亚磺酰基吡唑。

【理化性质】 纯品为白色粉末,熔点 172～174 ℃。溶解度(25 ℃,克/升):水 0.02,乙酸乙酯 260.02。常温下稳定,酸、碱条件下稳定。

【毒性】 低毒。原药雌、雄大鼠急性经口 $LD_{50} \geqslant 4\,640$ 毫克/千克,雌、雄大鼠急性经皮 $LD_{50} \geqslant 2\,150$ 毫克/千克。对皮肤和眼睛无刺激性,有弱致敏性。原药 Ames 试验阴性,小鼠骨髓嗜多染红细胞微核试验阴性,小鼠显性致死致畸阴性。原药亚慢性试验雄性 150 毫克/千克[(11.24±0.52)毫克/千克·天],雌性 500 毫克/千克[(40.35±3.95)毫克/千克·天]。

【制剂】 5%乳油,80%水分散粒剂。

【作用机制与防治对象】 通过作用于昆虫 γ-氨基丁酸氯离子通道而致效,与菊酯类、有机磷类和氨基甲酸酯类等农药无交互抗性,具有胃毒、触杀及一定的内吸作用。对半翅目、鳞翅目、缨翅目、鞘翅目等害虫有效。

【使用方法】

(1)防治甘蓝小菜蛾:在小菜蛾卵孵化盛期或低龄幼虫期,每 667 平方米用 5%乳油 20～40 毫升兑水 30～50 千克均匀喷雾,安全间隔期 7 天,每季最多施用 3 次。或每 667 平方米用 80%水分散粒剂 2.2～2.6 克兑水 30～50 千克均匀喷雾,安全间隔期 7 天,每季最多施用 2 次。

(2)防治水稻二化螟:在二化螟卵孵化盛期或低龄幼虫期,每 667 平方米用 5%乳油 30～50 毫升兑水 30～50 千克均匀喷雾,安全间隔期 30 天,每季最多施用 2 次。

【注意事项】

(1)对蜜蜂高毒,应注意保护蜜蜂,避开蜜源作物花期用药。

(2)对虾、蟹及甲壳类水生生物和鱼类高毒,水产养殖区周围禁用。赤眼蜂等天敌放飞区禁用。

（3）蚕室和桑园附近禁用。

（4）不得与碱性农药等物质混用,为延缓耐药性的产生,应与其他不同作用机制的杀虫剂混用。

（5）本品在下列食品上的最大残留限量（毫克/千克）：糙米0.02,稻谷0.1,结球甘蓝0.1。

29. 丁氟螨酯

分子式：$C_{24}H_{24}F_3NO_4$

【类别】 酰基乙腈类。

【化学名称】 2-甲氧乙基(R,S)-2-(4-叔丁基苯基)-2-氰基-3-$(\alpha,\alpha,\alpha$-三氟邻甲苯基)丙酸酯。

【理化性质】 纯品为白色固体,熔点77.9～81.7℃,沸点269.2℃,蒸气压$<5.9\times10^{-3}$毫帕（25℃）。相对密度1.229（20℃）,体积密度1.21克/毫升。水中溶解度（pH=7,20℃）0.0281毫克/升;其他溶剂中溶解度（克/升,20℃）：正己烷5.23、甲醇99.9、丙酮>500、二氯甲烷>500、乙酸乙酯>500、甲苯>500。在弱酸性介质中稳定,但在碱性介质中不稳定,水中DT_{50}（25℃）为9天(pH=4),5小时(pH=7),12分钟(pH=9)。

【毒性】 低毒。大鼠（雌）急性经口$LD_{50}>2000$毫克/千克,

大鼠急性经皮 $LD_{50}>5\,000$ 毫克/千克,对兔眼睛和皮肤无刺激,对豚鼠皮肤致敏。大鼠吸入 $LC_{50}>2.65$ 毫克/升。NOAEL 值:大鼠 500 毫克/千克(饲料),狗 30 毫克/(千克・天)。ADI/RfD 0.092 毫克/千克。无致畸(大鼠和兔),无致癌(大鼠),无生殖毒性(大鼠和小鼠),无致突变(Ames 试验、染色体畸变和微核试验)。鹌鹑急性经口 $LD_{50}>2\,000$ 毫克/千克,鹌鹑 LC_{50}(5 天)大于 $5\,000$ 毫克/升。鱼类 LC_{50}(96 小时):鲤鱼>0.54 毫克/升,虹鳟鱼>0.63 毫克/升。水蚤 EC_{50}(48 小时)>0.063 毫克/升,海藻 E_bC_{50}(72 小时)>0.037 毫克/升。蜜蜂 $LD_{50}>591$ 微克制剂/只(经口),>591 微克/只(接触)。蚯蚓 LC_{50}(14 天)大于 $1\,020$ 毫克/千克(土壤)。以 5 毫克/50 克食物喂饲对蚕无不良反应。在土壤和水中降解,而后代谢速度非常快,所以对环境(包括水和土壤)影响非常小。在土壤中 DT_{50} 为 $0.8\sim1.4$ 天。

【制剂】 20%悬浮剂。

【作用机制与防治对象】 属于非内吸性杀螨剂,主要通过触杀和胃毒作用防治卵、若螨和成螨,其作用机制为抑制线粒体蛋白复合体Ⅱ、阻碍电子(氢)传递、破坏磷酸化反应,其对不同发育阶段的害螨均有很好防效,可在柑橘的各个生长期使用。

【使用方法】

防治柑橘树红蜘蛛:在红蜘蛛发生始盛期,用 20%悬浮剂 $1\,500\sim2\,000$ 倍液均匀喷雾,安全间隔期 21 天,每季最多施用 1 次。

【注意事项】

(1) 建议与其他不同作用机制的药剂轮用。

(2) 对家蚕有毒,远离桑园施药。禁止在河塘等水体中清洗施药器具,以免污染水源,水产养殖区、河源等水域附近禁用。

(3) 本品在柑橘上的最大残留限量为 5 毫克/千克。

30. 丁硫克百威

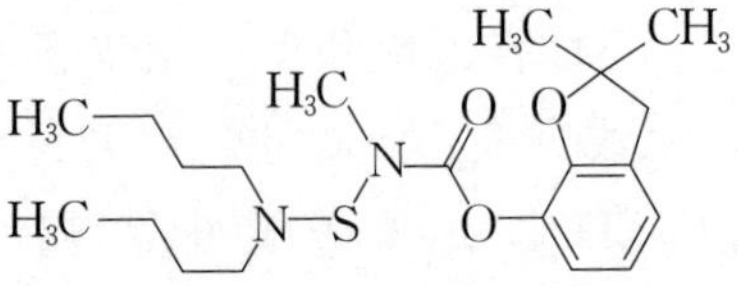

分子式：$C_{20}H_{32}N_2O_3S$

【类别】 氨基甲酸酯类。

【化学名称】 2,3-二氢-2,2-二甲基苯并呋喃-7-基-(二丁基氨基硫基)-N-甲基氨基甲酸酯。

【理化性质】 纯品为无色或浅黄色油状物,沸点114 ℃。工业品为褐色黏稠液体,沸点124～128 ℃。蒸气压0.041毫帕,相对密度1.056(20 ℃)。水(25 ℃)中溶解度0.03毫克/升,与丙酮、二氯甲烷、乙醇、二甲苯互溶。在乙酸乙酯中温度60 ℃下稳定,在pH<7时分解。对热和酸介质不稳定。纯水中DT_{50}<1小时(pH4)。

【毒性】 中等毒。雄、雌大鼠急性经口LD_{50}分别为250毫克/千克和185毫克/千克;兔急性经皮LD_{50}>2 000毫克/千克;雄、雌大鼠急性吸入LC_{50}(1小时)1.53毫克/升(空气)、0.61毫克/升(空气)。雉、野鸭、鹌鹑的急性经口LD_{50}分别为26毫克/千克、8.1毫克/千克、82毫克/千克。鱼类LC_{50}(96小时):蓝鳃太阳鱼0.015毫克/升,虹鳟鱼0.042毫克/升。鲤鱼LC_{50}(48小时)0.55毫克/千克。

【制剂】 5%、10%颗粒剂,5%、20%、200克/升乳油,40%水乳剂,40%悬浮剂,20%悬浮种衣剂,35%种子处理干粉剂,47%种子处理乳剂。

【作用机制与防治对象】 在昆虫体内代谢为克百威起杀虫作

用,其杀虫机制是干扰昆虫神经系统,抑制乙酰胆碱酯酶,使昆虫的肌肉及腺体持续兴奋,从而导致昆虫死亡。具内吸性,对昆虫具有触杀及胃毒作用,持效期长,杀虫谱广。

【使用方法】

(1)防治水稻稻水象甲:每667平方米用5%颗粒剂2~3千克,在水稻移栽或抛秧后5~7天拌适量干细土撒施,每季最多施用1次。

(2)防治水稻稻飞虱:在稻飞虱低龄若虫发生始盛期,每667平方米用200克/升乳油175~200毫升兑水30~50千克均匀喷雾,安全间隔期30天,每季最多施用1次。

(3)防治水稻稻蓟马:每100千克种子用35%种子处理干粉剂600~1142克拌种。或每100千克种子用47%种子处理乳剂250~1333克拌种。

(4)防治水稻稻瘿蚊:每100千克种子用35%种子处理干粉剂1714~2285克拌种。

(5)防治水稻三化螟:在三化螟卵孵化盛期或低龄幼虫期,每667平方米用200克/升乳油200~250毫升兑水30~50千克均匀喷雾,安全间隔期30天,每季最多施用1次。

(6)防治小麦地下害虫:每100千克种子用47%种子处理乳剂143~200克拌种。

(7)防治玉米螟蠓:每100千克种子用40%水乳剂285~400毫升拌种。或每100千克种子用47%种子处理乳剂222~286克拌种。或每100千克种子用20%悬浮种衣剂588~666毫升种子包衣。

(8)防治玉米地老虎:每100千克种子用47%种子处理乳剂222~286克拌种。

(9)防治玉米金针虫:每100千克种子用47%种子处理乳剂222~286克拌种。

(10)防治玉米地下害虫:每100千克种子用40%水乳剂

285～400毫升拌种。

(11)防治玉米蝼蛄:每100千克种子用47%种子处理乳剂222～286克拌种。

(12)防治棉花地老虎:每100千克种子用47%种子处理乳剂800～1000克拌种。

(13)防治棉花金针虫:每100千克种子用47%种子处理乳剂800～1000克拌种。

(14)防治棉花蛴螬:每100千克种子用47%种子处理乳剂800～1000克拌种。

(15)防治棉花蝼蛄:每100千克种子用47%种子处理乳剂800～1000克拌种。

(16)防治棉花蚜虫:在蚜虫发生初期,每667平方米用200克/升乳油30～60毫升兑水30～50千克均匀喷雾,安全间隔期30天,每季最多施用2次。或每667平方米用40%悬浮剂15～30克兑水30～50千克均匀喷雾,安全间隔期21天,每季最多施用2次。或每100千克种子用47%种子处理乳剂800～1000克拌种。

(17)防治花生蛴螬:于花生播种前,每667平方米用5%颗粒剂3～5千克沟施,每季最多施用1次。

(18)防治甘蔗蔗螟:在虫口密度较高时,每667平方米用5%颗粒剂3～4千克在甘蔗苗期基部沟施,每季最多施用1次,安全间隔期192天。

(19)防治甘蔗蔗龟:每667平方米用5%颗粒剂3～5千克,在新植蔗开沟、下种后带状施药于种植沟中,然后盖土;宿根蔗在收获后5～15天带状施药,然后盖土;沟施或拌毒土撒施,每季最多施用1次,安全间隔期192天。

(20)防治甘薯线虫:每667平方米用5%颗粒剂3.6～5.4千克,在甘薯播种或移栽时条施或穴施。

【注意事项】

(1)建议与其他不同作用机制的杀虫剂轮换使用,以延缓耐药性产生。

（2）不可与碱性农药等物质混用。

（3）在稻田使用时,避免同时使用敌稗和灭草灵,以防产生药害。

（4）对鸟类毒性较高,使用过程中注意对鸟类的保护。对鱼有毒,包装物和施药器械不得在池塘等水体中清洗。对蜂和家蚕高毒,施药时应避免对周围蜂群的影响,开花植物花期、蚕室和桑园附近禁用,鸟类保护区禁用。养鱼稻田禁用。

（5）本品在下列食品上的最大残留限量(毫克/千克):稻谷、糙米 0.5,小麦、玉米、甘蔗 0.1,花生仁、棉籽 0.05,甘薯 1。

31. 丁醚脲

分子式:$C_{23}H_{32}N_2OS$

【类别】 硫脲类。

【化学名称】 1-特丁基-3-(2,6-二异丙基-4-苯氧基苯基)硫脲。

【理化性质】 纯品为无色晶体,熔点 149.6 ℃。工业品为白色粉末,熔点 144.6～147.7 ℃。蒸气压 0.64 毫帕(20 ℃)。水中溶解度 0.05 毫克/升;有机溶剂中溶解度(20 ℃,克/升):丙酮 280、环己酮 380、二氯甲烷 600、己烷 8、甲苯 320、二甲苯 210。对光、水、空气稳定,在异丙醇中分解。

【毒性】 中等毒。大鼠急性经口 LD_{50} 为 2 068 毫克/千克(原药),大鼠急性经皮 $LD_{50}>2\ 000$ 毫克/千克,大鼠急性吸入 LC_{50} (14 小时)0.558 毫克/升(空气)。对兔皮肤和眼睛均无刺激作用,鱼类 LC_{50} (96 小时):鲤鱼 0.003 8 毫克/升,虹鳟鱼 0.000 7 毫克/升,蓝鳃太阳鱼 0.001 3 毫克/升。水蚤 LC_{50} (48 小时)<0.5 毫克/升。对蜜蜂有毒,经口 LD_{50} (48 小时)0.002 1 毫克/只,局部施药 LD_{50} (48 小时)0.001 5 毫克/只,在田间条件下无明显危害。北美鹑和野鸭急性经口 LD_{50} 均$>1 500$ 毫克/千克,LC_{50} (8 天喂食)北美鹑和野鸭均$>1 500$ 毫克/千克。

【制剂】 50%可湿性粉剂,25%乳油,70%水分散粒剂,10%微乳剂,25%、43.5%、50%、500 克/升悬浮剂。

【作用机制与防治对象】 本品是一种新型昆虫生长调节剂,系通过抑制昆虫体壁几丁质合成而致效,是一种高效杀虫杀螨剂,具有触杀、胃毒、内吸和熏蒸作用,可有效控制对氨基甲酸酯、有机磷和拟除虫菊酯类产生抗性的害虫。可防治多种作物和观赏植物上的蚜虫、粉虱、叶蝉、夜蛾科害虫及害螨。

【使用方法】

(1) 防治甘蓝小菜蛾:在小菜蛾卵孵化盛期或低龄幼虫期,每 667 平方米用 50%可湿性粉剂 40～60 克兑水 30～50 千克均匀喷雾,安全间隔期 14 天,每季最多施用 2 次。或每 667 平方米用 25%乳油 80～120 毫升或 10%微乳剂 100～200 毫升或 500 克/升悬浮剂 40～60 毫升,兑水 30～50 千克均匀喷雾,安全间隔期 7 天,每季最多施用 1 次。

(2) 防治甘蓝菜青虫:在菜青虫卵孵化盛期或低龄幼虫期,每 667 平方米用 25%悬浮剂 60～80 毫升兑水 30～50 千克均匀喷雾,安全间隔期 7 天,每季最多施用 2 次。

(3) 防治十字花科蔬菜小菜蛾:在小菜蛾卵孵化盛期或低龄幼虫期,每 667 平方米用 70%水分散粒剂 40～50 克兑水 30～50 千克均匀喷雾,安全间隔期 14 天,每季最多施用 2 次。

（4）防治小白菜菜青虫：在菜青虫卵孵化盛期或低龄幼虫期，每667平方米用25％乳油60～80毫升兑水30～50千克均匀喷雾，安全间隔期10天，每季最多施用1次。

（5）防治柑橘树红蜘蛛：在红蜘蛛发生始盛期，用50％可湿性粉剂1 000～2 000倍液，或500克/升悬浮剂1 000～2 000倍液均匀喷雾，安全间隔期21天，每季最多施用2次。

（6）防治茶树茶小绿叶蝉：在茶小绿叶蝉低龄若虫发生期，每667平方米用500克/升悬浮剂100～120毫升兑水30～50千克均匀喷雾，安全间隔期7天，每季最多施用2次。

【注意事项】

（1）对水生生物剧毒，禁止在鱼塘等水产养殖区及水域周围使用。

（2）对家蚕高毒。桑园和蚕室附近禁用，开花植物花期禁用。

（3）不能与碱性农药等物质混用。

（4）本品在下列食品上的最大残留限量（毫克/千克）：结球甘蓝2，普通白菜1，柑橘0.2，茶叶5。

32. 啶虫脒

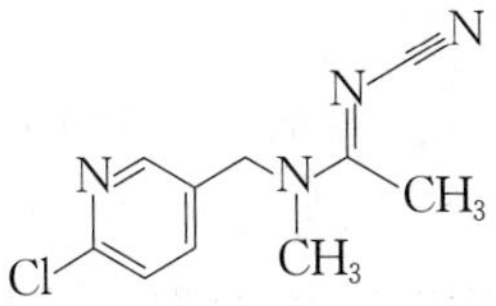

分子式：$C_{10}H_{11}ClN_4$

【类别】 新烟碱类。

【化学名称】 (E)-N^1-［（6-氯吡啶-3-基）甲基］-N^2-腈基-N'-甲基乙酰胺。

【理化性质】 纯品为无色结晶，工业原药为浅黄色结晶粉末。相对密度 1.330，熔点 98～101 ℃，蒸气压 $4.4×10^{-4}$ 帕(25 ℃)。溶解度(25 ℃，克/升)：水中约 4，丙酮＞200，乙醇＞200，二氯甲烷＞200，己烷 0.00654。在中性或偏酸性介质中稳定，常温下稳定，对光不稳定。

【毒性】 中等毒。大鼠急性经口 LD_{50} 为 217 毫克/千克(雄)、146 毫克/千克(雌)；大鼠急性经皮 LD_{50}＞2 000 毫克/千克；大鼠急性吸入 LC_{50}(4 小时)＞0.29 毫克/升。对兔眼睛和皮肤无刺激。鲤鱼 LC_{50}(24～96 小时)＞100 毫克/升。水蚤 EC_{50}(48 小时)49.8 毫克/升。蜜蜂 LD_{50} 为 14.5 微克/只(经口)，8.1 微克/只(接触)。

【制剂】 20％、40％可溶粉剂，20％、30％可溶液剂，3％、5％、10％、20％、60％、70％可湿性粉剂，60％泡腾片剂，3％、5％、10％、15％、25％乳油，36％、40％、50％、70％水分散粒剂，10％水乳剂，3％、5％、10％、20％微乳剂。

【作用机制与防治对象】 为内吸性杀虫剂，可用作土壤处理或叶面喷雾，具有触杀和胃毒作用。作用于神经突触后膜的乙酰胆碱受体，引起异常兴奋，从而导致受体机能的停止和神经传输的阻断，害虫全身痉挛、麻痹而死。可有效控制作物尤其是蔬菜、果树、茶树上的半翅目、缨翅目和鳞翅目害虫。

【使用方法】

(1) 防治水稻稻飞虱：在稻飞虱低龄若虫始盛期，每 667 平方米用 20％可溶粉剂 7.5～10 克兑水 30～50 千克均匀喷雾，安全间隔期 15 天，每季最多施用 2 次。或每 667 平方米用 40％水分散粒剂 5～6 克兑水 30～50 千克均匀喷雾，安全间隔期 21 天，每季最多施用 2 次。

(2) 防治小麦蚜虫：在蚜虫发生始盛期，每 667 平方米用 20％可溶粉剂 4.5～7.5 克，或 20％可溶液剂 4.5～6 毫升，或 5％可湿性粉剂 30～40 克，或 5％乳油 40～60 毫升，兑水 30～50 千克均匀喷雾,安全间隔期 14 天,每季最多施用 2 次。或每 667 平方米用 50%水分散粒剂 6~8 克兑水 30~50 千克均匀喷雾,安全间隔期 21 天,每季最多施用 1 次。

（3）防治棉花蚜虫：在蚜虫低龄若虫盛发期,每 667 平方米用 20%可溶粉剂 3~6 克,或 5%可湿性粉剂 20~40 克,或 5%乳油 30~40 毫升,兑水 30~50 千克均匀喷雾,安全间隔期 14 天,每季最多施用 2 次。或每 667 平方米用 20%可溶液剂 8~10 毫升或 5%微乳剂 20~30 毫升,兑水 30~50 千克均匀喷雾,安全间隔期 14 天,每季最多施用 1 次。或每 667 平方米用 40%水分散粒剂 3~4.5 克兑水 30~50 千克均匀喷雾,安全间隔期 21 天,每季最多施用 3 次。

（4）防治番茄白粉虱：在白粉虱发生初期,每 667 平方米用 70%水分散粒剂 2~3 克兑水 30~50 千克均匀喷雾,安全间隔期 7 天,每季最多施用 2 次。或每 667 平方米用 3%微乳剂 30~60 毫升兑水 30~50 千克均匀喷雾,安全间隔期 7 天,每季最多施用 2 次。

（5）防治黄瓜蚜虫：在蚜虫发生始盛期,每 667 平方米用 20%可溶粉剂 8~12 克兑水 30~50 千克均匀喷雾,安全间隔期 5 天,每季最多施用 3 次。或每 667 平方米用 20%可溶液剂 5~10 毫升或 5%乳油 40~50 毫升,兑水 30~50 千克均匀喷雾,安全间隔期 2 天,每季最多施用 3 次。或每 667 平方米用 40%水分散粒剂 3~4 克兑水 30~50 千克均匀喷雾,安全间隔期 7 天,每季最多施用 2 次。或每 667 平方米用 5%微乳剂 18~30 毫升兑水 30~50 千克均匀喷雾,安全间隔期 4 天,每季最多施用 1 次。

（6）防治黄瓜白粉虱：在白粉虱发生始盛期,每 667 平方米用 40%可溶粉剂 4~5 克兑水 30~50 千克均匀喷雾,安全间隔期 5 天,每季最多施用 1 次。或每 667 平方米用 20%可溶液剂 4.5~6.75 毫升兑水 30~50 千克均匀喷雾,安全间隔期 4 天,每季最多施用 2 次。

（7）防治黄瓜(保护地)白粉虱：在白粉虱发生始盛期,每 667

平方米用 5％乳油 50～80 克兑水 30～50 千克均匀喷雾,安全间隔期 7 天,每季最多施用 1 次。

(8)防治黄瓜蓟马:在蓟马若虫发生始盛期,每 667 平方米用 20％可溶液剂 7.5～10 毫升兑水 30～50 千克均匀喷雾,安全间隔期 2 天,每季最多施用 3 次。

(9)防治甘蓝黄条跳甲:在黄条跳甲发生初期,每 667 平方米用 5％可湿性粉剂 30～40 克兑水 30～50 千克均匀喷雾。

(10)防治甘蓝蚜虫:在蚜虫发生始盛期,每 667 平方米用 20％可溶粉剂 5～7 克兑水 30～50 千克均匀喷雾,安全间隔期 7 天,每季最多施用 3 次。或每 667 平方米用 20％可溶液剂 6.3～8.4 毫升,或 40％水分散粒剂 3～4 克,或 5％微乳剂 20～40 毫升,兑水 30～50 千克均匀喷雾,安全间隔期 5 天,每季最多施用 2 次。或每 667 平方米用 5％可湿性粉剂 20～30 克,或 60％泡腾片剂 1.5～2.5 克,或 5％乳油 24～36 毫升,兑水 30～50 千克均匀喷雾,安全间隔期 7 天,每季最多施用 2 次。

(11)防治大白菜蚜虫:在蚜虫发生始盛期,每 667 平方米用 15％乳油 6.7～13.3 毫升兑水 30～50 千克均匀喷雾,安全间隔期 14 天,每季最多施用 3 次。

(12)防治十字花科蔬菜蚜虫:在蚜虫发生始盛期,每 667 平方米用 5％可湿性粉剂 20～30 克或 40％水分散粒剂 3～4.5 克,兑水 30～50 千克均匀喷雾,安全间隔期 5 天,每季最多施用 2 次。或每 667 平方米用 5％乳油 12～18 毫升或 3％微乳剂 30～50 毫升,兑水 30～50 千克均匀喷雾,安全间隔期为甘蓝 5 天、萝卜和小青菜 7 天,每季最多施用 2 次。

(13)防治萝卜黄条跳甲:在黄条跳甲发生初期,每 667 平方米用 5％乳油 60～120 毫升兑水 30～50 千克均匀喷雾,安全间隔期 14 天,每季最多施用 2～3 次。

(14)防治菠菜蚜虫:在蚜虫发生始盛期,每 667 平方米用 25％乳油 6～10 毫升兑水 30～50 千克均匀喷雾,安全间隔期 7

天,每季最多施用 2 次。

(15)防治芹菜蚜虫:在蚜虫发生始盛期,每 667 平方米用 5%乳油 24~36 毫升兑水 30~50 千克均匀喷雾,安全间隔期 7 天,每季最多施用 3 次。

(16)防治莲藕连缢管蚜:在蚜虫发生初期,每 667 平方米用 5%乳油 20~30 毫升兑水 30~50 千克均匀喷雾,安全间隔期 14 天,每季最多施用 1 次。

(17)防治豇豆蓟马:在蓟马发生期,每 667 平方米用 5%乳油 30~40 毫升兑水 30~50 千克均匀喷雾,安全间隔期 3 天,每季最多施用 1 次。

(18)防治西瓜蚜虫:在蚜虫发生始盛期,每 667 平方米用 70%水分散粒剂 2~4 克兑水 30~50 千克均匀喷雾,安全间隔期 10 天,每季最多施用 2 次。

(19)防治柑橘树蚜虫:在蚜虫发生始盛期,用 20%可溶粉剂 5 000~10 000 倍液,或 5%可湿性粉剂 2 000~4 000 倍液均匀喷雾,安全间隔期 30 天,每季最多施用 2 次。或用 20%可溶液剂 15 000~20 000 倍液,或 5%乳油 4 000~5 000 倍液均匀喷雾,安全间隔期 14 天,每季最多施用 2 次。或用 50%水分散粒剂 25 000~40 000 倍液均匀喷雾,安全间隔期 28 天,每季最多施用 3 次。或用 10%水乳剂 8 000~10 000 倍液均匀喷雾,安全间隔期 21 天,每季最多施用 2 次。或用 5%微乳剂 4 000~5 000 倍液均匀喷雾,安全间隔期 14 天,每季最多施用 1 次。

(20)防治柑橘树粉虱:在粉虱发生初期,用 5%乳油 2 000~4 000 倍液均匀喷雾,安全间隔期 21 天,每季最多施用 2 次。

(21)防治柑橘树潜叶蛾:在潜叶蛾卵孵化盛期或低龄幼虫期,用 20%可湿性粉剂 12 000~16 000 倍液均匀喷雾,安全间隔期 14 天,每季最多施用 2 次。

(22)防治苹果树蚜虫:在蚜虫发生始盛期,用 20%可溶粉剂 6 000~8 000 倍液均匀喷雾,安全间隔期 7 天,每季最多施用 1 次。

或用20%可溶液剂6 600～8 000倍液,或10%可湿性粉剂3 000～6 000倍液,或5%微乳剂4 000～5 000倍液均匀喷雾,安全间隔期30天,每季最多施用1次。或用5%乳油4 150～5 000倍液均匀喷雾,安全间隔期14天,每季最多施用1次。

(23)防治苹果树绵蚜:在绵蚜发生始盛期,用5%可湿性粉剂2 000～3 000倍液均匀喷雾,安全间隔期7天,每季最多施用1次。

(24)防治苹果树黄蚜:在黄蚜发生始盛期,用20%可湿性粉剂6 000～8 000倍液均匀喷雾,安全间隔期7天,每季最多施用1次。

(25)防治冬枣盲椿象:在盲椿象发生初期,用40%水分散粒剂5 000～8 000倍液均匀喷雾,安全间隔期28天,每季最多施用2次。

(26)防治烟草蚜虫:在蚜虫发生初期,每667平方米用20%可湿性粉剂5～7克兑水30～50千克均匀喷雾,安全间隔期21天,每季最多施用3次。或每667平方米用40%水分散粒剂2～3克兑水30～50千克均匀喷雾,安全间隔期14天,每季最多施用2次。或每667平方米用3%微乳剂40～50克兑水30～50千克均匀喷雾,安全间隔期21天,每季最多施用3次。

(27)防治茶树茶小绿叶蝉:在茶小绿叶蝉发生始盛期,每667平方米用20%可溶液剂5～7.5毫升兑水30～50千克均匀喷雾,安全间隔期5天,每季最多施用1次。或每667平方米用50%水分散粒剂2～3克兑水30～50千克均匀喷雾,安全间隔期14天,每季最多施用1次。

(28)防治金银花蚜虫:在蚜虫发生始盛期,每667平方米用40%水分散粒剂5～10克兑水30～50千克均匀喷雾,安全间隔期5天,每季最多施用1次。

【注意事项】

(1)对蜜蜂、鱼类等水生生物、家蚕有毒。施药期间应避免对周围蜂群的影响,禁止在开花植物花期、蚕室和桑园附近使用,远离水产养殖区、河塘等水域施药。赤眼蜂等天敌放飞区域禁用。

(2) 不可与强碱性药液混用。

(3) 建议与不同作用机制的杀虫剂轮换使用,以延缓耐药性产生。

(4) 本品在下列食品上的最大残留限量(毫克/千克):棉籽0.1,结球甘蓝、萝卜0.5,大白菜、普通白菜、黄瓜、番茄1,芹菜3,菠菜5,西瓜0.2,莲藕、莲子(鲜)0.05,柑橘0.5,苹果0.8,茶叶10。

33. 毒死蜱

分子式:$C_9H_{11}Cl_3NO_3PS$

【类别】　有机磷酸酯类。

【化学名称】　O,O-二乙基-O-(3,5,6-三氯-2-吡啶基)-硫代磷酸酯。

【理化性质】　无色晶体,稍有硫醇气味,熔点 $42.5 \sim 43.5$ ℃,蒸气压2.7毫帕(25 ℃)。水中溶解度(25 ℃)约为1.4毫克/升,有机溶剂中溶解度(25 ℃,克/千克):苯7 900、丙酮6 500、氯仿6 300、二硫化碳5 900、乙醚5 100、二甲苯5 000、异辛醇790、甲醇450。随pH升高水解速度加快,与铜和其他金属可能形成螯合物。

【毒性】　中等毒。原药大鼠急性经口 LD_{50} 为163毫克/千克,急性经皮 $LD_{50} > 2\,000$ 毫克/千克。对试验动物眼睛有轻度刺激性,对皮肤有明显刺激性。大鼠亚急性经口NOEL为0.03毫克/千克。在试验剂量下,未见致癌、致畸、致突变作用。ADI 为 0.001 毫克/千克。

【制剂】 0.50%、3%、5%、10%、15%、20%、25%颗粒剂,30%、40%可湿性粉剂,20%、40%、45%、48%、50%、65%、400克/升、480克/升乳油,20%、25%、30%、40%水乳剂,20%、25%、30%、36%微囊悬浮剂,15%、25%、30%、40%、50%微乳剂,15%烟雾剂。30%种子处理微囊悬浮剂。

【作用机制与防治对象】 为乙酰胆碱酯酶抑制剂,作用于害虫的神经系统,具有触杀、胃毒和熏蒸作用。在叶片上残留期不长,但在土壤中残留期较长,因此对地下害虫防治效果较好,对烟草有药害。

【使用方法】

(1)防治水稻稻飞虱:在稻飞虱低龄若虫盛发期,每667平方米用40%乳油50~100克兑水30~50千克均匀喷雾,安全间隔期7天,每季最多施用2次。或每667平方米用20%水乳剂150~200毫升兑水30~50千克均匀喷雾,安全间隔期21天,每季最多施用2次。或每667平方米用30%微囊悬浮剂100~140克兑水30~50千克均匀喷雾,安全间隔期40天,每季最多施用3次。或每667平方米用25%微乳剂100~150克兑水30~50千克均匀喷雾,安全间隔期30天,每季最多施用3次。

(2)防治水稻稻纵卷叶螟:在稻纵卷叶螟卵孵化盛期或低龄幼虫期,每667平方米用30%可湿性粉剂100~140克,或每667平方米用40%乳油80~100毫升,兑水30~50千克均匀喷雾,安全间隔期7天,每季最多施用2次。或每667平方米用20%水乳剂150~180毫升兑水30~50千克均匀喷雾,安全间隔期21天,每季最多施用2次。或每667平方米用30%微囊悬浮剂100~140克兑水30~50千克均匀喷雾,安全间隔期40天,每季最多施用3次。或每667平方米用25%微乳剂125~150克兑水30~50千克均匀喷雾,安全间隔期30天,每季最多施用3次。

（3）防治水稻二化螟：在二化螟卵孵化盛期或低龄幼虫期，每667平方米用40％乳油90～100毫升兑水30～50千克均匀喷雾，安全间隔期30天，每季最多施用3次。或每667平方米用20％水乳剂150～200毫升兑水30～50千克均匀喷雾，安全间隔期21天，每季最多施用2次。或每667平方米用30％微囊悬浮剂100～140克兑水30～50千克均匀喷雾，安全间隔期40天，每季最多施用3次。

（4）防治水稻三化螟：在三化螟卵孵化盛期或低龄幼虫期，每667平方米用40％乳油90～110克兑水30～50千克均匀喷雾，安全间隔期30天，每季最多施用3次。

（5）防治水稻稻瘿蚊：在稻瘿蚊卵孵化盛期或低龄幼虫期，每667平方米用40％乳油300～360毫升兑水30～50千克均匀喷雾，安全间隔期7天，每季最多施用2次。

（6）防治小麦吸浆虫：在小麦抽穗孕穗期，每667平方米用5％颗粒剂1000～2000克直接或拌毒土撒施，安全间隔期45天，每季最多施用1次。

（7）防治小麦金针虫：在金针虫低龄幼虫期，每667平方米用20％微囊悬浮剂550～650克灌根，安全间隔期20天，每季最多施药2次。

（8）防治小麦蛴螬：在低龄幼虫期，每667平方米用20％微囊悬浮剂550～650克灌根，安全间隔期20天，每季最多施药2次。

（9）防治小麦蝼蛄：在蝼蛄低龄幼虫期，每667平方米用20％微囊悬浮剂550～650克灌根，安全间隔期20天，每季最多施药2次。

（10）防治小麦蚜虫：在蚜虫发生始盛期，每667平方米用40％乳油18～30毫升兑水30～50千克均匀喷雾，安全间隔期14天，每季最多施药2次。

（11）防治玉米地老虎：播种时，每667平方米用0.5％颗粒剂20～25千克沟施，每季最多施用1次。

（12）防治玉米蛴螬：播种时，每 667 平方米用 0.5％颗粒剂 20～25 千克沟施，每季最多施用 1 次。

（13）防治玉米地下害虫：每 667 平方米用 40％乳油 150～180 克灌根，安全间隔期为收获期，每季最多施用 1 次。

（14）防治大豆蛴螬：每 667 平方米用 0.5％颗粒剂 30～36 千克，于播种期沟施，每季最多使用 1 次。

（15）防治大豆食心虫：每 667 平方米用 40％乳油 80～100 克兑水 30～50 千克均匀喷雾，安全间隔期 24 天，每季最多施用 2 次。

（16）防治花生蛴螬：在花生播种时，每 667 平方米用 15％颗粒剂 800～1 600 克拌细土撒施，每季最多施用 1 次。或在花生苗期，每 667 平方米用 30％微囊悬浮剂 350～500 毫升兑水灌根，安全间隔期 90 天，每季最多施用 1 次。或每 100 千克种子用 30％种子处理微囊悬浮剂 1 667～3 333 毫升拌种。或每 100 千克种子用 30％种子处理微囊悬浮剂 2 000～3 000 毫升拌种。

（17）防治花生地老虎：于播种期，每 667 平方米用 10％颗粒剂 1 200～1 500 克撒施 1 次，安全间隔期为收获期。

（18）防治花生金针虫：于播种期，每 667 平方米用 10％颗粒剂 1 200～1 500 克撒施 1 次，安全间隔期为收获期。

（19）防治花生蝼蛄：于播种期，每 667 平方米用 10％颗粒剂 1 200～1 500 克撒施 1 次，安全间隔期为收获期。

（20）防治花生地下害虫：于播种期，每 667 平方米用 15％颗粒剂 1 000～1 500 克撒施 1 次，安全间隔期 87 天。

（21）防治棉花棉铃虫：在棉铃虫卵孵化盛期或低龄幼虫期，每 667 平方米用 30％可湿性粉剂 120～180 克或 40％乳油 75～100 毫升，兑水 30～50 千克，均匀喷雾，安全间隔期 21 天，每季最多施用 4 次。或每 667 平方米用 30％微囊悬浮剂 66.7～111.1 毫升兑水 30～50 千克均匀喷雾，安全间隔期 21 天，每季最多施用 3 次。

（22）防治棉花蚜虫：在蚜虫发生始盛期，每 667 平方米用 40％乳油 75～100 毫升兑水 30～50 千克均匀喷雾，安全间隔期 21

天,每季最多施用 4 次。

（23）防治棉花斜纹夜蛾：在斜纹夜蛾卵孵化盛期或低龄幼虫期,每 667 平方米用 30％微囊悬浮剂 65～95 毫升兑水 30～50 千克均匀喷雾,安全间隔期 21 天,每季最多施用 3 次。

（24）防治甘蔗蔗龟：在蔗龟卵孵化盛期至低龄幼虫期,每 667 平方米用 10％颗粒剂 1200～1500 克撒施。或每 667 平方米用 40％乳油 300～500 克喷淋甘蔗根部。或每 667 平方米用 30％微囊悬浮剂 400～500 克药土法施用。

（25）防治甘蔗蔗螟：在蔗螟卵孵化盛期至低龄幼虫期,每 667 平方米用 10％颗粒剂 1200～1500 克撒施,安全间隔期为收获期,每季最多施用 1 次。

（26）防治甘蔗地下害虫：在害虫卵孵化盛期至低龄幼虫期,每 667 平方米用 10％颗粒剂 500～1000 克沟施或穴施,每季最多施用 1 次。

（27）防治甘蔗绵蚜：在绵蚜发生始盛期,每 667 平方米用 15％烟雾剂 100～150 克喷烟雾,安全间隔期 35 天,每季最多施用 2 次。

（28）防治柑橘树红蜘蛛：在红蜘蛛发生始盛期,用 40％乳油 800～1000 倍液,或 45％乳油 800～1000 倍液,或 25％微乳剂 500～1000 倍液,均匀喷雾,安全间隔期 28 天,每季最多施用 1 次。

（29）防治柑橘树介壳虫：在 1～2 龄若蚧发生期,用 40％乳油 800～1000 倍液均匀喷雾,安全间隔期 28 天,每季最多施用 1 次。或用 40％水乳剂 660～1300 倍液均匀喷雾,安全间隔期 28 天,每季最多施用 4 次。

（30）防治柑橘树矢尖蚧：在矢尖蚧在 1～2 龄若蚧发生期,用 40％乳油 1000～1250 倍液或 25％微乳剂 500～1000 倍液均匀喷雾,安全间隔期 28 天,每季最多施用 1 次。

（31）防治柑橘树锈壁虱：在锈壁虱产卵期至低龄若螨期,用

40％乳油 800～1 500 倍液或 25％微乳剂 500～1 000 倍液均匀喷雾,安全间隔期 28 天,每季最多施用 1 次。

(32)防治苹果树绵蚜:在绵蚜发生始盛期,用 40％可湿性粉剂 1 500～2 500 倍液,或 45％乳油 1 500～2 000 倍液,或 40％微乳剂 1 500～2 000 倍液均匀喷雾,安全间隔期 30 天,每季节最多施用 2 次。或用 40％水乳剂 880～1 300 倍液均匀喷雾,安全间隔期 21 天,每季最多施用 3 次。

(33)防治苹果树桃小食心虫:在桃小食心虫卵孵化盛期或低龄幼虫期,用 40％乳油 1 660～2 500 倍液均匀喷雾,安全间隔期 30 天,每季最多施用 2 次。或用 20％微囊悬浮剂 800～1 250 倍液均匀喷雾,安全间隔期 14 天,每季最多施用 3 次。或用 25％微乳剂 1 000～2 000 倍液均匀喷雾,安全间隔期 7 天,每季最多施用 2 次。

(34)防治荔枝树蒂蛀虫:在蒂蛀虫卵孵化盛期或低龄幼虫期,用 40％乳油 800～1 000 倍液均匀喷雾,安全间隔期 21 天,每季最多施用 3 次。

(35)防治桑树桑尺蠖:在桑尺蠖低龄幼虫高峰期,用 40％乳油 1 500～2 000 倍液均匀喷雾,安全间隔期 21 天,每季最多施用 1 次。

(36)防治杨树美国白蛾:在美国白蛾卵孵化盛期或低龄幼虫期,用 30％微囊悬浮剂 1 000～2 000 倍液均匀喷雾。

【注意事项】

(1)本品属于限制使用农药,禁止在蔬菜上使用。

(2)不可与强酸、强碱性物质混用。

(3)对鸟类、蜜蜂和家蚕毒性大,鸟类保护区禁用,开花植物花期禁用,蚕室和桑园附近禁用。施药时应远离水产养殖区,禁止在河塘等水域中清洗施药器具。

(4)对水蚤类和藻类有毒,施药时注意对该类生物的影响。

(5)本品在下列食品上的最大残留限量(毫克/千克):稻谷、小麦 0.5,玉米、甘蔗 0.05,棉籽 0.3,大豆 0.1,柑橘、苹果、荔枝 1。

34. 短稳杆菌

【类别】 微生物类。

【理化性质】 短稳杆菌母药含量为 300 亿孢子/克,外观为淡黄色粉末,杂菌率不超过 0.2%,水分含量不高于 4%,pH 为 6.5～7.5,沸点 ≥100 ℃,溶解度(在 20～25 ℃下水和有机溶剂中)≥96%。

【毒性】 低毒。短稳杆菌母药对大鼠急性经口、经皮、吸入 LD_{50} 均>5 000 毫克/千克;对家兔眼睛有轻度至中度刺激性,对豚鼠皮肤属弱致敏物。小鼠急性经口 LD_{50}>1 000 毫克/千克。对鱼类和鸟类低毒,对蜜蜂和家蚕中等毒,对哺乳动物和人体无致病性。

【制剂】 100 亿孢子/毫升悬浮剂。

【作用机制与防治对象】 本品是一种低毒微生物新型杀虫剂。害虫在取食过程中将本菌带进肠胃内,并在害虫肠胃内特定的环境下迅速繁殖,引起血液细胞及组织产生生理、生化病变,最终死亡。对十字花科蔬菜小菜蛾、斜纹夜蛾、水稻稻纵卷叶螟防效较高。

【使用方法】

(1)防治茶树茶尺蠖:在茶尺蠖卵孵化盛期或低龄幼虫期,用 100 亿孢子/毫升悬浮剂 500～700 倍液均匀喷雾。

(2)防治棉花棉铃虫:在棉铃虫卵孵化盛期或低龄幼虫期,每 667 平方米用 100 亿孢子/毫升悬浮剂 50～62.5 毫升兑水 30～50 千克均匀喷雾。

(3)防治十字花科蔬菜小菜蛾:在小菜蛾卵孵化盛期或低龄幼虫期,用 100 亿孢子/毫升悬浮剂 800～1 000 倍液均匀喷雾。

(4)防治十字花科蔬菜斜纹夜蛾:在斜纹夜蛾卵孵化盛期或低龄幼虫期,用 100 亿孢子/毫升悬浮剂 800～1 000 倍液均匀喷雾。

(5)防治水稻稻纵卷叶螟:在稻纵卷叶螟卵孵化盛期或低龄

幼虫期,用 100 亿孢子/毫升悬浮剂 600～700 倍液均匀喷雾。

（6）防治烟草烟青虫：在烟青虫卵孵化盛期或低龄幼虫期,用 100 亿孢子/毫升悬浮剂 500～700 倍液均匀喷雾。

【注意事项】

（1）对蜜蜂、家蚕中等风险性,开花植物开花期禁用,蚕室及桑园附近禁用。

（2）傍晚喷雾可提高防效,药液要喷到害虫捕食处。不可与杀菌剂混用。

35. 多杀霉素

分子式：$C_{41}H_{65}NO_{10}$（spinosyn A）＋$C_{42}H_{67}NO_{10}$（spinosyn D）

【类别】 农用抗生素类。

【理化性质】 纯品为浅灰白色结晶固体,为 spinosyn A 和 spinosyn D 的混合物。前者熔点 $84 \sim 99.5 \,℃$,后者 $161.5 \sim 170 \,℃$。spinosyn A 蒸气压为 3.0×10^{-5} 毫帕($25 \,℃$),spinosyn D 蒸气压为 2.0×10^{-5} 毫帕($25 \,℃$)。水中溶解度($20 \,℃$,毫克/升):spinosyn A 89(蒸馏水)、235(pH 7),spinosyn D 0.5(蒸馏水)、0.33(pH 7);有机溶剂中溶解度($20 \,℃$,克/升):二氯甲烷 52.5(spinosyn A)、44.8(spinosyn D),丙酮 16.8(spinosyn A)、1.01(spinosyn D),甲苯 45.7(spinosyn A)、15.2(spinosyn D),乙腈 13.4(spinosyn A)、0.255(spinosyn D),甲醇 19.0(spinosyn A)、0.252(spinosyn D)。正辛醇-水分配系数 $K_{ow}lgP$:spinosyn A 为 2.8(pH 5)、4.0(pH 7)、5.2(pH 9),spinosyn D 为 3.2(pH 5)、4.5(pH 7)、5.2(pH 9)。

【毒性】 低毒。大鼠急性经口 $LD_{50} > 3\,783$ 毫克/千克;兔急性经皮 $LD_{50} > 5\,000$ 毫克/千克。对皮肤无刺激性,对眼睛有轻度刺激性,2 天内可消失。鹌鹑、野鸭急性经口 LD_{50} 为 $2\,000$ 毫克/千克。鱼类 LC_{50}(96 小时):鲤鱼 7.87 毫克/升,蓝鳃太阳鱼 100 毫克/升。水蚤 EC_{50}(48 小时)14 毫克/升。蜜蜂 LD_{50}(48 小时)0.002 5 微克/只,蚯蚓急性 LC_{50}(14 天)> 970 毫克/千克。对蜜蜂低毒。

【制剂】 0.50%粉剂,10%可分散油悬浮剂,10%、20%水分散粒剂,3%、8%水乳剂,2%微乳剂,2.50%、5%、10%、20%、25 克/升、480 克/升悬浮剂。

【作用机制与防治对象】 通过作用于昆虫中枢神经系统,持续激活靶标昆虫的乙酰胆碱型受体及影响 γ-氨基丁酸而致效,为低毒、高效、广谱的杀虫剂。在环境中可降解,无富集作用,不污染环境。对害虫具有快速的触杀和胃毒作用,对叶片有较强的渗透作用,可杀死表皮下的害虫,残效期较长,对一些害虫具有一定的杀卵作用。无内吸作用。可防治小菜蛾、甜菜夜蛾及蓟马等害虫。

【使用方法】

(1) 防治水稻稻纵卷叶螟:在稻纵卷叶螟卵孵化盛期至低龄幼虫期,每 667 平方米用 10% 水分散粒剂 25～30 克兑水 30～50 千克均匀喷雾。或每 667 平方米用 20% 水分散粒剂 18～22 克或 5% 悬浮剂 75～85 毫升,兑水 30～50 千克均匀喷雾,安全间隔期 21 天,每季最多施用 3 次。或每 667 平方米用 2% 微乳剂 150～200 毫升兑水 30～50 千克均匀喷雾,安全间隔期 21 天,每季施药 1 次。

(2) 防治水稻二化螟:于二化螟卵孵化盛期至 2 龄以前,每 667 平方米用 2% 微乳剂 150～200 毫升兑水 30～50 千克均匀喷雾,安全间隔期 21 天,每季施药 1 次。

(3) 防治水稻蓟马:于蓟马低龄若虫盛发期,每 667 平方米用 5% 悬浮剂 20～30 毫升兑水 30～50 千克均匀喷雾,安全间隔期 14 天,每季最多施用 3 次。

(4) 防治棉花棉铃虫:在棉铃虫低龄幼虫期,每 667 平方米用 480 克/升悬浮剂 4.5～5.5 毫升兑水 30～50 千克均匀喷雾,安全间隔期 14 天,每季最多施用 3 次。

(5) 防治原粮(稻谷)仓贮害虫:每千克贮粮用 0.5% 粉剂 150～200 毫克拌粮。

(6) 防治甘蓝小菜蛾:于小菜蛾低龄幼虫始盛期,每 667 平方米用 10% 水分散粒剂 10～20 克兑水 30～50 千克均匀喷雾,安全间隔期 3 天,每季最多施用 2 次。或每 667 平方米用 20% 水分散粒剂 5～9 克兑水 30～50 千克均匀喷雾,安全间隔期 5 天,每季最多施用 3 次。或每 667 平方米用 3% 水乳剂 42～58 毫升或 5% 悬浮剂 25～35 毫升,兑水 30～50 千克均匀喷雾,安全间隔期 7 天,每季最多施用 2 次。或每 667 平方米用 25 克/升悬浮剂 45～60 毫升兑水 30～50 千克均匀喷雾,安全间隔期 7 天,每季最多施用 3 次。

(7) 防治甘蓝甜菜夜蛾:于甜菜夜蛾低龄幼虫发生高峰期,每

667 平方米用 8% 水乳剂 20～25 毫升兑水 30～50 千克均匀喷雾，安全间隔期 3 天，每季最多施用 3 次。

（8）防治甘蓝蓟马：于蓟马发生初期，每 667 平方米用 3% 水乳剂 60～83 毫升兑水 30～50 千克均匀喷雾，安全间隔期 7 天，每季最多施用 2 次。

（9）防治大白菜小菜蛾：于小菜蛾低龄幼虫盛发期，每 667 平方米用 10% 水分散粒剂 10～20 克兑水 30～50 千克均匀喷雾，安全间隔期 3 天，每季最多施药 2 次。

（10）防治豇豆蓟马：于蓟马发生初期，每 667 平方米用 25 克/升悬浮剂 50～60 毫升兑水 30～50 千克均匀喷雾。

（11）防治花椰菜小菜蛾：于小菜蛾低龄幼虫盛发期，每 667 平方米用 5% 悬浮剂 20～30 毫升兑水 30～50 千克均匀喷雾，安全间隔期 5 天，每季最多施用 2 次。

（12）防治茄子蓟马：于蓟马若虫发生盛期，每 667 平方米用 8% 水乳剂 20～30 毫升兑水 30～50 千克均匀喷雾，安全间隔期 5 天，每季最多施用 3 次。或每 667 平方米用 10% 悬浮剂 16～25 毫升兑水 30～50 千克均匀喷雾，安全间隔期 5 天，每季最多施用 2 次。

（13）防治节瓜蓟马：于蓟马低龄若虫盛发期，每 667 平方米用 5% 悬浮剂 40～50 毫升兑水 30～50 千克均匀喷雾，每季最多施用 2 次，安全间隔期 3 天。

【注意事项】

（1）对蜜蜂、鱼类等水生生物、家蚕有毒。施药期间应避免对周围蜂群的影响，蜜源作物花期、蚕室和桑园附近禁用，远离水产养殖区施药，禁止在河塘等水体中清洗施药器具。

（2）建议与其他不同作用机制的杀虫剂轮换使用，以延缓抗药性产生。

（3）赤眼蜂等天敌昆虫放飞区禁用。

（4）本品在下列食品上的最大残留限量（毫克/千克）：稻谷、

麦类、茄子 1,大白菜 0.5。

36. 耳霉菌

【类别】 微生物类。

【理化性质】 200 万 CFU/毫升耳霉菌悬浮剂为灰黄色悬浮液体,杂菌量不超过 12 万个/毫升,pH 为 4.0～5.5,悬浮率不低于 90%,持久起泡性不高于 25 毫升,湿筛试验(通过 75 微米试验筛)不低于 98%。

【毒性】 低毒。对大鼠无感染性和致病性,制剂急性经口、经皮 LD_{50} 均＞5 000 毫克/千克。对人、畜安全。

【制剂】 200 万 CFU/毫升悬浮剂。

【作用机制与防治对象】 本品为块状耳霉菌生物农药,施用后使害虫感病而死亡。具有一虫染病祸及群体,持续传染,循环往复的杀虫功能。对小麦蚜虫、水稻稻飞虱和黄瓜白粉虱具有防治作用。

【使用方法】

(1) 防治小麦蚜虫:在蚜虫成、若虫发生始盛期,每 667 平方米用 200 万 CFU/毫升悬浮剂 150～200 毫升兑水 30～50 千克均匀喷雾。

(2) 防治黄瓜白粉虱:在白粉虱发生初期,每 667 平方米用 200 万 CFU/毫升悬浮剂 150～230 毫升兑水 30～50 千克均匀喷雾。

(3) 防治水稻稻飞虱:在稻飞虱低龄若虫发生始盛期,每 667 平方米用 200 万 CFU/毫升悬浮剂 150～230 毫升兑水 30～50 千克均匀喷雾。

【注意事项】

(1) 不要与杀菌剂混用。

(2) 与其他杀虫剂轮换使用。

37. 二化螟性诱剂

【类别】　生物农药。

【化学名称】　从未交配的二化螟雌虫腹部末节分离,是顺-9-十六碳烯醛、顺-13-十八碳烯醛和顺-11-十六碳烯醛混合物(混合比例为 250∶25∶30,且纯度>95%)。

【理化性质】　挥散芯:长度(80±5)毫米,外径(1.8±0.2)毫米,内径(0.8±0.1)毫米;材料:PVP 毛细管;诱芯净重:(200±5)毫克;管液释放结构:诱芯活性组分总量(900±50)微克,其中顺-11-十六碳烯醛占(81.8±5)%,气相分析纯度大于 97%。在通常自然气温下 56～70 天稳定。

【毒性】　低毒。大鼠急性经口 LD_{50}>5 000 毫克/千克(所有成分),急性吸入 LC_{50}>5 毫克/升(顺-11-十六碳烯醛)。

【制剂】　0.61% 二化螟性诱剂挥散芯。顺-9-十六碳烯醛 0.05%,顺-13-十八碳烯醛 0.06%,顺-11-十六碳烯醛 0.5%。

【作用机制与防治对象】　本品属于昆虫信息素类产品,对二化螟雄成虫具有显著的引诱效果。于越冬代二化螟羽化前与新飞蛾诱捕器配合使用,可明显控制下代二化螟虫口数量,达到防治效果。

【使用方法】

防治水稻二化螟:每 667 平方米用 0.61% 二化螟性诱剂挥散芯 1～3 枚,于越冬代二化螟羽化前 1 周左右开始使用,每隔 4～6 周更换一次诱芯。

【注意事项】

(1) 诱芯需要与新飞蛾诱捕器配套使用,每个诱捕器配一枚诱芯。

(2) 使用时诱捕器的高度、方位等要严格按照使用说明放置。

(3) 对蜜蜂、家蚕、鱼类及周围环境等均无不良影响。在作物生长的各个时期均可以使用。

（4）应贮存在－15℃的条件下。

38. 二嗪磷

分子式：$C_{12}H_{21}N_2O_3PS$

【类别】 有机磷酸酯类。

【化学名称】 O,O-二乙基-O-（2-异丙基-6-甲基嘧啶-4-基）硫代磷酸酯。

【理化性质】 纯品为无色透明液体，工业品为苍白色到暗棕色液体。沸点83～84℃（27毫帕），蒸气压0.097毫帕（20℃），相对密度为1.115（20℃）。水中溶解度（20℃）60毫克/升，在丙酮、苯、环己烷、二氯甲烷、乙醚、乙醇、正辛醇、甲苯中完全互溶。120℃以上分解。不能与含铜杀菌剂混用。

【毒性】 中等毒。大鼠急性经口LD_{50}为300～400毫克/千克。大鼠急性经皮$LD_{50}>2150$毫克/千克。对兔皮肤和眼睛有轻微刺激作用。大鼠吸入LC_{50}（4小时）3.5毫克/升（空气）。小鸡急性经口LD_{50}为48.8毫克/千克。鱼类LC_{50}（96小时）：虹鳟鱼2.6～3.2毫克/升；蓝鳃太阳鱼16毫克/升；鲤鱼7.6～23.4毫克/升。

【制剂】 20%超低容量液剂，0.10%、4%、5%、10%颗粒剂，25%、30%、50%、60%乳油。

【作用机制与防治对象】 为乙酰胆碱酯酶抑制剂，具有触杀、胃毒、熏蒸和一定的内吸作用。对鳞翅目、半翅目等多种害虫有较好的防效。

【使用方法】

(1) 防治水稻二化螟：在二化螟卵孵化盛期或低龄幼虫期,每667平方米用20%超低容量液剂200~250毫升兑水30~50千克均匀喷雾,安全间隔期28天,每季最多施用1次。或每667平方米用50%乳油80~120毫升兑水30~50千克均匀喷雾,安全间隔期30天,每季最多施用1次。

(2) 防治水稻三化螟：在三化螟卵孵化盛期或低龄幼虫期,每667平方米用50%乳油80~120毫升兑水30~50千克均匀喷雾,安全间隔期30天,每季最多施用1次。

(3) 防治水稻稻飞虱：在稻飞虱低龄若虫始盛期,每667平方米用50%乳油75~333.3克兑水30~50千克均匀喷雾,安全间隔期7天,每季最多施用3次。

(4) 防治小麦蛴螬：播种前,每667平方米用0.1%颗粒剂40~50千克撒施,每季最多施用1次。

(5) 防治小麦蝼蛄：播种前,每667平方米用0.1%颗粒剂40~50千克撒施,每季最多施用1次。或每100千克种子用50%乳油300~400毫升拌种。

(6) 防治小麦吸浆虫：播种前,每667平方米用0.1%颗粒剂40~60千克撒施,每季最多施用1次。

(7) 防治小麦地下害虫：每100千克种子用50%乳油200~400毫升拌种。

(8) 防治棉花蚜虫：在蚜虫发生始盛期,每667平方米用50%乳油80~160毫升兑水30~50千克均匀喷雾,安全间隔期42天,每季最多施用4次。

(9) 防治花生蛴螬：播种前,每667平方米用5%颗粒剂800~1200克撒施。

(10) 防治花生地下害虫：播种前,每667平方米用5%颗粒剂800~1200克撒施。

（11）防治甘蔗蔗螟：在低龄幼虫发生期，每667平方米用4％颗粒剂2～3千克撒施。

（12）防治小白菜小地老虎：在低龄幼虫发生初期，每667平方米用4％颗粒剂1.2～1.5千克撒施。

（13）防治小白菜地下害虫：在害虫发生初期，每667平方米用4％颗粒剂1.2～1.5千克撒施。

（14）防治雷竹金针虫：在金针虫低龄幼虫发生期，每667平方米用4％颗粒剂2～2.5千克撒施。

（15）防治白术小地老虎：在低龄幼虫发生期，每667平方米用5％颗粒剂2～3千克撒施。

【注意事项】

（1）对蜜蜂、鱼类等水生生物、家蚕有毒。施药期间应避免对周围蜂群的影响，开花植物花期、蚕室和桑园附近禁用，远离水产养殖区施药，禁止在河塘等水体中清洗施药器具。赤眼蜂等天敌放飞区、鸟类保护区域禁用。

（2）不能与碱性农药和敌稗等物质混合使用，使用敌稗前后的两周内均不得使用本品。

（3）建议与其他不同作用机制的杀虫剂轮换使用。

（4）本品在下列食品上的最大残留限量(毫克/千克)：稻谷、小麦、甘蔗0.1，花生仁0.5，棉籽、普通白菜0.2。

39. 呋虫胺

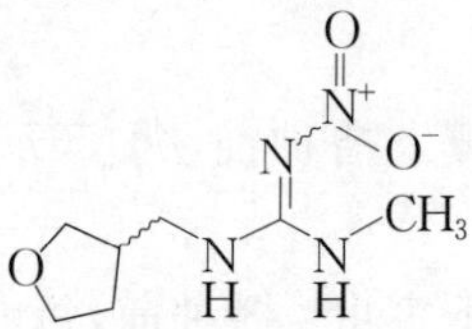

分子式：$C_7H_{14}N_4O_3$

【类别】 新烟碱类。

【化学名称】 (RS)-1-甲基-2-硝基-3-(3-四氢呋喃甲基)胍。

【理化性质】 白色结晶固体,熔点 107.5 ℃,沸点 208 ℃分解,蒸气压小于 $1.7×10^{-3}$ 毫帕(30 ℃),正辛醇-水分配系数 $K_{ow} \log P$ 为 -0.549(25 ℃),亨利常数 $8.7×10^{-9}$ 帕·米³/摩(计算),相对密度 1.40。溶解度(20 ℃,克/升):水 39.8,正己烷 $9.0×10^{-9}$,庚烷 $11×10^{-6}$,二甲苯 $72×10^{-3}$,甲苯 $150×10^{-3}$,二氯甲烷 11,丙酮 58,甲醇 57,乙醇 19,乙酸乙酯 5.2。在 150 ℃稳定,水解 DT_{50} >1 年(pH 为 4、7、9),光解 DT_{50} 为 3.8 小时(蒸馏水/自然水)。pKa 为 12.6(20 ℃)。

【毒性】 低毒。雌、雄大鼠急性经口 LD_{50} 分别为 2 000 毫克/千克、2 804 毫克/千克,雌、雄小鼠急性经口 LD_{50} 分别为 2 275 毫克/千克、2 450 毫克/千克;雌、雄大鼠急性经皮 LD_{50} 均>2 000 毫克/千克;大鼠吸入 LC_{50}(4 小时)>4.09 毫克/升。对兔眼睛和皮肤无刺激性,对豚鼠无致敏性。狗 NOEL 为 559 毫克/(千克·天)(雄)、22 毫克/(千克·天)(雌)。无致畸、致癌和致突变作用,对神经和繁殖性能无影响。日本鹌鹑急性经口 LD_{50}>2 000 毫克/千克,野鸭 LC_{50}(5 天)大于 5 000 毫克/升,日本鹌鹑 LC_{50}(5 天)>5 000 毫克/升。鲤鱼、虹鳟鱼、大翻车鱼 LC_{50}(96 小时)>100 毫克/升。

【制剂】 3%超低容量液剂,10%干拌种剂,0.025%、0.05%、0.1%、0.4%、1%、3%颗粒剂,25%可分散油悬浮剂,20%、40%可溶粉剂,0.06%、20%、40%、50%可溶粒剂,10%、35%可溶液剂,25%、50%可湿性粉剂,20%、25%、40%、50%、60%、65%、70%水分散粒剂,0.20%水剂,20%、30%悬浮剂,8%悬浮种衣剂,4%展膜油剂。

【作用机制与防治对象】 为第三代烟碱类杀虫剂,是烟碱乙酰胆碱受体的兴奋剂,可影响昆虫中枢神经系统的突触,具有触杀和胃毒作用,可以快速被植物吸收并广泛分布于作物体内。对水稻、蔬菜、茶树、果树上的同翅目害虫飞虱、蚜虫、叶蝉等有较好的防效。

【使用方法】

(1)防治水稻稻飞虱:在稻飞虱低龄若虫发生始盛期,每667平方米用3%超低容量液剂100~200毫升或20%可溶粒剂30~40克,超低容量喷雾,安全间隔期21天,每季最多施用3次。或每667平方米用25%可分散油悬浮剂25~30毫升兑水30~50千克均匀喷雾,安全间隔期14天,每季最多施用2次。或每667平方米用25%可湿性粉剂24~32克兑水30~50千克均匀喷雾,安全间隔期14天,每季最多施用3次。或每667平方米用20%水分散粒剂20~40克兑水30~50千克均匀喷雾,安全间隔期21天,每季最多施用2次。或每667平方米用20%悬浮剂25~30毫升兑水30~50千克均匀喷雾,安全间隔期30天,每季最多施用2次。或每100千克种子用10%干拌种剂1 500~2 260克拌种,于播种前进行。或每100千克种子用8%悬浮种衣剂1 000~1 250克种子包衣。或每667平方米用1%颗粒剂1.3~1.8千克撒施,安全间隔期14天,每季最多施用2次。或每667平方米用4%展膜油剂175~200毫升洒滴,安全间隔期20天,每季最多施用2次。

(2)防治水稻二化螟:在二化螟卵孵化盛期或低龄幼虫期,每667平方米用0.025%颗粒剂36~48千克撒施,安全间隔期21天,每季最多施用1次。或每667平方米用20%可溶粒剂40~50克兑水30~50千克均匀喷雾,安全间隔期21天,每季最多施用3次。或每667平方米用50%可湿性粉剂12~15克或20%水分散粒剂30~37克,兑水30~50千克均匀喷雾,安全间隔期21天,每季最多施用1次。

(3)防治小麦蚜虫:在蚜虫发生始盛期,每667平方米用20%可溶粒剂15~20克或20%悬浮剂20~40毫升,兑水30~50千克均匀喷雾,安全间隔期21天,每季最多施用3次。或每100千克种子用8%悬浮种衣剂3 350~5 000克种子包衣。

(4)防治玉米蚜虫:每100千克种子用8%悬浮种衣剂

1450～2500 克种子包衣。

（5）防治花生蛴螬：每 100 千克种子用 8％悬浮种衣剂1450～2500 克种子包衣。

（6）防治番茄烟粉虱：在烟粉虱发生始盛期，每 667 平方米用20％可溶粉剂 15～20 克兑水 30～50 千克均匀喷雾，安全间隔期 5天，每季最多施用 2 次。

（7）防治黄瓜白粉虱：在白粉虱发生始盛期，每 667 平方米用40％可溶粉剂 15～25 克或 20％可溶粒剂 30～50 克，兑水 30～50千克均匀喷雾，安全间隔期 3 天，每季最多施用 2 次。或用 60％水分散粒剂 10～17 克兑水 30～50 千克均匀喷雾，安全间隔期 3 天，每季最多施用 1 次。

（8）防治黄瓜蓟马：在蓟马发生始盛期，每 667 平方米用40％可溶粉剂 15～20 克或 20％可溶粒剂 20～40 克，兑水 30～50千克均匀喷雾，安全间隔 3 天，每季最多施用 2 次。

（9）防治甘蓝黄条跳甲：每 667 平方米用 3％颗粒剂 1000～1500 克穴施，每季在移栽时使用 1 次，安全间隔期为收获期。或每 667 平方米用 0.2％水剂 5625～6250 毫升，在黄条跳甲发生初期冲施，安全间隔期 5 天，每季最多施用 1 次。

（10）防治甘蓝蚜虫：在蚜虫发生始盛期，每 667 平方米用20％可溶粒剂 8～12 克兑水 30～50 千克均匀喷雾，安全间隔期 7天，每季最多施用 3 次。或每 667 平方米用 25％可湿性粉剂 8～12 克兑水 30～50 千克均匀喷雾，安全间隔期 14 天，每季最多施用 3 次。

（11）防治甘蓝菜青虫：在菜青虫卵孵化盛期或低龄幼虫期，每 667 平方米用 20％水分散粒剂 20～40 克兑水 30～50 千克均匀喷雾，安全间隔期 10 天，每季最多施用 3 次。

（12）防治马铃薯蛴螬：每 100 千克种子用 8％悬浮种衣剂400～500 克种子包衣。

（13）防治苹果树蚜虫：在蚜虫发生始盛期，用 20％水分散粒剂

3 000～4 000 倍液均匀喷雾,安全间隔期 7 天,每季最多施用 3 次。

(14)防治茶树茶小绿叶蝉:在茶小绿叶蝉发生始盛期,每667 平方米用 40% 可溶粉剂 10～15 克或 20% 可溶粒剂 30～40克,兑水 30～50 千克均匀喷雾,安全间隔期 7 天,每季最多施用 1次。或每 667 平方米用 20% 悬浮剂 30～40 毫升兑水 30～50 千克均匀喷雾,安全间隔期 7 天,每季最多施用 2 次。

(15)防治观赏菊花蚜虫:在蚜虫发生始盛期,每 667 平方米用 30% 悬浮剂 18～24 毫升兑水 30～50 千克均匀喷雾。

【注意事项】

(1)为延缓抗药性的产生,建议与其他作用机制的农药轮换使用。

(2)对蜜蜂、家蚕、鸟的毒性较高,桑园和蚕室附近禁用,开花植物花期禁用;远离天敌生物放飞区施用,远离水产养殖区施药;残液严禁倒入河中,禁止在江河、湖泊中清洗施药器具,注意避免污染水源。

(3)不能与碱性物质混用。为提高喷药质量,药液应随配随用,不能久存。

(4)本品在下列食品上的最大残留限量(毫克/千克):稻谷10,糙米 5,棉籽 1,黄瓜 2,茶叶 20。

40. 呋喃虫酰肼

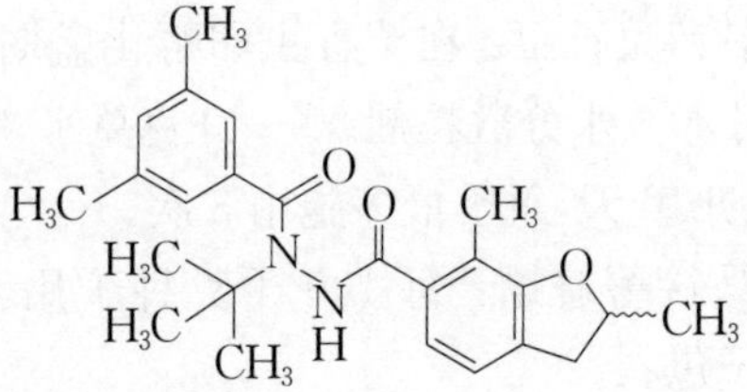

分子式:$C_{24}H_{30}N_2O_3$

【类别】 酰肼类。

【化学名称】 N-(2,3-二氢-2,7-二甲基苯并呋喃-6-甲酰基)-N'-特丁基-N'-(3,5-二甲基苯甲酰基)肼。

【理化性质】 纯品外观为白色或灰白色固体。熔点为146～148℃,蒸气压(20℃)<9.7×10^{-8}帕。溶解度(20℃,克/升):乙醇250,正己烷<0.01;水0.27。对光、热稳定,弱酸、弱碱条件下稳定。

【毒性】 微毒。雌、雄大鼠急性经口LD_{50}均>5000毫克/千克,大鼠急性经皮LD_{50}>5000毫克/千克。对兔皮肤、眼睛均无刺激性,对豚鼠皮肤致敏试验结果均属弱致敏物。原药大鼠90天亚慢性试验的NOEL为180毫克/千克饲料。Ames试验、小鼠骨髓细胞微核试验、小鼠睾丸细胞染色体畸变试验均为阴性。斑马鱼10%呋喃虫酰肼悬浮剂LC_{50}(96小时)为48毫克/升;鹌鹑(经口灌胃法,7天)LD_{50}>500毫克/千克;家蚕(食下毒叶法,2龄)LC_{50}为0.7毫克/千克桑叶。

【制剂】 10%悬浮剂。

【作用机制与防治对象】 本品是一种高效促蜕皮仿生杀虫剂。害虫取食本品后,很快出现不正常蜕皮反应,停止取食,但由于不正常蜕皮而无法真正完成蜕皮,导致幼虫脱水和饥饿而死亡。具有胃毒、触杀等作用,以胃毒为主。可防治鳞翅目害虫。对哺乳动物和鸟类、鱼类、蜜蜂毒性极低。

【使用方法】

防治甘蓝甜菜夜蛾:在甜菜夜蛾卵孵化盛期或低龄幼虫期,每667平方米用10%悬浮剂60～100克兑水30～50千克均匀喷雾,安全间隔期14天,每季最多施用1次。

【注意事项】

(1) 建议与其他不同作用机制的药剂轮换使用。

(2) 对家蚕极高风险。开花植物花期、桑园附近严禁使用,远离水产养殖区、河塘区水体附近施药,禁止在河塘清洗施药器具。

（3）本品在结球甘蓝上的最大残留限量为 0.05 毫克/千克。

41. 伏杀硫磷

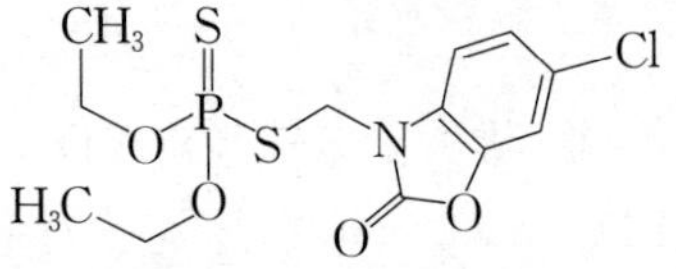

分子式：$C_{12}H_{15}ClNO_4PS_2$

【类别】 有机磷酸酯类。

【化学名称】 O,O-二乙基-S-（6-氯-2-氧代苯并唑啉-3-基甲基)二硫代磷酸酯。

【理化性质】 纯品为无色晶体,带有蒜臭味。熔点 48 ℃,室温下蒸气压可忽略不计。室温下水中溶解度 10 毫克/升,微溶于环己烷、石油醚,溶于丙酮、乙腈、苯、氯仿、二噁烷、乙醇、甲醇、甲苯、二甲苯。在一般贮存条件下稳定,无腐蚀性。遇强碱和酸水解。

【毒性】 中等毒。急性经口 LD_{50}：雄大鼠 120～170 毫克/千克,雌大鼠 135～170 毫克/千克,小鼠 180 毫克/千克。急性经皮 LD_{50}：大鼠 1 500 毫克/千克,兔＞1 000 毫克/千克。野鸭急性经口 LD_{50} 为 2 250 毫克/千克,野鸡急性经口 LD_{50} 为 290 毫克/千克。虹鳟鱼 LC_{50}（96 小时)为 0.3 毫克/升。对蜜蜂有毒。

【制剂】 35%乳油。

【作用机制与防治对象】 为乙酰胆碱酯酶抑制剂,作用于害虫的神经系统,具有广谱性、速效性、渗透性、低残留、无内吸等特点,对害虫以触杀和胃毒作用为主,可用于防治棉花棉铃虫。

【使用方法】

防治棉花棉铃虫：在棉铃虫卵孵化盛期或低龄幼虫期,每667

平方米用 35％乳油 160～180 毫升兑水 30～50 千克均匀喷雾,安全间隔期 14 天,每季最多施用 4 次。

【注意事项】

（1）对蜜蜂、鱼类等水生生物、家蚕有毒,施药期间应避免对周围蜂群的影响,蜜源作物花期、蚕室和桑园附近禁用。远离水产养殖区施药,禁止在河塘等水体中清洗施药器具。

（2）不要与碱性农药混用。

（3）建议与其他不同作用机制的杀虫剂轮换使用。

（4）本品在棉籽油上的最大残留限量为 0.1 毫克/千克。

42. 氟苯虫酰胺

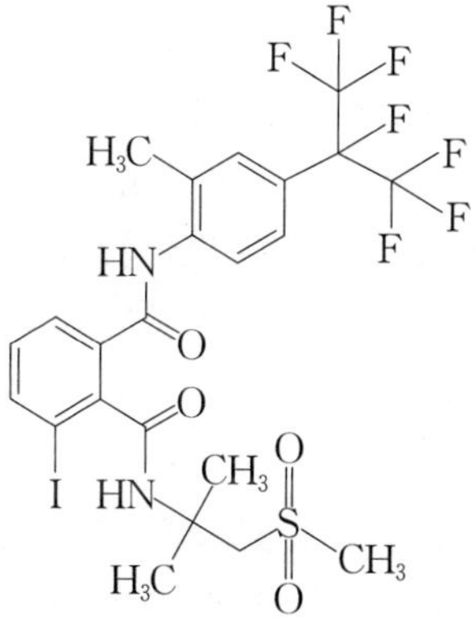

分子式：$C_{23}H_{22}F_7IN_2O_4S$

【类别】 酰胺类。

【化学名称】 3-碘-N'-(2-甲磺酰基-1,1-二甲基乙基)-N-{4-[1,2,2,2-四氟-1-(三氟甲基)乙基]-邻甲苯基}邻苯二甲酰胺。

【理化性质】 纯品为白色结晶粉末。无特殊气味,密度为

1.659克/米^3(20℃),熔点218.5～220.7℃,蒸气压<1×10^{-1}毫帕(25℃),正辛醇-水分配系数 $K_{ow} \log P$ 为4.2(pH5.9,25℃),熔化的纯品热分解温度为255～260℃,无爆炸危险,不具自燃性,不具氧化性。在pH4～9及相应的环境温度下几乎无水解。水中溶解度(20℃)为29.9微克/升,有机溶剂中溶解度(20℃,克/升):对二甲苯0.488、正己烷0.000835、甲醇26、1,2-二氯乙烷8.12、丙酮102、乙酸乙酯29.4。

【毒性】 低毒。雌、雄大鼠急性经口 LD$_{50}$>2000毫克/千克,急性经皮 LD$_{50}$>2000毫克/千克;对兔眼睛有轻度刺激性,对兔皮肤无刺激性;对豚鼠皮肤无致敏性;ADI为0.0195毫克/千克。Ames试验为阴性。山齿鹑经口 LD$_{50}$>2000毫克/千克,鲤鱼 LC$_{50}$(96小时)>548微克/升,大翻车鱼 LC$_{50}$(48小时)>60微克/升。蜜蜂经口或接触 LD$_{50}$(48小时)>200克/只。对节肢动物益虫安全。

【制剂】 20％水分散粒剂,10％、20％悬浮剂。

【作用机制与防治对象】 作用机制为激活鱼尼丁受体细胞内钙释放通道,导致贮存钙离子的失效性释放。杀虫谱广,具有胃毒和触杀作用。主要用于防治鳞翅目害虫,如小菜蛾、甜菜夜蛾、玉米螟等。

【使用方法】

(1) 防治白菜甜菜夜蛾、小菜蛾:在甜菜夜蛾、小菜蛾卵孵化盛期或低龄幼虫期,每667平方米用20％水分散粒剂15～17克兑水30～50千克均匀喷雾,安全间隔期3天,每季最多施用3次。

(2) 防治甘蔗蔗螟:在蔗螟卵孵化盛期或低龄幼虫期,每667平方米用20％水分散粒剂15～20克兑水30～50千克均匀喷雾,安全间隔期7天,每季最多施用2次。

(3) 防治甘蓝小菜蛾:在小菜蛾卵孵化盛期或低龄幼虫期,每667平方米用10％悬浮剂20～25克兑水30～50千克均匀喷雾,安全间隔期 7 天,每季最多施用 2 次。

(4) 防治玉米玉米螟:在玉米螟卵孵化盛期或低龄幼虫期,每 667 平方米用 10% 悬浮剂 20～30 毫升兑水 30～50 千克均匀喷雾,安全间隔期 14 天,每季最多施用 1 次。

【注意事项】

(1) 本品为限制使用农药,禁止使用在水稻作物上。

(2) 为延缓可能的抗药性产生,每季作物不推荐施用超过 2 次的双酰胺类产品(28 族化合物),包括单剂和含双酰胺类的混剂产品。

(3) 开花植物花期、蚕室及桑园附近禁用。

(4) 本品在下列食品上的最大残留限量(毫克/千克):玉米 0.02,结球甘蓝 0.2,大白菜 10,甘蔗 0.2。

43. 氟吡呋喃酮

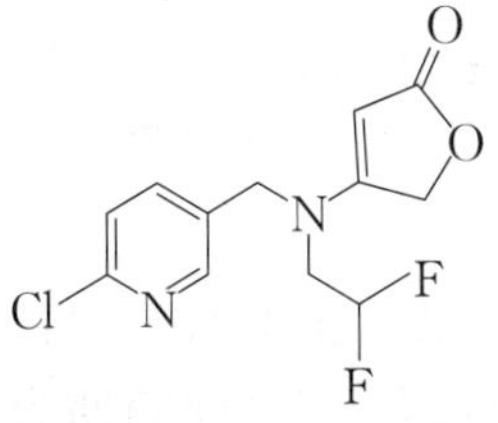

分子式:$C_{12}H_{11}ClF_2N_2O_2$

【类别】 新烟碱类。

【化学名称】 4 - [(6 - 氯 - 3 - 吡啶基甲基) - (2,2 - 二氟乙基) - 氨基] - 呋喃 - 2 - (5H) - 酮。

【理化性质】 纯品为白色至米黄色固体粉末,几乎无味。熔点 72～74 ℃,不易燃,蒸气压为 $9.1×10^{-4}$ 毫帕(20 ℃),相对密度 1.43。20 ℃下,水中溶解度为 3.2 克/升(pH 为 4),3.0 克/升(pH

为 7);甲苯中溶解度为 3.7 克/升,易溶于乙酸乙酯和甲醇。水中 DT_{50}(pH 为 7)为 0.35 天。

【毒性】 低毒。96.2%原药对大鼠急性经口毒性 LD_{50} 为 2 000 毫克/千克。雄性大鼠的 NOEL 为 80 毫克/升,雌性大鼠的 NOEL 为 400 毫克/升。对兔眼睛和皮肤无刺激性,无致畸、致癌、致突变性,无生殖毒性,大鼠口服 90 天无神经毒性反应。虹鳟鱼急性 LC_{50} > 74.2 毫克/升,水蚤急性 EC_{50} > 77.6 毫克/升,海藻急性 EC_{50} > 80 毫克/升,蜜蜂急性经口 LD_{50} 1.2 微克/只,蜜蜂急性接触 LD_{50} > 100 微克/只,蚯蚓急性 LC_{50}(14 天)193 毫克/千克(干土)。鹌鹑经口 LD_{50} 232 毫克/千克。

【制剂】 17%可溶液剂。

【作用机制与防治对象】 本品是烟碱型乙酰胆碱受体激动剂,主要用于防治刺吸式口器害虫,具有良好的内吸性、胃毒和触杀活性。对烟粉虱成虫和若虫均有良好的防效,速效性较好。

【使用方法】

(1) 防治番茄烟粉虱:烟粉虱发生初期,每 667 平方米用 17%可溶液剂 30～40 毫升兑水 45～60 千克均匀喷雾,若发生严重,建议于第一次药后 7～10 天再施药 1 次,安全间隔期 3 天,每季最多施用 2 次。

(2) 防治柑橘树木虱:在木虱发生初期,用 17%可溶液剂 3 000～4 000 倍液均匀喷雾,安全间隔期为 21 天,每季最多施用 1 次。

【注意事项】

(1) 对家蚕有毒,使用时应注意避免污染桑园及远离养蚕区域。

(2) 为了避免和延缓耐药性的产生,建议与其他不同作用机制的杀虫剂轮换使用。

44. 氟虫脲

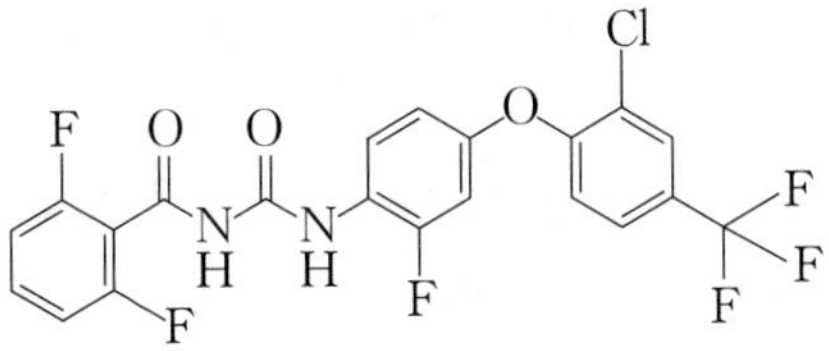

分子式：$C_{21}H_{11}ClF_6N_2O_3$

【类别】 苯甲酰脲类。

【化学名称】 1-[2-氟-4-(2-氯-4-三氟甲基苯氧基)苯基]-3-(2,6-二氟苯甲酰)脲。

【理化性质】 原药为无色固体,纯品为无色晶体。熔点169～172℃(分解),蒸气压 4.55 纳帕(20℃)。溶解度(克/升):丙酮82(25℃),二甲苯6(20℃),二氯甲烷24(25℃),己烷0.023(20℃)。稳定性好,遇碱分解。20℃时水中DT_{50}达288天。

【毒性】 低毒。大鼠急性经口 $LD_{50}>3\,000$ 毫克/千克;大鼠和小鼠急性经皮 $LD_{50}>2\,000$ 毫克/千克;对兔皮肤和眼睛无刺激作用。大鼠急性吸入 LC_{50}(4 小时)50 毫克/升(空气)。鹌鹑急性经口 $LD_{50}<2\,000$ 毫克/千克。虹鳟鱼 LC_{50}(96 小时)>100 毫克/升。对蚕有毒。

【制剂】 50克/升可分散液剂。

【作用机制与防治对象】 抑制昆虫表皮几丁质的合成,使昆虫不能正常蜕皮而死亡。具有胃毒和触杀作用,无内吸传导作用,持效期长。对多种鳞翅目害虫和鞘翅目、双翅目、半翅目的一些害虫,以及叶螨属、全爪螨属的多种害螨有效,但杀虫、杀螨的速度较慢。

【使用方法】

(1) 防治柑橘树潜叶蛾:在潜叶蛾卵孵化盛期或低龄幼虫期,

用 50 克/升可分散液剂 1 000～1 300 倍液均匀喷雾,安全间隔期 30 天,每季最多施用 2 次。

(2) 防治柑橘树红蜘蛛:在红蜘蛛发生始盛期,用 50 克/升可分散液剂 600～1 000 倍液均匀喷雾,安全间隔期 30 天,每季最多施用 2 次。

(3) 防治柑橘树锈壁虱:在锈壁虱成、若螨发生始盛期,用 50 克/升可分散液剂 625～1 000 倍液均匀喷雾,安全间隔期 30 天,每季最多施用 2 次。

(4) 防治苹果树红蜘蛛:在红蜘蛛发生始盛期,用 50 克/升可分散液剂 667～1 000 倍液均匀喷雾,安全间隔期 30 天,每季最多施用 2 次。

【注意事项】

(1) 不宜与碱性农药等物质混用。

(2) 对鱼类等水生生物、家蚕、鸟类有毒,施药期间蚕室和桑园附近禁用。远离水产养殖区施药,禁止在河塘等水体中清洗施药器具。

(3) 建议与其他不同作用机制的杀虫剂轮换使用。

(4) 本品在下列食品上的最大残留限量(毫克/千克):柑橘 0.5,苹果 1。

45. 氟啶虫胺腈

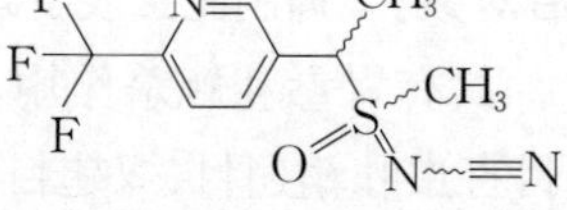

分子式:$C_{10}H_{10}F_3N_3OS$

【类别】 磺酰亚胺类。

【化学名称】 ［甲基(氧){1-［6-(三氟甲基)-3-吡啶基]-乙基}-λ^6-硫酮]-氰基胺。

【理化性质】 原药为白色(99.7%)至灰白色粉末(95.6%)，具明显气味。熔点 112 ℃，分解温度 167.7 ℃，蒸气压 $1.4×10^{-6}$ 帕(20 ℃，99.7%)；水中溶解度(20 ℃，pH 7)568 毫克/升；有机溶剂中溶解度(20 ℃，克/升)庚烷 $2.42×10^{-4}$、二甲苯 0.743、1，2-二氯乙烷 39.6、甲醇 93.1、丙酮 217、乙酸乙酯 95.2、辛醇 1.66；正辛醇-水分配系数 $K_{ow} \log P$ 为 0.802(pH 7，20 ℃)；亨利常数 $6.83×10^{-7}$ 帕·米^3/摩(pH 7，20 ℃)。

【毒性】 低毒。原药(纯度 95.6%)对大鼠急性经口 LD_{50} 为 1405 毫克/千克(雄)、1000 毫克/千克(雌)，急性经皮 LD_{50}>5 000 毫克/千克(雌、雄)，急性吸入 LC_{50}>2.09 毫克/升(雌、雄)；雄小鼠急性经口 LD_{50} 为 750 毫克/千克。对兔眼睛和皮肤无刺激性。原药对蜜蜂 LD_{50} 为有效成分 0.146 微克/只(经口，48 小时)、0.379 微克/只(接触，72 小时)；悬浮剂对蜜蜂 LD_{50}(48 小时)为有效成分 0.0515 微克/只(经口)、0.130 微克/只(接触)；水分散粒剂对蜜蜂 LD_{50}(48 小时)为有效成分 0.08 微克/只(经口)、0.244 微克/只(接触)。对鸟类急性经口 LD_{50} 为 676 毫克/千克(北美鹑)，饲喂 LC_{50}(5 天)大于 5 620 毫克/千克饲料(北美鹑、野鸭)。鱼类 LC_{50}(96 小时)：虹鳟鱼>387 毫克/升、蓝鳃太阳鱼>363 毫克/升、鲤鱼>402 毫克/升、羊头原鲷 266 毫克/升。大型蚤 EC_{50}(48 小时)>399 毫克/升，糠虾 LC_{50}(96 小时)为 0.643 毫克/升，东方牡蛎 EC_{50}(96 小时)为 86.5 毫克/升，蚯蚓 LC_{50}(14 天)为 0.885 毫克/千克土。水生植物膨胀浮萍 EC_{50}(7 天)>99 毫克/升。

【制剂】 22%悬浮剂，50%水分散粒剂。

【作用机制与防治对象】 作用于昆虫神经系统，即作用于烟碱类乙酰胆碱受体内独特的结合位点而发挥杀虫功能。具有胃毒和触杀作用，可用于防治棉花、蔬菜、果树等多种作物上盲椿象、蚜虫、粉虱、飞虱和介壳虫等多种刺吸式口器害虫。

【使用方法】

(1) 防治水稻稻飞虱:在稻飞虱低龄若虫期,每667平方米用22%悬浮剂15~20毫升兑水30~50千克均匀喷雾,安全间隔期14天,每季最多施用1次。

(2) 防治小麦蚜虫:在蚜虫发生始盛期,每667平方米用50%水分散粒剂2~3克兑水30~50千克均匀喷雾,安全间隔期14天,每季最多施用2次。

(3) 防治棉花盲椿象:在盲椿象低龄若虫期施药1~2次,间隔7天,施药时应对棉花茎叶均匀喷雾。每667平方米用50%水分散粒剂7~10克兑水30~50千克均匀喷雾,安全间隔期14天,每季最多施用2次。

(4) 防治棉花蚜虫:在蚜虫发生始盛期,每667平方米用50%水分散粒剂2~4克兑水30~50千克均匀喷雾,安全间隔期14天,每季最多施用2次。

(5) 防治棉花烟粉虱:在烟粉虱成虫始盛期或卵孵始盛期施药2次,喷雾时应重点对棉花叶片背面均匀喷雾,建议在第一次施药后7天进行第二次施药,连续施药可取得较好的防治效果,每667平方米用50%水分散粒剂10~13克兑水30~50千克均匀喷雾,安全间隔期14天,每季最多施用2次。

(6) 防治黄瓜蚜虫:在蚜虫发生始盛期,每667平方米用22%悬浮剂7.5~12.5毫升兑水30~50千克均匀喷雾,安全间隔期3天,每季最多施用2次。

(7) 防治黄瓜烟粉虱:在烟粉虱成虫始盛期或卵孵始盛期施药2次,每667平方米用22%悬浮剂15~23毫升兑水30~50千克均匀喷雾,安全间隔期3天,每季最多施用2次。

(8) 防治白菜蚜虫:在蚜虫发生始盛期,每667平方米用22%悬浮剂7.5~12.5毫升兑水30~50千克均匀喷雾,安全间隔期7天,每季最多施用2次。

(9) 防治西瓜蚜虫:在蚜虫发生始盛期,每667平方米用

50％水分散粒剂 3～5 克兑水 30～50 千克均匀喷雾,安全间隔期 7天,每季最多施用 2 次。

（10）防治柑橘树矢尖蚧:在第一代矢尖蚧低龄若虫始盛期施药 1 次,用 22％悬浮剂 4500～6000 倍液均匀喷雾,安全间隔期 14天,每季最多施用 1 次。

（11）防治苹果树黄蚜:在蚜虫发生始盛期,用 22％悬浮剂10 000～15 000 倍液均匀喷雾,安全间隔期 14 天,每季最多施用1 次。

（12）防治葡萄盲椿象:在盲椿象低龄若虫期,用 22％悬浮剂1 000～1 500 倍液均匀喷雾,安全间隔期 14 天,每季最多施用 2 次。

（13）防治桃树桃蚜:在蚜虫发生始盛期,用 22％悬浮剂5 000～10 000 倍液均匀喷雾,安全间隔期 7 天,每季最多施用 2次。或用 50％水分散粒剂 15 000～20 000 倍液均匀喷雾,安全间隔期 14 天,每季最多施用 2 次。

【注意事项】

（1）对蜜蜂、家蚕等有毒。施药期间应避免对周围蜂群的影响,禁止在蜜源植物花期、蚕室和桑园附近使用。赤眼蜂等天敌放飞区域禁用。

（2）本品在下列食品上的最大残留限量（毫克/千克）:稻谷5,糙米 2,小麦 0.2,瓜类蔬菜 0.5,柑橘、葡萄 2,苹果 0.5,桃 0.4。

46. 氟啶虫酰胺

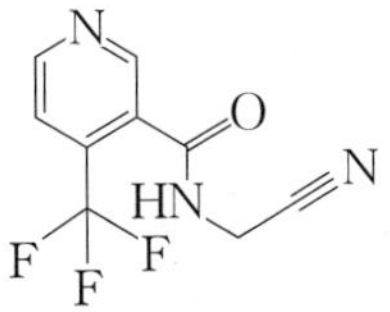

分子式: $C_9H_6F_3N_3O$

【类别】 烟酰胺类。

【化学名称】 N -氰甲基- 4 -(三氟甲基)烟酰胺。

【理化性质】 原药外观为白色无味固体粉末。熔点 157.5℃，蒸气压(25 ℃)2.55×10^{-6} 帕。溶解度(20 ℃，克/升)：水 5.2，丙酮 157.1，甲醇 89.0。对热稳定。10％水分散粒剂外观为浅褐色细小颗粒。

【毒性】 低毒。原药大鼠急性经口 LD_{50} 雄性为 884 毫克/千克，急性经皮 LD_{50}＞5 000 毫克/千克。对兔皮肤、眼睛无刺激；10％水分散粒剂对大鼠急性经口、急性经皮 LD_{50} 均＞2 000 毫克/千克，对兔皮肤无刺激、对眼睛有刺激。鲤鱼 LC_{50} (96 小时)为 853 毫克/升，北美鹌鹑 LD_{50}＞2 250 毫克/千克。蜜蜂急性接触和经口药剂无作用剂量＞1 000 毫克/千克(100 倍稀释)；家蚕(3 龄)经口无作用剂量＞200 毫克/千克；药剂剂量为 200 毫克/千克时对捕食螨安全。对鱼、鸟、蜜蜂和家蚕均为低毒。

【制剂】 10％、20％、50％水分散粒剂，20％悬浮剂。

【作用机制与防治对象】 通过阻碍害虫吮吸作用而生效，害虫摄入药剂后很快停止吮吸，最后饥饿而死。对各种刺吸式口器害虫有效，并具有良好的渗透作用。可从根部向茎部、叶部渗透，但由叶部向茎部、根部渗透作用较弱。

【使用方法】

(1)防治黄瓜蚜虫：在蚜虫发生始盛期，每 667 平方米用 10％水分散粒剂 30～50 克兑水 30～50 千克均匀喷雾，安全间隔期为 3 天，每季最多施用 3 次。

(2)防治马铃薯蚜虫：在蚜虫发生始盛期，每 667 平方米用 10％水分散粒剂 35～50 克兑水 30～50 千克均匀喷雾，安全间隔期为 7 天，每季最多施用 2 次。

(3)防治苹果树蚜虫：在蚜虫发生始盛期，用 10％水分散粒剂 2 500～5 000 倍液均匀喷雾，安全间隔期为 21 天，每季最多施用 2 次。

（4）防治甘蓝蚜虫：在蚜虫发生始盛期，每667平方米用50％水分散粒剂8～10克兑水30～50千克均匀喷雾，安全间隔期为7天，每季最多施用1次。

（5）防治水稻稻飞虱：在稻飞虱低龄若虫盛发期施药，每667平方米用50％水分散粒剂8～10克兑水30～50千克均匀喷雾，安全间隔期为14天，每季最多施用2次。或每667平方米用20％悬浮剂20～25毫升兑水30～50千克均匀喷雾，安全间隔期为21天，每季最多施用1次。

【注意事项】

（1）由于本品为昆虫拒食剂，因此施药后2～3天肉眼才能看到害虫死亡。注意不要重复施药。

（2）施药时应避免药液污染河塘等水源地；（周围）开花植物花期禁用，使用时应密切关注对附近蜂群的影响。

（3）建议与其他不同作用机制的杀虫剂轮换使用，以延缓抗药性产生。

（4）本品在下列食品上的最大残留限量（毫克/千克）：稻谷0.5，糙米0.1，黄瓜1，马铃薯0.2，苹果1。

47. 氟啶脲

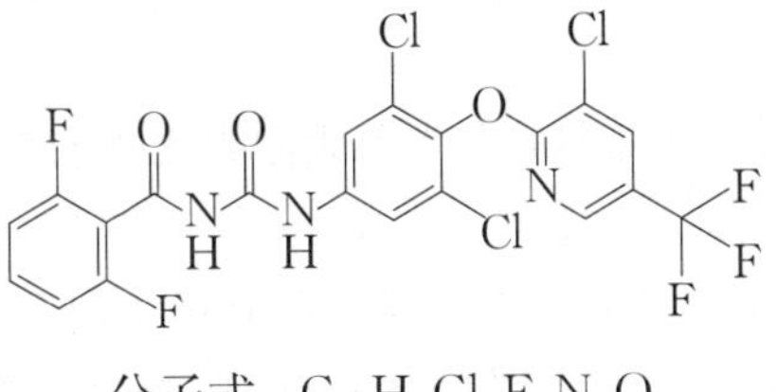

分子式：$C_{20}H_9Cl_3F_5N_3O_3$

【类别】 苯甲酰脲类。

【化学名称】 1-[3,5-二氯-4-（3-氯-5-三氟甲基-2-吡

啶氧基)苯基]-3-(2,6-二氟苯甲酰基)脲。

【理化性质】 纯品为白色结晶。熔点226.5℃(分解),蒸气压<10纳帕(20℃)。水中溶解度<0.01毫克/升;有机溶剂中溶解度(20℃,克/升):二甲苯2.5、甲醇2.5、甲苯6.6、异丙醇7、二氯甲烷22、丙酮55、环己酮110。在光和热下稳定。

【毒性】 低毒。大鼠急性经口 LD_{50}>8 500毫克/千克,大鼠急性经皮 LD_{50}>1 000毫克/千克。蜜蜂 LD_{50}(经口)>100微克/蜂。鲤鱼 LC_{50}(48小时)>300微克/升。鹌鹑、野鸭急性经口 LD_{50}>2 510毫克/千克。对人、畜毒性低,对鱼类、鸟类、蜜蜂及多数天敌安全,但对蚕有毒。

【制剂】 5%、50克/升乳油,10%水分散粒剂,25%悬浮剂。

【作用机制与防治对象】 本品为几丁质合成抑制剂,以胃毒作用为主,触杀作用其次,无内吸传导作用。杀虫活性高,残效期长,但作用速度较慢,幼虫接触药后一般要经过3~5天才能见效。对鳞翅目害虫及直翅目、鞘翅目、膜翅目、双翅目等一些害虫有很好的防治作用,对有机磷、拟除虫菊酯等杀虫剂产生耐药性的害虫也有良好防治效果,但对蚜虫、叶蝉、飞虱等害虫无效。

【使用方法】

(1)防治甘蓝甜菜夜蛾、菜青虫:在甜菜夜蛾、菜青虫卵孵化盛期或低龄幼虫期,每667平方米用50克/升乳油40~80毫升兑水30~50千克均匀喷雾,安全间隔期7天,每季最多施用3次。

(2)防治甘蓝小菜蛾:在小菜蛾卵孵化盛期或低龄幼虫期,每667平方米用50克/升乳油40~80毫升或10%水分散粒剂20~40克,兑水30~50千克均匀喷雾,安全间隔期7天,每季最多施用3次。或每667平方米用25%悬浮剂12~16毫升兑水30~50千克均匀喷雾,安全间隔期10天,每季最多施用3次。

(3)防治萝卜甜菜夜蛾:在甜菜夜蛾卵孵化盛期或低龄幼虫期,每667平方米用5%乳油60~80克兑水30~50千克均匀喷雾,安全间隔期 7 天,每季最多施用 3 次。

(4)防治青菜甜菜夜蛾:在甜菜夜蛾卵孵化盛期或低龄幼虫期,每 667 平方米用 5%乳油 60～80 克兑水 30～50 千克均匀喷雾,安全间隔期为 15 天,每季最多施用 3 次。

(5)防治青菜菜青虫:在菜青虫卵孵化盛期或低龄幼虫期,每 667 平方米用 5%乳油 50～60 毫升兑水 30～50 千克均匀喷雾,安全间隔期为 15 天,每季最多施用 3 次。

(6)防治韭菜韭蛆:在上茬韭菜收割后第二天,每 667 平方米用 5%乳油 200～300 毫升药土法施药,安全间隔期 14 天,每季最多施用 1 次。

(7)防治棉花棉铃虫:在棉铃虫卵孵化盛期或低龄幼虫期,每 667 平方米用 50 克/升乳油 60～140 毫升兑水 30～50 千克均匀喷雾,安全间隔期 21 天,每季最多施用 3 次。

(8)防治棉花红铃虫:在红铃虫卵孵化盛期或低龄幼虫期,每 667 平方米用 50 克/升乳油 60～140 毫升兑水 30～50 千克均匀喷雾,安全间隔期 21 天,每季最多施用 3 次。

(9)防治柑橘树潜叶蛾:在潜叶蛾卵孵化盛期或低龄幼虫期,用 50 克/升乳油 2000～3000 倍液均匀喷雾,安全间隔期 21 天,每季最多施用 2 次。

【注意事项】

(1)本品是阻碍昆虫蜕皮致使其死亡的药剂,从施药至害虫死亡需 3～5 天,需在低龄幼虫期施用。

(2)无内吸传导作用,施药时必须均匀周到。

(3)对蜜蜂、鱼类等水生生物、家蚕有毒,施药期间应避免对周围蜂群的影响,开花植物花期、蚕室和桑园附近禁用。远离水产养殖区施药,禁止在河塘等水体中清洗施药器具。

(4)本品在下列食品上的最大残留限量(毫克/千克):棉籽 0.1,结球甘蓝 2,萝卜 0.1,大白菜 2,普通白菜、青花菜、芥蓝 7,韭菜 1,柑橘 0.5。

48. 氟铃脲

分子式：$C_{16}H_8Cl_2F_6N_2O_3$

【类别】 苯甲酰脲类。

【化学名称】 1-[3,5-二氯-4-(1,1,2,2-四氟乙氧基)苯基]-3-(2,6-二氟苯甲酰基)脲。

【理化性质】 纯品为无色固体。熔点 202～205 ℃,蒸气压0.059毫帕(25 ℃)。溶解度(20 ℃)：甲醇11.9克/升,二甲苯5.2克/升；水中溶解度0.027毫克/升(18 ℃)。对光稳定,DT_{50} 为6.3天(pH5,25 ℃)。

【毒性】 低毒。大鼠急性经口 LD_{50}>5 000 毫克/千克,大鼠急性经皮 LD_{50}>5 000 毫克/千克,大鼠急性吸入 LD_{50} 为2.5毫克/升。对兔皮肤无刺激,对眼睛有严重刺激。野鸭急性经口LD_{50}>2 000 毫克/千克。水蚤属 LC_{50}(48 小时)为0.000 1毫克/升,毒性较高。蜜蜂接触和经口 LD_{50}<0.1毫克/只。

【制剂】 5%乳油,15%、20%水分散粒剂,5%微乳剂,4.5%、10%、20%悬浮剂。

【作用机制与防治对象】 以胃毒作用为主,兼有触杀作用。作用机制为抑制昆虫表皮细胞几丁质的合成和抑制害虫摄食,药后幼虫食量大幅度减少,基本不再造成危害,7 天后达到药效高峰,持效期达 15 天,具有较高的杀卵活性。用于防治棉花蔬菜多种鞘翅目、双翅目、半翅目和鳞翅目害虫。

【使用方法】

（1）防治甘蓝小菜蛾：在小菜蛾卵孵化盛期或低龄幼虫期，每667平方米用5％乳油40～70毫升兑水30～50千克均匀喷雾，安全间隔期20天，每季最多施用2次。或每667平方米用20％水分散粒剂15～20克兑水30～50千克均匀喷雾，安全间隔期7天，每季最多使用3次。

（2）防治甘蓝甜菜夜蛾：在甜菜夜蛾卵孵化盛期或低龄幼虫期，每667平方米用5％乳油60～75毫升兑水30～50千克均匀喷雾，安全间隔期14天，每季最多施用2次。或每667平方米用5％微乳剂60～70克兑水30～50千克均匀喷雾，安全间隔期10天，每季最多施用2次。或每667平方米用4.5％悬浮剂60～90毫升兑水30～50千克均匀喷雾，安全间隔期7天，每季最多施用3次。

（3）防治十字花科蔬菜小菜蛾：在小菜蛾卵孵化盛期或低龄幼虫期，每667平方米用5％乳油40～70毫升兑水30～50千克均匀喷雾。甘蓝安全间隔期7天，每季最多施用4次；萝卜安全间隔期7天，每季最多施用3次；小白菜（大田）安全间隔期15天，每季最多施用3次。

（4）防治棉花棉铃虫：在棉铃虫卵孵化盛期或低龄幼虫期，每667平方米用5％乳油140～160毫升，或15％水分散粒剂50～60克，或20％悬浮剂30～40克兑水30～50千克均匀喷雾，安全间隔期21天，每季最多施药3次。

（5）防治韭菜韭蛆：每667平方米用10％悬浮剂200～300毫升，在幼虫为害盛期灌根，安全间隔期21天，每季最多施药1次。

【注意事项】

（1）长期连续使用本品易产生抗药性，建议与其他不同作用机制的杀虫剂轮换使用。

（2）对蜜蜂高毒，对家蚕、鱼剧毒，对鸟类有毒。施药期间应避免对周围蜂群的影响，开花植物花期、桑园附近禁用，禁止在河塘等水体中清洗施用本品的药械,也不可将未用完的废液、清洗液倒入河塘等水体。鸟类保护期禁用。

(3) 不可与碱性农药等物质混合使用。

(4) 本品在下列食品上的最大残留限量(毫克/千克):棉籽0.1,结球甘蓝0.5。

49. 氟氯氰菊酯

分子式:$C_{22}H_{18}Cl_2FNO_3$

【类别】 拟除虫菊酯类。

【化学名称】 $(RS)\alpha$ -氰基- 4 -氟- 3 -苯氧基- 4 -苄基$(1RS,3RS;1RS,3SR)$ - 3 -(2,2 -二氯乙烯基)- 2,2 -二甲基环丙烷羧酸酯。

【理化性质】 氟氯氰菊酯由Ⅰ、Ⅱ、Ⅲ、Ⅳ四种非对映异构体组成。工业品为黏稠的、有部分结晶的琥珀色油状物,熔点60 ℃。蒸气压 960(Ⅰ)、10(Ⅱ)、20(Ⅲ)、90(Ⅳ)纳帕(20 ℃),相对密度 1.27～1.28。20 ℃时水中溶解度为 1 微克/升,微溶于乙醇,易溶于乙醚、丙酮、甲苯等有机溶剂。在常温和酸性条件下稳定,在碱性条件下易分解。

【毒性】 低毒。大鼠急性经口 LD_{50} 约 500 毫克/千克,大鼠急性经皮 LD_{50}>5 000 毫克/千克,大鼠急性吸入 LC_{50}>1 089 毫克/升(1 小时)。对兔皮肤无刺激,对眼睛有轻度刺激。鹌鹑急性经口 LD_{50}>500 毫克/千克。鱼类 LC_{50}(96 小时,毫克/升):金雅罗鱼 0.003 2,虹鳟鱼 0.000 6~0.002 9,鲤鱼 0.022。对蜜蜂和蚕高毒。

【制剂】 5.1％、5.7％、50 克/升乳油,5.70％水乳剂。

【作用机制与防治对象】 作用于害虫的神经系统,为钠离子通道抑制剂,具有强烈触杀及胃毒作用,无内吸传导作用。杀虫谱广,活性高,药效迅速。可有效防治棉铃虫、甘蓝菜青虫、蚜虫等多种害虫。

【使用方法】

(1)防治棉花棉铃虫:在棉铃虫卵孵化盛期或低龄幼虫期,每667 平方米用 50 克/升乳油 50~70 毫升兑水 30~50 千克均匀喷雾,安全间隔期 21 天,每季最多施用 2 次。或每 667 平方米用5.7％水乳剂 40~50 毫升兑水 30~50 千克均匀喷雾,安全间隔期14 天,每季最多施用 1 次。

(2)防治甘蓝菜青虫:在菜青虫卵孵化盛期或低龄幼虫期,每667 平方米用 50 克/升乳油 25~30 毫升兑水 30~50 千克均匀喷雾,安全间隔期 7 天,每季最多施用 2 次。或每 667 平方米用5.7％水乳剂 20~30 毫升兑水 30~50 千克均匀喷雾,安全间隔期14 天,每季最多施用 2 次。

(3)防治甘蓝蚜虫:在蚜虫发生始盛期,每 667 平方米用 50克/升乳油 27~33 毫升兑水 30~50 千克均匀喷雾,安全间隔期 7天,每季最多施用 2 次。或每 667 平方米用 5.7％水乳剂 20~30毫升兑水 30~50 千克均匀喷雾,安全间隔期 14 天,每季最多施用2 次。

(4)防治花生蛴螬:于花生播种前,每 667 平方米用 5.7％乳油 100~150 毫升喷雾于播种穴,安全间隔期即为收获期,每季最多施药 1 次。

(5)防治烟草地老虎:于烟草苗期,每 667 平方米用 5.7％水乳剂 30~40 毫升兑水 30~50 千克均匀喷雾,安全间隔期 21 天,每季最多施用 1 次。

【注意事项】

（1）对鱼、蜜蜂、家蚕高毒，使用时应注意环境生物的安全。避免药液污染河塘，施药器械不得在河塘中清洗。蜜源植物花期和桑园附近禁止使用。

（2）本品在下列食品上的最大残留限量（毫克/千克）：结球甘蓝 0.5，棉籽 0.05。

50. 甘蓝夜蛾核型多角体病毒

【类别】 微生物类。

【理化性质】 昆虫杆状病毒。10 亿 PIB/毫升甘蓝夜蛾核型多角体病毒悬浮剂外观为可流动、易测量体积、灰白色至浅棕色稳定的悬浮液体，存放过程中可能出现沉淀，但经手轻摇动，应恢复原状。生测效价比≥80%，细菌杂菌数量≤$1×10^5$ CFU/毫升，pH 6.0～8.0，细度（通过 75 微米试验筛）≥95%，悬浮率≥80%。5 亿 PIB/克甘蓝夜蛾核型多角体病毒颗粒剂为紫蓝色或红褐色疏松颗粒，无可见外来杂质。生测效价比≥80%，细菌杂菌数量≤$1×10^5$ CFU/毫升，水分含量≤3.0%，pH 6.0～8.0，基本无粉尘，脱落率≤3.0%。

【毒性】 低毒。雄大鼠急性经口 LD_{50}＞$1.02×10^{10}$ PIB/千克，雌大鼠急性经口 LD_{50}＞$1.095×10^{10}$ PIB/千克。对眼睛和皮肤无刺激性。大鼠吸入 LC_{50} 大于 $7.5×10^{10}$ PIB/千克。无致病性，对天敌、非靶标生物安全。

【制剂】 10 亿 PIB/毫升、20 亿 PIB/毫升、30 亿 PIB/毫升悬浮剂，10 亿 PIB/克可湿性粉剂，5 亿 PIB/克颗粒剂。

【作用机制与防治对象】 本品是一种生物杀虫剂，进入害虫幼虫的脂肪体细胞和中肠细胞核中，随即循环复制致使害虫染病死亡。具有胃毒作用，无内吸、熏蒸作用。可用于防治蔬菜、水稻等作物上的鳞翅目害虫。

【使用方法】

（1）防治甘蓝小菜蛾：在小菜蛾卵孵化盛期或低龄幼虫期，每667平方米用20亿PIB/毫升悬浮剂90～120毫升兑水30～50千克均匀喷雾。

（2）防治棉花棉铃虫：在棉铃虫卵孵化盛期或低龄幼虫期，每667平方米用20亿PIB/毫升悬浮剂50～60毫升兑水30～50千克均匀喷雾。

（3）防治茶树茶尺蠖：在茶尺蠖卵孵化盛期或低龄幼虫期，每667平方米用20亿PIB/毫升悬浮剂50～60毫升兑水30～50千克均匀喷雾。

（4）防治水稻稻纵卷叶螟：在稻纵卷叶螟卵孵化盛期或低龄幼虫期，每667平方米用30亿PIB/毫升悬浮剂30～50毫升兑水30～50千克均匀喷雾。

（5）防治玉米玉米螟：在玉米螟卵孵化盛期或低龄幼虫期，每667平方米用10亿PIB/毫升悬浮剂80～100毫升兑水30～50千克均匀喷雾。

（6）防治烟草烟青虫：在烟青虫卵孵化盛期或低龄幼虫期，每667平方米用10亿PIB/克可湿性粉剂80～100克兑水30～50千克均匀喷雾。

（7）防治玉米田小地老虎：于播种前，每667平方米用5亿PIB/克颗粒剂800～1200克沟施。

【注意事项】

（1）不能与强酸、强碱性物质混用，以免降低药效。

（2）由于本品无内吸作用，所以喷药要均匀周到，重点喷洒新生叶部位、叶片背面，才能有效防治害虫。

（3）建议与其他不同作用机制的杀虫剂轮换使用，以延缓抗药性产生。

51. 高效反式氯氰菊酯

分子式：$C_{22}H_{19}Cl_2NO_3$

【类别】 拟除虫菊酯类。

【化学名称】 (S)-α-氰基-3-苯氧基苄基-$(1R，3S)$-3-$(2,2$-二氯乙烯基$)$-$2,2$-二甲基环丙烷羧酸酯和(R)-α-氰基-3-苯氧基苄基-$(1S，3R)$-3-$(2,2$-二氯乙烯基$)$-$2,2$-二甲基环丙烷羧酸酯的外消旋混合物。

【理化性质】 纯品为白色结晶粉末，熔点78~81℃。工业品为浅黄色结晶，熔点64~71℃。蒸气压（20℃）$2.3×10^{-7}$帕，相对密度1.219。水中溶解度114.6微克/升，可溶于酮类、醇类及芳烃类溶剂。对空气、日光稳定，在中性及弱酸性条件下亦稳定，在碱性条件下发生差向异构化反应，在强碱条件下水解。

【毒性】 低毒。大鼠急性经口LD_{50} 1 470毫克/千克；大鼠急性经皮LD_{50}＞5 000毫克/千克。鱼类LC_{50}（毫克/升，96小时）：鲤鱼0.028，鲇鱼0.015。

【制剂】 5%、20%乳油。

【作用机制与防治对象】　本品是氯氰菊酯的高效反式异构体,通过作用于昆虫神经膜钠离子通道而致效,低毒,具有较强的触杀、击倒和驱避作用,可有效防治十字花科蔬菜蚜虫、棉花棉铃虫。

【使用方法】

（1）防治棉花棉铃虫：在棉铃虫卵孵化盛期或低龄幼虫期,每667平方米用5%乳油60～80毫升或20%乳油15～30毫升,兑水30～50千克均匀喷雾,安全间隔期7天,每季最多施药3次。

（2）防治十字花科蔬菜菜蚜：在蚜虫发生始盛期,每667平方米用5%乳油40～60毫升或20%乳油25～40毫升,兑水30～50千克均匀喷雾,安全间隔期14天,每季最多施药2次。

【注意事项】

（1）不可与碱性物质混用。

（2）对蜜蜂、鱼类等水生生物、家蚕有毒。施药期间应避免对周围蜂群的影响,蜜源作物花期、蚕室和桑园附近禁用,远离水产养殖区施药,禁止在河塘等水体中清洗施药器具。

（3）建议与其他不同作用机制的杀虫剂轮换使用。

（4）本品在下列食品上的最大残留限量（毫克/千克）：棉籽0.2,结球甘蓝、菜薹5,普通白菜、大白菜2。

52. 高效氟氯氰菊酯

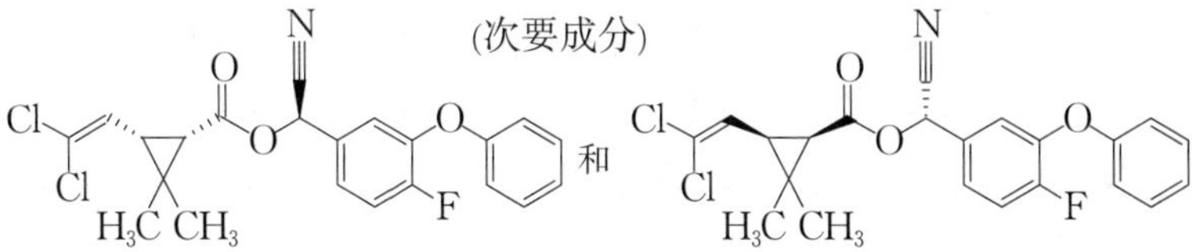

（次要成分）

(主要成分)

和

分子式：$C_{22}H_{18}Cl_2FNO_3$，分子量：434.29

【类别】 拟除虫菊酯类。

【化学名称】 （R，S）-α-氰基-4-氟-3-苯氧基苄基-(1RS，3RS；1RS，3SR)-3-(2,2-二氯乙烯基)-2,2-二甲基环丙烷羧酸酯。

【理化性质】 纯品为无色结晶,工业品为具特殊气味的白色粉末。(1R,3R,αS)-对映体的熔点 50～52 ℃,(1R,3S,αS)-对映体的熔点 68～69 ℃。蒸气压 10 纳帕(20 ℃),相对密度 1.34。溶解度(20 ℃,克/升)：二氯甲烷、甲苯＞200,己烷 1～2,异丙醇 2～5,水 $2×10^{-6}$。在酸性介质中稳定,在碱性(pH＞7.5)介质中不稳定。

【毒性】 低毒。大鼠急性经口 LD_{50} 450 毫克(在聚乙二醇 400 中)/千克,小鼠急性经口 LD_{50} 140 毫克/千克。大鼠急性经皮 LD_{50}＞5 000 毫克/千克。大鼠急性吸入 LC_{50}(24 小时)约 0.1 毫克/升(气雾剂),或约 0.9 毫克/升(粉剂)。鱼类 LC_{50}(纳克/升,96 小时)：虹鳟鱼 89,大鳍鳞鳃太阳鱼 28,金圆腹雅罗鱼 330.9。

【制剂】 2.5%、2.8%、25 克/升乳油,2.50%、5%水乳剂,2.50%、5%微乳剂,6%、12.50%悬浮剂。

【作用机制与防治对象】 通过作用于昆虫神经膜钠离子通道而致效,具有胃毒和触杀作用,生物活性较高,击倒速度较快。杀虫谱广,可防治甘蓝菜青虫、棉花红铃虫、棉花棉铃虫、苹果树金纹细蛾、苹果树桃小食心虫、小麦蚜虫等害虫。

【使用方法】

（1）防治甘蓝菜青虫：在菜青虫卵孵化盛期或低龄幼虫期,每

667 平方米用 25 克/升乳油 27～40 毫升,或 6％悬浮剂 10～15 毫升兑水 30～50 千克均匀喷雾,安全间隔期 7 天,每季最多施用 2 次。或每 667 平方米用 5％水乳剂 10～15 毫升兑水 30～50 千克均匀喷雾,安全间隔期 14 天,每季最多施用 2 次。或每 667 平方米用 5％微乳剂 10～15 毫升兑水 30～50 千克均匀喷雾,安全间隔期 10 天,每季最多施用 2 次。

(2) 防治棉花红铃虫:在红铃虫卵孵化盛期或低龄幼虫期,每 667 平方米用 25 克/升乳油 30～50 毫升兑水 30～50 千克均匀喷雾,安全间隔期 15 天,每季最多施用 3 次。

(3) 防治棉花棉铃虫:在棉铃虫卵孵化盛期或低龄幼虫期,每 667 平方米用 25 克/升乳油 30～50 毫升兑水 30～50 千克均匀喷雾,安全间隔期 15 天,每季最多施用 3 次。或每 667 平方米用 12.5％悬浮剂 8～12 毫升兑水 30～50 千克均匀喷雾,安全间隔期 14 天,每季最多施用 2 次。

(4) 防治苹果树金纹细蛾:在金纹细蛾卵孵化盛期或低龄幼虫期,用 25 克/升乳油 1 500～2 000 倍液均匀喷雾,安全间隔期 15 天,每季最多施用 3 次。

(5) 防治苹果树桃小食心虫:在桃小食心虫卵孵化盛期或低龄幼虫期,用 25 克/升乳油 2 000～3 000 倍液均匀喷雾,安全间隔期 15 天,每季最多施用 3 次。

(6) 防治柑橘树木虱:在木虱发生始盛期,用 2.5％水乳剂 1 500～2 500 倍液均匀喷雾,安全间隔期 21 天,每季最多施用 2 次。

(7) 防治小麦蚜虫:在蚜虫发生始盛期,每 667 平方米用 5％水乳剂 8～10 毫升均匀喷雾,安全间隔期 21 天,每季最多施用 2 次。

【注意事项】

(1) 对蜜蜂、鱼类等水生生物、家蚕有毒。施药期间应避免对周围蜂群的影响,开花植物花期、蚕室和桑园附近禁用,远离水产养殖区施药,禁止在河塘等水体中清洗施药器具。

(2) 建议与其他不同作用机制的杀虫剂轮换使用。

(3) 本品在下列食品上的最大残留限量(毫克/千克):小麦 0.5,棉籽 0.05,结球甘蓝 0.5,柑橘 0.3,苹果 0.5。

53. 高效氯氟氰菊酯

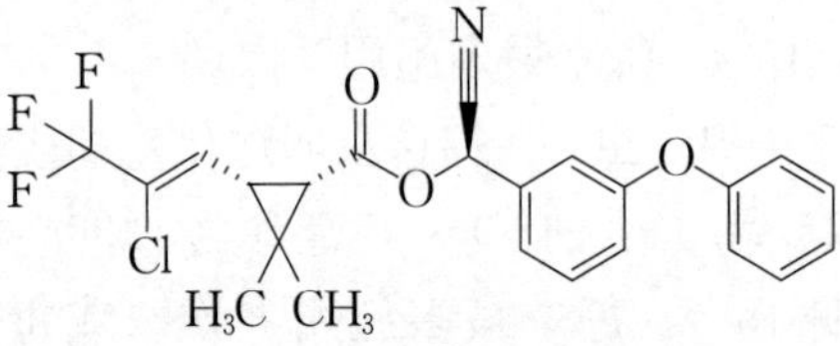

和

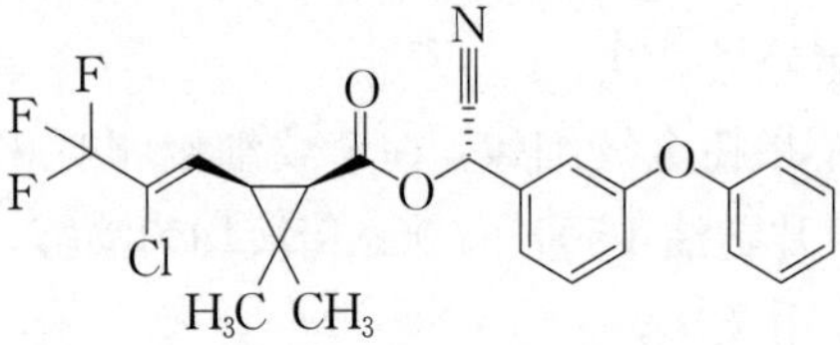

分子式:$C_{23}H_{19}ClF_3NO_3$

【类别】 拟除虫菊酯类。

【化学名称】 (S)-α-氰基-3-苯氧基苄基(Z)-(1R,3R)-3-(2-氯-3,3,3-三氟丙烯基)-2,2-二甲基环丙烷羧酸酯和(R)-α-氰基-3-苯氧基苄基(Z)-(1S,3S)-3-(2-氯-3,3,3-三氟丙烯基)-2,2-二甲基环丙烷羧酸酯(50:50)。

【理化性质】 外观为白色结晶,熔点 49.2 ℃,难溶于水,有机溶剂中溶解度(21 ℃):丙酮、乙酸乙酯、1,2-二氯乙烷、对二甲苯均>500 克/千克,庚烷 0.030 7 克/毫升,甲醇 0.138 克/毫升,正辛醇 0.036 6 克/毫升。50 ℃时,在黑暗条件下,至少 4 年保持稳定。不易燃烧,无爆炸性。

【毒性】 中等毒。原药对大鼠急性经口 LD_{50} 为 79 毫克/千克(雄)、56 毫克/千克(雌),急性经皮 LD_{50} 为 632 毫克/千克(雄)、696 毫克/千克(雌)。兔急性经皮 $LD_{50} > 2\,000$ 毫克/千克。对鱼和水生生物剧毒,对蜜蜂和蚕剧毒。

【制剂】 15%可溶液剂,2.5%、10%、15%、25%可湿性粉剂,0.6%、2.5%、2.8%、25 克/升、50 克/升乳油,10%、24%水分散粒剂,2.5%、5%、10%、20%、25 克/升水乳剂,2.5%、23%微囊悬浮剂,2.5%、5%、8%、15%、25 克/升微乳剂,2%、2.5%、5%、10%悬浮剂,10%种子处理微囊悬浮剂。

【作用机制与防治对象】 通过作用于昆虫神经膜钠离子通道而致效,以触杀和胃毒作用为主,无内吸及熏蒸作用。击倒速度较快,残效期较长。可用于防治蔬菜、果树等多种作物上鳞翅目、同翅目等害虫。

【使用方法】

(1) 防治小麦蚜虫:在蚜虫发生始盛期,每 667 平方米用 25 克/升乳油 20~28 毫升兑水 30~50 千克均匀喷雾,安全间隔期 15 天,每季最多施药 2 次。或每 667 平方米用 2.5%水乳剂 10~14 毫升兑水 30~50 千克均匀喷雾,安全间隔期 14 天,每季最多施药 2 次。或每 667 平方米用 2.5%微乳剂 20~30 毫升兑水 30~50 千克均匀喷雾,安全间隔期 14 天,每季最多施用 1 次。或每 667 平方米用 10%悬浮剂 5~7 毫升兑水 30~50 千克均匀喷雾,安全间隔期 21 天,每季最多施用 3 次。

(2) 防治小麦黏虫:在黏虫卵孵化盛期或低龄幼虫期,每 667 平方米用 25 克/升乳油 20~28 毫升兑水 30~50 千克均匀喷雾,安全间隔期 15 天,每季最多施药 2 次。

(3) 防治小麦吸浆虫:在小麦吸浆虫发生初期,每 667 平方米用 5%水乳剂 7~11 毫升兑水 30~50 千克均匀喷雾,安全间隔期 14 天,每季最多施药 2 次。

(4) 防治玉米黏虫:在黏虫卵孵化盛期或低龄幼虫期,每 667

平方米用 2.5％水乳剂 16～20 毫升兑水 30～50 千克均匀喷雾,安全间隔期 7 天,每季最多施用 2 次。

(5)防治玉米玉米螟:在玉米螟卵孵化盛期或低龄幼虫期,每 667 平方米用 10％水乳剂 15～20 毫升兑水 30～50 千克均匀喷雾,安全间隔期 14 天,每季最多施用 2 次。

(6)防治玉米金针虫:每 100 千克种子用 10％种子处理微囊悬浮剂 375～450 毫升拌种。

(7)防治棉花棉铃虫:在棉铃虫卵孵化盛期或低龄幼虫期,每 667 平方米用 25 克/升乳油 40～80 毫升兑水 30～50 千克均匀喷雾,安全间隔期 21 天,每季最多施药 2 次。或每 667 平方米用 2.5％水乳剂 40～60 毫升或 2.5％微乳剂 40～60 毫升,兑水 30～50 千克均匀喷雾,安全间隔期 21 天,每季最多施用 3 次。

(8)防治棉花红铃虫:在红铃虫卵孵化盛期或低龄幼虫期,每 667 平方米用 25 克/升乳油 40～80 毫升兑水 30～50 千克均匀喷雾,安全间隔期 21 天,每季最多施药 2 次。

(9)防治棉花蚜虫:在蚜虫发生始盛期,每 667 平方米用 25 克/升乳油 40～80 毫升兑水 30～50 千克均匀喷雾,安全间隔期 21 天,每季最多施药 2 次。或每 667 平方米用 2.5％水乳剂 15～25 毫升兑水 30～50 千克均匀喷雾,安全间隔期 21 天,每季最多施用 3 次。

(10)防治棉花地老虎:在地老虎卵孵化盛期或低龄幼虫期,每 667 平方米用 23％微囊悬浮剂 5～7.5 毫升兑水 30～50 千克均匀喷雾,安全间隔期 21 天,每季最多施用 2 次。

(11)防治大豆食心虫:在食心虫卵孵化盛期或低龄幼虫期,每 667 平方米用 25 克/升乳油 15～20 毫升或 25 克/升微乳剂 15～20 毫升,兑水 30～50 千克均匀喷雾,安全间隔期 30 天,每季最多施药 2 次。或每 667 平方米用 2.5％水乳剂 16～20 毫升兑水 30～50 千克均匀喷雾,安全间隔期 14 天,每季最多施用 2 次。

（12）防治黄瓜蚜虫：在蚜虫发生始盛期，每 667 平方米用 10％悬浮剂 6～8 毫升兑水 30～50 千克均匀喷雾，安全间隔期 7 天，每季最多施用 2 次。

（13）防治甘蓝甜菜夜蛾：在甜菜夜蛾卵孵化盛期或低龄幼虫期，每 667 平方米用 15％可溶液剂 6.7～10 毫升兑水 30～50 千克均匀喷雾，安全间隔期 7 天，每季最多施药 2 次。或每 667 平方米用 5％水乳剂 25～30 毫升兑水 30～50 千克均匀喷雾，安全间隔期 7 天，每季最多施用 3 次。

（14）防治甘蓝菜青虫：在菜青虫卵孵化盛期或低龄幼虫期，每 667 平方米用 10％可湿性粉剂 8～10 克或 25 克/升乳油 30～40 毫升，兑水 30～50 千克均匀喷雾，安全间隔期 7 天，每季最多施药 3 次。或每 667 平方米用 2.5％水乳剂 15～20 毫升或 24％水分散粒剂 2～3 克，兑水 30～50 千克均匀喷雾，安全间隔期 14 天，每季最多施用 3 次。或每 667 平方米用 2.5％微乳剂 20～30 毫升，或 2.5％悬浮剂 25～30 毫升，或 23％微囊悬浮剂 3～5 毫升，兑水 30～50 千克均匀喷雾，安全间隔期 7 天，每季最多施用 2 次。

（15）防治甘蓝小菜蛾：在小菜蛾卵孵化盛期或低龄幼虫期，每 667 平方米用 2.5％水乳剂 40～50 毫升兑水 30～50 千克均匀喷雾，安全间隔期 14 天，每季最多施用 3 次。或每 667 平方米用 15％微乳剂 10～15 毫升兑水 30～50 千克均匀喷雾，安全间隔期 10 天，每季最多施用 2 次。

（16）防治甘蓝蚜虫：在蚜虫发生始盛期，每 667 平方米用 10％可湿性粉剂 8～10 克兑水 30～50 千克均匀喷雾，安全间隔期 5 天，每季最多施药 3 次。或每 667 平方米用 25 克/升乳油 15～20 毫升兑水 30～50 千克均匀喷雾，安全间隔期 7 天，每季最多施用 2 次。或每 667 平方米用 2.5％水乳剂 15～20 毫升兑水 30～50 千克均匀喷雾，安全间隔期 14 天，每季最多施用 3 次。或每 667 平方米用 2.5％微乳剂 20～30 毫升，或 2％悬浮剂 15～25 毫升,或10%水分散粒剂10～15克,兑水30～50千克均匀喷雾,安全间隔期7天,每季最多施用3次。

(17)防治大白菜蚜虫:在蚜虫发生始盛期,每667平方米用2.5%可湿性粉剂20～30克兑水30～50千克均匀喷雾,安全间隔期7天,每季最多施药3次。

(18)防治大白菜菜青虫:在菜青虫卵孵化盛期或低龄幼虫期,每667平方米用10%可湿性粉剂8～11克兑水30～50千克均匀喷雾,安全间隔期7天,每季最多施药3次。或每667平方米用10%水乳剂5～10毫升兑水30～50千克均匀喷雾,安全间隔期7天,每季最多施用2次。

(19)防治小白菜蚜虫:在蚜虫发生始盛期,每667平方米用25克/升乳油15～20毫升或2.5%水乳剂15～20毫升,兑水30～50千克均匀喷雾,安全间隔期7天,每季最多施用3次。或每667平方米用2.5%微乳剂35～50毫升兑水30～50千克均匀喷雾,安全间隔期7天,每季最多施用2次。

(20)防治小白菜菜青虫:在菜青虫卵孵化盛期或低龄幼虫期,每667平方米用2.5%水乳剂15～20毫升或2.5%微乳剂20～40毫升,兑水30～50千克均匀喷雾,安全间隔期7天,每季最多施用3次。或每667平方米用2.5%微囊悬浮剂17～20毫升兑水30～50千克均匀喷雾,安全间隔期14天,每季最多施用3次。

(21)防治小白菜甜菜夜蛾:在甜菜夜蛾卵孵化盛期或低龄幼虫期,每667平方米用2.5%微乳剂37～60毫升兑水30～50千克均匀喷雾,安全间隔期7天,每季最多施用2次。

(22)防治十字花科蔬菜甜菜夜蛾:在甜菜夜蛾卵孵化盛期或低龄幼虫期,每667平方米用2.5%微乳剂40～60毫升兑水30～50千克均匀喷雾,安全间隔期7天,每季最多施用3次。

(23)防治十字花科蔬菜菜青虫:在菜青虫卵孵化盛期或低龄幼虫期,每667平方米用10%可湿性粉剂8～10克或25克/升乳油 40～50 毫升,兑水 30～50 千克均匀喷雾,在叶菜上使用的安全间隔期为 7 天,每季最多施用 3 次。或每 667 平方米用 2.5％水乳剂 20～40 毫升兑水 30～50 千克均匀喷雾,在甘蓝上使用的安全间隔期为 14 天,每季最多施用 3 次。

(24)防治十字花科蔬菜小菜蛾:在小菜蛾卵孵化盛期或低龄幼虫期,每 667 平方米用 2.5％水乳剂 40～60 毫升兑水 30～50 千克均匀喷雾,在甘蓝上使用的安全间隔期为 14 天,每季最多施用 3 次。

(25)防治十字花科蔬菜蚜虫:在蚜虫发生始盛期,每 667 平方米用 2.5％水乳剂 20～40 毫升兑水 30～50 千克均匀喷雾,在甘蓝上使用的安全间隔期为 14 天,每季最多施用 3 次。

(26)防治十字花科叶菜菜青虫:在菜青虫卵孵化盛期或低龄幼虫期,每 667 平方米用 25 克/升乳油 20～30 毫升,兑水 30～50 千克均匀喷雾,安全间隔期 7 天,每季最多施用 3 次。

(27)防治十字花科叶菜蚜虫:在蚜虫发生始盛期,每 667 平方米用 25 克/升乳油 15～20 毫升兑水 30～50 千克均匀喷雾,安全间隔期 7 天,每季最多施用 3 次。

(28)防治马铃薯块茎蛾:在马铃薯块茎蛾卵孵化盛期或低龄幼虫期,每 667 平方米用 2.5％水乳剂 30～40 毫升兑水 30～50 千克均匀喷雾,安全间隔期 3 天,每季最多施用 2 次。

(29)防治马铃薯蚜虫:在蚜虫发生始盛期,每 667 平方米用 2.5％水乳剂 12～17 毫升兑水 30～50 千克均匀喷雾,安全间隔期 3 天,每季最多施用 2 次。

(30)防治柑橘树潜叶蛾:在潜叶蛾卵孵化盛期或低龄幼虫期,用 25 克/升乳油 800～1 200 倍液均匀喷雾,安全间隔期 21 天,每季最多施用 3 次。或用 2.5％水乳剂 3 000～4 000 倍液均匀喷雾,安全间隔期 14 天,每季最多施用 3 次。

(31)防治柑橘树蚜虫:在蚜虫发生始盛期,用 2.5％水乳剂 3 000～4 000 倍液均匀喷雾,安全间隔期 14 天,每季最多施用

3次。

（32）防治苹果树桃小食心虫：在桃小食心虫卵孵化盛期或低龄幼虫期，用10％可湿性粉剂8 000～16 000倍液或25克/升乳油4 000～5 000倍液，均匀喷雾，安全间隔期21天，每季最多施用2次。或用2.5％水乳剂3 000～4 000倍液均匀喷雾，安全间隔期7天，每季最多施用2次。

（33）防治苹果树苹果蠹蛾：在苹果蠹蛾卵孵化盛期或低龄幼虫期，用5％水乳剂6 000～8 000倍液均匀喷雾，安全间隔期14天，每季最多施用2次。

（34）防治梨树梨小食心虫：在梨小食心虫卵孵化盛期或低龄幼虫期，用25克/升乳油3 000～4 000倍液均匀喷雾，安全间隔期21天，每季最多施用2次。或用2.5％水乳剂2 500～3 000倍液均匀喷雾，安全间隔期21天，每季最多施用1次。

（35）防治荔枝树椿象：在椿象发生始盛期，用25克/升乳油2 000～4 000倍液均匀喷雾，安全间隔期14天，每季最多施用2次。

（36）防治荔枝树蒂蛀虫：在蒂蛀虫卵孵化盛期或低龄幼虫期，用25克/升乳油1 000～2 000倍液均匀喷雾，安全间隔期14天，每季最多施用2次。

（37）防治榛子树榛实象甲：在象甲发生初期，用5％水乳剂1 200～1 660倍液或2.5％微乳剂600～830倍液，均匀喷雾，安全间隔期28天，每季最多施用2次。

（38）防治茶树茶小绿叶蝉：在茶小绿叶蝉发生始盛期，每667平方米用25克/升乳油80～100毫升或2.5％水乳剂60～100毫升，兑水30～50千克均匀喷雾，安全间隔期7天，每季最多施药1次。

（39）防治茶树茶尺蠖：在茶尺蠖卵孵化盛期或低龄幼虫期，每667平方米用25克/升乳油10～20毫升兑水30～50千克均匀喷雾，安全间隔期5天，每季最多施药1次。或每667平方米用

2.5％微乳剂 10～20 毫升或 2.5％水乳剂 40～80 毫升,兑水 30～50 千克均匀喷雾,安全间隔期 7 天,每季最多施用 1 次。

(40)防治烟草烟青虫、蚜虫:在烟青虫卵孵化盛期或低龄幼虫期、蚜虫发生始盛期,每 667 平方米用 25 克/升乳油 30～60 毫升或 2.5％水乳剂 20～30 毫升,兑水 30～50 千克均匀喷雾,安全间隔期 7 天,每季最多施药 2 次。

(41)防治烟草小地老虎:在小地老虎卵孵化盛期或低龄幼虫期,每 667 平方米用 10％水乳剂 5～8 毫升兑水 30～50 千克均匀喷雾,安全间隔期 21 天,每季最多施用 2 次。或每 667 平方米用 5％微乳剂 10～15 毫升兑水 30～50 千克均匀喷雾,安全间隔期 60 天,每季最多施用 3 次。

(42)防治观赏牡丹小地老虎:在小地老虎发生初期,每 667 平方米用 25 克/升乳油 20～40 毫升兑水 30～50 千克均匀喷雾。

(43)防治林木美国白蛾:在美国白蛾卵孵化盛期或低龄幼虫发生初期,用 2.5％水乳剂 3 000～5 000 倍液均匀喷雾。

【注意事项】

(1)对蜜蜂、家蚕、鱼类等水生生物有毒。施药期间应避免对周围蜂群的影响,开花植物花期、蚕室和桑园附近禁用,远离水产养殖区、河塘等水体附近施药,禁止在河塘等水体中清洗施药器具。

(2)建议与其他不同作用机制的杀虫剂轮换使用,以延缓抗药性产生。

(3)不可与呈碱性农药等物质混合使用。

(4)本品在下列食品上的最大残留限量(毫克/千克):棉籽、小麦 0.05,棉籽油 0.02,玉米 0.02,鲜食玉米、苹果、梨、柑橘 0.2,结球甘蓝 1,普通白菜 2,大白菜、黄瓜 1,青花菜、芥蓝 2,马铃薯 0.02,荔枝 0.1,茶叶 15。

54. 高效氯氰菊酯

(次要成分)

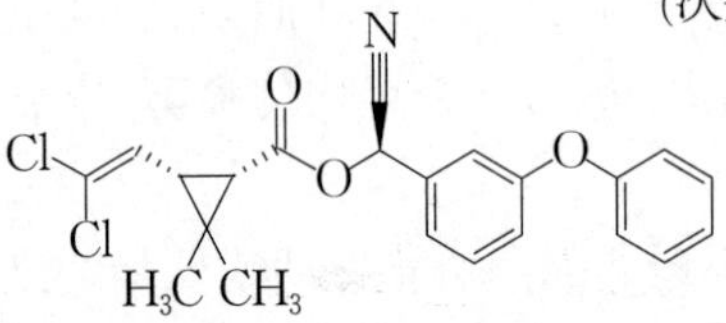

和

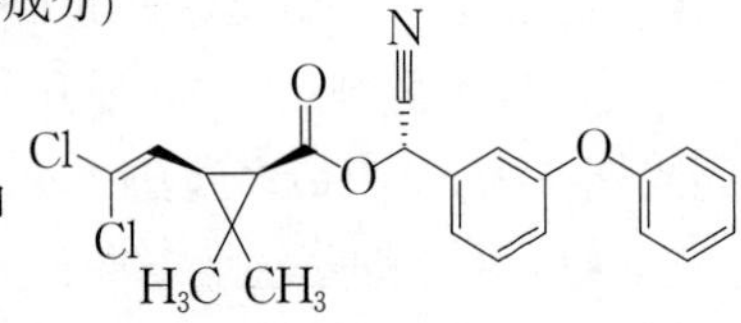

(主要成分)

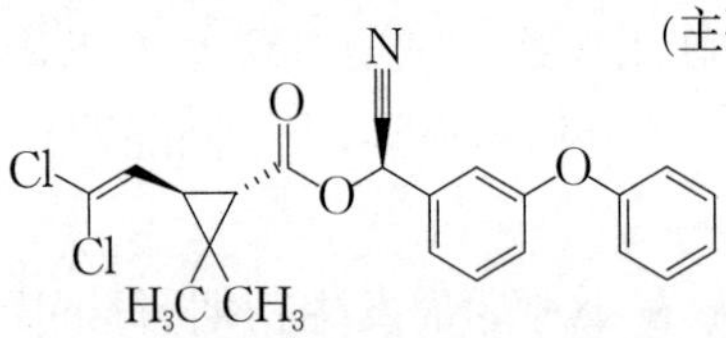

和

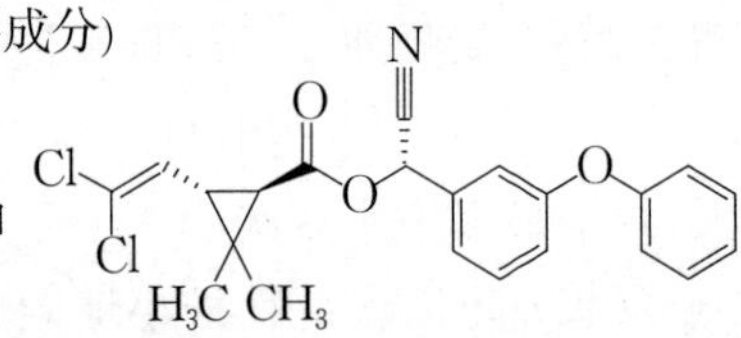

分子式：$C_{22}H_{19}Cl_2NO_3$

【类别】 拟除虫菊酯类。

【化学名称】 本品为 2 个外消旋体混合物,其顺反比例约为 2∶3,即(S)-α-氰基-3-苯氧基苄基-(1R,3R)-3-(2,2-二氯乙烯基)-2,2-二甲基环丙烷羧酸酯和(R)-α-氰基-3-苯氧基苄基-(1S,3S)-3-(2,2-二氯乙烯基)-2,2-二甲基环丙烷羧酸酯与(S)-α-氰基-3-苯氧基苄基-(1R,3S)-3-(2,2-二氯乙烯基)-2,2-二甲基环丙烷羧酸酯和(R)-α-氰基-3-苯氧基苄基-(1S,3R)-3-(2,2-二氯乙烯基)-2,2-二甲基环丙烷羧酸酯。

【理化性质】 原药为无色或浅黄色晶体。熔点 63.1～69.2℃,纯品密度 1.32 克/厘米^3(20℃),结晶粉末密度 1.12 克/厘米^3。溶解度(20℃)：水 0.01 毫克/升,己烷 9 克/升,二甲苯 370 克/升。高于 200℃稳定,对空气和日光稳定;在中性和微酸性介质中,碱存在下差向异构,强碱性介质中水解。

【毒性】 中等毒。急性经口 LD_{50}：雌大鼠 166 毫克/千克,雌小鼠 48 毫克/千克;大鼠急性经皮 $LD_{50}>5\,000$ 毫克/千克。对兔皮肤有刺激作用,对眼睛有轻微刺激作用。对豚鼠皮肤无过敏性。大鼠急性吸入 $LC_{50} > 1.97$ 毫克/(升·小时)。对兔、鼠无致畸、致诱变作用。鹌鹑急性经口 LD_{50} 8 030 毫克/千克,野鸡急性经口 LD_{50} 为 3 515 毫克/千克,鹌鹑和野鸡 LC_{50}(8 天)$> 5 000$ 毫克/千克饲料。在田间,通常剂量下对蜜蜂无伤害。

【制剂】 2%颗粒剂,4.50%、5%可湿性粉剂,2.50%、4.50%、10%、100 克/升乳油,3%、4.50%、5%、10%水乳剂、3%微囊悬浮剂,4.50%、5%、10%微乳剂,4.50%、5%悬浮剂,2%、3%烟剂,5%油剂。

【作用机制与防治对象】 主要通过作用于昆虫体内钠离子通道,破坏中枢神经系统功能,导致害虫死亡。具有胃毒和触杀双重作用,生物活性高,击倒速度快,杀虫谱广。可用于防治蔬菜、果树等多种作物上鳞翅目、同翅目等害虫。

【使用方法】

(1) 防治小麦蚜虫:在蚜虫发生始盛期,每 667 平方米用 4.5%乳油 22~33 毫升兑水 30~50 千克均匀喷雾,安全间隔期 31 天,每季最多施药 2 次。

(2) 防治棉花棉铃虫:在棉铃虫卵孵化盛期或低龄幼虫期,每 667 平方米用 4.5%乳油 22~45 毫升或 4.5%水乳剂 30~50 毫升,兑水 30~50 千克均匀喷雾,安全间隔期 7 天,每季最多施药 3 次。

(3) 防治棉花红铃虫、棉蚜:在红铃虫卵孵化盛期或低龄幼虫期、棉蚜始盛期,每 667 平方米用 4.5%乳油 22~45 毫升兑水 30~50 千克均匀喷雾,安全间隔期 7 天,每季最多施药 3 次。

(4) 防治番茄美洲斑潜蝇:在美洲斑潜蝇卵孵化盛期或低龄幼虫期,每 667 平方米用 4.5%乳油 28~33 毫升兑水 30~50 千克均匀喷雾,安全间隔期 3 天,每季最多施药 2 次。

(5) 防治番茄(保护地)白粉虱:在白粉虱若虫始盛期,每 667 平方米用 3%烟剂 150~350 克点燃放烟,安全间隔期 7 天,每季最多施用 1 次。

（6）防治黄瓜（保护地）蚜虫：在蚜虫发生始盛期，每667平方米用3％烟剂600～900克点燃放烟，安全间隔期3天，每季最多施用1次。

（7）防治辣椒烟青虫：在烟青虫卵孵化盛期或低龄幼虫期，每667平方米用4.5％乳油35～50毫升兑水30～50千克均匀喷雾，安全间隔期7天，每季最多施药2次。

（8）防治甘蓝蛴螬：甘蓝移栽时，每667平方米用2％颗粒剂2.5～3.5千克拌毒土沟施或穴施，大田期可于行侧开沟施药，安全间隔期50天，每季最多施药1次。

（9）防治甘蓝菜青虫：在菜青虫卵孵化盛期或低龄幼虫期，每667平方米用4.5％水乳剂30～50毫升或4.5％悬浮剂30～40毫升，兑水30～50千克均匀喷雾，安全间隔期7天，每季最多施药3次。或每667平方米用4.5％微乳剂20～30毫升兑水30～50千克均匀喷雾，安全间隔期7天，每季最多施药2次。

（10）防治甘蓝小菜蛾：在小菜蛾卵孵化盛期或低龄幼虫期，每667平方米用4.5％水乳剂60～70毫升兑水30～50千克均匀喷雾，安全间隔期7天，每季最多施药3次。

（11）防治甘蓝蚜虫：在蚜虫发生始盛期，每667平方米用4.5％微乳剂30～40毫升兑水30～50千克均匀喷雾，安全间隔期7天，每季最多施药2次。或用4.5％水乳剂40～50毫升兑水30～50千克均匀喷雾，安全间隔期7天，每季最多施药3次。

（12）防治大白菜菜青虫：在菜青虫卵孵化盛期或低龄幼虫期，每667平方米用4.5％水乳剂45～56毫升兑水30～50千克均匀喷雾，安全间隔期21天，每季最多施药2次。

（13）防治十字花科蔬菜菜青虫：在菜青虫卵孵化盛期或低龄幼虫期，每667平方米用5％可湿性粉剂18～36克兑水30～50千克均匀喷雾，安全间隔期14天，每季最多施药2次。或每667平方米用4.5％乳油20～38毫升或4.5％微乳剂30～40毫升，兑水30～50千克均匀喷雾，安全间隔期7天，每季最多施药3次。或每 667 平方米用 4.5％水乳剂 60～80 毫升兑水 30～50 千克均匀喷雾,安全间隔期 7 天,每季最多施药 2 次。

(14)防治十字花科蔬菜小菜蛾:在小菜蛾卵孵化盛期或低龄幼虫期,每 667 平方米用 4.5％乳油 30～40 毫升兑水 30～50 千克均匀喷雾,安全间隔期 7 天,每季最多施药 3 次。

(15)防治十字花科蔬菜菜蚜:在蚜虫发生始盛期,每 667 平方米用 4.5％微乳剂 30～40 毫升兑水 30～50 千克均匀喷雾,安全间隔期 7 天,每季最多施药 3 次。

(16)防治十字花科蔬菜美洲斑潜蝇:在美洲斑潜蝇卵孵化盛期或低龄幼虫期,每 667 平方米用 4.5％乳油 45～50 毫升兑水 30～50 千克均匀喷雾,十字花科蔬菜中的叶菜安全间隔期为 7 天,每季最多施药 2 次。

(17)防治韭菜迟眼蕈蚊:在迟眼蕈蚊幼虫发生初期,每 667 平方米用 4.5％乳油 10～20 毫升兑水 30～50 千克均匀喷雾,安全间隔期 10 天,每季最多施药 2 次。

(18)防治豇豆豆荚螟:在豆荚螟卵孵化盛期或低龄幼虫期,每 667 平方米用 4.5％乳油 30～40 毫升兑水 30～50 千克均匀喷雾,安全间隔期 3 天,每季最多施药 1 次。

(19)防治马铃薯二十八星瓢虫:于初孵幼虫盛期,每 667 平方米用 4.5％乳油 20～40 毫升兑水 30～50 千克均匀喷雾,安全间隔期 14 天,每季最多施药 2 次。

(20)防治柑橘树红蜡蚧:在红蜡蚧若虫发生初期,用 4.5％乳油 900 倍液均匀喷雾,安全间隔期 40 天,每季最多施用 3 次。

(21)防治柑橘树介壳虫:在介壳虫若虫发生初期,用 4.5％乳油 900～1 200 倍液均匀喷雾,安全间隔期 40 天,每季最多施用 3 次。

(22)防治柑橘树潜叶蛾:在潜叶蛾卵孵化盛期或低龄幼虫期,用 4.5％乳油 2 250～3 000 倍液均匀喷雾,安全间隔期 40 天,每季最多施用 3 次。

(23)防治苹果树桃小食心虫:在桃小食心虫卵孵化盛期或低龄幼虫期,用 4.5%乳油 1 350～2 250 倍液均匀喷雾,安全间隔期 21 天,每季最多施用 4 次。或用 4.5%微乳剂 1 200～1 500 倍液均匀喷雾,安全间隔期 21 天,每季最多施用 3 次。

(24)防治苹果树苹果蠹蛾:在苹果蠹蛾卵孵化盛期或低龄幼虫期,用 4.5%乳油 1 500～1 800 倍液均匀喷雾。

(25)防治梨树梨木虱:在梨木虱若虫发生始盛期,用 4.5%乳油 1 800～2 600 倍液均匀喷雾,安全间隔期 21 天,每季最多施用 3 次。

(26)防治荔枝树蒂蛀虫:在蒂蛀虫成虫羽化高峰和幼虫发生初期,每 667 平方米用 4.5%乳油 65～85 毫升兑水 30～50 千克均匀喷雾,安全间隔期 14 天,每季最多施药 3 次。

(27)防治茶树茶尺蠖:在茶尺蠖卵孵化盛期或低龄幼虫期,每 667 平方米用 4.5%乳油 22～40 毫升兑水 30～50 千克均匀喷雾,安全间隔期 10 天,每季最多施药 1 次。

(28)防治茶树茶小绿叶蝉:在茶小绿叶蝉发生始盛期,每 667 平方米用 4.5%乳油 30～60 毫升兑水 30～50 千克均匀喷雾。

(29)防治烟草蚜虫、烟青虫:在烟青虫卵孵化盛期或低龄幼虫期、蚜虫发生始盛期,每 667 平方米用 4.5%乳油 20～40 毫升兑水 30～50 千克均匀喷雾,安全间隔期 15 天,每季最多施药 2 次。

(30)防治枸杞蚜虫:在蚜虫发生始盛期,用 4.5%乳油 2 000～2 500 倍液均匀喷雾,安全间隔期 3 天,每季最多施药 3 次。

(31)防治草原蝗虫:在蝗虫低龄幼虫期,每 667 平方米用 4.5%乳油 30～40 毫升兑水 30～50 千克均匀喷雾,安全间隔期 7 天,每季最多施药 1 次。

(32)防治林木天牛:在天牛发生初期,用 3%微囊悬浮剂 500～1 000 倍液均匀喷雾。

(33)防治滩涂飞蝗:在飞蝗低龄幼虫期,用 5%油剂 25～30 毫升超低容量喷雾。

【注意事项】

(1) 不可与碱性农药等物质混用。可与其他不同作用机制的杀虫剂轮换使用。

(2) 对鱼、蜜蜂、蚕有毒。应避免本品或使用过的容器污染水塘、河道或沟渠,蜜源作物、鸟类保护区、蚕室及桑园禁用。

(3) 本品在下列食品上的最大残留限量(毫克/千克):棉籽 0.2,结球甘蓝 5,普通白菜、大白菜、梨、苹果、枸杞(干)2,韭菜、柑橘 1、番茄、辣椒、豇豆、荔枝 0.5,黄瓜 0.2,茶叶 20。

55. 硅藻土

【类别】 无机类。

【化学名称】 二氧化硅。

【理化性质】 密度 1.9～2.3 克/厘米^3,熔点 1610～1750 ℃,沸点 2200 ℃,不溶于水和有机溶剂,正常贮存条件下很稳定。85% 硅藻土粉剂外观为自由流动的白色或淡黄色或淡红褐色粉末,不得结块起团。二氧化硅质量分数为(85.0±2.5)%,pH 为 5.0～8.0,水分含量为 0.3%,细度(通过 45～75 微米标准筛)不高于 98%,铅含量不低于 3.0 毫克/千克。

【毒性】 低毒。大鼠经口 LD_{50} > 3160 毫克/千克,经皮 LD_{50} > 3160 毫克/千克。

【制剂】 85%粉剂。

【作用机制与防治对象】 通过划破昆虫体表的保护性蜡质并吸收昆虫体内的水分引起昆虫脱水死亡,能有效防治原粮仓贮害虫。

【使用方法】

防治原粮贮粮害虫:用 85%粉剂 1200～1700 倍液拌谷。

【注意事项】

(1) 人工拌粮、机械拌粮均可,注意混合均匀。建议在虫口密度低时使用。

（2）应在干燥的天气并与已干的粮食均匀混合,不可在潮湿的天气或与湿粮混合,否则将达不到应有的效果。本品仅限专业人员使用。

56. 环虫酰肼

分子式：$C_{24}H_{30}N_2O_3$

【类别】 双酰肼类。

【化学名称】 N'-叔丁基-5-甲基-N'-(3,5-二甲基苯甲酰基)苯并二氢吡喃-6-甲酰肼。

【理化性质】 纯品为白色晶体粉末,密度 1.173 克/厘米^3（20.4 ℃）,熔点为 186.4 ℃,沸点 205～207 ℃（66.7 帕）,蒸气压（25 ℃）为 $4×10^{-9}$ 帕,亨利常数 $1.973×10^{-6}$ 帕·米^3/摩（pH 7）。在水中溶解度（20 ℃,毫克/升）为 0.98（pH 4）、0.80（pH 7）、0.89（pH 9）,有机溶剂中溶解度（20 ℃,克/升）：甲苯 0.32、二氯甲烷大于 336、乙醇 173、丙酮 186、乙酸乙酯 50.6、二异丙醚 0.35。分配系数 $K_{ow}\log P$ 为 2.7。pKa 为 13.24。

【毒性】 低毒。大鼠经口 LD_{50}＞5 000 毫克/千克,小鼠经口 LD_{50}＞5 000 毫克/千克;小鼠经皮 LD_{50}＞2 000 毫克/千克,兔经皮 LD_{50}＞2 000 毫克/千克,小鼠吸入 LD_{50}（4 小时）＞4.68 毫克/升。对兔皮肤无刺激性,对兔眼睛有轻微刺激作用;对豚鼠皮肤无致敏性。通过大、小鼠试验,无致癌作用,对小鼠繁殖无影响;兔和小鼠致畸试验阴性。日本鹌鹑急性经口 LD_{50} > 5 000 毫克/千克。虹鳟鱼 LC_{50} > 18.9 毫克/升,鲤鱼 > 47.25 毫克/升,虾 > 189 毫克/升。蚯蚓 LD_{50}(96 小时) > 1 000 毫克/千克。

【制剂】 5%悬浮剂。

【作用机制与防治对象】 可抑制幼虫取食,且通过调节幼体蜕皮激素活动干扰昆虫的蜕皮过程,引起昆虫的过早蜕皮死亡。对水稻二化螟、稻纵卷叶螟有很好的防效。

【使用方法】

(1) 防治水稻稻纵卷叶螟:在稻纵卷叶螟幼虫孵化盛期至低龄幼虫期,每 667 平方米用 5%悬浮剂 70~110 毫升兑水 30~50 千克均匀喷雾,安全间隔期 14 天,每季最多施药 1 次。

(2) 防治水稻二化螟:在二化螟幼虫孵化盛期至低龄幼虫期,每 667 平方米用 5%悬浮剂 70~110 毫升兑水 30~50 千克均匀喷雾,安全间隔期 14 天,每季最多施药 1 次。

【注意事项】

(1) 对家蚕高毒,蚕室及桑园附近禁用。应避免药剂飘移到桑树上。

(2) 鱼或虾、蟹套养稻田禁用。严禁在河流、湖泊、池塘和水渠等水体中清洗使用过本品的药械。

(3) 建议与不同作用机制的杀虫剂轮换使用。

57. 环氧虫啶

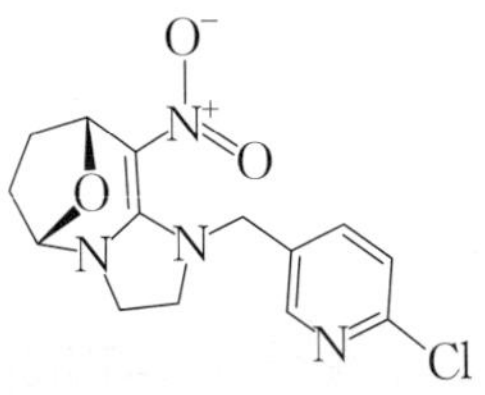

分子式: $C_{14}H_{15}ClN_4O_3$

【类别】 新烟碱类。

【化学名称】 $(5S,8R)$-1-[(6-氯-3-吡啶基)甲基]-2,3,5,6,7,8-六氢-9-硝基-$1H$-5,8-环氧咪唑[1,2-a]氮杂卓。

【理化性质】 白色或淡黄色粉末固体,无味,熔点 149.0～150.0℃,可溶于二氯甲烷、氯仿,微溶于水和乙醇。稳定性:水解 DT_{50} 为 5.03 小时(25℃,pH 4),64.18 小时(25℃,pH 7),577.62 小时(25℃,pH 9);水中光解 DT_{50} 为 7.61 分钟[(25±1)℃,pH 7,300 W 高压汞灯,照射光源距离 10 厘米]。水中光稳定性低于哌虫啶,但优于吡虫啉。

【毒性】 低毒。小鼠急性经口 LD_{50} 为 1260 毫克/千克,大鼠急性经皮 LD_{50}>5 000 毫克/千克,大鼠急性吸入 LC_{50}>2 000 毫克/米^3,Ames 试验呈阴性。对哺乳动物的急性毒性为低毒。对非靶标生物如水蚤类、鱼类、藻类、土壤微生物和其他植物影响甚微。对蜜蜂安全性是吡虫啉的 10 倍以上,急性接触 LD_{50}(24 小时)>0.4 微克/只,急性吸入 LC_{50}(48 小时)为 19.18 毫克/升。大型蚤急性毒性 EC_{50}(96 小时)为 14.7 毫克/升。对鸟类、蚯蚓和家蚕的毒性高、风险大,其中蚯蚓 LC_{50}(14 天)为 10.21 毫克/千克(干土),家蚕 3 龄期的急性经口毒性 LC_{50} 为 0.138 3 毫克/升。

【制剂】 25％可湿性粉剂。

【作用机制与防治对象】 本品是新一代高活性、低毒新烟碱类杀虫剂,对新烟碱受体具有拮抗作用。用于防治水稻稻飞虱、甘蓝蚜虫。

【使用方法】

(1)防治甘蓝蚜虫:在蚜虫发生始盛期,每 667 平方米用 25％可湿性粉剂 8～16 克兑水 30～50 千克均匀喷雾,安全间隔期 5 天,每季最多施用 2 次。

(2)防治水稻稻飞虱:在稻飞虱卵孵化高峰期至低龄若虫盛发期(避开水稻扬花期),每 667 平方米用 25％可湿性粉剂 16～24

克兑水 30～50 千克均匀喷雾,安全间隔期 21 天,每季最多施用 2 次。

【注意事项】

(1) 对蜜蜂、家蚕等生物毒性高,对天敌赤眼蜂风险高。桑园和蚕室附近禁用,开花作物花期、蜜源期及赤眼蜂等天敌放飞区禁用,水稻扬花期禁用,勿用于靠近蜂箱的田地,远离河塘等水域施药,禁止在河塘等水体中清洗施药器具。

(2) 鸟类保护区附近禁用。

(3) 对眼睛有轻度刺激性,使用本品时应做好防护措施,穿防护服,戴防护眼镜、防护手套、口罩等,避免皮肤接触及口鼻吸入。

(4) 建议与其他不同作用机制的杀虫剂轮换使用,以延缓抗药性产生。

58. 混灭威

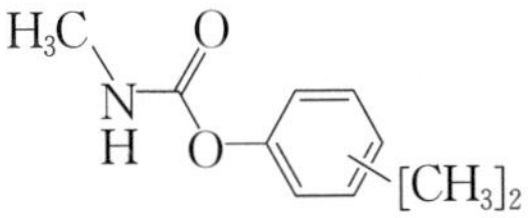

$$H_3C-N-C-O-\text{苯环}-[CH_3]_2$$

分子式:$C_{10}H_{13}NO_2$

【类别】 氨基甲酸酯类。

【化学名称】 混二甲基-N-甲基氨基甲酸酯。

【理化性质】 原药为淡黄色至棕红色油状液体,密度约 1.088 克/毫升,微臭,当温度低于 10℃时有结晶析出。不溶于水,微溶于石油醚、汽油,易溶于甲醇、乙醇、丙酮、苯和甲苯等有机溶剂,遇碱易分解。工业品原油(含量 88%～91%)是一种淡黄色半固体状油状物质。

【毒性】 中等毒。原药对雌性大鼠急性经口 LD_{50} 为 $295\sim$ 626 毫克/千克,雄性大鼠急性经口 LD_{50} 为 $441\sim1\,050$ 毫克/千克。原油对小鼠急性经皮 $LD_{50}>400$ 毫克/千克,小鼠急性经口 LD_{50} 为 214 毫克/千克。虹鳟鱼 LC_{50}(96 小时)为 1.0 毫克/升,红鲤鱼 LC_{50}(48 小时)为 30.2 毫克/升。

【制剂】 50%乳油。

【作用机制与防治对象】 本品是由两种同分异构体混合而成的氨基甲酸酯类杀虫剂,含灭杀威和灭除威两种异构体,对鳞翅目和半翅目害虫均有效,具有触杀和胃毒作用,速效性强,击倒速度快;残效期短,只有 $2\sim3$ 天,药效不受温度影响,在低温下仍有很好的防效。主要用于防治水稻飞虱、叶蝉等水稻上害虫。

【使用方法】

(1) 防治水稻飞虱:在稻飞虱若虫初期至高峰期施药,每 667 平方米用 50%乳油 $75\sim100$ 毫升兑水 $30\sim50$ 千克均匀喷雾,每季最多施用 1 次,安全间隔期 20 天。

(2) 防治水稻叶蝉:于叶蝉低龄若虫盛发期施药,每 667 平方米用 50%乳油 $50\sim100$ 毫升兑水 $30\sim50$ 千克均匀喷雾,每季最多施用 1 次,安全间隔期 20 天。

【注意事项】

(1) 不得与碱性农药等物质混用或混放,应放在阴凉干燥处。

(2) 对蜜蜂、家蚕及鱼等水生生物有毒,严禁在花期蜜源地和蚕室、桑园附近使用,应远离水产养殖地使用。

(3) 禁止在河塘等水体内清洗施药器具。

59. 甲氨基阿维菌素苯甲酸盐

甲氨基阿维菌素苯甲酸盐B_{1a}
（主要成分）

甲氨基阿维菌素苯甲酸盐B_{1b}
（次要成分）

分子式：$C_{56}H_{81}NO_{15}$（甲氨基阿维菌素苯甲酸盐 B_{1a}）

　　　　$+C_{55}H_{79}NO_{15}$（甲氨基阿维菌素苯甲酸盐 B_{1b}）

【类别】　农用抗生素。

【化学名称】　4′-表-甲氨基-4′-脱氧阿维菌素苯甲酸盐。

【理化性质】　原药为白色或淡黄色结晶粉末。熔点 141～146℃,溶于丙酮和甲醇,微溶于水,不溶于己烷。在通常贮存条件下稳定,对紫外光不稳定。

【毒性】　中高毒。原药对大鼠急性经口 LD_{50} 为 76～89 毫克/千克,急性吸入 LC_{50}(4 小时)为 $2.12\sim4.44$ 毫克/米^3。野鸭急性经口 LD_{50} 为 46 毫克/千克,鹌鹑急性经口 LD_{50} 为 264 毫克/千克。虹鳟鱼 LC_{50}(96 小时)为 174 微克/升,水蚤 LC_{50} 为 0.99 微克/升。对兔皮肤和眼睛急性接触 $LD_{50}>2000$ 毫克/千克,对皮肤无刺激性。对大部分有益生物安全,无致突变性。

【制剂】 0.5%、0.57%、1%、2%、2.2%、3%、3.4%、5% 微乳剂,0.2%、0.5%、0.55%、0.57%、1%、1.1%、1.13%、1.14%、1.5%、2%、2.28%、2.3%、5%乳油,2%、3%、5%、5.7%、8%水分散粒剂,0.9%、2%、3%、5%、5.7%悬浮剂,0.5%、1%、2%、2.5%、3%、5%水乳剂,0.9%、2%、5%、5.7%微囊悬浮剂,0.5%、1%、5%可湿性粉剂,1%超低容量液剂,3%可分散油悬浮剂,1%、1.5%、3%泡腾片剂,2%、5%可溶粒剂,2%可溶液剂。

【作用机制与防治对象】 通过刺激 γ-氨基丁酸的释放,阻碍害虫运动神经信息传递而使虫体麻痹死亡。胃毒为主,兼有触杀作用,对作物无内吸性,但能有效渗入施用作物表皮组织,因而具有较长残效期。对鳞翅目、螨类、鞘翅目及半翅目害虫有极高活性,在土壤中易降解、无残留,在常规剂量范围内对有益昆虫及天敌、人、畜安全。

【使用方法】

(1) 防治水稻稻纵卷叶螟:在稻纵卷叶螟卵孵化盛期或低龄幼虫期,每 667 平方米用 0.5%乳油 $100\sim200$ 毫升,或 5%乳油 $15\sim20$ 毫升,或 3%微乳剂 $20\sim27$ 毫升,或 5%微乳剂 $15\sim20$ 毫升,或 5%悬浮剂 $10\sim20$ 毫升,或 3%水乳剂 $20\sim40$ 毫升,或 5%水乳剂 $15\sim25$ 毫升,兑水 $30\sim50$ 千克均匀喷雾,每季最多施用 2 次,安全间隔期 21 天。或用 1%微乳剂 $45\sim75$ 毫升或 2%微囊悬浮剂 $30\sim50$ 毫升,兑水 $30\sim50$ 千克均匀喷雾,每季最多施用 2 次,安全间隔期 14 天。或用 5%水分散粒剂 $15\sim20$ 克兑水 $30\sim50$ 千克均匀喷雾,每季最多施用 1 次,安全间隔期 14 天。

（2）防治水稻二化螟、三化螟：在二化螟、三化螟初孵幼虫高峰期，每 667 平方米用 1％乳油 50～100 毫升，或 2％水乳剂 22～39 克，或 1％可湿性粉剂 70～90 克，或 1％微乳剂 50～60 毫升，兑水 30～50 千克均匀喷雾，每季最多施用 2 次，安全间隔期 21 天。或用 2％乳油 25～50 毫升，或 0.5％微乳剂 60～80 克，或 5％可湿性粉剂 20～30 克，兑水 30～50 千克均匀喷雾，每季最多施用 2 次，安全间隔期 14 天。

（3）防治玉米二点委夜蛾：在二点委夜蛾卵孵化盛期或低龄幼虫期，每 667 平方米用 1％水乳剂 330～500 毫升兑水 30～50 千克均匀喷雾，每季最多施用 3 次，安全间隔期 14 天。

（4）防治棉花棉铃虫：棉铃虫卵孵化盛期或低龄幼虫发生期，每 667 平方米用 1％微乳剂 60～70 克，或 1％乳油 45～68 毫升，或 2％乳油 33～65 克，兑水 30～50 千克均匀喷雾，每季最多施用 2 次，安全间隔期 14 天。或用 5％可溶粒剂 13～26 克兑水 30～50 千克均匀喷雾，每季最多施用 2 次，安全间隔期 21 天。

（5）防治番茄棉铃虫：在棉铃虫 2 龄幼虫高峰期，每 667 平方米用 2％乳油 28.5～38 毫升兑水 30～50 千克均匀喷雾，每季最多施用 1 次，安全间隔期 7 天。

（6）防治辣椒烟青虫：在烟青虫卵孵化盛期，每 667 平方米用 1％微乳剂 10～23.3 毫升，或 2％微乳剂 5～10 毫升，或 3％微乳剂 3～7 毫升，或 5％微乳剂 3～7 毫升，兑水 30～50 千克均匀喷雾，每季最多施用 2 次，安全间隔期 5 天。

（7）防治甘蓝小菜蛾：在小菜蛾低龄幼虫发生期，每 667 平方米用 5％微乳剂 4～6 毫升兑水 30～50 千克均匀喷雾，每季最多施用 1 次，安全间隔期 7 天。或用 3％微乳剂 5～6.67 毫升兑水 30～50 千克均匀喷雾，每季最多施用 1 次，安全间隔期 5 天。或用 5％乳油 4～6 毫升，或 2％水分散粒剂 5～7.5 克，或 2％悬浮剂 7.5～12.5 毫升，兑水 30～50 千克均匀喷雾，每季最多施用 2 次，安全间隔期 7 天。或用 5％水分散粒剂 3～4 克或 5％悬浮剂

3.5～5.0 毫升,兑水 30～50 千克均匀喷雾,每季最多施用 2 次,安全间隔期为 5 天。或用 5%微囊悬浮剂 3～4 克兑水 30～50 千克均匀喷雾,每季最多施用 1 次,安全间隔期 14 天。

(8)防治甘蓝甜菜菜蛾:在甜菜夜蛾低龄幼虫高峰期,每 667 平方米用 5%微乳剂 3～4 毫升,或 3%水分散粒剂 5～8 克,或 8%水分散粒剂 1～2 克,兑水 30～50 千克均匀喷雾,每季最多施用 1 次,安全间隔期 3 天。或用 2%水分散粒剂 5～7.5 克兑水 30～50 千克均匀喷雾,每季最多施用 3 次,安全间隔期 7 天。或用 1%乳油 15～20 毫升兑水 30～50 千克均匀喷雾,每季最多施用 2 次,安全间隔期 3 天。或用 2%乳油 8～13 毫升或 2%微囊悬浮剂 7.5～12.5 毫升,兑水 30～50 千克均匀喷雾,每季最多施用 2 次,安全间隔期 5 天。或用 3%悬浮剂 5～6 毫升兑水 30～50 千克均匀喷雾,每季最多施用 2 次,安全间隔期 7 天。或用 1.5%泡腾片剂 15～20 克,或 3%泡腾片剂 6～8 克,兑水 30～50 千克均匀喷雾,每季最多施用 1 次,安全间隔期 7 天。

(9)防治小油菜甜菜夜蛾:在甜菜夜蛾低龄幼虫期,每 667 平方米用 0.5%乳油 18～26 毫升,或 1%微乳剂 20～25 克,或 2%微乳剂 8.7～13 毫升,或 5%微乳剂 4～5 克,兑水 30～50 千克均匀喷雾,每季最多施用 2 次,安全间隔期 5 天。或用 3%微乳剂 4.4～6.6 毫升兑水 30～50 千克均匀喷雾,每季最多施用 2 次,安全间隔期 3 天。

(10)防治花椰菜小菜蛾:在小菜蛾低龄幼虫发生期,每 667 平方米用 1%微乳剂 10～20 毫升兑水 30～50 千克均匀喷雾,每季最多施用 2 次,安全间隔期 7 天。或用 2%微乳剂 5～10 毫升,或 3%微乳剂 3～6 毫升,或 5%微乳剂 2～4 毫升,兑水 30～50 千克均匀喷雾,每季最多施用 2 次,安全间隔期 5 天。

(11)防治芥蓝小菜蛾:在芥蓝小菜蛾低龄幼虫发生期,每 667 平方米用 5%水分散粒剂 3.7～4.3 克兑水 30～50 千克均匀喷雾,每季最多施用 2 次,安全间隔期 5 天。

(12)防治白菜甜菜夜蛾:在甜菜夜蛾低龄幼虫盛发期,每

667 平方米用 5％ 水分散粒剂 3.5～5 克，或 8％ 水分散粒剂 2～3 克，或 2.3％ 微乳剂 5～7 毫升，或 1％ 泡腾片剂 13～18 克，或 2％ 可溶液剂 15～20 毫升，或 5％ 可溶粒剂 3～4 克，兑水 30～50 千克均匀喷雾，每季最多施用 2 次，安全间隔期 7 天。或用 5％ 微乳剂 3～5 毫升兑水 30～50 千克均匀喷雾，每季最多施用 2 次，安全间隔期 3 天。或用 3％ 水乳剂 5～8 克兑水 30～50 千克均匀喷雾，每季最多施用 2 次，安全间隔期 5 天。或用 0.5％ 可湿性粉剂 26～44 克兑水 30～50 千克均匀喷雾，每季最多施用 3 次，安全间隔期 5 天。

（13）防治十字花科蔬菜甜菜夜蛾：在甜菜夜蛾卵孵化盛期或低龄幼虫盛发期，每 667 平方米用 0.5％ 微乳剂 17.5～26.3 毫升，或 1％ 乳油 10～20 毫升，或 2％ 乳油 5～7 克，兑水 30～50 千克均匀喷雾，每季最多施用 2 次，安全间隔期 3 天。或用 2％ 可溶粒剂 6.5～8.7 克兑水 30～50 千克均匀喷雾，每季最多施用 3 次，安全间隔期 3 天。

（14）防治十字花科蔬菜小菜蛾：在小菜蛾卵孵化盛期或低龄幼虫期，每 667 平方米用 2％ 乳油 5～7 克兑水 30～50 千克均匀喷雾，每季最多施用 2 次，安全间隔期 3 天。

（15）防治小葱甜菜夜蛾：在甜菜夜蛾卵孵化盛期至低龄幼虫期，每 667 平方米用 5％ 乳油 2.5～3 克兑水 30～50 千克均匀喷雾，每季最多施用 1 次，安全间隔期 5 天。

（16）防治茭白二化螟：在二化螟卵孵化盛期或低龄幼虫期，每 667 平方米用 5％ 水分散粒剂 10～20 克，或 0.5％ 微乳剂 160～227 毫升，或 2％ 微乳剂 35～50 毫升，或 3％ 微乳剂 35～50 毫升，或 5％ 微乳剂 35～50 毫升，兑水 30～50 千克均匀喷雾，每季最多施用 2 次，安全间隔期 14 天。

（17）防治豇豆豆荚螟：在豆荚螟卵孵化盛期或幼虫孵化初期，每 667 平方米用 0.5％ 微乳剂 36～48 毫升，或 1％ 微乳剂 18～24 毫升，或 2％ 微乳剂 9～12 毫升，或 3％ 微乳剂 6～8 毫升，或 5％ 微乳剂 3.5～4.5 毫升，兑水 30～50 千克均匀喷雾，每季最多施用 1 次,安全间隔期 7 天。

(18)防治豇豆蓟马:在蓟马若虫发生初期,每 667 平方米用 1%微乳剂 18～24 毫升,或 2%微乳剂 9～12 毫升,或 3%微乳剂 6～8 毫升,或 5%微乳剂 3.5～4.5 毫升,兑水 30～50 千克均匀喷雾,每季最多施用 1 次,安全间隔期 7 天。

(19)防治芋头斜纹夜蛾:在斜纹夜蛾卵孵化盛期或低龄幼虫期,每 667 平方米用 2%微乳剂 8～9 毫升兑水 30～50 千克均匀喷雾,每季最多施用 2 次,安全间隔期 14 天。或用 3%悬浮剂 29～37 毫升或 5%悬浮剂 20～25 毫升,兑水 30～50 千克均匀喷雾,每季最多施用 1 次,安全间隔期 30 天。

(20)防治姜甜菜夜蛾:在甜菜夜蛾低龄幼虫发生期,每 667 平方米用 3%水分散粒剂 13.5～16 克或 5%水分散粒剂 8～10 克,兑水 30～50 千克均匀喷雾。

(21)防治姜玉米螟:在玉米螟低龄幼虫发生期,每 667 平方米用 3%水分散粒剂 10～16 克兑水 30～50 千克均匀喷雾。

(22)防治草莓斜纹夜蛾:在斜纹夜蛾低龄幼虫盛发期,每 667 平方米用 5%水分散粒剂 3～4 克兑水 30～50 千克均匀喷雾,每季最多施用 2 次,安全间隔期 7 天。

(23)防治苹果树卷叶蛾:在卷叶蛾低龄幼虫发生高峰期,用 3%微乳剂稀释 3000～4000 倍液均匀喷雾,每季最多施用 3 次,安全间隔期 28 天。

(24)防治冬枣枣尺蠖:在枣尺蠖低龄幼虫发生期,用 0.5%微乳剂稀释 1000～1500 倍液均匀喷雾,每季最多施用 1 次,安全间隔期 28 天。

(25)防治枇杷树毛虫:在毛虫卵孵化盛期或低龄幼虫期,用 0.5%微乳剂稀释 500～2000 倍液均匀喷雾。

(26)防治杨梅树卷叶蛾:在卷叶蛾卵孵化盛期或低龄幼虫期,用 5%甲氨基阿维菌素乳油稀释 4000～6000 倍液均匀喷雾,每季最多施用 2 次,安全间隔期 7 天。

（27）防治杭白菊斜纹夜蛾：在斜纹夜蛾低龄幼虫发生期，每667平方米用5％水分散粒剂4～5克兑水30～50千克均匀喷雾。

（28）防治金银花尺蠖：在尺蠖卵孵化高峰期或者低龄幼虫发生期，每667平方米用5％微乳剂8～12毫升，或3％微乳剂13.5～20毫升，或2％微乳剂20～30毫升，或0.5％微乳剂80～120毫升，兑水30～50千克均匀喷雾。

（29）防治金银花棉铃虫：在棉铃虫卵孵化高峰期或者低龄幼虫发生期，每667平方米用5％微乳剂12～16毫升，或3％微乳剂20～26.6毫升，或2％微乳剂30～40毫升，或0.5％微乳剂120～160毫升，兑水30～50千克均匀喷雾。

（30）防治元胡白毛球象：在白毛球象卵孵化盛期或低龄幼虫期，每667平方米用2％乳油30～50毫升兑水30～50千克均匀喷雾，每季最多施用2次，安全间隔期7天。

（31）防治烟草烟青虫：在烟青虫卵孵化盛期、2龄幼虫前，每667平方米用0.5％微乳剂20～30毫升或5％微乳剂3～4毫升，兑水30～50千克均匀喷雾，每季最多施用2次，安全间隔期3天。或用1％微乳剂11～15克或3％微乳剂5～6.67毫升，兑水30～50千克均匀喷雾，每季最多施用2次，安全间隔期21天。

（32）防治观赏牡丹刺蛾：在刺蛾低龄幼虫发生期，每667平方米用5％水分散粒剂6～8克兑水30～50千克均匀喷雾。或用2％水分散粒剂15～20克兑水30～50千克均匀喷雾。

（33）防治观赏月季斜纹夜蛾：在斜纹夜蛾低龄幼虫发生期，每667平方米用2％微乳剂5～7克兑水30～50千克均匀喷雾。

（34）防治菊科观赏花卉烟粉虱：在烟粉虱卵孵化盛期至若虫发生始盛期，每667平方米用3％悬浮剂9～13毫升兑水30～50千克均匀喷雾。

（35）防治草坪斜纹夜蛾：在斜纹夜蛾低龄幼虫发生期，每667平方米用3％水分散粒剂4～5毫升兑水30～50千克均匀喷雾。

（36）防治林木毒蛾：每667平方米用5％水分散粒剂15～20

克兑水 30～50 千克均匀喷雾。

(37)防治松树松材线虫:在松材线虫发生初期施药,每厘米胸径用2%水乳剂1.2～2.4毫升打孔注射。或用2%微乳剂2～3毫升打孔注射。

(38)防治杨树美国白蛾:在美国白蛾卵孵化盛期或低龄幼虫期,用8%水分散粒剂稀释4 000～6 000 倍液均匀喷雾。或用3%微乳剂稀释800～2 000 倍液均匀喷雾。

【注意事项】

(1)对蜜蜂有毒,养蜂地区及开花植物花期禁用。对家蚕有毒,蚕室和桑园附近禁用。对鸟类有毒,鸟类保护区禁用。对赤眼蜂高风险,赤眼蜂等天敌放飞区禁用。对鱼类等水生生物有毒,应远离水产养殖区、河塘等水体施药,禁止在河塘等水体中清洗施药器具,鱼或虾、蟹套养稻田禁用,施药后的田水不得直接排入水体。

(2)使用本品时应采取相应的安全防护措施,戴防护手套、口罩等,避免皮肤接触及口鼻吸入。施药过程中不可吸烟、饮水及吃东西,施药后及时清洗手、脸等暴露部位皮肤并更换衣物。

(3)建议与其他不同作用机制的杀虫剂轮换使用,以延缓抗药性产生。

(4)本品在下列食品上的最大残留限量(毫克/千克):结球甘蓝、普通白菜、葱、茭白0.1,大白菜、花椰菜、芥蓝、枇杷0.05,糙米、棉籽、茄果类蔬菜、芋、苹果0.02,豆类蔬菜0.015。

60. 甲拌磷

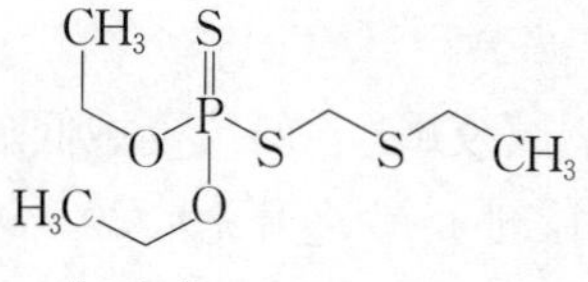

分子式:$C_7H_{17}O_2PS_3$

【类别】 有机磷酸酯类。

【化学名称】 O,O-二乙基-S-(乙硫基甲基)二硫化磷酸酯。

【理化性质】 纯品为略有臭味的油状液体,工业品为黄色油状液体,具强烈的恶臭味。蒸气压 112 毫帕(20 ℃),熔点-15 ℃,沸点 118~120 ℃/106.7 帕,相对密度 1.167。不溶于水,溶于乙醇、乙醚、丙酮等。在室温下稳定,pH5~7 时稳定,强酸(pH<2)或碱(pH>9)介质中能促进水解,其速度取决于温度和酸碱度。

【毒性】 高毒。大鼠急性经口 LD_{50} 为 3.7 毫克/千克,经皮 LD_{50} 为 70~300 毫克/千克。

【制剂】 26%粉剂,3%、5%颗粒剂,30%细粒剂,30%粉粒剂,55%乳油。

【作用机制与防治对象】 有触杀、胃毒、熏蒸作用。本品进入植物体后,受植物代谢的影响而转化成毒性更大的氧化物(亚砜、砜),昆虫取食后体内神经组织的乙酰胆碱酯酶的活性受到抑制,从而破坏了正常的神经冲动传导而导致中毒,直至死亡。对刺吸式口器和咀嚼式口器害虫都有效。

【使用方法】

(1)防治小麦地下害虫:用 26%粉剂按药种比 1:100 拌种,或用 30%粉粒剂按药种比 1:80~100 拌种,或用 30%细粒剂按药种比 1:100 拌种,或每 667 平方米用 5%颗粒剂 2 000~2 500 克沟施。

(2)防治棉花地下害虫:用 26%粉剂按药种比 1:14~20 拌种,或用 55%乳油按药种比 1:69~92 拌种。

(3)防治高粱蚜虫:每 667 平方米用 3%颗粒剂 300~500 克撒施,或每 667 平方米用 5%颗粒剂 200~300 克撒施,条施或垄施。

(4)防治棉花蚜虫:用 26%粉剂按药种比 1:14~20 拌种,每季最多施用 1 次;或 55%乳油按药种比 1:69~92 浸种、拌种;

或每 667 平方米 3‰颗粒剂 2 500~4 100 克,或 5‰颗粒剂 1 500~2 500 克沟施、穴施,每季最多施用 1 次。

(5) 防治棉花螨:用 55%乳油按药种比 1∶69~92 浸种、拌种。

【注意事项】

(1) 对人、畜剧毒,严禁用于蔬菜、茶叶、瓜果、桑树、果树、中药材等作物,严禁喷雾使用。

(2) 播种时不能用手直接接触毒物种子。

(3) 长期使用会使害虫产生抗药性,应注意与其他拌种药交替使用。药液要随配随用,不可与呈碱性的农药等物质混合使用。

(4) 本品及接触的用具必须专人专库严格保管。

(5) 用药液拌过的种子要及时播种,拌种剩余的种子应妥善处理,不可作他用,也不可随意丢弃。

(6) 拌种或浸种时,避免对周围蜂群产生影响,远离桑园和蚕室,水产养殖区以及鸟类保护区防止鸟类、家禽、家畜接触毒物种子。禁止在河塘等水体清洗施药器具。

(7) 避免在高温条件下施药,不得用于防治卫生害虫,不得用于水生植物的病虫害防治。

(8) 本品在下列食品上的最大残留限量(毫克/千克):棉籽 0.05,小麦 0.02。

61. 甲基毒死蜱

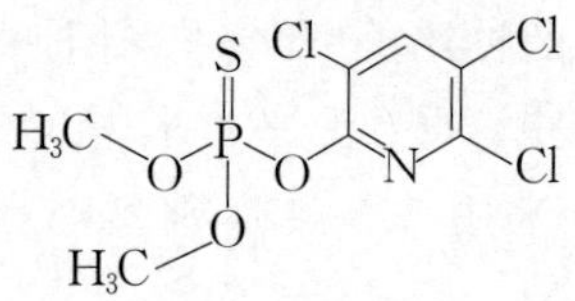

分子式:$C_7H_7Cl_3NO_3PS$

【类别】 有机磷酸酯类。

【化学名称】 O,O-二甲基-O-(3,5,6-三氯-2-吡啶基)硫代磷酸酯。

【理化性质】 纯品为白色结晶,具有轻微的硫醇味。熔点 $45.5\sim46.5\,℃$。水中溶解度(24 ℃)4 毫克/升;有机溶剂中溶解度(24 ℃,克/千克):丙酮 6 400、苯 5 200、乙醚 4 800、氯仿 3 500、甲醇 300、乙烷 230。在一般贮藏条件下稳定,在 pH6~8 的中性介质中相对稳定,在酸性介质和碱性介质中易水解,在碱性条件下,水解速度较快。

【毒性】 中等毒。大鼠急性经口 $LD_{50}>3\,700$ 毫克/千克,急性经皮毒性 $LD_{50}>3\,000$ 毫克/千克。ADI 为 0.01 毫克/千克。

【制剂】 40%、400 克/升乳油。

【作用机制与防治对象】 作用于昆虫的神经系统,为乙酰胆碱酯酶抑制剂,具有触杀、胃毒和熏蒸作用。可用于防治棉花棉铃虫和甘蓝菜青虫。

【使用方法】

(1)防治棉花棉铃虫:在棉铃虫低龄幼虫钻蛀前施药,每 667 平方米用 400 克/升乳油 100~175 毫升兑水 30~50 千克均匀喷雾,每季最多施用 3 次,安全间隔期 30 天。

(2)防治甘蓝菜青虫:在菜青虫低龄幼虫期施药,每 667 平方米用 400 克/升的乳油 60~80 毫升兑水 30~50 千克均匀喷雾,每季最多施用 3 次,安全间隔期 7 天。

【注意事项】

(1)对鱼类等水生生物有毒。应远离水产养殖区施药,禁止在河塘等水体清洗施药器具;不要污染水体,应避免药液流入湖泊、河流或鱼塘中污染水源。

(2)对家蚕有毒,蚕室禁用,桑园附近慎用。对蜜蜂有毒,开花植物花期禁用并注意对周围蜂群的影响。对鸟类有毒,鸟类保护期慎用。

（3）建议与其他不同作用机制的杀虫剂轮换使用，以延缓抗药性产生。

（4）本品在下列食品上的最大残留限量（毫克/千克）：棉籽0.02,结球甘蓝0.1。

62. 甲基异柳磷

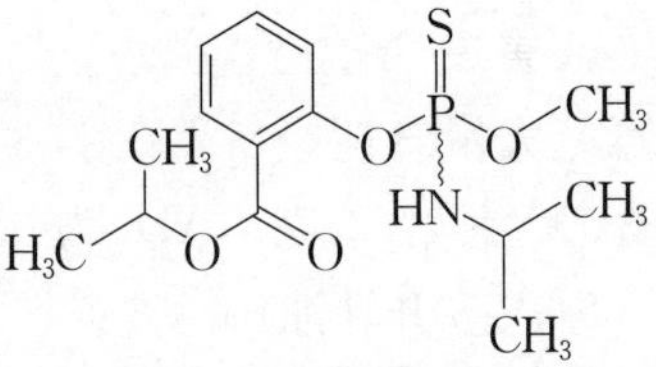

分子式：$C_{14}H_{22}NO_4PS$

【类别】 有机磷酸酯类。

【化学名称】 O-甲基-O-（2-异丙氧基羰基苯基）-N-异丙基硫代磷酰胺。

【理化性质】 纯品甲基异柳磷为淡黄色油状液体，折光率为1.5221,工业品略带茶色油状液体，易溶于苯、甲苯、二甲苯、乙醚等有机溶剂，难溶于水，遇碱分解。常温贮存稳定。

【毒性】 高毒。大鼠急性经口 LD_{50} 为68.1毫克/千克（雌）、36.9毫克/千克（雄）,急性经皮 LD_{50} 为430毫克/千克。

【制剂】 35%、40%乳油,2.5%颗粒剂。

【作用机制与防治对象】 作用于昆虫的神经系统,为乙酰胆碱酯酶抑制剂,具有触杀、胃毒和熏蒸作用,同时兼有驱避、内吸作用。可用于拌种、灌根防治多种农作物的地下害虫。

【使用方法】

（1）防治小麦吸浆虫：在小麦拔节前到孕穗前进行土壤处理,

也可于吸浆虫幼虫化蛹期前施药,每 667 平方米用 2.5％颗粒剂 1 320～2 000 克,加适量细沙或细土混合均匀后撒施,每季最多施用 1 次,安全间隔期 21 天。

(2) 防治甘薯茎线虫病:在作物生长前期,非旱涝条件下,每 667 平方米用 35％乳油 286～571 毫升,或 40％乳油 250～500 毫升拌土条施或辅施,每季最多施用 1 次。

(3) 防治甘薯蛴螬:每 667 平方米用 35％乳油 114 毫升或 40％乳油 100 毫升用作毒饵,每季最多施用 1 次。

(4) 防治高粱地下害虫:用 35％乳油 700 倍液或 40％乳油 800 倍液拌种。

(5) 防治花生蛴螬:每 667 平方米用 35％乳油 286 毫升或 40％乳油 250 毫升沟施在花生墩旁,每季最多施用 1 次。

(6) 防治小麦地下害虫:用 35％乳油按药种比 1∶800,或用 40％乳油按药种比 1∶1 000 拌种,每季最多施用 1 次。

(7) 防治玉米地下害虫:用 35％乳油 350 倍液或 40％乳油 400 倍液拌种,每季最多施用 1 次。

【注意事项】

(1) 请按规定剂量使用,不得擅自加大剂量,避免产生药害;合理与不同作用机制农药轮换使用,以避免或延缓耐药性的产生。

(2) 不可与碱性物质混合使用。

(3) 本品只准用于拌种或作土壤处理,禁止喷雾。拌种时将配好的药液均匀喷洒在种子上,边喷边搅拌,切不可一次倾浇于种子上,以免产生药害。拌药后的种子最好机播,如用手播必须戴橡胶手套。未播完的种子应挖坑深埋,不可做饲料使用。

(4) 不得用于防治卫生害虫,不得用于蔬菜、瓜果、茶叶、菌类、中草药材的生产,不得用于水生植物的病虫害防治。

(5) 本品在下列食品上的最大残留限量(毫克/千克):玉米、麦类 0.02,花生仁、甘薯 0.05。

63. 甲萘威

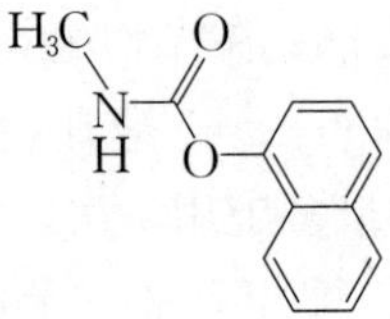

$$H_3C-N-C-O$$

分子式：$C_{12}H_{11}NO_2$

【类别】 氨基甲酸酯类。

【化学名称】 1-萘基-N-甲基氨基甲酸酯。

【理化性质】 外观为无色至浅褐色晶体。熔点142℃，蒸气压4.1×10^{-5}帕，密度1.232克/厘米³(20℃)。水中溶解度120毫克/升(20℃)，有机溶剂中溶解度(25℃，克/千克)：二甲基甲酰胺、二甲基亚砜400～450，丙酮200～300，环己酮200～250，异丙醇100，二甲苯100。在中性和弱酸性条件下稳定，在碱性介质中水解形成1-萘酚，光和热条件下稳定。

【毒性】 中等毒。大鼠急性经口LD_{50} 264毫克/千克(雄)、500毫克/千克(雌)，急性经皮LD_{50} 4 000毫克/千克。急性参考剂量0.01毫克/千克。

【制剂】 5%颗粒剂，25%可湿性粉剂，85%可湿性粉剂。

【作用机制与防治对象】 对害虫具有触杀和胃毒作用，其作用机制是作用于昆虫的神经系统，通过抑制乙酰胆碱酯酶活性而致效。对水稻稻飞虱，棉花棉铃虫、地下害虫、棉红铃虫及甘蓝蜗牛有较好的防治效果。

【使用方法】

(1) 防治水稻稻飞虱：在稻飞虱低龄若虫发生初期或盛发期，每667平方米用85%可湿性粉剂60克兑水30～50千克均匀喷雾，每季最多施用2次，安全间隔期21天。

（2）防治棉花棉铃虫：在棉铃虫发生初期或盛发期，每 667 平方米用 85％可湿性粉剂 100～150 克兑水 30～50 千克均匀喷雾，每季最多施用 2 次，安全间隔期 7 天。

（3）防治棉花地老虎：在地老虎在 2～3 龄幼虫期，每 667 平方米用 85％可湿性粉剂 120～160 克兑水 30～50 千克均匀喷雾，每季最多施用 3 次，安全间隔期 14 天。

（4）防治棉花红铃虫：在红铃虫卵孵化始盛期至高峰期，每 667 平方米用 85％可湿性粉剂 100～150 克兑水 30～50 千克均匀喷雾，每季最多施用 3 次，安全间隔期 14 天；或用 25％可湿性粉剂 200～300 克兑水 30～50 千克均匀喷雾，每季最多施用 3 次，安全间隔期 7 天。

（5）防治甘蓝蜗牛：在甘蓝蜗牛发生期施药，每 667 平方米用 5％颗粒剂 2750～3000 克均匀撒施，每季最多施用 1 次，安全间隔期 14 天。

【注意事项】

（1）本品不能防治螨类，使用不当会因杀伤天敌过多而促使螨类盛发。瓜类对本品敏感，易发生药害，使用时注意防止飘移到瓜类作物上。

（2）不能与碱性农药混合，并且不宜与有机磷类农药混配。药剂配好后要尽快喷用，不要长时间放置。最好不要长时间使用金属容器混配或盛放。

（3）对鱼类、水蚤等水生生物毒性较高，施药期间应远离水产养殖区、河塘等水体附近施药，禁止在河塘等水体中清洗施药器具。对蜜蜂毒性较高，避免对周围蜂群的影响，开花作物花期禁用。对家蚕、鸟类有毒，桑园、蚕室附近和鸟类觅食区慎用。对天敌生物高风险，远离赤眼蜂等天敌放飞区施药。

（4）建议与其他不同作用机制的杀虫剂轮换使用。

（5）鱼或虾、蟹套养稻田禁用，施药后的田水不得直接排入水体。

（6）本品在下列食品上的最大残留限量(毫克/千克)：大米、棉籽 1，结球甘蓝 2。

64. 甲氰菊酯

分子式：$C_{22}H_{23}NO_3$

【类别】 拟除虫菊酯类。

【化学名称】 (RS)-α-氰基-3-苯氧基苄基-2,2,3,3-四甲基环丙烷羧酸酯。

【理化性质】 纯品为白色结晶，熔点 49～50 ℃。工业原药为黄褐色固体，熔点 45～50 ℃。蒸气压 0.73 毫帕(20 ℃)。相对密度 1.15(25 ℃)。水中溶解度(25 ℃)0.33 毫克/升；有机溶剂中溶解度(25 ℃，克/千克)：二甲苯、环己酮 1 000，甲醇 337。在碱性介质中分解。

【毒性】 中等毒。急性经口 LD_{50}：雄大鼠 70.6 毫克/千克、雌大鼠 66.7 毫克/千克(玉米油中)，雄兔 675 毫克/千克，雌兔 510 毫克/千克。急性经皮 LD_{50}：雄大鼠 1 000 毫克/千克、雌大鼠 870 毫克/千克，雄小鼠 740 毫克/千克，雌小鼠 920 毫克/千克。野鸭急性经口 LD_{50} 1 080 毫克/千克。蓝鳃太阳鱼 LC_{50}(48 小时)为 0.002 毫克/升。蜜蜂 LD_{50} 0.05 微克/只。

【制剂】 10%、20%乳油，10%微乳剂，10%、20%水乳剂。

【作用机制与防治对象】 作用于害虫的神经系统，为钠离子通道抑制剂，具有触杀、胃毒作用，害虫接触药剂出现吐水、抽搐、麻痹等症状。可用于防治红蜘蛛、潜叶蛾、桃小食心虫、菜青虫、小菜蛾、棉铃虫等。

【使用方法】

（1）防治棉花棉铃虫：在棉铃虫卵孵化盛期至低龄幼虫始盛期，每 667 平方米用 20％乳油 30～40 克兑水 30～50 千克均匀喷雾，每季最多施用 3 次，安全间隔期 14 天。

（2）防治棉花红蜘蛛：在红蜘蛛发生始盛期，每 667 平方米用 20％乳油 30～40 克兑水 30～50 千克均匀喷雾，每季最多施用 3 次，安全间隔期 14 天。

（3）防治棉花红铃虫：在红铃虫卵孵化盛期，每 667 平方米用 20％乳油 30～40 毫升兑水 30～50 千克均匀喷雾。

（4）防治甘蓝菜青虫：在甘蓝菜青虫卵孵化盛期、低龄幼虫发生高峰期，每 667 平方米用 20％乳油 25～35 毫升兑水 30～50 千克均匀喷雾。

（5）防治甘蓝小菜蛾：在小菜蛾低龄幼虫期，每 667 平方米用 20％乳油 25～30 毫升兑水 30～50 千克均匀喷雾，每季最多施用 3 次，安全间隔期 3 天。

（6）防治十字花科蔬菜菜青虫：在菜青虫卵孵化盛期，或低龄幼虫发生高峰期，每 667 平方米用 10％乳油 40～50 毫升，或 20％乳油 20～30 毫升，兑水 30～50 千克均匀喷雾，每季最多施用 3 次，安全间隔期 3 天。

（7）防治十字花科小菜蛾：在小菜蛾卵孵化高峰期至 2 龄幼虫前期，每 667 平方米用 20％乳油 25～30 毫升兑水 30～50 千克均匀喷雾，每季最多施用 3 次，安全间隔期 3 天。

（8）防治柑橘树红蜘蛛：在红蜘蛛盛发初期，用 10％微乳剂 750～1000 倍液均匀喷雾，每季最多施用 2 次，安全间隔期 30 天。或用 10％水乳剂 500～1000 倍液均匀喷雾，每季最多施用 2 次，安全间隔期 14 天。或用 20％乳油 1000～1500 倍液均匀喷雾，每季最多施用 3 次，安全间隔期 30 天。

(9) 防治柑橘树潜叶蛾:在柑橘树新梢放出初期或潜叶蛾卵孵化期,用20%乳油1200~1500倍液均匀喷雾,每季最多施用3次,安全间隔期30天。或用20%水乳剂1500~2000倍液均匀喷雾,每季最多施用3次,安全间隔期21天。

(10) 防治苹果树红蜘蛛:在红蜘蛛盛发初期,用10%乳油2000~3500倍液均匀喷雾,每季最多施用3次,安全间隔期30天。或用20%水乳剂1500~2000倍液均匀喷雾,每季最多施用3次,安全间隔期30天。

(11) 防治苹果树桃小食心虫:在桃小食心虫卵孵化盛期或低龄幼虫期,用10%乳油1000~1500倍液,或20%乳油2000~3000倍液均匀喷雾,每季最多施用3次,安全间隔期30天。

(12) 防治山楂红蜘蛛:在红蜘蛛发生始盛期,用20%乳油2000倍液均匀喷雾,每季最多施用3次,安全间隔期30天。

(13) 防治茶树上茶尺蠖:在茶尺蠖低龄幼虫期,每667平方米用20%乳油7.9~9.5克兑水30~50千克均匀喷雾,每季最多施用1次,安全间隔期7天。

【注意事项】

(1) 用药量及施药次数不要随意增加,建议与不同作用机制的杀虫剂交替使用。

(2) 不可与碱性农药等物质混合使用。

(3) 对鱼类有毒,应避免污染水源和池塘等。对蜜蜂、家蚕有毒,施药期间应避免对周围蜂群的影响,在蜜源作物花期、蚕室和桑园附近禁用;远离水产养殖区施药,禁止在河塘等水体中清洗施药器具。对天敌有毒,注意勿污染环境。

(4) 本品在下列食品上的最大残留限量(毫克/千克):棉籽、花椰菜、普通白菜、大白菜1,芥蓝、菜薹3,结球甘蓝0.5,青花菜、茶叶、柑橘、苹果、山楂5。

65. 甲氧虫酰肼

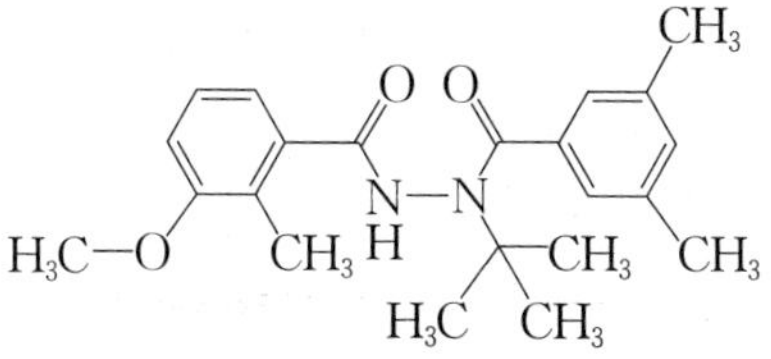

分子式：$C_{22}H_{28}N_2O_3$

【类别】 双酰肼类。

【化学名称】 N-叔丁基-N'-(3-甲基-2-甲苯甲酰基)-3,5-二甲基苯甲酰肼。

【理化性质】 纯品为白色粉末,熔点 $202\sim205$ ℃。蒸气压$>5.3\times10^{-5}$ 帕(25 ℃)。20 ℃时水溶解度<1 毫克/升,有机溶剂中溶解度(克/升)：二甲基亚砜 11、环己酮 9.9、丙酮 9。在 25 ℃下贮存稳定。

【毒性】 低毒。大鼠急性经口 LD_{50} 5 000 毫克/千克,急性经皮 $LD_{50}>2\,000$ 毫克/千克。水蚤 LC_{50}(48 小时)3.8 毫克/升,大翻车鱼 LC_{50}(96 小时)4.3 毫克/升;100 微克(有效成分)/只时对蜜蜂安全;鹌鹑和野鸭 $LC_{50}>5\,620$ 毫克/千克;蚯蚓 LC_{50} 1 215 毫克/千克(土)。

【制剂】 24％、240 克/升悬浮剂。

【作用机制与防治对象】 为蜕皮激素激动剂,促进鳞翅目幼虫非正常蜕皮。幼虫摄取本品 6～8 小时后停止取食,不再危害作物,并产生异常蜕皮反应,导致幼虫脱水、饥饿而死亡。用于二化螟、甜菜夜蛾、小卷叶蛾等防治。

【使用方法】

(1) 防治水稻二化螟：在二化螟卵孵上升期至低龄幼虫发生

期,每667平方米用24%悬浮剂20～30毫升兑水30～50千克均匀喷雾,每季最多施用2次,安全间隔期45天。

(2)防治甘蓝甜菜夜蛾:在甜菜夜蛾低龄幼虫期,每667平方米用24%悬浮剂15～20毫升兑水30～50千克均匀喷雾,每季最多施用4次,安全间隔期7天。

(3)防治苹果树小卷叶蛾:在苹果树新梢抽发时低龄幼虫期,用24%悬浮剂3 000～5 000倍液均匀喷雾,每季最多施用2次,安全间隔期70天。

【注意事项】

(1)建议与其他不同作用机制的杀虫剂轮换使用,以延缓抗药性产生。

(2)远离水产养殖区、河塘等水体附近施药。

(3)鱼或虾、蟹套养稻田禁用,施药后的田水不得直接排入水体。

(4)本品在下列食品上的最大残留限量(毫克/千克):稻谷0.2,糙米0.1,结球甘蓝2,苹果3。

66. 假丝酵母

【类别】 微生物类。

【理化性质】 假丝酵母丸饵剂为实蝇蛋白类引诱剂,一般外观为浅灰色丸状颗粒,具有酵母气味,重量(5±0.5)克/丸,含45%的假丝酵母灭活B型菌株和55%的十水硼砂。每小时每100毫升冷水可溶解1丸。

【毒性】 低毒。对人类和非靶标生物无风险。

【制剂】 20%饵剂。

【作用机制与防治对象】 属于昆虫食物引诱剂,针对实蝇类害虫有诱集作用。用于地中海实蝇监测。

【使用方法】

防治地中海实蝇：专供检验检疫用。将假丝酵母 3 粒或 4 粒（2 克/粒）放在装有约 300 毫升或 400 毫升清水的专用诱捕器内，轻轻摇动诱捕器以加速其溶解，盖好上盖，挂于实蝇寄主果树的树冠中上部遮阴处。在监测季节，7～15 天换药 1 次，监测区域内悬挂密度为每平方千米挂 1 至 4 个诱捕器。

【注意事项】

(1) 回收的诱捕器应妥善处理，不可做他用，也不可随意丢弃。

(2) 使用时应穿戴防护服和手套，施药后应及时洗手。

67. 金龟子绿僵菌

【类别】 微生物类。

【理化性质】 母药外观为浅绿色至橄榄绿色粉末，疏水、油分散性，不应有结块。有效成分（绿僵菌孢子）不低于 250 亿孢子/克，活孢率不低于 85%，杂菌率不高于 5%，干燥减重不高于 8%，细度（通过 75 微米试验筛）不低于 90%，pH5.5～7.0。

【毒性】 低毒。大鼠急性经口和急性经皮 LD_{50} 均＞5 000 毫克/千克。对兔眼睛和皮肤均无刺激性。具有弱致敏性。对小鼠急性致病性试验结果为无致病性。对人、畜、农作物无毒，对天敌无影响。

【制剂】 100 亿孢子/克金龟子绿僵菌 CQMa128 乳粉剂；10 亿孢子/克金龟子绿僵菌 CQMa128 微粒剂；5 亿孢子/克金龟子绿僵菌油悬浮剂；80 亿孢子/克金龟子绿僵菌 CQMa128 可分散油悬浮剂；100 亿孢子/克金龟子绿僵菌油悬浮剂。

【作用机制与防治对象】 有效成分为杀虫真菌——绿僵菌分

生孢子,能直接通过稻飞虱、稻纵卷叶螟等害虫体壁侵入体内,害虫取食量递减最终死亡。对大白菜甜菜夜蛾、豇豆蓟马、滩涂飞蝗、水稻纵卷叶螟等有效。

【使用方法】

（1）防治大白菜甜菜夜蛾：在甜菜夜蛾卵孵化盛期或低龄幼虫期,每667平方米用100亿孢子/毫升金龟子绿僵菌油悬浮剂20～33克兑水30～50千克均匀喷雾。

（2）防治豇豆蓟马：在蓟马发生初期,每667平方米用100亿孢子/毫升金龟子绿僵菌油悬浮剂25～35克兑水30～50千克均匀喷雾。

（3）防治滩涂飞蝗：在3～4龄蝗蝻期间施药,每667平方米用100亿孢子/毫升金龟子绿僵菌油悬浮剂17～33毫升超低容量均匀喷雾。

（4）防治水稻稻飞虱：在稻飞虱卵孵化盛期或低龄幼虫期使用,每667平方米用80亿孢子/毫升金龟子绿僵菌CQMa421可分散油悬浮剂60～90毫升兑水30～50千克均匀喷雾。

（5）防治水稻稻纵卷叶螟：在稻纵卷叶螟卵孵化盛期或低龄幼虫期,每667平方米用80亿孢子/毫升金龟子绿僵菌CQMa421可分散油悬浮剂60～90毫升兑水30～50千克均匀喷雾。

（6）防治水稻二化螟：在二化螟卵孵化盛期或低龄幼虫期,每667平方米用80亿孢子/毫升金龟子绿僵菌CQMa421可分散油悬浮剂60～90毫升兑水30～50千克均匀喷雾。

【注意事项】

（1）不可与呈碱性的农药和杀菌剂等物质混合使用。

（2）禁止在河塘等水域中清洗施药器具。蚕室及桑园附近禁用。

68. 腈吡螨酯

分子式：$C_{24}H_{31}N_3O_2$

【类别】 吡唑类。

【化学名称】 (E)-2-(4-特丁基苯基)-2-氰基-1-(1,3,4-三甲基吡唑-5-基)-乙烯基-2,2-二甲基丙酸酯。

【理化性质】 纯品为白色固体,熔点106.7~108.2℃,蒸气压 5.2×10^{-4} 毫帕(25℃),相对密度1.11(20℃)。$K_{ow} \log P$ 为5.6,亨利常数 3.8×10^{-5} 帕·米³/摩(计算)。水中溶解度(20℃)0.30毫克/升。稳定性:54℃、14天内稳定。DT_{50} 为0.9天(pH为9,25℃)。

【毒性】 微毒。大鼠急性经口 $LD_{50}>5000$ 毫克/千克,大鼠急性经皮 $LD_{50}>5000$ 毫克/千克,大鼠急性吸入 LC_{50}(4小时)>5.01毫克/升。大鼠的NOEL为5.1毫克/(千克·天),大鼠ADI 0.05毫克/千克。山齿鹑急性经口 $LD_{50}>2000$ 毫克/千克,虹鳟鱼 LC_{50}(96小时)18.3微克/升,水蚤 LC_{50}(48小时)2.94微克/升(极限溶解度),绿藻 E_bC_{50}(72小时)>0.03毫克/升,蜜蜂 LD_{50}(48小时)>100微克/只(经口和接触),蚯蚓 LD_{50}(14天)>1000毫克/千克(土壤)。在15克/100升对捕食螨、绿色草蜻蛉、花臭虫、蜜蜂以及大黄蜂无活性。

【制剂】 30％悬浮剂。

【作用机制与防治对象】 本品在生物体内代谢形成的水解物

可作用于线粒体电子传导系统的复合体 Ⅱ,阻碍了从琥珀酸到辅酶 Q 的电子流,从而搅乱了叶螨类的细胞内呼吸。可用于防治苹果树红蜘蛛、苹果树二斑叶螨。

【使用方法】

(1) 防治苹果树二斑叶螨:在二斑叶螨发生始盛期,用 30% 悬浮剂 2 000～3 000 倍液均匀喷雾,每季最多施用 2 次,安全间隔期 14 天。

(2) 防治苹果树红蜘蛛:在红蜘蛛发生始盛期,用 30% 悬浮剂 2 000～3 000 倍液均匀喷雾,每季最多施用 2 次,安全间隔期 14 天。

【注意事项】

(1) 本品和波尔多液混用会降低本品的效果,尽量避免二者混用。

(2) 按照推荐的使用倍数施用,施用前充分摇晃瓶身。宜在虫害发生初期全面喷雾。本品在植物体内没有内吸性,因此喷雾时叶面、叶背宜均匀全面喷雾。根据植物生长时期调节喷水量。

(3) 对水蚤等水生生物高毒,施药时应远离水产养殖区、河塘等水体施药,禁止在河塘等水体中清洗施药器具。

(4) 建议与不同作用机制的杀螨剂轮换使用,以延缓抗药性产生。

69. 精高效氯氟氰菊酯

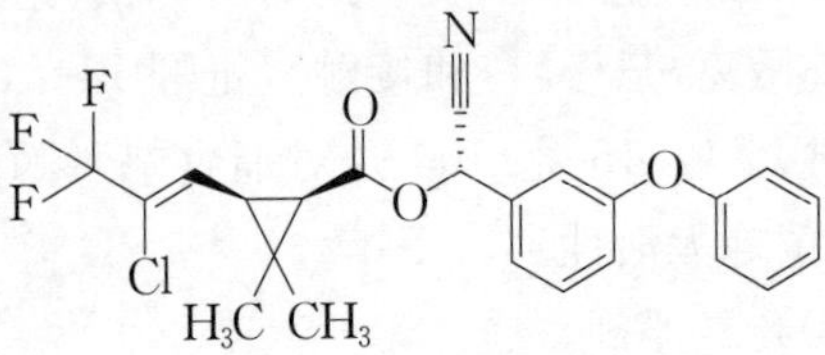

分子式:$C_{23}H_{19}ClF_3NO_3$

【类别】 拟除虫菊酯类。

【化学名称】 (S)-α-氰基-3-苯氧基苄基$(1R，3R)$-3-[(Z)-2-氯-3,3,3-三氟丙烯基]-2,2-二甲基环丙烷羧酸酯或(S)-α-氰基-3-苯氧基苄基$(1R)$-顺-3-[(Z)-2-氯-3,3,3-三氟丙烯基]-2,2-二甲基环丙烷羧酸酯。

【理化性质】 纯品为灰白色蓬松固体,密度1.319克/毫升(20 ℃),熔点55.6 ℃,闪点73.3 ℃,在245 ℃时分解,蒸气压3.45×10^{-7}帕(20 ℃)。水中溶解度2.1×10^{-3}毫克/升(20 ℃);有机溶剂中溶解度:丙酮>500克/千克、乙酸乙酯>500克/千克、1,2-二氯乙烷>500克/千克、对二甲苯>500克/千克、庚烷0.030 7克/毫升、甲醇0.138克/毫升、辛醇0.036 6克/毫升。辛醇-水分配系数$K_{ow} \log P$为4.96。亨利常数0.022 1帕·米^3/摩。

【毒性】 中等毒。大鼠急性经口LD_{50} 55毫克/千克,急性经皮LD_{50} 1 643毫克/千克,急性吸入LC_{50}(4小时)为0.028 2~0.040 2毫克/升。对兔皮肤有轻度刺激性,对眼睛有刺激性;对豚鼠皮肤有强致敏性。鱼类LC_{50}(96小时):蓝鳃太阳鱼0.035 4~0.063 1微克/升,虹鳟鱼0.072 1~0.170微克/升,斑马鱼0.270微克/升,黑头呆鱼0.340微克/升。水蚤EC_{50}(48小时)0.045~0.099 4微克/升,钩虾EC_{50}(48小时)0.003 05微克/升。羊角月牙藻$E_b C_{50}$(72小时)为2 850微克/升。

【制剂】 1.5%微囊悬浮剂。

【作用机制与防治对象】 本品为有效成分只有一个异构体,纯度高,高效广谱的杀虫剂。对害虫有强烈的胃毒和触杀作用,也有驱避作用。其微囊悬浮剂剂型对环境相对友善,推荐剂量下对作物安全。可防治菜青虫、桃小食心虫等。

【使用方法】

(1) 防治甘蓝菜青虫:在菜青虫卵孵化高峰期或低龄幼虫期,每667平方米用1.5%微囊悬浮剂25~35毫升兑水30~50千克均匀喷雾,每季最多施用2次,安全间隔期3天。

（2）防治苹果树桃小食心虫：在桃小食心虫卵孵化初盛期，用 1.5％微囊悬浮剂 1000～1500 倍液均匀喷雾，每季最多施用 1 次，安全间隔期 21 天。

【注意事项】

（1）对蜜蜂、鱼类等水生生物、家蚕有毒，施药期间应避免对周围蜂群的影响，开花植物花期、蚕室和桑园附近禁用。

（2）远离水产养殖区施药，禁止在河塘等水体中清洗施药器具。

（3）本品在下列食品上的最大残留限量(毫克/千克)：结球甘蓝 1，苹果 2。

70. 抗蚜威

$$\text{分子式：} C_{11}H_{18}N_4O_2$$

【类别】 氨基甲酸酯类。

【化学名称】 $2-N,N-$二甲基氨基$-5,6-$二甲基嘧啶$-4-$基$-N,N-$二甲基氨基甲酸酯。

【理化性质】 纯品为无色固体，熔点 90.5 ℃，蒸气压 4.0 毫帕(30 ℃)。溶解度(25 ℃，克/升)：丙酮 4.0，乙醇 2.5，氯仿 3.3，二甲苯 2，水 2.7。在 37 ℃下稳定性超过 2 年，同酸形成很好的结晶，并易溶于水，其盐酸盐很易吸潮。在强酸、强碱条件下煮沸会分解。

【毒性】 中等毒。急性经口 LD_{50}：大鼠 147 毫克/千克,小鼠 107 毫克/千克。以 500 毫克/千克(24 小时)擦兔皮肤 14 天,未表现出中毒症状。溶液(5 克/升)对兔眼睛无刺激。家禽急性经口 LD_{50} 25～50 毫克/千克,野鸭急性经口 LD_{50} 172 毫克/千克,鹌鹑急性经口 LD_{50} 8.2 毫克/千克。鱼类 LC_{50}(96 小时)：虹鳟鱼 29 毫克/升,蓝鳃太阳鱼 55 毫克/升。蜜蜂急性口服 LD_{50} 13.4 微克/只。

【制剂】 25%、50%水分散粒剂,25%、50%可湿性粉剂。

【作用机制与防治对象】 作用于昆虫神经系统,通过抑制乙酰胆碱酯酶活性而致效。本品是选择性杀蚜剂,具有触杀、熏蒸和渗透叶面的作用,能防治除棉蚜外的其他蚜虫。

【使用方法】

(1)防治小麦蚜虫：在蚜虫发生初期,每 667 平方米用 50%水分散粒剂 15～20 克或 50%可湿性粉剂 15～20 克,兑水 30～50 千克均匀喷雾,每季最多施用 2 次,安全间隔期 14 天。

(2)防治烟草烟蚜：在烟蚜发生初期,每 667 平方米用 50%水分散粒剂 16～22 克或 25%水分散粒剂 30～50 克,兑水 30～50 千克均匀喷雾,每季最多施用 3 次,安全间隔期 7 天。

(3)防治大豆蚜虫：在蚜虫始盛期,每 667 平方米用 50%水分散粒剂 10～16 克兑水 30～50 千克均匀喷雾,每季最多施用 3 次,安全间隔期 10 天。

(4)防治甘蓝蚜虫：在蚜虫始盛期,每 667 平方米用 50%水分散粒剂 10～18 克兑水 30～50 千克均匀喷雾,每季最多施用 3 次,安全间隔期 11 天。

(5)防治油菜蚜虫：在蚜虫始盛期,每 667 平方米用 50%水分散粒剂 12～20 克兑水 30～50 千克均匀喷雾,每季最多施用 2 次,安全间隔期 14 天。

(6)防治十字花科蔬菜蚜虫：在蚜虫发生初盛期,每 667 平方米用 25%水分散粒剂 20～36 克兑水 30～50 千克均匀喷雾,每季最多施用 3 次,安全间隔期 14 天。

【注意事项】

(1) 本品在 15 ℃ 以下使用效果不能充分发挥,因此最好选择气温在 20 ℃ 以上的无风温暖天气施药。

(2) 施药后 24 小时内严禁家畜进入施药区。

(3) 对蜂、鸟、赤眼蜂、大型蚤有毒。施药期间应避免对周围蜂群的影响,周围植物花期、鸟保护区、赤眼蜂等天敌昆虫放飞区禁用。远离水产养殖区施药,禁止在河塘等水域中清洗施药器具。

(4) 本品在下列食品上的最大残留限量(毫克/千克):小麦、大豆 0.05,结球甘蓝、大白菜、花椰菜 1,普通白菜 5。

71. 克百威

$$分子式:C_{12}H_{15}NO_3$$

【分类】 氨基甲酸酯类。

【化学名称】 2,3-二氢-2,2-二甲基苯并呋喃-7-基-N-甲基氨基甲酸酯。

【理化性质】 纯品为无色结晶,熔点 153～154 ℃,蒸气压 0.031 毫帕(20 ℃),相对密度 1.180 克/厘米^3(20 ℃)。溶解度(25 ℃,克/升):水 0.32,二氯甲烷＞200,异丙醇 20～50。在酸性介质中稳定,在碱性介质中不稳定。

【毒性】 高毒。急性经口 LD_{50}:大鼠 8 毫克/千克,小鼠 14.4 毫克/千克,狗约 15 毫克/千克。大鼠急性经皮 LD_{50}＞3 000 毫克/千克,大鼠急性吸入 LC_{50}(4 小时)约 0.075 毫克/升(空气)(气溶胶)或 0.085 毫克/升(空气)(粉剂)。野鸭急性经口 LD_{50}

0.4毫克/千克,鱼类 LC$_{50}$(96 小时):虹鳟鱼 0.28毫克/升,蓝鳃太阳鱼 0.24毫克/升。对蜜蜂较安全。

【制剂】 3%颗粒剂,350克/升、9%、10%悬浮种衣剂。

【作用机制与防治对象】 本品为胆碱酯酶抑制剂,具有内吸、触杀和胃毒作用,持效期较长。被植物根系吸收传导后,在叶部积聚较多。适用于防治水稻、棉花、甘蔗、花生等多种作物害虫。

【使用方法】

(1)防治花生蚜虫:在播种时,每 667 平方米用 3%颗粒剂4 000～5 000 克条施或沟施,每季最多施用 1 次。

(2)防治棉花蚜虫:在播种时,每 667 平方米用 3%颗粒剂1 500～2 000 克条施或沟施。也可以用于种子处理,用硫酸将棉籽脱绒后包衣,可用 350克/升悬浮种衣剂按药种比 1：35 包衣,每季最多施用 1 次。

(3)防治水稻螟虫:在水稻移栽后,每 667 平方米用 3%颗粒剂 2 000～3 000 克撒施,每季最多施用 1 次,安全间隔期 30 天。

(4)防治水稻瘿蚊:在水稻移栽后,每 667 平方米用 3%颗粒剂 2 000～3 000 克撒施,每季最多施用 1 次,安全间隔期 30 天。

(5)防治花生根结线虫:播种时,每 667 平方米用 3%颗粒剂4 000～5 000 克条施或沟施,每季最多施用 1 次。

(6)防治花生地下害虫:每 667 平方米用 3%颗粒剂 2 000～4 000 克沟施或穴施,每季最多施用 1 次。

(7)防治甜菜地下害虫:播种时,用 350克/升悬浮种衣剂按药种比 1：35 进行种子处理,每季最多使用 1 次。

(8)防治玉米地下害虫:播种前拌种,用 350克/升悬浮种衣剂按药种比 1：30～50 进行种子处理。或用 9%悬浮种衣剂按药种比 1：50～60 种子处理。或用 10%悬浮种衣剂按药种比 1：40～50(每 100 千克种子使用该制剂 2 000～2 500 毫升)进行种子处理,每季最多施用 1 次。

(9)防治大豆地下害虫:播种前拌种,用 9%悬浮种衣剂按药种比 1∶50～60 进行种子处理,每季最多施用 1 次。

【注意事项】

(1) 不得用于防治卫生害虫,不得用于蔬菜、瓜果、茶叶、菌类、中草药材的生产,不得用于水生植物的病虫害防治。

(2) 对鱼类、鸟类及野生动物有害。对在施药区觅食的鸟类可能致命,因误食致死的鸟尸可能会对其他鹰类及肉食鸟类造成危险,应立即掩埋或处理,以防其他野生动物受害,不慎撒落的颗粒必须遮盖或处理掉。

(3) 禁止在国家重点鸟类保护区使用。

(4) 不可直接撒施在水塘、湖泊、河流等水体中或沼泽湿地,从施药区被风吹散或雨水冲走的药剂可能对附近的水生生物造成危险。不要在水源清洗施药器具或处理剩余药剂,以免造成水质污染。在饮用水井 20 米内禁止施用。

(5) 不可与碱性农药等物质混合使用,严禁兑水喷雾。

(6) 本品在下列食品上的最大残留限量(毫克/千克):糙米、棉籽、甜菜 0.1,花生仁、大豆 0.2。

72. 苦参碱

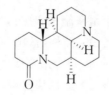

分子式:$C_{15}H_{24}N_2O$

【类别】 植物源类。

【化学名称】 苦参碱。

【理化性质】 纯品外观为白色粉末,在乙醇、氯仿、甲苯、苯中极易溶解,在丙酮中易溶,在水中溶解,在石油醚、热水中略溶。酸碱度不高于 1.0(以 H_2SO_4 计)。热贮存在(54 ± 2)℃条件下,14 天分解率不高于 5.0%,(0 ± 1)℃冰水溶液中放置 1 小时无结晶、无分层,不可与碱性物质混用。

【毒性】 低毒。原药大鼠急性经口、经皮 LD_{50} 均>5 000 毫克/千克,小鼠腹腔注射 LD_{50} 为 150 毫克/千克,大鼠腹腔注射 LD_{50} 为 125 毫克/千克。无致畸、致突变作用,无胚胎毒性,有弱蓄积性。

【制剂】 0.3%、0.5%、1.3%、2% 水剂,1.5%、1%、0.5%、0.36%、0.3%可溶液剂,0.3%、3%水乳剂,0.3%乳油,0.3%可湿性粉剂。

【作用机制与防治对象】 兼具杀虫和杀菌功能。作杀虫剂时,能引起害虫中枢神经麻痹,虫体蛋白凝固,从而堵死虫体气孔,使害虫窒息死亡;作杀菌剂时,能抑制菌体生物合成,干扰菌体的生物氧化过程。可用于防治霜霉病、蚜虫、稻飞虱、地下害虫、菜青虫等。

【使用方法】

(1) 防治水稻稻飞虱:于稻飞虱低龄若虫初发期每 667 平方米用 1.5%可溶液剂 10～13 克兑水 30～50 千克均匀喷雾,每季最多施用 1 次,安全间隔期 10 天。

(2) 防治水稻大螟:于大螟卵孵化期,每 667 平方米用 0.3%水剂 75～100 毫升兑水 30～50 千克均匀喷雾,每季最多施用 1 次,安全间隔期 21 天。

(3) 防治水稻条纹叶枯病:发病初期,每 667 平方米用 0.36%可溶液剂 45～60 克兑水 30～50 千克均匀喷雾,每季最多施用 3 次,安全间隔期 3 天。

(4) 防治小麦蚜虫:在蚜虫发生始盛期,每 667 平方米用 1.5%可溶液剂 30～40 毫升或 0.5%水剂 60～90 毫升,兑水 30～50 千克均匀喷雾。

（5）防治番茄灰霉病：发病初期，每 667 平方米用 1％可溶液剂 100～120 毫升兑水 30～50 千克均匀喷雾，每季最多施用 1 次，安全间隔期 14 天。

（6）防治番茄蚜虫：在蚜虫发生始盛期，每 667 平方米用 1.5％可溶液剂 30～40 克兑水 30～50 千克均匀喷雾，每季最多施用 1 次，安全间隔期 10 天。

（7）防治黄瓜霜霉病：发病初期，每 667 平方米用 0.3％乳油 120～160 克兑水 30～50 千克均匀喷雾，每季最多施用 3 次，安全间隔期 7 天。或用 1.5％可溶液剂 24～32 克兑水 30～50 千克均匀喷雾，每季最多施用 3 次，安全间隔期 10 天。

（8）防治黄瓜蚜虫：在蚜虫发生始盛期，每 667 平方米用 1.5％可溶液剂 30～40 克兑水 30～50 千克均匀喷雾，每季最多施用 3 次，安全间隔期 10 天。

（9）防治辣椒蚜虫：在蚜虫发生始盛期，每 667 平方米用 1.5％可溶液剂 30～40 克兑水 30～50 千克均匀喷雾，每季最多施用 1 次，安全间隔期 10 天。

（10）防治甘蓝蚜虫：在蚜虫始发期，每 667 平方米用 1％可溶液剂 50～80 毫升兑水 30～50 千克均匀喷雾，每季最多施用 1 次，安全间隔期 14 天；或用 1.3％水剂 25～40 克兑水 30～50 千克均匀喷雾，每季最多施用 1 次，安全间隔期 14 天。或用 1.5％可溶液剂 30～40 克兑水 30～50 千克，均匀喷雾，每季最多施用 1 次，安全间隔期 10 天。或 0.3％水剂 150～200 毫升兑水 30～50 千克均匀喷雾，每季最多施用 1 次，安全间隔期 7 天。

（11）防治甘蓝菜青虫：在菜青虫低龄幼虫期，每 667 平方米用 1％可溶液剂 50～120 毫升兑水 30～50 千克均匀喷雾，每季最多施用 1 次，安全间隔期 14 天。

（12）防治甘蓝小菜蛾：在小菜蛾卵孵化高峰后 7 天左右或幼虫 2～3 龄时，每 667 平方米用 0.5％水剂 60～90 毫升兑水 30～50 千克均匀喷雾，每季最多施用 1 次，安全间隔期 14 天。

（13）防治十字花科蔬菜菜青虫：在菜青虫卵孵化盛期至低龄幼虫期，每 667 平方米用 0.3％水乳剂 100～150 毫升或 0.5％水剂 47～53 克，兑水 30～50 千克均匀喷雾，每季最多施用 1 次，安全间隔期 14 天。

（14）防治十字花科蔬菜小菜蛾：在小菜蛾低龄幼虫期，每 667 平方米用 0.5％水剂 60～90 毫升兑水 30～50 千克均匀喷雾，每季最多施用 1 次，安全间隔期 7 天。

（15）防治十字花科蔬菜蚜虫：在蚜虫发生初期，每 667 平方米用 0.5％水剂 60～90 毫升兑水 30～50 千克均匀喷雾，每季最多施用 1 次，安全间隔期 7 天。

（16）防治苦瓜蚜虫：在蚜虫发生始盛期，每 667 平方米用 1.5％可溶液剂 30～40 克兑水 30～50 千克均匀喷雾，每季最多施用 3 次，安全间隔期 10 天。

（17）防治茄子蚜虫：在蚜虫发生始盛期，每 667 平方米用 1.5％可溶液剂 30～40 克兑水 30～50 千克均匀喷雾，每季最多施用 1 次，安全间隔期 10 天。

（18）防治芹菜蚜虫：在蚜虫发生始盛期，每 667 平方米用 1.5％可溶液剂 30～40 克兑水 30～50 千克均匀喷雾，每季最多施用 1 次，安全间隔期 10 天。

（19）防治西葫芦霜霉病：发病初期，每 667 平方米用 1.5％可溶液剂 24～32 克兑水 30～50 千克均匀喷雾，每季最多施用 3 次，安全间隔期 10 天。

（20）防治西葫芦蚜虫：在蚜虫发生始盛期，每 667 平方米用 1.5％可溶液剂 30～40 克兑水 30～50 千克均匀喷雾，每季最多施用 3 次，安全间隔期 10 天。

（21）防治豇豆蚜虫：在蚜虫发生始盛期，每 667 平方米用 1.5％可溶液剂 30～40 克兑水 30～50 千克均匀喷雾，每季最多施用 1 次，安全间隔期 10 天。

（22）防治马铃薯晚疫病：发病初期，每 667 平方米用 0.5％

水剂 75～90 克兑水 30～50 千克均匀喷雾,每季最多施用 3 次,安全间隔期 7 天。

(23)防治草莓蚜虫:在蚜虫发生始盛期,每 667 平方米用 1.5％可溶液剂 40～46 克兑水 30～50 千克均匀喷雾,每季最多施用 1 次,安全间隔期 10 天。

(24)防治柑橘树蚜虫:在蚜虫发生始盛期,用 1.5％可溶液剂 3 000～4 000 倍液均匀喷雾,每季最多施用 1 次,安全间隔期 10 天。

(25)防治苹果树红蜘蛛:在红蜘蛛发生初期,用 0.5％水剂 220～660 倍液均匀喷雾,每季最多施用 1 次。

(26)防治梨树梨木虱:在梨木虱低龄若虫发生盛期,用 0.5％水剂 1 000～1 500 倍液均匀喷雾,每季最多施用 3 次,安全间隔期 21 天。

(27)防治梨树黑星病:发病初期,用 0.36％可溶液剂 600～800 倍液均匀喷雾,每季最多施用 2 次,安全间隔期 21 天。或用 0.5％水剂 700～1 000 倍液均匀喷雾,每季最多施用 3 次,安全间隔期 21 天。

(28)防治葡萄炭疽病:发病初期,用 0.3％水剂 500～800 倍液均匀喷雾。

(29)防治葡萄霜霉病:发病初期,用 1.5％可溶液剂 500～650 倍液均匀喷雾,每季最多施用 1 次,安全间隔期 10 天。

(30)防治葡萄蚜虫:在蚜虫发生始盛期,用 1.5％可溶液剂 3 000～4 000 倍液均匀喷雾,每季最多施用 1 次,安全间隔期 10 天。

(31)防治茶树茶小绿叶蝉:在茶小绿叶蝉若虫盛发初期,用 2％水剂 30～40 毫升兑水 30～50 千克均匀喷雾,每季最多施用 2 次,安全间隔期 3 天。

(32)防治茶树茶尺蠖:在茶尺蠖低龄幼虫高峰期,每 667 平方米用 0.5％水剂 75～90 克兑水 30～50 千克均匀喷雾,每季最多施用 3 次,安全间隔期 14 天。

(33)防治茶树茶毛虫:在茶毛虫低龄幼虫期,每 667 平方米用 0.5%水剂 50～70 毫升兑水 30～50 千克均匀喷雾,每季最多施用 2 次,安全间隔期 3 天。

(34)防治茶树红蜘蛛:在红蜘蛛发生初期,每 667 平方米用 0.3%水剂 122～144 毫升兑水 30～50 千克均匀喷雾。

(35)防治烟草小地老虎:烟草移栽时,每 667 平方米用 0.3%可湿性粉剂 5 000～7 000 克穴施,即把药剂和一定湿度细土混合均匀后施于种植穴内,随即覆土,每株剂量 3～5 克,每季施药 1 次。

(36)防治烟草病毒病:在烟草苗期第一次喷雾处理,烟苗移栽到大田后 7 天、14 天各喷施 1 次,连续用药 2～3 次,喷雾时均匀周到。每 667 平方米用 3%水乳剂 80～100 毫升兑水 30～50 千克均匀喷雾。

(37)防治烟草烟青虫:在烟青虫低龄幼虫期,每 667 平方米用 0.5%水剂 60～80 毫升兑水 30～50 千克均匀喷雾,每季最多施用 2 次,安全间隔期 7 天。

(38)防治烟草烟蚜:在蚜虫发生初期,每 667 平方米用 0.5%水剂 60～80 毫升兑水 30～50 千克均匀喷雾,每季最多施用 2 次,安全间隔期 7 天。

(39)防治枸杞蚜虫:在蚜虫发生始盛期,用 1.5%可溶液剂 3 000～4 000 倍液均匀喷雾,每季最多施用 1 次,安全间隔期 10 天。

(40)防治林木美国白蛾:在美国白蛾发生始盛期,幼虫 3 龄前开始施药,用 1%可溶液剂 1 000～2 000 倍液均匀喷雾;或 0.5%水剂 1 000～1 500 倍液均匀喷雾。

(41)防治松树松毛虫:于马尾松毛虫 2～3 龄幼虫期施药,用 1%可溶液剂 1 000～1 500 倍液均匀喷雾。

(42)防治草原蝗虫:于蝗虫蝻 2～3 龄期开始施药,每 667 平方米用 1.5% 可溶液剂 30～40 毫升兑水 30～50 千克均匀喷雾。

【注意事项】

（1）不能与呈碱性的农药等物质混用。不宜与化学农药混用，如果使用过化学农药，宜在 5 天后再使用本品。

（2）建议与其他不同作用机制的杀虫剂/杀菌剂轮换使用，以延缓抗药性产生。

（3）对鸟类、鱼类等水生生物有毒。施药期间应避免对周围鸟类的影响，鸟类保护区附近禁用；远离水产养殖区施药，禁止在河塘等水体中清洗施药器具，清洗施药器具的水也不能排入河塘等水体。鱼或虾、蟹套养稻田禁用，施药后的田水不得直接排入水体。

（4）本品在下列食品上的最大残留限量（毫克/千克）：结球甘蓝、黄瓜、梨 5，柑橘 1。

73. 苦皮藤素

【类别】 植物源类。

【化学名称】 β-二氢沉香呋喃多元酯。

【理化性质】 原药外观为深褐色均质液体，熔点 214～216℃。不溶于水，易溶于芳香烃、乙酸乙酯等中等极性溶剂，溶于甲醇等极性溶剂，在非极性溶剂中溶解度较小。在中性或酸性介质中稳定，强碱条件下易分解。

【毒性】 低毒。对高等动物安全，对鸟类、水生动物、蜜蜂及主要天敌安全。

【制剂】 1%乳油，0.2%、0.3%、1%水乳剂。

【作用机制与防治对象】 具有胃毒、触杀和麻醉、拒食的作用，以胃毒为主。主要作用于昆虫消化道组织，破坏其消化系统正常功能，导致昆虫进食困难，饥饿而死。可用于防治十字花科蔬菜菜青虫、甘蓝甜菜夜蛾、甘蓝黄条跳甲和韭菜根蛆等。

【使用方法】

(1)防治水稻稻纵卷叶螟:在稻纵卷叶螟低龄幼虫发生期,每667平方米用1%水乳剂30～40毫升兑水30～50千克均匀喷雾,每季最多施用1次,安全间隔期15天。

(2)防治甘蓝甜菜夜蛾:在甜菜夜蛾低龄幼虫盛发期,每667平方米用1%水乳剂90～120毫升兑水30～50千克均匀喷雾。

(3)防治甘蓝黄条跳甲:在黄条跳甲发生初盛期,每667平方米用0.3%水乳剂100～120毫升兑水30～50千克均匀喷雾。

(4)防治甘蓝菜青虫:在菜青虫低龄幼虫发生期,每667平方米用1%水乳剂50～70毫升兑水30～50千克均匀喷雾,每季最多施用2次,安全间隔期10天。

(5)防治十字花科蔬菜菜青虫:在菜青虫低龄幼虫盛发期,每667平方米用1%乳油50～70克兑水30～50千克均匀喷雾。

(6)防治韭菜根蛆:在根蛆发生初盛期,每667平方米用0.3%水乳剂90～100毫升灌根。

(7)防治芹菜甜菜夜蛾:在甜菜夜蛾低龄幼虫发生期,每667平方米用1%水乳剂稀释90～120毫升兑水30～50千克均匀喷雾,每季最多施用2次,安全间隔期10天。

(8)防治豇豆斜纹夜蛾:在斜纹夜蛾低龄幼虫发生期,每667平方米用1%水乳剂90～120毫升兑水30～50千克均匀喷雾,每季最多施用2次,安全间隔期10天。

(9)防治葡萄绿盲蝽:在绿盲蝽低龄若虫发生期,每667平方米用1%水乳剂30～40毫升兑水30～50千克均匀喷雾,每季最多施用2次,安全间隔期10天。

(10)防治猕猴桃树小卷叶蛾:在小卷叶蛾低龄幼虫发生期,用1%水乳剂4 000～5 000倍液均匀喷雾,每季最多施用2次,安全间隔期10天。

(11)防治茶叶茶尺蠖:在茶尺蠖低龄幼虫发生初盛期,每667平方米用1%水乳剂30～40毫升兑水30～50千克均匀喷雾,每季最多施用 2 次,安全间隔期 10 天。

(12)防治槐树尺蠖:在尺蠖低龄幼虫发生初盛期,用 0.2%水乳剂 1 000~2 000 倍液均匀喷雾。

【注意事项】

(1)不可与碱性物质混用。

(2)对鸟类、鱼类等水生生物有毒。施药期间应避免对周围鸟类的影响,鸟类保护区附近禁用;远离水产养殖区施药,禁止在河塘等水体中清洗施药器具,清洗施药器具的水也不能排入河塘等水体,鱼或虾、蟹套养的稻田禁用,施药后的田水不得直接排入水体。对家蚕有毒,家蚕及桑园附近禁用。

(3)建议与其他不同作用机制的杀虫剂轮换使用,以延缓抗药性产生。

74. 矿物油

【类别】 矿物源类。

【化学名称】 矿物油。

【理化性质】 由石油所得精炼液态烃的混合物,主要为饱和的环烷烃与链烷烃混合物。无色透明油状液体,在日光下观察不显荧光。室温下无臭无味,加热后略有石油臭。密度 0.86~0.905 克/毫升(25 ℃)。不溶于水、甘油、冷乙醇,溶于苯、乙醚、氯仿、二硫化碳、热乙醇。与除蓖麻油外大多数脂肪油能任意混合,樟脑、薄荷脑及大多数天然或人造麝香均能被溶解。

【毒性】 低毒。大白鼠急性经口 LD_{50}>4 300 毫克/千克。兔经皮 LD_{50}>1 000 毫克/千克。ADI:高黏度矿物油 0~20 毫克/千克,中或低黏度矿物油一类 0~1 毫克/千克(暂定)、二类和三类 0~0.01 毫克/千克(暂定)。

【制剂】 38%微乳剂,94%、95%、96.5%、97%、99%乳油。

【作用机制与防治对象】 其作用机制是封闭害虫的呼吸系统,使其窒息死亡。用于防治柑橘树介壳虫、锈壁虱、蚜虫,杨梅树、枇杷树介壳虫,柑橘红蜘蛛等。

【使用方法】

(1)防治番茄烟粉虱:在烟粉虱低龄若虫发生期,每667平方米用99%乳油300~500克兑水30~50千克均匀喷雾。

(2)防治黄瓜白粉病:发病初期,每667平方米用99%乳油200~300克兑水30~50千克均匀喷雾。

(3)防治柑橘树红蜘蛛:在红蜘蛛发生危害初期,用95%乳油100~200倍液或97%乳油100~150倍液,均匀喷雾,每季最多施用2次,安全间隔期15天。或用99%乳油150~300倍液均匀喷雾,每季最多施用2次,安全间隔期20天。

(4)防治柑橘树介壳虫:在介壳虫低龄若虫期,用94%乳油50~60倍液,或95%乳油100~150倍液,或97%乳油100~150倍液,均匀喷雾,每季最多施用2次,安全间隔期15天。

(5)防治柑橘树锈壁虱:在锈壁虱低龄若虫期,用94%乳油50~60倍液或95%乳油100~200倍液,均匀喷雾。

(6)防治柑橘树蚜虫:在蚜虫低龄若虫期,用94%乳油50~60倍液,或95%乳油100~200倍液,或97%乳油100~150倍液,均匀喷雾。

(7)防治柑橘树矢尖蚧:在矢尖蚧初孵化若虫关键期,用95%乳油50~100倍液均匀喷雾。

(8)防治柑橘树潜叶蛾:在潜叶蛾低龄若虫期,用97%乳油100~150倍液均匀喷雾。

(9)防治苹果树红蜘蛛:在红蜘蛛发生始盛期,用97%乳油100~150倍液或99%乳油100~200倍液,均匀喷雾。

(10)防治苹果树蚜虫:在蚜虫低龄若虫期,用97%乳油100~150倍液均匀喷雾。

(11)防治梨树红蜘蛛:在红蜘蛛发生始盛期,用97%乳油

100～150 倍液均匀喷雾。

(12) 防治杨梅树介壳虫:在介壳虫低龄若虫期,用 94％乳油 50～60 倍液或 95％乳油 50～60 倍液,均匀喷雾。

(13) 防治枇杷树介壳虫:在介壳虫低龄若虫期,用 94％乳油 50～60 倍液或 95％乳油 50～60 倍液,均匀喷雾。

(14) 防治茶树茶橙瘿螨:在茶橙瘿螨若虫发生盛期,每 667 平方米用 95％乳油 300～450 毫升或 99％乳油 300～500 克,兑水 30～50 千克均匀喷雾。

【注意事项】

(1) 不可与百菌清、含硫黄、成分不详高度离子化的微肥及本身容易产生药害的药剂等物质混用。

(2) 柑橘在幼花、幼果期慎用,在气温高于 35 ℃或土壤和作物严重缺水时慎用。

(3) 建议与其他不同作用机制的杀虫剂轮换使用。

75. 喹硫磷

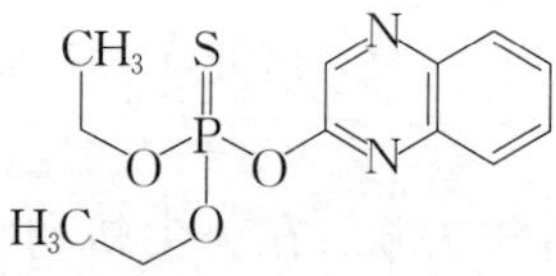

分子式:$C_{12}H_{15}N_2O_3PS$

【类别】 有机磷酸酯类。

【化学名称】 O,O-二乙基-O-喹噁啉-2-基硫代磷酸酯。

【理化性质】 纯品为无色结晶。熔点 31～32 ℃,沸点 142 ℃ (分解)(39.6 毫帕),蒸气压 0.346 毫帕(20 ℃),相对密度 1.235 (20 ℃)。溶解度(23～24 ℃):水 22 毫克/升,己烷 250 克/升,溶于丙酮、氯仿、乙醚、二甲基亚砜、乙醇、二甲苯。纯品(晶体)在

20℃稳定约1年;原药稳定性差,但在适宜的非极性溶剂中稳定;制剂稳定。23℃时pH7中DT_{50}为40天。

【毒性】 中等毒。纯品对大鼠急性经口LD_{50}为71毫克/千克,大鼠急性经皮LD_{50}1 750毫克/千克,大鼠急性吸入LC_{50}为0.71毫克/升。原药对大鼠急性经口LD_{50}为195毫克/千克,急性经皮LD_{50}2 000毫克/千克。对兔和眼睛无刺激性。鱼类LC_{50}(96小时):鲤鱼3.63毫克/升,金鱼1.0~10毫克/升。鹌鹑LD_{50}66毫克/千克,野鸭LD_{50}220毫克/千克。对许多害虫的天敌毒力较大。对天敌昆虫杀伤力大,蜜蜂LD_{50}0.07微克/只,毒性高。

【制剂】 10%、25%乳油。

【作用机制与防治对象】 本品具有胃毒和触杀作用,无内吸和熏蒸作用。通过抑制昆虫体内的乙酰胆碱酯酶,致使昆虫麻痹至死亡。在植物上有良好的渗透性,并有一定的杀卵作用。对棉花棉铃虫、水稻螟虫、柑橘介壳虫等有较好的防治效果。

【使用方法】

(1) 防治水稻稻纵卷叶螟:在稻纵卷叶螟卵孵化盛期至1~2龄幼虫高峰期,每667平方米用10%乳油120~150毫升兑水30~50千克均匀喷雾,每季最多施用3次,安全间隔期14天。

(2) 防治水稻三化螟:在三化螟卵孵化高峰期和水稻破口期,每667平方米用10%乳油100~120毫升兑水30~50千克均匀喷雾,每季最多施用3次,安全间隔期14天。

(3) 防治水稻二化螟:在二化螟卵孵化盛期至2龄幼虫高峰期,每667平方米用25%乳油100~120毫升兑水30~50千克均匀喷雾,每季最多施用3次,安全间隔期14天。

(4) 防治柑橘树红蜡蚧、矢尖蚧:在介壳虫若虫盛发期,用25%乳油815~1 200倍液均匀喷雾,每季最多施用3次,安全间隔期28天。

(5) 防治棉花棉铃虫:棉花棉铃虫防治策略是主治2~3代,当百株卵量骤然上升,达到15~20粒以上,或百株有幼虫5~10

头时用药,每 667 平方米用 25%乳油 100～125 克兑水 30～50 千克均匀喷雾,每季最多施用 3 次,安全间隔期 25 天。

(6) 防治棉花蚜虫:在蚜虫始盛期,每 667 平方米用 25%乳油 48～160 毫升兑水 30～50 千克均匀喷雾,每季最多施用 3 次,安全间隔期 25 天。

(7) 防治水稻螟虫:于螟虫卵孵化初盛期,每 667 平方米用 25%乳油 100～132 毫升兑水 30～50 千克均匀喷雾。

(8) 防治柑橘树木虱:于木虱发生始盛期,用 25%乳油 1 500～2 000 倍液均匀喷雾,每季最多施用 3 次,安全间隔期 28 天。

【注意事项】

(1) 不能与碱性物质混用,以免分解失效。

(2) 对鱼、水生动物和蜜蜂高毒,不要在鱼塘、河流、养蜂场等场所及其周围使用。

(3) 对许多害虫的天敌毒性大,施药应注意保护天敌。

(4) 残剩药液需妥善处理,不得在水域或池塘清洗施药器具。

(5) 建议与其他不同作用机制的杀虫剂轮换使用,以延缓抗药性产生。

(6) 本品在下列食品上的最大残留限量(毫克/千克):稻谷 2,糙米 1,大米 0.2,棉籽 0.05,柑橘 0.5。

76. 喹螨醚

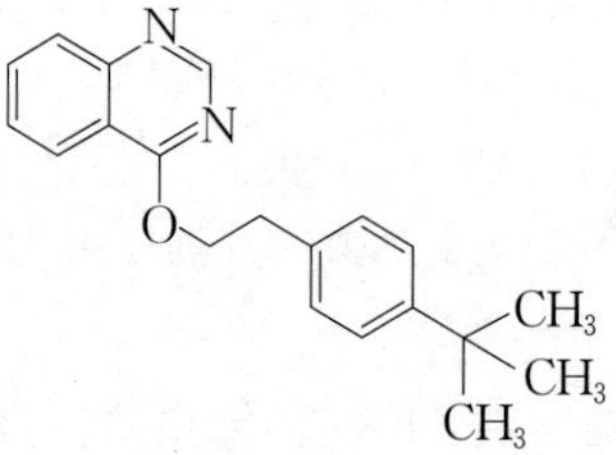

分子式:$C_{20}H_{22}N_2O$

【类别】 喹唑啉类。

【化学名称】 4-特丁基苯乙基-喹唑啉-4-基醚。

【理化性质】 纯品为晶体,熔点 70~71 ℃,蒸气压 0.013 毫帕(25 ℃)。溶解度:水 0.22 毫克/升、丙酮 400 克/升、乙腈 33 克/升、氯仿>500 克/升、己烷 33 克/升、甲醇 50 克/升、异丙醇 50 克/升、甲苯 50 克/升。

【毒性】 中等毒。急性经口 LD_{50}:雄大鼠 50~500 毫克/千克,小鼠>500 毫克/千克,鹌鹑>2 000 毫克/千克(管饲法)。对家兔眼睛和皮肤有刺激性。

【制剂】 95 克/升乳油,18%悬浮剂。

【作用机制与防治对象】 通过触杀作用于昆虫细胞的线粒体和染色体组Ⅰ,占据了辅酶 Q 的结合点。具有杀卵、若螨、成螨效果,有较长的持效期。用于防治苹果树红蜘蛛、茶树红蜘蛛等。

【使用方法】

(1) 防治苹果红蜘蛛:在若螨刚开始发生时,用 95 克/升乳油 3 800~4 500 倍液均匀喷雾,每季最多施用 3 次,安全间隔期 15 天。

(2) 防治茶树红蜘蛛:在若螨发生初期,每 667 平方米用 18%悬浮剂 25~35 毫升兑水 30~50 千克均匀喷雾,每季最多施用 1 次,安全间隔期 7 天。

【注意事项】

(1) 建议与其他不同作用机制的杀螨剂轮换使用,以延缓抗药性产生。

(2) 不得与呈碱性的农药等物质混用。

(3) 对蜜蜂、家蚕有毒,施药期间应避免对周围蜂群产生影响,蜜源作物花期禁用,蚕室和桑园附近禁用。对鱼类、蚤类等水生生物剧毒,施药期间远离水产养殖区,禁止在河塘等水体内清洗施药器具;清洗喷药器具或弃置废料时,避免污染鱼池、水道、灌渠和饮用水源。

（4）本品在茶叶上的最大残留限量为 15 毫克/千克。

77. 狼毒素

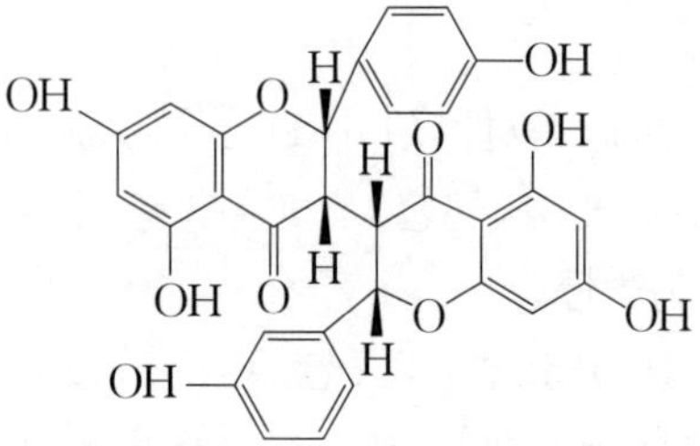

分子式：$C_{30}H_{22}O_{10}$

【类别】 植物源类。

【化学名称】 $2,2',3,3'$-四氢-$5,5',7,7'$-四羟基-$2,2'$-二(4-羟基苯基)[$3,3'$-联-$4H$-1-苯并吡喃]-$4,4'$-二酮。

【理化性质】 纯品外观为黄色结晶粉末，熔点 278 ℃，溶于水、甲醇、乙醇，不溶于三氯甲烷、甲苯，在酸性条件下稳定。母药外观为棕褐色，无霉变，无结块，黏稠状液体，含量不低于 9.5%。

【毒性】 低毒。母药对大鼠急性经口 $LD_{50}>4\,640$ 毫克/千克，急性经皮 $LD_{50}>2150$ 毫克/千克。对家兔皮肤有轻度刺激性，对眼睛有重度刺激性；对豚鼠皮肤有弱致敏性。大鼠 13 周亚慢性喂养试验的 NOAEL 为 27.94 毫克/(千克·天)(雄)、29.32 毫克/(千克·天)(雌)。Ames、小鼠骨髓细胞微核、小鼠睾丸细胞染色体畸变试验均为阴性，未见致突变作用。水乳剂微毒，大鼠急性经口、经皮 LD_{50} 均$>5\,000$ 毫克/千克，对家兔眼睛和皮肤均有轻度刺激性。

【制剂】 1.6%水乳剂。

【作用机制与防治对象】 属黄酮类化合物，物质具有旋光性，且多为左旋体。作用于虫体细胞,渗入细胞核抑制破坏新陈代谢系统,使受体能量传递失调、紊乱,导致死亡。具有胃毒、触杀作用,适用于防治十字花科蔬菜的菜青虫。

【使用方法】

防治十字花科蔬菜菜青虫:于菜青虫低龄幼虫期施药,每 667 平方米用 1.6％水乳剂 50～100 毫升兑水 30～50 千克均匀喷雾。

【注意事项】

(1) 不宜与碱性药混合使用,不作土壤处理剂使用。

(2) 严格按推荐剂量用药。施药温度不能低于 10 ℃,雨前不宜喷洒,开瓶一次用完。

(3) 对水生生物鱼、蚤高毒,禁止污染鱼塘、桑田、水源,远离水产养殖区、河塘等水体施药。禁止在河塘等水体中清洗施药器具。

(4) 药液出现少量结晶不影响药效。

(5) 蚕室、桑园附近禁用。

78. 乐　果

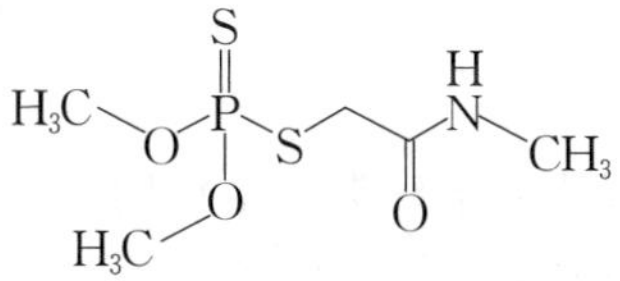

分子式:$C_5H_{12}NO_3PS_2$

【类别】　有机磷酸酯类。

【化学名称】　O,O-二甲基-S-(甲基氨基甲酰甲基)二硫代磷酸酯。

【理化性质】　纯品为白色结晶,熔点 49.0 ℃,蒸气压 1.1 毫帕(25 ℃),水中溶解度(20 ℃,克/升)23.3(pH 5)、23.8(pH 7)、25.0(pH 9),溶于大多数有机溶剂,乙醇、酮类、苯、甲苯、氯仿、二氯甲烷中的溶解度均>300 克/千克(20 ℃),四氯化碳、饱和脂肪烃、正辛醇中的溶解度>50 克/千克。水溶液中 pH2～7 相当稳定,碱液中水解,遇热分解。

【毒性】 中等毒。大鼠急性经口 LD_{50}>800 毫克/千克,急性经皮 LD_{50} 为 290～325 毫克/千克。ADI 为 0.01 毫克/千克。

【制剂】 40%、50%乳油,1.5%粉剂。

【作用机制与防治对象】 本品为内吸性杀虫剂,有良好的触杀和胃毒作用。适用于防治多种作物上的刺吸式口器害虫,如蚜虫、叶蝉、粉虱、潜叶性害虫及某些蚧类,有良好的防治效果,对螨也有一定的防效。本品在昆虫体内能氧化成活性更高的氧乐果,其作用机制是抑制昆虫体内的乙酰胆碱酯酶,在胆碱酯酶活性受抑制之前中毒症状尚未出现时,即能出现麻醉,而在胆碱酶出现抑制时,可阻碍神经传导而导致死亡。乐果对害虫的毒力随气温升高而显著增强。

【使用方法】

(1)防治棉花蚜虫:于蚜虫发生始盛期,每 667 平方米用 1.5%粉剂 1 500～2 000 克喷粉。或每 667 平方米用 40%乳油 75～100 毫升兑水 30～50 千克均匀喷雾,每季最多施用 2 次,安全间隔期 14 天。

(2)防治棉花螨类:于螨类发生初期,每 667 平方米用 1.5%粉剂 1 500～2 000 克喷粉,或用 40%乳油 75～100 毫升兑水 30～50 千克均匀喷雾,每季最多施用 2 次,安全间隔期 14 天。

(3)防治烟草蚜虫:在蚜虫初发期,每 667 平方米用 1.5%粉剂 1 500～2 000 克喷粉,或用 40%乳油 50～100 毫升兑水 30～50 千克均匀喷雾,每季最多施用 5 次,安全间隔期 5 天。

(4)防治小麦蚜虫:应在蚜株率达到 30%、单株蚜虫数平均近 10 头时施药效果最好。每 667 平方米用 40%乳油 22.5～45 毫升兑水 30～50 千克均匀喷雾,每季最多施用 3 次,安全间隔期 14 天。

(5) 防治棉花棉铃虫:应在棉铃虫 2～3 龄时,每 667 平方米用 40%乳油 90～110 毫升兑水 30～50 千克均匀喷雾,每季最多施用 2 次,安全间隔期 14 天。

(6) 防治甘薯小象甲:用 40%乳油 2000 倍液浸鲜薯片,放入 10 厘米深,20 厘米见方的小穴中诱杀,每季最多施用 1 次,安全间隔期 14 天。

(7) 防治水稻飞虱:在稻飞虱低龄若虫初发期,每 667 平方米用 40%乳油 75～100 毫升兑水 30～50 千克均匀喷雾,每季最多施用 1 次,安全间隔期 30 天。

(8) 防治水稻螟虫:在螟虫低龄幼虫发生期施药。防治二化螟,每 667 平方米用 40%乳油 80～100 毫升或 50%乳油 60～80 毫升,兑水 30～50 千克均匀喷雾,每季最多施用 1 次,安全间隔期 30 天。防治三化螟,应在 1～3 龄幼虫期施药,施药时保持田间有薄水层,每 667 平方米用 40%乳油 90～100 毫升或 50%乳油 80～100 毫升,兑水 30～50 千克均匀喷雾,每季最多施用 1 次,安全间隔期 30 天。

(9) 防治水稻叶蝉:在叶蝉低龄若虫发生期,每 667 平方米用 40%乳油 75～100 毫升兑水 30～50 千克均匀喷雾,每季最多施用 1 次,安全间隔期 30 天。

(10) 防治烟草烟青虫:在烟青虫低龄幼虫发生期,每 667 平方米用 40%乳油 50～100 毫升兑水 30～50 千克均匀喷雾,每季最多施用 5 次,安全间隔期 5 天。或用 50%乳油 60～80 毫升兑水 30～50 千克均匀喷雾,每季最多施用 3 次,安全间隔期 5 天。

【注意事项】

(1) 在蔬菜、瓜果、茶叶、菌类和中草药材作物上禁用。

(2) 本品使用时分两次稀释,先用 100 倍水搅拌成乳液,然后按需要浓度补加水量。啤酒花、菊科植物、高粱有些品种及烟草、枣树、桃、杏、梅树、橄榄、无花果、柑橘等作物,对稀释倍数在1500倍以下的乐果乳剂敏感,使用时要注意对上述作物的影响。

(3)用本品稀释液浸鲜薯片诱杀小象甲时,避免接触作物。本品对牛、羊、家禽的毒性高,施过药的田地在7~10天内不可放牧。

(4)不可与呈碱性的农药等物质混合使用。其水溶液易分解,应随配随用。

(5)本品易燃,严禁火种。配药及使用过程中要防火种、防静电。

(6)对蜜蜂、鱼类等水生生物有毒,施药期间应避免对周围蜂群的影响、开花植物花期附近禁用,远离水产养殖区施药,禁止在河塘等水体中清洗施药器具。

(7)建议与其他不同作用机制的杀虫剂轮换使用,以延缓抗药性产生。

(8)本品在下列食品上的最大残留限量(毫克/千克):稻谷、小麦、甘薯0.05。

79. 藜芦碱

分子式:$C_{36}H_{65}O_{11}$

【类别】 植物源类。

【化学名称】 3,4,12,14,16,17,20-七羟基-4,9-环氧-3-(2-甲基-2-丁烯酸酯),[3β(Z),4α,16β]-沙巴达碱。

【理化性质】 纯品为扁平针状结晶,熔点213~214.5 ℃。1克溶于约15毫升乙醇或乙醚中,溶于大多数有机溶剂,微溶于水,水中溶解度为555毫升/升。

【毒性】 低毒。对人、畜低毒,对环境安全。原药对眼睛有轻度刺激性,无致癌、致畸、致突变作用。

【制剂】 0.5%可溶液剂。

【作用机制与防治对象】 本品具有触杀、胃毒作用。杀虫机制为药剂经虫体表皮或吸食进入消化系统,造成局部刺激,引起反射性虫体兴奋,继之抑制虫体感觉神经末梢,经传导抑制中枢神经而致害虫死亡。可用于防治甘蓝菜青虫、棉花棉铃虫、棉花棉蚜、茶树茶橙瘿螨、茶树茶小绿叶蝉、枸杞蚜虫、辣椒红蜘蛛、茄子红蜘蛛、柑橘树红蜘蛛、茶叶茶黄螨、枣树红蜘蛛、草莓红蜘蛛等。

【使用方法】

(1) 防治小麦蚜虫:于蚜虫发生期施药,每667平方米用0.5%可溶液剂100~133克兑水30~50千克均匀喷雾,每季最多施用2次,安全间隔期14天。

(2) 防治棉花棉铃虫:于棉铃虫低龄幼虫高峰期施药,每667平方米用0.5%可溶液剂75~100毫升兑水30~50千克均匀喷雾,每季最多施用3次,安全间隔期7天。

(3) 防治棉花棉蚜:于棉蚜发生始盛期,每667平方米用0.5%可溶液剂75~100毫升兑水30~50千克均匀喷雾,每季最多施用3次,安全间隔期7天。

(4) 防治黄瓜白粉虱:在白粉虱发生初期,每667平方米用0.5%可溶液剂70~80毫升兑水30~50千克均匀喷雾。

(5) 防治甘蓝菜青虫:于菜青虫卵孵化盛期至低龄幼虫期施药,每667平方米用0.5%可溶液剂75~100毫升兑水30~50千克均匀喷雾,每季最多施用3次,安全间隔期3天。

（6）防治辣椒红蜘蛛：在红蜘蛛发生初期，每 667 平方米用 0.5％可溶液剂 120～140 克兑水 30～50 千克均匀喷雾，每季最多施用 1 次，安全间隔期 10 天。

（7）防治茄子蓟马：在蓟马发生初期，每 667 平方米用 0.5％可溶液剂 70～80 毫升兑水 30～50 千克均匀喷雾。

（8）防治茄子红蜘蛛：在红蜘蛛发生初期，每 667 平方米用 0.5％可溶液剂 120～140 克兑水 30～50 千克均匀喷雾，每季最多施用 1 次，安全间隔期 10 天。

（9）防治草莓红蜘蛛：在红蜘蛛发生初期，每 667 平方米用 0.5％可溶液剂 120～140 克兑水 30～50 千克均匀喷雾，每季最多施用 1 次，安全间隔期 10 天。

（10）防治柑橘树红蜘蛛：在红蜘蛛发生初期，用 0.5％可溶液剂 600～800 倍液均匀喷雾，每季最多施用 1 次，安全间隔期 10 天。

（11）防治枣树红蜘蛛：在红蜘蛛发生初期，用 0.5％可溶液剂 600～800 倍液均匀喷雾，每季最多施用 1 次，安全间隔期 10 天。

（12）防治茶树茶橙瘿螨：于茶橙瘿螨始盛期，用 0.5％可溶液剂 600～800 倍液均匀喷雾，每季最多施用 1 次，安全间隔期 10 天。

（13）防治茶树茶小绿叶蝉：于茶小绿叶蝉始盛期施药，用 0.5％可溶液剂 600～800 倍液或每 667 平方米用 75～100 毫升兑水 30～50 千克，均匀喷雾，每季最多施用 1 次，安全间隔期 10 天。

（14）防治茶叶茶黄螨：在茶黄螨发生初期，用 0.5％可溶液剂 1000～1500 倍液均匀喷雾，每季最多施用 1 次，安全间隔期 10 天。

（15）防治烟草烟蚜：于烟蚜发生始盛期施药，每 667 平方米用 0.5％可溶液剂 75～100 毫升兑水 30～50 千克均匀喷雾。

（16）防治枸杞蚜虫：于蚜虫始盛期施药，每 667 平方米用

0.5％可溶液剂 600～800 倍液均匀喷雾,每季最多施用 1 次,安全间隔期 10 天。

【注意事项】

(1) 建议与其他不同作用机制的杀虫剂轮换使用,以延缓抗药性产生。

(2) 虫口密度大时,应适当加大用药量。

(3) 对蜜蜂、鱼类等水生生物、家蚕有毒,施药期间应避免对周围蜂群的影响,开花植物花期、蚕室和桑园附近禁用;远离水产养殖区施药,禁止在河塘等水体中清洗施药器具。

(4) 不可与呈碱性的农药等物质混合使用。

80. 联苯肼酯

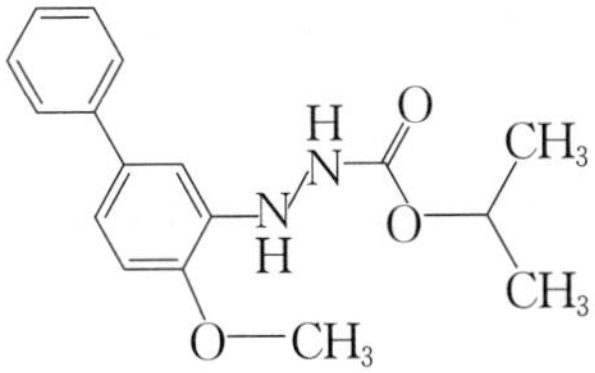

分子式：$C_{17}H_{20}N_2O_3$

【类别】 联苯肼类。

【化学名称】 3-(4-甲氧基联苯基-3-基)肼基甲酸异丙酯。

【理化性质】 外观为白色、无味晶体,熔点 123～125 ℃。在水中的溶解度为 2.06 毫克/升(20 ℃),有机溶剂中溶解度(毫克/升)：乙腈 95.6,乙酸乙酯 102,甲醇 44.7。

【毒性】 低毒。大鼠急性经口 LD_{50} ＞5 000 毫克/千克,急性经皮 LD_{50} ＞2 000 毫克/千克,急性吸入 LC_{50} ＞4 400 毫克/米³。对兔皮肤和眼睛有轻度刺激性。北美鹑急性经口 LD_{50} 1 142 毫克/

千克。蓝鳃太阳鱼 LC_{50}(96 小时)0.58 毫克/升,虹鳟鱼 LC_{50}(96 小时)0.76 毫克/升。蜜蜂经口 LD_{50}(48 小时)>100 微克/只。

【制剂】 50%水分散粒剂,24%、43%、50%悬浮剂。

【作用机制与防治对象】 本品是一种新型选择性叶面喷雾用杀螨剂,其作用机制为对螨类的中枢神经传导系统的 γ-氨基丁酸(GABA)受体的独特作用。其作用方式主要是抑制线粒体呼吸作用,它对螨的各个生活阶段有效,具有杀卵活性和对成螨的击倒活性,且持效期长。推荐使用剂量范围内对作物安全,可以在作物的各个时期使用。

【使用方法】

(1) 防治柑橘树红蜘蛛:于红蜘蛛若螨发生初期施药,用24%悬浮剂 1000～1500 倍液或 43%悬浮剂 1500～2250 倍液,均匀喷雾,每季最多施用 1 次,安全间隔期 21 天。

(2) 防治草莓二斑叶螨:在害螨发生初期,每 667 平方米用43%悬浮剂 10～25 毫升兑水 30～50 千克均匀喷雾,每季最多施用 2 次,安全间隔期 1 天。

(3) 防治观赏玫瑰茶黄螨:在害螨发生初期,每 667 平方米用43%悬浮剂 20～30 毫升兑水 30～50 千克均匀喷雾,每季最多施用 2 次。

(4) 防治辣椒茶黄螨:在害螨发生初期,每 667 平方米用43%悬浮剂 20～30 毫升兑水 30～50 千克均匀喷雾,每季最多施用 2 次,安全间隔期 5 天。

(5) 防治木瓜二斑叶螨:在害螨发生初期,用 43%悬浮剂1800～2700 倍液均匀喷雾,每季最多施用 1 次,安全间隔期 7 天。

(6) 防治苹果树红蜘蛛:应于红蜘蛛若螨发生初期,用 43%悬浮剂 2000～3000 倍液均匀喷雾,每季最多施用 2 次,安全间隔期 7 天。

(7) 防治草莓红蜘蛛:在红蜘蛛若螨发生初期,每 667 平方米用 43%悬浮剂 20～30 毫升兑水 30～50 千克均匀喷雾,每季最多施用 1 次,安全间隔期 3 天。

【注意事项】

(1) 对鸟类、蜜蜂及水生生物有毒。鸟类保护区附近禁用,周围开花植物花期禁用,施药期间应密切关注对附近蜂群的影响。远离水产养殖区、河塘等水体施药,禁止在河塘等水体中清洗施药器具。

(2) 建议与其他不同作用机制的杀螨剂轮换使用,以延缓抗药性产生。

(3) 桑园及蚕室附近禁用。赤眼蜂等天敌放飞区域禁用。

(4) 本品在下列食品上的最大残留限量(毫克/千克):辣椒 3,柑橘 0.7,草莓 2,苹果 0.2,番木瓜 1。

81. 联苯菊酯

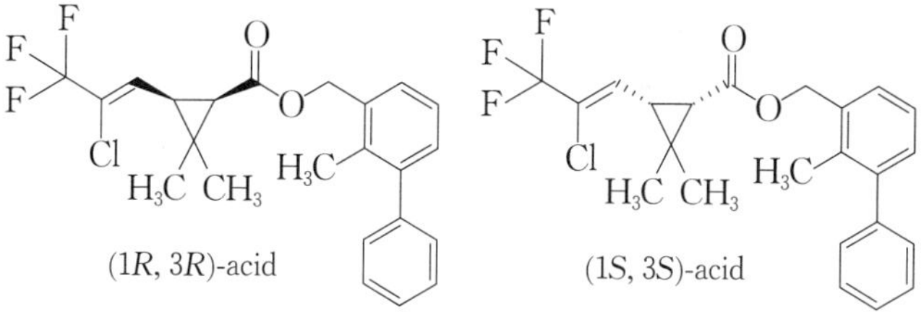

(1R, 3R)-acid　　(1S, 3S)-acid

分子式:$C_{23}H_{22}ClF_3O_2$

【类别】 拟除虫菊酯类。

【化学名称】 2-甲基联苯基-3-基甲基-(Z)-(1R, 3R;1S, 3S)-3-(2-氯-3,3,3-三氟丙-1-烯基)-2,2-二甲基环丙烷羧酸酯。

【理化性质】 纯品为白色固体,熔点 68～70.6 ℃,相对密度 1.210(25 ℃),蒸气压 0.024 毫帕(25 ℃)。溶解度:水 0.1 毫克/升;丙酮 1.25 千克/升,氯仿、二氯甲烷、乙醚、甲苯、庚烷均为 89

克/升,微溶于戊烷、甲醇。原药为褐色固体,熔点 61～66 ℃,在 25 ℃时稳定 1 年以上。土壤中 DT_{50} 为 65～125 天。

【毒性】 中等毒。大鼠急性经口 LD_{50} 54.5 毫克/千克(原药),兔急性经皮 LD_{50} ＞2 000 毫克/千克。对鼠、兔皮肤无刺激作用,对眼睛也无刺激作用,对豚鼠无皮肤过敏。鹌鹑急性经口 LD_{50} 为 1 800 毫克/千克,野鸭急性经口 LD_{50} ＞4 450 毫克/千克。鱼类 LC_{50}(96 小时):蓝鳃太阳鱼 0.003 5 毫克/升,虹鳟鱼 0.001 5 毫克/升。因其在水中的溶解性低和对土壤的高亲和力,使其在田间条件下实际使用时对水生系统影响很小。

【制剂】 25 克/升、100 克/升乳油,2.5％、4％、10％、25 克/升微乳剂,2.5％、4.5％、10％水乳剂,0.2％颗粒剂。

【作用机制与防治对象】 具有触杀、胃毒作用,无内吸、熏蒸作用,作用较迅速。在土壤中不移动,对环境较为安全,持效期较长。适用于防治茶叶、果树、蔬菜、棉花等作物上鳞翅目幼虫、粉虱、蚜虫、叶蝉等害虫,以及叶螨等害螨。

【使用方法】

(1) 防治小麦蚜虫:在蚜虫发生始盛期,每 667 平方米用 2.5％微乳剂 50～60 毫升或 4.5％水乳剂 30～40 毫升,兑水 30～50 千克均匀喷雾,每季最多施用 2 次,安全间隔期 14 天。或用 10％水乳剂 12～15 毫升兑水 30～50 千克均匀喷雾,每季最多施用 3 次,安全间隔期 7 天。

(2) 防治小麦红蜘蛛:在害螨初发期,每 667 平方米用 4％微乳剂 30～50 毫升兑水 30～50 千克均匀喷雾,每季最多施用 2 次,安全间隔期 15 天。

(3) 防治棉花红铃虫:棉花红铃虫低龄幼虫发生初期,每 667 平方米用 25 克/升乳油 80～140 毫升或 100 克/升乳油 20～35 毫升,兑水 30～50 千克均匀喷雾,每季最多施用 3 次,安全间隔期 14 天。

(4) 防治棉花红蜘蛛:在若螨发生期,每 667 平方米用 25 克/

升乳油 120～160 毫升兑水 30～50 千克均匀喷雾,每季最多施用 3 次,安全间隔期 14 天。或用 100 克/升乳油 30～40 毫升兑水 30～50 千克均匀喷雾,每季最多施用 3 次,安全间隔期 14 天。

(5)防治棉花棉铃虫:在棉铃虫卵孵化盛期,每 667 平方米用 25 克/升乳油 80～140 毫升或 100 克/升乳油 20～35 毫升,兑水 30～50 千克均匀喷雾,每季最多施用 3 次,安全间隔期 14 天。

(6)防治番茄白粉虱:在白粉虱卵孵化盛期,每 667 平方米用 25 克/升乳油 20～40 毫升或 100 克/升乳油 5～10 毫升,兑水 30～50 千克均匀喷雾,每季最多施用 3 次,安全间隔期 4 天(大棚番茄)。或用 2.5％水乳剂 30～40 毫升兑水 30～50 千克均匀喷雾,每季最多施用 3 次,安全间隔期 5 天。

(7)防治黄瓜白粉虱:在白粉虱发生初期,每 667 平方米用 4.5％水乳剂 20～35 毫升兑水 30～50 千克均匀喷雾,每季最多施用 3 次,安全间隔期 4 天。

(8)防治甘蓝小地老虎:在播种或移栽前,每 667 平方米用 0.2％颗粒剂 3 000～5 000 克混土撒施 1 次。

(9)防治柑橘树木虱:在木虱发生初期,用 4.5％水乳剂 1 500～2 500 倍液均匀喷雾,每季最多施用 2 次,安全间隔期 30 天。

(10)防治柑橘树潜叶蛾:在柑橘树新梢放出初期或潜叶蛾卵孵化期,用 4.5％水乳剂 2 000～3 000 倍液均匀喷雾,每季最多施用 2 次,安全间隔期 30 天。或用 25 克/升乳油 2 500～3 500 倍液均匀喷雾,或用 100 克/升乳油 10 000～13 500 倍液均匀喷雾,每季最多施用 1 次,安全间隔期 21 天。

(11)防治柑橘树红蜘蛛:在红蜘蛛发生初期,用 25 克/升乳油 800～1 250 倍液均匀喷雾,每季最多施用 1 次,安全间隔期 21 天。或用 100 克/升乳油 3 350～5 000 倍液均匀喷雾,每季最多施用 1 次,安全间隔期 21 天。

(12)防治苹果树桃小食心虫:在桃小食心虫卵孵化盛期至低龄幼虫期,用 25 克/升乳油 800～1 250 倍液或 100 克/升乳油

3 300～5 000 倍液,均匀喷雾,每季最多施用 3 次,安全间隔期 10 天。

(13) 防治苹果树叶螨: 在害螨盛发初期,用 25 克/升乳油 800～1 250 倍液或 100 克/升乳油 3 300～5 000 倍液,均匀喷雾,每季最多施用 3 次,安全间隔期 10 天。

(14) 防治茶树茶尺蠖: 在茶尺蠖初孵幼虫至低龄幼虫期,每 667 平方米用 25 克/升乳油 20～40 毫升或 100 克/升乳油 5～10 毫升,兑水 30～50 千克均匀喷雾,每季最多施用 1 次,安全间隔期 7 天。

(15) 防治茶树茶毛虫: 在茶毛虫初孵幼虫至低龄幼虫期,每 667 平方米用 25 克/升乳油 20～40 毫升或 100 克/升乳油 5～10 毫升,兑水 30～50 千克均匀喷雾,每季最多施用 1 次,安全间隔期 7 天。

(16) 防治茶树茶小绿叶蝉: 在茶小绿叶蝉若虫高峰期前,每 667 平方米用 25 克/升乳油 80～100 毫升或 100 克/升乳油 20～25 毫升,兑水 30～50 千克均匀喷雾,每季最多施用 1 次,安全间隔期 7 天。

(17) 防治茶树粉虱: 在粉虱卵孵化盛期,每 667 平方米用 25 克/升乳油 80～100 毫升或 100 克/升乳油 20～25 毫升,兑水 30～50 千克均匀喷雾,每季最多施用 1 次,安全间隔期 7 天。

(18) 防治茶树黑刺粉虱: 在黑刺粉虱卵孵化盛期,每 667 平方米用 25 克/升乳油 80～100 毫升兑水 30～50 千克均匀喷雾,每季最多施用 1 次,安全间隔期 7 天。

(19) 防治茶树象甲: 在象甲若虫高峰期前,每 667 平方米用 25 克/升乳油 120～140 毫升或 100 克/升乳油 30～35 毫升,兑水 30～50 千克均匀喷雾,每季最多施用 1 次,安全间隔期 7 天。

(20) 防治金银花蚜虫: 在蚜虫发生初期,每 667 平方米用 25 克/升乳油 80～160 毫升或 100 克/升乳油 20～40 毫升,兑水 30～50 千克均匀喷雾,每季最多施用 1 次,安全间隔期 7 天。

(21) 防治月季红蜘蛛: 在若螨盛发期,每 667 平方米用 4%

微乳剂120～160毫升兑水30～50千克均匀喷雾。

【注意事项】

(1) 本品为拟除虫菊酯类农药,建议与其他不同作用机制的杀虫剂轮换使用。

(2) 对蜜蜂、鱼类等水生生物、家蚕有毒。施药期间应避免对周围蜂群的影响,开花植物花期、蚕室和桑园附近禁用,远离水产养殖区施药,禁止在河塘等水体中清洗施药器具。

(3) 不可与碱性农药等物质混合使用。

(4) 本品在下列食品上的最大残留限量(毫克/千克):小麦、棉籽、黄瓜、番茄0.5,结球甘蓝0.2,柑橘0.05,茶叶5。

82. 磷化铝

$$Al \equiv P$$

分子式: AlP

【类别】 无机类。

【化学名称】 磷化铝。

【理化性质】 纯品为白色结晶,相对密度2.424。工业品为暗灰色或浅黄色结晶。熔点大于1000℃。干燥时稳定,与湿空气起反应,遇酸剧烈反应生成磷化氢,为本品的主要毒性物质。磷化氢为气体,具有坏大蒜味或氨味,沸点87.4℃,凝固点132.5℃,在空气中可自燃(由于存在微量的其他的磷氢化合物),爆炸极限为26.1～27.1毫克/升。磷化氢微溶于水,可溶于乙醇和乙醚,相对密度1.185。

【毒性】 高毒。大鼠LD_{50} 8.7毫克/千克。在干燥条件下较安全,对哺乳动物剧毒,含量在0.01毫克/升时就十分危险。用熏蒸的食料饲喂大鼠,对大鼠没有致慢性病的作用。

【制剂】　56％片剂、85％大粒剂、56％粉剂、56％丸剂。

【作用机制与防治对象】　本品是一种熏蒸杀虫剂,主要用于熏蒸各种仓库害虫。磷化铝吸收空气后会立即产生高毒的磷化氢气体,通过呼吸系统进入虫体,抑制昆虫正常生长而致死。

【使用方法】

(1) 防治谷物贮粮害虫:用药前做好密闭及安全用药准备工作,每 1000 千克粮食用 56％粉剂 10～30 克密闭熏蒸。

(2) 防治货物仓贮害虫:用药前做好密闭及安全用药准备工作,每立方米用 56％粉剂 8～16 克密闭熏蒸。密封时间随温度高低而定:20 ℃以上,不少于 3 天;16～20 ℃,不少于 4 天;11～15 ℃,5～7 天;5～10 ℃,约 10 天;低于 5 ℃,不宜熏蒸。

(3) 防治空间多种害虫:用药前做好密闭及安全用药准备工作,每立方米用 56％粉剂 4～10 克密闭熏蒸。密封时间随温度高低而定:20 ℃以上,不少于 3 天;16～20 ℃,不少于 4 天;11～15 ℃,5～7 天;5～10 ℃,约 10 天;低于 5 ℃,不宜熏蒸。

(4) 防治粮仓贮粮害虫:用药前做好密闭及安全用药准备工作,每立方米用 85％大粒剂 3.5～5.3 克或 56％片剂 5～7 克,密闭熏蒸,安全间隔期 45 天。密封时间随温度高低而定:20 ℃以上,不少于 3 天;16～20 ℃,不少于 4 天;11～15 ℃,5～7 天;5～10 ℃,约 10 天;低于 5 ℃,不宜熏蒸。

【注意事项】

(1) 对人、畜剧毒。熏蒸时,仓库应密闭,严禁吸入体内。安全间隔期为 45 天。

(2) 施过药的场所要有明显标志,防止人、畜或其他有益生物误入而中毒。

(3) 施药时必须佩戴防毒面具及橡胶手套,操作要迅速准确。操作完毕后必须洗净手脸。

(4) 施药时不得集中投药,以免发生燃烧。

(5) 熏蒸场所不准使用明火,消防方法采用干沙土压盖,严禁用水。

（6）彻底散气后才能处理残渣。熏蒸后的残渣应集中深埋处理。

（7）本品在下列食品上的最大残留限量（毫克/千克）：稻谷、麦类、旱粮类、杂粮类、成品粮、大豆、薯类、蔬菜均为 0.05。

83. 硫双威

分子式：$C_{10}H_{18}N_4O_4S_3$

【类别】 氨基甲酸酯类。

【化学名称】 3,7,9,13 -四甲基- 5,11 -二氧杂- 2,8,14 -三硫杂- 4,7,9,12 -四氮杂十五烷- 3,12 -二烯- 6,10 -二酮。

【理化性质】 纯品为白色结晶,熔点 173～174 ℃。工业原药（96%）为浅棕褐色晶体,熔点 168～172 ℃。蒸气压 5.7 毫帕（20 ℃）,密度 1.47 克/厘米³（20 ℃）。溶解度（25 ℃,克/千克）：丙酮 8,甲醇 5,二甲苯 3;水中溶解度为 35 毫克/升。60 ℃温度条件下稳定,其水悬液在日光下分解;pH6 稳定,pH9 迅速水解,pH3缓慢水解。

【毒性】 中等毒。急性经口 LD_{50}：大鼠 66 毫克/千克（水中）,或 66 毫克/千克（玉米中）。兔急性经皮 LD_{50}＞2 000 毫克/千克。对鼠、兔皮肤和眼睛稍有刺激。大鼠急性吸入 LC_{50}（4 小时）

$0.0015 \sim 0.0022$ 毫克/升(空气)。北美鹑急性经口 LD_{50} 2 023 毫克/升。鱼类 LC_{50}（96 小时）：蓝鳃太阳鱼 1.2 毫克/升，虹鳟鱼 2.55 毫克/升。水蚤 LC_{50}（48 小时）0.053 毫克/升。若直接喷到蜜蜂上稍有毒性，但在田间喷雾时，干后无危险。

【制剂】 25%、75% 可湿性粉剂，80% 水分散粒剂，350 克/升、375 克/升、45% 悬浮剂。

【作用机制与防治对象】 本品以胃毒作用为主，几乎没有触杀作用；有杀卵作用，无熏蒸和内吸作用，有较强的选择性，在土壤中残效期很短。其作用机制在于神经阻碍作用，即通过抑制乙酰胆碱酯酶活性而阻碍神经纤维内传导物质的再活性化，从而导致害虫中毒死亡。对棉花棉铃虫、甘蓝甜菜夜蛾等防效较好。

【使用方法】

（1）防治棉花棉铃虫：一般在棉花花铃期，棉田棉铃虫卵孵化盛期至幼虫 $1 \sim 3$ 龄施药，每 667 平方米用 75% 可湿性粉剂 30～45 克，或 25% 可湿性粉剂 160～200 克，或 350 克/升悬浮剂 80～100 毫升，兑水 30～50 千克均匀喷雾，每季最多施用 3 次，安全间隔期 21 天。或用 80% 水分散粒剂 35～45 克兑水 30～50 千克均匀喷雾，每季最多施用 2 次，安全间隔期 14 天。

（2）防治甘蓝甜菜夜蛾：于甜菜夜蛾 $1 \sim 2$ 龄幼虫盛发期用药，每 667 平方米用 80% 水分散粒剂 65～75 克兑水 30～50 千克均匀喷雾，每季最多施用 2 次，安全间隔期 14 天。

（3）防治甘蓝菜青虫：于菜青虫 3 龄幼虫前施药，每 667 平方米用 80% 水分散粒剂 20～25 克兑水 30～50 千克均匀喷雾，每季最多施用 1 次，安全间隔期 7 天。

【注意事项】

（1）对蜜蜂、鱼类等水生生物、家蚕有毒。施药期间应避免对周围蜂群的影响，蜜源作物花期、蚕室和桑园附近禁用，远离水产养殖区施药，禁止在河塘等水体中清洗施药器具。

（2）建议与不同作用机制的杀虫剂轮换使用。

（3）本品在下列食品上的最大残留限量（毫克/千克）：棉籽油0.1，结球甘蓝1。

84. 硫酰氟

分子式：F_2O_2S

【类别】 无机类。

【化学名称】 硫酰氟。

【理化性质】 常温常压下为无色无味的气体，其工业品经冷冻压缩液化后灌装在耐压钢瓶中。在400℃以下稳定，低于600℃时，不与大多数金属起作用，对玻璃不腐蚀。在150℃以下几乎不水解，在碱液中易水解，无腐蚀性。对纤维品无损害。

【毒性】 中等毒。小白鼠LC_{50} 3.36克/米³。对家兔致死浓度为3 250毫克/升。亚急性试验对大白鼠在55.6毫克/升下染毒2小时，对实质性脏器没有明显损害。对高等动物的毒性比其他熏蒸剂低。

【制剂】 50％、99.8％、99％气体制剂，99％熏蒸剂。

【作用机制与防治对象】 本品是一种广谱性熏蒸杀虫剂，具有杀虫谱广、渗透力强、用药量少、解吸快、对熏蒸物安全，尤其适合低温使用等特点，通过昆虫呼吸系统进入虫体，损害中枢神经系统而致害虫死亡。用于防治土壤根结线虫、原粮仓贮害虫等。

【使用方法】

（1）防治集装箱鼠、蚊、蝇、蜚蠊：每立方米用99.8％气体制剂10克密闭熏蒸。熏蒸24～72小时后打开门、窗散气。

（2）防治原粮仓贮害虫：用 99.8％气体制剂,每平方米用量 20 克,密闭熏蒸,封闭 24～72 小时。

（3）防治黄瓜保护地根结线虫：每 667 平方米用 99％气体制剂 50～70 克土壤熏蒸,覆膜封闭 3～15 天。安全间隔期 7 天,最多施药 1 次。

（4）防治姜根结线虫：每 667 平方米用 99％气体制剂 75～100 克土壤熏蒸。安全间隔期 7 天,最多施药 1 次。

【注意事项】

（1）本品有毒,对皮肤、眼睛和黏膜有较强的刺激性。若遇到高热,容器内压力增大,有开裂和爆炸危险；人、畜急性大量吸入会有生命危险,应注意相应的防护；仅限专业人员使用,操作时必须佩戴合适的防毒面具和滤毒罐,最好采用聚乙烯管由空气新鲜场所或压缩空气箱或氧气瓶供气呼吸,此时不能饮食、吸烟等,用后洗手洗脸等。

（2）使用场所禁止人、畜逗留。密封熏蒸后,必须开启门窗充分通风后方可进入。

（3）蚕室桑园附近禁用。

（4）本品在下列食品上的最大残留限量(毫克/千克)：稻谷、旱粮类 0.05,糙米、大米、小麦 0.1,黄瓜 0.05。

85. 螺虫乙酯

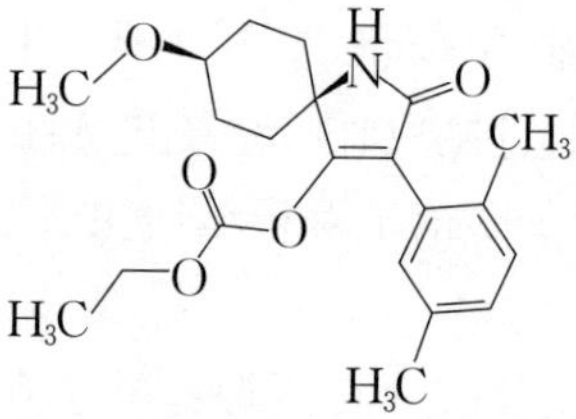

分子式：$C_{21}H_{27}NO_5$

【类别】 季酮酸类。

【化学名称】 4-(乙氧基羰基氧基)-8-甲氧基-3-(2,5-二甲苯基)-1-氮杂螺[4.5]癸-3-烯-2-酮。

【理化性质】 纯品为无特殊气味的浅米色粉末,熔点142℃,蒸气压5.6×10^{-9}(20℃)、1.5×10^{-8}(25℃)、1.5×10^{-6}(50℃)。在水中溶解度(20℃,毫克/升):pH4时为33.5,pH 7时为29.9,pH 9时为19.1。有机溶剂中溶解度(20℃,克/升):正己烷0.055,乙醇44,甲苯60,乙酸乙酯67,丙酮100~120,二甲基亚砜200~300,二氯甲烷>600。正辛醇/水分配系数$K_{ow}\log P$为2.51(pH 7)。

【毒性】 低毒。原药对雌性大鼠急性经口LD_{50}>2 000毫克/千克,雌、雄大鼠急性经皮LD_{50}>2 000毫克/千克,雌、雄大鼠急性吸入LC_{50}>4.183毫克/升。对皮肤无刺激作用,对动物和人的皮肤有潜在致敏性。对兔眼睛有刺激作用,可使兔子眼睛虹膜混浊引发虹膜炎。大鼠90天亚慢性喂养毒性试验NOEL:雄性大鼠为148毫克/千克·天,雌性大鼠为188毫克/千克·天;Ames试验、小鼠骨髓细胞微核试验、体外哺乳动物细胞染色体畸变试验均为阴性,未见致突变性。螺虫乙酯对蜜蜂无毒,制剂对淡水鱼和海鱼有中等毒性,对淡水无脊椎动物有轻微到高的毒性,对海里的无脊椎动物有中到高的毒性。对水蚤和藻类有毒性。

【制剂】 22.4%、30%、40%、50%悬浮剂,50%水分散粒剂。

【作用机制与防治对象】 其作用机制为抑制害虫脂质体的生物合成,造成中毒症状,并随后死亡。具有在木质部和韧皮部双向内吸传导性能,在推荐剂量下对甘蓝蚜虫、番茄烟粉虱、柑橘树介壳虫、柑橘树红蜘蛛、柑橘木虱、苹果树绵蚜和梨树梨木虱具有良好的防治效果。

【使用方法】

(1) 防治甘蓝蚜虫:于甘蓝蚜虫低龄若虫始发期施药,每667平方米用50%水分散粒剂10~12克兑水30~50千克均匀喷雾,每季最多施用1次,安全间隔期7天。

(2) 防治番茄烟粉虱:在烟粉虱若虫发生初期,每667平方米用22.4%悬浮剂20~30毫升或50%悬浮剂10~15毫升,兑水30~50千克均匀喷雾,每季最多施用1次,安全间隔期5天。

(3) 防治柑橘树红蜘蛛:在红蜘蛛种群始见期施药,用22.4%悬浮剂4 000~5 000倍液均匀喷雾,每季最多施用2次,安全间隔期20天。

(4) 防治柑橘树介壳虫:在介壳虫孵化初期施药,用22.4%悬浮剂3 500~4 500倍液或30%悬浮剂5 000~7 000倍液,均匀喷雾,每季最多施用1次,安全间隔期40天。或用50%悬浮剂8 000~10 000倍液均匀喷雾,每季最多施用1次,安全间隔期20天。

(5) 防治柑橘树木虱:在木虱卵孵化高峰期施药,用22.4%悬浮剂4 000~5 000倍液均匀喷雾,每季最多施用2次,安全间隔期20天。

(6) 防治梨树梨木虱:在梨木虱卵孵化高峰期施药,用22.4%悬浮剂4 000~5 000倍液均匀喷雾,每季最多施用2次,安全间隔期21天。或用40%悬浮剂8 000~8 890倍液均匀喷雾,每季最多施用1次,安全间隔期21天。

(7) 防治苹果树绵蚜:在苹果落花后绵蚜产卵初期施药,用22.4%悬浮剂3 000~4 000倍液均匀喷雾,每季最多施用1次,安全间隔期21天。

【注意事项】

(1) 为了避免和延缓抗药性的产生,建议与其他不同作用机制的杀虫剂轮用,同时应确保无不良影响。

（2）水产养殖区、河塘等水体附近禁用,禁止在河塘等水域中清洗施药器具。

（3）开花植物花期、桑园及蚕室禁用。

（4）本品在下列食品上的最大残留限量(毫克/千克)：结球甘蓝 2,茄果类蔬菜(辣椒除外)、柑橘、苹果 1。

86. 螺螨双酯

分子式：$C_{20}H_{22}Cl_2O_5$

【类别】 季酮酸类。

【化学名称】 3-(2,4-二氯苯基)-2-氧代-1-氧杂螺[4,5]-癸-3-烯-4-基碳酸丁酯。

【理化性质】 原药外观为白色至类白色结晶粉末。熔点 87.5～88.5 ℃,易溶于丙酮、乙腈、甲醇、乙醇等有机溶剂,不溶于水。

【毒性】 低毒。95％原药对大鼠急性经口 LD_{50} 均＞5 000 毫克/千克,急性经皮 LD_{50} 均＞2 000 毫克/千克,急性吸入 LC_{50}＞2 010 毫克/米^3；对白兔皮肤无刺激性,对白兔眼睛轻度刺激性；豚鼠皮肤(致敏性)试验结果为弱致敏性；原药大鼠亚慢性毒性试验经口给药的 NOAEL：雄性为 250 毫克/千克(饲料),雌性为 250 毫克/千克(饲料)；鼠伤寒沙门氏菌/回复突变试验、体外哺乳动物细胞基因突变试验、体外哺乳动物细胞染色体畸变试验、体内哺乳动物骨骼细胞微核试验结果均为阴性,未见致突变作用。24%悬浮剂对大鼠急性经口 LD_{50} 均>5 000 毫克/千克,急性经皮 LD_{50} 均>2 000 毫克/千克;对白兔皮肤、眼睛无刺激性;豚鼠皮肤(致敏性)试验结果为弱致敏性;斑马鱼 LC_{50}(96 小时)=16.744 42(有效成分)毫克/升,为低毒;鹌鹑 LD_{50}(7 天)>947.369(有效成分)毫克/千克,为低毒;蜜蜂经口 LD_{50}(48 小时)>124.55(有效成分)微克/只,为低毒;接触 LD_{50}(48 小时)>100(有效成分)微克/只,为低毒;家蚕 LC_{50}(96 小时)为 498.179 09(有效成分)毫克/升,低毒;赤眼蜂 LR_{50}(24 小时)为 $7.07×10^{-3}$(有效成分)毫克/厘米^2;大型蚤 EC_{50}(48 小时)>0.010(有效成分)毫克/升,低毒;羊角月牙藻 EC_{50}(72 小时)>0.045(有效成分)毫克/升,为高毒;蚯蚓 LC_{50}(14 天)>100(有效成分)毫克/千克(干土),为低毒。对藻类高毒。

【制剂】 24%悬浮剂。

【作用机制与防治对象】 主要通过触杀和胃毒作用防治卵、若螨和雌成螨,作用机制为抑制害螨体内脂肪合成、阻断能量代谢。杀卵效果突出,并对不同发育阶段的害螨均有较好防效,可在柑橘的各个生长期使用。

【使用方法】

防治柑橘树红蜘蛛:在红蜘蛛危害早期施药,用 24%悬浮剂 3 600～4 800 倍液均匀喷雾,每季最多施用 1 次,安全间隔期 25 天。

【注意事项】

(1)远离水产养殖区施药,禁止在河塘等水体中清洗施药器具。

(2)避免在作物花期施药,以免对蜂群产生影响。

(3)建议与其他不同作用机制的杀虫剂轮换使用,以延缓抗药性产生。

（4）在蚕室和桑园附近禁用。赤眼蜂等天敌放飞区禁用。

87. 螺螨酯

分子式：$C_{21}H_{24}Cl_2O_4$

【类别】 季酮酸类。

【化学名称】 3-(2,4-二氯苯基)-2-氧代-1-氧杂螺[4,5]-癸-3-烯4-基-2,2-二甲基丁酸酯。

【理化性质】 外观白色固体，无特殊气味，熔点94.8℃，蒸气压 3×10^{-7} 帕（20℃）、7×10^{-7} 帕（25℃），密度1.29克/厘米³（20℃），亨利常数 2×10^{-3} 帕·米³/摩（20℃）。溶解度（克/升，20℃）：水0.05（pH4），正己烷20，丙酮、二甲苯、二氯甲烷、乙腈>250，异丙醇47，二甲基亚砜75，辛醇44，聚乙二醇24。辛醇-水分配系数 $K_{ow} \log P$ 为5.83（pH4,20℃）。

【毒性】 低毒。大鼠急性经口 $LD_{50}>2500$ 毫克/千克，急性经皮 $LD_{50}>2000$ 毫克/千克，急性吸入 $LC_{50}>5.03$ 毫克/升。对兔眼睛和皮肤无刺激性，对豚鼠皮肤有致敏性。翻车鱼 $LC_{50}>0.0455$ 毫克/升，虹鳟鱼 $LC_{50}>0.0351$ 毫克/升，水蚤 EC_{50}（48小时）>0.051 毫克/升。蜜蜂 $LD_{50}>100$ 微克/只，对北美鹌鹑 $LD_{50}>2000$ 毫克/千克。

【制剂】 240克/升、24%、29%、34%、40%悬浮剂,15%水乳剂。

【**作用机制与防治对象**】　本品为非内吸性杀螨剂,主要通过胃毒和触杀作用防治卵、若螨。其作用机制为抑制害螨体内脂肪合成,阻断能量代谢。对柑橘树红蜘蛛有较好防效。

【**使用方法**】

(1)防治柑橘树红蜘蛛:于柑橘树红蜘蛛发生初期,用15%水乳剂2500～3500倍液均匀喷雾,每季最多施用1次,安全间隔期21天。或用240克/升悬浮剂4000～6000倍液均匀喷雾,每季最多施用1次,安全间隔期20天。或用40%悬浮剂6667～10000倍液均匀喷雾,每季最多施用1次,安全间隔期30天。

(2)防治棉花红蜘蛛:于棉花红蜘蛛发生初期,每667平方米用240克/升悬浮剂10～20毫升兑水30～50千克均匀喷雾,每季最多施用1次,安全间隔期30天。

(3)防治苹果树红蜘蛛:于红蜘蛛危害早期施药,用240克/升悬浮剂4000～6000倍液或34%悬浮剂7000～8500倍液,均匀喷雾,每季最多施用1次,安全间隔期30天。

(4)防治柑橘树锈壁虱:于锈壁虱危害初期施药,用240克/升悬浮剂6000～8000倍液均匀喷雾,每季最多施用1次,安全间隔期21天。

【**注意事项**】

(1)对鱼类、蚤类水生生物有毒,应远离水产养殖区施药,禁止在河塘等水体中清洗施药器具,以免污染水源。对鸟类有毒性,在鸟类保护区附近禁用。对天敌有极高风险性,施药时应注意避开天敌活动高峰期,赤眼蜂等天敌放飞区禁用。

(2)建议与其他不同作用机制的农药轮换使用。

(3)本品在下列食品上的最大残留限量(毫克/千克):棉籽0.02,柑橘、苹果0.5。

88. 螺 威

分子式：$C_{52}H_{84}O_{24}$

【类别】 植物源类。

【化学名称】 $(3\beta,16\alpha)$-28-氧代-D-吡喃(木)糖基-(1→3)-0-β-D-吡喃(木)糖基-(1→4)-0-6-脱氧-α-L-吡喃甘露糖基-(1→2)-β-D-吡喃(木)糖-17-甲羟基-16,21,22-三羟基齐墩果-12-烯。

【理化性质】 熔点233～236 ℃,可溶于水、甲醇、乙腈,不溶于大多数有机溶剂。母药外观为黄色粉末,不应有结块,pH5.0～9.5,常温下贮存稳定,质量保证期为2年。螺威4％粉剂外观为黄色粉末,无可见外来杂质,不应有结块,细度(通过75微米试验筛)不低于95％,pH7.0～10.0,常温下贮存质量保证期为2年。

【毒性】 低毒。50％母药对大鼠急性经口 LD$_{50}$>4 640毫克/千克,急性经皮 LD$_{50}$>2 150毫克/千克;大鼠3个月亚慢性喂养毒性试验的 NOEL 为 30 毫克/千克·天；Ames 试验、小鼠骨髓细胞微核试验、小鼠睾丸细胞染色体畸变试验均为阴性，未见致突变作用。4%粉剂大鼠急性经口 $LD_{50}>4\,300$ 毫克/千克，急性经皮 $LD_{50}>2\,000$ 毫克/千克；对家兔皮肤无刺激性，对眼睛有轻度至中度刺激性；对豚鼠皮肤有弱致敏性。

【制剂】 4%粉剂。

【作用机制与防治对象】 本品是从油茶科植物的种子中提取的五环三萜类化合物，具有杀螺活性和溶血性，系植物源农药。易与血红细胞壁上的胆甾醇结合，生成不溶于水的复合物沉淀，破坏血红细胞的正常渗透性，使细胞内渗透压增加而发生崩解，导致溶血现象，从而杀死软体动物钉螺。

【使用方法】

防治滩涂钉螺：每平方米用 4%粉剂 5~7.5 克加细土拌匀后均匀撒施。当环境温度较低(小于 15 ℃)时应使用高剂量。

【注意事项】

(1) 对鱼、虾高毒，不可用于鱼塘，使用时关注对周边鱼塘、虾池的影响，不得污染水源。

(2) 本品只被批准用于滩涂，不能用于沟渠。使用本品后不可在田中践踏，以免影响药效。

89. 氯虫苯甲酰胺

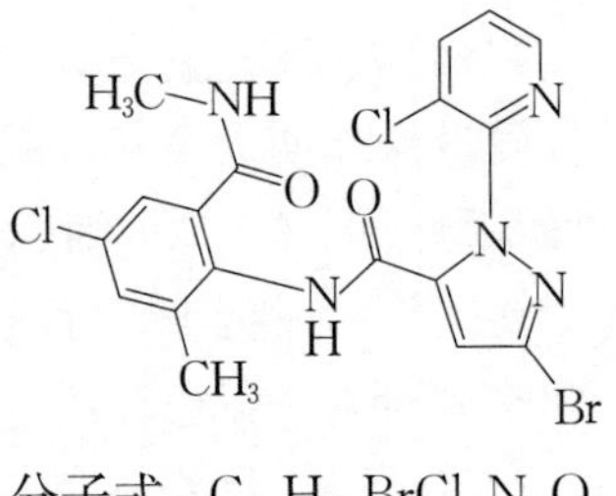

分子式：$C_{18}H_{14}BrCl_2N_5O_2$

【类别】 酰胺类。

【化学名称】 3-溴-N-{4-氯-2-甲基-6-[(甲氨基)羟基]苯基}-1-(3-氯-2-吡啶基)-1H-吡唑-5-甲酰胺。

【理化性质】 晶体粉末。纯品熔点208~210℃,原药熔点为200~202℃。纯品颜色透明,原药颜色褐色。无气味,相对密度20℃时为1.51克/毫升,20℃时水中溶解度为1.0毫克/毫升,无挥发性。

【毒性】 低毒。大鼠急性经口 LD_{50} >5 000 毫克/千克,大鼠急性经皮 LD_{50} >5 000 毫克/千克,对皮肤无刺激,对眼睛轻微刺激,72 小时内消除。

【制剂】 0.01%、0.03%、0.4%、1%颗粒剂,200 克/升、5%悬浮剂,50%种子处理悬浮剂,35%水分散粒剂,5%超低容量液剂。

【作用机制与防治对象】 本品为新型内吸杀虫剂,其作用机制是激活害虫的鱼尼丁受体,释放细胞内贮存的钙离子,引起肌肉调节衰弱、麻痹直至害虫死亡。胃毒为主,兼具触杀效果。可防治水稻纵卷叶螟、二化螟等害虫,害虫摄入后数分钟内即停止取食。

【使用方法】

(1) 防治水稻稻水象甲:在稻水象甲成虫初现时开始施药,每667 平方米用 0.4%颗粒剂 700~1 000 克撒施,每季最多施用 1次,安全间隔期 14 天。或用200 克/升悬浮剂 6.67~13.3 毫升兑水 30~50 千克均匀喷雾,每季最多施用 2 次,安全间隔期 7 天。

(2) 防治水稻稻纵卷叶螟:在稻纵卷叶螟卵孵化高峰期前5~7 天施药,每 667 平方米用 0.4%颗粒剂 600~700 克拌沙(土)均匀撒施,每季最多施用 1 次,安全间隔期 14 天。或用 200 克/升悬浮剂 5~10 毫升兑水 30~50 千克均匀喷雾,每季最多施用 2次,安全间隔期 7 天。或用 5%悬浮剂 20~40 毫升或 35%水分散粒剂 4~6 克,兑水 30~50 千克均匀喷雾,每季最多施用 2 次,安全间隔期 28 天。

(3) 防治水稻二化螟:在二化螟卵孵化高峰期前5~7 天施药,每 667 平方米用 0.4%颗粒剂 600~700 克拌沙(土)均匀撒施,每季最多施用 1 次，安全间隔期 14 天。或用 200 克/升悬浮剂 5～10 毫升兑水 30～50 千克均匀喷雾，每季最多施用 2 次，安全间隔期 7 天。或用 5％悬浮剂 30～40 毫升兑水 30～50 千克均匀喷雾，每季最多施用 2 次，安全间隔期 28 天。或用 35％水分散粒剂 4～6 克兑水 30～50 千克均匀喷雾，每季最多施用 2 次，安全间隔期 21 天。

（4）防治水稻大螟：在大螟卵孵化高峰期，每 667 平方米用 200 克/升悬浮剂 8.3～10 毫升兑水 30～50 千克均匀喷雾，每季最多施用 2 次，安全间隔期 7 天。

（5）防治水稻三化螟：在三化螟卵孵化高峰期，每 667 平方米用 200 克/升悬浮剂 5～10 毫升兑水 30～50 千克均匀喷雾，每季最多施用 2 次，安全间隔期 7 天。或用 35％水分散粒剂 4～6 克兑水 30～50 千克均匀喷雾，每季最多施用 2 次，安全间隔期 21 天。

（6）防治玉米玉米螟：玉米螟卵孵化高峰期，每 667 平方米用 0.4％颗粒剂 350～450 克撒施，每季最多施用 1 次，安全间隔期 14 天。或每 667 平方米用 200 克/升悬浮剂 3～5 毫升或 5％悬浮剂 16～20 毫升，兑水 30～50 千克均匀喷雾，每季最多施用 2 次，安全间隔期 21 天。

（7）防治玉米二点委夜蛾：在二点委夜蛾卵孵化高峰期用药，每 667 平方米用 200 克/升悬浮剂 7～10 毫升兑水 30～50 千克均匀喷雾，每季最多施用 2 次，安全间隔期 21 天。

（8）防治玉米小地老虎：在小地老虎发生早期（玉米 2～3 叶期），每 667 平方米用 200 克/升悬浮剂 3.3～6.6 毫升兑水 30～50 千克均匀喷雾，每季最多施用 2 次，安全间隔期 21 天。或每 100 千克种子用 50％种子处理悬浮剂 380～530 克拌种，按推荐制剂用药量加适量清水，混合均匀调成浆状药液，根据要求调整药种比进行包衣处理。

（9）防治玉米黏虫：在黏虫发生初期，每 667 平方米用 200 克/升悬浮剂 10～15 毫升兑水 30～50 千克均匀喷雾，每季最多施用 2 次，安全间隔期 21 天。或用 100 千克种子用 50％种子处理悬浮剂 380～530 克拌种,按推荐制剂用药量加适量清水,混合均匀调成浆状药液,根据要求调整药种比进行包衣处理。

(10)防治玉米蛴螬:按推荐制剂用药量加适量清水,混合均匀调成浆状药液,根据要求调整药种比进行包衣处理。每 100 千克种子用 50%种子处理悬浮剂 380～530 克拌种。

(11)防治棉花棉铃虫:在棉铃虫卵孵化盛期,每 667 平方米用 200 克/升悬浮剂 6.67～13.3 毫升或 5%悬浮剂 30～50 毫升,兑水 30～50 千克均匀喷雾,每季最多施用 2 次,安全间隔期 14 天。

(12)防治甘蔗小地老虎:在小地老虎发生早期(甘蔗幼苗期),甘蔗移栽后 30 天左右,每 667 平方米用 200 克/升悬浮剂 6.7～10 毫升或 5%悬浮剂 34～40 毫升,兑水 30～50 千克均匀喷雾,每季最多施用 2 次,安全间隔期 150 天。

(13)防治甘蔗蔗螟:在蔗螟卵孵化盛期(甘蔗移栽后 30 天左右),每 667 平方米用 200 克/升悬浮剂 15～20 毫升兑水 30～50 千克均匀喷雾,每季最多施用 2 次,安全间隔期 150 天。

(14)防治辣椒棉铃虫:在棉铃虫卵孵化高峰期,每 667 平方米用 5%悬浮剂 30～60 毫升兑水 30～50 千克均匀喷雾,每季最多施用 2 次,安全间隔期 5 天。

(15)防治辣椒甜菜夜蛾:在甜菜夜蛾卵孵化高峰期,每 667 平方米用 5%悬浮剂 30～60 毫升兑水 30～50 千克均匀喷雾,每季最多施用 2 次,安全间隔期 5 天。

(16)防治甘蓝小菜蛾:于甘蓝小菜蛾卵孵化高峰期用药,每 667 平方米用 5%悬浮剂 40～55 毫升兑水 30～50 千克均匀喷雾,每季最多施用 2 次,安全间隔期 1 天。

(17)防治甘蓝甜菜夜蛾:在甜菜夜蛾卵孵化高峰期,每 667 平方米用 5%悬浮剂 30～55 毫升兑水 30～50 千克均匀喷雾,每季最多施用 2 次,安全间隔期 1 天。

(18)防治菜用大豆豆荚螟:在豆荚螟成虫产卵高峰期,每 667 平方米用 200 克/升悬浮剂 6～12 毫升兑水 30～50 千克均匀喷雾,每季最多施用 2 次,安全间隔期 7 天。

(19)防治花椰菜斜纹夜蛾:在斜纹夜蛾卵孵化高峰期,每667 平方米用 5% 悬浮剂 45～54 毫升兑水 30～50 千克均匀喷雾,每季最多施用 2 次,安全间隔期 5 天。

(20)防治豇豆豆荚螟:在豆荚螟卵孵化高峰期,每 667 平方米用 5% 悬浮剂 30～60 毫升兑水 30～50 千克均匀喷雾,每季最多施用 2 次,安全间隔期 5 天。

(21)防治西瓜棉铃虫:在棉铃虫卵孵化高峰期,每 667 平方米用 5% 悬浮剂 30～60 毫升兑水 30～50 千克均匀喷雾,每季最多施用 2 次,安全间隔期 10 天。

(22)防治西瓜甜菜夜蛾:在甜菜夜蛾卵孵化高峰期,每 667 平方米用 5% 悬浮剂 45～60 毫升兑水 30～50 千克均匀喷雾,每季最多施用 2 次,安全间隔期 10 天。

(23)防治苹果树金纹细蛾:蛾量急剧上升时即刻使用本品,提前 1～2 天使用效果更好。用 35% 水分散粒剂 17 500～25 000 倍液均匀喷雾,每季最多施用 1 次,安全间隔期 14 天。

(24)防治苹果树苹果蠹蛾:蛾量急剧上升时即刻使用本品,提前 1～2 天使用效果更好。用 35% 水分散粒剂 7 000～10 000 倍液均匀喷雾,每季最多施用 1 次,安全间隔期 14 天。

(25)防治苹果树桃小食心虫:蛾量急剧上升时即刻使用本品,提前 1～2 天使用效果更好。用 35% 水分散粒剂 7 000～10 000 倍液均匀喷雾,每季最多施用 1 次,安全间隔期 14 天。

【注意事项】

(1)本品为 28 族杀虫剂,为更好地避免抗药性的产生,每季作物,建议使用本品不得超过 2 次,如是靶标害虫的当代,使用本品且能连续使用 2 次;但在靶标害虫的下一代,推荐与不同作用机制即非 28 族化合物轮换使用。如有种子处理时使用了 28 族杀虫剂,则在播种前不得使用任何 28 族杀虫剂产品拌种,播种后约 60 天内亦不得使用任何 28 族杀虫剂产品。

（2）对家蚕和水蚤高毒。施药期间应避免对周围蜂群的影响,蚕室和桑园附近禁用,禁止在河塘等水域内清洗施药用具。

（3）不可与强酸、强碱性物质混用。

（4）赤眼蜂等天敌放飞区域禁用。

（5）本品在下列食品上的最大残留限量(毫克/千克):稻谷、糙米 0.5,大米 0.04,豇豆 1,菜用大豆、苹果 2,甘蔗 0.05。

90. 氯氟氰菊酯

分子式:$C_{23}H_{19}ClF_3NO_3$

【类别】 拟除虫菊酯类。

【化学名称】 (RS)-α-氰基-3-苯氧基苄基(Z)-(1RS,3RS)-(2-氯-3,3,3-三氟丙烯基)-2,2-二甲基环丙烷羧酸酯。

【理化性质】 工业品为黄色至棕色黏稠油状液体,沸点187～190℃(26.66帕),相对密度1.25,蒸气压小于$1×10^{-3}$帕(20℃),水中溶解度0.004微克/千克(20℃),在丙酮、二氯甲烷、甲醇、乙醚、乙酸乙酯、己烷、甲苯中的溶解度均＞500克/升(20℃),50℃黑暗处存放2年不分解,光下分解,275℃分解,光下、pH7～9缓慢分解,pH＞9加快分解。

【毒性】 中等毒。大鼠急性经口LD_{50} 1 000～2 500毫克/千克,急性经皮LD_{50}为166毫克/千克,ADI为0.02毫克。

【制剂】 25克/升、50克/升、2.5%、2.8%、0.6%乳油、2.5%、5%、8%、25克/升、15%微乳剂,2.5%、4.5%、5%、10%、20%、25克/升水乳剂,2.5%、10%、25%可湿性粉剂、2.5%、5%、10%悬浮剂,1.5%、2.5%、23%微囊悬浮剂,10%种子处理微囊悬浮剂,10%、24%水分散粒剂,15%可溶液剂。

【作用机制与防治对象】 本品是一种杀虫活性较高的拟除虫菊酯类杀虫剂,以触杀和胃毒作用为主,无内吸及熏蒸作用。作用于害虫的神经系统,击倒速度较快,残效期较长。对防治甘蓝甜菜夜蛾、菜青虫、蚜虫等有较好的防效。

【使用方法】

(1)防治小麦蚜虫:在蚜虫发生始盛期,每667平方米用10%悬浮剂5～7毫升,或5%水乳剂10～15毫升,或2.5%微乳剂20～30毫升,或2.5%乳油20～30毫升,兑水30～50千克均匀喷雾。

(2)防治小麦吸浆虫:在小麦吸浆虫发生初期开始施药,用5%水乳剂7～11毫升兑水30～50千克均匀喷雾。

(3)防治小麦黏虫:在黏虫卵孵化盛期至低龄幼虫期,每667平方米用25克/升乳油12～24毫升兑水30～50千克均匀喷雾。

(4)防治玉米黏虫:在黏虫卵孵化盛期至低龄幼虫期,每667

平方米用 2.5％水乳剂 16～20 毫升或 5％水乳剂 8～10 毫升,兑水 30～50 千克均匀喷雾。

(5)防治玉米玉米螟:在玉米螟卵孵化盛期至初龄幼虫阶段施药,每 667 平方米用 10％水乳剂 15～20 毫升兑水 30～50 千克均匀喷雾。

(6)防治棉花上地老虎:根据地老虎的活动特点,下午近傍晚施药效果佳,每 667 平方米用 23％微囊悬浮剂 5～7.5 毫升兑水 30～50 千克均匀喷雾。

(7)防治棉花棉铃虫:在棉铃虫卵孵化盛期至低龄幼虫期,每 667 平方米用 2.5％水乳剂 40～60 毫升,或 5％微乳剂 20～30 毫升,或 50 克/升乳油 20～30 毫升,兑水 30～50 千克均匀喷雾。

(8)防治棉花蚜虫:在蚜虫若虫盛发初期,每 667 平方米用 2.5％水乳剂 15～25 毫升或 50 克/升乳油 20～40 毫升,兑水 30～50 千克均匀喷雾。

(9)防治棉花红铃虫:在棉红铃虫卵孵化盛期至低龄幼虫期,每 667 平方米用 50 克/升乳油 20～40 毫升或 25 克/升乳油 40～80 毫升,兑水 30～50 千克均匀喷雾。

(10)防治大豆食心虫:在食心虫卵孵化盛期至低龄幼虫期,每 667 平方米用 2.5％水乳剂 16～20 毫升或 25 克/升乳油 15～20 毫升(克),兑水 30～50 千克均匀喷雾。

(11)防治黄瓜蚜虫:在黄瓜蚜虫发生期,每 667 平方米用 10％悬浮剂 6～8 毫升兑水 30～50 千克均匀喷雾。

(12)防治甘蓝甜菜夜蛾:在甜菜夜蛾低龄幼虫期,每 667 平方米用 15％可溶液剂 6.7～10 毫升兑水 30～50 千克均匀喷雾,每季最多施用 2 次,安全间隔期 7 天。或用 5％水乳剂 25～30 克兑水 30～50 千克均匀喷雾,每季最多施用 3 次,安全间隔期 7 天。或用 50 克/升乳油 20～40 毫升兑水 30～50 千克均匀喷雾,每季最多施用 3 次,安全间隔期 3 天。

(13)防治甘蓝蚜虫:在蚜虫盛发初期,每 667 平方米用 10％

水分散粒剂 10~15 克,或 2.5％水乳剂 15~25 毫升,或 2.5％微乳剂 20~30 克,兑水 30~50 千克均匀喷雾,每季最多施用 3 次,安全间隔期 7 天。或用 2.5％可湿性粉剂 20~30 克兑水 30~50千克均匀喷雾,每季最多施用 3 次,安全间隔期 5 天。或用 5％水乳剂 8~10 毫升兑水 30~50 千克均匀喷雾,每季最多施用 2 次,安全间隔期 10 天。或用 10％水乳剂 10~15 毫升兑水 30~50 千克均匀喷雾,每季最多施用 3 次,安全间隔期 14 天。或用 5％微乳剂 10~15 毫升兑水 30~50 千克均匀喷雾,每季最多施用 2 次,安全间隔期 14 天。或用 50 克/升乳油 15~30 毫升兑水 30~50 千克均匀喷雾,每季最多施用 3 次,安全间隔期 3 天。或用 25 克/升乳油 25~30 毫升兑水 30~50 千克均匀喷雾,每季最多施用 2 次,安全间隔期 7 天。

(14) 防治甘蓝菜青虫:在菜青虫发生初期、菜青虫 3 龄前施药,每 667 平方米用 24％水分散粒剂 2~3 克,或 23％微囊悬浮剂 2~4 毫升,或 2.5％悬浮剂 25~30 毫升,或 25％可湿性粉剂 4~5克,或 20％水乳剂 3~4 毫升,或 8％微乳剂 10~15 毫升,或 50克/升乳油 20~40 毫升,兑水 30~50 千克均匀喷雾。

(15) 防治甘蓝小菜蛾:在小菜蛾卵孵化盛期至低龄幼虫期,每 667 平方米用 10％水乳剂 10~15 毫升,或 15％微乳剂 10~15毫升,或 50 克/升乳油 20~40 毫升,兑水 30~50 千克均匀喷雾。

(16) 防治小白菜菜青虫:在菜青虫卵孵化盛期至低龄幼虫期,每 667 平方米用 2.5％微囊悬浮剂 15~20 毫升,或 5％微乳剂 15~20 毫升,兑水 30~50 千克均匀喷雾。

(17) 防治小白菜蚜虫:在蚜虫发生始盛期,每 667 平方米用 2.5％水乳剂 15~20 毫升,或 25 克/升乳油 15~20 毫升,兑水 30~50 千克均匀喷雾。

(18) 防治大白菜菜青虫:在大白菜菜青虫低龄幼虫发生期,每 667 平方米用 10％可湿性粉剂 8~11 克兑水 30~50 千克,然后均匀喷雾。

（19）防治大白菜蚜虫：在大白菜蚜虫发生始盛期，每 667 平方米用 2.5％可湿性粉剂 20～30 克兑水 30～50 千克，然后均匀喷雾。

（20）防治白菜菜青虫：在菜青虫低龄幼虫期，每 667 平方米用 5％微乳剂 12～20 毫升兑水 30～50 千克均匀喷雾。

（21）防治小油菜菜青虫：在菜青虫低龄幼虫期，每 667 平方米用 2.5％微乳剂 20～40 毫升兑水 30～50 千克均匀喷雾。

（22）防治十字花科蔬菜菜青虫：在菜青虫低龄幼虫发生期，每 667 平方米用 10％可湿性粉剂 8～10 克，或 10％水乳剂 5～10 毫升，或 5％微乳剂 15～27 毫升，或 2.5％乳油 20～30 毫升，兑水 30～50 千克均匀喷雾。

（23）防治十字花科蔬菜小菜蛾：在小菜蛾低龄幼虫发生始、盛期，每 667 平方米用 2.5％水乳剂 40～60 毫升，或 10％水乳剂 10～15 毫升，或 25 克/升乳油 40～80 毫升兑水 30～50 千克，然后均匀喷雾。

（24）防治十字花科蔬菜蚜虫：在蚜虫发生始盛期，每 667 平方米用 10％可湿性粉剂 8～10 克，或 2.5％水乳剂 20～40 毫升，或 2.5％乳油 20～40 克，兑水 30～50 千克均匀喷雾。

（25）防治十字花科蔬菜甜菜夜蛾：在甜菜夜蛾卵孵化盛期至低龄幼虫期，每 667 平方米用 2.5％微乳剂 40～60 毫升，或 25 克/升乳油 30～60 毫升，兑水 30～50 千克均匀喷雾。

（26）防治叶菜菜青虫：在菜青虫低龄幼虫期，每 667 平方米用 50 克/升乳油 10～20 毫升，或 25 克/升 20～40 毫升兑水 30～50 千克均匀喷雾。

（27）防治叶菜蚜虫：在叶菜蚜虫始盛期，用 25 克/升乳油 2 500～4 167 倍液均匀喷雾。

（28）防治叶菜甜菜夜蛾：在甜菜夜蛾卵孵化盛期，每 667 平方米用 25 克/升乳油 4～8 毫升兑水 30～50 千克均匀喷雾，间隔 7～10 天喷药 1 次，可连用 2 次。

（29）防治叶菜小菜蛾：在小菜蛾卵孵化盛期，每667平方米用25克/升乳油4～8毫升兑水30～50千克均匀喷雾，间隔7～10天喷药1次，可连用2次。

（30）防治果菜菜青虫：在菜青虫低龄幼虫期，用25克/升乳油2 000～4 000倍液均匀喷雾。

（31）防治果菜蚜虫：在蚜虫若虫发生始盛期，用25克/升乳油2 500～4 167倍液均匀喷雾。

（32）防治马铃薯蚜虫：在蚜虫发生始盛期，每667平方米用2.5％水乳剂12～17毫升兑水30～50千克均匀喷雾。

（33）防治马铃薯块茎蛾：在害虫卵孵化盛期至低龄幼虫期，每667平方米用2.5％水乳剂30～40毫升兑水30～50千克均匀喷雾。

（34）防治柑橘树潜叶蛾：在潜叶蛾低龄幼虫始盛期，用2.5％水乳剂1 000～2 000倍液，或10％水乳剂4 000～8 000倍液，或2.5％乳油1 000～2 000倍液，均匀喷雾。

（35）防治柑橘树蚜虫：在蚜虫盛发初期，用2.5％水乳剂3 000～4 000倍液均匀喷雾。

（36）防治苹果树苹果蠹蛾：在害虫卵孵化盛期至低龄幼虫期，用5％水乳剂6 000～8 000倍液均匀喷雾。

（37）防治苹果树桃小食心虫：在桃小食心虫卵孵化初盛期，用1.5％微囊悬浮剂1 000～1 500倍液，或10％可湿性粉剂8 000～16 000倍液，或10％水乳剂8 000～12 000倍液，或2.5％乳油4 000～5 000倍液，均匀喷雾。

（38）防治梨树梨小食心虫：在梨小食心虫卵孵化初期，用2.5％水乳剂2 500～3 000倍液或2.5％乳油1 500～4 000倍液，均匀喷雾。

（39）防治荔枝树椿象：在椿象卵孵化盛期至低龄幼虫期，用50克/升乳油4 000～8 000倍液或2.5％乳油2 000～4 000倍液，均匀喷雾。

（40）防治荔枝树蒂蛀虫：在害虫卵孵化盛期至低龄幼虫期，用 50 克/升乳油 2 000～4 000 倍液或 2.5％乳油 1 000～2 000 倍液，均匀喷雾。

（41）防治榛子树榛实象甲：在榛实象甲盛发初期，用 10％水乳剂 2 400～3 300 倍液或 5％微乳剂 1 200～1 660 倍液，均匀喷雾。

（42）防治茶树茶小绿叶蝉：在茶小绿叶蝉卵孵化盛期到低龄若虫期，每 667 平方米用 2.5％水乳剂 60～100 毫升，或 50 克/升乳油 30～40 毫升，或 10％水乳剂 15～20 毫升，兑水 30～50 千克均匀喷雾。

（43）防治茶树茶尺蠖：在茶尺蠖 2～3 龄幼虫盛发期，每 667 平方米用 2.5％水乳剂 40～80 毫升，或 10％水乳剂 10～20 毫升，或 25 克/升水乳剂 15～20 毫升，或 2.5％微乳剂 10～20 毫升，或 50 克/升乳油 10～20 毫升，兑水 30～50 千克均匀喷雾。

（44）防治烟草烟青虫：在烟青虫卵孵化盛期至低龄幼虫期，每 667 平方米用 10％水乳剂 4～8 毫升或 50 克/升乳油 15～30 毫升，兑水 30～50 千克均匀喷雾。

（45）防治烟草蚜虫：在若虫盛发初期，每 667 平方米用 2.5％水乳剂 20～30 毫升或 50 克/升乳油 15～30 毫升，兑水 30～50 千克均匀喷雾。

（46）防治烟草小地老虎：在小地老虎 2～3 龄幼虫盛发期，每 667 平方米用 10％水乳剂 5～8 毫升或 5％微乳剂 10～15 毫升，兑水 30～50 千克均匀喷雾。

（47）防治牡丹小地老虎：在小地老虎低龄幼虫发生期，每 667 平方米用 25 克/升乳油 20～40 毫升兑水 30～50 千克均匀喷雾。

（48）防治林木美国白蛾：在美国白蛾卵孵化盛期至低龄幼虫期，用 2.5％水乳剂 3 000～5 000 倍液均匀喷雾。

【注意事项】

（1）对蜜蜂、家蚕、鱼类等水生生物有毒。施药期间应避免对周围蜂群的影响,开花植物花期、蚕室和桑园附近禁用,远离水产养殖区、河塘等水体附近施药,禁止在河塘等水体中清洗施药器具。

(2)建议与其他不同作用机制的杀虫剂轮换使用,以延缓抗药性产生。

(3)不可与呈碱性的农药等物质混合使用。

(4)本品在下列食品上的最大残留限量(毫克/千克):小麦、棉籽 0.05,棉籽油、大豆、玉米、马铃薯 0.02,结球甘蓝、黄瓜、大白菜 1,普通白菜 2,鲜食玉米、柑橘、苹果、梨 0.2,荔枝 0.1,茶叶 15。

91. 氯氰菊酯

分子式:$C_{22}H_{19}Cl_2NO_3$

【类别】 拟除虫菊酯类。

【化学名称】 (RS)-α-氰基-3-苯氧苄基-(SR)-3-(2,2-二氯乙烯基)-2,2-二甲基环丙烷羧酸酯。

【理化性质】 纯品为无色结晶,熔点 80.5 ℃,蒸气压为 190 纳帕(20 ℃)。原药为黄色至棕色黏稠半固体,熔点 60~80 ℃,60 ℃时为液体。水中溶解度(21 ℃)0.01~0.2 毫克/升(原药);有机溶剂中溶解度(20 ℃,克/升):丙酮、氯仿、环己酮、二甲苯>450,乙醇 337,己烷 103。在 220 ℃以下稳定。在弱酸和中性中稳定,强碱条件下水解,水中 DT_{50} 为 1 天。

【毒性】 中等毒。大鼠急性经口 LD_{50}>5 000 毫克/千克,急

性经皮 LD_{50} 约为 500 毫克/千克。ADI 为 0.02 毫克/千克。

【制剂】 25 克/升、30 克/升、50 克/升、100 克/升、181 克/升、250 克/升、2.5%、2.8%、3%、4.5%、5%、5.7%、10%、25%乳油,2.5%、4.5%、5%、7%、10%微乳剂,8%微囊剂,50克/升、180 克/升、0.12%、2.5%、3%、4.5%、5%、5.7%、10%、25%水乳剂,4.5%、5%、6%、12.5%、200 克/升悬浮剂,3%、8%微囊悬浮剂,4.5%、5%可湿性粉剂,2%、3%烟剂。

【作用机制与防治对象】 作用于害虫的神经系统,具有触杀和胃毒作用,杀虫谱较广,药效较迅速,对光、热稳定,对某些害虫的卵具有杀伤作用,可防治对有机磷产生抗药性的害虫。可防治棉花的棉铃虫、蚜虫,甘蓝菜青虫、蚜虫,苹果桃小食心虫,茶树茶尺蠖、茶毛虫、茶小绿叶蝉。

【使用方法】

(1) 防治小麦蚜虫:在小麦苗蚜或穗蚜始盛期,每 667 平方米用 10%乳油 24~32 毫升兑水 30~50 千克均匀喷雾,每季最多施用 1 次,安全间隔期 31 天;或用 5%乳油 50~70 毫升兑水 30~50千克均匀喷雾,每季最多施用 2 次,安全间隔期 31 天。

(2) 防治棉花棉铃虫:在棉铃虫卵孵化盛期至低龄幼虫期,每667 平方米用 10%乳油 30~60 毫升兑水 30~50 千克均匀喷雾,每季最多施用 3 次,安全间隔期 7 天。或每 667 平方米用 25%水乳剂 24~32 毫升兑水 30~50 千克均匀喷雾,每季最多施用 2 次,安全间隔期 14 天。

(3) 防治棉花蚜虫:在蚜虫发生始盛期,每 667 平方米用10%乳油 30~60 毫升兑水 30~50 千克均匀喷雾,每季最多施用 3次,安全间隔期 7 天。

(4) 防治甘蓝菜青虫:在菜青虫卵孵化高峰期至低龄幼虫盛发期,每 667 平方米用 100 克/升乳油 10~20 毫升兑水 30~50 千克均匀喷雾,每季最多施用 3 次,安全间隔期 5 天。或用 10%水乳剂 27~40 毫升兑水 30~50 千克均匀喷雾,每季最多施用 1 次,安全间隔期 7 天。或用 5％微乳剂 40～60 毫升兑水 30～50 千克均匀喷雾,每季最多施用 2 次,安全间隔期 7 天。

(5)防治甘蓝蚜虫:在蚜虫发生初期,每 667 平方米用 100 克/升乳油 10～20 毫升兑水 30～50 千克均匀喷雾,每季最多施用 3 次,安全间隔期 5 天。

(6)防治十字花科蔬菜小菜蛾:在小菜蛾卵孵化高峰期至低龄幼虫期,每 667 平方米用 10％乳油 25～35 毫升兑水 30～50 千克均匀喷雾,每季最多施用 3 次,小青菜安全间隔期为 2 天,大白菜安全间隔期为 2 天。

(7)防治十字花科蔬菜菜青虫:在菜青虫幼虫始发盛期,每 667 平方米用 25％乳油 10～15 毫升兑水 30～50 千克均匀喷雾,每季最多施用 3 次,青菜安全间隔 2 天,萝卜安全间隔期 7 天。或用 10％乳油 20～30 毫升兑水 30～50 千克均匀喷雾,每季最多施用 2 次,萝卜安全间隔期 7 天,小青菜安全间隔期 2 天,大白菜安全间隔期 5 天。或用 50 克/升乳油 50～70 毫升兑水 30～50 千克均匀喷雾,每季最多施用 2 次,安全间隔期:小青菜 2 天、大白菜 5 天、甘蓝 7 天。

(8)防治十字花科蔬菜蚜虫:在蚜虫发生始期,每 667 平方米用 10％乳油 20～40 毫升兑水 30～50 千克均匀喷雾,每季最多施用 3 次,青菜安全间隔期为 5 天。

(9)防治叶菜菜青虫:在低龄幼虫盛发初期,每 667 平方米用 10％乳油 20～30 毫升兑水 30～50 千克均匀喷雾,每季最多施用 3 次,安全间隔期 3 天。

(10)防治柑橘树潜叶蛾:在潜叶蛾幼虫发生始盛期,用 10％水乳剂 1 000～1 300 倍液或 10％乳油 1 000～2 000 倍液,均匀喷雾,每季最多施用 3 次,安全间隔期 7 天。

(11)防治苹果树桃小食心虫:在桃小食心虫初孵幼虫至低龄幼虫期,用 10％乳油 1 500～2 500 倍液或 25％乳油 2 000～4 000 倍液均匀喷雾,每季最多施用 3 次,安全间隔期 21 天。

（12）防治梨树梨木虱：在梨木虱低龄若虫发生期,用5%乳油1000～1500倍液均匀喷雾,每季最多施用3次,安全间隔期21天。

（13）防治茶树茶尺蠖：在茶尺蠖初孵幼虫至低龄幼虫期,用10%乳油2000～3000倍液均匀喷雾,每季最多施用1次,安全间隔期7天。

（14）防治茶树茶毛虫：在茶毛虫初孵幼虫至低龄幼虫期,用100克/升乳油2000～3700倍液或每667平方米用10%乳油30～40毫升兑水30～50千克,均匀喷雾,每季最多施用1次,安全间隔期7天。

（15）防治茶树茶小绿叶蝉：在茶小绿叶蝉若虫高峰期前,用100克/升乳油2000～3700倍液均匀喷雾,每季最多施用1次,安全间隔期7天。

（16）防治烟草小地老虎：在幼虫三龄前每667平方米用5%乳油7.5～10克兑水30～50千克均匀喷雾,每季最多施用2次,安全间隔期15天。

（17）防治烟草烟青虫：在幼虫三龄前每667平方米用5%乳油7.5～10克兑水30～50千克均匀喷雾,每季最多施用2次,安全间隔期15天。

（18）防治杨树天牛：在天牛羽化高峰期,用8%微囊悬浮剂200～300倍液或8%微囊剂200～300倍液,均匀喷雾。

【注意事项】

（1）对鱼类及水生生物、蚕、蜂有毒,清洗喷雾器的水要妥善处理,切勿污染水源、桑田和蜂场。

（2）不能与铜制剂、碱性制剂、碱性物质（如波尔多液、石硫合剂等）混用。

（3）本品在下列食品上的最大残留限量（毫克/千克）：小麦0.2,结球甘蓝5,柑橘1,普通白菜、大白菜、苹果、梨2,茶叶20。

92. 氯噻啉

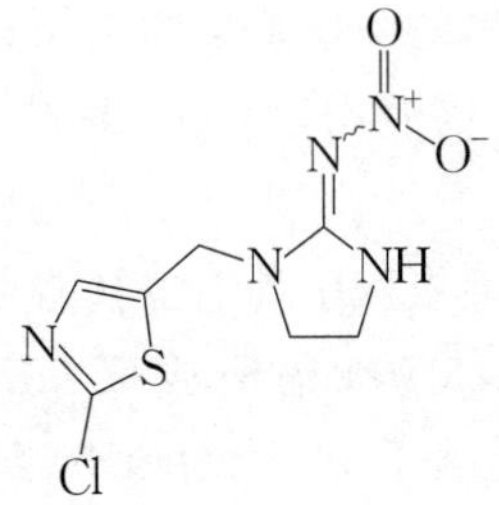

分子式：$C_7H_8ClN_5O_2S$

【类别】 新烟碱类。

【化学名称】 1-(5-氯-噻唑基甲基)-N-硝基亚咪唑-2-基胺。

【理化性质】 原药外观为黄褐色粉状固体，熔点146.8~147.8℃。溶解度(25℃，克/升)：水5，乙腈50，二氯甲烷20~30，甲苯0.6~1.5，二甲基亚砜260。常温下贮存稳定。

【毒性】 低毒。原药对大鼠急性经口LD_{50}为1470毫克/千克(雌)、1620毫克/千克(雄)，急性经皮LD_{50}＞2000毫克/千克。对皮肤和眼睛无刺激性，无致敏性。

【制剂】 *40%水分散粒剂，10%可湿性粉剂。*

【作用机制与防治对象】 一种新烟碱类杀虫剂，具有很好的内吸、渗透作用，还具有低毒、高效、残效期长等特点，对刺吸式口器害虫有效。可防治小麦、水稻、蔬菜、果树、烟叶等多种作物上的蚜虫、叶蝉、飞虱和粉虱等。

【使用方法】

(1) 防治水稻稻飞虱：在稻飞虱低龄若虫高峰期，每667平方米用40%水分散粒剂4~5克兑水30~50千克均匀喷雾，每季最多施用1次，安全间隔期45天。或用10%可湿性粉剂10~20克兑水 30～50 千克均匀喷雾,每季最多施用 2 次,安全间隔期 30 天。

(2)防治烟草蚜虫:在蚜虫低龄若虫高峰期,每 667 平方米用 40%水分散粒剂 4～5 克兑水 30～50 千克均匀喷雾,每季最多施用 3 次,安全间隔期 14 天。

(3)防治茶树小绿叶蝉:在小绿叶蝉低龄若虫高峰期,每 667 平方米用 10%可湿性粉剂 20～30 克兑水 30～50 千克均匀喷雾,每季最多施用 2 次,安全间隔期 5 天。

(4)防治番茄(大棚)白粉虱:在白粉虱低龄若虫始盛期,每 667 平方米用 10%可湿性粉剂 15～30 克兑水 30～50 千克均匀喷雾,每季最多施用 2 次,安全间隔期 7 天。

(5)防治甘蓝蚜虫:在蚜虫低龄若虫高峰期,每 667 平方米用 10%可湿性粉剂 10～15 克兑水 30～50 千克均匀喷雾,每季最多施用 4 次,安全间隔期 7 天。

(6)防治柑橘树蚜虫:在蚜虫低龄若虫高峰期,用 10%可湿性粉剂 4 000～5 000 倍液均匀喷雾,每季最多施用 3 次,安全间隔期 14 天。

(7)防治小麦蚜虫:在蚜虫低龄若虫高峰期,每 667 平方米用 10%可湿性粉剂 15～20 克兑水 30～50 千克均匀喷雾,每季最多施用 2 次,安全间隔期 14 天。

【注意事项】

(1)周围蜜源作物花期、蚕室及桑园附近禁用;远离水产养殖区施药,禁止在河塘等水域内清洗施药器具。

(2)施药前后应将喷雾器清洗干净。注意避免污染水源。

(3)建议与不同作用机制的杀虫剂轮换使用。

(4)本品在下列食品上的最大残留限量(毫克/千克):稻谷、糙米 0.1,小麦、番茄、柑橘 0.2,结球甘蓝 0.5。

93. 马拉硫磷

分子式：$C_{10}H_{19}O_6PS_2$

【类别】 有机磷酸酯类。

【化学名称】 O,O-二甲基-S-[1,2-双(乙氧基羰基)乙基]二硫代磷酸酯。

【理化性质】 纯品为透明浅黄色油状物,原药为透明琥珀色液体,熔点 2.85 ℃。沸点 156～157 ℃(0.93×10^2 帕),相对密度 1.23,蒸气压 5.3 毫帕(30 ℃)。室温下水中溶解度 145 毫克/升,与大多有机溶剂如醇类、酯类、酮、醚类、芳香烃类混溶,但在石油中的溶解有限,在石油醚中大约可溶 35％本品。在 pH7 以上或 pH5 以下迅速分解,在 pH5.26 缓冲水溶液中稳定。

【毒性】 低毒。大鼠急性经口 LD_{50} 2 800 毫克/千克,兔急性经皮 LD_{50}(24 小时)4 100 毫克/千克,大鼠急性经皮 LD_{50}＞5.2 毫克/升。对皮肤和眼睛有刺激。北美鹌鹑 LC_{50}(5 天)3 497 毫克/千克饲料,野鸡 LC_{50} 4 320 毫克/千克(饲料)。蓝鳃太阳鱼 LC_{50}(96 小时)135 毫克/升。蜜蜂 LD_{50} 710 纳克/只。

【制剂】 45％、70％乳油,1.2％、1.8％粉剂。

【作用机制与防治对象】 具有良好的触杀和熏蒸作用,进入虫体后首先被氧化成毒力更强的马拉氧磷,从而发挥强大的毒杀作用。马拉硫磷毒性低,残效期短,按推荐剂量使用时,对仓贮原粮安全,对玉米象、米象、锯谷象、长角盗等甲虫类粮食仓贮害虫有较好的防治效果;对蛾类、螨类,如腐食酪螨、普通食甜螨也有较好的药效;还可用于空仓及环境消毒。适用于防治水稻、小麦、棉花、蔬菜、茶树、果树等作物的多种害虫。

【使用方法】

(1)防治水稻飞虱:在飞虱低龄若虫发生始盛期,每667平方米用45%乳油80~110毫升兑水30~50千克均匀喷雾,每季最多施用3次,安全间隔期14天。

(2)防治水稻叶蝉:在害虫低龄若虫发生期,每667平方米用45%乳油85~110毫升兑水30~50千克均匀喷雾,每季最多施用3次,安全间隔期14天。

(3)防治水稻蓟马:于水稻蓟马孵化高峰期至低龄若虫期,每667平方米用45%乳油83~111克兑水30~50千克均匀喷雾,每季最多施用2次,安全间隔期21天。

(4)防治小麦蚜虫:于小麦蚜虫低龄若虫发生期,每667平方米用45%乳油85~110毫升兑水30~50千克均匀喷雾,每季最多施用2次,安全间隔期7天。

(5)防治小麦黏虫:在黏虫卵期或卵孵化盛期,每667平方米用45%乳油85~110毫升兑水30~50千克均匀喷雾,每季最多施用2次,安全间隔期7天。

(6)防治棉花盲椿象:在盲椿象低龄若虫发生期,每667平方米用45%乳油55~85毫升兑水30~50千克均匀喷雾,每季最多施用2次,安全间隔期7天。

(7)防治棉花蚜虫、叶跳虫:在害虫低龄若虫发生始盛期,每667平方米用45%乳油55~85毫升兑水30~50千克均匀喷雾,每季最多施用3次,安全间隔期14天。

(8)防治豆类食心虫:在害虫卵孵化盛期或幼虫盛发期,视虫害情况,每7天左右施药1次,可连续用药2~3次,每667平方米用45%乳油85~110毫升兑水30~50千克均匀喷雾。

(9)防治豆类造桥虫:在害虫卵孵化盛期或幼虫盛发期,视虫害情况,每7天左右施药1次,可连续用药2～3次,每667平方米用45％乳油85～110毫升兑水30～50千克均匀喷雾。

(10) 防治原粮仓贮害虫:采用撒施(拌粮)法,在贮粮不多时,可在地面上拌匀后再入库或作囤;在贮粮数量较多时,可边进粮边撒粉,做到边撒边翻动,则杀虫效果更好。搅拌均匀后贮藏于仓库即可。粮食进完后,耙平粮面,再将剩下的药撒在粮面上。每1000千克原粮用1.8％粉剂667～1334克,或用1.2％粉剂1000～2000克,或用70％乳油28～43克。对已生虫的粮食,加大用量从上往下逐层施放即可杀虫。

(11) 防治稻谷原粮仓贮害虫:采用喷雾或砻糠载体法,每1000千克原粮用70％乳油15～43毫升。

(12) 防治小麦原粮仓贮害虫:采用喷雾或砻糠载体法,每1000千克原粮用70％乳油15～43毫升。

(13) 防治玉米原粮仓贮害虫:采用喷雾或砻糠载体法,每1000千克原粮用70％乳油15～43毫升。

(14) 防治大麦原粮仓贮害虫:采用喷雾或砻糠载体法施药。喷施本药剂,粮食厚度不得超过30厘米,且不可将整堆粮食的总用药量施于局部部位。砻糠载体法喷药时,在施药前1～2天将稻壳(谷壳、麦壳)薄摊于室内地面,用超低量喷雾器将整堆粮食所需的总药量(不加水)喷入整堆稻壳中拌匀,阴干后即可使用。每1000千克原粮用70％乳油15～43毫升。

(15) 防治高粱原粮仓贮害虫:采用喷雾或砻糠载体法,每1000千克原粮用70％乳油15～43毫升。

(16) 防治甘蓝黄条跳甲:在黄条跳甲发生始盛期,每667平方米用45％乳油90～110毫升兑水30～50千克均匀喷雾,每季最多施用2次,安全间隔期10天。

(17) 防治甘蓝蚜虫:蚜虫若虫始盛期开始喷药,每667平方米用45％乳油80～100毫升兑水30～50千克均匀喷雾,每季最多施用2次,安全间隔期10天。

（18）防治十字花科蔬菜蚜虫：于蚜虫低龄若虫发生期，每667平方米用45％乳油83～111毫升兑水30～50千克均匀喷雾，每季最多施用2次，安全间隔期10天。

（19）防治十字花科黄条跳甲：在黄条跳甲发生始盛期，每667平方米用45％乳油120～140毫升兑水30～50千克均匀喷雾，每季最多施用2次，安全间隔期10天。

（20）防治蔬菜黄条跳甲：在黄条跳甲发生始盛期用药，可连用2～3次，间隔7天，每667平方米用45％乳油85～110毫升兑水30～50千克均匀喷雾，每季最多施用3次，安全间隔期14天。

（21）防治蔬菜蚜虫：在蚜虫低龄若虫发生始盛期，每667平方米用45％乳油85～110毫升兑水30～50千克均匀喷雾，每季最多施用3次，安全间隔期10天。

（22）防治柑橘树蚜虫：于蚜虫若虫盛期对柑橘叶片正反面均匀喷雾，以叶面微滴水为度，用45％乳油1500～2000倍液均匀喷雾，每季最多施用3次，安全间隔期10天。

（23）防治苹果树椿象：在椿象初发期，用45％乳油1000～1500倍液均匀喷雾，每季最多施用2次，安全间隔期5天。

（24）防治梨树椿象：在椿象初发期，用45％乳油1500～1800倍液均匀喷雾，每季最多施用3次，安全间隔期7天。

（25）防治枣树盲蝽：在盲蝽发生初期，用45％乳油1000～1800倍液均匀喷雾。

（26）防治果树蚜虫：在蚜虫低龄若虫发生期，用45％乳油1350～1800倍液均匀喷雾，每季最多施用2次，安全间隔期10天。

（27）防治果树椿象：在椿象低龄若虫发生期，用45％乳油1350～1800倍液均匀喷雾，每季最多施用2次，安全间隔期10天。

（28）防治茶树长白蚧：在蚧虫低龄若虫发生期，用45％乳油

450~720 倍液均匀喷雾,每季最多施用 1 次,安全间隔期 10 天。

(29)防治茶树象甲:在象甲卵孵化盛期,用 45％乳油 450~720 倍液均匀喷雾,每季最多施用 1 次,安全间隔期 10 天。

(30)防治农田蝗虫:在蝗虫卵期或虫蛹始发期,每 667 平方米用 45％乳油 65~90 毫升兑水 30~50 千克均匀喷雾。

(31)防治牧草蝗虫:在蝗虫卵期或虫蛹始发期,每 667 平方米用 45％乳油 65~90 毫升兑水 30~50 千克均匀喷雾,每季最多施用 1 次,安全间隔期 15 天。

(32)防治林木蝗虫:在蝗虫卵期或虫蛹始发期,每 667 平方米用 45％乳油 65~90 毫升兑水 30~50 千克均匀喷雾。

【注意事项】

防治仓贮害虫时

(1)严格按规定用药量和方法使用。

(2)本品制剂易燃,注意防火。

(3)远离水产养殖区施药,禁止在河塘等水体中清洗施药器具,蚕室及桑园附近禁用。

(4)粮食贮藏安全期:施药浓度 20 毫克/千克以下时为 3 个月,施药浓度 20~30 毫克/千克时为 4 个月。

(5)一个贮粮周期使用 1 次。

防治大田害虫时

(1)对蜜蜂、鱼类等水生生物、家蚕、家禽和家畜有毒。施药期间应避免对周围蜂群的影响,开花植物花期、蚕室和桑园附近禁用,施药需远离池塘、湖泊、溪流和家禽家畜的活动区域,清洗药具的药液不要污染水源。

(2)不得与碱性药剂等物质混用,以免分解失效。

(3)建议与其他不同作用机制杀虫剂轮换使用。

(4)本品在下列食品上的最大残留限量(毫克/千克):棉籽 0.05,稻谷、麦类 8,高粱 3,结球甘蓝、花椰菜、茄子、辣椒、番茄 0.5,豇豆、扁豆、菜豆、豌豆、柑橘、苹果、梨 2,桃、油桃、枣(鲜)、樱桃、李子、蓝莓 6,桑葚、草莓 1,普通白菜、大白菜、葡萄 8,荔枝 0.5,无花果 0.2。

94. 醚菊酯

分子式：$C_{25}H_{28}O_3$

【类别】 拟除虫菊酯类。

【化学名称】 2-(4-乙氧基苯基)-2-甲基丙基-3-苯氧基苄基醚。

【理化性质】 纯品为无色结晶,熔点 36.4～37.5 ℃。沸点 208 ℃/7.14×10^2 帕,200 ℃/23.8 帕。蒸气压 32 毫帕(100 ℃)。相对密度 1.157(固体),1.067(液体)。溶解度(25 ℃)：丙酮 7.8 克/升,氯仿 9 克/升,乙酸乙酯 6 克/升,甲醇 66 克/升,二甲苯 4.8 克/升,乙醇 150 克/升,水 1 毫克/升。对光、热、湿度均稳定。

【毒性】 低毒。大鼠急性经口 LD_{50}＞2 000 毫克/千克,急性经皮 LD_{50}＞5 000 毫克/千克,急性吸入 LC_{50}(4 小时)＞5.9 毫克/升(空气)。对兔眼睛和皮肤无刺激性;对豚鼠皮肤无致敏性。野鸭急性经口 LD_{50}＞2 000 毫克/千克。鱼类 LC_{50}(48 小时)：鲤鱼 5.0 毫克/升,金鱼 1.73 毫克/升。蜜蜂 LD_{50} 0.13 毫克/只,在田间条件下,除直接喷在蜜蜂上外,一般无毒。

【制剂】 10%、30%水乳剂,10%、20%、30%悬浮剂,4%油剂,20%乳油。

【作用机制与防治对象】 本品有效成分空间结构和拟除虫菊

酯有相似之处,为类似拟除虫菊酯类的杀虫剂,具有触杀和胃毒作用,无内吸传导作用。通过扰乱昆虫神经的正常生理,使之由兴奋、痉挛到麻痹而死亡。具有杀虫谱广、杀虫活性高、击倒速度快、持效期长、对天敌杀伤力较小、对作物安全等优点。可有效防治烟草烟蚜、烟草烟青虫、甘蓝菜青虫、水稻飞虱等。

【使用方法】

(1) 防治甘蓝菜青虫:在菜青虫低龄幼虫期,每 667 平方米用 10%水乳剂 20~40 毫升或 20%悬浮剂 15~20 毫升,兑水 30~50 千克均匀喷雾,每季最多施用 3 次,安全间隔期 7 天。

(2) 防治十字花科蔬菜菜青虫:在菜青虫低龄幼虫期,每 667 平方米用 10%悬浮剂 30~40 毫升兑水 30~50 千克均匀喷雾,每季最多施用 2 次,安全间隔期 7 天。

(3) 防治十字花科蔬菜甜菜夜蛾、小菜蛾:在害虫低龄幼虫期,每 667 平方米用 10%悬浮剂 80~100 毫升兑水 30~50 千克均匀喷雾,每季最多施用 3 次,安全间隔期 7 天。

(4) 防治烟草烟青虫、烟蚜:在烟青虫低龄幼虫盛发期、蚜虫发生始盛期,每 667 平方米用 30%水乳剂 20~30 毫升兑水 30~50 千克均匀喷雾,每季最多施用 2 次,安全间隔期 21 天。

(5) 防治茶树茶小绿叶蝉:在茶小绿叶蝉低龄若虫发生期,每 667 平方米用 30%水乳剂 33~40 毫升兑水 30~50 千克均匀喷雾。

(6) 防治林木松毛虫:在松毛虫卵孵化盛期至低龄幼虫期使用,用 10%悬浮剂 2 000~3 000 倍液均匀喷雾。

(7) 防治水稻飞虱:在水稻飞虱低龄若虫发生初期,每 667 平方米用 10%悬浮剂 50~70 毫升或 20%乳油 30~45 毫升,兑水 30~50 千克均匀喷雾,每季最多施用 3 次,安全间隔期 14 天。或用 30%悬浮剂 20~25 毫升兑水 30~50 千克均匀喷雾,每季最多施用 2 次,安全间隔期 14 天。

(8) 防治水稻象甲:在象甲发生初期,每 667 平方米用 10%

悬浮剂 80～100 毫升或 4‰油剂 200～250 毫升,兑水 30～50 千克均匀喷雾,每季最多施用 3 次,安全间隔期 14 天。或用 30%悬浮剂 25～35 毫升兑水 30～50 千克均匀喷雾,每季最多施用 2 次,安全间隔期 14 天。

【注意事项】

(1) 不要与呈碱性的农药等物质混用。

(2) 对鱼类、蚤类剧毒,对蜜蜂、家蚕中毒,对藻类低毒,对天敌赤眼蜂具极高风险性。施药时应避免对周围蜂群的影响,周围开花植物花期、蚕室和桑园附近禁用,远离水产养殖区、河塘等水体施药,应避免药液流入河塘等水体中,清洗喷药器械时切忌污染水源,禁止在河塘等水域清洗施药器具,赤眼蜂等天敌放飞区域禁用。

(3) 建议与其他不同作用机制的杀虫剂轮换使用,以延缓抗药性产生。

(4) 本品在下列食品上的最大残留限量(毫克/千克):糙米 0.01,结球甘蓝 0.5,普通白菜、芹菜、大白菜、萝卜 1,茶叶 50。

95. 棉铃虫核型多角体病毒

【类别】 微生物类。

【理化性质】 棉铃虫核型多角体病毒母药外观通常为灰白色或褐色均匀粉状物,或者灰白色或褐色液体,存放过程中可能出现沉淀,经搅动能恢复原状。杂菌菌落总数不超过每克或每毫升 $1.0×10^7$ CFU/克(毫升),pH5.0～7.5,干燥减重不超过 5%,细度(通过 75 微米标准筛)不低于 95.0%。不溶于水,溶于弱碱。在 4℃以下可以长期保存,加工过程中处理温度不得高于 60℃,在弱碱溶液、100℃以上高温条件下极快失活。见光易失活。棉铃虫核型多角体病毒水分散粒剂为干燥的、能自由流动的灰褐色颗粒状,无可见机械杂质。棉铃虫核型多角体病毒可湿性粉剂为灰白至黄色疏松细粉,无腐霉异味。

【毒性】 低毒。制剂急性经口 LD_{50} >2 000 毫克/千克,急性经皮 LD_{50} >4 000 毫克/千克。

【制剂】 20 亿 PIB/毫升、50 亿 PIB/毫升悬浮剂,10 亿 PIB/克可湿性粉剂,600 亿 PIB/克水分散粒剂。

【作用机制与防治对象】 本品为棉铃虫核型多角体病毒(HearNPV),喷洒到农作物上被棉铃虫取食后进入幼虫的脂肪体细胞和中肠细胞核中,随即循环复制致使害虫染病死亡。用于防治棉铃虫、烟青虫等害虫。

【使用方法】

(1)防治番茄棉铃虫:于棉铃虫产卵高峰期至低龄幼虫盛发初期施药,每 667 平方米用 600 亿 PIB/克水分散粒剂 2～4 克兑水30～50 千克均匀喷雾。

(2)防治辣椒烟青虫:于烟青虫产卵高峰期至低龄幼虫盛发初期施药,每 667 平方米用 600 亿 PIB/克水分散粒剂 2～4 克兑水30～50 千克均匀喷雾。

(3)防治棉花棉铃虫:于棉铃虫产卵高峰期至低龄幼虫盛发初期施药,每 667 平方米用 600 亿 PIB/克水分散粒剂 2～2.5 克,或 10 亿 PIB/克可湿性粉剂 80～120 克,或 50 亿 PIB/毫升悬浮剂20～24 毫升,或 20 亿 PIB/毫升悬浮剂 50～60 毫升,兑水 30～50千克均匀喷雾。视虫害发生情况,每 10 天左右施药 1 次,可连续用药 3 次。

(4)防治烟草烟青虫:于烟青虫产卵高峰期至低龄幼虫盛发初期施药,每 667 平方米用 600 亿 PIB/克水分散粒剂 3～4 克兑水30～50 千克均匀喷雾。

(5)防治芝麻棉铃虫:于棉铃虫产卵高峰期至低龄幼虫盛发初期施药,每 667 平方米用 10 亿 PIB/克可湿性粉剂 80～120 克兑水 30～50 千克均匀喷雾。

【注意事项】

(1) 由于本品用量较少,为保证使用效果,喷药时须二次稀释,先用少量水将药剂混合均匀,再加入足量水进行稀释。

(2) 不得与碱性物质混用,不得与含铜等杀菌剂混用。

(3) 不要在河塘等水域清洗施药器具,避免药剂污染水源。

(4) 建议与其他不同作用机制的杀虫剂轮用。

96. 灭多威

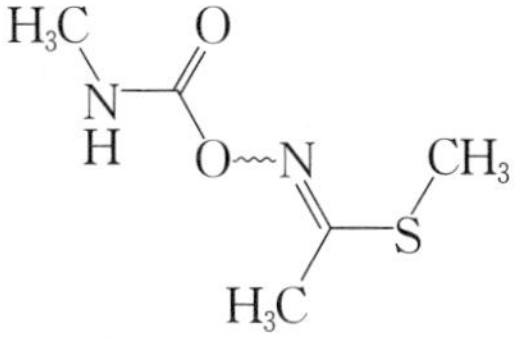

分子式:$C_5H_{10}N_2O_2S$

【类别】 氨基甲酸酯类。

【化学名称】 S-甲基-N-[(甲基氨基甲酰基)氧基]硫代乙酰亚胺酸酯。

【理化性质】 本品为(Z)和(E)异构体的混合物(前者占优势)。纯品为无色晶体,有轻微硫黄味。熔点 78~79 ℃,蒸气压 0.72 毫帕(25 ℃)。相对密度 1.294 6(25 ℃)。溶解度(25 ℃,克/千克):水 58,甲醇 1 000,丙酮 720,乙醇 420,甲苯 30。水溶液在室温下分解缓慢,在通风时、日光下、碱性介质中或较高温度下迅速分解,在土壤中迅速分解。

【毒性】 高毒。雄大鼠急性经口 LD_{50} 17 毫克/千克,雌大鼠急性经口 LD_{50} 24 毫克/千克;雄大鼠急性经皮 LD_{50} 130 毫克/千克(水溶液)。雄兔急性经皮 $LD_{50}>5\,000$ 毫克/千克,5 880 毫克/千克(水溶液)。大鼠急性吸入 LC_{50}(4 小时)0.3 毫克/升。对兔眼有刺激,对豚鼠皮肤无刺激。野鸭急性经口 LD_{50} 15.9 毫克/千克,野鸡急性经口 LD_{50} 15.4 毫克/千克。鹌鹑 LC_{50}(8 天)3 680 毫克/千克(饲料),北京鸭 LC_{50}(8 天)1 890 毫克/千克(饲料)。鱼类 LC_{50}(96 小时):蓝鳃太阳鱼 0.87 毫克/升,虹鳟鱼 3.4 毫克/升。

【制剂】 20％、40％乳油,10％、20％可湿性粉剂,24％可溶液剂,10％、20％、40％、90％可溶粉剂。

【作用机制与防治对象】 本品为内吸性杀虫剂,可以有效杀死害虫的卵、幼虫和成虫。具有触杀和胃毒双重作用,抑制乙酰胆碱酯酶,使昆虫神经传导中起重要作用的乙酰胆碱无法分解,造成神经冲动无法控制传递,导致昆虫出现惊厥、过度兴奋、麻痹与震颤而无法在作物上取食,最终死亡。对桑树桑螟、野蚕,棉花棉铃虫有较好的防治效果。

【使用方法】

(1) 防治桑树桑螟、野蚕:应在害虫低龄幼虫发生期施药,用 40％乳油 4 000～8 000 倍液均匀喷雾,每季最多施用 1 次,安全间隔期 18 天。

(2) 防治棉花棉铃虫:于棉铃虫卵孵化盛期至低龄幼虫期施药,每 667 平方米用 20％乳油 40～50 毫升或 40％可溶粉剂 30～40 克,兑水 30～50 千克均匀喷雾,每季最多施用 3 次,安全间隔期 28 天。或用 10％可溶粉剂 100～150 克或 90％可溶粉剂 10～20 克,兑水 30～50 千克均匀喷雾,每季最多施用 3 次,安全间隔期 14 天。视虫害发生情况,每 20 天左右施药 1 次,可连续用药 2～3 次。

(3) 防治棉花蚜虫:于棉花蚜虫始盛期施药,每 667 平方米用 20％乳油 25～50 毫升或 40％可溶粉剂 18～30 克,兑水 30～50 千克均匀喷雾,每季最多施用 3 次,安全间隔期 28 天。或用 24％可溶液剂 75～100 克兑水 30～50 千克均匀喷雾,每季最多施用 3 次,安全间隔期 7 天。或用 90％可溶粉剂 8～13 克兑水 30～50 千克均匀喷雾。安全间隔期为 14 天,最多使用 3 次。

（4）防治烟草烟青虫：在田间初现害虫时开始喷药进行防治，每 667 平方米用 10％可湿性粉剂 120～180 克或 24％可溶液剂 50～75 克，兑水 30～50 千克均匀喷雾，每季最多施用 2 次，安全间隔期 5 天。

（5）防治烟草烟蚜：于蚜虫发生初期开始用药，每 667 平方米用 24％可溶液剂 50～75 克兑水 30～50 千克均匀喷雾，间隔 7～10 天第二次用药，每季最多施用 2 次，安全间隔期 5 天。

【注意事项】

（1）本品为高毒农药，只能在我国已经批准登记的作物上使用。

（2）不得用于防治卫生害虫，不得用于蔬菜、瓜果、茶叶、菌类、中草药材的生产，不得用于水生植物的病虫害防治。

（3）建议与其他不同作用机制的杀虫剂轮换使用，以延缓抗药性产生。

（4）对蜜蜂、鱼类等水生生物、家蚕有毒。施药期间应避免对周围蜂群的影响，开花植物花期、蚕室和桑园附近禁用，远离水产养殖区施药，禁止在河塘等水体中清洗施药器具。

（5）不可与呈碱性的农药等物质混合使用。

（6）本品在下列食品上的最大残留限量（毫克/千克）：棉籽 0.5，棉籽油 0.04。

97. 灭蝇胺

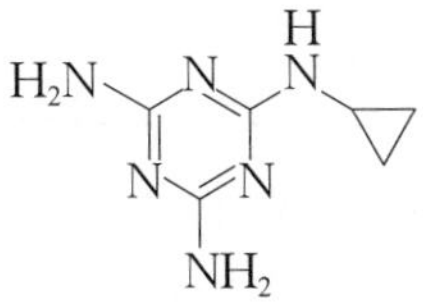

分子式：$C_6H_{10}N_6$

【类别】 三嗪类。

【化学名称】 N-环丙基-2,4,6-三氨基-1,3,5-三嗪。

【理化性质】 纯品为无色晶体,熔点 220～222 ℃,蒸气压 4.48×10^{-7} 帕(25 ℃),密度 1.35 克/厘米^3,水中溶解度(20 ℃,pH7.1)为 13 克/升,有机溶剂中溶解度(克/升,20 ℃):甲醇 22、异丙醇 2.5、丙酮 1.7、正辛醇 1.2、二氯甲烷 0.25、甲苯 0.015、己烷 0.000 2。亨利常数 5.8×10^{-9} 帕·米^3/摩(25 ℃)。在 pH5～9 时水解不明显,310 ℃下稳定。pKa 为 5.22,弱碱性。

【毒性】 低毒。大鼠急性经口 $LD_{50} > 3387$ 毫克/千克,急性经皮 $LD_{50} > 3100$ 毫克/千克,吸入 LC_{50}(4 小时)为 2.720 毫克/升。对兔眼睛无刺激性,对兔皮肤有轻度刺激性。鸟类急性经口 LD_{50}(毫克/千克):山齿鹑 1785、日本鹌鹑 2338、北京鸭 >1 000、绿头鸭 >2 510。大翻车鱼 LC_{50}(96 小时) >90 毫克/升,鲤鱼、鲇鱼和虹鳟鱼 $LC_{50} > 100$ 毫克/升。水蚤 LC_{50}(48 小时) >97.8 毫克/升。藻类 EC_{50} 为 124 毫克/升。对蜜蜂成蜂无毒,无作用接触量为 5 微克/只。蚯蚓 $LC_{50} > 1000$ 毫克/千克。对其他有益生物安全。

【制剂】 30%、50%、70%、75%、80%可湿性粉剂,60%、70%、80%水分散粒剂,10%、20%、30%悬浮剂,20%、50%、75%可溶粉剂。

【作用机制与防治对象】 本品内吸传导较强,具有触杀、胃毒作用。杀虫机制是诱使斑潜蝇的幼虫和蛹在形态上发生畸变,成虫羽化不全或受抑制。对黄瓜美洲斑潜蝇、菜豆美洲斑潜蝇有较好的防效。

【使用方法】

(1) 防治黄瓜美洲斑潜蝇:于初见虫道或在美洲斑潜蝇 3 龄幼虫前使用效果好,每 667 平方米用 30%可湿性粉剂 27～33 克兑水 30～50 千克均匀喷雾,每季最多施用 2 次,安全间隔期 2 天。或用 75%可湿性粉剂 15～20 克,或 60%水分散粒剂 20～25 克,或 10％悬浮剂 100～150 毫升,兑水 30～50 千克均匀喷雾,每季最多施用 2 次,安全间隔期 3 天。

(2)防治菜豆(美洲)斑潜蝇:在斑潜蝇低龄幼虫始发期施药效果最佳,每 667 平方米用 50％可湿性粉剂 18～25 克兑水 30～50 千克均匀喷雾,每季最多施用 2 次,安全间隔期 7 天。或用 70％水分散粒剂 15～20 克兑水 30～50 千克均匀喷雾,每季最多施用 2 次,安全间隔期 14 天。或用 20％可溶粉剂 40～60 克兑水 30～50 千克均匀喷雾,每季最多施用 2 次,安全间隔期 5 天。或用 75％可溶粉剂 15～20 克兑水 30～50 千克均匀喷雾,每季最多施用 3 次,安全间隔期 5 天。

(3)防治姜蛆:用药土法施药。每 1000 千克姜用 70％可湿性粉剂 14～21 克或 50％可溶粉剂 20～30 克,兑水 30～50 千克均匀喷雾。或每 1000 千克姜用 20％可溶粉剂 50～75 克兑水 30～50 千克均匀喷雾,每季最多施用 1 次,安全间隔期 90 天。

(4)防治花卉美洲斑潜蝇:于初见虫道时,每 667 平方米用 75％可湿性粉剂 13～20 克兑水 30～50 千克均匀喷雾。两次喷雾间隔时间为 7 天以上,每季最多施用 6 次。

【注意事项】

(1)本品虽对蜜蜂、鱼、家蚕、鸟等环境生物低毒,但施药时也应注意避免对周围环境的影响,尽量避开蜂群、开花植物花期、蚕室和桑园、池塘施用,水产养殖区、河塘等水体附近禁用,禁止在河塘等水体中清洗施药器具。

(2)建议与其他不同作用机制的杀虫剂轮换使用。

(3)不可与呈碱性的农药等物质混合使用。

(4)本品在下列食品上的最大残留限量(毫克/千克):黄瓜 1,菜豆 0.5。

98. 灭幼脲

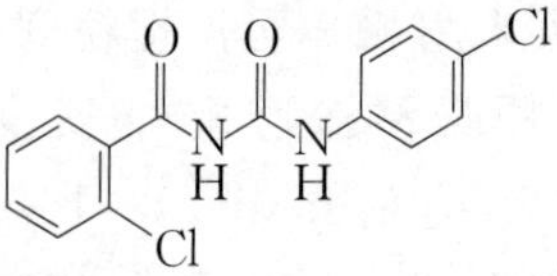

分子式：$C_{14}H_{10}Cl_2N_2O_2$

【类别】 苯甲酰脲类。

【化学名称】 1-(4-氯苯基)-3-(2-氯苯甲酰基)脲。

【理化性质】 纯品为无色结晶,熔点 199～201 ℃,相对密度 0.74。不溶于水,100 毫升丙酮能溶解 1 克,易溶于 N,N-二甲基甲酰胺和吡啶等有机溶剂。遇碱和较强的酸易分解,常温下贮存稳定,对光、热较稳定。

【毒性】 微毒。大鼠急性经口 $LD_{50}>20\ 000$ 毫克/千克。对兔眼睛和皮肤无刺激,无致癌、致畸、致突变作用。

【制剂】 20%、25%悬浮剂,25%可湿性粉剂。

【作用机制与防治对象】 本品为昆虫生长调节剂,作用机制为抑制卵、幼虫以及蛹表皮几丁质的合成,使昆虫不能正常蜕皮而死亡。具有胃毒和触杀作用。幼虫接触药液后拒食,身体缩小,2 天后开始死亡,3～4 天达到死亡高峰。成虫接触药液后,产卵减少或不产卵或所产卵不能孵化。

【使用方法】

(1) 防治苹果树金纹细蛾:在卷叶危害之前、卵孵化盛期或低龄幼虫期,用 25%可湿性粉剂 1 000～1 500 倍液,或 20%悬浮剂 1 200～1 600 倍液,或 25%悬浮剂 1 500～2 000 倍液,均匀喷雾,每季最多施用 2 次,安全间隔期 21 天。

(2) 防治十字花科蔬菜菜青虫:在菜青虫低龄幼虫期,每 667

平方米用20％悬浮剂25～38毫升兑水30～50千克均匀喷雾,每季最多施用2次,安全间隔期7天。

（3）防治甘蓝菜青虫:在菜青虫低龄幼虫期,每667平方米用20％悬浮剂15～25克或25％悬浮剂15～20克,兑水30～50千克均匀喷雾,每季最多施用2次,安全间隔期7天。

（4）防治松树松毛虫:在松毛虫2龄前幼虫期,每667平方米用25％悬浮剂1500～2000倍液均匀喷雾。

（5）防治观赏牡丹刺蛾:在刺蛾低龄幼虫期,每667平方米用25％悬浮剂30～70毫升兑水30～50千克均匀喷雾。

（6）防治杨树等林木美国白蛾:在美国白蛾2龄前幼虫期,用25％悬浮剂1500～2500倍液均匀喷雾。

【注意事项】

（1）本品为迟效性农药,施药后3～4天药效明显增大。

（2）如发现沉降,摇匀后可继续使用,不影响药效。

（3）对蜜蜂、家蚕有毒。施药期间应避免对周围蜂群的影响,开花植物花期、蚕室和桑园附近禁用。远离水产养殖区施药,禁止在河塘等水体中清洗施药器具。

（4）不能和碱性农药等物质混用。建议与其他不同作用机制的杀虫剂轮换使用。

（5）本品在下列食品上的最大残留限量(毫克/千克):结球甘蓝3,苹果2。

99. 苜蓿银纹夜蛾核型多角体病毒(AcMNPV)

【类别】 病毒类。

【理化性质】 不溶于水和乙醇、乙醚、苯、丙酮等多种有机溶剂,不能被细菌或细胞蛋白酶破坏,活体外用Na_2CO_3的稀溶液(0.05～0.08 M)溶解获得病毒粒子被食的感染虫体,能在中肠释放粒子,多角体不溶于血淋巴,耐低温,$-135 \sim -150$ ℃下冻融 5 次不失活。

【毒性】 低毒。AcMNPV 对大鼠急性经口 $LD_{50} > 5\,000$ 毫克/千克,兔经皮 $LD_{50} > 4\,000$ 毫克/千克,均属低毒性。对大鼠无明显致病作用,无诱变性。对豚鼠皮肤无致敏性,对兔眼睛有轻微刺激。

【制剂】 10 亿 PIB/毫升、20 亿 PIB/毫升悬浮剂。

【作用机制与防治对象】 本品的杀虫成分为昆虫杆状病毒。作用机制独特,施用后害虫取食受抑制并染病,最终害虫细胞崩解破坏、体液流失而死。害虫对本品不易产生抗药性。具有强烈的致病能力,以经口、经卵传播方式作用于害虫群体,形成"虫瘟"。可有效防治十字花科蔬菜甜菜夜蛾。

【使用方法】

(1) 防治十字花科蔬菜甜菜夜蛾:在甜菜夜蛾卵孵化盛期或低龄幼虫期,每 667 平方米用 10 亿 PIB/毫升悬浮剂 100 ~ 150 毫升兑水 30 ~ 50 千克均匀喷雾。建议每隔 7 天施药 1 次,可连续施药 2 次。

(2) 防治甘蓝甜菜夜蛾:在甜菜夜蛾低龄幼虫发生期,每 667 平方米用 20 亿 PIB/克悬浮剂 100 ~ 130 克兑水 30 ~ 50 千克均匀喷雾,施药时应叶面正反面均匀喷雾。建议每隔 7 天施药 1 次,可连续施药 2 次。

【注意事项】

(1) 不可与呈酸、碱性的农药等物质混合使用。

(2) 施药后施药器械要用清水冲洗,剩余药液和废弃包装要妥善处理。远离水产养殖区施药,禁止在河塘等水体中清洗施药器具。

(3) 建议与其他不同作用机制的杀虫剂轮换使用。

100. 氰氟虫腙

分子式：$C_{24}H_{16}F_6N_4O_2$

【类别】 缩氨基脲类。

【化学名称】 $(E+Z)$-2-[2-(4-氰基苯)-1-(3-三氟甲基苯)亚乙基]-N-(4-三氟甲氧苯)联氨羰草酰胺。

【理化性质】 原药外观呈白色粉末状晶体，含量为96.13％，熔点190℃，蒸气压 $1.33×10^{-9}$ 帕(25℃，不挥发)。水中溶解度0.5毫克/升。正辛醇-水分配系数 $K_{ow}\log P$ 为4.7～5.4(亲脂)。水中 DT_{50} 为10天(pH7)；在水中的光解迅速，DT_{50} 为2～3天；在土壤中光解 DT_{50} 为19～21天；有空气时光解迅速，$DT_{50}<1$天，在有光照射时水中沉淀物的 DT_{50} 为3～7天。

【毒性】 微毒。原药大鼠急性经口 LD_{50}(雌、雄)>5 000毫克/千克，大鼠急性经皮 LD_{50}(雌、雄)>5 000毫克/千克，大鼠急性吸入 LC_{50}(雌、雄)大于5.2毫克/升。对兔眼和皮肤无刺激性，对豚鼠皮肤无过敏性，对哺乳动物无神经毒性。污染物致突变性检测(Ames试验)呈阴性。鹌鹑经口 LD_{50}>2 000毫克/千克，对鸟类低毒。蜜蜂经口 LD_{50}>106微克/只(48 小时)，对蜜蜂低毒。鲑鱼 LC_{50}>343纳克/克(96 小时)。由于在水中能迅速水解和光解，氰氟虫腙对水生生物的危险很低。

【制剂】 22％、33％悬浮剂。

【作用机制与防治对象】 具有胃毒兼触杀作用。其作用于昆虫后阻断害虫神经系统钠离子通道,使虫体过度放松、麻痹,直至最终死亡。对水稻二化螟、甘蓝小菜蛾有较好防效。

【使用方法】

(1)防治甘蓝小菜蛾:在小菜蛾1~2龄幼虫发生盛期,每667平方米用22%悬浮剂70~80毫升兑水30~50千克均匀喷雾,每季最多施用2次,安全间隔期5天。

(2)防治水稻二化螟:在水稻二化螟发生初期,每667平方米用22%悬浮剂40~50毫升兑水30~50千克均匀喷雾,每季最多施用1次,安全间隔期21天。

(3)防治甘蓝甜菜夜蛾:在甜菜夜蛾低龄幼虫高发期,每667平方米用22%悬浮剂60~80毫升兑水30~50千克均匀喷雾,每季最多施用2次,安全间隔期5天。

(4)防治水稻稻纵卷叶螟:在稻纵卷叶螟低龄幼虫高发期,每667平方米用22%悬浮剂30~50毫升或33%悬浮剂20~40毫升,兑水30~50千克均匀喷雾,每季最多施用1次,安全间隔期21天。

(5)防治观赏菊花(保护地)斜纹夜蛾:在斜纹夜蛾低龄幼虫盛发期,每667平方米用22%悬浮剂75~85毫升兑水30~50千克均匀喷雾,每季最多施用1次。

(6)防治白菜小菜蛾:在小菜蛾1~2龄幼虫发生盛期,每667平方米用33%悬浮剂45~55毫升兑水30~50千克均匀喷雾,每季施药2次,安全间隔期5天。

【注意事项】

(1)对蜜蜂低毒,对鱼类等水生生物有一定毒性,对家蚕高毒。施药期间应避免对周围蜂群的影响,开花植物花期、蚕室和桑园附近禁用,远离水产养殖区施药,禁止在河塘等水体中清洗施药器具。赤眼蜂等天敌放飞区禁用。

(2)建议与其他不同作用机制的杀虫剂轮换使用,以延缓抗药性产生。

（3）本品在下列食品上的最大残留限量（毫克/千克）：稻谷 0.5,糙米 0.1,结球甘蓝 2,抱子甘蓝 0.8,白菜 6。

101. 氰戊菊酯

分子式：$C_{25}H_{22}ClNO_3$

【类别】 拟除虫菊酯类。

【化学名称】 (R,S)-α-氰基-3-苯氧基苄基-(R,S)-2-(4-氯苯基)-3-甲基丁酸酯。

【理化性质】 纯品为淡黄色透明液体。工业原药为黄色至褐色黏稠油状液体,室温下有部分结晶析出。沸点 $300\ ℃(4.4×10^3$ 帕),相对密度 $1.175(25\ ℃)$,蒸气压为 19.2 微帕($20\ ℃$)。水中溶解度($25\ ℃$)<10 微克/升;有机溶剂中溶解度($20\ ℃$)：正己烷 53 克/升,二甲苯不低于 200 克/升,甲醇 84 克/升。对热、潮湿和日光稳定,在酸性介质中相对稳定,在碱性介质中迅速分解。

【毒性】 中等毒。大鼠急性经口 $LD_{50}>5\,000$ 毫克/千克,大鼠急性经皮 $LD_{50}>451$ 毫克/千克,大鼠急性吸入 $LC_{50}>101$ 毫克/米^3(3 小时)。ADI 0.02 毫克/千克。对兔皮肤有刺激,对兔眼睛有中度刺激。野鸭急性经口 LD_{50} 9 932 毫克/千克。鱼类 LC_{50}（96 小时）：虹鳟鱼 $0.0036\sim0.0062$ 毫克/升,蓝鳃太阳鱼 0.0042 毫克/升。对蜜蜂有毒。

【制剂】 20%、25%、40%乳油,20%、30%水乳剂。

【作用机制与防治对象】 本品作用于害虫的神经系统,为钠离子通道抑制剂,以触杀和胃毒作用为主,无内吸传导和熏蒸作用。对鳞翅目幼虫防效好。

【使用方法】

(1)防治十字花科蔬菜菜青虫:在菜青虫低龄幼虫发生高峰期,每667平方米用40%乳油20~30毫升兑水30~50千克均匀喷雾,每季最多施用3次,安全间隔期12天。或用20%乳油20~40毫升兑水30~50千克均匀喷雾,每季最多施用3次,安全间隔期5天(夏季)、12天(秋冬季)。

(2)防治甘蓝菜青虫:在菜青虫低龄幼虫发生高峰期,每667平方米用20%水乳剂30~40毫升或30%水乳剂20~25毫升,兑水30~50千克均匀喷雾,每季最多施用2次,安全间隔期5天。或用20%乳油40~50毫升兑水30~50千克均匀喷雾,每季最多施用3次,安全间隔期12天。

(3)防治苹果树桃小食心虫:在桃小食心虫发生初期或卵孵化盛期,用20%水乳剂2 000~2 500倍液均匀喷雾,每季最多施用3次,安全间隔期14天。

(4)防治柑橘树潜叶蛾:在潜叶蛾卵孵化盛期至低龄幼虫期,用20%乳油10 000~20 000倍液均匀喷雾,每季最多施用3次,安全间隔期20天。

(5)防治果树梨小食心虫:在果树梨小食心虫卵孵化盛期至低龄幼虫钻蛀前,用20%乳油10 000~20 000倍液均匀喷雾,每季最多施用3次,安全间隔期14天。

(6)防治棉花红铃虫:在棉花棉红铃虫卵孵化盛期至低龄幼虫期,每667平方米用20%乳油25~50毫升兑水30~50千克均匀喷雾,每季最多施用3次,安全间隔期7天。

(7)防治棉花蚜虫:在蚜虫始盛期施药,每667平方米用20%乳油25~50毫升兑水30~50千克均匀喷雾,每季最多施用3次,安全间隔期7天。

（8）防治蔬菜蚜虫：在蚜虫始盛期施药，每 667 平方米用 20%乳油 20～40 毫升兑水 30～50 千克均匀喷雾，每季最多施用 3 次，安全间隔期 5 天（夏季）、12 天（秋冬季）。

【注意事项】

（1）对蜜蜂、鱼虾、家禽等毒性高。施用时注意不要污染河流、池塘、桑园、蚕室、养蜂场，蜜源作物花期禁用。

（2）不宜与碱性物质（波尔多液、石硫合剂等）混用。喷药时均匀周到，尽量减少用药次数及用药量，而且应与其他杀虫剂交替使用或混用，以延缓抗药性的产生。

（3）本品虽具有杀螨作用，但不能作为专用杀螨剂使用，只能作替代品种，最好用于虫螨兼治。

（4）茶树上禁止使用本品。

（5）本品在下列食品上的最大残留限量（毫克/千克）：棉籽 0.2，棉籽油 0.1，结球甘蓝、花椰菜 0.5，青花菜 5，芥蓝 7，菜薹 10，普通白菜 1，大白菜 3，萝卜 0.05，柑橘、苹果 1。

102. 球孢白僵菌

【类别】 微生物源类。

【理化性质】 球孢白僵菌属半知菌亚门、镰孢霉科、白僵菌属，是一种昆虫病原真菌。菌落绒毛状、丛卷毛状至粉状，白色至浅黄色，偶呈淡粉色。产孢细胞单生或簇生于菌丝或分生孢子梗上，基部柱状或膨大呈烧瓶形，顶部变细。分生孢子球形或近球形。原药为乳白色粉末。杀虫有效成分为活的分生孢子，菌体遇到较高的温度自然死亡而失效。

【毒性】 低毒。雌、雄大鼠急性经口 LD_{50}＞5 000 毫克/千克，急性经皮 LD_{50}（4 小时）＞2 000 毫克/千克。对兔眼睛无刺激性。致敏试验结论为 Ⅱ 级轻度致敏物。对人、畜无致病作用，对蚕毒性高。

【制剂】　400 亿孢子/克水分散粒剂,150 亿孢子/克颗粒剂,100 亿孢子/克、200 亿孢子/克、300 亿孢子/克可分散油悬浮剂,150 亿孢子/克、300 亿孢子/克、400 亿孢子/克可湿性粉剂,50 亿孢子/克、150 亿孢子/克悬浮剂。

【作用机制与防治对象】　本品是一种真菌类微生物杀虫剂,作用方式是球孢白僵菌接触虫体感染,孢子侵入虫体内破坏其组织,使其致死。主要用于防治小白菜小菜蛾、水稻稻纵卷叶螟、韭蛆等。

【使用方法】

(1) 防治水稻稻纵卷叶螟:在稻纵卷叶螟幼虫孵化盛期及 1~2 龄幼虫高峰期为最佳施药期,每 667 平方米用 400 亿孢子/克水分散粒剂 26~35 克或 50 亿孢子/克悬浮剂 45~55 毫升,兑水 30~50 千克均匀喷雾。

(2) 防治水稻稻飞虱:稻飞虱若虫孵化盛期及 1~2 龄若虫高峰期为最佳施药期,每 667 平方米用 50 亿孢子/克悬浮剂 40~50 毫升兑水 30~50 千克均匀喷雾。

(3) 防治水稻蓟马:蓟马幼虫孵化盛期及 1~2 龄幼虫高峰期为最佳施药期,每 667 平方米用 50 亿孢子/克悬浮剂 45~55 毫升兑水 30~50 千克均匀喷雾。

(4) 防治玉米玉米螟:在玉米大喇叭口期(玉米螟卵孵化盛期)喷雾施药,每 667 平方米用 400 亿孢子/克可湿性粉剂 100~120 克或 200 亿孢子/克可分散油悬浮剂 40~50 毫升,兑水 30~50 千克均匀喷雾。

(5) 防治棉花斜纹夜蛾:在斜纹夜蛾幼虫 3 龄前施药,每 667 平方米用 400 亿孢子/克可湿性粉剂 25~30 克兑水 30~50 千克均匀喷雾。

(6) 防治小白菜小菜蛾:小菜蛾卵孵化盛期至低龄幼虫期及阴天为最佳施药期,每 667 平方米用 400 亿孢子/克水分散粒剂

26～35 克或 200 亿孢子/克可分散油悬浮剂 15～20 克,兑水 30～50 千克均匀喷雾。

(7)防治韭菜韭蛆:在韭蛆低龄幼虫盛发期施药,每 667 平方米用 150 亿孢子/克颗粒剂 250～300 克兑水 30～50 千克均匀喷雾。

(8)防治茶树茶小绿叶蝉:在茶小绿叶蝉低龄若虫发生期,每 667 平方米用 400 亿孢子/克可湿性粉剂 25～30 克兑水 30～50 千克均匀喷雾。

(9)防治草原蝗虫:于蝗蝻 3 龄前,每 667 平方米用 200 亿孢子/克可分散油悬浮剂 100～120 毫升兑水 30～50 千克均匀喷雾。

(10)防治马尾松松毛虫:在松毛虫卵孵化盛期至低龄幼虫期,每 667 平方米用 400 亿孢子/克可湿性粉剂 80～100 克兑水 30～50 千克均匀喷雾。

(11)防治林木美国白蛾、光肩星天牛:在害虫低龄幼虫期,用 400 亿孢子/克可湿性粉剂 1 500～2 500 倍液均匀喷雾。

(12)防治杨树杨小舟蛾:在杨小舟蛾卵孵化盛期至低龄幼虫期,用 400 亿孢子/克可湿性粉剂 1 500～2 500 倍液均匀喷雾。

(13)防治竹子竹蝗:于蝗蝻 3 龄前,用 400 亿孢子/克可湿性粉剂 1 500～2 500 倍液均匀喷雾。

【注意事项】

(1)本品包装一旦开启,应尽快用完,以免影响孢子活力。

(2)不可与杀菌剂混用。

(3)禁止在河塘等水域中清洗施药器具,避免药液污染水源地。

(4)建议与其他不同作用机制的杀虫剂轮换使用,以延缓抗药性产生。

(5)尽可能避免在蚕室及桑园周边用药,如必须用药,则须避开养蚕期。

103. 炔螨特

分子式：$C_{19}H_{26}O_4S$

【类别】 有机硫类。

【化学名称】 2-(4-特丁基苯氧基)环己基丙炔-2-基亚硫酸酯。

【理化性质】 纯品为深琥珀色黏稠液体，160 ℃分解，蒸气压 0.006 毫帕(25 ℃)，相对密度 1.1130(20 ℃)。工业品为黑色黏稠液体，相对密度 1.085～1.115。溶解度(25 ℃)：丙酮、己烷、甲醇＞200 克/升，水 0.5 毫克/升。在强酸和强碱下分解。DT_{50} 为 80 天(pH7)。

【毒性】 低毒。原药大鼠急性经口 LD_{50} 2 200 毫克/千克，兔急性经皮 LD_{50} 3 476 毫克/千克。对兔眼睛和皮肤刺激严重。大鼠急性吸入 LC_{50} 2 500 毫克/米^3。在试验条件下，对动物未见致畸、致突变和致癌作用。鱼类 LC_{50}(96 小时)：虹鳟鱼 0.12 毫克/升，蓝鳃鱼 0.16 毫克/升。水蚤 LC_{50}(48 小时)0.014 毫克/升。在田间条件下，对鸟类和蜜蜂没有危险，对益虫和捕食性螨类安全。

【制剂】 20％、30％、40％、50％水乳剂，25％、40％、57％、570 克/升、70％、73％、730 克/升、760 克/升乳油，40％微乳剂。

【作用机制与防治对象】 具有触杀和胃毒作用，无内吸和渗透传导作用。对成螨、若螨有效，杀卵效果差。在温度 20 ℃以上条件下药效可提高，但在 20 ℃以下随温度降低而递降，在嫩小作物上施用时要严格控制浓度,过高易发生药害。用于防治柑橘、苹果、棉花红蜘蛛成螨和若螨。

【使用方法】

(1)防治柑橘树红蜘蛛(螨):在红蜘蛛危害初期用药,春秋季平均每叶有虫 2～3 头、夏季 3～4 头时,用 30％水乳剂 750～1 000 倍液,或 40％水乳剂 1 000～2 000 倍液,或 50％水乳剂 1 500～2 000 倍液,或 40％微乳剂 1 000～1 500 倍液,或 57％乳油 1 000～2 000 倍液,或 730 克/升乳油 2 000～3 000 倍液,或 73％乳油 1 500～2 500 倍液,或 760 克/升乳油 2 000～3 000 倍液,均匀喷雾,每季最多施用 3 次,安全间隔期 30 天。

(2)防治桑树红蜘蛛:于红蜘蛛发生高峰初期施药,用 40％水乳剂 1 500～2 000 倍液均匀喷雾,每季最多施用 2 次,安全间隔期 10 天。

(3)防治桑树朱砂叶螨:于朱砂叶螨发生高峰初期施药,用 73％乳油 1 500～3 000 倍液均匀喷雾,每季最多施用 1 次,安全间隔期 10 天。

(4)防治苹果树红蜘蛛(叶螨):于红蜘蛛繁殖高峰期,用 40％乳油 1 000～1 500 倍液,或 57％乳油 1 200～2 000 倍液,或 70％乳油 2 000～3 000 倍液,或 73％乳油 2 000～3 000 倍液,均匀喷雾,每季最多施用 3 次,安全间隔期 30 天。

(5)防治棉花红蜘蛛(螨):于红蜘蛛繁殖高峰期,每 667 平方米用 40％乳油 50～60 克,或 57％乳油 40～60 毫升,或 570 克/升乳油 40～60 毫升,或 730 克/升乳油 30～45 毫升,兑水 30～50 千克均匀喷雾,每季最多施用 3 次,安全间隔期 21 天。

【注意事项】

(1)禁止与波尔多液及强碱性药剂等物质混用。

(2)本产品是触杀性农药,无渗透作用,因此在喷药时需要喷雾均匀,喷至作物叶片两面都湿透。

(3)为延缓抗药性产生,建议与其他不同作用机制的杀虫剂轮换使用。

(4) 对蜜蜂、鱼类等生物有毒。施药期间应避免对周围蜂群的影响,水产养殖区、河塘等水体附近禁用,禁止在河塘等水体中清洗施药器具。

(5) 本品对眼睛有刺激性,注意防护。

(6) 本品在下列食品上的最大残留限量(毫克/千克):棉籽、棉籽油 0.1,柑橘、苹果 5,桑葚 10。

104. 噻虫胺

分子式:$C_6H_8ClN_5O_2S$

【类别】 新烟碱类。

【化学名称】 (E)-1-[(2-氯-1,3-噻唑-5-基)甲基]-3-甲基-2-硝基胍。

【理化性质】 原药含量不低于 96%,外观为黄色结晶固体。纯品为无色、无味粉末,熔点 176.8 ℃,蒸气压 $3.8×10^{-8}$ 毫帕(20 ℃)、$1.3×10^{-7}$ 毫帕(25 ℃)。相对密度 1.61(20 ℃)。正辛醇-水分配系数 $K_{ow}\log P$ 为 0.7(25 ℃),亨利常数 $2.9×10^{-11}$ 帕·米^3/摩(20 ℃)。水中溶解度(克/升,20 ℃):0.304(pH 为 4)、0.340(pH 为 10),有机溶剂中溶解度(克/升,$25×10^{-7}$ 毫帕,25 ℃):庚烷<0.001 04,二甲苯 0.012 8,二氯甲烷 1.32,甲醇 6.26,辛醇 0.938,丙酮 15.2,乙酸乙酯 2.03。在 pH5 和 pH7(50 ℃)条件下稳定。DT_{50} 1401 天(pH9,20 ℃),光水解 DT_{50} 3.3 小时(pH7,25 ℃)。pKa(20 ℃)11.09。

【毒性】　低毒。急性经口 LD_{50}（毫克/千克）：雄和雌大鼠＞5 000，小鼠 425。雄和雌大鼠急性经皮 LD_{50}＞2 000 毫克/千克。对兔皮肤无刺激，对兔眼睛有轻微刺激，对豚鼠皮肤无刺激。雄和雌大鼠吸入 LC_{50}（4 小时）＞6 141 毫克/米^3。NOEL：雄大鼠（2 年）27.4 毫克/（千克·天）、雌大鼠（2 年）9.7 毫克/（千克·天），雄狗（1 年）36.3 毫克/（千克·天）、雌狗（1 年）15.0 毫克/（千克·天）。每日允许最大摄入量（EC，FSC）0.097 毫克/千克。对大鼠和小鼠无致突变和致癌作用，对大鼠和兔无致畸作用。

【制剂】　18％种子处理悬浮剂，10％种子处理微囊悬浮剂，10％、20％、30％、48％悬浮剂，5％、1％、0.5％、0.2％、0.1％、0.06％颗粒剂，30％、50％水分散粒剂，30％、48％悬浮种衣剂，10％干拌种剂，5％可湿性粉剂。

【作用机制与防治对象】　本品是一类高效、安全、高选择性的新型杀虫剂，作用于烟碱乙酰胆碱受体，具有触杀、胃毒和内吸活性。主要用于防治水稻、蔬菜、果树及其他作物上的蚜虫、叶蝉、蓟马、飞虱等半翅目、鞘翅目、双翅目和某些鳞翅目类害虫，具有高效、广谱、低毒等特点，并且使用安全，与常规农药无交互抗性。

【使用方法】

（1）防治水稻稻飞虱：在稻飞虱低龄若虫发生始盛期，每 667 平方米用 50％水分散粒剂 9～12 克兑水 30～50 千克均匀喷雾，每季最多施用 2 次，安全间隔期 14 天。或用 0.5％颗粒剂 3～4 千克撒施；或用 1％颗粒剂 2 000～2 500 克撒施。或每 667 平方米用 20％悬浮剂 18～24 毫升或 30％悬浮剂 15～25 毫升，兑水 30～50 千克均匀喷雾，每季最多施用 1 次，安全间隔期 21 天。或用 48％悬浮剂 6～8 毫升兑水 30～50 千克均匀喷雾，每季最多施用 2 次，安全间隔期 21 天。

（2）防治水稻稻蓟马：每 100 千克种子用 18％种子处理悬浮剂 500～900 毫升拌种。

（3）防治小麦蚜虫：于小麦穗期蚜虫初发期，每 667 平方米用

5%可湿性粉剂 60～80 克兑水 30～50 千克均匀喷雾,每季最多施用 2 次,安全间隔期 14 天。

(4) 防治玉米蛴螬:在玉米播种前,每 667 平方米用 0.1%颗粒剂 40～50 千克撒施。

(5) 防治花生蛴螬:手工包衣方法:根据种子量确定制剂用药量,加适量清水,混合均匀调成浆状药液,倒在种子上充分搅拌,待均匀着药后,摊开晾于通风阴凉处。机械包衣方法:按推荐制剂用药量加适量清水,混合均匀后调成浆状药液;每 100 千克种子用 48%悬浮种衣剂 250～500 毫升,选用适宜的包衣机械,根据要求调整药种比进行包衣处理。

(6) 防治甘蔗蔗龟:每 667 平方米用 0.1%颗粒剂 20～30 千克沟施;或每 667 平方米用 0.5%颗粒剂 2 000～3 000 克,沟施。甘蔗新种时,将药剂均匀撒施在甘蔗垄沟内,然后覆土。在宿根蔗培土时,将药剂均匀撒施在甘蔗垄旁,然后覆土。

(7) 防治甘蔗蔗螟:每 667 平方米用 0.1%颗粒剂 20～30 千克沟施;或每 667 平方米用 0.5%颗粒剂 3～5 千克撒施或沟施。甘蔗新种时,将药剂均匀撒施在甘蔗垄沟内,然后覆土。在宿根蔗培土时,将药剂均匀撒施在甘蔗垄旁,然后覆土。

(8) 防治番茄烟粉虱:在烟粉虱发生初期,每 667 平方米用 50%水分散粒剂 6～8 克兑水 30～50 千克均匀喷雾,每季最多施用 3 次,安全间隔期 7 天。

(9) 防治甘蓝黄条跳甲:于甘蓝移栽前,每 667 平方米用 0.5%颗粒剂 3～5 千克穴施。

(10) 防治韭菜韭蛆:韭菜零星倒伏时或韭蛆幼虫盛发初期,每 667 平方米用 10%悬浮剂 225～250 毫升灌根,每季最多施用 1 次,安全间隔期 14 天。

(11) 防治梨树梨木虱:于梨木虱孵化盛期,用 20%悬浮剂 2 000～2 500 倍液均匀喷雾,每季最多施用 1 次,安全间隔期 21 天。

(12) 防治草坪蛴螬:于蛴螬发生期,每 667 平方米用 0.5%

颗粒剂 4 000～5 000 克土壤撒施。

【注意事项】

（1）使用时要注意对蜜蜂、蚕的不利影响，禁止在周围开花植物花期、蚕室和桑园附近、赤眼蜂等天敌放飞区域施用，施药期间应密切关注对附近蜂群的影响。

（2）对鱼和水生生物有毒，勿将药剂及废液弃于池塘、河流、湖泊中，不能在河塘等水域及水产养殖区和养鱼的水稻田中施用。施药器械不得在河塘内清洗。

（3）对家蚕高毒，在蚕室及桑园附近禁止施用，施用时要注意对蜜蜂和鸟类的影响。

（4）注意田间须保留一定深度的水层。

（5）本品在下列食品上的最大残留限量（毫克/千克）：小麦、玉米 0.02，糙米 0.2，稻谷、结球甘蓝 0.5，番茄 1，甘蔗 0.05。

105. 噻虫啉

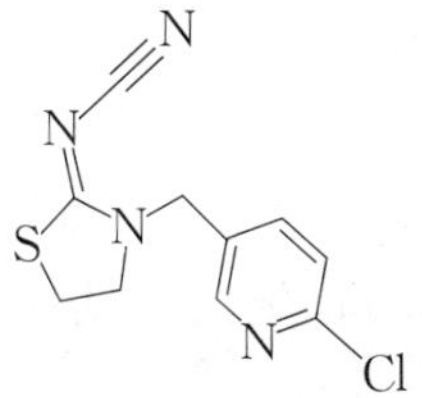

分子式：$C_{10}H_9ClN_4S$

【类别】 新烟碱类。

【化学名称】 3-[(6-氯-3-吡啶基)甲基-1,3-噻唑啉-2-亚基]氰胺。

【理化性质】 原药为淡黄色结晶粉末，熔点 136 ℃，密度 1.46克/厘米^3（20 ℃），蒸气压 23×10^{-10} 帕（20 ℃）、8×10^{-10} 帕

(25 ℃),正辛醇-水分配系数 $K_{ow} \log P$ 为 18.0(20 ℃)。水中溶解度(20 ℃)185 微克/升。在 50 ℃时可稳定贮存 2 周。

【毒性】 中等毒。雄、雌大鼠急性经口 LD_{50} 分别为 621 毫克/千克和 396 毫克/千克,急性经皮 $LD_{50} \geqslant 2\,000$ 毫克/千克,急性吸入 $LC_{50} > 0.481$ 毫克/升。

【制剂】 40％、48％悬浮剂,2％、3％微囊悬浮剂,21％可分散油悬浮剂,25％、36％、50％水分散粒剂,25％可湿性粉剂,1％、2％微囊粉剂。

【作用机制与防治对象】 具有较强的内吸、触杀和胃毒作用。作用机制为作用于昆虫神经接合后膜,通过与烟碱乙酰胆碱受体结合,干扰昆虫神经系统正常传导,引起神经通道的阻塞,造成乙酰胆碱的大量积累,从而使昆虫异常兴奋,全身痉挛、麻痹而死。与常规杀虫剂如拟除虫菊酯类、有机磷类和氨基甲酸酯类没有交互抗性,因而可用于抗性治理。对水稻稻飞虱有较好的防效。

【使用方法】

(1)防治林木天牛:在天牛羽化盛期,用 2％微囊悬浮剂 900～1 300 倍液均匀喷雾。

(2)防治松树、杨树天牛:在天牛羽化盛期,用 3％微囊悬浮剂 2 000～3 000 倍液均匀喷雾;或每 667 平方米用 1％微囊粉剂 200～300 克拌滑石粉喷粉,施药时期应在天牛成虫期,用粉量 6 000 克/公顷。

(3)防治水稻灰飞虱:于灰飞虱低龄若虫盛期,每 667 平方米用 21％可分散油悬浮剂 27～32 毫升兑水 30～50 千克均匀喷雾,每季最多施用 2 次,安全间隔期 14 天。

(4)防治水稻稻飞虱:于稻飞虱 2～3 龄若虫盛期,每 667 平方米用 40％悬浮剂 10～14 毫升兑水 30～50 千克均匀喷雾,每季最多施用 2 次,安全间隔期 14 天。或用 48％悬浮剂 10～14 毫升兑水 30～50 千克均匀喷雾,每季最多施用 3 次,安全间隔期 28

天。或用 25％水分散粒剂 24～28 克或 25％可湿性粉剂 20～28 克,兑水 30～50 千克均匀喷雾,每季最多施用 2 次,安全间隔期 28 天。

(5)防治柑橘树天牛:在天牛羽化盛期,用 40％悬浮剂 3 000～4 000 倍液均匀喷雾,每季最多施用 2 次,安全间隔期 20 天。

(6)防治黄瓜蚜虫:在蚜虫发生初期,每 667 平方米用 40％悬浮剂 10～20 克兑水 30～50 千克均匀喷雾,每季最多施用 3 次,安全间隔期 5 天。或用 36％水分散粒剂 9～18.5 克兑水 30～50 千克均匀喷雾,每季最多施用 1 次,安全间隔期 2 天。

(7)防治花生蛴螬:于蛴螬发生期,每 667 平方米用 48％悬浮剂 55～70 克兑水 30～50 千克均匀喷雾,每季最多施用 2 次,安全间隔期 20 天。

(8)防治甘蓝蚜虫:在蚜虫发生初期,每 667 平方米用 50％水分散粒剂 6～14 克兑水 30～50 千克均匀喷雾,每季最多施用 3 次,安全间隔期 7 天。

【注意事项】

(1)本品严禁与碱性物质混用。如作物用过化学农药,则 5 天后方可施用此药,以防酸碱中和影响药效。

(2)禁止在蚕区、鱼塘使用本品,施药时应避免药剂飘移到附近水池、桑树上,禁止在河塘等水体中清洗施药器具。施药时避免对周周蜂群产生影响,开花植物花期、蚕室和桑园附近禁用,远离水产养殖区施药。天敌赤眼蜂放飞区域、鸟类等自然保护区严禁使用本品。

(3)建议与其他不同作用机制的杀虫剂轮换使用。

(4)本品在下列食品上的最大残留限量(毫克/千克):稻谷 10,糙米 0.2,结球甘蓝 0.5,黄瓜 1。

106. 噻虫嗪

分子式：$C_8H_{10}ClN_5O_3S$

【类别】 新烟碱类。

【化学名称】 3-(2-氯-1,3-噻唑-5-基甲基)-5-甲基-1,3,5-噁二嗪-4-基亚乙基(硝基)胺。

【理化性质】 纯品为白色结晶粉末，熔点 139.1℃，蒸气压 $6.6×10^{-9}$ 帕(20℃)。溶解度(25℃,克/升)：水 4.1,丙酮 48,乙酸乙酯 7.0,甲醇 13,二氯甲烷 110,己烷>0.001,辛醇 0.620,甲苯 0.680。制剂外观为褐色颗粒,pH7~11。

【毒性】 低毒。大鼠急性经口 LD_{50} 1 563 毫克/千克,大鼠急性经皮 LD_{50}>2 000 毫克/千克,大鼠急性吸入 LC_{50}(4 小时)3 720 毫克/米³。对兔眼睛和皮肤无刺激。鹌鹑 LD_{50} 1 552 毫克/千克,野鸭 LD_{50} 576 毫克/千克;鹌鹑 LC_{50}>5 200 毫克/千克,野鸭 LC_{50}>5 200 毫克/千克。虹鳟鱼 LC_{50}(96 小时)>100 毫克/升,蚯蚓 LC_{50}(14 天)>1 000 毫克/千克(土),大型蚤 EC_{50}(48 小时)>100 毫克/升。蜜蜂 LD_{50} 0.024 微克/只(接触),0.05 微克/只(经口)。

【制剂】 1%饵剂,10%、12%、21%、25%、30%、35%、40%悬浮剂(悬浮剂、微囊悬浮剂、种子处理悬浮剂、种子处理微囊悬浮剂),16%、30%、35%、40%、48%悬浮种衣剂,25%、30%、50%、70%水分散粒剂,0.08%、0.12%、0.5%、2%、3%、5%颗粒剂,10%微乳剂,10%泡腾粒剂,25%、30%、75%可湿性粉

剂,3%超低容量液剂,50%种子处理干粉剂,50%、70%种子处理可分散粉剂,3%缓释粒。

【作用机制与防治对象】 作用于昆虫神经接合后膜,通过与烟碱乙酰胆碱受体结合,干扰昆虫神经系统正常传导,引起神经通道阻塞,造成乙酰胆碱大量积累,从而使昆虫异常兴奋、全身痉挛、麻痹而死。对害虫具有胃毒、触杀、内吸作用,具有作用速度快、持效期长等特点。对刺吸式害虫防效较好。

【使用方法】

(1) 防治水稻稻飞虱:于稻飞虱卵孵化盛期至低龄若虫高峰期施药,每667平方米用25%可湿性粉剂2~4克兑水30~50千克均匀喷雾,每季最多施用2次,安全间隔期14天;或用21%悬浮剂11~17毫升兑水30~50千克均匀喷雾,每季最多施用2次,安全间隔期21天;或每667平方米用10%泡腾粒剂65~80克撒施,每季最多施用2次,安全间隔期21天。或在稻飞虱卵孵化高峰期,每667平方米用0.5%颗粒剂1 000~1 200克撒施,每季最多施用2次,安全间隔期21天。或在稻飞虱若虫高峰期,每667平方米用70%水分散粒剂1~1.5克兑水30~50千克均匀喷雾,每季最多施用2次,安全间隔期28天。

(2) 防治水稻蓟马:浸种催芽后,按推荐用药量用水稀释后将药浆与种子充分搅拌,直到药液均匀分布到种子表面,晾干后播种。每100千克种子用70%种子处理可分散粉剂100~150克,或30%悬浮种衣剂233~350毫升,或35%悬浮种衣剂200~300克,或40%种子处理悬浮剂132~265克,拌种。

(3) 防治水稻潜叶蝇:在潜叶蝇卵孵化盛期和低龄幼虫盛发期,每667平方米用25%悬浮剂4~6毫升兑水30~50千克均匀喷雾,每季最多施用2次,安全间隔期14天。

(4) 防治小麦蚜虫:蚜虫始盛期,每667平方米用25%可湿性粉剂4~8克或21%悬浮剂5~10毫升,兑水30~50千克均匀喷雾,每季最多施用2次,安全间隔期14天。或每100千克种子用30%悬浮种衣剂400～533克或30%种子处理悬浮剂200～400毫升或35%悬浮剂400～600毫升,种子包衣。

(5)防治小麦蛴螬:于小麦播种前,每667平方米用0.08%颗粒剂40～50千克撒施。

(6)防治玉米灰飞虱:按推荐用药量用水稀释后将药浆与种子充分搅拌,直到药液均匀分布到种子表面,晾干后即可。每100千克种子用50%种子处理可分散粉剂120～400克或70%种子处理可分散粉剂200～300克,或每100千克种子用30%悬浮种衣剂240～700毫升或35%悬浮种衣剂200～600毫升,包衣。

(7)防治玉米蛴螬:于玉米播种前,每667平方米用0.08%颗粒剂40～50千克撒施。

(8)防治玉米蚜虫:每100千克种子用35%悬浮种衣剂300～600毫升或30%种子处理悬浮剂200～600毫升拌种。

(9)防治玉米金针虫:用于种子包衣,每100千克种子用30%悬浮种衣剂467～700毫升。

(10)防治棉花蚜虫:于棉花播种前,拌种使用,每100千克种子用70%种子处理可分散粉剂300～600克,或35%种子处理微囊悬浮剂340～450毫升,或30%种子处理悬浮剂800～1200毫升,或30%种子处理悬浮剂700～1400克,拌种。或于棉花苗期蚜虫始盛期,每667平方米用10%微乳剂30～40毫升或25%水分散粒剂4～8克,兑水30～50千克均匀喷雾。

(11)防治棉花盲椿象:于盲椿象发生初期,每667平方米用25%水分散粒剂4～8克兑水30～50千克均匀喷雾,每季最多施用2次,安全间隔期28天。

(12)防治棉花白粉虱:在白粉虱发生初期,每667平方米用25%水分散粒剂7～15克兑水30～50千克均匀喷雾,每季最多施用3次,安全间隔期28天。

(13)防治棉花蓟马:在蓟马发生始盛期,每667平方米用25%水分散粒剂8～15克兑水30～50千克均匀喷雾,每季最多施用 3 次,安全间隔期 28 天。

（14）防治油菜蚜虫:在蚜虫发生始盛期,每 667 平方米用 25%水分散粒剂 6～8 克兑水 30～50 千克均匀喷雾,每季最多施用 2 次,安全间隔期 21 天。

（15）防治油菜黄条跳甲:播种前种子包衣处理,将药剂用水稀释后与种子充分搅拌,直到药液均匀分布到种子表面,晾干后即可。每 100 千克种子用 70%种子处理可分散粉剂 400～1 200 克或 30%种子处理悬浮剂 800～1 600 毫升,拌种。或每 667 平方米用 25%水分散粒剂 10～15 克兑水 30～50 千克均匀喷雾,每季最多施用 2 次,安全间隔期 21 天。

（16）防治花生蛴螬:于花生播种前,每 667 平方米用 5%颗粒剂 750～1 000 克全田撒施,覆土 10 厘米。

（17）防治花生蚜虫:每 100 千克种子用 30%种子处理悬浮剂 233～367 克拌种。

（18）防治甘蔗蚜虫:在甘蔗小培土时,将药剂均匀撒施在甘蔗垄旁,然后覆土,每 667 平方米用 0.12%颗粒剂 1 500～2 500 克,每季最多施用 1 次。

（19）防治甘蔗蔗螟:于甘蔗种植时或培土时施药,下种后将药剂均匀撒施于蔗种附近的植沟,然后覆土,每 667 平方米用 0.12%颗粒剂 16.5～20 千克撒施,每季最多施用 1 次。

（20）防治番茄白粉虱或烟粉虱:于粉虱发生初期,每 667 平方米用 25%水分散粒剂 7～15 克兑水 30～50 千克均匀喷雾,每季最多施用 2 次,安全间隔期 3 天。

（21）防治番茄蓟马:于蓟马发生初期,每 667 平方米用 25%悬浮剂 10～20 毫升兑水 30～50 千克均匀喷雾,每季最多施用 2 次,安全间隔期 7 天。

（22）防治黄瓜白粉虱:在白粉虱发生初期,每 667 平方米用 25%水分散粒剂 10～12 克兑水 30～50 千克均匀喷雾,每季最多施用 2 次,安全间隔期 5 天。

(23) 防治辣椒白粉虱:在白粉虱发生初期,每 667 平方米用 25％水分散粒剂 7～15 克兑水 30～50 千克均匀喷雾,或 2 000～4 000 倍液灌根,每季最多施用 1 次,安全间隔期 7 天。

(24) 防治甘蓝黄条跳甲:于甘蓝移栽时施药 1 次。施药时将药剂与细沙混匀,每 667 平方米用 0.5％颗粒剂 5～6 千克,在甘蓝苗周围开沟均匀撒施、覆土,可适当浇水。

(25) 防治十字花科蔬菜白粉虱:在白粉虱发生初期,每 667 平方米用 25％水分散粒剂 7～15 克兑水 30～50 千克均匀喷雾,或 2 000～4 000 倍液灌根,每季最多施用 2 次,安全间隔期 7 天。

(26) 防治茄子白粉虱:在白粉虱发生初期,每 667 平方米用 25％水分散粒剂 7～15 克兑水 30～50 千克均匀喷雾,每季最多施用 2 次,安全间隔期 3 天;或 2 000～4 000 倍液灌根,每季最多施用 1 次,安全间隔期 7 天。

(27) 防治韭菜韭蛆:在田间韭菜叶尖发黄、植株零星倒伏时用药,每 667 平方米用 21％悬浮剂 450～550 毫升兑水 30～50 千克稀释,灌根处理,每季最多施用 1 次,安全间隔期 21 天。

(28) 防治马铃薯白粉虱:在白粉虱发生初期,每 667 平方米用 25％水分散粒剂 8～15 克兑水 30～50 千克均匀喷雾,每季最多施用 2 次,安全间隔期 7 天。

(29) 防治马铃薯蚜虫:播种前进行种薯处理,将药剂用水稀释后喷雾到种薯上并充分搅拌,用水量须控制在 700 毫升/100 千克种薯以下,直到药液均匀分布到种薯表面,晾干后即可。每 100 千克种子用 70％种子处理分散剂 25～40 克或 30％种子处理悬浮剂 40～80 毫升。

(30) 防治菠菜蚜虫:于蚜虫成、若虫发生期,每 667 平方米用 25％水分散粒剂 6～8 克兑水 30～50 千克均匀喷雾,每季最多施用 2 次,安全间隔期 5 天。

(31) 防治丝瓜潜叶蝇:在潜叶蝇卵孵化高峰至低龄幼虫高峰期,每 667 平方米用 25％水分散粒剂 23～30 克兑水 30～50 千克均匀喷雾。

（32）防治节瓜蓟马：于蓟马若虫始盛期，每 667 平方米用 25％水分散粒剂 8～15 克兑水 30～50 千克均匀喷雾，每季最多施用 2 次，安全间隔期 7 天。

（33）防治豇豆蓟马：在蓟马若虫发生初期，每 667 平方米用 50％水分散粒剂 15～20 克兑水 30～50 千克均匀喷雾，每季最多施用 1 次，安全间隔期 3 天。

（34）防治芹菜蚜虫：在蚜虫发生高峰初期施药，每 667 平方米用 50％水分散粒剂 2～4 克或 25％水分散粒剂 4～8 克兑水 30～50 千克均匀喷雾，每季最多施用 3 次，安全间隔期 7 天。

（35）防治西瓜蚜虫：于蚜虫始盛期，每 667 平方米用 25％水分散粒剂 8～10 克兑水 30～50 千克均匀喷雾，每季最多施用 2 次，安全间隔期 7 天。

（36）防治柑橘树橘小实蝇：在橘小实蝇成虫发生始盛期，每 667 平方米用 1％饵剂 80～100 克定点投饵，将本品涂至纸板上（约 2 克制剂/块）挂置于树冠下诱杀橘小实蝇，每 667 平方米投放 30～50 个，用药 2 次，每次间隔 25 天换涂有新鲜饵剂的纸板 1 次。

（37）防治柑橘树介壳虫：在介壳虫卵孵化盛期，用 25％水分散粒剂 4 000～5 000 倍液均匀喷雾，每季最多施用 3 次，安全间隔期 14 天。

（38）防治柑橘树蚜虫：于蚜虫始盛期，用 25％水分散粒剂 8 000～12 000 倍液均匀喷雾，每季最多施用 3 次，安全间隔期 14 天。

（39）防治柑橘树木虱：于柑橘木虱大量产卵的嫩梢期施用，用 21％悬浮剂 3 360～4 200 倍液均匀喷雾，每季最多施用 2 次，安全间隔期 30 天。

（40）防治苹果树蚜虫：在蚜虫始盛期，用 21％悬浮剂 4 000～5 000 倍液均匀喷雾，每季最多施用 2 次，安全间隔期 21 天。

（41）防治葡萄介壳虫：在介壳虫卵孵化初期，用 25％水分散粒剂4000～5000倍液均匀喷雾,每季最多施用2次,安全间隔期7天。

(42)防治冬枣盲椿象:于盲椿象发生初期,用25%水分散粒剂4000～5000倍液均匀喷雾,每季最多施用2次,安全间隔期28天。

(43)防治火龙果(温室)介壳虫:在介壳虫卵孵化盛期,用25%水分散粒剂4000～5000倍液均匀喷雾,每季最多施用2次,安全间隔期28天。

(44)防治茶树茶小绿叶蝉:在茶小绿叶蝉低龄幼虫盛发期,每667平方米用70%水分散粒剂4～6克兑水30～50千克均匀喷雾,每季最多施用1次,安全间隔期7天。或用30%悬浮剂4～6毫升兑水30～50千克均匀喷雾,每季最多施用1次,安全间隔期10天。

(45)防治烟草蚜虫:于蚜虫发生初期,每667平方米用70%水分散粒剂2～2.5克或25%水分散粒剂4～8克,兑水30～50千克均匀喷雾,每季最多施用2次,安全间隔期14天。

(46)防治向日葵蚜虫:每100千克种子用30%种子处理悬浮剂400～1000毫升拌种。

(47)防治观赏玫瑰或花卉蓟马:在蓟马发生初期,每667平方米用25%水分散粒剂15～20克或21%悬浮剂20～25毫升(克)或30%悬浮剂12～16克,兑水30～50千克均匀喷雾。

(48)防治花卉或菊花蚜虫:在蚜虫发生始盛期,每667平方米用25%水分散粒剂4～6克或21%悬浮剂2000～4000倍液,均匀喷雾。

(49)防治草坪蛴螬:于金龟子发生盛期至产卵盛期,每667平方米用21%悬浮剂80～106.7毫升兑水30～50千克均匀喷雾。

【注意事项】

(1)播种后立即覆土,严禁畜禽进入。

(2)大田施药时,建议与其他不同作用机制的杀虫剂轮换使用,以延缓抗药性产生。

（3）对蜜蜂、家蚕、赤眼蜂毒性高,养蜂场所和周围开花植物花期禁用,使用时应密切关注对附近蜂群的影响;蚕室及桑园附近禁用;赤眼蜂等天敌放飞区域禁用。

（4）水产养殖区、河塘等水体附近禁用,禁止在河塘等水体中清洗施药器具。

（5）本品在下列食品上的最大残留限量（毫克/千克）:糙米、小麦 0.1,花生仁、玉米、鲜食玉米 0.05,黄瓜、茄子 0.5,番茄、芹菜、节瓜、辣椒 1,菠菜 5,荚可食类豆类蔬菜、苹果 0.3,结球甘蓝、丝瓜、马铃薯、西瓜 0.2,甘蔗 0.1,茶叶 10。

107. 噻螨酮

分子式：$C_{17}H_{21}ClN_2O_2S$

【类别】　噻唑烷酮类杀螨剂。

【化学名称】　（4R,S,5R,S）-5-（4-氯苯基）-N-环己基-4-甲基-2-氧代-1,3-噻唑烷-3-羧酰胺。

【理化性质】　原药为无色晶体,熔点 108.0～108.5 ℃,蒸气压 0.003 4 毫帕（20 ℃）。溶解度（20 ℃）:水 0.5 毫克/升,氯仿1379 克/升,二甲苯 362 克/升,甲醇 206 克/升,丙酮 160 克/升,乙腈 28.6 克/升,己烷 4 克/升。对光稳定,热空气中稳定,酸碱介质中稳定,小于 300 ℃稳定。50 ℃下保存 3 个月不分解。

【毒性】 低毒。原药大鼠急性经口、经皮 LD_{50} 均＞5 000 毫克/千克,急性吸入 LC_{50} ＞2.0 毫克/米^3(4 小时)。对家兔眼睛有轻微刺激,对皮肤无刺激作用。大鼠亚慢性经口无作用剂量为 5.4 毫克/千克,大鼠慢性经口无作用剂量为 23.1 毫克/千克。对试验动物无致癌、致畸、致突变性现象。对鱼中低毒,虹鳟鱼 LC_{50} (96 小时)＞300 毫克/升,翻车鱼 LC_{50} (96 小时)11.6 毫克/升,鲤鱼 LC_{50} (48 小时)3.7 毫克/升。对蜂为低毒,LD_{50} ＞200 微克/只(接触)。对禽类低毒,急性经口 LD_{50} 野鸭＞2 510 毫克/千克,日本鹑＞5 000 毫克/千克。DT_{50} 为 8 天(15 ℃,黏壤土),K_{oc} (土壤吸附系数)为 6 200。本品属非感温型杀螨剂,在高温或低温时施用的效果无显著差异,残效期长,可保持 50 天左右。常量下对蜜蜂无毒性反应。

【制剂】 5%乳油,5%可湿性粉剂,5%水乳剂。

【作用机制与防治对象】 具有杀卵、杀幼螨、杀若螨的特性,对成螨无效,但对接触到药液的雌成螨所产的卵具有抑制孵化的作用,且残效期较长。用于防治柑橘树红蜘蛛等。

【使用方法】

(1)防治柑橘树红蜘蛛:于红蜘蛛卵和若螨发生初期,用 5%水乳剂 1 500～2 000 倍液均匀喷雾,每季最多施用 2 次,安全间隔期 20 天,或用 5%可湿性粉剂 1 600～2 000 倍液,或 5%乳油 1 000～1 500 倍液均匀喷雾,每季最多施用 2 次,安全间隔期 30 天。

(2)防治苹果树红蜘蛛:在螨口数量不断上升期施药,全树均匀喷雾,注意叶背面着药。用 5%乳油 1 250～2 500 倍液均匀喷雾,每季最多施用 2 次,安全间隔期 30 天。

(3)防治棉花红蜘蛛:在红蜘蛛初盛期施药,每 667 平方米用 5%乳油 40～50 毫升兑水 30～50 千克均匀喷雾,每季最多施用 2 次。

(4)防治苹果树山楂红蜘蛛:在若螨大量爆发前施药,全树均匀喷雾,注意叶背面着药。用 5‰乳油 1 650～2 000 倍液均匀喷雾,每季最多施用 2 次,安全间隔期 30 天。

【注意事项】

(1) 建议与其他不同作用机制的杀螨剂轮换使用,以延缓抗药性产生。

(2) 对蜜蜂、家蚕、鱼类等水生生物有毒,施药期间应避免对周围蜂群的影响,开花植物花期、蚕室和桑园、水产养殖区、河塘等水体附近禁用。禁止在河塘等水体中清洗施药器具。

(3) 不可与呈碱性的农药等物质混合使用。

(4) 本品在下列食品上的最大残留限量(毫克/千克):棉籽 0.05,柑橘、苹果 0.5。

108. 噻嗪酮

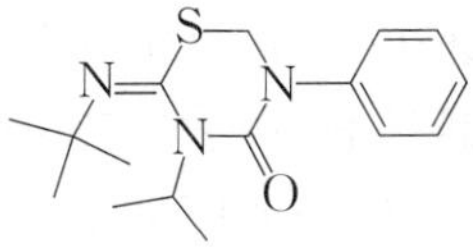

分子式:$C_{16}H_{23}N_3OS$

【类别】 噻二嗪类昆虫生长调节剂。

【化学名称】 2-特丁基亚氨基-3-异丙基-5-苯基-3,4,5,6-四氢-1,3,5-噻二嗪-4-酮。

【理化性质】 纯品为无色晶体,熔点 104.5～105.5 ℃,蒸气压 1.25 毫帕(25 ℃),相对密度 1.18(20 ℃)。有机溶剂中溶解度(25 ℃,克/升):氯仿 520,苯 370,甲苯 320,丙酮 240,乙醇 80,己烷 20;水中溶解度 9 毫克/升(20 ℃)。对酸、碱、光、热稳定。

【毒性】 低毒。急性经口 LD_{50}:雄大鼠 2 198 毫克/千克,雌大鼠 2 355 毫克/千克,小鼠＞10 000 毫克/千克。大鼠急性经

皮 LD_{50} ＞5 000 毫克/千克。大鼠吸入 LC_{50} ＞4.57 毫克/升(空气中)。对眼睛无刺激,对皮肤有轻微刺激。鲤鱼 LC_{50} (48 小时)2.7 毫克/升,山齿鹑 LD_{50} ＞2 000 毫克/千克。水蚤 EC_{50} (48 小时)0.42 毫克/升,海藻 E_bC_{50} (72 小时)＞2.1 毫克/升,蜜蜂 LD_{50} (48 小时)＞163.5 微克/只。

【制剂】 20％、25％、50％、65％、75％、80％可湿性粉剂,40％、70％水分散粒剂,25％、37％、40％、50％悬浮剂,25％乳油,8％展膜油剂。

【作用机制与防治对象】 本品是一种昆虫几丁质合成抑制剂,破坏昆虫的新生表皮形成,干扰昆虫正常的生长发育,引起害虫死亡。触杀作用强,也有胃毒作用,具渗透性。不杀成虫,但可减少产卵并阻碍卵孵化。药效慢,药后 3～7 天才能充分发挥药效。用于防治水稻稻飞虱、柑橘树介壳虫。

【使用方法】

(1)防治水稻稻飞虱:于稻飞虱低龄若虫发生始盛期进行均匀喷雾防治,重点喷水稻中下部。每 667 平方米用 8％展膜油剂 125～150 毫升或 25％悬浮剂 30～40 毫升,兑水 30～50 千克均匀喷雾,每季最多施用 2 次,安全间隔期 21 天;或用 25％乳油 20～40 毫升或 50％可湿性粉剂 10～18 克,兑水 30～50 千克均匀喷雾,每季最多施用 2 次,安全间隔期 14 天。

(2)防治柑橘树介壳虫:防治介壳虫时应掌握在若虫分泌蜡粉之前用药,若错过防治适期应适当加大药量(推荐剂量范围内)。用 25％悬浮剂 1 500～2 000 倍液均匀喷雾,每季最多施用 2 次,安全间隔期 21 天;或用 65％可湿性粉剂 2 000～3 000 倍液均匀喷雾,每季最多施用 2 次,安全间隔期 35 天。

(3)防治茶树小绿叶蝉:于小绿叶蝉低龄若虫盛期施药,用 40％悬浮剂 1 500～2 000 倍液均匀喷雾,每季最多施用 2 次,安全间隔期 14 天;或用 50％可湿性粉剂 2 000～3 000 倍液均匀喷雾,每季最多施用 1 次,安全间隔期 10 天。

（4）防治柑橘树矢尖蚧：于矢尖蚧低龄若虫期,用65％可湿性粉剂2 000～3 000倍液或25％可湿性粉剂1 000～1 666倍液均匀喷雾,每季最多施用2次,安全间隔期35天。

（5）防治杨梅树介壳虫：在介壳虫低龄若虫盛发期,用65％可湿性粉剂2 500～3 000倍液均匀喷雾,每季最多施用1次,安全间隔期15天。

（6）防治茭白长绿飞虱：在长绿飞虱低龄若虫盛发期,每667平方米用65％可湿性粉剂15～20克兑水30～50千克均匀喷雾,每季最多施用1次,安全间隔期14天。

（7）防治火龙果介壳虫：在介壳虫若虫孵化初期,用25％可湿性粉剂稀释1 000～1 500倍液均匀喷雾,每季最多施用1次,安全间隔期21天。

【注意事项】

（1）对水生生物有毒,施用时切忌污染鱼塘、水池及水源,水产养殖区、河塘等水体附近禁用。

（2）禁止在河塘等水体中清洗施药器具。

（3）本品因无直接杀死成虫的作用（但对其所产的卵有抑制孵化的作用）,所以在若虫发生初期喷药最好。

（4）建议与其他不同作用机制的杀虫剂轮换使用。

（5）本品在下列食品上的最大残留限量（毫克/千克）：稻谷、糙米0.3,柑橘0.5,茶叶10。

109. 三氟甲吡醚

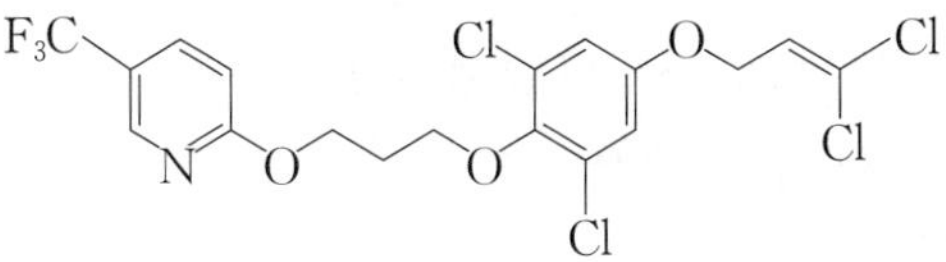

分子式：$C_{18}H_{14}Cl_4F_3NO_3$

【类别】 嘧啶类。

【化学名称】 2-{3-[2,3-二氯-4-(3,3-二氯-2-丙烯基氧基)苯氧基]丙氧基}-5-(三氟甲基)嘧啶。

【理化性质】 原药(质量分数不低于91%)外观为液体。纯品在沸腾前227 ℃时分解,蒸气压(纯品,20 ℃)6.24×10^{-8} 帕。在水中溶解度为0.15微克/升(20 ℃),在有机溶剂中溶解度(克/升,20 ℃):辛醇、乙腈、己烷、二甲苯、氯仿、丙酮、乙酸乙酯、二甲基酰胺中均>1 000,甲醛>500。在酸性、碱性溶液(pH5、pH7、pH9缓冲液)中稳定。pH7缓冲液中半衰期为4.2～4.6天。

【毒性】 低毒。原药对大鼠(雄、雌)急性经口、经皮 LD_{50} 均>5 000毫克/千克,大鼠急性吸入 LC_{50}(4小时)>2.01毫克/升。对家兔眼睛结膜有轻度刺激性,对皮肤无刺激性。对豚鼠皮肤变态反应(致敏性)试验结果为有致敏性。大鼠90天亚慢性喂养试验的NOEL:雄性5.56毫克/(千克·天)、雌性6.45毫克/(千克·天)。Ames试验、小鼠骨髓细胞微核试验、哺乳动物细胞基因突变试验结果均为阴性,体外哺乳动物细胞染色体畸变试验为弱阳性,未见致突变作用。本品(折成有效成分)对蜜蜂低毒,对鸟低(或中等)毒,对鱼高毒,对家蚕中等毒。对天敌及有益生物影响较小。

【制剂】 10.5%乳油,10%悬浮剂。

【作用机制与防治对象】 具有独特结构的杀虫剂,与常用农药的作用机制不同,具有胃毒触杀作用,减少昆虫细胞中ATP的总量、致鳞翅目幼虫肌肉松弛,导致昆虫细胞损伤和退化,从而使幼虫失去活力和身体弹性。对鳞翅目害虫小菜蛾有较好的防效。

【使用方法】

防治甘蓝小菜蛾:在小菜蛾卵孵化盛期至低龄幼虫期,每667平方米用10.5%乳油50～70毫升兑水30～50千克均匀喷雾,每季最多施用2次,安全间隔期21天。

【注意事项】

(1) 本品对蚕有影响,因此桑园及蚕室附近禁用,药液切勿喷洒到桑叶上,如喷洒到桑叶上请至少过 15 天后再喂蚕。

(2) 建议与其他不同作用机制的杀虫剂轮换使用,以延缓抗药性产生。

(3) 本品在结球甘蓝上的最大残留限量为 3 毫克/千克。

110. 三唑磷

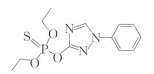

分子式:$C_{12}H_{16}N_3O_3PS$

【类别】 有机磷类。

【化学名称】 O,O-二乙基-O-(1-苯基-1,2,4-三唑-3-基)硫代磷酸酯。

【理化性质】 浅黄色油状物,熔点 2～5 ℃,沸点蒸馏时分解,蒸气压 0.39 毫帕(30 ℃)或 13 毫帕(55 ℃),相对密度 1.247 (20 ℃)。溶解度(20 ℃):乙醇、甲苯＞330 克/升,己烷 9 克/千克,丙酮、乙酸乙酯＞1 000 克/升,水 30～40 毫克/升。对光稳定,在酸、碱介质中水解。

【毒性】 中等毒。大鼠急性经口 LD_{50} 82 毫克/千克,大鼠急性经皮 LD_{50} 1 100 毫克/千克。ADI 为 0.000 2 毫克/千克。日本鹌鹑急性经口 LD_{50} 4.2～27.1 毫克/千克。鱼类 LC_{50}(96 小时):鲫鱼 8.4 毫克/升,鲤鱼 5.6 毫克/升,金鱼 11 毫克/升。

【制剂】 20％、30％、40％、60％乳油,15％、20％水乳剂,20％微囊悬浮剂,8％、15％、20％、25％微乳剂。

【作用机制与防治对象】 通过抑制害虫体内乙酰胆碱酯酶而致效,具有胃毒和触杀作用,无内吸性,有较强的渗透作用。对各种害虫和虫卵,尤其是鳞翅目害虫卵有明显杀伤作用,对线虫也有一定杀伤作用。

【使用方法】

(1)防治草地草地螟:在草地螟卵孵化盛期至低龄幼虫期,每667平方米用20%乳油100~125毫升兑水30~50千克均匀喷雾。

(2)防治棉花红铃虫:在红铃虫卵孵化盛期至低龄幼虫钻蛀前,每667平方米用20%乳油125~150毫升兑水30~50千克均匀喷雾,安全间隔期40天,每季最多施用3次。

(3)防治棉花棉铃虫:在棉铃虫卵孵化盛期至低龄幼虫钻蛀前,每667平方米用30%乳油107~133毫升兑水30~50千克均匀喷雾,安全间隔期40天,每季最多施用3次。

(4)防治小麦蚜虫:在蚜虫发生初期,每667平方米用25%微乳剂50~70毫升兑水30~50千克均匀喷雾,安全间隔期28天,每季最多施用2次。

(5)防治水稻稻水象甲:在稻水象甲低龄幼虫期,每667平方米用20%乳油120~160毫升兑水30~50千克均匀喷雾,安全间隔期30天,每季最多施用2次。

(6)防治水稻稻瘿蚊:在稻瘿蚊低龄幼虫期,每667平方米用40%乳油200~250克兑水30~50千克均匀喷雾,安全间隔期30天,每季最多施用2次。

(7)防治水稻二化螟:在二化螟卵孵化盛期至低龄幼虫钻蛀前,每667平方米用20%乳油100~150毫升或15%微乳剂100~125毫升,兑水30~50千克均匀喷雾,安全间隔期30天,每季最多施用2次。或用15%水乳剂120~150毫升兑水30~50千克均匀喷雾,安全间隔期40天,每季最多施用2次。

(8)防治水稻三化螟:在三化螟卵孵化盛期至低龄幼虫钻蛀前,每667平方米用20%乳油100~150毫升兑水30~50千克均匀喷雾,安全间隔期30天,每季最多施用2次。

（9）防治甘薯茎线虫：于甘薯苗期移栽时施药,每667平方米用20％微囊悬浮剂1500～2000毫升兑水3～5倍,把苗根部浸入10厘米,约10分钟取出,并晾干移栽,剩下的药水加到大桶里搅拌均匀,用于浇定植水。安全间隔期为收获期,每季最多施用1次。

【注意事项】

（1）禁止在蔬菜上使用。本品对甘蔗、玉米、高粱敏感,施药时应防止飘移而产生药害。

（2）本品为有机磷类农药,建议与其他不同作用机制的杀虫剂交替使用,以延缓抗药性产生。

（3）对蜜蜂、家蚕、鱼类等水生物有毒。施药期间应避免花期用药,远离水产养殖区、蜂群、蚕室和桑园施药。禁止在河塘等水体中清洗施药器具。

（4）不可与呈碱性的农药等物质混合使用。

（5）本品在下列食品上的最大残留限量(毫克/千克)：稻谷、小麦0.05,棉籽0.1。

111. 三唑锡

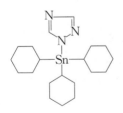

分子式：$C_{20}H_{35}N_3Sn$

【类别】 有机锡类。

【化学名称】 三(环己基-1,2,4-三唑-1-基)锡。

【理化性质】 原药有效成分含量不低于90％,外观为无色粉末,熔点218.8℃,蒸气压0.06纳帕(25℃)。20℃时水中溶解度<1毫克/升,在二氯甲烷中溶解度为0～1克/千克。在稀酸中不稳定,若贮存适当则可保存两年以上。

【毒性】 中等毒。原药大鼠急性经口 LD_{50} 76～180毫克/千克,急性经皮 LD_{50} 1 000毫克/千克;小鼠急性经口 LD_{50} 为417～980毫克/千克。在试验剂量内无致癌、致畸、致突变作用。对大鼠慢性毒性的 NOEL 为5毫克/升,在三代繁殖试验中未见异常。对鱼毒性高,对蜜蜂毒性极低,鸟类口服 LD_{50} 为175～375毫克/千克。

【制剂】 20%、25%、70%可湿性粉剂,8%、10%乳油,50%、80%水分散粒剂,20%、25%、30%、40%悬浮剂。

【作用机制与防治对象】 为触杀作用较强的广谱性杀螨剂。可杀若螨、成螨和夏卵,对冬卵无效。对光和雨水有较好的稳定性,残效期较长。可用于防治柑橘树红蜘蛛、苹果树红蜘蛛。

【使用方法】

(1) 防治柑橘树红蜘蛛:在红蜘蛛发生初期,用20%可湿性粉剂1 000～2 000倍液或20%悬浮剂1 000～2 000倍液,均匀喷雾,安全间隔期30天,每季最多施用2次。或用50%水分散粒剂3 000～4 000倍液均匀喷雾,安全间隔期20天,每季最多施用2次。

(2) 防治苹果树红蜘蛛:在红蜘蛛发生初期,用25%可湿性粉剂1 000～2 000倍液或20%悬浮剂1 000～2 000倍液,均匀喷雾,安全间隔期14天,每季最多施用3次。

【注意事项】

(1) 不能与波尔多液、石硫合剂等碱性农药混用,本品稍有沉淀,用时务必摇匀。

(2) 本品对鱼毒性高,远离水产养殖区施药,禁止在河塘等水体中清洗施药器具。

(3) 建议与其他不同作用机制的杀螨剂轮换使用,以延缓抗药性产生。

（4）本品在下列食品上的最大残留限量（毫克/千克）：柑橘、苹果 1。

112. 杀虫单

分子式：$C_5H_{12}NNaO_6S_4$

【类别】 沙蚕毒素类。

【化学名称】 1-硫代磺酸钠基-2-N,N-二甲氨基-3-硫代磺酸基丙烷。

【理化性质】 纯品为白色针状结晶，熔点 142～143 ℃。工业品为无定形颗粒状固体或白色、淡黄色粉末，pH 4～6，有吸湿性。易溶于水，25 ℃时水中溶解度 1 300 克/升，易溶于工业酒精及热无水乙醇中，微溶于甲醇、二甲基甲酰胺、二甲基亚砜，不溶于丙酮、乙醚、氯仿、醋酸乙酯、苯等溶剂。常温下稳定，pH 5～9 条件下稳定，遇铁降解，在强碱、强酸条件下易分解。

【毒性】 中等毒。原药对雄、雌大鼠急性经口 LD$_{50}$ 142 毫克/千克和 137 毫克/千克，雄、雌小鼠急性经口 LD$_{50}$ 83 毫克/千克和 86 毫克/千克，大鼠急性经皮 LD$_{50}$ 大于 10 000 毫克/千克。对家兔皮肤、黏膜无明显刺激作用。在实验条件下，无致突变性、致畸、致癌作用。鲤鱼 LC$_{50}$（48 小时）9.2 毫克/升。对家蚕有毒。

【制剂】 45％、50％、80％、90％、95％可溶粉剂，20％水乳剂，50％泡腾粒剂。

【作用机制与防治对象】 是人工合成的沙蚕毒素类似物,进入昆虫体内迅速转化为沙蚕毒素或二氢沙蚕毒素。为乙酰胆碱竞争性抑制剂,对害虫有胃毒、触杀、熏蒸作用,并具有内吸活性。被植物叶片和根部迅速吸收传导到植物各部位,对鳞翅目害虫具有较好的防效,杀虫谱广。

【使用方法】

(1)防治甘蓝小菜蛾:在小菜蛾卵孵高峰期至低龄幼虫高峰期,每667平方米用20%水乳剂100~125克兑水30~40千克均匀喷雾,安全间隔期7天,每季最多使用3次。

(2)防治甘蓝蚜虫:在蚜虫发生初期,每667平方米用20%水乳剂75~100克兑水30~40千克均匀喷雾,安全间隔期7天,每季最多使用3次。

(3)防治水稻二化螟:在二化螟卵孵高峰期至低龄幼虫高峰期,每667平方米用50%泡腾粒剂70~100克均匀撒施;或每667平方米用80%可溶粉剂56~68克兑水30~40千克均匀喷雾,安全间隔期20天,每季最多使用2次。

(4)防治水稻三化螟:在害虫卵孵高峰期至低龄幼虫高峰期,每667平方米用80%可溶粉剂35~50克兑水30~40千克均匀喷雾,安全间隔期30天,每季最多使用2次。

(5)防治水稻稻纵卷叶螟:在害虫卵孵高峰期至低龄幼虫高峰期,每667平方米用80%可溶粉剂38~63克兑水30~40千克均匀喷雾,安全间隔期20天,每季最多使用2次。

(6)防治水稻螟虫:在害虫卵孵高峰期至低龄幼虫高峰期,每667平方米用50%可溶粉剂100~120克药土法撒施,安全间隔期15天,每季最多使用3次;或每667平方米用80%可溶粉剂56~68克兑水30~40千克均匀喷雾,安全间隔期20天,每季最多使用2次。

(7)防治水稻稻蓟马:在害虫发生初期,每667平方米用80%可溶粉剂37.5~50克兑水30~40千克均匀喷雾,安全间隔期 20 天,每季最多使用 2 次。

【注意事项】

(1) 本品对蜜蜂、家蚕有毒,施药期间应避免对周围蜂群的影响,蜜源作物花期、蚕室和桑园附近禁用。远离水产养殖区施药,禁止在河塘等水体中清洗施药器具。

(2) 对棉花、烟草和某些豆类易产生药害,马铃薯也较敏感,使用时应注意。

(3) 本剂易吸湿受潮,应在干燥处密封贮存。不能与强酸、强碱物质混用。

113. 杀虫环

分子式:$C_5H_{11}NS_3$

【类别】 沙蚕毒素类。

【化学名称】 N,N -二甲基-1,2,3-三硫杂己-5-胺。

【理化性质】 纯品为无色无臭针状结晶,熔点 171～172 ℃(分解)。其草酸盐纯品为无色固体,熔点 125～128 ℃(分解),蒸气压 0.545 毫帕(20 ℃)。溶解度(23 ℃,克/升):水 84,乙腈 1.2,甲醇 17,二甲基亚砜 92,乙醇 1.9,不溶于煤油。在酸性溶液中稳定,在碱性或中性介质中易分解。在贮存期稳定(20 ℃贮存寿命不低于 2 年),但对光很敏感。DT_{50} 为 41 天(pH15)、11 天(pH9)。

【毒性】 中等毒。原药急性经口 LD_{50}:雄大鼠 310 毫克/千克,雄小鼠 273 毫克/千克,雌小鼠 198 毫克/千克。雌、雄大鼠急性经皮 LD_{50} 880 毫克/千克和 1000 毫克/千克。雄大鼠急性吸入

$LC_{50} > 4.5$ 毫克/升(1 小时)。对兔眼睛和皮肤有轻度刺激作用。在动物体内代谢和排出较快,无明显蓄积作用。在试验条件下未见致突变、致畸和致癌作用。对鱼类毒性大,鲤鱼 LC_{50}(96 小时)1.03 毫克/升。蚤类 LC_{50}(48 小时)> 2.01 毫克/升,蓝绿藻 EC_{50}(96 小时)3.3 毫克/升。日本鹌鹑急性经口 LD_{50} 3.45 毫克/千克。对蜜蜂中等毒性,有趋避作用,但对蚕毒性大。

【制剂】 50%可溶粉剂。

【作用机制与防治对象】 本品是人工合成的沙蚕毒素类似物,进入昆虫体内迅速转化为沙蚕毒素或二氢沙蚕毒素。为乙酰胆碱竞争性抑制剂,为选择性杀虫剂,具有胃毒、触杀、内吸作用。可有效防治水稻稻纵卷叶螟、二化螟、三化螟等。

【使用方法】

(1)防治大葱蓟马:在蓟马发生初期,每 667 平方米用 50%可溶粉剂 35～40 克兑水 30～50 千克均匀喷雾,每季最多施用 1 次,安全间隔期 7 天。

(2)防治水稻稻纵卷叶螟、二化螟、三化螟:在害虫卵孵化高峰期至低龄幼虫高峰期,每 667 平方米用 50%可溶粉剂 50～100 克兑水 30～50 千克均匀喷雾,每季最多施用 3 次,安全间隔期 15 天。

(3)防治烟草烟青虫:在烟青虫卵孵化高峰期至低龄幼虫高峰期,每 667 平方米用 50%可溶粉剂 24～40 克兑水 30～50 千克均匀喷雾,每季最多施用 4 次,安全间隔期 7 天。

【注意事项】

(1)对蜜蜂、鱼类等水生生物、家蚕有毒。施药期间应避免对周围蜂群的影响,开花植物花期、蚕室和桑园附近禁用,远离水产养殖区施药,禁止在河塘等水体中清洗施药器具,赤眼蜂等天敌放飞区域禁用。

(2)不宜与铜制剂、碱性物质混用,以防药效下降。

(3)本品在大米上的最大残留限量为 0.2 毫克/千克。

114. 杀虫双

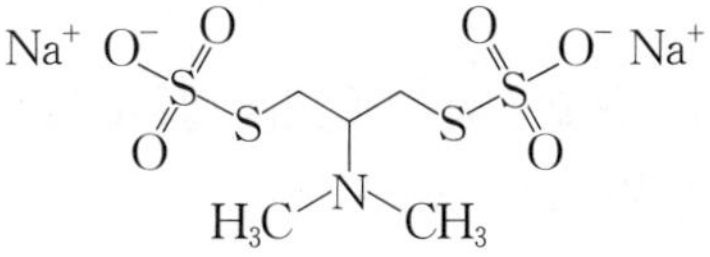

$$\text{分子式：} C_5H_{11}NO_6S_4Na_2$$

【类别】 沙蚕毒素类。

【化学名称】 2-N,N-二甲氨基-1,3-双(硫代磺酸钠基)丙烷。

【理化性质】 纯品为白色结晶,熔点 142～143 ℃,相对密度 1.30～1.35,蒸气压不低于 0.013 33 帕。溶解度(20 ℃,克/升):甲醇 6.9、丙酮 0.4、苯 0.24、水 377,不溶于三氯甲烷、乙醚。微酸、微碱下稳定,强酸、强碱下分解。

【毒性】 中等毒。大鼠急性经口 LD_{50} 680 毫克/千克,小鼠急性经皮 LD_{50} 2 060 毫克/千克。对黏膜和皮肤无刺激性。对家蚕高毒。鱼类 LC_{50}(48 小时):白鲢鱼 8.7 毫克/升,红鲤鱼 9.2 毫克/升。

【制剂】 3.60% 大粒剂,3%、3.60% 颗粒剂,18%、20%、25%、29%、36%水剂。

【作用机制与防治对象】 本品是人工合成的沙蚕毒素类似物,进入昆虫体内迅速转化为沙蚕毒素或二氢沙蚕毒素,为乙酰胆碱竞争性抑制剂,具有较强的触杀和胃毒作用,兼有一定的熏蒸作用。能被作物吸收和传导,特别是根部吸收能力强。可有效防治水稻稻纵卷叶螟、二化螟、三化螟等害虫。

【使用方法】

(1) 防治水稻螟虫:在螟虫卵孵化高峰期至低龄幼虫高峰期,

每 667 平方米用 3.60% 大粒剂 1000~1250 克撒施,安全间隔期 14 天,每季最多施用 1 次。或每 667 平方米用 3.6% 颗粒剂 1000~1250 克撒施,每季最多施用 3 次,安全间隔期为早稻 7 天、晚稻 15 天。

(2)防治水稻二化螟:在二化螟卵孵化高峰期至低龄幼虫高峰期,每 667 平方米用 3.60% 大粒剂 1500~2000 克或 3.6% 颗粒剂 1000~1200 克撒施,安全间隔期 14 天,每季最多施用 1 次。或每 667 平方米用 18% 水剂 250~300 毫升兑水 30~50 千克均匀喷雾,安全间隔期 21 天,每季最多施用 2 次。或每 667 平方米用 18% 水剂 200~250 毫升撒滴,安全间隔期 15 天,每季最多施用 3 次。

(3)防治水稻三化螟:在三化螟卵孵化高峰期至低龄幼虫高峰期,每 667 平方米用 3.60% 大粒剂 1000~1250 克或 3.6% 颗粒剂 1000~1200 克撒施,安全间隔期 14 天,每季最多施用 1 次。或每 667 平方米用 18% 水剂 250~300 毫升兑水 30~50 千克均匀喷雾,安全间隔期 15 天,每季最多施用 2 次。或每 667 平方米用 18% 水剂 200~250 毫升撒滴,安全间隔期 15 天,每季最多施用 3 次。

(4)防治水稻潜叶蝇:在潜叶蝇卵孵盛期,每 667 平方米用 18% 水剂 200~300 毫升撒滴,安全间隔期 15 天,每季最多施用 3 次。

(5)防治水稻稻纵卷叶螟:在稻纵卷叶螟卵孵化高峰期至低龄幼虫高峰期,每 667 平方米用 3% 颗粒剂 1800~2000 克撒施,安全间隔期:早稻 7 天、晚稻 15 天,每季最多施药 3 次;或每 667 平方米用 18% 水剂 225~250 毫升兑水 30~50 千克均匀喷雾,安全间隔期:早稻 7 天、晚稻 15 天,每季最多施药 2 次。

(6)防治水稻多种害虫:在害虫发生初期,每 667 平方米用 18% 水剂 200~250 毫升兑水 30~50 千克均匀喷雾,安全间隔期 15 天,每季最多施用 3 次。

（7）防治小麦多种害虫：在害虫发生初期，每 667 平方米用 18％水剂 200～250 毫升兑水 30～50 千克均匀喷雾，安全间隔期 15 天，每季最多施用 3 次。

（8）防治玉米多种害虫：在害虫发生初期，每 667 平方米用 18％水剂 200～250 毫升兑水 30～50 千克均匀喷雾，安全间隔期 15 天，每季最多施用 3 次。

（9）防治甘蔗蔗螟：在蔗螟卵孵化高峰期至低龄幼虫高峰期，每 667 平方米用 3.6％颗粒剂 2500～5000 克撒施，安全间隔期 30 天，每季最多施用 1 次。

（10）防治甘蔗多种害虫：在害虫卵孵化高峰期至低龄幼虫高峰期，每 667 平方米用 18％水剂 200～250 毫升兑水 30～50 千克均匀喷雾，安全间隔期 15 天，每季最多施用 3 次。

（11）防治蔬菜多种害虫：在害虫发生初期，每 667 平方米用 18％水剂 200～250 毫升兑水 30～50 千克均匀喷雾，安全间隔期 15 天，每季最多施用 3 次。

（12）防治果树多种害虫：在害虫发生初期，用 18％水剂 500～800 倍液均匀喷雾，安全间隔期 15 天，每季最多施用 3 次。

【注意事项】

（1）对豆类、高粱、马铃薯、棉花有药害，高温时对白菜等幼苗敏感。

（2）本品对蚕高毒，对鱼类和蜜蜂有毒。开花作物花期、蚕室和桑园附近禁用。鸟类保护区附近禁用，施药后立即覆土。远离水产养殖区施药，禁止在河塘等水域内清洗施药器具，清洗药械后的废液应引入废水沟内，避免污染河流和其他水源。

（3）本品在下列食品上的最大残留限量（毫克/千克）：稻谷、糙米、普通白菜、番茄、苹果 1，小麦、玉米、鲜食玉米 0.2，甘蔗 0.1，结球甘蓝 0.5。

115. 杀铃脲

分子式：$C_{15}H_{10}ClF_3N_2O_3$

【类别】 苯甲酰脲类昆虫生长调节剂。

【化学名称】 1-(4-三氟甲氧基苯基)-3-(2-氯苯甲基)脲。

【理化性质】 纯品为无色粉末,熔点195℃,蒸气压40纳帕(20℃),相对密度1.445克/厘米³(20℃)。溶解度(20℃,克/升):二氯甲烷20~50,异丙醇1~2,甲苯2~5,己烷<0.1,水中0.025。在中性或酸性介质中稳定,在碱性介质中易水解。

【毒性】 低毒。大鼠和小鼠急性经口LD_{50}>5 000毫克/千克,大鼠急性经皮LD_{50}>5 000毫克/千克,大鼠急性吸入LC_{50}(4小时)>0.12毫克/升空气(烟雾剂)或>1.6毫克/升空气(粉剂)。ADI为0.072毫克/千克。母鸡和雌性日本鹌鹑的急性经口LD_{50}>5 000毫克/千克,雌性金丝雀的急性经口LD_{50}>1 000毫克/千克。鲤鱼和金圆腹雅罗鱼LC_{50}(96小时)>1 000毫克/升。

【制剂】 5%乳油,5%、20%、40%悬浮剂。

【作用机制与防治对象】 抑制昆虫几丁质合成酶的活性,阻碍几丁质合成,即阻碍新表皮的形成,使昆虫的蜕皮化蛹受阻、活动减缓、取食减少,最终死亡。以胃毒作用为主,无内吸作用,有较好的杀卵作用,杀虫谱广,杀虫活性高。对鳞翅目害虫防效好。

【使用方法】

(1) 防治甘蓝菜青虫：在菜青虫卵孵化高峰期至低龄幼虫高峰期，每667平方米用5%乳油30～50毫升兑水30～50千克均匀喷雾，安全间隔期7天，每季最多施用3次。

(2) 防治甘蓝小菜蛾：在小菜蛾卵孵化高峰期至低龄幼虫高峰期，每667平方米用5%乳油50～70毫升兑水30～50千克均匀喷雾，安全间隔期7天，每季最多施用3次。或每667平方米用40%悬浮剂14.4～18毫升兑水30～50千克均匀喷雾，安全间隔期21天，每季最多施用1次。

(3) 防治苹果树金纹细蛾：在金纹细蛾卵孵化高峰期至低龄幼虫高峰期，用5%乳油1000～1500倍液均匀喷雾，安全间隔期21天，每季最多施用2次；或用20%悬浮剂5000～6000倍液均匀喷雾，安全间隔期21天，每季最多施用1次。

(4) 防治柑橘树潜叶蛾：在潜叶蛾卵孵化高峰期至低龄幼虫高峰期，用40%悬浮剂5000～7000倍液均匀喷雾，安全间隔期45天，每季最多施用2次。

(5) 防治杨树美国白蛾：在美国白蛾卵孵化高峰期至低龄幼虫高峰期，用5%悬浮剂1250～2500倍液均匀喷雾。

【注意事项】

(1) 本品为迟效性农药，施药后3～4天药效明显增大。

(2) 对蚕高毒，蚕区禁用。对蟹、虾生长发育有害，避免污染水源和池塘等水体。

(3) 不能和碱性农药等物质混用。

(4) 本品在下列食品上的最大残留限量(毫克/千克)：结球甘蓝0.2，柑橘0.05，苹果0.1。

116. 杀螺胺

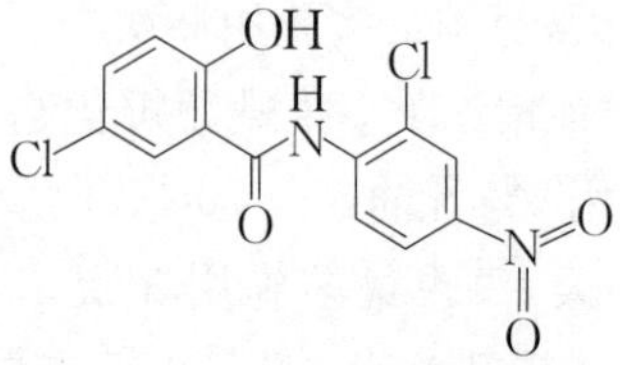

分子式：$C_{13}H_8Cl_2N_2O_4$

【类别】 酰胺类。

【化学名称】 N-(2-氯-4-硝基苯基)-2-羟基-5-氯苯甲酰胺。

【理化性质】 纯品为无色固体，熔点230℃，蒸气压小于1毫帕(20℃)。20℃时，在pH6.4的水中溶解度为1.6毫克/升，在pH9.1的水中溶解度为110毫克/升。溶于一般有机溶剂，如乙醇、乙醚。热稳定，紫外光下分解，遇强酸和碱分解。

【毒性】 低毒。大鼠急性经口LD_{50}＞5000毫克/千克。金雅罗鱼(96小时)LC_{50} 0.1毫克/升，野鸭LD_{50}＞500毫克/千克。人体ADI为3毫克/千克。在土中DT_{50}为1.1～2.9天。对鱼类、蛙、贝类有毒。

【制剂】 70%可湿性粉剂，25%悬浮剂。

【作用机制与防治对象】 本品为一种酚类有机杀软体动物剂，通过阻止水中害螺对氧的摄入而降低呼吸作用，最终窒息死亡。可在流动水和不流动水中使用，具有胃毒、触杀作用，既杀成螺也杀灭螺卵。如果水中盐的含量过高，会削弱杀螺效果。

【使用方法】

(1)防治沟渠钉螺：在钉螺发生初期，每立方米用25%悬浮剂2克浸杀或每平方米用25%悬浮剂2克喷洒。

（2）防治水稻福寿螺：在福寿螺幼螺发生初期，每 667 平方米用 70％可湿性粉剂 30～40 克，以毒土法施用，或兑水 30～50 千克均匀喷雾，安全间隔期 52 天，每季最多施用 2 次。

【注意事项】

（1）对鱼类、蛙类、贝类有毒，施用时严禁药液流入河塘，施药器械不得在河塘内清洗。

（2）对蜜蜂和家蚕高风险，在桑园附近和开花植物花期禁用。

（3）本品在下列食品上的最大残留限量（毫克/千克）：稻谷 2，糙米 0.5。

117. 杀螺胺乙醇胺盐

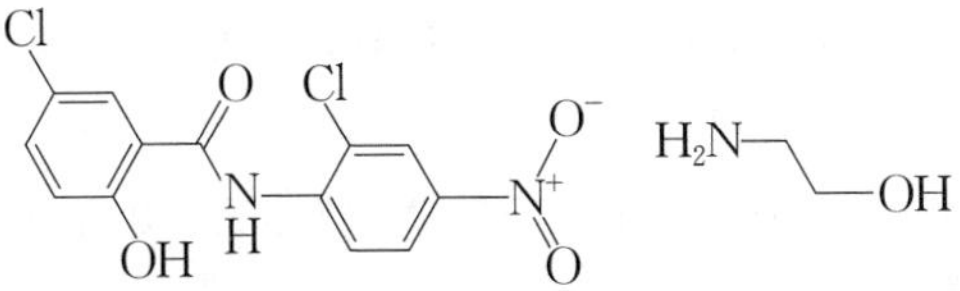

分子式：$C_{15}H_{15}Cl_2N_3O_5$

【类别】 酰胺类。

【化学名称】 N-(2-氯-4-硝基苯基)-2-羟基-5-氯-苯甲酰胺·2-氨基乙醇盐。

【理化性质】 原药外观为黄色均匀疏松粉末，熔点 208 ℃，能溶于二甲基酰胺、乙醇等有机溶剂中。常温下稳定，分解温度 216 ℃，遇强酸或强碱易分解。

【毒性】 低毒。大鼠急性经口 $LD_{50} > 5000$ 毫克/千克。对鱼和浮游动物有毒，不宜用于鱼塘等水生动物养殖场内。

【制剂】 0.60％颗粒剂，25％、50％、60％、70％、80％可湿性粉剂，25％悬浮剂，4％粉剂。

【作用机制与防治对象】 同杀螺胺。为一种酚类有机杀软体动物剂,通过阻止水中害螺对氧的摄入而降低呼吸作用,最终窒息死亡。可在流动水和不流动水中使用,具有胃毒、触杀作用,既杀成螺也杀灭螺卵。如果水中盐的含量过高,会削落杀螺效果。

【使用方法】

(1) 防治沟渠钉螺:在钉螺发生初期,每平方米用50%可湿性粉剂2～4克浸杀。

(2) 防治滩涂钉螺:在钉螺发生初期,每平方米用4%粉剂25～50克喷粉。或每平方米用50%可湿性粉剂2～4克浸杀或喷洒。

(3) 防治水稻福寿螺:在福寿螺幼螺发生初期,每667平方米用50%可湿性粉剂60～80克兑水30～50千克均匀喷雾,或用毒土法撒施,安全间隔期52天,每季最多施用2次。

【注意事项】

(1) 对鱼类、蛙类、贝类有毒,施用时严禁药液流入河塘,施药器械不得在河塘内清洗。

(2) 对蜜蜂和家蚕高风险,在桑园附近和开花植物花期禁止使用。

(3) 本品在下列食品上的最大残留限量(毫克/千克):稻谷2,糙米0.5。

118. 杀螟丹

$$H_2N-\overset{\displaystyle S}{\underset{\displaystyle O}{C}}-S-CH_2-\overset{\displaystyle N(CH_3)}{CH}-CH_2-S-\overset{\displaystyle S}{\underset{\displaystyle O}{C}}-NH_2$$

分子式:$C_7H_{16}ClN_3O_2S_2$

【类别】 沙蚕毒素类。

【化学名称】 1,3-二(氨基甲酰硫)-2-二甲基氨基丙烷。

【理化性质】 纯品为白色晶体。原药为白色结晶粉末,纯度95%～97%,有轻微特殊臭味。熔点183～183.5℃(分解)。水中溶解度(25℃)约200克/升,微溶于甲醇和乙醇,不溶于丙酮、丙醇、乙醚、乙酸乙酯、氯仿、苯和正己烷等。工业品稍有吸湿性。在酸性条件下稳定,但在中性和碱性介质中水解。在40℃和60℃贮存3个月稳定,常温常压下密封保存稳定,对铁等金属有腐蚀性。

【毒性】 中等毒。原药急性经口 LD_{50}:大鼠325～345毫克/千克,雄小鼠225毫克/千克。小鼠急性经皮 LD_{50}>1000毫克/千克。正常实验条件下无皮肤和眼睛过敏反应,对兔皮肤和眼睛无刺激。未见致突变、致畸和致癌作用。鲤鱼 LC_{50}(48小时)1.3毫克/升。对鸟低毒,对蜘蛛等天敌无不良影响,对蜜蜂和家蚕有毒性。

【制剂】 0.8%、4%、6%、9%颗粒剂,6%水剂,50%、95%、98%可溶粉剂。

【作用机制与防治对象】 通过阻碍神经细胞中枢神经系统的传递冲动,导致昆虫麻痹。具有很强的胃毒作用,并有触杀和一定的拒食及杀卵作用,对害虫的击倒速度较快,残效期较长。杀虫谱广,可用于防治鳞翅目、半翅目等多种害虫。

【使用方法】

(1) 防治水稻干尖线虫病:用6%水剂1000～2000倍液浸种。浸种时水量要称量好,不可以浓度过小或过大,浸种浓度过大会影响种子发芽。

(2) 防治水稻稻纵卷叶螟:在稻纵卷叶螟卵孵化高峰期至低龄幼虫高峰期,每667平方米用0.8%颗粒剂12.5～15千克撒施;或每667平方米用50%可溶粉剂80～100克兑水30～50千克均匀喷雾。安全间隔期21天,每季最多施用3次。

(3) 防治水稻二化螟:在二化螟卵孵化高峰期至低龄幼虫高峰期,每667平方米用6%颗粒剂1000～1500克撒施,安全间隔期30天,每季最多施用2次;或每667平方米用50%可溶粉剂

80～120 克兑水 30～50 千克均匀喷雾。安全间隔期 21 天,每季最多施用 3 次。

(4) 防治水稻三化螟:在三化螟卵孵化高峰期至低龄幼虫高峰期,每 667 平方米用 50％可溶粉剂 80～100 克兑水 30～50 千克均匀喷雾,安全间隔期 21 天,每季最多施用 3 次。

(5) 防治水稻螟虫:在螟虫卵孵化高峰期至低龄幼虫高峰期,每 667 平方米用 50％可溶粉剂 40～100 克兑水 30～50 千克均匀喷雾,安全间隔期 21 天,每季最多施用 3 次。

(6) 防治茶树茶小绿叶蝉:在茶小绿叶蝉低龄若虫发生初期,用 98％可溶粉剂 1500～2000 倍液均匀喷雾,安全间隔期 7 天,每季最多施用 2 次。

(7) 防治白菜、甘蓝等十字花科菜青虫:在菜青虫卵孵化高峰期至低龄幼虫高峰期,每 667 平方米用 98％可溶粉剂 30～40 克兑水 30～50 千克均匀喷雾,安全间隔期 7 天,每季最多施用 3 次。

(8) 防治白菜、甘蓝小菜蛾:在小菜蛾卵孵化高峰期至低龄幼虫高峰期,每 667 平方米用 98％可溶粉剂 30～50 克兑水 30～50 千克均匀喷雾,安全间隔期 7 天,每季最多施用 3 次。

(9) 防治甘蔗螟虫:在螟虫卵孵化高峰期至低龄幼虫高峰期,用 98％可溶粉剂 6500～9800 倍液均匀喷雾,安全间隔期 35 天,每季最多施用 6 次。

(10) 防治柑橘树潜叶蛾:在潜叶蛾卵孵化高峰期至低龄幼虫高峰期,用 98％可溶粉剂 1800～1960 倍液均匀喷雾,安全间隔期 21 天,每季最多施用 2 次。

【注意事项】

(1) 不可与强酸碱性物质混用。

(2) 水稻扬花期和被雨淋湿时不宜施药。

(3) 对鸟类、鱼类等水生生物和家蚕毒性大。鸟类保护区禁用,施药时远离水产养殖区,禁止在河塘等水域中清洗施药器具,鱼或虾、蟹套养稻田禁用,施药后的田水不得排入水体,蚕室和桑园附近禁用。

(4) 对水蚤类有毒,对天敌赤眼蜂极高风险性。施药时注意对水蚤类生物的影响,天敌生物放飞区禁用。

(5) 本品在下列食品上的最大残留限量(毫克/千克):大米、糙米、甘蔗 0.1,结球甘蓝 0.5,大白菜、柑橘 3,茶叶 20。

119. 杀螟硫磷

分子式:$C_9H_{12}NO_5PS$

【类别】 有机磷类。

【化学名称】 O,O-二甲基-O-(3-甲基-4-硝基苯基)硫代磷酸酯。

【理化性质】 浅棕至红棕色油状液体,微有特殊气味。熔点 3.4 ℃,沸点 140～145 ℃(13.3 帕,分解),蒸气压 18 毫帕 (20 ℃),相对密度 1.328。溶解度(20 ℃):己烷 24 克/升、异丙醇 138 克/升、水 21 毫克/升,易溶于醇类、酯类、酮类、芳香烃类和氯代烃类。遇碱水解,在酸性介质中分解较慢。光、热与金属可促进分解。

【毒性】 中等毒。原药大鼠急性经口 LD_{50} 400～800 毫克/千克,急性经皮 LD_{50}＞1 200 毫克/千克。在试验剂量下,未见致畸、致癌作用,有较弱的致突变作用。鹌鹑 LD_{50} 23.6 毫克/千克,

野鸭 LD_{50} 1 190 毫克/千克。鱼类 LC_{50}（96 小时）：美洲红点鲤鱼 1.7 毫克/升，蓝鳃太阳鱼 3.8 毫克/升。

【制剂】　45%、50%乳油。

【作用机制与防治对象】　通过抑制害虫体内乙酰胆碱酯酶而致效，具有触杀、胃毒、内渗杀虫作用。有异臭味，遇高温、碱以及铁、锡、铜等金属易分解失效。可防治刺吸式口器和咀嚼式口器的多种害虫，是一种广谱性杀虫剂。

【使用方法】

（1）防治茶树尺蠖、毛虫、茶小绿叶蝉：在害虫发生初期，用 45%乳油 900～1 800 倍液均匀喷雾，安全间隔期 10 天，每季最多施用 1 次。

（2）防治果树卷夜蛾、毛虫、食心虫：在害虫卵孵化高峰期至低龄幼虫高峰期，用 50%乳油 1 000～2 000 倍液均匀喷雾，安全间隔期 15 天，每季最多施用 3 次。

（3）防治棉花棉铃虫、红铃虫：在害虫卵孵化高峰期至低龄幼虫高峰期，每 667 平方米用 50%乳油 50～100 克兑水 30～50 千克均匀喷雾，安全间隔期 14 天，每季最多施用 5 次。

（4）防治棉花蚜虫、叶蝉、造桥虫：在害虫发生初期，每 667 平方米用 50%乳油 50～75 克兑水 30～50 千克均匀喷雾，安全间隔期 14 天，每季最多施用 5 次。

（5）防治水稻飞虱、螟虫、叶蝉：在害虫发生初期，每 667 平方米用 50%乳油 50～75 克兑水 30～50 千克均匀喷雾，安全间隔期 21 天，每季最多施用 3 次（早稻）、5 次（晚稻）。

（6）防治水稻稻纵卷叶螟：在害虫卵孵化高峰期至低龄幼虫高峰期，每 667 平方米用 50%乳油 50～75 毫升兑水 30～50 千克均匀喷雾，安全间隔期 21 天，每季最多施用 3 次。

（7）防治水稻二化螟：在害虫卵孵化高峰期至低龄幼虫高峰期，每 667 平方米用 45%乳油 70～85 毫升兑水 30～50 千克均匀喷雾，安全间隔期 21 天，每季最多施用 3 次。

（8）防治水稻三化螟：在害虫卵孵化高峰期至低龄幼虫高峰期，每667平方米用50%乳油75～100克兑水30～50千克均匀喷雾，安全间隔期21天，每季最多施用3次。

（9）防治甘薯小象甲：在害虫发生初期，每667平方米用45%乳油80～135克兑水30～50千克均匀喷雾。

【注意事项】

（1）本品对萝卜、油菜、卷叶菜等十字花科蔬菜及高粱易产生药害，施用时应注意避免药液飘移到上述作物上。

（2）不得与碱性药剂混用，以免分解失效。

（3）对家禽有毒，应注意对家禽的影响。

（4）对鱼毒性大，施用时应注意对水源的污染。

（5）本品在下列食品上的最大残留限量（毫克/千克）：稻谷5，大米1，棉籽0.1，茶叶0.5。

120. 虱螨脲

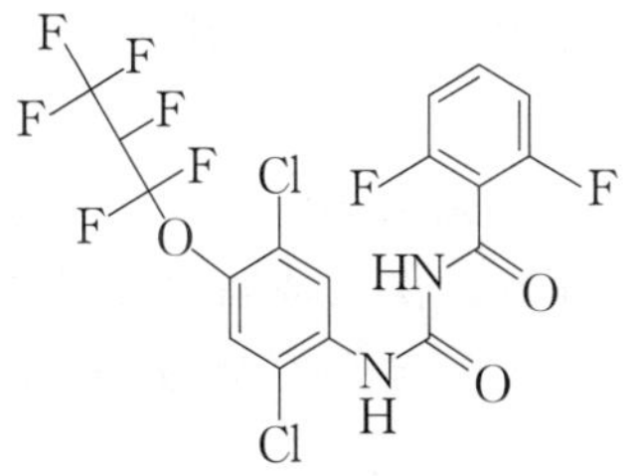

分子式：$C_{17}H_8Cl_2F_8N_2O_3$

【类别】 脲类昆虫生长调节剂。

【化学名称】 (R,S)-1-[2,5-二氯-4-(1,1,2,3,3,3-六氟丙氧基)苯基]-3-(2,6-二氟苯甲酰基)脲。

【理化性质】 纯品为无色结晶，原药为类白色至白色固体。

密度(20 ℃,纯品)1.66 克/厘米^3,沸点 24 ℃左右开始分解,熔点 164.7~167.7 ℃。25 ℃条件下溶解度:水<0.06 毫克/升,丙酮 460 克/升,乙酸乙酯 330 克/升,正己烷 100 克/升,甲醇 52 克/升,辛醇 8.2 克/升,甲苯 66 克/升。

【毒性】 低毒。雌、雄大鼠急性经口 LD_{50}>4 640 毫克/千克,雌、雄大鼠急性经皮 LD_{50}>2 150 毫克/千克,吸入毒性 LC_{50}>5 000 毫克/米^3。对兔眼睛无刺激性。

【制剂】 5%、20%、50 克/升乳油,5%水乳剂,2%微乳剂,5%、10%、50 克/升悬浮剂。

【作用机制与防治对象】 对昆虫主要是胃毒作用,有一定的触杀作用,无内吸作用,有良好的杀卵作用。能抑制几丁质合成酶的形成,干扰几丁质在表皮的沉积,导致昆虫不能正常蜕皮变态而死亡。

【使用方法】

(1)防治甘蓝甜菜夜蛾:在甜菜夜蛾卵孵化高峰期至低龄幼虫高峰期,每 667 平方米用 50 克/升乳油 30~40 毫升兑水 30~50 千克均匀喷雾,安全间隔期 14 天,每季最多施用 2 次。或每 667 平方米用 5%水乳剂 40~60 毫升兑水 30~50 千克均匀喷雾,安全间隔期 10 天,每季最多施用 2 次。或每 667 平方米用 2%微乳剂 75~100 毫升兑水 30~50 千克均匀喷雾,安全间隔期 14 天,每季最多施用 1 次。或每 667 平方米用 5%悬浮剂 30~40 毫升兑水 30~50 千克均匀喷雾,安全间隔期 7 天,每季最多施用 1 次。

(2)防治柑橘树锈壁虱、潜叶蛾:在锈壁虱低龄若虫发生期、潜叶蛾卵孵化高峰期至低龄幼虫高峰期,用 50 克/升乳油 1 500~2 500 倍液均匀喷雾,安全间隔期 28 天,每季最多施用 2 次。

(3)防治菜豆豆荚螟:在豆荚螟低龄幼虫盛期,每 667 平方米用 50 克/升乳油 40~50 毫升兑水 30~50 千克均匀喷雾,安全间隔期 7 天,每季最多施用 3 次。

（4）防治番茄棉铃虫：在棉铃虫卵孵化高峰期至低龄幼虫高峰期，每 667 平方米用 50 克/升乳油 50～60 毫升兑水 30～50 千克均匀喷雾，安全间隔期 7 天，每季最多施用 2 次。

（5）防治棉花棉铃虫：在棉铃虫卵孵化高峰期至低龄幼虫高峰期，每 667 平方米用 50 克/升乳油 50～60 毫升兑水 30～50 千克均匀喷雾，安全间隔期 28 天，每季最多施用 2 次。

（6）防治马铃薯块茎蛾：在马铃薯块茎蛾卵孵化高峰期至低龄幼虫高峰期，每 667 平方米用 50 克/升乳油 40～60 毫升兑水 30～50 千克均匀喷雾，安全间隔期 14 天，每季最多施用 3 次。

（7）防治苹果树小卷叶蛾：在小卷叶蛾卵孵化高峰期至低龄幼虫高峰期，用 50 克/升乳油 1 000～2 000 倍液均匀喷雾，安全间隔期 14 天，每季最多施用 3 次。

（8）防治韭菜韭蛆：于韭菜收割后 2～3 天，每 667 平方米用 5%悬浮剂 300～500 毫升灌根，安全间隔期 14 天，每季最多施用 1 次。

（9）防治杨树美国白蛾：在美国白蛾卵孵化高峰期至低龄幼虫高峰期，用 10%悬浮剂 1 000～2 000 倍液均匀喷雾。

【注意事项】

（1）不可与呈碱性的农药等物质混合使用。

（2）远离水产养殖区、河塘等水体施药，禁止在河塘等水域中清洗施药器具，避免对环境中其他生物造成危害。赤眼蜂等天敌放飞区禁用。

（3）建议与其他不同作用机制杀虫剂交替使用，以延缓抗药性产生。

（4）本品在下列食品上的最大残留限量(毫克/千克)：棉籽 0.05，结球甘蓝 1，柑橘 0.5，苹果 1。

121. 双丙环虫酯

分子式：$C_{33}H_{39}NO_9$

【类别】 丙烯类。

【化学名称】 ［(3S，4R，4aR，6S，6aS，12R，12aS，12bS)-3-(环丙基羰基氧)-1,3,4,4a,5,6,6a,12,12a,12b-十氢-6,12-二羟基-4,6a,12b-三甲基-11-氧杂-9-(3-吡啶基)-2H,11H-苯并［f］吡喃［4,3-b］色满-4-基］环丙烷羧酸甲酯。

【理化性质】 原药为黄色固体粉末,无味,密度(20℃)1.300克/厘米^3,熔点147.3～160℃,蒸气压＜9.9×10^{-6}帕(25℃)、＜1.5×10^{-5}帕(50℃),pH(23℃)为5.3(1%纯水溶液)、5.8(1% CIPAC标准硬水D溶液)。水解半衰期:DT_{50}＞1年(25℃,pH4或7)。溶解度(克/升,20℃):水2.51×10^{-2},正己烷7.66×10^{-3},甲苯5.54,二氯甲烷＞500,丙酮＞500,甲醇＞500,乙酸乙酯＞500。正辛醇-水分配系数$K_{ow} \log P$为3.45(25±1℃),亨利常数＜2.34×10^{-4}帕·米^3/摩。不易燃,不易被氧化。

【毒性】 低毒。大鼠急性经口、经皮LD_{50}＞2000毫克/千克,大鼠急性吸入LC_{50}＞5.48毫克/升。对兔眼睛有轻微的刺激性,对兔皮肤无刺激性,对豚鼠皮肤无致敏性。无致癌性,无遗传和神经毒性。斑胸草雀 LD_{50} 366 毫克/千克,北美鹑 LC_{50} 527 毫克/千克。虹鳟鱼(96 小时)LC_{50}＞21.3 毫克/升,大型蚤(48 小时)EC_{50} 8.0 毫克/升,绿藻(72 小时)E_rC_{50} 48 000 微克/升。蚯蚓 LC_{50}＞1 000 毫克/千克。对蜜蜂的急性毒性,成虫经口(96 小时)LD_{50}＞100 微克/只,成虫接触(96 小时)LC_{50}＞200 微克/只,幼虫经口(96 小时)LD_{50} 55.9 微克/只。

【制剂】 50 克/升可分散液剂。

【作用机制与防治对象】 通过干扰靶标昆虫香草酸瞬时受体通道复合物的调控,导致昆虫对重力、平衡、声音、位置和运动等失去感应,丧失协调性和方向感,进而不能取食、失水,最终导致昆虫饥饿而亡,具胃毒和触杀作用。叶面喷雾可以防治刺吸式害虫如蚜虫。具有较高杀虫活性,持效期较长,可防治烟粉虱、蚜虫等。

【使用方法】

(1)防治番茄烟粉虱:在烟粉虱发生初期,每 667 平方米用 50 克/升可分散液剂 55～65 毫升兑水 30～50 千克均匀喷雾。

(2)防治甘蓝蚜虫:在蚜虫发生初期,每 667 平方米用 50 克/升可分散液剂 10～16 毫升兑水 30～50 千克均匀喷雾。

(3)防治黄瓜蚜虫:在蚜虫发生初期,每 667 平方米用 50 克/升可分散液剂 10～16 毫升兑水 30～50 千克均匀喷雾。

(4)防治辣椒烟粉虱:在烟粉虱发生初期,每 667 平方米用 50 克/升可分散液剂 55～65 毫升兑水 30～50 千克均匀喷雾。

(5)防治棉花蚜虫:在棉蚜发生初期,每 667 平方米用 50 克/升可分散液剂 10～16 毫升兑水 30～50 千克均匀喷雾,每季最多施用 2 次,安全间隔期 21 天。

(6)防治苹果树蚜虫:在蚜虫发生初期,用 50 克/升可分散液剂稀释 12 000～20 000 倍液均匀喷雾,每季最多施用 2 次,安全间隔期 21 天。

(7)防治小麦蚜虫:在蚜虫发生初期,每 667 平方米用 50 克/升可分散液剂 10～16 毫升兑水 30～50 千克均匀喷雾。

【注意事项】

(1) 本品对皮肤有刺激性,注意安全防护。施药时必须穿戴防护衣或使用保护措施,避免饮食、饮水、吸烟等,避免药液接触皮肤。

(2) 药剂要现配现兑,配好的药液要立即使用。

(3) 水产养殖区、河塘等水体附近禁用。蚕室及桑园附近禁用。

(4) 建议与其他不同作用机制的杀虫剂轮换使用。

(5) 赤眼蜂等天敌放飞区禁用。

122. 双甲脒

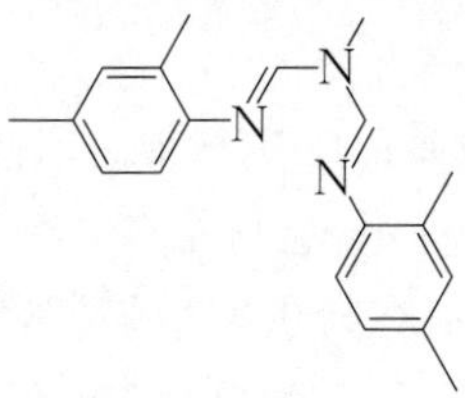

分子式:$C_{19}H_{23}N_3$

【类别】 甲脒类。

【化学名称】 N,N-双(2,4-二甲基苯基亚氨基甲基)甲胺。

【理化性质】 原药为无味白色至黄色固体,相对密度 0.3,熔点 86～87 ℃,25 ℃时蒸气压为 0.34 毫帕。常温下在水中溶解度很低,可溶于二甲苯、丙酮和甲醇等多种有机溶剂。不易燃,不易爆,通常条件下贮存至少两年不变。

【毒性】 中等毒。原药大鼠急性经口 LD_{50} 500～600 毫克/千克,大鼠急性经皮 LD_{50}＞1 600 毫克/千克,兔急性经皮 LD_{50}＞200 毫克/千克,大鼠急性吸入 LC_{50}(6 小时)65 毫克/升空气。对试验动物眼睛、皮肤无刺激作用。在试验条件下未见致畸、致癌和致突变作用,在 200 毫克/升剂量下三代繁殖也未见异常。双甲脒对鱼类有毒,原药鲤鱼 LC_{50}(48 小时)为 1.17 毫克/升,虹鳟鱼为 2.7～4.0 微克/升。对蜜蜂、鸟、天敌低毒。

【制剂】 10%、12.50%、20%、200 克/升乳油。

【作用机制与防治对象】 本品是一种广谱杀螨剂,具有多种毒杀机制,其中主要是抑制单胺氧化酶的活性,对昆虫中枢神经系统的非胆碱能突触会诱发直接兴奋作用。具有触杀、拒食、驱避作用,也有一定的胃毒、熏蒸和内吸作用。对叶螨科各个发育阶段的虫态都有效,对越冬的卵效果较差,可有效防治对其他杀螨剂有抗药性的螨,药后能较长期控制害螨数量的回升。

【使用方法】

(1)防治梨树梨木虱:在梨木虱低龄若虫发生期,用 200 克/升乳油 800～1 600 倍液均匀喷雾,安全间隔期 20 天,每季最多施用 3 次。

(2)防治棉花红蜘蛛:在红蜘蛛发生初期,每 667 平方米用 20%乳油 40～50 毫升兑水 30～50 千克均匀喷雾,安全间隔期 7 天,每季最多施用 2 次。

(3)防治柑橘树红蜘蛛:在红蜘蛛发生初期,用 20%乳油 800～1 500 倍液均匀喷雾,安全间隔期 21 天,每季最多施用 3 次(春梢)、2 次(夏梢)。

(4)防治柑橘树螨、介壳虫:在螨、介壳虫发生初期,用 200 克/升乳油 1 000～1 500 倍液均匀喷雾,安全间隔期 21 天,每季最多施用 3 次(春梢)、2 次(夏梢)。

(5)防治苹果树红蜘蛛、山楂红蜘蛛、叶螨:在红蜘蛛发生初期,用 200 克/升乳油 1 000～1 500 倍液均匀喷雾,安全间隔期 20 天,每季最多施用 3 次。

【注意事项】

(1)20℃以下施药效果差。

(2)不宜与碱性农药(如波尔多液等)混用。

(3) 本品在下列食品上的最大残留限量(毫克/千克): 棉籽、柑橘、梨、苹果 0.5,棉籽油 0.05。

123. 水胺硫磷

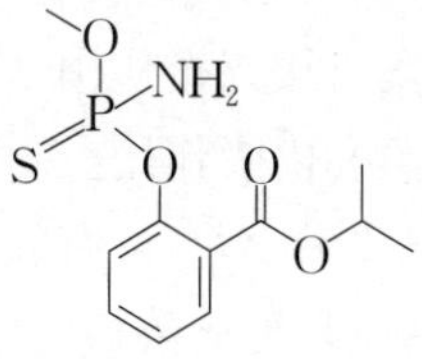

分子式: $C_{11}H_{16}NO_4PS$

【类别】 有机磷类。

【化学名称】 O-甲基-O-(2-异丙氧基甲酰基苯基)硫代磷酰胺。

【理化性质】 纯品为无色鳞片状结晶。溶于乙醚、苯、丙酮和乙酸乙酯,不溶于水,难溶于石油醚。工业品为茶褐色黏稠的油状液体,放置过程中不断析出结晶,有效成分含量 $85\% \sim 90\%$。常温下贮存稳定。

【毒性】 高毒。雌、雄大鼠急性经口 LD_{50} 分别为 27 毫克/千克和 24 毫克/千克,急性经皮 LD_{50} 1 425 毫克/千克。

【制剂】 20%、35%、40% 乳油。

【作用机制与防治对象】 具有触杀、胃毒和杀卵作用的广谱杀虫、杀螨剂。在昆虫体内首先被氧化成毒性更大的水胺氧磷,抑制昆虫体内乙酰胆碱酯酶。主要用于防治水稻、棉花害虫,如红蜘蛛、蓟马、卷叶螟等。

【使用方法】

(1) 防治棉花红蜘蛛、棉铃虫: 在红蜘蛛发生初期、棉铃虫卵孵化高峰期至低龄幼虫高峰期,每 667 平方米用 40% 乳油 50~

100 毫升兑水 30～50 千克均匀喷雾,安全间隔期 28 天,每季最多施用 2 次。

（2）防治水稻蓟马、螟虫：在蓟马低龄若虫发生期、螟虫卵孵化高峰期,每 667 平方米用 40％乳油 75～150 毫升兑水 30～50 千克均匀喷雾,安全间隔期 28 天,每季最多施用 3 次。

（3）防治水稻象甲虫：在象甲虫发生初期,每 667 平方米用 35％乳油 20～40 毫升兑水 30～50 千克均匀喷雾,安全间隔期 21 天,每季最多施用 3 次。

【注意事项】

（1）不可与碱性物质混用。

（2）本品为高毒农药,禁止在蔬菜、果树、烟草、茶、中草药上施用,禁止用于防治卫生害虫。

（3）本品在下列食品上的最大残留限量（毫克/千克）：稻谷、糙米、棉籽 0.05。

124. 顺式氯氰菊酯

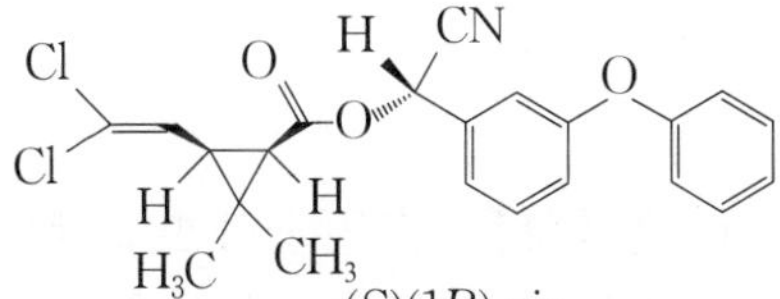

(S)(1R)-cis-

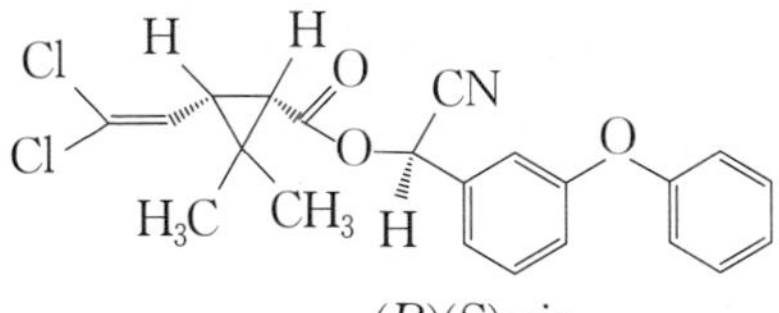

(R)(S)-cis-

分子式：$C_{22}H_{19}Cl_2NO_3$

【类别】 拟除虫菊酯类。

【化学名称】 本品为外消旋体,含(S)-α-氰基-3-苯氧基苄基(1R,3R)-3-(2,2-二氯乙烯基)-2,2-二甲基环丙烷羧酸酯和(R)-α-氰基-3-苯氧基苄基(1S,3S)顺式-3-(2,2-二氯乙烯基)-2,2-二甲基环丙烷羧酸酯。

【理化性质】 原药为白色或奶油色结晶或粉末,熔点78~81℃,沸点200℃(9.3帕),蒸气压23帕(20℃),密度1.12克/厘米³(20℃)。溶解度(25℃):水0.005~0.01毫克/升,丙酮620克/升,环己酮515克/升,二甲苯315克/升。高于220℃温度条件下易分解,pH3~7稳定,pH12~13水解。田间数据表明,对空气和光稳定。

【毒性】 中等毒。原药对大鼠急性经口 LD_{50} 60~80毫克/千克,大鼠急性经皮 LD_{50} >500毫克/千克,兔急性经皮 LD_{50} >2000毫克/千克。原药对兔眼睛有很轻微的刺激性,乳油对鼠、兔的皮肤有轻微刺激作用、对其眼睛刺激严重,对豚鼠皮肤无过敏性。大鼠急性吸入 LC_{50} (4小时)0.32毫克/升空气。大鼠亚急性经口无作用剂量为60毫克/千克(13周)。在试验条件下,大鼠未见慢性蓄积及致畸、致突变和致癌作用。禽鸟急性经口 LD_{50} >2000毫克/千克。虹鳟鱼 LC_{50} (96小时)28微克/升。蜜蜂 LD_{50} 0.033微克/只。

【制剂】 5%可湿性粉剂,15%悬浮剂,50克/升、100克/升乳油。

【作用机制与防治对象】 作用于害虫的神经系统,为钠离子通道抑制剂。本品由氯氰菊酯的高效异构体组成,杀虫活性为氯氰菊酯的1~3倍,因此单位面积用量更少、防效更高,其应用范围、防治对象、使用特点与氯氰菊酯相同。

【使用方法】

(1)防治甘蓝菜青虫、小菜蛾:在菜青虫、小菜蛾卵孵化高峰期至低龄幼虫高峰期,每667平方米用100克/升乳油5~10毫升兑水30~50千克均匀喷雾,安全间隔期为7天,每季最多施用3次。

(2)防治豇豆、大豆卷叶螟:在卷叶螟卵孵化高峰期至低龄幼虫高峰期,每 667 平方米用 100 克/升乳油 10～13 毫升兑水 30～50 千克均匀喷雾,安全间隔期 5 天,每季最多施用 2 次。

(3)防治棉花红铃虫、棉铃虫、盲椿象:在红铃虫、棉铃虫卵孵化高峰期至低龄幼虫高峰期,在盲椿象发生初期,每 667 平方米用 50 克/升乳油 34～46 毫升兑水 30～50 千克均匀喷雾,安全间隔期 14 天,每季最多施用 3 次。

(4)防治荔枝树蒂蛀虫、椿象:在蒂蛀虫卵孵化高峰期至低龄幼虫高峰期,在椿象发生初期,用 50 克/升乳油 1 000～2 500 倍液均匀喷雾,安全间隔期 14 天,每季最多施用 3 次。

(5)防治黄瓜蚜虫:在蚜虫发生初期,每 667 平方米用 100 克/升乳油 5～10 毫升兑水 30～50 千克均匀喷雾,安全间隔期 5 天,每季最多施用 2 次。

(6)防治柑橘树潜叶蛾:在潜叶蛾卵孵化高峰期至低龄幼虫高峰期,用 100 克/升乳油 10 000～20 000 倍液均匀喷雾,安全间隔期 7 天,每季最多施用 3 次。

【注意事项】

(1)不能与呈碱性的农药等物质混用。

(2)对蜜蜂、鱼类等水生生物、家蚕有毒。施药期间应避免对周围蜂群的影响,蜜源作物花期、蚕室和桑园附近禁用。

(3)本品在下列食品上的最大残留限量(毫克/千克):棉籽、黄瓜 0.2,结球甘蓝 5,豇豆、荔枝 0.5,柑橘 1。

125. 四聚乙醛

分子式:$C_8H_{16}O_4$

【类别】 杂环烃类。

【化学名称】 2,4,6,8-四甲基-1,3,5,7-四氧杂环辛烷。

【理化性质】 原药为无色晶体(有效成分含量>98%),相对密度 0.65(20 ℃),熔点 246 ℃,蒸气压 6.6 帕(25 ℃)。水中溶解度 200 克/升(17 ℃)或 260 克/升(30 ℃),可溶于苯和氯仿,少量溶于乙醇和乙醚。加热缓慢解聚,不光解,不水解。

【毒性】 中等毒。大鼠急性经口 LD_{50} 283 毫克/千克,急性经皮 LD_{50}>5 000 毫克/千克,急性吸入 LC_{50}>15 000 毫克/厘米^3,小鼠急性经口 LD_{50} 为 425 毫克/千克。虹鳟鱼 LC_{50}(96 小时)75 毫克/升,水蚤 EC_{50}(48 小时)>90 毫克/升,绿藻 EC_{50}(96 小时)73.5 毫克/升。鸭经口 LD_{50} 1 030 毫克/千克,鹌鹑 LD_{50} 181 毫克/千克。对蜜蜂微毒。对兔皮肤无刺激性,对眼睛有轻微刺激性。对豚鼠无致敏作用。在试验剂量下,无致畸、致突变和致癌作用。大鼠两年喂养试验 NOEL 为 2.5 毫克/千克。在土壤中的 DT_{50} 为 1.4～6.6 天。

【制剂】 5%、6%、10%、12%、15%颗粒剂,80%可湿性粉剂,20%、40%悬浮剂。

【作用机制与防治对象】 本品是一种选择性强的杀螺剂,具有胃毒和触杀作用,对福寿螺、蜗牛和蛞蝓有一定的引诱作用。当螺受到引诱剂的吸引而取食或接触到药剂后,本品会使螺体内乙酰胆碱酯酶大量释放,破坏螺体内特殊的黏液,使螺体迅速脱水、神经麻痹,导致大量体液流失和细胞破坏,致使螺体、蛞蝓等在短时间内中毒死亡。本品不在植物体内积累,对人、畜中等毒性,主要用于防治稻田福寿螺和蛞蝓。

【使用方法】

(1) 防治水稻福寿螺:在福寿螺发生初期,每 667 平方米用 15%颗粒剂 160～240 克撒施,安全间隔期 70 天,每季最多施用 2 次。

(2) 防治棉花蜗牛、蛞蝓:在蜗牛发生期,每 667 平方米用 6%颗粒剂 400～544 克撒施。

（3）防治甘蓝蜗牛：在蜗牛发生期，每 667 平方米用 6％颗粒剂 400～600 克撒施，安全间隔期 7 天，每季最多施用 2 次。或用 80％四聚乙醛可湿性粉剂 45～50 克兑水 30～50 千克均匀喷雾，安全间隔期 7 天，每季最多施用 1 次。

（4）防治小白菜蜗牛：在蜗牛发生期，每 667 平方米用 15％颗粒剂 200～260 克撒施；或每 667 平方米用 80％四聚乙醛可湿性粉剂 45～50 克兑水 30～50 千克均匀喷雾，安全间隔期 7 天，每季最多施用 2 次。

（5）防治大白菜蜗牛：在蜗牛发生期，每 667 平方米用 6％颗粒剂 600～700 克撒施，安全间隔期 7 天，每季最多施用 2 次。

（6）防治白菜蜗牛：在蜗牛发生期，每 667 平方米用 6％颗粒剂 450～600 克撒施，安全间隔期 7 天，每季最多施用 2 次。

（7）防治叶菜类蔬菜蜗牛：在蜗牛发生期，每 667 平方米用 6％颗粒剂 500～700 克撒施，安全间隔期 7 天，每季最多施用 2 次。

（8）防治十字花科蔬菜蜗牛：在蜗牛发生期，每 667 平方米用 6％颗粒剂 400～550 克撒施，安全间隔期 7 天，每季最多施用 2 次。

（9）防治蔬菜蜗牛、蛞蝓：在蜗牛发生期，每 667 平方米用 6％颗粒剂 400～544 克撒施。

（10）防治烟草蜗牛、蛞蝓：在蜗牛发生期，每 667 平方米用 6％颗粒剂 400～544 克撒施。

（11）防治铁皮石斛蜗牛：在蜗牛发生期，每 667 平方米用 12％颗粒剂 325～400 克撒施，安全间隔期 7 天，每季最多施用 1 次。

（12）防治草坪蜗牛：在蜗牛发生期，每 667 平方米用 6％颗粒剂 500～600 克撒施。

【注意事项】

（1）本品对眼睛有刺激性，施用时应采取相应的安全防护措施，穿防护服，戴防护手套、防护镜、口罩等，避免皮肤、眼睛接触和口鼻吸入。

（2）对鸟类有毒，禁止在鸟类保护区使用。对鱼类等水生生物有害，施药时请远离水产养殖区域，也不可在河塘水体中清洗施药器具，避免影响鱼类和污染水源。

（3）本品在下列食品上的最大残留限量（毫克/千克）：糙米、棉籽0.2，结球甘蓝2，普通白菜3，大白菜1，石斛（鲜）0.2，石斛（干）0.5。

126. 四氯虫酰胺

分子式：$C_{17}H_{10}C_{14}BrN_5O_2$

【类别】 双酰胺。

【化学名称】 3-溴-N-[2,4-二氯-6-(甲氨基甲酰基)苯基]-1-(3,5-二氯-2-吡啶基)-1H-吡唑-5-甲酰胺。

【理化性质】 白色至灰白色固体，熔点189～191℃。易溶于N,N-二甲基甲酰胺、二甲基亚砜，可溶于二氧六环、四氢呋喃、丙酮。光照下稳定。

【毒性】 低毒。雌、雄大鼠急性经口 $LD_{50}>5000$ 毫克/千克，雌、雄大鼠急性经皮 $LD_{50}>2000$ 毫克/千克。对家兔眼睛、皮肤均无刺激性，豚鼠皮肤变态反应为阴性。Ames试验、小鼠骨髓细胞微核试验、小鼠睾丸细胞染色体畸变试验均为阴性。

【制剂】 10%悬浮剂。

【作用机制与防治对象】 本品属于鱼尼丁受体激活剂,致使昆虫过度释放细胞内钙离子而致肌肉活动受限、昆虫瘫痪死亡。为内吸性杀虫剂,以胃毒为主,兼具触杀作用,有一定的杀卵活性,可用于防治稻纵卷叶螟、甘蓝甜菜夜蛾、玉米玉米螟等。

【使用方法】

(1)防治甘蓝甜菜夜蛾:在甜菜夜蛾卵孵化高峰期至2龄幼虫期,每667平方米用10%悬浮剂30～40克兑水30～50千克均匀喷雾,安全间隔期7天,每季最多施用1次。

(2)防治水稻稻纵卷叶螟:在稻纵卷叶螟低龄幼虫盛发期,每667平方米用10%悬浮剂10～20克兑水30～50千克均匀喷雾,安全间隔期21天,每季最多施用1次。

(3)防治玉米玉米螟:在玉米螟卵孵化高峰期至低龄幼虫期,每667平方米用10%悬浮剂20～40克兑水30～50千克均匀喷雾,安全间隔期14天,每季最多施用1次。

【注意事项】

(1)禁止在蚕室和桑园附近用药,水产养殖区、河塘等水体附近禁用,鱼、虾蟹套养稻田禁用。禁止在河塘等水域内清洗施药器具,施药后的田水不得直接排入水体。本品对虾、蟹毒性高。

(2)不可与强酸、强碱性物质混用。

127. 四螨嗪

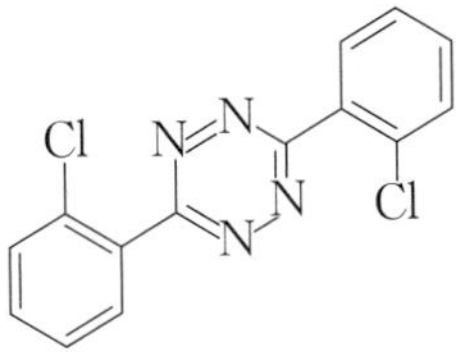

分子式:$C_{14}H_8Cl_2N_4$

【类别】 嗪类。

【化学名称】 3,6-双(2-氯苯基)-1,2,4,5-四嗪。

【理化性质】 纯品为洋红色结晶,无味,纯度＞99％,熔点 182.2℃,蒸气压 $1.3×10^{-7}$ 帕(25℃)。溶解度:水＜1 毫克/升, 丙酮 9.3 克/升,乙醇 0.5 克/升,二甲苯 5 克/升。相对密度约 1.5。原药有效成分含量至少 96％,为洋红色晶体,无味,溶解度 基本与纯品相同,相对密度 1.51,熔点 182～186℃。

【毒性】 低毒。原药大鼠急性经口 LD_{50}＞5 200 毫克/千克, 急性经皮 LD_{50}＞2 100 毫克/千克,急性吸入 LC_{50}＞9 100 毫克/ 米^3。对皮肤和眼睛均无刺激。在试验剂量内对动物无致畸、致突 变和致癌作用,三代繁殖试验未见异常。虹鳟鱼(96 小时)LC_{50} 10 毫克/升,蓝鳃翻车鱼 LC_{50}＞0.25 毫克/升。蜜蜂经口 LD_{50}＞ 252.6 微克/只,野鸭 LD_{50}＞3 000 毫克/千克,鹌鹑 LD_{50}＞7 500 毫 克/千克。

【制剂】 20％、500 克/升悬浮剂,10％、20％可湿性粉剂, 75％、80％水分散粒剂。

【作用机制与防治对象】 本品为胚胎发育抑制剂,主要杀螨 卵,但对幼螨也有一定效果,对成螨效果差、见效慢、药效期长,一 般可达 50～60 天。作用方式为触杀作用,无内吸作用,对植物叶 片有较强的渗透作用。可用于防治柑橘树、苹果树红蜘蛛。

【使用方法】

(1) 防治柑橘树红蜘蛛:在红蜘蛛发生初期,用 20％悬浮剂 1 000～2 000 倍液或 10％可湿性粉剂 800～1 000 倍液均匀喷雾, 安全间隔期 14 天,每季最多施用 2 次。或用 80％水分散粒剂 4 000～6 000 倍液均匀喷雾,安全间隔期 28 天,每季最多施用 2 次。

(2) 防治苹果树红蜘蛛:在红蜘蛛发生初期,用 500 克/升悬 浮剂 5 000～6 000 倍液均匀喷雾,安全间隔期 30 天,每季最多施用 2 次。

（3）防治苹果树、山楂红蜘蛛：在红蜘蛛发生初期,用 20％可湿性粉剂 1 000～2 000 倍液均匀喷雾,安全间隔期 30 天,每季最多施用 2 次。

【注意事项】

（1）与噻螨酮有交互抗性,不能交替使用。不能与碱性药剂混用。

（2）对蚕高毒,蚕室及桑园附近禁用。远离水产养殖区用药,禁止在河塘等水体中清洗施药器具,避免药液污染水源地。

（3）在螨密度大或温度较高时施用,最好与其他杀成螨药剂混用。由于对成螨无效,而且害螨繁殖速度很快,为保证药效,须在害螨卵期或孵化初期施用。

（4）本品在下列食品上的最大残留限量(毫克/千克)：柑橘、苹果 0.5。

128. 四唑虫酰胺

分子式：$C_{22}H_{16}ClF_3N_{10}O_2$

【类别】 双酰胺类。

【化学名称】 1-(3-氯-2-吡啶基)-N-[4-氰基-2-甲基-6-[(甲基氨基)羰基]苯基]-3-[[5-(三氟甲基)-2H-四氮唑-2-

基]甲基-1H-吡唑-5-甲酰胺。

【理化性质】 纯品为米黄色固体粉末,有酸味,熔点 226.9～229.6℃,相对密度(20℃)1.52 克/毫升。在正常大气压下无沸点(230℃以上会发生分解)。蒸气压 3.2×10^{-6} 帕(20℃)、4.6×10^{-6} 帕(25℃),分配系数 $LogP_{ow}$ 为 2.6(20℃,pH=7)。水中溶解度(蒸馏水,pH=6.31)1.2 毫克/升;有机溶剂中溶解度(20℃,克/升):甲醇 2.9、甲苯 0.17、乙酸乙酯 6.4、二氯甲烷 5.3、丙酮 21.8、正庚烷<0.001、二甲基亚砜>280。pKa=9.1。

【毒性】 低毒。原药大鼠急性经口 LD_{50}>2 000 毫克/千克,大鼠急性经皮 LD_{50}>2 000 毫克/千克,大鼠吸入毒性 LC_{50}(4 小时)>5 010 毫克/立方米,小鼠局部淋巴试验中对皮肤敏感结果 EC3 值为 21.7%,EC1.6 值为 10%,根据 ECHA 分类方案,四唑虫酰胺原药属于 1B 类、中度皮肤致敏。根据化妆品领域的分类方案,四唑虫酰胺原药属于弱皮肤致敏剂。对兔皮肤无刺激作用,但对兔眼有轻微刺激作用。对鸟类 LD_{50}>2 000 毫克/千克;鱼类(虹鳟)LC_{50}>10 毫克/升;大型蚤 EC_{50} 0.247 毫克/升;绿藻(羊角月芽藻)E_rC_{50}>1.97 毫克/升;对蚯蚓低毒,对蜜蜂毒性较高。

【制剂】 200 克/升悬浮剂。

【作用机制与防治对象】 作用于害虫的鱼尼丁受体,引起细胞内钙离子无节制释放,导致肌肉收缩、麻痹直至害虫死亡。本品以胃毒为主,对鳞翅目害虫活性高,速效性较好,能有效防治甘蓝甜菜夜蛾。

【使用方法】

防治甘蓝甜菜夜蛾:于低龄幼虫发生初期施药 1 次。每 667 平方米用 200 克/升悬浮剂 7.5～10 毫升兑水 40～50 千克均匀喷雾,安全间隔期 7 天,每个生长季最多施用 1 次。

【注意事项】

(1)为了更好地避免抗性的产生,建议与不同作用机制杀虫剂轮换用药。

（2）植物花期禁用,使用本品应注意避免对蜜蜂、授粉昆虫及蚕室造成影响。使用时应密切关注对附近蜂群的影响,蚕室及桑园附近禁用;赤眼蜂或其他害虫天敌放飞区域禁用。

（3）配药前先将原包装摇匀,再采用二次稀释法配药。大风天或预计 1 小时内降雨,请勿施药。

129. 松毛虫赤眼蜂

【类别】 活体生物类。

【特性】 膜翅目赤眼蜂科赤眼蜂属的一个物种。卵寄生蜂,自然寄主有马尾松毛虫、赤松毛虫、玉米螟、杨天社蛾卵。人工接种,可以寄生二化螟、稻苞虫卵,还有苎麻夜蛾、小地老虎、斜纹夜蛾卵。单眼或复眼均呈红色,成虫体长 0.3～1.0 毫米,黄色或黄褐色。它的繁殖方式比较独特,先寻找寄主,然后将卵产在寄主体内并在其中孵化,幼虫吸食卵黄中的营养,羽化后咬破寄主卵壳外出,造成寄主死亡。赤眼蜂的繁殖力较强,1 年约能繁殖 30 代。

【毒性】 对人、畜、非靶标生物、环境等安全,但能寄生于蚕卵,宜在非养蚕地区使用。

【制剂】 1 000 粒卵/卡卡片,10 000 头/袋杀虫卵袋。

【作用机制与防治对象】 本品为活体生物类农药。松毛虫赤眼蜂是卵寄生蜂,将卵产于靶标害虫卵中,其幼虫孵化后取食卵液,杀死寄主卵。主要对靶标害虫卵发生作用,宜在成虫产卵期使用,幼虫期使用无效。

【使用方法】

（1）防治林业苗圃松毛虫:每 667 平方米用 1 000 粒卵/卡卡片 25～50 卡,悬挂使用。

（2）防治玉米玉米螟:每 667 平方米用 10 000 头/袋杀虫卵袋 2～3 袋,挂放蜂袋放蜂使用。

【注意事项】

(1) 本品为活体生物,不能与触杀性化学农药同时使用。

(2) 放蜂时遇小雨,可冒雨放蜂。如遇大雨停止放蜂,可放在阴凉处平摊放置,雨停后立即放蜂。

(3) 放蜂器具要防止阳光直射,放蜂时悬挂于植物叶片背部。

(4) 矮小植株放蜂器具尽量放在植株上部,高大植株放蜂器具放在植株中上部。

130. 松毛虫质型多角体病毒

【类别】 病毒类。

【特性】 松毛虫质体多角体病毒的包涵体平面投影为六边形、五边形、近圆形,直径 0.5～8.4 微米不等。本品的病毒粒子为正二十面体,单层衣壳结构,位于正二十面体的十二个顶端有十二个管状结构的突起,直径 50 纳米。病毒粒子随机包埋在蛋白质性质的包含体中,病毒粒子的核酸为双链 RNA,基因组由 10 个等摩尔数的 RNA 片段组成。

【毒性】 低毒。雌、雄大鼠急性经口 LD_{50}＞5 000 毫克/千克,雌、雄大鼠急性经皮 LD_{50}＞2 000 毫克/千克。对豚鼠皮肤无致敏性,对兔眼睛有轻微刺激性,对大鼠无致病性。

【制剂】 无单剂登记,复配制剂松质·赤眼蜂(松毛虫赤眼蜂 1 500 头/每卡,松毛虫质型 1 亿 PIB/每卡)。

【作用机制与防治对象】 本品为活体生物类农药。能寄生靶标害虫松毛虫卵和通过初孵幼虫取食病毒而患病,重要的是能导致害虫之间相互感染造成流行病。主要对害虫松毛虫卵发生作用,宜在成虫产卵盛期使用,幼虫期使用无效。

【使用方法】

防治松树松毛虫:本品适用于松毛虫成虫产卵盛期释放,按

10 米×15 米等距离将卡挂在作物枝条上即可；虫害发生严重时，可连续用药。宜选择在密度大的林荫处悬挂，以防高温和强光对本品活性造成影响。

【注意事项】

（1）本品由松毛虫质多角体病毒和松毛虫赤眼蜂组配而成，为活体生物，建议与其他生物制剂（如 Bt 活体生物制剂）轮换使用。

（2）在养蚕区限制使用。

（3）不可与触杀性化学农药同时使用。

131. 松脂酸钠

【类别】 植物源类。

【理化性质】 本品是用松脂、碱（即碳酸钠或苛性钠）加水熬制而成的一种黑褐色强碱性杀虫剂。具有良好的脂溶性、成膜性和乳化性。属于一种触杀性杀虫剂，能腐蚀害虫的体壁，对介壳虫体表的蜡质层有很强的腐蚀作用。

【毒性】 低毒。对人、畜十分安全，对天敌、植物亦无影响，且无残留。

【制剂】 30％水乳剂，20％、30％、45％可溶粉剂。

【作用机制与防治对象】 为天然多种植物提炼的活性物质复合微毒杀蚧剂，对介壳虫具有腐蚀、触杀和渗透作用，对防治柑橘矢尖蚧、褐圆蚧、红蜡蚧等介壳虫效果显著。本品可用于冬季、春季清园，除花季外，生长期也可施用。

【使用方法】

（1）防治柑橘树介壳虫：在介壳虫发生初期，用 30％松脂酸钠水乳剂 150～200 倍液或 20％可溶粉剂 100～150 倍液，均匀喷雾；或每 667 平方米用 45％松脂酸钠可溶粉剂 667～833 克兑水

30~50千克均匀喷雾。

(2)防治杨梅树介壳虫：在介壳虫发生初期，用20%松脂酸钠可溶粉剂200~300倍液均匀喷雾。

(3)防治铁皮石斛介壳虫：在介壳虫发生初期，用20%松脂酸钠可溶粉剂200~400倍液均匀喷雾。

【注意事项】

(1)高温季节应在早晨或傍晚避开高温施药，并增加稀释倍数。

(2)不能和酸性或碱性农药混用。

(3)花期禁止使用。

132. 苏云金杆菌

【类别】 微生物源类。

【理化性质】 原药为黄色固体，是一种细菌杀虫剂，属好气性蜡状芽孢杆菌群，在芽孢囊内产生杀虫蛋白晶体。已报道有34个血清型，50多个变种。

【毒性】 低毒。鼠经口按每千克体重给予2×10^{22}活芽孢无死亡，也无中毒症状。对豚鼠皮肤局部给药无副作用。鼠吸入苏云金杆菌粉尘肉眼病理检查无阳性反应，体重无变化，无反常症状。对鸡、猪、鱼类和蜜蜂的急性、慢性饲料试验也未见异常。

【制剂】 8 000 IU/微升悬浮剂，8 000 IU/毫克、16 000 IU/毫克、32 000 IU/毫克可湿性粉剂。

【作用机制与防治对象】 苏云金杆菌简称BT，它可产生两大类毒素：内毒素（即伴孢晶体）和外毒素（α、β和γ外毒素）。内毒素（伴孢晶体）是主要毒素，这种晶体蛋白能进入昆虫的碱性中肠中，可使肠道在几分钟内麻痹，昆虫停止取食，并很快破坏肠道内膜，造成细菌的营养细胞易于侵袭和穿透肠道底膜进入血淋巴，最后昆虫因饥饿和败血症而死亡。外毒素作用缓慢，在蜕皮和变态时作用明显。可有效防治鳞翅目害虫。

【使用方法】

（1）防治白菜、青菜、萝卜等十字花科蔬菜菜青虫、小菜蛾：在害虫卵孵化高峰期至低龄幼虫高峰期，每 667 平方米用 8 000 IU/微升悬浮剂 100～150 毫升兑水 30～50 千克均匀喷雾。

（2）防治梨树、枣树、桃树、苹果树等果树尺蠖、食心虫，林木柳毒蛾、松毛虫：在害虫卵孵化高峰期至低龄幼虫高峰期，用 8 000 IU/微升悬浮剂 200 倍液均匀喷雾。

（3）防治玉米、高粱玉米螟：在玉米螟卵孵化高峰期至低龄幼虫高峰期，每 667 平方米用 8 000 IU/微升悬浮剂 150～200 毫升，加细沙灌心叶。

（4）防治棉花造桥虫、棉铃虫：在害虫卵孵化高峰期至低龄幼虫高峰期，每 667 平方米用 8 000 IU/微升悬浮剂 250～400 毫升兑水 30～50 千克均匀喷雾。

（5）防治烟草烟青虫、茶树茶毛虫：在害虫卵孵化高峰期至低龄幼虫高峰期，每 667 平方米用 8 000 IU/微升悬浮剂 200 毫升兑水 30～50 千克均匀喷雾。

【注意事项】

（1）对蜜蜂和家蚕有毒，施药期间应避免对周围蜂群的影响，避开蜜源作物花期，蚕室和桑园附近禁用。

（2）对鱼类等水生生物有毒，应远离水产养殖区施药，禁止在河塘等水体中清洗施药器具。

（3）不可与呈碱性的物质混合使用，不能与内吸有机磷杀虫剂或杀菌剂混合使用。

（4）对瓜类、莴苣苗期及烟草敏感，施药时应避免药液飘移到上述作物上，以防产生药害。

133. 速灭威

$$分子式：C_9H_{11}O_2N$$

【类别】 氨基甲酸酯类。

【化学名称】 3-甲基苯基-N-甲基氨基甲酸酯。

【理化性质】 纯品为无色固体,熔点 76～77 ℃,蒸气压 145 毫帕(20 ℃),相对密度 1.2。溶解度(30 ℃)：环己酮 790 克/千克,二甲苯 100 克/千克,甲醇 880(室温)克/千克,水 2.6 克/升,极少溶于非极性溶剂。遇碱分解。

【毒性】 中等毒。大鼠急性经口 LD_{50}>2 000 毫克/千克,大鼠急性经皮 LD_{50} 580 毫克/千克,大鼠急性吸入 LC_{50} 475 毫克/米^3。鱼类 LC_{50}(48 小时)22.2 毫克/升。

【制剂】 20%乳油,25%可湿性粉剂。

【作用机制与防治对象】 为乙酰胆碱酯酶抑制剂,对害虫具触杀、熏蒸作用,见效快、残效期较短。可用于防治水稻叶蝉、飞虱等害虫。

【使用方法】

防治水稻叶蝉、飞虱：在害虫发生初期,每 667 平方米用 20%乳油 150～200 毫升或 25%可湿性粉剂 100～200 克,兑水 30～50 千克均匀喷雾,安全间隔期不少于 14 天(南方)、25 天(北方),每季最多施用 3 次。

【注意事项】

(1) 不能与呈碱性的农药等物质混用,以免分解失效。

(2) 某些水稻品种对本品敏感,应在分蘖末期施用,浓度不宜高。

（3）施用本品后 10 天内不能使用敌稗。

134. 涕灭威

$$H_3C-S-\underset{\underset{CH_3}{|}}{\overset{\overset{CH_3}{|}}{C}}-\underset{\underset{H}{|}}{C}=N-O-\overset{\overset{O}{\|}}{C}-NHCH_3$$

分子式：$C_7H_{14}N_2O_2S$

【类别】　氨基甲酸酯类。

【化学名称】　O-甲基氨基甲酰基肟-2-甲基-2-（甲硫基）丙醛。

【理化性质】　纯品为无色结晶固体，微带燃烧硫黄的气味，熔点 98～100 ℃，蒸气压 13 毫帕（25 ℃），相对密度为 1.195（25 ℃）。室温下，水中溶解度为 6 克/升，几乎不溶于庚烷，而溶于大多数有机溶剂。除遇强碱外，它较稳定。对容器、设备没有腐蚀性，不易燃。

【毒性】　剧毒。雄大鼠急性经口 LD_{50} 0.81～0.93 毫克/千克，雄兔急性经皮 LD_{50} 20 毫克/千克，大鼠在 0.2 毫克/升空气浓度下 5 分钟内死亡。对大鼠和兔皮肤无刺激，但对兔角膜有刺激甚至致其死亡。北美鹑 LD_{50} 34 毫克/千克，来航小母鸡 LD_{50} 90 毫克/千克。鱼类 LC_{50}（96 小时）：虹鳟鱼 0.5 毫克/升，蓝鳃太阳鱼 0.05～0.1 毫克/升。

【制剂】　5％颗粒剂。

【作用机制与防治对象】　本品为乙酰胆碱酯酶抑制剂，具有触杀、胃毒、内吸作用，能被植物根系吸收，传导到地上部各组织器官。可防治蚜虫、螨类、蓟马等刺吸式口器害虫和食叶性害虫，对作物各个生长期的线虫均有良好的防效。速效性好,一般在施药后数小时即能发挥作用,药效可持续 6~8 周。

【使用方法】

(1) 防治甘薯茎线虫病:薯秧入土时,每 667 平方米用 5‰颗粒剂 2 000~3 000 克穴施。仅限在河北、山东、河南的春甘薯茎线虫发生严重的地区使用。施药距采收安全间隔期 150 天,每季最多施用 1 次。

(2) 防治花生线虫:播种时,每 667 平方米用 5‰颗粒剂 3 000~4 000 克沟施、穴施。仅限春播花生使用,并不得在田内间套种其他作物;禁止用于夏播花生。每季最多施用 1 次。

(3) 防治棉花蚜虫:播种时,每 667 平方米用 5‰颗粒剂 600~1 200 克沟施、穴施。每季最多施用 1 次。

(4) 防治烟草烟蚜:移栽烟苗时,每 667 平方米用 5‰颗粒剂 750~1 000 克穴施。安全间隔期 60 天,每季最多施用 1 次。

(5) 防治月季红蜘蛛:每 667 平方米用 5‰颗粒剂 3 500~4 000 克穴施。每季最多施用 1 次。仅限用于花卉场、花园、花房。施药后的月季,仅供观赏,严禁将花或枝叶作其他用途,严禁在家庭养花时使用。

【注意事项】

(1) 严禁使涕灭威颗粒剂与种子或秧苗直接接触,以防发生药害。

(2) 严禁用于水田,严禁浸水喷洒。

(3) 不得用于防治卫生害虫,不得用于蔬菜、瓜果、茶叶、菌类、中草药材的生产,不得用于水生植物的病虫害防治。

(4) 本品在下列食品上的最大残留限量(毫克/千克):花生仁 0.02,棉籽、甘薯 0.1。

135. 甜菜夜蛾核型多角体病毒(SeNPV)

【类别】 病毒类。

【特性】 SeNPV 属杆状病毒科,是甜菜夜蛾的重要病原微生物。世界各地分离出多株 SeNPV。2001 年,中国科学院武汉病毒研究所分离出的 1 株 SeNPV,其多角体形态为圆形、四边形、五边形等,平均大小为 1.45 微米。病毒粒子呈杆状,两端钝圆,其大小为 347 纳米×117.5 纳米。病毒粒子为多粒包埋型,每个病毒粒子含有 1～4 个核衣壳。

【毒性】 本品为低毒专一性杀虫剂。在正常使用技术条件下对人、畜、家禽、鱼、鸟等低毒,低抗性风险;对哺乳动物无毒,无刺激性,无致病性。

【制剂】 5 亿 PIB/克、10 亿 PIB/毫升、30 亿 PIB/毫升悬浮剂,300 亿 PIB/克水分散粒剂。

【作用机制与防治对象】 本品属于高度特异性微生物病毒杀虫剂,起胃毒作用,进入甜菜夜蛾幼虫的脂肪体细胞和肠细胞核中,随即复制致使甜菜夜蛾染病死亡。可用于防治蔬菜甜菜夜蛾。

【使用方法】

(1) 防治扁豆、菜豆、豇豆、番茄、辣椒、茄子、甘蓝等蔬菜甜菜夜蛾:于甜菜夜蛾产卵高峰期至低龄幼虫盛发初期,每 667 平方米用 30 亿 PIB/毫升悬浮剂 20～30 毫升或 300 亿 PIB/克水分散粒剂 2～5 克,兑水 30～40 千克均匀喷雾。

(2) 防治地黄甜菜夜蛾:于甜菜夜蛾产卵高峰期至低龄幼虫盛发初期,每 667 平方米用 300 亿 PIB/克水分散粒剂 3～6 克兑水 30～40 千克均匀喷雾。

【注意事项】

(1) 应重点喷洒作物新生部分、叶片背部等害虫喜欢咬食的部位,便于害虫大量摄取病毒粒子。

(2) 选择傍晚或阴天施药,尽量避免阳光直射,遇雨补喷。

(3) 本品有效成分对热敏感,应远离热源。不能与碱性物质混用,也不能同化学杀菌剂混用。

(4) 对家蚕有毒,蚕室和桑园附近禁用。

136. 烯啶虫胺

分子式: $C_{11}H_{15}ClN_4O_2$

【类别】 新烟碱类。

【化学名称】 (E) - N -(6 -氯- 3 -吡啶基甲基)- N -乙基- N' -甲基- 2 -硝基亚乙烯基二胺。

【理化性质】 纯品为浅黄色结晶,熔点 83~84 ℃,相对密度(26 ℃)1.40,蒸气压(25 ℃)$1.1×10^{-9}$ 帕。溶解度(20 ℃):水(pH7)840 克/升,氯仿 700 克/升,丙酮 290 克/升,二甲苯 4.5 克/升,易溶于多种有机溶剂。固态下和在多数溶剂及混配中稳定性极好。

【毒性】 低毒。雄、雌大鼠急性经口 LD_{50} 分别为 1 680 毫克/千克和 1 575 毫克/千克,雄、雌小鼠急性经皮 LD_{50} 分别为 867 毫克/千克和 1 281 毫克/千克,大鼠急性吸入 LC_{50}(4 小时)>5.8 克/升。对兔皮肤无刺激,对眼睛有轻微刺激。无致畸、致突变、致癌作用。鹌鹑急性经口 LD_{50}>2 250 毫克/千克,野鸭急性经口 LD_{50} 1 124 毫克/千克。鲤鱼 LC_{50}(96 小时)>1 000 毫克/升。水

蚤 EC_{50}（48 小时）10 000 毫克/升。蚯蚓 LC_{50}（14 天）32.2 毫克/千克（土）。

【制剂】 10%水剂,20%、30%可溶液剂,20%、60%可湿性粉剂,20%水分散粒剂,50%可溶粒剂,50%可溶粉剂,5%超低容量液剂。

【作用机制与防治对象】 为乙酰胆碱酯酶抑制剂,通过抑制乙酰胆碱酯酶受体而致效,具有用量少、毒性低、内吸和渗透作用、药效期较长、对作物安全等特点,是优良的半翅目害虫防治药剂。

【使用方法】

(1)防治棉花蚜虫:在蚜虫发生初期,每 667 平方米用 10%水剂 10～20 毫升兑水 30～50 千克均匀喷雾,安全间隔期 14 天,每季最多施用 2 次。或每 667 平方米用 20%水分散粒剂 5～10 克兑水 30～50 千克均匀喷雾,安全间隔期 14 天,每季最多施用 3 次。

(2)防治水稻稻飞虱:在稻飞虱低龄若虫始盛期,每 667 平方米用 10%水剂 20～30 毫升兑水 30～50 千克均匀喷雾,安全间隔期 21 天,每季最多施用 2 次。或每 667 平方米用 60%可湿性粉剂 3～5 克,或 50%可溶粒剂 5～10 克,或 50%可溶粉剂 8～12 克,兑水 30～50 千克均匀喷雾,安全间隔期 14 天,每季最多施用 3 次。或每 667 平方米用 20%水分散粒剂 15～20 克兑水 30～50 千克均匀喷雾,安全间隔期 21 天,每季最多施用 3 次。或每 667 平方米用 5%超低容量液剂 80～120 克兑水均匀喷雾,安全间隔期 14 天,每季最多施用 2 次。

(3)防治柑橘树蚜虫:在蚜虫发生初期,用 10%水剂 4 000～5 000 倍液均匀喷雾,安全间隔期 14 天,每季最多施用 1 次。或用 30%可溶液剂 12 000～15 000 倍液均匀喷雾,安全间隔期 14 天,每季最多施用 2 次。

(4)防治甘蓝蚜虫:在蚜虫发生初期,每 667 平方米用 20%可湿性粉剂 6～8 克兑水 30～50 千克均匀喷雾,安全间隔期 7 天,每季最多施用 3 次。或每 667 平方米用 20％水分散粒剂 7.5～10 克兑水 30～50 千克均匀喷雾,安全间隔期 14 天,每季最多施用 2 次。

【注意事项】

(1) 不能与碱性农药等物质混用。

(2) 对蜜蜂、家蚕毒性高,对赤眼蜂高风险。禁止在开花植物花期、蚕室及桑园附近使用。

(3) 本品在下列食品上的最大残留限量(毫克/千克):稻谷、柑橘 0.5,糙米 0.1,棉籽 0.05,结球甘蓝 0.2。

137. 硝虫硫磷

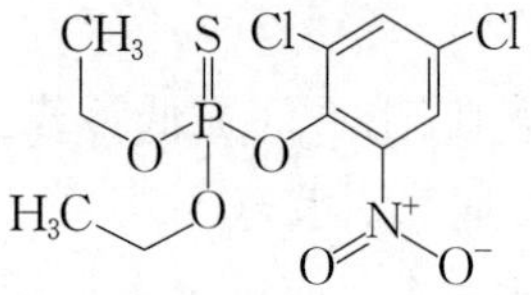

分子式：$C_{10}H_{12}Cl_2NO_5PS$

【类别】 有机磷类。

【化学名称】 O,O-二乙基-O-(2,4-二氯-6-硝基苯基)硫代磷酸酯。

【理化性质】 纯品为无色晶体,熔点 31 ℃。原药为棕色油状液体,相对密度 1.437 7。几乎不溶于水,在水中溶解度为 60 毫克/千克(24 ℃),易溶于有机溶剂,如醇、酮、芳烃、卤代烷烃、乙酸乙酯及乙醚等。

【毒性】 中等毒。大鼠急性经口 LD_{50} 212 毫克/千克。对家兔眼睛、皮肤无刺激性,属弱致敏性。致突变性试验:Ames 试验、小鼠微核试验、小鼠睾丸生殖细胞染色体试验均为阴性。亚慢性毒性试验(90天大鼠经口)最大无毒副作用剂量为 1 毫克/千克。30％乳油大鼠急性经口 LD_{50} ＞198 毫克/千克,大鼠急性经皮 LD_{50} ＞1 000 毫克/千克,对鱼类等水生生物的毒性较高,对鸟类、蜜蜂、家蚕等环境生物的毒性较低。

【制剂】 30％乳油。

【作用机制与防治对象】 通过抑制乙酰胆碱酯酶致效,具有触杀、胃毒和强渗透作用,为广谱性杀虫杀螨剂。可用于防治柑橘树矢尖蚧等。

【使用方法】

防治柑橘树矢尖蚧:在第一代若虫发生高峰期后,2 龄若虫始发期开始施药,用 30％乳油 600～800 倍液均匀喷雾,安全间隔期 28 天,每季最多施用 2 次。

【注意事项】 本品对鱼有毒,不宜施用于鱼塘或其他水生动物养殖场内。

138. 小菜蛾颗粒体病毒

【类别】 病毒类。

【特性】 小菜蛾颗粒体病毒(PxGV)属杆状病毒科颗粒体病毒属,是一种双链 DNA 包涵体病毒。光学显微镜下观察,病毒包涵体呈强折光性颗粒;电子显微镜下观察,包涵体呈长椭圆形,大小为 320 纳米×185 纳米,内部含有 1 个病毒粒子。病毒粒子由分子量为 85 kb 的 DNA 和蛋白衣壳组成,病毒感染力主要由 DNA 和蛋白衣壳的完整性决定,病毒粒子外包裹了致密晶格的颗粒体蛋白,形成病毒的包涵体。病毒包涵体对自然环境有较高的抵抗力,可以通过小菜蛾幼虫活体增殖大量获得。经过适当的制剂加工,生产出小菜蛾颗粒体病毒杀虫剂,用于田间小菜蛾的防治。

【毒性】 低毒,具有较强的专化性,对非靶标动物和环境安全,害虫不易产生抗药性。原药大鼠急性经口 LD$_{50}$ 3 174.7 毫克/千克,急性经皮 LD$_{50}$ 5 000 毫克/千克。制剂大鼠急性经口 LD$_{50}$ 5 000 毫克/千克,急性经皮 LD$_{50}$ 10 000 毫克/千克。

【制剂】 300 亿 OB/毫升悬浮剂。

【作用机制与防治对象】 本品喷洒到农作物上被小菜蛾取食后,病毒在虫体内大量繁殖,使害虫染病致死。可用于防治蔬菜小菜蛾。

【使用方法】

防治十字花科蔬菜小菜蛾:于小菜蛾产卵高峰期施药,每 667 平方米用 300 亿 OB/毫升悬浮剂 25～30 毫升兑水 30～50 千克均匀喷雾。

【注意事项】

(1) 应选择傍晚或阴天施药,尽量避免阳光直射,遇雨补喷。

(2) 应重点喷洒作物新生部分、叶片背部等害虫喜欢咬食的部位,便于害虫大量摄取病毒粒子。

(3) 不能与碱性物质混用,不能与含铜等杀菌剂混用。

139. 斜纹夜蛾核型多角体病毒(SpltNPV)

【类别】 病毒类。

【特性】 斜纹夜蛾核型多角体病毒(SpltNPV)属杆状病毒科,是斜纹夜蛾的重要病原微生物。多角体形状通常不规则,大小不一,直径 1.00～4.67 微米,平均 2.4 微米。每个多角体包含许多病毒粒子,粒子杆状,大小相对一致,多角体具有折光性,基因组全长 139 341 bp。目前 SpltNPV 已有广州株、武汉株、日本株、菲律宾株和以色列株等相关报道。

【毒性】 低毒。在试验剂量下对天敌安全,对蜂、蚕和鱼安全。可湿性粉剂对兔皮肤无刺激性,对兔眼睛有轻微刺激性。依据我国微生物农药急性致病性试验试行方法,SpltNPV 可湿性粉剂对大鼠的急性经口 $LD_{50}>5\,100$ 毫克/千克,大鼠的急性经皮 $LD_{50}>2\,100$ 毫克/千克。

【制剂】 10 亿 PIB/毫升悬浮剂,10 亿 PIB/克可湿性粉剂,200 亿 PIB/克水分散粒剂。

【作用机制与防治对象】 这是一种从采集到的自然罹病死亡(疑似具有病毒症状)的斜纹夜蛾幼虫体内分离鉴定得到的活体昆虫病毒。害虫通过取食感染病毒,感染后 3~4 天停止进食,5~10 天后死亡。具有胃毒作用,无内吸、熏蒸作用。可用于防治十字花科蔬菜斜纹夜蛾。

【使用方法】

防治甘蓝等十字花科蔬菜斜纹夜蛾:于斜纹夜蛾卵孵化初期至 3 龄前幼虫发生高峰期施药,每 667 平方米用 10 亿 PIB/毫升悬浮剂 50~75 毫升或 200 亿 PIB/克水分散粒剂 3~4 克兑水 30~50 千克均匀喷雾。视虫害发生情况,每 7 天左右施药 1 次,可连续用药 2~3 次。

【注意事项】

(1) 不能与强酸、碱性物质和铜制剂及杀菌剂混用。

(2) 施药选择傍晚或阴天进行,避免阳光直射,遇雨补喷。

140. 斜纹夜蛾诱集性信息素

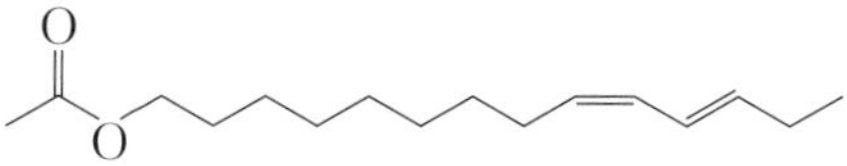

$C_{16}H_{30}O_2$

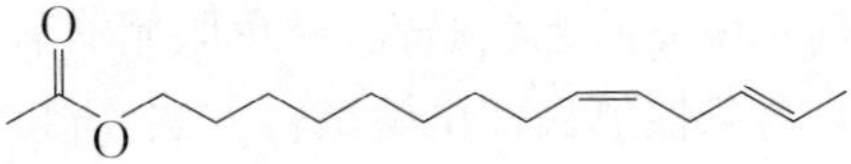

$$C_{16}H_{28}O_2$$

【类别】 生物农药。

【化学名称】 顺9反11-十四碳烯乙酸酯和顺9反12-十四碳烯乙酸酯(质量比10:1)。

【理化性质】 顺9反11-十四碳烯乙酸酯沸点135℃(0.5毫米汞高),密度0.87克/毫升(20℃),不溶于水。顺9反12-十四碳烯乙酸酯密度0.891克/毫升,沸点110℃(4毫米汞高),不溶于水。

【毒性】 微毒。

【制剂】 1.1%斜纹夜蛾诱集性信息素挥散芯。顺9反11-十四碳烯乙酸酯1%,顺9反12-十四碳烯乙酸酯0.1%。

【作用机制与防治对象】 属于昆虫信息素类产品,对斜纹夜蛾雄成虫具有显著的引诱效果。于斜纹夜蛾羽化前与夜蛾类诱捕器或新飞蛾诱捕器配合使用,可明显控制下一代斜纹夜蛾的虫口数量,达到防治效果。

【使用方法】

防治十字花科蔬菜斜纹夜蛾:每667平方米用1.1%斜纹夜蛾诱集性信息素挥散芯1～3枚,与夜蛾类诱捕器或新飞蛾诱捕器配合使用,每个诱捕器配一枚诱芯。越冬代斜纹夜蛾羽化前1周左右开始使用,按照说明书安装诱捕器,每隔4～6周更换一次诱芯。

【注意事项】

(1) 本品不可单独使用,必须与夜蛾类诱捕器或新飞蛾诱捕器配合使用,才可达到诱捕防治的效果;使用时诱捕器的高度、方位等要严格按照使用说明放置。

（2）使用时要严格掌握使用时间，宁早勿晚，于斜纹夜蛾成虫羽化前1周开始使用，否则诱捕效果会降低。

（3）诱捕器内虫量过多时，需及时清除诱捕器内的死虫。诱芯产品每隔4～6周需更换1次。

141. 辛硫磷

分子式：$C_{12}H_{15}N_2O_3PS$

【类别】 有机磷类。

【化学名称】 O,O-二乙基-O-[（α-氰基亚苄氨基）氧基]硫代磷酸酯。

【理化性质】 黄色液体（原药为红棕色油），熔点6.1℃，蒸气压2.1毫帕（20℃），相对密度1.178（20℃）。溶解度（20℃）：水1.5毫克/升，甲苯、正己烷、二氯甲烷、异丙醇＞200毫克/升，稍溶于脂肪烃。在植物油及矿物油中缓慢水解，紫外线下逐渐分解。蒸馏时分解，在水和酸性介质中稳定。在碱性介质和阳光下很快分解。水中DT_{50}为700小时（室温，pH7）。

【毒性】 低毒。雄、雌大鼠急性经口LD_{50}分别为2170毫克/千克和1976毫克/千克，雄、雌大鼠急性经皮LD_{50}分别为1000毫克/千克和2340毫克/千克。鱼类LC_{50}：虹鳟鱼和鲤鱼0.1～1.0毫克/升，金鱼1～10毫克/升。对鱼、蜜蜂有毒。对瓢虫等天敌有杀伤力，ADI为0.001毫克/千克。

【制剂】 0.3％、1.5％、3％、5％、10％颗粒剂，40％、56％、

70%、600 克/升乳油,30%、35%微囊悬浮剂,3%水乳种衣剂,20%微乳剂。

【作用机制与防治对象】 通过抑制乙酰胆碱酯酶而致效。对害虫以触杀和胃毒作用为主,无内吸作用。杀虫谱广,击倒力强,对花生、大豆、小麦、玉米、棉花、果树、蔬菜、桑、茶、水稻等多种作物,以及仓库、环境卫生等场所的鳞翅目幼虫及其他害虫有很好防效,并有一定的杀卵作用。

【使用方法】

(1) 防治水稻三化螟:在三化螟卵孵化高峰期至低龄幼虫高峰期,每 667 平方米用 40%乳油 100~125 毫升兑水 30~50 千克均匀喷雾,安全间隔期 60 天,每季最多施用 3 次。

(2) 防治水稻稻纵卷叶螟:在稻纵卷叶螟卵孵化高峰期至低龄幼虫高峰期,每 667 平方米用 40%乳油 125~150 毫升兑水 30~50 千克均匀喷雾,安全间隔期 15 天,每季最多施用 1 次。或每 667 平方米用 20%微乳剂 250~300 毫升兑水 30~50 千克均匀喷雾,安全间隔期 14 天,每季最多施用 2 次。

(3) 防治小麦地下害虫:每 667 平方米用 3%颗粒剂 3 000~4 000 克,播种时随种子沟施,每季最多施用 1 次,安全间隔期为收获期。

(4) 防治玉米金针虫、小地老虎、蛴螬等地下害虫:播种前,每 667 平方米用 3%颗粒剂 3 000~4 000 克沟施,每季最多施用 1 次,安全间隔期为收获期。或用 3%水乳种衣剂按药种比 1:30~40 种子包衣。

(5) 防治玉米玉米螟:于心叶期喇叭口,每 667 平方米用 3%颗粒剂 300~400 克撒施,每季最多施用 1 次,安全间隔期为收获期。

(6) 防治玉米蛴螬:于玉米播种时,每 667 平方米用 3%颗粒剂 4 000~5 000 克沟施,每季最多施用 1 次,安全间隔期为收获期。

(7) 防治棉花棉铃虫、蚜虫:在害虫卵孵化高峰期至低龄幼虫高峰期或害虫发生初期,每667平方米用40%乳油50~100毫升兑水30~50千克均匀喷雾,安全间隔期15天,每季最多施用2次。

(8)防治油菜蛴螬等地下害虫:每667平方米用3%颗粒剂6 000~8 000克,播种时随种子沟施,每季最多施用1次,安全间隔期为收获期。

(9)防治花生蛴螬、蝼蛄、金针虫、地老虎等地下害虫:在花生播种时,每667平方米用3%颗粒剂4 000~8 000克沟施或穴施,每季最多施用1次,安全间隔期为收获期。或于花生团棵期,每667平方米用35%微囊悬浮剂520~700毫升灌根,安全间隔期为收获期。

(10)防治花生蛴螬:用30%微囊悬浮剂按药种比1∶60~90种子包衣。

(11)防治甘蔗蔗龟、蔗螟:在新植甘蔗种植时或缩根甘蔗破垄松蔸培土时,每667平方米用3%颗粒剂4 000~8 000克撒施,每季最多施用1次,安全间隔期为收获期。

(12)防治甘蓝等十字花科蔬菜菜青虫:在菜青虫卵孵化高峰期至低龄幼虫高峰,每667平方米用40%乳油50~75毫升兑水30~50千克均匀喷雾,安全间隔期7天,每季最多施用3次。

(13)防治十字花科蔬菜蚜虫:在蚜虫发生初期,每667平方米用40%乳油40~50毫升兑水30~50千克均匀喷雾,安全间隔期:甘蓝7天、萝卜7天、小油菜14天,每季最多施用3次。

(14)防治根菜类蔬菜蛴螬等地下害虫:每667平方米用3%颗粒剂4 000~8 333克,播种时随种子沟施,每季最多施用1次,安全间隔期为收获期。

(15)防治山药蛴螬:于山药播种前,每667平方米用3%颗粒剂4 000~8 000克沟施,每季最多施用1次,安全间隔期为收获期。

(16)防治大蒜根蛆:在大蒜根蛆发生初期,每667平方米用

70％乳油351～560毫升灌根,安全间隔期14天,每季最多施用1次。或每667平方米用35％微囊悬浮剂520～700毫升灌根,安全间隔期17天,每季最多施用1次。

（17）防治韭菜韭蛆:在韭菜韭蛆发生初期,每667平方米用70％乳油350～570毫升灌根,安全间隔期14天,每季最多施用1次;或用35％微囊悬浮剂520～700毫升灌根,安全间隔期17天,每季最多施用1次。

（18）防治苹果树桃小食心虫:在桃小食心虫卵孵化高峰期至低龄幼虫高峰期,用40％乳油1000～2000倍液均匀喷雾,安全间隔期7天,每季最多施用4次。

（19）防治桑树食叶害虫:在害虫卵孵化高峰期至低龄幼虫高峰期,用40％乳油1000～2000倍液均匀喷雾,安全间隔期10天,每季最多施用2次。

（20）防治果树食心虫、蚜虫、螨:在害虫卵孵化高峰期至低龄幼虫高峰期或害虫发生初期,用40％乳油1000～2000倍液均匀喷雾,安全间隔期7天,每季最多施用4次。

（21）防治烟草烟青虫等食叶害虫:在害虫卵孵化高峰期至低龄幼虫高峰期,每667平方米用40％乳油50～75毫升兑水30～50千克均匀喷雾,安全间隔期5天,每季最多施用3次。

（22）防治茶树食叶害虫:在害虫卵孵化高峰期至低龄幼虫高峰期,用40％乳油1000～2000倍液均匀喷雾,安全间隔期6天,每季最多施用1次。

（23）防治观赏牡丹蛴螬:于蛴螬幼虫盛发期,每667平方米用3％颗粒剂1000～2000克穴施。

（24）防治林木螨:在害虫发生初期,用40％乳油1000～2000倍液均匀喷雾。

【注意事项】

（1）高粱、黄瓜、菜豆和甜菜等都对本品敏感,施药时避免药液飘移到上述作物。

（2）不可与呈碱性的农药等物质混合使用。

（3）对鱼类等水生生物、家蚕有毒。远离水产养殖区施药,禁止在河塘等水体中清洗施药器具。鸟类保护区附近禁用,施药后立即覆土。

（4）建议与其他不同作用机制的杀虫剂轮换使用,以延缓抗药性产生。

（5）本品在强光下易分解,应早、晚施用,避开中午强光下施药。

（6）本品在下列食品上的最大残留限量(毫克/千克):棉籽、玉米、鲜食玉米、大蒜、结球甘蓝 0.1,稻谷、麦类、花生仁、甘蔗 0.05,茶叶 0.2。

142. 溴虫氟苯双酰胺

分子式:$C_{25}H_{14}BrF_{11}N_2O_2$

【类别】　间二酰胺类。

【化学名称】　N -[2-溴-4(全氟丙烷-2-基)-6-(三氟甲基)苯基]-2-氟-3-(N -甲基苯甲酰氨基)苯甲酰胺。

【理化性质】　白色无臭粉末(20 ℃),熔点 154.0~155.5 ℃,超过 180 ℃分解,无法测定沸点。蒸气压<$9×10^{-9}$ 帕(25 ℃),密度 1.66 克/厘米^3(23 ℃),辛醇-水分配系数 $logP_{ow}$ 为 5.2(20 ℃、pH 4)、5.2(20 ℃、pH 7)、4.4(20 ℃、pH 10),水中溶解度

$(20\ ℃,微克/升)710(纯水),pKa=8.8(20\ ℃)$。

【毒性】 低毒。原药(98%)对大鼠急性经口 $LD_{50}>5\,000$ 毫克/千克,急性经皮 $LD_{50}>5\,000$ 毫克/千克;对兔皮肤无刺激性,对兔眼睛无刺激性。没有观察到对哺乳动物有神经毒性、遗传毒性、免疫毒性,无致畸性,对繁殖无影响。对鲤鱼急性毒性 LC_{50}(96 小时)>494 微克/升,对蓝鳃太阳鱼急性毒性 LC_{50}(96 小时)为 246 微克/升,对虹鳟急性毒性 LC_{50}(96 小时)为 359 微克/升;水蚤 EC_{50}(48 小时)>332 微克/升;绿藻(*Raphidocelis subcapitata*)E_rC_{50}(72 小时)>710 微克/升。ADI 为 0.059 毫克/千克。

【制剂】 5%、100 克/升悬浮剂。

【作用机制与防治对象】 具双酰胺结构的全新作用机理的杀虫剂。其通过胃毒和触杀作用抑制靶标昆虫的神经信号传递,导致抽搐,最终死亡。本品能够有效防治白菜和甘蓝小菜蛾、甜菜夜蛾和黄条跳甲。

【使用方法】

(1)防治白菜、甘蓝小菜蛾:于卵孵盛期至低龄幼虫期喷雾施药 1 次。每 667 平方米用 100 克/升悬浮剂 7～10 毫升兑水 30 千克均匀喷雾,安全间隔期 5 天,每季作物最多施用 1 次。

(2)防治白菜、甘蓝黄条跳甲:于成虫发生期喷雾施药 1 次,每 667 平方米用 100 克/升悬浮剂 14～16 毫升兑水 30 千克均匀喷雾,安全间隔期为 5 天,每季作物最多用药 1 次。

(3)甘蓝甜菜夜蛾:甜菜夜蛾卵孵盛期至低龄幼虫发生期,每 667 平方米用 5%悬浮剂 20～30 毫升兑水 30～50 千克进行叶面均匀喷雾,安全间隔期 5 天,每季作物最多施用 1 次。

【注意事项】

(1)本品对水生生物、家蚕、蜜蜂、赤眼蜂、瓢虫高毒。水产养殖区、河塘等水体附近禁用。水旱轮作区、稻鱼共生区、蜜源植物集中分布区、蚕室及桑园附近禁用。白菜、甘蓝及(周围)开花植物花期禁用。赤眼蜂、瓢虫等害虫天敌放飞区域禁用。

（2）建议与不同作用机制杀虫剂轮换用药。

143. 溴螨酯

分子式：$C_{17}H_{16}Br_2O_3$

【类别】　杀螨剂。

【化学名称】　2,2-双(4-溴苯基)-2-羟基乙酸异丙酯。

【理化性质】　纯品为无色或白色结晶,密度 1.59 克/厘米^3,熔点 77 ℃,蒸气压 0.680×10^{-5} 帕(20 ℃)或 0.690 帕(100 ℃)。溶于有机溶剂,在水中溶解度<0.5 毫克/千克(20 ℃)。在微酸和中性介质中稳定,不易燃。贮存稳定性约 3 年。

【毒性】　低毒。原药大鼠急性经口 LD$_{50}$>5 000 毫克/千克,兔急性经皮 LD$_{50}$>4 000 毫克/千克。对兔眼睛无刺激作用,对兔皮肤有轻微刺激作用。在试验条件下未见致畸、致癌、致突变作用。对虹鳟鱼和蓝鳃鱼高毒,虹鳟鱼 LC$_{50}$ 为 0.35 毫克/升。对鸟类及蜜蜂低毒,日本鹌鹑 LD$_{50}$>2 000 毫克/千克,北京鸭(8 天)喂养 LC$_{50}$>600 毫克/千克。

【制剂】　500 克/升乳油。

【作用机制与防治对象】　本品是一种杀螨杀卵剂,持效期较长,对作物较安全,触杀性较强,对成螨、若螨和卵均有较高的杀伤作用。温度变化对药效影响不大,高温、低温同样高效。可用于防治柑橘树红蜘蛛。

【使用方法】

防治柑橘树红蜘蛛：在红蜘蛛发生初期，用 500 克/升乳油 1 000～1 500 倍液均匀喷雾，安全间隔期 21 天，每季最多施用 2 次。

【注意事项】

(1) 本品无内吸作用，施药时药液必须均匀覆盖植株。

(2) 本品在柑橘上的最大残留限量为 2 毫克/千克。

144. 溴氰虫酰胺

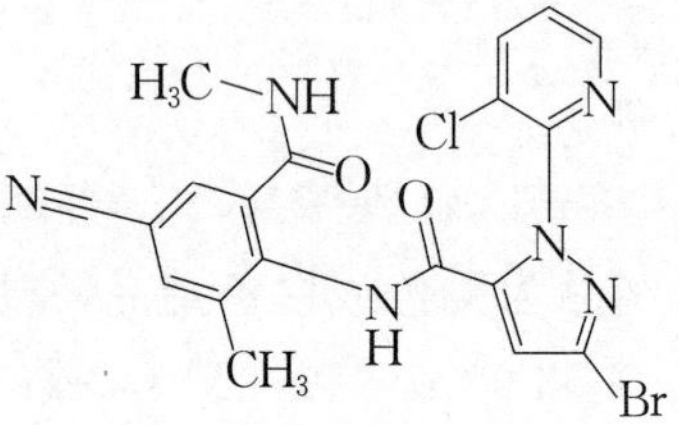

分子式：$C_{19}H_{14}BrClN_6O_2$

【类别】 邻氨基苯甲酰胺类。

【化学名称】 3-溴-1-(3-氯-2-吡啶基)-N-{4-氰基-2-甲基-6-[(甲氨基)羰基]苯基}-1H-吡唑-5-甲酰胺。

【理化性质】 白色粉末，熔点 168～173 ℃，相对密度(20 ℃) 1.387 克/厘米^3，不易挥发。水中溶解度(20 ℃)0～20 毫克/升，(20±0.5)℃时在其他溶剂中的溶解度：甲醇(2.383±0.172)克/升，丙酮(5.965±0.29)克/升，甲苯(0.576±0.05)克/升，二氯甲烷(5.338±0.395)克/升，乙腈(1.728±0.135)克/升。正辛醇-水分配系数(K_{ow}，估计值)为 398(Log$P$ 为 2.6)。

【毒性】 微毒。大鼠急性经口 LD_{50}＞5 000 毫克/千克，大鼠

急性经皮 $LD_{50}>5\,000$ 毫克/千克。

【制剂】 10％悬乳剂,10％可分散油悬浮剂。

【作用机制与防治对象】 为第二代鱼尼丁受体抑制剂类杀虫剂,胃毒为主,兼具触杀。害虫摄入后数分钟内即停止取食,迅速保护作物,同时控制带毒或传毒害虫的进一步危害,抑制病毒病蔓延。可有效防治鳞翅目、半翅目和鞘翅目害虫。

【使用方法】

(1) 防治水稻蓟马:在蓟马发生初期,每 667 平方米用 10％可分散油悬浮剂 30～40 毫升兑水 30～50 千克均匀喷雾,安全间隔期 21 天;每季最多施用 2 次。

(2) 防治水稻稻纵卷叶螟、二化螟、三化螟:在稻纵卷叶螟、二化螟、三化螟卵孵化高峰期,每 667 平方米用 10％可分散油悬浮剂 20～26 毫升兑水 30～50 千克均匀喷雾,安全间隔期 21 天,每季最多施用 2 次。

(3) 防治棉花棉铃虫:在棉铃虫卵孵化高峰期,每 667 平方米用 10％可分散油悬浮剂 19.3～24 毫升兑水 30～50 千克均匀喷雾,安全间隔期 14 天,每季最多施用 3 次。

(4) 防治棉花蚜虫、烟粉虱:在蚜虫、烟粉虱发生初期,每 667 平方米用 10％可分散油悬浮剂 33.3～40 毫升兑水 30～50 千克均匀喷雾,安全间隔期 14 天,每季最多施用 3 次。

(5) 防治番茄美洲斑潜蝇、棉铃虫:在美洲斑潜蝇、棉铃虫卵孵化高峰期至低龄幼虫高峰期,每 667 平方米用 10％可分散油悬浮剂 14～18 毫升兑水 30～50 千克均匀喷雾,安全间隔期 3 天,每季最多施用 3 次。

(6) 防治番茄烟粉虱、蚜虫:在烟粉虱、蚜虫发生初期,每 667 平方米用 10％可分散油悬浮剂 33.3～40 毫升兑水 30～50 千克均匀喷雾,安全间隔期 3 天,每季最多施用 3 次。

(7) 防治黄瓜、番茄白粉虱:在白粉虱发生初期,每 667 平方米用 10％可分散油悬浮剂 43～57 毫升兑水 30～50 千克均匀喷雾,安全间隔期 3 天,每季最多施用 3 次。

(8)防治黄瓜美洲斑潜蝇:在美洲斑潜蝇卵孵化高峰期至低龄幼虫高峰期,每 667 平方米用 10% 可分散油悬浮剂 14~18 毫升兑水 30~50 千克均匀喷雾,安全间隔期 3 天,每季最多施用 3 次。

(9)防治黄瓜蓟马、烟粉虱:在蓟马、烟粉虱发生初期,每 667 平方米用 10% 可分散油悬浮剂 33.3~40 毫升兑水 30~50 千克均匀喷雾,安全间隔期 3 天,每季最多施用 3 次。

(10)防治黄瓜蚜虫:在蚜虫发生初期,每 667 平方米用 10% 可分散油悬浮剂 18~40 毫升兑水 30~50 千克均匀喷雾,安全间隔期 3 天,每季最多施用 3 次。

(11)防治辣椒白粉虱:在白粉虱发生初期,每 667 平方米用 10% 悬乳剂 50~60 毫升兑水 30~50 千克均匀喷雾,安全间隔期 3 天,每季最多施用 3 次。

(12)防治辣椒蓟马、烟粉虱:在蓟马、烟粉虱发生初期,每 667 平方米用 10% 悬乳剂 40~50 毫升兑水 30~50 千克均匀喷雾,安全间隔期 3 天,每季最多施用 3 次。

(13)防治辣椒棉铃虫:在棉铃虫卵孵化高峰期至低龄幼虫高峰期,每 667 平方米用 10% 悬乳剂 10~30 毫升兑水 30~50 千克均匀喷雾,安全间隔期 3 天,每季最多施用 3 次。

(14)防治辣椒蚜虫:在蚜虫发生初期,每 667 平方米用 10% 悬乳剂 30~40 毫升兑水 30~50 千克均匀喷雾,安全间隔期 3 天,每季最多施用 3 次。

(15)防治甘蓝小菜蛾:在小菜蛾卵孵化高峰期至低龄幼虫高峰期,每 667 平方米用 10% 悬乳剂 13~23 毫升兑水 30~50 千克均匀喷雾,安全间隔期 7 天,每季最多施用 3 次。

(16)防治甘蓝甜菜夜蛾:在甜菜夜蛾卵孵化高峰期至低龄幼虫高峰期,每 667 平方米用 10% 悬乳剂 10~23 毫升兑水 30~50 千克均匀喷雾,安全间隔期 7 天,每季最多施用 3 次。

(17)防治甘蓝蚜虫:在蚜虫发生初期,每 667 平方米用 10%

悬乳剂 20～40 毫升兑水 30～50 千克均匀喷雾,安全间隔期 7 天,每季最多施用 3 次。

(18)防治小白菜菜青虫、小菜蛾、斜纹夜蛾:在菜青虫、小菜蛾、斜纹夜蛾卵孵化高峰期,每 667 平方米用 10% 可分散油悬浮剂 10～14 毫升兑水 30～50 千克均匀喷雾,安全间隔期 3 天,每季最多施用 3 次。

(19)防治小白菜黄条跳甲:在黄条跳甲发生初期,每 667 平方米用 10% 可分散油悬浮剂 24～28 毫升兑水 30～50 千克均匀喷雾,安全间隔期 3 天,每季最多施用 3 次。

(20)防治小白菜蚜虫:在蚜虫发生初期,每 667 平方米用 10% 可分散油悬浮剂 30～40 毫升兑水 30～50 千克均匀喷雾,安全间隔期 3 天,每季最多施用 3 次。

(21)防治豇豆豆荚螟、美洲斑潜蝇:在豆荚螟、美洲斑潜蝇卵孵化盛期,每 667 平方米用 10% 可分散油悬浮剂 14～18 毫升兑水 30～50 千克均匀喷雾,安全间隔期 3 天,每季最多施用 3 次。

(22)防治豇豆蓟马、蚜虫:在蓟马、蚜虫发生初期,每 667 平方米用 10% 可分散油悬浮剂 33.3～40 毫升兑水 30～50 千克均匀喷雾,安全间隔期 3 天,每季最多施用 3 次。

(23)防治大葱蓟马:在蓟马发生初期,每 667 平方米用 10% 可分散油悬浮剂 18～24 毫升兑水 30～50 千克均匀喷雾,安全间隔期 3 天,每季最多施用 3 次。

(24)防治大葱美洲斑潜蝇:在美洲斑潜蝇发生初期,每 667 平方米用 10% 可分散油悬浮剂 14～24 毫升兑水 30～50 千克均匀喷雾,安全间隔期 3 天,每季最多施用 3 次。

(25)防治大葱甜菜夜蛾:在甜菜夜蛾卵孵化高峰期至低龄幼虫高峰期,每 667 平方米用 10% 可分散油悬浮剂 10～18 毫升兑水 30～50 千克均匀喷雾,安全间隔期 3 天,每季最多施用 3 次。

(26)防治西瓜蓟马、蚜虫、烟粉虱:在蓟马、蚜虫、烟粉虱发生初期,每 667 平方米用 10% 可分散油悬浮剂 33.3～40 毫升兑水

30～50 千克均匀喷雾,安全间隔期 5 天,每季最多施用 3 次。

（27）防治西瓜棉铃虫、甜菜夜蛾:在棉铃虫、甜菜夜蛾卵孵化高峰期,每 667 平方米用 10％可分散油悬浮剂 19.3～24 毫升兑水 30～50 千克均匀喷雾,安全间隔期 5 天,每季最多施用 3 次。

【注意事项】

（1）大田兑水施用时,需将溶液调节至 pH4～6。

（2）禁止在河塘等水体内清洗施药用具,蚕室和桑园附近禁用。

（3）本品直接施用于开花作物或杂草时对蜜蜂有毒。在作物花期或作物附近有开花杂草时,施药请避开蜜蜂活动,或者在蜜蜂日常活动后施用。避免喷雾液滴飘移到大田外的蜜蜂栖息地。

（4）本品为 28 族杀虫剂。为延缓抗药性的产生,每季作物本品及其他含有 28 族杀虫剂的单剂或混剂不要施用超过 2 次。防治靶标害虫危害的当代,只施用本品或其他 28 族的杀虫剂。在防治同一靶标害虫的下一代时,建议与其他不同作用机制的杀虫剂（非 28 族杀虫剂）轮换使用。不要对连续世代施用本品。

（5）不推荐在苗床上使用,不推荐与乳油类农药混用。

（6）本品在下列食品上的最大残留限量(毫克／千克):结球甘蓝 0.5,辣椒 1,葱 8,稻谷、糙米、黄瓜、番茄 0.2,普通白菜 7。

145. 溴氰菊酯

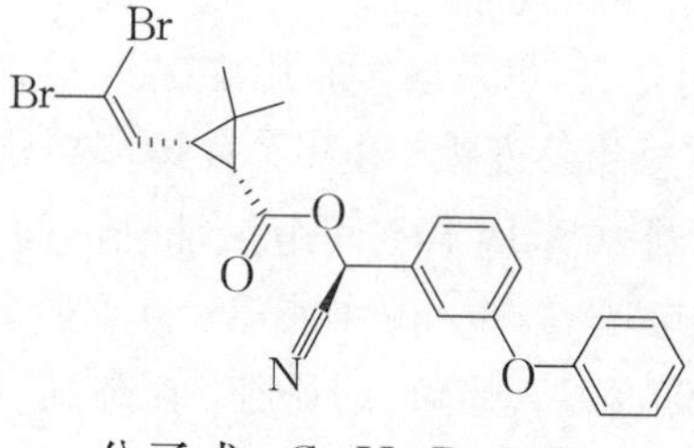

分子式:$C_{22}H_{19}Br_2NO_3$

【类别】 拟除虫菊酯类。

【化学名称】 (S)-α-氰基-3-苯氧基苄基$(1R,3R)$-3-(2,2-二溴乙烯基)-2,2-二甲基环丙烷羧酸酯。

【理化性质】 纯品为无色结晶粉末,熔点100～102 ℃,蒸气压$<1.33\times10^{-5}$帕(25 ℃),密度0.55克/厘米^3(25 ℃)。溶解度:水<0.2微克/升(25 ℃),20 ℃条件下二噁烷900克/升,环己酮750克/升,二氯甲烷700克/升,丙酮500克/升,苯、二甲基亚砜450克/升,二甲苯250克/升,乙醇15克/升,异丙醇6克/升。暴露于空气和日光中稳定,在酸性介质中比在碱性介质中稳定。

【毒性】 中等毒。大鼠急性经口$LD_{50}>2000$毫克/千克,大鼠急性经皮LD_{50} 135～5000毫克/千克,大鼠急性吸入LC_{50} 0.60毫克/升空气。ADI为0.01毫克/千克。鸭LC_{50}(8天)>4640毫克/千克饲料,鹌鹑LC_{50}(8天)>10000毫克/千克饲料。鱼类LC_{50}(96小时):蓝鳃太阳鱼0.58微克/升,虹鳟鱼6～8微克/升,蟹1.5微克/升。蜜蜂LD_{50} 0.067微克/只。

【制剂】 0.006%粉剂,2.5%、5%可湿性粉剂,2.5%、2.8%、25克/升、50克/升乳油,2.5%水乳剂,2.5%微乳剂,10%、25克/升悬浮剂。

【作用机制与防治对象】 为钠离子通道抑制剂,具有高效、广谱、持效期较长(一般药效期10～14天)、低残留等特点,对害虫以触杀为主,兼有胃毒和拒食作用,但无内吸作用。可广泛用于棉花、蔬菜、果树、茶、烟草等作物上,防治红铃虫、棉铃虫、玉米螟、菜青虫、小菜蛾、小地老虎、食心虫以及蚜虫、蓟马、叶蝉、盲蝽等多种害虫。但对红蜘蛛、象鼻虫及部分介壳虫等效果不好。

【使用方法】

(1)防治小麦蚜虫:在蚜虫发生初期,每667平方米用25克/升乳油15～25毫升兑水30～50千克均匀喷雾,安全间隔期15天,每季最多施用2次。

(2)防治小麦黏虫:在黏虫卵孵化高峰期至低龄幼虫高峰期,

每 667 平方米用 25 克/升乳油 10～15 毫升兑水 30～50 千克均匀喷雾,安全间隔期 15 天,每季最多施用 2 次。

(3)防治玉米玉米螟:于玉米喇叭口期,每 667 平方米用 25 克/升乳油 20～30 毫升拌毒土撒施,安全间隔期 20 天,每季最多施用 2 次。

(4)防治棉花棉铃虫、蚜虫:在棉铃虫卵孵化高峰期至低龄幼虫高峰期、蚜虫发生初期,每 667 平方米用 25 克/升乳油 40～50 毫升兑水 30～50 千克均匀喷雾,安全间隔期 14 天,每季最多施用 3 次。

(5)防治大豆食心虫:在大豆食心虫卵孵化高峰期至低龄幼虫高峰期,每 667 平方米用 25 克/升乳油 20～25 毫升兑水 30～50 千克均匀喷雾,安全间隔期 7 天,每季最多施用 2 次。

(6)防治油菜蚜虫:在蚜虫发生初期,每 667 平方米用 25 克/升乳油 10～15 毫升兑水 30～50 千克均匀喷雾,安全间隔期 3 天,每季最多施用 3 次。

(7)防治甘蓝菜青虫:在菜青虫卵孵化高峰期至低龄幼虫高峰期,每 667 平方米用 50 克/升乳油 15～20 毫升兑水 30～50 千克均匀喷雾,安全间隔期 2 天,每季最多施用 3 次。或每 667 平方米用 5%可湿性粉剂 20～30 克兑水 30～50 千克均匀喷雾,安全间隔期 7 天,每季最多施用 3 次。或每 667 平方米用 2.5%水乳剂 30～40 毫升兑水 30～50 千克均匀喷雾,安全间隔期 10 天,每季最多施用 3 次。或每 667 平方米用 2.5%微乳剂 20～40 毫升兑水 30～50 千克均匀喷雾,安全间隔期 7 天,每季最多施用 2 次。

(8)防治小白菜蚜虫:在蚜虫发生初期,每 667 平方米用 25 克/升乳油 6～8 毫升兑水 30～50 千克均匀喷雾,安全间隔期 7 天,每季最多施用 2 次。

(9)防治大白菜菜青虫:在菜青虫卵孵化高峰期至低龄幼虫高峰期,每 667 平方米用 25 克/升乳油 20～40 毫升兑水 30～50 千克均匀喷雾,安全间隔期 7 天,每季最多施用 2 次。

（10）防治十字花科蔬菜菜青虫：在菜青虫卵孵化高峰期至低龄幼虫高峰期，每 667 平方米用 25 克/升乳油 40～50 毫升兑水 30～50 千克均匀喷雾，安全间隔期 2 天，每季最多施用 3 次。或每 667 平方米用 2.5％可湿性粉剂 40～60 克兑水 30～50 千克均匀喷雾，安全间隔期：十字花科叶菜类 2 天、甘蓝 5 天、萝卜 7 天，每季最多施用 2 次。

（11）防治十字花科蔬菜蚜虫：在蚜虫发生初期，每 667 平方米用 25 克/升乳油 40～50 毫升兑水 30～50 千克均匀喷雾，安全间隔期 2 天，每季最多施用 3 次。

（12）防治十字花科蔬菜小菜蛾：在小菜蛾卵孵化高峰期至低龄幼虫高峰期，每 667 平方米用 2.5％乳油 30～40 毫升兑水 30～50 千克均匀喷雾，安全间隔期 2 天，每季最多施用 3 次。

（13）防治柑橘树潜叶蛾：在潜叶蛾卵孵化高峰期至低龄幼虫高峰期，用 25 克/升乳油 1 500～2 500 倍液均匀喷雾，安全间隔期 28 天，每季最多施用 3 次。

（14）防治柑橘树蚜虫：在蚜虫发生初期，用 25 克/升乳油 2 000～3 000 倍液均匀喷雾，安全间隔期 28 天，每季最多施用 3 次。

（15）防治苹果树苹果蠹蛾：在苹果蠹蛾卵孵化高峰期至低龄幼虫高峰期，用 25 克/升乳油 2 000～2 500 倍液均匀喷雾，安全间隔期 5 天，每季最多施用 3 次。

（16）防治苹果树桃小食心虫：在桃小食心虫卵孵化高峰期至低龄幼虫高峰期，用 25 克/升乳油 1 500～2 500 倍液均匀喷雾，安全间隔期 5 天，每季最多施用 3 次。或用 10％悬浮剂 6 000～7 000 倍液均匀喷雾，安全间隔期 10 天，每季最多施用 3 次。

（17）防治苹果树蚜虫：在蚜虫发生初期，用 25 克/升乳油 1 500～2 500 倍液均匀喷雾，安全间隔期 5 天，每季最多施用 3 次。

（18）防治梨树梨小食心虫：在梨小食心虫卵孵化高峰期至低龄幼虫高峰期，用 25 克/升乳油 2 500～4 000 倍液均匀喷雾，安全间隔期 14 天，每季最多施用 2 次。

(19) 防治荔枝椿象:在椿象发生初期,用 25 克/升乳油 3 000~3 500 倍液均匀喷雾,安全间隔期 28 天,每季最多施用 3 次。

(20) 防治茶树茶小绿叶蝉:在茶小绿叶蝉发生初期,每 667 平方米用 25 克/升乳油 20~30 毫升兑水 30~50 千克均匀喷雾,安全间隔期 5 天,每季最多施用 1 次。

(21) 防治烟草烟青虫:在烟青虫卵孵化高峰期至低龄幼虫高峰期,每 667 平方米用 25 克/升乳油 20~30 毫升兑水 30~50 千克均匀喷雾,安全间隔期 15 天,每季最多施用 3 次。

(22) 防治原粮仓贮害虫:每千克原粮用 0.006% 粉剂 0.3~0.5 克拌粮,在仓贮原粮上最多使用 1 次。

(23) 防治荒地飞蝗:在飞蝗低龄若虫高峰期,每 667 平方米用 25 克/升乳油 30~50 毫升兑水 30~50 千克均匀喷雾。

【注意事项】

(1) 不能与碱性药物混用。

(2) 对蜜蜂、鱼类等水生生物、家蚕有毒。施药期间应避免对周围蜂群的影响,开花植物花期、蚕室、桑园、鱼塘和河流附近禁用。

(3) 本品在下列食品上的最大残留限量(毫克/千克):麦类 0.5,棉籽、梨、苹果 0.1,鲜食玉米 0.2,花生仁 0.01,大豆、柑橘、荔枝 0.05,结球甘蓝、普通白菜、大白菜 0.5。

146. 亚胺硫磷

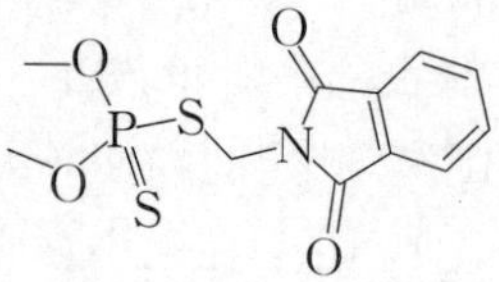

分子式:$C_{11}H_{12}NO_4PS_2$

【类别】 有机磷酸酯类。

【化学名称】 O,O-二甲基-S-(酞酰亚氨基甲基)二硫代磷酸酯。

【理化性质】 纯品为无色无臭结晶,熔点 72.5 ℃,蒸气压 133 毫帕(50 ℃)。25 ℃时在有机溶剂中的溶解度为:丙酮 650 克/升,苯 600 克/升,甲苯 300 克/升,二甲苯 250 克/升,甲醇 50 克/升,煤油 5 克/升;在水中溶解度为 22 毫克/升。遇碱和高温易水解,有轻微腐蚀性。原药(有效成分含量 94%～96%)灰色至粉红色固体,熔点 67～70 ℃。

【毒性】 中等毒。大鼠急性经口 LD_{50} 230 毫克/千克,鼹鼠急性经口 LD_{50} 34 毫克/千克,小鼠急性经口 LD_{50} 45 毫克/千克。兔急性经皮 $LD_{50}>5\,000$ 毫克/千克,小鼠急性经皮 $LD_{50}>1\,000$ 毫克/千克。对皮肤无刺激性,对眼睛有一定刺激作用。大鼠及狗慢性 NOEL 为 40 毫克/千克。对鱼类中等毒性,鲤鱼 LC_{50} 5.3 毫克/升。对蜜蜂有毒,LD_{50} 为 18.1 微克/只。

【制剂】 20%乳油。

【作用机制与防治对象】 通过抑制乙酰胆碱酯酶活性而致效,具有触杀和胃毒作用,对植物组织有一定的渗透性。用于水稻、棉花、果树等作物。可防治棉铃虫、棉红蜘蛛、棉红铃虫、稻叶蝉、稻飞虱、稻纵卷叶螟等多种害虫。

【使用方法】

(1)防治白菜菜青虫、蚜虫:在菜青虫卵孵化高峰期至低龄幼虫高峰期、蚜虫发生初期,用 20%乳油 700～1 000 倍液均匀喷雾,安全间隔期 20 天。

(2)防治大豆食心虫:在大豆食心虫卵孵化高峰期至低龄幼虫高峰期,每 667 平方米用 20%乳油 325～425 毫升兑水 30～50 千克均匀喷雾,安全间隔期 20 天。

(3)防治柑橘树介壳虫:在介壳虫发生初期,用 20%乳油 250～400 倍液均匀喷雾,安全间隔期 20 天。

（4）防治棉花棉铃虫、蚜虫、螨类：在棉铃虫卵孵化高峰期、蚜虫和螨类发生初期，用 20%乳油 300～2 000 倍液均匀喷雾，安全间隔期 20 天。

（5）防治水稻螟虫：在螟虫卵孵化高峰期至低龄幼虫高峰期，每 667 平方米用 20%乳油 250～300 毫升兑水 30～50 千克均匀喷雾，安全间隔期 20 天。

（6）防治玉米黏虫、玉米螟：在黏虫、玉米螟卵孵化高峰期至低龄幼虫高峰期，用 20%乳油 200～400 倍液均匀喷雾，安全间隔期 20 天。

【注意事项】

（1）本品在冬季低温下易结晶，施用前需将药瓶放在 40 ℃左右温水中，待结晶体溶化后使用。

（2）原药对蜜蜂毒性较高，应规避对其影响。

（3）本品在下列食品上的最大残留限量（毫克/千克）：玉米、棉籽 0.05，稻谷、大白菜 0.5，柑橘 5。

147. 烟　碱

分子式：$C_{10}H_{14}N_2$

【类别】　植物源类。

【化学名称】　（S）-3-（1-甲基-2-吡咯烷基）吡啶。

【理化性质】　外观为无色至浅黄色透明油状液体，有臭味，见光和暴露在空气中发黏、颜色很快变深。熔点－80 ℃，沸点 246～247 ℃，蒸气压 5.65 帕（25 ℃），相对密度 1.009（20 ℃）。60 ℃以下与水混溶，形成水合物。可与乙醚、乙醇混用，易溶于大多数有机溶剂。210 ℃以上也与水互溶。呈碱性,与酸成盐。

【毒性】 高毒。大鼠急性经口 LD_{50} 50 毫克/千克,小鼠急性经口 LD_{50} 为 3 毫克/千克,兔急性经皮 LD_{50}(1 次施药)50 毫克/千克。吸入和皮肤接触对人有毒。对鱼类中等毒性,对家蚕高毒。

【制剂】 10％水剂,10％乳油。

【作用机制与防治对象】 一种神经毒剂,通过与乙酰胆碱受体作用而致效。对害虫有强力触杀、熏蒸作用。对人、畜高毒,对鱼低毒,对作物无药害。可防治棉花蚜虫和烟草烟青虫。

【使用方法】

(1)防治棉花蚜虫:在蚜虫发生初期,每 667 平方米用 10％水剂 80～100 毫升兑水 30～50 千克均匀喷雾,安全间隔期 14 天,每季最多施用 3 次。

(2)防治烟草烟青虫:在烟青虫卵孵化高峰期至低龄幼虫高峰期,每 667 平方米用 10％乳油 50～75 毫升兑水 30～50 千克均匀喷雾。

【注意事项】

(1)本品易挥发,配成的药液应立即施用。

(2)不得与碱性物质混用,不得与含铜杀菌剂混用。

(3)本品在棉籽上的最大残留限量为 0.05 毫克/千克。

148. 氧乐果

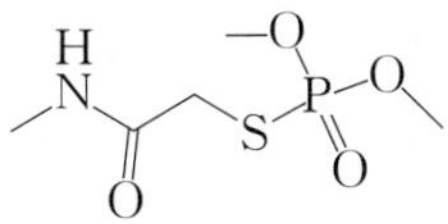

分子式:$C_5H_{12}NO_4PS$

【类别】 有机磷类。

【化学名称】 O,O-二甲基-S-(N-甲基氨基甲酰甲基)硫代磷酸酯。

【理化性质】 纯品为无色至黄色油状液体,有葱味,相对密度1.32(20℃),沸点约135℃,蒸气压3.3毫帕(20℃)。与水、乙醇、丙酮和许多烃类互溶,微溶于乙醚,几乎不溶于石油醚。在中性和弱酸介质中稳定,高温下不稳定,遇碱水解。在pH7、24℃条件下DT_{50}为25天。

【毒性】 高毒。大鼠急性经口LD_{50} 200毫克/千克,大鼠急性经皮LD_{50}约25毫克/千克,大鼠吸入LC_{50} 1520毫克/米^3。对兔皮肤和眼睛有轻微刺激。ADI为0.0003毫克/千克。母鸡急性经口LD_{50} 125毫克/千克。鲤鱼LC_{50}(96小时)为500毫克/升。对蜜蜂有毒。

【制剂】 18%、40%乳油。

【作用机制与防治对象】 通过抑制乙酰胆碱酯酶而致效。具有内吸、触杀和一定胃毒作用,并有击倒力快、高效、广谱等特点。对抗药性蚜虫有很好的防效,对飞虱、叶蝉、介壳虫及其他刺吸式口器害虫具有较好防效。在低温下仍能保持杀虫活性,特别适合于防治越冬的蚜虫、螨类、木虱和蚧类等。

【使用方法】

(1)防治棉花蚜虫、螨:在蚜虫、螨发生初期,每667平方米用40%乳油62.5~100克兑水30~50千克均匀喷雾,安全间隔期14天,每季最多施用2次。

(2)防治水稻飞虱、稻纵卷叶螟:在稻飞虱发生初期、稻纵卷叶螟卵孵化高峰期至低龄幼虫高峰期,每667平方米用40%乳油62.5~100克兑水30~50千克均匀喷雾,安全间隔期21天,每季最多施用2次。

(3)防治小麦蚜虫:在蚜虫发生初期,每667平方米用40%乳油50~75克兑水30~50千克均匀喷雾,安全间隔期21天,每季最多施用2次。

（4）防治森林松干蚧、松毛虫：在松干蚧发生初期、松毛虫卵孵化高峰期至低龄幼虫高峰期,用 40％乳油 500 倍液均匀喷雾或直接涂树干。

【注意事项】

（1）附近有啤酒花、菊科植物、高粱及烟草、枣、桃、杏、梅、橄榄、无花果、柑橘等作物时,施药应注意避免飘移到上述作物。

（2）对蜜蜂、鱼类等生物、家蚕有毒。施药期间应避免对周围蜂群的影响,蜜源作物花期、蚕室和桑园附近禁用,远离水产养殖区施药,禁止在河塘等水体中清洗施药器具。

（3）不得与碱性农药等物质混用,以免降低药效。

（4）不得用于防治卫生害虫,不得用于蔬菜、瓜果、茶叶、菌类、中草药材的生产,不得用于水生植物的病虫害防治。

（5）本品在麦类、棉籽上的最大残留限量为 0.02 毫克/千克。

149. 依维菌素

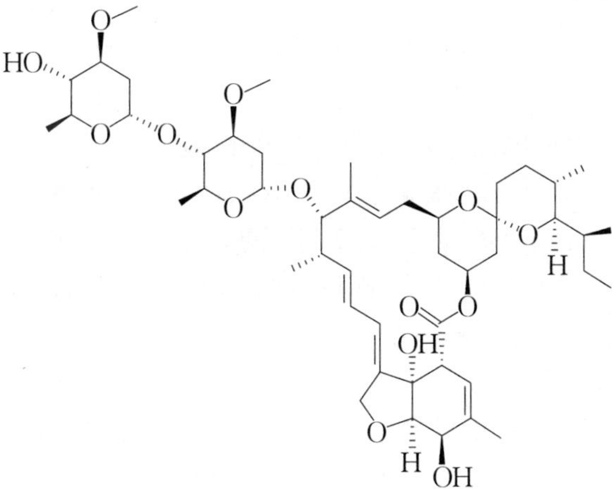

分子式：$C_{48}H_{74}O_{14}$

【类别】 农用抗生素。

【化学名称】 5‐O‐去甲基‐22,23‐双氢阿维菌素 A1。

【理化性质】 原药 B1 含量不低于 95.0%（伊维菌素 B1 为 B1a 和 B1b 的混合物，其中依维菌素 B1a≥80%），外观为白色或微黄色结晶粉末，熔点 145～150 ℃。难溶于水（5.8 克/100 毫升），易溶于甲苯、二氯乙烷、乙酸乙酯、苯等有机溶剂。对热比较稳定，对紫外光比较敏感。0.5%乳油外观为浅黄色稳定的均相液体，无可见的悬浮物和沉淀物。

【毒性】 中等毒。原药大鼠急性经口 LD_{50} 为 464 毫克/千克（雄）、562 毫克/千克（雌），大鼠急性经皮 LD_{50} 为 82.5 毫克/千克（雄）、68.1 毫克/千克（雌）。对兔皮肤、眼睛有刺激性。

【制剂】 0.5%乳油。

【作用机制与防治对象】 通过干扰昆虫的神经生理活动，刺激释放神经传递介质 γ‐氨基丁酸，阻断神经末梢和肌细胞间的神经传导，出现麻痹、不活动、不取食，直至死亡。具有胃毒和触杀作用，不能杀卵。可有效防治蔬菜小菜蛾等害虫。

【使用方法】

(1) 防治甘蓝小菜蛾：在小菜蛾卵孵化高峰期至低龄幼虫高峰期，每 667 平方米用 0.5%乳油 40～60 毫升兑水 30～50 千克均匀喷雾，安全间隔期 7 天，每季最多施用 2 次。

(2) 防治草莓红蜘蛛：在红蜘蛛若螨发生期，用 0.5%乳油 500～1 000 倍液均匀喷雾，安全间隔期 5 天，每季最多施用 2 次。

(3) 防治杨梅树果蝇：在杨梅采摘前 7～10 天施药，用 0.5%乳油 500～750 倍液均匀喷雾。

【注意事项】

(1) 对鱼类和蜜蜂毒性较高，应避免污染水源，放蜂期禁用，开花植物花期、蚕室、桑园附近禁用，赤眼蜂等天敌放飞区域禁用。

(2) 不可与碱性物质混用。

(3) 本品在结球甘蓝上的最大残留限量为 0.02 毫克/千克。

150. 乙虫腈

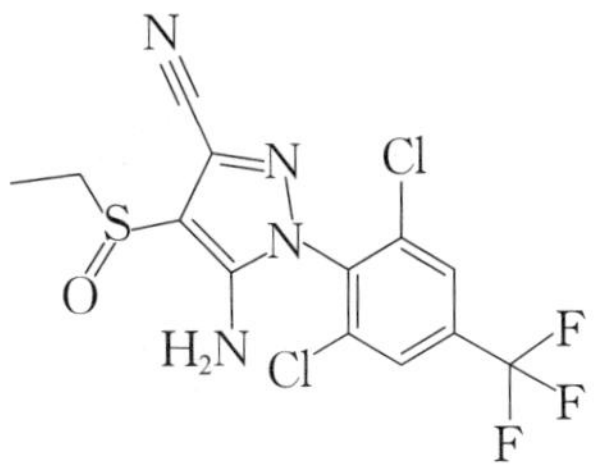

分子式：$C_{13}H_9Cl_2F_3N_4OS$

【类别】　苯基吡唑类。

【化学名称】　1-(2,6-二氯-4-三氟甲基苯基)-3-氰基-4-乙基亚磺酰基-5-氨基吡唑。

【理化性质】　原药纯品为浅黄色晶体粉末，无特别气味。制剂为具有芳香味的浅褐色液体。密度(20 ℃)为 1.57 克/毫升。

【毒性】　低毒。大鼠急性经口 $LD_{50}>5\,000$ 毫克/千克，大鼠急性经皮 $LD_{50}>5\,000$ 毫克/千克，ADI 为 0.008 5 毫克/千克。

【制剂】　100 克/升、9.7%悬浮剂。

【作用机制与防治对象】　通过氨基丁酸干扰氯离子通道，从而破坏中枢神经系统的正常活动，使昆虫致死。对水稻稻飞虱防治效果较好。

【使用方法】

防治水稻稻飞虱：在稻飞虱卵孵化高峰期进行茎叶喷雾，每667平方米用 100 克/升或 9.7%悬浮剂 30～40 毫升兑水 40～60千克均匀喷雾，安全间隔期 21 天，每季施用 1 次。

【注意事项】

(1) 对蜜蜂高毒，严禁在非登记植物上施用，也不要在邻近蜜源植物、开花植物或附近有蜂箱的田块施用。

（2）对罗氏沼虾高毒，严禁在养鱼、养虾、养蟹的稻田以及临近池塘的稻田施用。

（3）本品仅限在水稻灌浆期施用。不推荐用于防治白背飞虱。

（4）本品在水稻糙米上的最大残留限量为0.2毫克/千克。

151. 乙基多杀菌素

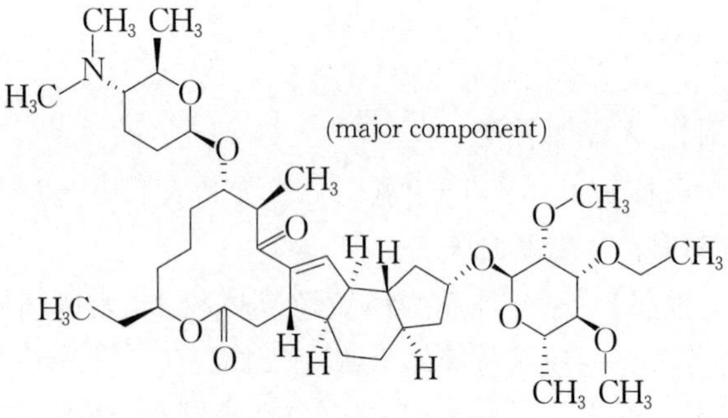

（major component）

XDE－175－J(75.5%)

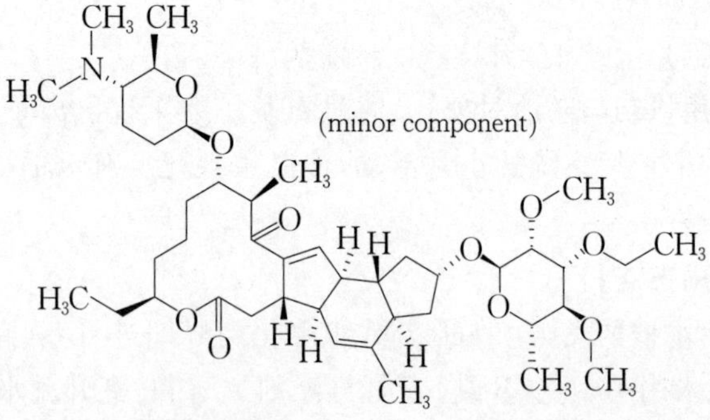

（minor component）

XDE－175－L(20.7%)

分子式：乙基多杀菌素-J：$C_{42}H_{69}NO_{10}$，

乙基多杀菌素-L：$C_{43}H_{69}NO_{10}$

【类别】 微生物源类。

【理化性质】 原药中有效成分的质量分数为 81.2％，有效成分是乙基多杀菌素-J(XDE-175-J)和乙基多杀菌素-L(XDE-175-L)的混合物(比值为 3∶1)。外观为灰白色固体，有霉味。熔点：143.4℃(XDE-175-J)，70.8℃(XDE-175-L)。沸点：297.8℃(XDE-175-J)，290.7℃(XDE-175-L)。密度 1.148 5克/厘米^3(20℃)，pH6.46。纯水中溶解度：10.0 毫克/升(XDE-175-J)，31.9 毫克/升(XDE-175-L)；原药在有机溶剂中溶解度(克/升)：甲醇＞250，丙酮＞250，n-辛醇 132，乙酸乙酯＞250，1,2-二氯乙烷＞250，二甲苯＞250，庚烷 61.0。不易燃，不易爆，在(54±2)℃条件下稳定 14 天。

【毒性】 低毒。原药对雄、雌大鼠急性经口 LD$_{50}$＞5 000 毫克/千克，急性经皮 LD$_{50}$＞5 000 毫克/千克，急性吸入 LC$_{50}$＞5 500毫克/米^3。ADI 为 0.008～0.06 毫克/千克。Ames 试验、小鼠骨髓细胞微核试验、体外哺乳动物细胞基因突变试验、体外哺乳动物细胞染色体畸变试验均为阴性，未见致突变性。对兔眼睛有刺激作用，对皮肤无刺激性，无致敏性。

【制剂】 25％水分散粒剂，60 克/升悬浮剂。

【作用机制与防治对象】 本品是放线菌代谢物经化学修饰而得的活性较高的杀虫剂，作用于昆虫的神经系统。具有胃毒和触杀作用，用于防治小菜蛾、甜菜夜蛾和稻纵卷叶螟，以及各种小型昆虫如蓟马、果蝇和美洲斑潜蝇等。

【使用方法】

(1) 防治水稻稻纵卷叶螟：在稻纵卷叶螟卵孵化盛期至 2 龄幼虫盛期施药，每 667 平方米用 60 克/升悬浮剂 20～30 毫升兑水30～50 千克均匀喷雾，安全间隔期 14 天，每季最多施用 3 次。

(2) 防治水稻蓟马：在蓟马发生初期，每 667 平方米用 60 克/升悬浮剂 20～40 毫升兑水 30～50 千克均匀喷雾，安全间隔期 14天，每季最多施用 3 次。

（3）防治水稻二化螟：以二化螟卵孵化盛期为最佳防治适期，在 7～10 天后进行第二次施药，每 667 平方米用 25％水分散粒剂 12～15 克兑水 30～45 千克均匀喷雾。二化螟施药窗口较窄，应在幼虫蛀入稻茎前用药防治。安全间隔期 14 天，每季最多施用 2 次。

（4）防治黄瓜美洲斑潜蝇：在美洲斑潜蝇低龄幼虫（1～2 龄幼虫）期施药，或叶面形成 0.5～1 厘米长虫道时开始施药，每 667 平方米用 25％水分散粒剂 11～14 克兑水 30～50 千克均匀喷雾，安全间隔期 1 天，每季最多施用 1 次。

（5）防治甘蓝甜菜夜蛾、小菜蛾：在害虫低龄幼虫期，每 667 平方米用 60 克/升悬浮剂 20～40 毫升兑水 30～50 千克均匀喷雾，安全间隔期 7 天，每季最多施用 3 次。

（6）防治茄子蓟马：在蓟马发生初期，每 667 平方米用 60 克/升悬浮剂 10～20 毫升兑水 30～50 千克均匀喷雾，安全间隔期 5 天，每季最多施用 3 次。

（7）防治豇豆美洲斑潜蝇：在叶片上美洲斑潜蝇幼虫 1 毫米左右或叶片受害率达 10％～20％时开始施药，每 667 平方米用 60 克/升悬浮剂 50～58 毫升兑水 30～50 千克均匀喷雾，安全间隔期 3 天，每季最多施用 2 次。

（8）防治豇豆豆荚螟：在豇豆初花期、盛花期各施药 1 次，间隔 7～10 天，每 667 平方米用 25％水分散粒剂 12～14 克兑水 30～50 千克均匀喷雾，安全间隔期 7 天，每季最多施用 2 次。

（9）防治西瓜蓟马：在蓟马发生初期，每 667 平方米用 60 克/升悬浮剂 40～50 毫升兑水 30～50 千克均匀喷雾，安全间隔期 5 天，每季最多施用 2 次。

（10）防治杨梅树果蝇：在杨梅采摘前 7～10 天施药，用 60 克/升悬浮剂 1500～2500 倍液均匀喷雾，安全间隔期 3 天，每季最多施用 1 次。

（11）防治芒果蓟马：在蓟马发生初期，用 60 克/升悬浮剂

1 000～2 000 倍液均匀喷雾,安全间隔期 7 天,每季最多施用 2 次。

【注意事项】

(1) 本品无内吸性,喷雾时应均匀周到,叶面、叶背、心叶及茄子花等部位均需着药。

(2) 对蜜蜂、家蚕等有毒。施药期间应避免影响周围蜂群,禁止在开花植物花期、蚕室和桑园附近使用,天敌放飞区域禁用。

(3) 本品在下列食品上的最大残留限量(毫克/千克):稻谷、结球甘蓝 0.5,糙米 0.2,豇豆、茄子 0.1,杨梅 1。

152. 乙螨唑

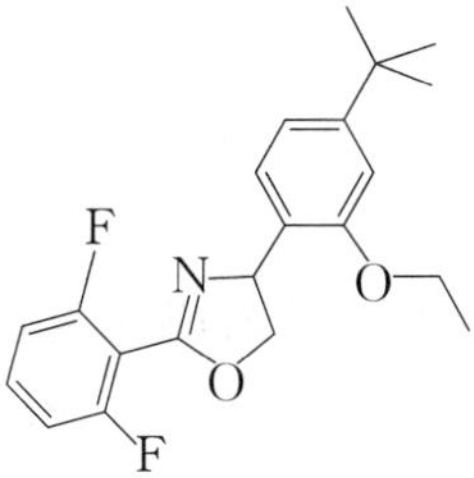

分子式:$C_{21}H_{23}F_2NO_2$

【类别】 噁唑类。

【化学名称】 (R,S)-5-叔丁基-2-[2-(2,6-二氟苯基)-4,5-二氢-1,3-噁唑-4-基]苯乙醚。

【理化性质】 原药外观为白色、无味晶体粉末,熔点 101.5～102.5 ℃,密度 1.15 克/厘米^3,蒸气压(25 ℃)$7.0×10^{-6}$ 帕。溶解度(20 ℃,克/升):水 $7.04×10^{-5}$,丙酮 309,乙酸乙酯 249,正庚烷 18.7,甲醇 104,二甲苯 252。

【毒性】 低毒。雄、雌大鼠急性经口 $LD_{50}>5\,000$ 毫克/千克,

急性经皮 $LD_{50} > 2\,000$ 毫克/千克,急性吸入 $LC_{50} > 1\,090$ 毫克/米^3。对兔眼睛和皮肤无刺激作用。野鸭急性经口 $LD_{50} > 2\,000$ 毫克/千克,美洲鹑亚急性经口(5 天)$LD_{50} > 5\,200$ 毫克/升。日本鲤鱼(96 小时)LC_{50} 0.89 毫克/升,日本鲤鱼(48 小时)$LC_{50} > 20$ 毫克/升,虹鳟鱼 $LC_{50} > 40$ 毫克/升。

【制剂】 20％水分散粒剂,15％、20％、30％、110 克/升悬浮剂。

【作用机制与防治对象】 抑制螨卵的胚胎形成以及从幼螨至成螨的蜕皮过程,对卵及幼螨有效,对成螨无效,具有较好的持效性。主要防治苹果、柑橘的红蜘蛛。

【使用方法】

(1)防治柑橘树红蜘蛛:在红蜘蛛低龄幼、若螨始盛期开始用药,用 110 克/升悬浮剂 5 000~7 500 倍液均匀喷雾,安全间隔期 30 天,每季最多施用 1 次。或在害虫发生初期,用 20％水分散粒剂 5 000~8 000 倍液均匀喷雾,安全间隔期 21 天,每季最多施用 1 次。

(2)防治苹果树红蜘蛛:在红蜘蛛低龄幼、若螨始盛期开始用药,用 110 克/升悬浮剂 5 000~7 500 倍液均匀喷雾,安全间隔期 21 天,每季最多施用 1 次。

(3)防治蔷薇科观赏花卉红蜘蛛:在红蜘蛛低龄幼、若螨始盛期开始用药,用 20％悬浮剂 10 000~14 000 倍液均匀喷雾。

【注意事项】

(1)不可与波尔多液混用。

(2)对家蚕、大型蚤毒性高,蚕室及桑园附近禁用,水产养殖区、河塘等水体附近禁用。

(3)本品在下列食品上的最大残留限量(毫克/千克):柑橘 0.5,苹果 0.1。

153. 乙酰甲胺磷

分子式：$C_4H_{10}NO_3PS$

【类别】 有机磷类。

【化学名称】 O-甲基-S-甲基-N-乙酰基硫代磷酰胺。

【理化性质】 纯品为白色结晶，熔点88～90℃。工业品熔点82～89℃，相对密度1.35，蒸气压为0.226毫帕(24℃)。溶解度(20℃，克/升)：水790，丙酮、乙醇＞100，丙酮151，苯16。水解DT_{50}为50天(pH5～7，21℃)，光降解DT_{50}为55小时(λ为253.7纳米)。

【毒性】 低毒。原药大鼠急性经口LD_{50} 823毫克/千克，兔急性经皮LD_{50} 2 000毫克/千克。每日每千克体重允许摄入量0.03毫克。对豚鼠进行皮肤试验，未观察到刺激性和过敏性。鱼类LC_{50}(96小时)：虹鳟鱼＞1 000毫克/升，大鳍鳞鳃太阳鱼2 050毫克/升，黑鲈1 725毫克/升，斑点叉尾2 230毫克/升，食蚊鱼6 650毫克/升。

【制剂】 75％可溶粉剂，90％、92％、95％可溶粒剂，20％、30％、40％乳油，97％水分散粒剂。

【作用机制与防治对象】 通过抑制乙酰胆碱酯酶而致效。以触杀为主，兼有内吸、胃毒和一定的熏蒸作用。对水稻、小麦、棉花、果树、蔬菜等多种作物的主要害虫有良好的防治效果。残效期适中，在土壤中DT_{50}为3天。对人、畜、家禽、鱼类毒性较低。

【使用方法】

(1) 防治水稻螟虫、叶蝉:在螟虫卵孵化高峰期至低龄幼虫高峰期、叶蝉发生初期,每 667 平方米用 30％乳油 125～225 毫升兑水 30～50 千克均匀喷雾,安全间隔期 45 天,每季最多施用 2 次。

(2) 防治水稻二化螟:在二化螟卵孵化高峰期至低龄幼虫高峰期,每 667 平方米用 30％乳油 180～220 毫升,或 75％可溶粉剂 80～120 克,或 95％可溶粒剂 60～80 克,兑水 30～50 千克均匀喷雾,安全间隔期 45 天,每季最多施用 2 次。

(3) 防治水稻三化螟:在三化螟卵孵化高峰期至低龄幼虫高峰期,每 667 平方米用 20％乳油 250～300 毫升兑水 30～50 千克均匀喷雾,安全间隔期 45 天,每季最多施用 3 次。

(4) 防治水稻稻纵卷叶螟:在稻纵卷叶螟卵孵化高峰期至低龄幼虫高峰期,每 667 平方米用 40％乳油 90～150 毫升兑水 30～50 千克均匀喷雾,安全间隔期 30 天,每季最多施用 2 次。或每 667 平方米用 75％可溶粉剂 85～100 克兑水 30～50 千克均匀喷雾,安全间隔期 45 天,每季最多施用 2 次。

(5) 防治水稻稻飞虱:在稻飞虱发生初期,每 667 平方米用 30％乳油 150～225 毫升兑水 30～50 千克均匀喷雾,安全间隔期 45 天,每季最多施用 2 次。

(6) 防治小麦玉米螟、黏虫:在玉米螟、黏虫卵孵化高峰期至低龄幼虫高峰期,每 667 平方米用 30％乳油 120～240 毫升兑水 30～50 千克均匀喷雾,安全间隔期 21 天,每季最多施用 2 次。

(7) 防治玉米玉米螟、黏虫:在玉米螟、黏虫卵孵化高峰期至低龄幼虫高峰期,每 667 平方米用 30％乳油 120～240 毫升兑水 30～50 千克均匀喷雾,安全间隔期 21 天,每季最多施用 2 次。

(8) 防治棉花盲椿象:在盲椿象发生初期,每 667 平方米用

97％水分散粒剂 45～60 克兑水 30～50 千克均匀喷雾,安全间隔期 21 天,每季最多施用 1 次。

（9）防治棉花蚜虫:在蚜虫发生初期,每 667 平方米用 30％乳油 100～200 毫升,或 75％可溶粉剂 40～80 克,或 90％可溶粒剂 56～66 克,兑水 30～50 千克均匀喷雾,安全间隔期 21 天,每季最多施用 2 次。

（10）防治棉花棉铃虫:在棉铃虫卵孵化高峰期至低龄幼虫高峰期,每 667 平方米用 30％乳油 100～200 毫升兑水 30～50 千克均匀喷雾,安全间隔期 21 天,每季最多施用 2 次;或每 667 平方米用 75％可溶粉剂 60～80 克兑水 30～40 千克均匀喷雾,安全间隔期 14 天,每季最多施用 1 次;或每 667 平方米用 95％可溶粒剂 61～71.5 克兑水 30～40 千克均匀喷雾;或每 667 平方米用 97％水分散粒剂 50～60 克兑水 30～40 千克均匀喷雾,安全间隔期 21 天,每季最多施用 1 次。

（11）防治烟草烟青虫:在烟青虫卵孵化高峰期至低龄幼虫高峰期,每 667 平方米用 30％乳油 100～200 毫升兑水 30～50 千克均匀喷雾,安全间隔期 21 天,每季最多施用 2 次。

（12）防治观赏菊花蚜虫:在蚜虫发生初期,每 667 平方米用 75％可溶粉剂 80～93 克兑水 30～50 千克均匀喷雾。

【注意事项】

（1）禁止在蔬菜、瓜果、茶叶、菌类和中草药材作物上使用。

（2）不能与碱性物质混用。

（3）开花植物花期、蚕室及桑园附近禁用。

（4）桑树、茶树对本品敏感,施用时避免飘移到邻近作物,以免产生药害。

（5）本品在下列食品上的最大残留限量(毫克/千克):糙米 1,棉籽 2,小麦、玉米 0.2。

154. 乙唑螨腈

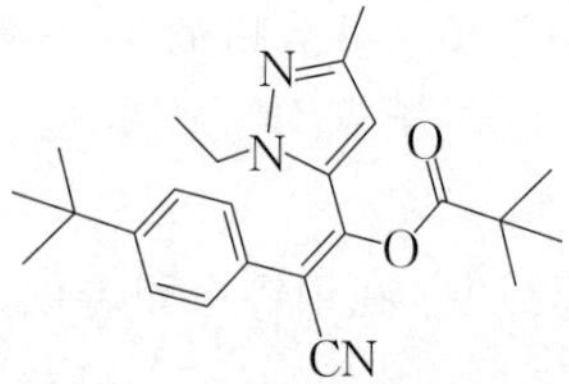

分子式：$C_{24}H_{31}N_3O_2$

【类别】 丙烯腈类。

【化学名称】 （Z）-2-(4-叔丁基苯基)-2-氰基-1-(1-乙基-3-甲基吡唑-5-基)乙烯基-2,2-二甲基丙酸酯。

【理化性质】 白色固体,熔点92～93℃。易溶于二甲基甲酰胺、乙腈、丙酮、甲醇、乙酸乙酯、二氯甲烷等,可溶于石油醚、庚烷、难溶于水。

【毒性】 低毒。雌、雄大鼠急性经口 $LD_{50}>5\,000$ 毫克/千克,急性经皮 $LD_{50}>2\,000$ 毫克/千克。对家兔眼睛、皮肤均无刺激性,豚鼠皮肤变态反应试验为阴性。Ames 试验、小鼠骨髓细胞微核试验、小鼠睾丸细胞染色体畸变试验均为阴性。对蜜蜂、鸟、鱼、蚕低毒。

【制剂】 30%悬浮剂。

【作用机制与防治对象】 作用于线粒体呼吸链复合物Ⅱ,具有较好的速效性和持效性。本品主要通过触杀和胃毒作用防治害螨,对卵、幼螨、若螨、成螨均有较好防效,且与常规杀螨剂无交互抗性。

【使用方法】

(1) 防治棉花叶螨:在低龄若螨始盛期,每 667 平方米用30%悬浮剂 5～10 毫升兑水 30～50 千克均匀喷雾,安全间隔期 21

天,每季最多施用 2 次。

（2）防治苹果树叶螨：在低龄若螨始盛期,用 30％悬浮剂 3 000～6 000 倍液均匀喷雾,安全间隔期 14 天,每季最多施用 2 次。

（3）防治柑橘树红蜘蛛：在低龄若螨始盛期施药,用 30％悬浮剂 3 000～6 000 倍液均匀喷雾,安全间隔期 14 天,每季最多施用 2 次。

【注意事项】

（1）施药时应使作物叶片正反面、果实表面以及树干、枝条等充分均匀着药,直至叶片湿润为止。

（2）根据田间作物的种植密度和植株大小适当增加喷液量,以达到较好的防治效果。

（3）为了避免害螨产生抗药性,建议与其他作用机制不同的杀螨剂轮换使用。

（4）远离水产养殖区、河塘等水体施药,禁止在河塘等水体中清洗施药器具。

（5）对眼睛有刺激作用,要注意防护。

155. 异丙威

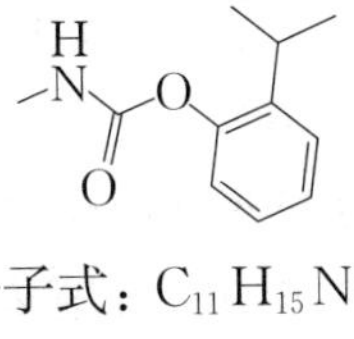

分子式：$C_{11}H_{15}NO_2$

【类别】 氨基甲酸酯类。

【化学名称】 2-异丙基苯基-N-甲基氨基甲酸酯。

【理化性质】 无色晶体,熔点 93～96 ℃,沸点 128～129 ℃

（2 666.44 帕），蒸气压 2.8 毫帕（20 ℃），密度 0.62 克/厘米³（25 ℃）。溶解度（25 ℃，克/升）：水 0.265，丙酮 400，甲醇 125。

【毒性】 中等毒。大鼠急性经口 LD$_{50}$ 为 500 毫克/千克，急性经皮 LD$_{50}$ 为 450 毫克/千克。每日每千克体重允许摄入量 0.002 毫克。

【制剂】 2％、4％、10％粉剂，20％乳油，40％可湿性粉剂，20％、30％悬浮剂，10％、15％、20％烟剂。

【作用机制与防治对象】 为乙酰胆碱酯酶抑制剂，通过抑制昆虫乙酰胆碱酯酶，致使昆虫麻痹而死。本品是一种触杀性兼有内吸作用的杀虫剂，速效，残效期短。可用于防治水稻叶蝉、飞虱等害虫。

【使用方法】

（1）防治水稻飞虱：在稻飞虱若虫低龄发生盛期，每 667 平方米用 20％乳油 150～200 毫升兑水 30～50 千克均匀喷雾，安全间隔期 30 天，每季最多施用 2 次。或每 667 平方米用 4％粉剂 1 000克喷粉，安全间隔期 14 天，每季最多施用 3 次。或每 667 平方米用 40％可湿性粉剂 87.5～100 克兑水 30～50 千克均匀喷雾，安全间隔期 28 天，每季最多施用 1 次。或每 667 平方米用 20％悬浮剂 150～200 毫升兑水 30～50 千克均匀喷雾，安全间隔期 30 天，每季最多施用 1 次。

（2）防治水稻叶蝉：在叶蝉低龄若虫期，每 667 平方米用 20％乳油 150～200 毫升兑水 30～50 千克均匀喷雾，安全间隔期 30 天，每季最多施用 2 次。或每 667 平方米用 4％粉剂 1 000 克喷粉，安全间隔期 14 天，每季最多施用 3 次。

（3）防治黄瓜（保护地）蚜虫：在蚜虫发生初期，每 667 平方米用 10％烟剂 300～400 克，点燃放烟，安全间隔期 3 天，每季最多施用 1 次。

（4）防治黄瓜（保护地）白粉虱：在白粉虱发生初期，每 667 平方米用 20％烟剂 200～300 克，点燃放烟，安全间隔期 5 天，每季最多施用 2 次。

【注意事项】

(1) 不能与碱性农药等物质混用。水稻生育中后期,稻飞虱成虫、若虫主要集中于稻丛中、下部危害,应着重对这些部位喷雾施药。

(2) 对芋、棉花盛开期有药害,不能施用。

(3) 不能与除草剂敌稗同时使用或混用,用药须间隔 10 天以上,否则易引起药害。

(4) 本品在下列食品上的最大残留限量(毫克/千克):大米 0.2,黄瓜 0.5。

156. 茚虫威

【类别】 噁二嗪类。

【化学名称】 7-氯-2,3,4a,5-四氢-2-[甲氧基羰基(4-三氟甲氧基苯基)氨基甲酰基]茚并(1,2-e)(1,3,4-)噁二嗪-4a-羧酸甲酯。

【理化性质】 熔点 140 ℃,蒸气压<1.0×10^{-5} 帕(20～25 ℃),相对密度 1.03(20 ℃)。水中溶解度<0.5 毫克/升(20 ℃);有机溶剂中溶解度(克/升):甲醇 0.39、乙腈 76、丙酮 140。水溶液中稳定性 DT$_{50}$>30 天(pH 5),或为 30 天(pH 7),或

约 2 天(pH 9)。

【毒性】 中等毒。雄大鼠急性经口 LD_{50} 为 1730 毫克/千克,雌大鼠急性经口 LD_{50} 为 268 毫克/千克,兔急性经皮 $LD_{50}>5\,000$ 毫克/千克,对兔眼睛和皮肤无刺激性,对豚鼠无致敏性。

【制剂】 15%、20%、150 克/升乳油,15%、23%、30%水分散粒剂,4%微乳剂,5%、15%、23%、30%、150 克/升悬浮剂,3%超低容量液剂。

【作用机制与防治对象】 为钠离子通道抑制剂,通过干扰钠离子通道导致害虫中毒,随即麻痹直至僵死。以胃毒作用为主,兼触杀活性,施药后害虫迅速停止取食,对作物保护效果较好,并具有耐雨水冲刷特性。对稻纵卷叶螟、十字花科蔬菜小菜蛾、甜菜夜蛾、菜青虫等鳞翅目害虫防效较好。

【使用方法】

(1)防治水稻稻纵卷叶螟:每 667 平方米用 150 克/升乳油 12~16 毫升,于卵孵盛期至低龄幼虫始盛期兑水 30~50 千克均匀喷雾,在水稻上的安全间隔期为 14 天,每季最多使用 3 次;或每 667 平方米用 30%水分散粒剂 6~8 克,或 4%微乳剂 45~60 克,于卵孵盛期至低龄幼虫期兑水 30~50 千克均匀喷雾,在水稻上的安全间隔期为 28 天,每季最多使用 2 次;或每 667 平方米用 15%悬浮剂 12~16 毫升,低龄幼虫发生初盛期兑水 30~50 千克均匀喷雾,在水稻上的安全间隔期为 21 天,每季最多使用 2 次;或每 667 平方米用 3%超低容量液剂 100~200 毫升,于稻纵卷叶螟低龄幼虫始盛期,使用超低容量喷雾器进行超低容量喷雾,在水稻上的安全间隔期为 7 天,每季最多使用 2 次。

(2)防治水稻二化螟:每 667 平方米用 15%悬浮剂 15~20 毫升,于卵孵盛期至低龄幼虫高峰期兑水 30~50 千克均匀喷雾,在水稻上的安全间隔期为 21 天,每季最多使用 2 次。

(3)防治棉花棉铃虫:每 667 平方米用 150 克/升乳油 15~18 毫升,或 150 克/升悬浮剂 10~18 毫升,于卵孵盛期至 1~2 龄幼虫期兑水 30～50 千克均匀喷雾,在棉花上的安全间隔期为 14 天,每季最多使用 3 次。

(4)防治甘蓝小菜蛾:每 667 平方米用 150 克/升乳油 10～18 毫升,于卵孵盛期至 1～2 龄幼虫期兑水 30～50 千克均匀喷雾,在甘蓝上的安全间隔期为 5 天,每季最多使用 3 次;或每 667 平方米用 30%水分散粒剂 5～9 克,或 150 克/升悬浮剂 14～18 克,于低龄幼虫盛发期兑水 30～50 千克均匀喷雾,在甘蓝上的安全间隔期为 3 天,每季最多使用 3 次。

(5)防治甘蓝菜青虫:每 667 平方米用 30%水分散粒剂 3.5～4.5 克,于卵孵化盛期至低龄幼虫期兑水 30～50 千克均匀喷雾,在甘蓝上的安全间隔期为 7 天,每季最多使用 3 次;或每 667 平方米用 150 克/升悬浮剂 4～5 毫升,于卵孵化盛期至 1～2 龄幼虫期兑水 30～50 千克均匀喷雾,在甘蓝上的安全间隔期为 3 天,每季最多使用 3 次。

(6)防治甘蓝甜菜夜蛾:每 667 平方米用 30%悬浮剂 6～9 毫升,于卵孵化盛期至低龄幼虫期兑水 30～50 千克均匀喷雾,在甘蓝上的安全间隔期为 7 天,每季最多使用 2 次。

(7)防治小白菜小菜蛾:每 667 平方米用 30%水分散粒剂 5～9 克,于低龄幼虫期兑水 30～50 千克均匀喷雾,在小白菜上的安全间隔期为 3 天,每季最多使用 3 次。

(8)防治大白菜甜菜夜蛾:每 667 平方米用 30%悬浮剂 14～18 毫升,于低龄幼虫发生期兑水 30～50 千克均匀喷雾,在大白菜上的安全间隔期为 7 天,每季最多使用 2 次。

(9)防治十字花科蔬菜甜菜夜蛾:每 667 平方米用 150 克/升悬浮剂 10～18 毫升,于卵孵化盛期至低龄幼虫期兑水 30～50 千克均匀喷雾,在十字花科蔬菜上的安全间隔期为 3 天,每季最多使用 3 次。

(10)防治大葱甜菜夜蛾:每 667 平方米用 15%悬浮剂 15～20 毫升,于低龄幼虫发生期兑水 30～50 千克均匀喷雾,在大葱上的安全间隔期为 10 天,每季最多使用 1 次。

(11) 防治姜甜菜夜蛾:每 667 平方米用 15% 悬浮剂 25～35 毫升,于卵孵化期至低龄幼虫期兑水 30～50 千克均匀喷雾,在姜上的安全间隔期为 7 天,每季最多使用 1 次。

(12) 防治豇豆豆荚螟:每 667 平方米用 30% 水分散粒剂 6～9 克,于幼虫孵化初期兑水 30～50 千克均匀喷雾,在豇豆上的安全间隔期为 3 天,每季最多使用 1 次。

(13) 防治茶树茶小绿叶蝉:每 667 平方米用 150 克/升乳油 17～22 毫升,于若虫盛发期兑水 30～50 千克均匀喷雾,在茶树上的安全间隔期为 10 天,每季最多使用 1 次。

(14) 防治烟草烟青虫:每 667 平方米用 4% 微乳剂 12～18 克,于卵孵盛期至低龄幼虫高峰期兑水 30～50 千克均匀喷雾,在烟草上的安全间隔期为 14 天,每季最多使用 2 次。

(15) 防治金银花尺蠖:每 667 平方米用 15% 悬浮剂 15～25 毫升,于金银花尺蠖发生期兑水 30～50 千克均匀喷雾,在金银花上的安全间隔期为 5 天,每季最多使用 1 次。

(16) 防治金银花棉铃虫:每 667 平方米用 15% 悬浮剂 25～40 毫升,于金银花棉铃虫发生期兑水 30～50 千克均匀喷雾,在金银花上的安全间隔期为 5 天,每季最多使用 1 次。

(17) 防治观赏牡丹刺蛾:每 667 平方米用 150 克/升悬浮剂 10～14 毫升,于卵孵盛期至低龄幼虫期兑水 30～50 千克均匀喷雾。

【注意事项】

(1) 为延缓害虫抗性产生,建议与其他不同作用机理的杀虫剂交替使用。

(2) 对蜜蜂、家蚕有毒,施药期间应避免对周围蜂群的影响;蜜源作物花期、蚕室和桑园附近禁用;远离水产养殖区施药,禁止在河塘等水体中清洗施药器具。

157. 抑食肼

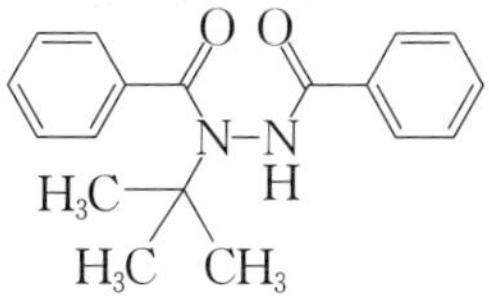

分子式：$C_{18}H_{20}N_2O_2$

【类别】 苯甲酰肼类。

【化学名称】 N-苯甲酰基-N'-特丁基苯甲酰肼。

【理化性质】 纯品外观为白色结晶，熔点 168～174 ℃，蒸气压（25 ℃）0.24 毫帕。溶解度（25 ℃）：水 50 毫克/升，环己酮 50 克/升，异亚丙基丙酮 150 克/升。原药外观为淡黄色或无色粉末。

【毒性】 中等毒。大鼠急性经口 $LD_{50}>5\,000$ 毫克/千克，急性经皮 $LD_{50}>258.3$ 毫克/千克。

【制剂】 20％、25％可湿性粉剂。

【作用机制与防治对象】 为昆虫生长调节剂，对鳞翅目、双翅目幼虫具有抑制进食、阻碍蜕皮和减少产卵的作用，以胃毒作用为主，具有较强的内吸性。可用于防治水稻稻纵卷叶螟等害虫。

【使用方法】

（1）防治水稻稻纵卷叶螟虫：在稻纵卷叶螟虫卵孵化高峰期至低龄幼虫高峰期，每 667 平方米用 25％可湿性粉剂 50～100 克兑水 30～50 千克均匀喷雾，安全间隔期 30 天，每季最多施用 2 次。

（2）防治水稻稻黏虫：在稻黏虫卵孵化高峰期至低龄幼虫高峰期，每 667 平方米用 25％可湿性粉剂 50～100 克兑水 30～50 千克均匀喷雾，安全间隔期 30 天，每季最多施用 2 次。

【注意事项】

（1）不可与碱性农药混用。

（2）对蜜蜂高毒,避免在蚕室、桑田使用。蜜源作物花期慎用。

158. 印楝素

分子式：$C_{35}H_{44}O_{16}$

【类别】 植物源类。

【理化性质】 纯品为具有大蒜-硫黄味的黄绿色粉末。蒸气压 3.6×10^{-6} 毫帕(20 ℃)。相对密度 $1.1 \sim 1.3$,熔点 $154 \sim 158$ ℃。易溶于甲醇、乙醇、乙醚、丙酮,微溶于水、乙酸乙酯。

【毒性】 低毒。大鼠急性经口 $LD_{50} > 5000$ 毫克/千克,雌大鼠急性经皮 $LD_{50} > 2150$ 毫克/千克,大鼠急性吸入 LC_{50} 为 0.72 毫克/升。对兔皮肤无刺激性,对兔眼睛有轻微刺激性。对人、畜、鸟类、鱼类和蜜蜂均十分安全,不影响捕食性及寄生性天敌。

【制剂】 0.03% 粉剂,0.3%、0.5% 可溶液剂,0.3%、0.5%、0.6% 乳油,1%、2% 水分散粒剂,1% 微乳剂。

【作用机制与防治对象】 具有高效杀虫活性的天然产物。属于高效、低毒的新型植物源杀虫剂,对昆虫具有强烈的拒食、驱避作用。在极低浓度下,具有抑制和阻止昆虫蜕皮、降低肠道活力、抑制成虫交配产卵的作用。单独使用时药效作用稍缓于化学杀虫剂,但持效期长于化学杀虫剂,且害虫不易产生抗药性,特别适用于对化学杀虫剂已产生抗药性的害虫。施用本品不受温度、湿度条件的限制,使用方便性优于其他生物农药。主要用于防治菜青虫、小菜蛾,及各种小昆虫如斑潜蝇、红蜘蛛、茶小绿叶蝉、蓟马、蚜虫等。

【使用方法】

(1)防治高粱玉米螟:在玉米螟卵孵化盛期至低龄幼虫期,每667平方米用0.3%乳油80～100毫升兑水30～50千克均匀喷雾。

(2)防治仓贮原粮赤拟谷盗、谷蠹、玉米象:每千克粮食用0.03%粉剂600～1000毫克拌粮。

(3)防治甘蓝小菜蛾:在小菜蛾卵孵化高峰期至低龄幼虫高峰期,每667平方米用2%水分散粒剂15～20克或1%微乳剂42～56毫升,兑水30～50千克均匀喷雾。

(4)防治甘蓝斜纹夜蛾:在斜纹夜蛾卵孵化高峰期至低龄幼虫高峰期,每667平方米用0.6%乳油100～200毫升兑水30～50千克均匀喷雾,安全间隔期5天,每季最多施用2次。或每667平方米用1%水分散粒剂50～60克兑水30～50千克均匀喷雾。

(5)防治十字花科蔬菜小菜蛾:在小菜蛾卵孵化高峰期至低龄幼虫高峰期,每667平方米用0.3%乳油50～80毫升兑水30～50千克均匀喷雾,安全间隔期7天,每季最多施用3次。

(6)防治十字花科蔬菜菜青虫:在菜青虫卵孵化高峰期至低龄幼虫高峰期,每667平方米用0.3%乳油90～140毫升兑水30～50千克均匀喷雾,安全间隔期3天,每季最多施用3次。

(7)防治韭菜韭蛆:在韭菜收割后2～3天,每667平方米用0.3%乳油1330～2660毫升兑水灌根。

(8)防治柑橘树潜叶蛾:在潜叶蛾卵孵化盛期至低龄幼虫期,用0.3%乳油400～600倍液均匀喷雾。

(9)防治茶树茶小绿叶蝉:在茶小绿叶蝉发生初期,用0.5%可溶液剂500～700倍液均匀喷雾,安全间隔期5天,每季最多施用3次。或每667平方米用1%微乳剂27～45毫升兑水30～50千克均匀喷雾。

（10）防治茶树茶黄螨：在茶黄螨盛发期，每 667 平方米用 0.3％可溶液剂 125～186 毫升兑水 30～50 千克均匀喷雾 1 次。

（11）防治茶树茶毛虫：在茶毛虫卵孵化盛期至低龄幼虫期，每 667 平方米用 0.3％乳油 120～150 毫升兑水 30～50 千克均匀喷雾。

（12）防治烟草烟青虫：在烟青虫卵孵化盛期至低龄幼虫期，每 667 平方米用 0.3％乳油 60～100 毫升兑水 30～50 千克均匀喷雾。

（13）防治枸杞蚜虫：在蚜虫发生初期，用 0.3％乳油 300～500 倍液均匀喷雾。

【注意事项】

（1）不能与碱性物质混用。

（2）对蜜蜂、鱼类等水生生物、家蚕有毒。周围作物开花期禁用，施用时应密切关注对附近蜂群的影响；远离水产养殖区施药，禁止在河塘等水体中清洗施药器；蚕室（及桑园）附近禁用；赤眼蜂等天敌放飞区禁用。

（3）本品在下列食品上的最大残留限量（毫克/千克）：结球甘蓝 0.1，茶叶 1。

159. 鱼藤酮

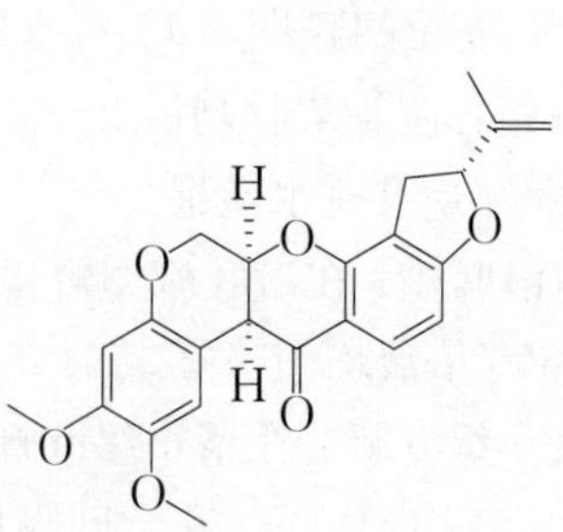

分子式：$C_{23}H_{22}O_6$

【类别】 植物源类。

【化学名称】 ［2R-(6aS，12aS)］-1,2,6,6a-六氢-2-异丙烯基-8,9-二甲氧基苯并吡喃［3,4-b］呋喃并［2,3-h］吡喃-6-酮。

【理化性质】 纯品为无色六角板状晶体，熔点163℃（同质二晶型熔点181℃），蒸气压小于1毫帕（20℃）。难溶于水（100℃时溶解度15毫克/升），稍溶于链烃溶剂，易溶于极性有机溶剂，在氯仿中溶解度最大（47.2克/升）。遇碱消旋，易氧化，尤其在光或碱存在情况下氧化快而失去杀虫活性。在干燥情况下比较稳定。

【毒性】 高毒。原药大鼠急性经口 LD_{50} 124.4毫克/千克，小鼠急性经口 LD_{50} 350毫克/千克，兔急性经口 LD_{50} 940毫克/千克。大鼠急性经皮 $LD_{50} \geqslant 2\,050$ 毫克/千克。对鱼和家蚕高毒，水中只要五十万分之一浓度即可使鱼类因呼吸受抑而死亡。对蜜蜂低毒。

【制剂】 2.5％、4％、7.5％乳油,5％可溶液剂,5％、6％微乳剂,2.5％悬浮剂。

【作用机制与防治对象】 抑制害虫细胞的电子传递链,从而降低生物体内的ATP水平,最终使害虫得不到能量供应,然后行动迟滞、麻痹而缓慢死亡,对害虫具有触杀和胃毒作用。能有效防治蔬菜、果树等多种作物上的害虫和害螨。

【使用方法】

（1）防治十字花科叶菜蚜虫：在蚜虫低龄若虫始盛期,每667平方米用2.5％乳油100～150毫升兑水30～50千克均匀喷雾。

（2）防治甘蓝蚜虫：在蚜虫低龄若虫始盛期,每667平方米用2.5％乳油100～150毫升,或6％微乳剂40～60克,或2.5％悬浮剂100～150毫升,兑水30～50千克均匀喷雾,安全间隔期6天,每季最多施用3次。

（3）防治油菜斑潜蝇、黄条跳甲：在斑潜蝇、黄条跳甲发生始盛期，每 667 平方米用 5％可溶液剂 150～200 毫升兑水 30～50 千克均匀喷雾，安全间隔期 5 天，每季最多施用 5 次。

【注意事项】

（1）不能与碱性药剂混用。

（2）本品水溶液易分解，应随配随用，不宜久置。

（3）对鱼类等水生生物极为敏感，对蜜蜂、家蚕有毒。施药期间应避免对周围蜂群的影响，禁止在开花植物花期、蚕室和桑园附近使用。赤眼蜂等天敌放飞区域禁用。

（4）本品在结球甘蓝上的最大残留限量为 0.5 毫克/千克。

160. 仲丁威

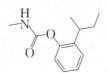

分子式：$C_{12}H_{17}NO_2$

【类别】 氨基甲酸酯类。

【化学名称】 2-仲丁基苯基-N-甲基氨基甲酸酯。

【理化性质】 原药为无色结晶体，液态为淡蓝色或浅粉色，有芳香味。熔点 26.5～31 ℃，沸点 115～116 ℃，蒸气压 1.6 毫帕（20 ℃），相对密度 1.035（30 ℃）。溶解度（20 ℃）：二氯甲烷、异丙醇、甲苯＞200 克/升，水 610 毫克/升（30 ℃）。对光相对稳定，在碱和强酸介质中水解。室温下稳定，高温时分解。水解半衰期（20 ℃）＞28 天（pH2）。

【毒性】 低毒。大鼠急性经口 LD_{50}＞5 000 毫克/千克，大鼠急性经皮 LD_{50} 524 毫克/千克，大鼠急性吸入 LC_{50}（4 小时）＞2.5

毫克(原药)/升空气。ADI 为 0.06 毫克/千克。野鸭急性经口 LD_{50} 323 毫克/千克。野鸭 LC_{50}(5 天)>5 500 毫克/千克饲料,鹌鹑 LC_{50} 5 417 毫克/千克饲料。鱼类 LC_{50}(48 小时)12.6 毫克/升。

【制剂】 20%、25%、50%、80%乳油,20%水乳剂,20%微乳剂。

【作用机制与防治对象】 通过抑制乙酰胆碱酯酶而致效,具有强烈的触杀作用,并具有一定胃毒、熏蒸和杀卵作用。作用迅速,残效期短。对稻飞虱、叶蝉防效好,对蚊、蝇幼虫也有一定防效。

【使用方法】

(1)防治水稻飞虱:于水稻飞虱卵孵化盛期至低龄若虫期,每667 平方米用 20%乳油 125～187.5 毫升或 20%水乳剂 150～180 毫升,兑水 30～50 千克均匀喷雾,安全间隔期 21 天,每季最多施用 3 次。或每 667 平方米用 20%微乳剂 200～250 毫升兑水 30～50 千克均匀喷雾,安全间隔期 28 天,每季最多施用 2 次。

(2)防治水稻叶蝉:于水稻叶蝉卵孵化盛期至低龄若虫盛发期,每 667 平方米用 20%乳油 125～187.5 毫升兑水 30～50 千克均匀喷雾,安全间隔期 21 天,每季最多施用 3 次。

(3)防治水稻稻纵卷叶螟:在稻纵卷叶螟卵孵化高峰期至低龄幼虫高峰期,每 667 平方米用 20%水乳剂 150～180 毫升兑水 30～50 千克均匀喷雾,安全间隔期 21 天,每季最多施用 3 次。

【注意事项】

(1)不能与碱性农药混用。

(2)在稻田施药前后 10 天避免使用敌稗,以免发生药害。

(3)本品在稻谷上的最大残留限量为 0.5 毫克/千克。

161. 唑虫酰胺

$$\text{分子式：} C_{21}H_{22}ClN_3O_2$$

【类别】 吡唑酰胺。

【化学名称】 4-氯-3-乙基-1-甲基-N-[[4-(4-甲基苯氧基)苯基]甲基]-1H-吡唑-5-甲酰胺。

【理化性质】 白色固体粉末，无臭味(20 ℃)，熔点 85.5～88.5 ℃，相对密度 1.25(20 ℃)，蒸气压 4×10^{-5} 帕(25 ℃)，pH5.1。水中溶解度 0.087 毫克/升(25 ℃，纯度 99.1%)、0.061 毫克/升(20 ℃，纯度 99.9%)，有机溶剂中溶解度(克/升，25 ℃，99.1%)：己烷 7.41，甲苯 366，二氯甲烷＞500，甲醇 59.6、丙酮 368，乙酸乙酯 339。正辛醇-水分配系数 $K_{ow}\log P$ 为 4.3(纯度 99.9%)。

【毒性】 中等毒。大鼠急性经口 LD_{50} 为 113 毫克/千克(雌)、260 毫克/千克(雄)。大鼠急性经皮 LD_{50}＞2 000 毫克/千克(雄)、＞3 000 毫克/千克(雌)。大鼠急性吸入 LC_{50} 2.21 毫克/升(雄)、1.50 毫克/升(雌)。对兔皮肤没有刺激性，对兔眼睛有轻微刺激作用，对豚鼠皮肤无致敏性。无致癌性，无致突变性，无神经毒性，无致畸性。

【制剂】 15%悬浮剂。

【作用机制与防治对象】 作用机制为阻碍线粒体代谢系统中的电子传达系统复合体Ⅰ，从而使电子传达受到阻碍，使昆虫不能提供和贮存能量。具有触杀作用,尤其是对鳞翅目害虫小菜蛾防效好。持效期较长,对小菜蛾从卵到成虫的整个生育期都有较高的活性,并抑制害虫取食,对抗药性害虫也有效果。

【使用方法】

防治甘蓝小菜蛾:于小菜蛾幼虫发生始盛期,每 667 平方米用 15% 悬浮剂 30~50 毫升兑水 30~50 千克均匀喷雾,安全间隔期 14 天,每季最多施用 2 次。

【注意事项】

(1) 对蚕、鱼、蜜蜂高毒,蜜源作物花期禁用,蚕室和桑园附近禁用,远离水产养殖区、河塘等水体用药。

(2) 赤眼蜂等天敌放飞区域禁用。

(3) 本品在结球甘蓝上的最大残留限量为 0.5 毫克/千克。

162. 唑螨酯

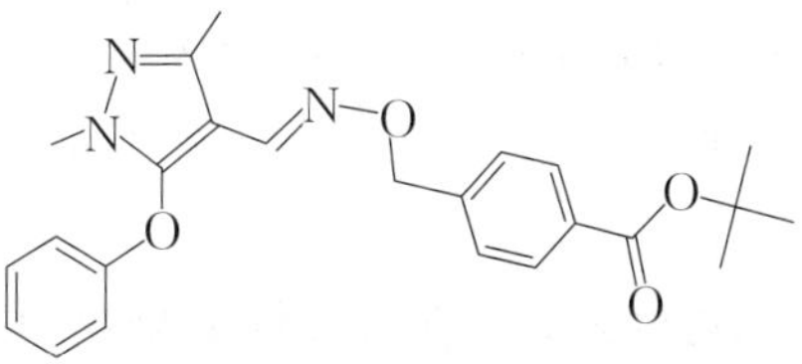

分子式:$C_{25}H_{28}N_2O_4$

【类别】 苯甲酸酯类。

【化学名称】 (E)-α-(1,3-二甲基-5-苯氧基吡唑-4-基亚甲基氨基氧)-4-甲苯甲酸叔丁酯。

【理化性质】 工业纯度为 97.0%,原药为白色或黄色晶体。相对密度 1.25(20 ℃),熔点 101.1~102.4 ℃,蒸气压 7.5×10^{-3} 毫帕(25 ℃)。$K_{ow} \log P$ 为 5.01(20 ℃),亨利常数 1.35×10^{-1} 帕·米³/摩(计算)。水中溶解度(20 ℃)0.015 毫克/升,其他溶剂

中溶解度(克/升,25℃):正己烷 4.0、甲苯 0.61、丙酮 154、甲醇 15.1。在土壤中 DT_{50} 为 42 天,光解 DT_{50} 为 2.8～3.1 天,在水中 DT_{50} 为 65.7 天(25℃)。在酸、碱介质中稳定。

【毒性】 中等毒。原药大鼠急性经口 LD_{50} 480 毫克/千克(雄)、245 毫克/千克(雌)。大鼠急性经皮 LD_{50} >2 000 毫克/千克。大鼠吸入 LC_{50}(4 小时)0.33 毫克/升(雄)、0.36 毫克/升(雌)。对兔皮肤和眼睛有轻微刺激性。在试验剂量内,对试验动物无致突变性、致畸和致癌作用,无蓄积毒性。对鱼、虾、贝类等毒性较高,鱼 LC_{50}(96 小时):鲤鱼 0.29 毫克/升,虹鳟鱼 0.079 毫克/升。水蚤 EC_{50}(24 小时)0.204 毫克/升。山齿鹑、野鸭 LD_{50} >2 000 毫克/千克,野鸭 LD_{50}(8 天)>5 000 毫克/千克。对鸟和家蚕毒性低。对蜜蜂、蜘蛛及寄生蜂无不良影响。蜜蜂经口 LD_{50}(72 小时)>118.5 微克/只,接触 LD_{50} >15.8 微克/只。

【制剂】 8%微乳剂,5%、10%、20%、28%悬浮剂。

【作用机制与防治对象】 本品为线粒体复合物 I 电子传递抑制剂,对螨虫的卵、幼螨、若螨、成螨各发育期均有效,以触杀方式为主,无内吸作用。具有击倒和抑制蜕皮作用,速效性好,持效期较长。可以很好地防治柑橘、苹果和玉米红蜘蛛。

【使用方法】

(1)防治柑橘树红蜘蛛:在红蜘蛛卵孵化初期至若螨期,用 5%悬浮剂 1 000～2 000 倍液均匀喷雾,安全间隔期 15 天,每季最多施用 2 次。或用 8%微乳剂 1 600～2 400 倍液均匀喷雾,安全间隔期 20 天,每季最多施用 2 次。

(2)防治柑橘树锈壁虱:在锈壁虱卵孵化初期至若螨期,用 5%悬浮剂 1 000～2 000 倍液均匀喷雾,安全间隔期 15 天,每季最多施用 2 次。

(3)防治苹果树红蜘蛛:在红蜘蛛卵孵化初期至若螨期,用 5%悬浮剂 2 000～3 125 倍液均匀喷雾,安全间隔期 15 天,每季最多施用 2 次。

（4）防治玉米红蜘蛛：红蜘蛛低龄若螨发生危害始盛期，每667平方米用20%悬浮剂7～10毫升兑水30～50千克均匀喷雾，安全间隔期为收获期，每季最多施用1次。

【注意事项】

（1）不能与波尔多液、石硫合剂等碱性农药等物质混用。

（2）对鱼类等水生生物、家蚕有毒，蚕室和桑园附近禁用，远离水产养殖区施药。

（3）建议与不同作用机制的杀螨剂轮换使用。

（4）本品在下列食品上的最大残留限量（毫克/千克）：柑橘0.2，苹果0.3。

杀 线 虫 剂

❧ ❧

1. 淡紫拟青霉

【类别】 真菌类。

【特性】 具有繁殖快速、生命力强、安全低毒等特点。可合成多种有机酸、酶、生理活性物质等。属于内寄生性真菌,是一些植物寄生线虫的重要天敌,能够寄生于卵,也能侵染幼虫和雌虫,可明显减轻多种作物根结线虫、胞囊线虫、茎线虫等植物线虫病的危害。

【毒性】 低毒。大鼠急性经口 $LD_{50}>5\,400$ 毫克/千克,大鼠急性吸入 $LC_{50}>2\,300$ 毫克/米^3,大鼠急性经皮 $LD_{50}>2\,350$ 毫克/千克。对眼睛和皮肤无刺激性,轻度致敏。对鱼、鸟低毒,对蜜蜂、家蚕安全。

【制剂】 2亿活孢子/克粉剂,5亿活孢子/克颗粒剂。

【作用机制与防治对象】 本品是一种微生物杀线虫农药,属于拟青霉属真菌,对根结线虫具有很好防治作用。制剂施入土壤后孢子萌发长出很多菌丝,菌丝分泌几丁质酶,从而破坏线虫卵壳的几丁质层,菌丝得以穿透卵壳,以卵内物质为养料大量繁殖,从而破坏卵内的细胞和早期胚胎而不能孵出幼虫。可用于防治番茄根结线虫、草坪根结线虫等。

【使用方法】

（1）防治番茄根结线虫：番茄移栽时，每 667 平方米用 2 亿活孢子/克粉剂 1.5～2 千克拌干土穴施，每茬作物施用 1 次。或于播种前或移栽前，每 667 平方米用 5 亿活孢子/克颗粒剂 2 500～3 000 克均匀穴施、沟施在种子或幼苗根系附近，施药深度 20 厘米左右，施药 1 次。

（2）防治草坪根结线虫：于播种前或移栽前，每 667 平方米用 5 亿活孢子/克颗粒剂 2 500～3 000 克均匀穴施、沟施在种子或幼苗根系附近，施药深度 20 厘米左右，施药 1 次。

【注意事项】

（1）不宜与杀菌剂混用，不可与含有铜离子、镁离子的农药混合使用。

（2）蜜源作物花期、蚕室和桑园附近禁用。

（3）清洗施药器具的废水不能排入河流、池塘等水源。用药后包装物应妥善处理，不可作他用，也不可随意丢弃。

（4）建议与其他不同作用机制的杀线虫剂轮换使用。

2. 氟烯线砜

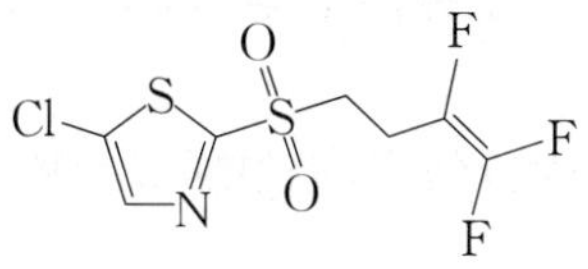

分子式：$C_7H_5ClF_3NO_2S_2$

【类别】　杂环氟代砜类。

【化学名称】　5-氯-1,3-噻唑-2-基-3,4,4-三氟-3-丁烯-1-基砜。

【理化性质】　外观为淡黄色液体或晶体，熔点 34 ℃，沸点大于 280 ℃，蒸气压 2.22 毫帕（20 ℃）。在有机溶剂中的溶解度很大，在 215 ℃时降解。

【毒性】 低毒。大鼠急性经口 $LD_{50} > 671$ 毫克/千克，大鼠急性经皮 $LD_{50} > 2000$ 毫克/千克。大鼠急性吸入 $LC_{50} > 6.0$ 毫克/升。对兔皮肤和眼睛温和至中等刺激性。对非标靶生物基本无害或低毒，对蜜蜂和蚯蚓无毒。在土壤中的半衰期 DT_{50} 为 11～22 天。

【制剂】 40%乳油。

【作用机制与防治对象】 本品属于新型杂环氟代砜类低毒杀线虫剂，是植物寄生线虫获取能量储备过程的代谢抑制剂，通过与线虫接触阻断线虫获取能量通道从而杀死线虫。可用于防治黄瓜根结线虫。

【使用方法】

防治黄瓜根结线虫：于种植前至少 7 天进行土壤喷雾。每 667 平方米用 40%乳油 500～600 毫升兑水稀释并均匀喷洒在土壤表面，随即进行旋耕，深度 15～20 厘米，使土壤与药剂充分混合均匀。旋耕后浇水，每 667 平方米浇水量不得少于 2000 升。每季最多施药 1 次，安全间隔期为收获期。

【注意事项】

（1）对水生生物及寄生蜂有毒，药品及废液不得污染各类水域，水产养殖区、河塘等水体附近禁用，禁止在河塘等水体清洗施药器具。

（2）桑园及蚕室附近禁用，赤眼蜂等天敌放飞区域禁用。

3. 厚孢轮枝菌

【类别】 微生物类。

【理化性质】 兼性寄生菌，既能在土壤中营腐生生活，又能寄生于植物根围区的线虫上。营养菌丝呈匍匐状生长，分隔、分枝、淡白色。气生菌丝薄,瓶梗常从平卧菌丝上单生或 2～3 个轮生,顶端产生单细胞核的分生孢子,易脱落,圆形或椭圆形,微带色泽。砖格状多细胞核的厚垣孢子由气生菌丝细胞质浓缩、外壁增厚而形成,是一种无休眠性孢子,在营养丰富和正常环境下均能大量产生。厚垣孢子对高温、干旱耐受力较强,更易在土壤中存活。原粉为淡黄色或淡紫色粉末,含量为 25 亿个孢子/克,难溶于水,对光稳定,对水分、高温较敏感,活孢子在 50 ℃时失活。

【毒性】 低毒。雌、雄大鼠急性经口 LD_{50}＞5 000 毫克/千克。对皮肤和眼睛无刺激性。弱致敏性,无致病性。

【制剂】 2.5 亿孢子/克颗粒剂,2.5 亿孢子/克微粒剂。

【作用机制与防治对象】 通过孢子在作物根系周围土壤中萌发,产生菌丝作用于根结线虫雌虫,导致线虫死亡。通过孢子萌发产生菌丝寄生于根结线虫的卵,使得虫卵不能孵化、繁殖。对烟草根结线虫有效。

【使用方法】

防治烟草根结线虫:每 667 平方米用 2.5 亿孢子/克颗粒剂 1500～2000 克穴施或沟施,每季分 2 次施用。或每 667 平方米用 2.5 亿孢子/克微粒剂 1500～2000 克穴施或沟施,每季最多施用 2 次,安全间隔期 70 天。

【注意事项】

(1) 不可与化学杀菌剂混用。

(2) 须现拌现用,施于作物根部。

(3) 防止药液污染水源地。

(4) 禁止在河塘等水域清洗施药器具。

4. 坚强芽孢杆菌

【类别】 微生物类。

【理化性质】 坚强芽孢杆菌 Bf-02,菌体杆状,革兰氏染色阳性,周生鞭毛,兼性厌氧。NA 培养基培养,菌落圆形,白色,平展,表面粗糙,中间有圆环形突起,边缘整齐。液体培养形成菌膜,液体棕黄色、混浊、有沉淀。1 000 亿活芽孢/克母药外观为褐色粉末,有类似酵母提取物气味,pH 8.65(1‰悬浮液),密度 0.55～0.65 克/毫升。可在 10～45 ℃生长,最适生长温度为 30～37 ℃。

【毒性】 低毒。大鼠急性经口、经皮 LD_{50} 均＞5 000 毫克/千克,对禽类、水生无脊椎动物、蜜蜂安全。

【制剂】 100 亿芽孢/克可湿性粉剂。

【作用机制与防治对象】 本品施入土壤后能定殖、繁殖,在根部形成一个微生态保护屏障,控制线虫侵入;同时产生大量的代谢次生产物和分泌蛋白,如胞外酶、胞外蛋白质等,对线虫及线虫卵和 2 龄幼虫(J2)产生作用,阻止线虫卵和幼虫的生长、发育,破坏线虫角质层使其外层表皮脱落,形成裂痕,达到防治线虫的作用。可防治烟草根结线虫等。

【使用方法】

防治烟草根结线虫:烟草定植前穴施 1 次,每 667 平方米用 100 亿芽孢/克坚强芽孢杆菌可湿性粉剂 400～800 克细土拌匀,穴施覆土,确保药剂与细干有机肥或细干土混合均匀。

【注意事项】

(1)不可与含铜物质、抗菌剂 402 等物质及呈碱性的农药或物质混合使用。

(2)为延缓抗药性产生,可与其他不同作用机制的杀线虫剂轮换使用。

(3)水产养殖区、河塘等水体附近禁用,禁止在河塘等水域清洗施药器具。

5. 棉　隆

分子式：$C_5H_{10}N_2S_2$

【类别】　有机硫类。

【化学名称】　3,5-二甲基-1,3,5-噻二嗪烷-2-硫酮。

【理化性质】　纯品为无色结晶固体,工业品为淡黄色或浅灰色结晶粉末,有轻微的特殊气味。熔点 $104 \sim 105 ℃$,相对密度 1.39,蒸气压 0.37 毫帕（20 ℃）。微溶于水,溶于氯乙烯和丙酮。35 ℃以下稳定。在酸性介质中分解为二硫化碳、甲醛、甲胺。

【毒性】　低毒。原药对雌、雄大鼠急性经口 LD_{50} 分别为 710 毫克/千克和 550 毫克/千克,雌、雄兔急性经皮 LD_{50} 分别为 2 600 毫克/千克和 2 360 毫克/千克,大鼠急性吸入 LC_{50}（4 小时）804 毫克/升。对兔皮肤无刺激作用,对兔眼睛黏膜有轻微刺激作用。在试验剂量下对动物无致畸、致癌、致突变作用。山齿鹑急性经口 LD_{50} 415 毫克/千克。鲤鱼 LC_{50}（48 小时）10 毫克/升。水蚤 EC_{50}（48 小时）0.3 毫克/升。对蜜蜂安全。

【制剂】　98%微粒剂。

【作用机制与防治对象】　本品是一种低毒的土壤消毒剂,施用于潮湿的土壤中会产生一种异硫氰酸甲酯气体,迅速扩散至土壤中,能有效杀死各种线虫。本品能与肥料混用。使用范围广,可防治多种线虫,不会在植物体内残留。对番茄（保护地）线虫、草莓线虫、姜线虫、观赏花卉线虫有较好的防治效果。

【使用方法】

（1）防治番茄线虫：番茄秧苗移栽前 30 天施药,每平方米用

98％微粒剂30～45克,与少量细沙混匀后均匀撒施,灌水覆膜20天,揭膜敞气10天后移栽,确保足够的土壤水分、密闭时间及移栽间隔期。

（2）防治草莓根结线虫：于种植草莓前进行土壤处理,每平方米用98％微粒剂30～45克。施药按以下步骤进行：①整地：施药前先松土,然后浇水湿润土壤,并且保湿3～4天(湿度以手捏成团,掉地后能散开为标准)。②施药：根据不同需要,采用撒施、沟施、条施等。③混土：施药后马上混匀土壤,深度为20厘米,用药要到位(沟、边、角)。④密闭消毒：混土后再次浇水,湿润土壤,浇水后立即覆以不透气塑料膜并用新土封严实,避免棉隆产生气体泄漏。密闭消毒时间、松土通气时间与土壤温度相关。⑤发芽试验：在施药处理的土壤内,随机取土样,装半玻璃瓶,在瓶内撒入需移栽种子,用湿润棉花团保湿,然后立即密封瓶口,放在温暖的室内48小时,同时取未施药的土壤作对照,如果施药处理的土壤有抑制发芽的情况,需松土通气,在通过发芽安全测试后才可栽种作物。

（3）防治菊科和蔷薇科观赏花卉线虫：于种植花卉前进行土壤处理,每平方米用98％微粒剂30～40克。施药步骤同草莓。

（4）防治姜线虫：于种植姜前进行土壤处理,每平方米用98％微粒剂50～60克。施药步骤同草莓。

【注意事项】

（1）使用时土壤温度应保持在6℃以上(12～18℃适宜),含水量保持在40％以上。

（2）对鱼有毒,而且容易污染地下水,在南方应慎用。远离水产养殖区施药,禁止在河塘等水体中清洗施药器具。

（3）对所有绿色植物均有药害,土壤处理时不能接触植物。

（4）使用本品应戴防护手套、口罩和护目镜,穿干净的防护服。施药后,应立即用肥皂和水清洗,避免皮肤和眼睛接触药液。

（5）本品在番茄上的最大残留限量是0.02毫克/千克。

6. 灭线磷

分子式：$C_8H_{19}O_2PS_2$

【**类别**】 有机磷类。

【**化学名称**】 O-乙基-S,S-二丙基二硫代磷酸酯。

【**理化性质**】 纯品为淡黄色透明液体,沸点 $86\sim91\ ℃(26.6$ 帕),蒸气压 46.5 毫帕$(26\ ℃)$,相对密度 $1.094(20\ ℃)$。溶解度：水 750 毫克/升$(20\ ℃)$,丙酮、乙醇、二甲苯、$1,2$ 二氯乙烷、乙酸乙酯、乙醚、汽油、环己烷>300 克/升$(20\ ℃)$。在 $50\ ℃$ 条件下贮存 12 周无分解,$150\ ℃$ 条件下贮存 8 小时无分解。在酸性溶液中,分解温度可达 $100\ ℃$;在 $25\ ℃$ 碱性介质中$(pH\ 9)$迅速水解。对光稳定。

【**毒性**】 高毒。原药大鼠急性经口 LD_{50} 62 毫克/千克,兔急性经口 LD_{50} 55 毫克/千克。大鼠急性经皮 LD_{50} 226 毫升/千克,兔急性经皮 LD_{50} 26 毫克/千克。大鼠急性吸入 LC_{50} 249 毫克/米^3。对皮肤无刺激,对眼睛有轻微刺激。试验剂量内对动物无致畸、致突变、致癌作用,三代繁殖试验和神经毒性试验中未见异常。鹌鹑急性经口 LD_{50} 7.5 毫克/千克,鸽子急性经口 LD_{50} 13.3 毫克/千克。对鱼类毒性高,LC_{50}(96 小时)：金鱼 13.6 毫克/升,蓝鳃鱼 0.2 毫克/升,虹鳟鱼 2.1 毫克/升。蜜蜂 LD_{50} 2.6 毫克/只。

【**制剂**】 5%、10%颗粒剂,40%乳油。

【**作用机制与防治对象**】 本品无熏蒸和内吸作用,具触杀作用,可防治多种线虫,对大部分地下害虫也有较好的防效。主要用于防治甘薯茎线虫病、花生根结线虫和水稻稻瘿蚊。

【使用方法】

(1) 防治甘薯茎线虫:播种前穴施,施药后覆盖一层薄土,避免种薯直接接触药品,每 667 平方米用 10% 颗粒剂 1 000~1 500克,安全间隔期 30 天,每季最多施用 1 次。

(2) 防治花生根结线虫:播种前沟施,施药后覆盖一层薄土,避免种子直接接触药品,每 667 平方米 10% 颗粒剂 3 000~3 500克,安全间隔期 120 天,每季最多施用 1 次。

(3) 防治水稻稻瘿蚊:秧田于秧针期至一叶一针期、本田于插秧后 7~10 天,每 667 平方米用 10% 颗粒剂 1 000~1 200 克,与足量的细沙土拌匀后撒施,施药后保水 7~10 天,每季最多施用1 次。

【注意事项】

(1) 不可用于防治卫生害虫,不可用于蔬菜、瓜果、茶叶、菌类、中草药材的生产,不可用于水生植物的病虫害防治。

(2) 有些作物对本品敏感,播种时不能与种子直接接触,否则易发生药害。在穴内或沟内施药后要覆盖一薄层有机肥料或土,然后播种覆土。

(3) 对蜜蜂、家蚕高毒。开花植物花期周围禁用,施药期间应密切注意对附近蜂群的影响,蚕室及桑园附近禁用。

(4) 对鱼类等水生物有毒,养鱼稻田禁用,施药后的田水不得直接排入河塘等水域,远离水产养殖区施药。

(5) 对禽畜、鸟类、鱼类有害。水田施药后应堵塞出水口,防止田水流入非目标区域。旱地施药后应盖土,防止禽畜觅食。

(6) 施药后应设立警示标志,人、畜在施药 2 天后方可进入施药地点。

(7) 本品在花生仁、糙米上的最大残留限量均为 0.02 毫克/千克。

7. 氰氨化钙

$$CaCN_2$$

【类别】 无机类。

【化学名称】 氰氨化钙。

【理化性质】 纯品为白色结晶;不纯品呈灰黑色,有特殊臭味。相对密度 1.08,熔点 1300 ℃,微溶于水。粉末容易吸湿结块变质,应干燥保存。

【毒性】 低毒。大鼠急性经口 LD_{50} 158 毫克/千克,小鼠经口 LD_{50} 334 毫克/千克。

【制剂】 50%颗粒剂。

【作用机制与防治对象】 本品是一种杀菌剂和杀螺剂。能有效杀灭根结线虫,供给作物所需氮素及钙素营养,抑制硝化反应,综合提高氮素利用率,调节土壤酸碱度,改良土壤性状,加速作物秸秆、家畜粪便的腐熟,增强堆沤效果;能有效杀灭福寿螺,稻田灭螺可有效促进作物生长、分蘖,提高品质,增加产量。可用于防治水稻福寿螺、番茄根结线虫、黄瓜根结线虫等。

【使用方法】

(1) 防治水稻福寿螺:稻田灭螺应在农作物耕作前 10～15 天或收割后进行,每 667 平方米用 50%颗粒剂 33～55 千克均匀撒施。

(2) 防治番茄根结线虫:番茄定植前 15 天,每 667 平方米用 50%颗粒剂 48～64 千克沟施。

(3) 防治黄瓜根结线虫:黄瓜定植前 10 天,每 667 平方米用 50%颗粒剂 48～64 千克沟施。

【注意事项】

(1) 严禁用于养鱼田,谨防含有氰氨化钙的水流入鱼池、鱼塘,禁止在河塘等水域内清洗施药器具。

(2) 对鱼类低毒,但施药后水体环境 pH 较高,水体不能用作人工鱼卵、蟹苗和蚌苗孵化水的循环水。

(3) 池塘、沟渠灭螺水体至少 15 日后方可用于作物灌溉。

(4) 作业前后 24 小时内不得喝酒,或喝含有酒精的饮料。

8. 威百亩

分子式:$C_2H_4NNaS_2$

【类别】 有机硫类。

【化学名称】 N-甲基二硫代氨基甲酸(钠)。

【理化性质】 外观为白色具刺激性气味的结晶粉末。熔点 $101\sim105\ ℃$,沸点 $218\ ℃$,蒸气压($20\ ℃$)$0.038\ 5$ 帕,密度 1.169 克/厘米^3。溶解度($20\ ℃$,克/升):水中 772,乙醇中<5,不溶于大多数有机溶剂。在碱中稳定,遇酸则分解。在高于 $110\ ℃$ 时开始分解,$205\ ℃$ 时迅速分解,其溶液在光下 DT_{50} 为 1.6 小时(pH 7,$25\ ℃$)。

【毒性】 低毒。原药雄性大鼠急性经口 LD_{50} 为 $8\ 200$ 毫克/千克,家兔急性经皮 LD_{50} 为 800 毫克/千克,大鼠急性吸入 LC_{50}(4 小时)>4.7 毫克/升。对眼睛及黏膜有刺激作用,对兔皮肤有损伤。山齿鹑急性经口 LD_{50} 500 毫克/千克。对鱼有毒,LC_{50}(96 小时):蓝鳃太阳鱼 0.39 毫克/升,虹鳟鱼 35.2 毫克/升。水蚤 EC_{50}(48 小时)2.3 毫克/升。对蜜蜂安全。

【制剂】 35%水剂。

【作用机制与防治对象】 具有熏蒸作用的二硫代氨基甲酸酯

类杀线虫剂。在土壤中降解成异硫氰酸甲酯发挥熏蒸作用,还有杀菌及除草功能。适于番茄、黄瓜根结线虫防治。

【使用方法】

防治番茄、黄瓜上根结线虫:每 667 平方米用 35% 水剂 4 000～6 000 克兑水 400 千克,于播种前 20 天以上,在地面开沟,沟深 20 厘米、沟距 20 厘米,将稀释药液均匀施于沟内,盖土压实后(不要太实)覆盖地膜进行熏蒸处理(土壤干燥可多加水稀释药液),15 天后去掉地膜,翻耕透气,再播种或移栽。每季最多施用 1 次。

【注意事项】

(1) 本品为土壤熏蒸剂,不可直接喷洒于作物,使用时要现配。使用本品地温 15 ℃ 以上效果优良,地温低时熏蒸时间需加长。在碱性中稳定,遇酸则分解,不能与酸性铜制剂、碱性金属类及重金属类等物质混用,如不能与含钙的农药波尔多液、石硫合剂混用。

(2) 施药结束后,应马上用清水冲洗受药液污染的身体部位。清洗药械的污水应选在安全地点妥善处理,不准随地泼洒,防止污染饮用水源和养鱼池塘。禁止在河塘等水体中清洗施药器具。

(3) 对鱼、蜂、蚕有毒,在桑园蚕室附近、水产养殖区附近、养蜂地区及开花植物花期禁止施用,还要注意对鸟类的影响。

(4) 建议与其他不同作用机制的杀线虫剂轮换使用,以延缓抗药性产生。

(5) 本品在黄瓜上的最大残留限量是 0.05 毫克/千克。

9. 异硫氰酸烯丙酯

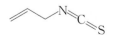

分子式:C_4H_5NS

【类别】 植物源。

【化学名称】 3-异硫氰基-1-丙烯。

【理化性质】 无色或淡黄色液体,有刺鼻辛辣味。密度 1.012 6 克/厘米^3(20℃)。熔点-80℃,沸点152℃,闪点46℃,蒸气压1 330帕(38.3℃)。微溶于水(2毫克/升,20℃),易溶于乙醇、乙醚和苯,与大多数有机溶剂混溶。室温下稳定,高温下、金属或金属离子中不稳定。

【毒性】 中等毒。大鼠急性经口 LD_{50} 112毫克/千克,小鼠急性经口 LD_{50} 308毫克/千克,兔急性经皮 LD_{50} 88毫克/千克。对兔眼睛有中度刺激性。黑头呆鱼 LC_{50}(96小时)为0.085 6毫克/升。

【制剂】 20%可溶液剂,20%水乳剂。

【作用机制与防治对象】 对根结线虫及土传病害具有熏蒸、触杀作用,主要作用机制为对靶标酶具有抑制作用。可用于防治番茄根结线虫。

【使用方法】

防治番茄根结线虫:于番茄定植前进行土壤喷雾并覆膜熏蒸。具体方法:施药前施足底肥,翻耕土壤,旋耕深度以30厘米为宜,整平地块。先浇清水(浇水量确保每667平方米3 000千克),每667平方米用20%水乳剂3~5千克兑水(兑水量应不低于250千克)均匀泼浇或喷淋,同时覆盖塑料薄膜并四周压土、踩实。保持密闭熏蒸处理10~15天后揭膜,散气7~10天后即可移栽番茄。每季最多施药1次。

【注意事项】

(1) 本品为土壤消毒剂,上茬作物拉秧后至下茬作物移栽前20天均可进行施药,土壤覆膜熏蒸1次。

(2) 对鱼类、藻类等水生生物毒性高,水产养殖区、河塘等水体附近禁止施药,禁止在河塘等水体中清洗施药器具。

(3) 不能与碱性农药等物质混用。

除 草 剂

1. 2,4-滴

$$Cl\!-\!\!\bigcirc\!\!-\!OCH_2CO_2H$$

分子式：$C_8H_6Cl_2O_3$

【类别】 苯氧乙酸类。

【化学名称】 2,4-二氯苯氧乙酸。

【理化性质】 纯品为无色粉末，熔点 140.5 ℃，蒸气压 53 帕 (160 ℃)。25 ℃ 水中溶解度为 620 毫克/升，可溶于液碱、醇和乙醚，不溶于石油。不吸湿，有腐蚀性，在土壤中 DT_{50}<7 天。

【毒性】 低毒。大鼠急性经口 LD_{50} 375 毫克/千克。两年喂养试验表明，大鼠 NOEL 为 1 250 毫克/千克，狗为 500 毫克/千克。鲤鱼 LC_{50}(96 小时)0.5～1.2 毫克/升。

【制剂】 57%、72%、76%、80%、999 克/升 2,4-滴丁酯乳油，50% 2,4-滴丁酯悬浮剂，50%、55%、58%、60%、70%、600 克/升、720 克/升、860 克/升 2,4-滴二甲胺盐水剂，85% 2,4-滴钠盐可溶粉剂，50%、62%、77%、87.5%、900 克/升 2,4-滴异辛酯乳油，30% 2,4-滴异辛酯悬乳剂。

【作用机制与防除对象】 本品为激素型选择性除草剂,具有较强的内吸传导性。主要用于苗后茎叶处理,穿过角质层和细胞膜,最后传导到各部位。在不同部位对核酸和蛋白质的合成产生不同影响,在植物顶端抑制核酸代谢和蛋白质合成,使生长点停止生长,嫩幼叶片不能伸展,抑制光合作用的正常进行;传导到植株下部时,使植物茎部组织的核酸和蛋白质的合成增加,促进细胞异常分裂,根尖膨大,丧失吸收能力,造成茎干扭曲、畸形;还会使筛管堵塞、韧皮部破坏、有机物运输受阻,从而破坏植物正常的生活能力,最终导致植物死亡。本品展着性好,渗透力强,易进入植物体内,不易被雨水冲刷。双子叶植物对本品较敏感。主要用于防除小麦、玉米、谷子、水稻等禾本科作物田反枝苋、苘麻、藜、蓼、马齿苋、鸭跖草、铁苋菜、荠菜、播娘蒿、猪殃殃等阔叶杂草,对禾本科杂草无效。

【使用方法】

(1) 防除冬小麦田阔叶杂草:在小麦分蘖末期至拔节初期、阔叶杂草3~5叶期,每667平方米用57% 2,4-滴丁酯乳油50~75毫升,或720克/升2,4-滴二甲胺盐水剂50~70毫升,或87.5% 2,4-滴异辛酯乳油40~44毫升,兑水20~40千克均匀茎叶喷雾。

(2) 防除春小麦田阔叶杂草:在小麦4~5叶至分蘖盛期、阔叶杂草3~5叶期,每667平方米用57% 2,4-滴丁酯乳油75~100毫升,或720克/升2,4-滴二甲胺盐水剂70~100毫升,或85% 2,4-滴钠盐可溶粉剂85~125克,或62% 2,4-滴异辛酯乳油85~100毫升(东北地区),兑水20~40千克均匀茎叶喷雾。

(3) 防除玉米田阔叶杂草:在玉米4~6叶期,每667平方米用57% 2,4-滴丁酯乳油40~50毫升,或720克/升2,4-滴二甲胺盐水剂80~120毫升,兑水20~40千克均匀茎叶喷雾。也可播后苗前作土壤喷雾处理,每667平方米用57% 2,4-滴丁酯乳油80~100毫升,或30% 2,4-滴异辛酯悬乳剂120~150毫升,或87.5% 2,4-滴异辛酯乳油40~44毫升,兑水20~40千克均匀土壤喷雾。

（4）防除谷子田阔叶杂草：在谷子 4～6 叶期，每 667 平方米用 57% 2,4-滴丁酯乳油 49 毫升兑水 20～40 千克均匀茎叶喷雾。

（5）防除水稻田阔叶杂草：在水稻分蘖末期、阔叶杂草 3～5 叶期，每 667 平方米用 57% 2,4-滴丁酯乳油 28～49 毫升，或 70% 2,4-滴二甲胺盐水剂 25～40 毫升，兑水 20～40 千克均匀茎叶喷雾。水稻分蘖盛期前不宜使用此药。

（6）防除春大豆田阔叶杂草：在大豆播种后出苗前，每 667 平方米用 87.5% 2,4-滴异辛酯乳油 40～44 毫升，或 57% 2,4-滴丁酯乳油 80～120 毫升，兑水 20～40 千克均匀土壤喷雾。

（7）防除非耕地阔叶杂草：在杂草生长旺盛时期，每 667 平方米用 58% 2,4-滴二甲胺盐水剂 125～187 毫升，或 720 克/升 2,4-滴二甲胺盐水剂 70～90 毫升，兑水 20～40 千克均匀茎叶喷雾。

【注意事项】

（1）禾本科作物对本品耐性较大，但在其幼苗、幼穗分化期较为敏感，用药过早、过晚、用量大都有可能造成药害。初次施用本品宜在植保技术人员指导下进行。

（2）果园苗圃附近禁止施用，以免飘移产生药害。棉花、油菜、豆类、瓜类、蔬菜等阔叶作物对本品敏感，应选择在无风或风小的天气施药，喷药时要注意风向，以免药雾飘移到敏感作物上造成药害。

（3）施药前后，土壤应保持湿润，适当的土壤水分是发挥药效的重要因素。

（4）称量要准确，严格按照推荐剂量使用，采用标准的喷雾器低压喷头减压施用，禁止使用弥雾机和超低容量喷雾。

（5）喷施本品的药械要专用，若用后改喷其他农药，则需要用碱水多次冲洗，并做试验后再用于阔叶作物的喷施，以防发生药害。

（6）避免与呈碱性的农药混用。

(7) 对蜜蜂、鱼类等水生生物、家蚕有毒。施药期间应避免对周围蜂群的影响,禁止在开花植物花期、蚕室和桑园附近施用。赤眼蜂等天敌放飞区域禁用。远离水产养殖区、河塘等水域施药,禁止在河塘等水体中清洗施药器具,施药后的药水禁止排入水体。用过的容器应妥善处理,不可作他用,也不可随意丢弃。

(8) 每季作物最多施用 1 次。2,4-滴和 2,4-滴钠盐在小麦、玉米和大豆上最大残留限量分别为 2 毫克/千克、0.05 毫克/千克、0.01 毫克/千克;2,4-滴丁酯在小麦、玉米和大豆上最大残留限量均为 0.05 毫克/千克;2,4-滴二甲胺盐在稻谷(糙米)上最大残留限量为 0.05 毫克/千克;2,4-滴异辛酯在小麦、鲜食玉米、玉米上最大残留限量分别为 2 毫克/千克、0.1 毫克/千克、0.1 毫克/千克。

2. 2 甲 4 氯

分子式: $C_9H_9ClO_3$

【类别】 苯氧羧酸类。

【化学名称】 2-甲基-4-氯苯氧乙酸。

【理化性质】 原药含量 94%~96%,外观为无色结晶固体,熔点 119~120 ℃,蒸气压 2.3×10^{-5} 帕(25 ℃)。溶解度(25 ℃,克/升):乙醇 1530,乙醚 770,甲醇 26.5,庚烷 5,甲苯 62,二甲苯 49。易溶于水,水中溶解度 734 毫克/千克。对酸稳定,在硬水中生成不溶的钙盐、镁盐。光降解 DT_{50} 为 25.4 天(25 ℃)。

【毒性】 低毒。原药大鼠急性经口 $LD_{50} > 900$ 毫克/千克,急

性经皮 LD_{50} 为 900～1 160 毫克/千克。对消化道有刺激作用,严重时对肝、肾有损伤。鹌鹑 LD_{50} 为 377 毫克/千克。鱼 LC_{50} 为 232 毫克/升(96 小时)。蜜蜂 LD_{50} 0.104 毫克/只。对鱼、蜜蜂、鸟低毒。

【制剂】 56％、85％ 2 甲 4 氯钠可溶粉剂,13％ 2 甲 4 氯钠水剂,40％、56％ 2 甲 4 氯钠可湿性粉剂,56％ 2 甲 4 氯钠粉剂,48％、53％、60％、62％、65％、750 克/升 2 甲 4 氯二甲胺盐水剂,85％ 2 甲 4 氯异辛酯乳油,45％ 2 甲 4 氯异辛酯微囊悬浮剂。

【作用机制与防除对象】 2 甲 4 氯为选择性激素型除草剂。其作用方式、选择性等与 2,4 滴丁酯相同,但其挥发性、作用速度较 2,4 滴丁酯低且慢,因而在寒地稻区使用,比 2,4 滴丁酯安全。禾本科植物幼苗期很敏感,3～4 叶期后耐药性逐渐增强,分蘖末期最强,到幼穗分化期敏感性又上升,因此,宜在分蘖末期施药。适用于水稻、小麦及其他旱地禾本科作物防除阔叶杂草和莎草科杂草。

【使用方法】

(1)防除移栽稻田和直播稻田一年生和多年生阔叶杂草及莎草科杂草:在水稻分蘖末期,每 667 平方米用 56％ 2 甲 4 氯钠可溶粉剂 54～107 克,或 13％ 2 甲 4 氯钠水剂 240～450 毫升,或 40％ 2 甲 4 氯钠可湿性粉剂 100～150 克,或 65％ 2 甲 4 氯二甲胺盐水剂 50～60 毫升,兑水 20～40 千克均匀茎叶喷雾,施药前先排水,施药后隔天灌水。

(2)防除麦田阔叶杂草:在小麦分蘖末期至拔节前,每 667 平方米用 56％ 2 甲 4 氯钠可溶粉剂 100～150 克,或 13％ 2 甲 4 氯钠水剂 450～600 毫升,或 56％ 2 甲 4 氯钠可湿性粉剂 125～150 克,或 65％ 2 甲 4 氯二甲胺盐水剂 60～80 毫升,或 85％ 2 甲 4 氯异辛酯乳油 45～50 毫升,或 45％ 2 甲 4 氯异辛酯微囊悬浮剂 100～120 毫升,兑水 20～40 千克均匀茎叶喷雾。

(3)防除玉米田阔叶杂草:在玉米苗后 4～6 叶期、阔叶杂草

2～4叶期,每667平方米用56% 2甲4氯钠可溶粉剂100～140克,或56% 2甲4氯钠粉剂107～143克,或750克/升2甲4氯二甲胺盐水剂50～65毫升,兑水20～40千克定向茎叶均匀喷雾。

(4)防除甘蔗田阔叶杂草:在甘蔗苗后2～5叶期、大多数杂草出齐时,每667平方米用56% 2甲4氯钠可湿性粉剂90～100克,或60% 2甲4氯二甲胺盐水剂70～90毫升兑水20～40千克定向茎叶喷雾。

(5)防除高粱田阔叶杂草:在高粱苗后3～6叶期,每667平方米用56% 2甲4氯钠粉剂107～143克兑水20～40千克定向茎叶喷雾。

(6)防除高羊茅草坪阔叶杂草:在杂草2～5叶期,每667平方米用40% 2甲4氯钠可湿性粉剂90～110克兑水20～40千克均匀茎叶喷雾。

【注意事项】

(1)棉花、马铃薯、油类、豆类、瓜类、果树、果木等对本品极为敏感,用药时要防止雾滴飘移到上述作物上。大风天或预计1小时内降雨,请勿施药。

(2)对冬小麦、水稻推荐施药时期安全性较好,在3叶期前及拔节开始后不可用药。玉米对2甲4氯钠较敏感,使用时要作定向喷雾,即不要喷在玉米叶或茎上,要贴地面对杂草作茎叶喷雾。

(3)对鱼类等水生生物、蜜蜂、家蚕、鸟类有毒。施药时应避免对周围蜂群的影响,开花植物花期、蚕室和桑园附近、鸟类保护区附近禁用。远离水产养殖区施药,鱼或虾蟹套养稻田禁用,应避免药液流入河塘等水体中,清洗喷药器械时切忌污染水源。

(4)本品与喷雾机接触部分的结合力很强,最好喷雾机专用,否则需彻底清洗干净。

(5)每季最多施用1次。2甲4氯在糙米、小麦、大麦、高粱、甘蔗和玉米上最大残留限量(毫克/千克)分别为0.05、0.1、0.2、0.05、0.05、0.05。

3. 氨氟乐灵

分子式：$C_{13}H_{17}F_3N_4O_4$

【类别】 二硝基苯胺类。

【化学名称】 2,6-二硝基-N',N'-二丙基-4-三氟甲基-间-亚苯基胺。

【理化性质】 黄色结晶体，熔点124 ℃，蒸气压 0.003 3 毫帕(25 ℃)，相对密度1.47。溶解度(克/升,25 ℃)：丙酮205,乙腈45,苯74,氯仿93,乙醇7,己烷20,二甲苯37；水0.03毫克/升(20 ℃)。正辛醇-水分配系数 $K_{ow} \log P$ 为12672±2270，pKa11.5。240 ℃分解，对光稳定性中等。土壤吸收系数9 310~19 540毫克/千克。无腐蚀性。

【毒性】 低毒。小鼠急性经口 LD_{50}>15 000毫克/千克，大鼠急性经口 LD_{50}>5 000毫克/千克，大鼠急性经皮 LD_{50}>2 000毫克/千克，大鼠急性吸入 LC_{50}>256毫克/米³(最大值)。饲养无作用剂量：狗200毫克/千克(2年)，小鼠500毫克/千克(1.5年)，大鼠200毫克/千克(2年)。鹌鹑急性经口 LD_{50}>2 250毫克/千克，野鸭和鹌鹑 LC_{50}(8天)>10 000毫克/千克。

【制剂】 65％水分散粒剂。

【作用机制与防除对象】 为芽前封闭除草剂，通过抑制新萌芽的杂草种子的生长发育来控制敏感杂草。可用于防除草坪上多种禾本科杂草和阔叶杂草，如早熟禾、稗草、马唐、狗尾草、反枝苋、繁缕、龙爪茅、马齿苋等。

【使用方法】

（1）防除冷季型草坪和暖季型草坪杂草：于草坪成坪后杂草萌芽前，每667平方米用65％水分散粒剂80～120克兑水20～40千克土壤均匀喷雾，施药时保持土壤湿润。

（2）防除非耕地一年生杂草：在杂草出土前，每667平方米用65％水分散粒剂80～115克兑水20～40千克土壤均匀喷雾。

【注意事项】

（1）一年中可减量施用多次，但制剂总量冷季型草坪和暖季型草坪均不能超过120克/667米^2。

（2）施用本品后的草坪请勿种植除草坪草以外的任何其他作物，在过渡地区暖季型草坪上交播冷季型草坪草（黑麦草）时，应保证至少在交播前60天停止施用本品。

（3）为避免药害，在新植草坪成坪前请勿使用。请勿在草坪处于干旱、缺肥、虫害等胁迫情况下施用。

（4）勿将本品用于准备播植马蹄金、细弱剪股颖、普通剪股颖的草地。

（5）勿将本品与干肥料或其他颗粒物质混合。

（6）勿使用飞机喷药或灌溉系统施药。

（7）施药后12小时内，不要进入施药区域，严禁进行划破草皮等作业。切勿在施药地区放牧，勿将喷施本品后的草饲喂家畜。

（8）远离水产养殖区施药，施药后的田水不得直接排入水体。

4. 氨氯吡啶酸

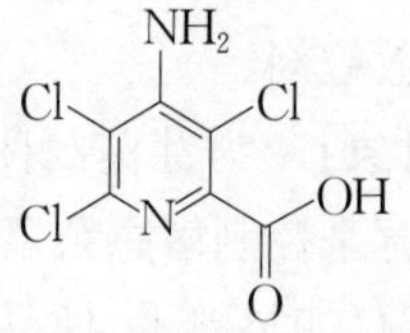

分子式：$C_6H_3Cl_3N_2O_2$

【类别】 芳基羧酸类。

【化学名称】 4-氨基-3,5,6-三氯吡啶-2-羧酸。

【理化性质】 无色粉末,带氯气味,215 ℃分解,蒸气压 0.082 毫帕(35 ℃)。溶解度(25 ℃,克/升):水 0.43,丙酮 19.8,乙醇 10.5,二氯甲烷 0.6,异丙醇 5.5。土壤中 DT_{50} 为 30～330 天。在高温下对低碳钢有轻微的腐蚀作用,对其他金属无腐蚀性。与浓酸或碱不能配伍。

【毒性】 低毒。原药急性经口 LD_{50}:大鼠 8 200 毫克/千克,小鼠 2 000～4 000 毫克/千克,兔约 2 000 毫克/千克,豚鼠 3 000 毫克/千克,羊>100 毫克/千克,牛>100 毫克/千克。兔急性经皮 LD_{50}>4 000 毫克/千克,接触后对皮肤和眼睛无严重伤害。大鼠两年 NOEL 为 150 毫克/(千克・天)。野鸭、野鸡、日本鹌鹑和鹌鹑 LC_{50}(8 天)>5 000 毫克/千克,虹鳟鱼 LC_{50}(96 小时)19.3 毫克/升。水蚤 LC_{50}(48 小时)50.7 毫克/升。对鱼、蜜蜂、鸟低毒。

【制剂】 21%、24%水剂。

【作用机制与防除对象】 本品为内吸、传导型除草剂,主要影响核酸代谢,并且使叶绿体结构及其他细胞器发育畸形,干扰蛋白质合成,作用于分生组织,最后导致植物死亡。主要用于非耕地和林地防除阔叶杂草及灌木等。

【使用方法】

(1) 防除非耕地灌木、紫茎泽兰及阔叶杂草:在杂草苗期至生长旺盛期,每 667 平方米用 24%水剂 300～600 毫升兑水 30～50 千克茎叶均匀喷雾。

(2) 防除森林灌木:在杂草苗期至生长旺盛期、灌木展叶后至生长旺盛期,每 667 平方米用 21%水剂 333～1 000 毫升兑水 30～50 千克茎叶均匀喷雾。

【注意事项】

(1) 对大多数阔叶作物有药害,施用时避免与阔叶作物接触。

豆类、葡萄、蔬菜、棉花、果树、烟草、向日葵、甜菜、花卉、桑树、桉树等对本品敏感,故不宜在靠近这些作物的地方用本品作弥雾处理,尤其在有风的情况下。也不宜在径流严重的地块施药。大风天或预计1小时内有降雨,请勿施药。

(2)用于森林除草时,杨、槐等阔叶树种对本品敏感,不宜施用;落叶松较敏感,幼树阶段不可施用,其他阶段慎用,应尽量避开根区施药,防止药剂随雨水大量渗入土壤而造成药害。

(3)施用本品12个月后才能种植其他阔叶植物。

(4)对蜜蜂、鱼类等水生生物和家蚕有毒,花期、蜜源作物周围禁用,施药期间应密切注意对附近蜂群的影响,蚕室及桑园附近禁用。

(5)远离水产养殖区施药,禁止在河塘等水体中清洗施药器具。用过的容器应妥善处理,不可作他用,也不可随意丢弃。喷药工具使用后要彻底清洗,最好是专用。

5. 氨唑草酮

分子式:$C_{10}H_{19}N_5O_2$

【类别】 三唑啉酮类。

【化学名称】 4-氨基-N-叔丁基-4,5-二氢-3-异丙基-5-氧-1,2,4(1H)-三唑-1-甲酰胺。

【理化性质】 纯品为无色结晶,熔点137.5℃,蒸气压1.3×10^{-6}帕(20℃)、3.0×10^{-6}帕(25℃)。正辛醇-水分配系数

$K_{ow} \log P$：1.18（pH4）、1.23（pH7）、1.23（pH9）。相对密度1.12，水中溶解度（20℃）4.6克/升（pH4～9）。

【毒性】 低毒。雌大鼠急性经口 LD_{50} 1 015 毫克/千克，大鼠急性经皮 LD_{50} ＞2 000 毫克/千克，对兔眼睛和皮肤无刺激性，对豚鼠皮肤无致敏作用。大鼠急性吸入 LC_{50}（4 小时）为 2.242 毫克/升空气。山齿鹑急性经口 LD_{50} ＞2 000 毫克/千克。鱼类 LC_{50}（毫克/升，96 小时）：大翻车鱼＞129，虹鳟鱼＞120。蜜蜂经口 LD_{50} ＞24.8 微克/只，接触 LD_{50} ＞200 微克/只。

【制剂】 70％水分散粒剂，20％、30％可分散油悬浮剂。

【作用机制与防除对象】 本品为新型的三唑啉酮类除草剂、光合作用抑制剂，主要通过根系和叶面吸收，有效防除玉米田中的主要一年生阔叶杂草和一年生禾本科杂草。可于玉米田苗后进行喷雾处理。

【使用方法】

防除玉米田一年生杂草：玉米出苗后 2～4 叶期、杂草 2～4 叶施药，每 667 平方米用 30％可分散油悬浮剂 60～70 毫升或 70％水分散粒剂 20～30 克，兑水 20～40 千克，茎叶均匀喷雾。

【注意事项】

（1）甜玉米田不宜使用。

（2）建议在玉米后茬种植小麦以及空茬的区域使用，对后茬种植阔叶作物的地区，需要试验后方能推广。

（3）田间施用应注意掌握用药适期，严格控制施药剂量。本品为苗后早期除草剂，应尽量较早用药，除草效果更佳。玉米 4 叶期后过晚用药、施药剂量过高，可能造成药害加重。

（4）田间杂草密度高、干旱或杂草叶龄大时，使用推荐剂量的上限。在牛筋草、马唐等禾本科杂草为主的玉米田除草，可能难以取得良好预期防效。

（5）本品对水生生物水藻有毒，应防止其流入河流、湖泊、池塘等水源。赤眼蜂等天敌放飞区禁用。禁止在河塘等水域清洗施药器具,清洗器具的废水不能排入河流、池塘等水源。用过的容器应妥善处理,不可作他用,也不可随意丢弃。

（6）每季作物最多施用1次。本品在玉米和鲜食玉米上最大残留限量均为0.05毫克/千克。

6. 苯磺隆

分子式：$C_{15}H_{17}N_5O_6S$

【类别】 磺酰脲类。

【化学名称】 2-[4-甲氧基-6-甲基-1,3,5-三嗪-2-基(甲基)氨基甲酰基氨基磺酰基]苯甲酸甲酯。

【理化性质】 原药为白色固体粉末,有效成分含量95%,密度1.54克/厘米^3,熔点141℃,蒸气压259.9×10^{-7}帕。溶解度(20℃,毫克/升)：水28(pH4)、50(pH5)、280(pH6),丙酮43.8,乙腈54.2,甲醇3.39,乙酸乙酯17.5。亚氨基呈酸性,pKa5.0。在45℃水解,pH8～10时稳定,但在pH<7或pH>2时迅速分解。土壤中DT$_{50}$为1～7天。

【毒性】 低毒。原药大鼠急性经口LD$_{50}$>5 000毫克/千克,兔急性经皮LD$_{50}$>2 000毫克/千克,大鼠急性吸入LC$_{50}$(4小时)>5.0毫克/升空气。对皮肤无刺激作用,对眼睛有刺激(施药后 1 天恢复),对豚鼠无过敏性。在 20 毫克/(千克·天)剂量下,未发现大鼠致畸;Ames 试验呈阴性。鹌鹑急性经口 LD_{50}>2 250 毫克/千克,鹌鹑和野鸭 LD_{50}>5 620 毫克/千克。虹鳟鱼 LC_{50}(96 小时)>1 000 毫克/升。水蚤 EC_{50}(48 小时)720 毫克/升。蜜蜂 LD_{50}>0.1 毫克/只。蚯蚓 LC_{50}>1 299 毫克/千克土(14 天)。

【制剂】 10%、20%、75%可湿性粉剂,75%、80%水分散粒剂,20%、25%可溶粉剂,75%可分散粒剂,75%干悬浮剂。

【作用机制与防除对象】 本品是选择性内吸传导型芽后除草剂。通过抑制乙酰乳酸合成酶,使缬氨酸、异亮氨酸的生物合成受抑制,阻止细胞分裂,致使杂草死亡。茎叶处理后可被杂草茎叶、根吸收,并在体内传导。禾谷类作物对本品有很好的耐药性,适用于禾本科作物田防除阔叶杂草。在土壤中持效期为 30~45 天,下茬作物不受影响。

【使用方法】

防除小麦阔叶杂草:小麦 2 叶期至拔节期均可施用,以 3~4 叶期、杂草萌芽出土不超过 10 厘米高时喷药最佳,每 667 平方米用 10%可湿性粉剂 10~15 克,或 75%水分散粒剂 1.2~2 克,或 25%可溶粉剂 4~6 克,或 75%可分散粒剂 1.2~2 克,或 75%干悬浮剂 1.2~2 克,兑水 20~40 千克茎叶均匀喷雾。

【注意事项】

(1) 本品活性高、用量少,应称量准确。施药时避免在大风天喷雾,以免药雾飘移到敏感阔叶作物上产生药害。

(2) 勿在间种敏感作物的小麦田施用,后茬套种或轮作大豆、花生等对本品敏感的作物时,应在冬季前施用。

(3) 避免在干燥低温(10 ℃以下)下施药,以免影响药效,宜在天气温暖(10 ℃以上)、土壤水分充足时用药。

(4) 远离水产养殖区施药,禁止在河塘等水体清洗施药器具,清洗器具的废水不能排入河流、池塘、水源等;用过的容器应妥善处理,不可作他用,也不可随意丢弃。

（5）每季最多施用 1 次，小麦田施药后与后茬作物安全间隔期为 90 天。本品在小麦上的最大残留限量为 0.05 毫克/千克。

7. 苯嘧磺草胺

分子式：$C_{17}H_{17}ClF_4N_4O_5S$

【类别】　嘧啶类。

【化学名称】　N'-[2-氯-4-氟-5-(1,2,3,6-四氢 3-甲基-2,6-二氧-4-三氟甲基嘧啶-1-基)苯甲酰基]-N-异丙基-N-甲基磺酰胺。

【理化性质】　白色粉末，熔点 189.9～193.4℃，蒸气压 4.5×10^{-12} 毫帕(20℃)，pH 为 4.426(20℃)，相对密度 1.595(20℃)。水中溶解度(克/100 毫升，20℃)：0.0014(pH4)、0.0025(pH5)、0.21(pH7)。在其他溶剂中的溶解度(克/100 毫升，20℃)：乙腈 19.4、二氯甲烷 24.4、丙酮 27.5、乙酸乙酯 6.55、四氢呋喃 36.2、丁内酯 35.0、甲醇 2.98、异丙醇 0.25、甲苯 0.23、橄榄油 0.01、正辛醇＜0.01、正己烷＜0.005。紫外可见吸收波长 271.8 纳米(pH1.12)、271.4 纳米(pH6.94)、309.4 纳米(pH11.69)。在室温下稳定存在，在金属或金属离子存在的情况下于室温或温度升高时也稳定，在酸性溶液中稳定存在，在碱性条件下 DT_{50} 4～6 天，pKa 4.41。

【毒性】　低毒。大鼠急性经口 LD_{50}＞2 000 毫克/千克，大鼠

急性经皮 $LD_{50}>2\,000$ 毫克/千克,对兔眼和皮肤无刺激,对豚鼠皮肤无致敏性。大鼠吸入 LC_{50}(4 小时)>5.3 毫克/升。大鼠最大无作用剂量(18 个月)4.6 毫克/千克,每日每千克体重允许摄入的量 0.046 毫克。鹌鹑急性经口 LD_{50}(14 天)$>2\,000$ 毫克/千克,鹌鹑饲料 LC_{50}(8 天)$>5\,000$ 毫克/千克,鱼 LC_{50}(96 小时)>98 毫克/升,水蚤 LC_{50}(48 小时)>100 毫克/升,羊角月牙藻 EC_{50} 0.041 毫克/升,摇蚊属昆虫 EC_{50}(28 天)>7.7 毫克/千克干沉积物,蜜蜂急性接触 LD_{50} 100 微克/只,蚯蚓急性 EC_{50}(14 天)$>1\,000$ 毫克/千克土壤。

【制剂】 70%水分散粒剂。

【作用机制与防除对象】 本品为苗后茎叶处理除草剂。通过抑制原卟啉原氧化酶(PPO)而妨碍叶绿素生物合成,杀草谱广,可有效防除绝大多数阔叶杂草,防效快,药后 1~3 天就能见效,且持效期较长。

【使用方法】

(1)防除柑橘园阔叶杂草:苗后茎叶处理。在阔叶杂草的株高或茎长达 10~15 厘米时,每 667 平方米用 70%水分散粒剂 5~7.5 克兑水 20~40 千克,定向茎叶喷雾。

(2)防除非耕地阔叶杂草:在阔叶杂草的株高或茎长达 10~15 厘米时,每 667 平方米用 70%水分散粒剂 5~7.5 克兑水 30~40 千克,茎叶喷雾。

【注意事项】

(1)施药应均匀周到,避免重喷、漏喷或超过推荐剂量用药。

(2)在大风时或大雨前不要施药,避免飘移。

(3)使用过的药械需清洗三遍,在洗涤药械或处置废弃物时不要污染水源。

(4)本品在柑橘上最大残留限量为 0.05 毫克/千克。

8. 苯嗪草酮

分子式：$C_{10}H_{10}N_4O$

【类别】 三嗪酮类。

【化学名称】 4-氨基3-甲基6-苯基-1,2,4-三嗪-5-(4H)酮。

【理化性质】 原药外观为淡黄色至白色晶体状固体。熔点166℃,蒸气压(20℃)86纳帕。溶解度(20℃)：水1.7克/升,环己酮10～50克/千克,二氯甲烷20～50克/升,己烷<100毫克/升,异丙醇5～10克/升,甲苯2～5克/升。在酸性介质中稳定,pH>10时不稳定。

【毒性】 低毒。原药大鼠急性经口LD$_{50}$ 3 830毫克/千克(雄)、>2 610毫克/千克(雌),急性经皮LD$_{50}$>2 000毫克/千克。对大耳白兔皮肤无刺激性,对眼睛轻度至中度刺激性。豚鼠皮肤变态反应(致敏)试验结果为弱致敏物(致敏率为0)。大鼠90天亚慢性喂养试验的NOEL：雄性11.06毫克/(千克·天)、雌性16.98毫克/(千克·天)。Ames试验、小鼠微核试验、小鼠睾丸细胞染色体畸变试验结果均为阴性,未见突变作用。70%水分散粒剂对斑马鱼LC$_{50}$(96小时)>100毫克/升。对鱼、蜜蜂、鸟和家蚕均为低毒、低风险。

【制剂】 70%、75%水分散粒剂,58%悬浮剂。

【作用机制与防除对象】 本品属三嗪酮类选择性芽前除草剂。主要通过植物根部吸收,再输送到叶子内,通过抑制光合作用的希尔反应而起到杀草的作用。主要用于防除甜菜田藜、反枝苋、苦荞麦和蓼等一年生阔叶杂草。

【使用方法】

防除甜菜一年生阔叶杂草：播后苗前土壤喷雾处理，或者在甜菜萌发后，于杂草 1～2 叶期进行喷雾处理。每 667 平方米用 70%水分散粒剂 450～500 克或 58%悬浮剂 580～670 毫升，兑水 20～40 千克均匀喷雾。推荐剂量下对甜菜安全，正常施药持效期可在 60 天以内，一般不存在对后茬作物的影响。

【注意事项】

（1）倍量使用药量时出现一定程度的药害，可影响出苗。在施药后降大雨等不良气候条件下可能会使作物产生轻微药害，作物在 1～2 周内恢复正常生长。

（2）土壤处理时，整地要平整，避免有大土块及植物残渣。施药时应该严格控制施药剂量，喷雾均匀周到，避免重喷、漏喷或超过推荐剂量用药。

（3）对蜜蜂、鱼类等水生生物、家蚕有毒。施药期间应避免对周围蜂群的影响，禁止在开花植物花期、蚕室和桑园附近使用。赤眼蜂等天敌放飞区域禁用。远离水产养殖区、河塘等水域施药。禁止在河塘等水体清洗施药器具。施药后药械应彻底清洗，剩余的药液和洗刷施药用具的水，不要倒入田间、河流。包装容器不可挪作他用或随便丢弃。

（4）每季最多施用 1 次。本品在甜菜上的最大残留限量为 0.1 毫克/千克。

9. 苯噻酰草胺

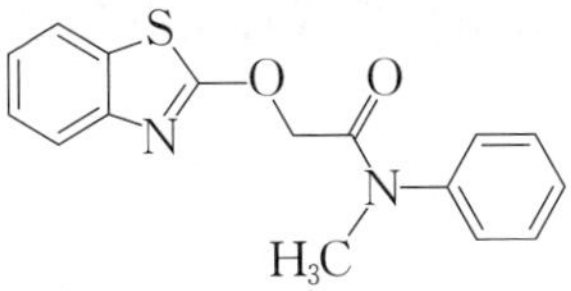

分子式：$C_{16}H_{14}N_2O_2S$

【类别】 酰胺类。

【化学名称】 N-甲基-N-苯基-2-(1,3-苯并噻唑-2-基氧基)-乙酰胺。

【理化性质】 原药外观为白色晶体。纯品为无色无臭固体,熔点134.8℃,蒸气压11毫帕(100℃)。溶解度(20℃,克/升):己烷0.1~1.0,丙酮60,甲苯20~50,二氯甲烷200,异丙醇5~10,乙酸乙酯20~50,二甲基亚砜110~220,乙腈30~60;水4毫克/升。对热、酸、碱、光稳定。

【毒性】 低毒。大、小鼠急性经口 LD_{50} >5 000毫克/千克,大、小鼠急性经皮 LD_{50} >5 000毫克/千克,大鼠急性吸入 LC_{50} (4小时)0.02毫克/升(粉剂)。大鼠两年饲喂试验的NOEL为100毫克/千克饲料。鱼类 LC_{50} (96小时):鲤鱼8.0毫克/升,虹鳟鱼6.8毫克/升。蚯蚓 LC_{50} (28天)>1 000毫克/千克土。

【制剂】 50%、88%可湿性粉剂,30%泡腾颗粒剂。

【作用机制与防除对象】 属乙酰苯胺类除草剂,为细胞生长和分裂抑制剂。主要通过芽鞘和根吸收,传导到幼芽和嫩叶,抑制生长点细胞分裂,致杂草死亡。适用于水稻移栽稻田防除禾本科杂草,对从萌发前到1.5叶期稗草有很好的防效。对一年生杂草瓜皮草、牛毛毡、泽泻、眼子菜等均有较好的防效。在土壤中吸附力强,渗透少,持效期1个月以上。

【使用方法】

防除水稻移栽田一年生杂草:水稻移栽或抛秧后5~7天(稻苗返青后),南方稻区每667平方米用50%可湿性粉剂50~60克,北方稻区每667平方米用50%可湿性粉剂60~80克或30%泡腾颗粒剂120~140克,采用拌肥或拌土的方法均匀撒施,药后保持浅水层5~7天。

【注意事项】

(1) 施药后保持田水3~5厘米5~7天,以不淹没心叶为准。同时开好平水缺,防止暴雨后淹没稻苗心叶,产生药害。

（2）田间有其他阔叶杂草和莎草时,应与苄嘧磺隆等杀阔叶杂草除草剂混用,以扩大杀草谱。

（3）对蜜蜂、鱼类等水生生物、家蚕有毒。施药期间应避免对周围蜂群的影响,禁止在开花植物花期、蚕室和桑园附近施用。赤眼蜂等天敌放飞区域禁用。

（4）远离水产养殖区、河塘等水域施药,鱼、虾、蟹套养稻田禁用。不可将施药后的水排入荸荠田、菇田、鱼塘等水体,以免产生药害。对藻类高毒,应特别注意避免对水系的污染。

（5）在水稻上每季最多施用 1 次。本品在糙米上最大残留限量为 0.05 毫克/千克。

10. 苯唑草酮

分子式: $C_{16}H_{17}N_3O_5S$

【类别】 苯甲酰吡唑酮类。

【化学名称】 ［3-(4,5-二氢-1,2-噁唑-3-基)-4-甲磺酰基-2-甲基苯基](5-羟基-1-甲基吡唑-4-基)甲酮。

【理化性质】 外观:白色粉末固体,熔点 220.9～222.2 ℃,燃点 300 ℃,pH5.6～5.8。水中溶解度(20 ℃)为(510±8.3)毫克/升(pH3.1),有机溶剂中溶解度(克/升,20 ℃):二氯甲烷 25～29、丙酮、乙腈、乙酸乙酯、甲苯、甲醇、2-丙醇、n-庚烷、1-辛醇<10,

蒸气压小于 $1×10^{-12}$ 百帕(20℃)。

【毒性】 低毒。雌、雄大鼠急性经口 LD_{50}>2 000 毫克/千克，大鼠急性经皮 LD_{50}>2 000 毫克/千克，雌、雄大鼠急性吸入 LC_{50}>5 400 毫克/米^3。亚慢(急)性毒性经口大鼠(雄、雌)无作用剂量[毫克/(千克·天)]1.1/2.1(90 天)，经皮大鼠(雄、雌)无作用剂量[毫克/(千克·天)]100/300(28 天)，慢性毒性饲喂大鼠(雄/雌)NOEL[毫克/(千克·2 年)]0.4/0.6，致突变性试验均为阴性。对眼睛和皮肤轻度刺激。对豚鼠皮肤无致敏性。鹌鹑 LD_{50}>2 000 毫克/千克，马来鸭饲喂 5 天 LC_{50}>5 000 毫克/千克，虹鳟鱼 LC_{50}(96 小时)>100 毫克/升。水蚤类急性 EC_{50}(48 小时)>100 毫克/升，绿藻 EC_{50}(96 小时)17.2 毫克/升。蜜蜂急性经口 LD_{50}(48 小时)>72.05 微克/只。家蚕(2 龄)LC_{50} 5 000 毫克/千克桑叶。蚯蚓 LC_{50}(14 天)>1 000 毫克/千克。

【制剂】 30%悬浮剂，4%可分散油悬浮剂。

【作用机制与防除对象】 具有内吸传导作用，苗后茎叶处理，通过根和幼苗、叶的吸收，在植物体内向顶、向基传导到分生组织，抑制对羟基苯基丙酮酸酯双氧化酶(4 - HPPD)，间接地抑制类胡萝卜素的生物合成，干扰叶绿体的合成和功能，由于叶绿素的氧化降解，导致发芽的敏感杂草白化，失绿的组织坏死。杀草谱广，主要防除玉米田一年生禾本科杂草和阔叶杂草。对各种品种的玉米(大田玉米、甜玉米、爆花玉米)显示较好的安全性，正常使用情况下，对作物安全。

【使用方法】

防除玉米田一年生杂草：玉米苗后 2～4 叶期、一年生杂草 2～4 叶期，每 667 平方米用 30%悬浮剂 5～6 毫升或 4%可分散油悬浮剂 50～60 毫升，兑水 20～40 千克均匀喷雾。

【注意事项】

(1) 间套或混种有其他作物的玉米田，不能施用。后茬种植苜蓿、棉花、花生、马铃薯、高粱、大豆、向日葵、菜豆、豌豆、甜菜、油菜等作物的,需先进行小面积试验,然后种植。

(2) 施药应均匀周到,避免重喷、漏喷或超过推荐剂量用药。施药时避免药液飘移到邻近作物上。在大风时或大雨前不要施药,避免飘移。

(3) 不能和有机磷杀虫剂等其他农药混用。施用本品前后 7 天内不能使用有机磷类农药。

(4) 对赤眼蜂有毒,赤眼蜂等天敌放飞区域严禁使用。远离水产养殖区施药,禁止在河塘等水体中清洗施药器具,清洗施药器具的废水不可倒入河流、池塘等水体。用过的容器应妥善处理,不可作他用,也不可随意丢弃。

(5) 每季最多施用 1 次。本品在玉米和鲜食玉米上的最大残留限量均为 0.05 毫克/千克。

11. 吡草醚

$$\text{分子式:} C_{15}H_{13}Cl_{12}F_3N_2O_4$$

【类别】 吡唑类。

【化学名称】 2-氯-5-(4-氯-5-二氟甲氧基-1-甲基吡唑-3-基)-4-氟苯氧乙酸乙酯。

【理化性质】 原药为棕色固体,纯度>96%。纯品为奶油色粉状固体,熔点 126～127 ℃,相对密度 1.565,蒸气压 $1.6×10^{-8}$ 帕(25 ℃)。正辛醇-水分配系数 $K_{ow} \log P$ 3.49。亨利常数 8.1×

10^{-5} 帕·米^3/摩。水中溶解度为 0.082 毫克/升(20 ℃),其他溶剂中溶解度(20 ℃,克/升):二甲苯 41.7～43、丙酮 167～182、甲醇 7.39、乙酸乙酯 105～111。pH4 水溶液中稳定,pH7 时 DT_{50} 为 13 天,pH9 时快速分解。光解稳定性 DT_{50} 为 30 小时。

【毒性】 低毒。大鼠急性经口 LD_{50}＞5 000 毫克/千克,大鼠急性经皮 LD_{50}＞2 000 毫克/千克,大鼠急性吸入 LC_{50}(4 小时)5.03 毫克/升空气。对兔皮肤无刺激性,对兔眼睛有轻微刺激作用。NOEL:大鼠(2 年)2 000 毫克/千克饲料、小鼠(1.5 年)2 000 毫克/千克饲料、狗(1 年)1 000 毫克/千克饲料。Ames 试验呈阴性,无致突变性。山齿鹑急性经口 LD_{50}＞2 000 毫克/千克,山齿鹑和野鸭饲喂 LC_{50}＞5 000 毫克/千克。鱼 LC_{50}(96 小时)＞100 毫克/升,水蚤 LC_{50}(48 小时)＞100 毫克/升。蜜蜂经口 LD_{50}＞231.5 毫克/只,接触 LD_{50}＞200 毫克/只。蚯蚓 LC_{50}＞1 000 毫克/千克土壤。

【制剂】 2%悬浮剂,2%微乳剂。

【作用机制与防除对象】 本品为触杀性苗后除草剂,其作用机制是抑制植物体内的原卟啉原氧化酶,可以有效促使成熟期的棉花脱叶。还可用作防除小麦田阔叶杂草的触杀性除草剂,对猪殃殃、播娘蒿、荠菜等难除杂草的除草效果明显,具有速效性。

【使用方法】

(1) 棉花脱叶:用于棉花成熟期脱叶,应掌握在棉铃吐絮率40%～50%,每 667 平方米用 2%微乳剂 15～20 毫升兑水 30～50千克均匀喷雾于棉花叶片上。

(2) 防除小麦田一年生阔叶杂草:在冬前或春后小麦田杂草2～4 叶期,每 667 平方米用 2%悬浮剂 30～40 毫升兑水 40～50千克均匀喷雾。

【注意事项】

(1) 施药时,避免药液飘移到邻近的敏感作物田。大风天或预计 1 小时内降雨,请勿喷药。

（2）在小麦拔节开始后要避免施用。

（3）施用本品后小麦会出现轻微的白色小斑点，但一般对小麦的生长发育及产量无影响。对后茬作物棉花、大豆、瓜类、玉米等安全性较好。

（4）勿与尚未确认效果及药害问题的药剂（特别是乳油剂型、展着剂以及叶面肥）进行混用。勿与有机磷系列药剂（乳油）以及2,4-滴或2甲4氯（乳油）进行混用。

（5）对鸟、蜜蜂、家蚕、鱼等水生生物有毒，对赤眼蜂有高风险性。清洗喷药器械或弃置废料时，切忌污染水源，清洗容器及喷雾器的废水不可流入鱼塘、河道、水产养殖区、河塘等水体附近禁用。桑园及蚕室附近禁用。蜜源作物花期禁用，赤眼蜂等天敌放飞区禁用。空容器不可挪作他用，也不可随意丢弃。

（6）小麦田安全间隔期为收获前50天，每季最多施用1次。棉花田安全间隔期为21天，每季最多施用1次。在小麦、棉籽上最大残留限量分别为0.03毫克/千克、0.1毫克/千克。

12. 吡氟酰草胺

分子式：$C_{16}H_{11}F_5N_2O_2$

【类别】 酰胺类。

【化学名称】 N-（2,4-二氟苯基）-2-（3-三氟甲基苯氧基）-3-吡啶酰苯胺。

【理化性质】 纯品为无色晶体,熔点 159～161 ℃,蒸气压 4.25×10^{-3}(毫帕)。水中溶解度(25 ℃)<0.05 毫克/升。其他溶剂中溶解度(20 ℃,克/升):丙酮 100,N,N-二甲基甲酰胺 100,苯乙酮 50,环己酮 50,环己烷、2-乙氧基乙醇、煤油<10,3,5,5-三甲基环己-2-烯酮 35,二甲苯 20。pH5、pH7、pH9(20 ℃)的水溶液中稳定,对光稳定,土中 DT$_{50}$>1 年。

【毒性】 微毒。大鼠急性经口 LD$_{50}$>2 000 毫克/千克,小鼠急性经口 LD$_{50}$>1 000 毫克/千克。兔急性经口 LD$_{50}$>5 000 毫克/千克。大鼠急性经皮 LD$_{50}$>2 000 毫克/千克。对兔皮肤、眼睛无刺激性。大鼠急性吸入 LC$_{50}$(4 小时)>2.34 毫克/升空气。在 14 天的亚急性试验中,在 1 600 毫克/千克饲料的高剂量下,对大鼠无不良影响。狗 90 天喂养试验 NOEL 为 1 000 毫克/(千克·天),大鼠 90 天喂养试验 NOEL 为 500 毫克/升。Ames 试验表明无诱变性。鹌鹑急性经口 LD$_{50}$>2 150 毫克/千克,野鸭急性经口 LD$_{50}$>4 000 毫克/千克。鱼类 LC$_{50}$(96 小时):虹鳟鱼 56～100 毫克/升,鲤鱼 105 毫克/升。对蜜蜂和蚯蚓几乎无毒。

【制剂】 50%可湿性粉剂,50%水分散粒剂,30%、41%悬浮剂。

【作用机制与防除对象】 在杂草发芽前后施用,可在土表形成抗淋溶的药土层,在作物整个生长期保持活性。当杂草萌发时,通过药土层幼芽或根系均能吸收药剂,本品具有抑制类胡萝卜素生物合成作用,吸收药剂的杂草植株中类胡萝卜素含量下降,导致叶绿素被破坏、细胞膜破裂,杂草则表现为幼芽脱色或白色,最后整株萎蔫死亡。死亡速度与光的强度有关,光强则快,光弱则慢。可用于防除小麦田一年生禾本科杂草及阔叶杂草。

【使用方法】

防除小麦田一年生杂草:于小麦返青后至拔节期、杂草 2～4 叶期,每 667 平方米用 50%可湿性粉剂 25～35 克,或 50%水分散粒剂 14～16 克,或 30%悬浮剂 25～30 毫升,兑水 20～40 千克均匀喷雾。

【注意事项】

（1）施药应选择晴天进行,光照强、气温高,有利药效发挥,加速杂草死亡。大风天或预计6小时内降雨,请勿施药。

（2）本品对未萌发的杂草具有土壤封闭处理作用,喷雾时应用足水量,保持土壤润湿。若播后苗前使用,需精细平整土地,播后严密盖种,然后施药,药后不能翻动表土层。

（3）为了增加杀草谱,可与异丙隆等除草剂混用。

（4）本品对甘蓝型油菜、黄瓜、水稻秧苗、番茄等作物敏感,喷药时禁止药液飘移到此作物上。

（5）对鸟类、鱼类、水蚤、藻类、蜜蜂、家蚕、蚯蚓低毒,对赤眼蜂有低风险性,施药时应避免对周围蜂群的影响,开花作物花期、蚕室和桑园、鸟类保护区附近、赤眼蜂等天敌放飞区域慎用。远离水产养殖区,河塘等水体施药。用过的容器应妥善处理,不可挪作他用,也不可随意丢弃。清洗器具的废水不能排入池塘、河流、水源。

（6）每季最多施用1次。本品在小麦上的最大残留限量为0.05毫克/千克。

13. 吡嘧磺隆

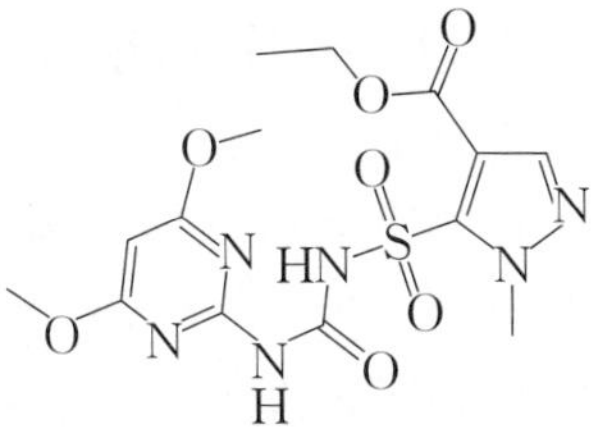

分子式：$C_{14}H_{18}N_6O_7S$

【类别】 磺酰脲类。

【化学名称】 3-(4,6-二甲氧基嘧啶-2-基)-1-(1-甲基-4-乙氧基甲酰基吡唑-5-基磺酰脲)。

【理化性质】 原药为无色结晶体,熔点181～182℃,密度1.44克/厘米^3(20℃),蒸气压0.014 7毫帕(20℃)。溶解度(20℃,克/升):丙酮31.7,氯仿234,己烷0.2,甲醇0.7,水14.5毫克/升。50℃下可保存6个月,对光稳定。在酸、碱下不稳定,在pH7时稳定。

【毒性】 低毒。大、小鼠急性经口 LD_{50} >5 000毫克/千克,大鼠急性经皮 LD_{50} 2 079～2 349毫克/千克(雄),2 205毫克/千克(雌),小鼠急性经皮 LD_{50} 1 279毫克/千克(雄),1 052毫克/千克(雌)。对兔皮肤和眼睛无刺激作用,对豚鼠无皮肤过敏性。大鼠急性吸入 LC_{50} >3.9毫克/升空气。在试验剂量内,对动物无致畸、致突变、致癌作用。鹌鹑急性经口 LD_{50} >2 250毫克/千克。鱼类 LC_{50}:鲤鱼>30毫克/升(48小时),虹鳟鱼>180毫克/升(96小时)。水蚤 EC_{50}(48小时)700毫克/升。蜜蜂 LD_{50} 0.1毫克/只(接触)。对鱼、鸟和蜜蜂无毒害。

【制剂】 7.5%、10%、20%可湿性粉剂,5%、15%、20%、30%可分散油悬浮剂,20%、75%水分散粒剂,2.5%、10%泡腾片剂,15%泡腾颗粒剂,0.6%颗粒剂。

【作用机制与防除对象】 本品为选择性内吸传导型土壤除草剂,通过抑制乙酰乳酸合成酶而致效。主要通过杂草的幼芽、根及茎叶吸收,并迅速在植物体内传导,阻碍氨基酸的合成,抑制植物茎、叶的生长和根的伸展,最后完全枯死。在水稻体内能迅速降解为无活性的化合物。能有效防除矮慈姑、水苋菜、陌上菜、节节菜、鸭舌草、眼子菜、异型莎草、碎米莎草、日照飘拂草、牛毛毡等多种一年生阔叶杂草和莎草科杂草。对水莎草、扁秆藨草、萤蔺等多年生莎草科杂草也有良好防效。对稗草有较好的抑制作用。

【使用方法】

(1) 防除直播稻田、秧田杂草：在稻苗 1～2 叶期,每 667 平方米用 10％可湿性粉剂 10～20 克或 20％水分散粒剂 7.5～10 克,兑水 20～40 千克均匀喷雾,也可拌化肥均匀撒施。

(2) 防除水稻移栽田、抛秧田杂草：在移栽、抛秧后 5～10 天,每 667 平方米用 10％可湿性粉剂 10～20 克或 30％可分散油悬浮剂 4～6 毫升,拌细泥或化肥均匀撒施全田。或每 667 平方米用 10％泡腾片剂 15～20 克直接抛施,或用 15％泡腾颗粒剂 10～20 克或 0.6％颗粒剂 400～500 克撒施,施药时保持 3～5 厘米水层,施药后保水 5～7 天,以后正常管理。防除多年生莎草科杂草和阔叶杂草每 667 平方米用 10％可湿性粉剂 15～20 克,以保证药效。为了减少用量,降低成本,可与 2 甲 4 氯混用,即在杂草 5 叶期前排干水层,每 667 平方米用 10％可湿性粉剂 10 克与 13％ 2 甲 4 氯钠水剂 250 毫升混用,兑水 20～40 千克均匀喷雾杂草茎叶,施药后隔天灌水。

【注意事项】

(1) 本品是稻田防除莎草科杂草和阔叶杂草的专用除草剂,应选择以莎草科杂草和阔叶杂草为主的田块施用。

(2) 对萌芽期至 2 叶期内杂草防效最好,超过 3 叶期除草效果下降。因此,施药时间宜早不宜迟。

(3) 本品对 1.5 叶前稗草有抑制作用,稗草大于 2 叶期可与除稗剂混用,以扩大杀草谱。

(4) 阔叶作物对本品敏感,故施药及排水时应注意对邻近阔叶作物的影响。

(5) 本品对水稻安全,但是不同水稻品种对本品的耐药性有较大差异,早籼稻品种安全性好,晚稻品种(粳、糯稻)相对敏感,应尽量避免在晚稻芽期前施用,以免产生药害。

(6) 远离水产养殖区、河塘等水体施药,禁止在河塘等水体中清洗施药器具；鱼或虾蟹套养稻田禁用,施药后的田水不得直接排入水体或用于浇灌阔叶作物,以免发生药害。用过的容器应妥善处理,不可作他用,也不可随意丢弃。

(7) 本品与后茬作物安全间隔期为 80 天。每季最多施用 1 次。

(8) 本品在水稻(糙米)上的最大残留限量为 0.1 毫克/千克。

14. 吡唑草胺

分子式: $C_{10}H_2ClNO$

【类别】 酰胺类。

【化学名称】 N-(2,6-二甲基苯基)-N-(吡唑-1-甲基)-氯乙酰胺。

【理化性质】 原药外观为白色粉末状固体,无刺激性异味。熔点 78.4~80.4 ℃,密度 1.142 克/毫升,燃点 206 ℃,蒸气压(20 ℃)0.093 毫帕。溶解度(20 ℃,克/升)水 0.45,丙酮 1 000,氯仿 1 000,乙醇 200。

【毒性】 低毒。大鼠急性经口 LD_{50} 3 690 毫克/千克(雌、雄),大鼠急性经皮 LD_{50}>2 000 毫克/千克(雌、雄),大鼠急性吸入 LD_{50}>5 000 毫克/千克(雌、雄)。对家兔皮肤无刺激性,对家兔眼睛有轻微刺激性;对豚鼠皮肤弱致敏性。对大鼠无繁殖毒性和致畸性,无致癌作用。原药对藻、蚤、蜜蜂、家蚕、鸟类、蚯蚓、天敌赤眼蜂和土壤微生物低毒,对赤眼蜂为低风险性,对微生物低毒。本品在江西红壤土中中等降解,在太湖水稻土和东北黑土水沉积物系统中易降解,水中易降解,土壤中难降解,在土壤中具有中等至易移动性,不具生物富集性。

【制剂】　500 克/升悬浮剂。

【作用机制与防除对象】　本品为选择性除草剂,由下胚轴和根部吸收,抑制杂草种子发芽。能有效防除油菜田一年生禾本科杂草和部分阔叶杂草。

【使用方法】

防除冬油菜田一年生杂草:在油菜移栽前 1～3 天,每 667 平方米用 500 克/升悬浮剂 80～100 毫升兑水 30～40 千克均匀土壤喷雾。

【注意事项】

(1) 施药时严格控制剂量,不要在暴雨前施药。

(2) 对鱼中等毒,应注意对周边鱼塘等水域的防护,施药后的田水不可直接排入池塘等水体,禁止在河塘等水体中清洗施药器具。

(3) 本品在油菜籽上最大残留限量为 0.5 毫克/千克。

15. 苄嘧磺隆

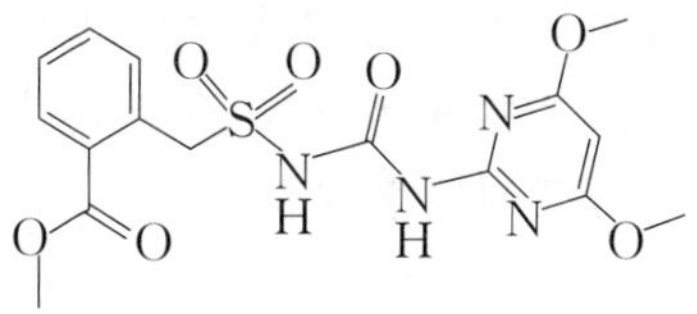

分子式: $C_{16}H_{18}N_4O_7S$

【类别】　磺酰脲类。

【化学名称】　3-(4,6-二甲氧基嘧啶-2-基)-1-(2-甲氧基甲酰基苄基)磺酰脲。

【理化性质】 纯品为白色固体,熔点 $185\sim188\ ℃$,蒸气压 1.73×10^{-3} 帕$(20\ ℃)$,相对密度 1.41。溶解度$(20\ ℃,克/升)$:二氯甲烷 11.7,乙腈 5.38,乙酸乙酯 1.66,丙酮 1.38,己烷 0.000 31,二甲苯 0.28;水$(25\ ℃)2.9$ 毫克/升$(pH5)$、120 毫克/升$(pH7)$。在土壤中 DT_{50} 因土壤类型不同而异,为 $4\sim21$ 周,水中 DT_{50} 因 pH 不同而异,为 $15\sim40$ 天。

【毒性】 低毒。大鼠急性经口 $LD_{50}>5\,000$ 毫克/千克,兔急性经皮 $LD_{50}>2\,000$ 毫克/千克,大鼠急性吸入 $LC_{50}>7.5$ 毫克/升空气。对豚鼠皮肤无刺激作用和过敏性,对兔眼睛无刺激作用。大鼠两年饲喂试验的 NOEL 为 750 毫克/千克饲料,繁殖(二代) NOEL 为 7\,500 毫克/千克饲料。在试验条件下,对动物未发现致畸、致突变、致癌作用。野鸭急性经口 $LD_{50}>2510$ 毫克/千克。虹鳟鱼和蓝鳃鱼 LC_{50}(96 小时)>150 毫克/升。水蚤 LC_{50}(48 小时)>100 毫克/升。蜜蜂 $LD_{50}>12.5$ 微克/只。

【制剂】 10%、30%、32%、60%可湿性粉剂,30%、60%水分散粒剂,1.1%水面扩散剂,0.5%、5%颗粒剂。

【作用机制与防除对象】 本品是选择性内吸传导型除草剂。有效成分可在水中迅速扩散,被杂草根部和叶片吸收转移到杂草各部,阻碍氨基酸、赖氨酸、异亮氨酸的生物合成,阻止细胞的分裂和生长。敏感杂草生长机能受限,幼嫩组织过早发黄抑制叶部生长、阻碍根部生长而坏死。有效成分进入水稻体内迅速代谢为无害的惰性化学物,对水稻安全。能有效防除一年生及多年生的阔叶杂草和莎草,高剂量下对稗草也有一定抑制作用,但对千金子基本无效。适用于水稻秧田、直播稻田、抛秧稻田和移栽稻田等。

【使用方法】

(1)防除水稻秧田、直播田杂草:在大田整平落谷后至田间杂草 2 叶期以前均可施药,用药量根据田间杂草种类而异,一般防除一年生阔叶杂草和莎草,每 667 平方米用 10%可湿性粉剂 15～30

克或 60%水分散粒剂 2.5～5 克,兑水 20～40 千克均匀喷雾或混细潮土均匀撒施,施药时田间有 3～5 厘米水层,施药后保水 5～7 天,以后正常管理。

(2)防除水稻移栽田、抛秧田杂草:水稻移栽、抛秧后 5～7 天施药,一般用于防除一年生阔叶杂草和莎草,每 667 平方米用 10%可湿性粉剂 10～30 克或 60%水分散粒剂 3～6 克,混细潮土均匀撒施;或每 667 平方米用 0.5%颗粒剂 400～600 克均匀撒施,施药时田间有 4～5 厘米水层,施药后保水 5～7 天,以后正常水浆管理。南方地区移栽稻田,每 667 平方米可用 1.1%水面扩散剂 120～200 克直接均匀滴于稻田,不用拌土撒施,不用兑水喷雾,在水稻移栽后 7～10 天内使用,施药时要求田间平整,水层 3～5 厘米,药后田间保水 5～7 天,水不足时可缓慢续灌,防止排水、放水影响药效。

(3)防除小麦田一年生阔叶杂草:在冬前杂草苗期或春季小麦返青拔节前,每 667 平方米用 10%可湿性粉剂 30～40 克或 60%水分散粒剂 5～8 克,兑水 20～40 千克均匀喷雾。

【注意事项】

(1)本品活性高,用药量低,必须称量准确。

(2)用于小麦上,每季最多施用 1 次,安全间隔期不少于 80 天;用于水稻上,每季最多施用 1 次,安全间隔期不少于 80 天。

(3)对阔叶作物敏感,施药时请勿与阔叶作物接触。大风天或预计 6 小时内降雨时请勿施药。

(4)远离水产养殖区施药,禁止在河塘等水体中清洗施药器具。养鱼稻田或虾蟹套养稻田禁用,施药后的田水不得直接排入水体。用过的容器应妥善处理,不可作他用,也不可随意丢弃。

(5)本品对杂草萌芽期至 2 叶期以内效果最好,草龄超过 3 叶期会影响除草效果。

(6)施用时要选择阔叶杂草和莎草为主、稗草等禾本科杂草较少的田块,为扩大杀草谱、提高防效、降低成本,可与防除禾本科杂草的除草剂如丁草胺、禾草丹、禾草敌、二氯喹啉酸等混用。

(7) 在水稻(糙米)和小麦上最大残留限量分别为 0.05 毫克/千克、0.02 毫克/千克。

16. 丙草胺

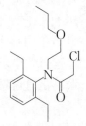

分子式:$C_{17}H_{26}ClNO_2$

【类别】 酰胺类。

【化学名称】 N-(2,6-二乙基苯基)-N-(丙氧基乙基)氯乙酰胺。

【理化性质】 纯品为无色液体。熔点低于 20 ℃,相对密度 1.076,沸点 135 ℃(0.133 帕),蒸气压 0.133 毫帕(20 ℃)。水中溶解度(20 ℃)50 毫克/升,极易溶于苯、二氯甲烷、己烷、甲醇等大多数有机溶剂。20 ℃时水解。DT_{50}(计算值)>200 天(pH1~9),14 天(pH13);土壤中 DT_{50} 为 20~50 天。

【毒性】 低毒。大鼠急性经口 LD_{50} 6 099 毫克(原药)/千克,大鼠急性经皮 LD_{50}>3 100 毫克/千克。对兔皮肤有一定的刺激作用,但对眼睛仅有轻微的刺激作用。大鼠急性吸入 LC_{50}(4 小时)>2.8 毫克/升空气。试验条件下,对动物未见致畸、致突变、致癌作用。狗半年饲喂试验的 NOEL 为 300 毫克/千克饲料[约

7.5毫克/(千克·天)]。日本鹌鹑急性经口 LD_{50} ＞10 000 毫克/千克。对鱼有毒，LC_{50}（96 小时）：虹鳟鱼 0.9 毫克/升，鲫鱼 2.3 毫克/升，鲇鱼 2.7 毫克/升。对鸟微毒，对蜜蜂有毒。

【制剂】 30％、50％、52％、300 克/升、500 克/升乳油、50％、55％、85％水乳剂，40％可湿性粉剂，85％微乳剂，60％可分散油悬浮剂，30％细粒剂，5％颗粒剂。

【作用机制与防除对象】 本品是选择性内吸传导型土壤处理剂。除草活性部分通过杂草下胚轴、中胚轴和胚芽鞘吸收，直接干扰杂草体内蛋白质合成，抑制细胞生长，间接影响光合作用和呼吸作用。受害杂草幼苗初生叶不能出土或从胚芽鞘侧面伸出，出土后叶面扭曲、叶色变深绿，生长停止，不久即死亡。水稻具有将除草剂活性部分分解为失活的代谢产物的能力，但正在发芽的水稻幼苗对这种分解非常缓慢，因此对幼苗有伤害。在本品中加入安全剂 CGA123407 以后，通过幼根吸收，能促进植物体酶的活动，加速除草活性部分的分解，从而保护水稻幼苗不受伤害。本品在田间持效期为 30～40 天。能有效防除水田中的稗草、千金子、牛毛毡、异型莎草等大多数一年生禾本科、莎草科杂草及部分双子叶杂草，适用于催芽后播种的湿播秧田、湿直播水稻、小苗移栽稻及抛秧稻。

【使用方法】

（1）防除水稻直播田、秧田杂草：播种（催芽）后2～4 天，待幼根下扎后，每 667 平方米用 30％乳油 100～150 毫升，或 60％可分散油悬浮剂 50～60 毫升，或 40％可湿性粉剂 56～75 毫升，兑水 20～40 千克均匀喷雾土表。施药前土壤必须湿润、水分饱和，施药后 3 天内田间保持湿润状态。

（2）防除水稻移栽田、抛秧田杂草：移栽、抛栽后 3～5 天，每 667 平方米用 30％乳油 100～150 毫升，或 50％水乳剂 60～80 毫升，或 85％微乳剂 30～40 毫升，或 30％细粒剂 100～120 克，拌细沙土或化肥均匀撒施；或用 5％颗粒剂 600～700 克均匀撒施。施药时田间有 3～5 厘米水层,施药后保水层 3～4 天,以后正常管理。

【注意事项】

(1) 谷种必须先经催芽,切忌用于稻种未催芽的田块。

(2) 施药时避免药液飘移到附近作物上。大风天或预计 1 小时内有降雨,请勿使用。施药后如遇暴雨,及时开好平田缺,以防田间积水。

(3) 水产养殖区、河塘等水体附近禁用,鱼或虾、蟹套养稻田禁用。禁止在河塘等水体中清洗施药器具,施药后的田水不得直接排入水体。

(4) 为扩大杀草谱、提高防效、降低成本,可与苄嘧磺隆、吡嘧磺隆等混用。

(5) 每季最多施用 1 次。

(6) 本品在水稻(大米)上最大残留限量为 0.1 毫克/千克。

17. 丙嗪嘧磺隆

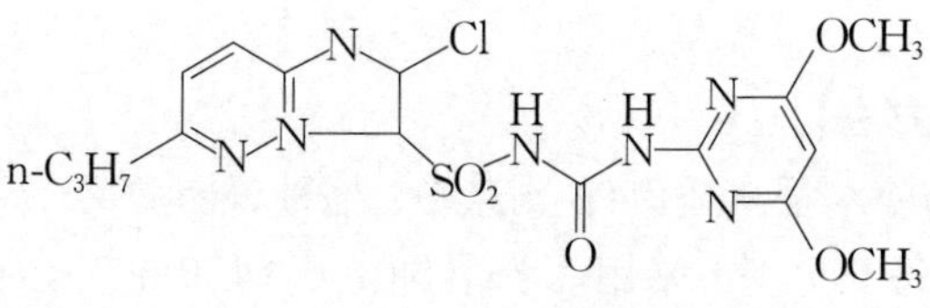

分子式:$C_{16}H_{19}ClN_7O_5S$

【类别】 磺酰脲类。

【化学名称】 1-(2-氯-6-丙基咪唑[1,2-b]并哒嗪-3-基磺酰基)-3-(4,6-二甲氧嘧啶-2-基)脲。

【理化性质】 纯品为白色固体,熔点＞193.5 ℃(分解),沸点218.9 ℃(分解),密度 1.775(20 ℃)。水中溶解度为 0.98 毫克/升

（20℃）。弱碱性时水溶性增加。正辛醇-水分配系数 $K_{ow} \log P$ 为 2.9；pKa（20℃）为 4.89。

【毒性】 低毒。大鼠急性经口 LD_{50}＞2 000 毫克/千克，大鼠皮肤急性经皮 LD_{50}＞2 000 毫克/千克，大鼠吸入 LC_{50}＞4 300 毫克/千克。对兔眼睛极轻微刺激，对兔皮肤无刺激，对豚鼠皮肤无致敏性。Ames 试验为阴性，确认其无致癌、致畸、致突变和繁殖及遗传毒性。鹌鹑急性经口 LD_{50}＞2 250 毫克/千克。鲤鱼 LC_{50}（96 小时）＞10 毫克/升，水蚤 EC_{50}（48 小时）＞10 毫克/升，藻类 E_rC_{50}（0～72 小时）＞0.011 毫克/升。蜜蜂 LD_{50}（接触）＞100 微克/只。

【制剂】 9.5%悬浮剂。

【作用机制与防除对象】 具有稠合杂环结构的磺酰脲类除草剂，属于乙酰乳酸合成酶（ALS）抑制剂，杀草谱广，用于防除水稻田稗、异型莎草、碎米莎草、水莎草、陌上菜、鸭舌草、鳢肠、节节菜等一年生杂草。

【使用方法】

防除水稻移栽、直播田一年生杂草：在稗草 2～3 叶期时用药，每 667 平方米用 9.5%悬浮剂 35～55 毫升兑水 20～40 千克均匀喷雾。施药前不需要排水，如田间水少，施药后 24 小时内需补水，用药后需保持 3～5 厘米水层至少 4 天。

【注意事项】

（1）不可与强酸、强碱或强氧化剂混用。

（2）远离水产养殖区施药，禁止在河塘等水域中清洗施药器具。鱼或虾蟹套养稻田禁用，施药后的田水不得直接排入水中。用过的容器要妥善处理，不可作他用，也不可随意丢弃。

（3）每季最多施药 1 次。本品在稻谷或糙米上的最大残留限量为 0.05 毫克/千克。

18. 丙炔噁草酮

$$分子式：C_{15}H_{14}Cl_{12}N_2O_3$$

【类别】 噁二唑酮类。

【化学名称】 5-特丁基-3-[2,4-二氯-5-(丙炔氧基)苯基]-1,3,4-噁二唑-2-(3H)酮。

【理化性质】 纯品为白色或米色粉状固体，熔点131℃，相对密度1.484(20℃)，蒸气压2.5×10^{-6}帕(25℃)。分配系数 $K_{ow} \log P$ 为3.95。水中溶解度(20℃)0.37毫克/升，其他溶剂中溶解度(20℃，克/升)：丙酮250，乙腈94.6，二氯甲烷＞500，乙酸乙酯121.6，甲醇14.7，己烷0.9，甲苯77.6。对光稳定，加热贮存(54℃)，15天稳定。在pH4、pH5、pH7时稳定，DT$_{50}$为7.3天。

【毒性】 低毒。大鼠急性经口LD$_{50}$＞2 000毫克/千克，急性经皮LD$_{50}$＞5 000毫克/千克。对兔皮肤和眼睛有轻微刺激性。无致突变性、无致畸性。大鼠急性吸入LC$_{50}$(4小时)＞5.16毫克/升。鹌鹑急性经口LD$_{50}$＞2 000毫克/千克，野鸭和鹌鹑饲喂LC$_{50}$(8天)＞5 200毫克/升。对鱼和水蚤无毒。蜜蜂LD$_{50}$(经口和接触)＞200微克/只。在1 000毫克/千克下对蚯蚓无毒。

【制剂】 8％、80％水分散粒剂，80％可湿性粉剂，10％、25％、38％可分散油悬浮剂，8％、12％水乳剂，10％乳油，15％悬浮剂。

【作用机制与防除对象】 原卟啉原氧化酶抑制剂,主要用于水稻移栽田土壤处理的选择性触杀型苗期除草剂,在杂草出苗前后通过稗草等敏感杂草的幼芽或幼苗接触吸收而起作用。本品与噁草酮相似,施于稻田水中经过沉降,逐渐被表层土壤胶粒吸附形成一个稳定的药膜封闭层,当其后萌发的杂草幼芽经过此药膜层时,以接触吸收和有限传导,在有光的条件下,使接触部位的细胞膜破裂和叶绿素分解,并使生长旺盛部位的分生组织遭到破坏,最终导致受害的杂草幼芽枯萎死亡。也可用于马铃薯、向日葵、蔬菜、甜菜、果树等防除阔叶杂草及莎草等。

【使用方法】

(1) 防除移栽水稻田一年生杂草:每 667 平方米用 80％水分散粒剂 6～8 克,或 8％水乳剂 50～70 毫升,于水稻移栽前 3～7 天,稻田灌水整平后呈泥水或清水状时,采用毒土法均匀撒施到 3～5 厘米水层的稻田中。或每 667 平方米用 25％可分散油悬浮剂 20～25 毫升,或 15％悬浮剂 35～40 毫升,药剂量经两次稀释后倒入喷雾器中,加水 10 千克,去掉喷雾器喷头甩施。或每 667 平方米用 10％乳油 50～60 毫升,于稻田灌水整平后呈泥水或清水状时兑水喷雾。施药后 2 天内不排水,插秧后保持 3～5 厘米水层 5～7 天,避免淹没稻苗心叶。

(2) 防除马铃薯田一年生杂草:在播后苗前、杂草出苗之前,每 667 平方米用 80％可湿性粉剂 15～18 克兑水 20～40 千克,进行土壤封闭喷雾处理。施用前后要求田间土壤湿润,否则应灌水增墒后施用。

【注意事项】

(1) 本品对水稻的安全幅度较窄,仅能用于籼稻和粳稻移栽田,不宜在弱苗田、秧田、抛秧田、制种田及糯稻田施用。

(2) 移栽水稻田采用喷雾器甩喷施药时,应于水稻移栽前 3～7 天,每 667 平方米兑水量 5 千克以上,甩喷施的药滴间距应小于

0.5米。秸秆还田(旋耕整地、打浆)的稻田,必须于水稻移栽前3~7天趁着清水或浑水施药,且秸秆要打碎并彻底与耕层土壤混匀,以免因秸秆集中腐烂造成水稻根际缺氧引起稻苗受害。

(3) 水稻插秧时勿将稻苗淹没在施用本剂的稻田水中,避免药害。如水稻移栽后施用应采用"药土法"撒施。

(4) 对鱼类等水生生物有毒,应远离水产养殖区、河塘等水体施药,禁止在河塘等水体中清洗施药器具。鱼、虾、蟹等套养稻田禁用。施药后的田水不能直接排入水体。赤眼蜂等天敌放飞区域禁用。

(5) 每季作物最多施用1次。

(6) 本品在水稻(糙米)和马铃薯上的最大残留限量均为0.02毫克/千克。

19. 丙炔氟草胺

分子式:$C_{19}H_{15}FN_2O_4$

【类别】 酞酰亚胺类。

【化学名称】 N-(7-氟-3,4-二氢-3-氧代-4-丙炔-2-基-2H-1,4-苯并噁嗪-6-基)环己-1-烯-1,2-二甲酰亚胺。

【理化性质】 纯品为浅棕色粉末。熔点201~203.8℃,蒸气压0.32毫帕(22℃),相对密度1.5136(20℃)。水中溶解度(25℃)17.8克/升,溶于一般有机溶剂,在一般贮藏条件下稳定。

【毒性】 低毒。大鼠急性经口LD_{50}>5000毫克/千克,急性

经皮 $LD_{50} > 2\,000$ 毫克/千克,大鼠急性吸入 LC_{50} (4 小时) > 3.93 克/米^3 空气。对兔眼睛有中等刺激,对兔皮肤无刺激。鱼类 LC_{50} (96 小时):虹鳟鱼 2.3 毫克/升,蓝鳃太阳鱼 > 21 毫克/升。

【制剂】 50%可湿性粉剂。

【作用机制与防除对象】 原卟啉原氧化酶抑制剂,为触杀型选择性除草剂。用本品处理土壤表面后,药剂被土壤粒子吸收,在土壤表面形成处理层,杂草幼苗接触药剂处理层后枯死。茎叶处理时,可被植物的幼芽和叶片吸收,在植物体内进行传导,在敏感杂草叶面作用迅速,引起原卟啉积累,使细胞膜脂质过氧化作用增强,从而导致敏感杂草的细胞膜结构和细胞功能不可逆损害。适用于大豆、花生田防除一年生阔叶杂草和部分禾本科杂草。对后茬作物麦类、高粱、玉米、向日葵等无不良影响。

【使用方法】

(1)防除大豆田一年生杂草:在大豆播前或播后苗前,每 667 平方米用 50%可湿性粉剂 8～12 克兑水 20～40 千克,土壤喷雾处理。也可在苗后早期喷雾,东北春大豆每 667 平方米用 50%可湿性粉剂 3～4 克,夏大豆用 3～3.5 克,兑水 20～40 千克均匀喷雾。可与乙草胺、异丙甲草胺、氟乐灵等除草剂混用,可扩大杀草谱、减少用药量。

(2)防除花生田一年生杂草:在播后苗前、杂草出苗之前,每 667 平方米用 50%可湿性粉剂 6～8 克兑水 20～40 千克,进行土壤封闭喷雾处理。

(3)防除柑橘园一年生杂草:在杂草 2～3 叶期,每 667 平方米用 50%可湿性粉剂 50～80 克兑水 20～40 千克,均匀喷雾杂草茎叶。

【注意事项】

(1)播后苗前施药如遇干旱,可灌水后再施药或施药后再灌水。

(2)土壤质地疏松、有机质含量低、低洼地水分好,用低剂量;

土壤黏重、有机质含量高、岗地水分少时,用高剂量。

(3) 禾本科杂草较多的田块,在技术人员指导下,采用和防禾本科杂草的除草剂混用。避免药液飘移到敏感作物田。

(4) 大豆拱土或出苗期不能施药。柑橘园施药应定向喷雾杂草上,避免喷施到柑橘树的叶片及嫩枝上。

(5) 水产养殖区、河塘等水体附近禁用。禁止在河塘等水域清洗施药器具,清洗器具的废水不能排入河流、池塘等水源。用过的容器应妥善处理,不可作他用,也不可随意丢弃。

(6) 对蜜蜂、鱼类等水生生物、家蚕有毒。施药期间应避免对周围蜂群的影响,禁止在开花植物花期、蚕室和桑园附近使用。赤眼蜂等天敌放飞区域禁用。

(7) 每季作物最多施用1次。

(8) 本品在大豆、花生仁和柑橘上的最大残留限量分别为0.02毫克/千克、0.02毫克/千克、0.05毫克/千克。

20. 丙酯草醚

分子式:$C_{23}H_{25}N_3O_5$

【类别】 嘧啶类。

【化学名称】 4-[2-(4,6-二甲氧基-2-嘧啶氧基)苄氨基]

苯甲正丙酯。

【理化性质】 纯品外观为白色固体,熔点(96.9 ± 0.5)℃,沸点 279.3℃(分解温度)、310.4℃(最快分解温度)。溶解度(克/升,20℃):水 1.53×10^{-3},乙醇 1.13,二甲苯 11.7,丙酮 43.7。正辛醇-水分配系数 $K_{ow}\log P$(20℃)3.0×10^{5}。原药含量不低于 95%,外观为白色至米黄色粉末。对光、热稳定,在中性或微酸、微碱介质中稳定,但在一定的酸、碱强度下会逐渐分解。

【毒性】 低毒。原药对雌、雄大鼠急性经口 $LD_{50}>4\,640$ 毫克/千克;急性经皮 $LD_{50}>2\,150$ 毫克/千克。对兔眼睛、皮肤均无刺激性;皮肤致敏试验属弱致敏物。Ames 试验、小鼠骨髓细胞微核试验、小鼠睾丸细胞染色体畸变试验均为阴性,未见致突变作用。大鼠 13 周亚慢性饲喂试验的 NOEL:雄性 417.82 毫克/(千克·天)、雌性 76.55 毫克/(千克·天)。

【制剂】 10%乳油、10%悬浮剂。

【作用机制与防除对象】 本品属嘧啶类新型除草剂。由根、芽、茎、叶吸收并在植物体内传导,以根、茎吸收和向上传导为主,是油菜田茎叶处理除草剂。能有效防除一年生禾本科杂草和部分阔叶杂草,如看麦娘、日本看麦娘、繁缕、牛繁缕、雀舌草等。

【使用方法】

防除油菜田一年生杂草:在油菜移栽活棵后、杂草 4 叶期前,每 667 平方米用 10%悬浮剂 30~45 毫升或 10%乳油 40~50 毫升,兑水 20~40 千克均匀喷雾。

【注意事项】

(1)冬春季阴雨天时,注意田间排水情况,避免低洼处田间积水。

(2)喷药时要做到喷匀、喷全,要将杂草全株喷到,利于杂草吸收。

(3)远离水产养殖区施药,禁止在河塘等水域中清洗施药器具或将清洗施药器具的废水倒入河流、池塘等水源。施药后的田水不得直接排入水中。用过的容器应妥善处理,不可作他用,也不可随意丢弃。

(4)每季作物只能施用1次,对下茬作物无影响。

21. 草铵膦

$$H_3C-\overset{\overset{\displaystyle O}{\|}}{\underset{\underset{\displaystyle OH}{|}}{P}}-CH_2CH_2\underset{\underset{\displaystyle NH_2}{|}}{C}HCOOH$$

分子式:$C_5H_{12}NO_4P$

【类别】 有机磷类。

【化学名称】 (R,S)-2-氨基-4-(羟基甲基氧膦基)丁酸胺。

【理化性质】 纯品为结晶固体,具有微弱的刺激性气味。熔点215℃,蒸气压(20℃)<0.1毫帕,相对密度1.157(20℃)。水中溶解度(25℃,克/升)1370。其他溶剂中的溶解度(20℃,克/升):丙酮0.16,乙醇0.65,甲苯0.14,乙酸乙酯0.14,己烷0.2。不挥发、不降解,对光和在空气中稳定。

【毒性】 低毒。急性经口LD_{50}:雄大鼠2000毫克/千克,雌大鼠1620毫克/千克,雄小鼠431毫克/千克,雌小鼠416毫克/千克,狗200~400毫克/千克。雄、雌大鼠急性经皮LD_{50}>2000毫克/千克。对兔眼睛和皮肤无刺激性。雄大鼠急性吸入LC_{50}(4小时)1.26毫克/升空气。无诱变性、无致畸性。日本鹌鹑饲喂LC_{50}(8天)>5000毫克/千克。鱼类LC_{50}(96小时):虹鳟鱼710毫克/升,鲤鱼>1000毫克/升。蜜蜂经口LD_{50}>100微克/只。蚯蚓LC_{50}>1000毫克/千克土。

【制剂】 10%、18%、23%、30%、50%、200克/升水剂,

40％、50％、80％、88％可溶粒剂，18％可溶液剂。

【作用机制与防除对象】 具有部分内吸作用的非选择性触杀除草剂，主要作触杀剂使用，为谷氨酰胺合成抑制剂。施药后短时间内植物体内的胺代谢便陷于紊乱，细胞毒剂铵离子在植物体内累积，与此同时，光合作用被严重抑制。施药后有效成分通过叶片起作用，尚未出土的幼苗不会受到伤害。适用于果园、非耕地防除一年生和多年生杂草。

【使用方法】

（1）防除非耕地杂草：在杂草生长旺盛期，每 667 平方米用 200 克/升水剂 400～600 毫升或 80％可溶粒剂 100～150 克，兑水 30～50 千克均匀喷雾杂草茎叶。

（2）防除柑橘园杂草：在杂草生长旺盛期，每 667 平方米用 200 克/升水剂 300～600 毫升或 18％可溶液剂 200～300 毫升，兑水 30～50 千克均匀喷雾杂草茎叶。

（3）防除香蕉园杂草：在杂草生长旺盛期，每 667 平方米用 200 克/升水剂 200～300 毫升，或 18％可溶液剂 200～300 毫升，或 40％可溶粒剂 100～150 克，兑水 30～50 千克均匀喷雾杂草茎叶。

（4）防除冬枣园杂草：在杂草生长旺盛期，每 667 平方米用 200 克/升水剂 200～300 毫升兑水 30～50 千克均匀喷雾杂草茎叶。

（5）防除梨园、葡萄园、苹果园、木瓜园杂草：在杂草生长旺盛期，每 667 平方米用 18％可溶液剂 200～300 毫升兑水 30～50 升均匀喷雾杂草茎叶。

（6）防除茶园杂草：在杂草生长旺盛期，每 667 平方米用 18％可溶液剂 200～300 毫升兑水 30～50 千克均匀喷雾杂草茎叶。

（7）防除蔬菜地杂草：行间除草时，在蔬菜生长期、杂草出齐后，每 667 平方米用 18％可溶液剂 150～250 毫升兑水 30～50 千克，喷头加装保护罩于蔬菜作物行间进行杂草茎叶定向喷雾处理。

蔬菜地清园时,在上茬蔬菜采收后、下茬蔬菜栽种前,每667平方米用18%可溶液剂150~250毫升兑水30~50千克,对残余作物和杂草进行茎叶喷雾处理,灭茬清园。

【注意事项】

(1)本品为非选择性除草剂,喷雾时应注意防止药液飘移到邻近作物田,防止产生药害。用于矮小的果树和蔬菜(行距≥75厘米)行间定向喷雾处理时,应在喷头上加装保护罩,避免将雾滴喷到或飘移到作物植株的绿色部位上,以免产生药害。

(2)应选无风、湿润的晴天施药,避免在连续霜冻和严重干旱时施用,以免降低药效。干旱及杂草密度、蒸发量和喷头流量较大或防除大龄杂草及多年生恶性杂草时,采用较高的推荐剂量和兑水量。施用后6小时后下雨不影响药效。

(3)对鱼类、天敌有毒。水产养殖区、河塘等水体附近禁用,禁止在河塘等水域清洗施药器具,清洗施药器具的废水和残留农药不得流入河流、鱼塘等水域,以免污染水源。蚕室与桑园附近禁用,赤眼蜂等天敌放飞区禁用。

(4)刚施药后的区域防止人、畜进入,施药后5天内不能割草、放牧、耕翻等。用过草铵膦的器具要彻底清洗干净。

(5)每季作物最多施用1次。

(6)本品在柑橘、葡萄、枣(鲜)、香蕉和茶叶上最大残留限量分别为0.5、0.1、0.1、0.2、0.5毫克/千克。

22. 草除灵

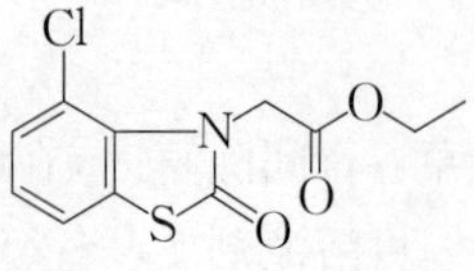

分子式:$C_{11}H_{10}ClNO_3S$

【类别】 苯并噻唑啉羧酸类。

【化学名称】 4-氯-2-氧代苯并噻唑-3-基乙酸。

【理化性质】 纯品为浅黄色晶粉,带有典型的硫黄味,纯度为95％,熔点79.2℃,蒸气压0.37毫帕(25℃),密度(20℃)1.45克/米³。溶解度(25℃,毫克/升):水47,丙酮229,二氯甲烷603,乙酸乙酯148,甲醇28.5,甲苯198。在酸性和中性条件下稳定,不易水解,pH9时DT_{50}为9天。在水溶液中对自然光稳定。原药为浅色结晶粉末,有硫黄气味,熔点77.4℃,在300℃下稳定,密度1.45克/米³,pH基本上中性,水分<0.5％。在pH9.8时DT_{50}为7.6天(25℃),能与苯氧乙酸类似的盐相混。

【毒性】 低毒。大鼠急性经口LD_{50}6 000毫克/千克,急性经皮LD_{50}>2 100毫克/千克,急性吸入LC_{50}>5.5毫克/升。对兔皮肤无刺激性,对兔眼睛有轻度刺激性。对鸟低毒,日本鹌鹑LD_{50}>9 000毫克/千克,野鸭LD_{50}>3 000毫克/千克。对鱼和水生生物低毒,虹鳟鱼LC_{50}(96小时)5.4毫克/升,蓝鳃鱼2.8毫克/升(96小时),水蚤(48小时)6.2毫克/升。对蜜蜂无毒。

【制剂】 30％、42％、50％、500克/升悬浮剂,15％乳油。

【作用机制与防除对象】 通过抑制生长素合成而致效,是一种选择性芽后茎叶处理剂。施药后植物通过叶片吸收,输导到整个植物体,药效发挥缓慢,敏感植株受药后生长停滞,叶片僵绿、增厚反卷,新生叶扭曲,节间缩短,最后死亡,与激素类除草剂症状相似。在耐药性植物体内降解成无活性物质,对油菜、麦类、苜蓿等作物安全。气温高时作用快,气温低时作用慢。在土壤中转化成游离酸并很快降解成无活性物,对后茬作物无影响。适用于油菜田防除繁缕、牛繁缕、雀舌草、苋、猪殃殃等一年生阔叶杂草。

【使用方法】

防除冬油菜田阔叶杂草:在直播油菜6~8叶期或移栽油菜返青缓苗后至2~3个分枝,阔叶杂草2~5叶期,每667平方米用50％悬浮剂30~40毫升或15％乳油100~140毫升,兑水20~40

千克均匀茎叶喷雾。

【注意事项】

（1）本品对芥菜型油菜高度敏感，不能施用；对白菜型油菜有轻度药害，应适当推迟用药期。油菜的耐药性受叶龄、气温、雨水等因素影响，在阔叶杂草出齐后、油菜达 6 叶龄时，避开低温天气施药最安全、有效。不宜在直播油菜 2～3 叶期过早施药。

（2）本品为芽后阔叶杂草除草剂，在阔叶杂草基本出齐时施用效果最好，对未出苗杂草无效。对禾本科杂草与阔叶杂草混生的田块，可与防除禾本科杂草的芽后除草剂混用，以扩大杀草谱，提高防效。

（3）大风天或预计 4 小时内降雨，请勿施药。温度低，药效发挥慢，温度低于 8℃时，不宜用药。油菜抽薹后禁止用药。

（4）对家蚕、鱼类和水生生物有毒。蚕室和桑园附近禁用，远离水产养殖区施药，禁止在河塘等水体中清洗施药器具，严禁将残余药液倒入江河、湖泊、水渠及水产养殖区域。

（5）喷药工具用毕，必须及时清洗干净。

（6）每季作物最多施用 1 次。

（7）在油菜（油菜籽）上的最高残留限量 0.2 毫克/千克。

23. 草甘膦

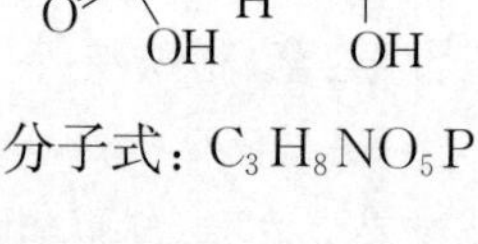

分子式：$C_3H_8NO_5P$

【类别】 有机磷类。

【化学名称】 N-(磷酸甲基)甘氨酸。

【理化性质】 纯品为无色晶体,熔点 200 ℃,蒸气压 131×10^{-2} 毫帕(25 ℃),相对密度 1.705。溶解度(25 ℃):水 12 克/升,丙酮、氯苯、乙醇、煤油、二甲苯＜5 克/升。其异丙胺盐完全溶解于水。对铁、钢和铝有腐蚀性。草甘膦及其所有盐不挥发、不降解。在空气中稳定,在 pH3、pH6、pH9(5～15 ℃)亦稳定,低于60 ℃稳定,光稳定。

【毒性】 低毒。急性经口 LD_{50}:大鼠 5 600 毫克/千克,小鼠11 300 毫克/千克。兔急性经皮 LD_{50}＞5 000 毫克/千克。大鼠急性吸入 LC_{50}(4 小时)＞1.3 毫克/升空气。对皮肤、眼睛和上呼吸道有刺激作用。在饲喂试验中,大鼠 2 年 NOEL 为 31 毫克/(千克·天);狗 1 年 NOEL＞500 毫克/(千克·天)。无致畸、致癌、致突变作用。对鱼、蜜蜂、鸟低毒。山齿鹑和野鸭急性经口LD_{50}＞3 581 毫克/千克。鱼类 LC_{50}(96 小时):虹鳟鱼 86 毫克/升,蓝鳃太阳鱼 120 毫克/升。水蚤(48 小时)EC_{50} 780 毫克/升。蜜蜂 LD_{50}(接触和经口)＞100 微克/只。

【制剂】 草甘膦异丙胺盐:30％、35％、41％、46％、62％、410 克/升、450 克/升、600 克/升水剂,50％、58％可溶粒剂,50％可溶粉剂。

草甘膦铵盐:30％、33％、35％、41％水剂,50％、58％、63％、68％、70％、80％、86％、86.3％、88.8％、95％可溶粒剂,30％、50％、58％、65％、68％、80％、88.8％可溶粉剂。

草甘膦二甲胺盐:30％、35％、41％、46％水剂,50％、58％、63％、68％可溶粒剂。

草甘膦钾盐:30％、35％、41％、46％水剂,50％、58％、63％、68％可溶粒剂,58％可溶粉剂。

草甘膦钠盐:30％、50％可溶粉剂,58％可溶粒剂。

草甘膦:30％、41％、46％、450 克/升水剂,50％、58％、68％、70％、75.7％可溶粒剂,30％、50％、58％、65％可溶粉剂。

【作用机制与防除对象】 为灭生性的内吸传导型除草剂,能被杂草茎叶吸收而传导全株,干扰蛋白质的合成而使杂草枯死。草甘膦在土壤中能迅速分解失效,故无残留作用;对没出土的杂草无效,只有当杂草出苗后作茎叶处理,才能杀死杂草。主要用于果、桑、茶、林地、非耕地、田边、沟边、路边、作物播种前防除一年生及多年生单、双子叶杂草。

【使用方法】

(1)非耕地除草:一般在杂草生长旺盛期,每667平方米用50%草甘膦二甲胺盐可溶粒剂144~400克,或46%草甘膦二甲胺盐水剂150~300毫升,或50%草甘膦铵盐可溶粉剂133~266克,或80%草甘膦铵盐可溶粒剂150~225克,或30%草甘膦铵盐水剂250~500毫升,或58%草甘膦钾盐可溶粉剂230~345克,或50%草甘膦钾盐可溶粒剂267~400克,或41%草甘膦钾盐水剂200~350毫升,或50%草甘膦异丙胺盐可溶粒剂267~400克,或46%草甘膦异丙胺盐水剂121~323毫升,或30%草甘膦异丙胺盐水剂250~500毫升,或50%草甘膦钠盐可溶粉剂150~300克,或58%草甘膦钠盐可溶粒剂130~250克,或68%草甘膦可溶粒剂88~265克,或30%草甘膦可溶粉剂250~500克,或30%草甘膦水剂250~500毫升,兑水30~50千克均匀喷雾杂草茎叶。

(2)玉米田行间除草:在杂草4~6叶期、草高5~15厘米时,每667平方米用30%草甘膦异丙胺盐水剂150~250毫升,或68%草甘膦铵盐可溶粒剂66~145克,或30%草甘膦水剂167~367毫升,兑水30~50千克定向喷雾在杂草茎叶上。

(3)棉花田行间除草:在杂草4~6叶期、草高5~15厘米时,每667平方米用46%草甘膦异丙胺盐水剂81~177毫升,或68%草甘膦铵盐可溶粒剂66~145克,或35%草甘膦钾盐水剂82~180毫升,或30%草甘膦水剂167~367毫升,兑水30~50千克定向喷雾在杂草茎叶上。

(4)免耕油菜田除草:一般在杂草生长旺盛期、前茬作物收获后、后茬作物移栽前,或播种后出苗前,每667平方米用30%草甘膦异丙胺盐水剂 122～195 毫升（冬油菜）、244～366 毫升（春油菜），或 35％草甘膦钾盐水剂 100～130 毫升，或 58％草甘膦可溶粉剂 86～138 克（冬油菜）、172～259 克（春油菜），或 58％草甘膦可溶粒剂 124～165.5 克，或 30％草甘膦水剂 167～267 毫升（冬油菜）、333～500 毫升（春油菜），或 68％草甘膦铵盐可溶粒剂 65～106 克（冬油菜）、132～198 克（春油菜），兑水 30～50 千克均匀茎叶喷雾。

（5）免耕抛秧晚稻田除草：一般在杂草生长旺盛期、前茬作物收获后、后茬作物移栽前，或播种后出苗前，每 667 平方米用 30％草甘膦异丙胺盐水剂 183～366 毫升，或 35％草甘膦钾盐水剂 230～280 毫升，或 58％草甘膦可溶粉剂 241～293 克，或 68％草甘膦铵盐可溶粒剂 185～225 克，或 30％草甘膦水剂 467～567 毫升，兑水 30～50 千克均匀茎叶喷雾。

（6）水稻田埂除草：一般在杂草发生盛期，每 667 平方米用 30％草甘膦异丙胺盐水剂 200～400 毫升兑水 30～50 千克均匀茎叶喷雾。

（7）柑橘园除草：一般在杂草发生盛期、草高 10～15 厘米时，每 667 平方米用 30％草甘膦异丙胺盐水剂 171～610 毫升，或 50％草甘膦异丙胺盐可溶粒剂 225～300 克，或 68％草甘膦铵盐可溶粒剂 100～200 克，或 68％草甘膦铵盐可溶粉剂 155～205 克，或 30％草甘膦铵盐水剂 200～400 毫升，或 30％草甘膦钾盐水剂 200～400 毫升，或 50％草甘膦可溶粉剂 150～300 克，或 75.7％草甘膦可溶粒剂 165～220 克，或 30％草甘膦水剂 250～500 毫升，兑水 30～50 千克定向喷雾在杂草茎叶上。

（8）茶园除草：一般在杂草发生盛期，每 667 平方米用 30％草甘膦异丙胺盐水剂 150～400 毫升，或 41％草甘膦钾盐水剂 180～270 毫升，或 70％草甘膦铵盐可溶粒剂 97～193 克，或 30％草甘膦铵盐水剂 250～500 毫升，或 30％草甘膦水剂 250～500 毫升，兑水 30～50 千克定向喷雾在杂草茎叶上。

（9）剑麻园除草：一般在杂草发生盛期、草高 10～15 厘米时，每 667 平方米用 30％草甘膦异丙胺盐水剂 250～500 毫升，或 68％草甘膦铵盐可溶粒剂 99～198 克，或 30％草甘膦铵盐水剂 250～500 毫升，或 30％草甘膦水剂 250～500 毫升，兑水 30～50 千克定向喷雾在杂草茎叶上。

（10）桑园除草：一般在杂草发生盛期、草高 10～15 厘米时，每 667 平方米用 30％草甘膦异丙胺盐水剂 250～500 毫升，或 30％草甘膦铵盐水剂 250～500 毫升，或 68％草甘膦铵盐可溶粒剂 99～198 克，或 30％草甘膦水剂 250～500 毫升，兑水 30～50 千克定向喷雾在杂草茎叶上。

（11）橡胶园除草：一般在杂草发生盛期、草高 10～15 厘米时，每 667 平方米用 30％草甘膦异丙胺盐水剂 250～500 毫升，或 30％草甘膦铵盐水剂 250～500 毫升，或 68％草甘膦铵盐可溶粒剂 99～198 克，或 65％草甘膦铵盐可溶粉剂 105～210 克，或 30％草甘膦水剂 250～500 毫升，兑水 30～50 千克定向喷雾在杂草茎叶上。

（12）香蕉园除草：一般在杂草生长旺盛期，每 667 平方米用 30％草甘膦异丙胺盐水剂 235～315 毫升，或 35％草甘膦钾盐水剂 180～250 毫升，或 68％草甘膦铵盐可溶粒剂 99～198 克，或 30％草甘膦水剂 250～500 毫升，兑水 30～50 千克定向喷雾在杂草茎叶上。

（13）梨园除草：一般在杂草生长旺盛期，每 667 平方米用 30％草甘膦异丙胺盐水剂 250～500 毫升，或 68％草甘膦铵盐可溶粒剂 99～198 克，或 30％草甘膦水剂 250～500 毫升，兑水 30～50 千克定向喷雾在杂草茎叶上。

（14）苹果园除草：一般在杂草生长旺盛期，每 667 平方米用 30％草甘膦异丙胺盐水剂 250～500 毫升，或 30％草甘膦铵盐水剂 250～500 毫升，或 50％草甘膦铵盐可溶粉剂 225～300 克，或 68％草甘膦铵盐可溶粒剂 99～198 克，或 30％草甘膦二甲胺盐水剂 200～400 毫升,或 50％草甘膦钠盐可溶粉剂 150～300 克,或 35％草甘膦钾盐水剂 122～245 毫升,或 50％草甘膦可溶粉剂 210～300 克,或 50％草甘膦可溶粒剂 250～300 克,或 30％草甘膦 水剂 250～500 毫升,兑水 30～50 千克定向喷雾在杂草茎叶上。

(15)百合田除草:一般在杂草生长旺盛期,每 667 平方米用 30％草甘膦异丙胺盐水剂 150～200 毫升,或 30％草甘膦铵盐水 剂 150～200 毫升,或 30％草甘膦钾盐水剂 150～200 毫升,或 30％草甘膦水剂 150～200 毫升,兑水 30～50 千克定向喷雾在杂 草茎叶上。

(16)公路除草:一般在杂草发生盛期,每 667 平方米用 30％ 草甘膦异丙胺盐水剂 183～488 毫升,或 68％草甘膦铵盐可溶粒 剂 99～264 克,兑水 30～50 千克均匀喷雾杂草茎叶。

(17)铁路除草:一般在杂草发生盛期,每 667 平方米用 30％ 草甘膦异丙胺盐水剂 183～488 毫升或 68％草甘膦铵盐可溶粒剂 99～264 克,兑水 30～50 千克均匀喷雾杂草茎叶。

(18)森林防火道除草:一般在杂草发生盛期,每 667 平方米 用 30％草甘膦异丙胺盐水剂 183～488 毫升或 68％草甘膦铵盐可 溶粒剂 99～264 克,兑水 30～50 千克均匀喷雾杂草茎叶。

【注意事项】

(1)本品为灭生性除草剂,施药时药液不要喷到其他作物上, 严防药雾飘移到作物嫩茎、叶片上,以免产生药害。高秆作物行间 除草,则应压低喷头或加防护罩,以免产生药害。

(2)本品须在杂草出苗后喷雾,对未出苗的杂草无效。

(3)本品遇土易钝化失去活性,配制药剂时不能使用浑水,尽 量使用清水。

(4)本品对金属容器有腐蚀性,不可用金属容器盛装本品和 药液。贮存与施用时尽量用塑料容器。

(5)施药后 5 天内请勿割草、放牧、翻耕等。

(6)防除多年生恶性杂草如白茅、香附子等,在第一次施药后隔1个月再施1次,才能取得理想的除草效果。

(7) 配制药液时,加入0.1%洗衣粉可增加黏着力,以提高药效。

(8) 对蜜蜂、鱼类等水生生物、家蚕有毒。施药期间应避免对周围蜂群的影响,开花植物花期、蚕室和桑园附近禁用,赤眼蜂等天敌放飞区域禁用。远离水产养殖区、河塘等水域施药。鱼、虾、蟹套养稻田禁用,施药后的药水禁止排入水田。禁止在河塘等水体中清洗施药器具,清洗器具的废水不能排入池塘、河流、水源。用过的包装袋应妥善处理,不可作他用,也不可随意丢弃。

(9) 安全间隔期:柑橘14天,每季最多施用2次;茶树7天,每季最多施用1次;玉米7天,每季最多施用1次;棉花7天,每季最多施用1次;水稻7天,每季最多施用1次。

(10) 本品在柑橘、茶叶、苹果、稻谷、玉米、油菜籽、棉籽油上的最大残留限量(毫克/千克)分别为0.5、1、0.5、0.1、1、2、0.05。

24. 除草定

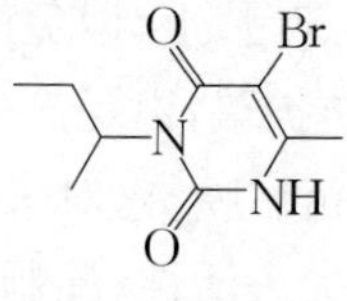

分子式:$C_9H_{13}BrN_2O_2$

【类别】 脲嘧啶类。

【化学名称】 3-仲丁基-5-溴-6-甲基脲嘧啶-2,4-二酮。

【理化性质】 原药含量95%,外观为无色结晶固体,熔点

158～159 ℃,蒸气压 0.033 毫帕(25 ℃)。水中溶解度(25 ℃)815
毫克/升;有机溶剂中溶解度(克/千克):丙酮 201,乙醇 155,甲苯
33,可被强酸慢慢分解。

【毒性】 低毒。原药大鼠急性经口 LD_{50} 1 300 毫克/千克,兔
子经皮 LD_{50}＞5 000 毫克/千克,虹鳟鱼 TC_{50}(48 小时)70～75 毫
克/升。

【制剂】 80％可湿性粉剂,80％水分散粒剂。

【作用机制与防除对象】 为非选择性灭生型除草剂,在杂草
萌芽前或萌芽早期施药,通过抑制杂草的光合作用而达到杀草效
果。可用于防除柑橘园和菠萝田一年生和多年生杂草。施药量较
大,土壤持效期在 40 天以上。

【使用方法】

(1) 防除柑橘园杂草:在杂草生长盛期,每 667 平方米用
80％可湿性粉剂 125～290 克兑水 30～40 千克均匀喷雾杂草
茎叶。

(2) 防除菠萝田一年生和多年生杂草:在杂草 1～2 叶期施
药,每 667 平方米用 80％可湿性粉剂 300～400 克兑水 30～40 千
克均匀喷雾杂草茎叶。

【注意事项】

(1) 施药应周到、均匀,勿重喷或漏喷。施药时需定向均匀全
面喷在杂草上,勿使药液飘移或接触到作物上,避免药液飘移到邻
近敏感作物上,以防产生药害。大风或下雨前后,请勿施药。

(2) 避免污染水源,在桑园附近及蜜源作物花期禁用。

(3) 施药后要彻底清洗喷药器具,清洗器具的废水不能排
入河流、池塘等水源,废弃物应妥善处理,不可作他用或随意
丢弃。

(4) 每季作物用药 1 次。

25. 单嘧磺隆

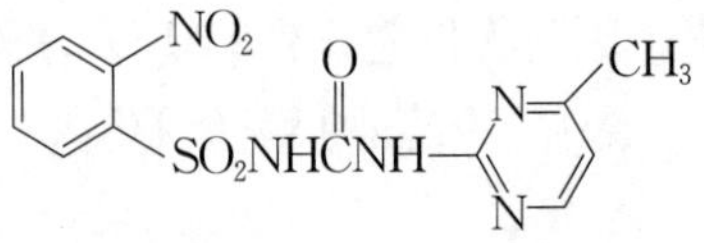

分子式：$C_{12}H_{11}N_5O_5S$

【类别】 磺酰脲类。

【化学名称】 2-(4-甲基嘧啶基)苯磺酰脲。

【理化性质】 纯品为白色粉末,熔点 191.0~193.3℃。可溶于 N,N-二甲基甲酰胺,微溶于丙酮,不溶于大多数有机溶剂,碱性条件下可溶于水。抗光解性好,在室温下稳定,在弱碱条件下稳定。

【毒性】 低毒。原药大鼠急性经口 LD_{50}>2 000 毫克/千克,大鼠急性经皮 LD_{50}>4 640 毫克/千克。对兔皮肤、眼睛无刺激。无致畸、致突变作用。对蜜蜂低毒,LD_{50}>200 微克/只,鹌鹑 LD_{50}>2 000 毫克/千克。斑马鱼 LC_{50}(96 小时)58.68 毫克/升。桑蚕 LC_{50}>5 000 毫克/千克。

【制剂】 10%可湿性粉剂。

【作用机制与防除对象】 为新型内吸传导型除草剂。作用靶标是乙酰乳酸合成酶(ALS),使植物因蛋白质合成受阻而停止生长。主要用于春、夏谷子田防除藜、蓼、反枝苋、马齿苋、刺儿菜等一年生阔叶杂草,或用于冬小麦田防除播娘蒿、荠菜等一年生阔叶杂草。

【使用方法】

(1) 防除冬小麦田一年生阔叶杂草:最佳用药时期为冬前杂草第一次出苗高峰期,也可在杂草春季出苗高峰期施用,每 667 平方米用 10%可湿性粉剂 30~40 克兑水 20~40 千克均匀茎叶喷雾。

(2) 防除谷子田一年生阔叶杂草：春播谷子在播种后、出苗前土壤喷施，或者谷苗 3 叶期后茎叶处理；夏播谷子田应在播种后、出苗前进行土壤喷雾施药。每 667 平方米用 10％可湿性粉剂 10～20 克兑水 20～40 千克均匀喷雾。

【注意事项】

(1) 禁止在阔叶作物田或其他阔叶植物上施用。施药后，后茬可以种植玉米、谷子等作物，慎种高粱、大豆、向日葵、花生等，严禁种植油菜、白菜等十字花科作物及棉花、苋菜、芝麻等作物。

(2) 对未试验过的谷子品种应先试验再推广。谷苗刚出土时对本品最敏感，此时严禁用药。初次施用本品应先小面积试验，掌握使用技术后再大面积施用，以防用药不当造成损失。

(3) 夏播谷子：前茬白地等雨播种，雨后最好翻地后再播种、施药；前茬为小麦，宜灭茬后播种、施药。春播谷子：根据当地实际情况施用，如果杂草与谷苗同时出土，应播后苗前土壤喷施；若杂草出土迟于谷苗，应在谷苗 3 叶期后做定向喷雾处理。

(4) 施药应选择无风天气操作，避免喷洒到阔叶作物上。药后 35 天内勿破坏土层，否则影响药效。

(5) 土壤湿润有利于药效发挥，宜在土壤墒情好的情况下用药，土壤墒情差会降低药效。有机质含量低的砂质土遇有效降雨后，谷种会受到不同程度药害，属于自然因素造成，建议砂质土禁用。低洼地块容易造成积水和药液堆积而产生药害，建议低洼地块禁用。

(6) 不可与碱性农药等物质混用。前茬如果使用长残留除草剂，再使用本品容易造成叠加药害，请慎重使用。

(7) 远离水产养殖区施药，禁止在河塘等水体清洗施药器具。施药后废液应妥善处理，不可随意施用或倾倒。用过的容器应妥善处理，不可作他用，也不可随意丢弃。

(8) 一个生长季内最多施用 1 次。本品在小麦上最大残留限量为 0.1 毫克/千克。

26. 单嘧磺酯

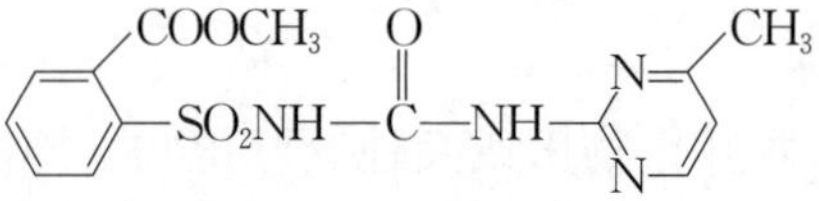

分子式：$C_{12}H_{11}N_5O_5S$

【类别】 磺酰脲类。

【化学名称】 N-[$2'$-($4'$-甲基)嘧啶基]-2-甲氧甲酯基苯磺酰脲。

【理化性质】 纯品为白色粉末,熔点 179.0～180℃。溶解度（20℃,克/升）：甲醇 0.30,水 0.06,乙腈 1.44,丙酮 2.03,四氢呋喃 4.83,N,N-二甲基甲酰胺 24.68。抗光解性好,在室温下稳定,在弱碱、中性及弱酸性条件下稳定,在酸性条件下水解。

【毒性】 低毒。大鼠急性经口 LD_{50}>10 000 毫克/千克,大鼠急性经皮 LD_{50}>10 000 毫克/千克。对兔皮肤无刺激,对兔眼睛有轻微刺激。对蜜蜂低毒,LD_{50}>200 微克/只。对鹌鹑低毒 LD_{50}>2 000 毫克/千克。斑马鱼 LC_{50}(96 小时)64.68 毫克/升。对桑蚕低毒 LC_{50}>5 000 毫克/千克。

【制剂】 10%可湿性粉剂。

【作用机制与防除对象】 为新型内吸传导型除草剂。作用靶标是乙酰乳酸合成酶（ALS）,使植物因蛋白质合成受阻而停止生长。主要用于小麦田防除播娘蒿、荠菜等一年生阔叶杂草。

【使用方法】

（1）防除冬小麦田一年生阔叶杂草：小麦 3 叶期至拔节前均可用药,冬小麦最佳用药时期为冬前杂草第一次出苗高峰期,也可在杂草春季出苗期、小麦返青后施用,每 667 平方米用 10％可湿性粉剂 12～15 克兑水 20～40 千克均匀茎叶喷雾。

(2) 防除春小麦田一年生阔叶杂草:小麦 3 叶期至拔节前均可用药,春小麦在杂草出苗高峰期施用最好,每 667 平方米用 10％可湿性粉剂 15～20 克兑水 20～40 千克均匀茎叶喷雾。

【注意事项】

(1) 禁止在阔叶作物田或间作阔叶作物的小麦田及其他阔叶植物上施用。施用本品后,后茬以种植玉米为宜,严禁种植油菜、芝麻等敏感作物,慎种旱稻、苋、高粱、棉花等作物,如果种植该类作物,建议来年在当地农技人员指导下进行。

(2) 施药时应做到不重喷、不漏喷。施药应选择无风天气进行,避免喷洒到阔叶作物上。不能用弥雾机或超低容量器械施药,100 米内或下风种植敏感作物的小麦田慎用。

(3) 土壤湿润有利于药效发挥,施药后可适当灌水。

(4) 不可与碱性农药等物质混用。

(5) 对藻类中等毒。施药应远离河流、池塘,远离水产养殖区,禁止在河塘等水体清洗施药器具。施药后废液应妥善处理,不可随意施用或倾倒。用过的容器应妥善处理,不可作他用,也不可随意丢弃。

(6) 小麦一个生长季内最多施用 1 次。

27. 敌 稗

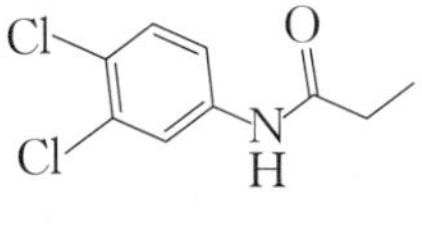

分子式: $C_9H_9Cl_2NO$

【类别】 酰胺类。

【化学名称】 3′,4′-二氯丙酰基苯胺。

【理化性质】 纯品为白色结晶固体,熔点 92～93 ℃,蒸气压 11.9 毫帕(60 ℃),相对密度 1.41。溶解度(20 ℃,克/升):二氯甲烷>200,己烷<1,二甲苯 50～100;水 130 毫克/升。原药为棕色结晶固体,熔点 85～89 ℃,相对密度 1.25(25 ℃)。在酸和碱性介质中水解为 3,4-二氯苯胺和丙酸。敌稗及其降解物 3,4-二氯苯胺在水中光照下迅速降解为酚化合物,该化合物会聚合。在土壤中 DT_{50}<5 天,产生的丙酸盐迅速代谢为 CO_2 和 3,4 二氯苯胺。光解 DT_{50} 为 12～13 小时。

【毒性】 低毒。大鼠急性经口 LD_{50}>2 500 毫克/千克,小鼠急性经口 LD_{50} 约 1 800 毫克/千克。兔急性经皮 LD_{50} 7 080 毫克/千克;大鼠急性经皮 LD_{50}>5 000 毫克/千克。对兔皮肤和眼睛无刺激,对豚鼠皮肤无致敏性。大鼠急性吸入 LC_{50}(4 小时)>1.25 毫克/升空气。90 天饲养大鼠 NOEL 为 100 毫克/千克饲料。野鸭急性经口 LD_{50} 375 毫克/千克,山齿鹑急性经口 LD_{50} 196 毫克/千克。鱼类 LC_{50}(48 小时):鲤鱼 13 毫克/升,金鱼 14 毫克/升,水蚤 EC_{50} 2.39 毫克/升。本品对蜜蜂无毒。

【制剂】 16%、34%、480 克/升乳油,80%水分散粒剂。

【作用机制与防除对象】 具有高度选择性的触杀型除草剂,在水稻体内被芳基羧基酰胺酶水解成 3,4-二氯苯胺和丙酸而解毒。稗草由于缺乏此种解毒功能,细胞膜最先遭到破坏,导致水分代谢失调,很快失水枯死。以 2 叶期稗草最为敏感。敌稗遇土壤后分解失效,仅宜作茎叶处理。主要用于防除水稻秧田、移栽田、直播田的稗草。

【使用方法】

防除水稻田稗草:在稗草 1 叶 1 心至 3 叶期施药,每 667 平方米用 16%乳油 1 250～1 875 毫升,或 34%乳油 550～830 毫升,兑水 30～40 千克均匀茎叶喷雾。施药前 1 天排干田水,施药后 2 天再回水,灌深水淹没秭心,保水 7 天后正常管理。

【注意事项】

(1) 对棉花、大豆、蔬菜、果树等幼苗敏感,施药时应避免药液飘移到上述作物上,以防产生药害。

(2) 不能与有机磷类和氨基甲酸酯类药剂及 2,4 -滴混用,在前两类农药施用 10 天内避免施用敌稗,以免引起药害。

(3) 喷药应选择晴天、无风或风小的天气进行。气温高,除草效果好;杂草叶面潮湿,会降低除草效果,要待露水干后再施用,避免雨前喷药。

(4) 盐碱较重的秧田,可在保浅水、秧根湿润情况下施药。施药后不等泛碱及时灌水洗碱和淹秭,以避免产生药害。

(5) 施药器具用后应及时用水冲洗。清洗器具的废水不能排入河流、池塘等水源。

(6) 每年最多施药 1 次,安全间隔期为 60 天。在大米上的最大残留限量为 2 毫克/千克。

28. 敌草胺

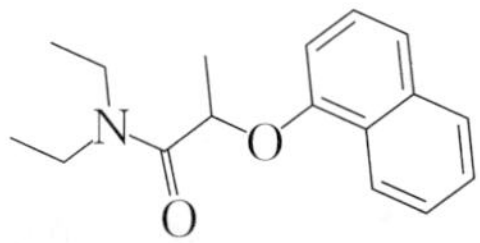

分子式:$C_{17}H_{21}NO_2$

【类别】 酰胺类。

【化学名称】 N,N -二乙基- 2 -(1 -萘基氧)丙酰胺。

【理化性质】 纯品为无色结晶固体,熔点 74.8～75.5 ℃。工业原药为棕色固体,熔点 68～70 ℃。蒸气压 0.53 毫帕(25 ℃),相对密度 0.584。溶解度(20 ℃):水 73 毫克/升(25 ℃),煤油 62 克/

升,二甲苯 505 克/升,丙酮、乙醇＞1 000 克/升,己烷 15 克/升。对热稳定,90 ℃ DT_{50}＞1 天。日光下 DT_{50} 为 25.7 分钟。

【毒性】 低毒。原药雌大鼠急性经口 LD_{50}＞5 000 毫克/千克,急性经皮 LD_{50} 4 680 毫克/千克。兔急性经皮 LD_{50}＞5 000 毫克/千克。大鼠急性吸入 LC_{50}＞6.22 毫克/升。对眼睛和皮肤有轻微刺激性。试验剂量内对动物无致畸、致突变、致癌作用。两年饲养试验表明,大鼠 NOEL 为 30 毫克/(千克·天);狗 90 天饲养试验表明,NOEL 为 40 毫克/(千克·天)。对鸟类低毒,鹌鹑经口 LD_{50}＞5 620 毫克/千克,野鸭 LD_{50}＞4 640 毫克/千克。对鱼类和水生动物低毒,虹鳟鱼 LC_{50}(96 小时)9.4 毫克/升,蓝鳃太阳鱼 LC_{50}(96 小时)12.2 毫克/升,水蚤 EC_{50}(48 小时)14.3 毫克/升。蜜蜂经口 LD_{50} 113.5 毫克/只。

【制剂】 50%可湿性粉剂,20%乳油,50%水分散粒剂。

【作用机制与防除对象】 本品是一种选择性内吸传导型土壤处理剂,主要通过杂草芽鞘和根吸收,抑制酶类的形成,使杂草根芽不能生长而死亡。杀草谱较广,能杀死由种子繁殖的许多单、双子叶杂草,如马唐、狗尾草、稗草、看麦娘、早熟禾、棒头草、马齿苋、凹头苋、繁缕、藜、三棱草等。能用于蔬菜、油菜、大豆、花生、烟草、果园、桑园等作物防除一年生禾本科杂草和阔叶杂草。敌草胺混入土层后,残效期可达 2 个月左右。对已出土的杂草无效。

【使用方法】

(1) 防除烟草一年生杂草:在播后苗前或移栽前 1～2 天,每 667 平方米用 50%可湿性粉剂 150～250 克或 50%水分散粒剂 200～250 克,兑水 30～40 千克均匀喷雾于土表。

(2) 防除油菜田一年生禾本科杂草及部分阔叶杂草:移栽油菜在移栽前后 1～2 天、直播油菜在播后杂草出土前,每 667 平方米用 20%乳油 250～300 毫升或 50%可湿性粉剂 100～120 克,兑水 30～40 千克均匀喷雾于土表。

(3) 防除棉花田一年生杂草:在播后苗前或移栽前 1～2 天,

每 667 平方米用 50％可湿性粉剂 150～250 克兑水 30～40 千克均匀喷雾于土表。

(4) 防除大蒜一年生禾本科杂草及部分阔叶杂草：在播后苗前或移栽前 1～2 天,每 667 平方米用 50％可湿性粉剂 120～200 克兑水 30～40 千克均匀喷雾于土表。

(5) 防除甜菜一年生禾本科杂草及部分阔叶杂草：在播后苗前或移栽前 1～2 天,每 667 平方米用 50％可湿性粉剂 100～200 克兑水 30～40 千克均匀喷雾于土表。

(6) 防除西瓜一年生禾本科杂草及部分阔叶杂草：在播后苗前或移栽前 1～2 天,每 667 平方米用 50％可湿性粉剂 150～250 克或 50％水分散粒剂 150～200 克,兑水 30～40 千克均匀喷雾于土表。

【注意事项】

(1) 对芹菜、胡萝卜、茴香、玉米、高粱等作物敏感,不宜施用。

(2) 施药要注意"早""湿""净"。因本品对已出土的杂草效果差,故应早施药;对已出土的杂草要事先予以清除。土壤湿度大,有利于发挥药效、提高除草效果,施药后 5～7 天如遇天气干燥应采取人工措施保持土壤湿润。

(3) 施用过敌草胺的田块要注意对后茬作物的选择,用量过高时会对下茬水稻、小麦、大麦、高粱、玉米等禾本科作物产生药害。每 667 平方米用量在 150 克以下,当季作物生长期超过 90 天以上时,对后茬作物一般不会产生药害。后茬为敏感作物的短期蔬菜不宜选用,以免产生药害。

(4) 一般土壤黏重时用药量高些;春夏日照长,光解敌草胺较多,用量适当高于秋冬季。土壤干旱地区施用,应进行混土,以提高药效。

(5) 对鱼类有毒,应远离水产养殖区施药。禁止在河塘等水域内清洗施药器具或将清洗施药器具的废水倒入河流、池塘等水源。

（6）每季最多施用 1 次。在棉籽和西瓜上最大残留限量均为 0.05 毫克/千克。

29. 敌草快

分子式：$C_{12}H_{12}Br_2N_2$

【类别】　吡啶类。

【化学名称】　$1,1'$-亚乙基-$2,2'$-联吡啶阳离子或二溴盐。

【理化性质】　原药为红褐色液体,相对密度 1.77。其二溴盐以单水合物形式存在,为白色至黄色结晶,蒸气压 1.3×10^{-5} 帕,300 ℃以上分解。水中溶解度(20 ℃)700 克/升,微溶于乙醇和含羟基的溶剂,不溶于非极性有机溶剂。在酸性和中性溶液中稳定,碱性条件下不稳定。pH7 时模拟光直射 DT_{50} 约 74 天,紫外光下半衰期小于一周。

【毒性】　中等毒。急性经口 LD_{50}：大鼠 231 毫克/千克,小鼠 125 毫克/千克,狗 100～200 毫克/千克。大鼠急性经皮 LD_{50} 50～100 毫克/千克。对兔眼睛和皮肤有中等刺激作用。在试验剂量内对动物无致畸、致癌作用。大鼠两年饲养 NOEL 为 25 毫克/千克饲料。以 35 毫克/千克饲料喂养大鼠,124 天后出现白内障。狗 4 年饲养 NOEL 为 50 毫克/千克饲料。对鱼类低毒,LC_{50}(96 小时)：鲤鱼 67 毫克/升,虹鳟鱼 21 毫克/升。对鸟类毒性较低,鹌鹑急性经口 LD_{50} 270 毫克/千克。对蜜蜂低毒,急性经口 LD_{50} 约为 950 毫克/千克。

【制剂】　10%、20%、25%、150 克/升、200 克/升水剂。

【作用机制与防除对象】 为非选择性触杀型除草剂,稍具传导性,可被植物绿色组织迅速吸收。在植物绿色组织中,联吡啶化合物是光合作用电子传递抑制剂,还原状态的联吡啶化合物在光诱导下,有氧存在时很快被氧化,形成活泼过氧化氢,这种物质的积累会破坏植物细胞膜,受药部位出现枯黄。但本品不能穿透成熟的树皮,对地下根茎基本无破坏作用。适用于阔叶杂草占优势的地块除草;还可作为种子植物的干燥剂;也可用作马铃薯、棉花、大豆、亚麻、向日葵、玉米、高粱等作物催枯剂,当处理成熟作物时,残余的绿色部分和杂草迅速枯干,可以提早收割,种子损失较少,而且收获的种子更清洁、更干,可减少收割后的清理和干燥费用;此外,还可作为甘蔗形成花序的抑制剂。敌草快在土壤中迅速丧失活力,适用于在作物种子萌发前杀死杂草。不会从土壤沥滤到其他地方,地下水不会受到污染。

【使用方法】

(1) 作物催枯

① 水稻:水稻收割前5～7天,每667平方米用20%水剂100～200毫升或200克/升水剂150～200毫升,兑水30～40千克进行喷雾催枯处理。

② 棉花:不管是人工还是机械摘收,事先催枯除去叶子,不仅方便采收,而且能提高棉花质量,每667平方米用20%水剂150～200毫升兑水30～40千克进行喷雾催枯处理。

③ 马铃薯:马铃薯收获前10～15天,每667平方米用20%水剂200～250毫升或200克/升水剂200～250毫升,兑水30～40千克进行喷雾催枯处理。

④ 冬油菜:于油菜成熟后期、收割前5～7天,每667平方米用200克/升水剂150～200毫升兑水30～40千克叶面喷洒,每季最多施用1次。

(2) 农田杂草防除

① 防除小麦免耕田一年生阔叶杂草:用于水稻收割后除草,

在种植前 2～3 天,每 667 平方米用 20％水剂 150～200 毫升兑水 30～40 千克均匀茎叶喷雾。

② 防除免耕冬油菜田一年生杂草:在油菜移栽前 1～3 天,每 667 平方米用 200 克/升水剂 150～200 毫升兑水 30～40 千克均匀茎叶喷雾。

③ 防除免耕蔬菜田杂草:免耕蔬菜田清园除草在前茬作物收获后、下茬蔬菜播种或移栽前进行,每 667 平方米用 200 克/升水剂 200～300 毫升兑水 30～40 千克均匀茎叶喷雾。

④ 防除苹果、柑橘等果园杂草:在杂草生长旺盛期,每 667 平方米用 20％水剂 150～200 毫升兑水 30～40 千克针对杂草茎叶喷雾。

⑤ 防除非耕地杂草:在杂草生长旺盛期,每 667 平方米用 20％水剂 300～350 毫升或 200 克/升水剂 250～350 毫升,兑水 30～40 千克均匀茎叶喷雾。

【注意事项】

(1) 本品是非选择性除草剂,切勿对作物幼苗进行直接喷雾,否则接触部分会产生严重药害。应注意避免飘移到邻近作物田及果树幼嫩茎叶上,以免产生药害。大风天或预计 1 小时内降雨,请勿施药。

(2) 勿与碱性磺酸盐湿润剂、激素型除草剂的碱金属盐类等化合物混合使用。

(3) 对蜜蜂、鱼类等水生生物、家蚕有毒。施药期间应避免对周围蜂群的影响,禁止在开花植物花期、蚕室和桑园附近使用。赤眼蜂等天敌放飞区禁用。禁止在河塘等水域内清洗施药器具或将清洗施药器具的废水倒入河流、池塘等水源。

(4) 施药后 7 天内,不要在施药区放牧、割草。

(5) 每季最多施用 1 次。200 克/升水剂用于马铃薯催枯的安全间隔期为 10 天,水稻催枯的安全间隔期为 7 天。

(6) 本品在糙米、小麦、棉籽、油菜籽、马铃薯、苹果、柑橘、茄果类蔬菜上最大残留限量（毫克/千克）分别为 1、2、0.1、1、0.05、0.1、0.1、0.01。

30. 敌草隆

分子式：$C_9H_{10}Cl_2N_2O$

【类别】 取代脲类。

【化学名称】 3-(3,4-二氯苯基)-1,1-二甲基脲。

【理化性质】 纯品为无色晶体，熔点 158～159℃。工业品熔点 135℃以上。蒸气压 $1.1×10^{-6}$ 毫帕(25℃)，相对密度 1.48。溶解度：水约 42 毫克/升(25℃)，丙酮 53 克/千克(27℃)，略溶于烃类。对氧化和水解稳定。在常温中性条件下水解速度可忽略，在升温和酸碱条件下水解速度加快。在 180～190℃时分解。在土壤中脱甲基化而降解，在 90～180 天内损失 50%。无腐蚀性，不易燃。

【毒性】 低毒。大鼠急性经口 LD_{50} 3 400 毫克/千克，兔急性经皮 LD_{50}＞2 000 毫克/千克。对兔眼睛有中度刺激性，对豚鼠皮肤无刺激性和致敏性。两年饲养试验大鼠 NOEL 为 250 毫克/千克饲料，狗 125 毫克/千克饲料。鹌鹑 LC_{50}(8 天)为 1 730 毫克/千克饲料，日本鹌鹑、野鸭、野鸡 LC_{50} 为 5 000 毫克/千克以上。鱼类 LC_{50}(96 小时)：虹鳟鱼 5.6 毫克/升，蓝鳃太阳鱼 5.9 毫克/升。对蜜蜂无害。

【制剂】 25%、50%、80%可湿性粉剂，20%、40%、63%、80%悬浮剂，80%、90%水分散粒剂。

【作用机制与防除对象】 为内吸传导型除草剂,可被植物的根、叶吸收,以根系吸收为主,茎叶吸收很少,宜做土壤处理,不宜叶面喷雾。杂草根系吸收药剂后,传到地上叶片中,并沿着叶脉向周围传播。本品杀死植物需光照,可抑制光合作用中的希尔反应,使受害杂草从叶尖和边缘开始褪色,终致全叶枯萎,不能制造养分而死。对种子萌发及根系无显著影响,药效期可维持 60 天以上。可防除棉花、甘蔗等田块的一年生杂草。

【使用方法】

(1) 防除甘蔗田一年生杂草:在甘蔗播后苗前、杂草出苗前,每 667 平方米用 80%水分散粒剂 100~200 克,或 80%可湿性粉剂 100~200 克,或 63%悬浮剂 120~240 毫升,兑水 30~40 千克均匀土壤喷雾。

(2) 防除棉花田一年生杂草:在棉花播后苗前,每 667 平方米用 80%水分散粒剂 81~94 克,或 50%可湿性粉剂 100~150 克,或 40%悬浮剂 125~150 毫升,兑水 30~40 千克均匀土壤喷雾。

(3) 防除非耕地杂草:在杂草生长旺盛期,每 667 平方米用 80%可湿性粉剂 375~667 克兑水 30~40 千克均匀茎叶喷雾。

【注意事项】

(1) 在麦田禁用。对多种作物的叶片有杀伤力,应避免药液飘移到其他作物叶片上。对桃树、辣椒、西瓜、油菜、小麦等作物敏感,施药时应避免接触此类作物。

(2) 套种其他作物的甘蔗田严禁施用。不能用于果蔗田,后茬宜种甘蔗或棉花,轮作花生、大豆、西瓜的间隔期不少于 240 天。毁种时只能种植甘蔗或棉花。

(3) 在南方多雨、土壤含水量高、黏性重的环境下,建议药后覆盖地膜,否则甘蔗可能出现黄叶症状。

(4) 对鱼有毒,应远离水产养殖区施药,禁止在河塘等水体中清洗施药器具。施药期间应避免对周围蜂群的影响,开花植物花期、蚕室和桑园附近禁用。

（5）每季最多施用 1 次,最后一次施药距甘蔗采收的安全间隔期以 120 天为宜。

（6）本品在棉籽和甘蔗上最大残留限量均为 0.1 毫克/千克。

31. 丁草胺

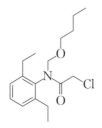

分子式：C$_{17}$H$_{28}$ClNO$_2$

【类别】 酰胺类。

【化学名称】 *N*-(2,6-二乙基苯基)-*N*-丁氧基甲基-氯乙酰胺。

【理化性质】 纯品为淡黄色油状液体,相对密度 1.076（25℃）,沸点 156℃（67 帕）,熔点 0.5～1.5℃,分解温度 165℃,蒸气压 0.24 毫帕（25℃）。水中溶解度（20℃）20 毫克/升,溶于乙酸乙酯、丙酮、乙醇、苯、己烷等。对紫外光稳定,土壤中持留时间 42～70 天。对钢和铁有腐蚀性。原药外观为琥珀色或深紫色液体。

【毒性】 低毒。大鼠急性经口 LD$_{50}$＞2 000 毫克/千克,大鼠急性经皮 LD$_{50}$＞3 000 毫克/千克,大鼠急性吸入 LC$_{50}$＞3.34 毫克/升。对兔皮肤有中等刺激性,对兔眼睛有轻度刺激。在试验剂量内对动物无致畸、致突变作用。两年饲喂试验表明,大鼠无作用剂量<100 毫克/千克饲料,狗饲养一年 NOEL 为 5 毫克/(千克/天)。野鸭急性经口 LD_{50}>10 000 毫克/千克,鹌鹑急性经口 LD_{50}>10 000 毫克/千克。鱼类 LC_{50}(96 小时):虹鳟鱼 0.5 毫克/升,蓝鳃太阳鱼 0.4 毫克/升。蜜蜂 LD_{50}>100 微克/只(接触)。

【制剂】 50%、60%、85%、90%、900 克/升乳油,40%、60%、400 克/升、600 克/升水乳剂,50%微乳剂,5%颗粒剂,10%微粒剂,25%微囊悬浮剂。

【作用机制与防除对象】 本品为选择性芽前除草剂。药剂大部分通过植物的芽鞘吸收向上传导,根部和种子的吸收量较少。进入植物体内的药剂抑制和破坏敏感植物体内蛋白质的合成,使之受害致死。可用于防除移栽水稻田以种子萌发的禾本科杂草、一年生莎草及部分一年生阔叶杂草。

【使用方法】

防除水稻移栽田一年生禾本科杂草及部分阔叶杂草:一般在水稻移栽后 5~7 天、水稻缓苗后稗草一叶一心期以前使用。每667 平方米用 60%乳油 100~150 毫升,或 60%水乳剂 125~150毫升,或 50%微乳剂 120~170 毫升,或 5%颗粒剂 1 000~1 700克,做成毒土或毒肥均匀撒施。或每 667 平方米用 25%微囊悬浮剂 150~250 毫升兑水 30~40 千克均匀喷雾。施药时田间水层3~5 厘米,田水不要淹没秧苗心叶,保水 5~7 天,以后恢复正常水层管理。

【注意事项】

(1)水稻种子萌芽期对丁草胺敏感,此时不能用药,在秧苗 1叶期以前施用也不安全,会影响成秧率。

(2)在移栽田,秧苗素质不好、施药后骤然大幅度降温、灌水过深或田块漏水,都可能产生药害,施用时应予以注意。

(3)直播稻及秧田用本品除草的安全性较差,易产生药害,应慎用。如用于秧田和水、旱直播田,应先进行试验,在掌握方法取得经验之后方可施用。

（4）本品对 3 叶期以上的稗草效果差,因此必须掌握在杂草 1 叶期以后、2 叶期以前施用,水不要淹没秧心。

（5）对稻田瓜皮草防效较差,连续施用易引起这类杂草大量发生,应注意不同药剂的交替使用。

（6）对鱼毒性较强,养鱼稻田严禁使用,远离水产养殖区施药,稻田用药后的田水也不能排入鱼塘,禁止在河塘等水体中清洗施药器具。对蜜蜂、家蚕、鱼类等生物有毒,施药期间应避免对周围蜂群的影响,开花植物花期、蚕室和桑园附近禁用。

（7）每季作物最多施用 1 次。

（8）本品在水稻(大米)上最大残留限量为 0.5 毫克/千克。

32. 丁噻隆

分子式：$C_9H_{16}N_4OS$

【类别】 脲类。

【化学名称】 1-(5-特丁基-1,3,4-噻二唑-2-基)-1,3-二甲基脲。

【理化性质】 无色至白色结晶固体,熔点 161.5～164 ℃,蒸气压 2.66×10^{-4} 帕(25 ℃)。25 ℃条件下,水中溶解度 2.5 克/升,有机溶剂中的溶解度（克/升）：苯 3.7、丙酮 70、己烷 6.1、乙腈 60、2-甲氧基乙醇 60、甲醇 170、三氯甲烷 250。pKa 为 1.2,正辛醇-水分配系数 $K_{ow} \log P$ 为 1.79,亨利常数 2.4×10^{-5} 帕·米^3/摩。对光稳定。

【毒性】 低毒。小鼠急性经口 LD_{50} 579 毫克/千克,大鼠急性经口 LD_{50} 644 毫克/千克,兔子经皮 LD_{50} >5 000 毫克/千克,狗急性 LD_{50} >500 毫克/千克。水蚤 EC_{50}(48 小时)297 毫克/升,大鳍鳞鳃太阳鱼 LC_{50}(96 小时)112 毫克/升,绿藻 EC_{50}(14 小时)0.05 毫克/升,虹鳟 LC_{50}(96 小时)115 毫克/升,蜜蜂 LD_{50} 30 微克/只,野鸭 LD_{50}(8 天)>2 545 毫克/千克,北美鹑 LD_{50}(8 天)>15 440 毫克/千克。

【制剂】 46%悬浮剂。

【作用机制与防除对象】 本品是一种广谱性除草剂,通过根部吸收,传导至茎干及叶子,抑制光合作用,对一年生和多年生禾本科杂草以及阔叶杂草均有良好防效,主要用于防除森林防火道杂草等非耕地杂草。

【使用方法】

(1)防除非耕地杂草:在杂草生长旺盛期,每 667 平方米用 46%悬浮剂 110~130 毫升兑水 30~50 千克茎叶均匀喷雾。

(2)防除森林防火道杂草:在杂草生长旺盛期,每 667 平方米用 46%悬浮剂 100~120 毫升兑水 30~50 千克茎叶均匀喷雾。

【注意事项】

(1)仅用于开辟防火道除草,不得用于农田、果茶园、沟渠、田埂、路边、抛荒田等。不得在大田中施用。

(2)避免在有风的天气施药,以免发生飘移。大风天或预计 1 小时内降雨,请勿用药。

(3)对藻类等水生植物有毒,远离水产养殖区、河塘等水体附近施药。施药后要彻底清洗器械,禁止在河塘等水域内清洗施药器具。清洗液及用剩的药剂不可污染水源。废弃物要妥善处理,不能随意丢弃,也不能作他用。

(4)每季施用 1 次。

33. 啶磺草胺

分子式：$C_{14}H_{13}F_3N_6O_5S$

【类别】 磺酰胺类。

【化学名称】 N-(5,7-二甲氧基[1,2,4]三唑[1,5-a]嘧啶-2-基)-2-甲氧基-4-(三氟甲基)-3-吡啶磺酰胺。

【理化性质】 原药质量分数不低于 96.5%，外观为棕褐色粉末。密度 1.618 克/厘米^3（20℃），熔点 208.3℃，分解温度 213℃；pKa 为 4.67，蒸气压（20℃）$<1×10^{-7}$ 帕。正辛醇-水分配系数 $K_{ow}\log P$（20℃）为 1.08（pH4）、-1.01（pH7）、-1.60（pH9）。溶解度（克/升，20℃）：纯净水 0.062 6，pH7 缓冲液 3.20，甲醇 1.01，丙酮 2.79，正辛醇 0.073，乙酸乙酯 2.17，二氯乙烷 3.94，二甲苯 0.035 2，庚烷 <0.001。

【毒性】 低毒。原药大鼠急性经口、经皮 $LD_{50}>2\,000$ 毫克/千克，对大白兔眼睛和皮肤无刺激性，豚鼠皮肤变态反应（致敏）试验结果为中度致敏性。大鼠 90 天亚慢性喂养毒性试验最大无作用剂量为 100 毫克/（千克·天）。Ames 试验、小鼠骨髓细胞微核试验、大鼠淋巴细胞体外染色体畸变试验、哺乳动物细胞体外染色体基因突变试验，结果均为阴性，未见致突变性。7.5% 啶磺草胺水分散粒剂大鼠急性经口、经皮 $LD_{50}>5\,000$ 毫克/千克；对大白兔眼睛有瞬时刺激性，7 天恢复，对皮肤无刺激性；豚鼠皮肤变态反应（致敏）试验结果为无致敏性。对虹鳟鱼 LC_{50}（96 小时）为 5.9

毫克/升;对鸟、蜜蜂、家蚕均为低毒,对鱼等水生生物有一定毒性。

【制剂】 4%可分散油悬浮剂、7.5%水分散粒剂。

【作用机制与防除对象】 属乙酰乳酸合成酶抑制剂,主要由植物的根、茎、叶吸收,经木质部和韧皮部传导至植物的分生组织,通过抑制支链氨基酸如缬氨酸、亮氨酸、异亮氨酸的生物合成,从而抑制细胞分裂、导致敏感杂草死亡。主要中毒症状为植株矮化、叶色变黄、变褐,最终死亡。为内吸传导型小麦田苗后除草剂,可有效防除看麦娘、日本看麦娘、雀麦等小麦田一年生禾本科杂草,还可抑制硬草、野燕麦、多花黑麦草、野老鹳草、婆婆纳等杂草。

【使用方法】

防除小麦田一年生杂草:冬前或早春,在麦苗 4～6 叶期、禾本科杂草2.5～5 叶期时施药。每 667 平方米用 4%可分散油悬浮剂 15～25 毫升或 7.5%水分散粒剂 9.4～12.5 克,兑水 30～40 千克茎叶均匀喷雾。

【注意事项】

(1) 施药后麦苗有时会出现临时性黄化或蹲苗现象,在正常施用条件下小麦返青后黄化消失,一般不影响产量。请勿在制种田施用本品。

(2) 小麦起身拔节后不得施用。不宜在霜冻低温(最低气温低于 2℃)等恶劣天气前后施药,不宜在遭受干旱、涝害、冻害、盐害、病害及营养不良的麦田施用,施药前后 2 天内不可大水漫灌麦田。

(3) 施药后杂草即停止生长,一般 2～4 周后死亡。干旱、低温时杂草枯死速度稍慢,施药 1 小时后降雨不显著影响药效。

(4) 远离水产养殖区施药,禁止在河塘等水域中清洗施药器具。施药后的田水不得直接排入水体中。桑园及蚕室附近禁用,鸟类保护区附近禁用。

(5) 在冬麦区,冬前茎叶处理施用正常用量(每 667 平方米用

4％可分散油悬浮剂 20～25 毫升)3 个月后可种植小麦、大麦、燕麦、玉米、大豆、水稻、棉花、花生、西瓜等作物；6 个月后可种植西红柿、小白菜、油菜、甜菜、马铃薯、苜蓿、三叶草等作物；如果种植其他后茬作物，事前应先进行安全性测试，测试通过后方可种植。

(6) 每季作物最多使用 1 次。

34. 啶嘧磺隆

分子式：$C_{13}H_{12}F_3N_5O_5S$

【类别】 磺酰脲类。

【化学名称】 3-(4,6-二甲氧基嘧啶-2-基)-1-(3-三氟甲基吡啶-2-基)磺酰脲。

【理化性质】 原药纯度不低于 92％。纯品为无臭白色结晶粉末，熔点 166～170 ℃，蒸气压 0.01 毫帕。溶解度(25 ℃，克/升)：水 2.1(pH7)，甲醇 4.2，乙腈 8.7，丙酮 22.7，甲苯 0.56，己烷 0.5 毫克/升。在 25 ℃的水溶液中 DT_{50} 为 11 天，田间土壤中 DT_{50}＜7 天。

【毒性】 低毒。雄、雌大鼠急性经口 LD_{50}＞5 000 毫克/千克，雄、雌小鼠急性经口 LD_{50}＞5 000 毫克/千克，大鼠急性经皮 LD_{50}＞2 000 毫克/千克。对兔皮肤无刺激性，对兔眼睛有中等刺激性，对豚鼠皮肤无致敏性。大鼠吸入 LC_{50}(4 小时)5.99 毫克/升。大鼠的 NOEL 为 1.313 毫克/(千克·天)。Ames 试验、Rec

试验、染色体畸变试验均为阴性。对鸟、鱼、蜜蜂低毒。日本鹌鹑急性经口 $LD_{50}>2\,000$ 毫克/千克,蜜蜂 $LD_{50}>100$ 微克/只,鲤鱼 LC_{50}(48 小时)>20 毫克/升,水蚤 EC_{50}(48 小时)>106 毫克/升,蚯蚓 LD_{50}(14 天)>16 毫克/升。

【制剂】 25%水分散粒剂。

【作用机制与防除对象】 为乙酰乳酸合成酶(ALS)抑制剂。主要抑制产生侧链氨基酸、亮氨酸、异亮氨酸和缬氨酸的前驱物乙酰乳酸合成酶的反应。一般情况下,处理后杂草立即停止生长,吸收 4～5 天后新发出的叶子褪绿,然后逐渐坏死并蔓延至整个植株,20～30 天杂草枯死。本品主要通过叶面吸收并转移至植物各部位致效。用于暖季型草坪防除稗草、牛筋草、早熟禾、看麦娘、狗尾草、香附子、水蜈蚣、异型莎草、小飞蓬、繁缕、白车轴、荠菜等一年生和多年生阔叶杂草和禾本科杂草,持效期为 30 天(夏季)～90 天(冬季)。

【使用方法】

防除暖季型草坪杂草:在杂草 2～4 叶期施药最佳,每 667 平方米用 25%水分散粒剂 10～20 克兑水 30～40 千克茎叶均匀喷雾。

【注意事项】

(1) 对冷季型草坪敏感,故高羊茅、黑麦草、早熟禾等冷季型草坪不可施用。

(2) 本品用药时间较宽,苗后早期施药效果较好,叶面茎叶喷雾比土壤处理效果好。

(3) 远离水产养殖区、河塘等水体施药,禁止在河塘等水体清洗施药器具,清洗器具的废水不能排入河流、池塘等水源。赤眼蜂等天敌放飞区域禁用。

(4) 每季作物最多施用 1 次。

35. 毒草胺

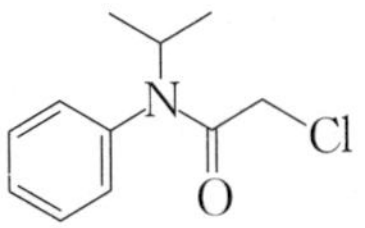

分子式：$C_{11}H_{14}ClNO$

【类别】 酰胺类。

【化学名称】 2-氯代-N-异丙基乙酰基苯胺。

【理化性质】 纯品为淡棕色固体,熔点 77 ℃,沸点 110 ℃ (3.97 帕),蒸气压 30.6 毫帕(25 ℃)。溶解度(25 ℃,克/升):苯 737,丙酮 448,乙醇 408;水 613 毫克/升。遇碱或强酸分解。170 ℃分解,对紫外光稳定。

【毒性】 低毒。大鼠急性经口 LD_{50} 550～1 700(原药)毫克/千克,兔急性经皮 LD_{50}＞2 000 毫克/千克。鹌鹑急性经口 LC_{50} 91 毫克/千克,虹鳟鱼 LC_{50}(96 小时)0.17 毫克/升。

【制剂】 50％可湿性粉剂。

【作用机制与防除对象】 本品是一种选择性触杀型苗前及苗后早期施用的除草剂。通过抑制蛋白质合成,使根部受抑制变畸形、心叶卷曲而死。能有效防除一年生禾本科杂草和某些阔叶杂草,如马唐、稗、狗尾草、早熟禾、看麦娘、藜、苋、龙葵、马齿苋等,对红蓼、苍耳效果差,对多年生杂草无效,对稻田稗草效果显著、使用安全、不易发生药害。在土壤中残效期约为 30 天。

【使用方法】

防除水稻移栽田一年生杂草:水稻移栽后 4～6 天,每 667 平方米用 50％可湿性粉剂 200～300 克,拌湿细土均匀撒施。用药前上水至 3～4 厘米的水层,用药后保水 5～7 天,以后正常管理。

【注意事项】

（1）对水稻幼苗较敏感，不宜在秧田施用。

（2）施用时应注意药后保持浅水层，勿淹没水稻心叶，以免造成药害。大风天或预计1小时内降雨，请勿施药。

（3）对鱼类等水生生物有毒，远离水产养殖区施药，养鱼稻田禁用。禁止在河塘等水域内清洗施药器具，清洗喷药器具的废水不应污染河流等水源。未用完的药液应密封后妥善放置。

（4）对皮肤刺激性很大，施药和拌药时必须戴上手套及口罩等防毒用具，避免皮肤接触及口鼻吸入。

（5）每季作物最多施用1次。本品在水稻稻谷（糙米）上的最大残留限量为0.05毫克/千克。

36. 恶草酸

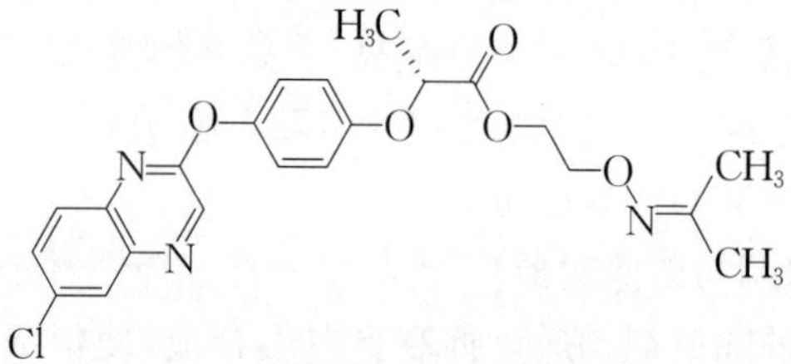

分子式：$C_{22}H_{22}ClN_3O_5$

【类别】 芳氧苯氧丙酸类。

【化学名称】 （2-异亚丙基氨基氧基乙基)-(R)-2-[4-(6-氯喹喔啉-2-基氧基)苯氧基]丙酸酯。

【理化性质】 纯品为无色晶体，熔点66.3℃，相对密度1.30，蒸气压4.4×10^{-7}毫帕(25℃)、1.3×10^{-7}毫帕(20℃)。正辛醇-水分配系数$K_{ow}\log P$为4.78(25℃)。亨利常数9.2×10^{-8}帕·米³/摩。水中溶解度(25℃)0.63毫克/升，其他溶剂中溶解度

（克/升，25 ℃）：丙酮 730、乙醇 59、甲苯 630、正己烷 37。稳定性：室温下，密闭容器中稳定≥2 年，25 ℃、pH5 和 pH7 时对水解稳定，对光稳定。

【毒性】 低毒。大鼠急性经口 LD_{50}＞5 000 毫克/千克，小鼠急性经口 LD_{50} 3 009 毫克/千克。大鼠急性经皮 LD_{50}＞2 000 毫克/千克。大鼠急性吸入 LC_{50}（4 小时）2.5 毫克/升空气。对兔皮肤无刺激性，对兔眼睛有轻度刺激性。无诱变性，无致畸和胚胎毒性。大、小鼠 2 年饲养试验 NOEL 为 1.5 毫克/（千克·天），狗 1 年饲养试验 NOEL 为 20 毫克/（千克·天）。ADI 为 0.015 毫克/千克。饲喂野鸭（10 天）和山齿鹑（14 天）LD_{50}＞6 593 毫克/千克。鱼类 LC_{50}（96 小时，毫克/升）：虹鳟 1.2，鲤鱼 0.19，大翻车鱼 0.34。蜜蜂 LD_{50}（48 小时）＞20 微克/只（经口），＞200 微克/只（接触）。蚯蚓 LC_{50}（14 天）＞1 000 毫克/千克土壤。

【制剂】 10％乳油。

【作用机制与防除对象】 本品属内吸传导型抑制剂，其作用特点是药剂经茎叶处理后，迅速被杂草茎叶吸收并传导到顶端以至整个植株，积累于植物体的分生组织区，通过抑制乙酰辅酶 A 羧化酶（ACC 酶），使脂肪酸合成停止，细胞的生长分裂不能正常进行，膜系统等含脂结构破坏，最后导致植物死亡。可有效防除大豆田、马铃薯田和棉花田一年生及部分多年生禾本科杂草。

【使用方法】

（1）防除大豆田一年生及部分多年生禾本科杂草：在大豆苗后、禾本科杂草 3～5 叶期，每 667 平方米用 10％乳油 35～50 毫升兑水 30～40 千克茎叶均匀喷雾。

（2）防除马铃薯田一年生及部分多年生禾本科杂草：在马铃薯苗后、禾本科杂草 3～5 叶期，每 667 平方米用 10％乳油 35～50 毫升兑水 30～40 千克茎叶均匀喷雾。

（3）防除棉花田一年生及部分多年生禾本科杂草：在棉花苗

后、禾本科杂草 3～5 叶期,每 667 平方米用 10％乳油 35～50 毫升兑水 30～40 千克茎叶均匀喷雾。

【注意事项】

(1) 对鱼类等水生生物有毒。应远离水产养殖区、河塘等水体施药,禁止在河塘等水体中清洗施药器具。

(2) 周围开花植物花期禁用,施药期间应密切关注对附近蜂群的影响。赤眼蜂等天敌放飞区域附近禁用。

(3) 本品中度致敏性,注意防护。施药时应穿防护服,戴口罩和手套,避免吸入药液。

(4) 每季作物最多施用 1 次。

37. 噁草酮

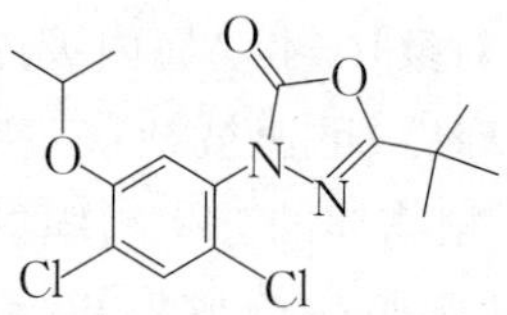

分子式: $C_{15}H_{18}Cl_2N_2O_3$

【类别】 噁二唑酮类。

【化学名称】 5-特丁基-3-(2,4 二氯-5-异丙氧苯基)-1,3,4-噁二唑-2-(3H)酮。

【理化性质】 纯品为无臭、无色结晶,熔点 87 ℃,蒸气压 0.133 毫帕(20 ℃)。溶解度(20 ℃):水 0.7 克/升,丙酮、苯乙酮、苯甲醚 600 克/升,苯、甲苯、氯仿 1 000 克/升,甲醇、乙醇约 100 克/升。常温下贮存稳定,在碱性条件下不稳定,pH9(25 ℃)时 DT_{50} 为 38 天,土壤中 DT_{50} 约 90 天。

【毒性】 低毒。大鼠急性经口 LD_{50} 8 000 毫克/千克,大鼠急

性经皮 LD_{50} 8 000 毫克/千克,大鼠急性吸入 LD_{50}（4 小时）>2.77
毫克/升。大鼠两年饲喂 NOEL 为 10 毫克/千克。试验条件下未
见致突变、致癌作用。鹌鹑急性经口 LD_{50} 6 000 毫克/千克,野鸭
急性经口 LD_{50} 1 000 毫克/千克。鱼类 LC_{50}（96 小时）：虹鳟鱼
1～9 毫克/升,鲤鱼 1.76 毫克/升。蜜蜂经口 LD_{50}>400 微克/
只。对蚯蚓无毒。

【制剂】 12.5%、13%、25%、25.5%、26%、31%、120 克/
升、250 克/升乳油,13%、35%、40%、380 克/升悬浮剂,30%水
乳剂,30%微乳剂,30%可湿性粉剂,0.06%、0.6%颗粒剂。

【作用机制与防除对象】 本品是一种芽前、芽后处理的除草
剂。主要通过杂草的幼芽和幼苗与药剂接触或吸收而起作用,并
迅速传导到生长旺盛部位。在光照条件下,抑制 ATP 的形成、叶
绿体的发育,使植物组织腐烂死亡。抗性植物如水稻体内主要通
过脱烷基化、氧化作用进行降解,使其失去活性。可用于水稻、棉
花、大豆等多种作物田防除一年生禾本科杂草和阔叶杂草,对旋花
科杂草有较高的活性。

【使用方法】

（1）防除水稻移栽田一年生杂草：在水稻移栽前、稻田灌水整
地后呈泥水状态时,每 667 平方米用 120 克/升乳油 185～250 毫
升,以瓶甩法施药。或每 667 平方米用 26%乳油 100～150 毫升,
或 35%悬浮剂 60～90 毫升,或 30%微乳剂 80～110 毫升,或 30%
水乳剂 80～110 毫升,或 30%可湿性粉剂 80～125 克,采用毒土法
或喷雾法施药。施药后 1～2 天插秧,施药时田间水层深应为 3～
5 厘米,施药后 2 天内不能排水,插秧后保持 3～5 厘米水层,若水
位有所提高,则应排水,直至水位降到 3～5 厘米,以防止淹没稻苗
心叶而影响水稻生长。

（2）防除水稻直播田一年生杂草：在水稻直播前 2～4 天,每
667 平方米用 26%乳油 95～125 毫升或 35%悬浮剂 70～90 毫升,
采用毒土法或喷雾法施药。或每 667 平方米用 0.6%颗粒剂

4 000～5 300 克拌干细土均匀撒施。

（3）防除花生田一年生杂草：于花生播后苗前、杂草未出土前施药，每 667 平方米用 250 克/升乳油 100～150 毫升或 26％乳油 100～150 毫升，兑水 20～40 千克，土壤喷雾法均匀喷雾。

（4）防除棉花田一年生杂草：于棉花播后苗前，每 667 平方米用 120 克/升乳油 230～260 毫升兑水 20～40 千克，土壤喷雾法均匀喷雾。

（5）防除春大豆田一年生杂草：于大豆播后苗前，每 667 平方米用 25.5％乳油 200～300 毫升兑水 20～40 千克，土壤喷雾法均匀喷雾。

【注意事项】

（1）用于水稻插秧田，弱苗、小苗或超过常规用药量，水层过深淹没心叶时，易出现药害。水稻催芽播种田，必须在播种前 2～4 天施药，如播种后马上施药易出现药害。

（2）由于本品对作物叶片有触杀作用，因此不能对作物叶片直接喷洒。作物移栽或出苗后，严禁作茎叶喷雾，以免药害。水稻移栽后施用，应于稗草 1.5 叶期以前，采用"毒土法"或"毒肥法"撒施，施药时田间保持 3～5 厘米水层；严禁茎叶喷雾法或瓶甩法施药，以免产生药害。

（3）秸秆还田（旋耕整地、打浆）的稻田，也必须于水稻移栽前 3～7 天趁清水或浑水施药，且秸秆要打碎并彻底与耕层土壤混匀，以免因秸秆集中腐烂造成稻苗根际缺氧引起稻苗受害。

（4）对蜜蜂、鱼类、家蚕等生物有影响，施药期间应避免对周围蜂群的影响，蜜源作物花期、蚕室和桑园附近禁用，赤眼蜂等天敌放飞区域禁用。鱼或虾蟹套养稻田禁用，施药后的田水不得排入水体。远离水产养殖区施药，禁止在河塘等水体中清洗施药器具，清洗器具的废水不可倒入水道、池塘、河流等水源。

（5）每季作物最多施用 1 次。

（6）本品在水稻田的安全间隔期为 120 天。

（7）本品在水稻稻谷（糙米）、大豆、花生（花生仁）、棉籽上最大残留限量（毫克/千克）分别为 0.05、0.05、0.1、0.1。

38. 噁嗪草酮

分子式：$C_{20}H_{19}Cl_2NO_2$

【类别】 噁嗪酮类。

【化学名称】 3-[1-(3,5-二氯苯基)-1-甲基乙基]-2,3-二氢-6-甲基-5-苯基-$4H$-1,3-噁嗪-4-酮。

【理化性质】 纯品白色至浅黄色结晶体，相对密度 1.322 7，260 ℃ 时分解，熔点 149.5～150.5 ℃，蒸气压 1.33×10^{-5} 帕（50 ℃）。溶解度（25 ℃）：水 0.18 毫克/升、甲苯 74.2 克/升、丙酮 96.0 克/升、甲醇 15.2 克/升、乙酸乙酯 67.0 克/升。正辛醇-水分配系数 $K_{ow} \log P$ 为 4.01。50 ℃水中 DT_{50} 为 30～60 天。

【毒性】 低毒。雌雄大鼠、小鼠的急性经口 LD_{50} 均>5 000 毫克/千克，雌雄大鼠急性经皮 LD_{50}>2 000 毫克/千克，雌雄大鼠急性吸入 LD_{50}>5.54 毫克/千克。对兔眼睛有很小的刺激作用，对兔皮肤没有刺激作用，对豚鼠皮肤没有致敏性。鲤鱼 LC_{50}（96 小时）>8.6 毫克/升，水蚤 LC_{50}（48 小时）>17 毫克/升，蚯蚓 LC_{50}（14 天）>1 000 毫克/升干土壤，鹌鹑 LC_{50}>8.6 毫克/升，水蚤最大无作用浓度 13 毫克/升。

【制剂】 1%、10%、30%悬浮剂，2%大粒剂。

【作用机制与防除对象】 本品是内吸传导型水稻田除草剂。

主要由杂草的根部和茎叶基部吸收,杂草接触药剂后茎叶部分失绿、停止生长,直至枯死。可防除水稻田稗草、千金子、异型莎草等多种杂草。

【使用方法】

(1)防除水稻直播田禾本科及莎草科杂草:在水稻播种前1天或水稻1叶1心期,每667平方米用1%悬浮剂267～333毫升兑水30～45千克均匀喷雾。施药后15天内保持田面湿润,不能有积水。

(2)防除水稻秧田稗草、千金子和异型莎草:在水稻播种前1天或水稻1叶1心期,每667平方米用1%悬浮剂200～250毫升兑水30～45千克均匀喷雾处理。施药后15天内保持田面湿润,不能有积水。

(3)防除水稻移栽田一年生杂草:在水稻移栽后5～7天,每667平方米用1%悬浮剂267～333毫升,直接瓶甩施药,或均匀喷雾。或每667平方米用2%大粒剂150～200克均匀撒施。施药时田间应有水层3～5厘米,施药后保水5～7天,水深不能淹没水稻心叶。

【注意事项】

(1)施药前要用力摇瓶,使药液混合均匀。

(2)对蜜蜂、鱼类等水生生物、家蚕有毒,应远离水产养殖区、河塘等水域施药。施药期间应避免对周围蜂群的影响,禁止在开花植物花期、蚕室和桑园附近使用。赤眼蜂等天敌放飞区域禁用。鱼、虾、蟹套养稻田禁用。

(3)施药后及时彻底清洗施药器具,废水不能排入河流、池塘等水体。

(4)每季最多施用1次。本品在水稻上(糙米)的最大残留限量为0.05毫克/千克。

39. 噁唑酰草胺

$$分子式：C_{23}H_{18}ClFN_2O_4$$

【类别】 芳氧苯氧丙酸类。

【化学名称】 (R)-2-{4-[(6-氯-2-苯并)氧]苯氧基}-N-(2-氟苯基-N-甲基丙酰胺)。

【理化性质】 外观为淡橘色粉末，无味。相对密度 1.39，熔点 77.0～78.5 ℃，正辛醇-水分配系数（20 ℃）$K_{ow} \log P$ 为 5.45（pH7），蒸气压 1.51×10^{-4} 帕（25 ℃），亨利常数 6.35×10^{-2} 帕·米^3/摩（25 ℃）。水中溶解度 0.69 毫克/升（20 ℃，pH7）。正常条件下在土壤中的 DT_{50} 为 40～60 天。

【毒性】 低毒。大鼠急性经口 $LD_{50} > 2\,000$ 毫克/千克，大鼠急性经皮 $LD_{50} > 2\,000$ 毫克/千克，大鼠急性吸入 $LC_{50} > 2.61$ 毫克/升。对皮肤无刺激性，对眼睛轻微刺激，可导致皮肤致敏。Ames 试验、染色体畸变试验、细胞突变试验、微核细胞试验均为阴性。对鱼高毒，对蜜蜂低毒。水蚤急性 EC_{50}（48 小时）0.288 毫克/升，蜜蜂 $LD_{50} > 100$ 微克（有效成分）/只。

【制剂】 10％乳油，10％可湿性粉剂。

【作用机制与防除对象】 本品为内吸传导型防除一年生禾本科杂草除草剂，其作用机制为乙酰辅酶 A 羧化酶（ACCase）抑制剂，能抑制植物脂肪酸的合成。用于水稻田茎叶处理防除稗草、千金子等多种禾本科杂草。经茎叶吸收，通过维管束传导至生长点，达到除草效果，推荐剂量下使用，对水稻安全。

【使用方法】

防除水稻直播田一年生禾本科杂草:在禾本科杂草齐苗后,稗草、千金子2～6叶期均可施用,以2～3叶期为最佳。每667平方米用10%乳油60～80毫升或10%可湿性粉剂80～120克,兑水30～45千克茎叶均匀喷雾。施药前排干田水,药后1天复水,保持水层3～5天。

【注意事项】

(1) 避免药液飘移到邻近的禾本科作物田。

(2) 可与阔叶草除草剂搭配施用,但在大面积混用前,应先进行小面积试验以确认安全性和有效性。施药时严禁加洗衣粉等助剂。

(3) 对鱼类等水生生物有毒,应远离水产养殖区施药,鱼或虾蟹套养稻田禁用。对赤眼蜂高风险,对鸟类中等毒,施药时需注意保护天敌生物,赤眼蜂等天敌放飞区禁用。

(4) 每季作物最多施用1次,安全间隔期90天。本品在稻谷(糙米)上最大残留限量为0.05毫克/千克。

40. 二甲戊灵

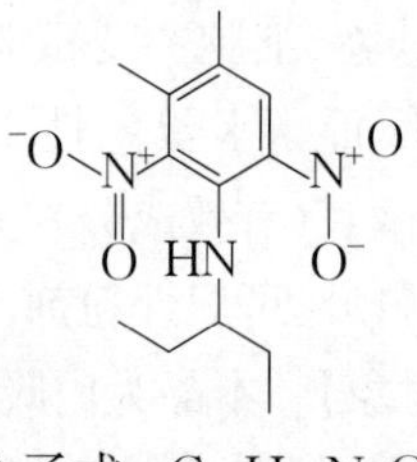

分子式:$C_{13}H_{19}N_3O_4$

【类别】 二硝基苯胺类。

【化学名称】 *N*-(乙基丙基)-2,6二硝基-3,4-二甲基苯胺。

【理化性质】 纯品为橘黄色晶状固体,熔点 $54\sim58\,^{\circ}\text{C}$,蒸气压 4.0 毫帕$(25\,^{\circ}\text{C})$,相对密度 1.19。溶解性$(20\,^{\circ}\text{C})$:丙酮 700 克/升、玉米油 148 克/升、异丙醇 77 克/升、二甲苯 628 克/升,水 0.3 毫克/升。在 $130\,^{\circ}\text{C}$ 以下稳定,光下缓慢分解,水中 $DT_{50}<21$ 天,对酸、碱稳定。土壤中 DT_{50} 为 $30\sim90$ 天。

【毒性】 低毒。急性经口 LD_{50}:大鼠 $1\,050\sim1\,250$ 毫克/千克,小鼠 $1\,340\sim1\,620$ 毫克/千克,狗 $>5\,000$ 毫克/千克。兔急性经皮 $LD_{50}>5\,000$ 毫克/千克。大鼠急性吸入 $LC_{50}>320$ 毫克/升。以 100 毫克/千克剂量喂大鼠两年,无不良影响。鹌鹑 LD_{50} 为 $4\,187$ 毫克/千克,野鸭 LD_{50} $10\,388$ 毫克/千克。蜜蜂经口 LD_{50} 为 59.0 微克/只,对水生生物毒性高。

【制剂】 30%、33%、330 克/升、500 克/升乳油、450 克/升微囊悬浮剂、20%、30%、35%、40%悬浮剂、60%可湿性粉剂。

【作用机制与防除对象】 为选择性内吸传导型土壤处理剂。水溶性低,不易淋溶。通过植物幼茎和根系吸收,抑制幼芽和次生根分生组织细胞分裂,从而阻碍杂草幼苗生长而致死。因此,可以利用杂草和作物根、幼芽和药层位置的位差选择和形态差异来保护作物。能防除棉花、大豆、花生、烟草和蔬菜等作物田及果园中马唐、狗尾草、早熟禾、看麦娘、马齿苋、苋、蓼等一年生禾本科杂草和阔叶杂草。

【使用方法】

(1) 防除棉田、花生田一年生杂草:棉花播前或播后苗前、花生播后苗前,每 667 平方米用 330 克/升乳油 $150\sim200$ 毫升兑水 $40\sim60$ 千克均匀喷雾,对土壤表面进行土壤封闭处理。

(2) 防除甘蓝、白菜田一年生杂草:在移栽前 $2\sim3$ 天,每 667 平方米用 330 克/升乳油 $100\sim150$ 毫升兑水 $40\sim60$ 千克均匀喷雾,对土壤表面进行土壤封闭处理。

(3) 防除韭菜田一年生杂草:韭菜播后苗前,每 667 平方米用

330 克/升乳油 100～150 毫升兑水 40～60 千克均匀喷雾,对土壤表面进行土壤封闭处理。

(4)防除大蒜田一年生杂草:在大蒜播种后 1～2 天,每 667 平方米用 330 克/升乳油 125～150 毫升兑水 40～50 千克均匀喷雾,对土壤进行封闭处理。

(5)防除玉米田一年生杂草:播后苗前,每 667 平方米用 330 克/升乳油 150～250 毫升兑水 40～60 千克土壤喷雾处理。

(6)防除姜田一年生杂草:在姜播后出苗前,每 667 平方米用 330 克/升乳油 130～150 毫升兑水 40～60 千克土壤均匀喷雾,对土壤表面进行封闭处理。

(7)防除水稻旱育秧田一年生杂草:水稻播种后 3～5 天,每 667 平方米用 330 克/升乳油 150～200 毫升兑水 40～50 千克,对土壤表层均匀喷雾。

【注意事项】

(1)施药应周到、均匀,勿重喷或漏喷。

(2)有机质含量低的砂壤土,使用低剂量;有机质超过 2% 时,使用推荐的上限用量。

(3)土壤处理前需整平地面,避免有大土块及植物残渣。低温、干旱或施药后降大雨会影响药效,应避免。

(4)防除禾本科杂草效果比防除阔叶杂草效果好,因此,在阔叶杂草较多的田块,可考虑同其他除草剂混用。

(5)对 2 叶期内的一年生杂草防效好,要掌握施药适期。

(6)对鱼类高毒,不得污染水源和鱼塘,施药时远离水产养殖区。施药器具用毕后要清洗干净,剩药不可倒入鱼塘,以防鱼类中毒。

(7)甘蓝上的安全间隔期为 30 天,每季作物最多施用一次。

(8)本品在水稻(糙米)、玉米、棉籽、花生仁、韭菜、大蒜、结球甘蓝、普通白菜上的最大残留限量(毫克/千克)分别为 0.1、0.1、0.1、0.1、0.2、0.1、0.2、0.2。

41. 二氯吡啶酸

分子式：$C_6H_3Cl_2NO_2$

【类别】　芳基羧酸类。

【化学名称】　3,6-二氯吡啶-2-羧酸。

【理化性质】　纯品为无色结晶体,熔点 151～152 ℃,蒸气压(25 ℃)1.6 毫帕。溶解度(20 ℃,克/升)：水 1.0,丙酮 153,环己酮 387,二甲苯 6.5。熔点以上分解。在酸性介质中稳定,对光稳定。水解 $DT_{50}>30$ 天(pH5～9,25 ℃)。

【毒性】　低毒。大鼠急性经口 $LD_{50}>4\,640$ 毫克/千克,大鼠急性经皮 $LD_{50}>2\,000$ 毫克/千克,大鼠急性吸入 LC_{50}(4 小时)>0.38 毫克/升。对眼睛有强烈的刺激作用。大鼠两年饲养无作用剂量 50 毫克/(千克·天)。对鱼、蜜蜂、鸟低毒。野鸭急性经口 LD_{50} 1465 毫克/千克。鱼类 LC_{50}(96 h)：虹鳟鱼 103.5 毫克/升,蓝鳃太阳鱼 125.4 毫克/升。蜜蜂经口 LD_{50}(48 h)和接触 LD_{50} 均>0.1 毫克/只。蚯蚓 $LC_{50}>1\,000$ 毫克/千克土壤(14 小时)。

【制剂】　30%水剂,63%、75%可溶粒剂,75%水分散粒剂,75%可溶粉剂。

【作用机制与防除对象】　为内吸传导型苗后除草剂。对杂草施药后,由叶片或根部吸收,在植物体内上下移动,迅速传到整个植株。作用机制为促进植物核酸的形成,产生过量的核糖核酸,致使根部生长过量,茎及叶生长畸形,养分消耗,维管束输导功能受阻,最后导致杂草死亡。适用于油菜、小麦、玉米和甜菜田防除多种阔叶杂草,如刺儿菜、苣荬菜、稻槎菜、鬼针草、大巢菜等。

【使用方法】

(1) 防除春小麦田一年生阔叶杂草:在阔叶杂草 3～6 叶期,每 667 平方米用 30％水剂 30～45 毫升兑水 30～40 千克茎叶均匀喷雾。

(2) 防除油菜田一年生阔叶杂草:在油菜 3～6 叶期、阔叶杂草 3～5 叶期,每 667 平方米用 30％水剂 30～40 毫升或 75％可溶粒剂 9～14 克,兑水 30～40 千克茎叶均匀喷雾。

(3) 防除玉米田一年生阔叶杂草:在玉米 3～5 叶期、在阔叶杂草 2～5 叶期,每 667 平方米用 30％水剂 30～40 毫升,或 75％可溶粒剂 18～21 克,或 75％可溶粉剂 18～21 克,或 75％水分散粒剂 13.3～26.7 克,兑水 30～40 千克茎叶均匀喷雾。

(4) 防除甜菜田一年生阔叶杂草:在甜菜 4～6 叶期、阔叶杂草 2～5 叶期,每 667 平方米用 30％水剂 40～60 毫升兑水 30～40 千克茎叶均匀喷雾。

(5) 防除非耕地一年生阔叶杂草:在杂草生长期,每 667 平方米用 30％水剂 80～110 毫升兑水 30～40 千克茎叶均匀喷雾。

【注意事项】

(1) 本品可在甘蓝型、白菜型油菜田施用,禁止在芥菜型油菜上施用。

(2) 对豆科、伞形科、菊科等作物敏感,施药时应避免药液飘移到敏感作物上,如大豆、胡萝卜、向日葵、花生、莴苣等,以免造成药害。

(3) 本品主要由微生物分解,降解速度受环境影响较大。正常推荐剂量用药后 60 天,后茬作物可种植小麦、大麦、燕麦、玉米、油菜(芥菜型油菜除外)、甜菜、亚麻、十字花科蔬菜;后茬如果种植大豆、花生等,需间隔 1 年;如果种植棉花、向日葵、西瓜、番茄、红豆、绿豆、甘薯需间隔 18 个月。

(4) 间、混或套种有阔叶作物的玉米田,不能施用本品。

（5）对蜜蜂、鱼类等水生生物、家蚕有毒，施药时远离水产养殖区、河塘等水域。应避免对周围蜂群的影响，禁止在开花植物花期、蚕室和桑园附近使用。赤眼蜂等天敌放飞区域禁用。鱼、虾、蟹套养稻田禁用。

（6）禁止在河塘等水体清洗施药器具，清洗器具的废水不能排入河流、池塘等水源。

（7）每季作物最多施用 1 次。在小麦、玉米、油菜籽、甜菜上最大残留限量（毫克/千克）分别为 2、1、2、2。

42. 二氯喹啉草酮

分子式：$C_{16}H_{11}Cl_2NO_3$

【类别】 三酮类。

【化学名称】 2-(3,7-二氯喹啉-8-基)-羰基-环己烷-1,3-二酮。

【理化性质】 纯品外观为均匀的淡黄色粉末，无刺激性异味，熔点 141.8～144.2℃，沸点 248.2℃。分配系数：正辛醇-水分配系数 $K_{ow}\log P$ 为 2.9。水中溶解度（20℃）为 0.423 毫克/升；有机溶剂中溶解度（克/升）：二甲基甲酰胺 79.84，丙酮 25.3，甲醇 2.69。

【毒性】 低毒。大鼠急性经口、经皮 LD_{50} 均 >5 000 毫克/千克，大鼠急性吸入 LC_{50} >2 000 毫克/米³。对兔皮肤、眼睛有轻度刺激性。豚鼠皮肤变态反应（致敏性）试验结果为弱致敏性。原药大鼠90天亚慢性饲养毒性试验的NOEL：雄性为2 379毫克/千克、雌性为2 141毫克/千克。Ames试验、小鼠骨髓细胞微核试验、人体外周血淋巴细胞染色体畸变试验、体外哺乳动物细胞基因突变试验结果均为阴性，未见致突变作用。20%可分散油悬浮剂对斑马鱼LC_{50}(96小时)1.05毫克/升；日本鹌鹑LD_{50}1 490毫克/千克；蜜蜂经口LD_{50}(48小时)63.9微克/只，接触LD_{50}(48小时)＞100微克/只；家蚕LC_{50}(食下毒叶法,96小时)2 000毫克/升。对鱼中等毒，对鸟、蜜蜂和蚕低毒。

【制剂】 20%可分散油悬浮剂。

【作用机制与防除对象】 本品是新型水稻田具有双重作用机制的除草剂，兼有土壤和茎叶处理活性。作用机制是抑制HPPD(对-羟苯基丙酮酸双氧化酶)活性，调控激素水平(包括降低生长素含量和诱导ABA积累)。作用方式为茎叶和根系吸收，以茎叶吸收为主。对水稻田稗草、马唐、丁香蓼、鳢肠等效果较好，具有作用速度快、杀草谱广、安全性高等特点。

【使用方法】

防除水稻移栽田稗草：在水稻移栽后7～20天，以稗草2～4叶期施药最佳。每667平方米用20%可分散油悬浮剂200～300毫升兑水20～40千克茎叶均匀喷雾。宜在稻田排水至浅水或湿润泥土状后喷施，药后1天复水，尽量保持浅水3～5厘米5～7天(避免淹没稻心，避免药害)，然后按常规管理。

【注意事项】

(1) 避免在水稻播种早期胚根暴露在外及低温、弱苗期施用。

(2) 施药时应避开对该药敏感的伞形花科作物。

(3) 避开高温施用、地膜覆盖旱育秧田慎用。

(4) 远离水产养殖区、河塘等水体施药，禁止在河塘等水体中清洗施药器具，施药后的田水不得直接排入水体。赤眼蜂等天敌放飞区域禁用。鱼或虾蟹套养稻田禁用。

(5) 每季作物最多施用1次。

43. 二氯喹啉酸

分子式：$C_{10}H_5Cl_2NO_2$

【类别】 芳氧羧酸类。

【化学名称】 3,7-二氯喹啉-8-羧酸。

【理化性质】 纯品为无色结晶,熔点274℃。工业原药为淡黄色固体,熔点269℃。相对密度1.75,蒸气压<0.01毫帕(20℃)。溶解度(20℃,毫克/千克)：水0.065(pH7),丙酮2,乙醇2,乙醚1,乙酸乙酯1;难溶于甲苯、乙腈、正辛醇、二氯甲烷、正己烷。对光、热和pH3～9稳定;在50℃下两年内不分解(在不打开原始包装的情况下);黑暗条件下,在pH5、pH7和pH9、25℃,30天内不分解。无腐蚀性。

【毒性】 低毒。雄、雌大鼠急性经口LD_{50}分别为3060毫克/千克、2190毫克/千克,大鼠急性经皮$LD_{50}>2000$毫克/千克,大鼠急性吸入LC_{50}(4小时)>5.2毫克/升空气。对兔皮肤和眼睛无刺激性,对豚鼠皮肤有致敏性。无致癌、致畸、致突变性。鹌鹑急性经口$LD_{50}>2000$毫克/千克。鲤鱼、虹鳟鱼LC_{50}(96小时)>100毫克/升。对蜜蜂无毒。

【制剂】 25%、30%、250克/升悬浮剂,25%、50%、60%、75%可湿性粉剂,50%、75%、90%水分散粒剂,45%、50%可溶粉剂,50%可溶粒剂,25%可分散油悬浮剂,25%泡腾粒剂。

【作用机制与防除对象】 本品是选择性强的内吸传导型苗后处理的激素型除草剂。通过植物萌发的种子、根、叶迅速吸收,并传导到全株,出现激素型症状,幼嫩叶片出现失绿、产生斑块、弯曲下垂萎蔫,直至干枯。主要防除稻田稗草,对 4～7 叶期高龄稗草也有很高防效。对鸭舌草、水芹也有效,但对莎草基本无效。

【使用方法】

(1) 防除水稻直播田稗草:在水稻 4 叶期至分蘖期、稗草 2～5 叶期,每 667 平方米用 50% 可湿性粉剂 30～50 克,或 25% 悬浮剂 70～100 毫升,或 25% 可分散油悬浮剂 80～100 毫升,或 50% 可溶粒剂 30～50 克,或 45% 可溶粉剂 30～50 克,或 90% 水分散粒剂 15～25 克,兑水 30～40 千克茎叶均匀喷雾。施药前 1 天排干田水,施药后 1～2 天灌水,保持 3～5 厘米水层 5～7 天,以后正常管理。

(2) 防除水稻移栽田稗草:水稻移栽后 7～20 天、稗草 2～5 叶期,每 667 平方米用 50% 可湿性粉剂 30～50 克,或 25% 悬浮剂 75～100 毫升,或 25% 可分散油悬浮剂 60～100 毫升,或 75% 水分散粒剂 30～40 克,或 50% 可溶粉剂 30～50 克,或 50% 可溶粒剂 30～50 克,兑水 30～40 千克茎叶均匀喷雾;施药前 1 天排干田水,施药后 1～2 天灌水,保持 3～5 厘米水层 5～7 天,以后正常管理。或每 667 平方米用 25% 泡腾粒剂 50～100 克均匀撒施,施药时水层 3～5 厘米,施药后保水 5～7 天,以后正常管理。

(3) 防除水稻秧田稗草:水稻 4 叶期至分蘖期、稗草 2～5 叶期,每 667 平方米用 50% 可溶粒剂 30～50 克或 50% 可湿性粉剂 30～40 克,兑水 30～40 千克茎叶均匀喷雾。施药前 1 天排干田水,施药后 1～2 天灌水,保持 3～5 厘米水层 5～7 天,以后正常管理。

(4) 防除水稻抛秧田稗草:水稻移栽后 7～15 天、稗草 2～5 叶期,每 667 平方米用 75% 可湿性粉剂 20～30 克,或 50% 可溶粒剂 30～50 克,或 25% 悬浮剂 60～80 毫升,或 45% 可溶粉剂 30～50 克,兑水 30～40 千克茎叶均匀喷雾。施药前 1 天排干田水,施药后 1～2 天灌水,保持 3～5 厘米水层 5～7 天,以后正常管理。

【注意事项】

（1）本品对露芽种子敏感，水稻2叶期之前的秧苗对该药较为敏感，因此应在秧苗2.5叶期以后使用，不要随意加大药量。

（2）主要用于防除稗草，但当稻田有莎草或其他阔叶草混生时，应与苄嘧磺隆、灭草松等防除阔叶杂草除草剂混用，除草效果更佳。

（3）本品对机插秧如有浮秧产生伤害，遇高温天气也会加重对水稻的药害。

（4）茄科、伞形花科、藜科、锦葵科、葫芦科、豆科、菊科、旋花科作物对本品敏感，施药时应避免药液飘移到上述作物上，用过本品的田水流到以上作物田中或用于田水灌溉，也会造成药害。

（5）本品在土壤中有积累作用，可能对后茬产生残留累积药害，所以第二茬（下茬）最好种植水稻、小粒谷物、玉米和高粱等耐药作物。用药后8个月内应避免种植棉花、大豆等敏感作物，下一年不能种植甜菜、茄子、烟草等，番茄、胡萝卜等则需2年后才可以种植。

（6）远离水产养殖区施药，养鱼稻田禁用。禁止在河塘等水体中清洗施药器具，施药后的田水不得直接排入水体，也不能用来浇灌蔬菜。

（7）不可与多效唑、烯效唑混合施用或短期间隔施用。

（8）每季作物最多施用1次。

（9）本品在水稻（糙米）上最大残留限量为1毫克/千克。

44. 砜吡草唑

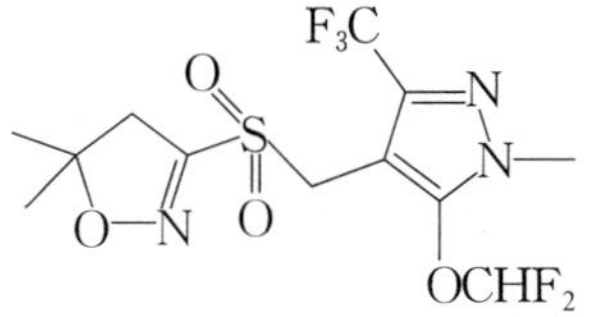

分子式：$C_{12}H_{14}F_5N_3O_4S$

【类别】 异噁唑类。

【化学名称】 3-(5-二氟乙氧基-1-甲基-3-三氟甲基吡唑-4-甲砜基)-4,5-2H-5,5-二甲基-1,2-噁唑。

【理化性质】 原药为白色晶体,熔点130.7℃,蒸气压2.4×10^{-6}帕(25℃)。水中溶解度3.49毫克/升(20℃);有机溶剂中溶解度(20℃,克/升):正己烷0.072,甲苯11.3,二氯甲烷151,甲醇11.4,乙酸乙酯97,丙酮7250。

【毒性】 低毒。大鼠急性经口、经皮均＞2000毫克/千克,大鼠急性吸入 LC_{50} 6.56毫克/升(4小时)。对北美鹑急性经口 LD_{50}＞2250毫克/千克。虹鳟鱼 LC_{50}＞2.2毫克/升(96小时),水蚤 EC_{50}＞4.4毫克/升(48小时),蜜蜂 LD_{50}＞100微克/只(接触,48小时)。

【制剂】 40%悬浮剂。

【作用机制与防除对象】 属于新型异噁唑类除草剂,可特定抑制由极长侧链脂肪酸(VLCFA)延伸酶催化的很多延伸步骤。主要通过幼芽和幼根吸收,于植物发芽后,阻断顶端分生组织和胚芽鞘的生长。宜于冬小麦播后苗前土壤封闭喷雾处理,安全性较好,持效期较长,杀草谱较广。可有效防控旱地冬小麦田中的雀麦、大穗看麦娘、播娘蒿、荠菜等多种常见杂草。

【使用方法】

防除冬小麦一年生杂草:于冬小麦播后至禾本科杂草1.5叶期期间、土壤墒情良好或灌溉、降雨后,每667平方米用40%悬浮剂25～30毫升兑水30～40千克进行土壤喷雾。小麦全生长季最多施用1次,安全间隔期为收获期。

【注意事项】

(1)适于在非稻麦轮作的冬小麦田施用。按推荐使用技术操作,对玉米、大豆、花生、绿豆等常规轮作的后茬旱地作物安全,但水稻对其敏感,下茬计划轮作水稻的冬小麦田不推荐施用;轮作其他作物前,应先做下茬作物小规模残效试验。

（2）配药前按科学使用规范原包装摇匀,再采用二次稀释法配制。

（3）对水藻高毒,请勿在水产养殖区、河塘等水源附近施用本品或清洗施药器械。

45. 砜嘧磺隆

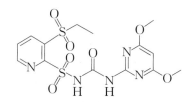

分子式: $C_{14}H_{17}N_5O_7S_2$

【**类别**】 磺酰脲类。

【**化学名称**】 1-(4,6-二甲氧基嘧啶-2-基)-3-(3-乙基磺酰基-2-吡啶磺酰基)脲。

【**理化性质**】 纯品为无色晶体,熔点 176～178 ℃,相对密度 0.784(25 ℃),蒸气压 1.5×10^{-6} 毫帕(25 ℃)。水中溶解度 (25 ℃)<10 毫克/升(无缓冲),或 7.3 克/升(缓冲,pH7)。水解稳定性(25 ℃)半衰期 4.6 天(pH5)、7.2 天(pH7)、0.3 天(pH9)。

【**毒性**】 低毒。大鼠急性经口 LD_{50}>5 000 毫克/千克,兔急性经皮 LD_{50}>2 000 毫克/千克,大鼠急性吸入 LC_{50}(4 小时)5.8 毫克/升。对兔眼睛稍有刺激性,对兔皮肤无刺激作用,对豚鼠皮肤无致敏性。无致畸、致癌作用。鹌鹑急性经口 LD_{50}>2 250 毫克/千克,野鸭急性经口 LD_{50}>2 000 毫克/千克,鱼类 LC_{50}(96 小时):虹鳟鱼>390 毫克/升,鲤鱼>900 毫克/升,水蚤 EC_{50}(48 小时)360毫克/升。蜜蜂 LD_{50}（接触）＞100微克/只。蚯蚓 LC_{50}（14天）＞1克/千克。

【制剂】 25%水分散粒剂,4%、12%、17%、22%可分散油悬浮剂。

【作用机制与防除对象】 为乙酰乳酸合成酶抑制剂,通过抑制细胞分裂而致效。为选择性广谱型苗后处理剂。杂草受药后先停止生长,然后褪绿、产生枯斑直至全株死亡。适用于玉米、马铃薯和烟草田防除大多数一年生和多年生禾本科杂草及阔叶杂草。

【使用方法】

(1)防除玉米田一年生杂草:在玉米出苗后 3～5 叶期、杂草 2～5 叶期,每 667 平方米用 25%水分散粒剂 5～7 克或 4%可分散油悬浮剂 30～40 毫升,兑水 30～40 千克进行行间定向茎叶喷雾。

(2)防除烟草田一年生杂草:在烟草移栽后、杂草 2～5 叶期,每 667 平方米用 25%水分散粒剂 4～6 克或 22%可分散油悬浮剂 4.5～6.3 毫升,兑水 30～40 千克进行行间定向茎叶喷雾。

(3)防除马铃薯田一年生杂草:在杂草 2～5 叶期,每 667 平方米用 25%水分散粒剂 4～6 克或 4%可分散油悬浮剂 25～35 毫升,兑水 30～40 千克进行行间定向茎叶喷雾。

【注意事项】

(1)甜玉米、爆玉米、黏玉米及制种玉米田不宜施用。

(2)严禁使用弥雾机施药。在喷药时,应控制喷头高度,使药液正好覆盖在作物行间,沿行间均匀喷施。严禁将药液直接喷到烟叶上、马铃薯及玉米的喇叭口内。

(3)施用本品前后 7 天内,禁止施用有机磷杀虫剂,避免产生药害。

(4)对蜜蜂、鱼类等水生生物、家蚕有毒。施药期间应避免对周围蜂群的影响,禁止在开花植物花期、蚕室和桑园附近使用。赤眼蜂等天敌放飞区域禁用。远离水产养殖区、河塘等水域施药。

禁止在河塘等水体清洗施药器具,清洗器具的废水不能排入河流、池塘等水体。

(5) 每季作物最多施用 1 次。本品在玉米、马铃薯上最大残留限量均为 0.1 毫克/千克。

46. 氟吡磺隆

分子式:$C_{18}H_{22}FN_5O_8S$

【类别】 磺酰脲类。

【化学名称】 1-(4,6-二甲氧基嘧啶-2-基)-3-[2-氟-1-(甲氧基乙酰氧基)丙基-3-吡啶磺酰基]脲。

【理化性质】 原药外观为无臭、白色固体粉末,熔点 178~182℃,蒸气压(25℃)7.0×10^{-4} 帕。溶解度(克/升,25℃):水 114.0,丙酮 22.9,二氯甲烷 113.0,乙醚 1.1,乙酸乙酯 11.7,甲醇 3.8,正己烷 0.006。

【毒性】 低毒。原药大鼠(雄性、雌性)急性经口 $LD_{50} > 5\,000$ 毫克/千克,大鼠急性经皮 $LD_{50} > 2\,000$ 毫克/千克,大鼠急性吸入 $LC_{50} > 5.11$ 毫克/升。家兔皮肤无刺激性,家兔眼睛刺激性为 Ⅱ 级。豚鼠皮肤变态反应(致敏)试验结果为无致敏物。大鼠 13 周亚慢性喂养试验的 NOEL:雄性为 15.2 毫克/(千克·天)、雌性为 18.8 毫克/(千克·天)。Ames 试验、小鼠微核试验、小鼠睾丸细胞染色体畸变试验,结果均为阴性,无致突变作用。10%可湿性粉剂对斑马鱼 LC_{50}(96 小时)$>$32.2 毫克/升,鹌鹑 LD_{50}(7 天)$>$200 毫克/千克,蜜蜂 LC_{50}(48 小时)1 360 毫克/升,家蚕(2 龄)LC_{50}(96 小时)5 000 毫克/千克桑叶,对鱼、蜜蜂、鸟和家蚕均为低毒。

【制剂】 10%可湿性粉剂。

【作用机制与防除对象】 本品主要抑制乙酰乳酸合成酶,用于水稻苗后防除稗草、鸭舌草、丁香蓼、野慈姑等多种一年生杂草,但对千金子、双穗雀稗和眼子菜防效较差。

【使用方法】

(1)防除水稻移栽田多种一年生杂草:于杂草苗前用药,每 667 平方米用 10%可湿性粉剂 13～20 克,采用毒土法或毒肥法施药。或于杂草 2～4 叶期,每 667 平方米用 10%可湿性粉剂 20～26 克,采用毒土法或毒肥法施药。

(2)防除水稻直播田多种一年生杂草:在稗草等杂草 2～5 叶期,每 667 平方米用 10%可湿性粉剂 13～20 克兑水 30～40 千克茎叶均匀喷雾,施药前先排干田间积水。

【注意事项】

(1)施用本品后水稻幼苗叶片有黄化现象,并随用药量的增加药害加重,但水稻可以在 2 周后恢复。因此在推荐剂量下,本品对水稻产量无显著影响。

(2)后茬仅可种植水稻、油菜、小麦、大蒜、胡萝卜、萝卜、菠菜、移栽黄瓜、甜瓜、辣椒、西红柿、草莓、莴苣。

(3)禁止在河塘等水体中清洗施药器具,清洗器具的废水不能排入河流、池塘等水源,避免对水体造成污染。用过的容器应妥善处理,不可作他用,也不可随意丢弃。

(4)每季作物最多施用一次。本品在水稻(糙米)上的最大残留限量为 0.05 毫克/千克。

47. 氟吡酰草胺

$$\text{分子式：} C_{19}H_{12}F_4N_2O_2$$

【类别】 酰胺类。

【化学名称】 N-(4-氟苯基)-6-[3-(三氟甲基)苯氧基]-2-吡啶甲酰胺。

【理化性质】 原药米色粉末，霉味，熔点 107.2～107.6 ℃，蒸气压 $>1\times10^{-7}$ 帕(20 ℃)，相对密度 1.42(20 ℃)。水中溶解度(20 ℃)0.039 毫克/升；有机溶剂中溶解度(克/升，20 ℃)：丙酮 557，甲醇 30.4，二氯甲烷 764，乙酸乙酯 464，正己烷 3.8，甲苯 263。pH4、pH7、pH9(50 ℃)水溶液中贮存 5 天稳定，对光稳定性 DT_{50} 24.8 天(pH5)，31.4 天(pH7)，22.6 天(pH9)。正辛醇-水中分配系数 $K_{ow}\log P$ 为 4.7(20 ℃，pH7)。

【毒性】 低毒。大鼠急性经口 $LD_{50}>5\,000$ 毫克/千克，大鼠急性经皮 $LD_{50}>4\,000$ 毫克/千克，大鼠急性吸入 LC_{50}(4 小时)>5.9 毫克/升。对兔皮肤和眼睛无刺激性，对豚鼠皮肤无致敏性。无致突变、致癌作用和神经毒性，对哺乳动物的生殖和发育没有不良影响。美洲鹑和野鸭急性经口 $LD_{50}>2\,250$ 毫克/千克，美洲鹑和野鸭饲喂 LC_{50}(5 天)$>5\,314$ 毫克/升。虹鳟鱼 LC_{50}(96 小时)>0.68 毫克/升，大型蚤 EC_{50}(48 小时)>0.45 毫克/升，藻 EC_{50}(72 小时)0.000 025 毫克/升，蜜蜂急性经口(接触)$LD_{50}>200$ 微克/只，蚯蚓 $LC_{50}>1\,000$ 毫克/千克。

【制剂】 20％悬浮剂。

【作用机制与防除对象】 通过抑制植物体内类胡萝卜素生物合成,导致叶绿素被破坏、细胞膜破裂,杂草表现为幼芽脱色或白色,最后整株萎蔫死亡。主要用于冬小麦田苗前封闭防除婆婆纳、繁缕、牛繁缕、宝盖草、荠菜、播娘蒿等一年生阔叶杂草。

【使用方法】 防除冬小麦一年生阔叶杂草:在冬小麦播后苗前,每667平方米用20％悬浮剂17～20毫升兑水20～40千克均匀喷雾于土表。

【注意事项】

(1) 选晴天、无风天气用药,大风天请勿施药,以免飘移至邻近敏感作物。

(2) 在低温和寒流及霜冻来临前后不宜用药,以防药害。

(3) 对蜜蜂、鱼类、藻类等水生生物、家蚕有毒,远离水产养殖区、河塘等水域施药。施药期间应避免对周围蜂群的影响,开花植物花期、蚕室和桑园附近禁用。赤眼蜂等天敌放飞区域禁用。

(4) 每季最多施用1次。安全间隔期为收获期。

48. 氟磺胺草醚

分子式:C$_{15}$H$_{10}$ClF$_3$N$_2$O$_6$S

【类别】 二苯醚类。

【化学名称】 5-[2-氯-4-(三氟甲基)对甲苯氧基]-N-(甲

磺酰基)-2-硝基苯甲酰胺。

【理化性质】 纯品为无色晶体,熔点 220～221 ℃。工业品白色结晶,熔点 219 ℃。蒸气压<0.1 毫帕(50 ℃)。相对密度 1.61 (20 ℃)。溶解度(20 ℃,克/升):丙酮 300,环己酮 150,二氯甲烷 10,己烷 0.5,二甲苯 1.9,水约 50 毫克/升或<1 毫克/升(pH1)。50 ℃下稳定 6 个月以上。见光分解,酸、碱介质中不易水解。在灌水土壤中,DT_{50}<3 周;在实验室好气土壤中,DT_{50} 为 6～12 个月。

【毒性】 低毒。雄大鼠急性经口 LD_{50} 1 250～2 000 毫克/千克,雌大鼠急性经口 LD_{50} 1 500 毫克/千克。兔急性经皮 LD_{50}>1 000 毫克/千克。雄大鼠急性吸入 LC_{50}(4 小时)4.97 毫克/升,对大鼠皮肤和眼睛有中等刺激作用。狗 180 天饲喂试验的无作用剂量为 30～40 毫克/千克饲料,大鼠 2 年饲喂试验的 NOEL 为 100 毫克/千克饲料。野鸭经口 LD_{50}>5 000 毫克/千克。鱼类 LC_{50}:虹鳟鱼(96 小时)170 毫克/升(钠盐)、硬头鳟(24 小时)1 700 毫克/升(15 ℃),青鳃翻车鱼(24 小时)8 840 毫克/升(22 ℃)、(96 小时)6 030 毫克/升(22 ℃)。蜜蜂经口 LD_{50} 50 微克/只,接触 LD_{50} 100 微克/只。蚯蚓 LC_{50}(14 天)>1 000 毫克/千克土。

【制剂】 16.8%、25%、42%、48%、250 克/升、280 克/升水剂,10%、12.8%、20%乳油,12.8%、20%、30%微乳剂,75%水分散粒剂,90%可溶粉剂。

【作用机制与防除对象】 本品是一种选择性除草剂,系通过抑制原卟啉原氧化酶而致效。能防除铁苋菜、反枝苋、豚草、田旋花、荠菜、藜、刺儿菜、裂叶牵牛、卷茎蓼、马齿苋和龙葵等杂草,杀草谱广,除草效果好。对大豆安全,对环境及后茬作物安全(推荐剂量下),大豆苗前、苗后均可施用。施药后可被植物根、茎、叶吸收,但在体内传导作用较差,作茎叶处理时,药液喷洒应均匀。

【使用方法】

(1) 防除春大豆田一年生阔叶杂草:在大豆 1～2 片复叶期、

阔叶杂草 2～4 叶期,每 667 平方米用 250 克/升水剂 80～100 毫升,或 20%乳油 80～90 毫升,或 30%微乳剂 40～80 毫升,或 75%水分散粒剂 27～33 克,或 90%可溶粉剂 15～20 克,兑水 30～40 千克茎叶均匀喷雾。

(2)防除夏大豆田一年生阔叶杂草:在大豆 1～2 片复叶期、阔叶杂草 2～4 叶期,每 667 平方米用 250 克/升水剂 50～60 毫升,或 75%水分散粒剂 20～27 克,或 12.8%微乳剂 120～160 毫升,兑水 30～40 千克茎叶均匀喷雾。

(3)防除花生田一年生阔叶杂草:在花生 1～2 片复叶期、阔叶杂草 2～4 叶期,每 667 平方米用 250 克/升水剂 40～50 毫升,或 10%乳油 100～150 毫升,或 75%水分散粒剂 20～26.7 克,或 12.8%微乳剂 80～120 毫升,兑水 30～40 千克茎叶均匀喷雾。

(4)防除非耕地一年生阔叶杂草:在阔叶杂草生长旺盛期,每 667 平方米用 250 克/升水剂 100～120 毫升兑水 30～50 千克茎叶均匀喷雾。

【注意事项】

(1)本品仅对一年生阔叶杂草有效。在土壤中的残效期较长,用药量不宜过大,否则会对后茬敏感作物如白菜、谷子、高粱、甜菜、玉米、小麦、亚麻等产生不同程度的药害。

(2)在干旱等不良条件下施药,叶片会受到轻度抑制,有时有轻微黄色斑点或皱缩,严重时会暂时萎蔫,但一周后可恢复正常,不影响后期生长;严重干旱时会影响药效。要在傍晚施药,高温下(28℃以上)注意减少用药量。

(3)玉米、油菜、亚麻、豌豆、菜豆、马铃薯、瓜类和蔬菜、高粱、谷子、向日葵和苜蓿、水稻、甜菜、花生、烟草等对本品敏感,施药时应避免飘移到邻近敏感作物田,以免产生药害。

(4)本品在土壤中可残留数月,故需注意后茬作物。施药后 4 个月可播种小麦,10 个月后才可播种玉米,1 年后可播种稻谷和棉花。高粱、甜菜和叶菜非常敏感,不可轮作。

（5）对鱼类等水生生物有毒,对赤眼蜂有风险。天敌放飞区域禁用;远离水产养殖区施药,禁止在河塘等水体中清洗施药器具,清洗器具的废水不能排入河流、池塘等水源,避免对水体造成污染。

（6）每季作物最多施用 1 次。

（7）本品在绿豆、大豆、花生仁上最大残留限量（毫克/千克）分别为 0.05、0.1、0.2。

49. 氟乐灵

分子式：$C_{13}H_{16}F_3N_3O_4$

【类别】 二硝基苯胺类。

【化学名称】 α,α,α-三氟-2,6-二硝基-N,N-二丙基对甲苯胺。

【理化性质】 纯品为橘黄色晶体,熔点 48.5～49 ℃（原药 43～47.5 ℃）,沸点 96～97 ℃（24 帕）,相对密度 1.6,蒸气压 13.7 毫帕（25 ℃）。溶解度（27 ℃）：水<1 毫克/升,丙酮 400 毫克/升,二甲苯 580 克/升。52 ℃下稳定（高温贮存试验）。在 pH3、pH6 和 pH9（52 ℃）水解,紫外光下分解。土壤中半衰期 57～126 天。

【毒性】 低毒。急性经口 LD_{50}：大鼠>5 000 毫克/千克,小鼠 5 000 毫克/千克,犬、兔、鸡>2 000 毫克/千克。兔急性经皮 LD_{50}>5 000 毫克/千克。大鼠急性吸入 LC_{50}（4 小时）>4.8 毫克/

升。对兔皮肤无刺激性,对兔眼睛有轻微刺激。用含 2 000 毫克/千克和 1 000 毫克/千克的饲料分别喂大鼠和狗 2 年,未出现不良影响。山齿鹑、鸡的急性经口 LD_{50} >2 000 毫克/千克。鱼类 LC_{50}(96 小时):虹鳟鱼 0.088 毫克/升,大翻车鱼 0.089 毫克/升。蜜蜂口服 LD_{50} 0.011 毫克/只。蚯蚓 LC_{50}(14 天)>1 000 毫克/千克土。

【制剂】 45.5%、48%、480 克/升乳油。

【作用机制与防除对象】 为选择性内吸传导型土壤处理剂。主要通过植物的胚芽鞘和下胚轴,以及子叶和幼根吸收,抑制微管系统而致效。本品是一种应用广泛的旱田除草剂,是在通过杂草种子发芽生长穿过土层的过程中被植物吸收,出苗后的茎和叶不能吸收。施入土壤中,不易为雨水冲刷及淋溶,故施药后迅速混土可维持 3 个月的持效期。主要用于棉花、大豆、花生等旱地的杂草防除。对旱田一年生杂草如稗草、马唐、看麦娘、狗尾草、蟋蟀草、野燕麦、野苋、藜、马齿苋、繁缕等防效较好,其中禾本科杂草比阔叶杂草更敏感,但对菟丝子、三棱草、狗牙根、苘麻、苍耳、苦草、冰草、鳢肠等防效较差。

【使用方法】

(1)防除棉花田一年生禾本科杂草及部分阔叶杂草:在棉花播种前 5～7 天,或播后苗前,或移栽前土壤处理。每 667 平方米用 480 克/升乳油 100～150 毫升兑水 30～40 千克均匀喷雾。用药后必须及时耙地、混土,混土深度为 5～7 厘米。

(2)防除大豆田一年生禾本科杂草及部分阔叶杂草:大豆播前土壤处理,每 667 平方米用 480 克/升乳油 125～175 毫升兑水 30～40 千克均匀喷雾。用药后必须及时耙地、混土,混土深度为 5～7 厘米。土壤有机质含量低于 2% 时,用低剂量;含量 2%～10%,用高剂量;超过 10%,不可施用。

(3)防除花生田一年生禾本科杂草及部分阔叶杂草:花生播前土壤处理,每 667 平方米用 480 克/升乳油 100～150 毫升兑水 30～40 千克均匀喷雾。用药后必须及时耙地、混土,混土深度为

5～7 厘米。

(4) 防除辣椒田一年生杂草：辣椒播前土壤处理，每 667 平方米用 480 克/升乳油 100～150 毫升兑水 30～40 千克均匀喷雾。用药后必须及时耙地、混土，混土深度为 5～7 厘米。

【注意事项】

(1) 本品易挥发和光解，施药后要及时混土，从施药到混土间隔期不要超过 8 小时，否则会影响药效。避免在强光照射情况下施药。

(2) 低温干旱地区，本品施入土壤后持效期较长，下茬作物不宜种高粱、谷子等敏感作物。

(3) 对鱼类等水生生物、蜜蜂、家蚕有毒。施药时应避免对周围蜂群的影响，开花植物花期、蚕室和桑园附近禁用。远离水产养殖区施药，应避免药液流入池塘、河流、湖泊等水体中，清洗喷药器械时切忌污染水源。

(4) 本品对单子叶杂草有较好防效，对双子叶杂草防效较差。因此，需兼除时要与其他除草剂混用，以扩大杀草谱。

(5) 本品在玉米、大豆(大豆油)、棉籽、花生仁(花生油)、辣椒上最大残留限量均为 0.05 毫克/千克。

(6) 在棉花地芽前封闭除草的安全间隔期为 5 个月，每个作物周期最多使用 1 次。

50. 氟氯吡啶酯

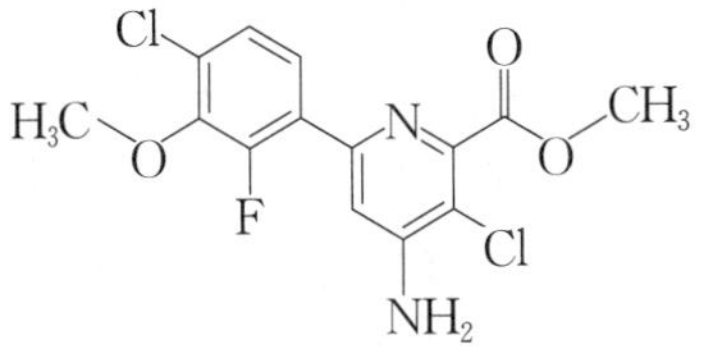

分子式：$C_{14}H_{11}Cl_2FN_2O_3$

【类别】 芳基吡啶甲酸酯类。

【化学名称】 4-氨基-3-氯-6-(4-氯-2-氟-3-甲氧基苯基)吡啶-2-羧酸甲酯。

【理化性质】 白色粉末状固体,熔点145.5℃,沸点前分解,分解温度222℃,蒸气压1.5×10^{-5}毫帕(25℃),亨利常数1.11×10^{-6}帕·米^3/摩(25℃),pKa为2.84(25℃)。溶解度(20℃,毫克/升):水中1 830,甲醇38.1,丙酮250,乙酸乙酯129,正辛醇9.83。

【毒性】 微毒。大鼠急性经口$LD_{50} > 5 000$毫克/千克,大鼠急性经皮$LD_{50} > 5 000$毫克/千克。对皮肤和眼睛无刺激,无致癌性,无神经毒性。山齿鹑急性经口$LD_{50} > 2 250$毫克/千克。虹鳟鱼急性LC_{50}(96小时)2.01毫克/升。大型蚤急性EC_{50}(48小时)2.21毫克/升。蜜蜂$LD_{50} > 98.1$微克/只(接触,48小时),> 108微克/只(经口,48小时)。赤子爱胜蚓急性LC_{50}(14天)> 500毫克/千克。

【制剂】 无单剂登记。与啶磺草胺复配剂,20%啶磺·氟氯酯水分散粒剂。

【作用机制与防除对象】 氟氯吡啶酯为合成生长素类除草剂,结合到植物细胞的受体上,改变敏感品系的植物生长,从而达到杂草防除的目的。20%啶磺·氟氯酯水分散粒剂为内吸传导型冬小麦田苗后除草剂,可有效防除看麦娘、日本看麦娘、雀麦、猪殃殃、宝盖草、大巢菜等小麦田一年生杂草,同时还可抑制硬草、野燕麦、多花黑麦草、野老鹳草、婆婆纳等杂草。

【使用方法】

防除小麦田一年生杂草:冬前或早春,在麦苗4~6叶期、一年生禾本科杂草2.5~5叶期(杂草出齐后用药越早越好),每667平方米用20%啶磺·氟氯酯水分散粒剂5~6.7克兑水30~40千克茎叶均匀喷雾。小麦起身拔节后不可施用,每季最多施用1次。

【注意事项】

（1）施药后麦苗有时会出现临时性黄化或蹲苗现象，正常使用条件下小麦返青后黄化消失，一般不影响产量。请勿在制种田施用本品。

（2）在冬麦区，建议冬前茎叶处理，在推荐使用剂量下3个月后可种植小麦、大麦、燕麦、玉米、大豆、水稻、棉花、花生、西瓜等作物；6个月后可种植西红柿、小白菜、油菜、甜菜、马铃薯、苜蓿、三叶草等作物；如果种植其他后茬作物，应先进行安全性测试，测试通过后方可种植。需要在上述时间内间作或套种其他作物的冬小麦田，不建议施用本品。

（3）施药时避免药液飘移到其他作物上。

51. 氟噻草胺

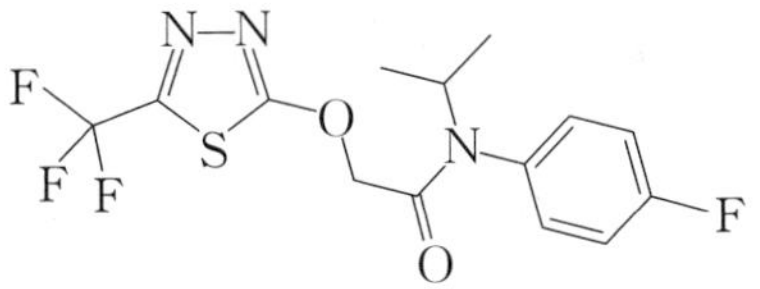

分子式：$C_{14}H_{13}F_4N_3O_2S$

【类别】 芳氧酰胺类。

【化学名称】 $4'$-氟-N-异丙基-N-2-（5-三氟甲基-1,3,4-噻二唑-2-基氧基）乙酰苯胺。

【理化性质】 纯品为白色至棕色固体，熔点75～77℃，蒸气压9×10^{-5}帕（25℃），正辛醇-水分配系数$K_{ow}\log P$为3.2，相对密度1.312（25℃）。水中溶解度（毫克/升，25℃）为56（pH4）、56（pH7）、54（pH9）。其他溶剂中的溶解度（克/升，25℃）：丙酮、二甲基甲酰胺、二氯甲烷、甲苯、二甲亚砜＞200，异丙醇170，正己烷

8.7。在正常条件下贮存稳定,pH5 条件下对光稳定,pH5～9 水溶液中稳定。

【毒性】 低毒。大鼠急性经口 LD_{50} 1 617 毫克/千克(雄)、589 毫克/千克(雌),大鼠急性经皮 $LD_{50}>2$ 000 毫克/千克。对皮肤和眼睛无刺激性。大鼠急性吸入 LC_{50}(4 小时)>3 740 毫克/升。狗(1 年)喂养试验 NOEL 为 40 毫克/千克饲料,大鼠(2 年)喂养试验 NOEL 为 25 毫克/千克饲料。ADI 为 0.011 毫克/千克。无致突变性,无致畸性。北美鹑急性经口 LD_{50} 1 608 毫克/千克。饲喂 LC_{50}(6 天):山齿鹑>5 317 毫克/升,野鸭>4 970 毫克/升。鱼类 LC_{50}(毫克/升):虹鳟 5.84,大翻车鱼 2.13。蜜蜂 $LD_{50}>25$ 微克/只(接触)。蚯蚓急性 LC_{50}(14 天)226 毫克/千克土壤。

【制剂】 41%悬浮剂。

【作用机制与防除对象】 属芳氧乙酰胺类化合物,细胞分裂和生长抑制剂,选择性除草剂。可有效防除玉米田里的一年生杂草如狗尾草、稗草、马唐等,对阔叶杂草也有一定的抑制作用。

【使用方法】

(1) 防除春玉米田一年生杂草:于玉米播种后出苗前、杂草还未出土时,每 667 平方米用 41%悬浮剂 80～120 毫升兑水 30～60 千克均匀喷雾土壤。

(2) 防除夏玉米田一年生杂草:于玉米播种后出苗前、杂草还未出土时,每 667 平方米用 41%悬浮剂 80～100 毫升兑水 30～60 千克均匀喷雾土壤。

(3) 防除冬小麦田一年生杂草:于冬小麦播种后出苗前、杂草还未出土时,每 667 平方米用 41%悬浮剂 60～90 毫升兑水 30～60 千克均匀喷雾土壤。

【注意事项】

(1) 大风天请勿施药,避免药液飘移到邻近作物上。

(2) 药剂配制采用 2 次稀释,充分混合,严禁加洗衣粉等助剂。

（3）对藻类、水生生物有毒，应远离水产养殖区、河塘等水体施药。药后须及时彻底清洗药械，禁止在河塘等水域清洗施药器具，废液和清洗液不得倒入池塘、湖泊等任何水体中。废弃物应妥善处理，不可作他用，也不可随意丢弃。

（4）每季作物最多施用1次。本品在小麦上的最大残留限量为0.5毫克/千克。

52. 氟酮磺草胺

分子式：$C_{14}H_{13}F_3N_4O_5S$

【类别】 磺酰胺类。

【化学名称】 N-{2-[（4,6-二甲氧基-1,3,5-三嗪-2-基）羰基]-6-氟苯基}-1,1-二氟-N-甲基甲磺酰胺。

【理化性质】 白色粉末，密度1.53克/毫升，熔点105.6℃，蒸气压$6.4×10^{-6}$帕（20℃），亨利常数$6.3×10^{-5}$帕·米^3/摩（20℃）。水中溶解度（20℃，克/升）：0.036（pH4）、0.033（pH7）、0.034（pH9）。正辛醇-水中分配系数（23℃，pH7）$K_{ow}\log P$为1.5。

【毒性】 低毒。大鼠急性经口$LD_{50}>2000$毫克/千克，小鼠急性经口$LD_{50}>2000$毫克/千克，大鼠急性经皮$LD_{50}>2000$毫克/千克，大鼠急性吸入$LC_{50}>5$毫克/升，对兔皮肤和眼睛无刺激性,对小鼠皮肤不致敏。北美鹑急性经口 $LD_{50} > 2\,000$ 毫克/千克,鲤鱼 $LC_{50} > 100$ 毫克/升,水蚤 $EC_{50} > 50$ 毫克/升,水藻 EC_{50} 为 6.23 毫克/升。蜜蜂经口 LD_{50}(48 小时)> 55.8 微克/只,接触 $LD_{50} > 100$ 微克/只。家蚕幼虫 NOEL 为 50 毫克/升,对家蚕无毒。

【制剂】 19%悬浮剂。

【作用机制与防除对象】 为乙酰乳酸合成酶抑制剂,通过阻止缬氨酸、亮氨酸、异亮氨酸的生物合成,抑制细胞分裂和植物生长,以根系和幼芽吸收为主,兼具茎叶吸收除草活性。为移栽水稻田选择性除草剂,可防除水稻移栽田一年生杂草。

【使用方法】

防除水稻移栽田一年生杂草:移栽后用甩施法或药土法,于水稻充分缓苗后、大部分杂草出苗前施用。①甩施法:配药时采用二次稀释法,每 667 平方米用 19%悬浮剂 8～12 毫升兑水 50～100 毫升稀释为母液,将每 667 平方米母液量兑 2～7 千克水搅匀,再均匀甩施。②药土法:配药时采用二次稀释法,每 667 平方米用 19%悬浮剂 8～12 毫升兑水 50～100 毫升稀释为母液,将每 667 平方米母液量与少量沙土混匀,再与 3～7 千克沙土拌匀后均匀撒施。

【注意事项】

(1)用药前应整平土地,注意保证整地质量;施药时田里需有均匀水层;用药后保持 3～5 厘米水层 7 天以上,只灌不排,水层勿淹没水稻心叶,避免药害。

(2)移栽当天兑水甩施时,需确保均匀甩施于水稻行间的水面上,避免药液施到稻苗茎叶上。

(3)不可与长残效除草剂混用,以免药害和药效不佳。

(4)栽前 4 周内前茬作物秸秆还田的稻田,须酌情减量施药。秸秆还田时,要将秸秆打碎并彻底与耕层土壤混匀,以免因秸秆集中腐烂造成水稻根际缺氧而引起稻苗受害。

(5)每季最多施用 1 次。

53. 氟唑磺隆

分子式：$C_{12}H_{10}F_3N_4NaO_6S$

【**类别**】 磺酰脲类。

【**化学名称**】 N-(2-三氟甲氧基苯基磺酰基)-4,5-二氢-3-甲氧基-4-甲基-5-氧-1H-1,2,4-三唑甲酰胺钠盐。

【**理化性质**】 原药有效成分含量95%，外观为无色无臭结晶粉末，密度1.59克/厘米³(20℃)，200℃时开始分解，蒸气压1×10⁻⁹帕(20℃)。有机溶剂中溶解度(20℃，克/升)：正庚烷、二甲苯<0.1，二氯甲烷0.72，异丙醇0.27，二甲亚砜>250，丙酮1.3，乙腈6.4，聚乙烯乙二醇48。水中溶解度(20℃)44克/升(pH4～9)。

【**毒性**】 低毒。原药大鼠急性经口LD_{50}>5 000毫克/千克，大鼠急性经皮LD_{50}>5 000毫克/千克，大鼠急性吸入LC_{50}>5.13毫克/升。对兔皮肤无刺激性，对兔眼睛有轻微刺激性，无致敏性。无致癌、致畸、致突变作用。野鸭急性经口LD_{50}>4 672毫克/千克。鱼类LC_{50}(96小时，毫克/升)：虹鳟>96.7，大翻车鱼>9.3。蚯蚓LC_{50}>1 000毫克/千克土壤。对蜜蜂无毒。

【**制剂**】 70%、75%水分散粒剂，5%、10%、35%可分散油悬浮剂。

【**作用机制与防除对象**】 本品属乙酰乳酸合成酶抑制剂，具有内吸传导作用的选择性除草剂,适用于春小麦田和冬小麦苗后茎叶喷雾,可被杂草的根和茎叶吸收,使杂草褪绿、枯萎、最后死亡。用于防除野燕麦、雀麦、狗尾草、看麦娘等禾本科杂草,并能防除多种阔叶杂草,对春小麦、冬小麦安全性较好,持效期较长。

【使用方法】

(1)防除春小麦田杂草:春小麦 2～3 叶期、杂草 1～3 叶期,每 667 平方米用 70％水分散粒剂 2～3 克兑水 30～40 千克茎叶均匀喷雾。

(2)防除冬小麦田杂草:冬小麦 3 叶至返青期、杂草 2～4 叶期,每 667 平方米用 70％水分散粒剂 3～4 克或 10％可分散油悬浮剂 20～30 毫升,兑水 30～40 千克茎叶均匀喷雾。

【注意事项】

(1)施药时注意药量准确,做到均匀喷洒,尽量在无风无雨时施药,避免雾滴飘移危害周围作物。

(2)勿与铜制剂农药混用;施用本品前后 7 天不能使用有机磷农药。

(3)勿在低温(8℃)以下及干旱等不良气候条件下施药。

(4)对蜜蜂、鱼类、藻类等水生生物、家蚕有毒。施药期间应避免对周围蜂群的影响,蜜源作物花期、蚕室和桑园附近禁用。赤眼蜂等天敌放飞区禁用。远离水产养殖区施药,禁止在河塘等水域清洗施药器具,清洗施药器具的废液禁止排入河塘等水域。

(5)勿在套种或间作大麦、燕麦、十字花科作物、豆类及其他作物的小麦田使用。施用本品 9 个月后,可以轮作萝卜、大麦、红花、油菜、大豆、菜豆、向日葵、亚麻和马铃薯,11 个月后可种植豌豆,24 个月后可种植小扁豆。

(6)施药后 65 天,药剂的有效成分在土壤中已绝大部分降解为无活性的代谢物质,在冬小麦区对玉米、大豆、水稻、棉花及花生的安全间隔期为 60～65 天。

(7)每季作物最多施用 1 次。本品在小麦上的最大残留限量为 0.01 毫克/千克。

54. 高效氟吡甲禾灵

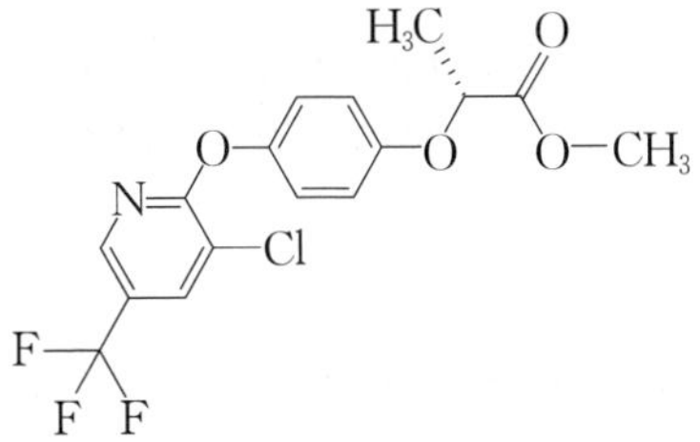

分子式：$C_{16}H_{13}ClF_3NO_4$

【类别】 芳氧丙酸酯类。

【化学名称】 $R(+)$-甲基-2-[4-(3-氯-5-三氟甲基-2-吡啶氧基)苯氧基]丙酸甲酯。

【理化性质】 纯品为亮棕色液体，厌恶性气味。密度 1.372 克/厘米^3(20℃)，沸点>280℃，蒸气压 0.328 毫帕(25℃)。水中溶解度 8.74 毫克/升(25℃)，有机溶剂丙酮、环己酮、二氯甲烷、乙醇、甲醇、甲苯、二甲苯中溶解度均>1 千克/升(25℃)。

【毒性】 低毒。雄、雌大鼠急性经口 LD_{50} 分别为 300 毫克/千克和 623 毫克/千克，大鼠急性经皮 LD_{50}>2 000 毫克/千克，对兔眼睛有轻微刺激性，对兔皮肤无刺激性。大鼠 2 年饲喂 NOEL 为 0.065 毫克/(千克·天)。对繁殖无不良影响。对鸟和蜜蜂低毒，野鸭和山齿鹑急性经口 LD_{50}>1 159 毫克/千克，蜜蜂 LD_{50}>100 微克/只(48 小时)。对鱼高毒，虹鳟鱼 LC_{50}(96 小时)0.7 毫克/升。

【制剂】 10.8%、22%、48%、108 克/升、158 克/升乳油、108 克/升水乳剂，17%、28%微乳剂。

【作用机制与防除对象】 选择性内吸传导型茎叶处理剂。通过对杂草体内乙酰辅酶 A 羧化酶结合,阻止此酶发挥作用,破坏脂肪酸的合成,破坏细胞膜等含脂结构,致使植物死亡。本品由于去除了氟吡甲禾灵中非活性的 S 光学异构体,其除草活性更高,药效更稳定,受低温、雨水等不利环境影响更小,施药后 1 个小时降雨对药效影响很小。适用于棉花、油菜、大豆、花生等双子叶作物田,有效防除稗草、千金子、马唐、狗尾巴草、看麦娘、日本看麦娘、网草、硬草、棒头草等一年生禾本科杂草,对阔叶草和莎草科杂草无效,对早熟禾效果很差。

【使用方法】

(1)防除棉花田一年生禾本科杂草:一年生禾本科杂草 3～5 叶期,每 667 平方米用 108 克/升乳油 25～30 毫升兑水 30～50 千克均匀喷雾杂草茎叶。

(2)防除油菜田一年生禾本科杂草:一年生禾本科杂草 3～5 叶期,每 667 平方米用 108 克/升乳油 20～30 毫升兑水 30～50 千克针对杂草茎叶均匀喷雾。

(3)防除大豆田一年生禾本科杂草:禾本科杂草 3～5 叶期,每 667 平方米用 108 克/升乳油 30～45 毫升,或 108 克/升水乳剂 35～40 毫升,或 28% 微乳剂 10～15 毫升,兑水 30～50 千克针对杂草茎叶均匀喷雾。

(4)防除花生田一年生禾本科杂草:一年生禾本科杂草 3～5 叶期,每 667 平方米用 108 克/升乳油 20～30 毫升或 17% 微乳剂 16～22 毫升,兑水 30～50 千克均匀喷雾杂草茎叶。

(5)防除甘蓝田一年生禾本科杂草:一年生禾本科杂草 3～5 叶期,每 667 平方米用 108 克/升乳油 30～40 毫升兑水 30～50 千克均匀喷雾杂草茎叶。

(6)防除马铃薯田一年生禾本科杂草:一年生禾本科杂草 3～5 叶期,每 667 平方米用 108 克/升乳油 35～50 毫升或 28% 微乳剂 10～15 毫升,兑水 30～50 千克均匀喷雾杂草茎叶。

(7)防除西瓜田一年生禾本科杂草:一年生禾本科杂草 3～5

叶期,每667平方米用108克/升乳油35～50毫升兑水30～50千克均匀喷雾杂草茎叶。

(8)防除向日葵田一年生禾本科杂草:一年生禾本科杂草3～5叶期,每667平方米用108克/升乳油60～100毫升或17%微乳剂15～25毫升,兑水30～50千克均匀喷雾杂草茎叶。

【注意事项】

(1)本品是禾本科杂草专用除草剂,只适合于阔叶作物田使用。

(2)对禾本科作物敏感,使用时切勿喷到邻近水稻、麦子、玉米等禾本科作物上,以免产生药害。

(3)大风天或预计1小时内降雨,请勿施药,以免影响药效。

(4)对蜜蜂、鱼类等水生生物、家蚕有毒。施药时应避免对周围蜂群的影响、蜜源作物花期、蚕室和桑园附近慎用。远离水产养殖区施药,应避免药液流入池塘、河流、湖泊等水体中,以防毒死鱼、虾,污染水源。清洗喷药器械时切忌污染水源。

(5)阔叶及禾本科杂草混生田,应与除阔叶杂草的除草剂配合使用。与禾本科作物间、混、套种的田块不能施用本品。

(6)每季作物最多施用1次。

(7)本品在油菜籽、棉籽、大豆、花生仁、葵花籽、结球甘蓝、马铃薯、西瓜上最大残留限量(毫克/千克)分别为3、0.2、0.1、0.1、0.05、0.2、0.1、0.1。

55. 禾草丹

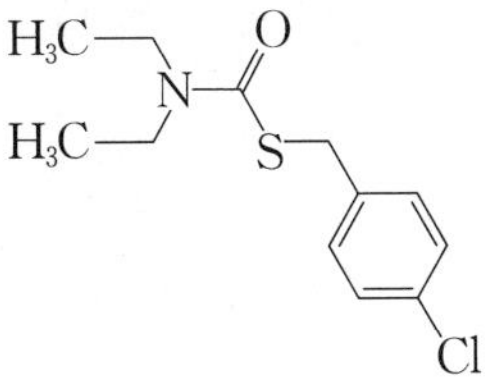

分子式:$C_{12}H_{16}ClNOS$

【类别】 硫代氨基甲酸酯类。

【化学名称】 N,N-二乙基硫代氨基甲酸-S-4-氯苄酯。

【理化性质】 纯品为浅黄色液体,相对密度 1.1(20 ℃),熔点 3.3 ℃,沸点 126~129 ℃,蒸气压 2.2 帕(23 ℃)。水中溶解度 (20 ℃)27.5 毫克/千克(pH6.7),易溶于丙酮、乙醚、苯、正己烷、甲醇、二甲苯、乙腈。在 21 ℃、pH5~9 水溶液中稳定 30 天,对光稳定。

【毒性】 低毒。原药雄性大鼠急性经口 LD_{50} 920 毫克/千克,小鼠急性经口 LD_{50}>1 000 毫克/千克。大鼠急性经皮 LD_{50}>1 000 毫克/千克,家兔急性经皮 LD_{50}>2 000 毫克/千克。大鼠急性吸入 LC_{50}(1 小时)7.7 毫克/升。对兔皮肤和眼睛有刺激性,但在短时间内即可消失。本品在动物体内能很快排出,无蓄积作用。在试验条件下对动物未见致突变、致畸、致癌作用。鹌鹑 LD_{50} 7 800 毫克/千克,野鸭 LD_{50}>10 000 毫克/千克。鱼类 LC_{50}(48 小时,毫克/升):鲤鱼 3.6,大翻车鱼 2.4。蜜蜂急性经口 LD_{50}>100 微克/只。

【制剂】 50%、90%、900 克/升乳油。

【作用机制与防除对象】 通过阻碍 α-淀粉酶和蛋白质合成而发挥作用,为类脂合成抑制剂。选择性内吸传导型土壤处理除草剂,可被杂草的根部和幼芽吸收,阻碍淀粉酶和蛋白质的生物合成,使已发芽的杂草种子中的淀粉不能水解为容易被吸收的糖类,而刚发芽的幼芽因得不到养料生长受抑制,生长停止而枯死。用于苗前土壤处理或幼苗期叶面喷雾,主要防除水稻秧田、直播田和移栽田的稗草、牛毛草、异型莎草、三棱草、千金子、鸭舌草等一年生杂草。

【使用方法】

(1)防除水稻直播田一年生杂草:播后苗前土壤处理,在水稻播种后 3 天内,每 667 平方米用 50%乳油 260~320 毫升或 90%乳油 80~120 毫升,兑水 20~40 千克均匀喷雾。

(2) 防除水稻移栽田一年生杂草：水稻移栽后 5～7 天,每 667 平方米用 90%乳油 125～150 毫升兑水 20～40 千克茎叶均匀喷雾,施药前排干田水,药后 1 天回水,并保持 3～5 厘米水层 5～7 天。或每 667 平方米用 90%乳油 125～150 毫升毒土法均匀撒施,施药时田间水深 3～5 厘米,施药后保水 5～7 天。

【注意事项】

(1) 本品只适用于水稻,禁止在其他作物上施用。

(2) 水稻出苗至立针期不宜施用,以免产生药害。稻草还田的移栽稻田不宜施用。

(3) 不能与 2,4 -滴混用,否则会降低除草效果。

(4) 对三叶期稗草效果差,应掌握在稗草 2 叶 1 心前施用。

(5) 对鱼、蜜蜂、家蚕有毒。鱼或虾蟹套养稻田禁用,施药期间应远离水产养殖区,禁止在河塘等水体中清洗施药器具,施药后的田水不得直接排入水体。赤眼蜂等天敌昆虫放飞区禁用,开花植物花期、蚕室和桑园附近禁用。

(6) 每季作物最多施用 1 次。

(7) 本品在水稻(糙米)上的最大残留限量为 0.2 毫克/千克。

56. 禾草敌

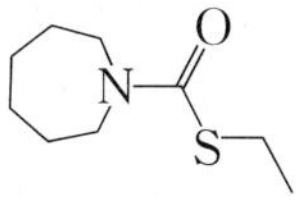

分子式：C_9H_7NOS

【类别】　硫代氨基甲酸酯类。

【化学名称】　N,N -六亚甲基硫代氨基甲酸- S -乙酯。

【理化性质】　有效成分含量 99%时为透明有芳香气味的液

体。沸点 202 ℃，相对密度 1.063（20 ℃），蒸气压 746 毫帕（25 ℃）。可溶于丙酮、苯、异丙醇、甲醇、甲苯等有机溶剂，20 ℃时水中溶解度为 800 毫克/千克、21 ℃时为 900 毫克/千克、40 ℃时为 1 000 毫克/千克。常温下贮存稳定，至少保存 2 年，在酸、碱中稳定（pH5～9,40 ℃），对光不稳定。

【毒性】 低毒。原药大鼠急性经口 LD_{50} 468～705 毫克/千克，大鼠急性经皮 LD_{50} ＞1 200 毫克/千克，家兔急性经皮 LD_{50} 为 1 600 毫克/千克，大鼠吸入 LC_{50} 2.4 毫克/升，对兔皮肤和眼睛有刺激性。在试验剂量内对动物无致畸、致突变、致癌作用。鱼类 LC_{50}（48 小时，毫克/升）：虹鳟鱼 1.8,鲤鱼 12,金鱼 32。野鸭饲喂 LC_{50}（5 天）为 13 000 毫克/千克，山齿鹑饲喂 LC_{50}（11 天）为 5 000 毫克/千克。蚯蚓 LC_{50}（14 天）为 289 毫克/千克土。

【制剂】 90.9％乳油。

【作用机制与防除对象】 本品是专用于防除稻田稗草的选择性除草剂。能在水中均匀扩散，被稗草、牛毛草等杂草的初生根和芽鞘吸收，并在生长点积累，从而阻止蛋白质的合成，并通过对酶活性的抑制，使细胞失去能量供给，最终导致杂草生长点扭曲而死亡。主要用于防除稻田中一年生禾本科杂草，对稗草特效，对水生牛毛草、异型莎草也有一定防效，对眼子菜、扁秆藨草及多年生宿根性杂草无效。

【使用方法】

（1）防除水稻直播田稗草：在水稻 2～3 叶期、稗草 2～3 叶期之前，田间灌水 3～5 厘米（勿淹没秧苗心叶），每 667 平方米用 90.9％乳油 150～220 毫升，以毒土法或喷雾法施药，施药后保水 5～7 天。

（2）防除水稻秧田稗草：在水稻 2 叶期后、稗草 2～3 叶期之前，田间灌水 3～5 厘米（勿淹没秧苗心叶），每 667 平方米用 90.9％乳油 150～220 毫升，以毒土法或喷雾法施药，施药后保水 5～7 天。

（3）防除水稻移栽田稗草：水稻移栽后、稗草 2～3 叶期时,田间灌水 5～7 厘米,每 667 平方米用 90.9％乳油 150～220 毫升,以毒土法或喷雾法施药,施药后保水 5～7 天。

【注意事项】

（1）采用毒土法施药时无需稀释,直接将适量药剂滴入干的细土（或砂）中,搅拌均匀即可使用。配制好的毒土（或砂）应立即施用,切勿放置过久或过夜,以减少药剂有效成分的挥发。

（2）避免在水稻芽期施用。

（3）施药前应注意天气变化,选择无风雨的天气或在露水干后施药,避免飘移到临近敏感作物上。

（4）防除高龄稗草应适当增加用药量。

（5）禁止在河塘等水体中清洗施药器具,或将清洗施药器具的废水倒入池塘、河溪、湖泊等,以免污染水源。赤眼蜂等天敌放飞区禁用。

（6）本品在水稻（糙米）上最大残留限量为 0.1 毫克/千克。

（7）每季作物最多施用 1 次。

（8）籼稻对本品较敏感,用药量过高或施药不匀易产生药害。

57. 禾草灵

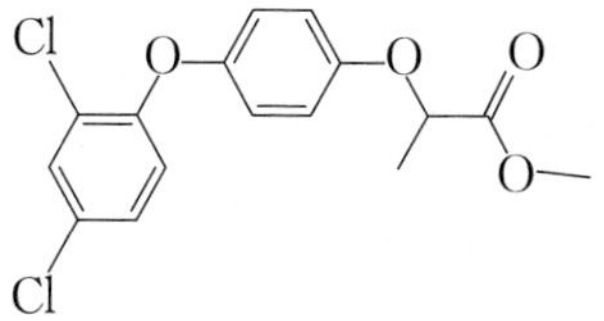

分子式：$C_{16}H_{14}Cl_2O_4$

【类别】 芳氧丙酸酯类。

【化学名称】 2-[4-(2,4-二氯苯氧基)苯氧基]丙酸甲酯。

【理化性质】 原药中有效成分含量为97%,纯品为无色无臭固体,密度1.2克/厘米^3(40℃),熔点39～41℃,蒸气压0.034毫帕(20℃)。22℃时水中溶解度为3毫克/升;20℃时在有机溶剂中的溶解度(千克/升):丙酮2.49,乙醚2.28,乙醇0.11,石油醚0.06,二甲苯2.53。对光稳定。水中半衰期(25℃):365天(pH5)、31.7天(pH7)、0.52天(pH9)。

【毒性】 低毒。原药大鼠急性经口LD_{50}563毫克/千克,大鼠急性经皮LD_{50}>5 000毫克/千克,对眼睛无刺激作用,对皮肤有轻度刺激。大鼠亚急性经口NOEL为12.5～32毫克/千克(90天),狗亚急性经口NOEL为80毫克/千克。虹鳟鱼LC_{50}(96小时)0.35毫克/升。在试验条件下,未见致畸、致突变、致癌作用。

【制剂】 28%、36%乳油。

【作用机制与防除对象】 具有选择性强的茎叶处理剂,可被植物的根、茎、叶吸收,但传导性差,主要作用部位是分生组织,生长点受药较多时可提高除草效果。在植物体内以酯和酸两种形式存在,均为活性型,其中酯是一种强烈的植物刺激拮抗剂,酸是弱拮抗剂,茎生长受到抑制主要是酯引起的,而细胞膜的破坏则是酸的作用。本品在抗性植物体内易发生芳基羟基反应,然后轭合为芳基葡萄苷而脱毒;在敏感植物体内则轭合为仍具毒性的中性葡萄糖酯。适用于小麦等作物田防除野燕麦、看麦娘、硬草、棒头草、马唐、稗草、狗尾草等禾本科杂草,对阔叶杂草基本无效。

【使用方法】

防除春小麦禾本科杂草:在春小麦3～5叶期、禾本科杂草2～4叶期,每667平方米用36%乳油180～200毫升兑水30～40千克茎叶均匀喷雾。

【注意事项】

(1) 不能与2,4-滴丁酯、2甲4氯等苯氧乙酸类及灭草松等除草剂混用,也不可与氮肥混用,如要使用,两者要间隔7～10天,否则会降低药效。

（2）不能在谷子、高粱、玉米、棉花等作物上施用。

（3）在土壤湿润情况下除草效果好，如遇干旱，应在施药后1～2天内灌水。

（4）小麦叶片接触药液后会出现稀疏的褪绿斑，但新长出的叶片完全不会受害。

（5）在春小麦田最多只能施用1次。

（6）本品在小麦上的最大残留限量为0.1毫克/千克。甜菜上的最大残留限量为0.1毫克/千克。

58. 环吡氟草酮

分子式：$C_{20}H_{19}N_3ClF_3O_3$

【类别】 酮类。

【化学名称】 1-[2-氯-3-(3-环丙基-5-羟基-1-甲基-1H-吡唑-4-羰基)-6-三氟甲基苯基]哌啶-2-酮。

【理化性质】 原药有效成分含量不低于95％，外观为浅棕色颗粒或粉状固体。pH3.0～6.0，熔点190.6℃，蒸气压2×10^{-5}帕（25℃）。水中溶解度515.3毫克/升。弱酸碱性及中性条件下均稳定。

【毒性】 低毒，对眼睛和皮肤有刺激性。

【制剂】 6％可分散油悬浮剂。

【作用机制与防除对象】 具有内吸传导作用的新型除草剂，属于对羟基苯基丙酮酸双氧化酶（HPPD）抑制剂。可用于冬小麦田防除看麦娘、日本看麦娘、硬草、棒头草、蜡烛草、早熟禾、播娘蒿、荠菜、野油菜、繁缕、牛繁缕、麦家公、婆婆纳、宝盖草等一年生杂草。

【使用方法】

防除冬小麦田一年生禾本科杂草及部分阔叶杂草：在冬小麦返青期至拔节前、杂草 2～5 叶期茎叶喷雾，每 667 平方米用 6％可分散油悬浮剂 150～200 毫升兑水 30～40 千克茎叶均匀喷雾。

【注意事项】

（1）施药时避免药液飘移到油菜、蚕豆等阔叶作物上，以免产生药害。

（2）大风天或预计 24 小时内降雨，请勿施药。

（3）远离水产养殖区、河塘等水体附近施药，避免污染水塘等水体，禁止在河塘等水域内清洗施药器具。

（4）每季作物最多施用 1 次。

59. 环嗪酮

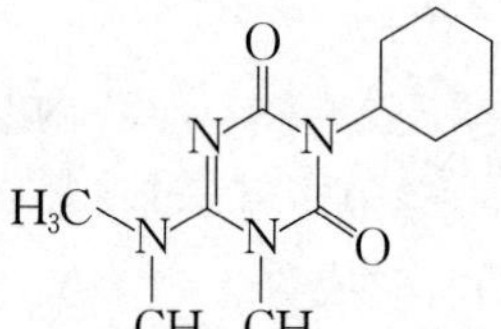

分子式：$C_{12}H_{20}N_4O_2$

【类别】 三嗪酮类。

【化学名称】 3-环己基-6-二甲基氨基-1-甲基-1,3,5-三嗪-2,4-二酮。

【理化性质】 原药为白色结晶固体，有效成分含量为 98％，相对密度1.25,熔点115～117℃,蒸气压8.5毫帕(86℃)、0.03毫帕(25℃)。溶解度(25℃,克/千克):水33,氯仿3 880,甲醇2 650,苯940,丙酮792,甲苯386,二甲基甲酰胺836,己烷30。在不高于37℃、pH5.7～9的水溶液中稳定。土壤中会被微生物分解。

【毒性】 低毒。大鼠急性经口LD_{50}＞1 690毫克/千克,豚鼠急性经口LD_{50}860毫克/千克,兔急性经皮LD_{50}＞5 278毫克/千克。大鼠急性吸入LC_{50}＞7.48毫克/升。对兔眼睛有严重刺激性,但刺激是可逆的,对豚鼠皮肤无刺激。在试验剂量内对动物无致畸、致突变、致癌作用。对鱼类及水生生物低毒,虹鳟鱼LC_{50}(48小时)388毫克/升,蓝鳃翻车鱼LC_{50}(96小时)370～420毫克/升,水蚤LC_{50}(48小时)151.6毫克/升。蜜蜂经口LD_{50}＞60微克/只。对鸟类低毒,山齿鹑急性经口LD_{50}2 258毫克/千克,野鸭饲喂LC_{50}(8天)＞10 000毫克/千克(饲料)。

【制剂】 25%可溶液剂,75%水分散粒剂,5%颗粒剂。

【作用机制与防除对象】 主要抑制植物的光合作用,使代谢紊乱,导致死亡。植物根系和叶面都能吸收环嗪酮,主要通过木质部运输。进入土壤后能被土壤微生物分解,对松树根部没有伤害,是优良的林用除草剂。用于常绿针叶林,如红松、樟子松、云杉、马尾松等幼林抚育、造林前除草灭灌、维护森林防线及林地改造等。可防除狗尾草、蚊子草、芦苇、小叶樟、刺儿菜、野燕麦、稗、藜、蓼等。

【使用方法】

(1)森林防火道防除杂灌和杂草:在杂草和灌木生长旺盛期,每667平方米用25%可溶液剂300～500毫升或75%水分散粒剂160～200克兑水30～50千克,茎叶均匀喷雾。或用5%颗粒剂1 500～3 000克直接撒施,最好在雨季前用药。

(2)造林前整地除草灭灌:按造林规格,如每公顷3 300株定点用喷枪点射各点。一年生杂草为主时,每点用25%可溶液剂1

毫升;多年生杂草为主伴生少量灌木时,每点用 25% 可溶液剂 2 毫升,灌木密集林地每点用 25% 可溶液剂 3 毫升。可直接用制剂点射,也可用水稀释 1~2 倍。

【注意事项】

(1) 药效的发挥与降雨有密切关系,最好在雨季前用药。如果施药后 15 天不降雨,应在施药处浇水,否则药效较差。忌在暴雨前施用,以免药剂被雨水冲走。

(2) 兑水稀释时水温不可过低,否则易有结晶析出,影响药效。

(3) 点射药液应落在土壤上,不要射到枯枝落叶层上,以防药物被风吹走。

(4) 施药时避免飘移、危害邻近作物。赤眼蜂等天敌放飞区域禁用。对蜜蜂和桑蚕有毒,在开花植物花期禁止施用及切勿喷洒在桑树上。禁止在河塘等水域内清洗施药器具或将清洗施药器具的废水倒入河流、池塘等水源。

60. 环酯草醚

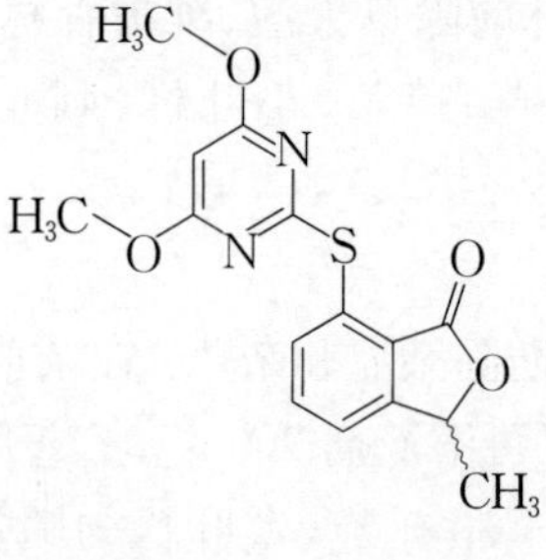

分子式:$C_{15}H_{14}N_2O_4S$

【类别】 嘧啶水杨酸类。

【化学名称】 (R,S)-7-(4,6-二甲氧基嘧啶-2-基硫基)-3-甲基-2-苯并呋喃-1(3H)-酮。

【理化性质】 纯品外观为白色无味晶体粉末,熔点163℃,在300℃时开始热分解,蒸气压(25℃)2.2×10^{-8}帕,水中溶解度(25℃)1.8毫克/升,正辛醇-水分配系数(25℃)K$_{ow}$log$P$为2.6。原药质量分数不低于96%,外观为浅褐色细粉末,pH6.9。有机溶剂中溶解度(25℃):二氯甲烷99克/升,丙酮14克/升,乙酸乙酯6.1克/升,甲苯4.0克/升,甲醇1.4克/升,辛醇400毫克/升,己烷30毫克/升。

【毒性】 低毒。原药大鼠急性经口LD$_{50}$>5 000毫克/千克,大鼠急性经皮LD$_{50}$>2 000毫克/千克,大鼠急性吸入LC$_{50}$>5 540毫克/米^3。对兔皮肤和眼睛无刺激性,豚鼠皮肤变态反应(致敏性)试验结果为无致敏性。大鼠90天亚慢性喂养毒性试验最大无作用剂量:雄性23.8毫克/(千克·天)、雌性25.5毫克/(千克·天)。Ames试验、小鼠骨髓细胞微核试验、体内UDS试验、体外哺乳动物细胞染色体畸变试验均为阴性,未见致突变作用。原药对鲤鱼LC$_{50}$(96小时)>100毫克/升,鹌鹑LD$_{50}$>2 000毫克/千克。蜜蜂经口LD$_{50}$(48小时)>138微克/只,接触LD$_{50}$(48小时)>100微克/只。家蚕LC$_{50}$(96小时)>1 250毫克/千克桑叶。原药对鱼、鸟、蜜蜂、家蚕均属低毒。

【制剂】 24.3%悬浮剂。

【作用机制与防除对象】 本品为乙酰乳酸合成酶(ALS)类抑制剂,为内吸传导选择性除草剂,可被植物茎叶或根尖吸收,并快速向其他部位传导,通过抑制植物的ALS合成而导致支链氨基酸合成受阻,从而实现对杂草的防除。水稻田苗后早期除草剂,用于防除水稻田一年生禾本科杂草、莎草及部分阔叶杂草。药后几天即可看到效果,杂草会在10~21天内死亡。

【使用方法】
防除水稻移栽田一年生杂草:在水稻移栽后5~7天、杂草

2～3 期,每 667 平方米用 24.3% 悬浮剂 50～80 毫升兑水 20～40 千克茎叶均匀喷雾处理,施药前 1 天排干田水,施药 1～2 天后复水 3～5 厘米并保持 5～7 天。

【注意事项】

(1) 本品仅限用于南方移栽水稻田的杂草防除。

(2) 尽量较早用药,除草效果更佳,施药时避免雾滴飘移至邻近作物。

(3) 勿将药液或空包装弃于水中或在河塘中洗涤喷雾器械,避免影响水生生物和污染水源。

(4) 每季作物最多施用 1 次。本品在稻谷或糙米上的最大残留限量为 0.1 毫克/千克。

61. 磺草酮

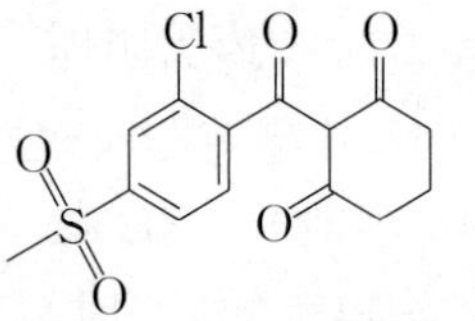

分子式:$C_{14}H_{13}ClO_5S$

【类别】 三酮类。

【化学名称】 2-(2-氯-4-甲磺酰基苯甲酰基)环己烷-1,3-二酮。

【理化性质】 纯品为淡褐色固体,熔点 139 ℃,蒸气压 5×10^{-3} 毫帕。25 ℃ 水中溶解度为 165 毫克/升,溶于丙酮和氯苯。在水中、日光下稳定,耐热高达 80 ℃。在肥沃砂质土壤中 DT_{50} 为 15 天;细沃土中 DT_{50} 为 7 天。

【毒性】 低毒。大鼠急性经口 $LD_{50} > 5000$ 毫克/千克,兔急

性经皮 $LD_{50} > 4\,000$ 毫克/千克,大鼠急性吸入 LC_{50}(4 小时)1.6 毫克/升空气。对兔皮肤无刺激,对兔眼睛有中度刺激性。无致畸、致癌、致突变性。野鸭和鹌鹑 $LD_{50} > 5\,620$ 毫克/千克。鱼类 LC_{50}(96 小时):虹鳟鱼 227 毫克/升,鲤鱼 240 毫克/升。蜜蜂急性经口 $LD_{50} > 200$ 微克/只。蚯蚓 LC_{50}(14 天)$> 1\,000$ 毫克/千克土。

【制剂】 15%水剂,26%悬浮剂。

【作用机制与防除对象】 叶面除草剂,也可通过根系吸收,残留于土壤的活性使其优于仅有叶面活性的芽后除草剂,这一附加效果是防除某些杂草如苋属杂草的重要因素。本品为对羟基苯基丙酮酸酯双氧化酶(HPPD)抑制剂,影响叶绿素的合成,施药后杂草很快脱色,缓慢死亡。它不可能与三嗪类除草剂有交互抗性。适用于玉米防除阔叶杂草及某些单子叶杂草,如藜、龙葵、蓼、马唐等。

【使用方法】

(1)防除春玉米田一年生杂草:在玉米 3~6 叶期、禾本科杂草 2~4 叶、阔叶杂草 2~6 叶期,每 667 平方米用 15%水剂 400~500 毫升,或 26%悬浮剂 130~200 毫升,兑水 30~40 千克茎叶均匀喷雾。

(2)防除夏玉米田一年生杂草:在玉米 3~6 叶期、禾本科杂草 2~4 叶、阔叶杂草 2~6 叶期,每 667 平方米用 15%水剂 300~400 毫升,或 26%悬浮剂 130~200 毫升,兑水 30~40 千克茎叶均匀喷雾。

【注意事项】

(1)施药后玉米叶片可能会出现轻微触杀性药害斑点,属正常情况,一般一周后可恢复,不影响玉米生长。

(2)本品兼有土壤和茎叶处理活性,杂草叶片及根系均可吸收,土壤湿度大有利于药效的充分发挥。

(3)在无风或风较小时喷雾处理,并尽量避免在正午高温时用药。

(4) 远离水产养殖区施药,禁止在河塘等水体中清洗施药器具。用过的容器应妥善处理,不可作他用,也不可随意丢弃。

(5) 每季作物最多施用 1 次。本品在玉米上的最大残留限量为 0.05 毫克/千克。

62. 甲草胺

分子式: $C_{14}H_{20}ClNO_2$

【类别】 酰胺类。

【化学名称】 N-(2,6-二乙基苯基)-N-甲氧基甲基-氯乙酰胺。

【理化性质】 原药为乳白色无味非挥发性结晶体,相对密度 1.133(25 ℃),熔点 39.5～41.5 ℃,沸点 100 ℃(2.67 帕),在 105 ℃时分解,蒸气压 2.9 毫帕(25 ℃)。水中溶解度 242 毫克/升 (25 ℃),能溶于乙醇、丙酮、苯、乙酸乙酯等有机溶剂,稍溶于庚烷。对紫外光稳定,在强酸、强碱条件下水解。在土壤中的持留时间为 42～70 天,通过微生物作用而降解。

【毒性】 低毒。原药大鼠急性经口 LD_{50} 930 毫克/千克,小鼠急性经口 LD_{50} 1000 毫克/千克。兔急性经皮 LD_{50} 13 300 毫克/千克。大鼠急性吸入 LC_{50}>1.04 毫克/升。对兔眼睛和皮肤均有中等刺激作用。在试验条件下,未见致畸、致突变作用。对鸟低毒,鹌鹑急性经口 LD_{50} 1 536 毫克/千克,野鸭和北美鹑 LC_{50}(5 天)>5 620 毫克/千克饲料。对鱼毒性高,LC_{50}(96 小时):虹鳟鱼

1.8毫克/升,蓝鳃太阳鱼2.8毫克/升。蜜蜂LD_{50}(96小时)＞32毫克/只。蚯蚓LC_{50}(14天)387毫克/千克土。

【制剂】 43%、480克/升乳油,480克/升微囊悬浮剂。

【作用机制与防除对象】 为选择性内吸传导型土壤处理除草剂,主要通过杂草幼芽吸收,并在体内传导,抑制蛋白酶的活性,阻碍蛋白质的合成,造成芽和根停止生长,使不定根无法形成。大豆、花生对本品有较强的耐药性,可有效防除大多数一年生禾本科和某些双子叶杂草。

【使用方法】

(1)防除大豆田一年生杂草:在播前或播后苗前,每667平方米用43%乳油200～300毫升,或480克/升微囊悬浮剂350～400毫升(东北地区),250～350毫升(其他地区),兑水30～40千克均匀土壤喷雾。

(2)防除花生田一年生杂草:在播前或播后苗前,每667平方米用43%乳油200～300毫升兑水30～40千克均匀土壤喷雾。

(3)防除棉花田一年生杂草:在播前或播后苗前,每667平方米用43%乳油200～300毫升兑水30～40千克均匀土壤喷雾。

【注意事项】

(1)高粱、谷子、水稻、小麦、黄瓜、瓜类、胡萝卜、韭菜、菠菜对本品较敏感,不宜施用。

(2)对已出土的杂草基本无效,施药前应清除干净已出土的杂草,并在杂草萌动高峰、尚未出土前施用。

(3)土壤湿润有利于药效发挥,土壤干旱时,适当加大用水量。施药半月后若无降雨,应进行浇水或浅混土,以保证药效;但土壤积水会发生药害。土壤有机质含量高用推荐上限,有机质含量低用下限。

(4)远离水产养殖区施药,禁止在河塘等水域内清洗施药器具或将清洗施药器具的废水倒入河流、池塘等水源。

(5)本品在玉米、棉籽、花生仁和大豆上的最大残留限量(毫克/千克)分别为 0.2、0.02、0.05、0.2。

（6）每季作物最多施用 1 次。

63. 甲磺草胺

分子式：$C_{11}H_{10}Cl_2F_2N_4O_3S$

【类别】 三唑啉酮类。

【化学名称】 2′,4′-二氯-5′-(4-二氟甲基-4,5-二氢-3-甲基-5-氧代-1H-1,2,4-三唑-1-基)甲磺酰苯胺。

【理化性质】 纯品为棕黄色固体，熔点 121～123 ℃，相对密度 1.21(20 ℃)，蒸气压 $1.3×10^{-4}$ 毫帕(25 ℃)，正辛醇-水分配系数 $K_{ow} \log P$ 为 1.48(25 ℃)。水中溶解度(毫克/克，25 ℃)：0.11 (pH6)、0.78(pH7)、16(pH7.5)，可溶于丙酮和大多数极性有机溶剂。pKa 为 6.56。

【毒性】 低毒。大鼠急性经口 LD_{50} 2 855 毫克/千克，兔急性经皮 $LD_{50} > 2 000$ 毫克/千克，大鼠吸入 LC_{50}(4 小时)>4.14 毫克/升。轻度眼睛刺激(兔)，无皮肤刺激性(兔)，无皮肤致敏性(豚鼠)。野鸭急性经口 $LD_{50} > 2 250$ 毫克/千克，鹌鹑和野鸭饲喂 LC_{50}(8 天)$>5 620$ 毫克/升。虹鳟鱼 LC_{50}(96 小时)>130 毫克/升，蓝鳃太阳鱼 93.8 毫克/升。蜜蜂 $LD_{50} > 25$ 微克/只，蚯蚓最大无作用浓度 3 726 毫克/千克土壤。

【制剂】 40%悬浮剂，75%水分散粒剂。

【作用机制与防除对象】 属原卟啉原氧化酶抑制剂的选择性

除草剂。可有效防除甘蔗田一年生杂草,如小飞蓬、莎草、马唐、阔叶丰花草、藿香蓟等。

【使用方法】

防除甘蔗田一年生杂草:在甘蔗芽出土前、杂草出土前,每667平方米用75%水分散粒剂32~48克或40%悬浮剂60~90毫升,兑水30~40千克均匀土壤喷雾。

【注意事项】

(1) 在杂草出土前施药防除效果最佳。施药时,避免药液飘移到周围作物田及果树上。本品对甜菜和棉花有一定的药害。

(2) 药剂配制采用2次稀释、充分混合,严禁加洗衣粉等助剂,请勿与其他药剂混用。

(3) 本品不适用于砂质土壤,不能用飞机喷洒,也不能由任何灌溉系统中施药。

(4) 本品持效期长,药后90天内不宜种植其他作物。

(5) 对水生生物有毒,水产养殖区、河塘等水体附近禁用,禁止在河塘等水体清洗施药器具。施药后须及时彻底清洗药械,废液和清洗液不得倒入池塘、湖泊等任何水体中。用过的容器应妥善处理,不可作他用,也不可随意丢弃。

(6) 每季作物最多施用1次。本品在甘蔗上的最大残留限量为0.05毫克/千克。

64. 甲基碘磺隆钠盐

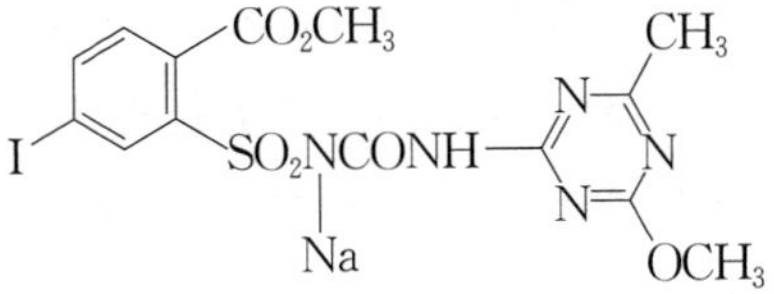

分子式:$C_{14}H_{13}IN_5NaO_6S$

【类别】 磺酰脲类。

【化学名称】 4-碘-2-[3-(4-甲氧基-6-甲基-1,3,5-三嗪-2-基)脲基磺酰基]苯甲酸甲酯钠盐。

【理化性质】 纯品为白色固体,熔点 152 ℃,蒸气压 6.7×10^{-9} 帕(25 ℃)。亨利常数 2.29×10^{-11} 帕·米^3/摩(20 ℃)。正辛醇-水分配系数 $K_{ow} \log P$ 为 1.07(pH5)、-0.70(pH7)、-1.22(pH9)。水中溶解度(25 ℃,克/升):0.16(pH5)、25(pH7)、65(pH9)。生物水解 DT_{50}(20 ℃):31 天(pH5)、>365 天(pH7)、362 天(pH9)。光解 DT_{50} 约 50 天(北纬 50°)。

【毒性】 低毒。大鼠急性经口 LD_{50} 2 678 毫克/千克,大鼠急性经皮 LD_{50}>5 000 毫克/千克。对兔皮肤和眼睛无刺激性,无致突变性。对鱼、鸟、蜜蜂和蚯蚓等无毒。

【制剂】 2%可分散油悬浮剂。

【作用机制与防除对象】 为内吸选择性芽后除草剂,是一种支链氨基酸合成抑制剂,通过抑制缬氨酸和异亮氨酸的生物合成,破坏细胞分裂,阻碍植物生长。可用于玉米田苗后防除阔叶杂草及莎草科杂草。

【使用方法】

防除玉米田一年生阔叶杂草及莎草科杂草:在玉米 3～5 叶期、杂草 2～5 叶期,每 667 平方米用 2%可分散油悬浮剂 20～25 毫升兑水 30～40 千克茎叶均匀喷雾。

【注意事项】

(1) 推荐在小麦-玉米-小麦轮作的玉米田施用,后茬不能种植向日葵、油菜、大豆、水稻等敏感作物。间套或混种其他作物的玉米田不宜施用。

(2) 甜玉米、糯玉米、爆裂玉米以及制种田玉米不宜施用,不同玉米品种对本品耐药性不同,推广前应先进行小面积试验,确认安全后再大面积使用。

(3) 遇特殊条件,如高温、高湿、长期干旱、低温、玉米生长弱小等,请慎用。严禁用弥雾机施药。施药应选择在早上 9 点以前或傍晚时进行。大风天或预计 6 小时内降雨,请勿施药。

(4) 本品不宜与长残效除草剂混用,以免产生药害。不要和有机磷、氨基甲酸酯类杀虫剂混用,或使用本品前后 7 天内不要用有机磷、氨基甲酸酯类杀虫剂,以免发生药害。

(5) 对蜜蜂、鱼类等水生生物、家蚕有毒。施药期间应避免对周围蜂群的影响,禁止在开花植物花期、蚕室和桑园附近施药。赤眼蜂等天敌放飞区域禁用。远离水产养殖区、河塘等水域施药。禁止在河塘等水体中清洗施药器具,避免药液流入湖泊、河流或鱼塘中污染水源。废弃物要妥善处理,不能随意丢弃,也不能作他用。

(6) 每季作物最多施用 1 次。

65. 甲基二磺隆

分子式:$C_{17}H_{21}N_5O_9S_2$

【类别】 磺酰脲类。

【化学名称】 2 -[3 -(4,6 -二甲氧基嘧啶- 2 -基)氨基脲磺酰]- 4 -甲磺酰胺甲基苯甲酸甲酯。

【理化性质】 原药有效成分含量 93%,外观为乳白色细粉,具有轻微辛辣气味。密度 1.48 克/厘米³,熔点 195.4 ℃,蒸气压 3.5×10^{-12} 帕(20 ℃)。溶解度(克/升,20 ℃):水 2.14×10^{-2}(pH5.66),

异丙醇 9.6×10^{-2},丙酮 13.66,乙腈 8.37,正己烷$<2.29 \times 10^{-4}$,乙酸乙酯 2.03,甲苯 1.26×10^{-2}。制剂在常温下贮存稳定。

【毒性】 低毒。原药大鼠急性经口、经皮 $LD_{50}>5\,000$ 毫克/千克,急性吸入 $LC_{50}>1\,330$ 毫克/米^3。对兔皮肤无刺激性,对兔眼睛有轻微刺激性,对豚鼠皮肤无致敏性。大鼠(90 天)亚慢性喂饲试验 NOEL:雄性为 907 毫克/(千克/天)、雌性为 976 毫克/(千克/天)。Ames 试验、小鼠微核试验和其他致突变试验均为阴性;未见致畸作用,无致癌性。对鱼和水生脊椎动物的 LC_{50}(96 小时)为 100 毫克/升,绿藻的 EC_{50}(96 小时)为 0.21 毫克/升。对鸟、蚯蚓和蜜蜂无毒。

【制剂】 1%、30 克/升可分散油悬浮剂。

【作用机制与防除对象】 为乙酰乳酸合成酶抑制剂,杂草叶片吸收药剂后立即停止生长,逐渐枯死,为小麦田苗后防除禾本科杂草和部分阔叶杂草的内吸选择性茎叶除草剂,施药期宽,可防除硬草、早熟禾、碱茅、棒头草、看麦娘、菵草、毒麦、多花黑麦草、野燕麦、蜡烛草、牛繁缕、荠菜等麦田多数一年生禾本科杂草和部分阔叶草,对雀麦(野麦子)、节节麦、偃麦草等禾本科杂草也有较好控制效果。

【使用方法】

防除小麦田一年生杂草:于小麦 3~6 叶期、禾本科杂草出齐苗(2~5 叶期),每 667 平方米用 30 克/升可分散油悬浮剂 20~35 毫升兑水 20~40 千克均匀茎叶喷雾。

【注意事项】

(1) 严格按推荐的使用技术操作,不得超范围使用。某些春小麦和角质(强筋或硬质)型小麦品种(如扬麦 158、豫麦 18、济麦 20 等)对本品敏感,施用前先进行小范围安全性试验验证。本品施用后有蹲苗作用,某些小麦品种可能出现黄化或矮化现象,至小麦返青起身后黄化自然消失,可抑制小麦徒长倒伏。麦田套种下茬作物,应于小麦起身拔节 55 天以后进行。

(2) 建议采用扇形雾喷头喷施,田间喷药量要均匀一致,严禁

"草多处多喷"、重喷和漏喷。一般冬前施用为宜,原则上靶标杂草基本出齐苗后用药越早越好。

(3) 受冬季低温霜冻期、小麦起身拔节期、大雨前、低洼积水或遭受涝害、冻害、盐碱害、病害等胁迫的小麦田不宜施用。施用前后2天内不可大水漫灌麦田,以确保药效,避免药害。

(4) 不宜与2,4-滴混用,以免药害。本品贮藏后常出现分层现象,施用前应用力摇匀再配制药液,不影响药效。施药后2~4周杂草死亡。施用8小时后降雨一般不影响药效。

(5) 麦田处理4周内不可放牧或收割麦苗饲用。

(6) 本品对鱼等水生生物中等毒性,应避免污染鱼塘和水源等,特别是禁止在河塘清洗施药器械。水产养殖区和河塘等水体附近禁用,周围开花植物花期禁用,赤眼蜂等天敌放飞区禁用。用过的容器应妥善处理,不可作他用,也不可随意丢弃。

(7) 小麦整个生育期最多施用1次。在小麦上的最大残留限量为0.02毫克/千克。

66. 甲咪唑烟酸

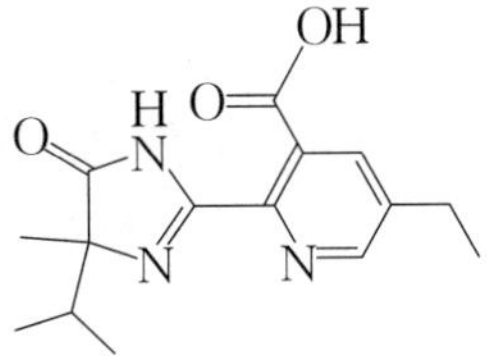

分子式:$C_{14}H_{17}N_3O_3$

【类别】　咪唑啉酮类。

【化学名称】　(R,S)-2-(4-异丙基-4-甲基-5-氧代-2-咪唑啉-2-基)-5-甲基吡啶-3-羧酸。

【理化性质】　原药有效成分含量96.4%,外观为白色无味固体,熔点 207～208 ℃,蒸气压＜1×10^{-2} 毫帕(25 ℃)。水中溶解度(25 ℃,去离子水)2.15 克/升,丙酮中溶解度 18.9 克/升。

【毒性】 低毒。原药大鼠急性经口 LD_{50}＞2 000 毫克/千克,大鼠急性经皮 LD_{50}＞5 000 毫克/千克,大鼠急性吸入 LC_{50}(4 小时)4.83 毫克/升。对兔眼睛有中度刺激性,对兔皮肤无刺激性。无致畸、致突变作用。大鼠(90 天)饲养 NOEL 为 1 625 毫克/(千克·天)。山齿鹑和野鸭急性经口 LD_{50}＞2 150 毫克/千克。大翻车鱼、虹鳟鱼 LC_{50}(96 小时)＞100 毫克/升。蜜蜂 LD_{50}(接触)＞100 微克/只。对鱼、蜜蜂、鸟低毒。

【制剂】 240 克/升水剂。

【作用机制与防除对象】 为乙酰乳酸合成酶(ALS)或乙酸羟酸合成酶(AHAS)的抑制剂,即通过抑制植物的乙酰乳酸合成酶,阻止支链氨基酸如缬氨酸、亮氨酸、异亮氨酸的生物合成,从而破坏蛋白质的合成,干扰 DNA 合成及细胞分裂与生长,最终造成植株死亡。用于花生田、甘蔗田防除一年生杂草。

【使用方法】

(1)防除花生田一年生杂草:在花生播后苗前或苗后早期1.5～2 复叶期、杂草 2～5 叶期,每 667 平方米用 240 克/升水剂20～30 毫升兑水 30～40 千克均匀喷雾。

(2)防除甘蔗田一年生杂草:在甘蔗播后苗前施药或甘蔗苗后行间定向施药。甘蔗播后苗前施药,每 667 平方米用 240 克/升水剂 30～40 毫升兑水 30～40 千克土壤喷雾。甘蔗苗后行间定向施药,每 667 平方米用 240 克/升水剂 20～30 毫升兑水 30～40 千克均匀茎叶喷雾。

【注意事项】

(1)间套或混种禾本科作物的田块不能施用本品。本品在土壤中残留时间长,按推荐剂量施用后,合理安排后茬作物,间隔 4个月播种小麦、间隔 9 个月种植玉米、大豆、烟草,间隔 18 个月种植甜玉米、棉花、大麦,间隔 24 个月种植黄瓜、油菜、菠菜,间隔 36

个月种植香蕉、番薯等。

（2）本品偶尔会引起花生轻微褪绿或生长暂时受到抑制,这些现象是暂时的,作物很快会恢复正常生长,不会影响作物产量。

（3）对蜜蜂、鱼类等水生生物、家蚕有毒。施药期间应避免对周围蜂群的影响,禁止在开花植物花期、蚕室和桑园附近施用,赤眼蜂等天敌放飞区域禁用。远离水产养殖区施药,施药后的药液禁止排入水体。禁止在河塘等水体中清洗施药器具,避免药液污染水源。用过的容器应妥善处理,不可作他用,也不可随意丢弃。

（4）每季作物最多施用 1 次。本品在花生仁和甘蔗上最大残留限量分别为 0.1 毫克/千克、0.05 毫克/千克。

67. 甲嘧磺隆

分子式: $C_{15}H_{16}N_4O_5S$

【类别】 磺酰脲类。

【化学名称】 3-(4,6-二甲基嘧啶-2-基)-1-(2-甲氧基甲酰基苯基)磺酰脲。

【理化性质】 原药为无色固体。熔点 203～205 ℃,蒸气压 7.3×10^{-13} 毫帕(25 ℃),相对密度 1.48。溶解度(25 ℃):丙酮 2.4 克/千克,乙腈 137 毫克/千克,二甲苯 37 毫克/千克;水 8 毫克/升(pH5)、20 毫克/升(pH7)。

【毒性】 低毒。原药大鼠急性经口 $LD_{50} > 5\,000$ 毫克/千克,兔急性经皮 $LD_{50} > 2\,000$ 毫克/千克,大鼠急性吸入 LC_{50} (4 小时)>11毫克/升空气。对兔、鼠皮肤有轻微刺激作用,对豚鼠皮肤无过敏性,对兔眼睛有暂时的轻微刺激,两天后恢复正常。大鼠2年饲喂试验的 NOEL 为 50 毫克/千克饲料,大鼠繁殖(二代) NOEL 为 500 毫克/千克饲料,在 1 000 毫克/千克饲料剂量下未致突变,兔在 300 毫克/千克饲料剂量下也未致突变。野鸭急性经口 LD_{50}>5 000 毫克/千克。虹鳟鱼和翻车鱼 LC_{50}(96 小时)>12.5 毫克/升。蜜蜂 LD_{50}(接触)>100 微克/只。

【制剂】 10%、75%可湿性粉剂,10%悬浮剂,75%水分散粒剂。

【作用机制与防除对象】 本品为芽前、芽后灭生性内吸传导型除草剂。通过抑制乙酰乳酸合成酶(ALS),使植物体内支链氨基酸合成受阻,抑制植物根部生长端的细胞分裂,从而阻止植物生长。它使植株呈现显著的紫红色、失绿坏死。除草灭灌谱广,活性高,可使杂草根、茎、叶彻底坏死。渗入土壤后发挥芽前活性,抑制杂草种子萌发,叶面处理后立即发挥芽后活性。施药量视土壤类型、杂草、灌木种类而异,残效长达数月甚至一年以上。某些针叶树可将甲嘧磺隆代谢为无活性的糖苷,具有选择性。本品用于林地,开辟森林防火隔离带、伐木后林地清理、荒地垦前、休闲非耕地、道路边荒地除草灭灌。针叶苗圃和幼林抚育对短叶松、长叶松、多脂松、沙生松、湿地松、油松等和几种云杉安全,对花旗杉、大冷杉、美国黄松有药害,对针叶树以外的各种植物包括农作物、观赏植物、绿化落叶树木等均可造成药害。

【使用方法】

(1)防除非耕地杂草:在杂草生长旺盛期,每 667 平方米用 75%水分散粒剂 45~60 克,或 10%悬浮剂 300~500 毫升,或 10%可湿性粉剂 250~500 克,兑水 30~50 千克茎叶均匀喷雾。

(2)防除森林防火道杂灌:在杂灌、杂草生长旺盛期,每 667 平方米用 10%悬浮剂 700~2 000 毫升兑水 30~50 千克茎叶均匀喷雾。

(3)防除林地、防火隔离带杂草和杂灌:防除杂草,每 667 平方米用 10％可湿性粉剂 250～500 克,或 10％悬浮剂 250～500 毫升,或 75％水分散粒剂 45～60 克,兑水 30～50 千克茎叶均匀喷雾。防除杂灌,每 667 平方米用 10％可湿性粉剂 700～2 000 克或 10％悬浮剂 700～2 000 毫升,兑水 30～50 千克茎叶均匀喷雾。

(4) 防除针叶苗圃杂草:每 667 平方米用 10％可湿性粉剂 70～140 克或 10％悬浮剂 70～140 毫升,兑水 30～50 千克对杂草茎叶均匀喷雾。

【注意事项】

(1) 本品为灭生性除草剂,农田、耕地等禁用。农作物、观赏植物、绿化落叶树木如构树、泡桐等对本品敏感,施药时一定要防止喷洒液或喷雾细滴飘移到这些植物上,中间应有隔离保护带,勿在刮风天喷药。

(2) 本品对门氏黄松、美国黄松等有药害,不能施用。杉木和落叶松对该药比较敏感,慎用。

(3) 对蜜蜂、鱼类等生物、家蚕、鸟类有毒。施药时应避免对周围蜂群的影响,蜜源作物花期、蚕室和桑园附近慎用。远离水产养殖区施药,应避免药液流入河塘等水体中,清洗喷药器械时切忌污染水源。用过的容器应妥善处理,不可作他用,也不可随意丢弃。

(4) 本品呈弱碱性,禁止同酸性药剂混用。

68. 甲氧咪草烟

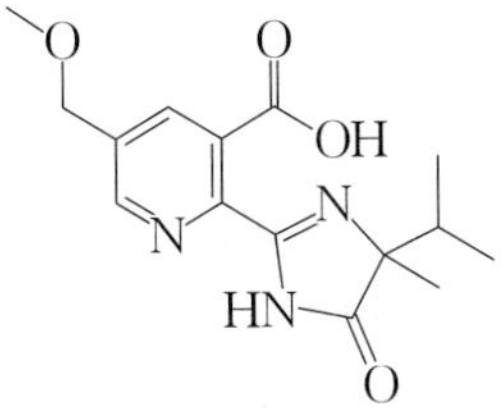

分子式:$C_{15}H_{19}N_3O_4$

【类别】 咪唑啉酮类。

【化学名称】 (R,S)-2-(4-异丙基-4-甲基-5-氧代-2-咪唑啉-2-基)-5-甲氧基甲基烟酸。

【理化性质】 原药含量 97%,外观为白色至浅黄色粉末,略带气味。熔点 164～165 ℃,密度 1.39 克/厘米^3,蒸气压 1.3×10^{-2} 毫帕(25 ℃)。溶解度(25 ℃,克/升):水 4.5,丙酮 48.2,二氯甲烷 185,二甲基亚砜 422,甲醇 17,甲苯 5。遇日光降解,DT_{50} 约 3 天,水溶液光解 DT_{50} 6～8 小时,土壤中 DT_{50} 30～90 天。

【毒性】 低毒。原药大鼠急性经口 LD_{50}＞4 000 毫克/千克,大鼠急性经皮 LD_{50}＞5 000 毫克/千克,大鼠急性吸入 LC_{50}(4 小时)＞6.3 毫克/升。对兔眼睛有轻微刺激,对兔皮肤无刺激。无致畸、致突变作用。鹌鹑急性经口 LD_{50}(14 天)＞1 846 毫克/千克。蜜蜂 LD_{50}(接触)＞25 微克/只。虹鳟鱼 LC_{50}(96 小时)122 毫克/升,水蚤 EC_{50}(96 小时)＞100 毫克/升。

【制剂】 4%水剂。

【作用机制与防除对象】 为内吸传导型除草剂,乙酰乳酸合成酶抑制剂。主要通过叶片吸收并传导,累积于分生组织。适用于大豆田防除狗尾草、野燕麦、稗草、马唐、野黍、异型莎草、碎米莎草、苋、蓼、龙葵、藜、马齿苋、苍耳、荠菜、苘麻、荞麦蔓、鸭跖草等大多数一年生禾本科和阔叶杂草。茎叶处理后,敏感性杂草会很快变黄,生长停止,最终导致死亡,或不再有竞争力。

【使用方法】

防除大豆田一年生杂草:在大豆播后苗前,每 667 平方米用 4%水剂 75～83 毫升兑水 30～40 千克土壤喷雾。

【注意事项】

(1) 小麦、油菜、甜菜、玉米和白菜对本品敏感,施用时应注意避免飘移到周边作物上,以免产生药害。

(2) 喷雾应均匀周到,避免重复喷药、漏喷或超过推荐剂量用药。在低温或作物长势较弱的情况下,应慎用。

（3）对蜜蜂、鱼类等水生生物、家蚕有毒。施药期间应避免对周围蜂群的影响，禁止在开花植物花期、蚕室和桑园附近施用。赤眼蜂等天敌放飞区禁用。

（4）水产养殖区、河塘等水体附近禁用。禁止在河塘等水体清洗施药器具，清洗器具的废水不能排入河流、池塘等水源。

（5）每季最多施药 1 次。在大豆上最大残留限量为 0.1 毫克/千克。

（6）本品在土壤中残效期较长，按推荐剂量使用后合理安排后茬作物，间隔 4 个月后播种冬小麦、春小麦、大麦；12 个月后播种玉米、棉花、谷子、向日葵、烟草、西瓜、马铃薯、移栽稻；18 个月后播种甜菜、油菜（土壤 pH≥6.2）。

69. 精吡氟禾草灵

分子式：$C_{19}H_{20}F_3NO_4$

【类别】　芳基苯氧丙酸酯类。

【化学名称】　(R)-2-[4-(5-三氟甲基-2-吡啶氧基)苯氧基]丙酸丁酯。

【理化性质】　原药纯度为 85.7%，外观为褐色液体。相对密度 1.21(20℃)，熔点−5℃，沸点 164℃，蒸气压 0.54 毫帕(20℃)。水中溶解度 1 毫克/升(pH6.5)，易溶于丙酮、己烷、甲醇、二氯甲烷、乙酸乙酯、甲苯和二甲苯。紫外光下稳定，25℃下保存 1 年以上，50℃下保存 12 周，210℃分解。水中光解 DT_{50} 为 6.8 小时。

【毒性】　低毒。原药雄、雌大鼠急性经口 LD_{50} 分别为 4 096

毫克/千克、27 121 毫克/千克,兔急性经皮 LD_{50} 2 000 毫克/千克,大鼠急性吸入 LC_{50} 5.24 毫克/升。对兔皮肤和眼睛有轻微刺激作用,对豚鼠皮肤无过敏性。在试验剂量内对动物无致突变、致畸、致癌作用。虹鳟鱼 LC_{50} 为 1.3 毫克/升。对蚯蚓、土壤微生物未见任何影响。蜜蜂经口 $LD_{50} > 100$ 微克/只。野鸭急性经口 LD_{50} 17 280 毫克/千克。

【制剂】 15%、150 克/升乳油。

【作用机制与防除对象】 为选择性内吸传导型茎叶处理剂,乙酰乳酸合成酶或乙酰羟酸合成酶抑制剂。主要通过植物茎、叶吸收并传导到生长点及节的分生组织,抑制敏感植物(禾本科类)的茎叶和根、茎、芽的细胞分裂,阻止其生长,使心叶逐渐变紫、变黄、失绿,继而其他叶片也表现出症状,逐渐枯死。抗性植物(阔叶作物)吸收药液后被降解而失去活性。适用于油菜、棉花、花生、大豆、甜菜等阔叶作物田除草。能防除看麦娘、日本看麦娘、硬草、网草、棒头草、早熟禾、野燕麦、稗草、千金子、马唐、牛筋草、狗尾草、双穗雀稗、狗牙根等禾本科杂草,对阔叶杂草和莎草科杂草无效。

【使用方法】

(1) 防除冬油菜田禾本科杂草:在一年生禾本科杂草 3～5 叶期,每 667 平方米用 15%乳油 50～70 毫升或 150 克/升乳油 40～67 毫升,兑水 30～50 千克均匀喷雾杂草茎叶。

(2) 防除棉花田禾本科杂草:在一年生禾本科杂草 3～5 叶期,每 667 平方米用 15%乳油 40～66.7 毫升或 150 克/升乳油 50～67 毫升,兑水 30～50 千克均匀喷雾杂草茎叶。

(3) 防除花生田禾本科杂草:在一年生禾本科杂草 3～5 叶期,每 667 平方米用 15%乳油 50～67 毫升或 150 克/升乳油 50～67 毫升,兑水 30～50 千克均匀喷雾杂草茎叶。

(4) 防除大豆田禾本科杂草:在一年生禾本科杂草 3～5 叶期,每 667 平方米用 15%乳油 50～67 毫升或 150 克/升乳油 50～67 毫升,兑水 30～50 千克均匀喷雾杂草茎叶。

（5）防除甜菜田禾本科杂草：在禾本科杂草 3～5 叶期,每 667 平方米用 150 克/升乳油 50～67 毫升兑水 30～50 千克均匀喷雾杂草茎叶。

【注意事项】

（1）本品是阔叶作物田防除禾本科杂草专用除草剂,在单子叶杂草与阔叶草、莎草混生的田块,应与防除阔叶杂草的除草剂混用或先后施用。

（2）相对湿度较高时施药,除草效果较好;在温度高、干旱条件下施药,要用剂量的高限。

（3）对禾本科作物敏感,施用时切勿喷到邻近小麦、水稻、玉米等禾本科作物上,以免产生药害。

（4）本品有迟缓性,喷药后 5 天前后杂草出现中毒症状,叶片发紫、变黄,15 天完全枯死,不要重复喷药。

（5）本品在棉花（棉籽）、花生（花生仁）、大豆、甜菜上最大残留限量（毫克/千克）分别为 0.1、0.1、0.5、0.5。

（6）每季最多施药 1 次。

70. 精草铵膦

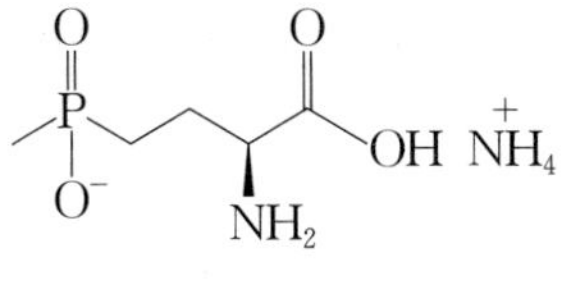

分子式：$C_5H_{15}N_2O_4P$

【类别】 有机磷类。

【化学名称】 4-［羟基（甲基）膦酰基］-L-高丙氨酸铵,L-高丙氨酸-4-基（甲基）次磷酸铵。

【理化性质】 熔点 215 ℃,蒸气压（25 ℃）<0.1 毫帕。溶解度

(20℃,克/升):水1370(22℃),丙酮0.16,乙醇0.65,乙酸乙酯0.14,甲苯0.14,正己烷0.2。对光稳定,温度高于100℃时有部分分解。

【毒性】 低毒。对鸟类低风险,急性经口 LD_{50} >2 000 毫克/千克。对鱼类中等风险,虹鳟鱼 LC_{50}(96 小时)27 毫克/升。大型蚤 EC_{50}(48 小时)15 毫克/升。

【制剂】 10%精草铵膦钠盐水剂

【作用机制与防除对象】 为谷氨酰胺合成抑制剂,施药后短时间内植物体内的胺代谢便陷于紊乱,细胞毒剂铵离子在植物体内累积,与此同时,光合作用被严重抑制,是一种具有部分内吸作用的触杀灭生性除草剂。适用于防除柑橘园杂草。

【使用方法】

防除柑橘园杂草:于杂草生长期,每 667 平方米用 10%水剂 400~600 毫升兑水 30~50 千克茎叶喷雾。

【注意事项】

(1)施药须定向均匀全面喷雾,喷雾时喷头上应加装保护罩,避免药液飘移至邻近作物。

(2)本品遇土钝化,因此在稀释和配制本品药液时应使用清水,禁止用混浊的河水或沟渠水配药,以求最大限度提高除草效果。

(3)对皮肤和眼睛有刺激性,不慎吸入应立即将病人转移至空气清新处。如不慎接触皮肤,应立即用大量清水冲洗。若溅到眼睛中,应立即用大量清水冲洗至少 15 分钟。

71. 精噁唑禾草灵

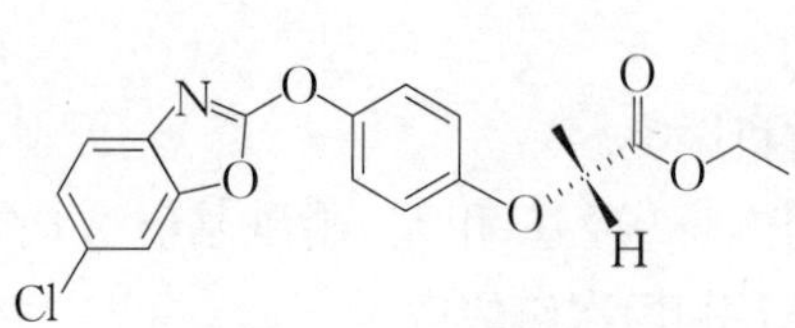

分子式:$C_{18}H_{16}ClNO_3$

【类别】 芳氧苯氧丙酸类。

【化学名称】 $(R)-2-[4-(6-氯-1,3-苯并噁唑氧基)苯氧基]$ 丙酸乙酯。

【理化性质】 原药中有效成分含量 88%，外观为米色至棕色无定形的固体，略带芳香气味。$20\ ℃$ 时相对密度 1.3，熔点 $80\sim84\ ℃$。水中溶解度 0.7 克/升，有机溶剂中溶解度：丙酮 >500 克/升、环己烷、乙醇、正辛醇中 >10 克/升、乙酸乙酯 >200 克/升、甲苯 >300 克/升。

【毒性】 低毒。原药雄、雌大鼠急性经口 LD_{50} 分别为 3 040 毫克/千克、2 090 毫克/千克，小鼠急性经口 $LD_{50}>5\ 000$ 毫克/千克。大鼠急性经皮 $LD_{50}>2\ 000$ 毫克/千克，大鼠急性吸入 LC_{50}（4 小时）>0.604 毫克/升。原药对兔眼睛及皮肤无刺激性。本品在动物体内吸收、排泄迅速，代谢物基本无毒。推荐的 ADI 为 0.01 毫克/千克。对鱼类有毒害，虹鳟鱼 LC_{50}（96 小时）1.3 毫克/升、翻车鱼 4.2 毫克/升，NOEL 为 $0.32\sim1.8$ 毫克/升。对鸟类低毒，鹌鹑 $LD_{50}>2\ 000$ 毫克/千克。对水生生物中等毒性，水蚤 EC_{50} 1.058 毫克/升（48 小时）。蜜蜂 LD_{50}（接触）>200 毫克/升，蚯蚓 LC_{50}（14 天）$>1\ 000$ 毫克/千克土壤。

【制剂】 6.5%、6.9%、7.5%、10%、69 克/升水乳剂，10%、80.5 克/升、100 克/升乳油，5% 可分散油悬浮剂。

【作用机制与防除对象】 为乙酰辅酶 A 羧化酶抑制剂，属选择性、内吸传导型芽后茎叶处理剂，经茎叶吸收后可传导到叶基、节间分生组织、根的生长点。适用于阔叶作物大豆田、花生田、油菜田、棉花田及小麦田等防除禾本科杂草。

【使用方法】

（1）防除春小麦田禾本科杂草：于春小麦 3 叶期至拔节前、一年生禾本科杂草 $3\sim5$ 叶期，每 667 平方米用 69 克/升水乳剂 $50\sim60$ 毫升或 10% 乳油 $60\sim80$ 毫升，兑水 $30\sim40$ 千克茎叶均匀喷雾。

（2）防除冬小麦田禾本科杂草：于一年生禾本科杂草 2～5 叶期，每 667 平方米用 69 克/升水乳剂 40～50 毫升或 10％乳油 50～60 毫升，兑水 30～40 千克茎叶均匀喷雾。

（3）防除油菜田禾本科杂草：在油菜 3～6 叶期、禾本科杂草 2～5 叶期，每 667 平方米用 69 克/升水乳剂 40～60 毫升或 10％乳油 45～60 毫升，兑水 30～40 千克茎叶均匀喷雾。

（4）防除大豆田禾本科杂草：大豆 2～3 片复叶、禾本科杂草 2～5 叶期，每 667 平方米用 69 克/升水乳剂 50～70 毫升，或 100 克/升乳油 40～60 毫升，或 80.5 克/升乳油 40～60 毫升，兑水 30～40 千克对杂草茎叶喷雾。

（5）防除棉花田禾本科杂草：棉花苗后、禾本科杂草 3～5 叶期，每 667 平方米用 69 克/升水乳剂 50～60 毫升或 10％乳油 32.2～40.3 毫升，兑水 30～40 千克对杂草茎叶喷雾。

（6）防除花生田禾本科杂草：在花生 2～3 叶期、禾本科杂草 3～5 叶期，每 667 平方米用 69 克/升水乳剂 50～60 毫升或 80.5 克/升乳油 40～50 毫升，兑水 30～40 千克对杂草茎叶喷雾。

（7）防除水稻直播田禾本科杂草：在水稻 5 叶 1 心后、禾本科杂草 3～5 叶期，每 667 平方米用 5％可分散油悬浮剂 30～50 毫升兑水 30～50 千克茎叶均匀喷雾。施药前排干田水，用药 1 天后复水，保持 3～5 厘米浅水层 5～7 天，水层不要淹到水稻心叶。

（8）防除花椰菜田禾本科杂草：在禾本科杂草 3～5 叶期，每 667 平方米用 69 克/升水乳剂 50～60 毫升兑水 30～40 千克对杂草茎叶喷雾。

（9）防除高羊茅草坪禾本科杂草：在禾本科杂草 2～5 叶期，每 667 平方米用 80.5 克/升乳油 70～80 毫升兑水 30～40 千克对杂草茎叶喷雾。

【注意事项】

（1）大麦、燕麦、玉米、高粱、元麦、青稞等作物对本品较敏感，施药过程中防止药液飘移到上述作物上。

（2）本品对早熟禾、雀麦、节节草、毒麦、冰草、毒麦草、蜡烛草等杂草无效。

（3）不推荐用于抛秧及盐碱地水稻田。禁止5叶以下的稻苗使用该药。喷药后水稻叶片可能出现部分黄斑或白点，一个星期后可以恢复，对产量没有影响。

（4）不宜与灭草松、激素类盐制剂（如2甲4氯钠盐）、2,4-滴等混用，以免药害。

（5）制剂贮藏后，若出现分层现象，使用前用力摇匀后配制药液，不会影响药效。

（6）对水生生物有一定毒性，应远离水产养殖区施药，鱼或虾蟹套养稻田禁用，施药后田水不得直接排入水体。禁止在河塘等水体中清洗施药器具，勿使药液或清洗污水流入池塘、水渠。

（7）每季作物最多施药1次。

（8）本品在水稻（糙米）、小麦、油菜籽、棉籽、花生仁、花椰菜上最大残留限量（毫克/千克）分别为 0.1、0.05、0.5、0.02、0.1、0.1。

72. 精喹禾灵

分子式：$C_{17}H_{13}ClN_2O_4$

【类别】 芳基苯氧丙酸酯类。

【化学名称】 (R)-2-[4-(6-氯喹喔啉-2-基氧基)苯氧基]丙酸乙酯。

【理化性质】 纯品为浅灰色晶体，熔点76～77℃，沸点220℃

(26.6 帕),相对密度 1.36,蒸气压 0.011 毫帕。溶解度(20 ℃):水 0.4 毫克/升,丙酮 650 克/升,乙醇 22 克/升,乙烷 5 克/升,二甲苯>360 克/升。在高温、中性及酸性下稳定,在碱性条件下不稳定。在 pH9 时 DT_{50} 为 20 小时。

【毒性】 低毒。原药雄、雌大鼠急性经口 LD_{50} 分别为 1 210 毫克/千克和 1 182 毫克/千克。对皮肤和眼睛无刺激作用,对豚鼠无皮肤过敏性。大鼠 90 天饲喂 NOEL 为 8 毫克/千克饲料。在试验剂量内,对试验动物无致突变、致畸和致癌作用。虹鳟鱼 LC_{50}(96 小时)10.7 毫克/升,蓝鳃翻车鱼 LC_{50}(96 小时)2.882 毫克/升。蜜蜂急性经口 LD_{50}>50 微克/只,在 0.1~10 微克剂量下对家蚕无影响。野鸭急性经口 LD_{50}>2 000 毫克/千克,鹌鹑急性经口 LD_{50}>2 000 毫克/千克。

【制剂】 5%、5.3%、8.8%、10%、10.8%、15%、15.8%、20%乳油,5%、10.8%水乳剂,15%、20%悬浮剂,5%、8%微乳剂、20%、60%水分散粒剂等。

【作用机制与防除对象】 本品是在合成喹禾灵的过程中去除了非活性的光学异构体后的改良制品。其作用机制和杀草谱与喹禾灵相似,通过杂草茎叶吸收,在植物体内向上、向下双向传导,累积在顶端及居间分生组织,抑制细胞脂肪酸合成,使杂草坏死。它是一种高度选择性的新型旱田茎叶处理剂,在禾本科杂草和双子叶作物间有高度的选择性,对阔叶作物田的禾本科杂草有很好的防效。本品与喹禾灵相比,提高了被植物吸收性和在植株内的移动性,所以作用速度更快、药效更加稳定,不易受雨水、气温及湿度等环境条件的影响,药效提高了近一倍,用量减少,对环境更加安全。适用于大豆、棉花、油菜、花生、大白菜、绿豆、西瓜及多种阔叶蔬菜作物田防除单子叶杂草,如稗草、牛筋草、马唐、狗尾草、看麦娘等。

【使用方法】

(1) 防除大豆田和红小豆田禾本科杂草:在大多数一年生禾

本科杂草 3～5 叶期,每 667 平方米用 5%乳油 50～80 毫升兑水 30～50 千克茎叶喷雾。

(2)防除棉花田禾本科杂草:在禾本科杂草 3～6 叶期,每 667 平方米用 5%乳油 50～80 毫升兑水 30～50 千克茎叶喷雾。

(3)防除油菜田禾本科杂草:在禾本科杂草 3～5 叶期,每 667 平方米用 5%乳油 50～80 毫升兑水 30～50 千克茎叶喷雾。

(4)防除大白菜和西瓜田禾本科杂草:在禾本科杂草 3～6 叶期,每 667 平方米用 5%乳油 60～70 毫升兑水 30～50 千克茎叶喷雾。

(5)防除花生田禾本科杂草:在禾本科杂草 3～5 叶期,每 667 平方米用 5%乳油 60～70 毫升兑水 30～50 千克茎叶喷雾。

(6)防除绿豆田禾本科杂草:在禾本科杂草 3～5 叶期,每 667 平方米用 5%乳油 70～90 毫升(东北地区)、50～70 毫升(其他地区),兑水 30～50 千克茎叶喷雾。

(7)防除小葱田禾本科杂草:一年生禾本科杂草 3～5 叶期,每 667 平方米用 10%乳油 30～40 毫升兑水 30～50 千克茎叶均匀喷雾,防止漏喷。

(8)防除林业苗圃禾本科杂草:在禾本科杂草 3～5 叶期,每 667 平方米用 5%乳油 80～100 毫升兑水 30～50 千克茎叶喷雾。

(9)防除芝麻田禾本科杂草:在禾本科杂草 3～5 叶期,每 667 平方米用 5%乳油 50～80 毫升兑水 30～50 千克茎叶喷雾。

(10)防除烟草田禾本科杂草:在禾本科杂草 3～5 叶期,每 667 平方米用 10%乳油 30～40 毫升兑水 30～50 千克茎叶喷雾。

【注意事项】

(1)本品 ADI 为 0.000 9 毫克/千克。

(2)每季最多施用 1 次。冬油菜安全间隔期为 60 天。在油料和油脂作物中,油菜籽、大豆、花生仁和芝麻上的最大残留限量均为 0.1 毫克/千克,棉籽最大残留限量为 0.05 毫克/千克;在蔬菜作物菜用大豆和大白菜上的最大残留限量分别为 0.2 毫克/千克、0.5毫克/千克；糖料作物甜菜最大残留限量为0.1毫克/千克；西瓜最大残留限量为0.2毫克/千克。

（3）本品与激素类除草剂（如2,4-D,二甲四氯等）有拮抗作用，不能混用。与灭草松、三氟羧草醚、氯嘧磺隆等其他防除阔叶杂草的药剂混用时，应注意可能产生的拮抗作用，会降低本品对禾本科杂草的防效，并可能加重对作物的药害。

（4）用药时温度不能低于8℃，温度太低时不宜施用。施药时避免药液飘移到水稻、玉米、小麦、高粱等禾本科作物上，防止产生药害。

（5）对鱼、鸟类、水生生物以及天敌有影响，水产养殖区、鸟类保护区以及赤眼蜂等天敌放飞区禁用，施药器械不得在河塘清洗，施药后田水不得直接排入水体，避免污染水源。

73. 精异丙甲草胺

分子式：$C_{15}H_{22}ClNO_2$

【类别】 酰胺类。

【化学名称】 2-氯-6-乙基-N-(2-甲氧基-1-甲基乙基)乙酰-邻-替苯胺。

【理化性质】 纯品外观为淡黄色至棕色液体，密度1.117克/厘米³(20℃)，沸点290℃，蒸气压3.7毫帕。水中溶解度480毫克/升(25℃)，与苯、甲苯、甲醇、乙醇、辛醇、丙酮、二甲苯、二氯甲烷、二甲基甲酰胺、环己酮、己烷等有机溶剂互溶。$DT_{50} > 200$天

（pH7～9,20℃）。

【毒性】 低毒。原药大鼠急性经口 LD_{50} 2 672 毫克/千克,兔急性经皮 LD_{50} >2 000 毫克/千克,大鼠急性吸入 LC_{50}（4 小时）>2 910 毫克/升空气。对兔眼睛和皮肤无刺激性。山齿鹑和野鸭饲喂 LC_{50}（8 天）>5 620 毫克/千克。对鱼中等毒,LC_{50}（96 小时）:虹鳟鱼 1.2 毫克/升,蓝鳃鱼、翻车鱼 3.2 毫克/升。蜜蜂经口 LD_{50} >0.085 毫克/只,蜜蜂接触 LD_{50} >0.2 毫克/只。蚯蚓 LC_{50}（14 天）570 毫克/千克土。

【剂型】 40％、45％微囊悬浮剂、96％、960 克/升乳油。

【作用机制与防除对象】 主要通过阻碍蛋白质的合成而抑制细胞生长。通过植物幼芽吸收后向上传导,种子和根也吸收传导,但吸收量较少,传导速度慢。出苗后主要靠根吸收向上传导,抑制幼芽和根的生长。敏感杂草在发芽后出土前或刚刚出土立即中毒死亡,表现为芽鞘紧包着生长点,稍变粗,胚根细而弯曲,无须根,生长点逐渐变褐色。如果土壤墒情好,杂草被杀死在幼芽期。如果土壤水分少,杂草出土后随着降雨土壤湿度增加,杂草吸收后,禾本科杂草心叶扭曲、萎缩后枯死。阔叶杂草叶皱缩变黄整株枯死。用于大豆、玉米、花生、棉花、油菜、烟草等旱田作物于播后苗前或移栽前土壤处理,可防除一年生禾本科杂草、部分双子叶杂草和一年生莎草科杂草,如稗草、马唐、臂形草、牛筋草、狗尾草、异型莎草、碎米莎草、荠菜、苋、鸭跖草及蓼等。

【使用方法】

（1）防除大豆田杂草:播后苗前,每 667 平方米用 960 克/升乳油 80～120 毫升(春大豆)、60～85 毫升(夏大豆),兑水 30～50 千克土壤喷雾。

（2）防除油菜田杂草:移栽前,每 667 平方米用 960 克/升乳油 45～60 毫升兑水 30～50 千克土壤喷雾。

（3）防除花生田杂草:播后苗前,每 667 平方米用 960 克/升乳油 45～60 毫升兑水 30～50 千克土壤喷雾。

（4）防除西瓜田杂草：移栽前，每 667 平方米用 960 克/升乳油 40～65 毫升兑水 30～50 千克土壤喷雾。

（5）防除芝麻田杂草：播后苗前，每 667 平方米用 960 克/升乳油 50～65 毫升兑水 30～50 千克土壤喷雾。

（6）防除烟草田杂草：移栽前，每 667 平方米用 960 克/升乳油 40～75 毫升兑水 30～50 千克土壤喷雾。

（7）防除甘蓝田杂草：移栽前，每 667 平方米用 960 克/升乳油 45～55 毫升兑水 30～50 千克土壤喷雾。

（8）防除玉米田杂草：播后苗前，每 667 平方米用 960 克/升乳油 150～180 毫升(春玉米)、60～85 毫升(夏玉米)，兑水 30～50 千克土壤喷雾。

（9）防除豆田杂草：播后苗前，每 667 平方米用 960 克/升乳油 65～85 毫升(东北地区)、50～65 毫升(其他地区)，兑水 30～50 千克土壤喷雾。

（10）防除大蒜田杂草：播后苗前，每 667 平方米用 960 克/升乳油 50～65 毫升兑水 30～50 千克土壤喷雾。

（11）防除番茄田杂草：移栽前，每 667 平方米用 960 克/升乳油 65～85 毫升(东北地区)、50～65 毫升(其他地区)，兑水 30～50 千克土壤喷雾。

（12）防除马铃薯田杂草：移栽前，每 667 平方米用 960 克/升乳油 100～130 毫升(北方地区)、50～65 毫升(其他地区)，兑水 30～50 千克土壤喷雾。

（13）防除向日葵田杂草：播后苗前，每 667 平方米用 960 克/升乳油 100～130 毫升兑水 30～50 千克土壤喷雾。

（14）防除棉花田杂草：移栽前，每 667 平方米用 960 克/升乳油 60～100 毫升兑水 30～50 千克土壤喷雾。

（15）防除甜菜田杂草：播后苗前，每 667 平方米用 960 克/升乳油 75～90 毫升兑水 30～50 千克土壤喷雾。

（16）防除冬枣园杂草：每 667 平方米用 960 克/升乳油 50～

80 毫升兑水 30～50 千克土壤喷雾。

(17)防除洋葱田杂草：播后苗前,每 667 平方米用 960 克/升乳油 50～65 毫升兑水 30～50 千克土壤喷雾。

【注意事项】

(1)每季最多施用 1 次。正常的使用剂量对后茬作物安全,但后茬种植水稻需先测试安全性,方可种植。在质地黏重的土壤上施用,宜用高剂量;在疏松的土壤上施用,宜用低剂量。

(2)本品在低洼地或砂壤土上使用时,如遇雨,容易发生淋溶药害,应慎用。

(3)露地栽培作物在干旱条件下施药,应迅速进行浅混土;覆膜作物田施药不混土,药后必须立即覆膜。

(4)对鱼、藻类和水蚤有毒,应避免污染水源。禁止在河塘等水体清洗施药器具,远离水产养殖区、河塘等水体施药。

(5)下列情况应谨慎使用本品:①干旱气候不利于药效发挥,在土壤墒情较差时,可先灌溉后施药(不推荐先施药后灌溉,以免出现淋溶药害)或在施药后浅混土 2～3 厘米或适当增加用药量以保证药效。②大风天气条件下,因药液飘移而难形成药膜,应避免施药。③施药后降雨,存在淋溶药害风险,尤其在低洼地或砂壤土,需慎用。滴灌作物田容易发生淋溶药害,勿使用。④西瓜对本品相对较敏感,请慎用,不要在水旱轮作栽培的西瓜田施用,不要在双重及双重以上保护地(如地膜＋大棚、地膜＋拱棚、地膜＋拱棚＋大棚)西瓜田施用。⑤拱棚栽培地易发生回流药害,请勿施用。

(6)本品在糙米、玉米、油菜籽、结球甘蓝、菜用大豆、芝麻、甜菜上最大残留限量均为 0.1 毫克/千克;在油用大豆、花生仁上最大残留限量均为 0.5 毫克/千克;在枣(鲜)、菜豆、甘蔗上最大残留限量均为 0.05 毫克/千克。

74. 克草胺

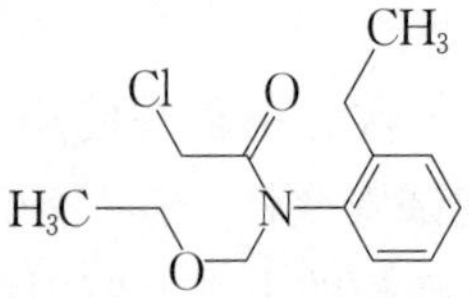

分子式：$C_{13}H_{18}ClNO_2$

【类别】 氯代乙酰胺类。

【化学名称】 2-乙基-N-(乙氧甲基)-2-氯代乙酰替苯胺。

【理化性质】 原药为红棕色油状液体。密度 1.058 克/厘米³(25℃)，沸点 200℃，蒸气压(20℃)1.6 毫帕。溶解度(20℃，克/千克)：水 30，氯仿 52，乙醚 12，乙酸乙酯 28，甲醇 18，辛醇 10。弱酸、弱碱下不稳定。

【毒性】 低毒。原药对雌小白鼠急性经口 LD_{50} 为 774 毫克/千克，雄小白鼠 464 毫克/千克。对眼睛和黏膜有刺激作用。无致畸、致癌、致突变作用。

【制剂】 47%乳油。

【作用机制与防除对象】 为选择性芽前除草剂，主要通过杂草的芽鞘吸收，其次由根部吸收，抑制蛋白质的合成，阻碍杂草的生长而致死。用于移栽水稻田防除一年生禾本科杂草及小粒种子阔叶杂草，持效期 40 天左右。用于水田除草时对牛毛毡、莎草科草有独到防效，具有活性高、毒性低的特点。

【使用方法】

防除水稻移栽田杂草：北方水稻移栽后 5～7 天、南方水稻移栽后 3～6 天，每 667 平方米用 47%乳油 75～100 毫升(东北地区)、50～75 毫升(其他地区)，拌细土撒施，药后保持水层 2～3 厘米，5～7 天后恢复正常田间管理。

【注意事项】

（1）水稻田施药应严格掌握适期和药量,撒施要均匀,药后如遇大雨水层增高而淹没心叶时易产生药害,要注意排水。

（2）不宜在水稻秧田、直播田及小苗弱苗和漏水移栽田施药。

（3）如田间阔叶杂草较多,应与防除阔叶杂草除草剂混合施用。

（4）每季作物最多施药 1 次。

75. 喹禾糠酯

分子式：$C_{22}H_{21}ClN_2O_5$

【类别】　芳氧苯氧丙酸酯类。

【化学名称】　$(R,S)-2-[4-(6-$氯喹喔啉$-2-$氧基$)$苯氧基]丙酸$-2-$四氢呋喃甲酯。

【理化性质】　原药中有效成分含量 95%,外观为深黄色液体,在室温下结晶,熔点 59～68 ℃,蒸气压 $7.9×10^{-3}$ 毫帕（25 ℃）。溶解度：水 4 毫克/升（25 ℃）,甲苯 652 克/升,己烷 12克/升,甲醇 64 克/升。水溶液中 DT_{50}（22 ℃）为 82 天。25 ℃时贮存稳定期超过 1 年。

【毒性】　低毒。原药大鼠急性经口 LD_{50} 1 012 毫克/千克,兔急性经皮 $LD_{50}>2 000$ 毫克/千克。对兔眼睛有中度刺激,对皮肤无刺激。ADI 为 0.01 毫克/千克。对蜜蜂 $LD_{50}>100$ 微克/只。鱼类 LC_{50}（96 小时）：鲑鱼 0.51 毫克/升,翻车鱼 0.23 毫克/升。水蚤 EC_{50}（48 小时）1.5 毫克/升。鹌鹑、野鸭急性经口 $LD_{50}>$

2 150 毫克/千克,鹌鹑、野鸭 LC_{50}(8 天)>258.6 毫克/千克。

【剂型】 40 克/升乳油。

【作用机制与防除对象】 为乙酰辅酶 A 羧化酶抑制剂,是一种具有很强内吸传导作用的苗后茎叶处理除草剂。对阔叶作物田的禾本科杂草有很好的防除效果,处理后能很快被杂草茎叶吸收,并传导至整个植株的分生组织。主要用于大豆、油菜等阔叶作物田防除一年生禾本科杂草。

【使用方法】

防除大豆田、油菜田一年生禾本科杂草:在杂草 2~5 叶期,每 667 平方米用 40 克/升乳油 60~80 毫升兑水 30~50 千克均匀茎叶喷雾。

【注意事项】

(1) 对鱼及其他水生生物有毒,在清洗喷雾器时,不要污染水塘、水沟和河流等水体。对赤眼蜂毒性较高。

(2) 本品耐雨水冲刷,施药后 1 小时降雨不会影响药效,不用重新喷施。施药一般选择早晚气温低、湿度高、风小时进行,长期干旱无雨、空气湿度低时不宜施药。

(3) 间、套作阔叶作物的田块不能施用本品。避免药液飘移到水稻、小麦、谷子等禾本科作物田。

(4) 每年最多施用 1 次。本品在大豆或菜用大豆上最大残留限量为 0.1 毫克/千克。

76. 喹禾灵

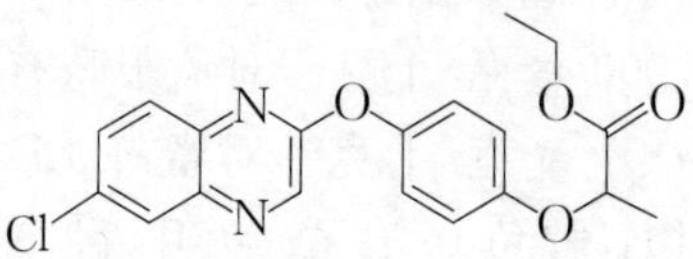

分子式:$C_{19}H_{17}ClN_2O_4$

【类别】 芳氧苯氧丙酸酯类。

【化学名称】 (R,S)-2-[4-(6-氯喹喔啉-2-基氧基)苯氧基]丙酸乙酯。

【理化性质】 原药外观为白色或淡褐色粉末,有效成分含量97%。纯品密度1.35克/厘米^3(20℃),熔点91.7~92.1℃,沸点220℃(26.7帕),蒸气压0.866毫帕(20℃)。溶解度(20℃,克/升):丙酮111,乙醇9,己烷2.6,二甲苯120;水0.3毫克/升。50℃下稳定90天,对光不稳定,pH3~7稳定。

【毒性】 低毒。原药急性经口LD_{50}:雄大鼠1 670毫克/千克,雌大鼠1 480毫克/千克,雄小鼠2 350毫克/千克,雌小鼠2 360毫克/千克。大鼠和小鼠急性经皮LD_{50} 10 000毫克/千克。大鼠急性吸入LC_{50}(4小时)5.8毫克/升。对皮肤无刺激作用,对眼睛有轻度刺激作用。大鼠90天饲喂NOEL为128毫克/千克饲料。对鱼类毒性中等偏低,蓝鳃翻车鱼LC_{50}(96小时)2.8毫克/升,虹鳟鱼LC_{50}(96小时)10.7毫克/升。水蚤LC_{50}(96小时)2.1克/升。蜜蜂LD_{50}>50微克/只。野鸭和鹧鸪LD_{50}均>2 000毫克/千克。

【制剂】 10%乳油。

【作用机制与防除对象】 本品选择性强,为内吸传导型苗后除草剂,在禾本科杂草与双子叶作物间有高度选择性,茎叶可在几个小时内完成对药剂的吸收并向植物体上部和下部移动。适用于大豆、棉花、油菜等阔叶作物田,能有效防除一年生及多年生禾本科杂草如马唐、牛筋草、千金子、狗尾草、看麦娘、早熟禾、双穗雀稗、狗牙根、白茅、芦苇等。本品被杂草叶片吸收后,能迅速上、下传导到整个植株,积累在分生组织中,使新叶的基部和基节的分生组织坏死,一般施药后7~10天就能使杂草坏死。

【使用方法】

(1) 防除棉花田禾本科杂草:一般在苗后生长前期,田间禾本科杂草3~5叶期施药,每667平方米用10%乳油60~100毫升兑水 30～50 千克均匀喷雾于杂草茎叶上。

（2）防除油菜田禾本科杂草：田间禾本科杂草 3～5 叶期施药，每 667 平方米用 10％乳油 60～100 毫升兑水 30～50 千克均匀喷雾于杂草茎叶上。

（3）防除夏大豆田禾本科杂草：田间禾本科杂草 3～5 叶期施药，每 667 平方米用 10％乳油 67～100 毫升兑水 30～50 千克均匀喷雾于杂草茎叶上。

【注意事项】

（1）水稻、玉米、大麦、小麦、甘蔗等禾本科作物对本品敏感，喷药时切勿把药雾飘到禾本科作物上，以免药害。

（2）在干旱条件下施药，有些作物如大豆等有时会产生轻微药害，但能很快恢复生长，对产量无影响。

（3）寒冷干燥，杂草生长缓慢，叶面小而吸收药少时，应适当增加用量。

（4）对禾本科杂草有效，对阔叶杂草无效，因此，对禾本科杂草和阔叶杂草混生田，应与防除阔叶杂草的除草剂搭配施用。

（5）每季作物最多施药 1 次。

（6）本品在油料和油脂作物中油菜籽、大豆、棉籽上最大残留限量(毫克／千克)分别为 0.1、0.1、0.05；在蔬菜作物菜用大豆上最大残留限量为 0.2 毫克／千克。

77. 绿麦隆

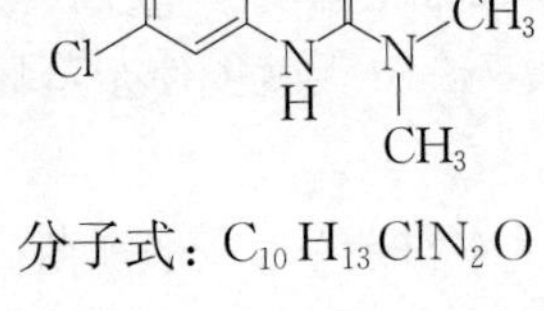

分子式：$C_{10}H_{13}ClN_2O$

【类别】 取代脲类。

【化学名称】 1,1-二甲基-3-(3-氯-4-甲基苯基)脲。

【理化性质】 纯品为无色无臭结晶,熔点 147～148 ℃,蒸气压 0.017 毫帕(25 ℃);相对密度 1.39。溶解度(25 ℃):水 74 毫克/升,甲苯 3 克/升,二氯甲烷 51 克/升,丙酮 54 克/升,乙醇 48 克/升,己烷 0.06 克/升,正辛醇 24 克/升,乙酸乙酯 21 克/升。稳定性(30 ℃):DT_{50} 为 1.48～3.81 年(pH1～13),土壤中降解 DT_{50} 为 30～40 天。对光和热稳定,在强酸、碱中缓慢分解。

【毒性】 低毒。纯品大鼠急性经口 LD_{50}＞10 000 毫克/千克,大鼠急性经皮 LD_{50}＞2 000 毫克/千克,大鼠急性吸入 LC_{50} 为 13 000 毫克/米^3。对兔皮肤和眼睛无刺激性。90 天饲养试验无作用剂量:大鼠 800 毫克/千克饲料[52 毫克/(千克·天)],狗 600 毫克/千克饲料[23 毫克/(千克·天)]。野鸭 LD_{50}(8 天)＞6 800 毫克/千克。鱼类 LC_{50}(96 小时):虹鳟鱼 20～35 毫克/升,蓝鳃太阳鱼 40～50 毫克/升,鲫鱼＞100 毫克/升。对鸟无毒。对蜜蜂无害。蚯蚓 LC_{50}＞1 000 毫克/千克土。

【制剂】 25％可湿性粉剂。

【作用机制与防除对象】 为选择性内吸传导型除草剂,通过破坏光合作用而致效。主要通过植物根吸收,并有叶面触杀作用。可用于小麦、大麦、玉米等作物防除多种禾本科杂草及阔叶杂草。

【使用方法】

(1) 防除大麦、小麦田一年生杂草:在麦子播种后出苗前进行土壤处理,或在麦出苗后 3 叶以前、杂草 1～2 叶期作茎叶喷雾处理。每 667 平方米用 25％可湿性粉剂 160～400 克(南方地区)或 400～800 克(北方地区),兑水 30～40 千克均匀喷雾。苗期茎叶处理较土壤处理效果好,但安全性稍差;麦苗 3 叶期以后不能用药,易产生药害。

(2) 防除玉米田一年生杂草:在玉米播后苗前进行土壤处理,或在玉米 4～5 叶期作茎叶喷雾处理。每 667 平方米用 25％可湿性粉剂 160～400 克(南方地区)或 400～800 克(北方地区),兑水 30～40 千克均匀喷雾。

【注意事项】

(1) 施用本品应根据当地的地域和土壤状况掌握不同的施药剂量,不宜用量过大,因为本品在土壤中残效时间长,后茬水稻对本品敏感。麦播种后盖籽要严密,否则对露籽麦会产生药害。因此,应严格掌握用药量和用药时间,以防对后茬作物产生药害。

(2) 严禁在水稻田使用本品。油菜、蚕豆、豌豆、红花、苜蓿等作物对本品敏感,避免药剂飘移到上述作物上。

(3) 本品的药效与气温及土壤湿度关系密切,干旱及气温在 10℃以下不利于药效的发挥,低温时施药,药效略差,易发生药害,因此应尽量在气温略高时用药。施药时应保持土壤湿润,否则药效会降低,为保证药效,天旱地干时,宜用药前抗旱 1 次。

(4) 应远离水产养殖区施药,禁止在河塘等水体中清洗施药器具。清洗器具的废水不能排入河流、池塘等水源,废弃物要妥善处理,不能随意丢弃,也不能作他用。

(5) 每季作物最多施用 1 次。本品在麦类和玉米上的最大残留限量均为 0.1 毫克/千克。

78. 氯氨吡啶酸

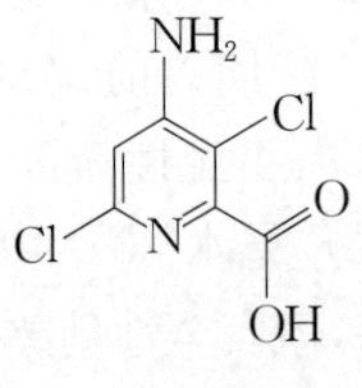

分子式:$C_6H_4Cl_2N_2O_2$

【类别】 吡啶羧酸类。

【化学名称】 4-氨基-3,6-二氯吡啶-2-羧酸。

【理化性质】 灰色无味粉末,相对密度 1.72(20 ℃),熔点 163.5 ℃,蒸气压 9.52×10^{-9} 帕(20 ℃)。溶解性(pH7.0,18 ℃,克/升):水 2.48,甲醇 52,丙酮 29,不溶于庚烷。pK a 为 2.56。正辛醇-水分配系数 $K_{ow} \log P$ 为 0.201(19 ℃)。

【毒性】 低毒。大鼠急性经口 $LD_{50} > 5\,000$ 毫克/千克,大鼠急性经皮 $LD_{50} > 5\,000$ 毫克/千克,雄大鼠急性吸入 $LC_{50} > 5.50$ 毫克/升。对兔皮肤无刺激,对豚鼠皮肤无致敏性,活性物质对眼有刺激。北美鹑急性经口 $LD_{50} > 2\,250$ 毫克/千克(14 天)。短期饲喂试验:北美鹑 $LC_{50} > 5\,620$ 毫克/千克,野鸭 $LC_{50} > 5\,620$ 毫克/千克。鱼类 LC_{50}:虹鳟>100 毫克/升(96 小时),红鲈鱼>120 毫克/升(96 小时)。水蚤急性 EC_{50}(静止)>100 毫克/升(48 小时)。淡水绿藻急性 EC_{50} 为 30 毫克/升(72 小时)。蜜蜂急性接触 $LD_{50} > 100$ 微克/只(48 小时),蜜蜂急性经口 $LD_{50} > 120$ 微克/只(48 小时)。蚯蚓急性 $LC_{50} > 1\,000$ 毫克/千克土壤(14 天)。

【制剂】 21%水剂。

【作用机制与防除对象】 内吸传导型草原及牧场苗后除草剂,主要作用于核酸代谢,并且使叶绿体结构及其他细胞器发育畸形,干扰蛋白质合成,作用于分生组织活动等,最后导致植物死亡。可有效防除草原和草场橐吾、乌头、棘豆属及蓟属等有毒有害阔叶杂草。用药适用期宽,杂草出苗后至生长旺盛期均可用药。

【使用方法】

防除草原牧场(禾本科)阔叶杂草:在杂草出苗后至生长旺盛期,每 667 平方米用 21%水剂 25～35 毫升兑水 30～50 千克均匀茎叶喷雾。

【注意事项】

(1) 本品对垂穗披碱草、高山嵩草、线叶嵩草等有轻微药害,对蒲公英、凤毛菊、冷蒿有中等药害,阔叶牧草为主的草原牧草区域慎用。

（2）严格按推荐剂量、时期和方法施用，喷雾时应恒速、均匀，避免超范围施用。在推荐施用时期范围内，杂草出齐后，用药越早，效果越好。如草场混生牛羊等牲畜喜食的阔叶草如三叶草及苜蓿等，建议对有害杂草进行点喷。

（3）不得直接施于或飘移至邻近阔叶作物，避免产生药害。

（4）用过的药械应清洗干净，避免残留药剂对其他敏感作物产生药害。

（5）每季最多施用1次。

79. 氯吡嘧磺隆

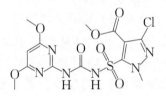

分子式：$C_{13}H_{15}ClN_6O_7S$

【类别】 磺酰脲类。

【化学名称】 3-氯-5-(4,6-二甲氧基嘧啶-2-基氨基羰基氨基磺酰基)-1-甲基吡唑-4-羧酸甲酯。

【理化性质】 纯品为白色粉末固体，熔点175.5～177.2℃，相对密度1.618(25℃)，蒸气压<1.0×10^{-5}帕(25℃)。正辛醇-水分配系数 $K_{ow} \log P$ 为 $-0.0186(23 \pm 2℃，pH7)$。溶解度(20℃，克/升)：水0.015(pH5)、1.65(pH7)，甲醇1.62。在常规条件下贮存稳定，pKa为3.44(22℃)。

【毒性】 低毒。大鼠急性经口 LD_{50} 8865毫克/千克，小鼠急性经口 LD_{50} 11173毫克/千克，兔急性经皮 $LD_{50}>2000$毫克/千克,大鼠急性吸入 LC_{50}(4 小时)＞6.0 毫克/升。对兔眼睛有轻微刺激性,对兔皮肤无刺激性。雄大鼠饲喂(2 年)NOEL 为 108.3毫克/(千克·天),雌大鼠饲喂(2 年)NOEL 为 563 毫克/(千克·天)。雄小鼠饲喂(1.5 年)NOEL 为 410 毫克/(千克·天),雌小鼠饲喂(1.5 年)NOEL 为 1 215 毫克/(千克·天)。雄狗饲喂(1年)NOEL 为 1 毫克/(千克·天),雌狗饲喂(1 年)NOEL 为 10 毫克/(千克·天)。无致癌、致畸、致突变作用。ADI 为 0.1 毫克/千克。山齿鹑急性经口 LD_{50}＞2 250 毫克/千克。鱼类 LC_{50}(96 小时,毫克/升):大翻车鱼＞118,虹鳟＞131。蜜蜂 LD_{50}(经皮)＞100 微克/只。

【制剂】 35％、75％水分散粒剂,12％、15％可分散油悬浮剂。

【作用机制与防除对象】 本品是选择性内吸传导型除草剂,有效成分可在水中迅速扩散,由杂草根部和叶片吸收转移到杂草各部,阻碍氨基酸、赖氨酸、异亮氨酸的生物合成,阻止细胞的分裂和生长。敏感杂草生长功能受限,幼嫩组织过早发黄抑制叶部生长、阻碍根部生长而坏死。可有效防除玉米田和甘蔗田等作物田中多种一年生阔叶杂草和莎草科杂草。

【使用方法】

(1) 防除甘蔗田阔叶杂草及莎草科杂草:在阔叶杂草和莎草科杂草 2～5 叶期,每 667 平方米用 75％水分散粒剂 3～5 克兑水 30～50 千克茎叶均匀喷雾。

(2) 防除玉米田阔叶杂草及莎草科杂草:在玉米 3～5 叶期、阔叶杂草和莎草科杂草 2～5 叶期,每 667 平方米用 75％水分散粒剂 4～5 克或 12％可分散油悬浮剂 20～30 毫升,兑水 30～50 千克茎叶均匀喷雾。

(3) 防除水稻(直播田)阔叶杂草及莎草科杂草:在秧苗 2 叶1 心期、杂草 2～3 叶期,每 667 平方米用 35％水分散粒剂 5.8～8.6 克兑水 30～50 千克茎叶均匀喷雾。施药前一天排干水,保持土壤湿润；药后一天复水，保水一周，勿淹没水稻心叶，恢复正常管理。

（4）防除小麦田阔叶杂草及莎草科杂草：在阔叶杂草和莎草科杂草 2～5 叶期，每 667 平方米用 35％水分散粒剂 8.6～12.8 克兑水 30～50 千克茎叶均匀喷雾。

（5）防除高粱田阔叶杂草及莎草科杂草：在阔叶杂草和莎草科杂草 2～5 叶期，每 667 平方米用 75％水分散粒剂 3～4 克兑水 30～50 千克茎叶均匀喷雾。

（6）防除番茄田阔叶杂草及莎草科杂草：在番茄移栽前 1 天，每 667 平方米用 75％水分散粒剂 6～8 克兑水 30～50 千克对土壤进行均匀喷雾处理。

【注意事项】

（1）施药时注意药量准确，做到均匀喷洒，尽量在无风无雨时施药，避免雾滴飘移危害周围作物。大风或预计 1 小时内有降雨，请勿施用。

（2）本品只适用于马齿型和硬质玉米，不推荐用于甜玉米、糯玉米、爆裂玉米、制种玉米、自交系玉米及其他作物，玉米 2 叶期前及 10 叶期后不能施用。

（3）对藻类毒性高。应远离水产养殖区、河塘等水体施药，禁止在河塘等水体中清洗施药器具，施药后的田水不得直接排入水体，剩余的药液和清洗施药器具的废水不要倒入田间、河流，不得污染各类水域、土壤等环境。用过的容器应妥善处理，不可随意丢弃，更不可作他用。

（4）禁止在蜜源作物花期、蚕室和桑园附近施用，施药期间应密切关注对附近蜂群的影响。赤眼蜂等天敌放飞区禁用。

（5）每季作物最多施用 1 次。安全间隔期为收获期。本品在玉米、高粱、番茄上的最大残留限量（毫克/千克）分别为 0.05、0.02、0.05。

80. 氯丙嘧啶酸

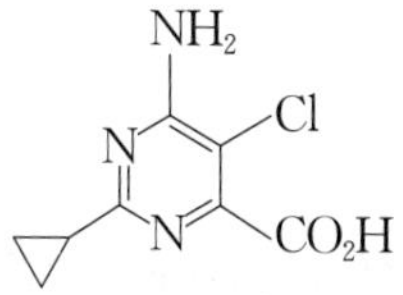

$$分子式：C_8H_8ClN_3O_2$$

【类别】　嘧啶羧酸类。

【化学名称】　6-氨基-5-氯-2-环丙基嘧啶-4-羧酸。

【理化性质】　pKa 为 4.65（20 ℃），蒸气压 4.92×10^{-6} 帕（25 ℃），亨利常数 3.52×10^{-7} 帕·米^3/摩，土壤吸附系数 28；水中溶解度（克/升）：3.13（pH 4）、4.20（pH 7）、3.87（pH 9）。

【毒性】　微毒。大鼠急性经口（雌、雄）LD_{50}＞5 000 毫克/千克，大鼠急性经皮（雌、雄）LD_{50}＞5 000 毫克/千克。大鼠急性吸入（雌、雄）LC_{50}＞5.4 毫克/升。对兔皮肤无刺激性，对兔眼睛中度刺激，对豚鼠皮肤无致敏反应。对鸟类、鱼类、蜜蜂基本无毒，对水生无脊椎动物和植物基本无毒性或毒性可接受。无致畸、致突变作用。

【制剂】　50％可溶粒剂。

【作用机制与防除对象】　其作用机制是喷施后快速被杂草叶和根部吸收，转移进入分生组织，干扰杂草茎叶和根生长的激素平衡。可防除非耕地阔叶杂草。

【使用方法】

防除非耕地阔叶杂草：在杂草高度 10～30 厘米时施药，每 667 平方米用 50％可溶粒剂 10～20 克兑水 30～50 千克茎叶均匀喷雾。

【注意事项】

（1）不可直接施于裸露的土壤上。施药时注意风向变化，大风或预计 48 小时内降雨请勿施药。注意避免因飘移造成邻近敏感作物药害等问题。

（2）远离水产养殖区、河塘等水体施药。禁止在河塘等水体施药。

（3）每季最多施用 1 次。

81. 氯氟吡啶酯

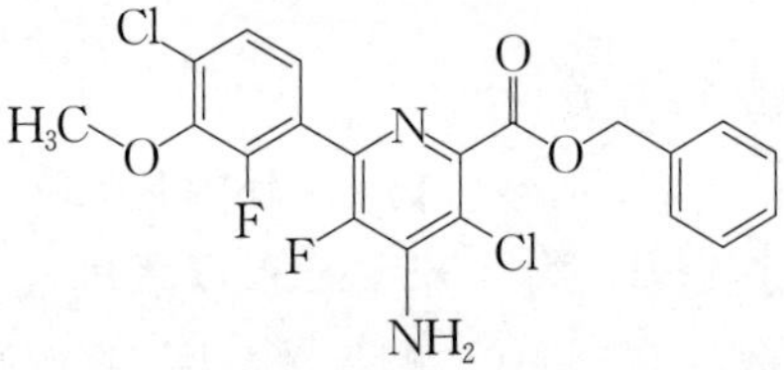

分子式：$C_{20}H_{14}Cl_2F_2N_2O_3$

【类别】 芳基吡啶甲酸酯

【化学名称】 4-氨基-3-氯-6-(4-氯-2-氟-3-甲氧基苯基)-5-氟吡啶-2-羧酸苯甲酯。

【理化性质】 熔点 137.1 ℃，蒸气压(20 ℃)$3.2×10^{-5}$ 帕。水中溶解度(20 ℃)15 微克/升，易溶于丙酮、苯等大多数有机溶剂。对光稳定，不易燃、易爆，无腐蚀性，400 ℃以上分解。

【毒性】 对哺乳动物、爬行动物和两栖动物安全,急性、慢性毒性低,无致突变、致畸作用,无生殖毒性。对鱼和其他水生生物、蜜蜂、鸟无毒性。在土壤和水中快速降解为无除草活性。氯氟吡啶酯 DT_{50}(实验室)为 1～10 天(有氧土壤)、5～10 天(厌氧土壤)、4～6 天(水中),在水中的溶解度仅为 15 微克/升,且在土壤中移动性小。

【制剂】 3%乳油。

【作用机制与防除对象】 本品是合成生长素类除草剂中芳基

吡啶酸新化学类型中的新产品。它模拟了高剂量天然植物生长激素的作用,引起特定生长素调节基因的过度刺激,干扰敏感植物的多个生长过程,可有效防除水稻田中的稗草等一年生杂草,并有效抑制千金子。

【使用方法】

(1)防除水稻直播田一年生杂草:在水稻 4.5 叶即 1 个分蘖可见时,同时稗草不超过 3 个分蘖时施药,每 667 平方米用 3%乳油 40～80 毫升兑水 15～30 千克均匀茎叶喷雾。

(2)防除水稻移栽田一年生杂草:在水稻移栽后秧苗充分返青可见 1 个分蘖,同时稗草不超过 3 个分蘖时施药,每 667 平方米用 3%乳油 40～80 毫升兑水 15～30 千克均匀茎叶喷雾。

【注意事项】

(1)施药时避免飘移到邻近敏感阔叶作物如棉花、大豆、葡萄、烟草、蔬菜、桑树、花卉、观赏植物及其他非靶标阔叶植物上。

(2)施药时可以有浅水层,需确保杂草茎叶 2/3 以上露出水面;施药后 24～72 小时内灌水,保持浅水层 5～7 天,注意水层不要淹没水稻心叶,避免药害。

(3)不能和敌稗、马拉硫磷等药剂混用,施用本品 7 天内不能再施马拉硫磷,与其他药剂和肥料混用则需进行测试确认后再操作。

(4)施药量按稗草密度和叶龄确定,稗草密度大、草龄大,使用上限用药量。

(5)不宜在缺水田、漏水田及盐碱田的田块施用。不推荐在秧田、制种田施用。缓苗期、秧苗长势弱,存在药害风险,不推荐施用。弥雾机常规剂量施药可能会造成严重药物反应,建议先测试再施用。

(6)任何会影响作物健康的逆境或环境因素如极端冷热天气、干旱、冰雹等,均有可能影响药效和作物耐药性,不推荐施用。某些情况下如不利的天气,水稻不同品种敏感性差异,施药后水稻可能会出现暂时性药物反应如生长受到抑制或叶片畸形,通常水稻会逐步恢复正常生长。

（7）对水生生物有毒,应远离水产养殖区施药,禁止在河塘等水体中清洗施药器具,清洗施药器具的废液禁止排入河塘等水域。

（8）每季最多施用 1 次,安全间隔期为 60 天。

82. 氯氟吡氧乙酸

分子式：$C_7H_5Cl_2FN_2O_3$

【类别】 芳基羧酸类。

【化学名称】 4-氨基-3,5-二氯-6-氟-2-吡啶氧乙酸。

【理化性质】 原药含量 96%,外观为浅褐色固体。熔点 56～57℃,蒸气压 $3.78×10^{-9}$ 帕(20℃),相对密度 1.09。溶解度(20℃,克/升)：水 0.091,丙酮 51,甲醇 34.6,乙酸乙酯 10.6,异丙醇 9.2,异丙醇 9.2,二氯甲烷 0.1,甲苯 0.8,二甲苯 0.3。酸性下稳定,与碱反应生成盐。水中 DT_{50} 为 185 天(pH9,20℃)。对光稳定。

【毒性】 低毒。原药大鼠急性经口 $LD_{50} > 5\,000$ 毫克/千克,急性经皮 $LD_{50} > 2\,405$ 毫克/千克,大鼠急性吸入 LC_{50}(4 小时)> 0.296 毫克/升。ADI 为 0.8 毫克/千克。对皮肤、眼睛和上呼吸道有刺激作用。对豚鼠皮肤无致敏性,无全身中毒现象。对大鼠繁殖无影响,无致畸、致突变作用。鹌鹑和野鸭急性经口 LD_{50} 均 $> 2\,000$ 毫克/千克。虹鳟鱼 LC_{50}(96 小时)> 100 毫克/升。蜜

蜂 LD_{50}（接触，48 小时）＞25 微克/只。

【制剂】 20％、22％、200 克/升乳油。

【作用机制与防除对象】 典型的激素型选择性内吸性传导苗后茎叶处理剂。主要通过植物茎、叶吸收，出现中毒反应，植株扭曲，直至死亡。在耐药性植物如小麦体内，可结合成轭合物失去活性。能有效防除禾谷作物田的猪殃殃、牛繁缕、大巢菜、马齿苋、龙葵、空心莲子草、田旋花、碎米荠、蓼等多种阔叶杂草。

【使用方法】

（1）防除冬小麦田阔叶杂草：在小麦 3 叶期至拔节前期、阔叶杂草 2～4 叶期基本出齐后，每 667 平方米用 200 克/升乳油 50～70 毫升兑水 30～40 千克均匀喷雾杂草茎叶。

（2）防除水田畦畔空心莲子草：在空心莲子草生长旺盛期，每 667 平方米用 200 克/升乳油 50～60 毫升或 22％乳油 50～60 毫升，兑水 30～40 千克均匀喷雾于杂草茎叶。

（3）防除移栽水稻田阔叶杂草：在水稻移栽后 10～20 天、阔叶杂草 2～5 叶期，每 667 平方米用 200 克/升乳油 65～75 毫升兑水 30～40 千克，在稻田排水后均匀喷雾于杂草茎叶。施药后 2 天灌水回田，并保持水层 5～7 天。

（4）防除玉米田阔叶杂草：在玉米出苗后 3～5 叶期、阔叶杂草 2～4 叶期，每 667 平方米用 200 克/升乳油 50～70 毫升兑水 30～40 千克均匀喷雾于杂草茎叶。

【注意事项】

（1）本品为防除麦田阔叶杂草的专用除草剂，施用时应选择以阔叶杂草为主的田块。

（2）对阔叶作物敏感。施药时应避免药液飘移到大豆、花生、甘薯、甘蓝、油菜、棉花等阔叶作物上，以防产生药害。间套种有其他作物的小麦田、玉米田禁用。勿在甜玉米、爆裂玉米等特种玉米田以及制种玉米田施用。

（3）对鱼类等水生生物有毒。应远离水产养殖区施药，避免药液流入河塘等水体中,禁止在河塘等水域清洗施药器具。鱼和虾、蟹套养稻田禁用。赤眼蜂等天敌放飞区禁用。施药后的田水不得直接排入水体,使用过的喷雾器应清洗干净方可用于阔叶作物喷施其他农药。用过的容器应妥善处理,不可作他用,也不可随意丢弃。

(4)每季作物最多施用1次。

(5)本品在小麦、稻谷、玉米上最大残留限量(毫克/千克)分别为0.2、0.2、0.5毫克/千克。

83. 氯氟吡氧乙酸异辛酯

分子式:$C_{15}H_{21}Cl_2FN_2O_3$

【类别】 芳基羧酸类。

【化学名称】 4-氨基-3,5-二氯-6-氟-2-吡啶氧乙酸异辛酯。

【理化性质】 原药含量95%,外观为浅褐色固体。熔点56～57℃,蒸气压$3.78×10^{-9}$帕(20℃)。水中溶解度0.091克/升,有机溶剂中溶解度(20℃,克/升):丙酮51,甲醇34.6,乙酸乙酯10.6,异丙酮9.2,二氯甲烷0.1,二甲苯0.3。在酸性介质中稳定,高于熔点分解。

【毒性】 低毒。原药大鼠急性经口LD_{50}>5 000毫克/千克,急性经皮LD_{50}3 690毫克/千克。

【制剂】 20%、25%、200克/升、250克/升、288克/升乳油,

21%、28%、50%可分散油悬浮剂,20%、21%悬浮剂,20%可湿性粉剂,20%水乳剂。

【作用机制与防除对象】 本品是一种内吸传导型苗后选择性除草剂,能被杂草根、茎、叶吸收,并很快输送到杂草体各部分,引起杂草生长生理功能紊乱,积累于分生组织使细胞中的 DNA 重复复制,阻碍细胞的正常生长和分裂,导致生理和生长代谢机制失调,使敏感植物出现典型的激素类除草剂的反应,植株畸形、扭曲、死亡。对冬小麦田一年生和部分多年生阔叶杂草,水田畦畔水花生,水稻田、高粱田、玉米田阔叶杂草有较好的防除效果。

【使用方法】

(1)防除水稻移栽田阔叶杂草:在水稻移栽后、阔叶杂草 2～5 叶期,每 667 平方米用 20%乳油 60～70 毫升或 288 克/升乳油 55～75 毫升兑水 30～40 千克在稻田排水后均匀喷雾于杂草茎叶,药后 1～2 天灌水回田,保持浅水层 5～7 天后常规管理,注意水层不要淹没水稻心叶,避免产生药害。

(2)防除玉米田阔叶杂草:在玉米出苗后 3～5 叶期、阔叶杂草 2～4 叶期,每 667 平方米用 200 克/升乳油 50～70 毫升或 20%水乳剂 60～70 毫升,兑水 30～50 千克均匀喷雾于杂草茎叶。

(3)防除小麦田阔叶杂草:在小麦 3 叶期至拔节前期、阔叶杂草 2～4 叶期,每 667 平方米用 200 克/升乳油 50～70 毫升,或 50%可分散油悬浮剂 28～38 毫升,或 20%悬浮剂 50～70 毫升,或 20%水乳剂 50～75 毫升,或 20%可湿性粉剂 53～70 克,兑水 30～50 千克均匀喷雾杂草茎叶。

(4)防除水田畦畔空心莲子草:在空心莲子草生长旺盛期,每 667 平方米用 200 克/升乳油 50～70 毫升或 20%水乳剂 60～70 毫升,兑水 30～50 千克均匀喷雾于杂草茎叶。

(5)防除狗牙根草坪阔叶杂草:在狗牙根草坪阔叶杂草 3～5 叶期,每 667 平方米用 200 克/升乳油 40～80 毫升或 20%悬浮剂 40～55 毫升,兑水 30～50 千克均匀喷雾于杂草茎叶。

（6）防除高粱田阔叶杂草：在阔叶杂草 3～5 叶期，每 667 平方米用 25％乳油 50～60 毫升兑水 30～50 千克均匀喷雾于杂草茎叶。

（7）防除非耕地阔叶杂草：在阔叶杂草生长旺盛期，每 667 平方米用 25％乳油 40～50 毫升或 250 克/升乳油 40～48 毫升，兑水 30～50 千克均匀喷雾于杂草茎叶。

【注意事项】

（1）本品为阔叶杂草除草剂，施药时应避免药液飘移到大豆、花生、甘薯、甘蓝、油菜、蔬菜、瓜类、棉花等阔叶作物上，以防产生药害。

（2）间套或混种阔叶作物的地块不能施用本品。不要在甜玉米、爆裂玉米等特种玉米田及制种玉米田施用。

（3）对蜜蜂、鱼类等水生生物、家蚕有毒。远离水产养殖区施药，鱼和虾、蟹套养稻田禁用。施药期间应避免对周围蜂群的影响，开花植物花期、蚕室和桑园附近禁用。

（4）施药器械使用后要彻底清洗干净，方可用于阔叶作物喷施其他农药。禁止在河塘等水体中清洗施药器具，清洗器具的废水不能排入河流、池塘等水源，避免污染水源。

（5）每季作物最多施用 1 次。

（6）本品对小麦和玉米的安全间隔期为 30 天。在小麦、稻谷、玉米上最大残留限量(毫克/千克)分别为 0.2、0.2、0.05。

84. 氯酯磺草胺

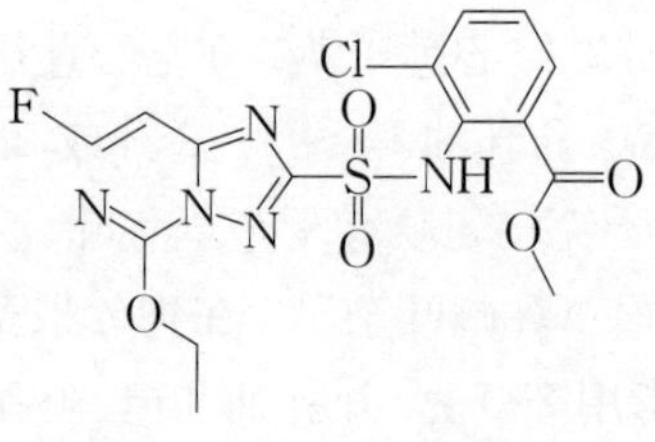

分子式：$C_{15}H_{13}ClFN_5O_5S$

【类别】 磺酰胺类。

【化学名称】 3-氯-2-(5-乙氧基-7-氟[1,2,4]三唑并[1,5-e]嘧啶-2-基磺酰基氨基)苯甲酸甲酯。

【理化性质】 纯品为灰白色固体,熔点216~218℃(分解),相对密度1.538(20℃),蒸气压$4×10^{-11}$毫帕(25℃)。正辛醇-水分配系数$K_{ow}\log P$(20℃):0.268(蒸馏水)、1.12(pH5)、-0.365(pH7)、-1.24(pH8)。水中溶解度(20℃,毫克/升):3(pH5.0),184(pH7)。pKa为4.81(20℃)。

【毒性】 低毒。大(小)鼠急性经口LD_{50}>5000毫克/千克,兔急性经皮LD_{50}>2000毫克/千克,大鼠急性吸入LC_{50}(4小时)>3.77毫克/升。对兔眼睛有轻微刺激性。NOEL为:狗(1年)10毫克/(千克·天),雄小鼠(90天)50毫克/(千克·天)。ADI为0.1毫克/千克。无致畸、致癌、致突变作用,对遗传无不良影响。对鸟类、鱼类、蜜蜂、蚯蚓等低毒。山齿鹑急性经口LD_{50}>2250毫克/千克,山齿鹑和野鸭饲喂LC_{50}(5天)>5620毫克/升饲料。鱼类LC_{50}(96小时,毫克/升):大翻车鱼>295,虹鳟>86。蜜蜂LD_{50}(接触)>25微克/只。蚯蚓LC_{50}(14天)>859毫克/千克土壤。

【制剂】 40%、84%水分散粒剂。

【作用机制与防除对象】 经杂草叶、根吸收,累积在生长点,抑制乙酰乳酸合成酶(ALS),影响蛋白质的合成,使杂草停止生长而死亡,用于春大豆田茎叶喷雾可有效防除鸭跖草、红蓼(东方蓼)、本氏蓼、苍耳、苘麻、豚草,并有效抑制苣荬菜、刺儿菜等阔叶杂草的生长。

【使用方法】

防除春大豆阔叶杂草:于春大豆1~3片复叶期、阔叶杂草3~5叶期作茎叶喷雾处理,每667平方米用84%水分散粒剂2~2.5克,或40%水分散粒剂4~5克兑水20~30千克茎叶均匀喷雾。

【注意事项】

（1）本品仅限于黑龙江、内蒙古地区一年一茬的春大豆田施用，正常推荐剂量下第二年可以安全种植小麦、水稻、玉米（甜玉米除外）、杂豆、马铃薯。

（2）施药后大豆叶片可能出现暂时轻微褪色，很快恢复正常，不影响产量。对甜菜、向日葵、马铃薯（12 个月）敏感，后茬种植此类敏感作物需慎重。

（3）用药后所有药械必须彻底洗净，以免对其他敏感作物产生药害。避免污染水塘等水体，不要在水体中清洗施药器具。

（4）种植油菜、亚麻、甜菜、向日葵、烟草等十字花科蔬菜等，安全间隔期需 24 个月以上。

（5）每季作物最多施用 1 次。

85. 麦草畏

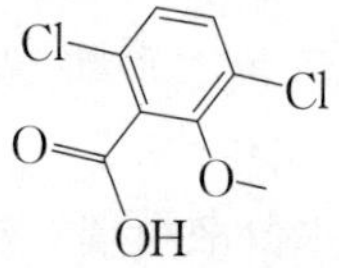

分子式：$C_8H_6Cl_2O_3$

【类别】 芳基羧酸类。

【化学名称】 2-甲氧基-3,6-二氯苯甲酸。

【理化性质】 纯品为白色晶体，相对密度 1.57（25 ℃），熔点 114～116 ℃，沸点＞200 ℃，蒸气压 4.5 毫帕（25 ℃）。溶解度（25 ℃，克/升）：水 6.5，乙醇 922，环己酮 916，丙酮 810，二甲苯 78，甲苯 130，二氯甲烷 261，二噁烷 1 180。原药在正常状态下稳定，约 200 ℃时分解，具有一定的抗氧化和抗水解作用。土壤中半衰期 30～60 天。

【毒性】 低毒。原药大鼠急性经口 LD_{50} 1 879～2 740 毫克/千克,兔急性经皮 LD_{50} ＞2 000 毫克/千克,大鼠急性吸入 LC_{50} ＞200 毫克/升。对兔眼睛有刺激和腐蚀作用,对兔皮肤有中等程度的刺激作用。在实验室条件下,未见致畸、致突变和致癌作用。野鸭急性经口 LD_{50} 2 000 毫克/千克。野鸭和北美鹌鹑 LC_{50}(8天)＞10 000 毫克/千克饲料。虹鳟鱼和蓝鳃太阳鱼 LC_{50}(96 小时)均为 135 毫克/升。蜜蜂 LD_{50} ＞100 微克/只。

【制剂】 48％、480 克/升水剂,70％水分散粒剂,70％可溶粒剂。

【作用机制与防除对象】 本品为内吸、传导性阔叶杂草除草剂。能通过阔叶杂草的根、茎、叶等部位迅速内吸传导,干扰和破坏阔叶杂草体内的原有激素平衡,阻止杂草正常生长,最终导致杂草死亡。对一年生和多年生阔叶杂草有显著防除效果,一般用药24 小时阔叶杂草即出现畸形卷曲症状,15～20 天死亡。能有效控制小麦田和玉米田猪殃殃、荠菜、苋菜、藜、蓼等阔叶杂草。

【使用方法】

(1) 防除小麦田阔叶杂草:在小麦 3～5 叶期至分蘖期、一年生阔叶杂草 2～5 叶期,每 667 平方米用 480 克/升水剂 20～30 毫升兑水 30～50 千克茎叶均匀喷雾。

(2) 防除玉米田阔叶杂草:在玉米 3～5 叶期、一年生阔叶杂草 2～5 叶期,每 667 平方米用 480 克/升水剂 26～39 毫升或 70％水分散粒剂 18～30 克,兑水 30～50 千克茎叶均匀喷雾。

(3) 防除非耕地阔叶杂草:在阔叶杂草生长旺盛期,每 667 平方米用 480 克/升水剂 50～70 毫升或 70％可溶粒剂 40～50 克,兑水 30～50 千克茎叶均匀喷雾。

(4) 防除芦苇田阔叶杂草:在阔叶杂草 3～5 叶期,每 667 平方米用 480 克/升水剂 29～75 毫升兑水 30～50 千克茎叶均匀喷雾。

【注意事项】

(1) 小麦拔节时绝对不能施用本品及其混剂。不同类型小麦拔节期有差别,春小麦以主茎 5 叶为界,冬小麦以主茎 6 叶为界。不同小麦品种对本品的敏感性也有差异,大面积应用前,应先在小范围内进行试验。小麦 3 叶前、小麦冬眠期间或气温低于 5 ℃时,不宜施用。小麦苗由于受到不正常天气影响或病虫害引起生长发育不正常时,不能施用。正常施用本品后小麦在初期有匍匐、倾斜或弯曲现象,一周后可恢复。

(2)在玉米田施用时,切勿使玉米种子与本品接触;喷药后 20 天内避免铲墒;玉米株高达 90 厘米或雄穗抽出前 15 天内,不能施用本品;甜玉米、爆裂玉米等敏感品种勿用本品,以免发生药害。施用本品后个别玉米可能会出现匍匐、倾斜或弯曲现象,一周后可恢复,不影响生长和产量。

(3)切勿将本品喷施在大豆、棉花、烟草、蔬菜、向日葵和果树等阔叶作物上,以免发生药害。

(4)大风天或预计 2 小时内降雨,请勿施药。施药时均匀喷雾,避免重喷、漏喷。

(5)不能与有机磷类农药混用,如施用有机磷类农药,间隔期必须在 7 天以上。不能用弥雾机施药,以免产生药害。

(6)本品对皮肤、眼睛有刺激作用,操作时要戴好口罩和手套,穿防护服,不要饮食和抽烟。施药后立即用肥皂洗手和洗脸。

(7)对蜜蜂、鱼类等水生生物、家蚕有毒。施药期间应避免对周围蜂群的影响,开花植物花期、蚕室和桑园附近禁用。远离水产养殖区施药,禁止在河塘等水体中清洗施药器具。赤眼蜂等天敌放飞区域禁用。清洗施药器具等的污水不可污染地下水源、河塘等各种水域,避免对环境中其他生物造成危害。

(8)每季作物最多施用 1 次。

(9)本品在玉米和小麦上的最大残留限量均为 0.5 毫克/千克。

86. 咪唑喹啉酸

分子式：$C_{17}H_{17}N_3O_3$

【类别】 咪唑啉酮类。

【化学名称】 (R,S)-2-(4-异丙基-4-甲基-5-氧代-2-咪唑啉-2-基)喹啉-3-羧酸。

【理化性质】 纯品为粉色刺激性气味固体,熔点 219~224 ℃ (分解),蒸气压(60 ℃)<0.013 毫帕。溶解度(25 ℃,克/升):二氯甲烷 14,二甲基甲酰胺 68,二甲基亚砜 159,甲苯 0.4;水 60~120 毫克/升。在 45 ℃放置 3 个月稳定,室温下放置 2 年稳定,在暗处、pH5~9 条件下放置 30 天稳定。其溶液在模拟日光下 (18~19 ℃)DT_{50}:7.9 小时(pH8.6)、21 小时(pH7),在土壤表面连续接触模拟日光 DT_{50} 约 60 天,在土壤中 DT_{50} 为 30~90 天。

【毒性】 低毒。原药大、小鼠急性经口 LD_{50}>4 640 毫克/千克,急性经皮 LD_{50}>2 150 毫克/千克。大鼠急性吸入 LC_{50}(4 小时)5.7 毫克/升。对兔眼睛无刺激性,对兔皮肤有中度刺激。无致畸、致突变性。大鼠 90 天饲养 NOEL 为 10 000 毫克/千克饲料,大鼠 2 年饲养 NOEL 为 5 000 毫克/千克饲料。ADI 为 0.25 毫克/千克。山齿鹑和野鸭急性经口 LD_{50}>2 150 毫克/千克。鱼类 LC_{50}(96 小时):大翻车鱼 410 毫克/升,虹鳟鱼 280 毫克/升。蜜蜂 LD_{50}(接触)>100 微克/只。

【制剂】 5%水剂。

【作用机制与防除对象】 为乙酰乳酸合成酶或乙酸羟酸合成酶的抑制剂,即通过抑制植物的乙酰乳酸合成酶,阻止支链氨基酸如缬氨酸、亮氨酸、异亮氨酸的生物合成,从而破坏蛋白质的合成,干扰 DNA 合成和细胞分裂与生长,最终植株死亡。通过植株的叶、根吸收,在木质部与韧皮部传导,积累于分生组织中。茎叶处理后,敏感杂草立即停止生长,经 2~4 天后死亡。土壤处理后,杂草顶端分生组织坏死,生长停止,而后死亡。适用于大豆田防除一年生杂草。

【使用方法】

防除春大豆一年生阔叶杂草:春大豆田在播后苗前,每 667 平方米用 5％水剂 150~200 毫升兑水 30~50 千克土壤均匀喷雾。

【注意事项】

(1) 较高剂量会引起大豆叶片皱缩、节间缩短,但很快恢复正常,对产量没有影响,随大豆生长,耐药性进一步增强,故出苗后晚期处理更安全。

(2) 甜菜、油菜、西瓜、水稻、高粱、蔬菜等作物对本品敏感,施药时应避免药液飘移到上述作物上,以防产生药害。

(3) 本品仅限于连续种植春大豆地区使用。在土壤中的残效期较长,在施用本品后 3 年内不能种植对本品敏感的作物,如白菜、油菜、黄瓜、马铃薯、茄子、辣椒、番茄、甜菜、西瓜、高粱、水稻等。

(4) 不宜在雨天前后施用,低洼田块、酸性土壤慎用。

(5) 远离水产养殖区施药,禁止在河塘等水体中清洗施药器具。清洗器具的废水不能排入河流、池塘等水源,废弃物要妥善处理,不可作他用。

(6) 每季作物最多施用 1 次。在大豆上最大残留限量为 0.05 毫克/千克。

87. 咪唑乙烟酸

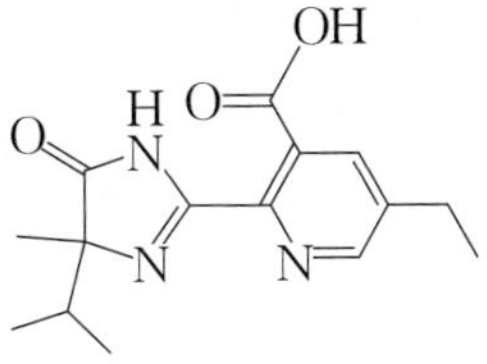

分子式：$C_{15}H_{19}N_3O_3$

【类别】 咪唑啉酮类。

【化学名称】 (R,S)-5-乙基-2-(4-异丙基-4-甲基-5-氧代-2-咪唑啉-2-基)-3-吡啶-3-羧酸。

【理化性质】 原药有效成分含量92%，外观为无色无臭结晶体。熔点169～174℃,沸点180℃(分解),相对密度1.10～1.12(21℃),蒸气压＜0.013毫帕(60℃)。溶解度(25℃,克/升)：水1.4,丙酮48.2,甲醇105,甲苯5,二氯甲烷185,二甲亚砜422,异丙醇17,庚烷0.9。常温条件下贮存稳定。光照快速分解。

【毒性】 低毒。原药大鼠、小鼠急性经口LD_{50}均为5 000毫克/千克,兔急性经皮LD_{50}＞2 000毫克/千克,大鼠急性吸入LC_{50}(4小时)＞4.21毫克/升。对兔眼睛有一定刺激作用,但3～7天内即可消失,对兔皮肤有轻微刺激作用。在试验条件下未见致畸、致突变、致癌作用。山齿鹑和野鸭急性经口LD_{50}＞2 150毫克/千克。对鱼类毒性低,LC_{50}(96小时)：大翻车鱼420毫克/升,虹鳟鱼340毫克/升。蜜蜂LD_{50}(接触)＞0.1毫克/只。

【制剂】 5%、10%、15%、16%、20%、50克/升、100克/升水剂,5%微乳剂,70%可湿性粉剂,70%水分散粒剂,70%可溶粉剂。

【作用机制与防除对象】 内吸传导型选择性除草剂,主要通过根、叶吸收并传导至生长点,阻止乙酰羟酸合成酶的作用,使蛋白质合成遭到破坏,导致植物生长受到抑制而死亡。豆科植物吸收药剂后,在体内很快代谢分解,正常使用技术条件下,对大豆安全,可有效防除稗草、狗尾草、金狗尾草、马唐、千金子等禾本科草和酸模叶蓼、藜、马齿苋、反枝苋、龙葵、苘麻、苍耳等阔叶杂草。适用于大豆田防除一年生禾本科杂草和阔叶杂草。

【使用方法】

防除春大豆田一年生杂草:在大豆播前、播后苗前土壤处理,或苗后早期茎叶处理,最好在大豆苗后早期,大豆1~2复叶或杂草2~4叶期前施药。每667平方米用5%水剂100~150毫升,或70%水分散粒剂8~10克,或70%可溶粉剂8.6~11.4克,或70%可湿性粉剂8~10克,或5%微乳剂100~140毫升,兑水20~40千克均匀喷雾。

【注意事项】

(1)在播前或播后苗前土壤处理,会受风和干旱条件影响而降低药效。长期干旱、高温、空气湿度低会影响药效的发挥。在多雨、低温、低洼地长期积水、大豆生长缓慢条件下施药,大豆易受药害,请勿用。不要在低于10℃以下施用本品。

(2)施药初期会对大豆生长有明显抑制作用,但能很快恢复。用药量过多时,大豆可能发生矮化或叶片发黄现象,但对大豆产量无影响。

(3)低洼田块、酸性土壤慎用;玉米套种豆田中,不可施用。大豆与其他敏感作物间作时,请勿施用。

(4)大风天或预计6小时内降雨,请勿施药。避免重喷、漏喷和高空喷雾,切忌飘移,以免对敏感作物造成药害。切勿在施用本品的大豆田取土用作水稻、甜菜等敏感作物的苗床。

(5)本品在土壤中残留时间长,会影响后茬敏感作物的生长,白菜、油菜、黄瓜、马铃薯、茄子、辣椒、番茄、甜菜、西瓜、高粱等对本品敏感。施药后36个月内不能种植甜菜、油菜、水稻、亚麻、向日葵、谷子、西瓜、高粱、马铃薯、蔬菜等敏感作物。施药 12 个月后,后茬可以种春小麦,玉米或大豆。

（6）对蜜蜂、鱼类等水生生物、家蚕有毒。施药期间应避免对周围蜂群的影响,禁止在开花植物花期、蚕室和桑园附近施用。赤眼蜂等天敌放飞区域禁用。远离水产养殖区、河塘等水体施药,禁止在河塘等水体清洗施药器具,清洗器具的废水不能排入河流、池塘等水源。废弃物要妥善处理,不能随意丢弃,也不能作他用。

（7）对不锈钢和铝器有腐蚀性,不得在此类容器中混合、贮存本品。也不能与强氧化剂混合。

（8）每季作物最多施用 1 次。在大豆上最大残留限量为 0.1毫克/千克。

88. 醚磺隆

分子式：$C_{15}H_{19}N_5O_7S$

【类别】 磺酰脲类。

【化学名称】 3-(4,6-二甲氧基-1,3,5-三嗪-2-基)-1-[2-(2-甲氧基乙氧基)苯基]磺酰脲。

【理化性质】 纯品为无色结晶粉末,熔点 144.6 ℃,蒸气压 0.01 毫帕(25 ℃),相对密度 1.47(20 ℃)。水中溶解度(25 ℃)：18 毫克/升(pH2.5),82 毫克/升(pH5),3.7 克/升(pH7)。原药为米色结晶粉,含量 92%,有机溶剂中的溶解度(克/升)：乙醇 19、丙酮 36、二氯甲烷 9.5、二甲基亚砜 320。在 pH3～5 时水解,

pH7～10时无明显分解现象。在稻田水中半衰期19～48天,光解DT_{50}为80分钟,在土壤中DT_{50}为20天。

【毒性】 低毒。大鼠急性经口$LD_{50}>5\,000$毫克/千克,大鼠急性经皮$LD_{50}>2\,000$毫克/千克,大鼠急性吸入$LC_{50}>5\,000$毫克/米^3。对兔眼睛和皮肤无刺激作用,对豚鼠无致敏作用。在试验条件下,无致畸、致癌和致突变作用。对鱼类和水生生物毒性很低,虹鳟鱼LC_{50}(96小时)>100毫克/升,水蚤EC_{50}(48小时)2 500毫克/升,绿藻EC_{50}(72小时)4.8毫克/升。蜜蜂急性经口和急性接触LD_{50}(48小时)均>100微克/只。蚯蚓LC_{50}为1 000毫克/千克土。对鸟类低毒,日本鹌鹑和北京鸭经口LD_{50}均$>2\,000$毫克/千克。

【制剂】 10％可湿性粉剂。

【作用机制与防除对象】 主要通过根部和茎部吸收,由输导组织传送到分生组织,抑制支链氨基酸(如缬氨酸、异亮氨酸)的生物合成。用药后杂草停止生长,5～10天后植株开始黄化、枯萎而死。可防除水稻移栽田一年生阔叶杂草及莎草科杂草。

【使用方法】

防除水稻移栽田阔叶杂草及莎草科杂草:在水稻移栽后4～10天,每667平方米用10％可湿性粉剂12～20克,采用药土法施用。施药前后田间应保持2～4厘米水层,药后保水5～7天。

【注意事项】

(1)由于本品水溶性高,施药后不能串灌,以防药剂流失,影响效果。为保持3～5天的水层,可灌水,但不能排水。

(2)重砂性土漏水田慎用,以免发生药害。

(3)每季作物最多施用1次。

(4)本品在水稻(糙米)上的最大残留限量为0.1毫克/千克。

89. 嘧苯胺磺隆

分子式：$C_{16}H_{20}N_6O_6S$

【类别】 胺磺酰脲类。

【化学名称】 1-(4,6-二甲氧基嘧啶-2-基)-3-[2-(二甲基氨基甲酰基)苯氨基磺酰基]脲。

【理化性质】 纯品外观为白色、无味细粉末,熔点157℃,分解温度185℃,蒸气压(25℃)<$1.4×10^{-4}$帕。水中溶解度(20℃,毫克/升):26.2(pH4),629(pH7),38 900(pH8.5);有机溶剂中溶解度(20℃):正庚烷0.21毫克/升,二甲苯126.8毫克/升,丙酮19.2克/升,乙酸乙酯3.5克/升,1,2-二氯甲烷59.7克/升,甲醇8.2克/升。水解稳定性(缓冲液中):50℃,DT_{50} 0.43小时(pH4)、35小时(pH7)、8天(pH9);25℃,DT_{50} 8小时(pH5)、24天(pH7),228天(pH9)。

【毒性】 低毒。原药大鼠急性经口、经皮LD_{50}均>5 000毫克/千克,大鼠急性吸入LC_{50}(4小时)>2.190毫克/升。对兔眼睛和皮肤无刺激性,对豚鼠皮肤致敏试验结果为无致敏性。大鼠13周喂养亚慢性毒性试验的NOEL:雄性为113毫克/(千克·天),雌性为131毫克/(千克·天)。Ames试验、小鼠骨髓细胞微核试验、小鼠睾丸细胞染色体畸变试验均为阴性,未见致突变性。大鼠致癌/慢性联合毒性试验(104周)的NOEL为5毫克/(千克·天),大鼠致畸试验的NOEL为100毫克/(千克·天)。

【制剂】 50％水分散粒剂。

【作用机制与防除对象】 通过抑制杂草乙酸乳酸合成酶,造成杂草细胞分裂停止,随后杂草整株枯死。能够防除水稻移栽田多数一年生和多年生阔叶杂草、莎草及低龄稗草。

【使用方法】

防除水稻移栽田杂草:在水稻移栽后 5～7 天,每 667 平方米用 50％水分散粒剂 8～10 克,采用药土法或茎叶喷雾法施用。

【注意事项】

(1) 本品对低龄杂草防除效果明显,在水稻生长前期施用。用药期间应避免极端持续高温。

(2) 在南方稻田用药存在一定程度抑制和失绿,两周后可恢复。

(3) 施药后应及时清洗药械。清洗器具的废水不能排入河流、池塘等水源。废弃物要妥善处理,不能随意丢弃,也不能作他用。

(4) 每季作物最多施用 1 次。本品在水稻稻谷或糙米上的最大残留限量为 0.05 毫克/千克。

90. 嘧草醚

分子式: $C_{17}H_{19}N_3O_6$

【类别】 嘧啶水杨酸类。

【化学名称】 2-[(4,6-二甲氧基嘧啶-2-基)氧]-6-[1-

(甲氧基亚氨基)乙基]苯甲酸甲酯。

【理化性质】 原药含(E)-异构体 $75\%\sim78\%$、(Z)-异构体 $20\%\sim11\%$。外观为浅黄色晶体,熔点 $96\sim106$ ℃,密度 1.342 8 克/厘米^3(20 ℃),蒸气压(25 ℃)2.138×10^{-4} 帕。溶解度:水 0.009 25 克/升,甲醇 14.6 克/升。在水中(pH4~9)存放 1 年稳定,55 ℃贮存 14 天未分解。

【毒性】 低毒。大鼠急性经口 $LD_{50}>5\,000$ 毫克/千克,大鼠急性经皮 $LD_{50}>2\,000$ 毫克/千克,大鼠急性吸入 LC_{50}(4 小时)5.5 毫克/升空气。对兔皮肤和眼睛均有轻微刺激。鹌鹑急性经口 $LD_{50}>2\,000$ 毫克/千克,野鸭饲喂 LC_{50}(5 天)$>5\,200$ 毫克/千克。鱼类 LC_{50}(96 小时):虹鳟鱼 21.2 毫克/升,鲤鱼 30.9 毫克/升。无致突变性、致畸性。蜜蜂 LD_{50}(24 小时,接触和经口)>200 微克/只。蚯蚓 LC_{50}(14 天)$>1\,000$ 毫克/千克土。

【制剂】 10%、25%可湿性粉剂,6%可分散油悬浮剂,2%大粒剂等。

【作用机制与防除对象】 一种内吸传导型专业除稗剂,它可以通过杂草的茎叶和根吸收,并迅速传导至全株,抑制乙酰乳酸合成酶(ALS)和氨基酸的生物合成,从而抑制和阻碍杂草体内的细胞分裂,使杂草停止生长,最终杂草白化而枯死。用于水稻田防除稗草,对水稻安全。

【使用方法】

(1)防除水稻移栽田稗草:水稻移栽后、稗草 3 叶期前,采用药土法施药。每 667 平方米用 10%可湿性粉剂 $20\sim30$ 克,或 2%大粒剂 $150\sim200$ 克,施药时水田应保持水层 $3\sim5$ 厘米,施药后保水 $5\sim7$ 天。

(2)防除水稻直播田稗草:在有水状态下、稗草 $2\sim3$ 叶期前,采用药土法施药,每 667 平方米用 10%可湿性粉剂 $20\sim30$ 克,施药时水田应保持水层 $3\sim5$ 厘米,施药后保水 $5\sim7$ 天。或每 667 平方米用 6%可分散油悬浮剂 $30\sim50$ 毫升兑水 $30\sim40$ 千克茎叶均匀喷雾,施药前排水,使杂草茎叶 2/3 以上露出水面,施药后 24 小时至 72 小时内复水,保持 3～5 厘米水层 5～7 天,之后正常田间管理,注意水层勿淹没水稻心叶避免药害。

【注意事项】

(1) 本品只适用于水稻,其他作物上禁用。推荐与阔叶除草剂同时混用。

(2) 对蜜蜂、鱼类等水生生物、家蚕有毒。施药期间应避免对周围蜂群的影响,禁止在开花植物花期、蚕室和桑园附近施用。赤眼蜂等天敌放飞区域禁用。鱼、虾、蟹套养稻田禁用。

(3) 远离水产养殖区、河塘等水域施药,施药后及时彻底清洗施药器具,废水不能排入河流、池塘等水体。用过的容器应妥善处理,不可作他用,也不可随意丢弃。

(4) 每季作物最多施用 1 次。安全间隔期为收获期。

(5) 本品在水稻稻谷、糙米上最大残留限量分别为 0.2 毫克/千克、0.1 毫克/千克。

91. 嘧啶肟草醚

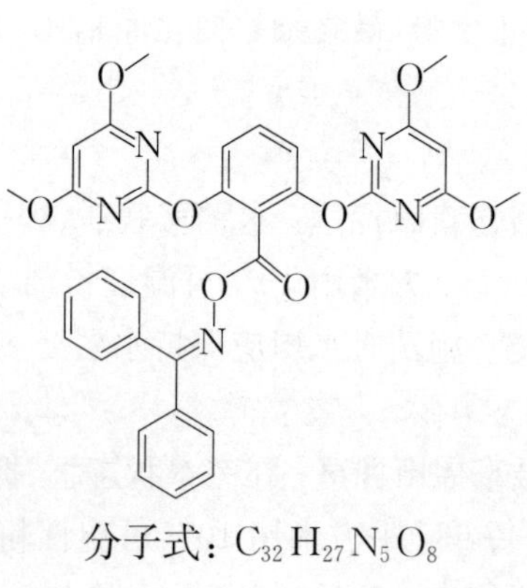

分子式:$C_{32}H_{27}N_5O_8$

【类别】 嘧啶水杨酸类。

【化学名称】 O-{2,6-双[(4,6-二甲氧-2-嘧啶基)氧基]苯甲酰基}二苯酮肟。

【理化性质】 原药含量95%,外观为无味白色固体。熔点128~130℃,蒸气压$<7.4×10^{-6}$帕,辛醇-水分配系数K_{ow} $\log P$为3.04。水中溶解度3.5毫克/升。有机溶剂中溶解度(25℃,克/升):丙酮1.63,已烷0.4,甲苯110.8。

【毒性】 低毒。原药大鼠急性经口$LD_{50}>2\,000$毫克/千克,大鼠急性经皮$LD_{50}>2\,000$毫克/千克。对兔眼睛和皮肤有刺激性。蜜蜂经口LD_{50}(24小时)>100微克/只。对鱼、鸟、蜜蜂低毒。无致畸、致癌、致突变作用。

【制剂】 5%、10%乳油,5%微乳剂,10%可分散油悬浮剂,10%水乳剂。

【作用机制与防除对象】 作用机制主要是抑制乙酰乳酸合成酶,药剂被植物茎叶吸收,可抑制杂草氨基酸的合成,使幼芽和根停止生长、心叶发黄,随后整株枯死。用于水稻田防除禾本科杂草、阔叶杂草和莎草科杂草。

【使用方法】

(1) 防除水稻移栽田一年生杂草:在水稻3叶期后、杂草2~4叶期,每667平方米用5%乳油40~50毫升(南方地区)、50~60毫升(北方地区),或5%微乳剂40~50毫升(南方地区)、50~60毫升(北方地区),兑水30~40千克均匀喷雾杂草茎叶。施药前1天排干水,使杂草露出水面,充分接触药剂;施药后48小时内复水,建立水层2~3厘米,并保水5~7天,之后恢复正常管理。

(2) 防除水稻直播田一年生杂草:在水稻3叶期后、杂草2~4叶期,每667平方米用5%乳油40~50毫升(南方地区)、50~60毫升(北方地区),或10%水乳剂20~25毫升,或10%可分散油悬浮剂20~30毫升,兑水30~40千克均匀喷雾杂草茎叶。施药前1天排干水,使杂草露出水面,充分接触药剂;施药后48小时内复水,建立水层2~3厘米,并保水5~7天,之后恢复正常管理。

【注意事项】

(1) 豆类、十字花科作物对本品敏感,施药时避免雾滴飘移至邻近作物。大风天或预计 2 小时内降雨,请勿施药。

(2) 后茬仅可种植水稻、油菜、小麦、大蒜、胡萝卜、萝卜、菠菜、移栽黄瓜、甜瓜、辣椒、西红柿、草莓、莴苣。

(3) 每 667 平方米用量 60 毫升以上时有时会引起秧苗黄化,但后期表现正常,对水稻产量无明显影响。

(4) 对鱼类等水生生物有毒,水产养殖区、河塘等水体附近禁用,鱼或虾、蟹套养稻田禁用,施药后的田水不能浇灌蔬菜,也不可直接排入水生菜田或其他水体。施药后及时彻底清洗药械,禁止在河塘等水体清洗,药液及其废液不得污染各类水域、土壤等环境。用过的容器应妥善处理,不可作他用,也不可随意丢弃。

(5) 本品对眼睛、皮肤有轻度至中度刺激性,避免药液接触眼睛、皮肤、黏膜和伤口等,施药后要用肥皂洗手、洗脸。

(6) 每季作物最多施用 1 次。本品在水稻稻谷或糙米上最大残留限量为 0.05 毫克/千克。

92. 灭草松

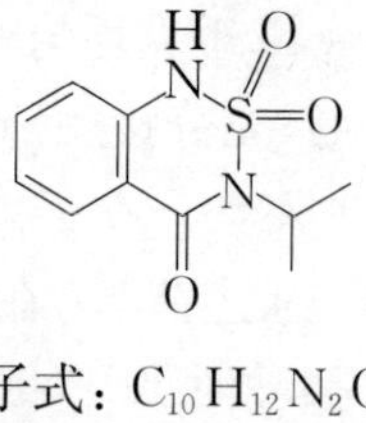

分子式:$C_{10}H_{12}N_2O_3S$

【类别】 苯并噻二嗪类。

【化学名称】 3-异丙基-(1*H*)-苯并-1,2,3-噻二嗪-4-(3*H*)-酮-2,2-二氧化物。

【理化性质】 纯品为无色无臭结晶,熔点 133 ℃,200 ℃时分解,蒸气压 0.46 毫帕(20 ℃),相对密度 1.41。溶解度(20 ℃,克/升):丙酮 1507,乙酸乙酯 582,二氯甲烷 206,水 0.57,苯 33,乙醚 616。在酸、碱介质中不易水解,日光下分解。

【毒性】 低毒。原药大鼠急性经口 LD_{50} 约 1100 毫克/千克,大鼠急性经皮 LD_{50} ＞2 500 毫克/千克,大鼠急性吸入 LC_{50}(4 小时)5.1 毫克/升。对兔皮肤无刺激作用,对兔眼睛黏膜有轻微刺激。在动物体内无积累作用,在试验条件下未见致突变、致畸和致癌作用。山齿鹑急性经口 LD_{50} 1 140 毫克/千克。虹鳟鱼和大翻车鱼 LC_{50}(96 小时)＞100 毫克/升。蜜蜂 LD_{50}(经口)＞100 微克/只。蚯蚓 LC_{50}(14 天)＞1 000 毫克/千克土。

【制剂】 25％、40％、48％、480 克/升、560 克/升水剂,480 克/升可溶液剂,80％可溶粉剂,25％悬浮剂。

【作用机制与防除对象】 一种触杀型选择性苗后茎叶处理剂。旱田使用,先通过叶面渗透传导到叶绿体内,抑制光合作用。水田使用,既能通过叶面渗透又能通过根部吸收,传导到茎叶,强烈阻碍杂草光合作用和水分代谢,造成营养饥饿,使生理功能失调而致死。有效成分在抗性作物体内向活性弱的糖苷合物代谢而解毒。适用于水稻、小麦、玉米、大豆、花生、马铃薯等作物田防除莎草和阔叶杂草,对禾本科杂草无效。

【使用方法】

(1) 防除水稻直播田莎草和阔叶杂草:在播种后 30～40 天、大部分莎草和阔叶草生长 3～5 叶期,每 667 平方米用 480 克/升水剂 150～200 毫升或 25％水剂 200～400 毫升,兑水 30～50 千克均匀喷雾于杂草茎叶上。施药前排干田水,施药后 2 天再正常灌水,保持 3～5 厘米水层 5～7 天,以后恢复正常管理。

(2) 防除水稻移栽田莎草和阔叶杂草:在移栽后 15～30 天、大部分莎草和阔叶草生长 3～5 叶期,每 667 平方米用 480 克/升水剂 150～200 毫升,或 25％水剂 200～400 毫升,或 25％悬浮剂

250～300 毫升,或 80％可溶粉剂 80～120 克,或 480 克/升可溶液剂 133～200 毫升,兑水 30～50 千克均匀喷雾于杂草茎叶上。施药前排干田水,施药后 2 天再正常灌水,保持 3～5 厘米水层 5～7 天,以后恢复正常管理。

(3)防除小麦田莎草和阔叶杂草:在小麦 2～3 叶期、杂草 2 叶期,每 667 平方米用 25％水剂 200～250 毫升,或 80％可溶粉剂 90～125 克,兑水 30～50 千克均匀喷雾于杂草上。

(4)防除大豆田阔叶杂草:在大豆 1～3 片复叶、杂草出齐后 2～4 叶期,每 667 平方米用 480 克/升水剂 150～200 毫升,或 25％水剂 200～400 毫升,或 80％可溶粉剂 90～125 克,或 480 克/升可溶液剂 150～200 毫升,兑水 30～50 千克均匀茎叶喷雾。

(5)防除玉米田阔叶杂草:在玉米 3～5 叶期、杂草出齐后 2～4 叶期,每 667 平方米用 480 克/升水剂 150～200 毫升兑水 30～50 千克均匀茎叶喷雾。

(6)防除花生田阔叶杂草:在花生苗后、田间杂草 3～4 叶期,每 667 平方米用 480 克/升水剂 150～200 毫升,或 25％水剂 200～400 毫升,兑水 30～50 千克均匀茎叶喷雾。

(7)防除马铃薯田阔叶杂草:在马铃薯 5～10 厘米高、杂草 2～5 叶期,每 667 平方米用 480 克/升水剂 150～200 毫升兑水 30～50 千克均匀茎叶喷雾。

(8)防除甘薯田阔叶杂草:在甘薯移栽后 15～30 天、杂草 3～4 叶期,每 667 平方米用 25％水剂 200～400 毫升兑水 30～50 千克均匀茎叶喷雾。

(9)防除茶园阔叶杂草:在杂草 3～4 叶期,每 667 平方米用 25％水剂 200～400 毫升兑水 30～50 千克均匀喷雾杂草茎叶。

(10)防除草原牧场阔叶杂草:在杂草 3～5 叶期,每 667 平方米用 25％水剂 400～500 毫升兑水 30～50 千克均匀喷雾杂草茎叶。

【注意事项】

（1）本品在高温天活性高、除草效果好，阴天和低温时效果较差，施药后 8 小时内应无雨。用药的最佳温度为 $15 \sim 27\ ℃$，最佳湿度大于 65%。旱地喷药要求一定的土壤湿度，土壤干旱时效果差。在极度干旱和水涝的田间不宜施用，以防产生药害。

（2）棉花、蔬菜、瓜类、莴苣、芹菜、甜菜、油菜及烟草等阔叶作物对本品敏感，施药时应避免药液飘移到上述作物上，以防产生药害。茶园施用时注意不要把药液喷到茶叶上。

（3）对于经由根部繁殖的杂草，一般只能防除地上部杂草。

（4）不可与马拉硫磷等有机磷类杀虫剂混合施用。如先后施用，应间隔 2 天以上。

（5）对蜜蜂、鱼类等水生生物、家蚕有毒。施药期间应避免对周围蜂群的影响，蜜源作物花期、蚕室和桑园附近禁用。赤眼蜂等天敌放飞区禁用。远离水产养殖区施药，鱼、虾、蟹套养稻田禁用。禁止在河塘等水体中清洗施药器具，施药后的废水禁止排入水田，清洗器具的废水不能排入河流、池塘等水体。用过的容器应妥善处理，不可作他用，也不可随意丢弃。

（6）每季作物最多施用 1 次。

（7）在水稻稻谷、麦类、大豆、玉米、花生仁、马铃薯上最大残留限量（毫克/千克）分别为 0.1、0.1、0.05、0.2、0.05、0.1。

93. 扑草净

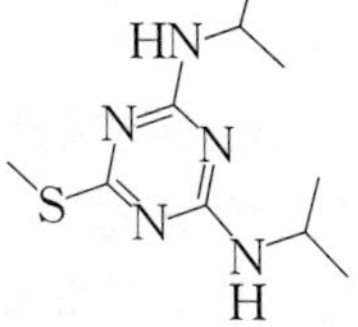

分子式：$C_{10}H_{19}N_5S$

【类别】　三氮苯类。

【化学名称】　2-甲硫基-4,6-双(异丙氨基)-1,3,5-三嗪。

【理化性质】　纯品为白色结晶,熔点 118～120 ℃。原药为灰白色或米黄色粉末,熔点 113～115 ℃,有臭鸡蛋味。蒸气压 0.169 毫帕(25 ℃),相对密度 1.15。溶解度(20 ℃,克/升):丙酮 240,二氯甲烷 300,己烷 5.5,甲醇 160,辛醇 100,甲苯 170;水 33 毫克/升。在中性、弱酸或弱碱介质中(20 ℃)稳定。遇紫外光分解。在强酸、强碱中,特别是高温下容易分解。土壤中 DT_{50} 为 40～70 天。土壤吸附性强。

【毒性】　低毒。纯品大鼠急性经口 LD_{50} 2 100 毫克/千克,原药大鼠急性经口 LD_{50} 3 150～3 750 毫克/千克。大鼠急性经皮 $LD_{50}>3 100$ 毫克/千克。大鼠急性吸入 LC_{50}(4 小时)>5.17 毫克/升空气。对兔皮肤无刺激性,对兔眼睛稍有刺激。两年饲养试验 NOEL:大鼠为 1250 毫克/千克饲料[83 毫克/(千克·天)],狗为 150 毫克/千克饲料[4 毫克/(千克·天)]。鱼类 LC_{50}(96 小时):虹鳟鱼 5.5 毫克/升,蓝鳃太阳鱼 7.9 毫克/升。蜜蜂 $LD_{50}>99$ 微克/只(接触)。蚯蚓 LC_{50}(14 天)153 毫克/千克土。

【制剂】　25％、40％、50％、66％可湿性粉剂,50％悬浮剂,25％泡腾颗粒剂。

【作用机制与防除对象】　为选择性内吸传导型除草剂。有效成分由植物根部吸收,也可从茎叶渗入体内,运输至绿色叶片内抑制光合作用,使杂草致死。适用于防除稻、麦、棉、花生、甘蔗、大豆、果树、谷子等作物田里的阔叶杂草。本品水溶性大,在土壤中移动性较大,因此砂质土壤不能使用。

【使用方法】

(1) 防除水稻移栽田杂草:在水稻移栽后 5～7 天,每 667 平方米用 50％可湿性粉剂 20～40 克或 25％泡腾颗粒剂 60～80 克,拌细土均匀撒药。施药时有 3～5 厘米水层,药后保持 3～5 厘米水层 7～10 天。

防除眼子菜等后期杂草,可在水稻移栽后 20~25 天、眼子菜叶片由红变绿时,每 667 平方米用 50％可湿性粉剂 80~120 克拌细土均匀撒药,施药时有 3~5 厘米水层,药后保持 3~5 厘米水层 7~10 天。

（2）防除麦田杂草:在麦苗 2~3 叶期、杂草刚萌芽或 1~2 叶期,每 667 平方米用 50％可湿性粉剂 60~100 克兑水 20~40 千克均匀茎叶喷雾。

（3）防除茶园、成年果园、苗圃杂草:于杂草萌发期或中耕后,每 667 平方米用 50％可湿性粉剂 250~400 克兑水 20~40 千克喷雾于土表,勿喷于植株上。

（4）防除大豆田杂草:在大豆播后苗前,每 667 平方米用 50％可湿性粉剂 100~150 克兑水 20~40 千克均匀喷雾土表。

（5）防除甘蔗田杂草:在甘蔗播后苗前,每 667 平方米用 50％可湿性粉剂 100~150 克兑水 20~40 千克均匀喷雾土表。

（6）防除谷子田杂草:在谷子播后苗前,每 667 平方米用 50％可湿性粉剂 100~150 克兑水 20~40 千克均匀喷雾土表。

（7）防除花生田杂草:在花生播后苗前,每 667 平方米用 50％可湿性粉剂 100~150 克或 50％悬浮剂 120~150 毫升,兑水 20~40 千克均匀喷雾土表。

（8）防除棉花田杂草:在棉花播后苗前,每 667 平方米用 50％可湿性粉剂 100~150 克或 50％悬浮剂 100~150 毫升,兑水 20~40 升均匀喷雾土表。

（9）防除苎麻田杂草:在苎麻播后苗前,每 667 平方米用 50％可湿性粉剂 100~150 克兑水 20~40 千克均匀喷雾土表。

（10）防除大蒜田杂草:在大蒜播后苗前,每 667 平方米用 50％悬浮剂 80~120 毫升兑水 20~40 千克均匀喷雾土表。

【注意事项】

（1）本品在土壤中移动性较强,有机质含量低的砂质土不宜施用,漏水田禁用。低洼排水不良地及重碱或强酸性土施药,易发生药害,不宜施用。精细整地,保持土壤湿润,施药后浅混土 2～3 厘米、镇压,有利于提高药效。

(2)施药时应避免药液飘移到邻近敏感作物上,以防产生药害。大风天或下雨前后,请勿施药。用药量高低与当地气候、土壤等自然条件关系密切,温暖湿润的地区或季节,在土壤疏松、有机质贫乏的条件下,药效易发挥,也易产生药害,故用量应降低;施药时气温>30℃,易对水稻产生药害,故干旱寒冷地区、土壤黏重、有机质含量高时,用药量可适当提高。

(3)麦苗 2～3 叶期耐药性强,在出苗前至 1 叶期耐药力弱,易产生药害。水稻生育期则禁止茎叶喷雾,否则易产生药害。施药后 1 星期内不浇河泥浆。

(4)施药期间应避免对周围蜂群的影响,开花植物花期、蚕室和桑园附近禁用。远离水产养殖区施药,禁止在河塘等水体中清洗施药器具。清洗施药器具的废水禁止倒入河流、池塘等水源。用过的容器应妥善处理,不可作他用,也不可随意丢弃。

(5)每季作物最多施用 1 次。本品在稻谷(糙米)、玉米、花生(花生仁)、大豆、棉籽、大蒜上最大残留限量(毫克/千克)分别为 0.05、0.02、0.1、0.05、0.05、0.05。

94. 嗪吡嘧磺隆

分子式:$C_{15}H_{18}ClN_7O_7S$

【类别】 磺酰脲类。

【化学名称】 1-{3-氯-1-甲基-4-[(5R,S)-5,6-二氢-5-甲基-1,4,2-二噁嗪-3-基]吡唑-5-基磺酰基}-3-(4,6-二甲基氧吡啶-2-基)脲。

【理化性质】 白色无气味固体,密度 1.49 克/厘米^3,熔点 175.5~177.6℃,蒸气压 7.0×10^{-8} 帕(25℃)。水中溶解度 33.3 毫克/升(20℃)。pKa 为 3.4(20℃)。正辛醇-水分配系数 K_{ow} log P 为 1.87(25℃,pH4),−0.35(25℃,pH7),−0.58(25℃,pH9)。

【毒性】 低毒。对哺乳动物的毒性极低,对鱼类、鸟类及天敌昆虫安全。大鼠急性经口 LD$_{50}$>2 000 毫克/千克,大鼠急性经皮 LC$_{50}$>5.05 毫克/升。对兔皮肤无刺激性,对兔眼睛有轻微刺激性。Ames 试验阴性,微核试验阴性。鲤鱼急性毒性 LC$_{50}$>95.1 毫克/升,大型蚤 EC$_{50}$>101 毫克/升。西方蜜蜂 LD$_{50}$>100 微克/只(经口、接触)。北美鹌鹑 LD$_{50}$>2 000 毫克/千克(经口)。赤子爱胜蚓 LC$_{50}$>1 000 毫克/千克。

【制剂】 33%水分散粒剂。

【作用机制与防除对象】 为乙酰乳酸合酶(ALS)抑制剂,支链氨基酸合成抑制剂。在植物中的作用机制是抑制关键氨基酸缬氨酸、亮氨酸、异亮氨酸的生物合成,从而使细胞分裂受阻,抑制植物生长。能有效防除水稻移栽田的一年生杂草。

【使用方法】

防除水稻移栽田一年生杂草:水稻移栽缓苗后每 667 平方米用 33%水分散粒剂 15~20 克,采用药土法施药。施药时田间应保持水层 3~5 厘米,施药后保水 5~7 天。

【注意事项】

(1)插秧太浅或浮苗(根露出)的稻田要慎重用药,避免药害。保水层勿淹没水稻心叶,避免造成药害;砂质土或漏水田有产生药害的可能,尽量避免施用。

(2)本品对席草、莲藕、芹菜、荸荠有生长抑制效果,注意对相连田块有此作物的影响。请使用推荐剂量施药,否则可能会对后茬种植的油菜等作物产生一定的影响。

（3）用药后的田水不要用来灌溉其他作物。

（4）每季作物最多施用 1 次。本品在水稻稻谷或糙米上的最大残留限量为 0.05 毫克/千克。

95. 嗪草酸甲酯

分子式：$C_{15}H_{15}ClFN_3O_3S_2$

【类别】 稠杂环类。

【化学名称】 {[2-氯-4-氟-[(四氢-3-氧代-1H,3H[1,3,4]噻二唑[3,4a]亚哒嗪-1-基)氨基]苯基]硫}乙酸甲酯。

【理化性质】 原药(含量 95%)外观为白色粉末。熔点 105～106.5 ℃,蒸气压(25 ℃)4.41×10^{-4} 毫帕。水中溶解度(25 ℃)0.85 毫克/升,几乎不溶于水。有机溶剂中溶解度(25 ℃,毫克/升)：甲醇 4.41,丙酮 101,甲苯 84,乙酸乙酯 73.5,二氯甲烷 9,正辛醇 1.86,正己烷 0.232(20 ℃)。在酸、碱性介质中稳定,对光、热稳定。

【毒性】 低毒。原药大鼠急性经口 LD_{50}>5 000 毫克/千克,大鼠急性经皮 LD_{50}>2 000 毫克/千克,大鼠急性吸入 LC_{50} 为 5.05 毫克/升。对兔皮肤、眼睛无刺激性,对豚鼠皮肤无致敏性。Ames 试验、小鼠骨髓细胞微核试验、小鼠睾丸精母细胞染色体畸变试验、小鼠精子畸形试验均为阴性,无致突变性。大鼠 13 周亚慢性喂饲试验的 NOEL 为 105 毫克/(千克·天)(雄性)和 487 毫克/(千克·天)(雌性)。

【制剂】 5％乳油。

【作用机制与防除对象】 为选择性苗后除草剂,主要用于大豆、玉米田防除一年生阔叶杂草,尤其对苘麻特效。其除草作用机制是通过抑制敏感植物叶绿体合成中的原卟啉原氧化酶,造成原卟啉的积累,导致细胞膜坏死而植株枯死。此类药物作用需要光和氧的存在。

【使用方法】

(1) 防除大豆田阔叶杂草:在大豆 1～2 片复叶、大部分一年生阔叶杂草出齐后 2～4 叶期,春大豆田每 667 平方米用 5％乳油 10～15 毫升(东北地区),夏大豆田每 667 平方米用 5％乳油 8～12 毫升,兑水 30～40 千克均匀茎叶喷雾。

(2) 防除玉米田阔叶杂草:在玉米 2～4 叶期、大部分一年生阔叶杂草出齐后 2～4 叶期,春玉米田每 667 平方米用 5％乳油 10～15 毫升(东北地区),夏玉米田每 667 平方米用 5％乳油 8～12 毫升,兑水 30～40 千克均匀茎叶喷雾。

【注意事项】

(1) 间套或混种有敏感阔叶作物的田块不能施用。

(2) 对部分难防杂草如鸭跖草,宜在 2 叶前用药。

(3) 大风天或预计 1 小时内降雨,请勿施药。尽量在早晨或者傍晚施药,高温下(大于 28℃)用药量酌减。

(4) 施药后大豆会产生轻微灼伤斑,一周可恢复正常生长,对大豆产量无不良影响。

(5) 本品为茎叶处理除草剂,不可用作土壤处理。如需同时防除田间禾本科杂草,请与防除禾本科杂草除草剂配合施用。不可与呈碱性的农药等物质混用。

(6) 远离水产养殖区施药,禁止在河塘等水体中清洗施药器具。废弃物应妥善处理,不可作他用,也不可随意丢弃。

（7）每季作物最多施用1次。在玉米、鲜食玉米上最大残留限量均为0.05毫克/千克。

96. 嗪草酮

分子式：$C_8H_{14}N_4OS$

【类别】 三嗪酮类。

【化学名称】 3-甲硫基-4-氨基-6-叔丁基-4,5-二氢-1,2,4-三嗪-5-酮。

【理化性质】 纯品为无色晶体，略带特殊气味，熔点126.2℃，沸点132℃，相对密度1.31(20℃)，蒸气压0.058毫帕(20℃)。溶解度(20℃,克/升)：水1.05，乙醇190，丙酮829，苯220，氯仿850，环己酮1000，二氯甲烷333，己烷0.1～1，异丙醇50～100，甲苯50～100。对紫外光稳定，20℃时在稀酸、稀碱条件下稳定。水中光解迅速。原药有效成分含量90%，外观为白色粉末。

【毒性】 低毒。原药大鼠急性经口LD_{50} 1100～2300毫克/千克，小鼠急性经口LD_{50} 500～700毫克/千克。大鼠急性经皮LD_{50}＞20000毫克/千克。大鼠急性吸入LC_{50}（4小时）＞0.65毫克/升。对眼睛和皮肤有中等刺激性，未见致敏性。在试验剂量内对动物无致畸、致突变、致癌作用。大鼠两年饲养NOEL为100毫克/千克饲料。野鸭和山齿鹑急性经口LD_{50}分别为168毫克/千克、460～680毫克/千克。鱼类LC_{50}（96小时）：虹鳟鱼76毫克/升，蓝鳃太阳鱼80毫克/升。蜜蜂经口LD_{50}＞35微克/只。蚯

蚓 LC_{50}(14 天)>331.8毫克/千克土。

【制剂】　50％、70％可湿性粉剂,70％、75％水分散粒剂,44％、480克/升悬浮剂。

【作用机制与防除对象】　为选择性内吸传导型土壤处理剂。有效成分被杂草根系吸收随蒸腾流向上部传导,也可被叶片吸收在体内作有限的传导。主要通过抑制敏感植物的光合作用发挥杀草活性,施药后各敏感杂草萌发出苗不受影响,出苗后叶片褪绿,最后营养枯竭而死。适用于大豆、马铃薯等作物田防除藜、蓼、苋、马齿苋、铁苋菜、龙葵、鬼针草、香薷等一年生阔叶杂草。

【使用方法】

（1）防除大豆田阔叶杂草:在大豆播后苗前、杂草出苗以前,春大豆每667平方米用70％可湿性粉剂50～70克,或70％水分散粒剂60～65克,或480克/升悬浮剂75～90毫升,夏大豆每667平方米用70％可湿性粉剂35～55克,兑水30～40千克均匀喷雾土表。因大豆根部吸收药剂容易产生药害,大豆播种深度至少3.5～4厘米。

（2）防除马铃薯田阔叶杂草:马铃薯播后苗前土壤处理,每667平方米用75％水分散粒剂50～70克兑水30～40千克均匀喷雾土表。马铃薯苗后茎叶处理,在马铃薯苗后3～5叶期、阔叶杂草2～4叶期,每667平方米用70％可湿性粉剂18～22克兑水30～40千克茎叶均匀喷雾,安全间隔期35天。

【注意事项】

（1）少部分大豆品种对本品敏感,施用前先进行品种敏感性试验。大豆播种深度至少3.5～4厘米,播种过浅易发生药害。大豆拱土前5天停止用药,否则可能会出现药害。

（2）施药量过高或施药不均匀、施药后有较大降水或大水漫灌,会使大豆根部吸收药剂而发生药害。

（3）药效受土壤水分影响较大,当春季土壤墒情好或施药后有一定量降雨时,则药效易发挥;如施药后持续干旱,则药效差。

在田间积水、遇大雨或大水漫灌情况下,不要用药。精细整地,保持土壤湿润,施药后浅混土 2～3 厘米,镇压,有利于提高药效。

(4) 砂质土壤、有机质含量 2% 以下,不能施用本品。土壤 pH7.5 以上的碱性土壤和降雨多、气温高的地区,适当减少用药量;土壤有机质含量高、土质黏重、土壤干旱,宜采用较高药量,要根据不同情况灵活用药。

(5) 不能与碱性农药等物质混用,不宜与乙草胺混用,否则可能引起药害。间套种或混种有禾本科作物的田块禁用。高用药量对下茬甜菜、洋葱生长有影响,需要间隔 18 个月再种植。

(6) 对蜜蜂、鸟类、藻类等水生植物有毒。水产养殖区、河塘等水体附近禁用。施药时应避免对周围蜂群的影响,蜜源作物花期禁用。赤眼蜂等天敌放飞区域禁用。禁止在河塘等水域清洗施药器具,或将剩余药液和清洗施药器具的废水倒入河流、池塘等水源。药品包装应该妥善处理,不能随意丢弃,也不可作他用。

(7) 施用本品 8 个月后可种水稻,12 个月后可种除块根以外的其他作物,18 个月后可种洋葱、甜菜和其他块根作物。

(8) 每季作物最多施用 1 次。

(9) 本品在大豆、玉米、马铃薯上最大残留限量(毫克/千克)分别为 0.05、0.05、0.2。

97. 氰氟草酯

分子式:$C_{20}H_{20}FNO_4$

【类别】 芳氧苯氧丙酸酯类。

【化学名称】 (R)-2-[4-(4-氰基-2-氟苯氧基)苯氧基]丙酸丁酯。

【理化性质】 原药外观为琥珀色透明液体。相对密度 1.2375($20℃$),熔点 $48\sim49℃$,沸点 $363℃$,蒸气压 1.17×10^{-6} 帕($20℃$)。水中溶解度 0.7 毫克/升,有机溶剂中溶解度(重量比,%):乙腈 57.3,甲醇 37.3,丙酮 60.7,氯仿 59.4。

【毒性】 低毒。原药大(小)鼠急性经口 $LD_{50}>5000$ 毫克/千克,大、小鼠急性经皮 $LD_{50}>2000$ 毫克/千克,大鼠急性吸入 LC_{50}(4 小时)5.63 毫克/升。对兔眼睛有刺激性,轻微可恢复,对兔无皮肤刺激性和致敏性。无致突变、致畸、致癌性,无繁殖毒性。对野生动物及昆虫低毒,其中山齿鹑和野鸭急性经口 $LD_{50}>5620$ 毫克/千克。鱼类 LC_{50}(96 小时):大翻车鱼 0.76 毫克/升,虹鳟鱼 >0.49 毫克/升。蜜蜂经口 $LD_{50}>100$ 微克/只。蚯蚓 LC_{50}(14 天)>1000 毫克/千克土。

【制剂】 10%、15%、20%、30%、35%、100 克/升乳油,10%、15%、20%、25%、30%、100 克/升水乳剂,10%、15%、20%、30%、40%可分散油悬浮剂,10%、15%、25%微乳剂,20%可湿性粉剂,10%悬浮剂。

【作用机制与防除对象】 一种选择性内吸传导型茎叶处理除草剂。可被植物的茎、叶吸收,传导到生长点和分生组织,通过对乙酰辅酶 A 羧化酶的抑制而阻碍杂草的脂肪酸合成,抑制杂草生长,受药杂草几天内停止生长,以后逐渐枯死。对水稻较安全。适用于水稻田防除稗草和千金子等一年生禾本科杂草,对阔叶杂草无效。

【使用方法】

防除水稻田禾本科杂草:在水稻 $3\sim4$ 叶期、稗草和千金子 $2\sim4$ 叶期,每 667 平方米用 10%乳油 $60\sim70$ 毫升,或 30%可分散油悬浮剂 $20\sim30$ 毫升,或 10%水乳剂 $60\sim80$ 毫升,或 15%微乳

剂 50～65 毫升，或 20%可湿性粉剂 30～35 克，兑水 20～40 千克均匀茎叶喷雾。施药前排水，使杂草茎叶 2/3 以上露出水面，施药后 24～72 小时内灌水，水深以不淹没稻苗心叶为准，保持 3～5 厘米水层 5～7 天。

【注意事项】

（1）施药应选择晴天、光照强、气温高时进行，有利药效发挥，加速杂草死亡。大风天或预计 6 小时内降雨，请勿施药。

（2）本品是水稻田选择性除草剂，只能作茎叶处理，不宜采用毒土或毒肥等土壤处理方法，芽前土壤处理无防除效果。

（3）本品被杂草吸收到杂草死亡比较缓慢，一般需要 1 周以上，杂草表现为嫩芽萎缩、叶边缘黄萎、老叶不增大等。

（4）不建议与阔叶杂草除草剂混用。因为与部分阔叶杂草除草剂如 2,4-滴、2 甲 4 氯、磺酰脲类及灭草松等混用时，可能产生拮抗作用，导致氰氟草酯药效降低。如需防除阔叶草及莎草科杂草，最好施用本品 7 天后再施用防除阔叶杂草的除草剂。与本品混用无拮抗作用的除草剂有异噁草松、杀草丹、丙草胺、丁草胺、二氯喹啉酸、噁草酮、氯氟吡氧乙酸等。

（5）对鱼类等水生生物有毒，应远离水产养殖区施药，施药后的田水不能直接排入河塘等水域，鱼、虾、蟹、贝类等套养稻田禁用。施药时应避免对周围蜂群的影响，开花植物花期、蚕室和桑园附近慎用。鸟类保护区附近、赤眼蜂等天敌放飞区域禁用。禁止在河塘等水体中清洗施药器具，清洗喷药器械时切忌污染水源。用过的容器应妥善处理，不可作他用，也不可随意丢弃。

（6）每季作物最多施用 1 次。在水稻（糙米）上的最大残留限量为 0.1 毫克/千克。

98. 炔苯酰草胺

分子式：$C_{12}H_{11}Cl_2NO$

【类别】 苯甲酰胺类。

【化学名称】 N -(1,1-二甲基炔丙基)- 3,5 -二氯苯甲酰胺。

【理化性质】 原药含量 98％、96％、95％，外观为无色结晶粉末。熔点 155~156 ℃，蒸气压(25 ℃)0.058 毫帕。溶解度(克/升，25 ℃)：甲醇、异丙醇 150，环己烷 200，丁酮 300，二甲基亚砜 330，水中为 15 毫克/升，微溶于石油醚。正辛醇-水分配系数 $K_{ow} \log P$ 为 3.1~3.2。遇光不稳定，在自然光下 DT_{50} 为 13~57 天。在 pH 5~9、20 ℃水溶液中 28 天后分解 10％。

【毒性】 低毒。原药大鼠急性经口 LD_{50} >5 000 毫克/千克，大鼠急性经皮 LD_{50} >2 150 毫克/千克，大鼠急性吸入 LC_{50} >2 151.2 毫克/米^3。对皮肤、眼睛无刺激性。豚鼠皮肤变态反应(致敏)试验结果为弱致敏物(致敏率为 0)。大鼠 13 周亚慢性喂养试验的 NOEL：雄性 17.53 毫克/(千克·天)，雌性 19.67 毫克/(千克·天)。Ames 试验、小鼠微核试验、小鼠睾丸细胞染色体畸变试验均为阴性，未见致突变作用。

【制剂】 50％可湿性粉剂，50％、80％、90％水分散粒剂。

【作用机制与防除对象】 一种内吸传导型选择性除草剂，其作用机制是通过根系吸收传导，干扰杂草细胞的有丝分裂。在土壤中的持效期可达 60 天左右。可有效控制杂草的出苗，即使出苗后,仍可通过芽鞘吸收药剂而死亡。一般苗后芽前比苗后早期用药效果好,可用于莴苣田、姜田防除一年生禾本科杂草及部分小粒种子阔叶杂草,如马唐、看麦娘、早熟禾等杂草。

【使用方法】

(1) 防除莴苣田一年生杂草:移栽莴苣定植前或直播莴苣播后苗前土壤喷雾处理,每 667 平方米用 50%可湿性粉剂 150~250 克,或 50%水分散粒剂 140~260 克,兑水 30~50 千克均匀喷雾。

(2) 防除姜田一年生杂草:在姜播后苗前土壤喷雾处理,每 667 平方米用 80%水分散粒剂 120~140 克兑水 30~50 千克均匀喷雾。

【注意事项】

(1) 本品对部分作物高风险,喷洒时注意防止药液飘移到敏感作物上。选择在雨后或土壤潮湿时施药,药后尽量不要破坏地表土层。

(2) 不可与其他药剂混用,勿与碱性物质混用。

(3) 对藻类、水蚤等水生生物有毒,应远离水产养殖区、河塘等水体施药,禁止在河塘等水体中清洗施药用具。施药后要彻底清洗喷药器械,洗涤后的废水不应污染河流等水源。用过的容器应妥善处理,不可作他用,也不可随意丢弃。对赤眼蜂高危险,赤眼蜂等天敌放飞区禁用。

(4) 每季作物最多施用 1 次。在叶用莴苣和姜上的最大残留限量分别为 0.05 毫克/千克、0.2 毫克/千克。

99. 炔草酯

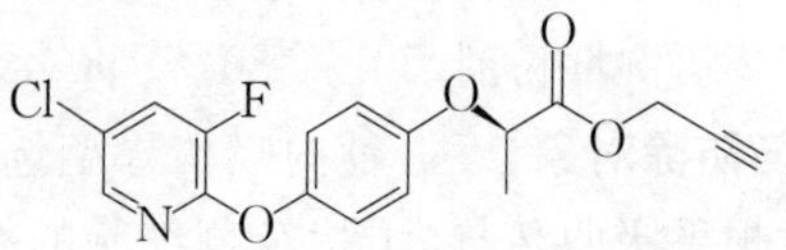

分子式:$C_{17}H_{13}ClFNO_4$

【类别】 芳氧苯氧丙酸类。

【化学名称】 (R)-2-[4-(5-氯-3-氟-2-吡啶氧基)苯氧基]丙酸炔丙酯。

【理化性质】 外观为浅褐色粉末。相对密度 1.37(20℃),熔点 59.5℃(原药 48.2~57.1℃),蒸气压 $3.19×10^{-3}$ 毫帕(25℃)。水中溶解度为 4.0 毫克/升(25℃)。其他溶剂中溶解度(克/升,25℃):甲苯 690,丙酮 880,乙醇 97,正己烷 7.5。在酸性介质中相对稳定,碱性介质中分解,DT_{50}(25℃):64 小时(pH7)、2.2 小时(pH9)。

【毒性】 低毒。大、小鼠急性经口 LD_{50}>2 000 毫克/千克,大、小鼠急性经皮 LD_{50}>2 000 毫克/千克,大鼠急性吸入 LC_{50}(4 小时)3.325 毫克/升。对兔眼和皮肤无刺激性。喂养试验无作用剂量[毫克/(千克·天)]:大鼠(2 年)0.35,小鼠(18 个月)1.2,狗(1 年)3.3。无致突变性,无致畸性,无致癌性,无繁殖毒性。对鱼类低毒,LC_{50}(96 小时,毫克/升):鲤鱼 0.46,虹鳟 0.39。对鸟类低毒,LD_{50}(8 天,毫克/千克)分别为:山齿鹑>1 455,野鸭>2 000。蚯蚓 LC_{50}>210 毫克/千克土壤。蜜蜂 LD_{50}(48 小时,经口和接触)>100 微克/只。

【制剂】 15%、20%、25%可湿性粉剂,8%、10%、15%、20%、24%、30%水乳剂,15%、24%微乳剂,8%、24%乳油,8%、15%可分散油悬浮剂。

【作用机制与防除对象】 属内吸传导型除草剂。作用机制为抑制植物体内乙酰辅酶 A 羧化酶(ACC)的活性,从而影响脂肪酸的合成,而脂肪酸是细胞膜形成的必需物质。本品为小麦田禾本科杂草苗后茎叶处理除草剂,对野燕麦、看麦娘、早熟草、硬草、菵草、棒头草等一年生禾本科杂草有稳定的防效,具有耐低温、耐雨水冲刷、使用适期宽,且对小麦和后茬作物安全等特点。

【使用方法】

防除小麦田杂草:于小麦苗后 3～5 叶期至拔节前、禾本科杂草 2～5 叶期,每 667 平方米用 15% 可湿性粉剂 20～30 克,或 15% 微乳剂 25～35 毫升,或 15% 水乳剂 25～35 毫升,或 8% 乳油 30～36 毫升,或 8% 可分散油悬浮剂 35～50 毫升,兑水 30～40 千克均匀茎叶喷雾。

【注意事项】

(1)大麦和燕麦田不能施用。本品对花生、大豆、棉花等阔叶作物有药害,间套或混种有其他作物的小麦田禁用。施药时应避免药液飘移到临近敏感作物上,以防产生药害。

(2)在大多数杂草出苗后施药效果最佳,硬草、菵草等所占比例高的田块和春季草龄较大时,使用推荐剂量的高剂量。

(3)施药后若遇上较长时期的低温或干旱天气,会延长杂草的死亡时间,但不影响最终的除草效果。在气温 10℃以上、晴朗无风及土壤水分充足,杂草生长活跃期用药,防效最佳。大风天或预计 1 小时内降雨,请勿施药。

(4)本品在土壤中迅速降解,在土壤中基本无活性,对后茬作物无影响。

(5)本品偏弱酸性,不能与碱性农药混用。

(6)对鱼类和藻类有毒,对水蚤低毒,对鸟类、蜂和蚯蚓低毒。水产养殖区、河塘等水体附近禁用,开花植物花期、蚕室及桑园附近禁用,鸟类保护区、赤眼蜂等天敌昆虫放飞区禁用。

(7)禁止在河塘等水域清洗施药器具,清洗施药器具的废水及剩余废液不可污染河流、湖泊、池塘等水源。用过的容器应妥善处理,不可作他用,也不可随意丢弃。

(8)每季作物最多施用 1 次。在小麦上最大残留限量为 0.1 毫克/千克。

100. 乳氟禾草灵

分子式：$C_{19}H_{15}ClF_3NO_7$

【分类】 二苯醚类。

【化学名称】 O-[5-(2-氯-α,α,α-三氟对甲苯氧基)-2-硝基苯甲酰基]-DL-乳酸乙酯。

【理化性质】 纯品为深红色液体。熔点 44～46 ℃,相对密度 1.391(25 ℃)。蒸气压 $9.3×10^{-3}$ 毫帕。几乎不溶于水,20 ℃时为 1 毫克/升。在室温下稳定。

【毒性】 低毒。大鼠急性经口 LD_{50}＞5 000 毫克/千克,大鼠急性经皮 LD_{50} 2 000 毫克/千克。大鼠急性吸入 LC_{50}(4 小时)＞5.3 毫克/升。对皮肤有轻度刺激作用,对眼睛有中度刺激作用。大鼠两年喂养 NOEL 为 2～5 毫克/(千克·天)。鹌鹑急性经口 LD_{50}＞2 510 毫克/千克。虹鳟鱼和大翻车鱼 LC_{50}(96 小时)＞100 微克/升。蜜蜂 LD_{50}＞160 微克/只。

【制剂】 24%、240 克/升乳油。

【作用机制与防除对象】 选择性苗后茎叶处理剂。通过植物茎叶吸收,在体内进行有限的传导,通过破坏细胞膜的完整性而导致细胞内含物流失,最后使草叶干枯而致死。在充足光照条件下,施药后 2～3 天,敏感的阔叶杂草叶片出现灼伤斑并逐渐扩大,整个叶片变枯,最后全株死亡。本品活性较高,能快速杀死苍耳、龙葵、铁苋菜、野西瓜苗、反枝苋、马齿苋、鸭跖草、藜类等多种一年生阔叶杂草。用于防除花生田、春大豆田、夏大豆田一年生阔叶杂草等。

【使用方法】

(1) 防除花生田一年生阔叶杂草:在阔叶杂草2~4叶期,每667平方米用240克/升乳油23~30毫升兑水30~40千克茎叶喷雾,在花生生长期只施药1次。

(2) 防除春大豆田一年生阔叶杂草:在大豆1~2片复叶期、阔叶杂草2~4叶期、株高不超过5厘米时施用,每667平方米用240克/升乳油30~40毫升兑水30~40千克茎叶喷雾,在生长期只施药1次。

(3) 防除夏大豆田一年生阔叶杂草:在大豆1~2片复叶期、阔叶杂草2~4叶期、株高不超过5厘米时施用,每667平方米用240克/升乳油25~30毫升兑水30~40千克茎叶喷雾,在生长期只施药1次。

【注意事项】

(1) 施药后,前期接触到药剂的作物叶片会有一定程度的接触性灼伤,经2周可恢复长势。

(2) 本品对4叶期以前生长旺盛的杂草活性高,低温、干旱不利于药效的发挥。防除大龄阔叶草及苘麻、苍耳等恶性阔叶草时,应采用推荐剂量的上限。

(3) 严格按照推荐的施用技术施药,不得随意加大用药量。

(4) 对鱼类等水生生物、蜜蜂、家蚕有毒。施药期间应避免对周围蜂群的影响,蜜源作物花期、蚕室和桑园附近禁用。远离水产养殖区施药,禁止在河塘等水体清洗施药器具。

(5) 每季作物最多施药1次。本品在大豆和花生仁上的最大残留限量均为0.05毫克/千克。

101. 噻吩磺隆

分子式：$C_{12}H_{13}N_5O_6S_2$

【**类别**】 磺酰脲类。

【**化学名称**】 3-(4-甲氧基-6-甲基-1,3,5-三嗪-2-甲氧基甲酰基噻吩-3-基)磺酰脲。

【**理化性质**】 外观为无色结晶固体,熔点 176 ℃,蒸气压 1.7×10^{-5} 毫帕(25 ℃),相对密度 1.49。溶解度(25 ℃,克/升):丙酮 11.9,乙醇 0.9,乙酸乙酯 2.6,己烷<0.1,二氯甲烷 27.5,甲醇 2.6,二甲苯 0.2;水 230 毫克/升。在 55 ℃稳定,在田间条件下无明显的光分解。在 45 ℃水解 DT_{50} 为 4.7 小时(pH3),38 小时(pH5),250 小时(pH7),11 小时(pH9)。土壤中半衰期 1～4 天。

【**毒性**】 低毒。大、小鼠急性经口 LD_{50}>5 000 毫克/千克,兔急性经皮 LD_{50}>2 000 毫克/千克,大鼠急性吸入 LC_{50}(4 小时)>7 900 毫克/米^3。对兔眼睛有轻微刺激作用,但 1 天后恢复正常。对豚鼠皮肤无刺激作用,也无致敏性。大鼠 2 年饲喂试验的无作用剂量为 25 毫克/千克饲料,大鼠繁殖(二代)的无作用剂量为 2 500 毫克/千克饲料,对大鼠致畸的 NOEL 为 200 毫克/千克。野鸭急性经口 LD_{50}>2 510 毫克/千克,野鸭和日本鹌鹑饲喂 LC_{50}(8 天)>5 620 毫克/千克(饲料)。蓝鳃翻车鱼和虹鳟鱼 LC_{50}(96 小时)>100 毫克/升。蜜蜂 LD_{50}>12.5 微克/只。蚯蚓 LC_{50}>

2000毫克/千克土。

【制剂】 15%、20%、25%、70%、75%可湿性粉剂,75%水分散粒剂、75%干悬浮剂。

【作用机制与防除对象】 属选择性内吸传导型除草剂,是侧链氨基酸合成抑制剂。阔叶杂草经叶面和根系迅速吸收并转移到体内分生组织,抑制缬氨酸和异亮氨酸的生物合成,从而阻止细胞分裂,达到杀除杂草的目的。可用于小麦、大麦、燕麦、玉米、大豆等作物田防除阔叶杂草,如反枝苋、马齿苋、猪殃殃、婆婆纳、播娘蒿、牛繁缕、荠菜、地肤、春蓼等,对田旋花、刺儿菜及禾本科杂草无效。

【使用方法】

(1) 防除小麦田阔叶杂草:在小麦2~3叶期至拔节期、阔叶杂草出苗2~4叶期,每667平方米用15%可湿性粉剂10~15克或75%水分散粒剂2~3克,兑水20~40千克均匀茎叶喷雾。

(2) 防除玉米田阔叶杂草:在玉米播后苗前土壤处理,或在玉米3~4叶期、阔叶杂草2~4叶期茎叶喷雾。每667平方米用15%可湿性粉剂8~12克或75%水分散粒剂1.8~2.2克,兑水20~40千克均匀喷雾。

(3) 防除大豆田阔叶杂草:在大豆播后苗前,每667平方米用15%可湿性粉剂10~15克或75%水分散粒剂2~3克,兑水20~40千克均匀土壤喷雾。

(4) 防除花生田阔叶杂草:在花生播后苗前,每667平方米用15%可湿性粉剂8~12克兑水20~40千克均匀土壤喷雾。

【注意事项】

(1) 本品活性高、用量低,用药称量应准确。

(2) 本品对棉花、油菜、豌豆等阔叶作物敏感,使用时避免飘移到敏感作物上。大风天或预计1小时内有降雨,请勿施药。已间、套有阔叶作物的大豆田、玉米田不能施用。在地膜覆盖田施药时,用药量应酌减。

（3）根据草情及气候合理施用，对禾本科杂草无效，阔叶杂草叶龄超过 5 叶防效差。遇干旱时施药，土壤处理应混土；茎叶处理施药时，可加入适量表面活性剂，以提高除草效果。

（4）砂质土、低洼地以及高碱性土壤慎用或不宜使用。当作物处于不良环境时（如干旱、严寒、土壤水分过饱和及病虫害危害等），不宜施药。

（5）不能与马拉硫磷等有机磷杀虫剂以及其他碱性物质混合混用。

（6）对蜜蜂、鱼类等水生生物、家蚕有毒。施药期间应避免对周围蜂群的影响，禁止在开花植物花期、蚕室和桑园附近施用。远离水产养殖区、河塘等水域施药。赤眼蜂等天敌放飞区域禁用。禁止在河塘等水体清洗施药器具，剩余的药液和清洗器具的废水不能排入河流、池塘等水体。使用过后的容器和包装物应妥善处理，不能随意丢弃，也不能作他用。

（7）每季作物最多施用 1 次。

（8）本品在玉米、小麦、大豆、花生仁上最大残留限量均为 0.05 毫克/千克。

102. 三氟啶磺隆钠盐

分子式：$C_{14}H_{14}F_3N_5O_6SNa$

【类别】 磺酰脲类。

【化学名称】 N-[(4,6-二甲氧基-2-嘧啶基)氨基甲酰基]-3-(-2,2,2-三氟乙氧基)-2-吡啶磺酰胺钠。

【理化性质】 原药有效成分含量90%,外观为白色细粉末。密度1.63克/厘米^3,蒸气压(25℃)<$1.3×10^{-6}$帕,熔点170.2~177.7℃,熔化后开始分解。水中溶解度(25℃)25.7克/升(pH7.4)。有机溶剂中溶解度(25℃):甲苯>500克/升,乙酸乙酯3.8克/升,辛醇4.4克/升,丙酮17克/升,甲醇50克/升,二氯甲烷790毫克/升。

【毒性】 低毒。大鼠急性经口LD_{50}>2000毫克/千克,大鼠急性经皮LD_{50}>5000毫克/千克。对兔眼睛无刺激性,对兔皮肤有轻度刺激性。豚鼠皮肤变态反应(致敏)试验结果为无致敏性。原药大鼠90天亚慢性喂养试验的NOEL:雄性为507毫克/(千克·天)、雌性为549毫克/(千克·天)。Ames试验、小鼠微核试验等4项致突变试验结果均为阴性,未见致突变作用。虹鳟鱼LC_{50}(96小时)>103毫克/升,绿头鸭急性经口LD_{50}>2250毫克/千克。对蜜蜂的风险非常低,家蚕LC_{50}(96小时)>3750毫克/千克。原药对鱼、鸟、蜜蜂和家蚕均低毒。

【制剂】 11%可分散油悬浮剂。

【作用机制与防除对象】 为磺酰脲类选择性除草剂,可抑制杂草中乙酰乳酸合成酶(ALS)的生物活性,从而杀死杂草,用于狗牙根草坪防除香附子、马唐、阔叶草等多种杂草。杂草植株在中毒后表现为停止生长、萎黄、顶点分裂组织死亡,根据杂草种类和生长条件的不同,一般在2~4周后杂草完全死亡。

【使用方法】

用于暖季型草坪防除部分禾本科杂草、莎草及阔叶杂草,在杂草生长期,每667平方米用11%可分散油悬浮剂20~30毫升兑水30~50千克均匀茎叶喷雾。

【注意事项】

(1) 本品仅限于我国长江流域及以南地区的狗牙根类和结缕草类的暖季型草坪草使用,勿用于海滨雀稗等其他草坪草。

(2) 冷季型草坪对本品敏感,因此不能用于早熟禾、黑麦草、匍匐剪股颖、高羊茅等冷季型草坪草。

(3) 施药时应注意避免雾滴飘移到周边敏感草坪草或植物上。

(4) 施用本品后请勿播植除草坪草以外的任何作物,在秋冬季暖季型草坪上交播冷季型草坪草(黑麦草)时应保证至少在交播前 60 天停止施用本品。

(5) 勿用于新播种、新铺植或新近用匍匐茎栽植的草坪,建议在成坪后施药,尤其根系长到 5 厘米为宜。草坪生长不旺盛或处于干旱等胁迫条件时勿用。

(6) 本品耐雨水冲刷,施药 3 小时后遇雨对药效无明显影响。

(7) 本品仅限于地面喷雾,请勿用于航空或灌溉施药。

(8) 不要将本品与酸性化合物、有机磷类杀虫剂或杀线虫剂混用。如果配药时水的 pH<5.5,请使用缓冲液将 pH 调到 7 左右。

(9) 为保证药效,宜在杂草旺盛生长期叶龄较小时均匀喷雾处理,施药前后 1~2 天内不要修剪。配药时加入非离子表面活性剂(NIS)可提高药效,加入甲基化种子油(MSO)或作物油脂类浓缩物(COC)也可提高药效但可能会引起短暂的草坪叶片变色。

(10) 所有施药器具,用后应立即用清水或适当的洗涤剂清洗干净。切勿将制剂及其废液弃于池塘、河溪和湖泊等,以免污染水源。

(11) 每季最多施用 2~3 次,每季用量不宜超过 90 克有效成分/公顷。

103. 三氟羧草醚

分子式：$C_{14}H_7ClF_3NO_5$

【类别】 二苯醚类。

【化学名称】 2-氯-4-三氟甲基苯基-3′-羧基-4′-硝基苯基醚(钠盐)。

【理化性质】 外观为浅褐色固体,相对密度1.546,熔点142～146 ℃,235 ℃分解,蒸气压<0.01毫帕(20 ℃)。溶解度(25 ℃):水120毫克/升,丙酮600克/升,二氯甲烷50克/升,乙醇500克/升,煤油、二甲苯<10克/升。在pH3～9、40 ℃条件下不水解。在土壤中DT_{50}<60天。无腐蚀性。

【毒性】 低毒。原药大鼠急性经口LD_{50} 1540毫克/千克,兔急性经皮LD_{50} 3680毫克/千克,大鼠急性吸入LC_{50}>17.7毫克/升空气。对眼睛、皮肤有中等刺激作用。在试验剂量内对试验动物未见致畸、致突变、致癌作用。虹鳟鱼LC_{50}(96小时)17毫克/升,蓝鳃鱼LC_{50} 62毫克/升。对鸟类和蜜蜂低毒,鹌鹑急性经口LD_{50} 325毫克/千克,野鸭急性经口LD_{50} 2821毫克/千克。

【制剂】 14.8%、21.4%水剂,28%微乳剂。

【作用机制与防除对象】 抑制原卟啉原氧化酶的接触性除草剂。苗后早期处理,被杂草吸收,作用方式为触杀,能促使气孔关闭,借助光发挥除草活性,升高植物体温度引起坏死,并抑制线粒体电子的传导,引起呼吸系统和能量生产系统的停滞,抑制细胞分裂,致使杂草死亡。但进入大豆体内,被迅速代谢,因此能选择性防除阔叶杂草。本品能被土壤中微生物分解,不能作土壤处理施用。适用于大豆等作物田防除多种阔叶杂草,如马齿苋、鸭跖草、铁苋菜、龙葵、藜、苋、蓼、苍耳等。

【使用方法】

防除大豆阔叶杂草:大豆苗后 1～3 片复叶期、阔叶杂草 2～4 叶期,每 667 平方米用 21.4％水剂 112～150 毫升或 28％微乳剂 85～115 毫升,兑水 30～40 千克均匀茎叶喷雾。

【注意事项】

(1) 施用本品可能会引起大豆幼苗灼伤、变黄,高温下药害加重,但轻度药害,几天后即可恢复正常,大豆产量不受影响。

(2) 施药时注意不要使药液飘移至棉花、甜菜、向日葵、观赏植物等敏感作物上,否则会发生药害。在套种或间种其他作物的大豆田请勿使用。

(3) 大豆 3 片复叶以后,叶片会遮盖杂草,此时施药会影响除草效果,并且大豆接触药剂多,抗药性减弱,会加重药害。

(4) 大豆生长在不良环境中,如干旱、水淹、肥料过多、土壤含盐、碱过量、风伤、霜伤、寒流、最高日温低于 21℃或土温低于 15℃、大豆苗已受其他除草剂伤害、病害和虫害严重等,均不宜施用本品,以免产生药害。大风天气或预计 1 小时内降雨,请勿施药。

(5) 本品不宜与防除禾本科杂草的药剂及肥料混用。不可与呈碱性的农药等物质混合使用。

(6) 对鱼类有毒。水产养殖区、河塘等水体附近禁用,禁止在河塘等水体中清洗施药器具,清洗器具的废水不能排入河流、池塘等水源。用过的容器应妥善处理,不可作他用,也不可随意丢弃。

(7) 每季作物最多施用 1 次。

(8) 人体 ADI 为 0.013 毫克/千克。本品在大豆上的最大残留限量为 0.1 毫克/千克。

104. 三甲苯草酮

分子式：$C_{20}H_{27}NO_3$

【类别】 环己烯酮类。

【化学名称】 2-[1-(乙氧基亚氨基)丙基]-3-羟基-5-(2,4,6-三甲苯基)环己-2-烯酮。

【理化性质】 原药纯度92%～95%,熔点99～104℃。纯品为无色无味固体,熔点106℃,相对密度2.1(20℃),蒸气压37×10⁻⁴毫帕(20℃)。分配系数$K_{ow}\log P$为2.1(25℃,纯水)。亨利常数$2×10^{-5}$帕·米³/摩(纯水)。水中溶解度(20℃,毫克/升)为6(pH5.0)、6.7(pH6.5)、9 800(pH9)。其他溶剂中溶解度(克/升,24℃):正己烷18,甲苯213,二氯甲烷>500,丙酮89,甲醇25、乙酸乙酯110。pKa为4.3(25℃)。在15～25℃稳定期超过1.5年。DT_{50}(25℃):6天(pH5)、11天(pH7),pH9时28天后87%未分解。在土壤中DT_{50}约3天(20℃),灌水土壤中DT_{50}约25天。

【毒性】 低毒。大鼠急性经口LD_{50}1 258毫克/千克(雄)、934毫克/千克(雌);小鼠急性经口LD_{50}1 231毫克/千克(雄)、1 100毫克/千克(雌)。大鼠急性经皮LD_{50}>2 000毫克/千克。大鼠急性吸入LC_{50}(4小时)>3.5毫克/升空气。对兔皮肤有轻微的刺激性,对兔眼睛有极其轻微的刺激性,对豚鼠皮肤无过敏性。饲喂试验的NOEL:大鼠为20.5毫克/千克饲料,狗(1年)为5毫克/千克饲料。在一系列毒理学试验中,无致突变、致畸作用。野鸭经口LD_{50}>3 020毫克/千克,野鸭饲喂LC_{50}(5天)>7 400毫克/千克,鹌鹑饲喂 LC_{50}(5 天)6 237 毫克/千克。鱼类 LC_{50}(96 小时,毫克/千克):鲤鱼>8.2,虹鳟>7.2,蓝鳃太阳鱼>6.1。蜜蜂 LD_{50}>0.1 毫克/只(接触)、0.054 毫克/只(经口)。蚯蚓 LD_{50}(14 天)87 毫克/千克土壤。

【制剂】 40%水分散粒剂。

【作用机制与防除对象】 叶面施药后迅速被植物吸收,在韧皮部转移到生长点,在此抑制新的生长。杂草失绿后变色枯死,一般 3~4 周内完全枯死。可有效防除小麦田硬草、看麦娘、野燕麦、狗尾草、马唐、稗草等禾本科杂草。

【使用方法】

防除小麦田禾本科杂草:在小麦苗后、禾本科杂草 2~5 叶期,每 667 平方米用 40%水分散粒剂 65~80 克兑水 20~40 千克均匀茎叶喷雾。

【注意事项】

(1) 施药时注意药量准确,做到均匀喷洒。应在无风无雨时施药,避免雾滴飘移危害周围作物。

(2) 施药后药械应彻底清洗,剩余的药液和洗刷施药用具的水不要倒入田间、河流、池塘等水域。包装容器不可挪作他用或随意丢弃。

(3) 每季作物最多施用 1 次。在小麦上的最大残留限量为 0.02 毫克/千克。

105. 三氯吡氧乙酸

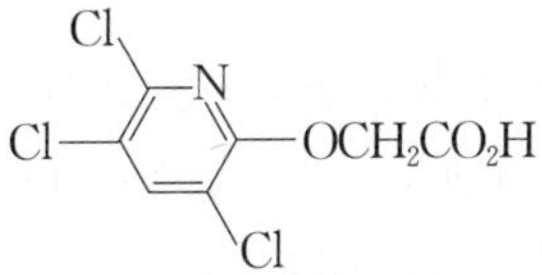

分子式: $C_7H_4Cl_3NO_3$

【类别】 吡啶类。

【化学名称】 3,5,6-三氯-2-吡啶氧基乙酸。

【理化性质】 纯品为白色固体。熔点150.5℃,208℃分解,蒸气压0.168毫帕(25℃),相对密度1.85(21℃)。溶解度(25℃,毫克/千克):丙酮989,氯仿27.3,己烷410,辛醇307;水440毫克/升。一般条件下贮存稳定,不易水解,光照下光解半衰期<12小时。

【毒性】 低毒。急性经口LD_{50}:大鼠713毫克/千克,兔550毫克/千克,豚鼠310毫克/千克。兔急性经皮LD_{50}>2 000毫克/千克。对皮肤无刺激作用,对眼睛稍有刺激。两年饲养无作用剂量:大鼠3.0毫克/(千克·天),小鼠5.3毫克/千克饲料。鸟类急性经口LD_{50}:野鸭1 698毫克/千克。LC_{50}(8天):野鸭>5 000毫克/千克饲料,鹌鹑2 935毫克/千克饲料,日本鹌鹑3 278毫克/千克饲料。鱼类LC_{50}(96小时):虹鳟鱼117毫克/升,蓝鳃太阳鱼148毫克/升。蜜蜂LD_{50}>100微克/只(接触)。

【制剂】 480克/升乳油。

【作用机制与防除对象】 为激素型除草剂,作用于核酸代谢,使植物产生过量的核酸,使一些组织转变成分生组织,造成叶片、茎和根生长畸形,贮藏物质耗尽,维管束组织被栓塞或破裂,植株逐渐死亡。本剂是一种传导型除草剂,它能很快被叶面和根系吸收,并且传导到植物全身。用于防除针叶树幼林地中的阔叶杂草和灌木,在土壤中能迅速被土壤微生物分解,DT_{50}为46天。

【使用方法】

(1)防火线及造林前除草灭灌:在杂草和灌木旺盛生长期,每667平方米用480克/升乳油278～417毫升兑水30～40千克,用喷雾法喷洒于灌木、杂草及幼树基部。

(2)非目的树种防除及林分改造:以柴油稀释50倍,在离地面 70～90 厘米喷洒。胸径 10～20 厘米的桦、柞、椴、杨等树木,每株用药液 70～90 毫升。

(3) 幼林抚育及非耕地防除幼小灌木、藤木和阔叶草本植物:以清水稀释 100～200 倍,低容量定向喷雾,使目标防除植物充分着药。避免药液喷及敏感目的树种。

【注意事项】

(1) 施药时避免药液喷洒或飘移到阔叶作物,以免产生药害。

(2) 本品用于松树和云杉时,剂量要求非常严,超过 1 千克有效成分/公顷将有不同程度药害发生,有的甚至死亡。应用喷枪定量穴喷。

(3) 对鱼高毒,应远离河塘等水域施药,赤眼蜂等天敌放飞区域禁用。

(4) 施药完毕应及时清洗药械,禁止在河塘等水体中清洗施药器具。用过的容器应妥善处理,不可作他用,也不可随意丢弃。不可将残留药物、清洗液倒入江河、鱼塘等水域。

106. 三氯吡氧乙酸丁氧基乙酯

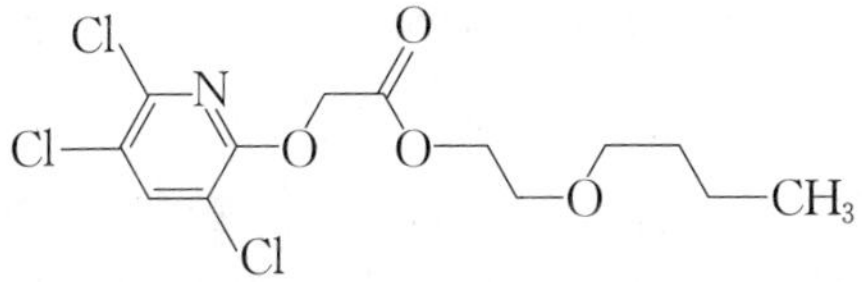

分子式: $C_{13}H_{16}Cl_3NO_4$

【类别】 吡啶类。

【化学名称】 [(3,5,6-三氯吡啶-2-基)氧]乙酸-2-丁氧基乙酯。

【理化性质】 原药为棕色透明液体。沸点 421.7 ℃,蒸气压

(25 ℃)<0.01 毫帕。溶解度(25 ℃)：水 440 毫克/升,丙酮 989 克/千克,氯仿 27.3 克/千克,乙烷 410 毫克/千克,辛醇 307 克/千克。2～10 ℃避光贮存,遇光、热、氧化物分解。

【毒性】 低毒。雌、雄大鼠急性经口 LD_{50} 分别为 2330 毫克/千克和 2710 毫克/千克,大鼠急性经皮 LD_{50}＞2150 毫克/千克。

【制剂】 45%、62%、70%、480 克/升乳油。

【作用机制与防除对象】 为苗后茎叶处理传导型除草剂,它能很快被叶面和根系吸收,并且传导到整株植物。可用于林地防除阔叶杂草和灌木,对非耕地杂草、杂灌有较好的防除效果。

【使用方法】

(1)防除非耕地杂草：在杂草生长旺盛期,每 667 平方米用 70%乳油 160～240 毫升兑水 30～50 千克均匀茎叶喷雾。

(2)防除森林灌木和阔叶杂草：在森林灌木、阔叶杂草始盛期低容量定向喷雾,每 667 平方米用 45%乳油 350～420 毫升或 62%乳油 250～400 毫升,兑水 30～50 千克均匀喷雾,使目标防除植物充分着药。避免药液喷及敏感目的树种。

(3)防除冬小麦阔叶杂草：在杂草生长旺盛期,每 667 平方米用 480 克/升乳油 30～50 毫升兑水 30～50 千克均匀茎叶喷雾。

【注意事项】

(1)不要在雨雾或大风气候条件下施药。不要用本品处理作物周边的垄沟等区域,防止药液飘移至非靶标植物。

(2)对蜜蜂、家蚕有毒,花期蜜源作物周围禁用,施药期间应密切注意对附近蜂群的影响；蚕室及桑园附近禁用。

(3)对水生生物有影响,应远离水产养殖区、河塘等施药,养鱼稻田禁用。施药后的田水不得直接排入河塘等水域。禁止在河塘等水体中清洗施药器具,避免污染河流、湖泊等水体。用过的容器应妥善处理,不可作他用,也不可随意丢弃。

107. 莎稗磷

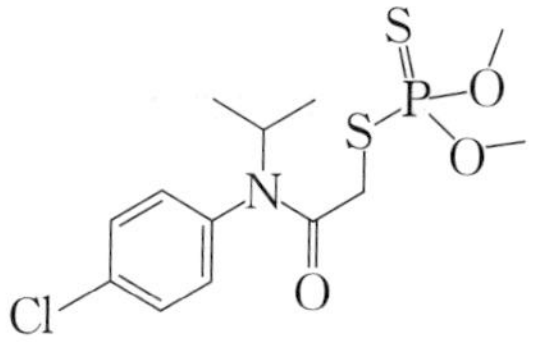

分子式：$C_{13}H_{19}ClNO_3PS_2$

【类别】 有机磷类。

【化学名称】 O,O-二甲基-S-(N-4-氯苯基-N-异丙氨基甲酰甲基)-二硫代磷酸酯。

【理化性质】 原药为白色或乳白色粉末，含量96％。相对密度1.4(20℃)，熔点47～50℃，蒸气压2.2毫帕(60℃)。溶解度(20℃)：水13.6毫克/升，丙酮、氯仿、甲苯＞1千克/升，苯、乙醇、乙酸乙酯、二氯甲烷＞200克/升，己烷12克/升。150℃分解，对光不敏感。在pH5～9(22℃)时稳定。在土壤中半衰期30～45天。

【毒性】 低毒。雄大鼠急性经口LD_{50}830(原药)毫克/千克，雌大鼠急性经口LD_{50}472(原药)毫克/千克。大鼠急性经皮LD_{50}＞2 000毫克/千克。大鼠急性吸入LC_{50}(4小时)＞26毫克/升空气。对兔皮肤有轻微刺激，对兔眼睛有一定的刺激作用。对鸟类低毒，日本鹌鹑急性经口LD_{50}3 360毫克/千克(雄)、2 339毫克/千克(雌)。对鱼中等毒性，LC_{50}(96小时)：金鱼4.6毫克/升，虹鳟鱼2.8毫克/升。蜜蜂经口LD_{50}0.66微克/只。

【制剂】 30％、40％、45％、300克/升乳油，20％水乳剂，36％微乳剂，50％可湿性粉剂等。

【作用机制与防除对象】 为内吸传导选择型除草剂。药剂通过植物的幼芽和地中茎吸收,抑制细胞分裂与伸长。杂草受药后生长停止,叶片深绿,有时脱色,叶片变短而厚,极易折断,心叶不易抽出,生长停止,最后整株枯死。对正萌发的杂草效果最好,对 2.5 叶期前杂草有效。它在土壤中的持效期为 20～40 天。适用于水稻移栽田防除一年生禾本科和莎草科杂草,对阔叶杂草防效差。

【使用方法】

防除水稻移栽田莎草和稗草:水稻移栽后 5～10 天,稻苗扎根后、稗草萌发至 2 叶期,每 667 平方米用 30％乳油 50～70 毫升,或 20％水乳剂 75～100 毫升,或 36％微乳剂 40～50 毫升,与 10～25 千克细沙土或化肥混匀后,均匀撒施到 3～5 厘米水层的稻田中,施药后保持 3～5 厘米水层 5～7 天,勿使水层淹没稻苗心叶。

【注意事项】

(1) 水稻 4 叶期以前对本品敏感,直播田、秧田、病弱苗田及小苗移栽田不能施用。高粱、谷子田周围慎用。用药后弱苗、沉水苗会产生轻度发黄等症状,一般 10～15 天内可恢复正常,不会影响秧苗生长。

(2) 对 3 叶 1 心期内的稗草防效较好,超过 3 叶 1 心效果下降,应注意适时用药。本品施用对水层有一定要求,施药后需保水 5～7 天,否则会影响除草效果。

(3) 稗草 2 叶期用药时宜采用推荐的高剂量;排盐良好的盐碱地,应采用推荐的低用量,药后 5 天可换水排盐。

(4) 不能与碳酸氢铵或其他碱性化肥、碱性农药混合使用。

(5) 对鱼类、小球藻、大型蚤等水生生物有毒。应远离水产养殖区施药,鱼或虾蟹套养稻田禁用,施药后的田水不得直接排入水体。禁止在河塘、池塘等水体中清洗施药器具,禁止将清洗施药器具的废水倒入河流、池塘等水源,避免对环境中其他生物造成危害。用过的容器不可随意丢弃,也不可作他用。

(6) 对蜜蜂中等毒、赤眼蜂高风险,开花植物花期或放蜂期禁止使用,赤眼蜂等天敌放飞区禁用。对家蚕高毒,禁止在桑园及其邻近农田施用,以免污染桑叶,尤其在稻-桑混栽地区。

（7）每季作物最多施用1次。

（8）本品在水稻稻谷或糙米上的最大残留限量为0.1毫克/千克。

108. 双草醚

分子式: $C_{19}H_{17}N_4NaO_8$

【类别】 嘧啶水杨酸类。

【化学名称】 2,6-双(4,6-二甲氧嘧啶基-2-基氧基)苯甲酸钠。

【理化性质】 原药纯度>93%,外观为白色粉末。熔点223~224℃,蒸气压$5.05×10^{-9}$帕(25℃),相对密度0.0737(20℃)。溶解度(25℃,克/升):水73.3,甲醇26.3,丙酮0.043。在水中(pH7~9)DT_{50}为1年,55℃贮存14天未分解。对光亦稳定。

【毒性】 低毒。大鼠急性经口LD_{50}:雄性4111毫克/千克,雌性>2635毫克/千克。大鼠急性经皮LD_{50}>2000毫克/千克。大鼠急性吸入LC_{50}(4小时)4.48毫克/升空气。对兔皮肤无刺激,对兔眼睛有轻微刺激。鹌鹑急性经口 LD_{50} > 2 250 毫克/千克。大翻车鱼和虹鳟鱼 LC_{50}（96 小时）> 100 毫克/升。无致突变性、致畸性。蜜蜂经口 LD_{50} > 200 微克/只。蚯蚓 LC_{50}（14 天）> 1 000 毫克/千克土。

【制剂】　5%、10%、15%、20%、25%、40%、100 克/升、400 克/升悬浮剂,20%、40%、80%可湿性粉剂,10%、20%可分散油悬浮剂。

【作用机制与防除对象】　抑制乙酰乳酸合成酶活性,阻止支链氨基酸的生物合成而起作用,为选择性除草剂,在水稻直播田使用,除草谱广。茎叶处理后,杂草停止生长,进而出现黄化、枯萎、死亡或严重抑制生长现象。可防除稗草、双穗雀稗、异型莎草、日照飘拂草、碎米莎草、萤蔺、扁秆藨草、鸭舌草、陌上菜、节节菜、矮慈姑、母草等禾本科、阔叶杂草及莎草科杂草。

【使用方法】

防除水稻直播田杂草:水稻 4 叶期后、稗草等杂草 2~5 叶期,每 667 平方米用 10%悬浮剂 20~30 毫升,或 10%可分散油悬浮剂 15~20 毫升,或 20%可湿性粉剂 10~15 克,兑水 30~40 千克茎叶均匀喷雾。施药前排干田水,保持土壤湿润状态,药后 2 天灌水,水深以不淹没稻苗心叶为准,保水 1 周左右后恢复正常的田间管理。

【注意事项】

(1) 本品只适用于水稻,其他作物上禁用。尽量在无风无雨时施药,避免雾滴飘移,危害周围作物。

(2) 本品对籼稻、杂交稻品种安全性好于粳稻,在糯稻田、制种田禁用,粳稻田慎用。对于粳稻,本品处理后有叶片发黄现象,但在 4~5 天内恢复,不影响水稻产量。小苗、弱苗秧易产生药害。用药时温度应在 30℃以下,超过 35℃水稻易产生药害。水稻拔节期禁用。

(3) 不可与呈碱性的农药等物质混合使用。

（4）用药后不要翻土，以免破坏药层，影响药效。

（5）对蜜蜂、鱼类等水生生物、家蚕有毒。施药期间应避免对周围蜂群的影响，禁止在开花植物花期、蚕室和桑园附近使用。远离水产养殖区、河塘等水域施药。赤眼蜂等天敌放飞区域禁用。鱼、虾、蟹套养稻田禁用。施药后的药水禁止排入水田，禁止在河塘等水体清洗施药器具，清洗器具的废水不能排入河流、池塘等水体。用过的容器及废弃物要妥善处理，不可作他用，也不可随意丢弃。

（6）每季作物最多施用 1 次。本品在水稻稻谷或糙米上的最大残留限量为 0.1 毫克/千克。

109. 双氟磺草胺

分子式：$C_{12}H_8F_3N_5O_3S$

【类别】 三唑并嘧啶类。

【化学名称】 $2',6'$-二氟-5-甲氧基-8-氟[1,2,4]三唑并[1,5-c]嘧啶-2-磺酰苯胺。

【理化性质】 原药含量 97%，产品外观为灰白色粉末或块状物，无味。pH3.9～4.2，熔点 193.5～230.5 ℃，相对密度 1.53（21 ℃），蒸气压 1×10^{-2} 毫帕（25 ℃）。正辛醇-水分配系数 $K_{ow} \log P$ 为 -1.22（pH7）。水中溶解度（20 ℃）121 毫克/升。土壤中 DT_{50}（25 ℃）：6 天（pH5）、11 天（pH7），pH9 时 28 天后 87% 未分解。在土壤中 DT_{50} 为 1～4.5 天，田间 DT_{50} 约为 2～18 天。

【毒性】 低毒。大鼠急性经口 $LD_{50}>5\,000$ 毫克/千克,兔急性经皮 $LD_{50}>2\,000$ 毫克/千克,大鼠急性吸入(4 小时)$LC_{50}>5.0$ 毫克/升。对兔皮肤无刺激性,对兔眼睛有刺激性。大、小鼠(90 天)NOEL 为 100 毫克/(千克·天)。无致畸、致癌、致突变作用,对遗传无不良影响。鹌鹑急性经口 $LD_{50}>6\,000$ 毫克/千克,鹌鹑和野鸭饲喂 LC_{50}(5 天)$>5\,000$ 毫克/千克饲料。鱼类 LC_{50}(96 小时,毫克/升):虹鳟>86,大翻车鱼>98。蜜蜂 LD_{50}(48 小时)>100 微克/只(经口和接触)。蚯蚓 LC_{50}(14 天)$>1\,320$ 毫克/千克土壤。

【制剂】 50 克/升、5%、10%悬浮剂,5%可分散油悬浮剂,10%可湿性粉剂,10%、25%水分散粒剂。

【作用机制与防除对象】 内吸传导型麦田苗后阔叶杂草除草剂,主要由植物的根、茎、叶吸收,传导至植物的分生组织。属乙酰乳酸合成酶抑制剂,通过阻止支链氨基酸的生物合成,从而抑制细胞分裂,导致敏感杂草死亡。主要中毒症状为植株矮化,叶色变黄变褐,最终死亡。用药适期宽,冬前和早春均可用药,在低温下用药仍有较好防效;药剂在土壤中降解快,推荐剂量下对当茬和后茬作物安全。可防除麦田猪殃殃、播娘蒿、荠菜、繁缕等多种阔叶杂草。

【使用方法】

防除冬小麦一年生阔叶杂草:在冬小麦返青后至拔节期、阔叶杂草 2～5 叶期,每 667 平方米用 50 克/升悬浮剂 5～6 毫升兑水 30～40 千克均匀茎叶喷雾 1 次。

【注意事项】

(1) 本品对其他双子叶作物敏感,最好喷雾机专用,否则需彻底清洗干净;施用本品前后 7 天内不能施用有机磷农药。

(2) 本品施用前先摇匀,悬浮剂易黏附在袋子上,用时将其冲洗再进行 2 次稀释,并力求喷雾均匀。

(3) 对鱼、藻类有毒,应远离水产养殖区、河塘等水体施药,禁止在河塘等水体中清洗施药器具。对蜜蜂、家蚕有毒,施药期间应避免对周围蜂群的影响,开花植物花期、蚕室和桑园附近禁用。

(4)本品对眼睛和皮肤有刺激作用,应避免眼睛、皮肤和身体直接接触药剂。

(5)每季最多施用 1 次。在小麦上最大残留限量为 0.01 毫克/千克。

110. 双唑草酮

分子式: $C_{20}H_{19}F_3N_4O_5S$

【类别】 酮类。

【化学名称】 1,3-二甲基-4-[(2-甲砜基-4-三氟甲基)苯甲酰基]-1H-吡唑-5-基-1,3-二甲基-1H-吡唑-4-甲酸酯。

【理化性质】 原药有效成分含量不低于96%,浅黄色颗粒或粉末状固体。熔点 159.6~168 ℃,蒸气压 6.21×10^{-9} 帕(25 ℃)。水中溶解度(25 ℃)约 236.7 毫克/升。弱酸性及中性条件下稳定,碱性下迅速降解。

【毒性】 低毒。

【制剂】 10%可分散油悬浮剂。

【作用机制与防除对象】 具有内吸传导作用的新型对羟基苯基丙酮酸双氧化酶 HPPD 抑制剂,可用于小麦田防除播娘蒿、荠菜、野油菜、繁缕、牛繁缕、麦家公、宝盖草等一年生阔叶杂草。

【使用方法】

防除冬小麦一年生阔叶杂草：可在冬小麦返青至拔节前、阔叶杂草2~5叶期茎叶喷雾，每667平方米用10%可分散油悬浮剂20~25毫升兑水30~40千克均匀喷雾。每季最多施用1次。

【注意事项】

(1) 最适施药温度10~25℃。大风天或预计8小时内降雨，请勿施药。

(2) 施药时避免药液飘移到邻近阔叶作物上，以防产生药害。

(3) 水产养殖区、河塘等水体附近禁用。

111. 特丁津

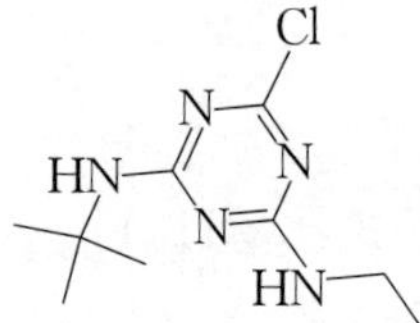

分子式：$C_9H_{16}ClN_5$

【类别】 三嗪类。

【化学名称】 2-氯-4-特丁氨基-6-乙氨基-1,3,5-三嗪。

【理化性质】 纯品为无色粉末，熔点177~179℃，蒸气压0.15毫帕(20℃)，密度1.188克/厘米³(20℃)。溶解度(20℃)：水8.5毫克/升，二甲基甲酰胺100克/升，乙酸乙酯40克/升，辛醇14.3克/升。水解DT_{50}(计算值)(20℃)8天(pH1)、86天(pH5)、>200天(pH9)、12天(pH13)。土壤中DT_{50}30~90天。

【毒性】 低毒。大鼠急性经口LD_{50}2 000毫克/千克，大鼠急性经皮LD_{50}>3 000毫克/千克。对兔眼睛无刺激，对兔皮肤稍有刺激。大鼠急性吸入 LC_{50} > 3.51 毫克/升空气。狗 90 天饲养无作用剂量 3.5 毫克/(千克·天)。鱼类 LC_{50}（96 小时）：虹鳟鱼 4.6 毫克/升，鲤鱼 66 毫克/升，太阳鱼 52 毫克/升。

【制剂】　50％悬浮剂，25％可分散油悬浮剂。

【作用机制与防除对象】　选择性内吸传导型除草剂，根吸为主，茎叶吸收很少，传导到植物分生组织及叶部，干扰光合作用，使杂草致死。可用于防除玉米田一年生禾本科杂草、莎草和某些阔叶杂草。

【使用方法】

（1）防除春玉米田一年生杂草：于玉米播后苗前，每 667 平方米用 50％悬浮剂 80～120 毫升兑水 30～40 千克均匀土壤喷雾 1 次。

（2）防除玉米田一年生杂草：于玉米 3～5 叶期，每 667 平方米用 25％可分散油悬浮剂 180～200 毫升兑水 30～40 千克茎叶喷雾 1 次。

【注意事项】

（1）避开低温、高湿天气施药。施药后即下中至大雨时玉米易发生药害，尤其是积水的玉米田，药害更严重，所以在雨前 1～2 天内施药对玉米不安全。如遇干旱等土壤墒情不好时，可加大用水量。施药应在上午或傍晚进行，中午前后气温高时不能喷雾。

（2）施药前整地要平，傍晚施药和倒退行走喷药可提高施用效果。避免药液飘移到邻近的敏感作物田。春玉米与其他作物间套或混种，不宜施用本品。用药后 3 个月以内不能种植大豆、十字花科蔬菜等敏感性蔬菜。连续施用含特丁津的除草剂，应在当地农技部门指导下用药和种植下茬作物。复种指数高的地区不宜施用本品。

（3）远离水产养殖区、河塘等水体施药。禁止在河塘等水体中清洗施药器具，洗涤水不得乱倒，以免造成环境污染或对敏感作物产生药害。桑园及蚕室附近禁用,赤眼蜂等天敌放飞区域禁用。

(4) 每季最多施用 1 次。本品在玉米或鲜食玉米上最大残留限量为 0.1 毫克/千克。

112. 特丁净

分子式: $C_{10}H_{19}N_5S$

【类别】 三嗪类。

【化学名称】 2-甲硫基-4-乙氨基-6-特丁氨基-1,3,5-三嗪。

【理化性质】 纯品为白色粉末,熔点 104～105 ℃,蒸气压 0.128 毫帕(20 ℃),密度 1.115 克/厘米^3(20 ℃)。溶解度(20 ℃):水 25 毫克/升,丙酮、甲醇 280 克/升,二氯甲烷 300 克/升。正辛醇-水分配系数 $K_{ow} \log P$ 为 3070。碱性,pKa 为 4.3。70 ℃,pH5、pH7 或 pH9 条件下无明显水解。土壤中 DT$_{50}$ 14～28 天。

【毒性】 低毒。大鼠急性经口 LD$_{50}$ 2 000 毫克/千克,大鼠急性经皮 LD$_{50}$＞2 000 毫克/千克。大鼠 90 天饲养 NOEL 为 600 毫克/千克饲料[50 毫克/(千克·天)],狗半年 NOEL 为 10 毫克/(千克·天)。鱼类 LC$_{50}$(96 小时):虹鳟鱼 1.8～3.0 毫克/升,太阳鱼 4 毫克/升。对鸟和蜜蜂无毒。

【制剂】 50%悬浮剂。

【作用机制与防除对象】 选择性内吸传导型除草剂,药剂以根部吸收为主,也可以被芽和茎叶吸收,运送到绿色叶片内抑制光合作用。可用于冬小麦田防除一年生杂草。

【使用方法】

防除冬小麦一年生杂草：土壤墒情较好的情况下，于冬小麦播后苗前，每 667 平方米用 50％悬浮剂 160～240 毫升兑水 30～40 千克均匀喷雾 1 次。

【注意事项】

（1）对蜜蜂、鱼类等水生生物、家蚕有毒。施药期间应避免对周围蜂群的影响，禁止在开花植物花期、蚕室和桑园附近施用。远离水产养殖区、河塘等水域施药。

（2）赤眼蜂等天敌放飞区域禁用。

（3）每季最多施用 1 次。

113. 甜菜安

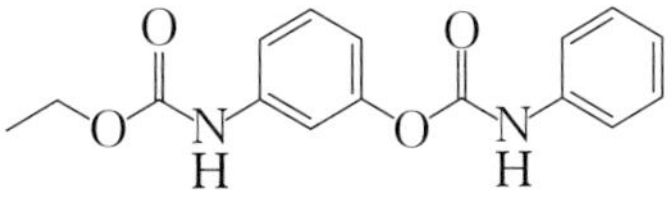

分子式：$C_{16}H_{16}N_2O_4$

【类别】 氨基甲酸酯类。

【化学名称】 N-苯基氨基甲酸[3-(乙氧基甲酰基氨基)苯基]酯。

【理化性质】 无色结晶，熔点 120 ℃，蒸气压 4×10^{-5} 毫帕（25 ℃）。溶解度(20 ℃，克/升)：丙酮 400，苯 1.6，氯仿 80，二溴乙烷 17.8，乙酸乙酯 149，己烷 0.5，甲醇 180，甲苯 1.2；水 7 毫克/升(pH7)。70 ℃贮存 2 年稳定。在中性和碱性条件下水解。

【毒性】 低毒。大、小鼠急性经口 $LD_{50} > 9\,600$ 毫克/千克，急性经皮 $LD_{50} > 4\,000$ 毫克/千克。对眼睛、皮肤和呼吸道有刺激作用,一般无全身中毒症状,ADI 为 0.001 25 毫克/千克。野鸭和鹌鹑 LC_{50}(5 天)>10 000 毫克/千克。鱼类 LC_{50}(96 小时):虹鳟鱼 1.7 毫克/升,蓝鳃太阳鱼 6.0 毫克/升。蜜蜂经口 LD_{50}>50 微克/只。蚯蚓 LC_{50}(14 天)>466.5 毫克/千克土。

【制剂】 16%乳油。

【作用机制与防除对象】 苗后茎叶处理剂,选择性内吸型除草剂。药剂由叶片吸收,通过阻止光合作用中的希尔反应而使杂草饥饿死亡。甜菜对进入体内的本品进行水解代谢,使之转化为无毒化合物。可防除反枝苋、藜、龙葵、马齿苋、野荞菜等阔叶杂草。可与甜菜宁混用。

【使用方法】

防除甜菜田一年生阔叶杂草:阔叶杂草 2~4 叶期,每 667 平方米用 16%乳油 370~400 毫升兑水 30~40 千克均匀喷施 1 次。常与甜菜宁 1∶1 混合施用。

【注意事项】

(1) 应避免在蜜源作物附近和水源附近施用本品,以免对蜜蜂和水生生物产生影响。

(2) 药剂配好后应立即喷施,久放后会有结晶沉淀形成。

(3) 每季最多施用 1 次。本品在甜菜上的最大残留限量为 0.1 毫克/千克。

114. 甜菜宁

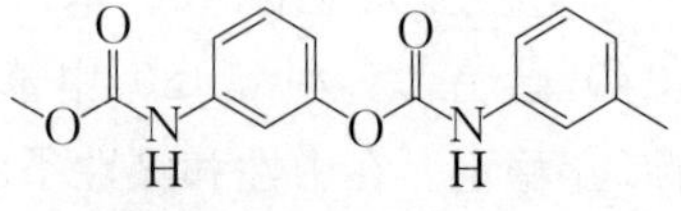

分子式:$C_{16}H_{16}N_2O_4$

【类别】 氨基甲酸酯类。

【化学名称】 N-(3-甲基苯基)氨基甲酸[3-(甲氧甲酰基氨基)苯基]酯。

【理化性质】 纯品为无色晶体,熔点143~144℃,147℃时分解,蒸气压1.32毫帕(25℃),相对密度0.25~0.3(20℃)。溶解度(20℃,毫克/升):水6,丙酮、环己醇约200,甲醇约50,氯仿20,苯2500,己烷约500,二氯甲烷1670,乙酸乙酯56.3,甲苯约970。原药纯度>97%,熔点140~144℃。

【毒性】 低毒。原药大鼠和小鼠急性经口LD_{50} 8000~12800毫克/千克,大鼠急性经皮LD_{50}>4000毫克/千克,大鼠急性吸入无影响浓度为1毫克/升。对皮肤和眼睛有轻度刺激性。在试验剂量内对动物无致畸、致突变、致癌作用。鸡经口LD_{50}>3000毫克/千克,野鸭LD_{50}>2100毫克/千克,野鸭和鹌鹑LC_{50}(8天)>10000毫克/千克饲料。鱼类LC_{50}(96小时):虹鳟鱼1.4~3.0毫克/升,蓝鳃太阳鱼3.98毫克/升。对海藻高毒,EC_{50}241毫克/升。对鸟类低毒,对蜜蜂的毒性较低。蚯蚓LC_{50} 447.6毫克/千克土。

【制剂】 16%乳油。

【作用机制与防除对象】 为选择性苗后茎叶处理剂,通过茎叶吸收,传导到各部分。主要作用是阻止合成三磷酸腺苷和还原型烟酰胺腺嘌呤磷酸二苷之前的希尔反应中电子传递作用,从而破坏杂草的光合作用;甜菜对进入体内的本品可进行水解代谢,使之转化为无害化合物,从而获得选择性。对藜、繁缕、荞麦蔓、蓼、鼬瓣花等有较好的防除效果。

【使用方法】

防除甜菜田阔叶杂草:在阔叶杂草2~4叶期,每667平方米用370~400毫升兑水30~40千克茎叶喷雾1次。

【注意事项】

(1)药效受土壤类型和湿度影响小。温度对本品的药效和甜菜安全性影响很大,喷药时气温在 20 ℃ 以上时,有利于药剂在叶面上的吸收而发挥药效;温度过高和过低,作物生长受抑制,易产生药害。喷药宜选择晴天进行。

(2) 配制药剂时,应先在喷雾箱内加少量水,倒入药剂摇匀后加入足量水再摇匀,一经稀释应立即喷雾。

(3) 应避免在蜜源作物附近和水源附近施药,以免对蜜蜂与水生生物产生影响。

(4) 每季最多施用 1 次。本品在甜菜上的最大残留限量为 0.1 毫克/千克。

115. 五氟磺草胺

分子式:$C_{16}H_{14}F_5N_5O_5S$

【类别】 三唑并嘧啶类。

【化学名称】 2-(2,2-二氟乙氧基)-N-[5,8-二甲氧基-(1,2,4)-三唑-(1,5-c)-嘧啶-2-基]-6-三氟甲基-苯磺胺。

【理化性质】 外观为白色固体,相对密度为 1.61(20 ℃),熔点 223～224 ℃,蒸气压(20 ℃)2.493×10^{-11} 毫帕。溶解度(19 ℃,克/升):水 0.408(pH7),丙酮 20.3,乙腈 15.3,甲醇 1.48,辛醇 0.035,二甲基甲酰胺 39.8,二甲苯 0.017。在常温下稳定。

【毒性】 微毒。原药大、小鼠急性经口 $LD_{50}>5\,000$ 毫克/千克,急性经皮 $LD_{50}>5\,000$ 毫克/千克。对鱼、蜜蜂、鸟均为低毒。对家蚕中等毒。

【制剂】 25 克/升、50 克/升、5%、10%、15%、20%可分散油悬浮剂,10%、22%悬浮剂,0.025%、0.12%颗粒剂。

【作用机制与防除对象】 本品属乙酰乳酸合成酶(ALS)抑制剂,由杂草叶片、鞘部或根部吸收传导至分生组织,促使杂草停止生长、黄化死亡。用于水稻田防除稗草、异型莎草、泽泻等一年生杂草。

【使用方法】

(1)防除水稻移栽田杂草:稗草 2～3 叶期,每 667 平方米用 25 克/升可分散油悬浮剂 40～80 毫升兑水 20～30 千克茎叶喷雾 1 次;或用 25 克/升可分散油悬浮剂 60～100 毫升药土法均匀撒施 1 次。

(2)防除水稻秧田杂草:于稗草 1.5～2.5 叶期施药,每 667 平方米用 25 克/升可分散油悬浮剂 33～47 毫升兑水 20～30 千克茎叶喷雾 1 次。

(3)防除水稻直播田杂草:稗草 2～3 叶期,每 667 平方米用 25 克/升可分散油悬浮剂 40～80 毫升兑水 20～30 千克茎叶喷雾 1 次。

【注意事项】

(1)茎叶喷雾时先排水,使杂草茎叶 2/3 以上露出水面,施药后 1～2 天灌水,保持 3～5 厘米水层 5～7 天;药土法处理施药时应保有 3～5 厘米浅水层。

(2)对水生生物有毒,应远离水产养殖区施药,禁止在河塘等水体中清洗施药器具。清洗施药器具或废弃药液时,切忌污染水源。

(3)每季最多施用 1 次,施药量按稗草密度和叶龄确定,稗草密度大、草龄大,使用上限用药量。在稻谷或糙米上的最大残留限量为 0.02 毫克/千克。

(4) 施药前后 1 周如遇最低温度低于 15 ℃,或者施药后 5 天内有 5 ℃以上大幅降温,则存在药害风险,不推荐施用。不宜在缺水田、漏水田及盐碱田施用本品。不推荐在东北、西北地区秧田施用。不推荐在制种田施用。

(5) 本品对千金子无效。

116. 西草净

分子式:$C_8H_{15}N_5S$

【类别】 三嗪类。

【化学名称】 2-甲硫基-4,6-双(乙胺基)-1,3,5-三嗪。

【理化性质】 纯品为白色结晶,熔点 81～82.5 ℃,蒸气压 $9.5×10^{-2}$ 毫帕(25 ℃),相对密度 1.02。水中溶解度(室温)450 毫克/升,可溶于甲醇、丙酮、氯仿、甲苯等有机溶剂。甲醇及丙酮中溶解度分别为 380 克/升、400 克/升(20 ℃)。常温下贮存 2 年稳定。在强酸、强碱或高温下易分解。

【毒性】 低毒。原药大鼠急性经口 LD_{50} 1 830 毫克/千克。豚鼠急性经皮 LD_{50}＞5 000 毫克/千克。鲤鱼 LC_{50}(48 小时)26 毫克/升。

【制剂】 13%乳油,25%、55%可湿性粉剂。

【作用机制与防除对象】 选择性内吸传导型除草剂,可由杂草根部吸收,也可从茎叶透入体内运输至绿色叶片内,抑制光合作用希尔反应,影响糖类的合成和淀粉的积累,从而发挥除草作用。用于水稻田防除眼子菜有特效,对水绵(青苔)、鸭舌草、瓜皮草、小茨藻、早期稗草、牛毛草、泻泽、野慈姑、母草、三棱草等也有较好的防效。施药过晚则防效差。

【使用方法】

防除水稻移栽田眼子菜及其他阔叶杂草:水稻移栽后 20～25 天、秧苗完全返青后、大部分眼子菜叶片由红转绿时,南方水稻田每 667 平方米用 25％可湿性粉剂 100～150 克,东北地区稻田每 667 平方米用 25％可湿性粉剂 200～250 克,拌细土均匀撒施 1 次,施药时保持田间水层 3～5 厘米,并保水 5～7 天,以后正常管理。注意田水不要淹没秧苗心叶。

【注意事项】

(1) 本品每季最多施用 1 次。根据杂草基数,选择合适的施药时间和用药剂量。田间以稗草及阔叶杂草为主,施药应适当提早,于秧苗返青后施药;小苗、弱秧苗易产生药害。

(2) 用药量要准确,避免重施;采用毒土法,拌土及撒施要均匀。

(3) 要求地平整,土壤质地、pH 对安全性影响较大,有机质含量少的砂质土、低洼排水不良地及重碱或强酸性土施用本品易发生药害,故不宜施用。

(4) 用药时气温应在 30℃以下,气温达 30℃以上时,施药易造成药害。

(5) 不同水稻品种对本品的耐药性不同,在新品种稻田施用时,应注意水稻的敏感性。

(6) 本品在水稻(糙米)上的最大残留限量为 0.05 毫克/千克。

117. 西玛津

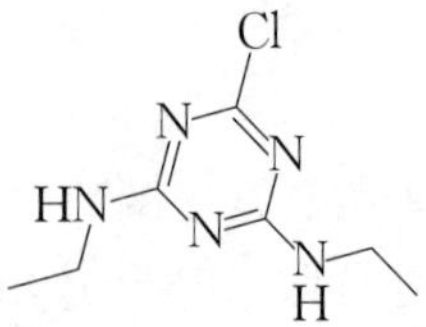

分子式：$C_7H_{12}ClN_5$

【类别】　三嗪类。

【化学名称】　2-氯-4,6-双(乙胺基)-1,3,5-三嗪。

【理化性质】　纯品为白色结晶,熔点 225～227 ℃(分解),蒸气压 0.81 微帕(20 ℃)。溶解度(20 ℃,毫克/升)：水 5,氯仿 900,石油醚 2,甲醇 400,乙醚 300 克/升。原药为白色粉末,熔点约 224 ℃,常温下贮存 2 年稳定。在微酸性或微碱性介质中稳定,在较高温度下能被较强碱水解。

【毒性】　低毒。原药大鼠急性经口 LD_{50} ＞5 000 毫克/千克,兔急性经皮 LD_{50} ＞3 100 毫克/千克。对兔皮肤和眼睛无刺激作用。无致突变、致畸和致癌作用。鱼类 LC_{50}(96 小时)：虹鳟鱼和鲤鱼＞100 毫克/升,蓝鳃太阳鱼 90 毫克/升。

【制剂】　50％悬浮剂,90％水分散粒剂。

【作用机制与防除对象】　选择性内吸传导型土壤处理除草剂,被杂草的根系吸收后沿木质部随蒸腾迅速向上传导到绿色叶内,抑制杂草光合作用,使杂草饥饿而死亡。温度高时植物吸收传导快。本品的选择性是由不同植物生态及生理生化等方面的差异而致。适用于玉米田、甘蔗田防除稗草、马唐、狗尾草、牛筋草、鳢肠、苍耳、苋、藜、马齿苋、龙葵、铁苋菜、苘麻等一年生杂草。

【使用方法】

(1) 防除玉米田杂草：于玉米播后苗前、杂草出土前萌发盛期,每667平方米春玉米田用90%水分散粒剂160～200克(夏玉米田用120～160克),兑水20～40千克土壤均匀喷雾。

(2)防除甘蔗田杂草:甘蔗播种后、杂草发芽前,每667平方米用50%悬浮剂200～240毫升兑水20～40千克土壤均匀喷雾。

【注意事项】

(1)每季最多施用1次。本品的残效期长,对某些敏感后茬作物生长有不良影响,如对小麦、大麦、棉花、大豆、花生、油菜、向日葵、瓜类、水稻、十字花科蔬菜等有药害。故施用本品的地块不宜套种豆类、瓜类等敏感作物,以免发生药害。

(2)本品的用量应根据土壤的有机质含量、土壤质地、气温而定,一般气温高、有机质含量低的砂质土,用量低;反之,用量高,如有机质含量很高的黑土地块。

(3)本品不可用于落叶松的新播及换床苗圃。

(4)播后苗前土壤处理时,施药前整地要平,并按使用面积准确称取药量,均匀施药。

(5)本品在玉米和甘蔗上的最大残留限量分别为0.1毫克/千克、0.5毫克/千克。

118. 烯草酮

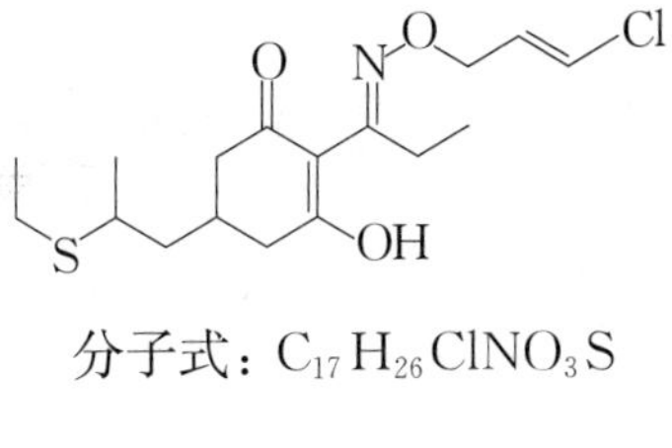

分子式:$C_{17}H_{26}ClNO_3S$

【类别】 环己烯酮类。

【化学名称】 (R,S)-2-{(E)-1-[(E)-3-氯烯丙氧基亚

氨基]丙基}-5-[2-(乙硫基)丙基]-3-羟基环己-2-烯酮。

【理化性质】 原药外观为淡黄色黏稠液体,相对密度1.139 5 (20℃)。蒸气压<0.013毫帕(20℃)。溶于大多数有机溶剂。对紫外光稳定。土壤中DT_{50}为3~26天。50℃下DT_{50}为0.7个月。在高pH下不稳定。

【毒性】 低毒。雌、雄大鼠急性经口LD_{50}分别为1360毫克/千克、1 630毫克/千克,兔急性经皮LD_{50}>5 000毫克/千克,大鼠急性吸入LC_{50}(4小时)>3.9毫克/升。对兔眼睛和皮肤有轻微刺激,对皮肤无致敏性。在试验剂量内,对试验动物无致畸、致癌和致突变作用。鹌鹑LC_{50}(8天)>6 000毫克(原药)/千克饲料。鱼类LC_{50}(96小时):虹鳟鱼67毫克/升,大翻车鱼120毫克/升。蜜蜂LD_{50}(接触)>100微克/只。蚯蚓LC_{50}(14天)454毫克/千克土。

【制剂】 12%、13%、24%、26%、30%、35%、120克/升、240克/升乳油,12%可分散油悬浮剂。

【作用机制与防除对象】 茎叶处理除草剂,具有内吸传导性,优良的选择性,对一年生禾本科杂草有很强的杀伤作用,对双子叶作物安全。通过抑制支链脂肪酸和黄酮类化合物的生物合成而起作用,破坏细胞分裂,抑制植物分生组织的活性,使植株生长延缓,施药后1~3周内植株褪绿坏死。适用于大豆、油菜、马铃薯等田块防除一年生禾本科杂草。

【使用方法】

(1)防除大豆田禾本科杂草:在禾本科杂草3~5叶期,每667平方米用240克/升乳油20~40毫升兑水20~40千克茎叶喷雾。

(2)防除油菜田禾本科杂草:在禾本科杂草3~5叶期,每667平方米用240克/升乳油20~25毫升兑水20~40千克茎叶喷雾。

(3)防除马铃薯田禾本科杂草:在一年生禾本科杂草3~5叶期,每667平方米用240克/升乳油20~40毫升兑水20~40千克茎叶喷雾。

【注意事项】

(1) 本品对双子叶杂草、莎草活性很小或无活性。在单、双子叶杂草混生的田块,应与其他防除双子叶杂草的药剂混用或先后施用,混用前应先进行试验。

(2) 防除一年生禾本科杂草的施药适期为杂草 3～5 叶期,防除多年生杂草以分蘖后施药最为有效。

(3) 不得用于小麦、大麦、水稻、谷子、玉米、高粱等禾本科作物田。

(4) 每季最多施用 1 次。避免药液飘移到邻近的水稻、小麦、玉米、谷子等禾本科作物上。间套或混种有禾本科作物的田块,不能施用本品。

(5) 建议与其他不同作用机制的除草剂轮换使用。

(6) 本品在大豆、油菜籽、马铃薯上的最大残留限量(毫克/千克)分别为 0.1、0.5、0.5。

119. 烯禾啶

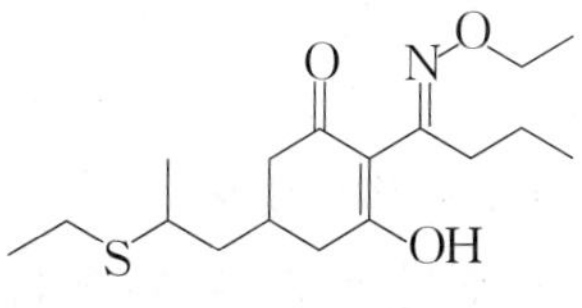

分子式: $C_{17}H_{29}NO_3S$

【类别】 环己烯酮类。

【化学名称】 2-[1-(乙氧基亚氨基)丁基]-5-[2-(乙硫基)丙基]-3-羟基环己-2-烯酮。

【理化性质】 淡黄色无味油状液体,沸点>90 ℃(0.004 帕),

相对密度<1.05(20 ℃)，蒸气压<0.013 毫帕(25 ℃)。水中溶解度(20 ℃)25 毫克/升(pH4)、4 700 毫克/升(pH7)，可与甲醇、己烷、乙酸乙酯、甲苯、辛醇、二甲苯、橄榄油等有机溶剂互溶。DT_{50} 为 5.5 天，土壤中 DT_{50}<1 天(15 ℃)。与有机或无机铜化合物不能配伍。

【毒性】 低毒。原药大鼠急性经口 LD_{50} 3 200～3 500 毫克/千克，大鼠急性经皮 LD_{50}>5 000 毫克/千克，大鼠急性吸入 LC_{50}>6.28 毫克/升。大鼠 2 年喂养试验 NOEL 为 17.2 毫克/升。对皮肤和眼睛无刺激作用。在实验条件下，未见致畸、致突变和致癌作用。日本鹌鹑急性经口 LD_{50}>5 000 毫克/千克。鲤鱼 LC_{50}(96 小时)148 毫克/升。对蜜蜂无明显危害。

【制剂】 12.5%、20%、25%乳油。

【作用机制与防除对象】 乙酰辅酶 A 羧化酶抑制剂，具有强选择性的内吸传导型茎叶处理剂。能被禾本科杂草茎叶迅速吸收，并传导到顶端和节间分生组织，使其细胞分裂破坏，生长停止，逐渐死亡。在禾本科与双子叶植物间选择性很强，对阔叶作物安全。适用于大豆、棉花、油菜、花生、甜菜、亚麻等双子叶作物田防除一年生禾本科杂草。

【使用方法】

(1) 防除大豆田禾本科杂草：在禾本科杂草 3～5 叶期，每 667 平方米夏大豆用 12.5%乳油 80～100 毫升，春大豆用 100～120 毫升，兑水 30～40 千克茎叶喷雾。

(2) 防除油菜田禾本科杂草：在禾本科杂草 3～5 叶期，每 667 平方米用 12.5%乳油 67～100 毫升兑水 30～40 千克均匀喷雾。

(3) 防除花生田禾本科杂草：在禾本科杂草 3～5 叶期，每 667 平方米用 12.5%乳油 67～100 毫升兑水 30～40 千克均匀喷雾。

(4) 防除棉花田禾本科杂草：一年生禾本科杂草 2～4 叶期，

每 667 平方米用 12.5％乳油 80～100 毫升兑水 30～40 千克均匀喷雾。

（5）防除甜菜田禾本科杂草：一年生禾本科杂草 2～3 叶期，每 667 平方米用 20％乳油 80～100 毫升兑水 30～40 千克均匀喷雾。

（6）防除亚麻田禾本科杂草：一年生禾本科杂草 2～3 叶期，每 667 平方米用 20％乳油 65～120 毫升兑水 30～40 千克均匀喷雾。

【注意事项】

（1）本品的杀草速度较慢，药后需 10～15 天才整株死亡，施药后不要急于再施其他除草剂。

（2）喷药时应防止药雾飘移到邻近的单子叶作物上而产生药害，大风天应停止用药。施药以早晚进行为好，中午或气温高时不宜施药。干旱条件不利于药效发挥，施药后 2～3 小时降雨会影响药效。

（3）每季最多施用 1 次。远离水产养殖区施药，禁止在河塘等水体中清洗施药器具。

（4）本品在棉花（棉籽）、花生（花生仁）、大豆、油菜（油菜籽）、甜菜、亚麻籽上的最大残留限量（毫克/千克）分别为 0.5、2、2、0.5、0.5、0.5。

120. 酰嘧磺隆

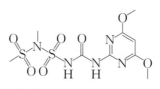

分子式：$C_9H_{15}N_5O_7S_2$

【类别】 磺酰脲类。

【化学名称】 1-(4,6-二甲氧基嘧啶-2-基)-3-甲磺酰基(甲基)氧基磺酰基脲。

【理化性质】 纯品为白色颗粒状固体,熔点 160～163 ℃,相对密度 1.5(20 ℃),蒸气压 2.2×10^{-5} 帕(20 ℃)。溶解度(20 ℃,毫克/升):水 3.3(pH3)、9(pH5.8)、13 500(pH10),异丙醇 99,甲醇 872,丙酮 8 100。在水中半衰期(20 ℃):＞33.9 天(pH5),＞365 天(pH7)。在室温下存放 24 个月稳定。

【毒性】 低毒。大鼠急性经口 LD$_{50}$＞5 000 毫克/千克,大鼠急性经皮 LD$_{50}$＞5 000 毫克/千克,大鼠急性吸入 LC$_{50}$(4 小时)＞1.8 毫克/升。对兔皮肤无刺激性,对兔眼睛有轻微刺激性,对豚鼠皮肤无致敏性。雄大鼠饲喂 NOEL(2 年)19.45 毫克/(千克·天)。无致癌、致畸、致突变性。野鸭和山齿鹑急性经口 LD$_{50}$＞2 000 毫克/千克。虹鳟鱼 LC$_{50}$(96 小时)＞320 毫克/升。蜜蜂急性经口 LD$_{50}$＞1 000 微克/只。蚯蚓 LC$_{50}$(14 小时)＞1 000 毫克/千克土。

【剂型】 50％水分散粒剂。

【作用机制与防除对象】 本品属乙酰乳酸合成酶抑制剂。通过杂草根和叶吸收,在植株体内传导,杂草即停止生长、叶色褪绿,而后枯死。药后的除草效果不受天气影响,效果稳定。可有效防除麦田多种阔叶杂草,对猪殃殃有特效。

【使用方法】

防除小麦田阔叶杂草:每 667 平方米用 50％水分散粒剂 3～4 克(冬小麦)、3.5～4 克(春小麦),兑水 20～30 千克茎叶喷雾。

【注意事项】

(1) 若天气干旱、低温或防除 6～8 叶的大龄杂草,通常采用推荐剂量的上限。

(2) 本品可与多种除草剂混用,与精噁唑禾草灵按常量混用,可一次性用药防除杂草。也可与 2 甲 4 氯、苯磺隆等防阔叶杂草的除草剂混用,扩大杀草谱。

(3) 小麦每季最多施用 1 次。本品在小麦上的最大残留限量为 0.01 毫克/千克。

121. 硝磺草酮

分子式：$C_{14}H_{13}NO_7S$

【类别】 三酮类。

【化学名称】 2-(2-硝基-4-甲磺酰基-苯甲酰)环己烷-1,3-二酮。

【理化性质】 原药含量不低于 94%,外观为褐色或黄色固体,熔点 165.3 ℃(伴随着分解),蒸气压(20 ℃)$<5.7\times10^{-6}$ 帕。溶解度(克/升)：二甲苯 1.4,甲苯 2.7,甲醇 3.6,丙酮 76.4,二氯甲烷 82.7,乙腈 96.1。54 ℃贮存 14 天性质稳定。

【毒性】 低毒。大、小鼠急性经口 $LD_{50}>5000$ 毫克/千克,急性经皮 $LD_{50}>2000$ 毫克/千克,急性吸入 LC_{50}(4 小时)>5 毫克/升。对兔皮肤无刺激性,对兔眼睛有轻度刺激性。豚鼠皮肤变态反应(致敏)试验结果为不具致敏性。大鼠 90 天亚慢性喂养试验的 NOEL：雄性为 5.0 毫克/千克(饲料)、雌性为 7.5 毫克/千克(饲料)。Ames 试验、小鼠微核试验等 5 项致突变试验均为阴性。无致畸、致突变和致癌作用。野鸭急性经口 $LD_{50}>2000$ 毫克/千克,山齿鹑急性经口 $LD_{50}>2000$ 毫克/千克。虹鳟鱼 LC_{50}(96 小时)>120 毫克/升。蜜蜂(接触)LD_{50}(48 小时)363 微克(有效成分)/只。家蚕食下毒叶法 LC$_{50}$>10 000 毫克/千克(桑叶)。

【制剂】 75％水分散粒剂,9％、10％、15％、25％、40％悬浮剂,10％、15％、20％、25％、30％可分散油悬浮剂,12％泡腾粒剂,82％可湿性粉剂。

【作用机制与防除对象】 本品是对羟基苯基酮酸酯双氧化酶抑制剂,可被植物的根和茎叶吸收,通过抑制对羟基苯基酸酯双氧化酶的合成,导致酪氨酸的积累,使质体醌和生育酚的生物合成受阻,进而影响类胡萝卜素的生物合成,杂草茎叶白化后死亡。可用于移栽水稻田、玉米田、甘蔗田、早熟禾草坪防除一年生杂草。

【使用方法】

(1) 防除玉米田一年生阔叶杂草及部分禾本科杂草:玉米 3～7 叶期、禾本科杂草 1～3 叶期(以杂草叶龄为主),每 667 平方米用 10％悬浮剂 70～100 毫升兑水 30～40 千克茎叶喷雾。

(2) 防除水稻移栽田杂草:水稻移栽后 7～10 天、水稻返青追肥时,每 667 平方米用 82％可湿性粉剂 6～8 克,采用药土(肥)法均匀撒施。

(3) 防除甘蔗田杂草:于甘蔗苗后、杂草 2～4 叶期,每 667 平方米用 10％悬浮剂 70～90 毫升兑水 30～40 千克茎叶喷雾。

(4) 防除早熟禾草坪杂草:在草坪成坪期、杂草 2～5 叶期,每 667 平方米用 40％悬浮剂 24～40 克兑水 30～40 千克茎叶喷雾。

【注意事项】

(1) 尽量较早用药,除草效果更佳,施药时请避免雾滴飘移至邻近作物。

(2) 本品耐雨水冲刷,药后 3 小时遇雨不影响药效。

(3) 不得用于爆裂玉米和观赏玉米。不得用于玉米与其他作物间作、混种田。

(4) 本品不能与任何有机磷类、氨基甲酸酯类杀虫剂混用或在间隔 7 天内施用,请勿通过任何灌溉系统使用本品,勿将本品与悬浮肥料、乳油剂型的苗后茎叶处理剂混用。

（5）正常气候条件下，本品对后茬作物安全，但后茬种植甜菜、苜蓿、烟草、蔬菜、油菜、豆类需先做试验后种植。一年两熟制地区，后茬作物不得种植油菜。

（6）豆类、十字花科作物对本品敏感，施药时须防止飘移，以免发生药害。

（7）每季作物最多施用 1 次。本品在玉米、稻谷（糙米）和甘蔗上的最大残留限量（毫克/千克）分别为 0.01、0.05、0.05。

122. 辛酰碘苯腈

分子式：$C_{15}H_{17}I_2NO_2$

【类别】 苯腈类。

【化学名称】 3,5-二碘-4-辛酰氧基苯腈。

【理化性质】 纯品为白色结晶，熔点 53～55 ℃，蒸气压 5.4×10^{-5} 帕（25 ℃）。溶解度（克/升）：水 6.2×10^{-6}，甲醇 90，丙酮 100，二甲苯 500。

【毒性】 中等毒。原药雄、雌大鼠急性经口 LD_{50} 分别为 430.1 毫克/千克和 384.9 毫克/千克，雌、雄小鼠急性经口 LD_{50} 分别为 509.0 毫克/千克和 481.9 毫克/千克。原药对雄大鼠的急性经皮 LD_{50} 为 3 200 毫克/千克。

【制剂】 30% 水乳剂。

【作用机制与防除对象】 本品是一种内吸活性的触杀型除草剂。能被植物茎叶迅速吸收，并通过抑制植物的电子传递、光合作用及呼吸作用而呈现杀草活性。能够有效防除玉米田一年生阔叶杂草。

【使用方法】

防除玉米田一年生阔叶杂草：于玉米 3～4 叶期、杂草 2～4 叶期施药,每 667 平方米用 30％水乳剂 120～170 毫升兑水 20～40 千克定向均匀喷雾,注意喷雾均匀周到。

【注意事项】

(1) 本品是一种内吸活性的触杀型除草剂,与其他除草剂轮换施用可扩大除草谱。

(2) 对鱼类、蚤类等水生生物、鸟类有毒。应远离水产养殖区、河塘等水体施药,避免药液流入河塘等水体中,清洗喷药器械时切忌污染水源。赤眼蜂等天敌放飞区域禁用。

(3) 本品在玉米田每季最多施用 1 次,安全间隔期为收获期。

(4) 本品对阔叶作物敏感,施药时应避免药液飘移到这些作物上,以防产生药害。施用本品应选择晴天进行,光照强、气温高,有利药效发挥,加速杂草死亡。大风天或预计 6 小时内降雨,请勿施药。

(5) 本品不宜与肥料混用,也不可添加助剂,否则易产生药害。

123. 辛酰溴苯腈

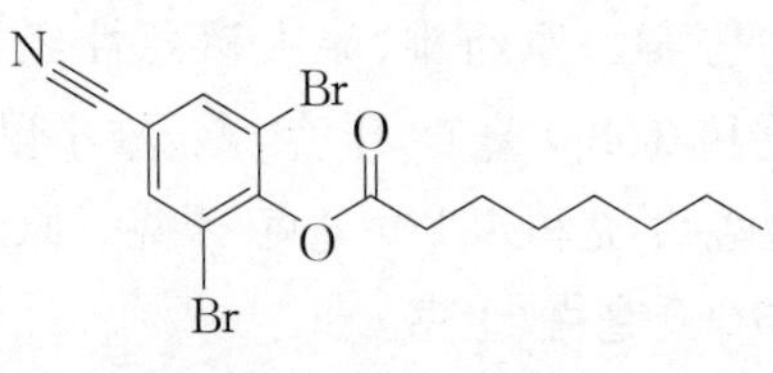

分子式：$C_{15}H_{17}Br_2NO_2$

【类别】 苯腈类。

【化学名称】 3,5-二溴-4-辛酰氧基苯腈。

【理化性质】 外观为浅黄色固体,熔点 45～46 ℃,蒸气压 1.9×10^{-1} 毫帕(25 ℃)。溶解度(20 ℃,克/升):丙酮 100,甲醇 100,二甲苯 700,不溶于水。对光稳定,在 pH＞9 时水解为溴苯腈。贮存时稳定,与大多数其他农药不反应,稍有腐蚀性,易被稀碱液水解。在土壤中通过微生物作用和化学过程被迅速分解,半衰期约 10 天。在动植物中水解成酚,腈基水解为酰胺和游离羧酸,并有一些脱卤作用。

【毒性】 中等毒。原药大、小鼠急性经口 LD_{50} 147 毫克/千克,急性经皮 LD_{50} 2000 毫克/千克。饲喂 NOEL:大鼠 312 毫克/千克饲料(90 天),狗 5 毫克/千克(90 天)。野鸡饲喂 LC_{50}(8 天) 4400 毫克/千克。虹鳟 LC_{50}(96 天)0.05 毫克/升。对蜜蜂无毒。

【制剂】 25%、30%乳油、25%可分散油悬浮剂。

【作用机制与防除对象】 本品为选择性苗后茎叶处理触杀型除草剂,主要由叶片吸收,在植物体内进行极有限的传导,通过抑制光合作用的各个过程,包括抑制光合磷酸化反应和电子传递,特别是光合作用的希尔反应,使植物组织迅速坏死,从而达到灭草目的,气温较高时加速叶片枯死。可有效防除大蒜、玉米、小麦等作物田一年生阔叶杂草。

【使用方法】

(1) 防除大蒜田阔叶杂草:应于大蒜 3～4 叶期、阔叶杂草基本出齐后施药。每 667 平方米用 30%乳油 75～90 毫升兑水 30～40 千克均匀喷雾。

(2) 防除玉米田阔叶杂草:于玉米 3～5 叶期、一年生阔叶杂草 2～5 叶期施药,每 667 平方米用 25%可分散油悬浮剂 100～150 克兑水 30～40 千克均匀喷雾。

(3) 防除小麦田阔叶杂草:于小麦 3～5 叶期、一年生阔叶杂草 2～4 叶期施药,冬小麦每 667 平方米用 25%乳油 100～150 毫升,春小麦每 667 平方米用 25%乳油 120～150 毫升,兑水 30～40

千克茎叶均匀喷雾。

【注意事项】

(1) 本品在大蒜、玉米、小麦的一个生长季最多施用 1 次。

(2) 不宜与肥料混用,也不可添加助剂,否则易产生药害。

(3) 勿在高温天气,或气温低于 8 ℃,或在近期有严重霜冻的情况下用药。施用本品应选择晴天进行,光照强、气温高,有利药效发挥,加速杂草死亡。大风天或预计 6 小时内降雨,请勿施药。

(4) 对鱼类等水生生物有毒,对赤眼蜂高风险性。施药时应远离水产养殖区施药,避免药液流入河塘等水体中,清洗喷药器械时切忌污染水源。

(5) 本品在小麦、玉米、大蒜上最大残留限量(毫克/千克)分别为 0.1、0.05、0.1。

124. 溴苯腈

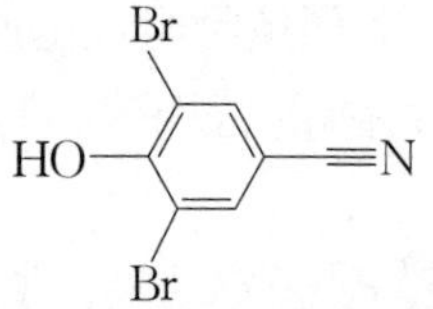

分子式:$C_7H_3Br_2NO$

【类别】 苯腈类。

【化学名称】 3,5-二溴-4-羟基苯腈。

【理化性质】 原药为褐色固体,有效成分含量 95%,熔点 188～192 ℃,蒸气压 6.7 毫帕(25 ℃)。对日光稳定,在稀酸、碱中亦稳定。纯品为白色固体,熔点 104～195 ℃,溶解度(25 ℃,克/升):水 0.13,丙酮 170,甲醇 90,石油＜20,四氢呋喃 410。溴苯腈钠盐溶解度(20～25 ℃,克/升):水 42,丙酮 80,甲氧基乙醇 310,

四氢糠醇 430。溴苯腈钾盐溶解度(克/升)：水 61,丙酮 70。

【毒性】 中等毒。原药大鼠急性经口 LD_{50} 190 毫克/千克，急性经皮 $LD_{50} > 2\,000$ 毫克/千克，急性吸入 LC_{50} 为 0.38 毫克/升。对皮肤和眼睛无刺激作用。在试验剂量范围内，对试验动物无致畸、致突变和致癌作用。对鱼类及水生生物毒性较低，虹鳟鱼 LC_{50} 23 毫克/升。对鸟类中等毒，野鸭急性经口 LD_{50} 50 毫克/千克，鸡急性经口 LD_{50} 100～240 毫克/千克。土壤中 DT_{50} 为 10 天，通过水解和去溴作用降解为毒性小的物质。对蜜蜂和天敌无毒。

【制剂】 80％可溶粉剂。

【作用机制与防除对象】 本品是选择性苗后茎叶处理触杀型除草剂，主要经由叶片吸收，在植物体内进行极其有限的传导，通过抑制光合作用的各个过程，使植物组织迅速坏死。施药 24 小时内叶片褪绿，出现坏死斑。气温较高、光照较强会加速叶片枯死。适用于小麦田、玉米田防除蓼、藜、苋、龙葵、苍耳、猪毛菜、麦家公、田旋花、荞麦蔓等一年生阔叶杂草。

【使用方法】

（1）防除小麦田阔叶杂草：于小麦 3～5 叶期、杂草 4 叶前施药，每 667 平方米用 80％可溶粉剂 30～40 克兑水 30～40 千克均匀喷雾。

（2）防除玉米田阔叶杂草：于玉米 3～8 叶期、杂草 4 叶前施药，每 667 平方米用 80％可溶粉剂 40～50 克兑水 30～40 千克均匀喷雾，注意喷雾均匀周到，只需施药 1 次。

【注意事项】

（1）施用本品遇到低温或高湿天气，除草效果可能降低，作物安全性降低。气温超过 35 ℃、湿度过大时不能施药，否则会发生药害。阔叶作物对本品敏感，施药时应避免药液飘移到这些作物上，以防产生药害。

（2）施药后需 6 小时内无雨，以保证药效。

（3）不宜与肥料混用，也不能添加助剂，否则也会造成作物药害。

（4）对鱼类等水生生物有毒，应远离水产养殖区施药，避免药液流入河塘等水体中，清洗喷药器械时切忌污染水源。开花植物花期、蚕室和桑园、鸟类保护区附近禁用。赤眼蜂等天敌放飞区域禁用。

（5）每季最多施用1次。

（6）本品在小麦、玉米上的最大残留限量分别为 0.05 毫克/千克、0.1 毫克/千克。

125. 烟嘧磺隆

分子式：$C_{15}H_{18}N_6O_6S$

【类别】 磺酰脲类。

【化学名称】 3-(4,6-二甲氧基嘧啶-2-基)-1-(3-二甲基氨基甲酰吡啶-2-基)磺酰脲。

【理化性质】 纯品为无色晶体，熔点 172～173 ℃，蒸气压＜$8×10^{-7}$ 毫帕，相对密度 0.313(20 ℃)。溶解度(25 ℃，毫克/千克)：水 400(pH5 缓冲，最终 pH5.01)、120(pH7 缓冲，最终 pH6.85)、39.2(pH9 缓冲，最终 pH8.8)，丙酮 18，乙腈 23，氯仿 二甲基甲酰胺 64 000，二氯甲烷 160，乙醇 4.5，己烷＜0.02，甲苯 70。DT_{50} 为 15 天(pH5)。在 pH7、pH9 时稳定。

【毒性】 低毒。原药大鼠急性经口 LD_{50}＞5 000 毫克/千克，

大鼠急性经皮 LD_{50} > 2 000 毫克/千克,大鼠急性吸入 LC_{50}(4 小时) > 5.47 毫克/升。对兔眼睛和皮肤无刺激性,对豚鼠皮肤无致敏性。在试验剂量范围内,对试验动物无致畸、致突变和致癌作用。山齿鹑急性经口 LD_{50} > 2 250 毫克/千克,野鸭急性经口 LD_{50} > 2 000 毫克/千克。鲤鱼和虹鳟鱼 LC_{50}(96 小时) > 105 毫克/升。蜜蜂急性经口 LD_{50} 76 微克/只。蚯蚓 LC_{50}(14 天) > 1 000 毫克/千克土。

【制剂】 4.2%、6%、8%、10%、20%、40 克/升、60 克/升可分散油悬浮剂、80%可湿性粉剂,40 克/升悬浮剂、75%水分散粒剂。

【作用机制与防除对象】 本品属乙酰乳酸合成酶抑制剂。由杂草茎叶及根部吸收,通过木质部和韧皮部迅速传导。杂草吸收药剂后会很快停止生长,生长点褪绿白化,逐渐扩展到其他茎叶部分。一般在施药后 3~4 天可以看到杂草受害症状,而整个植株枯死则需 20 天左右,杂草枯死后呈赤褐色。药剂进入玉米植株体内会迅速代谢为无活性物质,对大多数玉米品种安全。可用于春、夏玉米田防除马唐、牛筋草、狗尾草、野高粱、野黍、反枝苋、藜及莎草科杂草。对本氏蓼、马齿苋、龙葵、田旋花、苣荬菜等有较好的抑制作用,但对铁苋菜、萹蓄防效差,持效期 30~35 天。

【使用方法】

防除玉米田杂草:玉米 3~5 叶期、杂草 2~5 叶期,每 667 平方米用 40 克/升可分散油悬浮剂 60~100 毫升兑水 30~40 千克均匀茎叶喷雾 1 次。

【注意事项】

(1)不同玉米品种对本品敏感性有差异,适用于马齿型玉米和硬玉米品种。甜玉米、爆裂玉米、制种玉米田、自交系玉米田及玉米 2 叶前和 6 叶后,不宜施用。初次使用的玉米种子,需经安全性试验确认安全后方可使用。

(2)本品用在玉米以外的作物上会产生药害,施药时不要把药剂洒到或飘移到邻近的其他作物上。对后茬小白菜、甜菜、菠菜等有药害。

(3) 用有机磷药剂处理过的玉米对本品敏感。两药剂的施用间隔期为 7 天左右。可与菊酯类农药混用。

(4) 施药后 6 小时下雨,对药效无影响。与 2,4 -滴丁酯混用时,应避免药液飘移到其他阔叶作物上。

(5) 每季最多施用 1 次,安全间隔期 30 天。本品在玉米上的最大残留限量为 0.1 毫克/千克。

126. 野麦畏

分子式:$C_{10}H_{16}Cl_3NOS$

【类别】 硫代氨基甲酸酯类。

【化学名称】 N,N -二异丙基硫代氨基甲酸- S - 2,3,3 -三氯烯丙基-酯。

【理化性质】 纯品为淡黄或浅棕色油状物,熔点 29～30 ℃,沸点 117 ℃,蒸气压 16 毫帕(25 ℃),相对密度 1.27(25 ℃)。水中溶解度(25 ℃)4 毫克/升,易溶于大多有机溶剂,如丙酮、乙醚、乙醇、苯等。对光稳定,超过 200 ℃分解。不易燃,无腐蚀性。

【毒性】 低毒。大鼠急性经口 LD_{50} 1 800 毫克/千克,兔急性经皮 LD_{50} 2 225～4 050 毫克/千克,大鼠吸入 LC_{50}(12 小时)>5.3 毫克/升。对兔皮肤和眼睛有轻微刺激。在试验条件下,对大鼠和家兔无致畸和致癌作用。鹌鹑急性经口 LD_{50} 2 251 毫克/千克,野鸭和鹌鹑 LC_{50}(5 天)>5 000 毫克/千克饲料。鱼类 LC_{50}(96 小时）：虹鳟鱼 1.2 毫克/升，蓝鳃太阳鱼 1.3 毫克/升。对蜜蜂安全。

【制剂】 37％、400 克/升乳油、40％微囊悬浮剂。

【作用机制与防除对象】 本品为防除野燕麦类的选择性土壤处理剂。野燕麦在萌芽通过土层时，主要由芽鞘或第一片子叶被吸收，并在体内传导。其生长点部位最为敏感，影响细胞的有丝分裂和蛋白质合成，抑制细胞伸长，芽鞘顶端膨大，鞘顶空心，致使野燕麦不能出土而死亡，是一种类脂合成抑制剂。小麦萌发 24 小时后便有分解本品的能力，而且随生长发育耐药性逐渐增强，因而小麦有较强的耐药性。适用于小麦田防除野燕麦。

【使用方法】

防除小麦田野燕麦：可选择以下两种处理方法。

① 播前施药深混土处理：在作物播种之前，每 667 平方米用 400 克/升乳油 150～200 毫升兑水 30～40 千克混匀后喷洒于地表，施药后 2 小时内进行混土，混土深度为 8～10 厘米（小麦播种深度为 5～6 厘米）。

② 播后苗前浅混土处理：在小麦播后苗前施药，每 667 平方米用 400 克/升乳油 150～200 毫升兑水 30～40 千克均匀喷雾，施药后立即浅混土 1～3 厘米。

【注意事项】

（1）本品有挥发性，需边施药边混土，如施药后间隔 4 小时后再混土，除草效果显著降低；如相隔 24 小时后混土，除草效果只有 50％左右。

（2）播种深度与药效、药害关系很大，如果小麦种子在药层之中直接接触药剂，则会产生药害。

（3）本品对眼睛和皮肤有刺激性，施药时应注意防护。

（4）每季最多施用 1 次，春小麦播种前 5～7 天喷施。在小麦上最大残留限量为 0.05 毫克/千克。

127. 野燕枯

$$分子式：C_{17}H_{17}N_2^+$$

【类别】 吡唑类。

【化学名称】 1,2-二甲基-3,5-二苯基吡唑阳离子。

【理化性质】 原药有效成分含量96%，为白色粉末。纯品为无色吸湿性晶体，熔点150～160℃，蒸气压0.013毫帕(20℃)。溶解度(25℃,克/升)：水765，丙酮9.8，1,2-二氯乙烷71，庚烷、甲苯<0.01，乙醇588，异丙醇23。对热稳定，在低pH水中稳定，在强酸、碱和氧化条件下分解。水溶液对光稳定，土壤吸附性很强。土壤中DT_{50}约120天，但光照到土壤表面时迅速水解。与铝接触可水解。

【毒性】 中等毒。原药大鼠急性经口LD_{50} 239毫克/千克，小鼠急性经口LD_{50} 31毫克/千克，兔急性经皮LD_{50}>3 540毫克/千克。对皮肤有轻度刺激作用，对眼睛黏膜有一定刺激作用。在试验剂量内对动物无致畸、致突变和致癌作用。鹌鹑LC_{50}(8天)>4 640毫克/千克饲料。鱼类LC_{50}(毫克/升,96小时)：虹鳟鱼694，大鳍鳞鳃太阳鱼696。蜜蜂经口LD_{50} 36.2毫克/只。

【制剂】 40%水剂。

【作用机制与防除对象】 本品为选择性苗后茎叶处理剂，用于小麦田防除野燕麦。本品施于野燕麦叶片上，吸收转移到心叶，作用于生长点，破坏野燕麦的细胞分裂和顶端、节间分生组织中细胞的分裂和伸长，从而使野燕麦停止生长，最后全株枯死，而残存的野燕麦植株矮小，仅少数植株抽穗，结籽少，抑制效果好。

【使用方法】

防除小麦田野燕麦：于野燕麦 3～5 叶期，每 667 平方米用 40％水剂 200～250 毫升兑水 20～30 千克茎叶喷雾，在正常剂量下对小麦安全。

【注意事项】

（1）本品不可与防除阔叶杂草的钠盐或钾盐、铵盐除草剂混用，需要间隔 7 天。

（2）土壤含水量和空气湿度会影响药效。土壤水分和空气湿度大会加强药剂的渗入作用，如在露水未干或下细雨时施药都可使药剂在植物体内重新分布到达有效作用部位，从而提高药效。推荐剂量下对小麦安全，不同品种小麦耐药性有差异，用药后可能会出现暂时褪绿现象，20 天后可恢复正常，不影响产量。

（3）本品可与 72％的 2,4 -滴丁酯混合使用，兼除阔叶杂草且有相互增效作用，但 2,4 -滴丁酯每 667 平方米用量不得超过 50 毫升；用后喷械彻底清洗干净。

（4）日平均温度 10 ℃、相对湿度 70％以上，土壤墒情较好时药效更佳。

（5）每季最多施用 1 次。本品在小麦上的最大残留限量为 0.1 毫克/千克。

128. 乙草胺

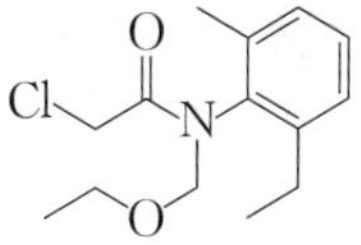

分子式：$C_{14}H_{20}ClNO_2$

【类别】 酰胺类。

【化学名称】 N-(2-乙基-6-甲基苯基)-N-乙氧甲基-氯乙酰胺。

【理化性质】 原药含量93%,外观为黄色至琥珀色油状液体,蒸气压6.0毫帕(25℃),相对密度1.122 1(℃)。纯品为透明黏稠液体,熔点10.6℃,沸点>200℃。水中溶解度223毫克/升(25℃),易溶于乙醚、丙酮、苯、氯仿、乙醇、乙酸乙酯和甲苯等有机溶剂。不易光解和挥发。

【毒性】 低毒。原药大、小鼠急性经口 LD_{50} 2 148毫克/千克,兔急性经皮 LD_{50} 4 166毫克/千克,大鼠急性吸入 LC_{50}(4小时)>3毫克/升。对兔眼睛有可逆的刺激性,对兔皮肤无刺激性,对豚鼠有接触过敏反应。大鼠2年饲养NOEL不高于1毫克/千克饲料,狗饲养1年NOEL不高于12毫克/(千克·天)。鹌鹑急性经口 LD_{50} 1 260毫克/千克,鹌鹑和野鸭 LC_{50}(5天)均为5 620毫克/千克饲料以上。鱼类 LC_{50}(96小时):虹鳟鱼0.36毫克/升,蓝鳃太阳鱼1.3毫克/升。蜜蜂 LD_{50}>100微克/只。蚯蚓 LC_{50}(14天)211毫克/千克土。

【制剂】 50%、88%、90%、90.9%、99%、900克/升乳油,20%可湿性粉剂,48%水乳剂,5%颗粒剂等。

【作用机制与防除对象】 本品为选择性内吸传导型土壤处理剂,用于芽前除草;通过幼芽、幼根吸收,干扰和抑制杂草体内的核酸代谢及蛋白质合成。药剂施于杂草后,幼根和幼芽受到抑制,叶片不能从芽鞘抽出或抽出的叶片畸形、变短变厚而死亡。适用于大豆、棉花、油菜、花生、玉米、马铃薯等作物田,于芽前防除稗草、马唐、狗尾草、牛筋草、看麦娘、早熟禾等一年生禾本科杂草及部分阔叶杂草,持效期6~8周。

【使用方法】

(1) 防除大豆田杂草:在大豆播后苗前,春大豆田每667平方米用50%乳油160~250毫升,夏大豆田每667平方米用50%乳油100~140毫升,兑水30~40千克土壤喷雾。

（2）防除棉花田杂草：在棉花播后苗前，每 667 平方米用 50％乳油 150～200 毫升兑水 30～40 千克土壤均匀喷雾。

（3）防除油菜田杂草：在油菜移栽前或移栽后（杂草出土前），每 667 平方米用 50％乳油 70～100 毫升兑水 30～40 千克土壤均匀喷雾。

（4）防除花生田杂草：在花生播后苗前，每 667 平方米用 50％乳油 100～160 毫升兑水 30～40 千克土壤均匀喷雾。

（5）防除马铃薯田杂草：在马铃薯播后苗前，每 667 平方米用 900 克/升乳油 100～140 毫升兑水 30～40 千克土壤均匀喷雾。

（6）防除玉米田杂草：在玉米播后苗前，春玉米田每 667 平方米用 50％乳油 200～250 毫升，夏玉米田每 667 平方米用 50％乳油 100～140 毫升，兑水 30～40 千克土壤喷雾。

（7）防除移栽水稻田杂草：在水稻插秧后 5～10 天、水稻完全缓苗后、稗草 1 叶 1 心期前，每 667 平方米用 20％可湿性粉剂 35～50 克拌湿润细沙土 30 千克均匀撒施。施药时田间水层 3～5 厘米，施药后保水 5～7 天，如水不足时缓慢补水，但不能排水、串水，水深不能淹没水稻心叶。

【注意事项】

（1）黄瓜、菠菜、韭菜、小麦、谷子、高粱、西瓜和甜瓜等作物对本品敏感，不宜施用。水稻对本品也比较敏感，秧田、直播田、抛秧田不宜施用。施药时要避免药液飘移到邻近的敏感作物上，以防产生药害。

（2）本品必须在杂草出土前施用，不能用作茎叶处理。对已出土的杂草用药前应先用其他除草剂清除。

（3）施药工具用后要及时清洗干净。

（4）大豆苗期遇低温多湿、田间长期渍水，对大豆有抑制作用，症状为大豆叶皱缩，待大豆 3 片复叶后可恢复正常生长，一般对产量无影响。

（5）每季最多施用 1 次。

(6) 本品在水稻(糙米)、玉米、大豆、油菜(油菜籽)、花生(花生仁)、马铃薯上的最大残留限量(毫克/千克)分别为 0.05、0.05、0.1、0.2、0.1、0.1。

129. 乙羧氟草醚

分子式：$C_{16}H_9ClF_3NO_7$

【类别】 二苯醚类。

【化学名称】 2-氯-4-三氟甲基苯基-3′-甲羧基甲氧基甲酰基-4′-硝基苯基醚(乙酯)。

【理化性质】 原药有效成分含量不低于 90%,深琥珀色固体。熔点 64～65℃,相对密度 1.01(25℃),蒸气压(25℃)133 帕。水中溶解度(25℃)0.1 毫克/升,大多数有机溶剂中的溶解度＞10 毫克/升。0.25 毫克/升水溶液在 22℃下的半衰期为 231 天(pH5)、15 天(pH7)、0.15 天(pH9)。其水悬浮液因紫外光而迅速分解。土壤中因微生物而迅速降解,DT_{50} 为 11 小时。

【毒性】 低毒。大鼠急性经口 LD_{50} 926 毫克/千克,大鼠急性经皮 LD_{50}＞2 150 毫克/千克,大鼠急性吸入 LC_{50}(4 小时)7.5 毫克/升。对兔皮肤和眼睛有轻微刺激作用。Ames 试验结果表明无致突变作用。对鱼类低毒,LC_{50}(96 小时):虹鳟鱼 23 毫克/

升,大鳍鳞鳃太阳鱼 1.6 毫克/升。对鸟类低毒。蜜蜂接触 LD_{50}（96 小时）＞100 克/只。

【制剂】 10％、15％、20％乳油,10％微乳剂。

【作用机制与防除对象】 为大豆田苗后除草剂。它被植物吸收后,会抑制体内原卟啉氧化酶,生成对植物细胞具有毒性的四吡咯,积聚而发生作用。具有作用速度快、活性高、不影响下茬作物等特点。可有效防除大豆田、花生田马齿苋、铁苋菜、反枝苋、荠菜、苍耳、龙葵、鸭跖草、藜、蓼、苘麻、香薷、田旋花、婆婆纳等一年生阔叶杂草。

【使用方法】

（1）防除大豆田阔叶杂草：在大豆 2～3 复叶期、一年生阔叶杂草 2～5 叶期,春大豆田每 667 平方米用 10％乳油 40～60 毫升、夏大豆田每 667 平方米用 10％乳油 40～50 毫升,兑水 30～40 千克茎叶喷雾。

（2）防除春小麦田阔叶杂草：春小麦 3～4 片叶期,每 667 平方米用 10％乳油 40～60 毫升兑水 30～40 千克茎叶喷雾。

（3）防除花生田阔叶杂草：在花生田阔叶杂草 2～4 叶期,每 667 平方米用 10％乳油 30～50 毫升兑水 30～40 千克茎叶喷雾。

【注意事项】

（1）每季作物最多施用 1 次。施药后,在高温或苗弱情况下,大豆可能会出现灼伤,但 2 周内即可恢复,不影响产量。

（2）本品光照条件下效果好,应选择在晴天用药,气温超过 30℃时选择在早、晚用药。药后大豆叶片有时会出现褐色锈斑,新生叶长出正常,对大豆生长无影响。施药后,花生会发生触杀性灼伤,施药 2 周后恢复,不影响产量。

（3）本品对水生生物毒性较高,应远离水产养殖区施药,避免药液流入河塘等水体中,清洗喷药器械时切忌污染水源,禁止在河塘等水体中清洗施药器具。

（4）本品在小麦、大豆、花生（花生仁）上最大残留限量均为 0.05 毫克/千克。

130. 乙氧呋草黄

分子式：$C_{13}H_{18}O_5S$

【类别】 苯并呋喃甲磺酸酯类。

【化学名称】 2-乙氧基-2,3-二氢-3,3-二甲基苯并呋喃-5-基甲磺酸酯。

【理化性质】 原药外观为白色粉状结晶。熔点70～72℃,蒸气压(25℃)0.86×10^{-4}帕。溶解度(克/升,20℃)：水0.05,乙醇100,丙酮、三氯甲烷、二烷和苯400,正己烷4.0。在中性水溶液中稳定,在酸、碱性介质中水解。

【毒性】 低毒。原药大鼠急性经口LD$_{50}$>4640毫克/千克,大鼠急性经皮LD$_{50}$>2150毫克/千克。对家兔皮肤、眼睛无刺激性。豚鼠皮肤变态反应(致敏性)试验结果属弱致敏物(致敏率为0)。大鼠90天亚慢性喂养试验的NOEL为30毫克/(千克·天)。Ames试验、小鼠微核试验、小鼠睾丸细胞染色体畸变试验均为阴性,未见突变作用。20%乳油对斑马鱼LC$_{50}$(96小时)为4.25毫克/升。鹌鹑LD$_{50}$(7天)632毫克/千克。蜜蜂LD$_{50}$(胃急性经口和接触,48小时)>100微克。家蚕LC$_{50}$(2龄,食下毒叶法)3050毫克/千克(桑叶)。对蜜蜂、鸟和家蚕低毒,对鱼中等毒。

【制剂】 20%乳油。

【作用机制与防除对象】 甜菜苗后使用的广谱选择性除草剂,可有效防除甜菜田部分阔叶杂草,对甜菜田藜、蓼等一年生阔叶杂草有较好的防除效果。

【使用方法】

防除甜菜田阔叶杂草：于甜菜苗后、杂草 2～4 叶期,每 667 平方米用 20％乳油 400～533 毫升兑水 30～40 千克茎叶均匀喷雾 1 次,对甜菜部分阔叶杂草如藜、蓼等有较好防效。建议在杂草 4 叶期前施药,喷液量的确定要考虑气候条件,如果干旱则可适当增大喷液量。

【注意事项】

(1) 施药器械不得在河塘等水域内清洗,以免污染水源。

(2) 施药时注意对蜜蜂的影响,开花植物花期、桑园及蚕室附近禁用。

(3) 每季最多施用 1 次。在甜菜上最大残留限量为 0.1 毫克/千克。

131. 乙氧氟草醚

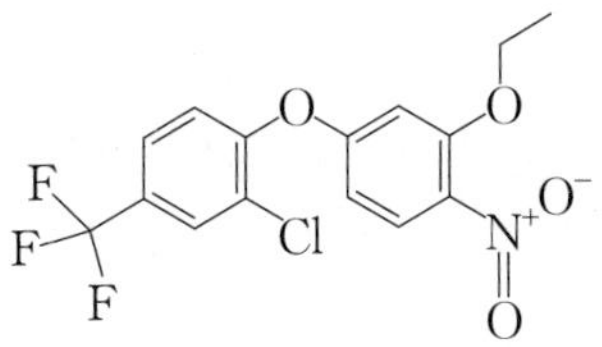

分子式：$C_{15}H_{11}ClF_3NO_4$

【类别】 二苯醚类。

【化学名称】 2-氯-4-三氟甲基苯基-4′-硝基 3′-乙氧基苯基醚。

【理化性质】 原药有效成分含量为 70％～80％,外观为橘黄色结晶固体。纯品为橘色结晶,熔点 85～90 ℃,沸点 358.2 ℃(分解),蒸气压(25 ℃)0.026 7 毫帕,相对密度 1.49(25 ℃)。溶解度(毫克/千克)：丙酮 $7.25×10^5$,氯仿 500～550,环己酮 615,二甲基甲酰胺＞500；水 0.1 毫克/升。240 ℃ 以上时分解，pH5～9（25℃）、28 天无明显水解。紫外光下迅速分解，DT_{50} 为 3 天(室温)。工业品为红色至黄色固体，熔点 65～84 ℃。

【毒性】 低毒。原药大鼠急性经口 LD_{50}＞5 000 毫克/千克，兔急性经皮 LD_{50}＞5 000 毫克/千克，大鼠急性吸入 LC_{50}（4 小时)＞5.4 毫克/升空气。对兔皮肤轻度刺激作用，对兔眼睛有中等刺激，但在短期内即可消失。试验剂量内对动物未见致畸、致突变、致癌作用。90 天饲养试验 NOEL：大鼠 1000 毫克/千克饲料，狗 40 毫克/千克饲料。鹌鹑急性经口 LD_{50}＞5 000 毫克/千克，野鸭急性经口 LD_{50}＞4 000 毫克/千克。对鱼类及某些水生生物高毒，LC_{50}（96 小时)：蓝鳃太阳鱼 0.2 毫克/升(原药)，虹鳟鱼 0.41 毫克/升。蜜蜂急性经口 LD_{50} 25.381 微克/只。

【制剂】 20%、24%、240 克/升、32%乳油，5%、25%、35%悬浮剂，2%颗粒剂，30%微乳剂，10%展膜油剂，10%水乳剂。

【作用机制与防除对象】 为选择性触杀型土壤处理剂，在有光的情况下发挥杀草作用。药剂主要通过胚芽鞘、中胚轴进入杂草体内，经根部吸收较少。芽前和芽后早期施用效果好。适用于移栽水稻、大蒜、棉花、花生和甘蔗等作物田有效防除稗草、异型莎草、鸭舌草、水苋菜、节节菜、陌上菜、狗尾草、牛筋草、马唐、马齿苋、凹头苋、蓼、反枝苋等杂草。

【使用方法】

（1）防除移栽稻田杂草：适用于秧龄 30 天以上、苗高 20 厘米以上大苗移栽田施用。移栽后 5～7 天，每 667 平方米用 240 克/升乳油 15～20 毫升(20～30 毫升东北地区)，兑少量水制成母液，然后拌细泥或化肥均匀撒施 1 次。施药后保水 5～7 天，以后正常管理。

（2）防除花生田、棉田、夏大豆田杂草：在作物播后苗前，每 667 平方米用 24%乳油 40～60 毫升兑水 30～40 千克均匀喷雾土表。

（3）防除姜田、大蒜田杂草：在姜、大蒜播后苗前，每 667 平方米用 240 克/升乳油 40～50 毫升兑水 30～40 千克土壤喷雾。

（4）防除甘蔗田杂草：在甘蔗和杂草未萌芽前，每 667 平方米用 240 克/升乳油 30～50 毫升兑水 30～40 千克土壤喷雾。

（5）防除森林苗圃杂草：于播后苗前，每 667 平方米用 240 克/升乳油 50～80 毫升兑水 30～40 千克均匀喷施于湿润土壤表面。

（6）防除苹果园杂草：于杂草出苗前，每 667 平方米用 24％乳油 60～80 毫升兑水 30～40 千克均匀喷施于湿润土壤表面。

【注意事项】

（1）水稻幼苗期对本品敏感，抛秧田、小苗移栽田、秧田、直播田不可施用。

（2）移栽稻田用毒肥法较安全，施用时间应在露水干后，以免沾着稻叶产生药害。稻田水层不宜过深，不要淹没心叶，否则易产生药害。

（3）对眼睛、皮肤有刺激作用，施药时应注意防护。

（4）对鱼类等水生生物有毒，应远离水产养殖区施药，禁止在河塘等水体中清洗施药器具。

（5）每季作物最多施用 1 次。本品在水稻（糙米）、棉籽、大蒜、姜、苹果上最大残留限量均为 0.05 毫克/千克。

132. 乙氧磺隆

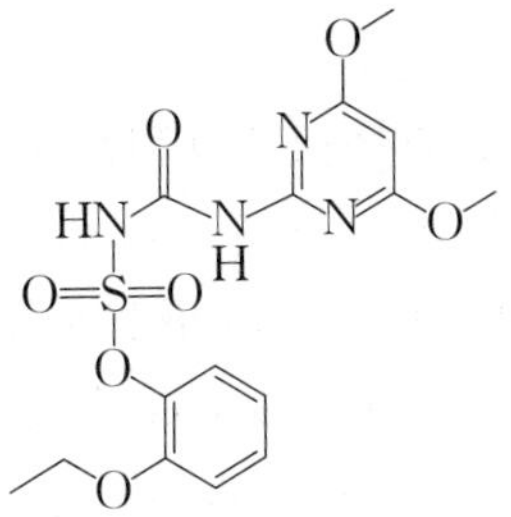

分子式：$C_{15}H_{18}N_4O_7S$

【类别】 磺酰脲类。

【化学名称】 3-(4,6-二甲氧基嘧啶-2-基)-1-(2-乙氧苯氧磺酰基)脲。

【理化性质】 外观为浅灰色细粉末。密度1.48毫克/升,熔点141～147℃,蒸气压$6.6×10^{-5}$帕(25℃)。溶解度:水26.4毫克/升,正己烷0.0068克/升,甲苯2.5克/升,丙酮36克/升,二氯甲烷107克/升,甲醇7.7克/升,异丙醇1.0克/升,乙酸乙酯14.1克/升,二甲亚砜＞500克/升。DT_{50}为65天(pH5)、259天(pH7)、331天(pH9)。

【毒性】 低毒。大鼠急性经口LD_{50}＞3270毫克/千克,大鼠急性经皮LD_{50}＜4000毫克/千克,大鼠急性吸入LC_{50}(4小时)＞6.0毫克/升。对兔皮肤和眼睛无刺激作用。无致突变性。野鸭LD_{50}＞2000毫克/千克,北美鹑LD_{50}＞2000毫克/千克。蚕(经口)LD_{50}＞5000毫克/千克。对蜂无毒。

【制剂】 15%水分散粒剂,5%可分散油悬浮剂。

【作用机制与防除对象】 通过杂草根及茎叶吸收后传导到植物体内,阻止氨基酸合成,并迅速抑制杂草茎叶的生长和根部伸长,最后导致杂草完全枯死。适用于水稻秧田、直播田、抛秧田、移栽田防除鸭舌草、三棱草、飘拂草、异型莎草、碎米莎草、牛毛毡、水莎草、萤蔺、野荸荠、眼子菜、泽泻、鳢肠、矮慈姑、慈姑、长瓣慈姑、狼巴草、鬼针草、丁香蓼、节节菜、耳叶水苋、水苋菜、(四叶)萍、小茨藻、苦草、水绵、谷精草等一年生莎草和阔叶杂草。

【使用方法】

(1) 防除水稻秧田、直播田莎草和阔叶杂草:在播后稻苗2～4叶期,每667平方米用15%水分散粒剂4～6克(华南地区),或6～9克(长江流域),或10～15克(华北东北地区),先用少量水溶解,稀释后再与10～20千克细沙土混拌均匀撒施,田间保薄水层3～5厘米7～10天,只灌不排。也可排水后进行茎叶喷雾处理,药后2天恢复常规水层管理。

（2）防除水稻抛秧田、移栽田莎草和阔叶杂草：在水稻抛秧或移栽 4～6 天（南方），或 5～10 天（北方）后、杂草 2 叶期前,每 667 平方米用 15％水分散粒剂 3～5 克（华南地区）,或 5～7 克（长江流域）,或 7～14 克（华北东北地区）,先用少量水溶解,稀释后再与 10～20 千克细沙土混拌均匀撒施,田间保薄水层 3～5 厘米 7～10 天,只灌不排。也可在水稻移栽后 10～20 天排水,再进行茎叶喷雾处理,每 667 平方米 5～7 克兑水 20～30 千克均匀喷雾,药后 2 天恢复常规水层管理。

【注意事项】

（1）水稻整个生育期最多施药 1 次。专门防除大龄草和扁秆蔗草、矮慈姑等多年生莎草或阔叶草时,应用最高推荐药量,并于杂草 1～3 厘米高且尚未露出水面时施药。防除露出水面的大叶龄杂草时,应采用茎叶喷雾处理。

（2）施药后 10 天内勿使田内药水外流或淹没稻苗心叶。

（3）严格按推荐的使用技术均匀施药,不得超范围使用。不宜栽前施药。盐碱地中采用低限推荐用药量,施药 3 天后可换水排盐。

（4）对水生藻类有毒,应避免其污染地表水、鱼塘和沟渠等,药剂包装等污染物应按相关规定处理。

（5）在水稻（糙米）上最大残留限量为 0.05 毫克/千克。

133. 异丙草胺

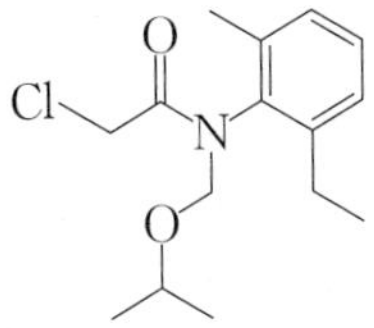

分子式：$C_{15}H_{22}ClNO_2$

【类别】 酰胺类。

【化学名称】 N -(2 -乙基- 6 -甲基苯基)- N -(异丙氧甲基)-氯乙酰胺。

【理化性质】 原药含量 90%，外观为淡棕色至紫色液体。纯品为浅褐色至紫色油状物，有芳香气味。熔点 21.6 ℃，相对密度（20℃）1.097，蒸气压 4 毫帕(20℃)。水中溶解度为 184 毫克/升，溶于大部分有机溶剂。常温下存放 2 年稳定。

【毒性】 低毒。原药急性经口 LD_{50} 雄大鼠 3 433 毫克/千克，雌大鼠 2 088 毫克/千克；大鼠急性经皮 LD_{50} ＞2 000 毫克/千克，大鼠急性吸入 LC_{50} ＞5 000 毫克/米^3。对眼睛和皮肤有刺激性。对鱼中等毒，鲤鱼 LC_{50} 7.52 毫克/升，虹鳟鱼 LC_{50} 0.25 毫克/升。大型蚤 EC_{50}（48 小时）14 毫克/升。对蜜蜂、鸟低毒，蜜蜂 LD_{50} 100 微克/只，野鸭急性经口 LD_{50} 2 000 毫克/千克，日本鹌鹑急性经口 LD_{50} 688 毫克/千克。

【制剂】 50%、70%、72%、720 克/升、868 克/升、900 克/升乳油，30% 可湿性粉剂。

【作用机制与防除对象】 通过植物幼芽吸收，单子叶植物通过胚芽鞘，双子叶植物经下胚轴吸收，抑制蛋白酶合成，芽和根停止生长，无法形成不定根，植物受害状为芽鞘紧包生长点，鞘变粗，胚根细而弯曲，无须根，生长点逐渐变褐色或黑色腐烂。禾本科杂草心叶扭曲、萎缩、枯死；阔叶杂草叶皱缩变黄，整体枯死。主要用于玉米田、大豆田、花生田等有效防除稗草、狗尾草、马唐、鬼针草、看麦娘、反枝苋、卷茎蓼、本氏蓼、大蓟、小蓟、猪毛菜、苍耳、苘麻、牛筋草、秋稷、马齿苋、藜、龙葵、蓼等一年生禾本科杂草和部分阔叶杂草。

【使用方法】

(1) 防除大豆田杂草：在春大豆、夏大豆播种后出苗前，每667 平方米用 72% 乳油 150～200 毫升(春大豆田)，或 100～150 毫升(夏大豆田)，兑水 30～40 千克土壤喷雾。

(2) 防除玉米田杂草：在春玉米、夏玉米播种后出苗前，每667平方米用72%乳油150～200毫升(春玉米田)，或100～150毫升(夏玉米田)，兑水30～40千克土壤喷雾。播前或播后苗前施药，最好播种后立即用药，一般要求在播后3天内施完药。

(3) 防除春油菜田杂草：在春油菜播种后出苗前，每667平方米用72%乳油125～175毫升兑水30～40千克土壤喷雾。

(4) 防除花生田杂草：在花生播种后出苗前，每667平方米用72%乳油120～150毫升兑水30～40千克土壤喷雾。

(5) 防除甘薯田杂草：将甘薯沟拢好、土块弄碎，麦茬田应清除干净遗留的小麦根茎，在甘薯秧苗移栽后，每667平方米用50%乳油200～250克兑水30～40千克均匀喷雾。

(6) 防除水稻移栽田杂草：水稻移栽后3～5天，每667平方米用50%乳油15～20克，用少量水稀释后拌细土(或化肥)15～20千克，均匀撒施。施药前稻田保持3～4厘米深水层(水层不能淹没水稻心叶)，施药后保持水层7～10天，以后转正常管理。

【注意事项】

(1) 本品限在南方地区移栽水稻田使用，不得用于水稻秧田和直播田，严格控制用药剂量，不得随意加大用药量。

(2) 高粱、麦类、苋菜、菠菜、生菜等对本品敏感，施药时应避免药液飘移到上述作物上，以防产生药害。

(3) 对鱼类水生生物有毒，应远离水产养殖区施药，禁止在河塘等水体中清洗施药器具。

(4) 本品对眼睛、皮肤有刺激，施药时应戴防护用具，防止药液口鼻吸入。

(5) 每季作物最多施用1次。本品在稻谷(糙米)、玉米、大豆(菜用大豆)、花生仁、甘薯上最大残留限量(毫克/千克)分别为0.05、0.1、0.1、0.05、0.05。

134. 异丙甲草胺

分子式：$C_{15}H_{22}ClNO_2$

【类别】 酰胺类。

【化学名称】 N-(2-乙基-6-甲基苯基)-N-(1-甲基-2-甲氧乙基)-氯乙酰胺。

【理化性质】 原药为无色至浅褐色液体,有效成分含量＞95％。纯品为无色液体,沸点100℃(0.133帕),蒸气压4.2毫帕(20℃),相对密度1.12(20℃)。水中溶解度(20℃)530毫克/升,易溶于苯、二氯甲烷、己烷、甲醇、辛醇,不溶于乙二醇、丙醇和石油醚。300℃以下稳定,20℃下不水解。DT_{50}(预测值)＞200天(pH1～9),土壤中降解DT_{50}为30天。在强酸、强碱和强无机酸中水解,常温贮存稳定期2年以上。

【毒性】 低毒。原药大鼠急性经口LD_{50} 2 780毫克/千克,大鼠急性经皮LD_{50}＞3 170毫克/千克,大鼠急性吸入LC_{50}(4小时)＞1.75毫克/升空气。对兔皮肤稍有刺激,对兔眼睛无刺激。实验条件下,未见对动物有致畸、致突变和致癌作用。90天饲养无作用剂量：大鼠1 000毫克/千克饲料[约90毫克/(千克·天)],狗500毫克/千克饲料[约17毫克/(千克·天)]。对鱼中等毒,LC_{50}(96小时)：虹鳟鱼3.9毫克/升,蓝鳃太阳鱼15毫克/升,鲤鱼4.9毫克/升。蜜蜂LD_{50}＞100微克/只(经口和接触)。蚯蚓LC_{50}(14天)140毫克/千克土。对鸟低毒,野鸭和北美鹌鹑急性经口LD_{50}＞2 510毫克/千克。

【剂型】 70％、72％、88％、720 克/升、960 克/升乳油,85％ 微乳剂,50％水乳剂。

【作用机制与防除对象】 为选择性内吸传导型芽前除草剂,以阻碍蛋白质合成、抑制细胞生长而致效。主要通过幼芽吸收,其中单子叶杂草以芽鞘吸收为主,双子叶植物通过幼芽及幼根吸收,向上传导,抑制幼芽与根的生长,敏感杂草在发芽后出土前或刚刚出土即中毒死亡。由于禾本科杂草幼芽吸收能力比阔叶杂草强,因而本品防除禾本科杂草的效果远远好于防除阔叶杂草。适用于玉米、大豆、花生、甘蔗等作物田防除牛筋草、马唐、千金子、狗尾草、稗草、碎米莎草、鸭舌草、马齿苋、藜、蓼、荠菜等一年生禾本科杂草及部分阔叶杂草和莎草。

【使用方法】

(1) 防除大豆田杂草:在大豆播种前或播后出苗前,每 667 平方米用 720 克/升乳油 150～200 毫升(春大豆田),或 100～150 毫升(夏大豆田),兑水 30～40 千克土壤喷雾。

(2) 防除玉米田杂草:在玉米播种前或播后出苗前,每 667 平方米用 720 克/升乳油 150～200 毫升(春玉米田),或 100～150 毫升(夏玉米田),兑水 30～40 千克土壤喷雾。

(3) 防除花生田杂草:在花生播种前或播后出苗前,每 667 平方米用 720 克/升乳油 120～150 毫升兑水 30～40 千克土壤喷雾。

(4) 防除西瓜田杂草:在西瓜移栽前或播后出苗前,每 667 平方米用 720 克/升乳油 100～150 毫升兑水 30～40 升土壤喷雾。

(5) 防除甘蔗田杂草:在播后苗前,每 667 平方米用 720 克/升乳油 100～150 毫升兑水 30～40 千克土壤喷雾。

(6) 防除水稻移栽田杂草:水稻移栽后 5～7 天完全缓苗后,每 667 平方米用 720 克/升乳油 10～20 毫升,拌湿细土 10 千克均匀撒施,施药前田块灌水 3～5 厘米水层(以不淹没稻苗心叶为准),并保水层 7 天以上。

【注意事项】

(1) 麦类对本品敏感,应注意避开这些作物,以免产生药害。不得用于水稻秧田和直播田。

(2) 每季作物最多施用 1 次。对萌发而未出土的杂草有效,对已出土的杂草无效,故只作土壤处理施用。覆膜田用量酌情减少,并按实际喷药面积计算,施药后立即覆膜。干旱不利于药效发挥,最好在降雨或灌溉前施药,若土壤干旱或预告短期内无雨,则于施药后浅层混土 2～3 厘米。

(3) 水旱轮作栽培的西瓜田和小拱棚严禁施用本品。

(4) 本品防除一年生禾本科杂草效果优于防除阔叶杂草,如田间阔叶杂草较多,可与其他除草剂混用,以扩大杀草谱。

(5) 对鱼有毒,不得在鱼塘、河流和湖泊中清洗药械,空容器不得作他用。

(6) 本品在水稻(糙米)、玉米、花生(花生仁)、油用大豆、菜用大豆、甘蔗上最高残留限量(毫克/千克)分别为 0.1、0.1、0.5、0.5、0.1、0.05。

135. 异丙隆

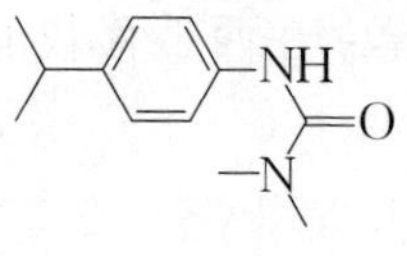

分子式:$C_{12}H_{18}N_2O$

【类别】 取代脲类。

【化学名称】 1,1-二甲基-3-(4-异丙基苯基)-脲。

【理化性质】 原药为浅灰色或黄色粉末,有效成分含量 95％、90％。纯品为无色结晶,熔点 158 ℃。工业原药为白色粉

末,熔点 155~156 ℃。蒸气压 0.003 3 毫帕(20 ℃),相对密度 1.2
(20 ℃)。原药溶解度(20 ℃,克/升):水 7.2×10^{-2},二甲苯 38,甲
醇 75。对光、酸、碱稳定,230 ℃以上出现缓慢的放热分解。土壤
中 DT_{50} 为 12~29 天。

【毒性】 低毒。原药大鼠急性经口 $LD_{50} > 3 900$ 毫克/千克,
大鼠急性经皮 LD_{50} 2 000 毫克/千克,大鼠急性吸入 LC_{50}(4 小
时)> 1.95 毫克/升。对兔眼睛和皮肤无刺激。90 天饲养无作用
剂量:大鼠 400 毫克/千克饲料,狗 50 毫克/千克饲料。日本鹌鹑
急性经口 LD_{50} 3 042~7 926 毫克/千克,鸽子急性经口 $LD_{50} >$
5 000 毫克/千克。鱼类 LC_{50}(96 小时):虹鳟鱼 240 毫克/升,蓝鳃
太阳鱼 > 100 毫克/升,鲤鱼 193 毫克/升,鲇鱼 9 毫克/升。蜜蜂
经口 $LD_{50} > 50$~100 微克/只。蚯蚓 LC_{50}(14 天)$> 1 000$ 微克/千
克土。对家蚕低毒。

【制剂】 25%、50%、70%、75%可湿性粉剂,50%悬浮剂,
35%可分散油悬浮剂。

【作用机制与防除对象】 为选择性内吸传导型土壤处理兼苗
后处理剂。由植物的根部、叶片吸收后在体内传导,抑制植物的光
合作用及电子传递,干扰光合作用正常进行,使杂草叶片变软、褪
绿、叶缘卷曲而枯死。可有效防除麦田看麦娘、日本看麦娘、硬草、
茵草、野燕麦、早熟禾、碎米荠、牛繁缕、繁缕、雀舌草、萹蓄、小藜等
多种一年生杂草,但对猪殃殃、大巢菜药效差。

【使用方法】

防除小麦田杂草:用药适期较宽,麦苗冬前或在气温回升麦
子返青至拔节前均可使用。每 667 平方米用 50%可湿性粉剂
120~180 克兑水 30~40 千克茎叶喷雾,土壤较干时,可适当增加
兑水量。

【注意事项】

(1) 每季小麦最多施用 1 次,最后一次施药距采收间隔期 90
天。长江中下游冬麦田施药时,对后茬水稻的安全间隔期不少于

109天。苗长势差和排水不畅的田块不宜使用。

(2) 本品对某些阔叶杂草防效差,可与其他除草剂混用,以提高药效。

(3) 在寒流和霜冻来临之前不宜施用,在寒流过后气温回升至10℃以上再施药,否则会出现"冻药害"。

(4) 用于麦田补除草,宜早不宜迟,过迟施药可能对后茬有不良影响。

(5) 对油菜苗可产生药害,禁止药液飘移到油菜、蚕豆等阔叶作物上。

(6) 秋、冬季用药时,套播麦田在水稻收获后即可使用;板田麦或耕翻麦田自麦子播种盖籽起到杂草齐苗期施用。春用时,在气温回升、麦子开始返青至拔节前施用,严禁拔节后再用。

(7) 本品在小麦上的最大残留限量为0.05毫克/千克。

136. 异丙酯草醚

分子式:$C_{23}H_{25}N_3O_5$

【类别】 嘧啶类。

【化学名称】 4-[2-(4,6-二甲氧基嘧啶-2-氧基)苄氨基]苯甲酸异丙酯。

【理化性质】 纯品外观为白色固体。熔点(83.4 ± 0.5)℃,沸点280.9℃(分解温度)、316.7℃(最快分解温度)。溶解度(克/升,20℃):水1.39×10^{-3},乙醇1.07,二甲苯23.2,丙酮52。正辛醇-水分配系数$K_{ow}\log P$(20℃)为4.5×10^{5}。原药含量不低于95%,外观为白色至米黄色粉末。对光、热稳定,在中性和弱酸、弱碱性介质中稳定,但在一定的酸、碱强度下会逐渐分解。

【毒性】 低毒。原药雌、雄大鼠急性经口$LD_{50}>5\,000$毫克/千克,急性经皮$LD_{50}>2\,000$毫克/千克。对兔眼睛轻度刺激性,对兔皮肤无刺激性。对皮肤弱致敏性。Ames试验、小鼠骨髓细胞微核试验、小鼠睾丸细胞染色体畸变试验均为阴性,未见致突变性。大鼠13周亚慢性喂饲试验的NOEL:雄性14.78毫克/(千克·天)、雌性16.45毫克/(千克·天)。10%异丙酯草醚乳油对斑马鱼LC_{50}(96小时)为8.91毫克/升,鹌鹑急性经口LD_{50}雄性$5\,663.75$毫克/千克、雌性$5\,584.33$毫克/千克,蜜蜂(接触)$LD_{50}>200$微克/只。对鱼中等毒性,对鸟、蜜蜂低毒,对家蚕低风险。

【制剂】 10%悬浮剂、10%乳油。

【作用机制与防除对象】 本品为油菜田茎叶处理除草剂。能有效防除一年生禾本科杂草和部分阔叶杂草,如看麦娘、日本看麦娘、繁缕、牛繁缕、雀舌草等。

【使用方法】

防除油菜田杂草:油菜田移栽活棵后、杂草4叶前,每667平方米用10%悬浮剂$30\sim45$毫升兑水$30\sim40$千克茎叶喷雾。

【注意事项】

(1)每季作物只能施用1次,对下茬作物无影响。

(2)建议在大面积推广应用前,应针对不同油菜品种开展田间小试。

(3)冬春季阴雨天时,注意田间排水情况,避免低洼处田间积水。禁止在河塘等水域清洗施药器具。

137. 异噁草松

分子式：$C_{12}H_{14}ClNO_2$

【类别】 异噁唑酮类。

【化学名称】 2-(2-氯苄基)-4,4-二甲基异噁唑-3-酮。

【理化性质】 纯品为淡棕色黏稠液体,相对密度 1.192,沸点 275.4 ℃,熔点 25 ℃,蒸气压 19.2 毫帕(25 ℃)。水中溶解度 1.1 克/升,易溶于丙酮、乙腈、氯仿、环己酮、二氯甲烷、二甲基甲酰胺、庚烷、甲醇、甲苯等。室温下 2 年或 50 ℃下 3 个月原药无损失,其水溶液在日光下 $DT_{50}>30$ 天,在酸、碱性介质(pH4.5~9.25)中稳定。其降解作用主要取决于微生物,持效期至少 6 个月。

【毒性】 低毒。大鼠急性经口 LD_{50} 2 077 毫克/千克(雄), 1 369 毫克/千克(雌)。兔急性经皮 $LD_{50}>2 000$ 毫克/千克。大鼠急性吸入 LC_{50}(4 小时)4.85 毫克/升空气。对兔眼睛有刺激,对兔皮肤有轻微刺激。在试验条件下,对试验动物未见致畸、致突变和致癌作用。大鼠 2 年饲喂试验的 NOEL 为 4.3 毫克/(千克·天)。ADI 为 0.042 毫克/千克。北美鹌鹑和野鸭急性经口 $LD_{50}>2 510$ 毫克/千克。鱼类 LC_{50}(96 小时,毫克/升):虹鳟鱼 19,大翻车鱼 34。蚯蚓 LC_{50}(14 天)156 毫克/千克土。

【制剂】 45%、48%、360 克/升、480 克/升乳油,360 克/升微囊悬浮剂。

【作用机制与防除对象】 选择性芽前除草剂,具有向上传导作用的选择性苗前土壤处理除草剂,通过植物的根、幼芽吸收,向上传导至叶部。抑制敏感植物叶绿素的生物合成,使萌芽出土的杂草因无色素,在短期内即死亡。适用于大豆、甘蔗、水稻、油菜等作物田防除稗草、狗尾草、马唐、金狗尾草、牛筋草、龙葵、香薷、马齿苋、苘麻、野西瓜苗、看麦娘、藜、小藜、苋、柳叶刺蓼、酸模叶蓼、狼把草、鬼针草、水棘针、苍耳、豚草等一年生杂草,对多年生部分杂草有较强抑制作用。

【使用方法】

(1) 防除大豆田杂草:在大豆播前或播后苗前土壤处理,或在苗后早期茎叶处理。每 667 平方米用 480 克/升乳油 139～167 毫升兑水 30～40 千克均匀喷雾。播前施药,为防止干旱和风蚀,施后应浅混土,耙深 5～7 厘米。土壤有机质含量低、质地疏松、低洼地水分好时,用低药量;反之,用高药量。

(2) 防除甘蔗田杂草:在甘蔗下种覆土后蔗芽萌发出土前,每 667 平方米用 480 克/升乳油 110～140 毫升兑水 30～40 千克土壤喷雾。切勿让药液接触蔗株的绿色部分,以免产生药害。

(3) 防除水稻移栽田杂草:每 667 平方米用 360 克/升微囊悬浮剂 27～35 毫升,在水稻移栽后 5～7 天进行药土法处理,施药时田间需有水层 2～3 厘米,药后保水 5 天。

(4) 防除水稻直播田杂草:南方地区播种后 7～10 天,每 667 平方米用 360 克/升微囊悬浮剂 27～35 毫升兑水 30～40 千克均匀喷雾,药后保持田间湿润,药后 2 天建立水层,水层高度以不淹没水稻心叶为准。北方地区播种前 3～5 天,每 667 平方米用 360 克/升微囊悬浮剂 35～40 毫升兑水 30～40 千克均匀喷雾,药后保持田间湿润,5～7 天后建立水层。

(5) 防除油菜移栽田杂草:甘蓝型油菜移栽前 1～3 天,每 667 平方米用 360 克/升微囊悬浮剂 26～33 毫升兑水 30～40 千克土壤喷雾。

【注意事项】

(1) 仅限于非豆麦轮作区使用。药剂在土壤中的生物活性可持续 6 个月以上,施用本品当年秋天(即施药后 4~5 个月)或次年春天(即施药后 6~10 个月),不宜种植小麦、大麦、燕麦、黑麦、谷子、苜蓿等。施药后的次年春季,可以种植水稻、玉米、棉花、花生、向日葵等作物。间套其他作物的春大豆田,不能施用本品。

(2)每季最多施用 1 次。在水稻、油菜田施药,作物叶片可能出现白化现象,按推荐剂量下施用不影响后期生长和产量。

(3)白菜型油菜和芥菜型油菜对本品敏感,禁止施用。

(4)当土壤砂性过强、有机质含量过低或土壤偏碱性时,不宜与嗪草酮混用,否则大豆作物会产生药害。

(5)本品在大豆、水稻(糙米)、油菜(油菜籽)、甘蔗上的最大残留限量(毫克/千克)分别为 0.05、0.02、0.1、0.1。

138. 异噁唑草酮

分子式:$C_{15}H_{12}F_3NO_4S$

【类别】 异噁唑类。

【化学名称】 5-环丙基-1,2-噁唑-4-基(4-三氟甲基-2-甲磺酰基苯基)甲酮。

【理化性质】 纯品为白色至灰黄色固体,相对密度 1.590(20℃),熔点 140℃,蒸气压 10^{-5} 帕(25℃)。水中溶解度 6.2 毫克/升(pH5.5,20℃)。对光稳定,54℃热贮 14 天未发生分解,在 pH1 的水溶液中 DT_{50} 为 1 天。

【毒性】 低毒。大鼠急性经口 LD_{50}＞5 000 毫克/千克,兔急性经皮 LD_{50}＞2 000 毫克/千克,大鼠急性吸入 LC_{50}（4 小时）＞5.23 毫克/升。山齿鹑和野鸭急性经口 LD_{50}（14 天）＞2 150 毫克/千克,山齿鹑和野鸭饲喂 LC_{50}（8 天）＞5 000 毫克/千克。对水生动物、飞禽、害虫天敌安全。对哺乳动物没有致畸作用。蜜蜂 LD_{50}（经口、接触）＞100 微克/只。

【制剂】 75％水分散粒剂,20％悬浮剂。

【作用机制与防除对象】 为羟基苯基丙酮酸酯双氧化酶（HPPD）抑制剂,广谱的选择性内吸传导型苗前土壤处理除草剂,可被杂草根系、幼芽和茎叶吸收。干旱时喷施,有效成分可稳存于土表,遇水后除草活性可再被激活,具有使用窗口较宽、施用方便灵活、受用药时的土壤墒情和降雨影响少等特点。适用于玉米田防除多种一年生阔叶杂草和部分一年生禾本科杂草。

【使用方法】

防除玉米田杂草:在玉米播后出苗前,每 667 平方米用 75％水分散粒剂 10～12 克(春玉米种植区),或 8～10 克(夏玉米种植区),先将药剂溶于少量水中,再兑水 50～60 千克进行地表喷雾。在禾本科杂草发生较多的地块,可与乙草胺等混用。

【注意事项】

(1) 在干旱少雨、土壤墒情不好时不易充分发挥药效。

(2) 玉米整个生育期最多施用 1 次。适用于马齿、半马齿、硬质、粉质型等各种普通类型的常规杂交玉米田,禁止在玉米自交系田、甜玉米和爆裂玉米田、耕层土壤有机质含量小于 2％的沙田以及间作混种其他作物的玉米田施用。本品严禁在玉米叶片展开后用药。

(3) 风沙地、河沙地、积水低洼地、盐碱地、树林地玉米田,严禁施用。

(4) 对苣荬菜、鸭跖草、田旋花等多年生杂草及铁苋菜、龙葵、苍耳等大粒种子杂草仅有一定的抑制作用。

(5) 在玉米或鲜食玉米上的最大残留限量为 0.02 毫克/千克。

139. 莠灭净

分子式：$C_9H_{17}N_5S$

【类别】 三嗪类。

【化学名称】 2-乙胺基-4-异丙氨基-6-甲硫基-1,3,5-三嗪。

【理化性质】 纯品为无色粉末,熔点 86.3~87℃。原药为无色粉末,熔点 84~85℃。蒸气压 0.365 毫帕(25℃),相对密度 1.18(22℃)。水中溶解度(25℃)200 毫克/升,易溶于有机溶剂中。在中性、微酸或微碱性介质中稳定,在强酸或强碱介质中水解为无除草活性的 6-羟基衍生物。

【毒性】 低毒。原药大、小鼠急性经口 LD_{50} 1 100 毫克/千克,大鼠急性经皮 LD_{50}＞3 100 毫克/千克。对兔皮肤和眼睛有轻微刺激。两年饲养 NOEL：大鼠 1 000 毫克/千克饲料[67 毫克/(千克·天)],狗 1 000 毫克/千克饲料[33 毫克/(千克·天)]。鱼类 LC_{50}(毫克/升,96 小时)：虹鳟鱼 5,大鳍鳞鳃太阳鱼 19。对蜜蜂低毒,经口 LD_{50}＞100 微克/只。鸟类 LC_{50}(8 天膳食,毫克/千克)：北美鹑 30 000,野鸭 23 000。

【制剂】 40％、75％、80％可湿性粉剂,45％、50％悬浮剂,

80％、90％水分散粒剂。

【作用机制与防除对象】 为选择性内吸传导型除草剂，是一种典型的光合作物抑制剂。通过对光合作用电子传递的抑制，导致叶片内亚硝酸盐积累，植物受害死亡。其选择性与植物生态和生化反应的差异有关，对刚萌发的杂草防效最好。可被0～5厘米土壤吸附形成药层，使杂草萌发出土时接触药剂。在药液低浓度下，能促进植物生长，即刺激幼芽与根的生长，促进叶面积增大，茎加粗等；在高浓度下，则对植物产生强烈的抑制作用。适用于甘蔗、玉米等作物田防除马唐、稗草、牛筋草、狗尾草、香附子、千金子、看麦娘、藜、马齿苋、雀稗、苘麻、酢浆草（酸咪咪）、胜红蓟、菊芹、蓼等一年生杂草。

【使用方法】

（1）防除甘蔗田杂草：于甘蔗播种后、杂草萌芽前地面直接喷雾，茎叶处理可在甘蔗3～4叶期、杂草2～3叶期喷药。每667平方米用80％可湿性粉剂130～200克兑水30～40千克土壤喷雾或行间定向茎叶喷雾。

（2）防除夏玉米田杂草：玉米播后出苗前，每667平方米用80％可湿性粉剂120～180克兑水30～40千克土壤喷雾。

（3）防除菠萝田杂草：在菠萝收获后或种植后萌芽2～3叶期用药，每667平方米用80％可湿性粉剂120～150克兑水30～40千克定向茎叶喷雾。

【注意事项】

（1）每季一般施药1次。

（2）对香蕉苗、水稻、花生、红薯、谷类、豆类、茄类、瓜类、菜类、杨树、桃树、小麦均有药害，禁止施用。间作大豆、花生等的甘蔗田不能施用。部分甘蔗品种对本品比较敏感，如粤糖63/237♯、93/158♯、93/159♯、新台糖系列如23♯、25♯、27♯等，不推荐施用。本品残效期长，对某些后茬敏感作物，如小麦、大豆、水稻等有药害，可采用降低用量与其他除草剂混用的方法。

(3) 稗草、千金子、胜红蓟、田旋花、空心莲子草及狗牙根较重田块建议在杂草萌芽前施药。有机质含量低的砂质土不宜施用。

(4) 地势低洼、砂壤土用药量过大时,易造成叶片发黄、生长缓慢,一般 2 周左右可恢复正常。

(5) 甘蔗田一个生长季最大施药量每 667 平方米用 80% 可湿性粉剂 300 克,最多施药 2 次,安全间隔期 90 天。菠萝田一个生长季最大施药量每 667 平方米用 80% 可湿性粉剂 300 克,最多施药 2 次。

(6) 本品在菠萝和甘蔗上最大残留限量分别为 0.2 毫克/千克、0.05 毫克/千克。

140. 莠去津

分子式: $C_8H_{14}ClN_5$

【类别】 三嗪类。

【化学名称】 2-氯-4-乙胺基-6-异丙氨基-1,3,5-三嗪。

【理化性质】 纯品为无色粉末。熔点 175.8℃,蒸气压 0.04 毫帕(20℃),相对密度 1.23。溶解度(20℃,毫克/升):水 33,氯仿 52 000,乙酸乙酯 28 000,甲醇 18 000,正戊烷 360,二乙醚 12 000,二甲基亚砜 183 000。常温下贮存 2 年稳定,在微酸性或微碱性介质中稳定,在较高浓度下能被较强的酸和较强的碱水解。土壤中 DT_{50} 为 60～150 天。

【毒性】 低毒。原粉大鼠急性经口 LD_{50} 1 780 毫克/千克,大

鼠急性经皮 $LD_{50}>3\,170$ 毫克/千克,大鼠急性吸入 LC_{50}(4 小时)$>1\,750$ 毫克/米³。对兔眼睛无刺激性,对兔皮肤稍有刺激。试验条件下,未见对动物有致畸、致突变、致癌作用。两年饲养试验表明:大鼠 NOEL 为 100 毫克/千克饲料[8 毫克/(千克·天)],狗 150 毫克/千克饲料[5 毫克/(千克·天)]。山齿鹑急性经口 LD_{50} 940~2 000 毫克/千克。鱼类 LC_{50}(96 小时):虹鳟鱼 4.5~11.0 毫克/升,蓝鳃太阳鱼 16 毫克/升。蜜蜂 $LD_{50}>97$ 微克/只(接触)。蚯蚓 LC_{50}(14 天)78 毫克/千克土。

【制剂】 38%、50%、55%、60%悬浮剂,90%水分散粒剂,48%、80%可湿性粉剂、25%、50%可分散油悬浮剂等。

【作用机制与防除对象】 本品为选择性内吸传导型苗前、苗后除草剂,光合作用抑制剂。以根吸收为主,茎叶吸收较少,能迅速传导到植物分生组织及叶部,干扰光合作用,使叶片褪绿变黄,全株枯死。在玉米体内被分解生成无毒物质,因而对玉米安全。适用于玉米、高粱、甘蔗、果树等作物田和苗圃、林地防除稗草、马唐、自生麦苗、狗尾草、马齿苋、苘麻、蓼、反枝苋等一年生杂草,对某些多年生杂草也有一定抑制作用。

【使用方法】

(1) 防除玉米田杂草:在播后苗前,每 667 平方米用 38%悬浮剂 200~300 毫升(夏玉米),或 300~400 毫升(春玉米),兑水 30~40 千克土表喷雾。

(2) 防除高粱田杂草:播后苗前,每 667 平方米用 38%悬浮剂 300~395 毫升兑水 30~40 千克土壤喷雾。

(3) 防除甘蔗田杂草:播后苗前、植后苗前(一般在甘蔗下种后 5~7 天,禾草出土、阔叶杂草未出土时),每 667 平方米用 38%悬浮剂 200~250 毫升兑水 30~40 千克土壤喷雾。

(4) 防除茶园、苹果和梨(12 年以上树龄)园杂草:一般在开春后 4~5 月、田间杂草萌发高峰期,将越冬杂草和已出土的大草铲除干净后用药。每 667 平方米用 38%悬浮剂 250~300 毫升兑水 30～40 千克均匀喷雾土表。

（5）防除橡胶园、森林、铁路、公路、防火道等杂草：用 38% 悬浮剂稀释成 120～150 倍液喷于地表。

【注意事项】

（1）每季最多施用 1 次。大豆、花生、水稻、桃树、杨树、瓜类、小麦、棉花、蔬菜等对本品敏感，施药时应避免药液飘移到上述作物上，以防产生药害；玉米套种豆类、花生、西瓜等敏感作物时不要施用本品。本品残效期长，对某些后茬敏感作物，如小麦、大豆、水稻等有药害，可降低剂量与别的除草剂混用。

（2）对蜜蜂、鱼类等水生生物、家蚕有毒。施药期间应避免对周围蜂群的影响，开花植物花期、蚕室和桑园附近禁用。远离水产养殖区、河塘等水域施药。赤眼蜂等天敌放飞区域禁用。

（3）有机质含量超过 6% 的土壤，不宜用本品作土壤处理。

（4）本品在玉米、高粱、苹果、梨和甘蔗上最大残留限量均为 0.05 毫克/千克，在茶叶上最大残留限量 0.1 毫克/千克。

141. 仲丁灵

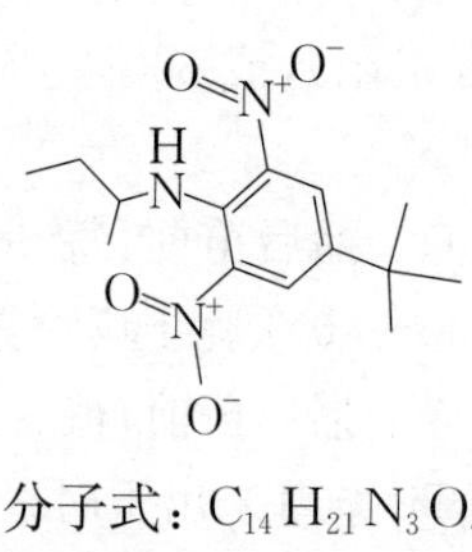

分子式：$C_{14}H_{21}N_3O_4$

【类别】 二硝基苯胺。

【化学名称】 N-仲丁基-4-特丁基-2,6-二硝基苯胺。

【理化性质】 原药含量 95%，外观为橘黄色结晶，略带芳香气味。密度 1.25 毫克/米^3,熔点 60～61 ℃,沸点 134～136 ℃,蒸气压 1.7 毫帕(25 ℃)。溶解度(25 ℃,毫克/升):水 0.3,丙酮 448,苯 2700,二氯甲烷 1460,己烷 300,乙醇 73,甲醇 98。265 ℃ 分解,对紫外光稳定。浓缩液贮存期 3 年以上,但不能在－5 ℃下冷冻贮存。对金属没有腐蚀性,但可渗入某种塑料使其软化或使橡胶膨胀。

【毒性】 低毒。原药大鼠急性经口 LD_{50} 2 500 毫克/千克,急性经皮 LD_{50} 4 600 毫克/千克。对皮肤、眼睛及黏膜有轻度刺激作用。鹌鹑和野鸭 LC_{50}(8 天)为 10 000 毫克/千克饲料。鱼类 LC_{50}(48 小时):太阳鱼 4.2 毫克/升,虹鳟鱼 3.4 毫克/升。在土壤中被微生物降解。

【制剂】 36%、48%乳油,36%悬浮剂,30%水乳剂。

【作用机制与防除对象】 本品为内吸型选择性芽前除草剂,药剂进入植物体内后,主要抑制分生组织的细胞分裂,从而抑制幼芽的生长。对大豆、花生、棉花和西瓜田稗草、马唐、狗尾草、牛筋草、马齿苋、苋和藜等一年生禾本科杂草及阔叶杂草有较好的防除效果。

【使用方法】

(1) 防除大豆田杂草:在大豆播前 2～3 天或播后苗前,每 667 平方米用 48%乳油 250～300 毫升(春大豆),或 225～250 毫升(夏大豆),兑水 30～40 千克土壤喷雾。用于防除大豆菟丝子时,应于大豆始花期或菟丝子转株危害时施药。

(2) 防除西瓜田杂草:于西瓜播后苗前或移栽前施用,每 667 平方米用 48%乳油 150～200 毫升兑水 30～40 千克均匀土壤喷雾。

(3) 防除棉花田杂草:在棉花播后苗前,每 667 平方米用 48%乳油 200～250 毫升兑水 30～40 千克土壤喷雾。

(4) 防除水稻移栽田杂草:在水稻移栽 5～7 天后,每 667 平方米用 48%乳油 200～250 毫升药土法撒施,保持水层 3～5 厘米 5～7 天。

（5）防除花生田杂草：在花生播后苗前,每 667 平方米用 48％乳油 200～300 毫升兑水 30～40 千克土壤喷雾。

【注意事项】

（1）每季作物最多施用 1 次。避免在地表温度低于 10℃的情况下施药,否则可能会降低药效。

（2）施药时一般要混土,混土深度 3～5 厘米可以提高药效。

（3）由于大棚环境条件特殊,宜用低剂量。低矮的小拱棚内禁用,以免挥发药剂随水滴滴落到幼苗而产生药害。

（4）对鱼有毒,应远离水产养殖区施药,禁止在河塘中清洗施药器具。鱼或虾蟹套养稻田禁用,施药后的田水不得直接排入水体。赤眼蜂及天敌放飞区禁用。

（5）本品在稻谷（糙米）、棉籽、大豆、花生仁和西瓜上的最大残留限量（毫克/千克）分别为 0.05、0.05、0.02、0.05、0.1。

142. 唑草酮

分子式：$C_{15}H_{14}Cl_2F_3N_3O_3$

【类别】 三唑啉酮类。

【化学名称】 （R,S）-2-氯-3-｛2-氯-5-［4-(二氟甲基)-4,5-二氢-3-甲基-5-氧代-1H-1,2,4-三唑-1-基］-4-氟苯

基}丙酸乙酯。

【理化性质】 纯品为黏稠黄色液体,熔点－22.1 ℃,沸点 350～355 ℃,相对密度 1.457(20 ℃),蒸气压 1.6×10^{-5} 帕 (25 ℃)。水中溶解度(微克/升):12(20 ℃)、22(25 ℃)、23 (30 ℃),其他溶剂中的溶解度(20 ℃,毫克/升):甲苯 0.9、己烷 0.03,与丙酮、乙醇、乙酸乙酯、二氯甲烷等互溶。在 pH5 时稳定,水中光解 DT_{50} 为 8 天。水解 DT_{50} 为 3.6 小时(pH5)。

【毒性】 低毒。原药大、小鼠急性经口 $LD_{50}>5\,000$ 毫克/千克,大、小鼠急性经皮 $LD_{50}>4\,000$ 毫克/千克。对兔眼睛有轻微刺激性,对兔皮肤无刺激性。大鼠急性吸入 LC_{50}(4 小时)>5 毫克/升。鹌鹑急性经口 $LD_{50}>1\,000$ 毫克/千克。鱼类 LC_{50}(96 小时) 1.6～43 毫克/升,由鱼种类而定。海藻 EC_{50} 12～18 毫克/升。蜜蜂经口 $LD_{50}>200$ 毫克/只。蚯蚓 LC_{50}(14 天)>820 毫克/千克土。

【制剂】 10%、40%水分散粒剂,10%、15%、20%可湿性粉剂,5%微乳剂,400 克/升乳油。

【作用机制与防除对象】 本品是一种选择性触杀型除草剂,通过抑制原卟啉原氧化酶而致效,即通过抑制叶绿素生物合成过程中原卟啉原氧化酶活性而引起细胞膜破坏,使叶片迅速干枯、死亡。适用于小麦田、水稻田等防除猪殃殃、荠菜、繁缕、藜、反枝苋、铁苋菜、酸模叶蓼、卷茎蓼、萹蓄、苣荬菜、播娘蒿、糖芥、宝盖草、麦家公、婆婆纳、泽漆、节节菜、鳢肠、水苋菜、矮慈姑、碎米莎草、异型莎草等阔叶杂草和莎草。本品在喷施后 15 分钟即被植物叶片吸收,故不受雨淋影响,3～4 小时后杂草即出现症状,2～4 天死亡。

【使用方法】

(1) 防除小麦田一年生阔叶杂草:在春小麦 3～4 叶期、杂草 1～8 叶期,每 667 平方米用 40%水分散粒剂 5～6 克兑水 30～40 千克茎叶均匀喷雾。冬小麦 3 叶至小麦拔节前,用药应尽量提前,最好在冬前施用,在杂草 2～5 叶期,每 667 平方米用 40%水分散粒剂用量 4～6 克;兑水 30～40 千克茎叶均匀喷雾。

（2）防除水稻移栽田一年生阔叶杂草：在水稻移栽后30天左右、阔叶杂草3～5叶期,每667平方米用40%水分散粒剂5～6克兑水30～40千克茎叶喷雾。施药前把田水排干,使杂草全部露出水面,喷药后1～3天再灌水。

【注意事项】

（1）本品能防除冬、春小麦田一年生阔叶杂草,特别是对磺酰脲类除草剂产生抗药性的杂草效果好,最佳用药时期在杂草2～3叶期,小麦倒2叶抽出后勿用药。

（2）本品具有较强渗透、传导性,杀草速度快,对温度不敏感。本品在喷施后很快被叶片吸收,不受雨淋影响。

（3）本品活性高、用药量低。施药时药量应准确,不要随意增加用药量,防止药害发生。采用2次稀释,充分混合,严禁加洗衣粉等助剂,不能与表面活性剂、乳油类农药混用。

（4）喷雾兑水量过少时小麦叶片可能出现灼伤斑点,但不影响正常生长。

（5）对蜜蜂、鱼类等水生生物、家蚕有毒。施药期间应避免对周围蜂群的影响,开花植物花期、蚕室和桑园附近禁用。赤眼蜂等天敌放飞区域禁用。远离水产养殖区、河塘等水域施药。

（6）本品在糙米和小麦上最大残留限量均为0.1毫克/千克。

143. 唑啉草酯

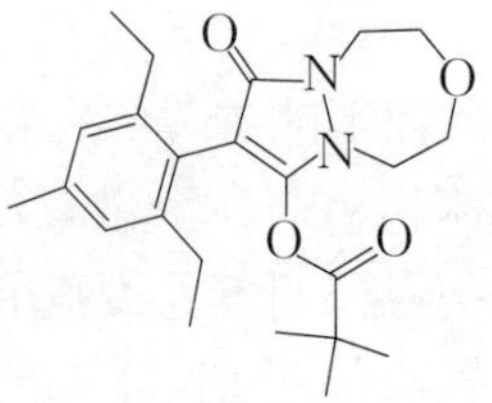

分子式：$C_{23}H_{32}N_2O_4$

【类别】 苯基吡唑啉类。

【化学名称】 8-(2,6-二乙基-4-甲基苯基)-1,2,4,5-四氢-7-氧-7H-吡唑[1,2-d][1,4,5]氧二氮-9-基-2,2-二甲基丙酸酯。

【理化性质】 纯品外观为白色细粉末,熔点120.5～121.6℃,沸点在335℃时发生热分解,蒸气压2.0×10⁻⁹毫帕(20℃)。水中溶解度(25℃)为200毫克/升。正辛醇-水分配系数：$K_{ow} \log P$ 为3.2(25℃)。原药含量≥95%,外观为淡棕色粉末,pH(25℃)4.9,在有机溶剂中的溶解度(25℃,毫克/升)：二氯甲烷>500,甲醇260,丙酮250,辛醇140,乙酸乙酯、甲苯130,正己烷1.0。难光解,易水解,土壤中易降解,较难淋溶,土壤易吸附、难挥发。

【毒性】 低毒。原药大鼠急性经口 LD_{50}>5 000毫克/千克,大鼠急性经皮 LD_{50}>2 000毫克/千克。大鼠急性吸入 LC_{50}(4小时)：雄性为4.63毫克/升,雌性为6.24毫克/升。对兔皮肤无刺激性,对兔眼睛有刺激性,无腐蚀性。豚鼠皮肤变态反应(致敏)试验致敏率为0,属弱致敏物。大鼠90天亚慢性(灌胃)毒性试验有害的作用剂量为100毫克/(千克·天)。Ames试验、小鼠骨髓细胞微核试验、体外哺乳动物细胞基因突变试验、体内哺乳动物细胞 UDS 试验均为阴性(体外哺乳动物染色体畸变试验为阳性),未见致突变性。对鱼、水蚤、鸟类、蜜蜂、蚯蚓均低毒,对水藻中等毒性。

【制剂】 5%乳油。

【作用机制与防除对象】 为乙酰辅酶 A 羧化酶(ACC)抑制剂,造成脂肪酸合成受阻,使细胞生长分裂停止,细胞膜含脂结构被破坏,导致杂草死亡,具有内吸传导性,是用于大麦田、小麦田苗后茎叶处理的新一代除草剂,可防除野燕麦、黑麦草、狗尾草、看麦娘、硬草、菵草和棒头草等大多数一年生禾本科杂草。

【使用方法】

(1) 防除大麦田一年生禾本科杂草：在一年生禾本科杂草3～5叶生长旺盛期施药,每667平方米用5%乳油60～100毫升兑水 15～30 千克均匀茎叶喷雾。

（2）防除小麦田一年生禾本科杂草：在杂草 3～5 叶生长旺盛期施药，每 667 平方米用 5％乳油 60～80 毫升兑水 15～30 千克均匀茎叶喷雾。

【注意事项】

（1）避免在极端气候如气温大幅波动前后 3 天内，异常干旱，小麦生长不良或遭受涝害、冻害、旱害、盐碱害、病害等胁迫条件下施用，否则可能影响药效或导致作物药害。

（2）严格按推荐剂量施用，田间喷液量要均匀一致，严禁重喷、多喷和漏喷。杂草草龄较大或发生密度较大时，使用推荐剂量的高限。

（3）不推荐与激素类除草剂混用，如 2,4 -滴、2 甲 4 氯、麦草畏等；与其他除草剂、农药、肥料混用时，建议先进行测试。

（4）避免药液飘移到邻近作物田，施药后仔细清洗喷雾器，避免药物残留造成玉米、高粱及其他敏感作物药害。

（5）由于本品含有可燃的有机成分，燃烧时会产生浓厚的黑烟，黑烟中含有危险的燃烧产物。暴露于分解产物中可能会遭受健康危害。对于小火，可使用水、抗醇泡沫、干粉或者二氧化碳等灭火材料灭火；对于大火，用抗醇泡沫、水灭火。不要让灭火产生的废水流入下水管或水道。

（6）本品在小麦上的最大残留限量为 0.1 毫克/千克。

144. 唑嘧磺草胺

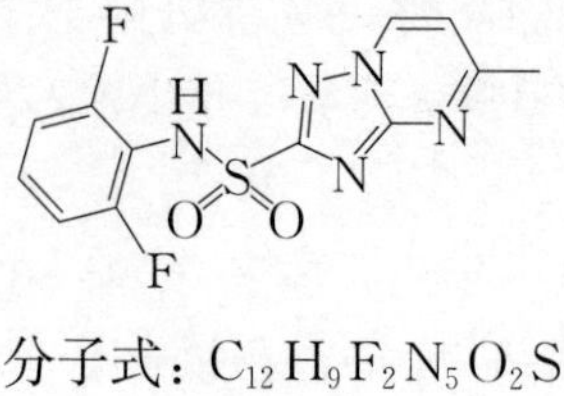

分子式：$C_{12}H_9F_2N_5O_2S$

【类别】 三唑嘧啶类。

【化学名称】 $2',6'$-二氟-5-甲基$[1,2,4]$三唑并$[1,5\alpha]$嘧啶-2-磺酰苯胺。

【理化性质】 纯品为灰白色无味固体,熔点 $251\sim253$ ℃,蒸气压 0.37 毫帕(25 ℃),相对密度 1.77(21 ℃)。溶解度:水中 49 毫克/升(pH2.5,溶解度随 pH 升高而增加)、丙酮<16 毫克/升、甲醇<40 毫克/升,不溶于二甲苯、己烷。水中光解时间 $6\sim12$ 个月,土中光解时间 3 个月。

【毒性】 低毒。原药大鼠急性经口 $LD_{50}>5\,000$ 毫克/千克,兔急性经皮 $LD_{50}>2\,000$ 毫克/千克,大鼠急性吸入 LC_{50}(4 小时)>1.2 毫克/升。对兔眼睛有轻微刺激,对兔皮肤无刺激性。山齿鹑急性经口 $LD_{50}>2\,250$ 毫克/千克。银边鳉鱼 LC_{50}(96 小时)>379 毫克/升,对大头鲦鱼和蓝鳃太阳鱼无毒。虾 $LC_{50}>349$ 毫克/升。对蜜蜂和鸟低毒。

【制剂】 80% 水分散粒剂。

【作用机制与防除对象】 为内吸传导型除草剂,是一种典型的乙酰乳酸合成酶抑制剂。被杂草的根、茎和叶吸收后传导至分生组织,在分生组织内积累,通过抑制支链氨基酸的合成使蛋白质合成受阻,植物生长停止,逐渐死亡。残效期长,杀草谱广,用于玉米、大豆、小麦、苜蓿等作物田防除多种阔叶杂草如蓼、婆婆纳、苍耳、龙葵、反枝苋、藜、苘麻、猪殃殃等。

【使用方法】

(1) 防除大豆田阔叶杂草:大豆播后苗前施药,每 667 平方米用 80% 水分散粒剂 $3.75\sim5$ 克兑水 $30\sim40$ 千克土壤喷雾。

(2) 防除玉米田阔叶杂草:在玉米播后苗前,春玉米田每 667 平方米用 80% 水分散粒剂 $3.75\sim5$ 克,夏玉米田用 80% 水分散粒剂 $2\sim4$ 克,兑水 $30\sim40$ 千克土壤喷雾。

(3) 防除小麦田阔叶杂草:在小麦 3 叶期至分蘖期,每 667 平方米用 80% 水分散粒剂 $2.0\sim2.5$ 兑水 $30\sim40$ 千克茎叶均匀喷雾。

【注意事项】

（1）每季最多施用1次。

（2）正常推荐剂量下后茬可以安全种植玉米、小麦、大麦、水稻、高粱；后茬如果种植油菜、棉花、甜菜、向日葵、马铃薯、亚麻及十字花科蔬菜如油菜、小白菜、萝卜等敏感作物，则需隔年；如果种植其他后茬作物，须咨询当地植保部门或生物测定安全通过时方可种植。

（3）勿在大豆出苗后施药，否则易产生药害。

（4）严格按照推荐剂量施用，避免重喷、漏喷、误喷，避免药物飘移到邻近作物上。不宜在地表太干燥或下雨时施药。

（5）本品在玉米、大豆和小麦上的最大残留限量均为0.05毫克/千克。

植物生长调节剂

1. 1-甲基环丙烯

分子式：C_4H_6

【类别】 环丙烯类。

【化学名称】 1-甲基环丙烯。

【理化性质】 常温下为无色气体，沸点 4.68 ℃，蒸气压 2×10^5 帕（20～25 ℃），水中溶解度 137 毫克/升（20 ℃）。无法单独存在，也不能贮存。生产过程中，一经形成，即被 α-环糊精分子吸附，形成稳定的微胶囊，并经葡萄糖稀释，直接生产制剂。

【毒性】 低毒。ADI 为 0.000 9 毫克/千克，可接受操作暴露水平（AOEL）值为 0.09 毫克/千克体重。

【制剂】 0.014%、0.03%、3.3%微囊粒剂，2%片剂，0.03%粉剂，1%可溶液剂，0.18%水分散片剂，12%发气剂。

【作用机制与防治对象】 本品是一种有效的乙烯产生和乙烯作用的抑制剂。作为促进成熟衰老的植物激素——乙烯，只有与细胞内部的相关受体相结合，才能激活一系列与成熟有关的生理生化反应，加快衰老和死亡。本品可以很好地与乙烯受体结合，从而阻止乙烯与其受体的结合，很好地延长了果蔬成熟衰老的过程,延长了保鲜期。用于番茄、苹果、玫瑰等蔬菜、水果、鲜花的保鲜。

【使用方法】

(1) 番茄保鲜:番茄贮存时,每立方米用3.3%微囊粒剂35～70毫克,或0.014%微囊粒剂30～92.5克,或12%发气剂0.02～0.03克密闭熏蒸。

(2) 柿子保鲜:柿子贮存时,每立方米用3.3%微囊粒剂35～70毫克,或0.18%水分散片剂0.8～1.2克,或12%发气剂0.02～0.03克密闭熏蒸。

(3) 花椰菜保鲜:花椰菜贮存时,每立方米用0.014%微囊粒剂62.5～92.5克密闭熏蒸。

(4) 香甜瓜保鲜:香甜瓜贮存时,每立方米用3.3%微囊粒剂35～70毫克,或0.014%微囊粒剂30～92.5克,或12%发气剂0.02～0.03克,密闭熏蒸。

(5) 苹果保鲜:苹果成熟采摘后于室温条件下贮存时,每立方米用3.3%微囊粒剂125～250毫克的药包放入纸箱密闭熏蒸24小时;或每立方米用0.03%微囊粒剂14～28克,或0.014%微囊粒剂30～62.5克,或0.03%粉剂15～25克,或2%片剂56～112毫克,或0.18%水分散片剂0.8～1.2克,或12%发气剂0.02～0.03克密闭熏蒸。

(6) 梨保鲜:梨贮存时,每立方米用3.3%微囊粒剂35～70毫克,或0.014%微囊粒剂30～92.5克,或12%发气剂0.02～0.03克密闭熏蒸。

(7) 猕猴桃保鲜:猕猴桃贮存时,每立方米用3.3%微囊粒剂17.5～35毫克,或0.03%粉剂4～6克,或0.18%水分散片剂0.8～1.2克,或2%片剂28～56毫克,或12%发气剂0.02～0.03克,密闭熏蒸。

(8) 李子保鲜:李子贮存时,每立方米用3.3%微囊粒剂35～70毫克,或0.014%微囊粒剂30～92.5克密闭熏蒸。

(9) 玫瑰保鲜：玫瑰贮存时，每立方米用 3.3% 微囊粒剂 31.25～93.75 毫克密闭熏蒸。

(10) 兰花保鲜：兰花贮存时，每立方米用 0.18% 水分散片剂 0.8～1.2 克密闭熏蒸。

(11) 康乃馨保鲜：康乃馨贮存时，每立方米用 0.014% 微囊粒剂 60～100 克密闭熏蒸。

【注意事项】

(1) 使用本品前，先计算包装箱的体积。根据包装箱的体积，参照推荐用量计算用药量。投药后，操作者必须立即离开，并在气体释出之前密闭贮藏室。密闭 24 小时期间，风机系统要保持运转，以保证室内良好的空气流通；贮藏室装备有乙烯、二氧化碳脱除机和臭氧发生器的，应予以关闭。上述处理过程结束后，建议将室内风机系统开至最大功率，开门通风至少 15 分钟以上，以消除任何可能的气体残留。

(2) 水果和蔬菜贮存：果实和蔬菜应在适合的成熟度时采收，采后尽快使用本品处理。对二氧化碳敏感的品种，纸箱中若使用保鲜袋，建议进行打孔处理，以免二氧化碳积累造成伤害。将合适数量的药包放入保鲜袋后扎紧或折叠袋口。若不使用保鲜袋，在放入本品后，把纸箱盖封上即可。使用后，对于即采即销的，建议预冷后运输或采用冷藏车运输；如需贮藏，应尽快按照冷藏管理流程入库，并注意贮藏期间的二氧化碳管理。

(3) 花卉贮存：将合适数量的药包在清水中蘸湿并迅速放入包装箱中，之后立即关闭包装盒盖。对于预冷的花卉，处理期间需尽量保持密闭；处理至少 4 个小时，以确保花卉处理有效。同种切花的不同品种间对乙烯的敏感度不同，因此建议在使用本品前先进行敏感性试验。

(4) 本品每季最多使用 1 次。

2. 2-(乙酰氧基)苯甲酸

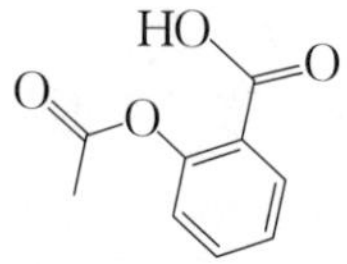

分子式：$C_9H_8O_4$

【类别】 水杨酸类。

【化学名称】 2-(乙酰氧基)苯甲酸。

【理化性质】 原药外观为白色结晶粉末。沸点50℃,熔点210~250℃,蒸气压0.2毫帕。20℃时水中溶解度为12克/升。常温下稳定,遇酸、碱易分解,遇湿气即缓慢水解。

【毒性】 低毒。雌、雄大鼠急性经口LD_{50}分别为3160毫克/千克和3830毫克/千克,大鼠急性经皮LD_{50}>5000毫克/千克。对眼睛和皮肤无刺激性,对皮肤有轻度致敏性。该药对鱼、蜜蜂、家蚕、鸟均为低毒。30% 2-(乙酰氧基)苯甲酸可溶性粉剂对斑马鱼LC_{50} 150毫克/升(48小时),蜜蜂LC_{50}>6000毫克/升(48小时),家蚕(2龄)LC_{50}>5000毫克/千克。鹌鹑LD_{50}>350毫克/千克(7天)。

【制剂】 30%可溶粉剂。

【作用机制与防治对象】 本品主要作用是减轻活性氧对植物叶面细胞膜的伤害,使细胞膜结构的稳定性得到保护,可有效调节植物叶面毛孔关闭以抑制叶片水分蒸腾,延缓作物衰老;可提高叶绿素含量,增强光合作用,延长灌浆时间,增加穗粒数和千粒重。用于调节水稻生长、增产。

【使用方法】

调节水稻生长、增产:在水稻移栽后25天左右,每667平方米用30％可溶粉剂50～60克兑水40～50千克连续喷施2～3次，每次间隔21天,安全间隔期为21天。药剂配制应使用二次稀释法,先将粉剂倾入一定量的水中,适当搅拌3分钟,速溶呈透明溶液,然后再稀释至800～1 000倍液。

【注意事项】

(1) 大风天或预计1小时内有雨,请勿使用。

(2) 本品在偏酸和中性溶液中稳定,切忌与碱性物质混用。

(3) 本品应在施用前现配现用,切勿将本品一次性稀释至使用浓度。

3. 24-表芸苔素内酯

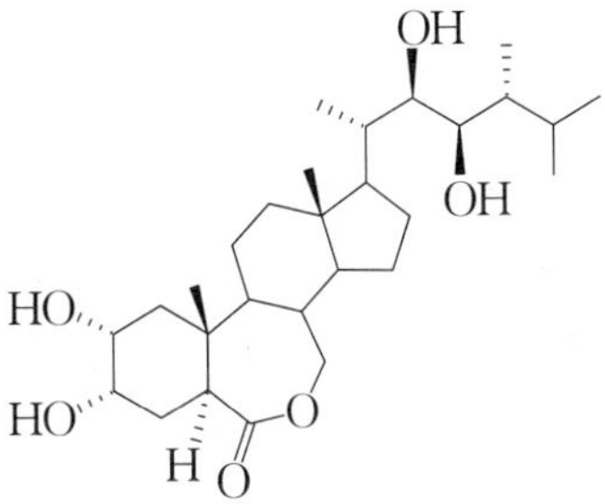

分子式: $C_{28}H_{48}O_6$

【类别】 甾醇类。

【化学名称】 (22R,23R,24R)-2α,3α,22,23-四羟基-24-甲基-β-高-7-氧杂-5α-胆甾-6-酮。

【理化特性】 原药外观为白色结晶,无臭,熔点256～258℃,水中溶解度5毫克/升(20℃),可溶于甲醇、乙醇、四氢呋喃、丙酮等多种有机溶剂中,在弱酸性和弱碱性条件下稳定,在空气中、水中、光照下稳定。不能与强氧化剂接触。

【毒性】　低毒。大鼠急性经口 LD_{50} >2 000 毫克/千克,小鼠急性经口 LD_{50} >1 000 毫克/千克,大鼠急性经皮 LD_{50} >2 000 毫克/千克。Ames 试验表明无致突变作用。

【制剂】　0.000 4%、0.001 6%、0.01%、0.004% 可溶液剂,0.01% 水剂,0.01% 水分散粒剂。

【作用机制与使用对象】　具有调控植物细胞分裂和伸长的作用,可提高叶绿素含量,增强光合作用,调控维管组织分化,促进根系发达,促进植物对肥料的有效吸收,有利于植物生长,提高作物抗病、抗旱、抗盐、耐涝、耐冷等抗逆能力,促进生殖发育,用于瓜果类可提高坐果率、增加单果重、改善品质。适用于调节水稻、小麦、草莓、辣椒、黄瓜、苹果树等作物的生长。

【使用方法】

(1) 调节水稻生长:于水稻孕穗期、齐穗期,用 0.01% 可溶液剂稀释至 2 500~5 000 倍液,各喷雾 1 次,每季最多施用 2 次。

(2) 调节草莓生长:于草莓盛花期、花后,用 0.01% 可溶液剂稀释至 3 300~5 000 倍液,各喷雾 1 次。

(3) 调节小麦生长:于小麦扬花期、灌浆期,用 0.01% 可溶液剂稀释至 1 500~2 000 倍液,各喷雾 1 次,每季最多施用 2 次;或于孕穗期、扬花期,用 0.01% 可溶液剂稀释至 2 000~5 000 倍液,各喷雾 1 次;或于小麦苗期、扬花期,用 0.01% 可溶液剂稀释至 2 000~2 500 倍液,各喷施 1 次;或于小麦拔节期、齐穗期,用 0.01% 水剂稀释至 1 300~2 000 倍液,各喷雾 1 次。每季最多施用 2 次。

(4) 调节玉米生长:在玉米苗后 6~7 片真叶期,用 0.004% 可溶液剂稀释至 1 000~2 000 倍液均匀喷雾,正、反叶面均要喷到。

(5) 调节苹果树生长:于苹果树谢花后、幼果期、果实膨大期,用 0.01% 水分散粒剂稀释至 4 000~6 000 倍液均匀喷雾 1 次。

(6) 调节荔枝树生长:在荔枝树第一、第二次生理落果前、幼果期至果实膨大期,用 0.01% 可溶液剂稀释至 2 500~5 000 倍液,各均匀喷施 1 次,两次用药间隔 7~10 天,整个生长期最多施用

3 次。

(7) 调节柑橘树生长：在柑橘树花蕾期、幼果期和果实膨大期，用 0.01％可溶液剂稀释至 2 500～5 000 倍液,各均匀喷施 1 次。

(8) 调节黄瓜生长：在黄瓜苗期、花期和幼瓜期各施药 1 次,用 0.01％可溶液剂稀释至 2 000～3 000 倍液均匀喷雾,每季最多施用 3 次。

(9) 调节苗圃(女贞)生长：于苗期生长施药,用 0.001 6％可溶液剂稀释至 1 000～2 000 倍液均匀喷雾。

【注意事项】

(1) 不可与碱性物质混用。

(2) 对鱼类中毒,对蚤类高毒。禁止在河塘和水体内清洗施药器具或将清洗施药器具的废水倒入河流、池塘等水源,水产养殖区、河塘等水体附近禁用。

4. 28-表高芸苔素内酯

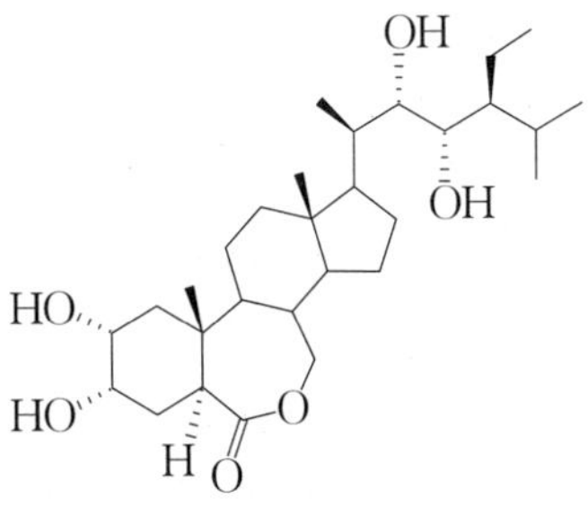

分子式：$C_{29}H_{50}O_6$

【类别】 甾醇类。

【化学名称】 (22S,23S,24S)-2α,3α,22,23-四羟基-24-乙基-β-高-7-氧杂-5α-胆甾-6-酮。

【理化性质】 原药为白色粉末或结晶状固体。熔点 198~200℃,溶于甲醇、乙醇、乙醚、氯仿、乙酸乙酯,难溶于水。对酸稳定,具有良好的贮存稳定性。

【毒性】 低毒。大鼠急性经口 LD_{50}>2 000 毫克/千克,大鼠急性经皮 LD_{50}>2 000 毫克/千克。鱼毒很低。

【制剂】 0.0016%、0.004%水剂。

【作用机制与使用对象】 本品可提高叶绿素含量,增强光合作用,通过协调植物体内对其他内源激素水平,刺激多种酶系活力。可促进大白菜、番茄、黄瓜、大豆、荔枝树、苹果树、玉米等作物生长、提高产量。

【使用方法】

(1)调节水稻生长:于水稻分蘖期、拔节期、抽穗期各用药 1 次,用 0.0016%水剂稀释至 800~1 600 倍液或 0.004%水剂稀释至 2 000~4 000 倍液均匀喷雾。

(2)调节小麦生长:于小麦分蘖期、拔节期、抽穗期各用药 1 次,用 0.0016%水剂稀释至 400~1 600 倍液或 0.004%水剂稀释至 1 000~2 000 倍液,均匀喷雾。

(3)调节玉米生长:于玉米苗期、小喇叭口、大喇叭口各用药 1 次,用 0.004%水剂稀释至 1 000~4 000 倍液均匀喷雾。

(4)调节棉花生长:于棉花苗期、蕾期、初花期各用药 1 次,用 0.0016%水剂稀释至 750~1 500 倍液均匀茎叶喷雾。

(5)调节油菜生长:于油菜苗期、花期、抽薹期各用药 1 次,用 0.0016%水剂稀释至 800~1 600 倍液均匀茎叶喷雾。

(6)调节大豆生长:于大豆苗期、花期、抽薹期各用药 1 次,用 0.0016%水剂稀释至 800~1 600 倍液均匀茎叶喷雾。

(7)调节番茄生长:于番茄苗期、花蕾期、幼果期各用药 1 次,用 0.0016%水剂稀释至 800~1 600 倍液均匀茎叶喷雾。

(8)调节黄瓜生长:于黄瓜苗期、花蕾期、幼果期各用药 1 次,用 0.0016%水剂稀释至 800~1 000 倍液均匀茎叶喷雾。

(9) 调节大白菜生长：于大白菜苗期、旺长期各用药 1 次，用 0.0016％水剂稀释至 1000～1333 倍液均匀茎叶喷雾。

(10) 调节叶菜类蔬菜生长：于叶菜类蔬菜团棵期、莲座期、叶球期各用药 1 次，用 0.004％水剂稀释至 2000～4000 倍液均匀茎叶喷雾。

(11) 调节柑橘树生长：于柑橘树初花期、幼果期、膨大期各用药 1 次，用 0.0016％水剂稀释至 800～1000 倍液均匀喷雾。

(12) 调节苹果树生长：于苹果树初花期、幼果期、膨大期各用药 1 次，用 0.0016％水剂稀释至 800～1000 倍液均匀喷雾。

(13) 调节梨树生长：于梨树初花期、幼果期、膨大期各用药 1 次，用 0.0016％水剂稀释至 800～1000 倍液均匀喷雾。

(14) 调节荔枝树生长：于荔枝树初花期、幼果期、膨大期各用药 1 次，用 0.0016％水剂稀释至 800～1000 倍液均匀喷雾。

(15) 调节甘蔗生长：于甘蔗分蘖期、拔节期各用药 1 次，用 0.004％水剂稀释至 1000～4000 倍液均匀喷雾。

(16) 调节烟草生长：于烟草苗期、团棵期、旺长期各用药 1 次，用 0.0016％水剂稀释至 800～1000 倍液均匀茎叶喷雾。

【注意事项】

(1) 本品宜在上午或傍晚喷施，喷后 6 小时内遇雨要补喷；大风或预计 1 小时内有降雨，请勿施药。

(2) 按推荐时期及剂量施用，同时加强肥水管理。

5. S-诱抗素

分子式：$C_{15}H_{20}O_4$

【类别】 烯酸类。

【化学名称】 $5-(1'-$羟基$-2',6',6'-$三甲基$-4'-$氧代$-2'-$环己烯$-1'-$基$)-3-$甲基$-2-$顺$-4-$反$-$戊二烯酸。

【理化性质】 原药为白色晶体,相对分子量264.3,熔点161~163℃。微溶于水,水中溶解度1~3克/升(20℃),微溶于苯,可溶于碳酸氢钠水溶液、甲醇、乙醇、丙酮、乙酸乙酯、乙醚、氯仿、三氯甲烷。紫外最大吸收光为252纳米。诱抗素有顺式和反式两种异构体,顺式异构体在紫外光下缓慢转化为反式异构体。在常温黑暗条件下放置两年稳定,但对光敏感,属强光分解化合物。

【毒性】 低毒。为植物体内存在的激素,大鼠急性经口$LD_{50}>2\,500$毫克/千克,对生物和环境无不良作用。

【制剂】 5%可溶粒剂;0.006%、0.03%、0.1%、0.25%、5%水剂,0.1%、5%、10%可溶液剂,0.1%、1%、10%可溶粉剂。

【作用机制与防治对象】 主要功能是诱导植物在生长发育过程中产生对不良生长环境(逆境)的抗性,如诱导植物产生抗寒性、抗旱性、抗病性、耐盐性等。诱抗素是植物的"抗逆诱导因子",被称为植物的"胁迫激素",能增强植物光合作用,促进根系发育和营养物质的合成与积累,对改善品质、提高产量有一定效果。对花生、棉花、水稻、番茄、葡萄、柑橘树、烟草有调节生长作用,对小麦、水稻可促进新根生长,对小麦增加分蘖、葡萄促进着色有一定作用。

【使用方法】

(1) 调节水稻生长:每千克种子用0.006%水剂5毫升兑水1千克稀释至200倍液后浸种24~48小时,再用清水冲洗后播种。或每千克种子用0.03%水剂稀释至750~1000倍液常温下浸种,水量以能淹没所浸种子为宜,浸种24~36小时,清水冲洗后根据当地播种习惯催芽、播种。或于水稻1叶1心期到2叶1心期,用0.1%水剂750~1000倍液,或0.1%可溶粉剂750~1000倍液,或 0.1％可溶液剂 750～1000 倍液叶面喷雾。

（2）提高小麦成活率：每 100 千克种子用 0.006％水剂 50～100 毫升拌种，放置 24～48 小时，用清水冲洗后播种。

（3）增加小麦分蘖：在小麦幼苗阶段，用 0.1％水剂 500～1000 倍液，或 0.1％可溶液剂 500～1000 倍液，叶面喷施。

（4）调节棉花生长：将 0.25％水剂稀释至 1000～1500 倍液，分别于棉花苗期 3 片真叶、第一次施药 10 天后及初花期，茎叶均匀喷雾。

（5）调节花生生长：花生 3～4 复叶期第一次施药，将 0.25％水剂稀释至 1000～2000 倍液喷雾，间隔 15 天左右第二次施药，开花下针期第三次施药。

（6）调节番茄生长：在番茄移栽前 2～3 天或移栽后 7～10 天，用 0.1％水剂或 0.1％可溶液剂 200～400 倍液，或 0.25％水剂 500～750 倍液叶面喷施，每季施用 2～3 次。或在幼苗阶段，用 0.1％水剂稀释至 333～500 倍液叶面喷施，每季施用 2～3 次。

（7）促进柑橘树生长：用 1％可溶粉剂稀释至 3000～4000 倍液，于柑橘秋梢老熟后、柑橘采收后、次年春芽萌动时各整株喷施 1 次。

（8）促进葡萄着色：于葡萄转色初期（20％～30％开始转色期），用 5％可溶液剂稀释至 167～250 倍液，或 10％可溶液剂稀释至 330～500 倍液，对果穗均匀喷雾，药雾均匀附着果粒且不滴水。或于葡萄转色初期（10％以上果实开始转色），用 5％水剂稀释至 200～250 倍液，均匀喷果穗 1 次，药雾均匀附着果粒且不滴水。

（9）调节葡萄生长：于葡萄绒球期（冬芽开始萌动、芽膨大似球、尚未见绿色），用 10％可溶粉剂稀释至 5000～10000 倍液灌根。或于葡萄转色初期（或转色前 5 天），用 5％可溶粒剂稀释至 167～250 倍液，均匀喷雾 1 次。

（10）调节烟草生长：烟草移栽前 3 天和移栽后 10 天，用

0.1％水剂稀释至 286～370 倍液,分别茎叶喷雾,用药 2 次。或用 0.1％可溶液剂稀释至 286～370 倍液,苗床喷雾。

【注意事项】

(1) 忌与碱性农药混用,忌用碱性水(PH＞7.0)稀释本品,稀释液中加入少量的食醋或白酒,效果会更好。

(2) 请在阴天或晴天傍晚喷施,喷药后 6 小时内下雨应补喷。植株弱小时,兑水量应取上限。

(3) 避光保存,开启包装后最好一次性用完。

6. 矮壮素

分子式:$C_5H_{13}Cl_2N$

【类别】 氯化胆碱类生长抑制剂。

【化学名称】 2-氯乙基三甲基氯化铵。

【理化性质】 原药为白色至浅黄色粉末,带有鱼腥味。纯品为无色吸湿结晶,相对密度 1.141(20℃),熔点 245℃(分解),蒸气压＜0.010 毫帕(25℃)。溶解度(20℃,克/千克):水 1 000,甲醇＞25,乙醇 320,二氯乙烷、乙酸乙酯、丙酮、庚烷＜1,氯仿 0.3。原药纯度为 97％～98％,在 238～242℃分解,易吸湿,遇碱分解。水溶液性质稳定,50℃贮存 2 年无变化。

【毒性】 低毒。原药大鼠急性经口 LD_{50} 996 毫克/千克,大鼠急性经皮 LD_{50} 4 000 毫克/千克,大鼠急性吸入 LC_{50}(4 小时)大于 5.2 毫克/升空气。对皮肤和眼睛无刺激性,对皮肤无致敏性。小鸡急性经口 LD_{50} 920 毫克/千克。大鳞鲤鱼 LC_{50} 大于 1 000 毫克/升(76 小时)。水蚤属 EC_{50} 31.7 毫克/升(48 小时)。对鱼、蜜蜂、鸟低毒。

【制剂】 50％水剂,80％可溶粉剂。

【作用机制与防治对象】 本品是一种用途广泛的植物生长调节剂。能有效控制植株徒长,使植株矮壮、变粗、节间缩短,增加分蘖抗倒伏能力;同时使叶色变绿增厚,增强光合作用,提高坐果率,改善品质,提高产量;还能提高作物抗旱、抗寒、抗盐碱能力。可有效调节番茄、棉花、小麦、玉米生长,防止植株徒长和提高产量等。

【使用方法】

(1) 调节番茄生长:于番茄开花前,用50％水剂稀释至750～1000倍液喷雾,每季最多施用2次。

(2) 调节棉花生长:于棉花初花期、盛花期、蕾铃期各用药1次,用50％水剂稀释至8000～12000倍液,全株喷雾3次,重点喷施植株顶部。或于棉花生长旺盛期,用80％可溶粉剂稀释至12000～14000倍液喷施,每季最多施用2次。

(3) 调节小麦生长,防止小麦倒伏:于小麦返青后拔节前,用50％水剂稀释200～400倍液均匀喷雾1次。

(4) 调节玉米生长:用50％水剂配制成200倍液浸种6小时,晾干后播种,安全间隔期30天,每季最多施用1次。

【注意事项】

(1) 用清洁水配制,不与强酸性药、肥混用。

(2) 选阴天早、晚喷施,喷后6小时内遇雨应补喷。高温、干旱期用药,请适当增加兑水量。

(3) 水肥条件好、群体有徒长趋势时施药效果较好。地利条件差、长势不旺的地块,不能施用。

(4) 本品在下列食品上的最大残留限量(毫克/千克):番茄1,棉籽0.5,小麦5,玉米5。

7. 胺鲜酯

$$CH_3(CH_2)_4—COOCH_2CH_2N(CH_2CH_3)_2$$
$$分子式：C_{12}H_{25}NO_2$$

【类别】 脂肪酯类。

【化学名称】 己酸-β-二乙氨基乙醇酯。

【理化性质】 纯品外观为无色液体,原药(含量大于90％)为淡黄色至棕色油状透明液体,沸点138～139℃(0.01毫帕),相对密度0.88(20℃)。微溶于水,溶于醇类、苯类等有机溶剂。在中性和弱酸性介质中稳定。

【毒性】 低毒。对人、畜的毒性很低。雄、雌大鼠急性经口LD_{50}分别为3 690毫克/千克和3 160毫克/千克,大鼠急性经皮$LD_{50}>2 150$毫克/千克。对眼睛有轻微刺激性,对皮肤有强刺激性,对皮肤有弱致敏性,无致突变性。大鼠90天饲喂试验无作用剂量34.2毫克/(千克·天)。斑马鱼LC_{50} 50毫克/升(96小时)。蜜蜂$LC_{50}>1 000$毫克/升(48小时)。家蚕经口(桑叶)$LC_{50}>500$毫克/千克(48小时),鹌鹑$LD_{50}>550$毫克/千克(7天)。

【制剂】 10％可溶粒剂,1.6％、2％、5％、8％水剂,8％可溶粉剂。

【作用机制与防治对象】 本品具有延缓植物生长,抑制茎干伸长,缩短节间,促进植物分蘖,增强植物抗逆性能,提高产量等效果。对调节番茄、大白菜、小白菜、玉米、棉花生长有较好的效果。

【使用方法】

(1)调节番茄生长:用10％可溶粒剂稀释至5 000～6 000倍液,于番茄苗期、花蕾期各喷1次,每季最多施用2次,安全间隔期为收获期。或用2％水剂稀释至1000～1500倍液均匀喷雾,于番茄苗期和花蕾期各施药1次,每季最多施用2次,安全间隔期

7 天。

(2) 调节小白菜生长：用 5％水剂稀释至 2 000～2 500 倍液，于小白菜苗期第一次喷药,7 天后第二次喷药,共施药 2 次,安全间隔期 7 天,每季最多施用 2 次。或用 1.6％水剂稀释至 800～1 200 倍液,于小白菜 5～6 叶期(约播种后 20 天)进行第一次施药,7 天后进行第二次施药,共施药 2 次,安全间隔期 7 天,每季最多施用 2 次。

(3) 调节大白菜生长：用 8％可溶粉剂稀释至 1 333～2 000 倍液,于白菜移栽定植成活后至结球期均匀喷雾,最多施药 3 次,施药间隔期 7 天,安全间隔期 3 天。或用 8％水剂稀释至 1 500～2 000 倍液,于白菜移栽成活返青后进行第一次施药,10 天后再喷施一次,共喷施 2 次,叶面(全株)均匀喷雾,安全间隔期 10 天,每季最多用药 2 次。或用 1.6％水剂稀释至 400～600 倍液,于白菜苗期第一次喷药,莲座期第二次喷药,结球期第三次喷药,共施药 3 次,安全间隔期 5 天,每季最多施用 3 次。

(4) 调节玉米生长：于玉米拔节初期(玉米 8～12 叶期),每 667 平方米用 2％水剂 20～30 毫升兑水 30～50 千克均匀喷雾,每季最多施用 1 次。

(5) 调节棉花生长：用 5％水剂稀释至 2 000～3 000 倍液,于棉花初花期进行第一次施药,棉花盛花期进行第二次施药。

【注意事项】

(1) 大风天或预计 1 小时内降雨,请勿施药。

(2) 建议与其他不同作用机制的植物生长调节剂轮换施用。不宜与碱性物质混合,可与弱酸性及中性农药混用。

(3) 对鱼、蜜蜂、家蚕有毒。施药时,远离蚕室和桑园,不可污染鱼塘水源、蜜源地等,禁止在河塘等水域清洗施药器具,开花植物花期禁用。

(4) 本品在普通白菜和玉米上的最大残留限量分别是 0.05 毫克/千克、0.2 毫克/千克。

8. 苄氨基嘌呤

分子式：$C_{12}H_{11}N_5$

【类别】 嘌呤类细胞分裂素。

【化学名称】 $6 - (N -$苄基$)$氨基嘌呤。

【理化性质】 纯品为无色无臭针状结晶，熔点 $234\sim235\ ℃$。工业原药为白色针状结晶或淡黄色粉末，熔点 $230\sim233\ ℃$。沸点 $237\sim246\ ℃$，相对密度 1.4，蒸气压 2.373×10^{-6} 毫帕$(20\ ℃)$。可溶于甲醇、丙酮、异丙醇，难溶于水、己烷等。在酸、碱介质中稳定，对光、热$(8$ 小时$,120\ ℃)$稳定。

【毒性】 低毒。大鼠急性经口 LD_{50} 2 125 毫克/千克（雄）、2 130 毫克/千克（雌），小鼠急性经口 LD_{50} 1 300 毫克/千克。大鼠急性经皮 $LD_{50}>5\,000$ 毫克/千克。对兔眼睛、皮肤无刺激。Ames 试验，对鼠和兔无诱变、致畸作用。对鱼、蜜蜂、鸟低毒。蜜蜂急性经口 LD_{50} 400 微克/只，鲤鱼 $LC_{50}（48$ 小时$）>40$ 毫克/升，蓝鳃鱼 $LC_{50}（4$ 天$）37.9$ 毫克/升，虹鳟鱼 $LC_{50}（4$ 天$）21.4$ 毫克/升，野鸭饲喂 $LC_{50}（5$ 天$）>8\,000$ 毫克/千克。水蚤 EC_{50} 20.5 毫克/升$（48$ 小时$）$。

【制剂】 20%水分散粒剂，1%可溶粉剂，2%、5%可溶液剂，5%水剂。

【作用机制与防治对象】 本品为高活性细胞分裂素，活性高，能增加叶绿素，提高光合效率，有效促进植株细胞分裂和分化，促进花芽分化，加速生长和发育，强化植株，壮果膨果，用于调节柑橘树、枣树、白菜生长。

【使用方法】

(1) 调节柑橘树生长：于柑橘谢花后 5～7 天，用 20％水分散粒剂稀释至 4 000～6 000 倍液喷雾 1 次，注意喷雾均匀周到，以确保防效。或用 2％可溶液剂稀释至 400～600 倍液，于柑橘谢花后 5～7 天第一次施药，间隔 15 天左右第二次施药，每季最多喷施 2 次，全株喷雾，主要喷幼果，安全间隔期 45 天。或于谢花开始（第一次生理落果前）、幼果期（第二次生理落果前）及果实膨大前各用药 1 次，用 5％水剂稀释至 1 000～1 500 倍液，均匀喷雾，重点喷花果；或于柑橘树谢花后，用 5％可溶液剂稀释至 1 000～1 500 倍液均匀喷雾，间隔 10～15 天再喷 1 次，可连续喷雾 2 次。

(2) 调节枣树生长：在枣树谢花后，幼果花生米粒大小时，用 1％可溶粉剂稀释至 250～500 倍液喷雾 1 次。或于开花 70％～80％至果实快速膨大期，用 2％可溶液剂稀释至 700～1 000 倍液均匀喷果实，以果面均匀润湿至滴水为宜，果实硬核后禁用，间隔 10～15 天喷施 1 次，连续施用 2～3 次；用于枣子保果时，如气温超过 30℃应适当增加兑水量。

(3) 调节白菜生长：于白菜定苗期、团棵期、莲座期叶面各用药 1 次，用 1％可溶粉剂稀释至 250～500 倍液喷施，每季最多施用 2～3 次。

【注意事项】

(1) 宜在早上露水干后或下午 4 时后施用。大风天或预计 1 小时内降雨，请勿施药。施后 6 小时内遇雨应补施。宜即配即用。

(2) 不与强酸性药、肥混用。

(3) 禁止在河塘等水体中清洗施药器具。

9. 丙酰芸苔素内酯

分子式：$C_{35}H_{56}O_7$

【类别】 油菜素甾醇类。

【化学名称】 $(24S)$-$2\alpha,3\alpha$-二丙酰氧基-$22R,23R$-环氧-7-氧-5α-豆甾-6-酮。

【理化性质】 原药纯度不低于 95%，白色结晶粉末，熔点 $130\sim148℃$。溶于甲醇、乙醇、氯仿、乙酸乙酯，难溶于水。溶解度 $(20\sim25℃)$：水 2.10 毫克/升，己烷 2.7 克/升，乙醇 15 克/升，二甲苯 336 克/升，二氯甲苯 596 克/升，丙酮 224 克/升，乙酸乙酯 163 克/升。在弱酸、中性介质中稳定，在强碱介质中分解。

【毒性】 低毒。大鼠急性经口 $LD_{50}>5\,000$ 毫克/千克，大鼠急性经皮 $LD_{50}>2\,000$ 毫克/千克，大鼠急性吸入 $LC_{50}>5\,000$ 毫克/升。对眼睛有轻微刺激性，无致敏性，无致突变性。斑马鱼 $LC_{50}(48\,小时)>273.4$ 微克/升，蜜蜂 $LC_{50}(48\,小时)>1\,065$ 毫克/升，家蚕经口 $LD_{50}>16$ 毫克/千克桑叶，日本鹌鹑经口 $LD_{50}(7$ 天$)0.077$ 毫克/千克。

【制剂】 0.003% 水剂。

【作用机制与防治对象】 本品具有促进细胞分裂和生长，有利于花粉授精，提高叶绿素含量，增强作物抗逆能力等作用。适用于黄瓜、葡萄、柑橘、花生等作物。

【使用方法】 用于保花保果,于开花前 7 天喷施 1 次保花。促进花芽分化、防寒耐旱,可提前 5～7 天喷药。

(1) 调节水稻生长:用 0.003％水剂 2 000～3 000 倍液均匀喷雾。

(2) 调节小麦生长:用 0.003％水剂 2 000～3 000 倍液均匀喷雾。

(3) 调节棉花生长:用 0.003％水剂 2 000～4 000 倍液均匀喷雾。

(4) 调节花生生长:用 0.003％水剂 2 000～3 000 倍液均匀喷雾。

(5) 调节黄瓜生长:用 0.003％水剂 3 000～5 000 倍液均匀喷雾。

(6) 调节辣椒生长:用 0.003％水剂 2 000～3 000 倍液均匀喷雾。

(7) 调节柑橘生长:用 0.003％水剂 2 000～3 000 倍液均匀喷雾。

(8) 调节葡萄生长:用 0.003％水剂 3 000～5 000 倍液均匀喷雾。

(9) 调节芒果树生长:用 0.003％水剂 2 000～3 000 倍液均匀喷雾。

(10) 调节烟草生长:用 0.003％水剂 2 000～4 000 倍液均匀喷雾。

【注意事项】

(1) 每季最多施用 1 次,安全间隔期 30 天。

(2) 配合硼肥、钾肥施用,加强肥水管理,效果更佳。

(3) 按照规定用量施药,严禁随意加大用量。

(4) 不可与碱性物质混用。现配现用,喷药 6 小时内遇雨需重喷。

10. 赤霉酸(赤霉酸 A3)

分子式：$C_{19}H_{22}O_6$

【化学名称】 $2\beta,4\alpha,7$ -三羟基- 1 -甲基- 8 -亚甲基- $4\alpha a,\beta$ -赤霉- 3 -烯- $1\alpha,10\beta$ -二羧酸- $1,4a$ -内酯。

【类别】 赤霉素类生长刺激剂。

【理化性质】 纯品为白色结晶,熔点 $233\sim235\,^{\circ}\mathrm{C}$。水溶解度 5 克/升,易溶于醇类、丙酮、乙酸乙酯等有机溶剂,还可溶于碳酸氢钠和 pH6.2 的磷酸缓冲液,微溶于水、乙醚,不溶于氯仿、石油醚、苯等溶剂。在干燥状态及在温度低的酸性条件下,比较稳定。遇碱中和,失去生理效用。溶液在 pH3～4 最稳定,在中性或微碱性条件下稳定性下降。高温能明显加速其分解。

【毒性】 低毒。原药大鼠急性经口 $LD_{50}>5\,000$ 毫克/千克,大鼠急性经皮 $LD_{50}>2\,000$ 毫克/千克,大鼠吸入无作用剂量 $200\sim400$ 毫克/千克。对皮肤和眼睛无刺激,有弱致敏性。饲喂大鼠的 NOEL $>10\,000$ 毫克/千克。未见致畸、致突变和致癌作用。对鱼、鸟低毒。

【制剂】 2%、4%水剂,10%、15%、20%可溶片剂,3%、10%、20%、40%可溶粉剂,75%、85%结晶粉,75%粉剂,3%、4%乳油,4%、6%可溶液剂,20%、40%、75%、80%可溶粒剂,10%泡腾粒剂,2.7%膏剂。

【作用机制与防治对象】 本品属植物内源激素,原药主要采用微生物发酵生产,作用广谱,是多效唑、矮壮素等生长抑制剂的拮抗剂。可促进细胞生长,使茎伸长、叶片扩大,促使单性结实和果实生长,打破种子休眠,改变雌、雄花比例,影响开花时间,减少花、果的脱落。主要经叶片、嫩技、花、种子或果实进入到植株体内,然后传导到生长活跃的部位起作用。可促进菠菜、芹菜、马铃薯、柑橘树、葡萄、烟草、人参、棉花等植物生长,可用于杂交水稻制种中调节花期,使父母本花期相遇,提高其品质和产量。

【使用方法】

(1) 水稻制种调节生长、增产:用 10% 可溶片剂稀释至 417～625 倍液,在母本抽穗 20%～30% 时喷第 1 次药,隔 1～2 天母本抽穗 50%～60% 时喷第 2 次药,每季最多喷施 2 次。

(2) 调节棉花生长、增产:在棉花盛花期,用 4% 乳油 2 000～4 000 倍液均匀喷雾。

(3) 调节芹菜生长、增产:在芹菜收获前 20 天,用 10% 可溶粉剂稀释 900～1 000 倍或用 20% 可溶片剂稀释 2 000～3 000 倍液,茎叶喷雾,隔 5～7 天喷第 2 次药。

(4) 调节菠菜生长、增产:于菠菜收获前 20 天左右,用 3% 乳油稀释 1 500～3 000 倍液喷第 1 次药,隔 7 天喷第 2 次药。

(5) 促进马铃薯齐苗、增产:用 40% 可溶粒剂 40 000～80 000 倍液浸薯块 10～30 分钟。

(6) 调节柑橘树生长:于幼果期(谢花 2/3 期)及果实膨大期各用药 1 次,用 10% 可溶性粉剂稀释至 5 000～7 500 倍液喷雾。

(7) 调节葡萄树生长:在花蕾期及膨果期对果穗各喷雾 1 次。花蕾期,用 10% 可溶性粉剂稀释至 20 000～40 000 倍液;膨果期,用 10% 可溶性粉剂稀释至 10 000～20 000 倍液,每季最多施用 2 次。

(8) 促进菠萝增产:用 40% 可溶粒剂 5 000～10 000 倍液喷花。

(9) 调节烟草生长:用 4% 水剂稀释至 3 000～6 000 倍液茎叶

喷雾。

(10) 增加人参发芽率:用 40％可溶粒剂 20 000 倍液在播前浸种 15 分钟。

【注意事项】

(1) 先用少量水溶解,充分搅拌后用水稀释到所需浓度,最好随用随配,以免影响活性。

(2) 赤霉酸遇碱分解,在偏酸和中性溶液中较稳定。不宜与碱性农药混合使用,否则易失效。

11. 赤霉酸 A4＋A7

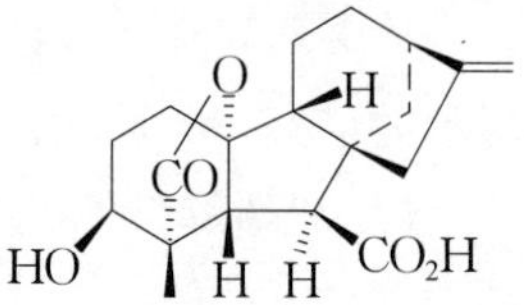

A4　　　　　　　　　　A7

分子式:$C_{19}H_{24}O_5$　　　分子式:$C_{19}H_{22}O_5$

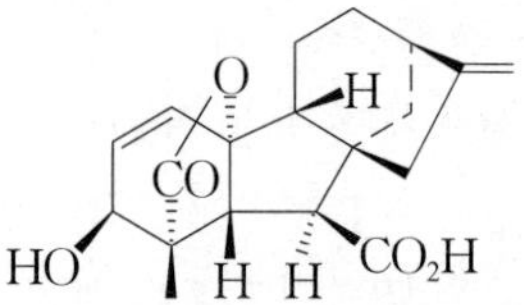

【类别】 赤霉素类生长刺激剂。

【化学名称】 A4:(3S,3aR,4S,4aR,7R,9aR,12S)-12-羧基-3-甲基-6-亚甲基-2-氧全氢化-4a,7-亚甲基-3,9b-次丙烯[1,2-b]呋喃-4-羧酸;A7:(3S,3aR,4S,4aR,7R,9aR,12S)-12-羧基-3-甲基-6-亚甲基-2-氧全氢化-4a,7-亚甲基-3,9b-次丙烯[1,2-b]呋喃-4-羧酸。

【理化性质】 晶状固体,熔点 223～225 ℃(分解)。水中溶解度 5 克/升,溶于甲醇、乙醇、丙酮,微溶于乙醚和乙酸乙酯,不溶于氯仿,迅速溶于水(钾盐为 50 克/升)。干燥赤霉酸在室温下稳定,在水溶液中或醇溶液中分解,在碱液中失去活性,遇热分解。

【毒性】 低毒。大鼠急性经口 LD_{50} > 5 000 毫克/千克,大鼠急性经皮 LD_{50} > 2 000 毫克/千克。对眼睛有轻微刺激性,对皮肤无刺激性和致敏性。对兔 NOEL 为 300 毫克/(千克·天)。

【制剂】 2%膏剂,2%、10%水分散粒剂。

【作用机制与防治对象】 赤霉酸 A4、A7 具有赤霉酸 A3 促进坐果、打破休眠、性别控制等功效,且作用更显著。还具有促进细胞生长肥大,减少裂果,促进早熟,改善梨果外观质量等功效。用于调节梨树、苹果树等作物生长。

【使用方法】

(1) 调节梨树生长:在梨树花瓣脱落后 20～40 天,每果用 2%膏剂 20～25 毫克均匀涂抹于果梗部,药剂不可触及果面。适用于皇冠、黄金、绿宝石、丰水、黄花、酥梨等鲜食梨品种。

(2) 调节苹果树生长:用 2%水分散粒剂稀释至 800～1 600 倍液,或 10%水分散粒剂稀释至 4 000～8 000 倍液,于苹果幼果期或果实膨大期施药 1～2 次,间隔 10～18 天,注意喷雾均匀、周到。大风天或预计 1 小时内降雨,请勿施药。

【注意事项】

(1) 切忌药剂沾上梨果,否则会产生褐斑,影响外观质量。

(2) 施药时如气温低、药膏黏度大,可将药膏在热水中加温使其软化,便于涂布。

(3) 注意天气预报,若未来连续在 30 ℃以上,为预防烧果,需减量使用本品并避免套袋。

(4) 施用本剂的梨树必须加强管理,保持肥水充足。

(5) 禁止在河塘等水域清洗施药器具,蚕室及桑园附近禁用。

12. 单氰胺

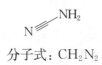

分子式: CH_2N_2

【类别】 氰胺类。

【化学名称】 氰基氨。

【理化性质】 原药为白色晶体,相对密度 1.282(20 ℃),熔点 45～46 ℃,沸点 83 ℃(66.7 帕),蒸气压 500 毫帕(20 ℃)。20 ℃水中溶解度 4.59 千克/升,溶于醇、苯酚类、醚,微溶于苯、卤化烃类,几乎不溶于环己烷。遇碱分解产生双氰胺和聚合物,遇酸分解产生尿素。加热至 180 ℃稳定,对光稳定。

【毒性】 中等毒。大鼠急性经口 LD_{50} 223 毫克/千克,兔急性经皮 LD_{50} 848 毫克/千克,大鼠急性吸入 $LC_{50}>1$ 毫克/升(4小时)。对兔眼睛和皮肤有刺激性。大鼠 90 天饲喂试验无作用剂量 0.2 毫克/(千克•天)。ADI 为 0.01 毫克/千克。未见致突变性。对鱼类低毒,LC_{50}(96 小时):大翻车鱼 44 毫克/升,鲤鱼 87 毫克/升,虹鳟鱼 90 毫克/升。水蚤 EC_{50} 3.2 毫克/升(48小时),藻类 EC_{50} 13.5 毫克/升(96 小时)。山齿鹑 LD_{50} 350 毫克/千克,山齿鹑和野鸭饲喂 5 天饲料 $LC_{50}>5\,000$ 毫克/千克。对蜜蜂有毒。田间施药时雾滴漂移至桑叶上对家蚕影响较小。

【制剂】 50%水剂。

【作用机制与防治对象】 本品是一种落叶植物破眠剂,通过打破植物休眠,刺激作物提前发芽和成熟,并能促使作物萌动初期芽齐、芽壮,还可增加作物单产,改善品质。用于调节葡萄等作物的生长。

【使用方法】

调节葡萄生长：在葡萄休眠蔓枝自然发芽4周前（30～45天），用50％水剂稀释至20～40倍液，直接喷施葡萄藤蔓，做到喷雾全面、均匀，覆盖所有的芽苞，在有晚霜的地区，注意避免晚霜施用，每季最多施用1次。

【注意事项】

（1）不能与其他物质混合使用。

（2）对蜜蜂有毒，周围蜜源作物花期禁用。对水生生物和鱼类有毒，避免废液或使用过的容器污染湖泊、河流和池塘。赤眼蜂等天敌放飞区禁用。

（3）酒精饮料可与本品发生交互作用，可能出现潮红症状（呼吸困难、脸色紫红）。操作本品前后避免接触酒精和饮酒。

（4）宜现配现用，兑好的药液切忌久放，不用金属容器盛装药液。

（5）本品在葡萄上最大残留限量是0.05毫克/千克。

13. 丁酰肼

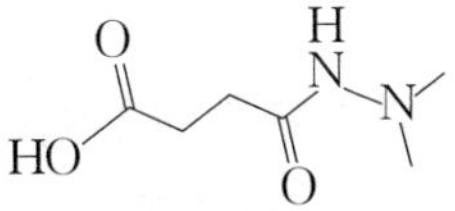

分子式：$C_6H_{12}N_2O_3$

【类别】 酰肼类生长抑制剂。

【化学名称】 N-二甲氨基琥珀酰胺酸。

【理化性质】 纯品为白色晶体，微带臭味，熔点157～164℃。工业原药为灰白色固体，熔点154～156℃。蒸气压22.7毫帕（23℃）。溶解度（25℃，克/千克）：水100，丙酮25，甲醇50；不溶于低级脂肪烃。本品溶液在光照下慢慢分解,遇酸易分解,遇碱缓慢分解。

【毒性】 低毒。大鼠急性经口 $LD_{50} > 8\,400$ 毫克/千克,兔急性经皮 $LD_{50} > 5\,000$ 毫克/千克,大鼠急性吸入 LC_{50}(4 小时)> 2.1 毫克/米^3。饲喂试验无作用剂量(1 年):狗 188 毫克/(千克·天),大鼠 5 毫克/(千克·天)。ADI 为 0.5 毫克/千克。对鱼、蜜蜂、鸟类低毒。鱼类 LC_{50}(96 小时):虹鳟鱼 149 毫克/升,蓝鳃鱼 423 毫克/升。水蚤 EC_{50} 76 毫克/升(96 小时)。藻类 EC_{50} 180 毫克/升。蜜蜂 $LD_{50} > 100$ 微克/只。野鸭和山齿鹑饲喂 8 天饲料 $LC_{50} > 10\,000$ 毫克/千克。蚯蚓(土壤)$LC_{50} > 632$ 毫克/千克。

【制剂】 50%、92%可溶粉剂。

【作用机制与防治对象】 本品为生长抑制剂,可抑制内源赤霉素和生长素的合成。具有抑制新枝徒长,缩短节间长度,增加叶片厚度和加深叶色,增大菊花花盘的作用。

【使用方法】

观赏菊花促矮化:在菊花移栽后 1~2 周,用 50%可溶粉剂配制成 125~200 倍液全株喷雾,每隔 10 天喷 1 次,共喷 2~3 次。

【注意事项】

(1) 即配即用,如药液变褐色即不能使用。开袋后未用完产品应及时密封,以免吸潮。不能与碱性物质、油及铜制剂混用。

(2) 施药后应设立警示标志,标明人、畜允许进入的间隔时间为 4 小时。

(3) 严格按照推荐剂量均匀喷雾,超量使用会有抑制过度的风险,每季最多施用 3 次。

(4) 不可与铜制容器接触,以免作物产生药害。

(5) 禁止在花生、食用及药用菊花等作物上施用。

14. 对氯苯氧乙酸钠

分子式：$C_8H_6ClNaO_3$

【类别】 苯氧羧酸类。

【化学名称】 4-氯苯氧乙酸。

【理化性质】 本品为固体，熔点 156 ℃，微溶于水，易溶于大多数有机溶剂。

【毒性】 低毒。大鼠急性经口 LD_{50} 850 毫克/千克，小鼠经口 LD_{50} 1 074.1 毫克/千克，对皮肤和眼睛有刺激作用。

【制剂】 8%可溶粉剂。

【作用机制与防治对象】 本品为生长素类植物生长调节剂，活性较高，具有防止落花落果、提高坐果率、加速幼果生长发育、提高产量等作用。用于调节番茄、荔枝等作物生长。

【使用方法】

(1) 调节番茄生长：在番茄 1~4 花序开花盛期，用 8%可溶粉剂稀释至 3 200~5 000 倍液，以手持式喷壶对准花心或花柄均匀喷雾，每朵花只喷 1 次，不重复喷施，喷湿为度。气温较高时，采用相对较低浓度；气温低时，采用相对较高浓度。由于同一植株上不同花序（花朵）开花时间先后不一，应根据不同开花时期分别施药，用药后的花朵做好标记以便区分。未用过的新品种或无用药经验的，应先小面积试验，成功后再扩大施用。安全间隔期 7 天。

(2) 调节荔枝生长：用 8%可溶粉剂，气温低于 25 ℃时，按 5 000~8 000 倍稀释，气温较高超过 25 ℃以上时，稀释 8 000 倍，对有花穗的树体部分均匀喷雾，于谢花末期喷药 1 次，间隔 8~10 天再喷 1 次,共喷 2 次,每季最多施药 2 次,安全间隔期为收获期。

【注意事项】

(1) 配制药液时,计量一定要准确,药液配好后要充分溶解并搅拌均匀。

(2) 施药浓度与气温高低有关,气温较高时,采用相对较低浓度;气温低时,采用相对较高浓度,但不能超过最高推荐使用浓度。

(3) 作物幼嫩枝梢和叶片对本品较敏感,因此施药时只喷花序,不要把药液大量喷到新梢和嫩叶上。

(4) 留种田不能施用本品。施药后的田块应加强肥水管理。

(5) 对鸟类有毒,施药期间应避免在鸟类保护区及其觅食区施药。

15. 多效唑

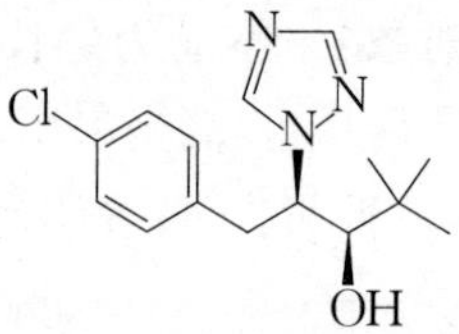

分子式:$C_{15}H_{20}ClN_3O$

【类别】 三唑类生长抑制剂。

【化学名称】 (2R,S,3R,S)-1-(4-氯苯基)-4,4-二甲基-2-(1H-1,2,4-三唑-1-基)戊-3-醇。

【理化性质】 白色结晶状固体,熔点 165～166 ℃,相对密度 1.22,蒸气压 0.001 毫帕(20 ℃)。溶解度(20 ℃,克/升):水 0.026,甲醇 150,丙二醇 50,丙酮 110,环己酮 180,二氯甲烷 100,己烷 10,二甲苯 60。50 ℃下至少 6 个月稳定,常温(20 ℃)贮存稳定期 2 年以上。稀溶液在 pH4～9 稳定,对光也稳定。

【毒性】 低毒。大鼠急性经口 LD_{50} 2 000 毫克/千克(雄)、1 300 毫克/千克(雌),小鼠急性经口 LD_{50} 490 毫克/千克(雄)、1 200 毫克/千克(雌)。豚鼠急性经口 LD_{50} 400~600 毫克/千克,兔急性经口 LD_{50} 840 毫克/千克(雄)、940 毫克/千克(雌)。大鼠和兔急性经皮 LD_{50} >1 000 毫克/千克。大鼠急性吸入 LC_{50}(4 小时)4.79 毫克/升空气(雄)、3.13 毫克/升空气(雌)。对兔皮肤有中等刺激性,对兔眼睛有严重刺激性。大鼠急性经口 NOEL 为 250 毫克/(千克·天),大鼠每日慢性经口 NOEL 为 75 毫克/千克。实验室条件下未见致畸、致癌、致突变作用。对鱼低毒,LC_{50}(96 小时):虹鳟鱼 27.8 毫克/升,鲤鱼 23.5 毫克/升(48 小时)。对鸟低毒,野鸭急性经口 LD_{50} >7 900 毫克/千克。对蜜蜂低毒,急性经口 LD_{50} >0.002 毫克/只。

【制剂】 10%、15%可湿性粉剂,15%、25%、30%悬浮剂,5%乳油。

【作用机制与防治对象】 本品是一种具有内吸性的植物生长延缓剂,内源赤霉素合成抑制剂,可使稻苗根、叶鞘、叶的细胞变小,各器官的细胞层数增加,秧苗外观表现为矮壮多蘖、叶色浓绿、根系发达。水稻种子、叶、根都能吸收多效唑,低浓度时增进稻苗的光合效率,高浓度时抑制光合效率。可控制水稻节间伸长,使株形紧凑,防止水稻倒伏。在苹果树上施用,能抑制根系和营养体的生长,增加叶绿素含量;抑制顶芽生长,促进侧芽萌发和花芽的形成,增加花蕾数,提高着果率,提高抗寒力等。有利于调节水稻、苹果树、荔枝树、芒果树、龙眼树、花生、小麦、油菜等作物生长。

【使用方法】

(1) 调节苹果树生长:将 25%悬浮剂配制成 2 800~3 500 倍液,在苹果树萌芽前对树下土壤开环行浅沟兑水施药。每季最多施用 1 次。

(2) 水稻促分蘖、控制生长:在水稻分蘖末期,用 25%悬浮剂配制成 1 600~2 000 倍液均匀喷雾,每季最多施用 1 次。秧龄在

35 天左右的秧田,移栽前 20 天左右,用 15％可湿性粉剂 500～750 倍液均匀喷雾;或水稻移栽后 7～10 天,用 5％乳油配制成 400～500 倍液均匀喷雾。本品在土壤中的残效期长,应按推荐药量和用药次数施用。

(3) 芒果树控梢:用 30％悬浮剂配制成 1 000～2 000 倍液,使用浓度及使用次数应根据树势和秋梢生长情况灵活调整。一般情况下,在芒果秋梢稳定后喷施,间隔 12～15 天喷施 1 次,共喷 2～3 次,用水量以均匀充分喷湿叶面而不滴水为度,安全间隔期为收获期,每季最多施用 3 次。

(4) 调节花生生长、增产:用 15％可湿性粉剂或悬浮剂稀释至 1 000～1 500 倍液,或按照每 667 平方米 30～50 克的用量,于花生开花盛期(下针期)兑水均匀喷雾,每季最多施用 1 次。

(5) 调节小麦生长:用 25％悬浮剂或可湿性粉剂配制成 1 700～2 500 倍液,或用 30％悬浮剂配制成 2 000～3 000 倍液,茎叶均匀喷雾,在小麦拔节前起身期用药 1 次,安全间隔期为成熟收获期,每季最多施用 1 次。

(6) 荔枝树控梢:用 25％悬浮剂配制成 600～800 倍液,在秋梢老熟、冬梢未抽时施药 1 次,喷雾至荔枝秋梢枝叶滴药液为宜,喷药后 15 天结合环割荔枝树主茎控梢促花效果更好,若环割,深度应控制在树皮与韧皮之间,不要损害树干的木质部,每季最多施用 1 次。或用 10％可湿性粉剂 200～250 倍液,在秋梢老熟后喷施第 1 次,20 天后再喷施 1 次,并做到喷雾均匀,在荔枝上使用的安全间隔期为 70 天,最多施用 2 次。

(7) 油菜(苗床)控制生长:在油菜苗期 3～4 叶期,用 15％可湿性粉剂稀释至 750～1 000 倍液,或每 667 平方米用 50～100 克兑水 75 千克施药 1 次。油菜秧苗施用本品后发育有所推迟,因此,应比未用本品的提早 1～2 天播种。每季最多施用 1 次。

(8) 龙眼树控梢:用 10％可湿性粉剂稀释至 200～250 倍液,在秋梢老熟后喷施第一次,20 天后再喷施 1 次,并做到喷雾均匀,每季最多施用 2 次。

【注意事项】

(1) 本品在土壤中残留时间较长,施药田块收获后,必须经过耕翻,以防对后作有抑制作用。切忌施药后大水漫灌和过量使用氮肥。

(2) 一般情况下,本品不易产生药害。若用量过高,对作物抑制过度时,可增施氮肥和赤霉素解救。

(3) 施药时不可污染水源,并远离水产养殖区域;不可在河塘水体中清洗施药器具,避免影响鱼类和污染水源。

(4) 本品虽为低毒,但施药时仍应严格遵守农药安全操作规程,避免药物与皮肤和眼睛直接接触。操作时佩戴口罩、手套等防护用品,严禁吸烟和饮食。施药完毕应及时清洗皮肤及所穿衣物。

(5) 大风天或预计 4 小时内降雨,请勿施药。

(6) 本品在下列食品上的最大残留限量(毫克/千克):苹果 0.5,稻谷 0.5,芒果 0.05,花生仁 0.5,小麦 0.5,荔枝 0.5,油菜籽 0.2。

16. 二甲戊灵

类别、化学名称、理化性质、毒性同除草剂二甲戊灵。

【制剂】 330 克/升乳油。

【作用机制与防治对象】 本品是烟草抑芽剂。它可以在烟草打顶后施用,能较有效地抑制烟草腋芽的发生,减少养分的消耗,从而增加烟草产量、改善烟叶品质。

【使用方法】

抑制烟草腋芽生长:用 330 克/升乳油 10~13 毫升加入 1 升水中配成标准溶液。当烟草植株较高时,可使用高剂量 13 毫升配水 1 升。采用"杯淋法"施药,即用塑料勺子或杯子将每株约 20 毫升标准溶液的用量从烟草顶部浇淋,使溶液沿茎流至底部,并和所有腋芽接触。采用"笔抹法"施药,用毛笔等蘸取标准药液均匀涂抹至每一个叶腋中。应在烟草打顶(摘心)后立即或不久施药,整个生长季节只需施用1次。

【注意事项】

(1) 露珠或下大雨后使烟草太湿时,或气温太高时,不宜施用本品,避免药液和烟草叶片接触。

(2) 安全间隔期为10天,每季节只需施用1次。

(3) 对鱼有毒,应避免污染水源。

17. 二氢卟吩铁

分子式:$C_{34}H_{31}ClFeN_4O_6 \cdot 3H$

【类别】 二氢卟吩类。

【化学名称】 铁(3-),[(7S,8S)-3-羧基-5-(羧甲基)-13-乙烯基-18-乙基-7,8-二氢-2,8,12,17-四甲基-21H,23H-卟吩-7-丙酸(5-)-kN21,kN22,kN23,kN24]氯,三氢,(SP-5-13)-(9Cl)。

【理化性质】 墨绿色疏松粉末状固体,无臭味,无爆炸性,具有弱氧化性。松密度 0.230 克/毫升,堆密度 0.292 克/毫升。溶解度(25 ℃,克/升):丙酮 0.5、甲醇 0.45,pH4.5~6.5 不溶于水。产品热贮存和常温 2 年贮存均稳定。

【毒性】 微毒。母药对雌、雄大鼠急性经口 LD_{50}>5 000 毫克/千克,急性经皮 LD_{50}(4 小时)>5 000 毫克/千克,急性吸入 LC_{50}(2 小时)>5 000 毫克/米^3。对兔皮肤无刺激性,对兔眼睛有轻度刺激性,属于弱致敏物。母药微毒。亚慢性毒性:大鼠亚慢性(90 天)经口毒性试验的 NOEL 为:雄性(1 091.10±61.40)毫克/(千克·天)、雌性为>(2 582.63±333.33)毫克/(千克·天)。无致突变性。0.02%可溶粉剂对鸟(日本鹌鹑)的急性经口(7 天)LD_{50}>1.0 毫克/千克,斑马鱼 LL_{50}(96 小时)(半致死承载比浓度)为"中毒级"。大型溞(48 小时)EC_{50} 2.08 毫克/升,为"中毒"。羊角月牙藻的 E_rC_{50}(0~72 小时)1.38 毫克/升,为中毒。蜜蜂急性经口(48 小时)LD_{50}>0.707 微克/只、LD_{50}(72 小时)0.809 微克/只、LD_{50}(96 小时)0.596 微克/只。蜜蜂 48 小时急性接触毒性为非"剧毒"级,家蚕 96 小时急性毒性为"高毒级"。

【制剂】 0.02%可溶粉剂。

【作用机制与防治对象】 一种新型高效植物生长调节剂,属叶绿素类衍生物。具有延缓叶绿素降解,增强光合作用,促进根系生长,增加抗逆性,促进对肥料的有效吸收,调节生长等作用。可用于油菜调节生长。

【使用方法】

调节油菜生长:在油菜苗期、抽薹前各用药 1 次,用 0.02%可溶粉剂 10 000~20 000 倍液喷施。

【注意事项】

(1) 对家蚕高毒,对鱼等水生物有毒。应远离桑园和蚕室施药,水产养殖区、河塘等水体附近禁用,禁止在河塘等水域清洗操作器具,以免污染水源。

(2) 大风天或预计 1 小时内有降雨,请勿施药。

18. 氟节胺

分子式:$C_{16}H_{12}N_3O_4F_4Cl$

【类别】 硝基苯胺类生长抑制剂。

【化学名称】 N-(2-氯-6-氟苄基)-N-乙基-4-三氟甲基-2,6-二硝基苯胺。

【理化性质】 纯品为黄色至橙色晶体,熔点101.0~103.0℃(原药92.4~103.8℃),蒸气压$3.2×10^{-5}$帕(25℃),相对密度1.54。有机溶剂中溶解度(25℃,克/升):丙酮560,甲苯400,乙醇18,辛醇6.8,正己烷14。250℃以上分解。pH5~9时稳定。

【毒性】 微毒。大鼠急性经口$LD_{50}>5000$毫克/千克,大鼠急性经皮$LD_{50}>2000$毫克/千克,大鼠急性吸入$LC_{50}>2.13$克/升。对兔皮肤中等刺激,对眼睛有强烈刺激。对大鼠和小鼠两年饲喂试验NOEL每千克饲料300毫克,ADI为0.017毫克/千克。在试验剂量下对供试动物无致畸、致突变作用。对鱼类高毒,大翻车鱼LC_{50}18微克/升,虹鳟鱼LC_{50}25微克/升。水蚤EC_{50}(48小时)>160微克/升。藻类$EC_{50}>0.85$毫克/升。北美鹑和野鸭急性经口$LD_{50}>2000$毫克/千克,野鸭$LC_{50}>5000$毫克/千克饲料。对蜜蜂无毒。蚯蚓$LC_{50}>1000$毫克/千克土。

【制剂】 125克/升、25%乳油,25%、30%、40%悬浮剂,12%水乳剂,40%水分散粒剂,25%可分散油悬浮剂。

【作用机制与防治对象】 本品为接触性兼局部内吸性烟草抑

芽剂。主要抑制烟草腋芽发生直至收获,吸收快、作用迅速、持效期长。施用时药液必须接触每一个腋芽。按推荐施药量及施药时期使用,施药一次即可维持至收获期不用抹杈。用于荔枝树、柑橘树控梢,抑制烟草腋芽生长,调节棉花生长。

【使用方法】

(1)烟草抑制腋芽生长:在花蕾伸长期至始花期时(50%植株第一朵中心花开放后)及时打顶,打顶同时须除去 2.5 厘米以上的腋芽,打顶后 24 小时内,用 25%乳油配制成 300～350 倍液,采用杯淋法施药,每株 20 毫升,每季最多施药 1 次,安全间隔期 10 天。或用 125 克/升乳油配制成 250～300 倍液,采用杯淋、涂抹、喷淋的方式施药,采用喷淋法施药时,应使药液呈水柱状从烟顶流下,使每个腋芽均接触到药液,每季最多施用 1 次。或用 25%悬浮剂或 25%可分散油悬浮剂配制成 400～500 倍液,用杯淋法施药,每株用量 20 毫升,施药时要使药液均匀接触每一个叶腋部位,以达到抑芽的效果,每季最多施用 1 次。或用 40%水分散粒剂配制成 800～1000 倍液,用杯淋法施药,使药液顺主茎流下,每株用稀释液 20 毫升,在药液未流到的腋芽部位,要及时补涂施药。或用 40%悬浮剂配制成 800～1000 倍液,每株 20 毫升,用喷雾器淋、杯(壶)淋、笔涂及专用施药器等方法施药,用喷雾器施药时,应采用低压喷雾,或把喷嘴的孔片去掉,使药液成水流状沿烟株主茎流下,每季最多施用 1 次,安全间隔期 7 天。

(2)调节棉花生长:每 667 平方米用 25%悬浮剂 60～80 毫升兑水 30～40 升均匀茎叶喷雾,于棉花打顶前 5 天喷施 1 次,20 天后再喷施 1 次,每季最多施用 2 次,安全间隔期为收获期。或每 667 平方米用 30%悬浮剂 50～70 毫升兑水 30～50 升均匀茎叶喷雾,在棉花蕾期和花铃期各施用 1 次,第一次施药宜在正常人工打顶前 5 天左右,间隔 20 天进行第二次施药,首次喷雾直喷顶心部分,第二次施药顶心和边心都施药,以顶心为主,安全间隔期 25 天,每季最多施用 2 次。或每 667 平方米用 40%悬浮剂 40～50 毫升兑水 30～40 升均匀茎叶喷雾,棉花蕾期和花铃期各用药 1 次,每季最多施用 2 次,安全间隔期为收获期 20 天。

(3) 柑橘树控梢:于柑橘夏梢萌发期(夏梢长度在 2 厘米以内)第一次施药,间隔 10～15 天第二次施药,用 40% 悬浮剂 1 000～1 500 倍液均匀喷雾,将树顶部和外部生长点喷湿喷透,每季最多施用 2 次。

(4) 荔枝树控梢:荔枝秋梢老熟而冬梢未出时,用 25% 悬浮剂配制成 750～1 000 倍液叶面均匀喷雾,在每季最多施用 1 次。

【注意事项】

(1) 按农药安全使用准则用药。避免药液接触皮肤、眼睛和污染衣物,避免吸入雾滴。

(2) 施药时应注意避免药雾飘移到邻近的作物上。

(3) 对水生生物有毒,勿将制剂及其废液弃于水和土壤中,以免污染池塘、河流、湖泊和土壤。

(4) 本品在棉籽上的最大残留限量是 1 毫克/千克。

19. 复硝酚钠

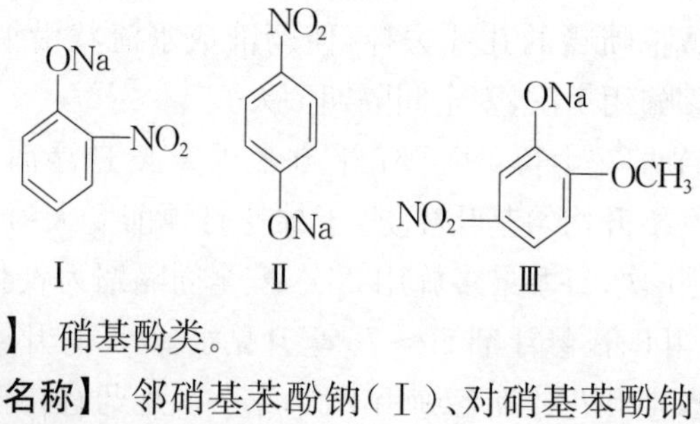

I　　　　II　　　　III

【类别】 硝基酚类。

【化学名称】 邻硝基苯酚钠(I)、对硝基苯酚钠(II)、5-硝基邻甲氧基苯酚钠(III)。

【理化性质】 对硝基苯酚钠:黄色晶体,无味,熔点 113～114℃,易溶于水,可溶于甲醇、乙醇、丙酮等有机溶剂,常规条件下贮存稳定。邻硝基苯酚钠:红色晶体,具有特殊的芳香烃气味,熔点 44.9 ℃(游离酸),易溶于水,可溶于甲醇、乙醇、丙酮等有机溶剂,常规条件下贮存稳定。5-硝基邻甲氧基苯酚钠:橘红色片状晶体,无味,熔点 105~106 ℃(游离酸),易溶于水,可溶于甲醇、乙醇、丙酮等有机溶剂,常规条件下贮存稳定。

【毒性】 低毒。对硝基苯酚钠对雌、雄大鼠急性经口 LD_{50} 分别为 482 毫克/千克、1250 毫克/千克,对眼睛和皮肤无刺激作用,在试验剂量内对动物无致突变作用。邻硝基苯酚钠对雌、雄大鼠急性经口 LD_{50} 分别为 1460 毫克/千克、2050 毫克/千克,对眼睛和皮肤无刺激作用,在试验剂量内对动物无致突变作用。5-硝基邻甲氧基苯酚钠对雌、雄大鼠急性经口 LD_{50} 分别为 3100 毫克/千克、1270 毫克/千克,对眼睛和皮肤无刺激作用。

【制剂】 0.7%、1.4%、1.8%水剂。

【作用机制与防治对象】 本品为单硝化愈创木酚钠盐类活性物质,能迅速渗透至植物体内,促进细胞原生质流动,可促进细胞分裂、根系发育、花芽分化及果实形成,防止落花落果。也可打破植物休眠,防止早衰,提高作物抗逆性。可用于番茄、黄瓜、柑橘树、茄子调节生长,荔枝保果。

【使用方法】

(1) 调节番茄生长:用 1.8%水剂稀释至 3000~4000 倍液,在番茄开花期、坐果期各进行叶面喷雾 1 次,喷雾时务必均匀周到,安全间隔期 7 天,每季最多施药 2 次。或用 0.7%水剂稀释至 2000~3000 倍液,于番茄果实膨大期、着色期各喷 1 次,均匀茎叶喷雾,安全间隔期 7 天,每季最多施用 2 次。或用 1.4%水剂稀释至 3000~4000 倍液均匀茎叶喷雾,安全间隔期 7 天,每季最多施用 2 次。

(2) 黄瓜调节生长、增产:在黄瓜花期,用 1.4%水剂稀释至 5000~7000 倍液均匀喷雾,隔 7~10 天施 1 次药,施 2~3 次即可,安全间隔期 7 天,每季最多施用 3 次。

（3）柑橘树调节生长、增产：用 1.4％水剂稀释至 5 000～6 000 倍液，可根据柑橘树生长情况，在花前喷施，可以催花；开花后喷施，可保花、保果；在果实膨大期喷施，可以膨大果实，使果实大小均匀。可连续施用 2～3 次，安全间隔期 7 天。

（4）荔枝保果：用 1.8％水剂稀释至 2000～2500 倍液均匀喷雾，在作物生长的各个阶段均可施用，每季最多施用 2 次，安全间隔期 7 天。

（5）茄子促进生长：用 1.4％水剂稀释至 6000～8000 倍液喷雾，在作物生长的各个阶段均可施用，安全间隔期 7 天，每季最多用药 2 次。

【注意事项】

（1）施用浓度过高，会对作物幼芽及生长有抑制作用。

（2）远离水产养殖区施药，严禁药液流入河塘等水源，禁止在河塘等水体中清洗施药器具。

（3）本品在番茄和柑橘上的最大残留限量均为 0.1 毫克/千克。

20. 硅丰环

分子式：$C_7H_{14}O_3NSiCl$

【类别】 杂氮硅三环类。

【化学名称】 1-氯甲基-2,8,9-三氧杂-5-氮杂-1-硅三环(3,3,3)十一碳烷。

【理化性质】 原药外观为均匀的白色粉末,熔点为 $211\sim$ $213℃$。溶解度:100 克水中溶解 1 克($20℃$);100 克丙酮中溶解 2.4 克($25℃$),微溶于乙醇,易溶于二甲基甲酰胺。易水解、光解,在 $52\sim56℃$ 下稳定。

【毒性】 低毒。原药大鼠急性经口 LD_{50} 926 毫克/千克 (雄),1 260 毫克/千克(雌)。大鼠急性经皮 $LD_{50}>2\,150$ 毫克/千克。对兔皮肤、眼睛无刺激性,豚鼠皮肤变态反应(致敏)试验结果致敏率为 0,无皮肤致敏作用。大鼠 12 周亚慢性喂养试验最大无作用剂量:雄性为 28.4 毫克/(千克・天),雌性为 6.1 毫克/(千克・天)。Ames 试验、小鼠骨髓细胞微核试验、小鼠睾丸细胞染色体畸变试验、小鼠精子畸形试验,结果均为阴性,无致突变作用。对鱼、鸟、蜜蜂均属低毒。本品推荐使用的最高浓度为 2 000 毫克/升,而柞蚕的 LC_{50} 远大于推荐的施药浓度,因此对柞蚕安全。

【制剂】 50%湿拌种剂。

【作用机制与防治对象】 本品可刺激植物细胞的有丝分裂,增强植物体光合作用,从而提高作物产量。主要用于种子处理,具有用量小、增产幅度高的特点,同时能够增强作物的抗旱、抗寒及抗病能力。可用于冬小麦调节生长、增产。

【使用方法】

冬小麦调节生长、增产:将 50%湿拌种剂稀释至 $250\sim500$ 倍液拌种。即每 $2\sim4$ 克 50%湿拌种剂加清水 1 升,轻轻搅拌溶解后,在洁净的容器中拌种 10 千克,堆闷 3 小时后播种。

【注意事项】

(1) 药剂应使用洁净的容器现用现配,并充分混匀,配制时有少量漂浮物和沉淀,不会影响使用效果。

(2) 所有接触过药剂的器具使用后均应仔细冲洗。禁止在河塘等水体中清洗施药器具。

(3) 处理后的种子禁止供人、畜食用,也不要与未处理种子混合或一起存放。

21. 几丁聚糖

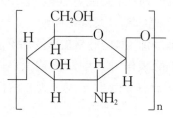

分子式：$(C_6H_{11}NO_4)_n$

【类别】 生物碱类。

【化学名称】 β-$(1\rightarrow4)$-2-氨基-2-脱氧-D-葡聚糖。

【理化性质】 纯品为无臭白色或灰白色无定形片状或粉末。可以溶解在许多稀酸中,如水杨酸、酒石酸、乳酸、琥珀酸、乙二酸、苹果酸、抗坏血酸等。有吸湿性,吸湿性大于 500%。在盐酸水溶液中,加热到 $100\ ℃$ 能完全水解成氨基葡萄糖盐酸盐。在强碱水溶液中可脱去乙酰基,与甲酸、乙酸、草酸、乳酸等有机酸反应生成盐。具有耐高温性。

【毒性】 低毒。长期毒性试验均显示非常低的毒性,也未发现有诱变性、皮肤刺激性、眼黏膜刺激性、皮肤过敏性、光敏性。大鼠急性经口 $LD_{50}>15$ 克/千克,大鼠经皮 $LD_{50}>10$ 克/千克。

【制剂】 0.5% 悬浮种衣剂。

【作用机制与使用对象】 本品是由甲壳动物(虾、蟹等)、昆虫的外壳或高等植物细胞等提取的原药几丁聚糖加工而成的新型环保种衣剂,作用机制为激活蛋白酶,可促进玉米、棉花、冬小麦、春大豆等作物种子发芽、调节生长。

【使用方法】

（1）调节春大豆生长：春大豆播种，用 0.5％悬浮种衣剂按药种比 1∶30～40，对种子进行包衣，每季最多使用 1 次。

（2）调节冬小麦生长：冬小麦播种前，用 0.5％悬浮种衣剂按药种比 1∶30～40，对种子进行包衣，每季最多使用 1 次。

（3）调节棉花生长：棉花播种前，用 0.5％悬浮种衣剂按药种比 1∶30～40，对种子进行包衣，每季最多使用 1 次。

（4）调节玉米生长：玉米播种前，用 0.5％悬浮种衣剂按药种比 1∶30～40，对种子进行包衣，每季最多使用 1 次。

【注意事项】

（1）供处理的种子应符合良种标准。

（2）处理后的种子禁止供人、畜使用，也不得与未处理的种子混放。应尽快播种，播种深度以 2～5 厘米为宜。

（3）水产养殖区、河塘等水体附近禁用，禁止在河塘等水域清洗施药器具。

22. 甲哌鎓

分子式：$C_7H_{16}ClN$

【类别】 吡啶类。

【化学名称】 1,1-二甲基哌啶氯化铵。

【理化性质】 原药（含量不低于 95％）为白色或浅黄色结晶，熔点 344 ℃，易溶于水，可溶于乙醇（20 ℃时溶解度为 162 克/升），难溶于丙酮及芳香烃。有强烈的吸湿性。水溶液呈中性，遇热不易分解。

【毒性】 低毒。原药雄、雌大鼠急性经口 LD_{50} 分别为 740 毫克/千克和 840 毫克/千克,小鼠急性经口 LD_{50} 170～330 毫克/千克,小鼠急性经皮 LD_{50} ＞2000 毫克/千克。无致突变作用(Ames 试验、小鼠骨髓细胞微核试验、小鼠精子畸变试验均为阴性)。大鼠饲喂 28 天蓄积毒性试验结果,蓄积系数＞5,属弱蓄积性。

【制剂】 250 克/升、25％水剂,98％、10％可湿性粉剂,90％可溶粒剂,40％泡腾片剂。

【作用机制与使用对象】 一种内吸性植物生长延缓剂,能抑制细胞伸长,延缓营养体生长,使植株矮小化,株型紧凑,能增加叶绿素含量,提高叶片同化能力,还能促进营养物质向果实转移,避免养分在茎叶上的无用消耗,从而达到加速块根、块茎果实的生长发育等。主要用于调节棉花、马铃薯、玉米的营养生长和生殖生长,调节甘薯增产。

【使用方法】

(1)调节棉花生长:用于棉花初花期、蕾期、铃期、盛花期,每667平方米用250克/升水剂12～18毫升兑水均匀喷雾,安全间隔期25天,每季最多施用2次。或用98％可湿性粉剂2.72～5克兑水均匀喷雾,安全间隔期30天,每季最多施用1次。或用10％可湿性粉剂30～40克兑水均匀喷雾,每季最多施用1次。或用90％可溶粒剂3.3～4.4克兑水均匀喷雾,安全间隔期42天,每季最多施用1次。或用40％泡腾片剂7.5～10克兑水均匀喷雾,安全间隔期43天,每季最多施用2次。

(2)调节甘薯控制藤蔓、增产:在薯块快速生长期(雨水多的地区藤长约1米左右,雨水少的地区藤长0.8米左右),用10％可湿性粉剂333～500倍液均匀喷雾,间隔15～20天再喷1次,每季最多施药2次。

(3)调节马铃薯生长:在马铃薯现蕾至初花期(块茎快速生长期),每667平方米用10％可湿性粉剂40～80克兑水均匀喷雾,间隔15～20天再喷1次,共喷2次。

（4）调节玉米生长：在玉米大喇叭口期,用 250 克/升水剂 300～500 倍液均匀喷雾,间隔 15 天再喷 1 次,共喷 2 次。

【注意事项】

（1）本品不可与碱性农药、除草剂农药等物质混用。

（2）本品的施用应根据作物生长情况而定,土壤肥力条件差、水源不足、长势差土块,不宜施用;水肥条件好时、徒长严重的地块,使用效果明显。

（3）严格掌握使用剂量和施药时期,必须根据规定剂量喷洒,施药时间不宜过早,以免影响植物正常生长,但施药迟会引起药害。

（4）施药期间应避免对周围蜂群的影响,蚕室和桑园附近禁用。远离水产养殖区施药,禁止在河塘等水体中清洗施药器具。

（5）施药时要掌握好施药时期,切勿过早或过晚,一般在棉花株高 50～60 厘米、花叶茂盛期施药。

（6）本品在下列食品上的最大残留限量（毫克/千克）：棉籽 1,甘薯 5,马铃薯 3。

23. 抗倒酯

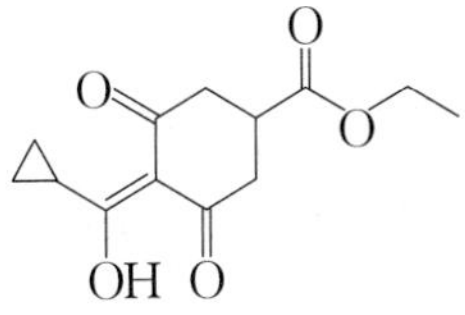

分子式：$C_{13}H_{16}O_5$

【类别】 环己烷羧酸类植物生长延缓剂。

【化学名称】 4-环丙基（羟基）亚甲基-3,5-二氧代环己烷甲酸乙酯。

【理化性质】 纯品外观为白色粉末,熔点 $31.1 \sim 36.6$ ℃,蒸气压 2.16×10^{-3} 帕(25 ℃)。水中溶解度(克/升,25 ℃):蒸馏水中 1.1(pH3.5);缓冲液中 2.8(pH4.9)、10.2(pH5.5)、21.1(pH8.2)。原药外观为红棕色固体熔合物。有机溶剂中溶解度(25 ℃,克/升):丙酮 500,甲苯 500,甲醇 500,辛醇 420,己烷 45。对冷、热稳定。

【毒性】 低毒。原药大鼠急性经口 $LD_{50} > 5\,000$ 毫克/千克,大鼠急性经皮 $LD_{50} > 2\,000$ 毫克/千克,大鼠急性吸入 LC_{50}(4 小时)> 5.69 毫克/升。对家兔皮肤、眼睛有轻度刺激性。大鼠 90 天亚慢性喂养毒性试验的 NOEL 为 500 毫克/千克饲料[36 毫克/(千克·天)]。Ames 试验、小鼠微核试验、小鼠体外淋巴细胞基因突变试验、大鼠体外染色体畸变试验等多项致突变试验结果均为阴性,未见致突变作用。对鱼、鸟、蜜蜂、家蚕均为低毒。

【制剂】 11.3% 可溶液剂,250 克/升乳油,25% 微乳剂,25% 可湿性粉剂。

【作用机制与使用对象】 主要功能是抑制植物体内赤霉素的生物合成,从而抑制作物旺长,防止倒伏。可被植物茎、叶迅速吸收并传导,通过抑制茎的伸长、缩短节间长度来降低株高、增加茎干强度、促进根系发达,防止作物倒伏。可在玉米、小麦上、高羊茅草坪上使用。

【使用方法】

(1)调节高羊茅草坪生长:在草坪修剪后 $1 \sim 3$ 天内,每 667 平方米用 11.3% 可溶液剂 $133 \sim 200$ 毫升兑水 $30 \sim 40$ 千克均匀茎叶喷雾,可延缓草坪直立生长。

(2)防止小麦倒伏:在小麦分蘖末期至拔节期,每 667 平方米用 250 克/升乳油 $20 \sim 33$ 毫升,或 25% 微乳剂 $20 \sim 30$ 毫升,或 25% 可湿性粉剂 $20 \sim 30$ 克兑水 $30 \sim 40$ 千克均匀叶面喷雾,每季最多施用 1 次。

(3)防止玉米倒伏:在玉米 $6 \sim 10$ 叶期,每 667 平方米用

25%微乳剂 20～30 毫升兑水 30～40 千克茎叶喷雾,每季最多施用 1 次。

【注意事项】

(1) 必须在健壮、有活力的高羊茅草坪上施用。草坪因逆境胁迫(高温、低温或干旱等)而进入休眠状态时,应降低使用剂量。

(2) 施药后 12 小时内勿进入施药区域,切勿在施用地区放牧,也不要将喷施本品后的草喂养家畜。

(3) 对草坪安全性有差异,应试验后再大面积推广应用。施药后 4 小时内勿进行修剪作业,每季作物在保证适宜间隔期的情况下可连续施用。

(4) 对鱼类中毒,鱼类养殖区禁用。切勿将本品及其废液弃于池塘、河溪和湖泊中,以免污染水源。赤眼蜂等天敌放飞区域禁用。

(5) 勿在灌溉系统中使用。

(6) 本品在小麦上的最大残留限量是 0.05 毫克/千克。

24. 氯苯胺灵

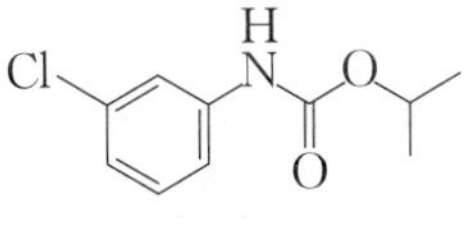

分子式:$C_{10}H_{12}ClNO_2$

【类别】 苯胺类生长抑制剂。

【化学名称】 N-(3-氯苯基)氨基甲酸异丙酯。

【理化性质】 纯品为无色结晶,熔点 41.4 ℃。工业原药熔点 38.5～40 ℃。相对密度 1.180(30 ℃),蒸气压 1.3×10^{-5} 毫帕(25 ℃)。溶解度(25 ℃):水 89 毫克/升,煤油 100 毫克/升,可与

醇类、芳香烃和大多数有机溶剂混溶。低于 100 ℃时稳定,在酸、碱介质中缓慢水解。对红外线稳定,150 ℃以上分解。

【毒性】 低毒。原药大鼠急性经口 LD_{50} 4 200 毫克/千克,兔急性经皮 LD_{50} > 2 000 毫克/千克。对兔皮肤无刺激,对兔眼睛有轻微刺激。在试验剂量范围内,对动物无致畸、致突变作用。野鸭急性经口 LD_{50} > 2 000 毫克/千克。蓝鳃太阳鱼 LC_{50}(48 小时)12 毫克/升。以 2 000 毫克/千克饲料喂大鼠,两年无不良影响。

【制剂】 2.5%粉剂,99%熏蒸剂,99%、50%、49.56%热雾剂。

【作用机制与使用对象】 可以通过马铃薯表皮或芽眼吸收,在薯块内传导,强烈抑制 β-淀粉酶活性,抑制植物 RNA、蛋白质合成,干扰氧化磷酸化和光合作用,破坏细胞分裂。可以显著抑制马铃薯贮存时的发芽力。

【使用方法】

抑制马铃薯出芽:①熏蒸法:马铃薯收获后入窖贮藏 2 周(渡过愈伤期)至 1 个月左右,在收获后休眠期内开始第一次熏蒸处理。施药方法是,利用热雾剂加热,使药剂雾化后以气雾循环方式对密闭仓库或窖藏的马铃薯进行熏蒸处理。每 1 千克马铃薯用 99%熏蒸剂 30~40 毫克,施药次数和施药间隔期应根据冷库马铃薯贮存的实际情况进行调整,每季马铃薯收获后的贮藏期内最多用药 3 次,每次施药间隔约 60 天,安全间隔期 1 天。②撒施或喷粉法:在马铃薯收获 14 天后,将无泥土清洁的马铃薯分成若干层,每 1 000 千克马铃薯用 2.5%粉剂 400~600 克均匀撒施或均匀喷粉施药。剂量的选择根据贮存期长短、马铃薯品种、贮存目的、温度等因素而定。若贮存时期长,再次施药需间隔 2 个月。

【注意事项】

(1) 受伤的土豆需 2 周的愈合期,愈合后再使用土豆抑芽剂,所以一般在土豆收获 14 天后使用;用于干燥的土豆,可直接把粉剂均匀地撒在土豆表面,大堆土豆用药时,可分层施药或用其他方法,保证药剂均匀、周到。施药时可以借助喷粉器,使其分布更均匀。

（2）施药后应将土豆遮光密闭 2～4 天,之后将覆盖物除去即可。

（3）不能用于采收前的大田(田间薯),也不能用于种薯。严禁加水施用于马铃薯上。

（4）包装打开后应尽快用完,一般必须在 120 天之内用完。

（5）对水生生物有毒,防止药剂泄漏到环境或水体中。水产养殖区、河塘等水体附近禁用,清洗器具的废水不能排入河流、池塘等水源。

（6）本品在马铃薯上的最大残留限量是 30 毫克/千克。

25. 氯吡脲

分子式：$C_{12}H_{10}ClN_3O$

【类别】 吡啶脲类生长促进剂。

【化学名称】 1-(2-氯-4-吡啶基)-3-苯基脲。

【理化性质】 纯品为白色结晶固体,熔点 171℃。原药(含量 85%以上)为白色固体粉末,熔点 168～174℃。蒸气压 $4.6×10^{-8}$ 帕(25℃饱和)。水中溶解度 39 毫克/升(pH6.4,21℃),可溶于甲醇、乙醇、丙酮等。对热、光和水稳定。

【毒性】 低毒。原药小鼠急性经口 LD_{50} 1510 毫克/千克,大鼠急性经皮 LD_{50}>10 000 毫克/千克。对家兔皮肤有轻度刺激性,无致突变作用。虹鳟鱼 LC_{50}(96 小时)9.2 毫克/升。北美鹌急性

经口 LD_{50} > 2 250 毫克/千克。

【制剂】 0.1、0.5%可溶液剂。

【作用机制与使用对象】 苯基脲类衍生物,其作用机制与嘌呤型细胞分裂素 6-苄基氨基嘌呤、激动素相同。可促进细胞分裂、分化和扩大,促进器官形成,蛋白质合成。对瓜果类植物处理后促进花芽分化、防止生理落果效果显著,同时还可提高坐果率,使果实膨大。可用于调节葡萄、黄瓜、甜瓜、脐橙、猕猴桃等作物的生长。

【使用方法】

(1) 调节葡萄生长、增产:在葡萄谢花后 10~15 天,用 0.1%可溶液剂 50~100 倍液浸幼果穗 30 秒,促进果实膨大,安全间隔期 38 天,每季最多施用 1 次。

(2) 调节黄瓜生长:在黄瓜雌花开放的当天或前一天,用 0.1%可溶液剂的 50~100 倍液均匀浸瓜胎,安全间隔期 5 天,每季最多施用 1 次。

(3) 调节脐橙生长:在脐橙果实膨大期,用 0.1%可溶液剂 60~100 倍液均匀涂抹幼果果柄蜜盘,每季最多施用 1 次。

(4) 调节甜瓜生长:在甜瓜雌花开放当天或前 1~2 天,用 0.1%可溶液剂 50~200 倍液均匀喷雾或浸瓜胎 1 次,安全间隔期 14 天,每季最多施用 1 次。

(5) 调节西瓜生长:在西瓜雌花开放当天或前 1~2 天,用 0.1%可溶液剂 50~200 倍液均匀喷雾或浸瓜柄或浸瓜胎 1 次,安全间隔期 40 天,每季最多施用 1 次。

(6) 调节猕猴桃增产、生长:在猕猴桃谢花后 20~25 天,用 0.1%可溶液剂 50~200 倍液均匀浸幼果,安全间隔期 30 天,每季最多施用 1 次。

(7) 调节枇杷生长:在枇杷幼果期,用 0.1%可溶液剂 50~100 倍液均匀浸幼果,安全间隔期 38 天,每季最多施用 1 次。

【注意事项】

(1) 用药应均匀,不宜重复施用。用药最适浓度因品种、气温、栽培管理而异,凡未用过此药的作物品种和地区,应先试后用,切忌滥用。初次使用宜先从低浓度用起,浓度过高可引起果实空心、畸形僵果等不良现象,30 ℃以上禁用。

(2)施用本品后一些发育不良的小瓜果、受粉不良的畸形果会留果下来,请及时疏除,保留适当的坐瓜、栽果量,同时应根据天气和作物长势加强肥水管理,适当增施磷钾肥及有机肥。

(3)本品加水稀释后应当天施用,久置会降低药效。

(4)本品应在阴天或晴天早晚施用,严禁高温烈日用药,施后6 小时内遇雨应补施。

(5)对鱼类等水生生物有毒,应远离水产养殖区施药,禁止在河塘等水体中清洗施药器具。

(6)开花植物花期禁用,赤眼蜂等天敌放飞区禁用。

(7)本品在下列食品上的最大残留限量(毫克/千克):葡萄0.05,黄瓜 0.1,橙 0.05,甜瓜 0.1,西瓜 0.1,猕猴桃 0.05,枇杷 0.05。

26. 氯化胆碱

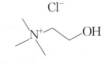

分子式:$C_5H_{14}ClNO$

【类别】 胆碱类。

【化学名称】 三甲基(2-羟乙基)铵氯化物。

【理化性质】 70%水溶液为浅黄色至棕色液体,相对密度1.09～1.11,熔点 240 ℃,300 ℃以上分解。

【毒性】 低毒。小白鼠急性经口 $LD_{50} > 5000$ 毫克/千克。

【制剂】 60％水剂。

【作用机制与使用对象】 其作用机制是启动根原基早萌发,促使块根、块茎提早膨大,增加大、中块根块茎的比率,提高作物叶片叶绿素、可溶性蛋白和植物碳水化合物的含量,提高超氧歧化酶的活性,增加叶片的光合效率,制造更多的营养物质向块根块茎输送,可提高产量。可用于调节大蒜、甘薯、花生、萝卜、马铃薯和山药等作物的生长。

【使用方法】

(1)调节大蒜生长:在大蒜头膨大初期,每 667 平方米用 60％水剂 15～20 毫升兑水 30 千克均匀喷雾,间隔 10～15 天喷施 1 次,连续施用 2～3 次。

(2)调节甘薯生长:在块根、块茎开始形成或膨大初期,每 667 平方米用 60％水剂 15～20 毫升兑水 30 千克茎叶喷雾,间隔 10～15 天喷施 1 次,连续施用 2～3 次,每季最多施用 3 次。

(3)调节花生生长:在花生花蕾期、下针期,每 667 平方米用 60％水剂 15～20 毫升兑水 30 千克叶面喷施,间隔 10～15 天喷施 1 次,连续施用 2～3 次。

(4)调节萝卜生长:于萝卜 7～9 叶期,每 667 平方米用 60％水剂 15～20 毫升兑水 30 千克均匀喷雾,间隔 10～15 天喷施 1 次,连续施用 2～3 次。

(5)调节马铃薯生长:在马铃薯始花期,每 667 平方米用 60％水剂 15～20 毫升兑水 30 千克均匀喷雾,间隔 10～15 天喷施 1 次,连续施用 2～3 次。

(6)调节山药生长:在山药块根膨大初期、蔓藤长至 1 米左右时,每 667 平方米用 60％水剂 15～20 毫升兑水 30 千克均匀喷雾,间隔 10～15 天喷施 1 次,连续施用 2～3 次。

(7)调节甜菜生长:于甜菜块根膨大初期(块根约鸡蛋大小时),每 667 平方米用 60％水剂 15～20 毫升兑水 30 千克叶面喷施,间隔 10～15 天喷 1 次,连续施用 3 次。

（8）调节莴笋生长：于莴笋嫩茎膨大初期，每 667 平方米用 60％水剂 15～20 毫升兑水 30 千克茎叶喷雾，间隔 7～10 天喷施 1 次，连续施用 2～3 次。

（9）调节白术生长：于白术第一次去花蕾后，每 667 平方米用 60％水剂 15～20 毫升兑水 30 千克茎叶喷雾，间隔 10 天左右喷 1 次，连续施用 3～4 次。

（10）调节姜生长：于姜三股叉期，每 667 平方米用 60％水剂 15～20 毫升兑水 30 千克茎叶喷雾，以后间隔 10～15 天喷 1 次，连续施用 2～3 次。

【注意事项】

（1）不宜与碱性物质混合，可与弱酸性及中性农药混用。

（2）施用本品后，田间施肥和其他管理仍需照常进行。

（3）晴天应避开露水和烈日高温施用，或阴天露水干后全天施用。若喷后 6 小时内下雨，应补施。

（4）不宜在弱势植株上施药。

27. 萘乙酸

分子式：$C_{12}H_{10}O_2$

【类别】 萘类生长素。

【化学名称】 2-(1-萘基)乙酸。

【理化性质】 纯品为白色无味结晶，熔点 130 ℃，微溶于冷水，在 20 ℃的水中溶解度为 42 毫克/升，易溶于热水以及乙醇、丙酮、氯仿、乙醚等有机溶剂,遇碱液溶解,生成溶于水的盐,因此配制药液时,常将原粉溶于氨水后再稀释施用。80%萘乙酸原粉为浅土黄色粉末,熔点 $106\sim120\ ℃$,水分含量$\leqslant5\%$,常温下贮存稳定。

【毒性】 低毒。原粉对大鼠急性经口 LD_{50} 1 000 毫克/千克,对皮肤和黏膜有刺激作用,对蜜蜂无毒害,对鱼低毒,对鸟类低毒。

【制剂】 20%粉剂,0.03%、0.1%、0.6%、1%、4.2%、5%水剂,1%、40%可溶粉剂,10%泡腾片剂。

【作用机制与使用对象】 本品为类生长素物质,是广谱性植物生长调节剂。它有着内源生长素吲哚乙酸的作用特点和生理功能,如促进细胞分裂和扩大,诱导形成不定根,增加坐果,防止落果,改变雌、雄花比例等。可经由叶片、树枝的嫩表皮、种子进入到植物体内,随营养运输到达起作用的部位。可用于调节苹果、葡萄、冬小麦、水稻、番茄、棉花、小麦等作物的生长。

【使用方法】

(1)调节苹果生长、增产:在苹果采收前 40 天左右,用 20%粉剂 8 000～10 000 倍液,或 5%水剂 2 000～2 500 倍液均匀喷雾,间隔 15 天后再喷 1 次,防采前落果。每季最多施用 2 次,安全间隔期 14 天。

(2)提高葡萄成活率:葡萄(插条)在扦插前,用 20%粉剂 1 000～2 000 倍液,浸插条基部 2 厘米,浸 2～3 小时后扦插。

(3)调节冬小麦生长:在小麦灌浆初期,用 4.2%水剂 1 333～2 000 倍液全株均匀喷雾,每季最多施用 2 次,安全间隔期 45 天。

(4)调节水稻秧田生长:在水稻育苗期,用 1%可溶性粉剂按制剂用药量稀释 1 000～1 500 倍液,在稻苗 1 叶 1 心期和 3 叶期各喷施 1 次。水稻上的安全间隔期为 140～150 天(于秧苗 4～5 叶期喷施)。

(5)调节番茄生长:在番茄开花时,用 5%水剂稀释 4 000～

5 000 倍液,对准花喷药,每花喷药 1 次,安全间隔期 14 天,每季最多施用 2 次。或用 40% 可溶粉剂稀释 13 333～20 000 倍液喷雾 1 次,安全间隔期 14 天,每季最多施用 1 次。或用 10% 泡腾片剂稀释 5 000～10 000 倍液,充分摇匀后喷雾 1 次,安全间隔期 3 天,每季最多施用 3 次。

(6)调节棉花生长:在棉花盛花期,用 5% 水剂 6 667～10 000 倍液叶面喷雾 1 次,每季最多施用 1 次。或用 0.03% 水剂 300～500 倍液在棉花开花之前喷施 1 次,现蕾时再喷 1 次,二次间隔约 30 天,每季最多施用 3 次。

(7)调节小麦生长:在小麦扬花期前,用 1% 水剂 3 000～5 000 倍液喷洒 1 次,扬花后(间隔 30 天)再喷 1 次,每季最多施用 3 次。

【注意事项】

(1)本品不能与碱性农药混合施用。

(2)早熟苹果品种用于疏花、疏果易产生药害,不宜使用。

(3)应严格按说明书施用,不得随意改变用药浓度。

(4)本品在下列食品上的最大残留限量(毫克/千克):苹果 0.1,葡萄 0.1,冬小麦 0.05,糙米 0.1,番茄 0.1,棉籽 0.05,小麦 0.05。

28. 羟烯腺嘌呤

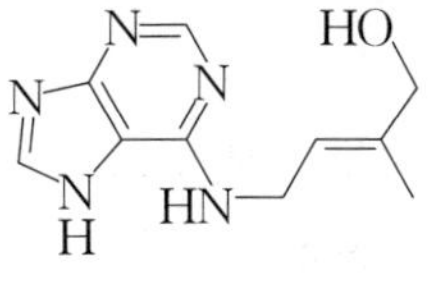

分子式:$C_{10}H_{13}N_5$

【类别】 腺嘌呤类。

【化学名称】 4-羟基异戊烯基腺嘌呤。

【理化性质】 熔点 $209.5\sim213\,℃$，溶于甲醇、乙醇，不溶于水和丙酮。在 $0\sim100\,℃$ 时热稳定性良好。

【毒性】 低毒。大鼠急性经口 $LD_{50}>4\,640$ 毫克/千克,大鼠急性经皮 $LD_{50}>2\,150$ 毫克/千克。对眼睛、皮肤无刺激性,弱致敏物。纯生物发酵而成,对其他生物无害,甚至可作为鱼、鸟等的食物。

【制剂】 $0.000\,1\%$ 可湿性粉剂, $0.000\,1\%$ 颗粒剂。

【作用机制与使用对象】 刺激植物细胞分裂,促进叶绿素形成,加速植物新陈代谢和蛋白质合成,从而使有机体迅速增长,促进作物早熟丰产,提高植物抗病、抗衰、抗寒能力。可用于调节大豆、甘蔗、水稻和玉米等作物生长。

【使用方法】

(1)调节大豆生长:在生育期,用 $0.000\,1\%$ 可湿性粉剂 588 倍液,喷雾 3 次。

(2)调节甘蔗生长:用 $0.000\,1\%$ 可湿性粉剂 $200\sim250$ 倍液在苗期(3 叶 1 心期)、拔节期各喷雾一次,共喷施 $2\sim3$ 次。

(3)调节水稻生长:在秧苗期、返青期、孕穗期、灌浆期,用 $0.000\,1\%$ 可湿性粉剂 588 倍液各喷雾 1 次。或在水稻移栽返青期,每 667 平方米用 $0.000\,1\%$ 颗粒剂 $1\,000\sim3\,000$ 克拌肥撒施 1 次。

(4)调节玉米生长:在玉米拔节期、喇叭口期,用 $0.000\,1\%$ 可湿性粉剂 588 倍液各喷雾 1 次,共喷雾 2 次。

【注意事项】

(1)施药应在晴天的早晨或傍晚进行,避免在烈日和雨天喷施,如喷后 1 天内遇雨应补喷。

(2)本品不可与呈碱性的农药等物质混合使用。

29. 噻苯隆

分子式：$C_9H_8N_4OS$

【类别】 取代脲类植物生长促进剂。

【化学名称】 1-苯基-3-(1,2,3-噻二唑-5-基)脲。

【理化性质】 纯品为无色晶状固体，熔点 210.5～212.5 ℃（分解），蒸气压 4 纳帕（25 ℃）。水中溶解度 31 毫克/升（25 ℃，pH7），有机溶剂中溶解度（克/升，20 ℃）：丙酮 6.67，甲醇 4.2，乙酸乙酯 1.1，甲苯 0.4，二氯甲烷 0.003，己烷 0.002，二甲基酰胺＞500，二甲基亚砜＞800。在 200 ℃以下稳定，光照下能迅速转化成感光异构体 N-苯基-N'-(1,2,3-噻二唑-3-基)脲，室温条件下在 pH5～9 水溶液中稳定。在 54 ℃贮存 14 天不分解，在 60 ℃、90 ℃和 120 ℃贮存，稳定期超过 30 天。

【毒性】 低毒。大鼠急性经口 LD_{50}＞4 000 毫克/千克，小鼠急性经口 LD_{50}＞5 000 毫克/千克，大鼠急性经皮 LD_{50}＞1 000 毫克/千克，兔急性经皮 LD_{50}＞4 000 毫克/千克，大鼠急性吸入 LC_{50}（4 小时）＞2.3 毫克/升空气。对兔眼睛有中度刺激性，对兔皮肤无刺激性，对猪皮肤无致敏性。未见致突变、致畸、致癌作用。白喉鹑急性经口 LD_{50}＞3 160 毫克/千克。虹鳟鱼、蓝鳃鱼和斑点叉尾鲴 LC_{50}（96 天）＞1 000 毫克/升。对蜜蜂无毒。蚯蚓 LC_{50}（14 天）＞1 400 毫克/千克土。

【制剂】 50%、80%、0.1% 可湿性粉剂，0.5%、0.1%、0.2% 可溶液剂，30% 可分散油悬浮剂，50% 悬浮剂，70%、80% 水分散粒剂。

【作用机制与使用对象】 本品具有极强细胞分裂活动,可促进光合作用,提高作物产量。在棉花生产中作为落叶剂使用,可及早促使叶柄与茎之间的分离组织形成而落叶,有利于棉花机械采收并可使棉花收获提前10天左右,有助于提高棉花品级。可用于苹果树、甜瓜、番茄、枣树等作物调节生长,葡萄促进果实生长。本品只能在低浓度下用作植物生长调节剂,在较高浓度时作为植物的脱叶剂,故应按规定用药量施用。

【使用方法】

(1)调节水稻生长:于水稻分蘖期和扬花期各施药1次,用0.2%可溶液剂1000~1600溶液均匀喷雾。

(2)调节小麦生长:于小麦分蘖期和孕穗抽穗期各施药1次,每667平方米用0.2%可溶液剂20~40毫升兑水30~40千克均匀喷雾。

(3)促进枣树果实生长:在枣树坐果后的幼果期喷施1次,用0.1%可溶液剂稀释1000倍液均匀喷雾。

(4)调节玉米生长:于玉米7~8叶期施药1次,用0.2%可溶液剂1000~1600倍液均匀喷雾。

(5)促使棉花脱叶:在棉花自然吐絮达到70%左右时,每667平方米用50%可湿性粉剂30~40克,或80%可湿性粉剂20~25克,或30%可分散油悬浮剂45~65毫升,或70%水分散粒剂20~30克兑水30~40千克均匀喷雾,安全间隔期7天。或每667平方米用50%悬浮剂30~40毫升兑水30~40千克均匀喷雾,安全间隔期14天。或每667平方米用80%水分散粒剂25~30克兑水30~40千克均匀喷雾,每季最多施用1次。

(6)调节番茄生长:在番茄开花期和第一穗果膨果期各施药1次,用0.2%可溶液剂1000~1600倍液均匀喷雾,安全间隔期21天。

(7)调节辣椒生长:于辣椒开花前和谢花后幼果期各施药1次,每667平方米用0.2%可溶液剂15~25毫升兑水30~40千克均匀喷雾。

（8）调节马铃薯生长：于马铃薯开花前、后各施药1次，施药间隔15天，用0.2%可溶液剂1000～1600倍液均匀喷雾。

（9）调节甜瓜生长或增产：在甜瓜雌花开花当天上午或开花前1～2天，用0.1%可溶液剂稀释200～300倍液，或0.1%可湿性粉剂稀释303～400倍液，均匀喷雾，每季最多施用1次。

（10）调节金橘生长：于金橘谢花后及果实膨大期各施药1次，用0.2%可溶剂670～1000倍液均匀喷雾。

（11）调节苹果树生长：在苹果树花开10%～20%和盛花期，用0.5%可溶液剂稀释1250～2500倍液均匀喷雾，每季最多施用2次。

（12）调节葡萄生长：在葡萄幼果膨大期或开花期，用0.5%可溶液剂2500～3000倍液，或0.2%可溶液剂稀释800～1000倍液，或0.1%可溶液剂稀释150～250倍液，均匀喷雾，每季施用1次。

（13）调节猕猴桃生长：于猕猴桃谢花后果实膨大期开始施药，用0.2%可溶液剂800～1000倍液均匀喷雾，间隔15天再施药1次。

（14）调节草莓生长：于草莓开花后5天左右施药，每667平方米用0.2%可溶液剂15～25毫升兑水30～40千克均匀喷雾1次，隔15天再喷雾1次，共施药2次。

（15）调节樱桃生长：于樱桃初花期和谢花后各施药1次，用0.2%可溶液剂1500～2000倍液均匀喷雾。

（16）调节烟草生长：于烟草团棵期和旺长期各施药1次，每667平方米用0.2%可溶液剂20～25毫升兑水30～40千克均匀喷雾。

【注意事项】

（1）本品不能与碱性农药混用。

（2）禁止在河塘等水域内清洗施药器具，清洗施药器具的废水不能倒入河流、池塘等水源。

（3）对鱼类等水生生物、家蚕有毒。蚕室和桑园附近慎用，远离水产养殖区施药，赤眼蜂等天敌放飞区域禁用。

（4）施药后 2 天内降雨会影响药效，因此施药前应注意天气预报。

（5）本品在下列食品上的最大残留限量（毫克/千克）：棉籽 1，苹果 0.05，葡萄 0.05，甜瓜 0.05。

30. 三十烷醇

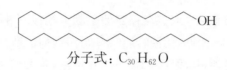

分子式：$C_{30}H_{62}O$

【类别】　醇类生长素。

【化学名称】　正三十烷醇。

【理化性质】　纯品为白色鳞片状晶体，熔点 86.5～87.5℃，用苯重结晶的产品熔点为 85～86℃。相对密度 0.777。几乎不溶于水（室温下溶解度 10 毫克/升），难溶于冷的乙醇、苯，可溶于乙醚、氯仿、二氯甲烷及热苯中。对光、空气、热及碱均稳定。

【毒性】　低毒。纯品小鼠急性经口 LD_{50}＞10 000 毫克/千克，无刺激性。本品为天然产物，多以酯的形式存在于多种植物和昆虫的蜡质中。

【制剂】　0.1％微乳剂。

【作用机制与使用对象】　一种内源植物生长调节剂，高纯晶体配制的剂型。在极低浓度下就能刺激作物生长，提高产量。其作用机制为提高光合色素含量、提高光合速率、能量积累增多，表现为叶片中的三磷酸腺苷含量明显增多,增加干物质积累,提高磷酸烯醇式丙酮酸羧化酶的活性,促进碳素代谢,提高硝酸还原酶活性,促进氮素代谢,增加氮、磷、钾吸收,促进生长发育,增强生理调控。可用于调节小麦、花生和平菇等作物生长。

【使用方法】

(1)调节小麦生长或增产:在小麦始花、抽穗始期,用0.1%微乳剂稀释1667~5000倍液均匀喷雾,每季最多施用2次。

(2)调节花生生长:在花生开花末期及下针初期,用0.1%微乳剂稀释1000~1333倍液均匀喷雾,每季最多施用2次。

(3)调节平菇生长:在每批平菇现苗期,用0.1%微乳剂稀释1333~2000倍液均匀喷雾,每季最多施用2次。

【注意事项】

(1)要严格控制本品的施用浓度和用药量,以免产生药害。不可作肥料用,用多会抑制作物生长。不可与碱性农药混用。

(2)禁止在河塘等水域内清洗施药器具,清洗施药器具的废水不能倒入河流、池塘等水源。

31. 调环酸钙

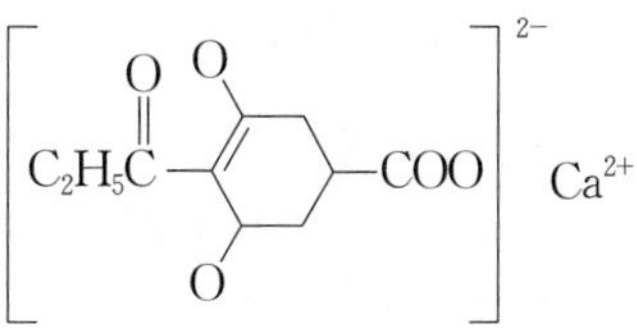

$$\left[\text{C}_2\text{H}_5\text{C} \overset{\text{O}}{\underset{\text{O}}{\bigcirc}} \text{-COO} \right]^{2-} \text{Ca}^{2+}$$

分子式:$C_{10}H_{11}O_5Ca$

【类别】 环己烷羧酸类。

【化学名称】 3,5-二氧代-4-丙酰基环己烷羧酸钙。

【理化性质】 外观白色粉末,熔点$>360\,℃$,蒸气压1.74×10^{-2}毫帕$(20\,℃)$,辛醇/水分配系数:$K_{ow}\log P$为$-2.90(20\,℃)$,密度1.435克/毫升,亨利常数1.92×10^{-5}帕·米^3/摩。溶解度(毫克/升,$20\,℃$):蒸馏水174,甲醇1.11,丙酮0.038,正己烷<0.003,甲苯0.004,乙酸乙酯<0.010,异丙醇0.105,二氯甲烷0.004。稳定温度高达$180\,℃$。水解$DT_{50}<5$天(pH为$4,20\,℃$),21天($pH7,20\,℃$),89天($pH9,25\,℃$);水光解DT_{50}为6.3天,蒸馏水中光解DT_{50}为2.7天($29\sim34\,℃$)。

【毒性】 低毒。大鼠急性经口LD_{50}(雄/雌)$>5\,000$毫克/千克,大鼠急性经皮LD_{50}(雄/雌)$>2\,000$毫克/千克,大鼠急性吸入LC_{50}(4小时,雄/雌)>4.21毫克/升。对鸟类、鱼类、水蚤、藻类、蜜蜂、蚯蚓等环境生物低毒。

【制剂】 5%泡腾片剂,5%泡腾粒剂,10%悬浮剂。

【作用机制与防治对象】 一种新型的植物生长调节剂。可以通过植物种子、根系和叶面吸收,抑制赤霉酸的合成,具有抗倒伏及矮化性能。可调节水稻、花生、小麦等作物生长。

【使用方法】

(1)调节水稻生长:于水稻分蘖末期或拔节前$7\sim10$天,每667平方米用5%泡腾片剂$20\sim30$克兑水$30\sim40$千克均匀喷雾,施药1次,安全间隔期60天,每季施用1次。

(2)调节花生生长:于花生开花盛期(下针期),每667平方米用5%泡腾粒剂$50\sim75$克或10%悬浮剂$30\sim40$毫升,兑水$30\sim40$千克均匀喷雾,每季施用1次。

(3)调节小麦生长:每667平方米用5%泡腾粒剂$50\sim75$克兑水$30\sim40$千克均匀喷雾,每季施用1次。

【注意事项】

(1)应采用优质喷雾器喷药,使雾滴细小、喷布较均匀。

(2)勿与碱性农药混用,宜现配现用。

(3)禁止在任何水体中清洗施药器具,清洗器具的废水不能排入河流、池塘等水源。

（4）本品对眼睛有轻度刺激性，配制和施用本品时应采取相应的安全防护措施，穿防护服、戴防护眼睛、手套、口罩等，避免药液溅入眼睛。

（5）本品在稻谷、糙米上的最大残留限量均为 0.05 毫克/千克。

32. 烯腺嘌呤

分子式：$C_{10}H_{13}N_5$

【类别】　嘌呤类细胞分裂素。

【化学名称】　异戊烯基腺嘌呤。

【理化性质】　原药为暗棕色至黑色液体，是从天然海藻中提取的浓缩液，含玉米素、氨基酸、蛋白质、糖类、无机物等，也可化学合成。相对密度 1.07（20 ℃），能溶于水。纯品为白色结晶，熔点 216.4～217.5 ℃。

【毒性】　低毒。雌、雄大鼠急性经口 LD_{50}＞4 640 毫克/千克，兔急性经皮 LD_{50}＞2 000 毫克/千克。对眼睛、皮肤无刺激性，弱致敏物。

【制剂】　无单剂登记，与羟烯腺嘌呤复配，0.000 4％烯腺·羟烯腺可溶粉剂。

【作用机制与使用对象】　刺激植物细胞分裂，能促进叶绿素形成，增强作物光合作用，增加作物产量，改善品质，提高蛋白质含量,并能提高植物抗病、抗寒能力。可用于调节茶树、番茄和柑橘的生长。

【使用方法】

(1) 调节茶树生长:于茶树萌发前、萌发始期、萌发后 20 天,用 0.000 4% 烯腺·羟烯腺可溶粉剂 800~1 200 倍液各喷药 1 次。

(2) 调节番茄生长:在番茄开花前、开花盛期和开花末期,用 0.000 4% 烯腺·羟烯腺可溶粉剂 1 600 倍液各喷药 1 次。

(3) 调节柑橘生长:于柑橘初花期、谢花 2/3 左右、第一次生理落果前后,用 0.000 4% 烯腺·羟烯腺可溶粉剂 1 200~1 480 倍液各喷药 1 次。

【注意事项】

(1) 施药应在晴天的早晨或傍晚进行,避免在烈日和雨天喷施,如喷后 1 天内遇雨应补喷。

(2) 本品不可与呈碱性的农药等物质混合使用。

33. 烯效唑

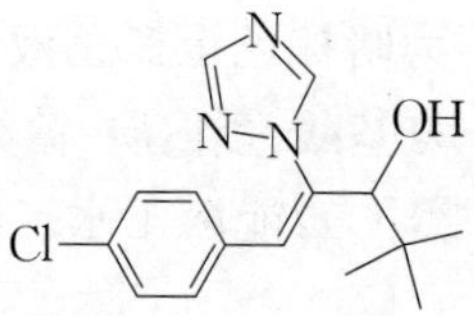

分子式:$C_{15}H_{18}ClN_3O$

【类别】 三唑类生长抑制剂。

【化学名称】 (E)-(R,S)-1-(4-氯苯基)-4,4-二甲基-2-(1,2,4-三唑-1-基)-1-戊烯-3-醇。

【理化性质】 纯品为白色结晶,熔点 162~163 ℃。水中溶解度 14.3 毫克/升(24 ℃),能溶于丙酮、甲醇、醋酸乙酯、氯仿及二甲基甲酰胺等溶剂。原药(含量不低于 85％)为白色或淡黄色结晶状粉末,熔点 159～160 ℃,蒸气压 8.9 毫帕(20 ℃),水分不超过 1％。在 40 ℃下稳定,在多种溶剂中及酸性、中性、碱性水溶液中不分解,但在短波下(260～270 纳米)易分解。

【毒性】 低毒。原药大鼠急性经口 LD_{50}>4 642 毫克/千克,小鼠急性经口 LD_{50}>600 毫克/千克。大鼠急性经皮 LD_{50}>2 000 毫克/千克。大鼠急性吸入 LC_{50}(4 小时)>2 750 毫克/升。对兔皮肤无刺激作用,对兔眼睛有轻微刺激作用。未见致突变作用。鱼类 LC_{50}(48 小时):金鱼>1.0 毫克/升,蓝鳃鱼 6.4 毫克/升。蜜蜂急性接触 LD_{50}>20 微克/只。

【制剂】 5％可湿性粉剂,10％悬浮剂。

【作用机制与使用对象】 本品是赤霉酸生物合成的拮抗剂,对草本或木本的单、双子叶植物均有较强的生长抑制作用,主要抑制节间细胞的伸长,使植物生长延缓。药剂被植物的根吸收,在植物体内传导;茎叶喷雾时,可向上内吸传导,但没有向下传导作用。主要作用是矮化植株,谷类作物抗倒伏,促进花芽形成,提高作物产量等。可用于调节水稻、草坪、花生、油菜等作物生长。

【使用方法】

(1)调节水稻生长:在水稻播种前,用 5％可湿性粉剂稀释 500～1 000 倍液浸种,用后秧苗叶色深绿,根系发达,增加分蘖,增穗增粒,提高抗旱、抗寒能力。

(2)调节草坪生长:在草坪生长期,用 5％可湿性粉剂稀释 111～167 倍液,茎叶喷雾 1～2 次。

(3)调节花生生长:在花生盛花末期,用 5％可湿性粉剂稀释 400～800 倍液均匀喷雾,每季最多施用 1 次。

(4)调节油菜生长、增产:在油菜抽薹初期至抽薹 20 厘米高时喷施全株 1 次,用 5％可湿性粉剂稀释 400～533 倍液均匀喷雾,每季最多施用 1 次。

(5)调节柑橘树控梢:在柑橘春梢老熟夏梢未抽时,用 10％

悬浮剂稀释 1 000～1 500 倍液均匀喷雾,每季最多施用 1 次。

【注意事项】

(1) 应严格控制用量,避免产生药害。

(2) 油菜在干旱期或植株长势弱时禁用。

(3) 对水生生物有毒,应远离水产养殖区施药,禁止在河塘等水体中清洗施药器具,切勿将制剂及其废液弃于池塘、沟渠、河溪和湖泊等,以免污染水源。虾、蟹套养稻田禁用,施药后的田水不得直接排入水体。对蜜蜂有风险,应避开开花植物花期施药。

(4) 本品在下列食品上的最大残留限量(毫克/千克):稻谷0.05,花生仁 0.5,柑橘 1。

34. 乙烯利

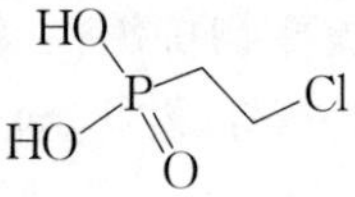

HO—P—CH$_2$CH$_2$—Cl
（HO、O）

分子式:C$_2$H$_6$ClO$_3$P

【类别】 有机磷类促进生长剂。

【化学名称】 2-氯乙基膦酸。

【理化性质】 纯品为白色针状结晶,熔点 74～75 ℃,沸点约265 ℃(分解),相对密度(1.409±0.02)克/米^3(20 ℃),蒸气压＜0.01 毫帕(20 ℃)。易溶于水和乙醇,难溶于苯和二氯乙烷。在酸性(pH＜3.5)介质中稳定,在碱性介质中很快分解释放出乙烯。在砂质土中能淋溶。不能与碱、金属盐、金属(铝、铜或铁)共存。

【毒性】 低毒。原药大鼠急性经口 LD$_{50}$ 4 229 毫克/千克,兔急性经皮 LD$_{50}$ 5 730 毫克/千克,家鼠急性吸入 LC$_{50}$ 90 毫克/米^3

（4 小时）。对皮肤、黏膜、眼睛有刺激作用。无致突变、致癌和致畸作用。鹌鹑急性经口 LD_{50} 1 072 毫克/千克。对鱼低毒，LC_{50}（96 小时）：蓝鳃鱼 222 毫克/升，虹鳟鱼 254 毫克/升。对蜜蜂低毒，1 000 毫克/升无明显毒性作用。

【制剂】 40％、75％、54％、70％水剂，10％、5％、85％可溶粉剂，5％膏剂，20％颗粒剂，4％超低容量液剂。

【作用机制与使用对象】 本品是一种乙烯释放剂，在酸性介质（pH$<$3.5）中十分稳定，在 pH4 以上，则分解放出乙烯。一般植物细胞液的 pH 皆在 4 以上。本品经由叶片、树皮、果实或种子进入植物体内，然后传导到起作用的部位，释放出乙烯，能起内源激素乙烯所起的生理功能，如促进果实成熟和叶片、果实脱落等。广谱性植物生长调节剂，可用于多种作物。

【使用方法】

（1）调节水稻生长：在水稻乳熟期，用 40％水剂稀释 600～800 倍液均匀喷雾，安全间隔期 20 天，每季最多施用 1 次。

（2）调节玉米生长：在玉米 6～12 片叶时，每 667 平方米用 40％水剂 10～15 毫升兑水 30～50 千克均匀喷雾，每季最多施用 1 次。

（3）调节和催熟棉花：在棉花吐絮 70％时，用 40％水剂稀释 330～500 倍液均匀喷雾，安全间隔期 40 天，每季最多施用 1 次。或用 75％水剂稀释 600～750 倍液均匀喷雾，安全间隔期 7 天，每季最多施用 1 次。

（4）催熟番茄：植株上的番茄果实转色后，用 10％可溶粉剂稀释 200～300 倍液均匀喷雾，每季最多施用 1 次，安全间隔期 3 天。或用 40％水剂稀释 800～1 000 倍液均匀喷雾，每季最多施用 1 次。

（5）催熟柿子：对采下的转色果进行喷雾或浸果处理，用 40％水剂稀释 400 倍液均匀喷雾。

（6）黄冠梨保鲜：采用药包熏蒸法保鲜。在晴天采收果实成熟度为 75%～85% 的无机械损伤的黄冠梨,每袋黄冠梨重约 8 千克;用 20% 颗粒剂按每千克 2～6 毫克用量,用水将药包浸湿后将其放在装有黄冠梨的塑料袋中,常温下放置 7～8 小时,然后置于 0℃冷库贮存。

(7)催熟香蕉:在香蕉采收后,用 40% 水剂稀释 400～500 倍液浸果或均匀喷雾果实。

(8)芒果催熟:采用药包熏蒸法催熟。采收成熟度为 80%～85% 的无机械伤的芒果放入包装箱,用 20% 颗粒剂按每千克 200～400 毫克用量,用水将催熟剂浸湿后将其放在装有芒果的包装箱中,包装箱不可扎紧,应有少许空气进入袋中,确保过多的二氧化碳释放出来。全部处理好的芒果果实置于 20～25℃、空气相对湿度 95% 以上的室内催熟。

(9)调节甘蔗生长:在甘蔗采收前 1～2 个月施药,每 667 平方米用 4% 超低容量液剂 350～450 毫升喷雾,每季最多施用 1 次。

(10)催熟烟草:对已摘下的烟叶,用 40% 水剂稀释 1 000～2 000 倍液喷雾。

(11)增产橡胶树:用 40% 水剂稀释 5～10 倍液均匀涂抹。或在抽叶稳定后的橡胶树割线上,用 5% 乙烯利膏剂按每株 1.2～1.6 克进行涂抹。

【注意事项】

(1)不能与碱性农药和肥料等物质混用,建议随配随用。

(2)对金属有腐蚀性,不应使用金属材质的喷雾器施药。

(3)对蜜蜂、鱼类、家蚕、鸟类低毒。施药时应避免对周围蜂群的影响,蜜源作物花期、蚕室和桑园附近、鸟类保护区附近禁用。远离水产养殖区施药,应避免药液流入河塘等水体中,清洗喷药器械时切忌污染水源。

(4)本品具强酸性,能腐蚀金属器皿、皮肤及衣物,使用本品时应戴防酸腐蚀手套、化学防护眼镜、口罩,穿防酸腐蚀工作服等。

（5）本品在下列食品上的最大残留限量（毫克/千克）：棉籽2，玉米 0.5，番茄 2，香蕉 2，柿子 30，芒果 2。

35. 抑芽丹

$$O= \text{（环状结构）} =O$$
$$HN-NH$$

分子式：$C_4H_4N_2O_2$

【类别】　哒嗪类生长抑制剂。

【化学名称】　1,2-二氢-3,6-哒嗪二酮。

【理化性质】　纯品为无色结晶粉末，熔点 296 ℃。原药为白色粉末，熔点 298～300 ℃。相对密度 1.61（25 ℃），蒸气压 $1×10^{-2}$ 毫帕（25 ℃）。溶解度（克/升，25 ℃）：水 4.507，甲醇 4.179，二甲基甲酰胺 24，乙醇 1，丙酮、二甲苯<10，己烷、甲苯<0.001。光下 25 ℃ DT_{50} 为 58 天（pH5.7）、34 天（pH9）。遇氧化剂和强酸会分解。对铁器有轻微腐蚀性。

【毒性】　低毒。大鼠急性经口 LD_{50}>5 000 毫克/千克，兔急性经皮 LD_{50}>5 000 毫克/千克，大鼠急性吸入 LC_{50}（4 小时）>4.0 毫克/米^3。对眼睛和皮肤有轻度刺激性，对皮肤无致敏性。在慢性毒性试验中，发现对猴子有潜在的致肿瘤危险，故仅限于在烟草等非直接食用作物上使用。对水生生物低毒，鱼类 LC_{50}（96 小时）：蓝鳃太阳鱼 1 608 毫克/升，虹鳟鱼 1 435 毫克/升。水蚤 LC_{50} 108 毫克/升（48 小时）。藻类 LC_{50}>100 毫克/升（96 小时）。对鸟低毒，野鸭急性经口 LD_{50}>4 640 毫克/千克，野鸭和山齿鹑饲喂 8 天饲料 LC_{50}>10 000 毫克/千克。

【制剂】　23%、30.2%水剂。

【作用机制与使用对象】　本品是一种植物生长抑制剂，通过植物的根或叶吸入,由木质部和韧皮部传导至植株体内,其作用是阻止细胞分裂,从而抑制植物生长,抑制程度依剂量和作物生长阶段而不同。可用于烟草阻止腋芽生长。

【使用方法】

抑制烟草腋芽生长:在烟田多数烟株第一朵中心花开放、顶叶大于 20 厘米时打顶,并将大于 2 厘米的腋芽打掉时,用 30.2% 水剂稀释 40~50 倍液均匀喷雾,每季最多施用 1 次。或每 667 平方米用 23% 水剂 350~550 毫升兑水 20~30 千克均匀喷雾,每季最多施用 1 次。

【注意事项】

(1) 本品属内吸剂,不可涂抹。喷药宜在晴天下午进行,效果较佳,如果施药后 2 小时内下雨,必须补施 1 次。

(2) 对鱼类等水生物有毒,应远离水产养殖区施药,禁止在河塘等水体中清洗施药器具。洗涤水不可随意乱倒,以免污染环境。

36. 吲哚丁酸

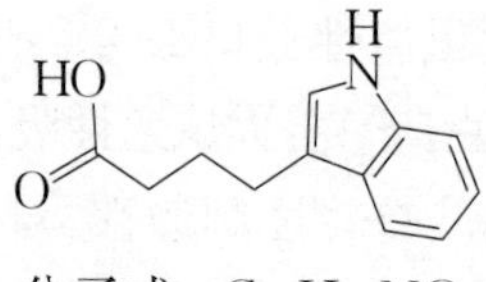

分子式:$C_{12}H_{13}NO_2$

【类别】 吲哚类生长素。

【化学名称】 4-吲哚-3-基丁酸。

【理化性质】 纯品为白色结晶固体,熔点 124~125℃。工业原药为无色或微黄色晶体,熔点 121~124℃。蒸气压<10 微帕(60℃)。溶解度:苯>100 克/10 毫升,丙酮、乙醚、乙醇 3~10 克/10 毫升,氯仿 1~10 克/10 毫升;水 0.25 克/升。不易燃,无腐蚀性。对酸稳定,与碱生成盐。

【**毒性**】 微毒。大鼠急性经口 LD_{50} 5 000 毫克/千克,小鼠急性经口 LD_{50} 1 760 毫克/千克。鲤鱼 LC_{50}(48 小时)180 毫克/升。对蜜蜂无毒。

【**制剂**】 1.2%水剂,1%可溶液剂。

【**作用机制与使用对象**】 本品为植物内源生长素,经由叶片、植物的嫩表皮、种子进入到植物体内,随营养流输导到起作用的部位,能够诱导植物根原基分,加速根系生长和发育,大大增加毛细根数量和侧根长度,有利于形成多而壮的植株根系群,缩短植株移栽返青天数,显著提高移栽成活率和抗逆性;可促进分蘖和壮苗,促进根系更新,强壮植株,增加产量,提高品质。适用于调节葡萄、辣椒、三七、烟草、甘蔗、棉花、水稻、花生、小麦、大豆、玉米、马铃薯等作物生长。

【**使用方法**】

(1) 调节水稻生长:于水稻1叶1心期及3叶1心期各施药1次,用1.2%水剂稀释500~1000倍液均匀喷雾。

(2) 调节小麦生长:用1.2%水剂稀释1200~2000倍液均匀喷雾,于小麦2~4叶期开始施药,间隔3周施药1次,共施药3次。

(3) 调节玉米生长:于玉米苗期、小喇叭口期、大喇叭口期各施药1次,用1.2%水剂稀释1200~2000倍液均匀喷雾。

(4) 调节棉花生长:用1.2%水剂稀释1200~2000倍液均匀喷雾,移栽棉花田于移栽时施药1次,4周后再施药1次;棉花直播田于2叶期和2叶期后20天各施药1次。

(5) 调节大豆生长:用1.2%水剂稀释1200~2000倍液均匀喷雾,于大豆苗期施药2次(间隔2周),结荚期施药1次,共3次。

(6) 调节花生生长:用1.2%水剂稀释1200~2000倍液均匀喷雾,于花生苗期施药2次(间隔2周),下针期后4周施药1次,共3次。

(7) 促进黄瓜生根:于黄瓜定植缓苗后,每667平方米用1%

可溶液剂 120~160 毫升兑水后进行灌根,每株用药液量约 150 毫升。每季最多施用 1 次。

(8) 调节辣椒生长:于辣椒苗期、幼果期、大果期各施药 1 次,用 1.2% 水剂稀释 1200~2000 倍液均匀喷雾。

(9) 调节马铃薯生长:于马铃薯苗期植株 10 厘米高时施药 1 次,用 1.2% 水剂稀释 1200~2000 倍液均匀喷雾。

(10) 调节葡萄生长:于葡萄幼果期、中果期、果实膨大期各施药 1 次,用 1.2% 水剂稀释 1200~2000 倍液均匀喷雾。

(11) 调节甘蔗生长:用 1.2% 水剂稀释 1200~2000 倍液均匀喷雾,于甘蔗小苗 20 厘米开始施药,每 4 周施药 1 次,共 3~5 次。

(12) 调节烟草生长:用 1.2% 水剂稀释 1200~2000 倍液均匀喷雾,于烟草 2 叶期开始施药,间隔 30 天施药 1 次,连续施用 2~3 次。

(13) 调节三七生长:用 1.2% 水剂稀释 1200~2000 倍液均匀喷雾,于三七植株苗期开始施药,间隔 4 周施药 1 次,共施药 5~6 次。

【注意事项】

(1) 本品不可与碱性物质混用。

(2) 远离水产养殖区施药,禁止将残液倒入河塘等水体中,禁止在河塘等水体中清洗施药器具,避免对水体造成污染。施药作物为水稻时,在鱼或虾、蟹套养稻田禁用。

37. 吲哚乙酸

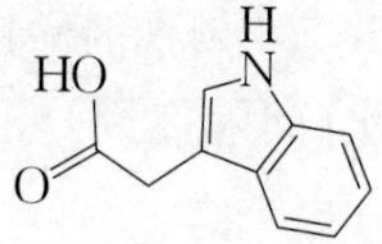

分子式:$C_{10}H_9NO_2$

【类别】 吲哚类生长素。

【化学名称】 4-吲哚-3-基乙酸。

【理化性质】 纯品为白色结晶固体,熔点169℃(分解)。工业原药为黄色或粉红色固体,熔点164~166℃(分解)。蒸气压<20微帕(60℃)。溶解度(20℃,克/升):水1.5,乙醇10~100,丙酮30~100,乙醚30~100,氯仿100~300。在无机酸中成为无生理作用胶化物。无腐蚀性。在中性和碱性介质中稳定,对光不稳定。

【毒性】 低毒。小鼠急性经口LD_{50} 1 000毫克/千克。小鼠腹腔注射LD_{50} 150毫克/千克。对蜜蜂安全。鲤鱼LC_{50}(48小时)>40毫克/升。

【制剂】 0.11%水剂。

【作用机制与使用对象】 本品为植物内源生长素,通过活化原生质膜上ATP酶促进细胞生长,能有效促进和调控作物的营养生长与生殖生长,达到高产、优质、抗逆(抗旱、抗寒、减轻病虫害等)。可用于调节番茄生长。

【使用方法】

调节番茄生长:每667平方米用0.11%水剂0.4~0.8毫升兑水30~40千克均匀喷雾,在番茄苗期和花期各施药1次,两次喷药间隔时间为1周以上。每季最多施药2次。

【注意事项】

(1)大风天或预计1小时内有降雨,请勿使用。包装盒开启、药剂稀释后应尽快施用,最长不超过半年。

(2)严格按推荐剂量、施用时期和方法施用。喷雾时应恒速、均匀喷雾,避免重喷、漏喷或超范围施用。

38. 芸苔素内酯

分子式：$C_{28}H_{48}O_6$

【类别】 甾醇类植物激素。

【化学名称】 （22R，23R，24R)-2α,3α,22R,23R-四羟基-24-S-甲基-β-7-氧杂-5α-胆甾烷-6酮。

【理化性质】 纯品为白色结晶粉末,熔点256～258 ℃。水中溶解度 5 毫克/升,溶于甲醇、乙醇、四氢呋喃和丙酮等多种有机溶剂。

【毒性】 低毒。原药大鼠急性经口 LD_{50}>2 000 毫克/千克,小鼠急性经口 LD_{50}>1 000 毫克/千克,大鼠急性经皮 LD_{50}>2 000毫克/千克。Ames 试验表明无致突变作用。鲤鱼 LC_{50}（96 小时）>10 毫克/升。水蚤 LC_{50}（3 小时）>100 毫克/升。

【制剂】 0.01％、0.001 6％、0.004％、0.007 5％、0.04％水剂,0.01％可溶液剂,0.01％、0.15％乳油,0.1％水分散粒剂。

【作用机制与使用对象】 本品为甾醇类植物激素,具有使植物细胞分裂和延长的双重作用,可促进根系发达,增加叶绿素含量,增强光合作用,通过协调植物体内其他内源激素水平而刺激多种酶系活力。有助于作物对肥料的有效吸收,改善作物劣势部位的生长,提高作物产量。

【使用方法】

(1) 调节水稻生长：于水稻孕穗期、齐穗期，用 0.01% 可溶液剂稀释 2 000~3 000 倍液喷雾，每季最多施用 2 次。或于齐穗期、灌浆期，用 0.01% 乳油稀释 2 222~3 333 倍液喷雾。

(2) 调节小麦生长：在小麦拔节期、抽穗期和灌浆期各施药 1 次，用 0.001 6% 水剂稀释 500~800 倍液均匀喷雾。或在分蘖期、拔节期、孕穗期，用 0.007 5% 水剂稀释 2 000~3 000 倍液均匀喷雾，每季最多施用 3 次。或于抽穗扬花期、灌浆期，用 0.01% 可溶液剂稀释 1 500~2 000 倍液，或 0.01% 乳油稀释 1 667~5 000 倍液喷雾，每季最多施用 2 次，安全间隔期 7 天。

(3) 调节玉米生长：于玉米苗期、喇叭口期，用 0.01% 可溶液剂稀释 1 250~1 667 倍液喷雾，每季最多施用 2 次。

(4) 调节棉花生长：于棉花苗期、初花期和盛花期，用 0.01% 乳油稀释 2 500~3 700 倍液喷雾。或于苗期、蕾铃期、盖顶期，用 0.01% 可溶液剂稀释 2 500~3 333 倍液喷雾，每季最多施用 3 次。

(5) 调节大豆生长：于大豆苗期、初花期，用 0.01% 可溶液剂稀释 2 500~3 333 倍液喷雾，每季最多施用 2 次；或于初花期至结荚期，用 0.15% 乳油稀释 15 000~20 000 倍液喷雾，每季可喷施 4~5 次，每次间隔 7~10 天。

(6) 调节花生生长：于花生苗期、花期、扎针期，用 0.01% 可溶液剂稀释 2 500~3 300 倍液喷雾，每季最多施用 3 次。

(7) 调节番茄生长：于番茄苗期、初花期、幼果期，用 0.01% 可溶液剂稀释 2 500~5 000 倍液喷雾，每季最多施用 3 次。

(8) 调节黄瓜生长：于苗期、初花期、幼果期各施药 1 次，用 0.01% 水剂稀释 2 000~3 300 倍液。或用 0.01% 可溶液剂稀释 2 000~2 500 倍液喷雾，每季最多施用 3 次。

(9) 调节辣椒生长：于辣椒苗期、旺长期、始花期，用 0.01% 可溶液剂稀释 1 500~2 000 倍液喷雾，每季最多施用 4 次。或于苗期、旺长期、始花期或幼果期，用 0.04% 水剂稀释 6 667~13 333 倍液喷雾。

(10)调节小白菜生长：在小白菜苗期、生长期，用 0.007 5％水剂稀释 1 000～1 500 倍液均匀喷雾，每季最多施用 2 次，安全间隔期 10 天。或于苗期、营养生长期，用 0.01％可溶液剂稀释 2 500～3 333 倍液喷雾，每季最多施用 2 次。或于苗期、生长期，用 0.01％乳油稀释 2 500～5 000 倍液喷雾，每季最多施用 2 次，安全间隔期 7 天。

(11)调节菜心生长：于菜心苗期和莲座期，用 0.004％水剂稀释 2 000～4 000 倍液均匀喷雾。

(12)调节白菜生长：于白菜苗期、生长期，用 0.004％水剂稀释 2 000～4 000 倍液均匀喷雾。

(13)调节西瓜生长：于西瓜苗期、花期、果实膨大期，用 0.01％可溶液剂稀释 1 500～2 000 倍液喷雾，每季最多施用 3 次。

(14)调节柑橘树生长：于柑橘花蕾期、幼果期、果实膨大期，用 0.01％可溶液剂稀释 2 500～3 300 倍液喷雾，每季最多施用 3 次。

(15)调节苹果树生长：于苹果果实膨大期，用 0.1％水分散粒剂稀释 40 000～60 000 倍液喷雾。或于现蕾期、幼果期、果实膨大期，用 0.01％可溶液剂稀释 2 000～3 000 倍液喷雾，每季最多施用 3 次。

(16)调节葡萄生长：于葡萄花蕾期、幼果期、果实膨大期，用 0.01％可溶液剂稀释 2 500～3 333 倍液喷雾，每季最多施用 3 次。

(17)调节荔枝树生长：于荔枝树花蕾期、幼果期、果实膨大期，用 0.01％可溶液剂稀释 2 500～3 333 倍液喷雾，每季最多施用 3 次。

(18)调节甘蔗生长：于甘蔗苗期、分蘖期、抽节期，用 0.01％可溶液剂稀释 2 000～3 000 倍液喷雾，每季最多施用 3 次。

(19)调节枣树生长：于枣树初花期、幼果期、果实膨大期，用 0.01％可溶液剂稀释 2 000～3 000 倍液喷雾，每季最多施用 3 次。

（20）调节香蕉生长：于香蕉现蕾期、断蕾期和幼果期，用0.01％可溶液剂稀释2500～3333倍液喷雾，每季最多施用3次。

（21）调节向日葵生长：于向日葵苗期、始花期、盛花期，用0.01％可溶液剂稀释1500～2000倍液喷雾，每季最多施用3次。

（22）调节芝麻生长：于芝麻苗期、始花期、结实期，用0.01％可溶液剂稀释1500～2000倍液喷雾，每季最多施用3次。

（23）调节烟草生长：于烟草团棵期、旺长期，用0.01％可溶液剂稀释2500～5000倍液喷雾，每季最多施用2次。

【注意事项】

（1）本品不可与强酸、强碱性物质混用。

（2）请按推荐时期及剂量施用，同时加强肥水管理。

（3）大风天或下雨时不能喷药，喷药后6小时内下雨影响效果，施药宜在上午10点以前、下午3点以后进行。

39. 仲丁灵

$$(CH_3)_3C - \text{（苯环）} - NHCHCH_2CH_3$$

分子式：$C_{14}H_{21}N_3O_4$

【类别】 硝基苯胺类生长抑制剂。

【化学名称】 N-仲丁基-4-特丁基-2,6-二硝基苯胺。

【理化性质】 纯品为略带芳香味橘黄色晶体，密度1.25克/厘米³（25℃），熔点60～61℃，沸点134～136℃（66.7帕），蒸气压1.7毫帕（25℃）。溶解度（毫克/升）：水0.3（25℃），二氯甲烷1460，丙酮4480，苯2700，己烷300，乙醇73，甲醇98。265℃分解,光稳定性好,浓缩液贮存 3 年以上,但不宜在 $-5\ ℃$ 下冷冻存放。对金属没有腐蚀性,但可渗入某种塑料使其软化或使橡胶膨胀。

【毒性】 低毒。大鼠急性经口 LD_{50} 2 500 毫克/千克,大鼠急性经皮 LD_{50} 4 600 毫克/千克,大鼠急性吸入 $LC_{50} > 9.35$ 毫克/米^3。对眼睛黏膜有轻度刺激性,对皮肤无刺激性。大鼠 2 年饲喂试验 NOEL 为 $20 \sim 30$ 毫克/(千克·天)。对鱼中等毒,LC_{50}(48 小时):蓝鳃太阳鱼 4.2 毫克/升,虹鳟鱼 3.4 毫克/升。鹌鹑和野鸭 LC_{50}(8 天)10 000 毫克/千克饲料。蜜蜂经口 LD_{50} 95 微克/只,接触 LD_{50} 100 微克/只。

【制剂】 360 克/升、36%、37.3%乳油。

【作用机制与使用对象】 接触性内吸腋芽抑制剂。药剂进入植物体内,主要抑制分生组织的细胞分裂,从而抑制植物幼芽及幼根的生长,使养分集中供应给叶片,叶片中干物质累积增加。可抑制烟草腋芽的生长,有增产作用。

【使用方法】

抑制烟草腋芽生长:每株用 360 克/升乳油 $0.2 \sim 0.25$ 毫升,采用杯淋法施药,安全间隔期 15 天,每季最多用药 1 次。或每株用 36%乳油稀释 $80 \sim 100$ 倍液,采用杯淋法施药,每季最多用药 1 次。或每株用 37.3%乳油稀释 $80 \sim 100$ 倍液,采用杯淋法施药,安全间隔期 15 天,每季最多用药 1 次。

【注意事项】

(1) 本品避免与呈碱性的农药等物质混合使用。

(2) 施药前应人工抹掉 2 厘米以上的腋芽。

(3) 清洗器具的废水不能排入河流、池塘等水体。

杀 鼠 剂

1. C型肉毒梭菌毒素

【理化性质】 本品是一种大分子蛋白质(分为两个蛋白质成分;一个具有活性的神经毒性,一个是无活性的血凝素)。原药(高纯度)为淡黄色液体,可溶于水,怕热,怕光。在5℃下24小时后毒力下降,在100℃2分钟、60℃30分钟条件下其毒力即可被破坏。在pH3.5～6.8时比较稳定,pH10～11时失活较快。在－15℃以下低温条件下可保存1年以上。

【毒性】 低毒。原药(高纯度液体)高原鼠兔急性经口LD_{50} 0.05～0.034 2毫克/千克。对眼睛及皮肤无刺激性。狗喂食500～840毫克/千克不致死。绵羊经皮NOEL为30～60毫克/(千克·天)。无致突变作用(Ames试验、微核试验均为阴性),未见致畸作用。小鼠蓄积性毒性试验系数为2.83,属中等蓄积性。

【制剂】 100万毒价/毫升水剂,3 000毒价/克饵剂,100万毒价/毫升浓饵剂。

【作用机制与防治对象】 本品被害鼠吸收后,主要作用于中枢神经的颅神经核、神经肌肉连接处及植物神经终极,阻碍神经末梢乙酰胆碱释放,引起胆碱性能神经(脑干)支配区肌肉和骨骼肌麻痹,出现瘫痪、呼吸麻痹,最终死亡。主要用于低温、高寒地区防治高原鼠兔、鼢鼠等害鼠。

【使用方法】

(1) 防治牧草高原鼠兔、鼢鼠:在草场寒冷的冬春季节进行杀鼠,每 667 平方米用 100 万毒价/毫升水剂 75 毫升,配成 0.1%～0.2%毒饵,投放于鼠洞洞口。配制好的毒饵要在 2～5 ℃闷置,不可冷冻结冰,否则会影响药物渗透到饵料中。闷置好饵料原则上现配现用,如果配制好的毒饵没有投放完,需在 2～5 ℃以下保存,不得超过 2 天;拌饵料时严禁用碱水或热水。施药后应设立警示标志,人、畜在施药 7 天后方可进入施药地点。

(2) 防治草原牧场害鼠:于鼠害发生时,采用带状投饵、等距离投饵、洞口或洞群投饵方法投放 3 000 毒价/克饵剂,施药剂量为每公顷 100 克毒饵。投放后设立警示标志,人、畜在施药 16 天后方可进入施药地点。

【注意事项】

(1) 本品有毒,需严格管理,应由专人保管;领用消耗及时登记,做到账、物相符,不得随意发放领用,以免流入社会,造成危害。

(2) 拌制过程中,应严格按照规定浓度拌制,禁止无关人员和畜禽接触。拌制好的毒饵需专人管理,防止牧畜禽采食。

(3) 拌制毒饵时,工作人员要穿戴工作服、口罩、手套,不能用手直接接触毒素及毒饵,穿过的工作服要用热水或肥皂水彻底清洗,处理药剂后必须立即洗手及清洗暴露的皮肤。

(4) 禁止在河塘等水域清洗施药器具,使用过的毒素空瓶、剩余产品和毒饵、死鼠要由专人妥善处理,严禁他用或儿童玩耍,防止儿童触及。

(5) 用作拌饵及投饵的容器及有关用具,均须单独存放,不得作其他用途,更不能接触食品、饲料等。严格按照规定的贮存条件贮存,防止失效。

(6) 本品应避光低温(-4 ℃)保存、运输。应置于儿童触及不到之处,并加锁。不能与食品、饮料、粮食、饲料同贮同运。

2. D 型肉毒梭菌毒素

【理化性质】 将 D 型肉毒梭菌接种于适当培养基,培养 3～6 天后,除菌过滤,即为本品。外观为棕黄色透明液体。

【毒性】 中等毒。雄、雌大鼠急性经口 LD_{50} 分别为 287 毫克/千克和 237 毫克/千克。对眼睛、皮肤无刺激作用,弱致敏物。

【制剂】 1 500 万毒价/毫升浓饵剂,1 亿毒价/克浓饵剂,1 000 万毒价/毫升水剂。

【作用机制与防治对象】 本品是一种利用生物发酵技术生产的生物杀鼠剂。作为一种蛋白神经毒素被害鼠吸收后,主要作用于中枢神经的颅神经核、神经肌肉连接处及植物神经终极,阻碍神经末梢乙酰胆碱释放,引起胆碱性能神经(脑干)支配区肌肉和骨骼肌麻痹,出现瘫痪、呼吸麻痹,最终死亡。主要用于低温、高寒地区防治高原鼠兔、鼢鼠、长爪沙鼠、黑线姬鼠等。

【使用方法】

(1) 防治草场牧草高原鼠兔、鼢鼠:用 1 000 万毒价/毫升水剂配制毒饵,采用洞口投饵或等距离投饵法,投放毒饵要均匀,投饵后禁牧 5～7 天。

(2) 防治草原长爪沙鼠、高原鼠兔、黑线姬鼠:在草场寒冷的冬春季节进行杀鼠,用 1 500 万毒价/毫升浓饵剂与水按照 1 : (80～100)的比例进行稀释后再与基饵混合,力求混合均匀。与基饵按 1 : 1 000 的比例配制成毒饵,投放于鼠洞洞口。配制好的毒饵要在 2～5 ℃闷置,不可冷冻结冰,否则会影响药物渗透到饵料中。闷置好饵料原则上现配现用,如果没有用完须在 2～5 ℃以下保存,不得超过 2 天。拌饵时严禁用碱水或热水。施药后应设立警示标志,人、畜在施药 10～15 天后方可进入施药地点。

【注意事项】

(1) 本品有毒,需严格管理、应由专人保管;领用消耗及时登记,做到账、物相符,不得随意发放领用,以免流入社会,造成危害。

(2)拌制过程中,应严格按照规定浓度拌制,禁止无关人员和畜禽接触。拌制好的毒饵需专人管理,防止牧畜禽采食。

(3)拌制毒饵时,工作人员要穿戴工作服、口罩、手套,不能用手直接接触毒素及毒饵,穿过的工作服要用热水或肥皂水彻底清洗,处理药剂后必须立即洗手及清洗暴露的皮肤。

(4)禁止在河塘等水域清洗施药器具,使用过的毒素空瓶、剩余产品和毒饵、死鼠要由专人妥善处理,严禁他用或儿童玩耍,防止儿童触及。

(5)用作拌饵及投饵的容器及有关用具,均须单独存放,不得作其他用途,更不能接触食品、饲料等。严格按照规定的贮存条件贮存,防止失效。

(6)防止马、牛、羊、禽及有益生物接触本品,施药后密切观察对畜、禽的影响。

3. α-氯代醇

【化学名称】 3-氯代丙二醇。

【理化性质】 原药外观为无色液体,放置一段时间后呈淡黄色。213℃分解,熔点为−40℃,密度1.317~1.321克/厘米³。易溶于水和乙醇、乙醚、丙酮等大部分有机溶剂,微溶于甲苯,不溶于苯、四氯化碳和石油醚等非极性溶剂。常温下可稳定2年。

【毒性】 中等毒。大鼠急性经口 LD_{50} 92.6毫克/千克,大鼠急性经皮 LD_{50} 1 710毫克/千克。

【制剂】 1%饵剂。

【作用机制与防治对象】 本品是一种较早发现的雄性抗生育物,能引起雄性大鼠、仓鼠、豚鼠等多种动物不育。对家畜、家禽、鸟类等不具敏感性,对人类也较安全,不会引起二次中毒,安全、环保,对鼠类适口性好。可用于防治室内家鼠。

【使用方法】

防治室内家鼠:用1‰饵剂饱和投饵法,室内每 15 平方米投放 3～5 堆,每堆 10～20 克,连续 5 天以上。灭鼠过程中应检查饵料摄食情况并及时补充。

【注意事项】

(1) 本品有毒,需严格管理。投放药剂要防止家禽、牲畜进入,避免有益生物误食。在开启农药包装的过程中,操作人员应戴用必要的防护器具。处理药剂后必须立即洗手及清洗暴露的皮肤。

(2) 要避免儿童触摸到本品。死鼠及剩余的药剂要焚烧或土埋处理。

4. 胆钙化醇

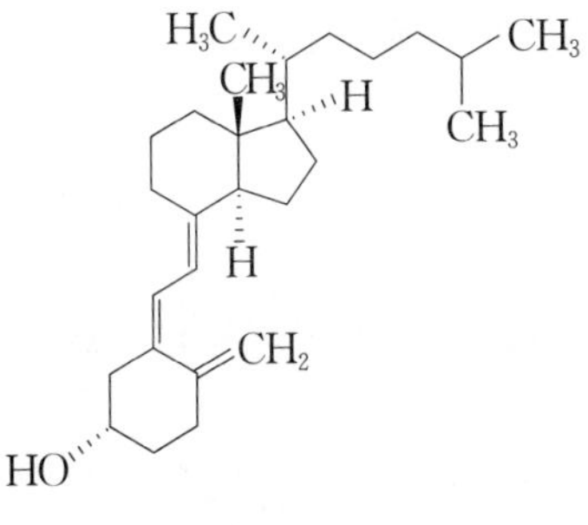

分子式: $C_{27}H_{44}O$

【类别】 固醇类。

【化学名称】 (5Z,7E)-9,10-开环胆甾-5,7,10(19)-三烯-3β-醇。

【理化性质】 熔点:82～87 ℃,蒸气压 3.2×10^{-7} 帕(25 ℃)

溶解度:不溶于水,在乙醇中极易溶解,溶于三甲戊烷与脂肪油。正辛醇-水分配系数 $K_{ow} \log P > 10.24$。对空气、热、光敏感。土壤吸收分配系数(K_{ow})为 1.5×10^6 升/千克,在土壤中降解快,淋溶性低,蓄积作用小。

【毒性】 中等毒。对鸟类毒性低,$LD_{50} > 2\,000$ 毫克/千克,无二次中毒现象。大鼠经皮 LD_{50} 61 毫克/千克,大鼠经口 LD_{50} 42 毫克/千克,大鼠吸入 LC_{50} $0.13 \sim 0.38$ 克/升(4 小时),狗急性 LD_{50} 为 88 毫克/千克,兔 LD_{50} 为 9 毫克/千克。

【制剂】 0.075%饵粒。

【作用机制与防治对象】 本品为新型杀鼠剂,有效成分胆钙化醇在鼠体内代谢,增加肠道吸收钙和磷,从而使动物体内骨基质中的钙进入血浆,使血清内含钙量过高,进而引发软组织及肾、心、肺、胃等靶器官钙化,靶鼠最终因高钙血症而死亡。本品诱食独特,适口性较好,按剂量施用对褐家鼠、黄胸鼠和小家鼠等有良好效果,可防治对慢性抗凝血杀鼠剂产生抗性、拒食的老鼠,推荐作为慢性抗凝血灭鼠剂的轮换药物,提高防治效果。鼠类摄取致死剂量药剂后将会停止进食,鼠药使用量小。可用于防治室内家鼠。

【使用方法】

防治室内家鼠:用 0.075%饵粒以堆放法饱和投饵,将本品分成小堆投放在鼠类出没处,室内每间(15 平方米)放 $2 \sim 3$ 堆,每堆 $10 \sim 15$ 克,投饵后一般 $3 \sim 5$ 天出现死亡高峰。

【注意事项】

(1)本品仅用于宾馆、住宅、仓库、车、船等室内;不可用于室外及农作物上。

(2)对哺乳动物有毒,需要严格管理;投放药剂后防止无关人员、家禽、牲畜进入,避免非靶动物误食。

(3)使用本品时,应戴口罩和手套,防止污染皮肤,投饵过程中不可吃东西或饮水;施药完毕必须立即洗手和清洗暴露的皮肤。

(4)本品应保管在儿童触摸不到的地方,避免儿童、孕妇和哺乳期妇女接触。

(5) 死鼠及剩余的药剂要焚烧或深埋;禁止在河塘等水体中清洗施药器具;药剂包装袋(容器)不得用作其他用途或随意丢弃,应集中处理(焚烧或深埋);有任何不良反应时请及时就医。

5. 敌鼠钠

【类别】 茚满二酮类。

【化学名称】 2-(二苯基乙酰基)-1,3-茚满二酮。

【理化性质】 纯品为无臭的淡黄色结晶粉末,工业原药为稍有气味的暗黄色粉末。熔点 $145\sim147$ ℃,相对密度(25 ℃)1.281,蒸气压 13.7×10^{-9} 帕(25 ℃)。可溶于乙醇、丙酮等有机溶剂,不溶于水、苯和甲苯。性质较稳定,不易水解,无腐蚀。敌鼠钠为淡黄色粉末,能溶于水、丙酮、乙醇,不溶于苯、甲苯。无明显熔点,加热至 $207\sim208$ ℃由黄色变红色,325 ℃时分解。

【毒性】 高毒。急性经口 LD_{50}:大鼠 2.3 毫克/千克,狗 $3\sim7.5$ 毫克/千克。其钠盐对大鼠急性经口 LD_{50} 15 毫克/千克。野鸭急性经口 LD_{50} 1.7 毫克/千克。鱼类 LC_{50}(毫克/升,96 小时):虹鳟鱼 2.8,大鳍鳞鳃太阳鱼 7.6。

【制剂】 0.05%、0.1%毒饵,0.05%饵剂。

【作用机制与防治对象】 本品有抑制维生素 K 的作用,阻碍血液中凝血酶原的合成,使之失去活性,同时使微血管变脆、抗张力减退、血液渗透性增强,在鼠体内不易分解和排泄,导致摄食本品的老鼠内脏出血不止而死亡。中毒个体无剧烈的不适症状,不易被同类警觉。可用于防治室内家鼠。

【使用方法】

(1) 防治室内家鼠:适用于城乡居民住宅、学校、宾馆、饭店、粮库、医院等室内场所灭鼠。在室内有家鼠危害的场所,每 10 平方米用 0.05% 毒饵 10～15 克的量投放毒饵,直接投放在家鼠经常活动、摄取食物的场所,饱和投放。灭鼠期间确保足够毒饵供家鼠摄食。投放毒饵后应每天检查毒饵消耗情况并及时补充毒饵,吃多少补多少,连续投放 3～5 天。

(2)防治农田田鼠:农田灭鼠,每 667 平方米用 0.05% 饵剂投放 30 堆左右,每堆 10～20 克,要连续投补饵 3 天左右,吃多少补多少,吃光加倍。亦可一次性足量投饵,(确保毒饵足够 3 天食用),以提高灭效。

【注意事项】

(1)本品有毒,需严格管理,避免儿童、宠物、家禽等误服。应保管在儿童触摸不到的地方,避免孕妇及哺乳期妇女接触。

(2)施用本品时需穿戴工作服、口罩、手套,不能用手直接接触药剂,穿过的工作服要用热水或肥皂水彻底清洗,施药完毕必须立即洗手及清洗暴露的皮肤。

(3)死鼠及剩余产品要焚烧或土埋。

(4)对鱼有毒。禁止在河塘等水体中清洗施药器具。孕妇、哺乳期妇女及过敏者禁止接触。使用中有任何不良反应请及时就医。

6. 地芬诺酯

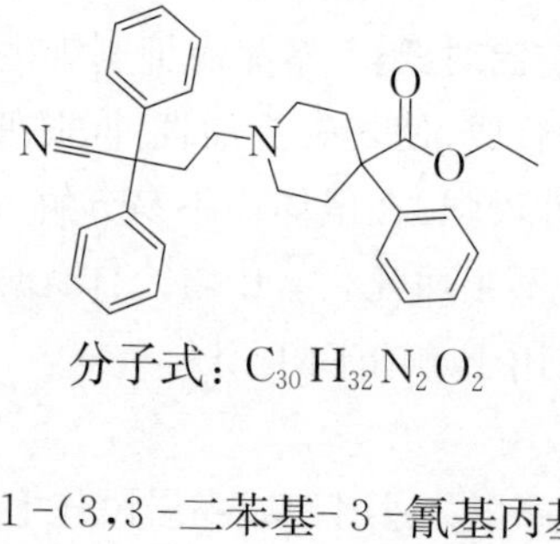

分子式:$C_{30}H_{32}N_2O_2$

【化学名称】 1-(3,3-二苯基-3-氰基丙基)-4-苯基-4-哌啶甲酸乙酯。

【理化性质】　白色结晶粉末,无气味,密度 1.123 克/厘米^3,熔点 220~225 ℃,沸点 602.3 ℃(760 毫米汞高)。常温常压下稳定。

【毒性】　低毒。20.02%地芬·硫酸钡饵剂急性经口 LD$_{50}$>5 000 毫克/千克。

【制剂】　无单剂产品,仅有复配剂 20.02%地芬·硫酸钡饵剂。

【作用机制与防治对象】　本品是一种低毒杀鼠剂,常与硫酸钡混配制成产品,作用机制为促使害鼠肠道梗阻而致死。对防治家鼠有较好效果。

【使用方法】

防治室内家鼠:在鼠洞内及鼠经常出没处,采用堆施或撒施的方法饱和投饵,投药应避免非目标动物及家禽接近。

【注意事项】

(1) 本品低毒,投放药剂后要防止家禽、牲畜进入,避免有益生物误食。

(2) 应保管妥当,勿让儿童、无关人员及动物接触。

(3) 施用本品时应做好安全防护、戴手套、口罩。施用期间不可吃东西和饮水。施药完毕必须立即洗手及清洗暴露的皮肤。

(4) 死鼠及剩余的药剂要焚烧或土埋。避免孕妇及哺乳期妇女接触。用过的容器应妥善处理,不可作他用,也不可随意丢弃。

7. 莪术醇

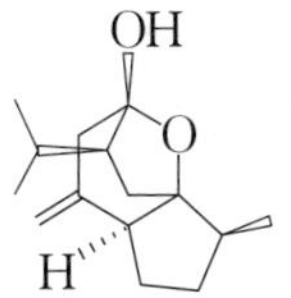

分子式:C$_{15}$H$_{24}$O$_2$

【类别】 倍半萜类。

【理化性质】 外观为浅黄色针状固体,气味异,味微苦。纯品熔点 $142\sim144$ ℃,能发生升华现象。易溶于乙醚、氯仿,可溶于乙醇等有机溶剂,几乎不溶于水。

【毒性】 低毒。大鼠(雄、雌性)急性经口 $LD_{50}>4\,640$ 毫克/千克,急性经皮 $LD_{50}\,2\,150$ 毫克/千克。对兔皮肤、眼睛均无刺激性。豚鼠皮肤致敏试验结果致命率为 0,属弱致敏物。未见致突变性报道。

【制剂】 0.2%饵剂。

【作用机制与防治对象】 本品是一种生物源制剂,属于雌性不育灭鼠剂。通过抗生育作用机制,能够控制害鼠种群数量,使当年害鼠数量下降。适用于防治农田田鼠和森林害鼠。

【使用方法】

防治农田田鼠、森林害鼠:一次饱和投药,在鼠类繁殖期前施用,每公顷用 0.2%饵剂 5 000 克,10 米×10 米投放 1 袋 50 克。

【注意事项】

(1) 本品为不孕剂,对哺乳动物具有抗生育作用。投放药剂后要防止家禽、牲畜进入,避免有益动物误食。要避免儿童、孕妇接触药剂。

(2) 施药完毕必须立即洗手及清洗暴露的皮肤。剩余的药剂要妥善处理,焚烧或土埋。用过的容器应妥善处理,不可作他用,也不可随意丢弃。使用本品时应穿戴防护用具,施药期间不可吃东西和饮水。

(3) 中毒急救:如有误服者必须立即携带产品标签将病人送医院诊治,对症治疗。

8. 氟鼠灵

分子式：$C_{33}H_{25}O_4F_3$

【类别】 羟基香豆素类。

【化学名称】 3-[3-(4'-三氟甲基苄氧基苯-4-基)-1,2,3,4-四氢-1-萘基]-4-羟基香豆素。

【理化性质】 原药(有效成分含量90%)为淡黄色或接近白色粉末,密度1.23克/厘米^3,熔点163~191℃,闪点200℃。常温下(22℃)微溶于水,水中溶解度为1.1毫克/升,溶于大多数有机溶剂。

【毒性】 高毒。原药大鼠急性经口LD_{50} 0.25毫克/千克,急性经皮LD_{50} 0.54毫克/千克,对皮肤和眼睛无刺激性。在试验剂量范围内对动物无致突变作用。繁殖试验无作用剂量0.01毫克/千克,在动物体内主要蓄积在肝脏。对鱼高毒,虹鳟鱼LC_{50} 0.009 1毫克/升。对鸟类毒性也很高,5天饲养试验,野鸭LC_{50} 1.7毫克/升。

【制剂】 0.005%毒饵。

【作用机制与防治对象】 本品为第二代抗凝血型杀鼠剂,具有适口性好、毒力强、使用安全、灭鼠效果好的特点。对啮齿动物的毒力与大隆相近,并对第一代抗凝血剂产生耐药性的鼠有同等的效力。由于急性毒力强,鼠类只需摄食其日食量10%的毒饵就可以致死,所以适宜一次性投毒防治各种害鼠。对非靶标动物较安全,但狗对其很敏感。其作用机制与其他抗凝血剂类似,即抑制动物体内凝血酶的生成,使血液不能凝结而死。防治田鼠、家鼠。

【使用方法】

(1)防治田鼠:在中等和局部发生鼠害的农田,每667平方米用0.005%毒饵65~100克作为投饵量,堆施在老鼠经常活动的区域,可设置永久性投饵点,并定期检查取食情况和予以补充。

(2)防治家鼠:在老鼠经常活动区域,用0.005%毒饵每个房间堆施50克。对于氟鼠灵穿孔蜡块(每块20克),每个投饵点投放1~2块(20~40克),可直接放置于毒饵盒内,或使用铁丝或铁钉固定。在鼠害严重情况下,每隔5米设一投饵点,每点8~12克(约2~3粒)毒饵。

【注意事项】

(1)死鼠及剩余的药剂要焚烧或土埋。

(2)在施药时避免药剂接触皮肤、眼睛、鼻子或嘴,施药结束后和饭前要洗净手脸和裸露的皮肤。

(3)应保管在儿童触摸不到的地方。

(4)用过的容器应妥善处理,不可作他用,也不可随意丢弃。

9. 雷公藤甲素

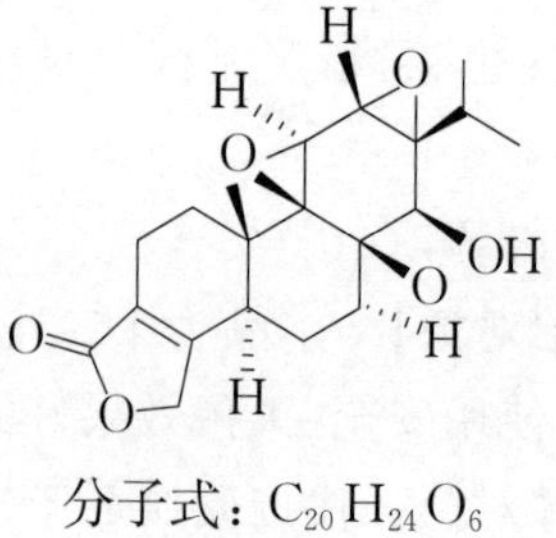

分子式:$C_{20}H_{24}O_6$

【类别】 环氧二萜内酯。

【理化性质】 白色晶体,熔点226～227℃,沸点601.7℃(760毫米汞高),密度1.48克/厘米^3。难溶于水,溶于甲醇、乙酸乙酯、氯仿等。

【毒性】 中等毒。具有消化系统毒性、循环系统毒性、泌尿系统毒性和生殖系统毒性(主要副作用)和免疫系统毒性。试验测得雄性小鼠腹腔给予雷公藤甲素的LD_{50}为0.725毫克/千克,经口LD_{50} 0.788毫克/千克。

【制剂】 0.25毫克/千克颗粒剂。

【作用机制与防治对象】 一种以天然植物的有效成分雷公藤甲素母药及添加剂复配加工而成的植物源灭鼠剂,具有很好的短期杀灭和抗生育双重作用(即可用于紧急防治,也可用于预防),不会引起鼠类的警觉而超补偿性繁殖和耐药性,从根本上降低鼠类数量和密度,达到长久的灭鼠效果,对各种害鼠均有防治作用。可用于防治田鼠和家鼠。

【使用方法】

(1) 防治农田田鼠、森林和草原害鼠:每公顷用0.25毫克/千克颗粒剂投药600～1500克,按10米×20米投放1堆,每堆5～10克。

(2) 防治室内家鼠:每15～20平方米投放0.25毫克/千克颗粒剂10～15克,分4堆,7～10天检查取食情况并予补充。鼠密度较高的地区可增加投饵量。

【注意事项】

(1) 本品有毒,需严格管理,投药后应设立相应警示标志。要防止家禽、牲畜进入,避免有益生物误食。草原禁牧,一般15～20天。

(2) 本品需严格管理,应保管在儿童触摸不到的地方。

(3) 投饵时应戴手套、口罩,处理药剂结束必须立即洗手及清洗暴露的皮肤。

（4）死鼠及剩余药剂应焚烧、土埋，用过的容器应妥善处理，不可作他用，也不可随意丢弃。

（5）如有中毒必须立即就医。

10. 杀鼠灵

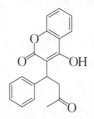

分子式：$C_{19}H_{16}O_4$

【类别】　羟基香豆素类。

【化学名称】　3-(1-丙酮基苄基)-4-羟基香豆素。

【理化性质】　纯品为鞣白色、无臭、无味结晶粉末。熔点159～161℃。工业原药略带红色。蒸气压 $1.5×10^{-3}$ 毫帕。易溶于丙酮，可溶于醇，不溶于苯和水。其醇式呈酸，与金属形成盐。其钠盐溶于水，不溶于有机溶剂。烯醇乙酸酯熔点117～118℃，酮式熔点182～183℃。

【毒性】　高毒。原药急性经口 LD_{50}：家鼠3毫克/千克，小鼠374毫克/千克，狗20～50毫克/千克，猫5毫克/千克。对鸡、鸭、牛、羊毒性较低，但对猪有毒。

【制剂】　2.5%母药，0.05%毒饵。

【作用机制与防治对象】　抗凝血剂，与其他抗凝血灭鼠剂一样，通过抑制维生素 K_1，阻碍鼠类肝脏血液中凝血酶原的合成。本品为第一个慢性灭鼠剂，属第一代抗凝血杀鼠剂。为累积性中毒药物，对鼠毒力强、适口性好，老鼠吃药后会内出血而行动艰难，但仍然来取食,所以灭鼠效果好。可用于防治家鼠。

【使用方法】 防治家鼠、田鼠:先将 2.5% 母药配制成 0.025% 的毒饵。取 2.5% 母粉 500 克加 49.5 千克新鲜粉状饵料充分搅拌均匀,加少许警告色及适量热水搅拌成棒状颗粒,晾干,即制成 0.025% 毒饵。可采用一次性饱和投饵法,室内每 15 平方米房间投饵 50～100 克,每堆 5～10 克;室外每 100 平方米投饵 100～500 克,每堆 20～50 克,堆施或穴施。

【注意事项】

(1) 本品有毒,需严格管理。投放毒饵后要防止家禽、牲畜接触药剂,避免有益生物误食。

(2) 应保管在儿童触摸不到的地方。

(3) 处理药剂结束必须立即洗手及清洗暴露的皮肤,死鼠及剩余的药剂要焚烧或土埋。

(4) 禁止在河塘等水域清洗施药器具。

11. 杀鼠醚

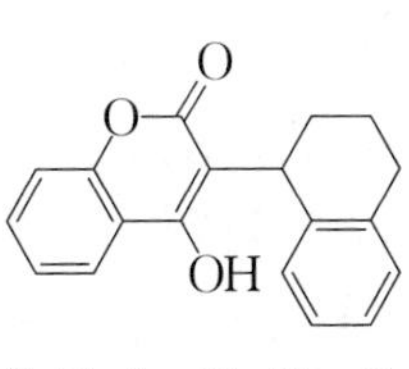

分子式:$C_{19}H_{16}O_3$

【类别】 羟基香豆素类。

【化学名称】 3-(1,2,3,4-四氢-1-萘基)-4-羟基香豆素。

【理化性质】 纯品为无色粉末,熔点 172～176 ℃,溶解度 (20 ℃):水 4 毫克/升、二氯甲烷 50～100 克/升、丙二醇 20～50 克/

升。原药为黄色结晶,无味,熔点 166～173 ℃,蒸气压 13.33 纳帕(20 ℃),20 ℃时每 100 毫升溶剂中的溶解度为环己酮 1～5 克、甲苯 0～1 克。贮存适当可保存 18 个月以上不变质。在不高于 150 ℃下稳定,水溶液暴露在日光或紫外光下的 DT_{50} 为 1.0～6.6 小时。

【毒性】 高毒。原药大鼠急性经口 LD_{50} 5～25 毫克/千克,大鼠急性经皮 LD_{50} 25～50 毫克/千克。虹鳟鱼 LC_{50}(96 小时)为 48 毫克/升,鲤鱼、水蚤 EC_{50}(48 小时)>14 毫克/升。0.75%杀鼠醚对大鼠急性经皮 LD_{50}>5 000 毫克/千克。是一种慢性杀鼠剂,在低剂量下多次用药会使老鼠中毒死亡,对试验动物和皮肤无明显刺激作用,对猫、犬和鸟类无二次中毒危害。对益虫无害。

【制剂】 0.037 5%毒饵,0.75%追踪粉剂,0.038%饵剂,0.75%、3.75%母粉。

【作用机制与防治对象】 第一代抗凝血性杀鼠剂,具有高效、广谱、适口性好的特点,有一定引诱作用及慢性作用,潜伏期一般为 7～12 天。可用于防治家栖鼠类和野生栖鼠类。

【使用方法】

(1) 防治室外田鼠:室外按每 60～70 平方米(8 米×8 米),将 0.037 5%毒饵投放在鼠洞附近或鼠类经常出没的地方,投放 1 堆,每堆 15～20 克(可视鼠密度而定)。

(2) 防治室内家鼠:将 0.037 5%毒饵按每 10 平方米 10～20 克直接投放在家鼠经常活动、摄取食物的场所,饱和投放。或将 0.75%追踪粉剂直接撒施,一般情况下,每个投药点(20 厘米×20 厘米)撒施薄薄一层(10 克),每日检查并根据消耗量适当补充,直到不再减少为止。或每 50 平方米设一个投饵点,每点投放 0.038%饵剂 20～100 克,饱和投饵。设立警示标志,待诱饵取食完后,人、畜方可入内。

【注意事项】

(1) 本品有毒,需严格管理。应保管妥当,勿让儿童、无关人员及动物接触。

（2）处理药剂结束必须立即洗手及清洗暴露的皮肤。

（3）本品应放置于儿童触及不到的地方。避免孕妇及哺乳期妇女接触。

（4）死鼠及剩余药剂应焚烧或土埋。

（5）对鱼类有毒，应远离湖泊、河流、水源和水产养殖区使用。

（6）毒饵要现配现用，配制毒饵和投饵时戴防护手套和口罩，不饮食、不饮水、不吸烟。

（7）施药后设立警示标志，要防治家禽、牲畜进入，避免有益生物误食。待诱饵取食完后，人、畜方可入内。

12. 溴敌隆

分子式：$C_{30}H_{23}BrO_4$

【**类别**】 羟基香豆素类。

【**化学名称**】 3-[3-(4-溴联苯-4-基)-3-羟基-1-苯基丙基]-4-羟基香豆素。

【**理化性质**】 纯品为黄色粉末，熔点 200～210 ℃，蒸气压 $1.78×10^{-5}$ 帕（70 ℃）。20 ℃时溶解度（克/升）：二甲基甲酰胺 730，乙酸乙酯 25，乙醇 8.2，水 19 毫克/升。正常条件下稳定。

【**毒性**】 高毒。原药急性经口 LD_{50}：雄大鼠 1.75 毫克/千克，雌大鼠 1.125 毫克/千克，家兔 1.0 毫克/千克。家兔急性经皮 LD_{50} 9.4 毫克/千克。大鼠急性吸入 LC_{50} 200 毫克/米³。对皮肤无明显刺激,对眼睛有中度刺激性。在试验剂量内对动物无致畸、致突变、致癌作用,三代繁殖试验和神经毒性试验中未见异常。两年饲喂试验 NOEL:大鼠 10 微克/(千克·天),狗 5～10 微克/(千克·天)。对鱼类、水生昆虫等水生生物有中等毒性,虹鳟鱼 LC_{50}(96 小时)2.89 毫克/升,蚤类 EC_{50}(48 小时)5.79 毫克/升。对鸟类低毒,野鸭急性经口 LD_{50} 1000 毫克/千克,鹌鹑急性经口 LD_{50} 1690 毫克/千克。动物取食中毒死亡的老鼠,会引起二次中毒。指导剂量下对蜜蜂无毒。蚯蚓 LC_{50}＞1054 毫克/千克(土)。

【制剂】 0.005%、0.01%毒饵,0.005%饵剂,0.01%饵粒,0.5%母药,0.5%母粉(液)。

【作用机制与防治对象】 第二代抗凝血剂。适口性好,毒力强,对第一代抗凝血剂产生耐药性的害鼠有效。潜伏期平均 6～7 天。作用缓慢,不易引起鼠类惊觉,具有容易全歼害鼠的特点,且具有急性毒性强的突出优点。可用于防治家栖鼠和野栖鼠。

【使用方法】

(1) 防治室内、外鼠:在鼠洞附近或鼠类经常出没的地方,每平方米用 0.005%毒饵饱和投饵 1～2 克;或每平方米用 0.005%饵剂 1.6～2.4 克,每 5 米投放 1 堆,每堆 30 克;或每 15 平方米用 0.01%饵粒 10～20 克堆施或穴施。

(2) 防治田鼠:每 667 平方米用 0.01%毒饵 150～200 克投饵堆施。

【注意事项】

(1) 本品有毒,需严格管理,在野外应用时避免被鸟类接触,在鸟类保护区或保护鸟类采食区避免施用。

(2) 防止家禽、牲畜进入,避免有益生物误食。

(3) 对家蚕高毒,禁止在蚕室或桑园附近使用。对鱼类等水生物有毒,应远离水源施用。

(4) 处理药剂结束必须立即洗手,清洗暴露的皮肤。

(5) 死鼠及剩余的药剂要焚烧或深埋。

（6）施用时应当采取安全防护措施，工作人员应穿戴防护服、长靴、口罩、手套。

（7）施药点应有明显标识，以防人、畜误食。

13. 溴鼠灵

分子式：$C_{31}H_{23}BrO_3$

【类别】 羟基香豆素类。

【化学名称】 3-[3-(4'-溴联苯-4-基)-1,2,3,4-四氢-1-萘基]-4-羟基香豆素。

【理化性质】 纯品为白色至浅黄褐色粉末，有效成分含量大于98%，熔点228～232℃，蒸气压小于0.13毫帕（25℃）。20℃下，不溶于水（20℃，pH7的水中小于10毫克/升）和石油醚，稍溶于苯（0.6～6毫克/升）、酚类，易溶于丙酮（6～20克/升）、氯仿（3克/升）和其他氯代烃溶剂。不易形成可溶性碱金属盐，但易形成在水中溶解度不大的铵盐，对一般金属无腐蚀性。贮存稳定性两年以上。在日光下30天无损耗。在好氧和渍水条件下，在土壤（pH5.5～8）中降解。

【毒性】 高毒。原药急性经口 LD_{50}：雄大鼠为0.27毫克/千克，雄兔0.3毫克/千克，雄小鼠0.4毫克/千克，雌豚鼠2.8毫克/千克，猫25毫克/千克，狗0.25～1.0毫克/千克。大鼠急性经皮 LD_{50} 50毫克/千克。大鼠急性吸入 LC_{50}（4小时）0.0005～0.005

毫克/升空气。42 天的饲喂试验表明：大鼠饲喂 0.1 毫克/千克饵料无不良影响。在试验条件下未见致畸、致突变、致癌作用。对鱼和鸟有毒，野鸭 LD_{50} 2.0 毫克/千克；鱼类 LC_{50}（96 小时）：蓝鳃 0.165 毫克/升，虹鳟 0.051 毫克/升。

【制剂】 0.005％饵剂、0.005％毒饵、0.005％饵粒、0.005％饵块。

【作用机制与防治对象】 第二代抗凝血杀鼠剂，靶谱广、毒力强大，适口性好，不会产生拒食作用，可以有效杀死对第一代抗凝血剂产生耐药性的鼠类。毒理作用类似于其他抗凝血剂，主要是阻碍凝血酶原的合成，损害微血管，导致大出血而死。防治家鼠、田鼠。

【使用方法】

(1) 防治家鼠：在老鼠经常活动和鼠洞、鼠道等处，每 15 平方米用 0.005％饵剂投放 4 小堆，每堆 10～15 克；或每 10 平方米用 0.005％毒饵投放 2 堆，每堆 20～30 克。室内每 15 平方米用 0.005％饵粒投放 3～4 堆，每堆 10～15 克。

(2) 防治田鼠：在田埂、地边，每 5 米×10 米用 0.005％毒饵投 1 堆，每堆 10 克；在墙洞、下水道、鼠洞内及老鼠经常取食、饮水、筑巢或出没处，约每隔 5 米，投放 0.005％饵块 20～30 克。

【注意事项】

(1) 本品有毒，需严格管理。投放药剂后要防止家禽、牲畜进入，避免有益生物误食。应保管妥当，勿让儿童、无关人员及动物接触。

(2) 在鼠类对第一代抗凝血剂产生耐药性后再使用本品较为恰当。

(3) 本品有二次中毒现象，所有死鼠应烧掉或深埋。

(4) 本品应存放在儿童触摸不到的地方，未使用的药剂要有专人严格保管，剩余的药剂要焚烧或深埋，避免污染水源。

(5) 施药时应戴手套、口罩等，处理药剂结束必须立即洗手及清洗暴露的皮肤。